맞춤형화장품 조제관리사

이강연 저

다락원

2020년 2월에 실시한 첫 맞춤형화장품 조제관리사 시험 이후, 총 6회 시험으로 5,050명 조제관리사가 배출되었고 평균합격률은 약 19%입니다. 다만 맞춤형화장품 판매업으로 신고한 업체는 208개(2022년 4월 기준)로 배출된 조제관리사 숫자에 비하여 작은 수이지만 지속적으로 증가세를 보이고 있습니다.

2020년 3월 14일부터 시행된 맞춤형화장품판매는 제조자 중심에서 사용자 중심으로의 제품 패러다임 이동과 개성 중시·다양성·개인별 맞춤의 관점에서 볼 때 기대되는 제도이며, 다른 면에서는 화장품의 안전성과 안정성 측면에서 우려와 걱정이 있기도 합니다.

맞춤형화장품의 성공적인 시장정착을 위해 조제관리사의 역할은 매우 중요하며 조제관리사는 화장품 관련 규정, 제조 및 품질관리, 화장품 및 화장품 원료에 대한 충분한 지식을 가지고 있어야 하는데 이런 관점을 반영하여 맞춤형화장품 조제관리사 시험과목이 구성되어 있습니다.

본 교재는 시험과목에 맞추어 수 많은 맞춤형화장품 조제관리사 대비과정 수업을 하면서 깨닫게 된 사항을 바탕으로 조제관리사 시험을 대비하시는 분들이 시험에 필요한 사항을 이해하기 쉽도록 구성하여 합격에 도움을 드리고자 최선을 다하여 만든 책입니다. 맞춤형화장품 조제관리사 시험에 도전하기로 했던 처음마음(春心)을 잊지 마시고 계속 도전하셔서 꼭 합격하시기를 소망합니다.

너희중에 누구든지 지혜가 부족하거든
모든 사람에게 후히 주시고 꾸짖지 아니하시는 하나님께 구하라
그리하면 주시리라
야고보서 1:5

春心 맞춤형화장품 조제관리사
이강연 저자

스마트폰을 활용한 모바일 채점

1 QR코드 스캔 → 도서 소개화면에서 '모바일 모의고사' 터치

2 로그인 후 '모의고사' 회차 선택

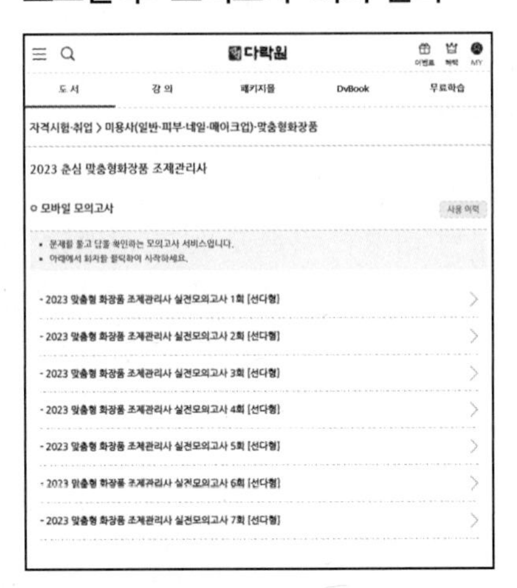

3 스마트폰 화면에 보이는 문제를 실전처럼 풀기

다락원

도 서 강 의 패키지몰 DvBook 무료학습

자격시험·취업 > 미용사(일반·피부·네일·메이크업)·맞춤형화장품

2023 춘심 맞춤형화장품 조제관리사

○ 2023 맞춤형 화장품 조제관리사 실전모의고사 1회 [선다형]

5문제씩 보기 | 답지체크 | 임시저장

1. 화장품법의 입법취지로 가장 적당한 것은?

① 국민보건향상과 화장품 산업의 발전에 기여 ② 화장품 제조 활성화 및 판매의 증진
③ 화장품의 수출 증대 ④ 화장품의 수입 제한 ⑤ 화장품의 안정성과 안전성 확보

2. 화장품법 시행규칙 별표 3에서 규정하는 보기의 주의사항 문구를 기재·표시해야 하는 화장품이 아닌 것은?

[보기] 프로필렌 글리콜(Propylene glycol)을 함유하고 있으므로 이 성분에 과민하거나 알레르기 병력이 있는 사람은 신중히 사용할 것(프로필렌 글리콜 함유제품만 표시한다)

① 산화염모제 ② 손·발의 피부연화 제품 ③ 외음부 세정제 ④ 탈염·탈색제
⑤ 헤어스트레이트너 제품

3. 맞춤형화장품판매업을 폐업하거나 휴업할 때 공통으로 제출하는 서류로 옳은 것은?

① 맞춤형화장품판매업 폐업·휴업·재개 신고서 ② 맞춤형화장품판매업 신고필증(기 신고한 신고필증)
③ 맞춤형화장품판매업자 사업자등록증 ④ 맞춤형화장품판매업자 법인등기부등본(법인에 한함)
⑤ 맞춤형화장품판매업소 사업자등록증

4. 다음의 위반사항 중에서 1차 위반 시 개수명령의 대상이 아닌 것은?

① 화장품법 시행규칙 제6조(시설기준 등) 제1항 제1호 나목(작업대 등 제조에 필요한 시설및 기구)을 위반한 경우
② 화장품법 시행규칙 제6조(시설기준 등) 제1항 제1호 다목(가루가 날리는 작업실은 가루를제거하는 시설)을 위반한 경우
③ 화장품법 시행규칙 제6조(시설기준 등) 제1항에 따른 해당 품목의 제조 또는 품질검사에필요한 시설 및 기구 중 일부가 없는 경우
④ 화장품법 시행규칙 제6조(시설기준 등) 제1항에 따른 작업소, 보관소 또는 시험실 중 어느하나가 없는 경우
⑤ 화장품법 시행규칙 제6조(시설기준 등) 제1항 제1호 가목(쥐·해충 및 먼지 등을 막을 수있는 시설)을 위반한

4

문제를 다 풀고 채점하기 터치
→ 내 점수, 정답, 오답 확인 가능

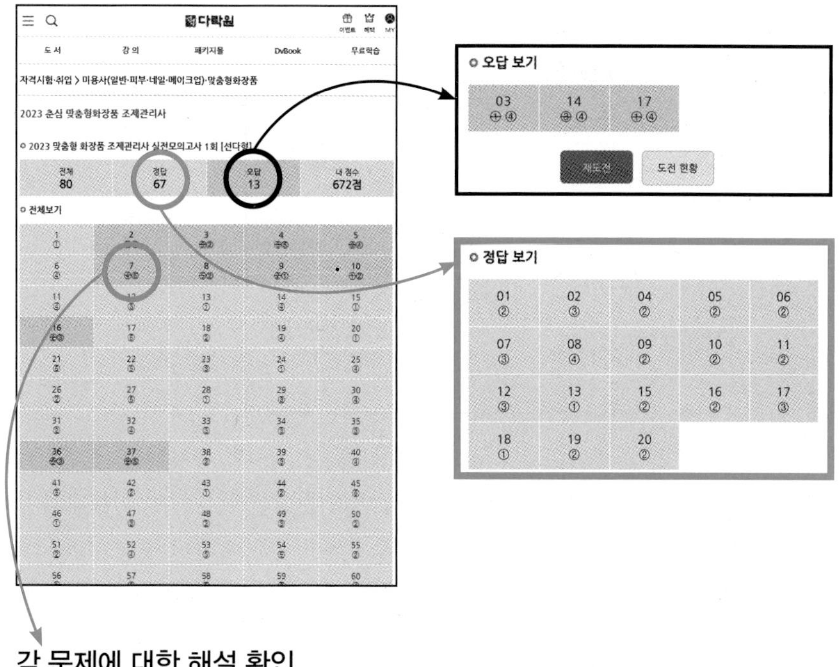

각 문제에 대한 해설 확인

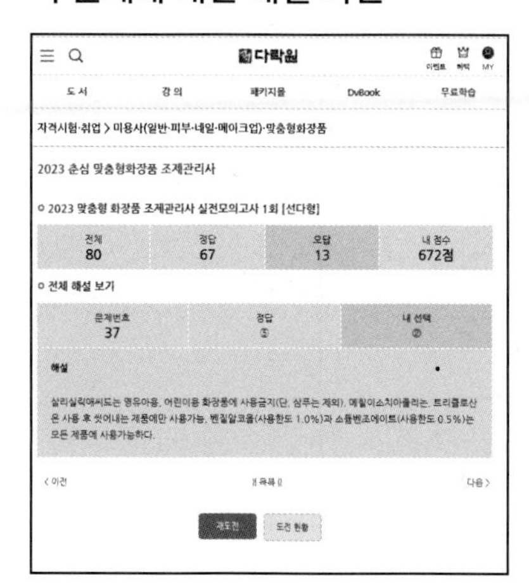

◎ 필수 핵심 이론 상세한 설명

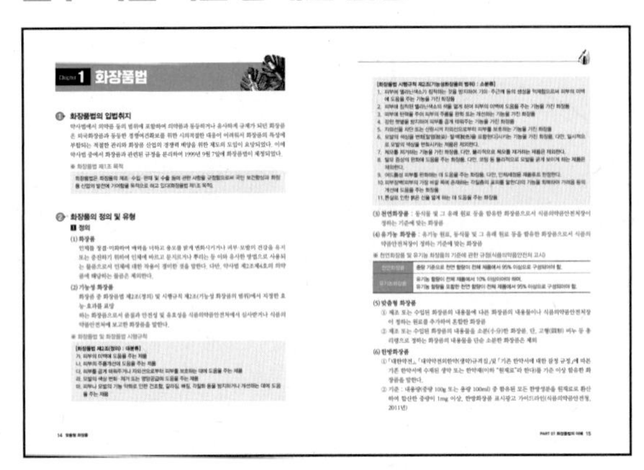
Chapter 1 화장품법

맞춤형화장품 조제관리사 시험과목인 화장품의 이해, 화장품 제조 및 품질관리, 유통화장품 안전관리, 맞춤형화장품의 이해에 대한 핵심적인 이론만을 엄선하여 수록하였다.

◎ 선다형 예상 문제 380

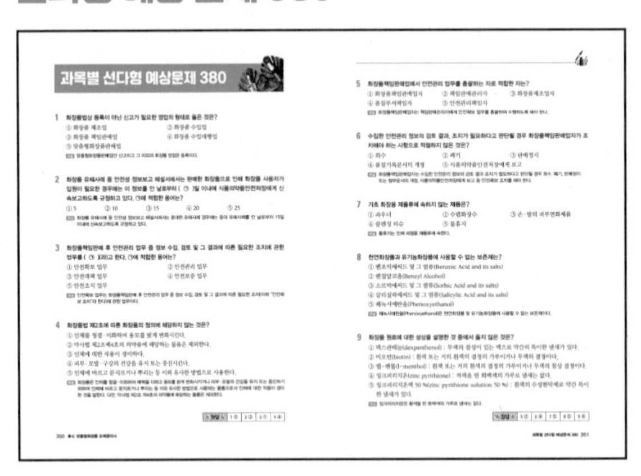
과목별 선다형 예상문제 380

각 과목에 해당하는 선다형 380문제를 수록하여, 다양한 문제를 충분히 연습할 수 있는 코너이다.

◎ 실전 모의고사 7회

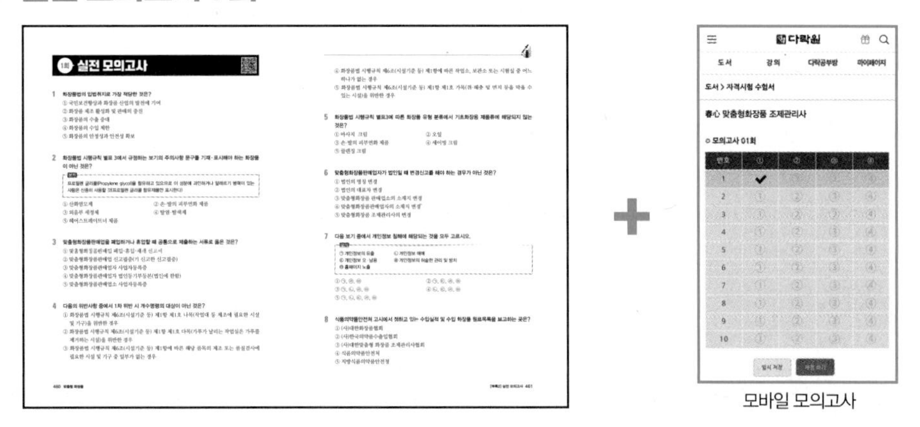
모바일 모의고사

실전 감각을 익힐 수 있는 모의고사 7회분을 상세한 설명과 함께 수록하였다.
시간을 엄수해 가며 실제 시험처럼 문제를 풀어보고, 틀린 문제는 다시 한번 보면서 완벽히 숙지하세요. 모의고사의 선다형 문제는 모바일 모의고사 서비스가 제공됩니다.

◎ [특별부록] 핵심 단답형 문제 140

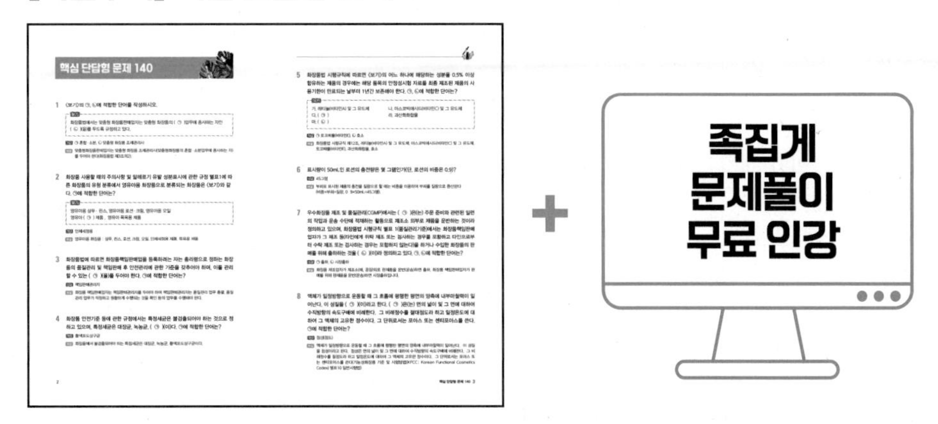

시험의 당락을 좌우하는 단답형 140문제를 특별부록으로 수록하였다.
저자 직강 족집게 문제 풀이 무료 인강이 제공됩니다.(www.darakwon.co.kr)

① 시험일시 : 연 1회(6월)

② 시험 시행기관

- 한국생산성본부 자격컨설팅센터
- 전화번호: 02-724-1170
- 홈페이지: https://license.kpc.or.kr/qplus/ccmm

③ 시험방법 : 필기시험(선다형+단답형)

④ 응시자격 : 제한 없음

⑤ 합격 기준 : 전 과목 총점(1,000점)의 60%(600점) 이상을 득점하고, 각 과목 만점의 40% 이상을 득점한 자

⑥ 시험과목 세부내용

교과목	주요 항목	세부 내용
1. 화장품법의 이해 (화장품 관련 법령 및 제도 등에 관한 사항)	1.1. 화장품법	• 화장품법의 입법취지 • 화장품의 정의 및 유형 • 화장품의 유형별 특성 • 화장품법에 따른 영업의 종류 • 화장품의 품질 요소(안전성, 안정성, 유효성) • 화장품의 사후관리 기준
	1.2. 개인정보 보호법	• 고객 관리 프로그램 운용 • 개인정보보호법에 근거한 고객정보 입력 • 개인정보보호법에 근거한 고객정보 관리 • 개인정보보호법에 근거한 고객 상담

교과목	주요 항목	세부 내용
2. 화장품 제조 및 품질관리 (화장품의 제조 및 품질관리와 원료의 사용기준 등에 관한 사항)	2.1. 화장품 원료의 종류와 특성	• 화장품 원료의 종류 • 화장품에 사용된 성분의 특성 • 원료 및 제품의 성분 정보
	2.2. 화장품의 기능과 품질	• 화장품의 효과 • 판매 가능한 맞춤형화장품 구성 • 내용물 및 원료의 품질성적서 구비
	2.3. 화장품 사용제한 원료	• 화장품에 사용되는 사용제한 원료의 종류 및 사용한도 • 착향제(향료) 성분 중 알레르기 유발물질
	2.4. 화장품 관리	• 화장품의 취급방법 • 화장품의 보관방법 • 화장품의 사용방법 • 화장품의 사용상 주의사항
	2.5. 위해사례 판단 및 보고	• 위해여부 판단 • 위해사례 보고
3. 유통화장품 안전관리 (화장품의 유통 및 안전관리 등에 관한 사항)	3.1. 작업장 위생관리	• 작업장의 위생 기준 • 작업장의 위생 상태 • 작업장의 위생 유지관리 활동 • 작업장 위생 유지를 위한 세제의 종류와 사용법 • 작업장 소독을 위한 소독제의 종류와 사용법
	3.2. 작업자 위생관리	• 작업장 내 직원의 위생 기준 설정 • 작업장 내 직원의 위생 상태 판정 • 혼합 · 소분 시 위생관리 규정 • 작업자 위생 유지를 위한 세제의 종류와 사용법 • 작업자 소독을 위한 소독제의 종류와 사용법 • 작업자 위생관리를 위한 복장 청결상태 판단
	3.3. 설비 및 기구 관리	• 설비 · 기구의 위생 기준 설정 • 설비 · 기구의 위생 상태 판정 • 오염물질 제거 및 소독 방법 • 설비 · 기구의 구성 재질 구분 • 설비 · 기구의 폐기 기준

교과목	주요 항목	세부 내용
	3.4. 내용물 및 원료 관리	• 내용물 및 원료의 입고 기준 • 유통화장품의 안전관리 기준 • 입고된 원료 및 내용물 관리기준 • 보관 중인 원료 및 내용물 출고기준 • 내용물 및 원료의 폐기 기준 • 내용물 및 원료의 사용기한 확인 · 판정 • 내용물 및 원료의 개봉 후 사용기한 확인 · 판정 • 내용물 및 원료의 변질 상태(변색, 변취 등) 확인 • 내용물 및 원료의 폐기 절차
	3.5. 포장재의 관리	• 포장재의 입고기준 • 입고된 포장재 관리기준 • 보관 중인 포장재 출고기준 • 포장재의 폐기 기준 • 포장재의 사용기한 확인 · 판정 • 포장재의 개봉 후 사용기한 확인 · 판정 • 포장재의 변질 상태 확인 • 포장재의 폐기 절차
4. 맞춤형화장품의 이해 (맞춤형화장품의 특성 · 내용 및 관리 등에 관한 사항)	4.1. 맞춤형화장품 개요	• 맞춤형화장품 정의 • 맞춤형화장품 주요 규정 • 맞춤형화장품의 안전성 • 맞춤형화장품의 유효성 • 맞춤형화장품의 안정성
	4.2. 피부 및 모발 생리 구조	• 피부의 생리 구조 • 모발의 생리 구조 • 피부 모발 상태 분석
	4.3. 관능평가 방법과 절차	• 관능평가 방법과 절차
	4.4. 제품 상담	• 맞춤형화장품의 효과 • 맞춤형화장품의 부작용의 종류와 현상 • 배합금지 사항 확인 · 배합 • 내용물 및 원료의 사용제한 사항

교과목	주요 항목	세부 내용
	4.5. 제품 안내	• 맞춤형화장품 표시 사항 • 맞춤형화장품 안전기준의 주요사항 • 맞춤형화장품의 특징 • 맞춤형화장품의 사용법
	4.6. 혼합 및 소분	• 원료 및 제형의 물리적 특성 • 화장품 배합한도 및 금지원료 • 원료 및 내용물의 유효성 • 원료 및 내용물의 규격(pH, 점도, 색상, 냄새 등) • 혼합·소분에 필요한 도구·기기 리스트 선택 • 혼합·소분에 필요한 기구 사용 • 맞춤형화장품판매업 준수사항에 맞는 혼합·소분 활동
	4.7. 충전 및 포장	• 제품에 맞는 충전 방법 • 제품에 적합한 포장 방법 • 용기 기재사항
	4.8. 재고관리	• 원료 및 내용물의 재고 파악 • 적정 재고를 유지하기 위한 발주

목차

PART 01

화장품법의 이해

Chapter 1 화장품법

① 화장품법의 입법취지

약사법에서 의약품 등의 범위에 포함하여 의약품과 동등하거나 유사하게 규제가 되던 화장품은 외국화장품과 동등한 경쟁여건확보를 위한 시의적절한 대응이 어려워서 화장품의 특성에 부합되는 적절한 관리와 화장품 산업의 경쟁력 배양을 위한 제도의 도입이 요망되었다. 이에 약사법 중에서 화장품과 관련된 규정을 분리하여 1999년 9월 7일에 화장품법이 제정되었다.

◈ 화장품법 제1조 목적

화장품법은 화장품의 제조·수입·판매 및 수출 등에 관한 사항을 규정함으로써 국민 보건향상과 화장품 산업의 발전에 기여함을 목적으로 하고 있다(화장품법 제1조 목적).

② 화장품의 정의 및 유형

1 정의

(1) 화장품

인체를 청결·미화하여 매력을 더하고 용모를 밝게 변화시키거나 피부·모발의 건강을 유지 또는 증진하기 위하여 인체에 바르고 문지르거나 뿌리는 등 이와 유사한 방법으로 사용되는 물품으로서 인체에 대한 작용이 경미한 것을 말한다. 다만, 약사법 제2조제4호의 의약품에 해당하는 물품은 제외한다.

(2) 기능성화장품

화장품 중 화장품법 제2조(정의) 및 시행규칙 제2조(기능성화장품의 범위)에서 지정한 효능·효과를 표방

하는 화장품으로서 품질과 안전성 및 유효성을 식품의약품안전처에서 심사받거나 식품의약품안전처에 보고한 화장품을 말한다.

◈ 화장품법 및 화장품법 시행규칙

[화장품법 제2조(정의) : 대분류]

가. 피부의 미백에 도움을 주는 제품
나. 피부의 주름개선에 도움을 주는 제품
다. 피부를 곱게 태워주거나 자외선으로부터 피부를 보호하는 데에 도움을 주는 제품
라. 모발의 색상 변화·제거 또는 영양공급에 도움을 주는 제품
마. 피부나 모발의 기능 약화로 인한 건조함, 갈라짐, 빠짐, 각질화 등을 방지하거나 개선하는 데에 도움을 주는 제품

[화장품법 시행규칙 제2조(기능성화장품의 범위) : 소분류]

1. 피부에 멜라닌색소가 침착하는 것을 방지하여 기미·주근깨 등의 생성을 억제함으로써 피부의 미백에 도움을 주는 기능을 가진 화장품
2. 피부에 침착된 멜라닌색소의 색을 엷게 하여 피부의 미백에 도움을 주는 기능을 가진 화장품
3. 피부에 탄력을 주어 피부의 주름을 완화 또는 개선하는 기능을 가진 화장품
4. 강한 햇볕을 방지하여 피부를 곱게 태워주는 기능을 가진 화장품
5. 자외선을 차단 또는 산란시켜 자외선으로부터 피부를 보호하는 기능을 가진 화장품
6. 모발의 색상을 변화[탈염(脫染)·탈색(脫色)을 포함한다]시키는 기능을 가진 화장품. 다만, 일시적으로 모발의 색상을 변화시키는 제품은 제외한다.
7. 체모를 제거하는 기능을 가진 화장품. 다만, 물리적으로 체모를 제거하는 제품은 제외한다.
8. 탈모 증상의 완화에 도움을 주는 화장품. 다만, 코팅 등 물리적으로 모발을 굵게 보이게 하는 제품은 제외한다.
9. 여드름성 피부를 완화하는 데 도움을 주는 화장품. 다만, 인체세정용 제품류로 한정한다.
10. 피부장벽(피부의 가장 바깥 쪽에 존재하는 각질층의 표피를 말한다)의 기능을 회복하여 가려움 등의 개선에 도움을 주는 화장품
11. 튼살로 인한 붉은 선을 엷게 하는 데 도움을 주는 화장품

(3) **천연화장품** : 동식물 및 그 유래 원료 등을 함유한 화장품으로서 식품의약품안전처장이 정하는 기준에 맞는 화장품

(4) **유기농화장품** : 유기농 원료, 동식물 및 그 유래 원료 등을 함유한 화장품으로서 식품의약품안전처장이 정하는 기준에 맞는 화장품

◈ 천연화장품 및 유기농화장품의 기준에 관한 규정(식품의약품안전처 고시)

천연화장품	중량 기준으로 천연 함량이 전체 제품에서 95% 이상으로 구성되어야 함.
유기농화장품	유기농 함량이 전체 제품에서 10% 이상이어야 하며, 유기농 함량을 포함한 천연 함량이 전체 제품에서 95% 이상으로 구성되어야 함.

(5) 맞춤형화장품

① 제조 또는 수입된 화장품의 내용물에 다른 화장품의 내용물이나 식품의약품안전처장이 정하는 원료를 추가하여 혼합한 화장품

② 제조 또는 수입된 화장품의 내용물을 소분(小分)한 화장품. 단, 고형(固形) 비누 등 총리령으로 정하는 화장품의 내용물을 단순 소분한 화장품은 제외

(6) 한방화장품

① 「대한약전」, 「대약약전외한약(생약)규격집」및 「기존 한약서에 대한 잠정 규정」에 따른 기존 한약서에 수재된 생약 또는 한약재(이하 "원재료"라 한다)를 기준 이상 함유한 화장품을 말한다.

② 기준 : 내용량(중량 100g 또는 용량 100ml) 중 함유된 모든 한방성분을 원재료로 환산하여 합산한 중량이 1mg 이상, 한방화장품 표시광고 가이드라인(식품의약품안전청, 2011년)

(7) **안전용기·포장** : 만 5세 미만의 어린이가 개봉하기 어렵게 설계·고안된 용기나 포장

예 눌러서 돌려야 열리는 캡

(8) **사용기한** : 화장품이 제조된 날부터 적절한 보관상태에서 제품이 고유의 특성을 간직한 채 소비자가 안정적으로 사용할 수 있는 최소한의 기한

(9) **1차 포장**

① 화장품 제조 시 내용물과 직접 접촉하는 포장용기

② 1차 포장용기 : 병, 펌프캡, 디스크, 튜브, 립스틱용기, 퍼프, 브러쉬, 디스크(바킹)

(10) **2차 포장**

① 1차 포장을 수용하는 1개 또는 그 이상의 포장과 보호재 및 표시의 목적으로 한 포장(첨부문서 등을 포함)

② 2차 포장용기 : 단상자(카톤), 첨부문서, 라벨

(11) **표시** : 화장품의 용기·포장에 기재하는 문자·숫자·도형 또는 그림 등을 말한다.

(12) **광고** : 라디오·텔레비전·신문·잡지·음성·음향·영상·인터넷·인쇄물·간판, 그 밖의 방법에 의하여 화장품에 대한 정보를 나타내거나 알리는 행위

(13) **화장품제조업** : 화장품의 전부 또는 일부를 제조(2차 포장 또는 표시만의 공정은 제외)하는 영업

예 OEM/ODM회사

(14) **화장품책임판매업** : 취급하는 화장품의 품질 및 안전 등을 관리하면서 이를 유통·판매하거나 수입대행형 거래를 목적으로 알선·수여(授與)하는 영업

예 브랜드회사, 화장품수입사

(15) **맞춤형화장품판매업** : 맞춤형화장품을 판매하는 영업

예 맞춤형화장품조제관리사가 있는 로드샵, 브랜드샵, 화장품공방, 피부관리실, H&B샵 등

2 유형

화장품의 유형은 화장품 사용할 때의 주의사항 및 알레르기 유발성분표시에 관한 규정 별표 1에서 13개의 화장품 유형으로 규정하고 있으며 의약외품은 제외한다.

(1) 영유아용(만 3세 이하의 영유아용) 제품류

① 영유아용 샴푸, 린스

② 영유아용 로션, 크림

③ 영유아용 오일

④ 영유아 인체 세정용 제품

⑤ 영유아 목욕용 제품

(2) 목욕용 제품류

① 목욕용 오일·정제·캡슐

② 목욕용 소금류

③ 버블 배스(bubble baths)

④ 그 밖의 목욕용 제품류

(3) 인체 세정용 제품류

① 폼 클렌저(foam cleanser)
② 바디 클렌저(body cleanser)
③ 액체 비누(liquid soaps)
④ 화장 비누(고체형태의 세안용 비누)
⑤ 외음부 세정제
⑥ 물휴지
⑦ 그 밖의 인체 세정용 제품류

◈ 물휴지

다만, 「위생용품 관리법」 제2조제1호라목2)에서 말하는 「식품위생법」 제36조제1항제3호에 따른 식품접객업의 영업소에서 손을 닦는 용도 등으로 사용할 수 있도록 포장된 물티슈와 「장사 등에 관한 법률」 제29조에 따른 장례식장 또는 「의료법」 제3조에 따른 의료기관 등에서 시체(屍體)를 닦는 용도로 사용되는 물휴지는 제외한다.: 클렌징 티슈(기초화장품용 제품류)

(4) 눈 화장용 제품류

① 아이브로(eyebrow)
② 아이 라이너(eye liner)
③ 아이 섀도(eye shadow)
④ 마스카라(mascara)
⑤ 아이 메이크업 리무버(eye make-up remover)
⑥ 그 밖의 눈 화장용 제품류

(5) 방향용 제품류

① 향수
② 콜롱(cologne)
③ 그 밖의 방향용 제품류

(6) 두발 염색용 제품류

① 헤어 틴트(hair tints)
② 헤어 컬러스프레이(hair color sprays)
③ 염모제
④ 탈염·탈색용 제품
⑤ 그 밖의 두발 염색용 제품류

(7) 색조 화장용 제품류

① 볼연지
② 페이스 파우더(face powder)
③ 리퀴드(liquid)·크림·케이크 파운데이션(foundation)

④ 메이크업 베이스(make-up bases)
⑤ 메이크업 픽서티브(make-up fixatives)
⑥ 립스틱, 립라이너(lip liner)
⑦ 립글로스(lip gloss), 립밤(lip balm)
⑧ 바디페인팅(body painting), 페이스페인팅(face painting), 분장용 제품

(8) 두발용 제품류

① 헤어 컨디셔너(hair conditioners), 헤어 트리트먼트(hair treatment), 헤어 팩(hair pack), 린스
② 헤어 토닉(hair tonics), 헤어 에센스(hair essence)
③ 포마드(pomade), 헤어 스프레이·무스·왁스·젤, 헤어 그루밍 에이드(hair grooming aids)
④ 헤어 크림·로션
⑤ 헤어 오일
⑥ 샴푸
⑦ 퍼머넌트 웨이브(permanent wave)
⑧ 헤어 스트레이트너(hair straightner)
⑨ 흑채
⑩ 그 밖의 두발용 제품류

(9) 손발톱용 제품류

① 베이스코트(basecoats), 언더코트(under coats)
② 네일폴리시(nail polish), 네일에나멜(nail enamel)
③ 탑코트(topcoats)
④ 네일 크림·로션·에센스·오일
⑤ 네일폴리시·네일에나멜 리무버
⑥ 그 밖의 손발톱용 제품류

(10) 면도용 제품류

① 애프터셰이브 로션(aftershave lotions)
② 프리셰이브 로션(preshave lotions)
③ 셰이빙 크림(shaving cream)
④ 셰이빙 폼(shaving foam)
⑤ 그 밖의 면도용 제품류

(11) 기초화장용 제품류

① 수렴·유연·영양 화장수(face lotions)
② 마사지 크림
③ 에센스, 오일
④ 파우더
⑤ 바디 제품

⑥ 팩, 마스크
⑦ 눈 주위 제품
⑧ 로션, 크림
⑨ 손·발의 피부연화 제품
⑩ 클렌징 워터, 클렌징 오일, 클렌징 로션, 클렌징 크림 등 메이크업 리무버
⑪ 그 밖의 기초화장용 제품류

(12) **체취 방지용 제품류**
① 데오도런트
② 그 밖의 체취 방지용 제품류

(13) **체모 제거용 제품류**
① 제모제
② 제모왁스
③ 그 밖의 체모 제거용 제품류 예 왁스스트립

3 화장품의 유형별 특성

[화장품의 유형별 특성]

유형	특성
영유아용	만 3세 이하의 영유아가 사용하는 샴푸, 린스, 로션, 크림, 오일, 인체 세정제 제품, 목욕용 제품
목욕용	샤워, 목욕 시, 주로 물에 풀어 전신에 사용하는 제품(예 입욕제)
인체 세정용	손, 얼굴, 바디에 사용하는 사용 후 바로 씻어내는 제품
눈 화장용	눈 주위에 매력을 더하기 위해 사용하는 메이크업 제품
방향용	향(香)을 몸에 지니거나 뿌리는 제품
두발 염색용	모발의 색을 변화시키거나(염모) 탈색시키는(탈염) 제품
색조 화장용	얼굴과 신체에 매력을 더하기 위해 사용하는 메이크업 제품
두발용	모발의 세정, 컨디셔닝, 정발, 웨이브형성, 스트레이팅, 증모효과에 사용하는 제품
손발톱용	손톱과 발톱의 관리 및 메이크업에 사용하는 제품
면도용	면도할 때와 면도 후에 피부보호 및 피부진정 등에 사용하는 제품
기초화장용	피부의 보습, 수렴, 유연(에몰리언트), 영양공급, 클렌징 등에 사용하는 스킨케어 제품
체취 방지용	몸에서 나는 냄새를 제거하거나 줄여주는 제품
체모 제거용	몸에 난 털을 제거하는 제모에 사용하는 제품

4 영업의 종류

화장품의 영업형태는 2020년 3월13일까지는 화장품제조업자, 화장품책임판매업자로 분류되며, 2020년 3월 14일부터는 화장품제조업자, 화장품책임판매업자, 맞춤형화장품판매업자로 분류된다. 화장품법에서 영업자는 화장품제조업자, 화장품책임판매업자 및 맞춤형화장품판매업자 모두를 의미한다.

1 영업범위

(1) 화장품제조업

① 화장품을 직접 제조하는 영업
② 화장품 제조를 위탁받아 제조하는 영업
③ 화장품의 포장(1차 포장만 해당한다)을 하는 영업

(2) 화장품책임판매업

① 화장품제조업자가 화장품을 직접 제조하여 유통·판매하는 영업
② 화장품제조업자에게 위탁하여 제조된 화장품을 유통·판매하는 영업
③ 수입된 화장품을 유통·판매하는 영업
④ 수입대행형 거래를 목적으로 화장품을 알선·수여(授與)하는 영업

(3) 맞춤형화장품판매업

① 제조 또는 수입된 화장품의 내용물에 다른 화장품의 내용물을 혼합한 화장품을 판매하는 영업
② 제조 또는 수입된 화장품의 내용물에 식품의약품안전처장이 정하여 고시하는 원료를 추가하여 혼합한 화장품을 판매하는 영업
③ 제조 또는 수입된 화장품의 내용물을 소분(小分)한 화장품을 판매하는 영업

2 등록 및 신고

소재지를 관할하는 지방식품의약품안전청장(서울청, 경인청, 대전청, 대구청, 광주청, 부산청)에게 화장품제조업자, 화장품책임판매업자는 등록하고, 맞춤형화장품판매업자는 신고하며 영업자별로 다음의 서류를 제출한다.

(1) 화장품제조업 등록

- 화장품제조업 등록신청서
- 대표자 : 의사의 진단서 또는 전문의의 진단서(정신질환자가 아님을 증명)
- 대표자 : 의사의 진단서(마약류의 중독자가 아님을 증명)
- 상호명(대표자) 증빙서류(사업자등록증, 법인등기부등본)
- 건축물관리대장 혹은 부동산임대차계약서(일반적으로 제조업으로 등록하기 위해서는 근린생활시설 1종 이상의 건물이어야 함)
- 시설명세서(제조, 시험)
- 건물배치도(제조소 전체 평면도)
- 품질검사 위수탁 계약서(필요 시)

(2) 화장품책임판매업 등록

- 화장품책임판매업 등록신청서
- 품질관리기준서
- 제조판매 후 안전관리 기준서
- 책임판매관리자 자격확인서류(졸업증명서, 경력증명서 등)
- 품질검사 위수탁 계약서
- 제조위수탁계약서
- 상호명 증빙서류(사업자등록증)
- 소재지(대표자) 증빙서류(법인등기부등본 등)

(3) 맞춤형화장품판매업 신고

① 일반적 영업 구비서류

구분	서류명	원본	사본
신고서	맞춤형화장품판매업신고서	○	
기본정보	사업자등록증[1] 및 법인등기부등본(법인에 한함)	○	○
자격증사본	맞춤형화장품조제관리사 자격증[2]		○
시설의 명세서	건축물[3]관리대장(건축물의 용도, 면적, 소유자 등 확인)	○	○
	임대차계약서(임대의 경우에 한함)	○	○
	혼합·소분 장소·시설 등을 확인할 수 있는 세부 평면도 및 상세 사진	○	○

1) 판매업자와 판매업소의 상호·소재지가 상이하여 추가 확인이 필요한 경우 양자 간의 관계를 증명할 수 있는 자료 추가 제출(판매업자 공문 등)
2) 2인 이상의 조제관리사 신고가 가능하며, 신고하려는 모든 조제관리사의 자격증 사본을 제출하여야함.
3) 건축물 용도는 1종·제2종 근린생활시설, 판매시설, 업무시설에 해당되어야 함.
※ 맞춤형화장품판매업 신고 수수료(화장품법 시행규칙 별표9 수수료) : 27,000원(전자민원 – 의약품안전나라 시스템(nedrug.mfds.go.kr)), 30,000원(방문·우편민원)

② 한시적 영업[1] 구비서류

구분	서류명	원본	사본
신고서	맞춤형화장품판매업신고서	○	
첨부	(기존 신고된 영업의)맞춤형화장품판매업신고필증		○
	맞춤형화장품 조제관리사 자격증		○

1) 맞춤형화장품판매업자가 판매업소로 신고한 소재지 외의 장소에서 1개월 이내(최대 1개월까지)에서 한시적으로 같은 영업을 하려는 경우이며 영업의 기간이 추가된 맞춤형화장품판매업 신고필증이 발급 됨.

③ 맞춤형화장품 판매업자가 맞춤형화장품 조제관리사 자격시험에 합격한 경우에는 해당 맞춤형화장품 판매업자의 판매업소 중 하나의 판매업소에서 맞춤형화장품 조제관리사 업무를 수행할 수 있다. 이 경우 해당 판매업소에는 맞춤형화장품 조제관리사를 둔 것으로 본다.

④ 맞춤형화장품 판매업 신고가 완료되면, 지자체(예 구청)에 면허세를 납부해야 하며, 면허세는 매년 납부한다.

⑤ 식품의약품안전처와 환경부의 협의에 따른 규제완화로 2021년 7월 1일부터 소비자가 직접 소분(리필) 매장에서 샴푸, 린스, 바디클렌저(바디워시), 액체비누 등을 용기에 직접 담아갈 수 있다.

(4) 맞춤형화장품 조제관리사 자격증의 발급

자격시험에 합격하여 자격증을 발급받으려고 자는 다음의 서류를 식품의약품안전처장에게 제출해야 함

- 맞춤형화장품 조제관리사 자격증 발급신청서
- 정신질환자에 해당되지 않음을 증명하는 최근 6개월 이내의 의사 진단서 혹은 맞춤형화장품 조제관리사로서 적합하다는 전문의 진단서
- 마약류 중독자에 해당되지 않음을 증명하는 최근 6개월 이내의 의사 진단서

(5) 맞춤형화장품 조제관리사 자격증의 재발급

자격증을 잃어버리거나 못 쓰게 된 경우에는 맞춤형화장품 조제관리사 자격증 재발급 신청서(전자문서로 된 신청서 포함)에 다음의 서류(전자문서를 포함)를 첨부하여 식품의약품안전처장에게 제출해야 함

- 자격증을 잃어버린 경우: 분실 사유서
- 자격증을 못 쓰게 된 경우: 자격증 원본

(6) 맞춤형화장품 조제관리사 자격

자격시험 부정행위	결격사유	자격취소
• 거짓이나 그 밖의 부정한 방법으로 자격시험에 응시한 사람 또는 자격시험에서 부정행위를 한 사람에 대하여는 그 자격시험이 정지되거나 합격을 무효처리됨. • 자격시험이 정지되거나 합격이 무효가 된 사람은 그 처분이 있은 날부터 3년간 자격시험에 응시할 수 없음.	• 정신질환자(전문의가 맞춤형화장품 조제관리사로서 적합하다고 인정하는 사람은 제외) • 피성년후견인 • 마약류 중독자 • 화장품법 또는 보건범죄 단속에 관한 특별조치법을 위반하여 금고 이상의 형을 선고받고 그 집행이 끝나지 아니하거나 그 집행을 받지 아니하기로 확정되지 아니한 자 • 맞춤형화장품 조제관리사의 자격이 취소된 날부터 3년이 지나지 아니한 자	• 거짓이나 그 밖의 부정한 방법으로 맞춤형화장품 조제관리사의 자격을 취득한 자 • 정신질환자 • 피성년후견인 • 마약류 중독자 • 화장품법 또는 보건범죄 단속에 관한 특별조치법을 위반하여 금고 이상의 형을 선고받고 그 집행이 끝나지 아니하거나 그 집행을 받지 아니하기로 확정되지 아니한 자 • 다른 사람에게 자기의 성명을 사용하여 맞춤형화장품 조제관리사 업무를 하게 하거나 맞춤형화장품 조제관리사자격증을 양도 또는 대여한 자

※ 맞춤형화장품 조제관리사가 아닌 자는 맞춤형화장품 조제관리사 또는 이와 유사한 명칭을 사용하지 못함.
※ 맞춤형화장품 조제관리사는 다른 사람에게 자기의 성명을 사용하여 맞춤형화장품 조제관리사 업무를 하게 하거나 자기의 맞춤형화장품 조제관리사자격증을 양도 또는 대여하여서는 안됨.
※ 누구든지 다른 사람의 맞춤형화장품 조제관리사자격증을 양수하거나 대여받아 이를 사용하여서는 안됨.

◎ 더 알아보기

■ 화장품법 시행규칙 [별지 제6호의2서식]

[맞춤형화장품판매업 신고서]

<table>
<tr><th colspan="2">접수번호</th><th>접수일</th><th>처리기간 15일(한시적 영업의 신고는 7일)</th></tr>
<tr><td rowspan="4">신고인</td><td colspan="2">성명(법인인 경우 대표자의 성명을 기재합니다)</td><td>주민등록번호 또는 외국인등록번호
(법인인 경우 대표자의 주민등록번호 또는 외국인등록번호를 기재합니다)</td></tr>
<tr><td colspan="2">상호</td><td>법인등록번호(법인만 기재합니다)</td></tr>
<tr><td colspan="2">주소</td><td>전화번호</td></tr>
<tr><td colspan="2">담당자 성명</td><td>담당자 전화번호</td></tr>
<tr><td rowspan="2">맞춤형화장품
판매업소</td><td colspan="3">상호</td></tr>
<tr><td colspan="2">주소</td><td>전화번호</td></tr>
<tr><td rowspan="2">맞춤형화장품
조제관리사</td><td colspan="2">성명</td><td>주민등록번호(외국인등록번호)</td></tr>
<tr><td colspan="2">자격증번호</td><td></td></tr>
<tr><td>다른 영업의 영위 여부</td><td colspan="2">[ ] 화장품책임판매업</td><td>[ ] 화장품제조업</td></tr>
<tr><td>영업의 기간
(한시적 영업의 경우)</td><td colspan="3">년 월 일부터 년 월 일</td></tr>
</table>

「화장품법」 제3조의2제1항 전단 및 같은 법 시행규칙 제8조의2제1항에 따라 위와 같이 맞춤형 화장품판매업을 신고합니다.

년 월 일

신고인 (서명 또는 인)

지방식품의약품안전청장 귀하

<table>
<tr><th>구분</th><th>첨부서류</th><th>수수료</th></tr>
<tr><td>신고인
제출서류</td><td>1. 맞춤형화장품판매업 신고를 하려는 경우
가. 맞춤형화장품 조제관리사의 자격증 사본
나. 시설의 명세서
2. 맞춤형화장품판매업자가 한시적 영업을 하려는 경우
가. 맞춤형화장품 조제관리사의 자격증 사본
나. 맞춤형화장품판매어 신고필증 사본</td><td rowspan="2">「화장품법 시행규칙」
별표 9에서 정한 금액</td></tr>
<tr><td>담당 공무원 확인사항</td><td>법인 등기사항증명서</td></tr>
</table>

처리절차			
신고서 작성	접 수	검 토	신고필증 발급
신고인	지방식품의약품안전청		

210mm×297mm(백상지 $80g/m^2$)

3 시설기준

시설기준은 화장품제조업자, 맞춤형화장품 판매업자에게만 있고 화장품책임판매업자에 대한 시설기준은 없다.

(1) 화장품제조업을 등록하려는 자가 갖추어야 하는 시설

① 제조 작업을 하는 다음 각 목의 시설을 갖춘 작업소

- 쥐·해충 및 먼지 등을 막을 수 있는 시설
- 작업대 등 제조에 필요한 시설 및 기구
- 가루가 날리는 작업실은 가루를 제거하는 시설

② 원료·자재 및 제품을 보관하는 보관소

③ 원료·자재 및 제품의 품질검사를 위하여 필요한 시험실

④ 품질검사에 필요한 시설 및 기구

(2) 다음의 경우에는 시설의 일부를 갖추지 아니할 수 있다.

① 화장품제조업자가 화장품의 일부 공정만을 제조하는 경우에는 해당 공정에 필요한 시설 및 기구 외의 시설 및 기구

② 원료·자재 및 제품에 대한 품질검사를 위탁하는 경우에는 원료·자재 및 제품의 품질검사를 위하여 필요한 시험실 및 품질검사에 필요한 시설 및 기구

- 보건환경연구원
- 시험실을 갖춘 제조업자
- 식품의약품안전처장이 지정한 화장품 시험·검사기관
- (사)한국의약품수출입협회

(3) 제조업자는 화장품의 제조시설을 이용하여 화장품 외의 물품을 제조할 수 있다. 다만, 제품 상호간에 오염의 우려가 있는 경우에는 그러하지 아니하다.

예 제품 상호 간의 오염우려가 없으면 화장비누 제조시설에서 세탁비누, 향초를 생산할 수 있다.

(4) 맞춤형화장품 판매업 신고를 하려는 자가 갖추어야 하는 시설

(4) 맞춤형화장품 판매업 신고를 하려는 자가 갖추어야 하는 시설 : 혼합·소분 이외의 용도로 사용되는 공간과 분리 또는 구획된 공간으로서 맞춤형화장품의 혼합·소분을 위한 공간을 갖추어야 한다. 다만, 혼합·소분 과정에서 맞춤형화장품의 품질·안전 등 보건위생상 위해가 발생할 우려가 없다고 인정되는 경우에는 혼합·소분 공간을 분리 또는 구획하여 갖추지 않아도 된다.

- 판매장소와 구분·구획된 조제실
- 원료 및 내용물 보관장소
- 적절한 환기시설
- 작업자의 손 및 조제 설비·기구 세척시설
- 맞춤형화장품 간 혼입이나 미생물 오염을 방지할 수 있는 시설 또는 설비

4 결격사유

(1) 화장품제조업등록을 할 수 없는 자

- 정신질환자 다만, 전문의가 화장품제조업자로서 적합하다고 인정하는 사람은 제외
- 피성년후견인 또는 파산선고를 받고 복권되지 아니한 자
- 마약류의 중독자
- 화장품법 또는 「보건범죄 단속에 관한 특별조치법」을 위반하여 금고 이상의 형을 선고받고 그 집행이 끝나지 아니하거나 그 집행을 받지 아니하기로 확정되지 아니한 자
- 등록이 취소되거나 영업소가 폐쇄된 날부터 1년이 지나지 아니한 자

(2) 화장품책임판매업등록 혹은 맞춤형화장품 판매업신고를 할 수 없는 자

- 피성년후견인 또는 파산선고를 받고 복권되지 아니한 자
- 화장품법 또는 「보건범죄 단속에 관한 특별조치법」을 위반하여 금고 이상의 형을 선고받고 그 집행이 끝나지 아니하거나 그 집행을 받지 아니하기로 확정되지 아니한 자
- 등록이 취소되거나 영업소가 폐쇄된 날부터 1년이 지나지 아니한 자

5 화장품 품질요소

화장품의 품질요소는 안전성, 안정성, 사용성 및 유효성이다.

[화장품의 품질요소]

구분	상세설명
안전성 safety	피부에 대한 자극, 알레르기, 독성이 없어야 함.
안정성 stability	보관 시에 변질, 변색, 변취, 미생물 오염이 없어야 함.
사용성 usability	피부에 잘 펴발리며, 사용하기 쉽고 흡수가 잘 되어야 함.
유효성 efficacy	유분과 수분을 공급하고 세정, 메이크업, 기능성 효과 등을 부여해야 함.

1 안전성

화장품 취급·사용 시 인지되는 안전성에 대한 사항은 화장품 안전성 정보관리 규정(식품의약품안전처 고시)에서 정하고 있다.

(1) 정의

① 유해사례(Adverse Event/Adverse Experience, AE)는 화장품의 사용 중 발생한 바람직하지 않고 의도되지 아니한 징후, 증상 또는 질병을 말하며, 당해 화장품과 반드시 인과관계를 가져야 하는 것은 아니다.

② 중대한 유해사례(Serious AE)는 유해사례 중 다음 각목의 어느 하나에 해당하는 경우를 말한다.

- 사망을 초래하거나 생명을 위협하는 경우
- 입원 또는 입원기간의 연장이 필요한 경우
- 지속적 또는 중대한 불구나 기능저하를 초래하는 경우
- 선천적 기형 또는 이상을 초래하는 경우
- 기타 의학적으로 중요한 상황

③ 실마리 정보(Signal)는 유해사례와 화장품 간의 인과관계 가능성이 있다고 보고된 정보로서 그 인과관계가 알려지지 아니하거나 입증자료가 불충분한 것을 말한다.

④ 안전성 정보는 화장품과 관련하여 국민보건에 직접 영향을 미칠 수 있는 안전성·유효성에 관한 새로운 자료, 유해사례 정보 등을 말한다.

유해성	물질이 가진 고유의 성질로 사람의 건강이나 환경에 좋지 않은 영향을 미치는 화학물질 고유의 성질
위해성	유해성이 있는 물질에 사람이나 환경이 노출되었을 때 실제로 피해를 입는 정도

◈ 유해성 vs 위해성

모든 물질은 물질 자체에 독성을 지닐 수 있으나(유해성), 해당 물질의 적정한 사용에 따라 인체에 끼치는 영향(위해성)이 결정되는 것으로 유해성이 큰 물질이라도 노출되지 않으면 위해성이 낮으며, 유해성이 작은 물질이라도 노출량이 많으면 큰 위해성을 갖는다고 볼 수 있습니다.

예 보톡스

(2) 안전성 정보 보고

① 화장품 책임판매업자 및 맞춤형화장품 판매업자는 화장품의 사용 중 발생하였거나 알게 된 유해사례 등 안전성 정보에 대하여 매 반기 종료 후 1개월 이내에 식품의약품안전처장에게 보고를 해야 하며, 안전성에 대하여 보고할 사항이 없는 경우에는 "안전성 정보보고 사항 없음"으로 기재해서 보고한다.

1 ~ 6월까지 안전성 정보	7월 말까지 보고
7 ~ 12월까지 안전성 정보	다음 해 1월말까지 보고

② 상시근로자수가 2인 이하로서 직접 제조한 화장비누만을 판매하는 화장품책임판매업자는 해당 안전성 정보를 보고하지 아니할 수 있다.

③ 신속보고(정보를 알게된 날로부터 15일 이내)해야 하는 경우(화장품 유해사례 등 안전성 정보보고 해설서)

- 중대한 유해사례 또는 이와 관련하여 식품의약품안전처장이 보고를 지시한 경우
- 판매중지나 회수에 준하는 외국정부의 조치 또는 이와 관련하여 식품의약품안전처장이 보고를 지시한 경우

(3) 영유아 또는 어린이 사용 화장품

① 영유아 또는 어린이 사용 화장품을 판매하는 화장품책임판매업자는 제품별 안전성 자료를 화장품법 시행규칙 별표1 품질관리기준 제3호가목5) 및 제7호의 문서 및 기록의 관리 절차에 따라 작성·개정·승인 등 관리하여야 한다(영유아 또는 어린이의 연령 기준 – 영유아: 만 3세 이하, 어린이: 만 4세 이상부터 만 13세 이하까지).

◈ 품질관리기준(화장품법 시행규칙 별표1)

3. 품질관리업무의 절차에 관한 문서 및 기록 등

가. 화장품책임판매업자는 다음의 사항이 포함된 품질관리 업무 절차서를 작성·보관해야 한다.

1) 적정한 제조관리 및 품질관리 확보에 관한 절차
2) 품질 등에 관한 정보 및 품질 불량 등의 처리 절차
3) 회수처리 절차
4) 교육·훈련에 관한 절차
5) 문서 및 기록의 관리 절차
6) 시장출하에 관한 기록 절차
7) 그 밖에 품질관리 업무에 필요한 절차

7. 문서 및 기록의 정리

화장품책임판매업자는 문서·기록에 관하여 다음과 같이 관리해야 한다.

가. 문서를 작성하거나 개정했을 때에는 해당 문서의 승인, 배포, 보관 등을 할 것

나. 품질관리 업무 절차서를 작성하거나 개정했을 때에는 해당 품질관리 업무 절차서에 그 날짜를 적고 개정 내용을 보관할 것

② 제품별 안전성 자료의 작성방법

가. 제품 설명자료

제품에 대한 상세한 정보를 포함한 자료 혹은 제품표준서 사본 또는 수입관리기록서 사본(수입 화장품에 한함)

나. 제조방법 설명자료

제품의 제조방법에 대한 정보를 포함하여 작성한 것 혹은 제조관리기준서 사본 또는 제품표준서 사본 또는 수입관리 기록서 사본(수입 화장품에 한함)

다. 화장품 안전성 평가자료

- 제조 시 사용된 원료 및 제품의 안전성 평가 자료

원료에 대한 검토자료	해당 제품에 대해 사용되는 각각의 원료에 대한 물리화학적 특성, 독성 등 정보를 포함한 자료로 각 원료에 대한 기준 규격 정보를 포함하여 자료를 작성한다(제조과정 중에 제거되어 최종 제품에는 남아 있지 않은 성분은 제외).
완제품에 대한 검토자료	완제품에 대하여 화장품 안전기준 등에 관한 규정 제6조에 따른 유통화장품의 안전관리 기준에 적합함을 검토한 자료를 포함하여 작성한다.

- 사용 후 이상사례 정보의 수집·검토·평가 및 조치 관련 자료
  화장품 안전성 정보관리 규정에 따른 신속·정기 보고, 안전성 정보의 검토 및 평가, 후속조치한 내용을 포함하여 작성한다.
- 제품 안전성 평가 결과
  원료 및 완제품, 이상사례 등에 대한 자료를 바탕으로 해당 제품의 안전성에 대한 평가 결과를 작성한다.

라. 제품의 효능·효과 증명자료

기능성화장품의 효능·효과에 대 증명 자료	• 기능성화장품에 해당하는 경우 화장품법 시행규칙 제9조에따른 심사 결과자료 • 화장품법 시행규칙 제10조에 따라 보고서를 제출한 기능성 화장품은 제출한 보고서
제품의 표시·광고 중 사실에 관한 실증 자료	• 영유아 또는 어린이 사용 화장품의 표시·광고 중에서 사실에 대해 실증이 필요한 사항에 대해 화장품 표시·광고 실증에 관한 규정에 따른 실증 자료

마. 제품별 안전성 자료 보관방법·절차

화장품 책임판매업자는 인쇄본 또는 전자매체를 이용하여 제품별 안전성 자료를 안전하게 보관하여야 하며, 자료의 훼손 또는 소실에 대비하기 위해 사본, 백업자료 등을 생성·유지할 수 있다.

바. 제품별 안전성 자료의 보관기간

사용기한을 표시하는 경우	영유아 또는 어린이가 사용할 수 있는 화장품임을 표시·광고한 날부터 마지막으로 제조·수입된 제품의 사용기한 만료일 이후 1년까지의 기간
개봉 후 사용기간을 표시하는 경우	영유아 또는 어린이가 사용할 수 있는 화장품임을 표시·광고한 날부터 마지막으로 제조·수입된 제품의 제조연월일(제조일자) 이후 3년까지의 기간(제조는 제조일자를 기준, 수입은 통관일자를 기준)

(4) 패치테스트

① 패치테스트(첩포시험, patch test) : 원료나 내용물의 피부에 대한 알레르기, 부작용 등을 확인하기 위하여 일정량의 원료나 내용물을 피부(예 전완, forearm)에 도포 후, 일정 시간(예 24시간, 48시간) 경과 후에 피부의 반응을 보는 시험이다.

② 패치테스트는 일반적으로 Finn chamber®를 사용한다.

2 위해성

화장품, 식품, 의약품, 건강기능식품 등의 위해평가에 대하여는 인체적용제품의 위해성평가 등에 관한 규정(식품의약품안전처 고시)에서 정하고 있으며, 본 교재에서는 위해평가와 관련된 용어의 정의만을 수록한다.

(1) 정의

① 위해평가 : 인체가 화장품에 존재하는 위해요소에 노출되었을 때 발생할 수 있는 유해영향과 발생확률을 과학적으로 예측하는 일련의 과정으로 위험성 확인, 위험성 결정, 노출평가, 위해도 결정 등 일련의 단계를 말한다.

② 위해요소 : 인체의 건강을 해치거나 해칠 우려가 있는 화학적·생물학적·물리적 요인을 말한다.

③ 위해성 : 인체적용제품에 존재하는 위해요소에 노출되는 경우 인체의 건강을 해칠 수 있는 정도를 말한다.

(2) 화장품 안전의 일반사항

화장품 위해평가 가이드라인(식품의약품안전평가원)은 화장품의 안전을 확보하기 위한 일반적인 사항과 화장품 위해평가 시 고려해야 할 사항, 방법 및 절차를 제시하고 있으며, 이 가이드라인에서 설명하는 화장품 안전의 일반사항은 다음과 같다.

① 화장품은 제품 설명서, 표시사항 등에 따라 정상적으로 사용하거나 또는 예측 가능한 사용 조건에 따라 사용하였을 때 인체에 안전하여야 한다.

② 화장품은 소비자뿐만 아니라 화장품을 직업적으로 사용하는 전문가(예 미용사, 피부미용사 등) 에게 안전해야 한다.

③ 화장품은 주로 피부에 적용하기 때문에 피부자극 및 감작이 우선적으로 고려될 수 있으며, 빛에 의한 광자극이나 광감작 역시 고려될 수 있다. 또한 두피 및 안면에 적용하는 제품들은 눈에 들어갈 가능성이 있으므로 안점막자극이 고려될 수 있다.

④ 화장품의 사용방법에 따라 피부 흡수 또는 예측 가능한 경구 섭취 (립스틱 등), 흡입독성(스프레이 등)에 의한 전신독성이 고려될 수 있다.

⑤ 화장품 안전의 확인은 화장품 원료의 선정부터 사용기한까지 화장품의 전주기에 대한 전반적인 접근이 필요하다.

⑥ 제품에 대한 위해평가는 개개 제품에 따라 다를 수 있으나 일반적으로 화장품의 위험성은 각 원료성분의 독성자료에 기초한다.

⑦ 과학적 관점에서 모든 원료성분에 대해 독성자료가 필요한 것은 아니다. 현재 활용 가능한 자료가 우선적으로 검토될 수 있다.

⑧ 개인별 화장품 사용에 관한 편차를 고려하여 일반적으로 일어날 수 있는 최대 사용 환경에서 화장품 성분을 위해평가 한다. 필요하면 화장품에 많이 노출되는 연예인, 미용사 등 특수직 종사자뿐 아니라 어린이나 영유아에 영향이 있을 경우는 따로 고려할 수 있다. 또한 다양한 종류의 화장품을 동시에 사용하는 경우를 고려하여 가능한 경우 화장품의 동시사용이 최종 위해성에 미치는 결과도 고려하여 위해평가를 수행한다.

⑨ 화장품 제조업자는 사용하는 성분에 대한 안전성 자료를 확보하기 위해 최대한 노력을 기울여야 하며 또한 최대한 활용되도록 노력하여야 한다.

⑩ 독성자료는 OECD 가이드라인 등 국제적으로 인정된 프로토콜에 따른 시험을 우선적으로 고려할 수 있으며, 과학적으로 타당한 방법으로 수행된 자료이면 활용 가능하다. 또한 국제적으로 입증된 동물대체시험법으로 시험한 자료도 활용 가능하다.

⑪ 위해평가 시 본 가이드라인을 체크리스트로 간주할 수 없으며, 화장품 성분의 특성에 따라 사례별(case by case)로 평가하는 것이 바람직하다.

(3) 화장품 성분의 안전

화장품 위해평가 가이드라인에서 설명하는 화장품 성분의 안전의 일반사항은 다음과 같다.

① 화장품 성분은 화학물질 또는 천연물 등일 수 있으며, 경우에 따라 단독 또는 혼합물일 수 있다. 최종 제품의 안전성을 확보하기 위해서는 원료 성분의 안전성이 확보되어야 한다.

② 사용하고자 하는 성분은 식약처장이 화장품의 제조에 사용할 수 없는 원료로 지정고시한 것이 아니어야 하고 또한 사용한도에 적합하여야 한다.

③ 미량의 중금속 등 불순물, 제조공정이나 보관 중에 생길 수 있는 비의도적 오염물질을 가능한 줄이기 위한 충분한 조치를 취하여야 한다. 그럼에도 오염물질이 존재할 경우 그 안전성은 노출량 등을 고려하여 사안별(case by case)로 검토되어야 한다.

④ 화장품 성분의 화학구조에 따라 물리·화학적 반응 및 생물학적 반응이 결정되며 화학적 순도, 조성 내의 다른 성분들과의 상호작용 및 피부 투과 등은 효능과 안전성 및 안정성에 영향을 미칠 수 있다.

⑤ 불순물 간의 상호작용(예 니트로스아민 형성) 가능성과 식물유래 및 동물에서 추출한 성분에 농약, 살충제, 금속물질 및 전염성 해면상 뇌병증(TSE ; transmissible spongiform encephalopathy) 유발 물질 등의 생물학적 유해 인자가 함유되어 있을 가능성에 특별한 주의를 기울여야 한다.

⑥ 피부를 투과한 화장품 성분은 국소 및 전신작용에 영향을 미칠 수 있다. 다른 성분은 해당 성분의 피부투과에 영향을 줄 수 있으며, 감작성 평가에는 그 성분 자체만이 아니라 매질 등도 영향을 미칠 수 있다.

⑦ 화장품 성분의 안전성은 노출조건에 따라 달라질 수 있다. 노출조건은 화장품의 형태, 농도, 접촉 빈도 및 기간, 관련 체표면적, 햇빛의 영향 등에 따라 달라질 수 있다. 위해평가는 예측 가능한 다양한 노출조건과 고농도, 고용량의 최악의 노출조건까지 고려할 필요가 있다.

(4) 최종제품의 안전

화장품 위해평가 가이드라인에서 설명하는 최종제품의 안전의 일반사항은 다음과 같다.

① 최종제품은 적절한 조건에서 보관할 때 사용기한 또는 유통기한 동안 안전하여야 한다.

② 제품의 안전성은 각 성분의 독성학적 특징과 유사한 조성의 제품을 사용한 경험, 신물질의 함유 여부 등을 참고하여 전반적으로 검토한다.

③ 최종제품의 안전성 평가는 성분 평가가 원칙이지만, 제품의 제조, 유통 및 사용 시 발생할 수 있는 미생물의 오염에 대해 고려할 필요가 있다.

(5) 화장품 위해평가

① 위해평가 단계

위험성 확인 (Hazard Identification)	위해요소에 노출됨에 따라 발생할 수 있는 독성의 정도와 영향의 종류 등을 파악하는 과정
위험성 결정 (Hazard Characterization)	동물 실험결과 등으로부터 독성기준값을 결정하는 과정
노출평가 (Exposure Assessment)	화장품의 사용으로 인해 위해요소에 노출되는 양 또는 노출수준을 정량적 또는 정성적으로 산출하는 과정
위해도 결정 (Risk Characterization)	위해요소 및 이를 함유한 화장품의 사용에 따른 건강상 영향을 인체노출허용량(독성기준값) 및 노출수준을 고려하여 사람에게 미칠 수 있는 위해의 정도와 발생빈도 등을 정량적으로 예측하는 과정

3 안정성

(1) 제조일자

① '제조'란 원료 물질의 칭량부터 혼합, 충전(1차포장), 2차포장 및 표시 등의 일련의 작업(우수화장품 제조 및 품질관리기준)으로 화장품 관련 법령에서는 제조일자에 대해 따로 정하고 있지는 않다. 따라서 화장품 제조사는 제조에 대한 정의에 따라 원료 칭량일 혹은 원료를 투입(혼합)한 일 혹은 충전일을 제조일자로 정하고 있다.

② 화장품의 1차 포장에 표시되는 제조일자는 일반적으로 제조연월일(YYYY.MM.DD)로 표기하고 있으며, 제조연월일은 일반적으로 원료칭량일 혹은 벌크제품 제조시작일 혹은 벌크제품 용기충전일로 하고 있다.

(2) 사용기한

① 개봉 후 사용기간(PAO ; period after opening)은 제품을 개봉 후에 사용할 수 있는 최대기간으로 개봉 후 안정성 시험을 통해 얻은 결과를 근거로 개봉 후 사용기간을 설정하고 있다. 일반적으로 화장품의 개봉 후 사용기간의 시험조건 및 시험방법은 화장품 안정성 시험 가이드라인(식품의약품안전청 고시)에 따른다.

② 사용기한(expiry date)은 소비자가 화장품이 제조된 날부터 적절한 보관조건에서 성상·품질의 변화없이 최적의 품질로 이를 사용할 수 있는 최소한의 기한으로 안정성 시험결과 또는 이를 대신할 수 있는 합리적이고 타당한 근거를 바탕으로 설정된다. 즉 화장품의 장기보존시험조건(예 온도 25±2℃ / 상대습도 60±5%)에서 제품을 보관하면서 일정한 시점마다 시험항목(예 성상, pH, 점도, 유수상 분리, 입자크기 및 분포 등)에 대한 시험을 실시하고 시험한 결과가 36개월 동안 적합하면 사용기한이 "제조일로부터 36개월"이 된다.

③ 36개월과 같이 장기간 동안 안정성 시험을 실시할 시간적 여유가 없기에 가속시험조건(예 온도 40±2℃ / 상대습도 75±5%)에서 단기간 동안 안정성 시험을 실시하고 단기간 동안 시험결과를 장기간 동안 시험결과로 상관관계(correlation)하여 제품의 사용기한을 정하고 있다.

(3) 안정성 시험종류

① 안정성 시험종류, 시험조건, 시험항목 등에 대하여는 화장품 안정성 시험 가이드라인(식품의약품안전처 고시)에서 규정하고 있다.

② 장기보존시험은 화장품의 저장조건에서 사용기한을 설정하기 위하여 장기간에 걸쳐 물리·화학적, 미생물학적 안정성 및 용기 적합성을 확인하는 시험을 말한다.

③ 가속시험은 장기보존시험의 저장조건을 벗어난 단기간의 가속조건이 물리·화학적, 미생물학적 안정성 및 용기 적합성에 미치는 영향을 평가하기 위한 시험을 말한다.

④ 가혹시험은 가혹조건에서 화장품의 분해과정 및 분해산물 등을 확인하기 위한 시험을 말한다. 일반적으로 개별 화장품의 취약성, 예상되는 운반, 보관, 진열 및 사용 과정에서 뜻하지 않게 일어나는 가능성 있는 가혹한 조건(온도편차 및 극한조건, 기계·물리적 조건, 빛에 노출되는 조건)에서 품질변화를 검토하기 위해 수행한다.

⑤ 개봉 후 안정성 시험은 화장품 사용 시에 일어날 수 있는 오염 등을 고려한 사용기한을 설정하기 위하여 장기간에 걸쳐 물리·화학적, 미생물학적 안정성 및 용기 적합성을 확인하는 시험을 말한다.

(4) 안정성 시험조건 및 시험기간

① 장기보전시험

3로트 이상 선정하되 시중에 유통할 제품과 동일한 처방, 제형 및 포장용기를 사용한다.

시험조건	시험기간(측정주기)
• 온도 25±2℃ / 상대습도 60±5%(실온보관제품) • 온도 30±2℃ / 상대습도 66±5%(실온보관제품) • 온도 5±3℃(냉장보관제품)	6개월 이상 (3개월 – 첫 1년, 6개월 – 2년까지 1년 – 2년 이후)

② 가속시험

3로트 이상 선정하되 시중에 유통할 제품과 동일한 처방, 제형 및 포장용기를 사용한다.

시험조건	시험기간(측정주기)
• 온도 40±2℃ / 상대습도 75±5%(실온보관제품) • 온도 25±2℃ / 상대습도 60±5%(냉장보관제품)	6개월 이상 (시험개시 때 포함 최소 3회)

③ 가혹시험

시험할 로트는 검체의 특성 및 시험조건에 따라 적절히 정한다.

시험조건	시험기간(측정주기)
• 온도사이클링(−15℃⇔ 25℃ ⇔ 45℃) • 자연광 노출(일광), 인공광 노출(형광등), 동결/해동(freeze/thaw) • 기계·물리적 시험(진동시험, 원심분리)	2주 ~ 3개월

④ 개봉 후 안정성 시험

3로트 이상 선정하되 시중에 유통할 제품과 동일한 처방, 제형 및 포장용기를 사용한다.

시험조건	시험기간(측정주기)
• 계절별 연평균 온도, 습도	6개월 이상 (3개월– 첫 1년, 6개월– 2년까지, 1년/2년 이후)

(5) 안정성 시험항목

<table>
<tr><th>안정성 구분</th><th>일반화장품</th><th>기능성화장품</th></tr>
<tr><td>장기보존 시험</td><td rowspan="2">제품유형 및 제형에 따라 적절한 안정성 시험항목을 설정 :
• 물리적 시험(성상, 유수상 분리, 유화상태, 융점, 균등성, 점도, pH, 향취변화, 경도, 비중 등)
• 화학적 시험(시험물가용성성분, 에테르불용 및 에탄올가용성 성분, 에테르 및 에탄올 가용성 불검화물, 에테르 및 에탄올 가용성 검화물, 에테르 가용 및 에탄올 불용성 불검화물, 에테르 가용 및 에탄올 불용성 검화물, 증발잔류물, 에탄올 등)
• 미생물한도시험
• 용기적합성시험</td><td rowspan="4">기준 및 시험방법에 설정한 전 항목을 원칙으로 하며, 전항목을 실시하지 않을 경우에는 이에 대한 과학적 근거를 제시하여야 함 : 성상, 유수상 분리, 점도, pH, 향취변화, 경도, 비중, 생성물, 기능성화장품 주성분 함량)</td></tr>
<tr><td>가속시험</td></tr>
<tr><td>가혹시험</td><td>• 현탁 발생 여부, 유제와 크림제의 안정성 결여
• 표시·기재사항 분실, 용기 구겨짐, 용기 파손, 용기 찌그러짐
• 알루미늄 튜브 내부 래커(laquer, 예 에폭시페놀수지)의 부식 여부) 및 분해산물의 생성유무</td></tr>
<tr><td>개봉 후 안정성 시험</td><td>• 장기보존·가혹시험에서 하는 물리적 시험, 화학적 시험, 미생물한도 시험
• 살균보존제 시험
• 유효성성분 시험
단, 개봉할 수 없는 용기로 되어 있는 제품(예 스프레이), 일회용제품(예 마스크팩)등은 개봉 후 안정성 시험을 수행할 필요가 없다.</td></tr>
</table>

4 유효성

화장품은 유효성보다는 안전성이 우선인 제품으로 화장품제조업 등록만으로 생산할 수 있는 일반화장품과 식품의약품안전평가원에 보고하거나 허가를 득해야만 생산할 수 있는 기능성화장품으로 분류할 수 있다. 일반화장품은 유효성에 따라 기초화장품, 색조화장품, 세정화장품, 방향화장품 등으로 분류할 수 있고 기능성화장품은 식품의약품안전처에서 고시한 품목으로 분류된다.

(1) 일반화장품

① 정의

일반화장품은 피부보호, 수분공급, 유분공급, 모공수축, 피부색 보정, 결점커버, 메이크업, 수분증발억제, 모발세정, 모발컨디셔닝, 유연(에몰리언트), 인체세정 등의 기능을 가진다.

② 화장품의 유효성 평가의 일반적인 방법

유효성 항목	평가방법
보습효과	화장품을 바르기 전 후의 피부의 전기전도도를 측정하거나 피부로부터 증발하는 수분량인 경피수분손실량(TEWL, transepidermal water loss)을 측정하여 보습효과를 평가
수렴효과	혈액의 단백질이 응고되는 정도를 관찰하여 수렴효과를 평가

(2) 기능성화장품

① 정의

화장품법 제2조(정의)에서 정의한 기능성화장품을 화장품법 시행규칙(총리령)에서 기능성화장품을 효능·효과에 따라 다음과 같이 정하고 있다.

- 피부에 멜라닌색소가 침착하는 것을 방지하여 기미·주근깨 등의 생성을 억제함으로써 피부의 미백에 도움을 주는 기능을 가진 화장품(예 미백제품)
- 피부에 침착된 멜라닌색소의 색을 엷게 하여 피부의 미백에 도움을 주는 기능을 가진 화장품(예 미백제품)
- 피부에 탄력을 주어 피부의 주름을 완화 또는 개선하는 기능을 가진 화장품(예 주름개선제품)
- 강한 햇볕을 방지하여 피부를 곱게 태워주는 기능을 가진 화장품(예 선탠제품)
- 자외선을 차단 또는 산란시켜 자외선으로부터 피부를 보호하는 기능을 가진 화장품(예 자외선차단제품)
- 모발의 색상을 변화[탈염(脫染)·탈색(脫色)을 포함한다]시키는 기능을 가진 화장품. 다만, 일시적으로 모발의 색상을 변화시키는 제품은 제외함(예 염모제, 탈염·탈색제).
- 체모를 제거하는 기능을 가진 화장품(예 제모제). 다만, 물리적으로 체모를 제거하는 제품은 제외함(예 일반화장품인 제모왁스와 왁스스트립).
- 탈모 증상의 완화에 도움을 주는 화장품. 다만, 코팅 등 물리적으로 모발을 굵게 보이게 하는 제품은 제외함(예 탈모방지제).
- 여드름성 피부를 완화하는 데 도움을 주는 화장품. 다만, 인체세정용 제품류로 한정함(예 폼클렌징).
- 피부장벽(피부의 가장 바깥 쪽에 존재하는 각질층의 표피를 말한다)의 기능을 회복하여 가려움 등의 개선에 도움을 주는 화장품
- 튼살로 인한 붉은 선을 엷게 하는 데 도움을 주는 화장품(예 임신튼살크림)

② 유효성 평가의 일반적인 방법

유효성 항목	평가방법
미백에 도움을 줌	• 타이로시나제(구리이온을 포함한 분자체 효소) 활성억제 평가 • 도파(DOPA, dihydroxyphenylalanine)의 산화억제 평가 • 멜라노좀 이동방해(멜라노사이트→ 케라티노사이트) 정도 평가
주름개선에 도움을 줌	• 탄력섬유, 교원섬유을 생성하는 섬유아세포의 증식 정도 평가

자외선 차단지수 (SPF)

- 최소홍반량(Minimum Erythema Dose, MED) : UVB를 사람의 피부에 조사한 후 16~24시간에서 조사영역의 거의 대부분에 홍반을 나타낼 수 있는 최소한의 자외선량
- 자외선 차단제 도포 후의 최소홍반량을 도포 전의 최소홍반량으로 나눈 값으로 평가
- $SPF = \dfrac{\text{제품 도포부위의 최소홍반량(MEDp)}}{\text{제품 무도포부위의 최소홍반량(MEDu)}}$
- 자외선차단지수(SPF) 인체적용시험결과 예시

No.	피험자	성별	나이	Fitzpatrick 피부타입	MEDu (mJ/㎠) 무도포	MEDp (mJ/㎠) 도포	SPF
1	LKY001	여	45	II	19.6	1142.7	58.3
2	LKY002	여	43	III	19.6	1142.7	58.3
3	LKY003	여	42	III	19.6	1038.8	53.0
4	LKY004	여	41	III	19.6	1038.8	53.0
5	LKY005	여	48	II	22.4	1198.2	53.5
6	LKY006	여	42	II	28.0	1344.9	48.0
7	LKY007	여	46	II	22.4	1305.9	58.3
8	LKY008	여	33	III	25.2	1210.4	48.0
9	LKY009	여	40	II	28.0	1484.0	53.0
10	LKY010	여	39	III	28.0	1632.4	58.3
평균	–	–	–	–	23.2	1253.9	54.2

자외선A 차단지수(PFA)

- 최소지속형즉시흑화량(Minimal Persistent Pigment darkening Dose, MPPD) : UVA를 사람의 피부에 조사한 후 2~24시간의 범위내에 조사영역의 전 영역에 희미한 흑화가 인식되는 최소 자외선 조사량
- $PFA = \dfrac{\text{제품 도포부위의 최소지속형즉시흑화량(MPPDp)}}{\text{제품 무도포부위의 최소지속형즉시흑화량(MPPDu)}}$
- 자외선A차단지수(PFA) 인체적용시험결과 예시

No.	피험자	성별	나이	Fitzpatrick 피부타입	MPPDu (J/㎠) 무도포	MPPDp (J/㎠) 도포	PFA
1	LKY001	여	45	II	13.7	109.2	8.0
2	LKY002	여	43	III	13.7	136.4	10.0
3	LKY003	여	42	III	13.7	109.2	8.0
4	LKY004	여	41	III	13.7	136.4	10.0
5	LKY005	여	48	II	13.7	136.4	10.0
6	LKY006	여	42	II	13.7	109.2	8.0
7	LKY007	여	46	II	13.7	109.2	8.0
8	LKY008	여	33	III	13.7	109.2	8.0
9	LKY009	여	40	II	13.7	109.2	8.0
10	LKY010	여	39	III	10.9	87.4	8.0
평균	–	–	–	–	13.4	115.2	8.6

6 화장품의 사후관리 기준

1 감시

식품의약품안전처에서 화장품 영업자를 대상으로 실시하는 감시는 정기감시, 수시감시, 기획감시, 품질감시가 있으며 그 상세한 내용은 아래와 같다.

구분	상세내용
정기감시	• 화장품제조업자, 화장품책임판매업자에 대한 정기적인 지도·점검 • 각 지방청별 자체계획에 따라 수행 • 조직, 시설, 제조품질관리, 표시기재 등 화장품 법령 전반, 연1회
수시감시	• 고발, 진정, 제보 등으로 제기된 위법사항에 대한 점검 • 준수사항, 품질, 표시광고, 안전기준 등 모든 영역 • 불시점검 원칙, 문제제기 사항 중점 관리 • 정보수집, 민원, 사회적 현안 등에 따라 즉시 점검이 필요하다고 판단되는 사항, 연중
기획감시	• 사전예방적 안전관리를 위한 선제적 대응 감시 • 위해 우려 또는 취약 분야, 시의성·예방적 감시 분야, 중앙과 지방의 상호 협력 필요 분야 등(지방청, 지자체) • 감시 주제에 따른 제조업자, 화장품 책임판매업자, 판매자 점검, 연중
품질감시 (수거감시)	• (연간) 시중 유통품을 계획에 따라 지속적인 수거검사 • (기획, 청원검사 등) 특별한 이슈나 문제제기가 있을 경우 실시 • 수거품에 대한 유통화장품 안전관리 기준에 적합 여부 확인

2 준수사항

(1) 화장품제조업자 준수사항(화장품법 시행규칙 제11조)

• 화장품책임판매업자의 지도·감독 및 요청에 따를 것
• 제조관리기준서·제품표준서·제조관리기록서 및 품질관리기록서(전자문서 형식 포함)를 작성·보관할 것
• 보건위생상 위해(危害)가 없도록 제조소, 시설 및 기구를 위생적으로 관리하고 오염되지 아니하도록 할 것
• 화장품의 제조에 필요한 시설 및 기구에 대하여 정기적으로 점검하여 작업에 지장이 없도록 관리·유지할 것
• 작업소에는 위해가 발생할 염려가 있는 물건을 두어서는 아니 되며, 작업소에서 국민보건 및 환경에 유해한 물질이 유출되거나 방출되지 아니하도록 할 것
• 품질관리를 위하여 필요한 사항을 화장품책임판매업자에게 제출할 것. 다만, 다음의 어느 하나에 해당하는 경우 제출하지 아니할 수 있다.
  가. 화장품제조업자와 화장품책임판매업자가 동일한 경우
  나. 화장품제조업자가 제품을 설계·개발·생산하는 방식으로 제조하는 경우로서 품질·안전관리에 영향이 없는 범위에서 화장품제조업자와 화장품책임판매업자 상호 계약에 따라 영업비밀에 해당하는 경우
• 원료 및 자재의 입고부터 완제품의 출고에 이르기까지 필요한 시험·검사 또는 검정을 할 것
• 제조 또는 품질검사를 위탁하는 경우 제조 또는 품질검사가 적절하게 이루어지고 있는지 수탁자에 대한 관리·감독을 철저히 하고, 제조 및 품질관리에 관한 기록을 받아 유지·관리할 것

(2) 화장품책임판매업자 준수사항(화장품법 시행규칙 제12조)

① 화장품법 시행규칙 별표 1(품질관리기준)을 준수해야 한다.

[품질관리기준(화장품법 시행규칙 별표1)]

1. 용어의 정의

가. 품질관리 : 화장품의 책임판매 시 필요한 제품의 품질을 확보하기 위해서 실시하는 것으로서, 화장품제조업자 및 제조에 관계된 업무(시험·검사 등의 업무를 포함한다)에 대한 관리·감독 및 화장품의 시장 출하에 관한 관리, 그 밖에 제품의 품질의 관리에 필요한 업무

나. 시장출하 : 화장품책임판매업자가 그 제조 등(타인에게 위탁 제조 또는 검사하는 경우를 포함하고 타인으로부터 수탁 제조 또는 검사하는 경우는 포함하지 않는다. 이하 같다)을 하거나 수입한 화장품의 판매를 위해 출하하는 것

2. 품질관리 업무에 관련된 조직 및 인원

화장품책임판매업자는 책임판매관리자를 두어야 하며, 품질관리 업무를 적정하고 원활하게 수행할 능력이 있는 인력을 충분히 갖추어야 한다.

3. 품질관리업무의 절차에 관한 문서 및 기록 등

가. 화장품책임판매업자는 다음의 사항이 포함된 품질관리 업무 절차서를 작성·보관해야 한다.

1) 적정한 제조관리 및 품질관리 확보에 관한 절차
2) 품질 등에 관한 정보 및 품질 불량 등의 처리 절차
3) 회수처리 절차
4) 교육·훈련에 관한 절차
5) 문서 및 기록의 관리 절차
6) 시장출하에 관한 기록 절차
7) 그 밖에 품질관리 업무에 필요한 절차

나. 화장품책임판매업자는 다음의 업무를 수행해야 한다.

1) 화장품제조업자가 화장품을 적정하고 원활하게 제조한 것임을 확인하고 기록할 것
2) 제품의 품질 등에 관한 정보를 얻었을 때 해당 정보가 인체에 영향을 미치는 경우에는 그 원인을 밝히고, 개선이 필요한 경우에는 적정한 조치를 하고 기록할 것
3) 책임판매한 제품의 품질이 불량하거나 품질이 불량할 우려가 있는 경우 회수 등 신속한 조치를 하고 기록할 것
4) 시장출하에 관하여 기록할 것
5) 제조번호별 품질검사를 철저히 한 후 그 결과를 기록할 것. 다만, 화장품 제조업자와 화장품책임판매업자가 같은 경우, 화장품제조업자 또는 식품의약품안전처장이 지정한 화장품 시험·검사기관에 품질검사를 위탁하여 제조번호별 품질검사 결과가 있는 경우에는 품질검사를 하지 않을 수 있다.
6) 그 밖에 품질관리에 관한 업무를 수행할 것

다. 화장품책임판매업자는 책임판매관리자가 업무를 수행하는 장소에 품질관리업무 절차서 원본을 보관하고, 그 외의 장소에는 원본과 대조를 마친 사본을 보관해야 한다.

4. 책임판매관리자의 업무

화장품책임판매업자는 다음의 업무를 책임판매관리자에게 수행하도록 해야 한다.

가. 품질관리 업무를 총괄할 것

나. 품질관리 업무가 적정하고 원활하게 수행되는 것을 확인할 것

다. 품질관리 업무의 수행을 위하여 필요하다고 인정할 때에는 화장품책임판매업자에게 문서로 보고할 것

라. 품질관리 업무 시 필요에 따라 화장품제조업자, 맞춤형화장품 판매업자 등 그 밖의 관계자에 게 문서로 연락하거나 지시할 것
마. 품질관리에 관한 기록 및 화장품제조업자의 관리에 관한 기록을 작성하고 이를 해당 제품의 제조일(수입의 경우 수입일을 말한다)부터 3년간 보관할 것

5. 회수처리

화장품책임판매업자는 책임판매관리자에게 다음과 같이 회수 업무를 수행하도록 해야 한다.
가. 회수한 화장품은 구분하여 일정 기간 보관한 후 폐기 등 적정한 방법으로 처리할 것
나. 회수 내용을 적은 기록을 작성하고 화장품책임판매업자에게 문서로 보고할 것

6. 교육·훈련

화장품책임판매업자는 책임판매관리자에게 교육·훈련계획서를 작성하게 하고, 다음의 업무를 수행하도록 해야 한다.
가. 품질관리 업무에 종사하는 사람들에게 품질관리 업무에 관한 교육·훈련을 정기적으로 실시하고 그 기록을 작성, 보관할 것
나. 책임판매관리자 외의 사람이 교육·훈련 업무를 실시하는 경우에는 교육·훈련 실시 상황을 화장품책임판매업자에게 문서로 보고할 것

7. 문서 및 기록의 정리

화장품책임판매업자는 문서·기록에 관하여 다음과 같이 관리해야 한다.
가. 문서를 작성하거나 개정했을 때에는 해당 문서의 승인, 배포, 보관 등을 할 것
나. 품질관리 업무 절차서를 작성하거나 개정했을 때에는 해당 품질관리 업무 절차서에 그 날짜를 적고 개정 내용을 보관할 것

② 화장품법 시행규칙 별표 2의 책임판매 후 안전관리기준을 준수할 것

[책임판매 후 안전관리기준(화장품법 시행규칙 별표2)]

1. 용어의 정의

가. 안전관리 정보 : 화장품의 품질, 안전성·유효성, 그 밖에 적정 사용을 위한 정보
나. 안전확보 업무 : 화장품책임판매 후 안전관리 업무 중 정보 수집, 검토 및 그 결과에 따른 필요한 조치
(이하 "안전확보 조치"라 한다)에 관한 업무

2. 안전확보 업무에 관련된 조직 및 인원

화장품책임판매업자는 책임판매관리자를 두어야 하며, 안전확보 업무를 적정하고 원활하게 수행할 능력을 갖는 인원을 충분히 갖추어야 한다.

3. 안전관리 정보 수집

화장품책임판매업자는 책임판매관리자에게 학회, 문헌, 그 밖의 연구보고 등에서 안전관리 정보를 수집·기록하도록 해야 한다.

4. 안전관리 정보의 검토 및 그 결과에 따른 안전확보 조치

화장품책임판매업자는 다음의 업무를 책임판매관리자에게 수행하도록 해야 한다.
가. 수집한 안전관리 정보를 신속히 검토·기록할 것
나. 수집한 안전관리 정보의 검토 결과 조치가 필요하다고 판단될 경우 회수, 폐기, 판매정지 또는 첨부문서의 개정, 식품의약품안전처장에게 보고 등 안전확보 조치를 할 것
다. 안전확보 조치계획을 화장품책임판매업자에게 문서로 보고한 후 그 사본을 보관할 것

5. 안전확보 조치의 실시

화장품책임판매업자는 다음의 업무를 책임판매관리자에게 수행하도록 해야 한다.

가. 안전확보 조치계획을 적정하게 평가하여 안전확보 조치를 결정하고 이를 기록·보관할 것

나. 안전확보 조치를 수행할 경우 문서로 지시하고 이를 보관할 것

다. 안전확보 조치를 실시하고 그 결과를 화장품책임판매업자에게 문서로 보고한 후 보관할 것

6. 책임판매관리자의 업무

화장품책임판매업자는 다음의 업무를 책임판매관리자에게 수행하도록 해야 한다.

가. 안전확보 업무를 총괄할 것

나. 안전확보 업무가 적정하고 원활하게 수행되는 것을 확인하여 기록·보관할 것

다. 안전확보 업무의 수행을 위하여 필요하다고 인정할 때에는 화장품책임판매업자에게 문서로 보고 한 후 보관할 것

③ 제조업자로부터 받은 제품표준서 및 품질관리기록서(전자문서 형식을 포함한다)를 보관할 것

④ 수입한 화장품에 대하여 다음 각 목의 사항이 포함된 수입관리기록서를 작성·보관할 것

- 제품명 또는 국내에서 판매하려는 명칭
- 원료성분의 규격 및 함량
- 제조국, 제조회사명 및 제조회사의 소재지
- 기능성화장품심사결과통지서 사본
- 제조 및 판매증명서
- 한글로 작성된 제품설명서 견본
- 최초 수입연월일(통관연월일을 말한다. 이하 이 호에서 같다)
- 제조번호별 수입연월일 및 수입량
- 제조번호별 품질검사 연월일 및 결과
- 판매처, 판매연월일 및 판매량

⑤ 제조번호별로 품질검사를 철저히 한 후 유통시킬 것. 다만, 화장품제조업자와 화장품책임판매업자가 같은 경우 또는 품질검사를 위탁하여 제조번호별 품질검사결과가 있는 경우에는 품질검사를 하지 아니할 수 있다.

⑥ 화장품의 제조를 위탁하거나 제조업자에게 품질검사를 위탁하는 경우 제조 또는 품질검사가 적절하게 이루어지고 있는지 수탁자에 대한 관리·감독을 철저히 하여야 하며, 제조 및 품질관리에 관한 기록을 받아 유지·관리하고, 그 최종 제품의 품질관리를 철저히 할 것

⑦ 수입된 화장품을 유통·판매하는 영업으로 화장품책임판매업을 등록한 자는 제조국 제조회사의 품질관리기준이 국가 간 상호 인증되었거나, 식품의약품안전처장이 고시하는 우수화장품 제조관리기준과 같은 수준 이상이라고 인정되는 경우에는 국내에서의 품질검사를 하지 아니할 수 있다. 이 경우 제조국 제조회사의 품질검사 시험성적서는 품질관리기록서를 갈음한다.

⑧ 수입화장품에 대한 품질검사를 하지 아니하려는 경우에는 식품의약품안전처장이 정하는 바에 따라 식품의약품안전처장에게 수입화장품의 제조업자에 대한 현지실사를 신

청하여야 한다. 현지실사에 필요한 신청절차, 제출서류 및 평가방법 등에 대하여는 식품의약품안전처장이 정하여 고시(수입화장품 품질검사 면제에 관한 규정)한다.

⑨ 수입된 화장품을 유통·판매하는 영업으로 화장품책임판매업을 등록한 자의 경우 「대외무역법」에 따른 수출·수입요령을 준수하여야 하며, 「전자무역 촉진에 관한 법률」에 따른 전자무역문서로 표준통관예정 보고를 할 것

⑩ 제품과 관련하여 국민보건에 직접 영향을 미칠 수 있는 안전성·유효성에 관한 새로운 자료, 정보사항(화장품 사용에 의한 부작용 발생사례를 포함한다) 등을 알게 되었을 때에는 식품의약품안전처장이 정하여 고시하는 바에 따라 보고하고, 필요한 안전대책을 마련할 것

⑪ 다음 각 목의 어느 하나에 해당하는 성분을 0.5퍼센트 이상 함유하는 제품의 경우에는 해당 품목의 안정성시험 자료를 최종 제조된 제품의 사용기한이 만료되는 날부터 1년간 보존할 것

가. 레티놀(비타민A) 및 그 유도체
나. 아스코빅애시드(비타민C) 및 그 유도체
다. 토코페롤(비타민E)
라. 과산화화합물
마. 효소

3 책임자 및 교육

① 화장품제조업자는 별도로 지정된 책임자가 없다.

② 화장품책임판매업자는 자격기준에 맞는 자를 책임판매관리자로 지정해야 한다.

[책임판매관리자의 자격기준(화장품법 시행규칙 제8조)]

- 맞춤형화장품 조제관리사 자격시험에 합격한 사람으로서 화장품 제조 또는 품질관리 업무에 1년 이상 종사한 경력이 있는 사람(2021년 5월 14일부터)
- 의사 또는 약사
- 학사 이상의 학위를 취득한 사람으로서 이공계 학과, 향장학·화장품과학·한의학·한약학과 등을 전공한 사람
- 대학 등에서 학사 이상의 학위를 취득한 사람으로서 간호학과, 간호과학과, 건강간호학과를 전공하고 화학·생물학·생명과학·유전학·유전공학·향장학·화장품과학·의학·약학 등 관련 과목을 20학점 이상 이수한 사람
- 전문대학 졸업자로서 화학·생물학·화학공학·생물공학·미생물학·생화학·생명과학·생명공학·유전공학·향장학·화장품과학·한의학과·한약학과 등 화장품 관련 분야를 전공한 후 화장품 제조 또는 품질관리 업무에 1년 이상 종사한 경력이 있는 사람
- 전문대학을 졸업한 사람으로서 간호학과, 간호과학과, 건강간호학과를 전공하고 화학·생물학·생명과학·유전학·유전공학·향장학·화장품과학·의학·약학 등 관련 과목을 20학점 이상 이수한 후 화장품 제조나 품질관리 업무에 1년 이상 종사한 경력이 있는 사람
- 식품의약품안전처장이 정하여 고시하는 전문 교육과정을 이수한 사람(식품의약품안전처장이 정하여 고시하는 품목만 해당한다) : 화장비누, 흑채, 제모왁스
- 화장품 제조 또는 품질관리 업무에 2년 이상 종사한 경력이 있는 사람

③ 맞춤형화장품판매업자는 맞춤형화장품 조제관리사(맞춤형화장품의 혼합·소분업무에 종사하는 자)를 두어야 한다(화장품법 제3조의2).

④ 책임판매관리자와 맞춤형화장품 조제관리사는 최초교육 및 보수교육(매년)을 받아야 한다.

⑤ 책임판매관리자의 직무

- 품질관리기준(화장품법 시행규칙 별표1)에 따른 품질관리 업무
- 책임판매 후 안전관리기준(화장품법 시행규칙 별표2)에 따른 안전확보 업무
- 원료 및 자재의 입고(入庫)부터 완제품의 출고에 이르기까지 필요한 시험·검사 또는 검정에 대하여 제조업자를 관리·감독하는 업무

※ 상시근로자수가 10명 이하인 화장품책임판매업을 경영하는 화장품책임판매업자는 본인이 책임판매관리자의 직무를 수행할 수 있다.

구분	화장품책임판매업자	맞춤형화장품판매업자
교육대상자	• 책임판매관리자	• 맞춤형화장품 조제관리사 (맞춤형화장품 판매장에 종사하는 맞춤형화징품 조제관리사만 교육을 받음)
교육기관	• (사)대한화장품협회 • (사)한국의약품수출입협회 • (재)대한화장품산업연구원	• (사)대한화장품협회 • (사)한국의약품수출입협회 • (재)대한화장품산업연구원
최초교육	• 종사한 날로부터 6개월 이내 • 교육방법: 집합교육 혹은 비대면 교육	• 종사한 날부터 6개월 이내 • 자격시험에 합격한 날이 종사한 날 이전 1년 이내이면 최초 교육 면제 • 자격시험에 합격한 날 기준으로 식약처에 맞춤형화장품 조제관리사로 등록한 날이 1년이 넘으면 최초 교육 대상 〈예시1〉 • 근무시작일: 2021년 6월 1일 • 자격시험합격일: 2021년 3월 26일 → 최초 교육 면제 〈예시2〉 • 근무시작일: 2021년 6월 1일 • 자격시험합격일: 2020년 3월 15일 → 최초 교육 대상 • 교육방법: 집합교육 혹은 비대면 교육

<table>
<tr><th>구분</th><th>화장품책임판매업자</th><th>맞춤형화장품판매업자</th></tr>
<tr><td>보수교육</td><td>• 교육 받은 날을 기준으로 매년 1회</td><td>• 교육 받은 날을 기준으로 매년 1회
• 최초 교육이 면제된 경우에는 자격시험합격일로부터 1년이 되는 날 기준으로 매년 1회
〈예시1〉
• 근무시작일: 2021년 6월 1일
• 자격시험합격일: 2021년 3월 26일
• 보수교육일: 2022년 3월 25일 기준으로 매년 1회
〈예시2〉
• 근무시작일: 2021년 6월 1일
• 자격시험합격일: 2020년 3월 15일
• 최초교육일: 2021년 11월 5일
• 보수교육일: 2022년 11월 4일 이전</td></tr>
<tr><td>교육내용</td><td colspan="2">• 화장품의 안전성 확보 및 품질관리에 관한 교육</td></tr>
<tr><td>교육시간</td><td colspan="2">• 4시간 이상, 8시간 이하</td></tr>
<tr><td>교육명령</td><td colspan="2">• 영업자에 대해 화장품 관련 법령 및 제도에 관한 교육을 받도록 식품의약품안전처장은 명령할 수 있음.
• 대상자: 영업의 금지 위반 영업자, 시정명령을 받은 영업자, 준수사항을 위반한 화장품 책임판매업자, 화장품제조업자 및 맞춤형화장품 판매업자
• 교육유예: 교육명령대상자가 천재지변, 질병, 임신, 출산, 사고 및 출산 등의 사유로 교육을 받을 수 없는 경우에는 해당 교육 유예 가능
• 대리교육: 교육을 받아야 하는 자가 둘 이상의 장소에서 영업을 하는 경우에는 영업자를 대신하여 책임판매관리자 또는 품질관리 업무담당자, 맞춤형화장품 조제관리사가 대리 교육 가능</td></tr>
</table>

※ 최초 교육 : 종사한 날부터 6개월 이내. 다만, 맞춤형화장품 조제관리사 자격시험에 합격한 날이 종사한 날 이전 1년 이내이면 최초 교육을 받은 것으로 인정

※ 보수 교육 : 최초 교육을 받은 날을 기준으로 매년 1회. 다만, 맞춤형화장품 조제관리사 자격시험에 합격한 날부터 1년이 되는 날을 기준으로 매년 1회

4 의무사항

화장품제조업자 및 화장품책임판매업자의 의무를 화장품법 제5조(영업자의 의무)에서 규정하고 있다.

화장품제조업자	화장품책임판매업자
• 화장품의 제조와 관련된 기록·시설·기구 등 관리 방법, 원료·자재·완제품 등에 대한 시험·검사·검정 실시 방법 및 의무 등에 관하여 총리령으로 정하는 사항을 준수 : 화장품법시행규칙 제11조 화장품제조업자의 준수사항 등	• 화장품의 품질관리기준, 책임판매 후 안전관리기준, 품질 검사 방법 및 실시 의무, 안전성·유효성 관련 정보사항 등의 보고 및 안전대책 마련의무 등에 관하여 총리령으로 정하는 사항을 준수 : 화장품법시행규칙 제12조 화장품책임판매업자의 준수사항 • 화장품의 생산실적 또는 수입실적을 매년 2월 말까지 식품의약품안전처장이 정하여 고시하는 바에 따라 대한화장품협회 등 화장품업 단체를 통하여 보고 • 화장품의 제조과정에 사용된 원료목록을 화장품의 유통·판매 전에 식품의약품안전처장이 정하여 고시하는 바에 따라 대한화장품협회 등 화장품업 단체를 통하여 보고

※ 알레르기 유발성분을 제품에 표시하는 경우, 원료목록 보고에도 포함되어야 함.
(출처 : 화장품 향료 중 알레르기 유발물질 표시 지침)
※ 교육을 받아야 하는 자가 둘 이상의 장소에서 화장품제조업 또는 화장품책임판매업을 하는 경우에는 종업원 중에서 총리령으로 정하는 자(책임판매관리자, 품질관리업무에 종사하는 종업원)를 책임자로 지정하여 교육을 받게 할 수 있음.

5 변경등록

(1) 화장품제조업자

- 화장품제조업자의 변경(법인인 경우에는 대표자의 변경)
- 화장품제조업자의 상호 변경(법인인 경우에는 법인의 명칭 변경)
- 제조소의 소재지 변경
- 제조유형 변경

(2) 화장품책임판매업자

- 화장품책임판매업자의 변경(법인인 경우에는 대표자의 변경)
- 화장품책임판매업자의 상호 변경(법인인 경우에는 법인의 명칭 변경)
- 화장품책임판매업소의 소재지 변경
- 책임판매관리자의 변경
- 책임판매 유형 변경

(3) 화장품제조업자 또는 화장품책임판매업자 변경 사유가 발생 시 변경등록 신청

화장품제조업자 또는 화장품책임판매업자는 변경 사유가 발생한 날부터 30일 이내(다만, 행정구역 개편에 따른 소재지 변경의 경우에는 90일 이내)에 화장품제조업 변경등록 신

청서(전자문서로 된 신청서 포함) 또는 화장품책임판매업 변경등록 신청서(전자문서로 된 신청서 포함)에 화장품제조업 등록필증 또는 화장품책임판매업 등록필증과 해당 서류를 첨부하여 지방식품의약품안전청장에게 제출하여야 한다. 등록 관청을 달리하는 화장품제조소 또는 화장품책임판매업소의 소재지 변경의 경우에는 새로운 소재지를 관할하는 지방식품의약품안전청장에게 제출하여야 한다.

(4) 변경등록 시, 제출서류

① 화장품제조업자 또는 화장품책임판매업자의 변경(법인의 경우에는 대표자의 변경)의 경우

- 의사진단서(정신질환자가 아님을 증명)(제조업자만 제출)
- 의사진단서(마약류의 중독자가 아님을 증명)(제조업자만 제출)
- 양도·양수의 경우에는 이를 증명하는 서류
- 상속의 경우에는 가족관계증명서

② 제조소의 소재지 변경(행정구역개편에 따른 사항은 제외)의 경우 : 시설의 명세서

③ 책임판매관리자 변경의 경우 : 책임판매관리자의 자격을 확인할 수 있는 서류

④ 제조 유형 또는 책임판매 유형 변경의 경우

- 화장품의 포장(1차 포장만 해당한다)을 하는 영업의 화장품제조 유형으로 등록한 자가 같은 호 가목 또는 나목의 화장품제조 유형으로 변경하거나 같은 호 가목 또는 나목의 제조 유형을 추가하는 경우 : 시설의 명세서
- 수입대행형 거래를 목적으로 화장품을 알선·수여(授與)하는 영업의 화장품책임판매 유형으로 등록한 자가 같은 호 가목부터 다목까지의 책임판매 유형으로 변경하거나 같은 호 가목부터 다목까지의 책임판매 유형을 추가하는 경우 : 품질관리 및 책임판매 후 안전관리에 적합한 기준에 관한 규정 및 책임판매관리자의 자격을 확인할 수 있는 서류

◈ 화장품법 시행령 제2조 영업의 유형

1. 화장품제조업 : 다음 각 목의 구분에 따른 영업

가. 화장품을 직접 제조하는 영업
나. 화장품 제조를 위탁받아 제조하는 영업
다. 화장품의 포장(1차 포장만 해당한다)을 하는 영업

2. 화장품책임판매업 : 다음 각 목의 구분에 따른 영업

가. 화장품제조업자(법 제3조제1항에 따라 화장품제조업을 등록한 자를 말한다. 이하 같다)가 화장품을 직접 제조하여 유통·판매하는 영업
나. 화장품제조업자에게 위탁하여 제조된 화장품을 유통·판매하는 영업
다. 수입된 화장품을 유통·판매하는 영업
라. 수입대행형 거래(전자상거래 등에서의 소비자보호에 관한 법률 제2조제1호에 따른 전자상거래만 해당한다)를 목적으로 화장품을 알선·수여(授與)하는 영업

3. 맞춤형화장품 판매업 : 다음 각 목의 구분에 따른 영업

가. 제조 또는 수입된 화장품의 내용물에 다른 화장품의 내용물이나 식품의약품안전처장이 정하여 고시하는 원료를 추가하여 혼합한 화장품을 판매하는 영업
나. 제조 또는 수입된 화장품의 내용물을 소분(小分)한 화장품을 판매하는 영업

⑤ 화장품제조업 변경등록 신청서 또는 화장품책임판매업 변경등록 신청서를 받은 지방식품의약품안전청장은 행정정보의 공동이용을 통하여 법인 등기사항증명서(법인인 경우만 해당한다)를 확인하여야 한다.

6 폐업 등의 신고

(1) 폐업 및 휴업

영업자(화장품제조업자, 화장품책임판매업자, 맞춤형화장품판매업자)는 다음 각 호의 어느 하나에 해당하는 경우에는 식품의약품안전처장에게 신고하여야 한다. 다만, 휴업기간이 1개월 미만이거나 그 기간 동안 휴업하였다가 그 업을 재개하는 경우에는 예외이다.

- 폐업 또는 휴업하려는 경우
- 휴업 후 그 업을 재개하려는 경우

(2) 폐업 및 휴업 신고

영업자가 폐업 또는 휴업하거나 휴업 후 그 업을 재개하려는 경우에는 화장품책임판매업 등록필증, 화장품제조업 등록필증 또는 맞춤형화장품판매업 신고필증(폐업 또는 휴업의 경우만 해당한다)을 첨부하여 신고서(전자문서로 된 신고서를 포함한다)를 지방식품의약품안전청장에게 제출하여야 한다.

7 처벌의 종류

① 행정법의 의무사항을 태만이 했을 때는 과태료가 부과되고, 규칙을 위반했을 때는 과태료, 업무정지, 벌칙이 가해진다.

② 벌칙에는 징역형, 벌금형이 있고 업무정지는 제조업무정지, 판매업무정지, 광고업무정지가 있으며 업무정지를 금전적으로 대신하는 과징금으로 대체할 수 있다.

③ 과징금의 대상은 업무정지처분으로 인해 이용자(소비자)에게 심한 불편을 초래하는 경우, 그 밖에 특별한 사유가 인정되는 경우에 한하며 식품의약품안전처 과징금 부과처분 기준 등에 관한 규정(식품의약품안전처 훈령 제106호)에서 정하고 있다.

8 과징금

(1) 과징금 부여

식품의약품안전처장은 영업자에게 업무정지처분을 하여야 할 경우에는 그 업무정지처분을 갈음하여 10억원 이하의 과징금을 부과할 수 있으며(화장품법 제28조), 세부적인 사항은 식품의약품안전처 과징금 부과처분 기준 등에 관한 규정에 따른다.

(2) 과징금의 산정

과징금의 산정은 화장품법 시행령 별표1의 일반기준과 업무정지 1일에 해당하는 과징금 산정기준에 따라 산정하며, 과징금의 총액은 10억원을 초과하여서는 아니된다.

[일반기준]

가. 업무정지 1개월은 30일을 기준으로 한다.
나. 화장품의 영업자에 대한 과징금 산정기준은 다음과 같다.
  1) 판매업무 또는 제조업무의 정지처분을 갈음하여 과징금처분을 하는 경우에는 처분일이 속한 연도의 전년도 모든 품목의 1년간 총생산금액 및 총수입금액을 기준으로 한다(전품목).
  2) 품목에 대한 판매업무 또는 제조업무의 정지처분을 갈음하여 과징금처분을 하는 경우에는 처분일이 속한 연도의 전년도 해당 품목의 1년간 총생산금액 및 총수입금액을 기준으로 한다(해당품목).
  3) 영업자가 신규로 품목을 제조 또는 수입하거나 휴업 등으로 1년간의 총생산금액 및 총 수입금액을 기준으로 과징금을 산정하는 것이 불합리하다고 인정되는 경우에는 분기별 또는 월별 생산금액 및 수입금액을 기준으로 산정한다.
다. 해당 품목 판매업무 또는 광고업무의 정지처분을 갈음하여 과징금처분을 하는 경우에는 처분일이 속한 연도의 전년도 해당 품목의 1년간 총생산금액 및 총수입금액을 기준으로 하고, 업무정지 1일에 해당하는 과징금의 2분의 1의 금액에 처분기간을 곱하여 산정한다.

(3) 과징금 부과대상의 세부기준

① 내용량 시험이 부적합한 경우로서 인체에 유해성이 없다고 인정된 경우
② 화장품제조업자 또는 화장품책임판매업자가 자진회수계획을 통보하고 그에 따라 회수한 결과 국민보건에 나쁜 영향을 끼치지 아니한 것으로 확인된 경우
③ 포장 또는 표시만의 공정을 하는 제조업자가 해당 품목의 제조 또는 품질 검사에 필요한 시설 및 기구 중 일부가 없거나 화장품을 제조하기 위한 작업소의 기준을 위반한 경우
④ 화장품제조업자 또는 화장품책임판매업자가 변경등록(단, 제조업자의 소재지 변경은 제외)을 하지 아니한 경우
⑤ 식품의약품안전처장이 고시한 사용기준 및 유통화장품 안전관리 기준을 위반한 화장품 중 부적합 정도 등이 경미한 경우
⑥ 화장품책임판매업자가 안전성 및 유효성에 관한 심사를 받지 않거나 그에 관한 보고서를 식약처장에게 제출하지 않고 기능성화장품을 제조 또는 수입하였으나 유통·판매에는 이르지 않은 경우
⑦ 기재·표시를 위반한 경우
⑧ 화장품제조업자 또는 화장품책임판매업자가 이물질이 혼입 또는 부착 된 화장품을 판매하거나 판매의 목적으로 제조·수입·보관 또는 진열하였으나 인체에 유해성이 없다고 인정되는 경우
⑨ 기능성화장품에서 기능성을 나타나게 하는 주원료의 함량이 심사 또는 보고한 기준치에 대해 5% 미만으로 부족한 경우

(4) 과징금(100만원 이상일 때만 해당) 납부기한의 연기 및 분할납부

① 자연재해대책법 제2조제1호에 따른 재해 등으로 재산에 현저한 손실을 입은 경우
② 사업 여건의 악화로 사업이 중대한 위기에 있는 경우
③ 과징금을 한꺼번에 내면 자금 사정에 현저한 어려움이 예상되는 경우

④ 그 밖에 식품의약품안전처장이 인정하는 경우

- 과징금 납부기한의 연기를 받거나 분할납부를 하려는 경우에는 납부기한의 10일 전까지 납부기한의 연기 또는 분할납부의 사유를 증명하는 서류를 첨부하여 과징금납부의무자가 식품의약품안전처장에게 신청
- 과징금 납부의 연기기한은 납부기한의 다음 날부터 1년 이내임.
- 과징금을 분할납부하게 하는 경우 각 분할된 납부기한 간의 간격은 4개월 이내로 하고, 분할납부의 횟수는 3회 이내임.

9 벌칙

(1) 3년 이하의 징역 또는 3천만원 이하의 벌금에 처하는 자

- 화장품법 제3조(영업의 등록)제1항 전단을 위반한 자 : 등록을 아니한 자
- 화장품법 제3조의2(맞춤형화장품판매업의 신고) 제1항 전단을 위반한 자 : 신고를 아니한 자
- 화장품법 제3조의2(맞춤형화장품판매업의 신고) 제2항을 위반한 자 : 맞춤형화장품조제관리사를 두지 아니한 자
- 화장품법 제4조(기능성화장품의 심사 등) 제1항 전단을 위반한 자 : 기능성화징품 심사 혹은 보고를 아니한 자
- 화장품법 제14조의2(천연화장품 및 유기농 화장품에 대한 인증) 제3항제1호의 거짓이나 부정한 방법으로 인증받은 자
- 화장품법 제14조의4(천연화장품 및 유기농 화장품 인증의 표시) 제2항을 위반하여 인증표시를 한 자
- 화장품법 제15조(영업의 금지)를 위반한 자
- 화장품법 제16조(판매 등의 금지) 제1항제1호(등록을 아니한 자가 제조·유통한 화장품을 판매, 보관 또는 진열한 자), 제1호의 2(맞춤형화장품 판매업 신고를 하지 않고 화장품을 판매, 보관 또는 진열한 자) 또는 제4호를 위반한 자(화장품의 포장 및 기재·표시 사항을 훼손 또는 위조·변조한 것을 판매, 보관 또는 진열한 자)

(2) 1년 이하의 징역 또는 1천만원 이하의 벌금에 처하는 자

- 화장품법 제3조의 6(자격증 대여 등의 금지), 제4조(기능성화장품의 심사 등)의2 제1항, 제9조, 제13조(부당한 표시·광고행위 등의 금지), 제16조(판매 등의 금지)제1항제2호·제3호 또는 제16조(판매 등의 금지)제2항을 위반한 자
- 제14조(표시·광고 내용의 실증 등) 제4항에 따른 중지명령에 따르지 아니한 자

(3) 200만원 이하의 벌금에 처하는 자

- 화장품의 제조와 관련된 기록·시설·기구 등 관리 방법, 원료·자재·완제품 등에 대한 시험·검사·검정 실시 방법 및 의무 등에 관하여 총리령으로 정하는 사항을 준수하지 않은 화장품제조업자
- 화장품의 품질관리기준, 책임판매 후 안전관리기준, 품질 검사 방법 및 실시 의무, 안전성·유효성 관련 정보사항 등의 보고 및 안전대책 마련 의무 등에 관하여 총리령으로 정하는 사항을 준수하지 않은 화장품책임판매업자
- 소비자에게 유통·판매되는 화장품을 임의로 혼합·소분한 맞춤형화장품 판매업자

- 맞춤형화장품 판매장 시설·기구의 관리 방법, 혼합·소분 안전관리기준의 준수 의무, 혼합·소분되는 내용물 및 원료에 대한 설명 의무, 안전성 관련 사항 보고 의무 등에 관하여 총리령으로 정하는 사항을 준수하지 않은 맞춤형화장품 판매업자
- 국민보건에 위해(危害)를 끼치거나 끼칠 우려가 있는 화장품이 유통 중인 사실을 알게 된 경우에는 지체 없이 해당 화장품을 회수하거나 회수하는 데에 필요한 조치를 하여야 하는데 이를 위반한 영업자
- 화장품을 회수하거나 회수하는 데에 필요한 조치를 하려는 영업자는 회수계획을 식품의약품안전처장에게 미리 보고하여야 하는데 이를 위반한 자
- 화장품의 1차 포장 또는 2차 포장에는 총리령으로 정하는 바에 따른 기재·표시사항을 위반한 자(단, 가격표시는 제외)
- 1차 포장에 표시의무항목(화장품의 명칭, 영업자의 상호, 제조번호, 사용기한 또는 개봉 후 사용기간)을 1차 포장에 표시하지 않은 자
- 제14조(표시·광고 내용의 실증 등)의3에 따른 인증의 유효기간이 경과한 화장품에 대하여 인증표시를 한 자
- 제18조(보고와 검사 등), 제19조(시정명령), 제20조(검사명령), 제22조(개수명령) 및 제23조(회수·폐기명령 등)에 따른 명령을 위반하거나 관계 공무원의 검사·수거 또는 처분을 거부·방해하거나 기피한 자

(4) 징역형과 벌금형은 함께 부과할 수 있다.

10 과태료

과태료의 부과기준은 화장품법 시행령 별표2(과태료의 부과기준)에서 일반기준과 개별기준으로 정하고 있다.

(1) 일반기준

가. 하나의 위반행위가 둘 이상의 과태료 부과기준에 해당하는 경우에는 그 중 금액이 큰 과태료 부과기준을 적용한다.

나. 식품의약품안전처장은 다음의 어느 하나에 해당하는 경우에는 제2호에 따른 과태료 금액의 2분의 1 범위에 서 그 금액을 줄 일 수 있다. 다만, 과태료를 체납하고 있는 위반행위자에 대해서는 그렇지 않다.

1) 위반행위자가 「질서위반행위규제법 시행령」 제2조의2제1항 각 호의 어느 하나에 해당하는 경우
2) 위반행위가 사소한 부주의나 오류로 인한 것으로 인정되는 경우
3) 위반행위의 내용·정도가 경미하여 피해가 적다고 인정되는 경우
4) 위반행위자가 법 위반상태를 시정하거나 해소하기 위해 노력한 사실이 인정되는 경우
5) 그 밖에, 위반행위의 정도, 위반행위의 동기와 그 결과 등을 고려하여 과태료 금액을 줄일 필요가 있다고 인정되는 경우

다. 식품의약품안전처장은 다음의 어느 하나에 해당하는 경우에는 제2호에 따른 과태료 금액의 2분의 1 범위에 서 그 금액을 늘릴 수 있다. 다만, 늘리는 경우에도 법 제40조제1항에 따른 과태료 금액의 상한을 넘을 수 없다.

1) 위반행위의 내용 및 정도가 중대하여 이로 인한 피해가 크다고 인정되는 경우
2) 법 위반상태의 기간이 6개월 이상인 경우
3) 그 밖에 위반행위의 정도, 위반행위의 동기 등을 고려하여 늘릴 필요가 있다고 인정되는 경우

(2) 개별기준

위반행위	과태료 (단위 : 만 원)
법 제4조(기능성화장품의 심사 등)제1항 후단을 위반하여 변경심사를 받지 않은 경우	100만 원
법 제18조(보고와 검사 등)에 따른 명령을 위반하여 보고를 하지 않은 경우	100만 원
법 제15조의2(동물실험을 실시한 화장품 등의 유통판매 금지)제1항을 위반하여 동물실험을 실시한 화장품 또는 동물실험을 실시한 화장품 원료를 사용하여 제조(위탁제조를 포함한다) 또는 수입한 화장품을 유통·판매한 경우	100만 원
법 제3조의7(유사명칭의 사용금지)을 위반하여 맞춤형화장품 조제관리사 또는 이와 유사한 명칭을 사용한 자	100만 원
법 제5조제8항에 따른 명령(영업자에 대한 교육이수 명령)을 위반한 자	50만 원
법 제6조(폐업 등의 신고)를 위반하여 폐업 등의 신고를 하지 않은 경우	50만 원
법 제10조제1항제7호 및 제11조를 위반하여 화장품의 판매가격을 표시하지 아니 한 자	50만 원
법 제5조제5항을 위반하여 화장품의 생산실적 또는 수입실적 또는 화장품 원료의 목록 등을 보고하지 아니한 자	50만 원
법 제5조제6항을 위반하여 맞춤형화장품 원료의 목록을 보고하지 아니한 자	50만 원
법 제5조제7항을 위반하여 교육(책임판매관리자, 맞춤형화장품 조제관리사의 보수교육)을 받지 아니한 자	50만 원

11 행정처분

행정처분의 상세한 기준은 화장품법 시행규칙 별표7에 일반기준과 개별기준으로 규정하고 있다.

(1) 일반기준

가. 위반행위가 둘 이상인 경우로서 그에 해당하는 각각의 처분기준이 다른 경우에는 그 중 무거운 처분기준에 따른다. 다만, 둘 이상의 처분기준이 업무정지인 경우에는 무거운 처분의 업무정지 기간에 가벼운 처분의 업무정지 기간의 2분의 1까지 더하여 처분할 수 있으며, 이 경우 그 최대기간은 12개월로 한다.

나. 위반행위가 둘 이상인 경우로서 처분기준이 업무정지와 품목업무정지에 해당하는 경우에는 그 업무정지 기간이 품목정지 기간보다 길거나 같을 때에는 업무정지처분을 하고, 업무정지 기간이 품목정지 기간보다 짧을 때에는 업무정지처분과 품목업무정지 처분을 병과(倂科)한다.

다. 위반행위의 횟수에 따른 행정처분의 기준은 최근 1년간(이 표 제2호의 개별기준 머목에 해당하는 경우에는 2년간) 같은 위반행위로 행정처분을 받은 경우에 적용한다. 이 경우 기준의 적용일은 최근에 실제 행정처분의 효력이 발생한 날(업무정지처분을 갈음하여 과징금을 부과하는 경우에는 최근에 과징금처분을 통보한 날)과 다시 같은 위반행위를 적발한 날을 기준으로 한다. 다만, 품목업무정지의 경우 품목이 다를 때에는 이 기준을 적용하지 않는다.

라. 다목에 따라 가중된 부과처분을 하는 경우 가중처분의 적용 차수는 그 위반행위 전 부과처분 차수(다목에 따른 기간 내에 과태료 부과처분이 둘 이상 있었던 경우에는 높은 차수를 말한다)의 다음 차수로 한다.

마. 행정처분을 하기 위한 절차가 진행되는 기간 중에 반복하여 같은 위반행위를 한 경우에는 행정처분을 하기 위하여 진행 중인 사항의 행정처분기준의 2분의 1씩을 더하여 처분한다. 이 경우 그 최대기간은 12개월로 한다.

바. 같은 위반행위의 횟수가 3차 이상인 경우에는 과징금 부과대상에서 제외한다.

사. 화장품제조업자가 등록한 소재지에 그 시설이 전혀 없는 경우에는 등록을 취소한다.

아. 영 제2조제2호라목의 책임판매업을 등록한 자에 대하여 제2호의 개별기준을 적용하는 경우 "판매금지"는 "수입대행금지"로, "판매업무정지"는 "수입대행업무정지"로 본다.

자. 다음 각 목의 어느 하나에 해당하는 경우에는 그 처분을 2분의 1까지 감경하거나 면제할 수 있다.

처분을 2분의 1까지 감경하거나 면제할 수 있는 경우	• 국민보건, 수요·공급, 그 밖에 공익상 필요하다고 인정된 경우 • 해당 위반사항에 관하여 검사로부터 기소유예의 처분을 받거나 법원으로부터 선고유예의 판결을 받은 경우 • 광고주의 의사와 관계없이 광고회사 또는 광고매체에서 무단 광고한 경우
처분을 2분의 1까지 감경할 수 있는 경우	• 기능성화장품으로서 그 효능·효과를 나타내는 원료의 함량 미달의 원인이 유통 중 보관상태 불량 등으로 인한 성분의 변화 때문이라고 인정된 경우 • 비병원성 일반세균에 오염된 경우로서 인체에 직접적인 위해가 없으며, 유통 중 보관상태 불량에 의한 오염으로 인정된 경우

(2) 개별기준

위반 내용	관련 법조문	처분기준			
		1차 위반	2차 위반	3차 위반	4차 이상 위반
가. 법 제3조제1항 후단에 따른 화장품제조업 또는 화장품책임판매업의 다음의 변경 사항 등록을 하지 않은 경우	법 제24조 제1항제1호				
1) 화장품제조업자·화장품책임판매업자(법인인 경우 대표자)의 변경 또는 그 상호(법인인 경우 법인의 명칭)의 변경		시정명령	제조 또는 판매업무 정지 5일	제조 또는 판매업무 정지 15일	제조 또는 판매업무 정지 1개월
2) 제조소의 소재지 변경		제조업무 정지 1개월	제조업무 정지 3개월	제조업무 정지 6개월	등록취소
3) 화장품책임판매업소의 소재지 변경		판매업무 정지 1개월	판매업무 정지 3개월	판매업무 정지 6개월	등록취소
4) 책임판매관리자의 변경		시정명령	판매업무 정지 7일	판매업무 정지 15일	판매업무 정지 1개월
5) 제조 유형 변경		제조업무 정지 1개월	제조업무 정지 2개월	제조업무 정지 3개월	제조업무 정지 6개월
6) 영 제2조2호가목부터 다목까지의 화장품책임판매업을 등록한 자의 책임판매 유형 변경		경고	판매업무 정지 15일	판매업무 정지 1개월	판매업무 정지 3개월
7) 영 제2조제2호라목의 화장품책임판매업을 등록한 자의 책임판매 유형 변경		수입대행업무정지 1개월	수입대행 업무정지 2개월	수입대행 업무정지 3개월	수입대행업무정지 6개월
나. 거짓이나 그 밖의 부정한 방법으로 법 제3조제1항 또는 법 제3조의2제1항에 따른 등록·변경등록 또는 신고·변경신고를 한 경우	법 제24조 제1항제1호의2	등록 취소 또는 영업소 폐쇄			
다. 법 제3조제2항에 따른 시설을 갖추지 않은 경우	법 제24조 제1항제2호				
1) 제6조(시설기준 등)제1항에 따른 제조 또는 품질검사에 필요한 시설 및 기구의 전부가 없는 경우		제조업무 정지 3개월	제조업무 정지 6개월	등록취소	
2) 제6조(시설기준 등)제1항에 따른 작업소, 보관소 또는 시험실 중 어느 하나가 없는 경우		개수명령	제조업무 정지 1개월	제조업무 정지 2개월	제조업무 정지 4개월

위반 내용	관련 법조문	처분기준			
		1차 위반	2차 위반	3차 위반	4차 이상 위반
3) 제6조(시설기준 등)제1항에 따른 해당 품목의 제조 또는 품질검사에 필요한 시설 및 기구 중 일부가 없는 경우		개수명령	해당 품목 제조업무 정지 1개월	해당 품목 제조업무 정지 2개월	해당 품목 제조업무 정지 4개월
4) 제6조(시설기준 등)제1항제1호에 따른 화장품을 제조하기 위한 작업소의 기준을 위반한 경우					
가) 제6조(시설기준 등)제1항제1호가목을 위반한 경우		시정명령	제조업무 정지 1개월	제조업무 정지 2개월	제조업무 정지 4개월
나) 제6조(시설기준 등)제1항제1호나목 또는 다목을 위반한 경우		개수명령	해당 품목 제조업무 정지 1개월	해당 품목 제조업무 정지 2개월	해당 품목 제조업무 정지 4개월
라. 법 제3조의2제1항 후단에 따른 맞춤형화장품 판매업의 변경신고를 하지 않은 경우	법 제24조 제1항 제2호의2				
1) 맞춤형화장품 판매업자의 변경신고를 하지 않은 경우		시정명령	판매업무 정지 5일	판매업무 정지 15일	판매업무 정지 1개월
2) 맞춤형화장품 판매업소 상호의 변경신고를 하지 않은 경우		시정명령	판매업무 정지 5일	판매업무 정지 15일	판매업무 정지 1개월
3) 맞춤형화장품 판매업소 소재지의 변경신고를 하지 않은 경우		판매업무정지 1개월	판매업무 정지 2개월	판매업무 정지 3개월	판매업무 정지 4개월
4) 맞춤형화장품 조제관리사의 변경신고를 하지 않은 경우		시정명령	판매업무 정지 5일	판매업무 정지 15일	판매업무 정지 1개월
마. 맞춤형화장품 판매업자가 법 제3조의2제2항에 따른 시설기준을 갖추지 않게 된 경우	법 제24조 제1항제2호의3	시정명령	판매업무 정지 1개월	판매업무 정지 3개월	영업소 폐쇄
바. 법 제3조의3(결격사유) 각 호의 어느 하나에 해당하는 경우	법 제24조 제1항제3호	등록취소			
사. 국민보건에 위해를 끼쳤거나 끼칠 우려가 있는 화장품을 제조·수입한 경우	법 제24조 제1항제4호	제조 또는 판매업무 정지 1개월	제조 또는 판매업무 정지 3개월	제조 또는 판매업무 정지 6개월	등록취소
아. 법 제4조제1항을 위반하여 심사를 받지 않거나 보고서를 제출하지 않은 기능성화장품을 판매한 경우	법 제24조 제1항제5호				

위반 내용	관련 법조문	처분기준			
		1차 위반	2차 위반	3차 위반	4차 이상 위반
1) 심사를 받지 않거나 거짓으로 보고하고 기능성화장품을 판매한 경우		판매업무 정지 6개월	판매업무 정지 12개월	등록취소	
2) 보고하지 않은 기능성화장품을 판매한 경우		판매업무 정지 3개월	판매업무 정지 6개월	판매업무 정지 9개월	판매업무 정지 12개월
자. 법 제4조의2제1항에 따른 제품(영유아용, 어린이용 화장품)별 안전성 자료를 작성 또는 보관하지 않은 경우	법 제24조 제1항제5호의2	판매 또는 해당 품목 판매업무 정지 1개월	판매 또는 해당 품목 판매업무 정지 3개월	판매 또는 해당 품목 판매업무 정지 6개월	판매 또는 해당 품목 판매업무 정지 12개월
차. 법 제5조를 위반하여 영업자의 준수사항을 이행하지 않은 경우	법 제24조 제1항 제6호				
1) 제11조제1항제1호의 준수사항을 이행하지 않은 경우		시정명령	제조 또는 해당품목 제조업무정지 15일	제조 또는 해당품목 제조업무정지 1개월	제조 또는 해당품목 제조업무정지 3개월
2) 제11조제1항제2호의 준수사항을 이행하지 않은 경우					
가) 제조관리기준서, 제품표준서, 제조관리기록서 및 품질관리기록서를 갖추어 두지 않거나 이를 거짓으로 작성한 경우		제조 또는 해당 품목 제조업무정지 1개월	제조 또는 해당 품목 제조업무 정지 3개월	제조 또는 해당 품목 제조업무 정지 6개월	제조 또는 해당 품목 제조업무 정지 9개월
나) 작성된 제조관리기준서의 내용을 준수하지 않은 경우		제조 또는 해당 품목 제조업무 정지 15일	제조 또는 해당 품목 제조업무 정지 1개월	제조 또는 해당 품목 제조업무 정지 3개월	제조 또는 해당 품목 제조업무 정지 6개월
3) 제11조제1항제3호부터 제5호까지의 준수사항을 이행하지 않은 경우		제조 또는 해당 품목 제조업무 정지 15일	제조 또는 해당 품목 제조업무 정지 1개월	제조 또는 해당 품목 제조업무 정지 3개월	제조 또는 해당 품목 제조업무 정지 6개월
4) 제11조제1항제6호부터 제8호까지의 준수사항을 이행하지 않은 경우		제조 또는 해당 품목 제조업무 정지 15일	제조 또는 해당 품목 제조업무 정지 1개월	제조 또는 해당 품목 제조업무 정지 3개월	제조 또는 해당 품목 제조업무 정지 6개월

위반 내용	관련 법조문	처분기준			
		1차 위반	2차 위반	3차 위반	4차 이상 위반
5) 제12조제1호의 준수사항을 이행하지 않은 경우					
가) 별표 1에 따라 책임판매관리자를 두지 않은 경우		판매 또는 해당 품목 판매업무 정지 1개월	판매 또는 해당 품목 판매업무 정지 3개월	판매 또는 해당 품목 판매업무 정지 6개월	판매 또는 해당 품목 판매업무 정지 12개월
나) 별표 1에 따른 품질관리 업무 절차서를 작성하지 않거나 거짓으로 작성한 경우		판매업무 정지 3개월	판매업무 정지 6개월	판매업무 정지 12개월	등록취소
다) 별표 1에 따라 작성된 품질관리 업무 절차서의 내용을 준수하지 않은 경우		판매 또는 해당 품목 판매업무 정지 1개월	판매 또는 해당 품목 판매업무 정지 3개월	판매 또는 해당 품목 판매업무 정지 6개월	판매 또는 해당 품목 판매업무 정지 12개월
라) 그 밖에 별표 1에 따른 품질관리 기준을 준수하지 않은 경우		시정명령	판매 또는 해당 품목 판매업무 정지 7일	판매 또는 해당 품목 판매업무 정지 15일	판매 또는 해당 품목 판매업무 정지 1개월
6) 제12조제2호의 준수사항을 이행하지 않은 경우					
가) 별표 2에 따라 책임판매관리자를 두지 않은 경우		판매 또는 해당 품목 판매업무 정지 1개월	판매 또는 해당 품목 판매업무 정지 3개월	판매 또는 해당 품목 판매업무 정지 6개월	판매 또는 해당 품목 판매업무 정지 12개월
나) 별표 2에 따른 안전관리 정보를 검토하지 않거나 안전확보 조치를 하지 않은 경우		판매 또는 해당 품목 판매업무 정지 1개월	판매 또는 해당 품목 판매업무 정지 3개월	판매 또는 해당 품목 판매업무 정지 6개월	판매 또는 해당 품목 판매업무 정지 12개월
다) 그 밖에 별표 2에 따른 책임판매 후 안전관리기준을 준수하지 않은 경우		경고	판매 또는 해당 품목 판매업무 정지 1개월	판매 또는 해당 품목 판매업무 정지 3개월	판매 또는 해당 품목 판매업무 정지 6개월
7) 그 밖에 제12조제3호부터 제11호까지의 규정에 따른 준수사항을 이행하지 않은 경우		시정명령	판매 또는 해당 품목 판매업무 정지 1개월	판매 또는 해당 품목 판매업무 정지 3개월	판매 또는 해당 품목 판매업무 정지 6개월

위반 내용	관련 법조문	처분기준			
		1차 위반	2차 위반	3차 위반	4차 이상 위반
8) 법 제5조제3항을 위반하여 소비자에게 유통·판매되는 화장품을 임의로 혼합·소분한 경우		판매업무 정지 15일	판매업무 정지 1개월	판매업무 정지 3개월	판매업무 정지 6개월
9) 제12조의2제1호 및 제2호의 준수사항을 이행하지 않은 경우		판매 또는 해당 품목 판매업무 정지 15일	판매 또는 해당 품목 판매업무 정지 1개월	판매 또는 해당 품목 판매업무 정지 3개월	판매 또는 해당 품목 판매업무 정지 6개월
10) 제12조의2제3호의 준수사항을 이행하지 않은 경우		시정명령	판매 또는 해당 품목 판매업무 정지 1개월	판매 또는 해당 품목 판매업무 정지 3개월	판매 또는 해당 품목 판매업무 정지 6개월
11) 제12조의2제4호의 준수사항을 이행하지 않은 경우		시정명령	판매 또는 해당 품목 판매업무 정지 7일	판매 또는 해당 품목 판매업무 정지 15일	판매 또는 해당 품목 판매업무 정지 1개월
12) 제12조의2제5호의 준수사항을 이행하지 않은 경우		시정명령	판매 또는 해당 품목 판매업무 정지 1개월	판매 또는 해당 품목 판매업무 정지 3개월	판매 또는 해당 품목 판매업무 정지 6개월
카. 법 제5조의2제1항을 위반하여 회수 대상 화장품을 회수하지 않거나 회수하는 데에 필요한 조치를 하지 않은 경우	법 제24조 제1항제6호의2	판매 또는 제조업무 정지 1개월	판매 또는 제조업무 정지 3개월	판매 또는 제조업무 정지 6개월	등록취소
타. 법 제5조의2제2항을 위반하여 회수계획을 보고하지 않거나 거짓으로 보고한 경우	법 제24조 제1항제6호의3	판매 또는 제조업무 정지 1개월	판매 또는 제조업무 정지 3개월	판매 또는 제조업무 정지 6개월	등록취소
파. 법 제9조에 따른 화장품의 안전용기·포장에 관한 기준을 위반한 경우	법 제24조 제1항제8호	해당 품목 판매업무 정지 3개월	해당 품목 판매업무 정지 6개월	해당 품목 판매업무 정지 12개월	
하. 법 제10조 및 이 규칙 제19조에 따른 화장품의 1차 포장 또는 2차 포장의 기재·표시사항을 위반한 경우	법 제24조 제1항제9호				

위반 내용	관련 법조문	처분기준			
		1차 위반	2차 위반	3차 위반	4차 이상 위반
1) 법 제10조제1항 및 제2항의 기재사항(가격은 제외한다)의 전부를 기재하지 않은 경우		해당 품목 판매업무 정지 3개월	해당 품목 판매업무 정지 6개월	해당 품목 판매업무 정지 12개월	
2) 법 제10조제1항 및 제2항의 기재사항(가격은 제외한다)을 거짓으로 기재한 경우		해당 품목 판매업무 정지 1개월	해당 품목 판매업무 정지 3개월	해당 품목 판매업무 정지 6개월	해당 품목 판매업무 정지 12개월
3) 법 제10조제1항 및 제2항의 기재사항(가격은 제외한다)의 일부를 기재하지 않은 경우		해당 품목 판매업무 정지 15일	해당 품목 판매업무 정지 1개월	해당 품목 판매업무 정지 3개월	해당 품목 판매업무 정지 6개월
거. 법 제10조, 이 규칙 제19조제6항 및 별표 4에 따른 화장품 포장의 표시기준 및 표시방법을 위반한 경우	법 제24조 제1항제9호	해당 품목 판매업무 정지 15일	해당 품목 판매업무 정지 1개월	해당 품목 판매업무 정지 3개월	해당 품목 판매업무 정지 6개월
너. 법 제12조(기재·표시상의 주의) 및 이 규칙 제21조(기재·표시상의 주의사항)에 따른 화장품 포장의 기재·표시상의 주의사항(예 한글로 읽기 쉽도록 기재·표시, 성분은 표준화된 일반명 사용)을 위반한 경우	법 제24조 제1항제9호	해당 품목 판매업무 정지 15일	해당 품목 판매업무 정지 1개월	해당 품목 판매업무 정지 3개월	해당 품목 판매업무 정지 6개월
더. 법 제13조를 위반하여 화장품을 표시·광고한 경우	법 제24조 제1항제10호				
1) 별표 5 제2호가목·나목 및 카목에 따른 화장품의 표시·광고 시 준수사항을 위반한 경우 : 의약품 오인, 기능성·천연·유기농 화장품 오인, 타제품 비방		해당 품목 판매업무 정지 3개월(표시위반) 또는 해당 품목 광고 업무정지 3개월(광고위반)	해당 품목 판매 업무 정지 6개월(표시위반) 또는 해당 품목 광고 업무정지 6개월(광고위반)	해당 품목 판매업무정지 9개월(표시위반) 또는 해당 품목 광고업무정지 9개월(광고위반)	

위반 내용	관련 법조문	처분기준			
		1차 위반	2차 위반	3차 위반	4차 이상 위반
2) 별표 5 제2호다목부터 차목까지의 규정에 따른 화장품의 표시·광고 시 준수사항을 위반한 경우 : ① 의사, 약사, 의료기관, 그 밖의 자 등 지정, 추천, 공인, 개발 사용 등 ② 외국제품으로 오인 우려 표시·광고 ③ 외국과 기술제휴하지 않고 기술제휴 표현 ④ 배타성을 띤 최고,최상 등 절대적표현 ⑤ 잘못 인식할 우려가 있거나 사실과 다른 표현 ⑥ 품질·효능 등에 관하여 객관적으로 확인될 수 없거나 확인되지 않았는데도 불구하고 이를 광고하거나 화장품의 범위를 벗어나서 표시·광고 ⑦ 저속하거나 혐오감을 주는 표시·광고 ⑧ 국제적 멸종위기종의 가공품이 함유된 화장품임을 표시·광고		해당 품목 판매업무정지 2개월 (표시위반) 또는 해당 품목 광고 업무정지 2개월 (광고위반)	해당 품목 판매업무정지 4개월 (표시위반) 또는 해당 품목 광고 업무정지 4개월 (광고위반)	해당 품목 판매업무정지6개월 (표시위반) 또는 해당 품목 광고 업무정지 6개월 (광고위반)	해당 품목 판매업무정지 12개월 (표시위반) 또는 해당 품목 광고 업무정지 12개월 (광고위반)
러. 법 제14조제4항에 따른 중지명령을 위반하여 화장품을 표시·광고를 한 경우	법 제24조 제1항제10호	해당 품목 판매업무 정지 3개월	해당 품목 판매 업무 정지 6개월	해당 품목 판매업무 정지 12개월	
머. 법 제15조를 위반하여 다음의 화장품을 판매하거나 판매의 목적으로 제조·수입·보관 또는 진열한 경우	법 제24조 제1항제11호				
1) 전부 또는 일부가 변패(變敗)되거나 이물질이 혼입 또는 부착된 화장품		해당 품목 제조 또는 판매업무 정지 1개월	해당 품목 제조 또는 판매 업무 정지 3개월	해당 품목 제조 또는 판매 업무 정지 6개월	해당 품목 제조 또는 판매업무 정지 12개월
2) 병원미생물에 오염된 화장품		해당 품목 제조 또는 판매업무 정지 3개월	해당 품목 제조 또는 판매업무 정지 6개월	해당품목 제조 또는 판매업무 정지 9개월	해당 품목 제조 또는 판매업무 정지 12개월
3) 법 제8조제1항에 따라 식품의약품안전처장이 고시한 화장품의 제조 등에 사용할 수 없는 원료를 사용한 화장품		제조 또는 판매업무 정지 3개월	제조 또는 판매업무 정지 6개월	제조 또는 판매업무 정지 12개월	등록취소

위반 내용	관련 법조문	처분기준			
		1차 위반	2차 위반	3차 위반	4차 이상 위반
4) 법 제8조제2항에 따라 사용상의 제한이 필요한 원료에 대하여 식품의약품안전처장이 고시한 사용기준을 위반한 화장품		해당 품목 제조 또는 판매 업무 정지 3개월	해당 품목 제조 또는 판매 업무 정지 6개월	해당 품목 제조 또는 판매 업무 정지 9개월	해당 품목 제조 또는 판매 업무 정지 12개월
5) 법 제8조제5항에 따라 식품의약품안전처장이 고시한 유통화장품 안전관리기준에 적합하지 않은 화장품					
가) 실제 내용량이 표시된 내용량의 97퍼센트 미만인 화장품					
(1) 실제 내용량이 표시된 내용량의 90퍼센트 이상 97퍼센트 미만인 화장품		시정명령	해당 품목 제조 또는 판매 업무 정지 15일	해당 품목 제조 또는 판매 업무 정지 1개월	해당 품목 제조 또는 판매 업무 정지 2개월
(2) 실제 내용량이 표시된 내용량의 80퍼센트 이상 90퍼센트 미만인 화장품		해당 품목 제조 또는 판매업무 정지 1개월	해당 품목 제조 또는 판매업무 정지 2개월	해당 품목 제조 또는 판매 업무 정지 3개월	해당 품목 제조 또는 판매 업무 정지 4개월
(3) 실제 내용량이 표시된 내용량의 80퍼센트 미만인 화장품		해당 품목 제조 또는 판매업무 정지 2개월	해당 품목 제조 또는 판매업무 정지 3개월	해당 품목 제조 또는 판매 업무 정지 4개월	해당 품목 제조 또는 판매 업무 정지 6개월
나) 기능성화장품에서 기능성을 나타나게 하는 주원료의 함량이 기준치보다 부족한 경우					
(1) 주원료의 함량이 기준치보다 10퍼센트 미만 부족한 경우		해당 품목 제조 또는 판매업무 정지 15일	해당 품목 제조 또는 판매업무 정지 1개월	해당 품목 제조 또는 판매업무 정지 3개월	해당 품목 제조 또는 판매업무 정지 6개월
(2) 주원료의 함량이 기준치보다 10퍼센트 이상 부족한 경우		해당 품목 제조 또는 판매업무 정지 1개월	해당 품목 제조 또는 판매업무 정지 3개월	해당 품목 제조 또는 판매업무 정지 6개월	해당 품목 제조 또는 판매업무 정지 12개월

위반 내용	관련 법조문	처분기준			
		1차 위반	2차 위반	3차 위반	4차 이상 위반
다) 그 밖의 기준에 적합하지 않은 화장품		해당 품목 제조 또는 판매업무 정지 1개월	해당 품목 제조 또는 판매업무 정지 3개월	해당 품목 제조 또는 판매업무 정지 6개월	해당 품목 제조 또는 판매업무 정지 12개월
6) 사용기한 또는 개봉 후 사용기간(병행 표기된 제조연월일을 포함한다)을 위조·변조한 화장품		해당 품목 제조 또는 판매업무 정지 3개월	해당 품목 제조 또는 판매업무 정지 6개월	해당 품목 제조 또는 판매업무 정지 12개월	
7) 그 밖에 법 제15조 각 호에 해당하는 화장품		해당 품목 제조 또는 판매업무정지 1개월	해당 품목 제조 또는 판매업무정지 3개월	해당 품목 제조 또는 판매업무 정지 6개월	해당 품목 제조 또는 판매업무 정지 12개월
버. 법 제18조제1항·제2항에 따른 검사·질문·수거 등을 거부하거나 방해한 경우	법 제24조 제1항제12호	판매 또는 제조업무 정지 1개월	판매 또는 제조업무 정지 3개월	판매 또는 제조업무 정지 6개월	등록취소
서. 법 제19조, 제20조, 제22조, 제23조제1항·제2항 또는 제23조의2에 따른 시정명령·검사명령·개수명령·회수명령·폐기명령 또는 공표명령 등을 이행하지 않은 경우	법 제24조 제1항제13호	판매 또는 제조업무 정지 1개월	판매 또는 제조업무 정지 3개월	판매 또는 제조업무 정지 6개월	등록취소
어. 법 제23조제3항에 따른 회수계획을 보고하지 않거나 거짓으로 보고한 경우	법 제24조 제1항제13호의2	판매 또는 제조업무 정지 1개월	판매 또는 제조업무 정지 3개월	판매 또는 제조업무 정지 6개월	등록취소
저. 업무정지기간 중에 업무를 한 경우로서	법 제24조제1항제14호				
1) 업무정지기간 중에 해당 업무를 한 경우(광고 업무에 한정하여 정지를 명한 경우는 제외한다)		등록취소			
2) 광고의 업무정지기간 중에 광고 업무를 한 경우		시정명령	판매업무 정지 3개월		

[1차 위반 시, 등록취소 또는 영업소 폐쇄]

- 거짓이나 그 밖의 부정한 방법으로 화장품 제조업 혹은 화장품 책임판매업 등록·변경등록
- 거짓이나 그 밖의 부정한 방법으로 맞춤형화장품 판매업 신고·변경신고
- 영업자 결격사유에 해당되는 경우(법 제3조의3)
- 판매업무 정지기간 혹은 제조업무 정지기간 중에 업무를 한 경우

12 양벌규정

① 법인의 대표자 또는 개인의 대리인, 사용인, 그 밖의 종업원이 그 법인 또는 개인의 업무에 관하여 제36조(벌칙), 제37조(벌칙), 제38조(벌칙)의 어느 하나에 해당하는 위반행위를 하면 그 행위자를 벌하는 외에 그 법인 또는 개인에게도 해당 조문의 벌금형을 과(科)한다.

② 법인 또는 개인이 그 위반행위를 방지하기 위하여 해당 업무에 관하여 상당한 주의와 감독을 게을리하지 아니한 경우에는 그러하지 아니하다.

13 청문

① 청문(聽聞)은 행정청이 어떠한 처분을 하기 전에 당사자 등의 의견을 직접 듣고 증거를 조사하는 절차이다. 행정절차법에 따라 지방식품의약품안전청장이 처분사전통지서와 의견제출서를 행정처분 대상 화장품 영업자에게 보내며, 화장품 영업자는 기한 내에 받은 의견제출서를 작성하여 제출하여야 한다.

② 식품의약품안전처장이 청문을 하는 경우는 다음과 같다.

- 맞춤형화장품 조제관리사 자격의 취소
- 천연화장품 및 유기농화장품에 대한 인증의 취소
- 천연화장품 및 유기농화장품에 대한 인증기관 지정의 취소 또는 업무의 전부에 대한 정지명령
- 등록의 취소, 영업소 폐쇄, 품목의 제조·수입 및 판매(수입대행형 거래를 목적으로 하는 알선·수여를 포함한다)의 금지
- 업무의 전부에 대한 정지명령

14 소비자 화장품 안전관리 감시원의 직무

화장품법 제18조의 2, 화장품법 시행규칙 제26조의 2 및 소비자 화장품 안전관리 감시원 운영규정(식품의약품안전처 고시)에서 정하고 있는 소비자 화장품 안전관리 감시원의 직무는 다음과 같다.

- 유통 중인 화장품이 제10조(화장품의 기재사항)제1항 및 제2항에 따른 표시기준에 맞지 아니하거나 제13조(부당한 표시광고 행위 등의 금지)제1항 각 호의 어느 하나에 해당하는 표시 또는 광고를 한 화장품인 경우 관할 행정관청에 신고하거나 그에 관한 자료 제공
- 제18조제1항·제2항(보고와 검사 등)에 따라 관계 공무원이 하는 출입·검사·질문·수거의 지원
- 제23조(회수, 폐기명령 등)에 따른 관계 공무원의 물품 회수·폐기 등의 업무 지원
- 제29조(자발적 관리의 지원)에 따른 행정처분의 이행 여부 확인 등의 업무 지원
- 화장품의 안전사용과 관련된 홍보 등의 업무

Chapter 2 개인정보보호법

① 고객관리 프로그램 운영

1 고객관리 프로그램

① 고객관리 프로그램은 소프트웨어 및 하드웨어로 구성된다.

② 소프트웨어는 운영 소프트웨어(operating software)와 펌 소프트웨어(firm software)로 이루져 있고 하드웨어는 모니터, 바코드 리더기 등으로 구성될 수 있다. 소프트웨어는 정기적으로 업데이트를 실시하여 적절하게 프로그램이 운영될 수 있도록 한다.

2 고객관리 데이터

① 데이터는 손상에 대비하여 물리적 및 전자적 수단을 이용하여 보호되어야 한다. 저장된 데이터에는 접근성, 가독성, 정확성이 요구 된다.

② 데이터는 보관 기간 동안에는 데이터에 접근할 수 있어야 하며, 주기적으로 데이터가 백업되어야 한다.

③ 백업 데이터의 완전성, 정확성 및 데이터 복구 능력을 확인하고 이를 정기적으로 점검한다.

④ 데이터의 폐기 시는 개인정보 보호법에 따라 복구·재생되지 않도록 한다.

⑤ 데이터의 유출을 방지하고 데이터 손실을 막기 위해 해킹방어 프로그램과 백신프로그램이 있어야 한다.

3 프로그램 접근

① 접근 권한을 가진 자가 프로그램에 ID와 비밀번호를 입력하고 로그인하도록 한다.

② 필요 시, 데이터의 수준에 따라 접근권한을 제한하고 마스터계정(admin)은 관리자 혹은 맞춤형화장품판매업자가 관리하는 것이 권장된다.

③ 프로그램은 정보 유출방지를 위해 해킹방어 시스템이 있어야 한다.

② 고객관리

고객정보 입력, 고객정보 관리 및 고객상담은 다음의 개인정보 보호법에서 규정하는 사항에 따라 이루어져야 한다.

1 용어의 정의

(1) 개인정보

① 살아 있는 개인에 관한 정보로서 개인을 알아볼 수 있는 정보
(성명, 주민등록번호, 지문, 영상 등)

② 살아 있는 개인에 관한 정보로서 해당 정보만으로는 특정 개인을 알아볼 수 없더라도 다른 정보와 쉽게 결합하여 특정 개인을 식별할 수 있는 정보(이름+전화번호, 이름+주소, 이름+주소+전화번호)

③ 가목 또는 나목을 가명처리함으로써 원래의 상태로 복원하기 위한 추가 정보의 사용·결합 없이는 특정 개인을 알아볼 수 없는 정보(가명정보)

개인정보 예시	가명정보 예시	익명정보 예시
이강연/핸드폰 번호/남성/인천 동구 송림3동 33/당구장 운영/월소득액 100만원	20번째 고객/핸드폰 번호(암호화)/인천 동구 거주/자영업/월소득액 100만원	20번째 고객/인천 동구 거주/월소득액 100만원
-	암호화된 핸드폰 번호를 복원하면 개인식별 가능	핸드폰 번호와 직업을 삭제하여 다른 정보와 결합해도 개인식별이 불가능

(2) 개인정보처리자

업무를 목적으로 개인정보파일을 운용하기 위하여 스스로 또는 다른 사람을 통하여 개인정보를 처리하는 공공기관, 법인, 단체 및 개인 등

(3) 개인정보보호책임자

개인정보 처리에 관한 업무를 총괄해서 책임지거나 업무처리를 최종적으로 결정하는 자로 개인정보의 처리에 관한 업무를 총괄하는 책임자

(4) 개인정보취급자

개인정보처리자의 지휘·감독을 받아 개인정보를 처리하는 임직원, 파견근로자, 시간제근로자 등

(5) 민감정보

사상·신념, 노동조합·정당의 가입·탈퇴, 정치적 견해, 건강, 성생활 등에 관한 정보, 그 밖에 정보주체의 사생활을 현저히 침해할 우려가 있는 개인정보

예 유전정보, 범죄경력, 건강정보, 인종이나 민족에 관한 정보, 사상·신념, 노동조합·정당의 가입·탈퇴, 정치적 견해, 건강, 성생활 등)

(6) 고유식별정보

개인을 고유하게 구별하기 위하여 부여된 식별정보

예 주민번호, 운전면허번호, 여권번호, 외국인등록번호

(7) 가명처리

개인정보의 일부를 삭제하거나 일부 또는 전부를 대체하는 등의 방법으로 추가 정보가 없이는 특정 개인을 알아볼 수 없도록 처리하는 것

(8) **익명정보** : 그 자체로 또는 다른 정보와 결합해서도 개인을 식별할 수 없는 정보

(9) **바이오정보** : 지문, 홍채, 정맥 등

(10) **기타정보** : 가족정보, 소득정보, 위치정보 등

(11) **처리**: 개인정보의 수집, 생성, 연계, 연동, 기록, 저장, 보유, 가공, 편집, 검색, 출력, 정정(訂正), 복구, 이용, 제공, 공개, 파기(破棄), 그 밖에 이와 유사한 행위(전송, 전달, 이전, 열람, 조회, 수정, 보완, 삭제, 공유, 보전, 파쇄) → 다른 사람이 처리하고 있는 개인정보를 단순히 전달, 전송, 통과만 시켜주는 행위는 처리가 아님.

2 개인정보보호 원칙

① 처리목적의 명확화, 목적 내에서 적법하게 정당하게 최소 수집
② 처리 목적 내에서 처리, 목적 외 활용금지
③ 처리 목적 내에서 정확성, 완전성, 최신성 보장
④ 정보주체의 권리침해 위험성 등을 고려하여 안전하게 관리
⑤ 개인정보처리사항 공개, 정보주체의 권리보장
⑥ 사생활 침해 최소화 방법으로 처리
⑦ 가능한 경우 익명 처리
⑧ 개인정보처리자의 책임준수, 정보주체의 신뢰성 확보

3 정보주체의 권리

① 개인정보의 처리에 관한 정보를 제공받을 권리
② 개인정보의 처리에 관한 동의여부, 동의범위 등을 선택, 결정할 권리
③ 처리 개인정보의 처리여부확인, 개인정보 열람을 요구할 권리(사본의 발급 포함)
④ 개인정보의 처리정지, 정정·삭제 및 파기를 요구할 권리
⑤ 개인정보의 처리 피해를 신속, 공정하게 구제받을 권리

4 개인정보를 수집·이용할 수 있는 경우

① 정보주체의 동의를 받은 경우 : 동의 방법 → 직접 서명, 홈페이지 동의버튼 클릭, 구두 동의, 전화동의, 전자우편 동의

[동의받을 때 고지의무사항]
- 개인정보의 수집·이용목적
- 수집하고자 하는 개인정보의 항목
- 개인정보의 보유 및 이용기간
- 동의거부 권리 및 동의 거부 시 불이익 내용

② 법률에 특별한 규정이 있거나 법령상 의무를 준수하기 위하여 불가피한 경우
③ 공공기관이 법령 등에서 정하는 소관 업무의 수행을 위하여 불가피한 경우
④ 정보주체와의 계약의 체결 및 이행을 위하여 불가피하게 필요한 경우
⑤ 명백히 정보주체 또는 제3자의 급박한 생명, 신체, 재산의 이익을 위하여 필요하다고 인정되는 경우

⑥ 개인정보처리자의 정당한 이익을 달성하기 위하여 필요한 경우로서 명백하게 정보주체의 권리보다 우선하는 경우
⑦ 친목단체의 운영을 위한 경우

5 개인정보 수집 제한

① 필요한 최소한의 개인정보 수집
② 최소한의 개인정보 수집이라는 입증책임은 개인정보처리자가 부담
③ 필요 최소한의 정보 외의 개인정보 수집에는 동의 거부 가능
④ 최소한의 정보 외의 개인정보 수집에 동의하지 아니한다는 이유로 정보주체에게 재화 또는 서비스의 제공을 거부 금지

6 개인정보를 제3자에게 제공이 가능한 경우

① 정보주체의 동의를 받은 경우
② 법률에 특별한 규정이 있거나 법령상 의무를 준수하기 위하여 불가피한 경우
③ 공공기관이 법령 등에서 정하는 소관 업무의 수행을 위하여 불가피한 경우
④ 정보주체 또는 그 법정대리인이 의사표시를 할 수 없는 상태에 있거나 주소불명 등으로 사전 동의를 받을 수 없는 경우로서 명백히 정보주체 또는 제3자의 급박한 생명, 신체, 재산의 이익을 위하여 필요하다고 인정되는 경우
⑤ 정보통신서비스의 제공에 따른 요금정산을 위하여 필요한 경우
⑥ 다른 법령에 특별한 경우가 있는 경우

7 목적 외에 개인정보를 이용·제공할 수 있는 경우

개인정보처리자는 다음의 어느 하나에 해당되는 경우에는 정보주체 또는 제3자의 이익을 부당하게 침해할 우려가 있을 때를 제외하고는 개인정보를 목적 외의 용도로 이용하거나 이를 제3자에게 제공할 수 있음.
① 정보주체로부터 별도의 동의를 받은 경우
② 다른 법률에 특별한 규정이 있는 경우
③ 정보주체 또는 그 법정대리인이 의사표시를 할 수 없는 상태에 있거나 주소불명 등으로 사전 동의를 받을 수 없는 경우로서 명백히 정보주체 또는 제3자의 급박한 생명, 신체, 재산의 이익을 위하여 필요하다고 인정되는 경우

8 개인정보의 파기

① 보유기간의 경과, 개인정보의 처리 목적 달성 등 그 개인정보가 불필요하게 되었을 때에는 개인정보처리자는 지체 없이 그 개인정보를 파기, 다만 다른 법령에 규정이 있으면 보존 가능
② 다른 법령에 따라 보존하여야 하는 경우, 다른 개인정보와 분리하여 저장·관리

③ 정보통신서비스 제공자는 정보통신서비스를 1년의 기간 동안 이용하지 아니하는 이용자의 개인정보를 보호하기 위하여 개인정보의 파기 등 필요한 조치를 취하여야 함
④ 개인정보 파기할 때에는 복구·재생되지 않도록 조치
⑤ 파기방법

개인정보 형태	전체 파기	일부 파기
기록물, 인쇄물, 서면, 그 밖의 기록매체	파쇄, 소각 등	해당 부분을 마스킹, 천공 등으로 삭제
전자적 파일 형태 (예 하드디스크 HDD, 자기테이프)	전용 소자(消磁)장비를 이용하여 삭제, 데이터가 복원되지 않도록 초기화 또는 덮어쓰기 수행	개인정보를 삭제한 후 복구 및 재생되지 않도록 관리 및 감독

※ 전용 소자(消磁)장비: 저장매체보다 큰 자기력으로 HDD 등에 저장된 자료를 불용화 시키는 장비 (예 디가우저, degausser)

9 개인정보 동의서에 명확히 표시하여야 하는 사항(서면 동의 시 중요한 내용)

① 개인정보의 수집·이용 목적 중 재화나 서비의 홍보 및 판매권유, 기타 이와 관련된 목적으로 개인정보를 이용하여 정보주체에게 연락할 수 있다는 사실
② 개인정보 중 민감정보, 고유식별정보
③ 개인정보를 제공받는 자 및 개인정보를 제공받는 자의 개인정보 이용 목적
④ 개인정보의 보유 및 이용 기간
⑤ 표시방법

- 글씨는 9포인트 이상의 크기로 하되 다른 내용보다 20퍼센트 이상 크게 할 것
- 다른 색의 글씨, 굵은 글씨 또는 밑줄 등을 사용하여 명확히 드러나게 할 것
- 중요한 내용이 많은 경우에는 별도로 요약하여 제시할 것

⑥ 만 14세 미만 아동의 개인정보를 처리하기 위하여 개인정보보호법에 따른 동의를 받아야 할 때에는 그 법정대리인의 동의 필요

10 개인정보 유출 통지

(1) 정보주체에게 알려야 하는 사실

① 유출된 개인정보의 항목
② 유출된 시점과 그 경위
③ 유출로 인하여 발생할 수 있는 피해를 최소화하기 위하여 정보주체가 할 수 있는 방법 등에 관한 정보
④ 개인정보처리자의 대응조치 및 피해 구제절차
⑤ 정보주체에게 피해가 발생한 경우 신고 등을 접수할 수 있는 담당부서 및 연락처

(2) 1건이라도 **개인정보 유출 시, 정보주체에게 유출관련 사실을 개별통지(5일 이내)** : 정보주체 통지방법 → 서면, 전자우편, 전화, 팩스, 문자전송 등

(3) **1천명 이상의 정보주체에 관한 개인정보가 유출된 경우에는 전문기관(행정안전부, 한국인터넷진흥원)에 신고 등 조치(5일 이내)** : 정보주체 통지방법 → 서면, 전자우편, 전화, 팩스, 문자전송, 인터넷홈페이지 7일 이상 게재

11 개인정보처리 위탁

개인정보처리 업무에 대하여 위탁할 수 있으며 다음의 제한사항이 있다.

- 개인정보처리자의 업무처리 범위 내에서 개인정보 처리가 이루어지고, 개인정보처리자의 관리 · 감독이 이루어짐.
- 개인정보처리자가 제3자에게 개인정보의 처리업무를 위탁할 때에는 문서에 의해야 함.
- 개인정보의 처리 업무를 위탁한 경우, 위탁하는 업무의 내용과 개인정보 처리 업무를 위탁받아 처리하는 자(수탁자)를 정보주체가 언제든지 쉽게 확인할 수 있도록 공개하여야 함.
- 개인정보처리자가 홍보·마케팅업무를 위탁하는 경우, 그 내용과 수탁자를 정보주체에게 알려야 함.

3 영상정보처리기기

1 영상정보처리기기 설치·운영이 가능한 경우

① 법령에서 구체적으로 허용하고 있는 경우
② 범죄의 예방 및 수사를 위하여 필요한 경우
③ 시설안전 및 화재 예방을 위하여 필요한 경우
④ 교통단속을 위하여 필요한 경우
⑤ 교통정보의 수집·분석 및 제공을 위하여 필요한 경우
⑥ 교도소, 정신보건 시설 등 법령에 근거하여 사람을 구금하거나 보호하는 시설로서 대통령령으로 정하는 시설

2 영상정보처리기기 설치·운영이 가능한 불가능한 경우

① 목욕실, 화장실, 발한실(發汗室), 탈의실 등
② 개인의 사생활을 현저히 침해할 우려가 있는 장소의 내부

3 영상정보처리기기 설치·운영 안내판 사항

① 설치목적 및 장소
② 촬영범위 및 시간
③ 관리책임자 성명 및 연락서

◈ 안내판 작성 예시

CCTV 설치안내		
목　적	시설안전과 화재예방, 방범	
촬영시간	24시간 연속 촬영 및 녹화	
촬영범위	주차장, 승강장, 계산대	
책 임 자	관리소장, 02-111-2222	

PART 02

화장품 제조 및 품질관리

Chapter 1
화장품 원료의 종류와 특성

Chapter 2
화장품의 기능과 품질

Chapter 3
화장품 사용제한 원료

Chapter 4
화장품 관리

Chapter 5
위해사례 판단 및 보고

Chapter 6
품질보증

Chapter 7
기능성화장품

Chapter 8
천연화장품과 유기농화장품

Chapter 1 화장품 원료의 종류와 특성

화장품 원료는 물에 대한 용해도에 따라 수성 원료와 유성 원료로 구분할 수 있다. 수성 원료는 친수성기(hydrophilic)를 가진 극성(polar) 원료로 물에 녹는 특성이 있고 정제수, 저급알코올(예 에탄올), 휴멕턴트(예 폴리올), 점증제, 친수성 계면활성제 등이 있다. 유성 원료는 친유성(lipophilic)을 가진 비극성(non-polar) 원료로 물에 녹지 않거나 오일에 녹는다. 고급 지방산, 고급 알코올, 유지(오일과 지방), 왁스, 탄화수소류, 실리콘, 폐색제(밀폐제) 등이 유성 원료에 해당된다.

1 계면활성제

1 역할 및 종류

① 계면활성제는 한 분자 내에 친수부(hydrophilic portion, head)와 친유부(hydrophobic portion, tail)를 가지는 물질로 섞이지 않는 두 물질(예 물와 오일)의 계면에 작용하여 계면장력을 낮추어 두 물질이 섞이도록 돕는다.

② 계면활성제가 물에 녹았을 때 친수부의 대전여부에 따라 친수부가 (+)전하를 띠면 양이온(cationic) 계면활성제, (−)전하를 띠면 음이온(anionic) 계면활성제, 전하를 띠지 않으면 비이온(non-ionic) 계면활성제, pH에 따라 전하가 변하는 양쪽성(amphoteric) 계면활성제로 분류한다.

③ 양쪽성 계면활성제는 높은 pH에서는 음이온 계면활성제가 되고 낮은 pH에서는 양이온 계면활성제가 된다. 표면(surface)은 기상과 액상의 경계, 기상과 고상의 경계이며, 계면(interface)은 액상과 액상의 경계, 고상과 고상의 경계, 액상과 고상의 경계이다.

[계면활성제 종류와 기능]

계면활성제	종류 및 기능	응용
비이온	• 피부자극이 적고, 기초화장품류에서 가용화제, 유화제 등으로 사용됨. • 폴리소르베이트(polysorbate) 계열 • 솔비탄(sorbitan) 계열 • 글루코사이드(glucoside) 계열 • 올리브 유래(olivate) 계열 • 피오이(POE) 계열, 피이지(PEG) 계열 • 글리세릴모노스테아레이트(glyceryl monostearate, GMS) • 글리세릴스테아레이트에스이(glyceryl stearate SE) • 폴리글리세릴(polyglyceryl)계열 • 알카놀아마이드(alkanolamide : cocamide MEA/DEA, lauramide MEA/DEA, oleamide DEA) • 피이지(PEG, polyethyleneglycol) 계열: 피이지-60 하이드로제네이티드 캐스터오일, 피이지-40 하이드로제네이티드 캐스터오일 • 레시틴(lecithin), 리솔레시틴(lysolecithin)	기초화장품, 색조화장품

계면활성제	종류 및 기능	응용
양이온	살균·소독작용이 있고 모발에 대전방지효과와 유연효과가 있음. 세테아디모늄클로라이드(ceteardimonium chloride, C16) 세트리모늄클로라이드(cetrimonium chloride, C16) 다이스테아릴다이모늄클로라이드(distearydimonium chloride, C18) 스테아트라이모늄클로라이드(steartrimonium chloride, C18) 베헨트라이모늄클로라이드(behentrimonium chloride, C22) 세틸피리디늄클로라이드(cetylpyridinium chloride, CPC) 벤잘코늄클로라이드(benzalkonium chloride, 손소독제에만 사용됨) 스테아트라이모늄브로마이드(steartrimonium bromide) 세트리모늄브로마이드(cetrimonium bromide)	헤어컨디셔너, 린스, 헤어트리트먼트, 손소독제
음이온	세정력이 우수하고 기포형성작용이 있음. 소듐라우릴설페이트(sodium lauryl sulfate, SLS) 소듐라우레스설페이트(sodium laureth sulfate, SLES) 소듐자일렌설포네이트(sodium xylene sulfonate) 암모늄라우릴설페이트(ammonium lauryl sulfate, ALS) 암모늄라우레스설페이트(ammonium laureth sulfate, ALES) 트라이에탄올아민라우릴설페이트(triethanolamine lauryl sulfate)	샴푸, 바디와시, 손세척제 등 세정제품
양쪽성	피부자극이 적고 세정작용이 있음. 코카미도프로필베타인(cocamidopropyl betaine) 코코암포글리시네이트(cocoamphoglycinate) 코코베타인(coco-betaine) 라우릴하이드록시설테인(lauryl hydroxysultaine)	베이비샴푸, 저자극샴푸
실리콘계	W/Si(water in silicone) 에멀젼에 사용됨. 피이지-10 다이메티콘(PEG-10 dimethicone) 다이메티콘코폴리올(dimethicone copolyol) 세틸다이메티콘코폴리올(cetyl dimethicone copolyol)	파운데이션, 비비크림, 선크림 등
천연	레시틴(lecithin), 사포닌(saponin)	리포좀 (레시틴)
천연유래	올리베이트(olivate) 계열, 글루코사이드(glucoside) 계열	기초화장품

④ 계면활성제는 그 기능에 따라 유화제, 가용화제, 분산제, 습윤제, 세제, 거품형성제, 대전방지제, 세정제 등으로 불려진다.

⑤ 계면활성제의 자극이 큰 순서는 양이온〉 음이온 〉 양쪽성 〉 비이온이며 비이온계면활성제가 자극이 가장 적어서 기초화장품류에서 주로 사용된다.

⑥ 레시틴은 천연에 존재하는 다이글리세라이드 혼합물로 포스포릭애씨드의 콜린에스터에 결합되어 있으며 친유부가 두 개의 지방산(예 스테아릭애씨드, 팔미틱애씨드, 올레익애씨드)으로 이루어져 있다.

⑦ 레시틴은 대두에서 추출한 대두 레시틴(soybean lecithin)과 계란 노른자(egg yolk)에서 추출한 난황 레시틴(egg lecithin)이 있으며 리포좀(liposome)을 만들 때 주로 사용

되며 피부컨디셔닝제로 사용되기도 한다. 레시틴을 산, 효소 혹은 다른 방법으로 가수분해하여, 친유부의 두 개 지방산 중 한 개를 잘라내어 만든 리솔레시틴은 화장품 원료와의 사용성이 높다.

⑧ POE(polyoxyethylene) 계열의 계면활성제는 수화(hydration)하여 물에 대한 용해도가 증가한다. 하지만 계면활성제가 포함된 용액의 온도를 올리면 계면활성제의 용해도가 낮아지면서 투명한 용액이 불투명한 용액으로 바뀌게 되는데 이 때의 온도를 운점(cloud point)라 한다.

[계면활성제의 구조]

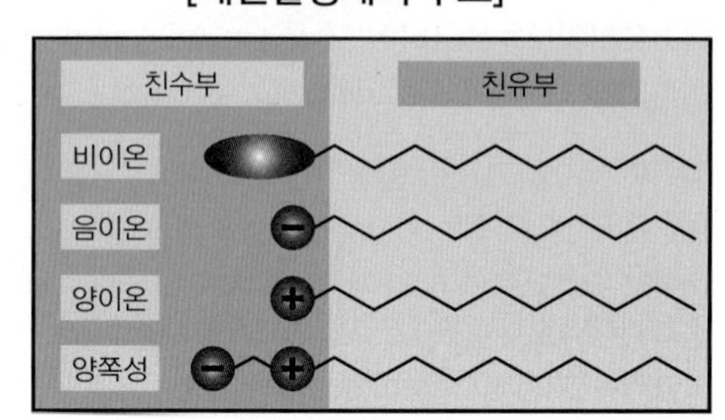

2 임계미셀농도

① 물 속에 계면활성제를 투입하면 계면활성제의 소수성(hydrophobicity, water-hating)에 의해 계면활성제가 친유부를 공기쪽으로 향하여 기체(공기)와 액체 표면(surface)에 분포하고 표면이 포화되어 더 이상 계면활성제가 표면에 있을 수 없으면 물 속에서 자체적으로 친유부(꼬리)가 물과 접촉하지 않도록 계면활성제가 회합하는데 이 회합체를 미셀(micelle)이라 한다.

② 미셀이 형성될 때의 계면활성제 농도를 임계미셀농도(critical micelle concentration, CMC)라 하며 그 값은 매우 작다.

[미셀과 임계미셀농도]

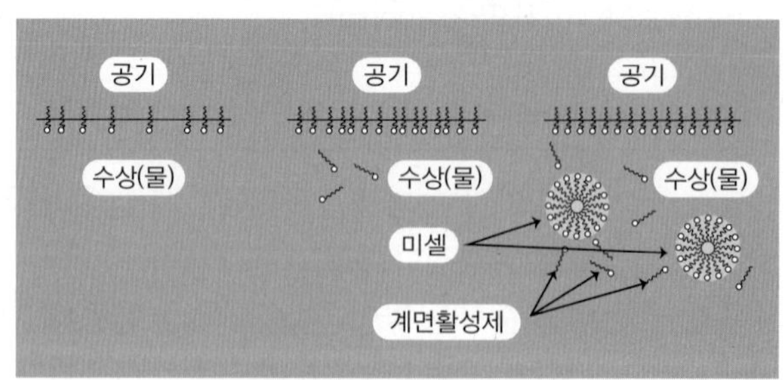

3 HLB

① HLB(Hydrophile Lipophile Balance)는 1949년에 Atlas Powder Company에 근무하는 William C. Griffin에 의해 제안되었으며 Atlas Powder Company가 ICI surfactants(USA)에 인수되면서 HLB가 대중화되었다.

② HLB는 비이온계면활성제의 친수(water loving, hydrophile)와 친유(water hating, lipophile)의 정도를 일정범위(1~20) 내에서 계산에 의해 표현한 값이다.

③ 계면활성제는 HLB에 따라 그 용도가 유화제(emulsifier), 가용화제(solubilizer), 분산제(dispersant), 습윤제(wetting agent) 등으로 분류되며 화장품에서는 계면활성제의 종류 및 그 사용량을 결정하는데 HLB가 주로 사용된다.

[HLB에 따른 계면활성제 분류]

HLB	분류	제형
4~6	친유형(W/O) 유화제	W/O에멀전 제형 : 비비크림, 파운데이션, 선크림 등
7~9	분산제, 습윤제	분산제형 : 네일 에나멜, 잉크, 도료 등
8~15	친수형(O/W) 유화제	O/W에멀전 제형: 크림, 로션, 영양액 등
15~18	가용화제	가용화 제형 : 스킨로션, 토너, 향수, 토닉 등

※ W/O : water in oil, O/W : oil in water

2 고급알코올

① 알코올은 R−OH(R :알킬기, C_nH_{2n+1}) 화학식을 가지는 물질로 하이드록시기(−OH)의 숫자에 따라 1가, 2가, 다가알코올(폴리올, polyol, OH가 3개 이상)로 분류되며, 알킬기의 탄소(C)수가 증가할수록 수용성이 감소하고 유용성이 증가하게 된다. 탄소수가 적은 알코올을 저급알코올이라 하고 일반적으로 탄소수가 6개 이상을 고급알코올(fatty alcohol)이라 한다.

② 저급알코올은 발효법, 합성에 의해 생산되며 저급알코올인 에틸알코올, 이소프로필알코올, 부틸알코올 등은 용제(solvent), 소독제(에탄올 70%, 이소프로필알코올 70%), 가용화제(예 에탄올 50%)로 사용된다.

③ 고급알코올은 우지, 팜유, 야자유에서 생산하거나 파라핀의 산화에 의해 합성된다. 고급알코올은 크림 및 로션류의 경도나 점도 조절(점도 조절제), 유화의 안정화(유화 안정화제), 연화제(유연제) 등으로 사용된다.

[알코올의 분류]

탄소수	알코올	특성
2	에틸알코올 ethyl alcohol	• 무색 투명 휘발성 액체 • 비중 0.794(20℃) • 가용화제, 수렴 • 살균/보존작용(70% 농도) • 용제(solvent) • 음용을 금지하기 위해 변성제(예 t-부틸알코올, 수크로오스옥타아세테이트, 메틸알코올) 첨가됨 → SD(special denatured) alcohol
3	이소프로필알코올 isopropyl alcohol	• 무색 투명 휘발성 액체 • 비중 : 0.786(20℃) • 살균/보존작용(70% 농도) • 용제(solvent)
12	라우릴알코올 lauryl alcohol	• 백색 결정성 고체 • 융점 24℃ • 기포안정제
14	미리스틸알코올 myristyl alcohol	• 백색~황백색 결정성 고체 • 융점 37.6℃ • 유화안정제
16	세틸알코올 cetyl alcohol palmityl alcohol	• 백색~황백색의 박편·입상의 고체 • 융점 49.3℃ • 유화안정제
18	스테아릴알코올 stearyl alcohol	• 백색~황백색의 박편·입상의 고체 • 융점 58.0℃ • 거품안정제
18 (불포화결합 1개)	올레일알코올 oleyl alcohol	• 무색~담황색의 액체 • 유연제(연화제), 유화안정제 • 유연제(연화제)
16+18	세토스테아릴알코올 cetostearyl alcohol	• 백색~황백색의 박편, 입상의 고체 • 융점 48~56.0℃ • 유화안정제
20	아라키딜알코올 arachidyl alcohol	• 백색의 입상의 고체 • 융점 65.5℃ • 액정(liquid crystal) 형성
22	베헤닐알코올 behenyl alcohol	• 백색의 박편 혹은 입상 • 융점 70.5℃ • 액정형성

③ 고급지방산

① R−COOH(R:알킬기, C_nH_{2n+1}) 화학식을 가지는 물질로 알킬기의 분자량이 큰 것(탄소수가 6개 이상)을 고급지방산(fatty acid)이라 한다. 고급지방산은 유화제형에서 에멀젼 안정화(emulsion stabilizer)로 주로 사용되며 폼클렌징에서는 가성소다(NaOH) 혹은 가성가리(KOH)와 비누화 반응하는데 사용된다.

② 탄소사이의 결합이 단일결합(C−C)이면 포화(saturated), 이중결합(C=C)이면 불포화(unsaturated)라고 하며 포화 혹은 불포화에 따라 지방산을 포화지방산, 불포화지방산이라 한다.

③ 알킬기의 종류(탄소수)에 따라 여러 종류의 고급지방산으로 분류된다.

[고급지방산의 분류]

탄소수	지방산	특성
12	라우릭애씨드 lauric acid	• 흰색 박편·입상의 결정성 고체 • 융점 : 32~45℃
14	미리스틱애씨드 myristic acid	• 흰색 박편·입상의 결정성 고체 • 융점 : 45~56℃
16	팔미틱애씨드 palmitic acid	• 흰색 박편·입상의 결정성 고체 • 융점 : 50~63℃
18	스테아릭애씨드 stearic acid	• 흰색 박편·입상의 결정성 고체 • 융점 : 52~70℃
18 (불포화결합 1개)	올레익애씨드 oleic acid	• 무색~담황색의 투명한 액체
18 (불포화결합 2개)	리놀레익애씨드 linoleic acid	• 무색~담황색의 투명한 액체
18 (불포화결합 3개)	리놀레닉애씨드 linolenic acid	• 무색 투명한 액체
20	아라키딕애씨드 arachidic acid	• 흰색 판상의 결정성 고체 • 융점 : 75℃ • 보습크림, 유액에 사용
22	베헤닉애씨드 behenic acid	• 흰색 박편·입상의 결정성 고체 • 융점 : 69~80℃ • 보습크림, 유액에 사용

4 유지

① 유지(oil and fat)는 오일과 지방을 합쳐서 부르는 말로 탄소수가 많은 고급지방산의 글리세린 에스테르(트리글리세라이드, triglyceride)로 피부를 부드럽게 하는 유연제(연화제, 에몰리언트, emollient)로 사용되며 수분의 증발도 억제하여 보습효과를 준다.

② 고급지방산의 종류(예 포화지방산, 불포화지방산, 지방산의 탄소수)에 따라 액체인 오일이나 고체(혹은 반고체)인 지방으로 분류되며 탄소수가 증가할수록 지방에 가까워진다.

③ 글리세린에 결합된 고급지방산 중에 포화지방산(예 라우릭애씨드, 미리스틱애씨드, 팔미틱애씨드, 스테아릭애씨드)의 양이 많으면 지방이 되고 불포화지방산(예 올레익애씨드, 리놀레익애씨드, 리놀레닉애씨드)의 양이 많으면 오일이 된다. 포화지방산의 양(전체 지방산 중 약 75~80%)이 많아서 코코넛 오일은 낮은 온도에서 고상으로 변하지만 지방으로 분류하지는 않는다.

[유지의 분류]

분류		유지	특성
천연유지	오일	• 아르간커넬 오일, 마카다미아씨 오일, 팜 오일, 올리브 오일, 해바라기씨 오일, 맥아 오일, 캐스터 오일(피마자유), 아보카도 오일, 월견초 오일(달맞이꽃 종자유), 로즈힙 오일 등 • 밍크 오일(mink oil), 터틀 오일(turtle oil), 난황 오일(egg oil), 에뮤 오일(emu oil), 마유(horse fat) 등	
	지방	시어버터, 망고버터, 코코아버터, 우지(beef tallow), 돈지(pork lard) 등	• 피부에 대한 친화성이 우수함 • 산패되기 쉬움 • 특이취가 있음 • 무거운 사용감
합성유지		카프릴릭/카프릭 트라이글리세라이드(caprylic/capric triglyceride)	• 가벼운 사용감 • 특이취가 대부분 없음.

④ 트리글리세라이드 구조를 가지는 식물성 오일은 피부에 촉촉한 사용감을 주지만 지방산(주로 C_{16}~C_{18})의 분자량이 커서 무거운 사용감을 주기도 하여 가벼운 사용감을 주는 저분자량 지방산(C_8~C_{10})이 붙은 트리글리세라이드가 합성되어 기초화장품과 메이크업화장품에서 널리 사용되고 있다. 분자량이 작은 지방산이 붙은 트리글리세라이드의 대표적인 것이 카프릴릭/카프릭 트라이글리세라이드(caprylic/capric triglyceride)이다.

⑤ 트리글리세라이드는 글리세린 가지(branch)에 지방산이 3개(tri) 붙은 것이고 지방산이 2개(di) 붙은 것은 디글리세라이드(diglyceride), 지방산이 1개(mono) 붙은 것은 모노글리세라이드(monoglyceride)이다.

⑥ 오일은 출발물질에 따라 식물성, 동물성, 광물성, 합성오일로 분류할 수 있다.

[오일의 분류]

분류	오일	특성
식물성 오일	아르간커넬 오일, 마카다미아씨 오일 팜 오일, 올리브 오일, 해바라기씨 오일 맥아 오일, 캐스터 오일(피마자유), 아보카도 오일, 월견초 오일(달맞이꽃 종자유), 로즈힙 오일 등	• 피부에 대한 친화성이 우수함 • 피부흡수가 느림 • 산패되기 쉬움 • 특이취가 있음 • 무거운 사용감
동물성 오일	밍크 오일(mink oil), 터틀 오일(turtle oil) 난황 오일(egg oil), 에뮤 오일(emu oil) 마유(horse fat), 스쿠알렌(squalene), 스쿠알란(squalane)	• 피부에 대한 친화성이 우수함 • 피부흡수가 빠름 • 산패되기 쉬움 • 특이취가 있음 • 무거운 사용감
광물성 오일	미네랄 오일(리퀴드 파라핀) 페트롤라툼(바세린)	• 무색, 투명하며 특이취가 없음 • 산패되지 않음 • 유성감이 강하고 폐색막을 형성하여 피부호흡을 방해함
합성 오일	에스테르 오일 (예 아이소프로필미리스테이트, 아이소프로필팔미테이트), 실리콘 오일 (예 다이메티콘) 카프릴릭/카프릭 트라이글리세라이드	• 균일한 품질(생산지역, 생산시점에 따른 품질변동 없음) • 산패되지 않음 • 가벼운 사용감

5 왁스

① 고급지방산과 고급알코올의 에스테르(ester)인 왁스(wax)는 대부분이 고체이며, 고급지방산과 고급알코올의 종류에 따라 반고체(페이스트상), 액상이기도 하다. 또한 탄화수소 중에서 단단한 고체물질을 왁스로 함께 분류하고 있다.

② 왁스는 출발물질에 따라 석유화학유래(petrolatum-derived), 광물성(mineral), 동물성(animal), 식물성(plant or vegetable), 합성(synthetic)으로 분류한다.

③ 기초화장품에서는 비즈왁스(bees wax, 밀납), 라놀린, 경납이 점증제, 피부컨디셔닝제로 이용되며, 색조화장품에서는 왁스가 W/O제형(외상이 오일, 내상이 물)과 W/Si(외상이 실리콘, 내상이 물)제형에서 유상점증제로, 스틱제형(예 립스틱, 립밤, 컨실러)에서는 스틱강도 유지(bodying agent)를 위해 사용된다.

[왁스의 분류]

분류	왁스	성분 및 특성	출발물질
석유 화학 유래	파라핀왁스 (paraffin wax)	• 탄소수 16~40개 탄화수소 혼합물 • MP : 46~68℃, 고상	석유
	마이크로크리스탈린 왁스(microcrystalline wax)	• 탄소수 31~70개 탄화수소 혼합물, 고상 다른 오일과 잘 섞이고 점착성이 있음. • 립스틱에서 발한(sweating)을 억제함.	석유
	폴리에틸렌 (polyethylene)	• 폴리에틸렌 • MP : 84~140℃, 흰색의 입자상	합성
광물 유래	오조케라이트 (ozokerite)	• 탄소수 29~53개 탄화수소 혼합물 (직쇄, 측쇄, 환상혼합물) • MP : 61~96℃, 고상	지납 (soft shale, 광석)
	세레신 (ceresin)	• 오조케라이트를 정제하여 얻은 탄소수 29개 이상의 탄화수소 혼합물 • MP : 61~95℃, 고상	오조케라이트
	몬탄왁스 (montan wax)	• 탄소수 24~C30개 탄화수소 혼합물 • 탄소수 24~30개 고급알코올 • 탄소수 20~30개 고급지방산 에스테르 • MP : 76~80℃, 고상	갈탄 (lignite)
동물 유래	비즈왁스 (bees wax)	• 탄소수 30~32개 고급알코올과 탄소수 16개 고급지방산 에스테르 • 탄소수 25~31개 탄화수소 • 탄소수 25~31개 유리지방산 • MP : 64℃, 고상	벌집 (honey comb)
	라놀린 (lanolin)	• 고급지방산과 고급알코올 에스테르, 고급지방산, 고급알코올 • MP : 37~43℃, 반고상	양 (sheep)
	경납 (spermaceti)	• 고급지방산과 고급알코올 에스테르 (세틸팔미테이드 약 90%) • MP : 42~50℃, 반고상	향유고래 (sperm whale)

분류	왁스	성분 및 특성	출발물질
식물 유래	카나우바 왁스 (carnauba wax)	• 탄소수 26~30개 고급알코올과 탄소수 24개 고급지방산 에스테르 • 립스틱의 광택부여, 식물성 왁스 중 가장 높은 녹는점(80~86℃), 노란색 고상	야자유
	칸데릴라 왁스 (candellila wax)	• 탄소수 31개 탄화수소와 에스테르의 혼합물 • MP : 68~72℃, 노란색 고상	칸데리라나무
	쌀겨왁스 (rice bran wax)	• 탄소수 22~24개 고급지방산과 탄소수 24~34개 고급알코올 에스테르 • MP : 70~83℃, 담황색~담갈색의 박편상 혹은 고상	쌀겨
	호호바씨 오일 (jojoba oil)	• 탄소수 34~50개 에스테르 • 무색~담황색의 투명한 액상 • MP : 7~10℃	호호바 종자

※ MP: melting point 녹는점

6 탄화수소

① 탄소(C)와 수소(H)로만 이루어진 물질을 탄화수소라 하며 미네랄 오일, 페트롤라툼, 스쿠알렌, 스쿠알란, 폴리부텐(polybutene), 하이드로제네이티드폴리부텐(hydrogenated polybutene) 등이 탄화수소로 분류된다.

② 미네랄 오일, 페트롤라툼, 스쿠알란은 오일로 사용되며, 합성에 의해 만들어지는 폴리부텐류는 끈적거리는 사용감으로 립그로스 제형에서 부착력과 광택을 주는데 사용된다.

③ 피지의 성분인 스쿠알렌($C_{30}H_{50}$)은 6개의 2중결합을 가지고 있어 산패되기가 쉬워 이중결합(불포화)에 수소를 결합시켜 단일결합(포화)으로 변경한 스쿠알란($C_{30}H_{62}$)이 화장품에서 오일로 사용된다.

7 에스테르 오일

① 지방산과 알코올의 중화반응인 에스테르 반응에 의해서 만들어진 물질로 에스테르 결합(−COO−)을 가진 액상의 화장품 원료를 에스테르 오일이라 한다. 분자량이 크지 않아 사용감이 가볍고 유화도 잘되어 화장품에서 오일로 널리 사용된다.

② 화학명명법에 따라 에스테르 오일은 "− 에이트(ate)"로 원료명이 끝나게 되며, 아이소프로필미리스테이트(isopropyl myristate, IPM), 아이소프로필팔미테이트(isopropyl palmitate, IPP), 세틸에틸헥사노에이트(cetyl ethylhexanoate), C12−15알킬벤조에이트(C12−15 alkyl benzoate), 다이이소스테아릴 말레이트(diisostearyl malate), 코코−카프릴레이트/카프레이트(coco−caprylae/carprate), 스테아릴카프릴레이트(stearyl caprylate), 세틸팔미테이트(cetyl palmitate), 다이아이소프로필아디페이트(diisopropyl adipate)가 대표적인 에스테르 오일이다.

8 점증제

① 에멀젼의 안정성을 높이기 위해 외상의 점도를 증가시키는데 이 때 사용되는 것이 점증제이며 천연과 합성으로 분류하고 천연은 그 출발물질에 따라 식물성, 광물성, 동물성, 미생물 유래로 분류하고 있다.

② 외상이 오일이나 실리콘인 W/O에멀젼, W/Si에멀젼의 점증제로 사용되는 유상점증제와 외상이 물인 O/W제형의 점증제로 사용되는 수상점증제로 분류하기도 한다.

③ 광물계 점증제는 무기계로 분류하며 식물성, 동물성, 미생물 유래는 유기계 점증제로 분류한다.

[점증제의 분류]

분류	출발물질		점증제	특성
천연	식물성	나무삼출물, 나무레진 (tree exudates)	카라야검(karaya gum)	수상점증제, 유기계
			트래거캔스검 (tragacanth gum)	
			아라빅검(gum arabic)	
			가티검(gum ghatti)	
		종자추출물 (seed extracts)	구아검(guar gum) 양이온성	수상점증제, 유기계
			로커스트검 (locust bean gum)	
			퀸스시드검 (quince seed gum)	
			실리엄시드검 (psyllium seed gum)	
			타마린드씨검 (tamarindus Indica seed gum)	
		해초추출물 (seaweed extracts)	카라기난(carrageenan)	
			알진(algin) 알지네이트(alginate)	
			아가검(agar gum, 한천)	
		과일추출물(fruit extract)	펙틴(pectin)	
		곡물과 뿌리 (grains and roots)	스타치(전분, starch)	
		다당류 (polysaccharide)	덱스트린(dextrin) 덱스트란(dextran)	
		펄프와 면 (wood pulp and cotton)	셀룰로오스 유도체 (cellulose derivative)	

분류	출발물질		점증제	특성
천연	미생물유래	다당류 (polysaccharide)	잔탄검(xanthan gum) 스클레로튬검(sclerotium gum) 젤란검(gellan gum)	수상점증제, 유기계
	동물성	우유단백질(milk protein)	카제인(casein)	수상점증제, 유기계
		피부와 뼈(skin and bone)	젤라틴(gelatin)	
		곤충분비물(insect secretion)	쉘락(shellac)	
	광물성	클레이(clay, 점토)	스멕타이트(smectite)	유상점증제, 무기계
			벤토나이트(bentonite)1)	
			헥토라이트(hectorite)2)	
		실리카(silica, SiO_2)	실리카(hydrated silica)	
			퓸실리카(fumed silica)	
		마그네슘알루미늄실리케이트 (magnesium aluminium silicate)		수상점증제, 무기계
합성	석유화학유래	폴리아크릴릭애씨드(polyacrylic acid, carbomer, 카보머) 아크릴레이트/C10–30 알킬아크릴레이트크로스폴리머 (acrylate/C10–30 alkyl acrylate crosspolymer) 소듐폴리아크릴레이트(sodium polyacrylate)		수상점증제
		폴리아크릴아마이드(polyacrylamides)		수상점증제

※ 벤토나이트 주요성분 : Si, Mg, Al, O, OH, Montmorillonite(몬모릴로나이트)
※ 헥토라이트 주요성분 : Na, Si, Mg, Li, O, OH

9 실리콘

① 실리콘(silicone)은 1960년대 후반부터 헬스케어에 사용되기 시작하였으며, 1970년대부터는 헤어케어제품, 데오도런트에서 사용되기 시작했다. 실리콘의 구성원소인 Si(규소), O(산소), C(탄소), H(수소) 사이의 결합은 매우 안정하며 피부에 대하여 무반응성(inert)이다.

② 실리콘(silicone)은 고분자 물질이고 실리콘(silicon)은 규소이며, 실리카(silica)는 이산화규소(모래)이고, 실리케이트(silicate)는 실리카에 소량의 금속(칼륨, 칼슘 등)이 섞여 있는 물질이다.

③ 실리콘은 실록산 결합(siloxane bond, $H_3C-SiO-CH_3$)을 가지는 유기 규소 화합물로 구조식 및 작용기에 따라 다이메티콘(dimethicone), 사이클로메티콘(cyclomethicone), 페닐트리메티콘(phenyl trimethicone), 아모다이메티콘(amodimethicone), 다이메티콘올(dimethiconol), 다이메티콘코폴리올(dimethicone copolyol, 실리콘계 유화제)로 분류할 수 있다.

④ 일반적으로 실리콘 오일은 다이메티콘(dimethicone)을 의미하며 아모다이메티콘은 아미노기(−NH_2)를 가지고 있어 모발에 컨디셔닝 효과를 준다. 페닐트리메티콘은 페닐기로 인해 오일과 친화성(organo−compatible)이 높고 모발에 광택을 부여한다. 사이클로메티콘에는 사이클로테트라실록세인(D4), 사이클로펜타실록세인(D5), 사이클로헥사실록세인(D6)이 있으며 사이클로메티콘은 환상(環象)의 구조여서 휘발성이 있다.

⑤ 실리콘은 펴발림성(spreadability)이 우수하고 실키한(silky) 사용감, 발수성(water resistance), 광택, 컨디셔닝, 무독성, 무자극성, 낮은 표면장력(소포제)으로 기초 화장품, 색조 화장품, 헤어케어 화장품 등에서 널리 사용되고 있다.

⑩ 보습제

피부의 건조를 막아 피부를 매끄럽고 부드럽게 해주는 역할을 하는 것이 보습제이다.보습제(moisturizer)는 분자 내에 수분을 잡아당기는 친수기(−OH, −NH_3, −COOH)가 주변으로부터 물을 잡아 당겨 수소결합을 형성하여 수분을 유지시켜주는 휴멕턴트(humectant)와 폐색막(occlusive barrier)을 형성하여 경피수분손실량(TEWL, transepidermal water loss)을 줄여주는 폐색제(occlusive agent), 유연제(연화제), 장벽 대체제가 있다.

1 휴멕턴트

① 휴멕턴트에는 다가알코올(폴리올, polyol), 유기산염, 트레할로스(trehalose), 우레아(urea, 요소), 베타인(betaine), 알파−하이드록시애씨드(AHA, alpha hydroxy acid, 과일산), 소듐하이알루로네이트(sodium hyaluronate), 소듐콘드로이틴설페이트(sodium chondroitin sulfate), 아미노산(amino acid) 등이 있다.

② 다가알코올은 어는 점 내림(anti−freezing)을 일으켜 동절기에 제품이 어는 것을 방지하며, 보존능(anti−microbial)이 있다. 폴리올에는 소르비톨, 자일리톨, 글리세린, 프로필렌글라이콜, 부틸렌글라이콜, 폴리에틸렌글라이콜, 헥실렌글라이콜, 다이프로필렌글라이콜, 펜틸렌글라이콜, 카프릴릴글라이콜, 에틸헥실글리세린 등이 있다.

2가	3가	4가 이상
• 프로필렌글라이콜 (propylene glycol, 1,2−propanediol) • 부틸렌글라이콜(butylene glycol) • 에틸헥실글리세린(ethylhexyglycerin) • 폴리에틸렌글라이콜(polyethyleneglycol) • 헥실렌글라이콜 (hexylene glycol, 1,2−hexanediol) • 다이프로필렌글라이콜(dipropylene glycol) • 펜틸렌글라이콜(pentylene glycol, 1,2−pentanediol) • 카프릴릴글라이콜(caprylyl glycol, 1,2−octanediol)	글리세린 (glycerin, propanetriol)	소르비톨(sorbitol, 6가) 만니톨(mannitol, 6가) 자일리톨(xylitol, 5가)

※ ~글라이콜 : 2가, di : 2개, tri : 3개

③ 유기산염에는 소듐락테이트(sodium lactate), 소듐타트레이트(sodium tartrate), 소듐피씨에이(sodium PCA), 소듐글루타메이트(sodium glutamate) 등이 있다.

④ AHA는 각질제거(peeling)에도 사용되며 타타릭애씨드(tartaric acid, 주석산, 포도주에서 주로 발견됨), 씨트릭애씨드(citric acid, 구연산, 감귤류에서 주로 발견됨), 글라이콜릭애씨드(glycolic acid, 사탕수수에서 주로 발견됨), 락틱애씨드(lactic acid, 젖산, 쉰우유에서 주로 발견됨), 말릭애씨드(malic acid, 사과산, 사과에서 주로 발견됨)가 있다.

⑤ 휴멕턴트는 아니지만 BHA(beta-hydroxy acid)인 살리실릭애씨드도 각질제거 기능이 있다.

⑥ 글리코사미노글리칸(GAG, glycosaminoglycan)은 뮤코다당류라고도 하며 길고 가지가 없는 다당류로 이당류의 반복된 구조로 이루어져 있다. 콘드로이틴 설페이트, 헤파린, 하이알루로닉애씨드 등이 대표적인 글리코사미노글리칸이다.

⑦ 하이알루로닉애씨드는 N-아세틸-D-글루코사민과 글루쿠로닉애씨드의 결합으로 얻은 천연의 뮤코폴리사카라이드로 인체에 존재하여 피부의 탄력유지 및 수분유지 역할을 하며 계관(닭벼슬) 또는 유산구균(streptococcus zooepidemicus)에서 생산된다.

2 폐색제(밀폐제)

페트롤라툼, 라놀린, 미네랄 오일, 파라핀, 실리콘 오일 등이 폐색제로 분류된다.

3 유연제

연화제 혹은 에몰리언트(emollient)라고 하는 유연제는 피부에서 수분이 증발되지 않도록 억제하고 피부를 부드럽게 만들어 주며, 유지가 유연제에 해당된다.

4 장벽 대체제

각질 세포 간의 틈을 채워서 피부를 부드럽게 만들어 주는 세포간 지질 성분인 세라마이드, 콜레스테롤, 지방산 등이 장벽 대체제에 해당된다.

11 보존제, 금속이온봉쇄제와 산화방지제

1 보존제

① 보존제는 화장품이 보관 및 사용되는 동안 미생물의 성장을 억제하거나 감소시켜 제품의 오염을 막아주는 특성을 가진 성분이다.

② 미생물의 생육조건(온도, 영양분, pH, 수분)을 제거하거나 조절하여 미생물 성장을 억제하는 물질인 보존제(preservative)는 "화장품 안전기준 등에 관한 규정 별표2(식품의약품안전처 고시)"에 있는 원료만을 화장품에서 보존제로 사용한도 내에서 사용할 수 있다.

③ 화장품에 주요한 미생물 오염원으로 세균(bacteria)에는 Escherichia coli(대장균, 그람음성), Pseudomonas aeruginosa(녹농균, 그람음성), Staphylococcus aureus(황색포도상구균, 그람양성)이 있고 진균(fungi & mold)에는 검정곰팡이(Aspergillus niger), 효모(yeast)에는 칸디다 알비칸스(Candida albicans)가 있다.

④ 화장품 처방에서 보존제가 혼합 사용되며, 다음의 장점이 있다.

- 저항성 미생물의 사멸이나 억제
- 보존제 총 사용량의 감소
- 다양한 균에 대한 항균효과 발휘
- 저항성 균의 출현을 억제하는 효과
- 생화학적 상승효과(synergism) 유발

⑤ 최근에는 화장품 보존제에 대한 소비자의 거부반응으로 "화장품 안전기준 등에 관한 규정 별표2"에 보존제로 등록되어 있지는 않지만 항균작용이 있는 다가알코올(폴리올, polyol)인 1,2-헥산다이올(1,2-hexanediol), 에틸헥실글리세린(ethylhexylglycerin), 1,2-펜탄다이올(1,2-pentanediol, pentylene glycol), 1,2-옥탄다이올(1,2-octanediol, caprylyl glycol)이 널리 사용된다.

2 금속이온봉쇄제

① 금속이온봉쇄제(chelating agent, 킬레이팅제)는 칼슘과 철 구리 등과 같은 금속이온이 작용할 수 없도록 격리하여(sequester) 제품의 향과 색상이 변하지 않도록 막고 보존능을 향상시키는데 도움을 주는 물질로 제형 중에서 0.03~0.10% 사용된다.

② 이디티에이(EDTA, ethylenediaminetetraacetic acid), 다이소듐이디티에이(disodium EDTA), 트리소듐이디티에이(trisodium EDTA), 트라이소듐에이치이디티에이(trisodium HEDTA), 테트라소듐이디티에이(tetrasodium EDTA)가 주로 사용되며 소듐(Na)이 결합된 EDTA는 물에 가용으로 다이소듐이디티에이가 화장품에 많이 사용된다.

3 산화방지제

① 화장품과 화장품 원료는 공기 중의 활성산소(reactive oxygen)와 반응하여 변질(산패)되는데 이를 산화하고 하며, 산화로 인해 불쾌한 냄새, 변색 등이 발생한다.

② 산화의 연쇄반응 중에서 생성되는 과산화라디칼(ROO·)과 반응하여 불활성 물질을 형성시켜 연쇄반응을 중지시키는 물질을 산화방지제(antioxidant, 항산화제)라 한다.

$ROO\cdot + AH_2 \rightarrow ROOH + AH$ AH_2 : 산화방지제
$ROO\cdot + AH \rightarrow ROOH + A$ AH : 산화방지제

③ 일반적으로 산화방지제는 분자 내에 하이드록시기(-OH)를 가지고 있어서 이 하이드록시기의 수소(H)를 과산화라디칼에 주어 과산화라디칼을 환원시켜 불활성물질로 변화시킨다.

④ 널리 사용되는 산화방지제로 비에치티(BHT, butylated hydroxytoluene), 비에치에이(BHA, butylated hydroxyanisole), 토코페롤(tocopherol), 토코페릴아세테이트(tocopheryl acetate, vitamin E acetate), 아스코빌팔미테이트(ascorbyl palmitate), 프로필갈레이트(propyl gallate), 티비에이치큐(TBHQ, tertiary butylhydroquinone), 하이드록시데실유비퀴논(hydroxydecyl ubiquinone, 이데베논(idebenoe), 유비퀴논(ubiquinone, 코엔자임Q10), 에르고티오네인(ergothioneine) 등이 있다.

12 색소

1 색소의 분류

① 색소(colorant)는 일반적으로 염료(dye), 레이크(lake), 안료(pigment), 천연색소로 분류된다.

② 제조방법에 따라 천연색소와 합성색소로 분류하기도 하며 천연색소에는 카민, 진주가루, 카라멜, 커큐민, 파프리카추출물, 캡산틴/캡소루빈, 안토시아닌류, 라이코펜, 베타카로틴 등이 있으며 합성색소에는 타르색소, 합성펄, 안료, 고분자 등이 있다.

[색소의 분류]

분류	색소	특성
천연	• 카민(carmine), 카라멜, 커큐민, 파프리카추출물, 캡산틴/캡소루빈, 안토시아닌류, 라이코펜, 베타카로틴 • 콘스타치(corn starch), 포테이토(potato)스타치, 타피오카(tapioca)스타치 • 구아닌(guanine), 하이포산틴(hypoxanthine), 진주가루(pearl powder)	• 열, 빛, 알칼리·산에 비교적 불안정 • 선명한 색상 • 높은 가격
합성	• 타르색소, 레이크 • 합성펄(티타늄다이옥사이드/마이카, titanium dioxide/mica) • 안료 • 고분자 : 나일론6, 나일론12, 폴리메틸메타크릴레이트(polymethyl methacrylate, PMMA)	• 열, 빛, 알칼리·산에 안정 • 대량 생산 • 비교적 낮은 가격 • 피부자극유발의 가능성

2 색소의 기능

(1) 염료(dye)

물이나 기름, 알코올 등에 용해되어 기초용 및 방향용화장품(예 화장수, 로션, 샴푸, 향수)에서 제형에 색상을 나타내고자 할 때 사용하고 색조화장품에서는 립틴트(lip tint)에 주로 사용된다.

(2) 레이크(lake)

물에 녹기 쉬운 염료에 알루미늄, 칼슘, 바륨 등의 금속이온을 결합시켜 만든 침전물로 일반적으로 물에는 녹지 않으며 오일에 분산된다. 또한 글리세린, 프로필렌글라이콜에 분산될 수 있으며, 색상이 안정하고 색이 번지지 않는 유기안료로 색상과 안정성이 안료와 염료의 중간 정도이다.

(3) 타르색소(tar colorant)

석탄의 콜타르(coal tar)에 함유된 방향족 물질(예 벤젠, 톨루엔, 나프탈렌, 안트라센)을 원료로 하여 합성한 색소로 색상이 선명하여 다양해서 색조제품에 널리 사용된다. 하지만 안전성에 대한 이슈가 항상 있으며 눈 주위, 영유아용 제품, 어린이용 제품에 사용할 수 없는 타르색소가 정해져 있으며, 색소 안전성이 지속적으로 모니터링 되고 있다. 또한 각 나라별로 타르색소 사용에 대한 규제가 조금씩 다르다. 타르색소에 해당되는 색소는 레이크와 염료이다.

(4) 안료(pigment)

물과 오일 등에 녹지 않는 불용성 색소로 색상이 화려하지 않으나 빛, 산, 알칼리에 안정한 무기안료(inorganic pigment)와 색상이 화려하고 다양하지만 빛, 산, 알칼리에 불안정한 유기안료(organic pigment)로 구분할 수 있다.

1) 무기안료 : 무기안료(예 산화철, 티타늄디옥사이드, 징크옥사이드, 카올린, 탤크, 마이카, 울트라마린, 크롬옥사이드)는 마그네슘, 알루미늄, 철, 크롬 등 무기물을 포함하고 있다.

2) 유기안료 : 유기안료(예 스타치, 나일론, 폴리메틸메타크릴레이트)는 탄소, 수소, 산소, 질소 등 유기물로만 구성되어 있다.

[안료의 분류 1]

분류	출발물질	안료	성분 및 특성
무기	광물	카올린(kaolin)	• 백색~미백색의 분말 • 차이나 클레이(China clay) • 친수성으로 피부 부착력 우수함 • 땀이나 피지의 흡수력이 우수함
		마이카(mica, 운모)	• 백색의 분말 • 사용감이 좋고 피부에 대한 부착성도 우수함 • 안료들의 뭉침 현상을 일으키지 않고(anti-caking), 자연스러운 광택을 부여함
		세리사이트(sericite, 견운모)	• 백색의 분말 • 피부에 광택을 줌
		탤크(talc, 활석)	• 백색의 분말 • 매끄러운 사용감과 흡수력이 우수함 • 투명성(transparency)을 향상시킴
		칼슘카보네이트(calcium carbonate) 마그네슘카보네이트(magnesium carbonate)	• 칼슘카보네이트 : 진주광택이고 화사함(blooming)을 줌, 백색의 무정형 미분말 • 마그네슘카보네이트 : 백색분말, 향흡수제(perfume absorbent)
		실리카(silica)	• 석영에서 얻어지는 흡습성이 강한 구상 분체 • 유상 점증제 • 다공성

분류	출발물질	안료	성분 및 특성
무기	합성	징크옥사이드	• 백색의 분말, 백색안료 • 피부보호, 진정작용, 무정형 • 자외선차단제
		티타늄디옥사이드	• 백색~미백색의 분말 • 백색안료, 불투명화제(opacity, 커버력) • 자외선차단제 • 타입 : 아나타제, 루틸, 브루카이트
		비스머스옥시클로라이드 (bismuth oxychloride, BiOCl)	• 백색의 분말 • 진주광택
		징크스테아레이트 (zinc stearate) 마그네슘스테아레이트 (magnesium stearate) 칼슘스테아레이트 (calcium stearate)	• 불투명화제 • 안료간 결합제 • 유상 점증제 • 부착력과 발수성이 우수함 • 진정작용(징크스테아레이트)
		적색산화철(Iron Oxide Red) 황색산화철(Iron Oxide Yellow) 흑색산화철(Iron Oxide Black)	• 착색제
		보론나이트라이드	• 매트한 화장마무리 • 우수한 펴발림성
유기	천연	콘스타치 포테이토스타치 타피오카스타치	• 수상점증제, 흡수제(absorbent) • 안티케이킹(anti-caking)
	합성	나일론6, 나일론11, 나일론12, 나일론66 등	• 미세 폴리아마이드(ultrafine polyamide) • 부드러운 사용감, 낮은 수분흡수력
		폴리메틸메타크릴레이트 (PMMA)	• 구상분체, 피부 잔주름/흉터 보정 • 부드러운 사용감

3) 체질안료와 착색안료, 백색안료, 펄안료 : 색조제품에 사용되는 안료는 사용감(예 펴발림성, 매끄러움, 안티케이킹, 커버력)과 제형을 구성하는 기능(bulking agent)의 체질안료(filler)와 색을 표현하는 착색안료, 백색안료, 펄안료로 구분할 수 있다.

[안료의 분류 2]

분류	안료	특성
체질 안료	탤크, 카올린	벌킹제(bulking agent)
	실리카, 폴리메틸메타크릴레이트(PMMA)	부드러운 사용감 우수한 펴발림성 소프트 포커스 효과(soft focus effect) : 잔 주름과 굵은 주름이 안료(예 구상분체 : PMMA, 실리카)의 빛 산란과 반사에 의해 줄어든 것처럼 보이는 효과 혹은 초점을 흐리게 하여 투명감 있고 화사한 메이크업을 연출하는 효과
	마이카, 세리사이트, 칼슘카보네이드, 마그네슘카보네이트, 보론나이트라이드, 나일론	화사함(blooming) 부착력
	마그네슘스테아레이트, 알루미늄스테아레이트	결합제(binder)
	하이드록시아파타이트	피지흡수
착색 안료	산화철 울트라마린 블루(ultramarine blue) 크로뮴옥사이드 그린(chromium oxide green) 망가네즈 바이올렛(manganese violet) 타르색소, 레이크 베타카로틴, 카민(동물성), 카라멜, 커큐민 등	색상
백색 안료	티타늄디옥사이드, 징크옥사이드	백색 불투명화제(커버력) 자외선차단제
펄 안료	비스머스옥시클로라이드, 티타늄디옥사이드/마이카, 구아닌, 하이포산틴, 진주가루	펄효과(pearlscent)

◈ 전성분 표시할 때

전성분 표시할 때, 색소의 명칭은 "화장품의 색소 종류와 기준 및 시험방법(식품의약품안전처 고시) 별표1에 기재된 색소명을 사용하며, CI(컬러인덱서, color index)명을 함께 사용하고 있다. CI명은 영국염색자학회와 미국섬유화학염색자협회가 명명한 색소분류이다(예 징크옥사이드 : CI 77947, 적색2호 : CI 16185).

3 화장품의 색소 종류

① 화장품의 색소 종류와 기준 및 시험방법 별표1에서 고시한 색소 129개만 화장품에 사용할 수 있다.

② 색소는 화장품이나 피부에 색을 띄게 하는 것을 주요 목적으로 하는 성분을 말한다.

③ 타르색소는 색소 중 콜타르, 그 중간생성물에서 유래되었거나 유기합성하여 얻은 색소 및 그 레이크, 염, 희석제와의 혼합물을 말한다.

④ 순색소는 중간체, 희석제, 기질 등을 포함하지 아니한 순수한 색소를 말한다.

⑤ 기질은 레이크 제조 시 순색소를 확산시키는 목적으로 사용되는 물질을 말하며 알루미나, 브랭크휙스, 크레이, 이산화티탄, 산화아연, 탤크, 로진, 벤조산알루미늄, 탄산칼슘 등의 단일 또는 혼합물을 사용한다.

⑥ 희석제는 색소를 용이하게 사용하기 위하여 혼합되는 성분이다.

⑦ 레이크(lake)는 타르색소를 기질에 흡착, 공침 또는 단순한 혼합이 아닌 화학적 결합에 의하여 확산시킨 색소를 말한다.

[화장품의 색소 종류와 기준 및 시험방법 별표 1]

연번	색소	사용제한	비고
1	녹색 204 호 (피라닌콘크, Pyranine Conc)* CI 59040 8-히드록시-1, 3, 6-피렌트리설폰산의 트리나트륨염 ◎ 사용한도 0.01%	눈 주위 및 입술에 사용할 수 없음	타르색소
2	녹색 401 호 (나프톨그린 B, Naphthol Green B)* CI 10020 5-이소니트로소-6-옥소-5, 6-디히드로-2-나프탈렌설폰산의 철염	눈 주위 및 입술에 사용할 수 없음	타르색소
3	등색 206 호 (디요오드플루오레세인, Diiodofluorescein)* CI 45425:1 4´, 5´-디요오드-3´, 6´-디히드록시스피로[이소벤조푸란-1(3H), 9´-[9H]크산텐]-3-온	눈 주위 및 입술에 사용할 수 없음	타르색소
4	등색 207 호 (에리트로신 옐로위쉬 NA, Erythrosine Yellowish NA)* CI 45425 9-(2-카르복시페닐)-6-히드록시-4, 5-디요오드-3H-크산텐-3-온의 디나트륨염	눈 주위 및 입술에 사용할 수 없음	타르색소
5	자색 401 호 (알리주롤퍼플, Alizurol Purple)* CI 60730 1-히드록시-4-(2-설포-p-톨루이노)-안트라퀴논의 모노나트륨염	눈 주위 및 입술에 사용할 수 없음	타르색소
6	적색 205 호 (리톨레드, Lithol Red)* CI 15630 2-(2-히드록시-1-나프틸아조)-1-나프탈렌설폰산의 모노나트륨염 ◎ 사용한도 3%	눈 주위 및 입술에 사용할 수 없음	타르색소
7	적색 206 호 (리톨레드 CA, Lithol Red CA)* CI 15630:2 2-(2-히드록시-1-나프틸아조)-1-나프탈렌설폰산의 칼슘염 ◎ 사용한도 3%	눈 주위 및 입술에 사용할 수 없음	타르색소

연번	색소	사용제한	비고
8	적색 207 호 (리톨레드 BA, Lithol Red BA) CI 15630:1 2-(2-히드록시-1-나프틸아조)-1-나프탈렌설폰산의 바륨염 ◎ 사용한도 3%	눈 주위 및 입술에 사용할 수 없음	타르색소
9	적색 208 호 (리톨레드 SR, Lithol Red SR) CI 15630:3 2-(2-히드록시-1-나프틸아조)-1-나프탈렌설폰산의 스트론튬염 ◎ 사용한도 3%	눈 주위 및 입술에 사용할 수 없음	타르색소
10	적색 219 호 (브릴리안트레이크레드 R, Brilliant Lake Red R)* CI 15800 3-히드록시-4-페닐아조-2-나프토에산의 칼슘염	눈 주위 및 입술에 사용할 수 없음	타르색소
11	적색 225 호 (수단 Ⅲ, Sudan III)* CI 26100 1-[4-(페닐아조)페닐아조]-2-나프톨	눈 주위 및 입술에 사용할 수 없음	타르색소
12	적색 405 호 (퍼머넌트레드 F5R, Permanent Red F5R) CI 15865:2 4-(5-클로로-2-설포-p-톨릴아조)-3-히드록시-2-나프토에산의 칼슘염	눈 주위 및 입술에 사용할 수 없음	타르색소
13	적색 504 호 (폰소 SX, Ponceau SX)* CI 14700 2-(5-설포-2, 4-키실릴아조)-1-나프톨-4-설폰산의 디나트륨염	눈 주위 및 입술에 사용할 수 없음	타르색소
14	청색 404 호 (프탈로시아닌블루, Phthalocyanine Blue)* CI 74160 프탈로시아닌의 구리착염	눈 주위 및 입술에 사용할 수 없음	타르색소
15	황색 202 호의 (2) (우라닌 K, Uranine K)* CI 45350 9-올소-카르복시페닐-6-히드록시-3-이소크산톤의 디칼륨염 ◎ 사용한도 6%	눈 주위 및 입술에 사용할 수 없음	타르색소
16	황색 204 호 (퀴놀린옐로우 SS, Quinoline Yellow SS)* CI 47000 2-(2-퀴놀릴)-1, 3-인단디온	눈 주위 및 입술에 사용할 수 없음	타르색소
17	황색 401 호 (한자옐로우, Hanza Yellow)* CI 11680 N-페닐-2-(니트로-p-톨릴아조)-3-옥소부탄아미드	눈 주위 및 입술에 사용할 수 없음	타르색소
18	황색 403 호의 (1) (나프톨옐로우 S, Naphthol Yellow S) CI 10316 2, 4-디니트로-1-나프톨-7-설폰산의 디나트륨염	눈 주위 및 입술에 사용할 수 없음	타르색소
19	등색 205 호 (오렌지 II, Orange II) CI 15510 1-(4-설포페닐아조)-2-나프톨의 모노나트륨염	눈 주위에 사용할 수 없음	타르색소
20	황색 203 호 (퀴놀린옐로우 WS, Quinoline Yellow WS) CI 47005 2-(1, 3-디옥소인단-2-일)퀴놀린 모노설폰산 및 디설폰산의 나트륨염	눈 주위에 사용할 수 없음	타르색소

연번	색소	사용제한	비고
21	녹색 3 호 (패스트그린 FCF, Fast Green FCF) CI 42053 2-[α-[4-(N-에틸-3-설포벤질이미니오)-2, 5-시클로헥사디에닐덴]-4-(N 에틸-3-설포벤질아미노)벤질]-5-히드록시벤젠설포네이트의 디나트륨염	-	타르색소
22	녹색 201 호 (알리자린시아닌그린 F, Alizarine Cyanine Green F)* CI 61570 1, 4-비스-(2-설포-p-톨루이디노)-안트라퀴논의 디나트륨염	-	타르색소
23	녹색 202 호 (퀴니자린그린 SS, Quinizarine Green SS)* CI 61565 1, 4-비스(p-톨루이디노)안트라퀴논	-	타르색소
24	등색 201 호 (디브로모플루오레세인, Dibromofluorescein) CI 45370, 4´, 5´-디브로모-3´, 6´-디히드로시스피로[이소벤조푸란-1(3H),9-[9H]크산텐-3-온	눈 주위에 사용할 수 없음	타르색소
25	자색 201 호 (알리주린퍼플 SS, Alizurine Purple SS)* CI 60725 1-히드록시-4-(p-톨루이디노)안트라퀴논	-	타르색소
26	적색 2 호 (아마란트, Amaranth) CI 16185 3-히드록시-4-(4-설포나프틸아조)-2, 7-나프탈렌디설폰산의 트리나트륨염	영유아용 제품류 또는 만 13세 이하 어린이가 사용할 수 있음을 특정하여 표시하는 제품에 사용할 수 없음	타르색소
27	적색 40 호 (알루라레드 AC, Allura Red AC) CI 16035 6-히드록시-5-[(2-메톡시-5-메틸-4-설포페닐)아조]-2-나프탈렌설폰산의 디나트륨염	-	타르색소
28	적색 102 호 (뉴콕신, New Coccine) CI 16255 1-(4-설포-1-나프틸아조)-2-나프톨-6, 8-디설폰산의 트리나트륨염의 1.5 수화물	영유아용 제품류 또는 만 13세 이하 어린이가 사용할 수 있음을 특정하여 표시하는 제품에 사용할 수 없음	타르색소
29	적색 103 호의 (1) (에오신 YS, Eosine YS) CI 45380 9-(2-카르복시페닐)-6-히드록시-2, 4, 5, 7-테트라브로모-3H-크산텐-3-온의 디나트륨염	눈 주위에 사용할 수 없음	타르색소
30	적색 104 호의 (1) (플록신 B, Phloxine B) CI 45410 9-(3, 4, 5, 6-테트라클로로-2-카르복시페닐)-6-히드록시-2, 4, 5, 7-테트 라브로모-3H-크산텐-3-온의 디나트륨염	눈 주위에 사용할 수 없음	타르색소

연번	색소	사용제한	비고
31	적색 104 호의 (2) (플록신 BK, Phloxine BK) CI 45410 9-(3, 4, 5, 6-테트라클로로-2-카르복시페닐)-6-히드록시-2, 4, 5, 7-테트라브로모-3H-크산텐-3-온의 디칼륨염	눈 주위에 사용할 수 없음	타르색소
32	적색 201 호 (리톨루빈 B, Lithol Rubine B) CI 15850 4-(2-설포-p-톨릴아조)-3-히드록시-2-나프토에산의 디나트륨염	-	타르색소
33	적색 202 호 (리톨루빈 BCA, Lithol Rubine BCA) CI 15850:1 4-(2-설포-p-톨릴아조)-3-히드록시-2-나프토에산의 칼슘염	-	타르색소
34	적색 218 호 (테트라클로로테트라브로모플루오레세인, Tetrachloro tetrabromofluorescein) CI 45410:1 2´, 4´, 5´, 7´-테트라브로모-4, 5, 6, 7-테트라클로로-3´, 6´-디히드록시피로[이소벤조푸란-1(3H),9´-[9H] 크산텐]-3-온	눈 주위에 사용할 수 없음	타르색소
35	적색 220 호 (디프마룬, Deep Maroon)* CI 15880:1 4-(1-설포-2-나프틸아조)-3-히드록시-2-나프토에산의 칼슘염	-	타르색소
36	적색 223 호 (테트라브로모플루오레세인, Tetrabromofluorescein) CI 45380:2 2´, 4´, 5´, 7´-테트라브로모-3´, 6´-디히드록시스피로[이소벤조푸란-1(3H),9´-[9H]크산텐]-3-온	눈 주위에 사용할 수 없음	타르색소
37	적색 226 호 (헬린돈핑크 CN, Helindone Pink CN)* CI 73360 6, 6´-디클로로-4, 4´-디메틸-티오인디고	-	타르색소
38	적색 227 호 (패스트애시드마겐타, Fast Acid Magenta)* CI 17200 8-아미노-2-페닐아조-1-나프톨-3, 6-디설폰산의 디나트륨염 ◎ 입술에 적용을 목적으로 하는 화장품의 경우만 사용한도 3%	-	타르색소
39	적색 228 호 (퍼마톤레드, Permaton Red) CI 12085 1-(2-클로로-4-니트로페닐아조)-2-나프톨 ◎ 사용한도 3%	-	타르색소
40	적색 230 호의 (2) (에오신 YSK, Eosine YSK) CI 45380 9-(2-카르복시페닐)-6-히드록시-2, 4, 5, 7-테트라브로모-3H-크산텐-3-온의 디칼륨염	-	타르색소
41	청색 1 호 (브릴리안트블루 FCF, Brilliant Blue FCF) CI 42090 2-[α-[4-(N-에틸-3-설포벤질이미니오)-2, 5-시클로헥사디에닐리덴]-4-(N-에틸-3-설포벤질아미노)벤질]벤젠설포네이트의 디나트륨염	-	타르색소
42	청색 2 호 (인디고카르민, Indigo Carmine) CI 73015 5, 5´-인디고틴디설폰산의 디나트륨염	-	타르색소

연번	색소	사용제한	비고
43	청색 201 호 (인디고, Indigo)* CI 73000 인디고틴	–	타르색소
44	청색 204 호 (카르반트렌블루, Carbanthrene Blue)* CI 69825 3, 3´–디클로로인단스렌	–	타르색소
45	청색 205 호 (알파주린 FG, Alphazurine FG)* CI 42090 2–[α–[4–(N–에틸–3–설포벤질이미니오)–2, 5–시클로헥산디에닐리덴]–4–(N–에틸–3–설포벤질아미노)벤질]벤젠설포네이트의 디암모늄염	–	타르색소
46	황색 4 호 (타르트라진, Tartrazine) CI 19140 5–히드록시–1–(4–설포페닐)–4–(4–설포페닐아조)–1H–피라졸–3–카르본산의 트리나트륨염	–	타르색소
47	황색 5 호 (선셋옐로우 FCF, Sunset Yellow FCF) CI 15985 6–히드록시–5–(4–설포페닐아조)–2–나프탈렌설폰산의 디나트륨염	–	타르색소
48	황색 201 호 (플루오레세인, Fluorescein)* CI 45350:1 3´, 6´–디히드록시스피로[이소벤조푸란–1(3H), 9´–[9H]크산텐]–3–온 ◎ 사용한도 6%	–	타르색소
49	황색 202 호의 (1) (우라닌, Uranine)* CI 45350 9–(2–카르복시페닐)–6–히드록시–3H–크산텐–3–온의 디나트륨염 ◎ 사용한도 6%	–	타르색소
50	등색 204 호 (벤지딘오렌지 G, Benzidine Orange G)* CI 21110 4, 4´–[(3, 3´–디클로로–1, 1´–비페닐)–4, 4´–디일비스(아조)]비스[3–메틸–1–페닐–5–피라졸론]	적용 후 바로 씻어내는 제품 및 염모용 화장품에만 사용	타르색소
51	적색 106 호 (애시드레드, Acid Red)* CI 45100 2–[[N, N–디에틸–6–(디에틸아미노)–3H–크산텐–3–이미니오]–9–일]–5–설포벤젠설포네이트의 모노나트륨염	적용 후 바로 씻어내는 제품 및 염모용 화장품에만 사용	타르색소
52	적색 221 호 (톨루이딘레드, Toluidine Red)* CI 12120 1–(2–니트로–p–톨릴아조)–2–나프톨	적용 후 바로 씻어내는 제품 및 염모용 화장품에만 사용	타르색소
53	적색 401 호 (비올라민 R, Violamine R) CI 45190 9–(2–카르복시페닐)–6–(4–설포–올소–톨루이디노)–N–(올소–톨릴)–3H–크산텐–3–이민의 디나트륨염	적용 후 바로 씻어내는 제품 및 염모용 화장품에만 사용	타르색소
54	적색 506 호 (패스트레드 S, Fast Red S)* CI 15620 4–(2–히드록시–1–나프틸아조)–1–나프탈렌설폰산의 모노나트륨염	적용 후 바로 씻어내는 제품 및 염모용 화장품에만 사용	타르색소

연번	색소	사용제한	비고
55	황색 407 호 (패스트라이트옐로우 3G, Fast Light Yellow 3G)* CI 18820 3-메틸-4-페닐아조-1-(4-설포페닐)-5-피라졸론의 모노나트륨염	적용 후 바로 씻어내는 제품 및 염모용 화장품에만 사용	타르색소
56	흑색 401 호 (나프톨블루블랙, Naphthol Blue Black)* CI 20470 8-아미노-7-(4-니트로페닐아조)-2-(페닐아조)-1-나프톨-3, 6-디설폰산의 디나트륨염	적용 후 바로 씻어내는 제품 및 염모용 화장품에만 사용	타르색소
57	등색 401 호(오렌지 401, Orange no. 401)* CI 11725	점막에 사용할 수 없음	타르색소
58	안나토 (Annatto) CI 75120	-	-
59	라이코펜 (Lycopene) CI 75125	-	-
60	베타카로틴 (Beta-Carotene) CI 40800, CI 75130	-	-
61	구아닌 (2-아미노-1,7-디하이드로-6H-퓨린-6-온, Guanine, 2-Amino- 1,7-dihydro-6H- purin-6-one) CI 75170	-	-
62	커큐민 (Curcumin) CI 75300	-	-
63	카민류(Carmines) CI 75470, 연지벌레(cochineal)에서 얻은 적색계 염료	-	-
64	클로로필류 (Chlorophylls) CI 75810	-	-
65	알루미늄 (Aluminum) CI 77000	-	-
66	벤토나이트 (Bentonite) CI 77004	-	-
67	울트라마린 (Ultramarines) CI 770073차시험	-	-
68	바륨설페이트 (Barium Sulfate) CI 77120	-	-
69	비스머스옥시클로라이드 (Bismuth Oxychloride) CI 77163	-	-
70	칼슘카보네이트 (Calcium Carbonate) CI 77220	-	-
71	칼슘설페이트 (Calcium Sulfate) CI 77231	-	-
72	카본블랙 (Carbon black) CI 77266	-	-
73	본블랙, 본차콜 (본차콜, Bone black, Bone Charcoal) CI 77267	-	-
74	베지터블카본 (코크블랙, Vegetable Carbon, Coke Black) CI 77268:1	-	-
75	크로뮴옥사이드그린 (크롬(III) 옥사이드, Chromium Oxide Greens) CI 77288	-	-
76	크로뮴하이드로사이드그린 (크롬(III) 하이드록사이드, Chromium Hydroxide Green) CI 77289	-	-

연번	색소	사용제한	비고
77	코발트알루미늄옥사이드 (Cobalt Aluminum Oxide) CI 77346	–	–
78	구리 (카퍼, Copper) CI 77400	–	–
79	금 (Gold) CI 77480	–	–
80	페러스옥사이드 (Ferrous oxide, Iron Oxide) CI 77489	–	–
81	적색산화철 (아이런옥사이드레드, Iron Oxide Red, Ferric Oxide) CI 77491	–	–
82	황색산화철 (아이런옥사이드옐로우, Iron Oxide Yellow, Hydrated Ferric Oxide) CI 77492	–	–
83	흑색산화철 (아이런옥사이드블랙, Iron Oxide Black, Ferrous–Ferric Oxide) CI 77499	–	–
84	페릭암모늄페로시아나이드 (Ferric Ammonium Ferrocyanide) CI 77510	–	–
85	페릭페로시아나이드 (Ferric Ferrocyanide) CI 77510	–	–
86	마그네슘카보네이트 (Magnesium Carbonate) CI 77713	–	–
87	망가니즈바이올렛 (암모늄망가니즈(3+) 디포스페이트, Manganese Violet, Ammonium Manganese(3+) Diphosphate) CI 77742	–	–
88	실버 (Silver) CI 77820	–	–
89	티타늄디옥사이드 (Titanium Dioxide) CI 77891	–	–
90	징크옥사이드 (Zinc Oxide) CI 77947	–	–
91	리보플라빈 (락토플라빈, Riboflavin, Lactoflavin)	–	–
92	카라멜 (Caramel)	–	–
93	파프리카추출물, 캡산틴/캡소루빈 (Paprika Extract Capsanthin/ Capsorubin)	–	–
94	비트루트레드 (Beetroot Red)	–	–
95	안토시아닌류 (시아니딘, 페오니딘, 말비딘, 델피니딘, 페투니딘, 페라고니딘, Anthocyanins)	–	–
96	알루미늄스테아레이트/징크스테아레이트/마그네슘스테아레이트/칼슘스테아레이트 (Aluminum Stearate/Zinc Stearate/Magnesium Stearate/ Calcium Stearate)	–	–
97	디소듐이디티에이–카퍼 (Disodium EDTA–copper)	–	–
98	디하이드록시아세톤 (Dihydroxyacetone)	–	–

연번	색소	사용제한	비고
99	구아이아줄렌 (Guaiazulene)	–	–
100	피로필라이트 (Pyrophyllite)	–	–
101	마이카 (Mica) CI 77019	–	–
102	청동 (Bronze)	–	–
103	염기성갈색 16 호 (Basic Brown 16) CI 12250	염모용 화장품에만 사용	타르색소
104	염기성청색 99 호 (Basic Blue 99) CI 56059	염모용 화장품에만 사용	타르색소
105	염기성적색 76 호 (Basic Red 76) CI 12245 ◎ 사용한도 2%	염모용 화장품에만 사용	타르색소
106	염기성갈색 17 호 (Basic Brown 17) CI 12251 ◎ 사용한도 2%	염모용 화장품에만 사용	타르색소
107	염기성황색 87 호 (Basic Yellow 87) ◎ 사용한도 1%	염모용 화장품에만 사용	타르색소
108	염기성황색 57 호 (Basic Yellow 57) CI 12719 ◎ 사용한도 2%	염모용 화장품에만 사용	타르색소
109	염기성적색 51 호 (Basic Red 51) ◎ 사용한도 1%	염모용 화장품에만 사용	타르색소
110	염기성등색 31 호 (Basic Orange 31) ◎ 사용한도 1%	염모용 화장품에만 사용	타르색소
111	에이치시청색 15 호 (HC Blue No. 15) ◎ 사용한도 0.2%	염모용 화장품에만 사용	타르색소
112	에이치시청색 16 호 (HC Blue No. 16) ◎ 사용한도 3%	염모용 화장품에만 사용	타르색소
113	분산자색 1 호 (Disperse Violet 1) CI 61100 1,4-디아미노안트라퀴논 ◎ 사용한도 0.5%	염모용 화장품에만 사용	타르색소
114	에이치시적색 1 호 (HC Red No. 1) 4-아미노-2-니트로디페닐아민 ◎ 사용한도 1%	염모용 화장품에만 사용	타르색소
115	2-아미노-6-클로로-4-니트로페놀 ◎ 사용한도 2%	염모용 화장품에만 사용	타르색소
116	4-하이드록시프로필 아미노-3-니트로페놀 ◎ 사용한도 2.6%	염모용 화장품에만 사용	타르색소

연번	색소	사용제한	비고
117	염기성자색 2 호 (Basic Violet 2) CI 42520 ◎ 사용한도 0.5%	염모용 화장품에만 사용	타르색소
118	분산흑색 9 호 (Disperse Black 9) ◎ 사용한도 0.3%	염모용 화장품에만 사용	타르색소
119	에이치시황색 7 호 (HC Yellow No. 7) ◎ 사용한도 0.25%	염모용 화장품에만 사용	타르색소
120	산성적색 52 호 (Acid Red 52) CI 45100 ◎ 사용한도 0.6%	염모용 화장품에만 사용	타르색소
121	산성적색 92 호 (Acid Red 92) ◎ 사용한도 0.4%	염모용 화장품에만 사용	타르색소
122	에이치시청색 17 호 (HC Blue 17) ◎ 사용한도 2%	염모용 화장품에만 사용	타르색소
123	에이치시등색 1 호 (HC Orange No. 1) ◎ 사용한도 1%	염모용 화장품에만 사용	타르색소
124	분산청색 377 호 (Disperse Blue 377) ◎ 사용한도 2%	염모용 화장품에만 사용	타르색소
125	에이치시청색 12 호 (HC Blue No. 12) ◎ 사용한도 1.5%	염모용 화장품에만 사용	타르색소
126	에이치시황색 17 호 (HC Yellow No. 17) ◎ 사용한도 0.5%	염모용 화장품에만 사용	타르색소
127	피그먼트 적색 5호 (Pigment Red 5)* CI 12490 엔-(5-클로로-2,4-디메톡시페닐)-4-[[5-[(디에칠아미노)설포닐]-2-메톡시페닐]아조]-3-하이드록시나프탈렌-2-카복사마이드	화장비누에만 사용	타르색소
128	피그먼트 자색 23호 (Pigment Violet 23) CI 51319	화장비누에만 사용	타르색소
129	피그먼트 녹색 7호 (Pigment Green 7) CI 74260	화장비누에만 사용	타르색소

※ 주의사항 : *표시는 해당 색소의 바륨, 스트론튬, 지르코늄레이크는 사용할 수 없다.

◈ 기억해야 할 색소

- 연번 1 ~ 57번 : 타르색소
- 연번 58 ~ 102번 : 안료 또는 천연색소
- 연번 103 ~ 126번 : 염모용 화장품에만 사용할 수 있는 타르색소 → 염기성~, 산성~, 에이치시~
- 연번 26번 적색2호, 연번 28번 적색102호 : 영유아용 제품류 또는 만 13세 이하 어린이가 사용할 수 있음을 특정하여 표시하는 제품에 사용할 수 없음.
- 연번 57번 등색401호 : 점막에 사용할 수 없음.
- 연번 127~129번 : 화장비누에만 사용, 타르색소

⑬ 향료

향료는 화장품에서 제품 이미지(esthetic concept), 원료 특이취 억제(odor masking), 심리적 효과, 항균, 사용자 매력 발산 등을 위해 제형에 따라 0.05~5.0%까지 사용되고 있으며, 천연향료, 합성향료, 조합향료로 분류된다.

1 분류

(1) 천연향료(natural fragrance)

식물의 꽃, 과실, 종자, 가지, 껍질, 뿌리 등에서 추출한 식물성 향료와 동물의 피지선 등에서 채취한 동물성 향료(musk–사향, civet–영묘향, castoreum–해리향, ambergris–용연향), 천연향료에 함유된 특정성분을 분리하여 만든 단리향료(isolated fragrance)로 분류된다.

(2) 합성향료(synthetic fragrance)

벤젠, 나프탈렌, 톨루엔 등을 원료로 관능기의 종류(알데히드, 케톤, 아세탈 등)에 따라 화학적으로 합성한 향이다.

(3) 조합향료(compound fragrance)

천연향료와 합성향료를 2종류 이상 혼합하여 만든 향이다.

2 향 추출방법

① 식물 등에서 향을 추출하는 방법으로 압착법(expression), 증류법(distillation), 흡착법(absorption), 용제 추출법(solvent extraction), 침출법(percolation)이 있다.

[향추출 방법]

압착	증류법	흡착법	용제 추출법	침출법
누르는 압착에 의한 추출, 열에 의해 성분이 파괴되는 경우에 사용	수증기를 동반하여 증류, 향료성분의끓는점(b.p.) 차이를 이용한 방법: 수증기 증류법, 물 증류법, 혼합(물+수증기) 증류법	열에 약한 꽃의 향을 추출할 때 사용: 냉침법(enfleurage), 온침법(maceration)	휘발성용제(헥산, 알코올 등)에 의해 향성분을추출, 열에 불안정한 성분을 추출함	에탄올에 일정한 시간 동안 담가서 향성분을 추출함
시트러스계열(레몬, 오렌지, 라임, 그레이프후르트, 베르가못, 만다린)	페퍼민트 오일, 라벤더 오일, 파인 오일 등	우지, 돈지에 꽃을 흡착시키고(포마드, pomade), 에탄올로 추출(앱솔루트, absolute)	열에 불안정한 향을 추출할 때 사용함	-
에센셜 오일 (essential oil)		앱솔루트 (absolute)	앱솔루트 (absolute) 레지노이드 (resinoid)올레오레진(oleoresin)	팅크처 (tincture) 인퓨젼 (infusion)

② 천연향료는 향추출 방법에 따라 여러 가지로 분류된다.

[천연향료의 분류]

분류	제법	종류
에센셜 오일 (essential oil)	식물성 원료로부터 수증기 증류법, 냉각압착법, 건식증류법에 의해 얻은 생성물이며 정유라고도 함	페퍼민트 오일 로즈오일 라벤더 오일
앱솔루트 (absolute)	실온에서 콘크리트, 포마드 또는 레지노이드를 에탄올로 추출해서 얻은 향기를 지닌 생성물	로즈 앱솔루트 바닐라 앱솔루트
레지노이드 (resinoid)	레진(resin, 수지(樹脂))을 용제(solvent)로 추출하여 농축시킨 특징적인 냄새를 지닌 반고체상 추출물	벤조인 레지노이드 올리바넘 레지노이드
올레오레진 (oleoresin)	레진(resin, 수지(樹脂))을 용제(solvent)로 추출하여 농축시킨 특징적인 냄새를 지닌 액상 추출물	솔 올레오레진
팅크처 (tincture)	천연원료를 다양한 농도의 에탄올에 실온에서 침적(담그는 것)시켜 얻은 용액	벤조인 팅크쳐
인퓨전 (infusion)	천연원료를 다양한 농도의 에탄올에 약 80℃에서 침적시켜 얻은 용액	-
발삼 (balsam)	벤조익(benzoic) 및/또는 신나믹(cinnamic) 유도체를 함유하고 있는 천연 올레오레진	페루발삼, 토루발삼 벤조인
콘크리트 (concrete)	식물성 원료를 용제(solvent)로 추출하여 농축시킨 특징적인 냄새를 지닌 추출물	로즈 콘크리트 오리스 콘크리트

⑭ 활성성분

화장품 성분 중에서 항균, 미백, 주름 개선, 비듬 개선, 탈모 치료 등에 도움을 주는 활성성분은 표와 같다.

[활성성분]

분류	성분명	기능
항균제, 항진균제	징크피리치온	비듬억제, 탈모예방
	살리실릭애씨드	비듬억제, 탈모예방
	클림바졸	비듬억제
	피록톤올아민	비듬억제

분류	성분명	기능
기능성	D-판테놀(dexpanthenol, 프로비타민 B5) : 점조성 액상 DL-판테놀(panthenol, 프로비타민 B5) : 백색의 결정성 분말 비오틴(비타민 B7): 백색의 분말 엘-멘톨 : 박하유(peppermint oil)의 주성분, 바늘모양 결정	탈모 증상의 완화
	이노시톨(inositol, 비타민 B1)	탈모예방, 피부질환예방
	레티놀(비타민 A) 레티닐팔미테이트	주름개선, 지용성
	닥나무추출물, 알부틴	미백 : 타이로시나제(구리이온을 포함한 4분자체 효소) 활성억제
	유용성감초추출물	미백 : 타이로시나제 활성억제
	아스코르빅애씨드(비타민 C) 유도체 • 에칠아스코르빌에텔 • 아스코르빌글루코사이드 • 마그네슘아스코르빌포스페이트 • 아스코르빌테트라이소팔미테이트	미백 : 도파(DOPA, dihydroxyphenylalanine)의 산화억제
	나이아신아마이드(니코틴산아미드)	미백 : 멜라노좀 이동방해 (멜라노사이트→ 케라티노사이트)
	아데노신	주름개선 : 교원섬유, 탄력섬유를 생성하는 섬유아세포의 증식유도
기타	아스코빅애씨드(비타민 C)	항산화, 콜라겐합성 촉진, 수용성
	토코페롤(비타민 E)	항산화, 지용성
	리보플라빈(비타민 B2)	노란색 색소, 항산화
	피리독신에이치씨엘(비타민 B6)	모발컨디셔닝, 피부컨디셔닝
	알란토인	자극완화, 상처치유
	캠퍼(camphor)	무색 또는 백색의 약간 혼탁한 결정, 결정성 가루 또는 덩어리 특이한 향기가 있으며 맛은 약간 쓰고 시원한 맛이 있음. 테프펜케톤, 변성제, 착향제
	알로에	염증완화, 진정작용, 상처치유
	알파 비사보롤	진정작용, 자극완화, 카모마일의 주요 활성성분
	베타-글루칸	효모 세포벽과 귀리, 보리 등 곡물 세포벽을 구성하는 다당체, 유연제, 보습제

분류	성분명	기능
기타	글리시레티닉애씨드	감초에서 추출한 물질로 염증완화, 항알레르기작용
	세라마이드	피부 표면에 라멜라 상태로 존재하여 피부의 수분을 유지시켜 주고, 피부장벽을 회복시켜 줌. 스핑고신(sphingosine)으로 만들어진 세라마이드 1, 2, 4, 5와 피토스핑고신(phytosphingosine)으로 만들어진 세라마이드 3, 6 I , 6 II 가 있음.

⑮ 기능성화장품 주성분

1 기능성화장품 주성분

기능성화장품 주성분 중에서 (1)~(6)번은 기능성화장품 심사에 관한 규정 별표4(원료고시, 자료제출이 생략되는 기능성화장품의 종류)에서, (7)번은 기능성화장품 기준 및 시험방법(KFCC)에서 정하고 있다. 자료제출이 생략된다는 것은 기능성화장품 심사 때 제출하는 자료 중에서 기원 및 개발경위에 관한 자료, 안전성에 관한 자료, 유효성 또는 기능에 관한 자료의 제출이 면제된다는 의미이다.

(1) 피부를 곱게 태워주거나 자외선으로부터 피부를 보호하는데 도움을 주는 제품의 성분 및 함량

① **제형** : 영·유아용 제품류 중 로션, 크림 및 오일, 기초화장용 제품류, 색조화장용 제품류에 한함 → 자외선 차단기능은 영·유아용 제품류 중 로션, 크림 및 오일, 기초화장용 제품류, 색조화장용 제품류에서만 가능하다는 의미임.

연번	성분명	기능	최대함량
1	드로메트리졸	자외선 흡수제	1 %
2	디갈로일트리올리에이트	자외선 흡수제	5 %
3	4-메칠벤질리덴캠퍼	자외선 흡수제	4 %
4	멘틸안트라닐레이트	자외선 흡수제	5 %
5	벤조페논-3	자외선 흡수제	5 %
6	벤조페논-4	자외선 흡수제	5 %
7	벤조페논-8	자외선 흡수제	3 %
8	부틸메톡시디벤조일메탄	자외선 흡수제	5 %
9	시녹세이트	자외선 흡수제	5 %
10	에칠헥실트리아존	자외선 흡수제	5 %
11	옥토크릴렌	자외선 흡수제	10 %

연번	성분명	기능	최대함량
12	에칠헥실디메칠파바	자외선 흡수제	8 %
13	에칠헥실메톡시신나메이트	자외선 흡수제	7.5 %
14	에칠헥실살리실레이트	자외선 흡수제	5 %
15	페닐벤즈이미다졸설포닉애씨드	자외선 흡수제	4 %
16	호모살레이트	자외선 흡수제	10 %
17	징크옥사이드	자외선 산란제	25 % (자외선차단성분으로서)
18	티타늄디옥사이드	자외선 산란제	25 % (자외선차단성분으로서)
19	이소아밀p-메톡시신나메이트	자외선 흡수제	10 %
20	비스-에칠헥실옥시페놀메톡시페닐트리아진	자외선 흡수제	10 %
21	디소듐페닐디벤즈이미다졸테트라설포네이트	자외선 흡수제	산으로 10 %
22	드로메트리졸트리실록산	자외선 흡수제	15 %
22	디에칠헥실부타미도트리아존	자외선 흡수제	10 %
24	폴리실리콘-15(디메치코디에칠벤잘말로네이트)	자외선 흡수제	10 %
25	메칠렌비스-벤조트리아졸릴테트라메칠부틸페놀	자외선 흡수제	10 %
26	테레프탈릴리덴디캠퍼설포닉애씨드 및 그 염류	자외선 흡수제	산으로 10 %
27	디에칠아미노하이드록시벤조일헥실벤조에이트	자외선 흡수제	10 %
28	테레프탈릴리덴디캠퍼설포닉애씨드액(33%)	자외선 흡수제	고시되어 있지 않음 (KFCC)
29	메칠렌비스-벤조트리아졸릴테트라메칠부틸페놀액(50%)	자외선 흡수제	고시되어 있지 않음 (KFCC)
※ 자외선 산란제 : 무기계, 자외선 흡수제 : 유기계			

(2) 피부의 미백에 도움을 주는 제품의 성분 및 함량

① 제형 : 로션제, 액제, 크림제 및 침적 마스크

② 효능·효과 : 피부의 미백에 도움을 준다.

③ 용법·용량(1): 본품 적당량을 취해 피부에 골고루 펴 바른다(침적 마스크 이외의 제품).

④ 용법·용량(2): 본품을 피부에 붙이고 10~20분 후 지지체를 제거한 다음 남은 제품을 골고루 펴 바른다(침적 마스크).

연번	성분명 : 원료 함량 기준	함량
1	닥나무추출물: 타이로시네이즈 억제율 48.5~84.1%	2%
2	알부틴: 98.0% 이상	2~5%
3	에칠아스코빌에텔: 95.0% 이상	1~2%
4	유용성감초추출물: 글라브리딘 35.0% 이상	0.05%
5	아스코빌글루코사이드: 98.0% 이상	2%
6	마그네슘아스코빌포스페이트	3%
7	나이아신아마이드: 98.0% 이상	2~5%
8	알파-비사보롤: 97.0% 이상	0.5%
9	아스코빌테트라이소팔미테이트: 95.0% 이상	2%

(3) 피부의 주름개선에 도움을 주는 제품의 성분 및 함량

① 제형 : 로션제, 액제, 크림제 및 침적 마스크

② 효능·효과 : 피부의 주름개선에 도움을 준다.

③ 용법·용량(1): 본품 적당량을 취해 피부에 골고루 펴 바른다(침적 마스크 이외의 제품).

④ 용법·용량(2): 본품을 피부에 붙이고 10~20분 후 지지체를 제거한 다음 남은 제품을 골고루 펴 바른다(침적 마스크).

연번	성분명 : 원료 함량 기준	함량
1	레티놀: 90.0% 이상	2,500IU/g
2	레티닐팔미테이트: 90.0% 이상	10,000IU/g
3	아데노신: 99.0% 이상	0.04%
4	폴리에톡실레이티드레틴아마이드: 95.0% 이상	0.05~0.2%
5	아데노신액(2%)(기능성화장품 기준 및 시험방법, KFCC): 1.90 ~ 2.10%	고시되어 있지 않음

(4) 모발의 색상을 변화(탈염 · 탈색 포함)시키는 기능을 가진 제품의 성분 및 함량

구분	성분명	사용할 때 농도 상한(%)
I	p-니트로-o-페닐렌디아민	1.5
	니트로-p-페닐렌디아민	3.0
	2-메칠-5-히드록시에칠아미노페놀	0.5
	2-아미노-4-니트로페놀	2.5
	2-아미노-5-니트로페놀	1.5
	2-아미노-3-히드록시피리딘	1.0
	5-아미노-o-크레솔	1.0
	m-아미노페놀	2.0
	o-아미노페놀	3.0
	p-아미노페놀	0.9
	염산 2,4-디아미노페녹시에탄올	0.5
	염산 톨루엔-2,5-디아민	3.2
	염산 m-페닐렌디아민	0.5
	염산 p-페닐렌디아민	3.3
	염산 히드록시프로필비스(N-히드록시에칠-p-페닐렌디아민)	0.4
	톨루엔-2,5-디아민	2.0
	m-페닐렌디아민	1.0
	p-페닐렌디아민	2.0
	N-페닐-p-페닐렌디아민	2.0
	피크라민산	0.6
	황산 p-니트로-o-페닐렌디아민	2.0
	황산 p-메칠아미노페놀	0.68
	황산 5-아미노-o-크레솔	4.5
	황산 m-아미노페놀	2.0
	황산 o-아미노페놀	3.0
	황산 p-아미노페놀	1.3
	황산 톨루엔-2,5-디아민	3.6

구분		성분명	사용할 때 농도 상한(%)
I		황산 m-페닐렌디아민	3.0
		황산 p-페닐렌디아민	3.8
		황산 N,N-비스(2-히드록시에칠)-p-페닐렌디아민	2.9
		2,6-디아미노피리딘	0.15
		염산 2,4-디아미노페놀	0.5
		1.5-디히드록시나프탈렌	0.5
		피크라민산 나트륨	0.6
		황산 2-아미노-5-니트로페놀	1.5
		황산 o-클로로-p-페닐렌디아민	1.5
		황산 1-히드록시에칠-4,5-디아미노피라졸	3.0
		히드록시벤조모르포린	1.0
		6-히드록시인돌	0.5
II		α-나프톨	2.0
		레조시놀	2.0
		2-메칠레조시놀	0.5
		몰식자산(갈산, 갈릭애씨드)	4.0
		카테콜	1.5
		피로갈롤	2.0
III	A	과붕산나트륨사수화물, 과붕산나트륨일수화물, 과산화수소수, 과탄산나트륨	과산화수소는 과산화수소로서 제품 중 농도가 12.0% 이하이어야 함.
	B	강암모니아수, 모노에탄올아민, 수산화나트륨	–
IV		과황산암모늄, 과황산칼륨, 과황산나트륨	–
V	A	황산철	–
	B	피로갈롤	

(5) 체모를 제거하는 기능을 가진 제품의 성분 및 함량

① 제형 : 로션제, 액제, 크림제, 에어로졸제

② 효능·효과 : 제모(체모의 제거)

③ 용법·용량

- 사용 전 제모할 부위를 씻고 건조시킨 후 이 제품을 제모할 부위의 털이 완전히 덮이도록 충분히 바른다.
- 문지르지 말고 5~10분간 그대로 두었다가 일부분을 손가락으로 문질러 보아 털이 쉽게 제거되면 젖은 수건[(제품에 따라서는) 또는 동봉된 부직포 등]으로 닦아 내거나 물로 씻어낸다.
- 면도한 부위의 짧고 거친 털을 완전히 제거하기 위해서는 한 번 이상(수일 간격) 사용하는 것이 좋다.

연번	성분명: 원료 함량 기준	함량
1	치오글리콜산 80%: 78.0~82.0%	치오글리콜산으로서 3.0~4.5%

(6) 여드름성 피부를 완화하는데 도움을 주는 제품의 성분 및 함량

① 제형 : 유형은 인체세정용제품류(비누조성의 제제)로 로션제, 액제, 크림제

② 효능·효과 : 여드름성 피부를 완화하는데 도움을 준다.

③ 용법·용량 : 본품 적당량을 취해 피부에 사용한 후 물로 바로 깨끗이 씻어낸다.

연번	성분명: 원료 함량 기준	함량
1	살리실릭애씨드: 99.5% 이상	0.5 %

(7) 탈모 증상의 완화에 도움을 주는 성분

연번	성분명: 원료 함량 기준	함량
1	덱스판테놀: 98.0~102.0%, 비오틴: 98.5~101.0%, 엘-멘톨: 98.0~101.0%, 징크피리치온: 90.0~101.0%, 징크피리치온액(50%): 47.0~53.0%	고시되어 있지 않음

16 화장품 성분 정보

1 전성분

2008년 10월 18일부터 화장품의 모든 성분을 제품의 용기나 포장에 표시하도록 하는 전성분표시제가 시행되었으며, 전성분표시에 사용되는 화장품원료명칭은 (사)대한화장품협회(www.kcia.or.kr) 성분사전에서 확인할 수 있다. 신규 화장품 원료에 대한 전성분명(원료명칭)은 (사)대한화장품협회 성분명표준화위원회에서 심의를 통해 정하고 있으며, 화장품 전성분 표시에 대한 가이드라인은 아래와 같다.

[화장품 전성분 표시지침(식품의약품안전청, 2007년)]

제1조(목적) 화장품의 모든 성분 명칭을 용기 또는 포장에 표시하는 '화장품 전성분 표시'의 대상 및 방법을 세부적으로 정함을 목적으로 한다.

제2조(정의) "전성분"이라 함은 제품표준서 등 처방계획에 의해 투입·사용된 원료의 명칭으로서 혼합원료의 경우에는 그것을 구성하는 개별 성분의 명칭을 말한다.

제3조(대상) 전성분 표시는 모든 화장품을 대상으로 한다. 다만, 다음 각 호의 화장품으로서 전성분 정보를 즉시 제공할 수 있는 전화번호 또는 홈페이지 주소를 대신 표시하거나, 전성분 정보를 기재한 책자 등을 매장에 비치한 경우에는 전성분 표시 대상에서 제외할 수 있다.

1. 내용량이 50g 또는 50mL 이하인 제품
2. 판매를 목적으로 하지 않으며, 제품 선택 등을 위하여 사전에 소비자가 시험·사용하도록 제조 또는 수입된 제품 : 견본품 이나 증정용

제4조(성분의 명칭) 성분의 명칭은 (사)대한화장품협회장이 발간하는 「화장품 성분 사전」에 따른다.

제5조(글자 크기) 전성분을 표시하는 글자의 크기는 5포인트 이상으로 한다.

제6조(표시의 순서) 성분의 표시는 화장품에 사용된 함량순으로 많은 것부터 기재한다. 다만, 혼합원료는 개개의 성분으로서 표시하고, 1% 이하로 사용된 성분, 착향제 및 착색제에 대해서는 순서에 상관없이 기재할 수 있다.

제7조(표시생략 성분 등) ①메이크업용 제품, 눈화장용 제품, 염모용 제품 및 매니큐어용 제품에서 호수별로 착색제가 다르게 사용된 경우 「± 또는 +/-」의 표시 뒤에 사용된 모든 착색제 성분을 공동으로 기재할 수 있다.

② 원료 자체에 이미 포함되어 있는 안정화제, 보존제 등으로 제품 중에서 그 효과가 발휘되는 것보다 적은 양으로 포함되어 있는 부수성분과 불순물은 표시하지 않을 수 있다.

③ 제조 과정 중 제거되어 최종 제품에 남아 있지 않는 성분은 표시하지 않을 수 있다.

④ 착향제는「향료」로 표시할 수 있다.

⑤ 제4항 규정에도 불구하고 식품의약품안전청장은 착향제의 구성 성분 중 알레르기 유발물질로 알려져 있는 성분이 함유되어 있는 경우에는 그 성분을 표시하도록 권장할 수 있다(이 표시지침이 제정될 때(2007년)에는 권장사항이나 2020년 1월 1일부터는 의무사항임).

⑥ pH 조절 목적으로 사용되는 성분은 그 성분을 표시하는 대신 중화반응의 생성물로 표시할 수 있다.

⑦ 표시할 경우 기업의 정당한 이익을 현저히 해할 우려가 있는 성분(영업비밀 성분)의 경우에는 그 사유의 타당성에 대하여 식품의약품안전청장의 사전 심사를 받은 경우에 한하여「기타 성분」으로 기재할 수 있다.

제8조(화장품 성분 사전 발간기관 등)

① 「화장품 성분 사전」의 발간기관은 "(사)대한화장품협회(www.kcia.or.kr)"로 한다.

② 발간기관의 장은 성분 명명법, 성분 추가 여부 및 발간방법 등에 대하여 화장품 제조업자 및 수입자 등의 의견을 수렴하고 식품의약품안전청장의 사전 검토를 받아 「화장품 성분 사전」을 발간 또는 개정한다.

2 보존제 함량 표시

영유아용 혹은 어린이용 제품임을 화장품에 표시·광고하려는 경우에는 전성분에 보존제의 함량을 표시·기재해야 한다.

[전성분]

정제수, 다이소듐코코암포다이아세테이트, 글리세린, 데실글루코사이드, 코마미도프로필베타인, 락틱애씨드, 다이소듐라우레스설포석시네이트, 소듐피씨에이, 피이지-150펜타에리스리틸테트라스테아레이트, 파아자-120메틸글루코스디올리에이트, 소듐락테이트, 소듐클로라이드, **소듐벤조에이트(0.465%)**, 쇠비름추출물, 테트라소듐이디티에이, 부틸렌글라이콜, 토코페릴아세테이트, 리놀레아미도프로필리지-다이모늄클로라이드포스페이트, 글라이코실트레할로오스, 하이드로제네이티드스타치하이드로리세이트, 가바카바잎/뿌리/줄기추출물, 동백나무꽃추출물, 향료

※ 보존제인 소듐벤조에이트의 함량(0.465%)을 표시하고 있다.

Chapter 2 화장품의 기능과 품질

① 화장품의 효과

1 기초 화장품

기초 화장품(skin care)은 피부를 청결히 하고 유분과 수분을 공급하여 건강한 피부를 유지하는데 사용되는 화장품으로 화장수, 유액, 크림, 영양액, 팩 등이 있다.

[기초 화장품의 종류와 기능]

종류	기능
화장수 (化粧水, 스킨로션)	• 각질층 수분 공급, 비누 세안 후, 피부 pH 회복 • 모공수축(수렴작용), 피부정돈 • 유연화장수(스킨로션 : 수분공급+피부유연) • 수렴화장수(아스트린젠트 : 수분공급+모공수축)
유액 (乳液, 밀크로션)	• 세안 후, 피부에 유분과 수분을 공급 • 끈적이지 않는 가벼운 사용감, 빠른 흡수, 저점도 • 유분량 : 5~7%
영양크림	• 세안 후, 제거된 천연피지막의 회복 • 피부를 외부환경으로부터 보호 • 피부의 생리기능을 도와줌 • 활성성분(유효성분)이 피부트러블을 개선, 고점도 • 유분량 : 10~30%
아이크림	• 한선, 피지선이 없고 피부두께가 얇은 눈 주위 피부에 영양공급과 탄력감 부여, 고점도 • 유분량 : 10~30%
핸드크림 바디로션	• 손, 발 등 얼굴 이외의 신체에 유분과 수분을 공급, 저점도~고점도 • 유분량 : 10~30%
마사지크림	• 피부 혈행촉진, 유연작용, 고점도 • 유분량 : 50% 이상
영양액 (에센스, 세럼)	• 보습성분과 영양성분이 고농축되어 있어 피부에 수분과 영양을 공급, 저점도 • 유분량 : 3~5%
팩	• 팩은 피부에 적당한 긴장감을 주고 영양성분의 흡수를 용이하게 하여 혈액순환을 촉진시킴. • 피부 표면의 오염물(예 죽은 각질세포)을 제거시킴으로써 피부청결에 도움을 줌 • 필오프(peel off) 타입, 워시오프(wash off) 타입, 패치(patch) 타입, 분말(powder) 타입, 티슈오프(tissue off) 타입

클렌징 크림	• 유분량(예 미네랄 오일)이 매우 많은 크림으로 피지와 메이크업 제거
클렌징 로션	• 유분량이 클렌징 크림에 비해 적게 포함되어 있어 피부에 부담이 적고 펴발림성이 좋아 옅은 메이크업 제거
클렌징 워터	• 세정용 화장수로 옅은 메이크업을 지우거나 화장 전에 피부를 닦아낼 때 사용
클렌징 오일	• 포인트 메이크업의 제거 • 오일성분 : 미네랄 오일, 에스테르 오일

2 색조 화장품

① 색조화장은 베이스 메이크업과 포인트 메이크업으로 분류된다.

② 베이스 메이크업에 해당되는 제품은 파운데이션, 쿠션, 프라이머, 파우더류(팩트, 페이스파우더, 투웨이케익), 컨실러, 메이크업베이스 등이 있고 마스카라, 아이라이너, 치크브러쉬(볼터치), 아이섀도, 립스틱, 립틴트 등은 포인트 메이크업 제품에 해당된다.

[색조 화장품의 종류와 기능]

종류	안료(%)	기능
메이크업베이스	5~7	• 포인트 메이크업이 잘 되도록 피부색 정돈 • 파운데이션의 색소침착을 방지 • 인공피지막을 형성하여 피부보호
쿠션	5~7	• 피부색 정돈 • 피부결점 커버 • 자외선 차단
비비크림	5~7	• 피부색 정돈 • 피부결점 커버 • 자외선 차단
파운데이션	12 ~15	• 피부결점(모공,잔주름,검버섯,상처흔적) 커버 • 건조한 외부환경으로부터 피부 보호 • 자외선 차단, 피부색 보정 • 피부요철 보정(얼굴의 윤곽을 수정)
스킨커버	14 ~20	• 피부결점 커버 • 피부색 보정
파우더 : 페이스파우더, 팩트	98~99	• 땀이나 피지의 분비 흡수/억제하여 화장붕괴 예방 • 빛을 난반사하여 얼굴을 화사하게 표현하고 피부색을 밝게함 • 번들거림 방지 및 매트한 마무리

3 세정 화장품

화장과 피부, 모발의 오염물질을 씻어내는 세정 화장품에는 샴푸, 컨디셔너, 바디 워시, 손 세척제, 폼클렌징, 화장비누, 클렌징 티슈 등이 있으며 세정 화장품별 기능은 아래와 같다.

[세정 화장품의 종류와 기능]

종류	기능
샴푸	• 모발에 부착된 오염물질과 두피의 각질 제거 • 샴푸의 조건 – 적절한 세정력 – 거품이 미세하고 풍부하며 지속성을 가져야 함 • 세발 중, 마찰에 의한 모발손상이 없어야 함 • 세발 후, 모발이 부드럽고 윤기가 있고 빗질이 쉬어야 함 • 두피, 모발 및 눈에 대한 자극이 적거나 없어야 함
헤어린스	• 모발의 표면을 매끄럽게 함(컨디셔닝 효과) • 빗질을 쉽게하고 정전기를 방지 • 모발의 표면을 보호하고 광택 부여 • 세발 후, 잔존할 수 있는 음이온성 계면활성제를 중화
헤어 컨디셔너	• 샴푸와 관계없이 일상적으로 사용됨 • 모발의 손상과 무관하게 컨디셔닝 목적으로 수시로 사용가능함
헤어 트리트먼트	• 손상된 모발에 사용됨
바디 워시(바디 클렌저)	• 몸에 부착된 오염물질 제거
손 세척제	• 손에 부착된 오염물질 제거
클렌징 티슈	• 포인트 메이크업의 제거 • 부직포+클렌징액(계면활성제 등 혼합)
폼클렌징	• 비누화반응(예 지방산+가성가리)에 의해 제조 • 강력한 세정력, 피부보습 제공, 저자극으로 건조함과 피부가 당기는 것을 방지
페이셜 스크럽제	• 미세한 알갱이(스크럽)가 모공 속에 있는 노폐물과 피부의 오래된 각질을 제거

② 판매 가능한 맞춤형화장품 구성

1 혼합

(1) 내용물+내용물

제조 또는 수입된 화장품의 내용물에 다른 화장품의 내용물을 혼합한 화장품

(2) 내용물+원료

제조 또는 수입된 화장품의 내용물에 식품의약품안전처장이 정하는 원료를 추가하여 혼합한 화장품

2 소분

제조 또는 수입된 화장품의 내용물을 소분(小分)한 화장품. 단, 고형(固形) 비누 등 총리령으로 정하는 화장품의 내용물을 단순 소분한 화장품은 제외

③ 내용물 및 원료의 품질성적서 구비

1 품질성적서 구비

① 맞춤형화장품 판매업자는 맞춤형화장품의 내용물 및 원료의 입고 시 품질관리 여부를 확인하고 화장품책임판매업자가 제공하는 품질성적서를 구비한다.

② 내용물 품질관리 여부를 확인할 때, 맞춤형화장품의 사용기한을 설정하는 기준이 되는 내용물의 사용기한(혹은 개봉 후 사용기간)을 확인한다.

③ 원료 품질관리 여부를 확인할 때도 사용기한(EXPIRY DATE) 혹은 재시험일(RETEST DATE)이 경과되지 않았는지 확인한다.

2 내용물 품질성적서

내용물의 품질성적서(시험기록서 혹은 시험성적서) 예시는 그림과 같다.

3 원료 품질성적서

원료의 품질성적서(시험기록서 혹은 시험성적서 혹은 Certificate Of Analysis) 예시는 그림과 같다.

[원료 품질성적서 예시]

Good Science
& Cosmetic Technology

GSCT

Certificate of analysis

발행일 : 2020. 01. 11

원 료 명	아워스토리® 커피콩추출물		
INCI name	Coffea Arabica (Coffee) Seed Extract		
제조번호	20A003	사용기한	2023. 01. 03
제 조 일	2020. 01. 04	포장단위	50KG
발 주 일	2019. 12. 28	납 품 량	50KG×3EA

시험항목	시험기준	시험결과
이 물	이물이 없어야 함.	이물 없음
성 상	짙은 갈색의 투명한 액	짙은 갈색의 투명한 액
납	20㎍/g(ppm)이하	비검출
비 소	10㎍/g(ppm)이하	비검출
pH(20℃)	5.0 ~ 7.0	6.2
비중(20℃)	1.100~1.200	1.080
미생물	100CFU/G이하	불검출
판 정		**적 합**

Quality manager, QA department

[벌크제품 품질성적서 예시]

시 험 기 록 서

품목구분	벌크제품	벌크제품명	지에스씨티 히즈스토리 스킨로션
시험번호	B191112009	검체채취수량	500mL
제조번호	19L0980	채취장소	벌크제품 제조실
사용기한	2022.11.04.	채취일자	2019.10.18.
채취자	이채취	제조수량	1,000KG
제조원	지에스씨티	표시량	

시험항목	시험기준	시험결과	시험일자	시험자
성상	시트러스 향이 나는 투명한 액상	시트러스 향이 나는 투명한 액	2019.10.21	이시험
이물	이물이 없어야 함	이물 없음	2019.10.21	이시험
pH	3.0 ~ .9.0	6.1	2019.10.21	이시험
비중	0.998 ~ 1.010	1.005	2019.10.21	이시험
미생물한도시험				
총호기성 생균수	1,000개/g(mL) 이하	0개	2019.10.23	김시험
특성세균 : 대장균	불검출	불검출	2019.10.20	김시험
특성세균 : 녹농균	불검출	불검출	2019.10.20	김시험
특성세균 : 황색포도상구균	불검출	불검출	2019.10.20	김시험

확인	품질관리팀장	시험결과	시험일자	시험자
나확인	나품질	김책임	**적합**	2019.10.23

[완제품 품질성적서 예시]

시 험 기 록 서

품목구분	완제품	완제품명	지에스씨티 히즈스토리 스킨로션 200mL
시험번호	P191112009	검체채취수량	18EA
제조번호	19L0980	채취장소	포장실
사용기한	2022.11.04.	채취일자	2019.11.11
채취자	이채취	제조수량	5,600EA
분류	기능성화장품	표시량	200mL

시험항목	시험기준	시험결과	시험일자	시험자
이물	이물이 없어야 함	이물 없음	2019.11.12	이시험
내용량	평균 내용량이 표시량의 97.0% 이상	100.0%	2019.11.12	이시험
납	20㎍/g(ppm) 이하	비검출	2019.11.12	이시험
비소	10㎍/g(ppm) 이하	비검출	2019.11.12	이시험
메탄올	0.2(v/v)% 이하	비검출	2019.11.12	이시험
pH	3.0 ~ 9.0	6.2	2019.11.12	이시험
인쇄상태	표시사항이 식별될 수 있도록 인쇄되어야 함	문안이 식별될 수 있도록 인쇄됨	2019.11.12	이시험
포장상태	외부에서 이물이 침투할 수 없도록 포장되어야 함	외부에서 이물이 침투할 수 없도록 포장됨	2019.11.12	이시험
함량				
나이아신아마이드	90.0% 이상	104.5%	2019.11.15	김시험
아데노신	90.0% 이상	106.8%	2019.11.15	김시험
미생물한도시험				
총호기성 생균수	1,000개/g(mL) 이하	0개	2019.11.16	김시험
특성세균 : 대장균	불검출	불검출	2019.11.13	김시험
특성세균 : 녹농균	불검출	불검출	2019.11.13	김시험
특성세균 : 황색포도상구균	불검출	불검출	2019.11.13	김시험

확인	품질관리팀장	시험결과	시험일자	시험자
나확인	나품질	김책임	**적합**	2019.11.16

Chapter 3 화장품 사용제한 원료

화장품 원료 관리는 포지티브(positive, 사용가능 원료, 사용한도 원료) 리스트와 네가티브(negative, 배합 금지 원료) 리스트로 운영되다가 화장품 제조업자들이 자유롭게 신원료 개발 및 신원료를 사용할 수 있도록 2012년 2월부터는 네가티브 리스트만을 운영하고 있다.
이런 제도 변화는 유럽, 일본, 미국 등의 원료 관리체계와 동일한 관리방식으로 원료사용 규제의 국제조화를 목적으로 하고 있으며, 이런 제도변화로 신원료 심사제도가 폐지되었고 위해우려 가능성이 있는 원료에 대한 위해평가가 신설되었다.

1 배합 금지 원료

화장품에 사용할 수 없는 원료(배합 금지 원료)는 화장품 안전기준 등에 관한 규정 별표1(식품의약품안전처 고시)에서 규정하고 있으며 약 5,800개이다.

배합 금지 원료
갈라민트리에치오다이드
갈란타민
중추신경계에 작용하는 교감신경흥분성아민
구아네티딘 및 그 염류
구아이페네신
글루코코르티코이드
글루테티미드 및 그 염류
글리사이클아미드
금염
무기 나이트라이트(소듐나이트라이트 제외)
나파졸린 및 그 염류
나프탈렌
1,7-나프탈렌디올
2,3-나프탈렌디올
2,7-나프탈렌디올 및 그 염류
(다만, 2,7-나프탈렌디올은 염모제에서 용법·용량에 따른 혼합물의 염모성분으로서 1.0 % 이하 제외)
2-나프톨
1-나프톨 및 그 염류
(다만, 1-나프톨은 산화염모제에서 용법·용량에 따른 혼합물의 염모성분으로서 2.0 % 이하는 제외)
3-(1-나프틸)-4-히드록시코우마린
1-(1-나프틸메칠)퀴놀리늄클로라이드
N-2-나프틸아닐린
1,2-나프틸아민 및 그 염류
날로르핀, 그 염류 및 에텔
납 및 그 화합물

배합 금지 원료
네오디뮴 및 그 염류
네오스티그민 및 그 염류(예 네오스티그민브로마이드)
노나데카플루오로데카노익애씨드
노닐페놀[1] ; 4-노닐페놀, 가지형[2]
노르아드레날린 및 그 염류
노스카핀 및 그 염류
니그로신 스피릿 솔루블(솔벤트 블랙 5) 및 그 염류
니켈
니켈 디하이드록사이드
니켈 디옥사이드
니켈 모노옥사이드
니켈 설파이드
니켈 설페이트
니켈 카보네이트
니켈(Ⅱ)트리플루오로아세테이트
니코틴 및 그 염류
2-니트로나프탈렌
니트로메탄
니트로벤젠
4-니트로비페닐
4-니트로소페놀
3-니트로-4-아미노페녹시에탄올 및 그 염류
니트로스아민류(예 2,2'-(니트로소이미노)비스에탄올, 니트로소디프로필아민, 디메칠니트로 소아민)
니트로스틸벤, 그 동족체 및 유도체
2-니트로아니솔
5-니트로아세나프텐
니트로크레졸 및 그 알칼리 금속염
2-니트로톨루엔
5-니트로-*o*-톨루이딘 및 5-니트로-*o*-톨루이딘 하이드로클로라이드
6-니트로-*o*-톨루이딘
3-[(2-니트로-4-(트리플루오로메칠)페닐)아미노]프로판-1, 2-디올(에이치시 황색 No. 6) 및 그 염류
4-[(4-니트로페닐)아조]아닐린(디스퍼스오렌지 3) 및 그 염류
2-니트로-p-페닐렌디아민 및 그 염류(예 니트로-p-페닐렌디아민 설페이트) (다만, 니트로 -p-페닐렌디아민은 산화염모제에서 용법·용량에 따른 혼합물의 염모성분으로서 3.0 % 이하 는 제외)
4-니트로-m-페닐렌디아민 및 그 염류(예 p-니트로-m-페닐렌디아민 설페이트)
니트로펜
니트로퓨란계 화합물(예 니트로푸란토인, 푸라졸리돈)
2-니트로프로판
6-니트로-2,5-피리딘디아민 및 그 염류
2-니트로-N-하이드록시에칠-*p*-아니시딘 및 그 염류
니트록솔린 및 그 염류
다미노지드

배합 금지 원료

다이노캡(ISO) : Dinocap(ISO) – 살충제로 사용됨
다이우론
다투라(*Datura*)속 및 그 생약제제
데카메칠렌비스(트리메칠암모늄)염(예 데카메토늄브로마이드)
데쿠알리니움 클로라이드
덱스트로메토르판 및 그 염류
덱스트로프로폭시펜
도데카클로로펜타사이클로[5.2.1.02,6.03,9.05,8]데칸
도딘
돼지폐추출물
두타스테리드, 그 염류 및 유도체
1,5-디-(베타-하이드록시에칠)아미노-2-니트로-4-클로로벤젠 및 그 염류(예 에이치시 황색 no. 10)
(다만, 비산화염모제에서 용법·용량에 따른 혼합물의 염모성분으로서 0.1 % 이하는 제외)
5,5'-디-이소프로필-2,2'-디메칠비페닐-4,4'디일 디히포아이오다이트
디기탈리스(*Digitalis*)속 및 그 생약제제
디노셉, 그 염류 및 에스텔류
디노터브, 그 염류 및 에스텔류
디니켈트리옥사이드
디니트로톨루엔, 테크니컬등급
2,3-디니트로톨루엔
2,5-디니트로톨루엔
2,6-디니트로톨루엔
3,4-디니트로톨루엔
3,5-디니트로톨루엔
디니트로페놀이성체
5-[(2,4-디니트로페닐)아미노]-2-(페닐아미노)-벤젠설포닉애씨드 및 그 염류
디메바미드 및 그 염류
7,11-디메칠-4,6,10-도데카트리엔-3-온
2,6-디메칠-1,3-디옥산-4-일아세테이트(디메톡산, *o*-아세톡시-2,4-디메칠-*m*-디옥산)
4,6-디메칠-8-tert-부틸쿠마린
[3,3'-디메칠[1,1'-비페닐]-4,4'-디일]디암모늄비스(하이드로젠설페이트)
디메칠설파모일클로라이드
디메칠설페이트
디메칠설폭사이드
디메칠시트라코네이트
N,N-디메칠아닐리늄테트라키스(펜타플루오로페닐)보레이트
N,N-디메칠아닐린
1-디메칠아미노메칠-1-메칠프로필벤조에이트(아밀로카인) 및 그 염류
9-(디메칠아미노)-벤조[*a*]페녹사진-7-이움 및 그 염류
5-((4-(디메칠아미노)페닐)아조)-1,4-디메칠-1H-1,2,4-트리아졸리움 및 그 염류
디메칠아민
N,N-디메칠아세타마이드
3,7-디메칠-2-옥텐-1-올(6,7-디하이드로제라니올)

배합 금지 원료
6,10-디메칠-3,5,9-운데카트리엔-2-온(슈도이오논) 디메칠카바모일클로라이드 N,N-디메칠-*p*-페닐렌디아민 및 그 염류 1,3-디메칠펜틸아민 및 그 염류 디메칠포름아미드 N,N-디메칠-2,6-피리딘디아민 및 그 염산염 N,N'-디메칠-N-하이드록시에칠-3-니트로-*p*-페닐렌디아민 및 그 염류 2-(2-((2,4-디메톡시페닐)아미노)에테닐]-1,3,3-트리메칠-3H-인돌리움 및 그 염류 디바나듐펜타옥사이드 디벤즈[*a*, *h*]안트라센 2,2-디브로모-2-니트로에탄올 1,2-디브로모-2,4-디시아노부탄(메칠디브로모글루타로나이트릴) 디브로모살리실아닐리드 2,6-디브로모-4-시아노페닐 옥타노에이트 1,2-디브로모에탄 1,2-디브로모-3-클로로프로판 5-(*α*,*β*-디브로모펜에칠)-5-메칠히단토인 2,3-디브로모프로판-1-올 3,5-디브로모-4-하이드록시벤조니트닐 및 그 염류(브로목시닐 및 그 염류) 디브롬화프로파미딘 및 그 염류(이소치아네이트포함) 디설피람 디소듐[5-[[4'-[[2,6-디하이드록시-3-[(2-하이드록시-5-설포페닐)아조]페닐]아조][1,1'비페닐]-4-일]아조]살리실레이토(4-)]쿠프레이트(2-)(다이렉트브라운 95) 다이소듐이디티에이 3,3'-[[1,1'-비페닐]-4,4'-디일비스(아조)]-비스(4-아미노나프탈렌-1-설 포네이트)(콩고레드) 디소듐 4-아미노-3-[[4'-[(2,4-디아미노페닐)아조] [1,1'-비페닐]-4-일]아조]-5-하이드록시 -6-(페닐아조)나프탈렌-2,7-디설포네이트(다이렉트블랙 38) 디소듐 4-(3-에톡시카르보닐-4-(5-(3-에톡시카르보닐-5-하이드록시-1-(4-설포네이토페닐) 피라졸-4-일)펜타-2,4-디에닐리덴)-4,5-디하이드로-5-옥소피라졸-1-일)벤젠설포네이트 및 트리소듐 4-(3-에톡시카르보닐-4-(5-(3-에톡시카르보닐-5-옥시도-1(4-설포네이토페닐)피라 졸-4-일) 펜타-2,4-디에닐리덴)-4,5-디하이드로-5-옥소피라졸-1-일)벤젠설포네이트 디스퍼스레드 15 디스퍼스옐로우 3 디아놀아세글루메이트 *o*-디아니시딘계 아조 염료류 *o*-디아니시딘의 염(3,3'-디메톡시벤지딘의 염) 3,7-디아미노-2,8-디메칠-5-페닐-페나지니움 및 그 염류 3,5-디아미노-2,6-디메톡시피리딘 및 그 염류(예 2,6-디메톡시-3,5-피리딘디아민 하이드로클 로라이드)(다만, 2,6-디메톡시-3,5-피리딘디아민 하이드로클로라이드는 산화염모제에서 용법·용량에 따른 혼합물의 염모성분으로서 0.25 % 이하는 제외) 2,4-디아미노디페닐아민 4,4'-디아미노디페닐아민 및 그 염류(예 4,4'-디아미노디페닐아민 설페이트) 2,4-디아미노-5-메칠페네톨 및 그 염산염

배합 금지 원료
2,4-디아미노-5-메칠페녹시에탄올 및 그 염류
4,5-디아미노-1-메칠피라졸 및 그 염산염
1,4-디아미노-2-메톡시-9,10-안트라센디온(디스퍼스레드 11) 및 그 염류
3,4-디아미노벤조익애씨드
디아미노톨루엔, [4-메칠-*m*-페닐렌 디아민] 및 [2-메칠-*m*-페닐렌 디아민]의 혼합물
2,4-디아미노페녹시에탄올 및 그 염류(다만, 2,4-디아미노페녹시에탄올 하이드로클로라이드는 산화염모제에서 용법·용량에 따른 혼합물의 염모성분으로서 0.5 % 이하는 제외)
3-[[(4-[[디아미노(페닐아조)페닐]아조]-1-나프탈레닐]아조]-N,N,N-트리메칠-벤젠아미니움 및 그 염류
3-[[(4-[[디아미노(페닐아조)페닐]아조]-2-메칠페닐]아조]-N,N,N-트리메칠-벤젠아미니움 및 그 염류
2,4-디아미노페닐에탄올 및 그 염류
O,O'-디아세틸-N-알릴-N-노르몰핀
디아조메탄
디알레이트
디에칠-4-니트로페닐포스페이트
O,O'-디에칠-O-4-니트로페닐포스포로치오에이트(파라치온-ISO)
디에칠렌글라이콜 (다만, 비의도적 잔류물로서 0.1% 이하인 경우는 제외)
디에칠말리에이트
디에칠설페이트
2-디에칠아미노에칠-3-히드록시-4-페닐벤조에이트 및 그 염류
4-디에칠아미노-o-톨루이딘 및 그 염류
N-[4-[[4-(디에칠아미노)페닐][4-(에칠아미노)-1-나프탈렌일]메칠렌]-2,5-사이클로헥사디엔 -1-일리딘]-N-에칠-에탄아미늄 및 그 염류
N-(4-[(4-(디에칠아미노)페닐)페닐메칠렌]-2,5-사이클로헥사디엔-1-일리덴)-N-에칠에탄아미니움 및 그 염류
N,N-디에칠-*m*-아미노페놀
3-디에칠아미노프로필신나메이트
디에칠카르바모일 클로라이드
N,N-디에칠-*p*-페닐렌디아민 및 그 염류
디엘드린
디옥산
디옥세테드린 및 그 염류
5-(2,4-디옥소-1,2,3,4-테트라하이드로피리미딘)-3-플루오로-2-하이드록시메칠테트라하이드 로퓨란 디치오-2,2'-비스피리딘-디옥사이드 1,1'(트리하이드레이티드마그네슘설페이트 부가)(피리치 온디설파이드+마그네슘설페이트)
디코우마롤
2,3-디클로로-2-메칠부탄
1,4-디클로로벤젠(*p*-디클로로벤젠)
3,3'-디클로로벤지딘
3,3'-디클로로벤지딘디하이드로젠비스(설페이트)
3,3'-디클로로벤지딘디하이드로클로라이드
3,3'-디클로로벤지딘설페이트
1,4-디클로로부트-2-엔

배합 금지 원료
2,2'-[(3,3'-디클로로[1,1'-비페닐]-4,4'-디일)비스(아조)]비스[3-옥소-N-페닐부탄아마이드] (피그먼트 옐로우 12) 및 그 염류
디클로로살리실아닐리드
디클로로에칠렌(아세틸렌클로라이드)(예 비닐리덴클로라이드)
디클로로에탄(에칠렌클로라이드)
디클로로-*m*-크시레놀
α,α-디클로로톨루엔
(+/-)-2-(2,4-디클로로페닐)-3-(1H-1,2,3-트리아졸-1-일)프로필-1,1,2,2-테트라플루오로에틸에터 (테트라코나졸-ISO)
디클로로펜
1,3-디클로로프로판-2-올
2,3-디클로로프로펜
디페녹시레이트 히드로클로라이드
1,3-디페닐구아니딘
디페닐아민
디페닐에텔 ; 옥타브로모 유도체
5,5-디페닐-4-이미다졸리돈
디펜클록사진
2,3-디하이드로-2,2-디메칠-6-[(4-(페닐아조)-1-나프텔레닐)아조]-1H-피리미딘(솔벤트블랙 3) 및 그 염류
3,4-디히드로-2-메톡시-2-메칠-4-페닐-2H,5H,피라노(3,2-c)-(1)벤조피란-5-온(시클로코우마롤)
2,3-디하이드로-2H-1,4-벤족사진-6-올 및 그 염류(예 하드록시벤조모르폴린)(다만, 하이드록시벤조모르폴린은 산화염모제에서 용법·용량에 따른 혼합물의 염모성분으로서 1.0 % 이하는 제외)
2,3-디하이드로-1H-인돌-5,6-디올 (디하이드록시인돌린) 및 그 하이드로브로마이드염 (디하이드록시인돌린 하이드로브롬마이드)(다만, 비산화염모제에서 용법·용량에 따른 혼합물의 염모 성분으로서 2.0 % 이하는 제외)
(S)-2,3-디하이드로-1H-인돌-카르복실릭애씨드
디히드로타키스테롤
2,6-디하이드록시-3,4-디메칠피리딘 및 그 염류
2,4-디하이드록시-3-메칠벤즈알데하이드
4,4'-디히드록시-3,3'-(3-메칠치오프로필아이덴)디코우마린
2,6-디하이드록시-4-메칠피리딘 및 그 염류
1,4-디하이드록시-5,8-비스[(2-하이드록시에칠)아미노]안트라퀴논(디스퍼스블루 7) 및 그 염류
4-[4-(1,3-디하이드록시프로프-2-일)페닐아미노-1,8-디하이드록시-5-니트로안트라퀴논
2,2'-디히드록시-3,3'5,5',6,6'-헥사클로로디페닐메탄(헥사클로로펜)
디하이드로쿠마린
N,N'-디헥사데실-N,N'-비스(2-하이드록시에칠)프로판디아마이드 ; 비스하이드록시에칠비스세틸말론아마이드
디엔오시(DNOC, 4,6-디니트로-*o*-크레졸)
*Laurus nobilis L.*의 씨로부터 나온 오일
Rauwolfia serpentina 알칼로이드 및 그 염류
라카익애씨드(CI 내츄럴레드 25) 및 그 염류
레졸시놀 디글리시딜 에텔

배합 금지 원료
로다민 B 및 그 염류
로벨리아(*Lobelia*)속 및 그 생약제제
로벨린 및 그 염류
리누론
리도카인
과산화물가가 20mmol/L을 초과하는 d-리모넨
과산화물가가 20mmol/L을 초과하는 dl-리모넨
과산화물가가 20mmol/L을 초과하는 L-리모넨
라이서자이드(Lysergide) 및 그 염류
마약류 관리에 관한 법률 제2조에 따른 마약류(다만, 같은 법 제2조제4호 단서에 따른 대마씨 유 및 대마씨추출물의 테트라하이드로칸나비놀 및 칸나비디올에 대하여는 식품의 기준 및 규격 에서 정한 기준에 적합한 경우는 제외) : 마약(양귀비, 아편, 코카잎), 향정신성의약품(아세토르핀, 벤질모르핀, 코카인, 헤로인 등), 대마초
마이클로부타닐(2-(4-클로로페닐)-2-(1H-1,2,4-트리아졸-1-일메칠)헥사네니트릴)
마취제(천연 및 합성)
만노무스틴 및 그 염류
말라카이트그린 및 그 염류
말로노니트릴
1-메칠-3-니트로-1-니트로소구아니딘
1-메칠-3-니트로-4-(베타-하이드록시에칠)아미노벤젠 및 그 염류(예 하이드록시에칠-2-니트로-p-톨루이딘)(다만, 하이드록시에칠-2-니트로-p-톨루이딘은 염모제에서 용법·용량에 따른 혼합물의 염모성분으로서 1.0 % 이하는 제외)
N-메칠-3-니트로-*p*-페닐렌디아민 및 그 염류
N-메칠-1,4-디아미노안트라퀴논, 에피클로히드린 및 모노에탄올아민의 반응생성물(에이치시블루 No. 4) 및 그 염류
3,4-메칠렌디옥시페놀 및 그 염류
메칠레소르신
메칠렌글라이콜
4,4'-메칠렌디아닐린
3,4-메칠렌디옥시아닐린 및 그 염류
4,4'-메칠렌디-*o*-톨루이딘
4,4'-메칠렌비스(2-에칠아닐린)
(메칠렌비스(4,1-페닐렌아조(1-(3-(디메칠아미노)프로필)-1,2-디하이드로-6-하이드록시-4-메칠-2-옥소피리딘-5,3-디일)))-1,1'-디피리디늄디클로라이드 디하이드로클로라이드
4,4'-메칠렌비스[2-(4-하이드록시벤질)-3,6-디메칠페놀]과 6-디아조-5,6-디하이드로-5-옥소-나프탈렌설포네이트(1:2)의 반응생성물과 4,4'-메칠렌비스[2-(4-하이드록시벤질)-3,6-디메칠페놀]과 6-디아조-5,6-디하이드로-5-옥소-나프탈렌설포네이트(1:3) 반응생성물과의 혼합 물 메칠렌클로라이드
3-(N-메칠-N-(4-메칠아미노-3-니트로페닐)아미노)프로판-1,2-디올 및 그 염류
메칠메타크릴레이트모노머
메칠 트랜스-2-부테노에이트
2-[3-(메칠아미노)-4-니트로페녹시]에탄올 및 그 염류 (예 3-메칠아미노-4-니트로페녹시에 탄올)(다만, 비산화염모제에서 용법·용량에 따른 혼합물의 염모성분으로서 0.15 % 이하는 제외)

배합 금지 원료
N-메칠아세타마이드 (메칠-ONN-아조시)메칠아세테이트 2-메칠아지리딘(프로필렌이민) 메칠옥시란 메칠유게놀(다만, 식물추출물에 의하여 자연적으로 함유되어 다음 농도 이하인 경우에는 제외. 향료원액을 8% 초과하여 함유하는 제품 0.01%, 향료원액을 8% 이하로 함유하는 제품 0.004%, 방향용 크림 0.002%, 사용 후 씻어내는 제품 0.001%, 기타 0.0002%) N,N'-((메칠이미노)디에칠렌))비스(에칠디메칠암모늄) 염류(예 아자메토늄브로마이드) 메칠이소시아네이트 6-메칠쿠마린(6-MC) 7-메칠쿠마린 메칠크레속심 1-메칠-2,4,5-트리하이드록시벤젠 및 그 염류 메칠페니데이트 및 그 염류 3-메칠-1-페닐-5-피라졸론 및 그 염류(예 페닐메칠피라졸론) (다만, 페닐메칠피라졸론은 산 화염모제에서 용법·용량에 따른 혼합물의 염모성분으로서 0.25 % 이하는 제외) 메칠페닐렌디아민류, 그 N-치환 유도체류 및 그 염류(예 2,6-디하이드록시에칠아미노톨루 엔) (다만, 염모제에서 염모성분으로 사용하는 것은 제외) 2-메칠-*m*-페닐렌 디이소시아네이트 4-메칠-*m*-페닐렌 디이소시아네이트 4,4'-[(4-메칠-1,3-페닐렌)비스(아조)]비스[6-메칠-1,3-벤젠디아민](베이직브라운 4) 및 그 염류 4-메칠-6-(페닐아조)-1,3-벤젠디아민 및 그 염류 N-메칠포름아마이드 5-메칠-2,3-헥산디온 2-메칠헵틸아민 및 그 염류 메카밀아민 메타닐옐로우 메탄올(에탄올 및 이소프로필알코올의 변성제로서만 알코올 중 5%까지 사용) 메테토헵타진 및 그 염류 메토카바몰 메토트렉세이트 2-메톡시-4-니트로페놀(4-니트로구아이아콜) 및 그 염류 2-[(2-메톡시-4-니트로페닐)아미노]에탄올 및 그 염류(예 2-하이드록시에칠아미노-5-니트로아니솔)(다만, 비산화염모제에서 용법·용량에 따른 혼합물의 염모성분으로서 0.2 % 이하는 제외) 1-메톡시-2,4-디아미노벤젠(2,4-디아미노아니솔 또는 4-메톡시-*m*-페닐렌디아민 또는 CI76050) 및 그 염류 1-메톡시-2,5-디아미노벤젠(2,5-디아미노아니솔) 및 그 염류 2-메톡시메칠-*p*-아미노페놀 및 그 염산염 6-메톡시-N2-메칠-2,3-피리딘디아민 하이드로클로라이드 및 디하이드로클로라이드염(다만, 염모제에서 용법·용량에 따른 혼합물의 염모성분으로 산으로서 0.68% 이하, 디하이드로클로라이드염 으로서 1.0 % 이하는 제외) 2-(4-메톡시벤질-N-(2-피리딜)아미노)에칠디메칠아민말리에이트 메톡시아세틱애씨드

배합 금지 원료
2-메톡시에칠아세테이트(메톡시에탄올아세테이트)
N-(2-메톡시에칠)-*p*-페닐렌디아민 및 그 염산염
2-메톡시에탄올(에칠렌글리콜 모노메칠에텔, EGMME)
2-(2-메톡시에톡시)에탄올(메톡시디글리콜)
7-메톡시쿠마린
4-메톡시톨루엔-2,5-디아민 및 그 염산염
6-메톡시-*m*-톨루이딘(*p*-크레시딘)
2-[[(4-메톡시페닐)메칠하이드라조노]메칠]-1,3,3-트리메칠-3H-인돌리움 및 그 염류
4-메톡시페놀(히드로퀴논모노메칠에텔 또는 *p*-히드록시아니솔)
4-(4-메톡시페닐)-3-부텐-2-온(4-아니실리덴아세톤)
1-(4-메톡시페닐)-1-펜텐-3-온(α-메칠아니살아세톤)
2-메톡시프로판올
2-메톡시프로필아세테이트
6-메톡시-2,3-피리딘디아민 및 그 염산염
메트알데히드
메트암페프라몬 및 그 염류
메트포르민 및 그 염류
메트헵타진 및 그 염류
메티라폰
메티프릴온 및 그 염류
메페네신 및 그 에스텔
메페클로라진 및 그 염류
메프로바메이트
2급 아민함량이 0.5%를 초과하는 모노알킬아민, 모노알칸올아민 및 그 염류(예 아미노메틸프 로판올)
모노크로토포스
모누론
모르포린 및 그 염류
모스켄(1,1,3,3,5-펜타메칠-4,6-디니트로인단)
모페부타존
목향뿌리오일
몰리네이트
몰포린-4-카르보닐클로라이드
무화과나무(*Ficus carica*)잎엡솔루트(피그잎엡솔루트)
미네랄 울
미세플라스틱(세정, 각질제거 등의 제품*에 남아있는 5mm 크기 이하의 고체플라스틱)

배합 금지 원료
바륨염(바륨설페이트 및 색소레이크희석제로 사용한 바륨염은 제외)
바비츄레이트
2,2'-바이옥시란
발녹트아미드
발린아미드
방사성물질(다만, 제품에 포함된 방사능의 농도 등이 생활주변방사선 안전관리법 제15조의 규정에 적합한 경우 제외)
백신, 독소 또는 혈청
베낙티진
베노밀
베라트룸(*Veratrum*)속 및 그 제제
베라트린, 그 염류 및 생약제제
베르베나오일
베릴륨 및 그 화합물
베메그리드 및 그 염류
베록시카인 및 그 염류
베이직바이올렛 1(메칠바이올렛)
베이직바이올렛 3(크리스탈바이올렛)

배합 금지 원료

1-(베타-우레이도에칠)아미노-4-니트로벤젠 및 그 염류(예 4-니트로페닐 아미노에칠우레아)(다만, 4-니트로페닐 아미노에칠우레아는 산화염모제에서 용법·용량에 따른 혼합물의 염모 성분으로서 0.25 % 이하, 비산화염모제에서 용법·용량에 따른 혼합물의 염모성분으로서 0.5 % 이하는 제외)
1-(베타-하이드록시)아미노-2-니트로-4-N-에칠-N-(베타-하이드록시에칠)아미노벤젠 및 그 염류(예 에이치시 청색 No. 13)
벤드로플루메치아자이드 및 그 유도체
벤젠
1,2-벤젠디카르복실릭애씨드 디펜틸에스터(가지형과 직선형) ; n-펜틸-이소펜틸프탈레이트 ; 디-n-펜틸프탈레이트 ; 디이소펜틸프탈레이트
1,2,4-벤젠트리아세테이트 및 그 염류
7-(벤조일아미노)-4-하이드록시-3-[[4-[(4-설포페닐)아조]페닐]아조]-2-나프탈렌설포닉애씨드 및 그 염류
벤조일퍼옥사이드
벤조[*a*]피렌
벤조[*e*]피렌
벤조[*j*]플루오란텐
벤조[*k*]플루오란텐
벤즈[*e*]아세페난트릴렌
벤즈아제핀류와 벤조디아제핀류
벤즈아트로핀 및 그 염류
벤즈[*a*]안트라센
벤즈이미다졸-2(3H)-온
벤지딘
벤지딘계 아조 색소류
벤지딘디하이드로클로라이드
벤지딘설페이트
벤지딘아세테이트
벤지로늄브로마이드
벤질 2,4-디브로모부타노에이트
3(또는 5)-((4-(벤질메칠아미노)페닐)아조)-1,2-(또는 1,4)-디메칠-1H-1,2,4-트리아졸리움 및 그 염류
벤질바이올렛([4-[[4-(디메칠아미노)페닐][4-[에칠(3-설포네이토벤질)아미노]페닐]메칠렌]사이클로헥사-2,5-디엔-1-일리덴](에칠)(3-설포네이토벤질) 암모늄염 및 소듐염)
벤질시아나이드
4-벤질옥시페놀(히드로퀴논모노벤질에텔)
2-부타논 옥심
부타닐리카인 및 그 염류
1,3-부타디엔
부토피프린 및 그 염류
부톡시디글리세롤
부톡시에탄올
5-(3-부티릴-2,4,6-트리메칠페닐)-2-[1-(에톡시이미노)프로필]-3-하이드록시사이클로헥스-2-엔-1-온
부틸글리시딜에텔
4-*tert*-부틸-3-메톡시-2,6-디니트로톨루엔(머스크암브레트)
1-부틸-3-(N-크로토노일설파닐일)우레아

배합 금지 원료
5-*tert*-부틸-1,2,3-트리메칠-4,6-디니트로벤젠(머스크티베텐)
4-*tert*-부틸페놀
2-(4-*tert*-부틸페닐)에탄올
4-*tert*-부틸피로카테콜
부펙사막
붕산
브레티륨토실레이트
(R)-5-브로모-3-(1-메칠-2-피롤리디닐메칠)-1H-인돌
브로모메탄
브로모에칠렌
브로모에탄
1-브로모-3,4,5-트리플루오로벤젠
1-브로모프로판 ; n-프로필 브로마이드
2-브로모프로판
브로목시닐헵타노에이트
브롬
브롬이소발
브루신(에탄올의 변성제는 제외)
비나프아크릴(2-*sec*-부틸-4,6-디니트로페닐-3-메칠크로토네이트)
9-비닐카르바졸
비닐클로라이드모노머
1-비닐-2-피롤리돈
비마토프로스트, 그 염류 및 유도체
비소 및 그 화합물
1,1-비스(디메칠아미노메칠)프로필벤조에이트(아미드리카인, 알리핀) 및 그 염류
4,4'-비스(디메칠아미노)벤조페논
3,7-비스(디메칠아미노)-페노치아진-5-이움 및 그 염류
3,7-비스(디에칠아미노)-페녹사진-5-이움 및 그 염류
N-(4-[비스[4-(디에칠아미노)페닐]메칠렌]-2,5-사이클로헥사디엔-1-일리덴)-N-에칠-에탄아미니움 및 그 염류
비스(2-메톡시에칠)에텔(디메톡시디글리콜)
비스(2-메톡시에칠)프탈레이트
1,2-비스(2-메톡시에톡시)에탄 ; 트리에칠렌글리콜 디메칠 에텔(TEGDME) ; 트리글라임
1,3-비스(비닐설포닐아세타아미도)-프로판
비스(사이클로펜타디에닐)-비스(2,6-디플루오로-3-(피롤-1-일)-페닐)티타늄
4-[[비스-(4-플루오로페닐)메칠실릴]메칠]-4H-1,2,4-트리아졸과 1-[[비스-(4-플루오로페닐)메칠실릴]메칠]-1 H-1,2,4-트리아졸의 혼합물
비스(클로로메칠)에텔(옥시비스[클로로메탄])
N,N-비스(2-클로로에칠)메칠아민-N-옥사이드 및 그 염류
비스(2-클로로에칠)에텔
비스페놀 A(4,4'-이소프로필리덴디페놀)
N'N'-비스(2-히드록시에칠)-N-메칠-2-니트로-*p*-페닐렌디아민(HC 블루 No.1) 및 그 염류
4,6-비스(2-하이드록시에톡시)-*m*-페닐렌디아민 및 그 염류
2,6-비스(2-히드록시에톡시)-3,5-피리딘디아민 및 그 염산염

배합 금지 원료
비에타미베린
비치오놀
비타민 L_1, L_2
[1,1'-비페닐-4,4'-디일]디암모니움설페이트
비페닐-2-일아민
비페닐-4-일아민 및 그 염류
4,4'-비-*o*-톨루이딘
4,4'-비-*o*-톨루이딘디하이드로클로라이드
4,4'-비-*o*-톨루이딘설페이트
빈클로졸린
사이클라멘알코올
N-사이클로펜틸-*m*-아미노페놀
사이클로헥시미드
N-사이클로헥실-N-메톡시-2,5-디메칠-3-퓨라마이드
트랜스-4-사이클로헥실-L-프롤린 모노하이드로클로라이드
사프롤(천연에센스에 자연적으로 함유되어 그 양이 최종제품에서 100ppm을 넘지 않는 경우는 제외)
α-산토닌((3S, 5aR, 9bS)-3, 3a,4,5,5a,9b-헥사히드로-3,5a,9-트리메칠나프토(1,2-b))푸란 -2,8-디온
석면
석유
석유 정제과정에서 얻어지는 부산물(증류물, 가스오일류, 나프타, 윤활그리스, 슬랙왁스, 탄화수소류, 알칸류, 백색 페트롤라튬을 제외한 페트롤라툼, 연료오일, 잔류물). 다만, 정제과정이 완전히 알려져 있고 발암물질을 함유하지 않음을 보여줄 수 있으면 예외로 한다.
부타디엔 0.1%를 초과하여 함유하는 석유정제물(가스류, 탄화수소류, 알칸류, 증류물, 라피네이트)
디메칠설폭사이드(DMSO)로 추출한 성분을 3% 초과하여 함유하고 있는 석유 유래물질
벤조[*a*]피렌 0.005%를 초과하여 함유하고 있는 석유화학 유래물질, 석탄 및 목타르 유래물질
석탄추출 젯트기용 연료 및 디젤연료
설티암
설팔레이트
3,3'-(설포닐비스(2-니트로-4,1-페닐렌)이미노)비스(6-(페닐아미노))벤젠설포닉애씨드 및 그 염류
설폰아미드 및 그 유도체(톨루엔설폰아미드/포름알데하이드수지, 톨루엔설폰아미드/에폭시수지는 제외)
설핀피라존
과산화물가가 10mmol/L을 초과하는 *Cedrus atlantica*의 오일 및 추출물
세파엘린 및 그 염류
센노사이드
셀렌 및 그 화합물(셀레늄아스파테이트는 제외)
소듐노나데카플루오로데카노에이트
소듐헥사시클로네이트
소듐헵타데카플루오로데카노노나에이트
Solanum nigrum L. 및 그 생약제제
Schoenocaulon officinale Lind.(씨 및 그 생약제제)
솔벤트레드1(CI 12150)
솔벤트블루 35
솔벤트오렌지 7
수은 및 그 화합물

배합 금지 원료
스트로판투스(*Strophantus*)속 및 그 생약제제
스트로판틴, 그 비당질 및 그 각각의 유도체
스트론튬화합물
스트리크노스(*Strychnos*)속 그 생약제제
스트리키닌 및 그 염류
스파르테인 및 그 염류
스피로노락톤
시마진
4-시아노-2,6-디요도페닐 옥타노에이트
스칼렛레드(솔벤트레드 24)
시클라바메이트
시클로메놀 및 그 염류
시클로포스파미드 및 그 염류
2-α-시클로헥실벤질(N,N,N',N'테트라에칠)트리메칠렌디아민(페네타민)
신코카인 및 그 염류
신코펜 및 그 염류(유도체 포함)
썩시노니트릴
Anamirta cocculus L.(과실)
o-아니시딘
아닐린, 그 염류 및 그 할로겐화 유도체 및 설폰화 유도체
아다팔렌
Adonis vernalis L. 및 그 제제
Areca catechu 및 그 생약제제
아레콜린
아리스톨로키아(*Aristolochia*)속 및 그 생약제제
아리스토로킥 애씨드 및 그 염류
1-아미노-2-니트로-4-(2',3'-디하이드록시프로필)아미노-5-클로로벤젠과1, 4-비스-(2',3'-디 하이드록시프로필)아미노-2-니트로-5-클로로벤젠 및 그 염류(예 에이치시 적색 No. 10와 에이치시 적색 No. 11)(다만, 산화염모제에서 용법·용량에 따른 혼합물의 염모성분으로서 1.0 % 이하, 비산화염모제에서 용법·용량에 따른 혼합물의 염모성분으로서 2.0 % 이하는 제외)
2-아미노-3-니트로페놀 및 그 염류
p-아미노-*o*-니트로페놀(4-아미노-2-니트로페놀)
4-아미노-3-니트로페놀 및 그 염류(다만, 4-아미노-3-니트로페놀은 산화염모제에서 용법·용 량에 따른 혼합물의 염모성분으로서 1.5 % 이하, 비산화염모제에서 용법·용량에 따른 혼합물 의 염모성분으로서 1.0 % 이하는 제외)
2,2'-[(4-아미노-3-니트로페닐)이미노]바이세타놀 하이드로클로라이드 및 그 염류(예 에이치시 적색 No. 13)(다만, 하이드로클로라이드염으로서 산화염모제에서 용법·용량에 따른 혼합물의 염모성분으로서 1.5 % 이하, 비산화염모제에서 용법·용량에 따른 혼합물의 염모성분으로서 1.0 % 이하는 제외)
(8-[(4-아미노-2-니트로페닐)아조]-7-하이드록시-2-나프틸)트리메칠암모늄 및 그 염류(베이 직브라운 17의 불순물로 있는 베이직레드 118 제외)
1-아미노-4-[[4-[(디메칠아미노)메칠]페닐]아미노]안트라퀴논 및 그 염류
6-아미노-2-((2,4-디메칠페닐)-1H-벤즈[de]이소퀴놀린-1,3-(2H)-디온(솔벤트옐로우 44) 및 그 염류
5-아미노-2,6-디메톡시-3-하이드록시피리딘 및 그 염류

배합 금지 원료

3-아미노-2,4-디클로로페놀 및 그 염류(다만, 3-아미노-2,4-디클로로페놀 및 그 염산염은 염모제에서 용법·용량에 따른 혼합물의 염모성분으로 염산염으로서 1.5 % 이하는 제외)
2-아미노메칠-*p*-아미노페놀 및 그 염산염
2-[(4-아미노-2-메칠-5-니트로페닐)아미노]에탄올 및 그 염류(예 에이치시 자색 No. 1)(다만, 산화염모제에서 용법·용량에 따른 혼합물의 염모성분으로서 0.25 % 이하, 비산화염모제에 서 용법·용량에 따른 혼합물의 염모성분으로서 0.28 % 이하는 제외)
2-[(3-아미노-4-메톡시페닐)아미노]에탄올 및 그 염류(예 2-아미노-4-하이드록시에칠아미 노아니솔)(다만, 산화염모제에서 용법·용량에 따른 혼합물의 염모성분으로서 1.5 % 이하는 제외)
4-아미노벤젠설포닉애씨드 및 그 염류
4-아미노벤조익애씨드 및 아미노기(-NH_2)를 가진 그 에스텔
2-아미노-1,2-비스(4-메톡시페닐)에탄올 및 그 염류
4-아미노살리실릭애씨드 및 그 염류
4-아미노아조벤젠
1-(2-아미노에칠)아미노-4-(2-하이드록시에칠)옥시-2-니트로벤젠 및 그 염류 (예 에이치시 등색 No. 2)(다만, 비산화염모제에서 용법·용량에 따른 혼합물의 염모성분으로서 1.0 % 이하 는 제외)
아미노카프로익애씨드 및 그 염류
4-아미노-m-크레솔 및 그 염류(다만, 4-아미노-m-크레솔은 산화염모제에서 용법·용량에 따른 혼합물의 염모성분으로서 1.5 % 이하는 제외)
6-아미노-*o*-크레솔 및 그 염류
2-아미노-6-클로로-4-니트로페놀 및 그 염류(다만, 2-아미노-6-클로로-4-니트로페놀은 염모 제에서 용법·용량에 따른 혼합물의 염모성분으로서 2.0 % 이하는 제외)
o-아미노페놀
1-[(3-아미노프로필)아미노]-4-(메칠아미노)안트라퀴논 및 그 염류
4-아미노-3-플루오로페놀
5-[(4-[(7-아미노-1-하이드록시-3-설포-2-나프틸)아조]-2,5-디에톡시페닐)아조]-2-[(3-포스포노페닐)아조]벤조익애씨드 및 5-[(4-[(7-아미노-1-하이드록시-3-설포-2-나프틸)아조]-2,5-디에 톡시페닐)아조]-3-[(3-포스포노페닐)아조벤조익애씨드
3(또는 5)-[[4-[(7-아미노-1-하이드록시-3-설포네이토-2-나프틸)아조]-1-나프틸]아조]살리실 릭애씨드 및 그 염류
Ammi majus 및 그 생약제제
아미트롤
아미트리프틸린 및 그 염류
아밀나이트라이트
아밀 4-디메칠아미노벤조익애씨드(펜틸디메칠파바, 파디메이트A)
과산화물가가 10mmol/L을 초과하는 *Abies balsamea* 잎의 오일 및 추출물
과산화물가가 10mmol/L을 초과하는 *Abies sibirica* 잎의 오일 및 추출물
과산화물가가 10mmol/L을 초과하는 *Abies alba* 열매의 오일 및 추출물
과산화물가가 10mmol/L을 초과하는 *Abies alba* 잎의 오일 및 추출물
과산화물가가 10mmol/L을 초과하는 *Abies pectinata* 잎의 오일 및 추출물
아세노코우마롤
아세타마이드
아세토나이트릴
아세토페논, 포름알데하이드, 사이클로헥실아민, 메탄올 및 초산의 반응물
(2-아세톡시에칠)트리메칠암모늄히드록사이드(아세틸콜린 및 그 염류)
N-[2-(3-아세틸-5-니트로치오펜-2-일아조)-5-디에칠아미노페닐]아세타마이드

배합 금지 원료
3-[(4-(아세틸아미노)페닐)아조]4-4하이드록시-7-[[[[5-하이드록시-6-(페닐아조)-7-설포-2- 나프탈레닐]아미노]카보닐]아미노]-2-나프탈렌설포닉애씨드 및 그 염류
5-(아세틸아미노)-4-하이드록시-3-((2-메칠페닐)아조)-2,7-나프탈렌디설포닉애씨드 및 그 염류
아자시클로놀 및 그 염류
아자페니딘
아조벤젠
아지리딘
아코니툼(*Aconitum*)속 및 그 생약제제
아코니틴 및 그 염류
아크릴로니트릴
아크릴아마이드(다만, 폴리아크릴아마이드류에서 유래되었으며, 사용 후 씻어내지 않는 바디화장품에 0.1ppm, 기타 제품에 0.5ppm 이하인 경우에는 제외)
아트라놀
Atropa belladonna L. 및 그 제제
아트로핀, 그 염류 및 유도체
아포몰핀 및 그 염류
Apocynum cannabinum L. 및 그 제제
안드로겐효과를 가진 물질
안트라센오일
스테로이드 구조를 갖는 안티안드로겐
안티몬 및 그 화합물
알드린
알라클로르
알로클아미드 및 그 염류
알릴글리시딜에텔
2-(4-알릴-2-메톡시페녹시)-N,N-디에칠아세트아미드 및 그 염류
4-알릴-2,6-비스(2,3-에폭시프로필)페놀, 4-알릴-6-[3-[6-[3-(4-알릴-2,6-비스(2,3-에폭시프로필)페녹시)-2-하이드록시프로필]-4-알릴-2-(2,3-에폭시프로필)페녹시]-2-하이드록시프로필]-4-알릴-2-(2,3-에폭시프로필)페녹시]-2-하이드록시프로필-2-(2,3-에폭시프로필)페놀, 4- 알릴-6-[3-(4-알릴-2,6-비스(2,3-에폭시프로필)페녹시)-2-하이드록시프로필]-2-(2,3-에폭시프로 필)페놀, 4-알릴-6-[3-[6-[3-(4-알릴-2,6-비스(2,3-에폭시프로필)페녹시)-2-하이드록시프로필]-4-알릴-2-(2,3-에폭시프로필)페녹시]-2-하이드록시프로필]-2-(2,3-에폭시프로필)페놀의 혼합물
알릴이소치오시아네이트
에스텔의 유리알릴알코올농도가 0.1%를 초과하는 알릴에스텔류
알릴클로라이드(3-클로로프로펜)
2급 알칸올아민 및 그 염류
알칼리 설파이드류 및 알칼리토 설파이드류
2-알칼리펜타시아노니트로실페레이트
알킨알코올 그 에스텔, 에텔 및 염류
o-알킬디치오카르보닉애씨드의 염
2급 알킬아민 및 그 염류
암모늄노나데카플루오로데카노에이트

배합 금지 원료

암모늄퍼플루오로노나노에이트
2-{4-(2-암모니오프로필아미노)-6-[4-하이드록시-3-(5-메칠-2-메톡시-4-설파모일페닐아조)-2-설포네이토나프트-7-일아미노]-1,3,5-트리아진-2-일아미노}-2-아미노프로필포메이트
애씨드오렌지24(CI 20170)
애씨드레드73(CI 27290)
애씨드블랙 131 및 그 염류
에르고칼시페롤 및 콜레칼시페롤(비타민D2와 D3)
에리오나이트
에메틴, 그 염류 및 유도체
에스트로겐
에제린 또는 피조스티그민 및 그 염류
에이치시 녹색 No. 1
에이치시 적색 No. 8 및 그 염류
에이치시 청색 No. 11
에이치시 황색 No. 11
에이치시 등색 No. 3
에치온아미드
에칠렌글리콜 디메칠 에텔(EGDME)
2,2'-[(1,2'-에칠렌디일)비스[5-((4-에톡시페닐)아조]벤젠설포닉애씨드) 및 그 염류
에칠렌옥사이드
3-에칠-2-메칠-2-(3-메칠부틸)-1,3-옥사졸리딘
1-에칠-1-메칠몰포리늄 브로마이드
1-에칠-1-메칠피롤리디늄 브로마이드
에칠비스(4-히드록시-2-옥소-1-벤조피란-3-일)아세테이트 및 그 산의 염류
4-에칠아미노-3-니트로벤조익애씨드(N-에칠-3-니트로 파바) 및 그 염류
에칠아크릴레이트
3'-에칠-5',6',7',8'-테트라히드로-5',6',8',8',-테트라메칠-2'-아세토나프탈렌(아세틸에칠테트라메칠테트라린, AETT)
에칠페나세미드(페네투라이드)
2-[[4-[에칠(2-하이드록시에칠)아미노]페닐]아조]-6-메톡시-3-메칠-벤조치아졸리움 및 그 염류
2-에칠헥사노익애씨드
2-에칠헥실[[[3,5-비스(1,1-디메칠에칠)-4-하이드록시페닐]-메칠]치오]아세테이트
O,O'-(에테닐메칠실릴렌디[(4-메칠펜탄-2-온)옥심]
에토헵타진 및 그 염류
7-에톡시-4-메칠쿠마린
4'-에톡시-2-벤즈이미다졸아닐라이드
2-에톡시에탄올(에칠렌글리콜 모노에칠에텔, EGMEE)
에톡시에탄올아세테이트
5-에톡시-3-트리클로로메칠-1,2,4-치아디아졸
4-에톡시페놀(히드로퀴논모노에칠에텔)
4-에톡시-*m*-페닐렌디아민 및 그 염류(예 4-에톡시-m-페닐렌디아민 설페이트)
에페드린 및 그 염류

배합 금지 원료
1,2-에폭시부탄
(에폭시에칠)벤젠
1,2-에폭시-3-페녹시프로판
R-2,3-에폭시-1-프로판올
2,3-에폭시프로판-1-올
2,3-에폭시프로필-*o*-톨일에텔
에피네프린
옥사디아질
(옥사릴비스이미노에칠렌)비스((*o*-클로로벤질)디에칠암모늄)염류, (예 암베노뮴클로라이드)
옥산아미드 및 그 유도체
옥스페네리딘 및 그 염류
4,4'-옥시디아닐린(*p*-아미노페닐 에텔) 및 그 염류
(s)-옥시란메탄올 4-메칠벤젠설포네이트
옥시염화비스머스 이외의 비스머스화합물
옥시퀴놀린(히드록시-8-퀴놀린 또는 퀴놀린-8-올) 및 그 황산염
옥타목신 및 그 염류
옥타밀아민 및 그 염류
옥토드린 및 그 염류
올레안드린
와파린 및 그 염류
요도메탄
요오드
요힘빈 및 그 염류
우레탄(에칠카바메이트)
우로카닌산, 우로카닌산에칠
Urginea scilla Stern. 및 그 생약제제
우스닉산 및 그 염류(구리염 포함)
2,2'-이미노비스-에탄올, 에피클로로히드린 및 2-니트로-1,4-벤젠디아민의 반응생성물(에이치시 청색 No. 5) 및 그 염류
(마이크로-((7,7'-이미노비스(4-하이드록시-3-((2-하이드록시-5-(N-메칠설파모일)페닐)아조) 나프탈렌-2-설포네이토))(6-)))디쿠프레이트 및 그 염류
4,4'-(4-이미노사이클로헥사-2,5-디에닐리덴메칠렌)디아닐린 하이드로클로라이드
이미다졸리딘-2-치온
과산화물가가 10mmol/L을 초과하는 이소디프렌
이소메트헵텐 및 그 염류
이소부틸니이트리이트
4,4'-이소부틸에칠리덴디페놀
이소소르비드디나이트레이트
이소카르복사지드
이소프레나린
이소프렌(2-메칠-1,3-부타디엔)
6-이소프로필-2-데카하이드로나프탈렌올(6-이소프로필-2-데카롤)

배합 금지 원료
3-(4-이소프로필페닐)-1,1-디메칠우레아(이소프로투론)
(2-이소프로필펜트-4-에노일)우레아(아프로날리드)
이속사풀루톨
이속시닐 및 그 염류
이부프로펜피코놀, 그 염류 및 유도체
Ipecacuanha(*Cephaelis ipecacuaha Brot*. 및 관련된 종) (뿌리, 가루 및 생약제제)
이프로디온
인체 세포·조직 및 그 배양액(다만, 배양액 중 화장품 안전기준 등에 관한 규정 별표 3의 인체 세포·조직 배양액 안전기준에 적합한 경우는 제외)
인태반(Human Placenta) 유래 물질
인프로쿠온
임페라토린(9-(3-메칠부트-2-에니록시)푸로(3,2-g)크로멘-7온)
자이람
자일렌(다만, 화장품 원료의 제조공정에서 용매로 사용되었으나 완전히 제거할 수 없는 잔류용 매로서 화장품법 시행규칙 [별표 3] 자. 손발톱용 제품류 중 1), 2), 3), 5)에 해당하는 제품 중 0.01%이하, 기타 제품 중 0.002% 이하인 경우 제외)
자일로메타졸린 및 그 염류
자일리딘, 그 이성체, 염류, 할로겐화 유도체 및 설폰화 유도체
잔류성오염물질 관리법 제2조제1호에 따라 지정하고 있는 잔류성오염물질(잔류성오염물질의 관리에 관하여는 해당 법률에서 정하는 바에 따른다)
족사졸아민
Juniperus sabina L.(잎, 정유 및 생약제제)
지르코늄 및 그 산의 염류
천수국꽃 추출물 또는 오일
Chenopodium ambrosioides(정유)
치람
4,4'-치오디아닐린 및 그 염류
치오아세타마이드
치오우레아 및 그 유도체
치오테파
치오판네이트-메칠
카드뮴 및 그 화합물
카라미펜 및 그 염류
카르벤다짐
4,4'-카르본이미돌일비스[N,N-디메칠아닐린] 및 그 염류
카리소프로돌
카바독스
카바릴
N-(3-카바모일-3,3-디페닐프로필)-N,N-디이소프로필메칠암모늄염(예 이소프로파미드아이오 다이드)
카바졸의 니트로유도체
7,7'-(카보닐디이미노)비스(4-하이드록시-3-[[2-설포-4-[(4-설포페닐)아조]페닐]아조-2-나프 탈렌설포닉애씨드 및 그 염류
카본디설파이드

배합 금지 원료
카본모노옥사이드(일산화탄소)
카본블랙(다만, 불순물 중 벤조피렌과 디벤즈(a,h)안트라센이 각각 5ppb 이하이고 총 다환방 향족탄화수소류(PAHs)가 0.5ppm 이하인 경우에는 제외)
카본테트라클로라이드
카부트아미드
카브로말
카탈라아제
카테콜(피로카테콜)
칸타리스, *Cantharis vesicatoria*
캡타폴
캡토디암
케토코나졸
Coniummaculatum L.(과실, 가루, 생약제제)
코니인
코발트디클로라이드(코발트클로라이드)
코발트벤젠설포네이트
코발트설페이트
코우메타롤
콘발라톡신
콜린염 및 에스텔(예 콜린클로라이드)
콜키신, 그 염류 및 유도체
콜키코시드 및 그 유도체
Colchicum autumnale L. 및 그 생약제제
콜타르 및 정제콜타르
쿠라레와 쿠라린
합성 쿠라리잔트(Curarizants)
과산화물가가 10mmol/L을 초과하는 *Cupressus sempervirens* 잎의 오일 및 추출물
크로톤알데히드(부테날)
Croton tiglium(오일)
3-(4-크롤로페닐)-1,1-디메칠우로늄 트리클로로아세테이트 ; 모누론-TCA
크롬 ; 크로믹애씨드 및 그 염류
크리센
크산티놀(7-{2-히드록시-3-[N-(2-히드록시에칠)-N-메칠아미노]프로필}테오필린)
Claviceps purpurea Tul., 그 알칼로이드 및 생약제제
1-클로로-4-니트로벤젠
2-[(4-클로로-2-니트로페닐)아미노]에탄올(에이치시 황색 No. 12) 및 그 염류
2-[(4-클로로-2-니트로페닐)아조)-N-(2-메톡시페닐)-3-옥소부탄올아마이드(피그먼트옐로우 73) 및 그 염류
2-클로로-5-니트로-N-하이드록시에칠-*p*-페닐렌디아민 및 그 염류
클로로데콘
2,2'-((3-클로로-4-((2,6-디클로로-4-니트로페닐)아조)페닐)이미노)비스에탄올(디스퍼스브라운 1) 및 그 염류

배합 금지 원료
5-클로로-1,3-디하이드로-2H-인돌-2-온 [6-[[3-클로로-4-(메칠아미노)페닐]이미노]-4-메칠-3-옥소사이클로헥사-1,4-디엔-1-일]우레 아(에이치시 적색 No. 9) 및 그 염류 클로로메칠 메칠에텔 2-클로로-6-메칠피리미딘-4-일디메칠아민(크리미딘-ISO) 클로로메탄 *p*-클로로벤조트리클로라이드 N-5-클로로벤족사졸-2-일아세트아미드 4-클로로-2-아미노페놀 클로로아세타마이드 클로로아세트알데히드 클로로아트라놀 6-(2-클로로에칠)-6-(2-메톡시에톡시)-2,5,7,10-테트라옥사-6-실라운데칸 2-클로로-6-에칠아미노-4-니트로페놀 및 그 염류(다만, 산화염모제에서 용법·용량에 따른 혼 합물의 염모성분으로서 1.5 % 이하, 비산화염모제에서 용법·용량에 따른 혼합물의 염모성분으 로서 3 % 이하는 제외) 클로로에탄 1-클로로-2,3-에폭시프로판 R-1-클로로-2,3-에폭시프로판 클로로탈로닐 클로로톨루론 ; 3-(3-클로로-p-톨일)-1,1-디메칠우레아 α-클로로톨루엔 N'-(4-클로로-o-톨일)-N,N-디메칠포름아미딘 모노하이드로클로라이드 1-(4-클로로페닐)-4,4-디메칠-3-(1,2,4-트리아졸-1-일메칠)펜타-3-올 (3-클로로페닐)-(4-메톡시-3-니트로페닐)메타논 (2RS,3RS)-3-(2-클로로페닐)-2-(4-플루오로페닐)-[1H-1,2,4-트리아졸-1-일)메칠]옥시란(에 폭시코나졸) 2-(2-(4-클로로페닐)-2-페닐아세틸)인단 1,3-디온(클로로파시논-ISO) 클로로포름 클로로프렌(2-클로로부타-1,3-디엔) 클로로플루오로카본 추진제(완전하게 할로겐화 된 클로로플루오로알칸) 2-클로로-N-(히드록시메칠)아세트아미드 N-[(6-[(2-클로로-4-하이드록시페닐)이미노]-4-메톡시-3-옥소-1,4-사이클로헥사디엔-1-일] 아세타마이드(에이치시 황색 No. 8) 및 그 염류 클로르단 클로르디메폼 클로르메자논 클로르메틴 및 그 염류 클로르족사존 클로르탈리돈 클로르프로티센 및 그 염류 클로르프로파미드 클로린

배합 금지 원료
클로졸리네이트
클로페노탄 ; DDT(ISO)
클로펜아미드
키노메치오네이트
타크로리무스(tacrolimus), 그 염류 및 유도체
탈륨 및 그 화합물
탈리도마이드 및 그 염류
과산화물가가 10mmol/L을 초과하는 테르펜 및 테르페노이드(다만, 리모넨류는 제외)
과산화물가가 10mmol/L을 초과하는 신핀 테르펜 및 테르페노이드(sinpine terpenes and terpenoids)
과산화물가가 10mmol/L을 초과하는 테르펜 알코올류의 아세테이트
과산화물가가 10mmol/L을 초과하는 테르펜하이드로카본
과산화물가가 10mmol/L을 초과하는 α-테르피넨
과산화물가가 10mmol/L을 초과하는 γ-테르피넨
과산화물가가 10mmol/L을 초과하는 테르피놀렌
Thevetia neriifolia juss, 배당체 추출물
N,N,N',N'-테트라글리시딜-4,4'-디아미노-3,3'-디에칠디페닐메탄
N,N,N',N-테트라메칠-4,4'-메칠렌디아닐린
테트라베나진 및 그 염류
테트라브로모살리실아닐리드
테트라소듐 3,3'-[[1,1'-비페닐]-4,4'-디일비스(아조)]비스[5-아미노-4-하이드록시나프탈렌-2,7-디설포네이트](다이렉트블루 6)
1,4,5,8-테트라아미노안트라퀴논(디스퍼스블루1)
테트라에칠피로포스페이트 ; TEPP(ISO)
테트라카보닐니켈
테트라카인 및 그 염류
테트라코나졸((+/-)-2-(2,4-디클로로페닐)-3-(1H-1,2,4-트리아졸-1-일)프로필-1,1,2,2-테트라플루오로에칠에텔)
2,3,7,8-테트라클로로디벤조-*p*-디옥신
테트라클로로살리실아닐리드
5,6,12,13-테트라클로로안트라(2,1,9-def:6,5,10-d'e'f')디이소퀴놀린-1,3,8,10(2H,9H)-테트론 테트라클로로에칠렌
테트라키스-하이드록시메칠포스포늄 클로라이드, 우레아 및 증류된 수소화 C16-18 탈로우 알킬아민의 반응생성물 (UVCB 축합물)
테트라하이드로-6-니트로퀴노살린 및 그 염류
테트라하이드로졸린(테트리졸린) 및 그 염류
테트라하이드로치오피란-3-카르복스알데하이드
(+/-)-테트라하이드로풀푸릴-(R)-2-[4-(6-클로로퀴노살린-2-일옥시)페닐옥시]프로피오네이트
테트릴암모늄브로마이드
테파졸린 및 그 염류
텔루륨 및 그 화합물
토목향(*Inula helenium*)오일
톡사펜

배합 금지 원료
톨루엔-3,4-디아민, 단 톨루엔은 사용한도 내에서 사용가능함(별표2 참조)
톨루이디늄클로라이드
톨루이딘, 그 이성체, 염류, 할로겐화 유도체 및 설폰화 유도체
o-톨루이딘계 색소류
톨루이딘설페이트(1:1)
m-톨리덴 디이소시아네이트
4-*o*-톨릴아조-*o*-톨루이딘
톨복산
톨부트아미드
[(톨일옥시)메칠]옥시란(크레실 글리시딜 에텔)
[(*m*-톨일옥시)메칠]옥시란
[(*p*-톨일옥시)메칠]옥시란
과산화물가가 10mmol/L을 초과하는 피누스(*Pinus*)속을 스팀증류하여 얻은 투르펜틴
과산화물가가 10mmol/L을 초과하는 투르펜틴검(피누스(*Pinus*)속)
과산화물가가 10mmol/L을 초과하는 투르펜틴 오일 및 정제오일
투아미노헵탄, 이성체 및 그 염류
과산화물가가 10mmol/L을 초과하는 *Thuja Occidentalis* 나무줄기의 오일
과산화물가가 10mmol/L을 초과하는 *Thuja Occidentalis* 잎의 오일 및 추출물
트라닐시프로민 및 그 염류
트레타민
트레티노인(레티노익애씨드 및 그 염류)
트리니켈디설파이드
트리데모르프
3,5,5-트리메칠사이클로헥스-2-에논
2,4,5-트리메칠아닐린[1] ; 2,4,5-트리메칠아닐린 하이드로클로라이드[2]
3,6,10-트리메칠-3,5,9-운데카트리엔-2-온(메칠이소슈도이오논)
2,2,6-트리메칠-4-피페리딜벤조에이트(유카인) 및 그 염류
3,4,5-트리메톡시펜에칠아민 및 그 염류
트리부틸포스페이트
3,4',5-트리브로모살리실아닐리드(트리브롬살란)
2,2,2-트리브로모에탄올(트리브로모에칠알코올)
트리소듐 비스(7-아세트아미도-2-(4-니트로-2-옥시도페닐아조)-3-설포네이토-1-나트톨라토) 크로메이트(1-)
트리소듐[4'-(8-아세틸아미노-3,6-디설포네이토-2-나프틸아조)-4"-(6-벤조일아미노-3-설포네이토-2-나프틸아조)-비페닐-1,3',3",1"'-테트라올라토-O,O',O",O"']코퍼(II)
1,3,5-트리스(3-아미노메칠페닐)-1,3,5-(1H,3H,5H)-트리아진-2,4,6-트리온 및 3,5-비스(3- 아미노메칠페닐)-1-폴리[3,5-비스(3-아미노메칠페닐)-2,4,6-트리옥소-1,3,5-(1H,3H,5H)-트 리아진-1-일]-1,3,5-(1H,3H,5H)-트리아진-2,4,6-트리온 올리고머의 혼합물
1,3,5-트리스-[(2S 및 2R)-2,3-에폭시프로필]-1,3,5-트리아진-2,4,6-(1H,3H,5H)-트리온
1,3,5-트리스(옥시라닐메칠)-1,3,5-트리아진-2,4,6(1H,3H,5H)-트리온
트리스(2-클로로에칠)포스페이트
N1-(트리스(하이드록시메칠-메칠-4-니트로-1,2-페닐렌디아민(에이치시 황색 No. 3) 및 그 염류
1,3,5-트리스(2-히드록시에칠)헥사히드로1,3,5-트리아신

배합 금지 원료
1,2,4-트리아졸
트리암테렌 및 그 염류
트리옥시메칠렌(1,3,5-트리옥산)
트리클로로니트로메탄(클로로피크린)
N-(트리클로로메칠치오)프탈이미드
N-[(트리클로로메칠)치오]-4-사이클로헥센-1,2-디카르복시미드(캡탄)
2,3,4-트리클로로부트-1-엔
트리클로로아세틱애씨드
트리클로로에칠렌
1,1,2-트리클로로에탄
2,2,2-트리클로로에탄-1,1-디올
α,α,α-트리클로로톨루엔
2,4,6-트리클로로페놀
1,2,3-트리클로로프로판
트리클로르메틴 및 그 염류
트리톨일포스페이트
트리파라놀
트리플루오로요도메탄
트리플루페리돌
1,3,5-트리하이드록시벤젠(플로로글루시놀) 및 그 염류
티로트리신
티로프로픽애씨드 및 그 염류
티아마졸
티우람디설파이드
티우람모노설파이드
파라메타손
파르에톡시카인 및 그 염류
퍼플루오로노나노익애씨드
2급 아민함량이 5%를 초과하는 패티애씨드디알킬아마이드류 및 디알칸올아마이드류
페나글리코돌
페나디아졸
페나리몰
페나세미드
p-페네티딘(4-에톡시아닐린)
페노졸론
페노티아진 및 그 화합물
페놀
페놀프탈레인((3,3-비스(4-하이드록시페닐)프탈리드)
페니라미돌
o-페닐렌디아민 및 그 염류
m-페닐렌디아민
염산 m-페닐렌디아민
페닐부타존
4-페닐부트-3-엔-2-온

배합 금지 원료
페닐살리실레이트
1-페닐아조-2-나프톨(솔벤트옐로우 14)
4-(페닐아조)-*m*-페닐렌디아민 및 그 염류
4-페닐아조페닐렌-1-3-디아민시트레이트히드로클로라이드(크리소이딘시트레이트히드로클로라이드)
(R)-α-페닐에칠암모늄(-)-(1R,2S)-(1,2-에폭시프로필)포스포네이트 모노하이드레이트
2-페닐인단-1,3-디온(페닌디온)
페닐파라벤
트랜스-4-페닐-L-프롤린
페루발삼(*Myroxylon pereirae*의 수지)[다만, 추출물(extracts) 또는 증류물(distillates)로서 0.4% 이하인 경우는 제외]
페몰린 및 그 염류
페트리클로랄
펜메트라진 및 그 유도체 및 그 염류
펜치온
N,N'-펜타메칠렌비스(트리메칠암모늄)염류 (예 펜타메토늄브로마이드)
펜타에리트리틸테트라나이트레이트
펜타클로로에탄
펜타클로로페놀 및 그 알칼리 염류
펜틴 아세테이트
펜틴 하이드록사이드
2-펜틸리덴사이클로헥사논
펜프로바메이트
펜프로코우몬
펜프로피모르프
펠레티에린 및 그 염류
포름아마이드
포름알데하이드 및 p-포름알데하이드
포스파미돈
포스포러스 및 메탈포스피드류
포타슘브로메이트
폴딘메틸설페이드
푸로쿠마린류(예 트리옥시살렌, 8-메톡시소랄렌, 5-메톡시소랄렌)(천연에센스에 자연적으로 함유된 경우는 제외. 다만, 자외선차단제품 및 인공선탠제품에서는 1ppm 이하이어야 한다.)
푸르푸릴트리메칠암모늄염(예 푸르트레토늄아이오다이드)
풀루아지포프-부틸
풀미옥사진
퓨란
프라모카인 및 그 염류
프레그난디올
프로게스토젠
프로그레놀론아세테이트
프로베네시드
프로카인아미드, 그 염류 및 유도체

배합 금지 원료
프로파지트
프로파진
프로파틸나이트레이트
4,4'-[1,3-프로판디일비스(옥시)]비스벤젠-1,3-디아민 및 그 테트라하이드로클로라이드염(예 1,3-비스-(2,4-디아미노페녹시)프로판, 염산 1,3-비스-(2,4-디아미노페녹시)프로판 하이드로 클로라이드)(다만, 산화염모제에서 용법·용량에 따른 혼합물의 염모성분으로서 산으로서 1.2 % 이하는 제외)
1,3-프로판설톤
프로판-1,2,3-트리일트리나이트레이트
프로피오락톤
프로피자미드
프로피페나존
Prunus laurocerasus L.
프시로시빈
프탈레이트류(디부틸프탈레이트, 디에틸헥실프탈레이트, 부틸벤질프탈레이트에 한함)
플루실라졸
플루아니손
플루오레손
플루오로우라실
플로지포프-p-부틸
피그먼트레드 53(레이크레드 C)
피그먼트레드 53:1(레이크레드 CBa)
피그먼트오렌지 5(파마넨트오렌지)
피나스테리드, 그 염류 및 유도체
과산화물가가 10mmol/L을 초과하는 *Pinus nigra* 잎과 잔가지의 오일 및 추출물
과산화물가가 10mmol/L을 초과하는 *Pinus mugo* 잎과 잔가지의 오일 및 추출물
과산화물가가 10mmol/L을 초과하는 *Pinus mugo pumilio* 잎과 잔가지의 오일 및 추출물
과산화물가가 10mmol/L을 초과하는 *Pinus cembra* 아세틸레이티드 잎 및 잔가지의 추출물
과산화물가가 10mmol/L을 초과하는 *Pinus cembra* 잎과 잔가지의 오일 및 추출물
과산화물가가 10mmol/L을 초과하는 *Pinus species* 잎과 잔가지의 오일 및 추출물
과산화물가가 10mmol/L을 초과하는 *Pinus sylvestris* 잎과 잔가지의 오일 및 추출물
과산화물가가 10mmol/L을 초과하는 *Pinus palustris* 잎과 잔가지의 오일 및 추출물
과산화물가가 10mmol/L을 초과하는 *Pinus pumila* 잎과 잔가지의 오일 및 추출물
과산화물가가 10mmol/L을 초과하는 *Pinus pinaste* 잎과 잔가지의 오일 및 추출물
Pyrethrum album L. 및 그 생약제제
피로갈롤
Pilocarpus jaborandi Holmes 및 그 생약제제
피로카르핀 및 그 염류
6-(1-피롤리디닐)-2,4-피리미딘디아민-3-옥사이드(피롤리디닐 디아미노 피리미딘 옥사이드, Pyrrolidinyl Diaminopyrimidine Oxide)
피리치온소듐(INNM)
피리치온알루미늄캄실레이트
피메크로리무스(pimecrolimus), 그 염류 및 그 유도체
피메트로진

배합 금지 원료
과산화물가가 10mmol/L을 초과하는 *Picea mariana* 잎의 오일 및 추출물
Physostigma venenosum Balf.
피이지-3,2',2'-디-*p*-페닐렌디아민
피크로톡신
피크릭애씨드
피토나디온, *phytonadione*(비타민 K1)
피톨라카(Phytolacca)속 및 그 제제
피파제테이트 및 그 염류
6-(피페리디닐)-2,4-피리미딘디아민-3-옥사이드(미녹시딜), 그 염류 및 유도체
α-피페리딘-2-일벤질아세테이트 좌회전성의 트레오포름(레보파세토페란) 및 그 염류
피프라드롤 및 그 염류
피프로쿠라륨 및 그 염류
형광증백제(다만, Fluorescent Brightener 367은 손발톱용 제품류 중 베이스코트, 언더코트, 네일폴리시, 네일에나멜, 탑코트에 0.12% 이하일 경우는 제외)
히드라스틴, 히드라스티닌 및 그 염류
(4-하이드라지노페닐)-N-메칠메탄설폰아마이드 하이드로클로라이드
히드라지드 및 그 염류
히드라진, 그 유도체 및 그 염류
하이드로아비에틸 알코올
히드로겐시아니드 및 그 염류
히드로퀴논
히드로플루오릭애씨드, 그 노르말 염, 그 착화합물 및 히드로플루오라이드
N-[3-하이드록시-2-(2-메칠아크릴로일아미노메톡시)프로폭시메칠]-2-메칠아크릴아마이드, N-[2,3-비스-(2-메칠아크릴로일아미노메톡시)프로폭시메칠-2-메칠아크릴아미드, 메타크릴아마이드 및 2-메칠-N-(2-메칠아크릴로일아미노메톡시메칠)-아크릴아마이드
4-히드록시-3-메톡시신나밀알코올의벤조에이트(천연에센스에 자연적으로 함유된 경우는 제외)
(6-(4-하이드록시)-3-(2-메톡시페닐아조)-2-설포네이토-7-나프틸아미노)-1,3,5-트리아진-2,4-디일)비스[(아미노이-1-메칠에칠)암모늄]포메이트
1-하이드록시-3-니트로-4-(3-하이드록시프로필아미노)벤젠 및 그 염류 (예 4-하이드록시로 필아미노-3-니트로페놀)(다만, 염모제에서 용법·용량에 따른 혼합물의 염모성분으로서 2.6 % 이하는 제외)
1-하이드록시-2-베타-하이드록시에칠아미노-4,6-디니트로벤젠 및 그 염류(예 2-하이드록시 에칠피크라믹 애씨드)(다만, 2-하이드록시에칠피크라믹애씨드는 산화염모제에서 용법·용량에 따른 혼합물의 염모성분으로서 1.5 % 이하, 비산화염모제에서 용법·용량에 따른 혼합물의 염 모성분으로서 2.0 % 이하는 제외)
5-하이드록시-1,4-벤조디옥산 및 그 염류
하이드록시아이소헥실 3-사이클로헥센 카보스알데히드(HICC)
N1-(2-하이드록시에칠)-4-니트로-*o*-페닐렌디아민(에이치시 황색 No. 5) 및 그 염류
하이드록시에칠-2,6-디니트로-*p*-아니시딘 및 그 염류
3-[[4-[(2-하이드록시에칠)메칠아미노]-2-니트로페닐]아미노]-1,2-프로판디올 및 그 염류
하이드록시에칠-3,4-메칠렌디옥시아닐린; 2-(1,3-벤진디옥솔-5-일아미노)에탄올 하이드로클로라이드 및 그 염류 (예 하이드록시에칠-3,4-메칠렌디옥시아닐린 하이드로클로라이드)(다만, 산화염모제에서 용법·용량에 따른 혼합물의 염모성분으로서 1.5 % 이하는 제외)
3-[[4-[(2-하이드록시에칠)아미노]-2-니트로페닐]아미노]-1,2-프로판디올 및 그 염류

배합 금지 원료
4-(2-하이드록시에칠)아미노-3-니트로페놀 및 그 염류(예 3-니트로-p-하이드록시에칠아미노페놀)(다만, 3-니트로-p-하이드록시에칠아미노페놀은 산화염모제에서 용법·용량에 따른 혼 합물의 염모성분으로서 3.0 % 이하, 비산화염모제에서 용법·용량에 따른 혼합물의 염모성분으 로서 1.85 % 이하는 제외)
2,2'-[[4-[(2-하이드록시에칠)아미노]-3-니트로페닐]이미노]바이세타놀 및 그 염류(예 에이 치시 청색 No. 2)(다만, 비산화염모제에서 용법·용량에 따른 혼합물의 염모성분으로서 2.8 % 이하는 제외)
1-[(2-하이드록시에칠)아미노]-4-(메칠아미노-9,10-안트라센디온 및 그 염류
하이드록시에칠아미노메칠-*p*-아미노페놀 및 그 염류
5-[(2-하이드록시에칠)아미노]-o-크레졸 및 그 염류(예 2-메칠-5-하이드록시에칠아미노페놀)(다만, 2-메칠-5-하이드록시에칠아미노페놀은 염모제에서 용법·용량에 따른 혼합물의 염모성분으로서 0.5 % 이하는 제외)
(4-(4-히드록시-3-요오도페녹시)-3,5-디요오도페닐)아세틱애씨드 및 그 염류
6-하이드록시-1-(3-이소프로폭시프로필)-4-메칠-2-옥소-5-[4-(페닐아조)페닐아조]-1,2-디하이드로-3-피리딘카보니트릴
4-히드록시인돌
2-[2-하이드록시-3-(2-클로로페닐)카르바모일-1-나프틸아조]-7-[2-하이드록시-3-(3-메칠페닐)카르바모일-1-나프틸아조]플루오렌-9-온
4-(7-하이드록시-2,4,4-트리메칠-2-크로마닐)레솔시놀-4-일-트리스(6-디아조-5,6-디하이드로-5-옥소나프탈렌-1-설포네이트) 및 4-(7-하이드록시-2,4,4-트리메칠-2-크로마닐)레솔시놀 비스(6-디아조-5,6-디하이드로-5-옥소나프탈렌-1-설포네이트)의 2:1 혼합물
11-α-히드록시프레근-4-엔-3,20-디온 및 그 에스텔
1-(3-하이드록시프로필아미노)-2-니트로-4-비스(2-하이드록시에칠)아미노)벤젠 및 그 염류(예 에이치시 자색 No. 2)(다만, 비산화염모제에서 용법·용량에 따른 혼합물의 염모성분으로서 2.0 % 이하는 제외)
히드록시프로필 비스(N-히드록시에칠-p-페닐렌디아민) 및 그 염류(다만, 산화염모제에서 용법· 용량에 따른 혼합물의 염모성분으로 테트라하이드로클로라이드염으로서 0.4 % 이하는 제외)
하이드록시피리디논 및 그 염류
3-하이드록시-4-[(2-하이드록시나프틸)아조]-7-니트로나프탈렌-1-설포닉애씨드 및 그 염류
할로카르반
할로페리돌
항생물질
항히스타민제(예 독실아민, 디페닐피랄린, 디펜히드라민, 메타피릴렌, 브롬페니라민, 사이클리진, 클로르페녹사민, 트리펠렌아민, 히드록사진 등)
N,N'-헥사메칠렌비스(트리메칠암모늄)염류(예 헥사메토늄브로마이드)
헥사메칠포스포릭-트리아마이드
헥사에칠테트라포스페이트
헥사클로로벤젠
(1R,4S,5R,8S)-1,2,3,4,10,10-헥사클로로-6,7-에폭시-1,4,4a,5,6,7,8,8a-옥타히드로-,1,4;5,8-디메타노나프탈렌(엔드린-ISO)
1,2,3,4,5,6-헥사클로로사이클로헥산류 (예 린단)
헥사클로로에탄
(1R,4S,5R,8S)-1,2,3,4,10,10-헥사클로로-1,4,4a,5,8,8a-헥사히드로-1,4;5,8-디메타노나프탈렌(이소드린-ISO)

배합 금지 원료
헥사프로피메이트
(1R,2S)-헥사히드로-1,2-디메칠-3,6-에폭시프탈릭안하이드라이드(칸타리딘)
헥사하이드로사이클로펜타(C) 피롤-1-(1H)-암모늄 N-에톡시카르보닐-N-(p-톨릴설포닐)아자나이드
헥사하이드로쿠마린
헥산
헥산-2-온
1,7-헵탄디카르복실산(아젤라산), 그 염류 및 유도체(예 아젤라익애씨드)
트랜스-2-헥세날디메칠아세탈
트랜스-2-헥세날디에칠아세탈
헨나(*Lawsonia Inermis*)엽가루(다만, 염모제에서 염모성분으로 사용하는 것은 제외)
트랜스-2-헵테날
헵타클로로에폭사이드
헵타클로르
3-헵틸-2-(3-헵틸-4-메칠-치오졸린-2-일렌)-4-메칠-치아졸리늄다이드
황산 4,5-디아미노-1-((4-클로르페닐)메칠)-1H-피라졸
황산 5-아미노-4-플루오르-2-메칠페놀
Hyoscyamus niger L. (잎, 씨, 가루 및 생약제제)
히요시아민, 그 염류 및 유도체
히요신, 그 염류 및 유도체
영국 및 북아일랜드산 소 유래 성분
BSE(Bovine Spongiform Encephalopathy) 감염조직 및 이를 함유하는 성분
광우병 발병이 보고된 지역의 특정위험물질 유래성분(소·양·염소 등 반추동물의 18개 부위)
화학물질의 등록 및 평가 등에 관한 법률에서 지정하고 있는 금지물질 : 60개

2 사용한도 원료

1 사용한도 원료 규정

① 식품의약품안전처장은 보존제, 색소, 자외선차단제 등과 같이 특별히 사용상의 제한이 필요한 원료에 대하여는 그 사용기준을 지정하여 고시하여야 하며, 사용기준이 지정·고시된 원료 외의 보존제, 색소, 자외선차단제 등은 사용할 수 없다.

② 화장품 안전기준 등에 관한 규정 별표2(식품의약품안전처 고시)는 사용상의 제한이 필요한 원료(사용한도 원료)로 보존제 성분, 자외선 차단성분, 염모제 성분, 기타로 정하고 있으며, 약 2,900개이다.

③ 화장품의 색소 종류와 기준 및 시험방법은 화장품에 사용할 수 있는 색소 및 그 사용한도를 정하고 있다.

2 사용한도 원료 종류

(1) 보존제 성분

원료명	사용한도	비 고
글루타랄(펜탄-1,5-디알)	0.1%	에어로졸(스프레이에 한함) 제품에는 사용금지
데하이드로아세틱애씨드(3-아세틸-6-메칠피란-2,4(3H)-디온) 및 그 염류 (예 소듐데하이드로아세테이트)	데하이드로아세틱애씨드로서 0.6%	에어로졸(스프레이에 한함) 제품에는 사용금지
4,4-디메칠-1,3-옥사졸리딘(디메칠옥사졸리딘)	0.05% (다만, 제품의 pH는 6을 넘어야 함)	-
디브로모헥사미딘 및 그 염류 (이세치오네이트 포함 → 헥사미딘디이세치오네이트)	디브로모헥사미딘으로서 0.1%	-
디아졸리디닐우레아 (N-(히드록시메칠)-N-(디히드록시메칠-1,3-디옥소-2,5-이미다졸리디닐-4)-N'-(히드록시메칠)우레아)	0.5%	-
디엠디엠하이단토인 (1,3-비스(히드록시메칠)-5,5-디메칠이미다졸리딘-2,4-디온)	0.6%	-
2,4-디클로로벤질알코올	0.15%	-
3,4-디클로로벤질알코올	0.15%	-
메칠이소치아졸리논 (MIT: Methyl isothiazolinone)	사용 후 씻어내는 제품에 0.0015%(단, 메칠클로로이소치아졸리논(CMIT)과 메칠이소치아졸리논(MIT) 혼합물과 병행 사용 금지)	기타 제품에는 사용금지
메칠클로로이소치아졸리논(CMIT: Methyl chloro isothiazolinone)과 메칠이소치아졸리논(MIT) 혼합물(염화마그네슘과 질산마그네슘 포함)	사용 후 씻어내는 제품에 0.0015%(메칠클로로이소치아졸리논:메칠이소치아졸리논=(3:1)혼합물로서)	기타 제품에는 사용금지
메텐아민(헥사메칠렌테트라아민)	0.15%	
무기설파이트 및 하이드로젠설파이트류	유리 SO2로 0.2%	-

원료명	사용한도	비 고
벤잘코늄클로라이드, 벤잘코늄브로마이드 및 벤잘코늄사카리네이트	• 사용 후 씻어내는 제품에 벤잘코늄클로라이드로서 0.1% • 기타 제품에 벤잘코늄클로라이드로서 0.05%	분사형 제품에 벤잘코늄클로라이드는 사용금지
벤제토늄클로라이드	0.1%	점막에 사용되는 제품에는 사용금지
벤조익애씨드, 그 염류 및 에스텔류 (예 소듐벤조에이트)	산으로서 0.5% (다만, 벤조익애씨드 및 그 소듐염은 사용 후 씻어내는 제품에는 산으로서 2.5%)	–
벤질알코올	1.0%(다만, 두발 염모용 제품류에 용제로 사용할 경우에는 10%)	–
벤질헤미포름알	사용 후 씻어내는 제품에 0.15%	기타 제품에는 사용금지
보레이트류(소듐보레이트, 테트라보레이트) 예 sodium borate(붕사)	밀납(beeswax), 백납의 유화의 목적으로 사용 시 0.76% (이 경우, 밀납·백납 배합량의 1/2을 초과할 수 없다)	기타 목적에는 사용금지
5-브로모-5-나이트로-1,3-디옥산	사용 후 씻어내는 제품에 0.1%(다만, 아민류나 아마이드류를 함유하고 있는 제품에는 사용금지)	기타 제품에는 사용금지
2-브로모-2-나이트로프로판-1,3-디(브로노폴)	0.1%	아민류나 아마이드류를 함유하고 있는 제품에는 사용금지
브로모클로로펜(6,6-디브로모-4,4-디클로로-2,2'-메칠렌-디페놀)	0.1%	–
비페닐-2-올(*o*-페닐페놀) 및 그 염류	페놀로서 0.15%	–
살리실릭애씨드 및 그 염류	살리실릭애씨드로서 0.5%	영유아용 제품류 또는 만 13세 이하 어린이가 사용할 수 있음을 특정하여 표시하는 제품에는 사용금지(다만, 샴푸는 제외)
세틸피리디늄클로라이드	0.08%	–
소듐라우로일사코시네이트	사용 후 씻어내는 제품에 허용	기타 제품에는 사용금지

원료명	사용한도	비 고
소듐아이오데이트	사용 후 씻어내는 제품에 0.1%	기타 제품에는 사용금지
소듐하이드록시메칠아미노아세테이트(소듐하이드록시메칠글리시네이트)	0.5%	–
소르빅애씨드(헥사-2,4-디에노익 애씨드) 및 그 염류(예 포타슘소르베이트)	소르빅애씨드로서 0.6%	–
아이오도프로피닐부틸카바메이트(아이피비씨 : IPBC, iodopropynyl butylcarbamate)	• 사용 후 씻어내는 제품에 0.02% • 사용 후 씻어내지 않는 제품에 0.01% 다만, 데오도런트에 배합할 경우에는 0.0075%	• 입술에 사용되는 제품, 에어로졸(스프레이에 한함) 제품, 바디로션 및 바디크림에는 사용금지 • 영유아용 제품류 또는 만 13세 이하 어린이가 사용할 수 있음을 특정하여 표시하는 제품에는 사용금지(목욕용제품, 샤워젤류 및 샴푸류는 제외)
알킬이소퀴놀리늄브로마이드	사용 후 씻어내지 않는 제품에 0.05%	–
알킬(C12-C22)트리메칠암모늄 브로마이드 및 클로라이드(브롬화세트리모늄 포함) : 세트리모늄클로라이드, 스테아트라이모늄클로라이드, 베헨트라이모늄클로라이드, 세트리모늄브로마이드, 스테아트라이모늄브로마이드 등	두발용 제품류를 제외한 화장품에 0.1%	–
에칠라우로일알지네이트 하이드로클로라이드	0.4%	입술에 사용되는 제품 및 에어로졸(스프레이에 한함) 제품에는 사용금지
엠디엠하이단토인	0.2%	–
알킬디아미노에칠글라이신하이드로클로라이드용액(30%)	0.3%	–
운데실레닉애씨드 및 그 염류 및 모노에탄올아마이드	사용 후 씻어내는 제품에 산으로서 0.2%	기타 제품에는 사용금지
이미다졸리디닐우레아(3,3'-비스(1-하이드록시메칠-2,5-디옥소이미다졸리딘-4-일)-1,1'메칠렌디우레아)	0.6%	–

원료명	사용한도	비고
이소프로필메칠페놀(이소프로필크레졸, o-시멘-5-올)	0.1%	-
징크피리치온	사용 후 씻어내는 제품에 0.5%	기타 제품에는 사용금지
쿼터늄-15 (메텐아민 3-클로로알릴클로라이드)	0.2%	-
클로로부탄올	0.5%	에어로졸(스프레이에 한함) 제품에는 사용금지
클로로자이레놀	0.5%	-
p-클로로-*m*-크레졸	0.04%	점막에 사용되는 제품에는 사용금지
클로로펜(2-벤질-4-클로로페놀)	0.05%	-
클로페네신(3-(*p*-클로로페녹시)-프로판-1,2-디올)	0.3%	-
클로헥시딘(chlorhexidine), 그디글루코네이트(chlorhexidine digluconate), 디아세테이트 및 디하이드로클로라이드	· 점막에 사용하지 않고 씻어내는 제품에 클로헥시딘으로서 0.1%, · 기타 제품에 클로헥시딘으로서 0.05%	-
클림바졸[1-(4-클로로페녹시)-1-(1H-이미다졸릴)-3, 3-디메칠-2-부타논]	두발용 제품에 0.5%	기타 제품에는 사용금지
테트라브로모-*o*-크레졸	0.3%	-
트리클로산	사용 후 씻어내는 인체세정용 제품류, 데오도런트(스프레이 제품 제외), 페이스파우더, 피부결점을 감추기 위해 국소적으로 사용하는 파운데이션(예 블레미쉬컨실러)에 0.3%	기타 제품에는 사용금지
트리클로카반(트리클로카바닐리드)	0.2%(다만, 원료 중 3,3',4,4'-테트라클로로아조벤젠 1ppm 미만, 3,3',4,4'-테트라클로로아족시벤젠 1ppm 미만 함유하여야 함)	-
페녹시에탄올	1.0%	-

원료명	사용한도	비 고
페녹시이소프로판올(1-페녹시프로판-2-올)	사용 후 씻어내는 제품에 1.0%	기타 제품에는 사용금지
포믹애씨드 및 소듐포메이트	포믹애씨드로서 0.5%	-
폴리(1-헥사메칠렌바이구아니드)에이치씨엘	0.05%	에어로졸(스프레이에 한함) 제품에는 사용금지
프로피오닉애씨드 및 그 염류	프로피오닉애씨드로서 0.9%	-
피록톤올아민(1-하이드록시-4-메칠-6(2,4,4-트리메칠펜틸)2-피리돈 및 그 모노에탄올아민염)	사용 후 씻어내는 제품에 1.0%, 기타 제품에 0.5%	-
피리딘-2-올 1-옥사이드	0.5%	-
p-하이드록시벤조익애씨드, 그 염류 및 에스텔류 (다만, 에스텔류 중 페닐은 제외)	• 단일성분일 경우 0.4%(산으로서) • 혼합사용의 경우 0.8%(산으로서)	-
헥세티딘	사용 후 씻어내는 제품에 0.1%	기타 제품에는 사용금지
헥사미딘(1,6-디(4-아미디노페녹시)-n-헥산) 및 그 염류(이세치오네이트 및 *p*-하이드록시벤조에이트)	헥사미딘으로서 0.1%	-

※ 염류 : 양이온염으로 소듐, 포타슘, 칼슘, 마그네슘, 암모늄 및 에탄올아민, 음이온염으로 클로라이드, 브로마이드, 설페이트, 아세테이트, 베타인 등
※ 에스텔류 : 메칠, 에칠, 프로필, 이소프로필, 부틸, 이소부틸, 페닐

(2) 자외선 차단성분

원 료 명	사용한도	비고
드로메트리졸트리실록산	15%	
드로메트리졸	1.0%	
디갈로일트리올리에이트	5%	
디소듐페닐디벤즈이미다졸테트라설포네이트	산으로서 10%	
디에칠헥실부타미도트리아존	10%	
디에칠아미노하이드록시벤조일헥실벤조에이트	10%	
로우손과 디하이드록시아세톤의 혼합물	로우손 0.25%, 디하이드록시아세톤 3%	
메칠렌비스-벤조트리아졸릴테트라메칠부틸페놀	10%	
4-메칠벤질리덴캠퍼	4%	
멘틸안트라닐레이트	5%	
벤조페논-3(옥시벤존)	5%	
벤조페논-4	5%	
벤조페논-8(디옥시벤존)	3%	
부틸메톡시디벤조일메탄	5%	
비스에칠헥실옥시페놀메톡시페닐트리아진	10%	
시녹세이트	5%	
에칠디하이드록시프로필파바	5%	
옥토크릴렌	10%	
에칠헥실디메칠파바	8%	
에칠헥실메톡시신나메이트	7.5%	
에칠헥실살리실레이트	5%	
에칠헥실트리아존	5%	
이소아밀-*p*-메톡시신나메이트	10%	
폴리실리콘-15(디메치코디에칠벤잘말로네이트)	10%	

원 료 명	사 용 한 도	비고
징크옥사이드	25%	
테레프탈릴리덴디캠퍼설포닉애씨드 및 그 염류	산으로서 10%	
티이에이-살리실레이트	12%	
티타늄디옥사이드	25%	
페닐벤즈이미다졸설포닉애씨드	4%	
호모살레이트	10%	

※ 다만, 제품의 변색방지를 목적으로 그 사용농도가 0.5% 미만인 것은 자외선 차단 제품으로 인정하지 아니한다.
※ 염류 : 양이온염으로 소듐, 포타슘, 칼슘, 마그네슘, 암모늄 및 에탄올아민, 음이온염으로 클로라이드, 브로마이드, 설페이트, 아세테이트

(3) 염모제 성분

원 료 명	사용할 때 농도상한(%)	비고
p-니트로-o-페닐렌디아민	산화 염모제에 1.5 %	기타 제품에는 사용금지
니트로-p-페닐렌디아민	산화 염모제에 3.0 %	기타 제품에는 사용금지
2-메칠-5-하이드록시에칠아미노페놀	산화 염모제에 0.5 %	기타 제품에는 사용금지
2-아미노-4-니트로페놀	산화 염모제에 2.5 %	기타 제품에는 사용금지
2-아미노-5-니트로페놀	산화 염모제에 1.5 %	기타 제품에는 사용금지
2-아미노-3-히드록시피리딘	산화 염모제에 1.0 %	기타 제품에는 사용금지
4-아미노-m-크레솔	산화 염모제에 1.5 %	기타 제품에는 사용금지
5-아미노-o-크레솔	산화 염모제에 1.0 %	기타 제품에는 사용금지
5-아미노-6-클로로-o-크레솔	산화염모제에 1.0% 비산화염모제에 0.5%	기타 제품에는 사용금지
m-아미노페놀	산화 염모제에 2.0 %	기타 제품에는 사용금지
o-아미노페놀	산화 염모제에 3.0 %	기타 제품에는 사용금지
p-아미노페놀	산화 염모제에 0.9 %	기타 제품에는 사용금지
염산 2,4-디아미노페녹시에탄올	산화 염모제에 0.5 %	기타 제품에는 사용금지
염산 톨루엔-2,5-디아민	산화 염모제에 3.2 %	기타 제품에는 사용금지
염산 m-페닐렌디아민	산화 염모제에 0.5 %	기타 제품에는 사용금지

원 료 명	사용할 때 농도상한(%)	비고
염산 p-페닐렌디아민	산화 염모제에 3.3 %	기타 제품에는 사용금지
염산 히드록시프로필비스(N-히드록시에칠-p-페닐렌디아민)	산화 염모제에 0.4 %	기타 제품에는 사용금지
톨루엔-2,5-디아민	산화 염모제에 2.0 %	기타 제품에는 사용금지
m-페닐렌디아민	산화 염모제에 1.0 %	기타 제품에는 사용금지
p-페닐렌디아민	산화 염모제에 2.0 %	기타 제품에는 사용금지
N-페닐-p-페닐렌디아민 및 그 염류	산화염모제에 N-페닐-p-페닐렌디아민으로서 2.0 %	기타 제품에는 사용금지
피크라민산	산화 염모제에 0.6 %	기타 제품에는 사용금지
황산 p-니트로-o-페닐렌디아민	산화 염모제에 2.0 %	기타 제품에는 사용금지
p-메칠아미노페놀 및 그 염류	산화 염모제에 0.68%	기타 제품에는 사용금지
황산 5-아미노-o-크레솔	산화 염모제에 4.5 %	기타 제품에는 사용금지
황산 m-아미노페놀	산화 염모제에 2.0 %	기타 제품에는 사용금지
황산 o-아미노페놀	산화 염모제에 3.0 %	기타 제품에는 사용금지
황산 p-아미노페놀	산화 염모제에 1.3 %	기타 제품에는 사용금지
황산 톨루엔-2,5-디아민	산화 염모제에 3.6 %	기타 제품에는 사용금지
황산 m-페닐렌디아민	산화 염모제에 3.0 %	기타 제품에는 사용금지
황산 p-페닐렌디아민	산화 염모제에 3.8 %	기타 제품에는 사용금지
N,N-비스(2-히드록시에틸)-p-페닐렌디아민설페이트	산화 염모제에 2.9 %	기타 제품에는 사용금지
2,6-디아미노피리딘	산화 염모제에 0.15 %	기타 제품에는 사용금지
염산 2,4-디아미노페놀	산화 염모제에 0.5 %	기타 제품에는 사용금지
1,5-디히드록시나프탈렌	산화 염모제에 0.5 %	기타 제품에는 사용금지
피크라민산 나트륨	산화 염모제에 0.6 %	기타 제품에는 사용금지
황산 2-아미노-5-니트로페놀	산화 염모제에 1.5 %	기타 제품에는 사용금지
황산 o-클로로-p-페닐렌디아민	산화 염모제에 1.5 %	기타 제품에는 사용금지
황산 1-히드록시에칠-4,5-디아미노피라졸	산화염모제에 3.0 %	기타 제품에는 사용금지
히드록시벤조모르포린	산화염모제에 1.0 %	기타 제품에는 사용금지

원 료 명	사용할 때 농도상한(%)	비고
6-히드록시인돌	산화염모제에 0.5 %	기타 제품에는 사용금지
1-나프톨(α-나프톨)	산화 염모제에 2.0 %	기타 제품에는 사용금지
레조시놀	산화 염모제에 2.0 %	-
2-메칠레조시놀	산화 염모제에 0.5 %	기타 제품에는 사용금지
몰식자산(gallic acid, 갈릭애씨드)	산화 염모제에 4.0 %	-
카테콜(피로카테콜)	염모제에 1.5 %	기타 제품에는 사용금지
피로갈롤	염모제에 2.0 %	기타 제품에는 사용금지
염기성등색31호(Basic Orange 31)	산화염모제에 0.5 %	그 외 사용기준은 「화장품의 색소종류와 기준 및 시험방법」에 따른다
염기성적색51호(Basic Red 51)	산화염모제에 0.5 %	그 외 사용기준은 「화장품의 색소종류와 기준 및 시험방법」에 따른다
염기성황색87호(Basic Yellow 87)	산화염모제에 1.0 %	그 외 사용기준은 「화장품의 색소종류와 기준 및 시험방법」에 따른다
과붕산나트륨 과붕산나트륨(일수화물) 과산화수소수 과탄산나트륨	-	염모제(탈염·탈색 포함)(기능성화장품)에서 과산화수소로서 12.0 %(과산화수소수에만 농도상한이 있고 과붕산나트륨, 과붕산나트륨 일수화물, 과탄산나트륨은 농도상한이 없음.)
과황산나트륨 과황산암모늄 과황산칼륨	-	염모제(탈염·탈색 포함)에서 산화보조제로서 사용
인디고페라 (*Indigofera tinctoria*) 엽가루	비산화염모제에 25%	기타제품에 사용금지
헤마테인	비산화염모제에 0.1%	산화 염모제에 사용금지
황산은	비산화염모제에 0.4%	산화 염모제에 사용금지
황산철수화물($FeSO_4 \cdot 7H_2O$)	비산화염모제에 6%	산화 염모제에 사용금지

※ 염모제 성분 중 염이 다른 동일 성분은 1개 품목에 1종만 배합하여야 함(2022.01.추가): 예 과황산나트륨과 과황산암모늄을 동시에 사용할 수 없음. 염인 나트륨과 암모늄이 다르기 때문임.

(4) 기타

원 료 명	사용한도	비 고
감광소 감광소 101호(플라토닌) 감광소 201호(쿼터늄-73) 감광소 301호(쿼터늄-51) 감광소 401호(쿼터늄-45) 기타의 감광소 의 합계량	0.002%	-
건강틴크 칸타리스틴크 고추틴크 7 의 합계량	1%	-
과산화수소 및 과산화수소 생성물질	• 두발용 제품류(일반화장품)에 과산 화수소로서 3% • 손톱경화용 제품에 과산화수소로서 2%	기타 제품에는 사용금지
글라이옥살	0.01%	-
α-다마스콘(시스-로즈 케톤-1)	0.02%	-
(디아미노피리미딘옥사이드)2,4-디아미노-피리미딘-3-옥사이드	두발용 제품류에 1.5%	기타 제품에는 사용금지
라우레스-8, 9 및 10	2%	-
레조시놀	• 산화 염모제에 용법·용량에 따른 혼합물의 염모성분으로서 2.0% • 기타제품에 0.1%	-
로즈 케톤-3	0.02%	-
로즈 케톤-4	0.02%	-
로즈 케톤-5	0.02%	-
시스-로즈 케톤-2	0.02%	-
트랜스-로즈 케톤-1	0.02%	-
트랜스-로즈 케톤-2	0.02%	-
트랜스-로즈 케톤-3	0.02%	-
트랜스-로즈 케톤-5	0.02%	-

원료명	사용한도	비고
리튬하이드록사이드	• 헤어스트레이트너 제품에 4.5% • 제모제에서 pH조정 목적으로 사용되는 경우 최종 제품의 pH는 12.7이하	기타 제품에는 사용금지
머스크자일렌	• 향수류 향료원액을 8% 초과하여 함유하는 제품에 1.0%, 향료원액을 8% 이하로 함유하는 제품에 0.4% • 기타 제품에 0.03%	–
머스크케톤	• 향수류 향료원액을 8% 초과하여 함유하는 제품 1.4%, 향료원액을 8% 이하로 함유하는 제품 0.56% • 기타 제품에 0.042%	–
3–메칠논–2–엔니트릴	0.2%	–
메칠 2–옥티노에이트(메칠헵틴카보네이트)	0.01% (메칠옥틴카보네이트와 병용 시 최종제품에서 두 성분의 합은 0.01%, 메칠옥틴카보네이트는 0.002%)	–
메칠옥틴카보네이트(메칠논–2–이노에이트)	0.002% (메칠 2–옥티노에이트와 병용 시 최종제품에서 두 성분의 합이 0.01%)	–
p–메칠하이드로신나믹알데하이드	0.2%	–
메칠헵타디에논	0.002%	–
메톡시디시클로펜타디엔카르복스알데하이드	0.5%	–
무기설파이트 및 하이드로젠설파이트류	산화 염모제에서 용법·용량에 따른 혼합물의 염모성분으로서 유리 SO2로 0.67%	기타 제품에는 사용금지

원 료 명	사용한도	비 고
베헨트리모늄 클로라이드	(단일성분 또는 세트리모늄 클로라이드, 스테아트리모늄 클로라이드와 혼합사용의 합으로서) • 사용 후 씻어내는 두발용 제품류 및 두발 염색용 제품류에 5.0% • 사용 후 씻어내지 않는 두발용 제품류 및 두발 염색용 제품류에 3.0%	세트리모늄 클로라이드 또는 스테아트리모늄 클로라이드와 혼합 사용하는 경우 세트리모늄 클로라이드 및 스테아트리모늄 클로라이드의 합은 '사용 후 씻어내지 않는 두발용 제품류'에 1.0% 이하, '사용 후 씻어내는 두발용 제품류 및 두발 염색용 제품류'에 2.5% 이하여야 함)
4-*tert*-부틸디하이드로신남알데하이드	0.6%	-
1,3-비스(하이드록시메칠)이미다졸리딘-2-치온	두발용 제품류 및 손발톱용 제품류에 2% (다만, 에어로졸(스프레이에 한함) 제품에는 사용금지)	기타 제품에는 사용금지
비타민E(토코페롤)	20%	-
살리실릭애씨드 및 그 염류	• 인체세정용 제품류에 살리실릭애씨드로서 2% • 사용 후 씻어내는 두발용 제품류에 살리실릭애씨드로서 3%	• 영유아용 제품류 또는 만 13세 이하 어린이가 사용할 수 있음을 특정하여 표시하는 제품에는 사용금지(다만, 샴푸는 제외) • 기능성화장품의 유효성분으로 사용하는 경우에 한하며 기타 제품에는 사용금지
세트리모늄 클로라이드, 스테아트리모늄 클로라이드	(단일성분 또는 혼합사용의 합으로서) • 사용 후 씻어내는 두발용 제품류 및 두발용 염색용 제품류에 2.5% • 사용 후 씻어내지 않는 두발용 제품류 및 두발 염색용 제품류에 1.0%	-
소듐나이트라이트	0.2%	2급, 3급 아민 또는 기타 니트로사민형성물질을 함유하고 있는 제품에는 사용금지

원 료 명	사용한도	비 고
소합향나무(*Liquidambar orientalis*) 발삼오일 및 추출물	0.6%	–
수용성 징크 염류(징크 4-하이드록시벤젠설포네이트와 징크피리치온 제외)	징크로서 1%	–
시스테인, 아세틸시스테인 및 그 염류	퍼머넌트웨이브용 제품에 시스테인으로서 3.0~7.5% (다만, 가온2욕식 퍼머넌트웨이브용 제품의 경우에는 시스테인으로서 1.5~5.5%, 안정제로서 치오글라이콜릭애씨드 1.0%를 배합할 수 있으며, 첨가하는 치오글라이콜릭애씨드의 양을 최대한 1.0%로 했을 때 주성분인 시스테인의 양은 6.5%를 초과할 수 없다)	–
실버나이트레이트	속눈썹 및 눈썹 착색용도의 제품에 4%	기타 제품에는 사용금지
아밀비닐카르비닐아세테이트	0.3%	–
아밀시클로펜테논	0.1%	–
아세틸헥사메칠인단	사용 후 씻어내지 않는 제품에 2%	–
아세틸헥사메칠테트라린	• 사용 후 씻어내지 않는 제품 0.1%(다만, 하이드로알코올성 제품에 배합할 경우 1%, 순수향료 제품에 배합할 경우 2.5%, 방향크림에 배합할 경우 0.5%) • 사용 후 씻어내는 제품 0.2%	–
알에이치(또는 에스에이치) 올리고펩타이드-1(상피세포성장인자)	0.001%	–
알란토인클로로하이드록시알루미늄(알클록사)	1%	–
알릴헵틴카보네이트	0.002%	2-알키노익애씨드 에스텔(예 메칠헵틴카보네이트)을 함유하고 있는 제품에는 사용금지
알칼리금속의 염소산염	3%	–

원료명	사용한도	비고
암모니아	6%	–
에칠라우로일알지네이트 하이드로클로라이드	비듬 및 가려움을 덜어주고 씻어내는 제품(샴푸)에 0.8%	기타 제품에는 사용금지
에탄올 · 붕사 · 라우릴황산나트륨(4:1:1)혼합물	외음부세정제에 12%	기타 제품에는 사용금지
에티드로닉애씨드 및 그 염류(1-하이드록시에칠리덴-디-포스포닉애씨드 및 그 염류)	• 두발용 제품류 및 두발염색용 제품류에 산으로서 1.5% • 인체 세정용 제품류에 산으로서 0.2%	기타 제품에는 사용금지
오포파낙스	0.6%	–
옥살릭애씨드, 그 에스텔류 및 알칼리 염류	두발용제품류에 5%	기타 제품에는 사용금지
우레아	10%	–
이소베르가메이트	0.1%	–
이소사이클로제라니올	0.5%	–
징크페놀설포네이트	사용 후 씻어내지 않는 제품에 2%	–
징크피리치온	비듬 및 가려움을 덜어주고 씻어내는 제품(샴푸, 린스) 및 탈모증상의 완화에 도움을 주는 화장품에 총 징크피리치온으로서 1.0%	기타 제품에는 사용금지
치오글라이콜릭애씨드, 그 염류 및 에스텔류	• 퍼머넌트웨이브용 및 헤어스트레이트너 제품에 치오글라이콜릭애씨드로서 11% (다만, 가온2욕식 헤어스트레이트너 제품의 경우에는 치오글라이콜릭애씨드로서 5%, 치오글라이콜릭애씨드 및 그 염류를 주성분으로 하고 제1제 사용 시 조제하는 발열 2욕식 퍼머넌트웨이브용 제품의 경우 치오글라이콜릭애씨드로서 19%에 해당하는 양) • 제모용 제품에 치오글라이콜릭애씨드로서 5% • 염모제에 치오글라이콜릭애씨드로서 1% • 사용 후 씻어내는 두발용 제품류에 2%	기타 제품에는 사용금지

원 료 명	사용한도	비 고
칼슘하이드록사이드	• 헤어스트레이트너 제품에 7% • 제모제에서 pH조정 목적으로 사용되는 경우 최종 제품의 pH는 12.7이하	기타 제품에는 사용금지
Commiphora erythrea engler var. glabrescens 검 추출물 및 오일	0.6%	–
쿠민(*Cuminum cyminum*) 열매 오일 및 추출물	사용 후 씻어내지 않는 제품에 쿠민오일로서 0.4%	–
퀴닌 및 그 염류	• 샴푸에 퀴닌염으로서 0.5% • 헤어로션에 퀴닌염로서 0.2%	기타 제품에는 사용금지
클로라민T	0.2%	–
톨루엔	손발톱용 제품류에 25%	기타 제품에는 사용금지
트리알킬아민, 트리알칸올아민 및 그 염류	사용 후 씻어내지 않는 제품에 2.5%	–
트리클로산	사용 후 씻어내는 제품류에 0.3%	기능성화장품의 유효성분으로 사용하는 경우에 한하며 기타 제품에는 사용금지
트리클로카반(트리클로카바닐리드)	사용 후 씻어내는 제품류에 1.5%	기능성화장품의 유효성분으로 사용하는 경우에 한하며 기타 제품에는 사용금지
페릴알데하이드	0.1%	–
페루발삼 (Myroxylon pereirae의 수지) 추출물(extracts), 증류물(distillates)	0.4%	–
포타슘하이드록사이드(KOH, 가성가리) 또는 소듐하이드록사이드(NaOH, 가성소다)	• 손톱표피 용해 목적일 경우 5%, pH 조정 목적으로 사용되고 최종 제품이 제5조제5항에 pH기준이 정하여 있지 아니한 경우에도 최종 제품의 pH는 11이하 • 제모제에서 pH조정 목적으로 사용되는 경우 최종 제품의 pH는 12.7이하	비누를 만들 때 사용하는 소듐하이드록사이드(수산화나트륨)는 비누화 반응을 거쳐 최종제품에는 남아있지 않는 것을 의도하기 때문에 화장비누에서는 사용한도성분이 아닌 것으로 판단됨(출처 : 화장비누 등 화장품 전환물품 관련 다빈도 질의응답집, 식품의약품안전처)

원 료 명	사용한도	비 고
폴리아크릴아마이드류	• 사용 후 씻어내지 않는 바디화장품에 잔류 아크릴아마이드로서 0.00001% • 기타 제품에 잔류 아크릴아마이드로서 0.00005%	–
풍나무(*Liquidambar styraciflua*) 발삼오일 및 추출물	0.6%	–
프로필리덴프탈라이드	0.01%	–
트랜스-2-헥세날	0.002%	–
2-헥실리덴사이클로펜타논	0.06%	–
만수국꽃 추출물 또는 오일	• 사용 후 씻어내는 제품에 0.1% • 사용 후 씻어내지 않는 제품에 0.01%	• 원료 중 알파 테르티에닐(테르티오펜) 함량은 0.35% 이하 • 자외선 차단제품 또는 자외선을 이용한 태닝(천연 또는 인공)을 목적으로 하는 제품에는 사용금지 • 만수국아재비꽃 추출물 또는 오일과 혼합 사용 시 '사용 후 씻어내는 제품'에 0.1%, '사용 후 씻어내지 않는 제품'에 0.01%를 초과하지 않아야 함
만수국아재비꽃 추출물 또는 오일	• 사용 후 씻어내는 제품에 0.1% • 사용 후 씻어내지 않는 제품에 0.01%	• 원료 중 알파 테르티에닐(테르티오펜) 함량은 0.35% 이하 • 자외선 차단제품 또는 자외선을 이용한 태닝(천연 또는 인공)을 목적으로 하는 제품에는 사용금지 • 만수국꽃 추출물 또는 오일과 혼합 사용 시 '사용 후 씻어내는 제품'에 0.1%, '사용 후 씻어내지 않는 제품'에 0.01%를 초과하지 않아야 함

원 료 명	사용한도	비 고
하이드롤라이즈드밀단백질	–	원료 중 펩타이드의 최대 평균분자량은 3.5 kDa 이하이어야 함
땅콩오일, 추출물 및 유도체	–	원료 중 땅콩단백질의 최대 농도는 0.5ppm을 초과하지 않아야 함

※ 염류의 예 : 소듐, 포타슘, 칼슘, 마그네슘, 암모늄, 에탄올아민, 클로라이드, 브로마이드, 설페이트, 아세테이트, 베타인 등
※ 에스텔류 : 메칠, 에칠, 프로필, 이소프로필, 부틸, 이소부틸, 페닐

◎ 더 알아보기

1) 암기 필수! 배합금지 원료

1 다빈도 출제 배합금지 원료

- 납 및 그 화합물
- 비소 및 그 화합물
- 안티몬 그 화합물
- 수은 및 그 화합물
- 니켈
- 브롬
- 크롬; 크로믹애씨드 및 그 염류
- 프탈레이트류
- 두타스테리드, 그 염류 및 유도체
- 디옥산
- 리도카인
- 마취제(천연 및 합성)
- 마약류관리에 관한 법률 제2조에 따른 마약류
- 미세플라스틱
- 방사성물질
- 백신, 독소 또는 혈청
- 벤조일퍼옥사이드
- 부펙사막
- 붕산
- 비타민 L1, L2
- 비타민 D2, D3
- 비디민 K1(피토나디온)
- 트레티노인
- 석면
- 석유
- 석유 정제과정에서 얻어지는 부산물(단, 백색 페트롤라툼(바세린)은 제외)
- 콜타르 및 정제콜타르
- 아트라놀
- 클로로아트라놀
- 안드로겐효과를 가진 물질
- 스테로이드 구조를 갖는 안티안드로겐
- 에스트로겐
- 에칠렌옥사이드
- 인체세포·조직 및 그 배양액(다만, 배양액 중 화장품 안전기준 등에 관한 규정 별표3의 인체 세포·조직 배양액 안전기준에 적합한 경우는 제외)
- 인태반 유래 물질
- 돼지폐추출물
- 자일렌
- 페놀
- 페닐파라벤
- 헥산
- 벤젠
- 천수국꽃 추출물 또는 오일
- "~졸(zole)"로 원료명이 끝나면 일반적으로 의약품 원료로 화장품에는 사용할 수 없음 (예 케토코나졸, 플루실라졸)
- "~손(sone)"으로 원료명이 끝나면 일반적으로 의약품 원료로 화장품에는 사용할 수 없음 (예 플루아니손, 플로오레손, 파라메타손)
- 히드로퀴논
- 히드록시아이소헥실 3-사이클로헥센 카보스알데히드(HICC)
- 항생물질
- 항히스타민제
- 헨나(Lawsonia Inermis)엽가루(다만, 염모제에서 염모성분으로 사용하는 것은 제외)

2) 암기 필수 ! 사용한도 원료

1 보존제

- 메칠이소치아졸리논(MIT), 메칠클로로이소치아졸리논(CMIT)
- 벤조익애씨드, 그 염류 및 에스텔류(예 소듐벤조에이트)
- 벤질알코올
- 살리실릭애씨드 및 그 염류
- 소르빅애씨드 및 그 염류(예 포타슘소르베이트)
- 징크피리치온
- 페녹시에탄올
- p-하이드록시벤조익애씨드, 그 염류 및 에스텔류(예 파라벤류)

2 자외선 차단성분

- 벤조페논-3, 4, 8
- 징크옥사이드(사용한도 25%)
- 옥토크릴렌
- 에칠헥실메톡시신나메이트
- 티타늄디옥사이드(사용한도 25%)

3 염모제 성분

- ~페닐렌디아민
- ~아미노페놀
- ~니트로페놀
- 과붕산나트륨, 과산화수소수, 과탄산나트륨

4 기타 성분

- 토코페롤
- 톨루엔
- 만수국꽃 추출물 또는 오일
- 하이드롤라이즈드밀단백질
- 우레아
- 트리클로산
- 만수국아재비꽃 추출물 또는 오일
- 땅콩오일, 추출물 및 유도체

③ 인체세포·조직 배양액 안전기준

화장품 안전기준 등에 관한 규정 별표1(사용할 수 없는 원료)에 인체 세포·조직 및 그 배양액은 화장품에 사용할 수 없지만 별표3(인체 세포·조직 배양액 안전기준)에 적합한 경우는 인체 세포·조직 배양액을 화장품에 사용할 수 있다.

1 용어의 정의

① "인체 세포·조직 배양액"은 인체에서 유래된 세포 또는 조직을 배양한 후 세포와 조직을 제거하고 남은 액을 말한다.

② "공여자"란 배양액에 사용되는 세포 또는 조직을 제공하는 사람을 말한다.

③ "공여자 적격성검사"란 공여자에 대하여 문진, 검사 등에 의한 진단을 실시하여 해당 공여자가 세포배양액에 사용되는 세포 또는 조직을 제공하는 것에 대해 적격성이 있는지를 판정하는 것을 말한다.

④ "윈도우 피리어드(window period)"란 감염 초기에 세균, 진균, 바이러스 및 그 항원·항체·유전자 등을 검출할 수 없는 기간을 말한다.

⑤ "청정등급"이란 부유입자 및 미생물이 유입되거나 잔류하는 것을 통제하여 일정 수준 이하로 유지되도록 관리하는 구역의 관리수준을 정한 등급을 말한다.

2 일반사항

① 누구든지 세포나 조직을 주고받으면서 금전 또는 재산상의 이익을 취할 수 없다.

② 누구든지 공여자에 관한 정보를 제공하거나 광고 등을 통해 특정인의 세포 또는 조직을 사용하였다는 내용의 광고를 할 수 없다.

③ 인체 세포·조직 배양액을 제조하는데 필요한 세포·조직은 채취 혹은 보존에 필요한 위생상의 관리가 가능한 의료기관에서 채취된 것만을 사용한다.

④ 세포·조직을 채취하는 의료기관 및 인체 세포·조직 배양액을 제조하는 자는 업무수행에 필요한 문서화된 절차를 수립하고 유지하여야 하며 그에 따른 기록을 보존하여야 한다.

⑤ 화장품책임판매업자는 세포·조직의 채취, 검사, 배양액 제조 등을 실시한 기관에 대하여 안전하고 품질이 균일한 인체 세포·조직 배양액이 제조될 수 있도록 관리·감독을 철저히 하여야 한다.

3 공여자의 적격성검사

① 공여자는 건강한 성인으로서 다음과 같은 감염증이나 질병으로 진단되지 않아야 한다.

- B형간염바이러스(HBV), C형간염바이러스(HCV), 인체면역결핍바이러스(HIV), 인체T림프영양성바이러스(HTLV), 파보바이러스B19, 사이토메가로바이러스(CMV), 엡스타인-바 바이러스(EBV) 감염증
- 전염성 해면상뇌증 및 전염성 해면상뇌증으로 의심되는 경우
- 매독트레포네마, 클라미디아, 임균, 결핵균 등의 세균에 의한 감염증
- 패혈증 및 패혈증으로 의심되는 경우
- 세포·조직의 영향을 미칠 수 있는 선천성 또는 만성질환

② 의료기관에서는 윈도우 피리어드를 감안한 관찰기간 설정 등 공여자 적격성검사에 필요한 기준서를 작성하고 이에 따라야 한다.

4 세포·조직의 채취 및 검사

① 세포·조직을 채취하는 장소는 외부 오염으로부터 위생적으로 관리될 수 있어야 한다.

② 보관되었던 세포·조직의 균질성 검사방법은 현 시점에서 가장 적절한 최신의 방법을 사용해야 하며, 그와 관련한 절차를 수립하고 유지하여야 한다.

③ 세포 또는 조직에 대한 품질 및 안전성 확보에 필요한 정보를 확인할 수 있도록 다음의 내용을 포함한 세포·조직 채취 및 검사기록서를 작성·보존하여야 한다.

- 채취한 의료기관 명칭
- 채취 연월일
- 공여자 식별 번호
- 공여자의 적격성 평가 결과
- 동의서
- 세포 또는 조직의 종류, 채취방법, 채취량, 사용한 재료 등의 정보

5 배양시설 및 환경의 관리

① 인체 세포·조직 배양액을 제조하는 배양시설은 청정등급 1B(Class 10,000) 이상의 구역에 설치하여야 한다. Class 10,000은 일정한 부피(1 ft^3)에 포함된 0.5㎛보다 큰 부유입자가 10,000개 이하인 청정지역을 의미한다.

② 제조 시설 및 기구는 정기적으로 점검하여 관리되어야 하고, 작업에 지장이 없도록 배치되어야 한다.

③ 제조공정 중 오염을 방지하는 등 위생관리를 위한 제조위생관리 기준서를 작성하고 이에 따라야 한다.

6 인체 세포·조직 배양액의 제조

① 인체 세포·조직 배양액을 제조할 때에는 세균, 진균, 바이러스 등을 비활성화 또는 제거하는 처리를 하여야 한다.

② 배양액 제조에 사용하는 세포·조직에 대한 품질 및 안전성 확보를 위해 필요한 정보를 확인할 수 있도록 다음의 내용을 포함한 '인체 세포·조직 배양액'의 기록서를 작성·보존하여야 한다.

- 채취(보관을 포함한다)한 기관명칭
- 채취 연월일
- 검사 등의 결과
- 세포 또는 조직의 처리 취급 과정
- 공여자 식별 번호
- 사람에게 감염성 및 병원성을 나타낼 가능성이 있는 바이러스 존재 유무 확인 결과

③ 배지, 첨가성분, 시약 등 인체 세포·조직 배양액 제조에 사용된 모든 원료의 기준규격을 설정한 인체 세포·조직 배양액 원료규격 기준서를 작성하고, 인체에 대한 안전성이 확보된 물질 여부를 확인 하여야 하며, 이에 대한 근거자료를 보존하여야 한다.

④ 제조기록서는 다음의 사항이 포함되도록 작성하고 보존하여야 한다.

- 제조번호, 제조연월일, 제조량
- 사용한 원료의 목록, 양 및 규격
- 사용된 배지의 조성, 배양조건, 배양기간, 수율
- 각 단계별 처리 및 취급과정

⑤ 채취한 세포 및 조직을 일정기간 보존할 필요가 있는 경우에는 타당한 근거자료에 따라 균일한 품질을 유지하도록 보관 조건 및 기간을 설정해야 하며, 보관되었던 세포 및 조직에 대해서는 세균, 진균, 바이러스, 마이코플라즈마 등에 대하여 적절한 부정시험을 행한 후 인체 세포·조직 배양액 제조에 사용해야 한다.

⑥ 인체 세포·조직 배양액 제조과정에 대한 작업조건, 기간 등에 대한 제조관리 기준서를 포함한 표준지침서를 작성하고 이에 따라야 한다.

7 인체 세포·조직 배양액의 안전성 평가

① 인체 세포·조직 배양액의 안전성 확보를 위하여 다음의 안전성시험 자료를 작성·보존하여야 한다.

- 단회투여독성시험자료
- 반복투여독성시험자료
- 1차피부자극시험자료
- 안점막자극 또는 기타점막자극시험자료
- 유전독성시험자료
- 인체첩포시험자료
- 피부감작성시험자료
- 인체 세포·조직 배양액의 구성성분에 관한 자료
- 광독성 및 광감작성 시험자료(자외선에서 흡수가 없음을 입증하는 흡광도 시험자료를 제출하는 경우에는 제외함)

② 안전성시험자료는「비임상시험관리기준」(식품의약품안전처 고시)에 따라 시험한 자료이어야 한다. 다만, 인체첩포시험은 국내·외 대학 또는 전문 연구기관에서 실시하여야 하며, 관련분야 전문의사, 연구소 또는 병원 기타 관련기관에서 5년 이상 해당시험에 경력을 가진 자의 지도 감독 하에 수행·평가되어야 한다.

③ 안전성시험자료는 인체 세포·조직 배양액 제조자가 자체적으로 구성한 안전성평가위원회의(독성전문가 등 외부전문가 위촉) 심의를 거쳐 적정성을 평가하고 그 평가결과를 기록·보존하여야 한다. 안전성평가위원회는 가목의 안전성시험 자료 평가 결과에 따라 기타 필요한 안전성 시험자료(발암성시험자료 등)를 작성·보존토록 권고할 수 있다.

8 인체 세포·조직 배양액의 시험검사

① 인체 세포·조직 배양액의 품질을 확보하기 위하여 다음의 항목을 포함한 인체 세포·조직 배양액 품질관리 기준서를 작성하고 이에 따라 품질검사를 하여야 한다.

- 성상
- 무균시험
- 마이코플라스마 부정시험
- 외래성 바이러스 부정시험
- 확인시험
- 순도시험
  - 기원 세포 및 조직 부재시험
  - '항생제', '혈청' 등 [별표 1]의 '사용할 수 없는 원료' 부재시험 등 (배양액 제조에 해당 원료를 사용한 경우에 한한다.)

② 품질관리에 필요한 각 항목별 기준 및 시험방법은 과학적으로 그 타당성이 인정되어야 한다.

③ 인체 세포·조직 배양액의 품질관리를 위한 시험검사는 매 제조번호마다 실시하고, 그 시험성적서를 보존하여야 한다.

9 기록보존

화장품책임판매업자는 이 안전기준과 관련한 모든 기준, 기록 및 성적서에 관한 서류를 받아 완제품의 제조연월일로부터 3년이 경과한 날까지 보존하여야 한다.

4 착향제 성분

1 착향제 성분 중 알레르기 유발 물질

착향제(향료)에 포함된 알레르기 유발 물질을 전성분에 표시하도록 "화장품 사용할 때의 주의사항 및 알레르기 유발성분 표시 등에 관한 규정(식품의약품안전처 고시)"에서 정하고 있다.

[착향제의 구성 성분 중 알레르기 유발성분]

연번	성분명	연번	성분명
1	아밀신남알	14	벤질신나메이트
2	벤질알코올	15	파네솔
3	신나밀알코올	16	부틸페닐메칠프로피오날
4	벤질벤조에이트	17	리날룰(테르펜 계열)
5	유제놀, 아이소유제놀	18	시트랄(테르펜 계열)
6	하이드록시시트로넬알	19	시트로넬롤(테르펜 계열)
7	이소유제놀	20	리모넨(테르펜 계열)
8	아밀신나밀알코올	21	제라니올(테르펜 계열)
9	벤질살리실레이트	22	메칠2-옥티노에이트
10	신남알	23	알파-이소메칠이오논

연번	성분명	연번	성분명
11	쿠마린	24	참나무이끼추출물
12	헥실신남알	25	나무이끼추출물
13	아니스에탄올		

※ 다만, 사용 후 씻어내는 제품(rinse off)에는 0.01% 초과, 사용 후 씻어내지 않는 제품(leave on)에는 0.001% 초과 함유하는 경우에만 알레르기 유발성분을 표시한다.
※ 모노테르펜(monoterpene)은 아이소프렌으로 구성된 물질로 방향성을 나타내며, 시트랄, 시트로넬롤, 제라니올, 리모넨, 리날룰, 피넨 등이 모노테프펜으로 분류된다.

2 알레르기 유발성분의 전성분 표시(예시)

향료 중 알레르기 성분 표시 외국제품	향료 중 알레르기 성분 표시 국내제품
※ 알레르기 성분인 신남알(CINNAMAL), 리날룰(LINAOOL), 시트로넬롤(CITRONELLOL) 등을 표시하고 그 이외의 성분은 향료(PARFUM)로 표시함	※ 알레르기 성분인 리모넨(LIMONENE)을 표시하고 그 이외의 성분은 향료로 표시함

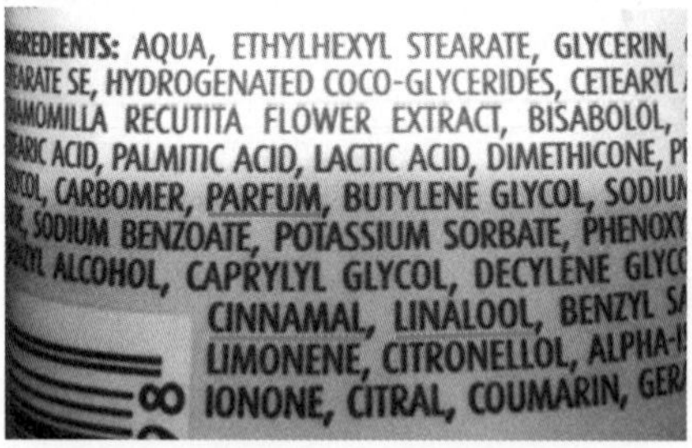

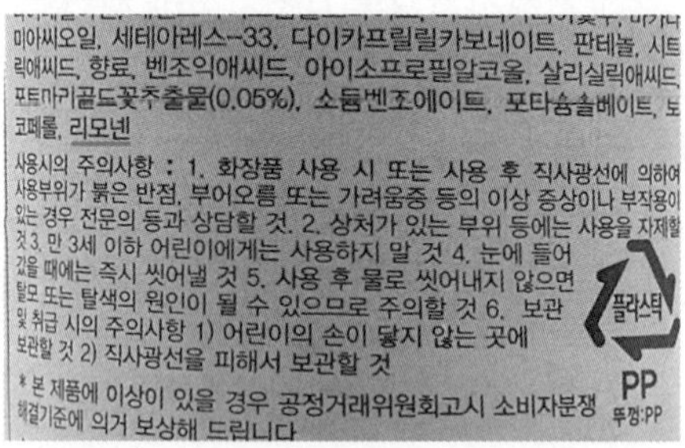

3 향료 성분표 예시

아래 표는 향료의 성분표로 이 향료의 성분표로 이 향료를 사용 후 씻어내는 제품에서 1% 사용할 경우는 알레르기 유발물질인 헥실신남알(hexyl cinnamal) 양(1%×0.03=0.03%)이 0.01% 초과이므로 전성분에 헥실신남알을 표시해야 한다.

원재료명	함량(%)	CAS No.
CITRUS MEDICA LIMONUM(LEMON) PEEL OIL	51%	8008-56-8
EUCALYPTUS GLOBULUS LEAF OIL	26%	8000-48-4
METHYLDIHYDROJASMONATE	10%	24851-98-7
GALAXOLIDE	8%	1222-05-5
HEXYS CINANAMAL	3%	101-86-0
HELIONAL	2%	1205-17-0
합 계	100%	

Chapter 4 화장품 관리

① 화장품의 취급 및 보관방법

원료, 자재(포장재), 반제품 및 벌크제품의 취급 및 보관방법에 대하여 우수화장품 제조 및 품질관리기준(CGMP, Cosmetic Good Manufacturing Practice, 식품의약품안전처 고시) 제13조(보관관리)에서 규정하고 있으며, 완제품에 대하여는 제19조(보관 및 출고)에서 규정하고 있다.

1 보관관리

① 원자재, 반제품 및 벌크 제품은 품질에 나쁜 영향을 미치지 아니하는 조건에서 보관하여야 하며 보관기한을 설정하여야 한다.

② 원자재, 반제품 및 벌크 제품은 바닥과 벽에 닿지 아니하도록 보관하고, 선입선출에 의하여 출고할 수 있도록 보관하여야 한다.

③ 원자재, 시험 중인 제품 및 부적합품은 각각 구획된 장소에서 보관하여야 한다. 다만, 서로 혼동을 일으킬 우려가 없는 시스템에 의하여 보관되는 경우에는 그러하지 아니한다.

④ 설정된 보관기한이 지나면 사용의 적절성을 결정하기 위해 재평가시스템을 확립하여야 하며, 동 시스템을 통해 보관기한이 경과한 경우 사용하지 않도록 규정하여야 한다.

⑤ 보관관리에 대한 세부적인 사항은 다음과 같다.

- 보관 조건은 각각의 원료와 포장재의 세부 요건에 따라 적절한 방식으로 정의되어야 한다(예 냉장, 실온).
- 원료와 포장재가 재포장될 때, 새로운 용기에는 원래와 동일한 라벨링이 있어야 한다.
- 보관 조건은 각각의 원료와 포장재에 적합하여야 하고, 과도한 열기, 추위, 햇빛 또는 습기에 노출되어 변질되는 것을 방지할 수 있어야 한다.
- 원료 및 포장재의 특징 및 특성에 맞도록 보관, 취급되어야 한다.
- 특수한 보관 조건은 적절하게 준수, 모니터링 되어야 한다.
- 원료와 포장재의 용기는 밀폐되어, 청소와 검사가 용이하도록 충분한 간격으로, 바닥과 떨어진 곳에 보관되어야 한다.
- 원료와 포장재가 재포장될 경우, 원래의 용기와 동일하게 표시되어야 한다.
- 원료 및 포장재의 관리는 허가되지 않거나, 불합격 판정을 받거나, 아니면 의심스러운 물질의 허가되지 않은 사용을 방지할 수 있어야 한다: 물리적 격리(quarantine)나 수동 컴퓨터 위치 제어 등의 방법
- 재고의 회전을 보증하기 위한 방법이 확립되어 있어야 한다. 따라서 특별한 경우를 제외하고, 가장 오래된 재고가 제일 먼저 불출되도록 선입선출 한다.
- 주기적인 재고조사가 시행되어야 한다.
  - 원료 및 포장재는 정기적으로 재고조사 실시
  - 재고조사의 목적 : 장기 재고품의 처분 및 선입선출 규칙의 확인
  - 중대한 위반품이 발견되었을 때에는 일탈처리함

- 원료, 포장재의 보관 환경
  - 출입제한 : 원료 및 포장재 보관소의 출입제한
  - 오염방지 : 시설대응, 동선관리가 필요
  - 방충·방서 대책
  - 온도/습도관리 (필요 시, 설정)

2 보관 및 출고

(1) 완제품 보관 및 출고

① 완제품은 적절한 조건하의 정해진 장소에서 보관하여야 하며, 주기적으로 재고 점검을 수행해야 한다.

② 완제품은 시험결과 적합으로 판정되고 품질보증부서 책임자가 출고 승인한 것만을 출고하여야 한다.

③ 출고는 선입선출방식으로 하되, 타당한 사유가 있는 경우에는 그러지 아니할 수 있다.

④ 출고할 제품은 원자재, 부적합품 및 반품된 제품과 구획된 장소에서 보관하여야 한다. 다만 서로 혼동을 일으킬 우려가 없는 시스템에 의하여 보관되는 경우에는 그러하지 아니할 수 있다.

⑤ 완제품 관리 항목은 보관, 검체 채취, 보관용 검체, 제품 시험, 합격·출하 판정, 출하, 재고 관리, 반품 등이다.

⑥ 시장 출하 전에, 모든 완제품은 설정된 시험 방법에 따라 관리되어야 하고, 합격판정기준에 부합하여야 한다. 뱃치에서 취한 검체가 합격 기준에 부합했을 때만 완제품의 뱃치를 불출 할 수 있다.

⑦ 달리 규정된 경우가 아니라면, 재고 회전은 선입선출 방식으로 사용 및 유통되어야 한다.

⑧ 파레트에 적재된 모든 완제품은 다음과 같이 표시되어야 한다.

- 명칭 또는 확인 코드
- 제조번호
- 제품의 품질을 유지하기 위해 필요할 경우, 보관 조건
- 불출 상태

⑨ 제품의 검체채취란 제품 시험용 및 보관용 검체를 채취하는 일이며, 완제품 규격(포장단위)에 따라 충분한 수량이어야 한다.

(2) 완제품 보관검체의 주요사항

목적 : 품질 상에 문제가 발생하여 재시험이 필요할 때 또는 발생한 불만에 대처하기 위하여 품질 이외의 사항에 대한 검토가 필요하게 될 때 시험용으로 사용된다.

- 제품을 그대로 보관
- 각 뱃치를 대표하는 검체를 보관
- 일반적으로는 각 뱃치별로 제품 시험을 2번 실시할 수 있는 양을 보관
- 제품이 가장 안정한 조건에서 보관
- 사용기한 경과 후 1년간 또는 개봉 후 사용기간을 기재하는 경우에는 제조일로부터 3년간 보관

(3) 제품의 보관 환경

① 출입제한

② 오염방지 : 시설대응, 동선관리

③ 방충·방서대책

④ 온도·습도관리, 차광(필요 시)

3 화장품의 취급

일반적인 화장품의 사용방법은 다음과 같다.

① 화장품 사용 시에는 깨끗한 손으로 사용한다.

② 사용 후 항상 뚜껑을 바르게 닫는다.

③ 여러 사람이 함께 화장품을 사용하면 감염, 오염의 위험성이 있다.

④ 화장에 사용되는 도구는 항상 깨끗하게 사용한다(중성세제 사용).

⑤ 화장품은 직사광선을 피하여 서늘한 곳에 보관한다.

⑥ 사용기한 내에 화장품을 사용하고 사용기한이 경과한 제품은 사용하지 않는다.

⑦ 변질된 제품은 사용하지 않는다.

4 화장품 사용할 때의 주의사항

화장품 사용할 때의 주의사항 중 모든 화장품에 적용되는 공통사항은 "화장품법 시행규칙 별표 3"에서 규정하고 있으며 화장품 유형별 주의사항은 "화장품 사용할 때의 주의사항 및 알레르기 유발성분 표시에 관한 규정 별표1" 화장품의 유형과 유형별·함유 성분별 사용할 때의 주의사항 표시에서 규정하고 있다.

(1) 공통사항

① 화장품 사용 시 또는 사용 후 직사광선에 의하여 사용부위가 붉은 반점, 부어오름 또는 가려움증 등의 이상 증상이나 부작용이 있는 경우 전문의 등과 상담할 것

② 상처가 있는 부위 등에는 사용을 자제할 것

③ 보관 및 취급 시의 주의사항

- 어린이의 손이 닿지 않는 곳에 보관할 것
- 직사광선을 피해서 보관할 것

(2) 그 밖에 화장품의 안전정보와 관련하여 화장품의 유형별·함유 성분별로 식품의약품 안전처장이 정하여 고시하는 사항

① 미세한 알갱이가 함유되어 있는 스크러브세안제

알갱이가 눈에 들어갔을 때에는 물로 씻어내고, 이상이 있는 경우에는 전문의와 상담할 것

② 팩 : 눈 주위를 피하여 사용할 것

③ 두발용, 두발염색용 및 눈 화장용 제품류 : 눈에 들어갔을 때에는 즉시 씻어낼 것

④ 모발용 샴푸

- 눈에 들어갔을 때에는 즉시 씻어낼 것
- 사용 후 물로 씻어내지 않으면 탈모 또는 탈색의 원인이 될 수 있으므로 주의할 것

⑤ 퍼머넌트 웨이브 제품 및 헤어스트레이트너 제품

- 두피·얼굴·눈·목·손 등에 약액이 묻지 않도록 유의하고, 얼굴 등에 약액이 묻었을 때에는 즉시 물로 씻어낼 것
- 특이체질, 생리 또는 출산 전후이거나 질환이 있는 사람 등은 사용을 피할 것
- 머리카락의 손상 등을 피하기 위하여 용법·용량을 지켜야 하며, 가능하면 일부에 시험적으로 사용하여 볼 것라
- 섭씨 15도 이하의 어두운 장소에 보존하고, 색이 변하거나 침전된 경우에는 사용하지 말 것
- 개봉한 제품은 7일 이내에 사용할 것(에어로졸 제품이나 사용 중 공기유입이 차단되는 용기는 표시하지 아니한다)
- 제2단계 퍼머액 중 그 주성분이 과산화수소인 제품은 검은 머리카락이 갈색으로 변할 수 있으므로 유의하여 사용할 것

⑥ 외음부 세정제

- 정해진 용법과 용량을 잘 지켜 사용할 것
- 만 3세 이하 영유아에게는 사용하지 말 것
- 임신 중에는 사용하지 않는 것이 바람직하며, 분만 직전의 외음부 주위에는 사용하지 말 것
- 프로필렌 글리콜(Propylene glycol)을 함유하고 있으므로 이 성분에 과민하거나 알레르기 병력이 있는 사람은 신중히 사용할 것(프로필렌 글리콜 함유제품만 표시한다)
- 외음부에만 사용하며, 질 내에 사용하지 않도록 할 것

⑦ 손·발의 피부연화 제품(요소제제의 핸드크림 및 풋크림)

- 눈, 코 또는 입 등에 닿지 않도록 주의하여 사용할 것
- 프로필렌 글리콜(Propylene glycol)을 함유하고 있으므로 이 성분에 과민하거나 알레르기 병력이 있는 사람은 신중히 사용할 것(프로필렌 글리콜 함유제품만 표시한다)

⑧ 체취 방지용 제품

- 털을 제거한 직후에는 사용하지 말 것

⑨ 고압가스를 사용하는 에어로졸 제품

- 고압가스 안전관리법」 제22조의2에 따른「고압가스 용기 및 차량에 고정된 탱크 충전의 시설·기술·검사·안전성평가 기준(KGS FP211)」 3.2.2.1.1 (11) 표3.2.2.1.1 기재사항

[비가연성 가스]

고압가스를 사용하여 위험하므로 다음의 주의를 지킬 것

1. 온도가 40℃이상 되는 장소에 보관하지 말 것
2. 불 속에 버리지 말 것
3. 사용 후 잔 가스가 없도록하여 버릴 것
4. 밀폐된 장소에 보관하지 말 것

[가연성 가스 : LPG 액화석유가스]

고압가스를 사용한 가연성제품으로서 위험하므로 다음의 주의를 지킬 것

1. 불꽃을 향하여 사용하지 말 것
2. 난로, 풍로 등 화기부근에서 사용하지 말 것
3. 화기를 사용하고 있는 실내에서 사용하지 말 것
4. 온도 40℃ 이상의 장소에 보관하지 말 것
5. 밀폐된 실내에서 사용한 후에는 반드시 환기를 실시할 것
6. 불 속에 버리지 말 것
7. 사용 후 잔 가스가 없도록하여 버릴 것
8. 밀폐된 장소에 보관하지 말 것

※ 용기에는 "가연성(화기주의)"표시해야 함.

※ 비고

인체용 에어졸의 제품은 상기 내용 외에 "인체용" 및 다음의 주의사항을 추가표시

1. 특정부위에 계속하여 장기간 사용하지 말 것
2. 가능한 한 인체에서 20㎝이상 떨어져서 사용할 것(단, 화장품 중 물이 내용물전 질량의 40% 이상이고 분사제가 내용물 전질량의 10% 이하인 것으로서 내용물이 거품이나 반죽(gel)상태로 분출되는 제품은 제외)

- 눈 주위 또는 점막 등에 분사하지 말 것. 다만, 자외선 차단제의 경우 얼굴에 직접 분사하지 말고 손에 덜어 얼굴에 바를 것
- 분사가스는 직접 흡입하지 않도록 주의할 것

⑩ 고압가스를 사용하지 않는 분무형 자외선 차단제 : 얼굴에 직접 분사하지 말고 손에 덜어 얼굴에 바를 것

⑪ 염모제(산화염모제와 비산화염모제)

가) 다음 분들은 사용하지 마십시오. 사용 후 피부나 신체가 과민상태로 되거나 피부이상반응(부종, 염증 등)이 일어나거나, 현재의 증상이 악화될 가능성이 있습니다.

(1) 지금까지 이 제품에 배합되어 있는 '과황산염'이 함유된 탈색제로 몸이 부은 경험이 있는 경우, 사용 중 또는 사용 직후에 구역, 구토 등 속이 좋지 않았던 분(이 내용은 '과황산염'이 배합된 염모제에만 표시한다)
(2) 지금까지 염모제를 사용할 때 피부이상반응(부종, 염증 등)이 있었거나, 염색 중 또는 염색 직후에 발진, 발적, 가려움 등이 있거나 구역, 구토 등 속이 좋지 않았던 경험이 있었던 분
(3) 피부시험(패치테스트, patch test)의 결과, 이상이 발생한 경험이 있는 분
(4) 두피, 얼굴, 목덜미에 부스럼, 상처, 피부병이 있는 분
(5) 생리 중, 임신 중 또는 임신할 가능성이 있는 분
(6) 출산 후, 병중, 병후의 회복 중인 분, 그 밖의 신체에 이상이 있는 분
(7) 특이체질, 신장질환, 혈액질환이 있는 분
(8) 미열, 권태감, 두근거림, 호흡곤란의 증상이 지속되거나 코피 등의 출혈이 잦고 생리, 그 밖에 출혈이 멈추기 어려운 증상이 있는 분
(9) 이 제품에 첨가제로 함유된 프로필렌 글리콜에 의하여 알레르기를 일으킬 수 있으므로 이 성분에 과민하거나 알레르기 반응을 보였던 적이 있는 분은 사용 전에 의사 또는 약사와 상의하여 주십시오(프로필렌글리콜 함유 제제에만 표시한다)

나) 염모제 사용 전의 주의

(1) 염색 전 2일전(48시간 전)에는 다음의 순서에 따라 매회 반드시 패치테스트(patch test)를 실시하여 주십시오. 패치테스트는 염모제에 부작용이 있는 체질인지 아닌지를 조사하는 테스트입니다. 과거에 아무 이상이 없이 염색한 경우에도 체질의 변화에 따라 알레르기 등 부작용이 발생할 수 있으므로 매회 반드시 실시하여 주십시오. (패치테스트의 순서 ① ~ ④를 그림 등을 사용하여 알기 쉽게 표시하며, 필요 시 사용 상의 주의사항에 "별첨"으로 첨부할 수 있음)
① 먼저 팔의 안쪽 또는 귀 뒤쪽 머리카락이 난 주변의 피부를 비눗물로 잘 씻고 탈지면으로 가볍게 닦습니다.
② 다음에 이 제품 소량을 취해 정해진 용법대로 혼합하여 실험액을 준비합니다.
③ 실험액을 앞서 세척한 부위에 동전 크기로 바르고 자연건조시킨 후 그대로 48시간 방치합니다.(시간을 잘 지킵니다)
④ 테스트 부위의 관찰은 테스트액을 바른 후 30분 그리고 48시간 후 총 2회를 반드시 행하여 주십시오. 그 때 도포 부위에 발진, 발적, 가려움, 수포, 자극 등의 피부 등의 이상이 있는 경우에는 손 등으로 만지지 말고 바로 씻어내고 염모는 하지 말아 주십시오. 테스트 도중, 48시간 이전이라도 위와 같은 피부이상을 느낀 경우에는 바로 테스트를 중지하고 테스트액을 씻어내고 염모는 하지 말아 주십시오.
⑤ 48시간 이내에 이상이 발생하지 않는다면 바로 염모하여 주십시오.
(2) 눈썹, 속눈썹 등은 위험하므로 사용하지 마십시오. 염모액이 눈에 들어갈 염려가 있습니다. 그 밖에 두발 이외에는 염색하지 말아 주십시오.
(3) 면도 직후에는 염색하지 말아 주십시오.
(4) 염모 전후 1주간은 파마 · 웨이브(퍼머넨트웨이브)를 하지 말아 주십시오.

다) 염모 시의 주의

(1) 염모액 또는 머리를 감는 동안 그 액이 눈에 들어가지 않도록 하여 주십시오. 눈에 들어가면 심한 통증을 발생시키거나 경우에 따라서 눈에 손상(각막의 염증)을 입을 수 있습니다. 만일, 눈에 들어갔을 때는 절대로 손으로 비비지 말고 바로 물 또는 미지근한 물로 15분 이상 잘 씻어 주시고 곧바로 안과 전문의의 진찰을 받으십시오. 임의로 안약 등을 사용하지 마십시오.
(2) 염색 중에는 목욕을 하거나 염색 전에 머리를 적시거나 감지 말아 주십시오. 땀이나 물방울 등을 통해 염모액이 눈에 들어갈 염려가 있습니다.
(3) 염모 중에 발진, 발적, 부어오름, 가려움, 강한 자극감 등의 피부이상이나 구역, 구토 등의 이상을 느꼈을 때는 즉시 염색을 중지하고 염모액을 잘 씻어내 주십시오. 그대로 방치하면 증상이 악화될 수 있습니다.
(4) 염모액이 피부에 묻었을 때는 곧바로 물 등으로 씻어내 주십시오. 손가락이나 손톱을 보호하기 위하여 장갑을 끼고 염색하여 주십시오.
(5) 환기가 잘 되는 곳에서 염모하여 주십시오.

라) 염모 후의 주의

(1) 머리, 얼굴, 목덜미 등에 발진, 발적, 가려움, 수포, 자극 등 피부의 이상반응이 발생한 경우, 그 부위를 손으로 긁거나 문지르지 말고 바로 피부과 전문의의 진찰을 받으십시오. 임의로 의약품 등을 사용하는 것은 삼가 주십시오.
(2) 염모 중 또는 염모 후에 속이 안 좋아 지는 등 신체이상을 느끼는 분은 의사에게 상담하십시오.

마) 보관 및 취급상의 주의

(1) 혼합한 염모액을 밀폐된 용기에 보존하지 말아 주십시오. 혼합한 액으로부터 발생하는 가스의 압력으로 용기가 파손될 염려가 있어 위험합니다. 또한 혼합한 염모액이 위로 튀어 오르거나 주변을 오염시키고 지워지지 않게 됩니다. 혼합한 액의 잔액은 효과가 없으므로 잔액은 반드시 바로 버려 주십시오.
(2) 용기를 버릴 때는 반드시 뚜껑을 열어서 버려 주십시오.
(3) 사용 후 혼합하지 않은 액은 직사광선을 피하고 공기와 접촉을 피하여 서늘한 곳에 보관하여 주십시오.

⑫ 탈염 · 탈색제

가) 다음 분들은 사용하지 마십시오. 사용 후 피부나 신체가 과민상태로 되거나 피부이상반응을 보이거나, 현재의 증상이 악화될 가능성이 있습니다.

(1) 두피, 얼굴, 목덜미에 부스럼, 상처, 피부병이 있는 분
(2) 생리 중, 임신 중 또는 임신할 가능성이 있는 분
(3) 출산 후, 병중이거나 또는 회복 중에 있는 분, 그 밖에 신체에 이상이 있는 분

나) 다음 분들은 신중히 사용하십시오.

(1) 특이체질, 신장질환, 혈액질환 등의 병력이 있는 분은 피부과 전문의와 상의하여 사용하십시오.
(2) 이 제품에 첨가제로 함유된 프로필렌 글리콜에 의하여 알레르기를 일으킬 수 있으므로 이 성분에 과민하거나 알레르기 반응을 보였던 적이 있는 분은 사용 전에 의사 또는 약사와 상의하여 주십시오.

다) 사용 전의 주의

(1) 눈썹, 속눈썹에는 위험하므로 사용하지 마십시오. 제품이 눈에 들어갈 염려가 있습니다. 또한, 두 발 이외의 부분(손발의 털 등)에는 사용하지 말아 주십시오. 피부에 부작용(피부이상반응, 염증 등)이 나타날 수 있습니다.
(2) 면도 직후에는 사용하지 말아 주십시오.
(3) 사용을 전후하여 1주일 사이에는 퍼머넌트웨이브 제품 및 헤어스트레이트너 제품을 사용하지 말아 주십시오.

라) 사용 시의 주의

(1) 제품 또는 머리 감는 동안 제품이 눈에 들어가지 않도록 하여 주십시오. 만일 눈에 들어갔을 때는 절대로 손으로 비비지 말고 바로 물이나 미지근한 물로 15분 이상 씻어 흘려 내시고 곧바로 안과 전문의의 진찰을 받으십시오. 임의로 안약을 사용하는 것은 삼가 주십시오.
(2) 사용 중에 목욕을 하거나 사용 전에 머리를 적시거나 감지 말아 주십시오. 땀이나 물방울 등을 통해 제품이 눈에 들어갈 염려가 있습니다.
(3) 사용 중에 발진, 발적, 부어오름, 가려움, 강한 자극감 등 피부의 이상을 느끼면 즉시 사용을 중지하고 잘 씻어내 주십시오.
(4) 제품이 피부에 묻었을 때는 곧바로 물 등으로 씻어내 주십시오. 손가락이나 손톱을 보호하기 위하여 장갑을 끼고 사용하십시오.
(5) 환기가 잘 되는 곳에서 사용하여 주십시오.

마) 사용 후 주의

(1) 두피, 얼굴, 목덜미 등에 발진, 발적, 가려움, 수포, 자극 등 피부이상반응이 발생한 때에는 그 부위를 손 등으로 긁거나 문지르지 말고 바로 피부과 전문의의 진찰을 받아 주십시오. 임의로 의약품 등을 사용하는 것은 삼가 주십시오.
(2) 사용 중 또는 사용 후에 구역, 구토 등 신체에 이상을 느끼시는 분은 의사에게 상담하십시오.

바) 보관 및 취급상의 주의

(1) 혼합한 제품을 밀폐된 용기에 보존하지 말아 주십시오. 혼합한 제품으로부터 발생하는 가스의 압력으로 용기가 파열될 염려가 있어 위험합니다. 또한, 혼합한 제품이 위로 튀어 오르거나 주변을 오염시키고 지워지지 않게 됩니다. 혼합한 제품의 잔액은 효과가 없으므로 반드시 바로 버려 주십시오.
(2) 용기를 버릴 때는 뚜껑을 열어서 버려 주십시오.

⑬ 제모제(치오글라이콜릭애씨드 함유 제품에만 표시함)

가) 다음과 같은 사람(부위)에는 사용하지 마십시오.

(1) 생리 전후, 산전, 산후, 병후의 환자
(2) 얼굴, 상처, 부스럼, 습진, 짓무름, 기타의 염증, 반점 또는 자극이 있는 피부
(3) 유사 제품에 부작용이 나타난 적이 있는 피부
(4) 약한 피부 또는 남성의 수염부위

나) 이 제품을 사용하는 동안 다음의 약이나 화장품을 사용하지 마십시오.

(1) 땀발생억제제(antiperspirant), 향수, 수렴로션(astringent lotion)은 이 제품 사용 후 24시간 후에 사용하십시오.

다) 부종, 홍반, 가려움, 피부염(발진, 알레르기), 광과민반응, 중증의 화상 및 수포 등의 증상이 나타날 수 있으므로 이러한 경우 이 제품의 사용을 즉각 중지하고 의사 또는 약사와 상의하십시오.

라) 그 밖의 사용 시 주의사항

(1) 사용 중 따가운 느낌, 불쾌감, 자극이 발생할 경우 즉시 닦아내어 제거하고 찬물로 씻으며, 불쾌감이나 자극이 지속될 경우 의사 또는 약사와 상의하십시오.
(2) 자극감이 나타날 수 있으므로 매일 사용하지 마십시오.
(3) 이 제품의 사용 전후에 비누류를 사용하면 자극감이 나타날 수 있으므로 주의하십시오.
(4) 이 제품은 외용으로만 사용하십시오.
(5) 눈에 들어가지 않도록 하며 눈 또는 점막에 닿았을 경우 미지근한 물로 씻어내고 붕산수(농도 약 2%)로 헹구어 내십시오.
(6) 이 제품을 10분 이상 피부에 방치하거나 피부에서 건조시키지 마십시오.
(7) 제모에 필요한 시간은 모질(毛質)에 따라 차이가 있을 수 있으므로 정해진 시간 내에 모가 깨끗이 제거되지 않은 경우 2~3일의 간격을 두고 사용하십시오.

(3) 화장품 함유 성분별 주의사항

화장품의 함유 성분	주의사항 표시 문구
• 과산화수소 및 과산화수소 생성물질 함유 제품	• 눈에 접촉을 피하고 눈에 들어갔을 때는 즉시 씻어낼 것
• 벤잘코늄클로라이드, 벤잘코늄브로마이드 및 벤잘코늄사카리네이트 함유 제품	• 눈에 접촉을 피하고 눈에 들어갔을 때는 즉시 씻어낼 것
• 스테아린산아연(징크스테아레이트) 함유 제품(기초화장용 제품류 중 파우더 제품에 한함)	• 사용 시 흡입되지 않도록 주의할 것
• 살리실릭애씨드 및 그 염류 함유 제품 (샴푸 등 사용 후 바로 씻어내는 제품 제외)	• 만 3세 이하 영유아에게는 사용하지 말 것
• 실버나이트레이트 함유 제품	• 눈에 접촉을 피하고 눈에 들어갔을 때는 즉시 씻어낼 것
• 아이오도프로피닐부틸카바메이트(IPBC, iodopropynyl butylcarbamate : 보존제) 함유 제품(목욕용제품, 샴푸류 및 바디클렌저 제외)	• 만 3세 이하 영유아에게는 사용하지 말 것
• 알루미늄 및 그 염류(예 알루미늄클로로하이드렉스, 알루미늄클로로하이드레이트, 알루미늄클로라이드) 함유 제품 (체취방지용 제품류(데오도런트)에 한함)	• 신장질환이 있는 사람은 사용 전에 의사와 상의할 것

• 알부틴 2% 이상 함유 제품	• 알부틴은 「인체적용시험자료」에서 구진과 경미한 가려움이 보고된 예가 있음
• 알파-하이드록시애시드(α-hydroxyacid, AHA)(이하 "AHA"라 한다) 함유제품(0.5퍼센트 이하의 AHA가 함유된 제품은 제외한다)	• 햇빛에 대한 피부의 감수성을 증가시킬 수 있으므로 자외선 차단제를 함께 사용할 것(씻어 내는 제품 및 두발용 제품은 제외한다) • 일부에 시험 사용하여 피부 이상을 확인할 것 • 고농도의 AHA 성분이 들어 있어 부작용이 발생할 우려가 있으므로 전문의 등에게 상담할 것(AHA 성분이 10퍼센트를 초과하여 함유되어 있거나 산도가 3.5 미만인 제품만 표시한다)
• 카민 함유 제품	• 카민 성분에 과민하거나 알레르기가 있는 사람은 신중히 사용할 것
• 코치닐추출물 함유 제품	• 코치닐추출물 성분에 과민하거나 알레르기가 있는 사람은 신중히 사용할 것
• 포름알데하이드 0.05% 이상 검출된 제품	• 포름알데하이드 성분에 과민한 사람은 신중히 사용할 것
• 폴리에톡실레이티드레틴아마이드 0.2% 이상 함유 제품	• 폴리에톡실레이티드레틴아마이드는 「인체적용시험자료」에서 경미한 발적, 피부건조, 화끈감, 가려움, 구진이 보고된 예가 있음
• 부틸파라벤, 프로필파라벤, 이소부틸파라벤 또는 이소프로필파라벤 함유 제품(영·유아용 제품류 및 기초화장용 제품류, 만 3세 이하 영유아가 사용하는 제품 중 사용 후 씻어내지 않는 제품에 한함)	• 만 3세 이하 영유아의 기저귀가 닿는 부위에는 사용하지 말 것

Chapter 5 위해사례 판단 및 보고

화장품법 제5조의 2, 화장품법 시행규칙 제14조의2, 제14조의3, 제28조에서는 회수대상 화장품의 기준, 위해화장품(회수대상 화장품)의 위해등급평가 및 회수절차, 공표 등에 대한 사항을 규정하고 있다.

1 회수대상 화장품

① 법 제9조(안전용기 · 포장 등)에 위반되는 화장품

② 법 제15조(영업의 금지)에 위반되는 화장품으로서 다음 각 목의 어느 하나에 해당하는 화장품이다.

- 법 제15조제2호(전부 또는 일부가 변패된 화장품) 또는 제3호(병원미생물에 오염된 화장품)에 해당하는 화장품
- 법 제15조제4호(이물이 혼입되었거나 부착된 것)에 해당하는 화장품 중 보건위생상 위해를 발생할 우려가 있는 화장품
- 법 제8조제1항 또는 제2항에 따른 화장품에 사용할 수 없는 원료를 사용한 화장품 또는 사용한도가 지정된 원료를 사용한도 초과하여 사용한 화장품
- 유통화장품 안전관리 기준(내용량의 기준에 관한 부분은 제외한다)에 적합하지 아니한 화장품
- 법 제15조제9호(사용기한 또는 개봉 후 사용기간을 위조 · 변조한 화장품)에 해당하는 화장품
- 법 제15조제10호(식품의 형태 · 냄새 · 색깔 · 크기 · 용기 및 포장 등을 모방하여 섭취 등 식품으로 오용될 우려가 있는 화장품)에 해당하는 화장품
- 그 밖에 화장품제조업자 또는 화장품책임판매업자 스스로 국민보건에 위해를 끼칠 우려가 있어 회수가 필요하다고 판단한 화장품(자진회수)

③ 등록을 하지 아니한 자가 제조한 화장품 또는 제조 · 수입하여 유통 · 판매한 화장품

④ 신고를 하지 아니한 자가 판매한 맞춤형화장품

⑤ 맞춤형화장품조제관리사를 두지 아니하고 판매한 맞춤형화장품

⑥ 법 제10조(화장품의 기재사항)에 위반되는 화장품

⑦ 법 제11조(화장품의 가격표시)에 위반되는 화장품

⑧ 법 제12조(기재 · 표시상의 주의)에 위반되는 화장품

⑨ 의약품으로 잘못 인식할 우려가 있게 기재 · 표시된 화장품

⑩ 판매의 목적이 아닌 제품의 홍보 · 판매촉진 등을 위하여 미리 소비자가 시험 · 사용하도록 제조 또는 수입된 화장품(소비자에게 판매한 경우만 해당)

⑪ 화장품의 포장 및 기재 · 표시 사항을 훼손(맞춤형화장품 판매를 위하여 필요한 경우는 제외한다) 또는 위조 · 변조한 것

② 위해여부 판단

① 화장품을 회수하거나 회수하는 데에 필요한 조치를 하려는 영업자(이하 "회수의무자"라 한다)는 해당 화장품에 대하여 즉시 판매중지 등의 필요한 조치를 즉시 실시하여야 한다.

② 회수의무자는 제조 또는 수입하거나 유통·판매한 화장품이 회수대상화장품으로 의심되는 경우에는 지체 없이 다음 각 호의 기준에 따라 해당 화장품에 대한 위해성 등급을 평가하여야 한다.

[가등급 위해성 화장품]

화장품에 사용할 수 없는 원료를 사용한 화장품, 식품의약품안전처에서 지정·고시한 보존제, 색소, 자외선차단제 이외의 원료를 사용한 화장품, 사용한도가 정해진 원료를 사용한도 이상으로 포함한 화장품

[나등급 위해성 화장품]

가. 법 제9조(안전용기·포장 등)에 위반되는 화장품

나. 유통화장품 안전관리 기준에 적합하지 아니한 화장품(내용량의 기준에 관한 부분은 제외, 기능성화장품의 기능성을 나타나게 하는 주원료 함량이 기준치(90.0%이상)에 부적합한 경우는 제외): 특정 세균(대장균, 녹농균, 황색포도상구균)이 검출되면 나등급 위해성 화장품

다. 식품의 형태·냄새·색깔·크기·용기 및 포장 등을 모방하여 섭취 등 식품으로 오용될 우려가 있는 화장품

[다등급 위해성 화장품]

가. 전부 또는 일부가 변패된 화장품

나. 병원미생물(예 살모넬라 *Salmonella*, 쉬겔라 *shigella*, 여시니아 *Yersinia* 등)에 오염된 화장품: 병원미생물은 환경 내 세균, 진균류 원충 등의 미생물 중 사람과 동물에게 병을 일으키는 것으로 병원균, 병원충이 있다.

다. 이물이 혼입되었거나 부착된 화장품 중에서 보건위생상 위해를 발생할 우려가 있는 화장품

라. 유통화장품 안전관리 기준에 적합하지 아니한 화장품(내용량의 기준에 관한 부분은 제외, 기능성화장품의 기능성을 나타나게 하는 주원료 함량이 기준치에 부적합한 경우)

마. 사용기한 또는 개봉 후 사용기간(병행 표기된 제조연월일을 포함한다)을 위조·변조한 화장품

바. 화장품제조업자 또는 화장품책임판매업자 스스로 국민보건에 위해를 끼칠 우려가 있어 회수가 필요하다고 판단한 화장품(자진회수)

사. 등록을 하지 아니한 자가 제조한 화장품 또는 제조·수입하여 유통·판매한 화장품

아. 신고를 하지 아니한 자가 판매한 맞춤형화장품

자. 맞춤형화장품조제관리사를 두지 아니하고 판매한 맞춤형화장품

차. 화장품법제10조(화장품의 기재사항), 제11조(화장품의 가격표시), 제12조(기재·표시상의 주의)를 위반한 화장품

카. 의약품으로 잘못 인식할 우려가 있게 기재·표시된 화장품

타. 판매의 목적이 아닌 제품의 홍보·판매촉진 등을 위하여 미리 소비자가 시험·사용하도록 제조 또는 수입된 화장품을 판매한 경우

파. 화장품의 포장 및 기재·표시 사항을 훼손(맞춤형화장품 판매를 위하여 필요한 경우는 제외한다) 또는 위조·변조한 것

3 위해여부 보고

① 회수의무자는 위해등급의 어느 하나에 해당하는 화장품에 대하여 회수대상화장품이라는 사실을 안 날부터 5일 이내에 회수계획서에 다음 각 호의 서류를 첨부하여 지방식품의약품안전청장에게 제출하여야 한다.

- 해당 품목의 제조·수입기록서 사본
- 판매처별 판매량·판매일 등의 기록(맞춤형화장품의 판매내역)
- 회수 사유를 적은 서류
- 회수의무자는 회수계획서 작성 시, 회수종료일을 다음 각 호의 구분에 정하여야 한다. 다만, 해당 등급별 회수기한 이내에 회수종료가 곤란하다고 판단되는 경우에는 지방식품의약품안전청장에게 그 사유를 밝히고 그 회수기한을 초과하여 정할 수 있다.
  - 가등급 위해성 등급 화장품 : 회수를 시작한 날부터 15일 이내
  - 나등급 위해성 화장품 : 회수를 시작한 날부터 30일 이내
  - 다등급 위해성 화장품 : 회수를 시작한 날부터 30일 이내
  - 다만, 제출기한까지 회수계획서의 제출이 곤란하다고 판단되는 경우에는 지방식품의약품안전
- 청장에게 그 사유를 밝히고 제출기한 연장을 요청하여야 한다.

② 회수의무자는 회수대상화장품의 판매자, 그 밖에 해당 화장품을 업무상 취급하는 자에게 방문, 우편, 전화, 전보, 전자우편, 팩스 또는 언론매체를 통한 공고 등을 통하여 회수계획을 통보하여야 하며, 통보 사실을 입증할 수 있는 자료를 회수종료일부터 2년간 보관하여야 한다.

③ 회수계획을 통보받은 자는 회수대상화장품을 회수의무자에게 반품하고, 회수확인서를 작성하여 회수의무자에게 송부하여야 한다.

④ 회수의무자는 회수한 화장품을 폐기하려는 경우에는 폐기신청서에 다음 각 호의 서류를 첨부하여 지방식품의약품안전청장에게 제출하고, 관계 공무원의 참관 하에 환경 관련 법령에서 정하는 바에 따라 폐기하여야 한다.

- 회수계획서 사본
- 회수확인서 사본

⑤ 폐기를 한 회수의무자는 폐기확인서를 작성하여 2년간 보관하여야 한다.

⑥ 회수의무자는 회수대상화장품의 회수를 완료한 경우에는 회수종료신고서에 다음 각 호의 서류를 첨부하여 지방식품의약품안전청장에게 제출하여야 한다.

- 회수확인서 사본
- 폐기확인서 사본(폐기한 경우에만 해당한다)
- 평가보고서 사본

⑦ 회수의무자가 회수계획을 보고하기 전에 맞춤형화장품판매업자가 위해맞춤형화장품을 구입한 소비자로부터 회수조치를 완료한 경우 회수의무자는 제6항(회수계획통보) 및 제7항(회수대상화장품의 반품 및 회수확인서 작성)에 따른 조치를 생략할 수 있다.

⑧ 회수에 따른 행정처분의 경감 또는 면제

- 회수계획에 따른 회수계획량의 5분의 4 이상을 회수한 경우: 그 위반행위에 대한 행정처분을 면제
- 회수계획량의 3분의 1 이상, 5분의 4 미만을 회수한 경우: 등록취소인 경우에는 업무정지 2개월 이상 6개월 이하의 범위에서 처분, 행정처분기준이 업무정지 또는 품목의 제조·수입·판매 업무정지인 경우에는 정지처분기간의 3분의 2 이하의 범위에서 경감
- 회수계획량의 4분의 1 이상 3분의 1 미만을 회수한 경우: 행정처분기준이 등록취소인 경우에는 업무정지 3개월 이상 6개월 이하의 범위에서 처분, 행정처분기준이 업무정지 또는 품목의 제조·수입·판매 업무정지인 경우에는 정지처분기간의 2분의 1 이하의 범위에서 경감

❹ 위해화장품의 공표

① 위해화장품의 공표명령을 받은 영업자는 지체 없이 위해 발생사실 또는 다음 각 호의 사항을 공표하여야 한다. 다만, 회수의무자가 회수대상화장품의 회수를 완료한 경우에는 이를 생략할 수 있다.

- 화장품을 회수한다는 내용의 표제 : "화장품법 제5조의2에 따라 아래의 화장품을 회수합니다"
- 제품명
- 회수 대상 화장품의 제조번호
- 사용기한 또는 개봉 후 사용기간(병행 표기된 제조연월일을 포함한다. 맞춤형화장품의 경우 제조연월일 대신 혼합·소분일로 한다).
- 회수 사유
- 회수 방법
- 회수하는 영업자의 명칭
- 회수하는 영업자의 전화번호, 주소, 그 밖에 회수에 필요한 사항
- 그 밖의 사항 : 위해화장품 회수 관련 협조요청
  - 해당 회수화장품을 보관하고 있는 판매자는 판매를 중지하고 회수 영업자에게 반품하여 주시기 바랍니다.
  - 해당 제품을 구입한 소비자께서는 그 구입한 업소에 되돌려 주시는 등 위해화장품 회수에 적극 협조하여 주시기 바랍니다.

② 위해화장품의 상세한 공표기준은 다음과 같다.

가등급 위해성 또는 나등급 위해성	전국을 보급지역으로 하는 1개 이상의 일반일간신문(당일 인쇄·보급되는 해당 신문의 전체 판(版)을 말한다) 및 해당 영업자의 인터넷 홈페이지에 게재하고, 식품의약품안전처의 인터넷 홈페이지에 게재 요청
다등급 위해성	해당 영업자의 인터넷 홈페이지에 게재하고, 식품의약품안전처의 인터넷 홈페이지에 게재 요청

③ 위해화장품 회수를 공표한 영업자는 공표일, 공표매체, 공표횟수, 공표문 사본 또는 내용을 지방식품의약품안전청장에게 통보해야 한다.

5 제조·수입·판매 등의 금지

1 영업의 금지

화장품법 제15조(영업의 금지)에서 규정하는 화장품을 판매(수입대행형 거래를 목적으로 하는 알선·수여를 포함)하거나 판매할 목적으로 제조·수입·보관 또는 진열하여서는 아니 되는 화장품은 다음과 같다.

① 기능성화장품 심사를 받지 아니하거나 보고서를 제출하지 아니한 기능성화장품
② 전부 또는 일부가 변패(變敗)된 화장품
③ 병원미생물에 오염된 화장품
④ 이물이 혼입되었거나 부착된 것
⑤ 화장품에 사용할 수 없는 원료를 사용하였거나 유통화장품 안전관리 기준에 적합하지 아니한 화장품
⑥ 코뿔소 뿔 또는 호랑이 뼈와 그 추출물을 사용한 화장품
⑦ 보건위생상 위해가 발생할 우려가 있는 비위생적인 조건에서 제조되었거나 시설기준에 적합하지 아니한 시설에서 제조된 것
⑧ 용기나 포장이 불량하여 해당 화장품이 보건위생상 위해를 발생할 우려가 있는 것
⑨ 사용기한 또는 개봉 후 사용기간(병행 표기된 제조연월일을 포함한다)을 위조·변조한 화장품
⑩ 식품의 형태·냄새·색깔·크기·용기 및 포장 등을 모방하여 섭취 등 식품으로 오용될 우려가 있는 화장품

2 동물실험을 실시한 화장품의 유통판매 금지

화장품법 제15조의2에서는 동물실험을 실시한 화장품 또는 동물실험을 실시한 화장품 원료를 사용하여 제조 또는 수입한 화장품의 유통·판매를 금지하고 있으며 다음의 경우에는 예외적으로 동물실험을 할 수 있도록 인정해주고 있다.

① 보존제, 색소, 자외선차단제 등 특별히 사용상의 제한이 필요한 원료에 대하여 그 사용기준을 지정하거나 국민보건상 위해 우려가 제기되는 화장품 원료 등에 대한 위해평가를 하기 위하여 필요한 경우
② 동물대체시험법(예 인체피부모델을 이용한 피부부식 시험법, 장벽막을 이용한 피부 부식 시험법)이 존재하지 아니하여 동물실험이 필요한 경우
③ 화장품 수출을 위하여 수출 상대국의 법령에 따라 동물실험이 필요한 경우
④ 수입하려는 상대국의 법령에 따라 제품 개발에 동물실험이 필요한 경우
⑤ 다른 법령에 따라 동물실험을 실시하여 개발된 원료를 화장품의 제조 등에 사용하는 경우
⑥ 그 밖에 동물실험을 대체할 수 있는 실험을 실시하기 곤란한 경우로서 식품의약품안전처장이 정하는 경우

- 동물대체시험법은 동물을 사용하지 아니하는 실험방법 및 부득이하게 동물을 사용하더라도 그 사용되는 동물의 개체 수를 감소하거나 고통을 경감시킬 수 있는 실험방법으로서 식품의약품안전처장이 인정하는 것을 말한다.
- 동물대체시험법의 종류
- 화장품 광독성 : 활성산소종을 이용한 광독성 시험법, In vitro 3T3 NRU 광독성시험법
- 화장품 안자극성 : 닭의 안구를 이용한 안점막 자극 시험법(ICE, Isolated chicken eye test method)
- 화장품 피부감작성 : 국소림프절시험법(LLNA), 루시페린-루시페라아제 방법을 이용한 국소림프절시험법(LLNA : DA), ELISA방법을 이용한 국소림프절시험법(LLNA : BrdU-ELISA), In Chemico 피부감작성 시험법(kDPRA)
- 화장품 피부부식성 : 인체피부모델을 이용한 피부부식 시험법

6 판매 등의 금지

화장품법 제16조에서 규정하는 판매하거나 판매할 목적으로 보관 또는 진열하지 말아야 하는 화장품은 다음과 같다.

① 제3조(영업의 등록)제1항에 따른 등록을 하지 아니한 자가 제조한 화장품 또는 제조·수입하여 유통·판매한 화장품

② 제3조의2(맞춤형화장품판매업의신고)제1항에 따른 신고를 하지 아니한 자가 판매한 맞춤형화장품

③ 제3조의2(맞춤형화장품판매업의신고)제2항에 따른 맞춤형화장품 조제관리사를 두지 아니하고 판매한 맞춤형화장품

④ 제10조(화장품의기재사항), 제11조(화장품의가격표시), 제12조(기재·표시상의 주의)에 위반되는 화장품 또는 의약품으로 잘못 인식할 우려가 있게 기재·표시된 화장품

⑤ 판매의 목적이 아닌 제품의 홍보·판매촉진 등을 위하여 미리 소비자가 시험·사용하도록 제조 또는 수입된 화장품(소비자에게 판매하는 화장품에 한함)

⑥ 화장품의 포장 및 기재·표시 사항을 훼손(맞춤형화장품 판매를 위하여 필요한 경우는 제외한다 → 내용물에 부착된 라벨 위에 맞춤형화장품 라벨을 오버레이블링하는 경우) 또는 위조·변조한 것

⑦ 누구든지(맞춤형화장품 조제관리사를 통하여 판매하는 맞춤형화장품판매업자는 제외한다) 화장품의 용기에 담은 내용물을 나누어 판매하여서는 아니 된다.

Chapter 6 품질보증

① 일탈

1 정의

① 일탈(deviation)은 규정된 제조 또는 품질관리 활동 등의 기준(예 기준서, 표준작업지침서(SOP, standard operating procedure, 표준작업절차서))을 벗어나 이루어진 행위이다.

② 일탈은 중대한 일탈과 중대하지 않은 일탈로 분류할 수 있다.

2 일탈의 분류

(1) 중대한 일탈(예시)

① 제품표준서, 제조작업절차서 및 포장작업절차서의 기재내용과 다른 방법으로 작업이 실시되었을 경우

② 공정관리기준에서 두드러지게 벗어나 품질 결함이 예상될 경우

③ 관리 규정에 의한 관리 항목(생산 시의 관리 대상 파라미터의 설정치 등)에 있어서 두드러지게 설정치를 벗어났을 경우

④ 생산 작업 중에 설비·기기의 고장, 정전 등의 이상이 발생하였을 경우

⑤ 벌크제품과 제품의 이동·보관에 있어서 보관 상태에 이상이 발생하고 품질에 영향을 미친다고 판단될 경우

⑥ 절차서 등의 기재된 방법과 다른 시험방법을 사용했을 경우

⑦ 작업 환경이 생산 환경 관리에 관련된 문서에 제시하는 기준치를 벗어났을 경우

(2) 중대하지 않은 일탈(예시)

① 관리규정에 의한 관리 항목(생산 시의 관리 대상 파라미터의 설정치 등)에 있어서 설정된 기준치로부터 벗어난 정도가 10%이하이고 품질에 영향을 미치지 않는 것이 확인되어 있을 경우

② 관리규정에 의한 관리 항목(생산 시의 관리 대상 파라미터의 설정치 등)보다도 상위 설정(범위를 좁힌)의 관리 기준에 의거하여 작업이 이루어진 경우

③ 제조 공정에 있어서의 원료 투입에 있어서 동일 온도 설정 하에서의 투입 순서에서 벗어났을 경우

④ 제조에 관한 시간제한을 벗어날 경우 : 필요에 따라 제품품질을 보증하기 위하여 각 제조 공정 완료에는 시간설정이 되어 있어야 하나, 그러한 설정된 시간제한에서의 일탈에 대하여 정당한 이유에 의거한 설명이 가능할 경우

⑤ 합격 판정된 원료, 포장재의 사용 : 사용해도 된다고 합격판정된 원료, 포장재에 대해서는 선입 선출방식으로 사용해야 하나, 이 요건에서의 일탈이 일시적이고 타당하다고 인정될 경우

⑥ 출하배송 절차 : 합격 판정된 오래된 제품 재고부터 차례대로 선입선출 되어야 하나, 이 요건에서의 일탈이 일시적이고 타당하다고 인정될 경우

⑦ 검정기한을 초과한 설비의 사용에 있어서 설비보증이 표준품 등에서 확인할 수 있는 경우

3 일탈처리의 흐름

일탈의 발견 및 초기평가 → 즉각적인 수정조치 → SOP에 따른 조사, 원인분석 및 예방조치 → 후속조치/종결 → 문서작성/문서추적 및 경향분석

2 기준일탈

1 기준일탈

기준일탈(OOS ; Out Of Specification)은 품질관리팀에서 실시한 시험, 검사, 측정결과가 미리 설정된 기준(완제품, 벌크제품, 반제품, 원료 및 포장재 시험기준)에서 벗어난 경우로 기준일탈이 발생하면 시험용 검체, 시험자, 검체채취방법, 시험방법 등이 적절한지 조사한다.

2 기준일탈 제품의 처리절차

① 시험, 검사, 측정에서 기준일탈 결과 나옴 → 기준일탈의 조사 → "시험, 검사, 측정이 틀림없음" 확인 → 기준일탈의 처리 → 기준일탈 제품에 불합격라벨 첨부(부착) → 격리보관 → 폐기처리 혹은 재작업(반제품, 벌크제품, 완제품)/반품(원료, 포장재)

② 기준일탈이 된 완제품 또는 벌크제품은 재작업할 수 있다.

- 재작업 처리의 실시는 품질보증책임자가 결정한다.
- 재작업은 해당 재작업의 절차를 상세하게 작성한 절차서를 준비해서 실시한다.
- 재작업 실시 시에는 발생한 모든 일들을 재작업 제조기록서에 기록한다.
- 제품 안정성 시험을 실시하는 것이 바람직하다.

3 기준일탈 조사 절차

① Laboratory error(시험실 오류) 조사 → 추가시험 → 재 검체채취 → 재시험 → 결과검토 → 재발방지책

② 기준일탈 조사를 위해 사전에 정해놓을 것

- Laboratory error 조사의 내용
- 추가시험의 내용과 실행자
- 재시험의 방법과 횟수
- 결과검토의 책임자

3 불만처리

① 품질부서 불만처리담당자는 제품에 대한 모든 불만을 취합하고, 제기된 불만에 대해 신속하게 조사하고 그에 대한 적절한 조치를 취하여야 하며, 다음 각 호의 사항을 기록·유지하여야 한다.

- 불만 접수연월일
- 불만 제기자의 이름과 연락처
- 제품명, 제조번호 등을 포함한 불만내용
- 불만조사 및 추적조사 내용, 처리결과 및 향후 대책
- 다른 제조번호의 제품에도 영향이 없는지 점검

② 불만은 제품 결함의 경향을 파악하기 위해 주기적으로 검토하여야 한다.
③ 고객 불만처리는 소비자분쟁해결기준(공정거래위원회 고시)에 따라 처리하며, 상세한 내용은 참고법령을 참고한다.

4 제품회수

① 제조업자는 제조한 화장품이 위해 우려가 있다는 사실을 알게 되면 지체 없이 회수(리콜, recall)에 필요한 조치를 하여야 한다.
② 다음 사항을 이행하는 회수 책임자를 두어야 한다.

- 전체 회수과정에 대한 화장품책임판매업자와의 조정역할
- 결함 제품의 회수 및 관련 기록 보존
- 소비자 안전에 영향을 주는 회수의 경우 회수가 원활히 진행될 수 있도록 필요한 조치 수행
- 회수된 제품은 확인 후 제조소 내 격리보관 조치(필요시에 한함)
- 회수과정의 주기적인 평가(필요시에 한함)

③ 제조물의 결함으로 발생한 손해에 대한 제조업자의 손해배상책임을 제조물 책임법(소관부처: 공정거래위원회)에서 규정하고 있으며 상세한 내용은 참고법령을 참조한다.

5 변경관리

① 제품의 품질에 영향을 미치는 원자재, 제조공정 등을 변경할 경우에는 이를 문서화하고 품질보증책임자에 의해 승인된 후 수행하여야 한다.
② 변경관리(change control)의 일반적인 절차는 변경신청(해당부서 작성), 변경이 화장품 제조 및 품질관리에 미치는 영향평가(품질부서 변경관리담당자), 변경승인(품질부서책임자), 변경실행(해당부서), 변경확인(품질부서 변경관리담당자)으로 진행된다.

6 내부감사

① 품질보증체계가 계획된 사항에 부합하는지를 주기적으로 검증하기 위하여 내부감사(내부심사, 자율점검, internal audit)를 실시하여야 하고 내부감사 계획 및 실행에 관한 문서화된 절차를 수립하고 유지하여야 한다.
② 감사자(내부감사자, 내부심사자, 자율점검팀원)는 감사대상과는 독립적이어야 하며, 자신의 업무에 대하여 감사를 실시하여서는 아니 된다.
③ 감사 결과는 기록되어 경영책임자 및 피감사 부서의 책임자에게 공유되어야 하고 감사 중에 발견된 결함에 대하여 시정조치 하여야 한다.
④ 감사자는 시정조치에 대한 후속 감사활동을 행하고 이를 기록하여야 한다.
⑤ 감사자는 자격부여 대상으로 일정한 자격기준(예 학력, 교육훈련, 경험)이 있고 이 자격기준에 적합한 자가 감사자가 될 수 있다.

7 문서관리

① 제조업자는 우수화장품 제조 및 품질보증에 대한 목표와 의지를 포함한 관리방침을 문서화하며 전 작업원들이 실행하여야 한다.
② 모든 문서의 작성 및 개정·승인·배포·회수 또는 폐기 등 관리에 관한 사항이 포함된 문서관리규정을 작성하고 유지하여야 한다.
③ 문서는 작업자가 알아보기 쉽도록 작성하여야 하며 작성된 문서에는 권한을 가진 사람의 서명과 승인연월일이 있어야 한다.
④ 문서의 작성자·검토자 및 승인자는 서명을 등록한 후 사용하여야 한다.
⑤ 문서를 개정할 때는 개정사유 및 개정연월일 등을 기재하고 권한을 가진 사람의 승인을 받아야 하며 개정 번호를 지정해야 한다.
⑥ 원본 문서는 품질보증부서에서 보관하여야 하며, 사본은 작업자가 접근하기 쉬운 장소에 비치·사용하여야 한다.
⑦ 문서의 인쇄본 또는 전자매체를 이용하여 안전하게 보관해야 한다.
⑧ 작업자는 작업과 동시에 문서에 기록하여야 하며 지울 수 없는 잉크로 작성하여야 한다.
⑨ 기록문서를 수정하는 경우에는 수정하려는 글자 또는 문장 위에 선을 그어 수정 전 내용을 알아볼 수 있도록 하고 수정된 문서에는 수정사유, 수정연월일 및 수정자의 서명이 있어야 한다.
⑩ 모든 기록문서는 적절한 보존기간이 규정되어야 한다.
⑪ 기록의 훼손 또는 소실에 대비하기 위해 백업파일 등 자료를 유지하여야 한다.

8 위탁관리

① 화장품 제조 및 품질관리에 있어 공정 또는 시험의 일부 위탁과 관련한 문서화된 절차를 수립·유지 해야 한다.

② 제조업무 위탁 시 우수화장품 제조 및 품질관리기준(CGMP) 적합판정된 업소를 우선적으로 선택하여 위탁제조한다.
③ 위탁업체는 수탁업체의 계약 수행능력을 평가하고 그 업체가 계약을 수행하는데 필요한 시설 등을 갖추고 있는지 확인한다.
④ 위탁업체는 수탁업체에 대해 문서로 계약을 체결하고 정확한 작업이 이뤄질 수 있도록 수탁업체에 관련 정보를 전달한다.
⑤ 수탁업체에 대해 계약에서 규정한 정기감사(현장 혹은 문서감사)를 실시해야 한다.
⑥ 수탁업체의 모든 데이터(예 제조기록, 시험기록, 점검기록, 청소기록)가 유지되어 위탁업체에서 이용 가능한지 확인한다.

9 교육훈련

① 화장품 제조 및 품질관리에 대한 교육훈련은 정기적으로 실시되어야 하며, 기존사원과 신입사원을 구분하여 교육훈련프로그램이 작성되는 것이 권장된다.
② 품질부서 교육담당자는 연간교육계획서를 12월 혹은 다음 해 1월에 작성하여 품질부서책임자에게 승인을 득한다. 연간교육계획에는 제조위생교육(예 수세방법, 손소독기 사용방법)이 1회 이상 있는 것이 권장된다.
③ 승인된 연간교육계획에 따라 교육훈련을 실시하고, 참석자는 참석자 명단에 서명을 하며, 교육훈련 후에는 꼭 평가(예 구술평가, 시험)를 실시하고 평가를 통과하지 못한 교육참석자는 재시험을 봐야한다.
④ 교육관련 규정이 작성되어야 하며, 교육기록이 유지되어야 한다.

Chapter 7 기능성화장품

1 기능성화장품 개요

① 기능성화장품은 식품의약품안전평가원으로부터 심사받거나 식품의약품안전평가원에 보고를 해야만 생산할 수가 있다.
② 기능성화장품의 주성분 및 그 함량이 고시되어 있지 않거나 기준 및 시험방법이 고시되어 있지 않은 경우에는 심사를 받아야만 생산할 수 있다.
③ 기능성화장품 심사의뢰 혹은 보고가 가능한 자 : 화장품제조업자, 화장품책임판매업자, 정부출연연구기관, 대학, 국공립연구기관, 전문생산기술연구소, 기업부설연구소, 연구개발전담부서(화장품법 시행규칙 제9조 1항)

2 기능성화장품 보고

1 기능성화장품 1호 보고

기능성화장품의 주성분 및 그 함량과 기준 및 시험방법이 고시되어 있으면 별도의 심사를 받지 않고 보고서 제출로써 기능성화장품 인정받을 수 있으며(1호보고, 심사제외품목) 1호 보고에 해당되는 기능성화장품은 다음과 같다.

(1) **피부의 미백에 도움을 주는 기능성화장품** : 함량기준 90.0% 이상

- 나이아신아마이드 로션제, 액제, 크림제, 침적마스크
- 아스코르빌글루코사이드 로션제, 액제, 크림제, 침적마스크
- 아스코빌테트라이소팔미테이트 로션제, 액제, 크림제, 침적마스크
- 알부틴 로션제, 액제, 크림제, 침적마스크
- 알파-비사보롤 로션제, 액제, 크림제, 침적마스크
- 에칠아스코빌에텔 로션제, 액제, 크림제, 침적마스크
- 유용성 감초추출물 로션제, 액제, 크림제, 침적마스크

◈ 피부 미백 기능성화장품 제형

> 닥나무추출물을 주성분으로 하여 보고만으로 생산할 수 있는 기능성화장품 제형은 없다.
> 마그네슘아스코빌포스페이트를 주성분으로 하여 보고만으로 생산할 수 있는 기능성화장품의 제형은 없다.

(2) **피부의 주름개선에 도움을 주는 기능성화장품** : 함량기준 90.0% 이상

- 레티놀 로션제, 크림제, 침적마스크
- 레티닐팔미테이트 로션제, 크림제, 침적마스크
- 아데노신 로션제, 액제, 크림제, 침적마스크

◈ 피부 주름개선 기능성화장품의 제형

폴리에톡시레이티드레틴아마이드를 주성분으로 하여 보고만으로 생산할 수 있는 기능성화장품의 제형은 없다.
아데노신액(2%)을 주성분으로 하여 보고만으로 생산할 수 있는 기능성화장품의 제형은 없다.

(3) 피부의 미백 및 주름개선에 도움을 주는 기능성화장품(2중기능성, 미백+주름개선) : 함량기준 90.0% 이상

- 알부틴·아데노신 로션제, 액제, 크림제, 침적마스크
- 알파-비사보롤·아데노신 로션제, 액제, 크림제, 침적마스크
- 나이아신아마이드·아데노신 로션제, 액제, 크림제, 침적마스크
- 유용성감초추출물·아데노신 로션제, 액제, 크림제
- 아스코빌글루코사이드·아데노신 액제
- 알부틴·레티놀 크림제
- 에칠아스코빌에텔·아데노신 액제
- 에칠아스코빌에텔·아데노신 로션제
- 에칠아스코빌에텔·아데노신 크림제
- 에칠아스코빌에텔·아데노신 침적마스크

(4) 체모를 제거하는데 도움을 주는 기능성화장품 : 함량기준 90.0~110.0%

- 치오글리콜산 크림제

(5) 모발의 색상을 변화(탈염, 탈색 포함)시키는데 도움을 주는 기능성화장품

- 2제형 산화염모제 분말제, 크림제, 로션제, 액제, 에어로졸제
- 2제형 산화염모제의 제1제 크림제, 로션제, 액제, 에어로졸제
- 산화염모제, 탈색·탈염제의 산화제 분말제, 크림제, 로션제, 액제, 에어로졸제
- 과황산나트륨·과황산암모늄·과황산칼륨 분말제
- 과황산암모늄 분말제
- 과황산나트륨·과황산암모늄 분말제
- 과황산암모늄·과황산칼륨 분말제
- 과황산나트륨·과황산칼륨 분말제
- *p*-페닐렌디아민·과붕산나트륨사수화물 분말제
- 황산 *p*-페닐렌디아민·황산 *m*-페닐렌디아민·황산 m-아미노페놀·황산 *o*-아미노페놀·과붕산나트륨일수화물 분말제
- 3제형 산화염모제(제1제 : 염모제, 제2제 : 산화제, 제3제 : 컨디셔닝제)

2 기능성화장품 2호 보고

이미 심사를 받은 기능성화장품에서 아래 항목은 변경이 불가하고 다른 항목은 변경해서 기능성화장품 보고하여 생산할 수 있다(2호 보고, 심사제외품목).

가. 효능·효과가 나타나게 하는 원료의 종류 · 규격 및 함량(액체상태인 경우에는 농도)
나. 효능·효과(자외선 차단제품에서 자외선 차단지수의 측정값이 마이너스 20퍼센트 이하의 범위에 있는 경우에는 같은 효능·효과로 본다)
다. 기준[산성도(pH)에 관한 기준은 제외한다] 및 시험방법
라. 용법·용량
마. 제형(단, 자외선 차단제품, 염모제, 탈염제, 탈색제 이외의 제품은 액제, 로션제, 크림제로 변경가능함)

3 기능성화장품 3호 보고

이미 심사를 받은 자외선 차단기능이 포함된 2중(자외선차단+미백, 자외선차단+주름) 혹은 3중(자외선차단+미백+주름) 기능성화장품에서 아래 항목은 변경이 불가하고 다른 항목은 변경해서 기능성화장품 보고하여 생산할 수 있다(3호 보고, 심사제외품목)

가. 효능·효과가 나타나게 하는 원료의 종류·규격 및 함량
나. 효능·효과(자외선 차단제품에서 자외선 차단지수의 측정값이 마이너스 20퍼센트 이하의 범위에 있는 경우에는 같은 효능·효과로 본다)
다. 기준[산성도(pH)에 관한 기준은 제외한다] 및 시험방법
라. 용법·용량
마. 제형

3 기능성화장품 심사

기능성화장품 심사는 기능성화장품 심사에 관한 규정(식품의약품안전처 고시)에서 정하고 있다.

1 기능성화장품 심사를 위해 제출해야 할 자료

(1) 안전성, 유효성 또는 기능을 입증하는 자료

① 기원 및 개발경위에 관한 자료

당해 기능성화장품에 대한 판단에 도움을 줄 수 있도록 육하원칙에 따라 명료하게 기재된 자료(언제, 어디서, 누가, 무엇으로부터 추출, 분리 또는 합성하였고 발견의 근원이 된 것은 무엇이며, 기초시험·인체적용시험 등에 들어간 것은 언제, 어디서였나, 국내외 인정허가 현황 및 사용현황은 어떠한가 등)

② 안전성에 관한 자료

- 단회투여독성시험 자료
- 1차피부자극시험 자료
- 안(眼)점막자극 또는 기타점막자극시험 자료
- 피부감작성시험(感作性試驗) 자료
- 광독성 및 광감작성 시험자료

- 인체첩포시험 자료
- 인체누적첩포시험 자료(인체적용시험자료에서 피부이상반응 발생 등 안전성 문제가 우려된다고 판단되는 경우에 한함)

③ 유효성 또는 기능에 관한 자료

자료	설명	시험방법	
효력시험 자료	원료에 대하여 실시하는 비임상시험자료(효과발현의 작용기전 포함)	미백 기능성 화장품	타이로시나제 활성 저해시험, 세포 내 타이로시나 제 mRNA 발현 저해시험, 체외 DOPA (dihydroxy phenylalanine) 산화반응 저해시험, 멜라닌 생성 저해시험
		주름개선 기능성화장품	세포 내 콜라겐 생성시험, 세포 내 콜라게나제(collagenase) 활성 억제시험, 엘라스타제(elastase) 활성 억제시험
인체적용 시험자료	제품에 대하여 실시하는 임상시험자료	미백 기능성 화장품	인공색소침착 후 미백효과평가시험, 과색소침착증에서 미백효과평가시험
		주름개선 기능성화장품	피부주름의 측정평가
염모효력 시험자료	화장품법 시행규칙 제2조제6호의 화장품(염모제, 탈염제, 탈색제)에만 실시하는 염모효력시험	–	

※ 타이로시나제(tyrosinase) : 인체 내 멜라닌 생합성 경로에서 가장 중요한 초기 속도결정단계에 관여하는 수용성 효소로서, 이 효소의 활성 저해는 멜라닌 생성을 저해하는 결과를 나타냄.
※ 과색소침착증상 : 얼굴에 생기는 불규칙한 모양의 반점으로 기미, 주근깨 등이 이에 속한다. 주로 여성에서 발생 되며 임신, 에스트로겐 복용, 자외선 노출, 가족력, 갑상선기능이상, 화장품, 광독성약물, 항간질성약제 등과 연관이 있음.

④ 자외선차단지수(SPF), 내수성자외선차단지수(SPF, 내수성 또는 지속내수성) 및 자외선A차단등급(PA) 설정의 근거자료 → 자외선차단제

(2) 기준 및 시험방법에 관한 자료(검체 포함)

① 품질관리에 적정을 기할 수 있는 시험항목과 각 시험항목에 대한 시험방법의 밸리데이션, 기준치 설정의 근거가 되는 자료

② 시험방법은 공정서, 국제표준화기구(ISO) 등의 공인된 방법에 의해 검증되어야 한다.

◎ 더 알아보기

1 함량기준

원료성분 및 제제의 함량 또는 역가의 기준은 표시량 또는 표시역가에 대하여 다음 각 사항에 해당하는 함량을 함유한다. 다만, 제조국 또는 원개발국에서 허가된 기준이 있거나 타당한 근거가 있는 경우에는 따로 설정할 수 있다.

(1) **원료성분** : 95.0% 이상

(2) **제제** : 90.0 % 이상. 다만, 화장품법 시행규칙 제2조제7호의 화장품 중 치오글리콜산은 90.0~110.0 %로 한다.

(3) 기타 주성분의 함량시험이 불가능하거나 필요하지 않아 함량기준을 설정할 수 없는 경우에는 기능성시험으로 대체할 수 있다.

2 기타 시험기준

품질관리에 필요한 기준은 나음과 같다. 다만, 근거가 있는 경우에는 따로 설정할 수 있다. 근거자료가 없어 자가시험성적으로 기준을 설정할 경우 3롯트당 3회 이상 시험한 시험성적의 평균값(이하"실측치"라 한다.)에 대하여 기준을 정할 수 있다.

(1) **pH** : 원칙적으로 실측치에 대하여 ±1.0으로 한다.

(2) **염모력시험** : 효능·효과에 기재된 색상으로 한다.

3 기준 및 시험방법 작성 예시

[나이아신아마이드(기능성화장품 주성분)]

이 원료를 건조한 것은 정량할 때 나이아신아마이드($C_6H_6N_2O$) 98.0% 이상을 함유한다.

성 상 이 원료는 백색의 결정 또는 결정성 가루로 냄새는 없다.

[확인시험]

1) 이 원료 5㎎에 2,4-디니트로클로로벤젠 10㎎을 섞어 5~6초간 가만히 가열하여 융해시키고 식힌 다음 수산화칼륨 · 에탄올시액 4mL를 넣을 때 액은 적색을 나타낸다.
2) 이 원료 1㎎에 pH 7.0의 인산염완충액 100mL를 넣어 녹이고 이 액 2mL에 브롬화시안시액 1mL를 넣어 80℃ 에서 7분간 가열하고 빨리 식힌 다음 수산화나트륨시액 5mL를 넣어 30분간 방치하고 자외선 하에서 관찰할 때 청색의 형광을 나타낸다.
3) 이 원료 20㎎에 수산화나트륨시액 5mL를 넣어 조심하여 끓일 때 나는 가스는 적색 리트머스시험지를 청색으로 변화시킨다.
4) 이 원료 20㎎에 물을 넣어 녹이고 1L로 한다. 이 액은 파장 262± 2㎚에서 흡수극대를 나타내며 파장 245± 2㎚에서 흡수극소를 나타낸다. 여기서 얻은 극대파장에서의 흡광도를 A_1, 극소파장에서의 흡광도를 A_2 로 할 때 A_2/A_1은 0.63~0.67이다

융 점 128℃~131℃ (제1법)

[순도시험]

1) 액 성 이 원료의 수용액(1→10)은 중성이다.
2) 염화물 이 원료 0.50g을 달아 시험한다. 비교액에는 0.01N 염산 0.30mL를 넣는다. (0.021% 이하)
3) 황산염 이 원료 1.0g을 달아 시험한다. 비교액에는 0.01N 황산 0.40mL를 넣는다. (0.019% 이하)
4) 중금속 이 원료 1.0g에 물 20mL를 넣어 녹인 다음 여기에 묽은 초산 2mL 및 물을 넣어 50mL로 하고 이것을 검액으로 하여 제 4법에 따라 시험한다. 비교액에는 납표준액 3.0mL를 넣는다. (30ppm 이하)
5) 황산에 대한 정색물 이 원료 0.20g을 달아 시험한다. 액의 색은 색의 비교액 A보다 진하지 않다.

건조감량 0.5% 이하 (1g, 105℃, 4시간)

강열잔분 0.1% 이하 (3g, 제1법)

정 량 법 이 원료를 건조하고 약 0.3g을 정밀하게 달아 비수적정용빙초산 20mL를 넣어 필요하면 가온하여 녹이고 식힌 다음 벤젠 100mL를 넣고 0.1N 과염소산으로 적정한다. (지시약: 크리스탈바이올렛시액 2방울) 다만 적정의 종말점은 액의 자색이 청색을 거쳐 청록색으로 변할 때로 한다. 같은 방법으로 공시험을 하여 보정한다.

0.1N 과염소산 1mL = 12.213㎎ $C_6H_6N_2O$

◎ 더 알아보기

[나이아신아마이드 크림제(기능성화장품 제품)]

이 기능성화장품은 정량할 때 표시량의 90.0% 이상에 해당하는 나이아신아마이드($C_6H_6N_2O$: 122.13)를 함유한다.

제 법 이 기능성화장품은 나이아신아마이드를 주성분(기능성성분)으로 하는 크림제이다. 이 제품은 안정성 및 유용성을 높이기 위해 안정제, 습윤제, 유화제, 보습제, pH 조정제, 착색제, 착향제 등을 첨가할 수 있다.

[확인시험]

정량법의 검액에서 얻은 주피크의 유지시간은 표준액에서 얻은 주피크의 유지시간과 같다.

pH 기준치 ± 1.0 (2 → 30) (다만, pH 범위는 3.0 ~ 9.0이다)

정 량 법 이 기능성화장품을 가지고 나이아신아마이드로서 약 20 mg에 해당하는 양을 정밀하게 달아 5 mL 메탄올을 넣어 초음파 추출한 후 물을 넣어 50 mL로 하고 필요하면 여과하여 검액으로 한다. 따로 나이아신아마이드 표준품 약 20 mg을 정밀하게 달아 10 % 메탄올을 넣어 녹여 50 mL로 한 액을 표준액으로 한다. 검액 및 표준액 각 10 μL씩을 가지고 다음 조건으로 액체크로마토그래프법에 따라 시험하여 검액 및 표준액의 피크면적 A_T 및 A_S를 각각 구한다.

$$\text{나이아신아마이드}(C_6H_6N_2O : 122.13)\text{의 양(mg)} = \text{나이아신아마이드 표준품의 양(mg)} \times \frac{A_T}{A_S}$$

조작조건
검출기 : 자외부흡광광도계 (측정파장 260 nm)
칼 럼 : 안지름 약 4.6mm, 길이 약 25cm인 스테인리레스관에 5μm의 액체크로마토그래프용 옥타데실실릴화한 실리카겔을 충전한다.
이동상 : 메탄올 · 0.05 M 인산이수소칼륨용액 혼합액 (15 : 85)
유 량 : 1.0mL/분

4 제출자료의 면제

① 기능성화장품 기준 및 시험방법, 국제화장품원료집(ICID) 및 식품의 기준 및 규격 및 식품첨가물의 기준 및 규격에서 정하는 원료로 제조되거나 제조되어 수입된 기능성화장품의 경우, 안전성에 관한 자료 제출을 면제(다만, 유효성 또는 기능 입증자료 중 인체적용시험자료에서 피부이상반응 발생 등 안전성 문제가 우려된다고 식품의약품안전처장이 인정하는 경우는 면제 불가)한다.

② 인체적용시험자료를 제출하는 경우 효력시험자료 제출을 면제할 수 있다. 다만, 이 경우에는 효력시험자료의 제출을 면제받은 성분에 대해서는 효능·효과를 기재·표시할 수 없다.

③ 자료 제출이 생략되는 기능성화장품의 종류(기능성화장품 심사에 관한 규정 별표4)에서 성분·함량을 고시한 품목의 경우에는 기원 및 개발경위에 관한 자료, 안전성에 관한 자료, 유효성 또는 기능에 관한 자료의 제출을 면제한다.

④ 이미 심사를 받은 기능성화장품[화장품책임판매업자가 같거나 화장품제조업자(화장품제조업자가 제품을 설계·개발·생산하는 방식으로 제조한 경우만 해당한다)가 같은 기능성화장품만 해당한다]과 그 효능·효과를 나타내게 하는 원료의 종류, 규격 및 분량(액상인 경우 농도), 용법·용량이 동일하고, 각 호 어느 하나에 해당하는 경우 안전성, 유효성 또는 기능을 입증하는 자료 제출을 면제한다.

- 효능·효과를 나타나게 하는 성분을 제외한 대조군과의 비교실험으로서 효능을 입증한 경우
- 착색제, 착향제, 현탁화제, 유화제, 용해보조제, 안정제, 등장제, pH 조절제, 점도조절제, 용제만 다른 품목의 경우. 다만, 화장품법 시행규칙 제2조제10호(피부장벽(피부의 가장 바깥 쪽에 존재하는 각질층의 표피를 말한다)의 기능을 회복하여 가려움 등의 개선에 도움을 주는 화장품) 및 제11호(튼살로 인한 붉은 선을 엷게 하는 데 도움을 주는 화장품)에 해당하는 기능성화장품은 착향제, 보존제만 다른 경우에 한한다.

⑤ 자외선차단지수(SPF) 10 이하 제품의 경우에는 제4조제1호라목의 자료(자외선차단지수 설정의 근거자료) 제출을 면제한다.

⑥ 자외선을 차단 또는 산란시켜 자외선으로부터 피부를 보호하는 기능을 가진 제품의 경우 이미 심사를 받은 기능성화장품[화장품판매업자가 같거나 화장품제조업자(화장품제조업자가 제품을 설계·개발·생산하는 방식으로 제조한 경우만 해당한다)가 같은 기능성화장품만 해당한다]과 그 효능·효과를 나타내게 하는 원료의 종류, 규격 및 분량(액상의 경우 농도), 용법·용량 및 제형이 동일한 경우에는 안전성, 유효성 또는 기능을 입증하는 자료의 제출을 면제한다. 다만, 내수성 제품은 이미 심사를 받은 기능성화장품[화장품책임판매업자가 같거나 화장품제조업자(화장품제조업자가 제품을 설계·개발·생산하는 방식으로 제조한 경우만 해당한다)가 같은 기능성화장품만 해당한다]과 착향제, 보존제를 제외한 모든 원료의 종류, 규격 및 분량, 용법·용량 및 제형이 동일한 경우에는 안전성, 유효성 또는 기능을 입증하는 자료의 제출을 면제한다.

⑦ 2제형 산화염모제에 해당하나 제1제를 두 가지로 분리하여 제1제 두 가지를 각각 2제와 섞어 순차적으로 사용하거나, 또는 제1제를 먼저 혼합한 후 제2제를 섞는 것으로 용법·용량을 신청하는 품목(단, 용법·용량 이외의 사항은 기능성화장품 심사에 관한 규

정 별표4 제4호(모발의 색상을 변화시키는 기능을 가진 제품의 성분 및 함량)에 적합하여야 한다)은 안전성, 유효성 또는 기능을 입증하는 자료의 제출을 면제한다.

⑤ 변경심사

기능성화장품 변경심사에 대한 사항은 화장품법 시행규칙 제9조에서 정하고 있으며, 변경심사 처리기간은 60일 혹은 15일이다.

가. 처리기간 : 60일	나. 처리기간 : 15일
• 원료의 규격 중 시험방법 변경 • 효능·효과 변경 (유효성 또는 기능을 입증하는 자료 제출이 생략되는 경우 제외) • 기준 및 시험방법(pH 및 메탄올 제외) 변경	가) 이외의 경우

⑥ 인체적용시험

화장품의 안전성과 유효성을 증명할 목적으로 해당 화장품의 임상적 효과를 확인하고 유해사례를 조사하기 위하여 사람을 대상으로 실시하는 시험 또는 연구

1 인체적용시험 종류

(1) 생체외 시험

① Ex Vivo시험 : 생체 고유의 특성에 대한 변형은 없이 생물에서 채취된 시료를 가지고 실험실에서 평가하는 시험(예 두피에서 기인하는 어떠한 효과를 배제하기 위해 머리카락을 잘라내어 케라틴 지지에 대한 구조적 특성, 표면 특성 또는 색깔을 실험실에서 기기로 측정하는 방법, 피부 상재균(skin microflora) 및 피부 테이프 스트립(tape strips of skin) 검사)

② In Vitro시험 : 실험실의 배양접시 등 인위적 환경에서 시험물질과 대조물질을 처리한 다음 그 결과를 측정하는 시험

(2) 생체내 시험(In Vivo시험) : 생체 내에서의 시험으로 일반적으로 동물 및 인체 실험

(3) 무작위배정(Randomization) : 시험 과정에서 발생할 수 있는 비뚤림(bias)을 줄이기 위해 확률의 원리에 따라 피험자를 각 군에 배정하는 과정

(4) 눈가림(Blinding) : 시험에 관여하는 사람 또는 부서 등이 배정된 치료법에 대해 알지 못하도록 하는 절차

① 단일눈가림 : 일반적으로 피험자를 눈가림 상태로 하는 것

② 이중눈가림 : 피험자, 시험자, 모니터, 필요한 경우 자료 분석에 관여하는 자 등을 눈가림 상태로 하는 것

7 기능성화장품 심사에 관한 규정

(1) 자외선 차단지수(SPF)

① 자외선차단지수(SPF)는 측정결과에 근거하여 평균값(소수점이하 절사)으로부터 −20% 이하 범위내 정수(예: SPF평균값이 '23'일 경우 19~23 범위정수)로 표시하되, SPF 50 이상은 "SPF50+"로 표시한다.

② 자외선은 200~290nm의 파장을 가진 자외선C(이하 UVC라 한다)와 290~320nm의 파장을 가진 자외선B(이하 UVB라 한다) 및 320~400㎚의 파장을 가진 자외선A(이하 UVA라 한다)로 나눈다. UVA는 UVA I(340~400 nm)와 UVA II(320~340 nm)로 분류된다.

(2) 내수성 자외선 차단지수

① 침수 후의 자외선차단지수가 침수 전의 자외선차단지수의 최소 50% 이상을 유지하면 내수성자외선차단지수를 표시할 수 있음: 내수성비 신뢰구간이 50% 이상일 때 내수성 또는 지속내수성으로 표시함.

② 내수성은 1시간, 지속내수성은 2시간 침수하는 것으로 검증한 것임.

③ 내수성자외선차단지수 표시방법: 내수성, 지속내수성

(3) 자외선A 차단등급

① 자외선A 차단지수는 자외선A차단지수 계산 방법에 따라 얻어진 자외선A차단지수(PFA) 값의 소수점이하는 버리고 정수로 표시한다. 그 값이 2 이상이면 다음 표와 같이 자외선A 차단등급을 표시한다.

자외선A차단지수(PFA)	자외선A차단등급(PA)	자외선A차단효과
2이상 4미만	PA+	낮음
4이상 8미만	PA++	보통
8이상 16미만	PA+++	높음
16이상	PA++++	매우 높음

Chapter 8 천연화장품 및 유기농화장품

1 천연화장품 및 유기농화장품 개념

① 천연화장품 및 유기농화장품은 천연화장품 및 유기농화장품의 기준에 관한 규정(식품의약품안전처 고시)에 적합해야만 천연화장품 및 유기농화장품으로 표시·광고할 수 있다.

[천연화장품과 유기농화장품 인증표시]

② 천연화장품 및 유기농화장품의 인증은 필수가 아니며 식품의약품안전처 천연화장품 및 유기농화장품 로고의 사용을 원할 경우에만 식품의약품안전처가 지정한 인증기관으로부터 인증을 받을 수 있으며 인증 유효기간은 3년이다(화장품법 제14조의 3).

③ 인증의 유효기간을 연장 받으려는 자는 유효기간 만료 90일 전에 총리령으로 정하는 바에 따라 연장신청을 하여야 한다.

④ 식품의약품안전처 천연화장품 및 유기농화장품 인증은 국가인증이며, 민간인증으로 유기농화장품 단체들의 인증인 코스모스(COSMOS®), 나뚜루(NATRUE®) 등이 있다.

◈ 식품의약품안전처가 지정한 천연화장품 및 유기농화장품 인증기관

- (재)한국화학융합시험연구원(KTR)
- (재)한국건설생활환경시험연구원(KCL)
- 컨트롤유니온(Control Union)

② 용어의 정의

1 유기농 원료

유기농 원료는 다음 각 목의 어느 하나에 해당하는 화장품 원료이다.

가. 친환경농어업 육성 및 유기식품 등의 관리·지원에 관한 법률에 따른 유기농수산물 또는 이를 천연 화장품 및 유기농화장품의 기준에 관한 규정에서 허용하는 물리적 공정에 따라 가공한 것
나. 외국 정부(미국, 유럽연합, 일본 등)에서 정한 기준에 따른 인증기관으로부터 유기농수산물로 인정받거나 이를 이 고시에서 허용하는 물리적 공정에 따라 가공한 것
다. 국제유기농업운동연맹(IFOAM)에 등록된 인증기관으로부터 유기농 원료로 인증받거나 이를 천연화장품 및 유기농화장품의 기준에 관한 규정에서 허용하는 물리적 공정(별표8)에 따라 가공한 것

2 식물 원료

식물(해조류와 같은 해양식물, 버섯과 같은 균사체를 포함한다) 그 자체로서 가공하지 않거나, 이 식물을 가지고 물리적 공정에 따라 가공한 화장품 원료이다.

물리적 공정명	비고
흡수(Absorption)/흡착(Adsorption)	불활성 지지체
탈색(Bleaching)/탈취(Deodorization)	불활성 지지체
분쇄(Grinding)	
원심분리(Centrifuging)	
상층액분리(Decanting)	
건조 (Desiccation and Drying)	
탈(脫)고무(Degumming)/탈(脫)유(De-oiling)	
탈(脫)테르펜(Deterpenation)	증기 또는 자연적으로 얻어지는 용매 사용
증류(Distillation)	자연적으로 얻어지는 용매 사용(물, CO_2 등)
추출(Extractions)	자연적으로 얻어지는 용매 사용(물, 글리세린 등)
여과(Filtration)	불활성 지지체
동결건조(Lyophilization)	
혼합(Blending)	
삼출(Percolation)	
압력(Pressure)	

물리적 공정명	비고
멸균(Sterilization)	열처리
멸균(Sterilization)	가스 처리(O_2, N_2, Ar, He, O_3, CO_2 등)
멸균(Sterilization)	UV, IR, Microwave
체로 거르기(Sifting)	
달임(Decoction)	뿌리, 열매 등 단단한 부위를 우려냄
냉동(Freezing)	
우려냄(Infusion)	꽃, 잎 등 연약한 부위를 우려냄
매서레이션(Maceration)	정제수나 오일에 담가 부드럽게 함
마이크로웨이브(Microwave)	
결정화(Settling)	
압착(Squeezing)/분쇄(Crushing)	
초음파(Ultrasound)	
UV 처치(UV Treatments)	
진공(Vacuum)	
로스팅(Roasting)	
탈색(Decoloration, 벤토나이트, 숯가루, 표백토, 과산화수소, 오존 사용)	

※ 물리적 공정 시 물이나 자연에서 유래한 천연 용매로 추출해야 함
※ 자료출처 : 천연화장품 및 유기농화장품의 기준에 관한 규정

3 동물성 원료

동물 그 자체(세포, 조직, 장기)는 제외하고, 동물로부터 자연적으로 생산되는 것으로서 가공하지 않거나, 이 동물로부터 자연적으로 생산되는 것을 가지고 물리적 공정에 따라 가공한 계란, 우유, 우유단백질 등의 화장품 원료이다.

4 미네랄 원료

지질학적 작용에 의해 자연적으로 생성된 물질을 가지고 천연화장품 및 유기농화장품의 기준에 관한 규정에서 허용하는 물리적 공정에 따라 가공한 화장품 원료이며 화석연료(예 석유, 석탄)로부터 기원한 물질은 제외이다.

5 유기농유래 원료

유기농 원료를 화학적 또는 생물학적 공정에 따라 가공한 원료이다.

화학적·생물학적 공정명	비고
알킬화(Alkylation)	
아마이드 형성(Formation of amide)	
회화(Calcination)	
탄화(Carbonization)	
응축/부가(Condensation/Addition)	
복합화(Complexation)	
에스텔화(Esterification)/에스테르결합전이반응(Transesterification)/에스테르교환(Interesterification)	
에텔화(Etherification)	
생명공학기술(Biotechnology)/자연발효(Natural fermentation)	
수화(Hydration)	
수소화(Hydrogenation)	
가수분해(Hydrolysis)	
중화(Neutralization)	
산화/환원(Oxydization/Reduction)	
양쪽성물질의 제조공정(Processes for the Manufacture of Amphoterics)	아마이드, 4기화반응 (Formation of amide and Quaternization)
비누화(Saponification)	
황화(Sulphatation)	
이온교환(Ionic Exchange)	
오존분해(Ozonolysis)	

※ 석유화학 용제의 사용 시 반드시 최종적으로 모두 회수되거나 제거되어야 하며, 방향족, 알콕실레이트화, 할로겐화, 니트로젠 또는 황(DMSO: Dimethyl sulfoxide 예외) 유래 용제는 사용이 불가함
※ 자료출처 : 천연화장품 및 유기농화장품의 기준에 관한 규정

6 식물유래 원료

식물 원료를 화학적 또는 생물학적 공정에 따라 가공한 원료이다.

7 동물성유래 원료

동물성 원료를 화학적 또는 생물학적 공정에 따라 가공한 원료이다.

8 미네랄유래 원료

미네랄 원료를 가지고 화학적 또는 생물학적 공정에 따라 가공한 원료이다.

미네랄유래 원료
구리가루(Copper Powder CI 77400)
규조토(Diatomaceous Earth)
디소듐포스페이트(Disodium Phosphate)
디칼슘포스페이트(Dicalcium Phosphate)
디칼슘포스페이트디하이드레이트(Dicalcium phosphate dihydrate)
마그네슘실페이드(Magnesium Sulfate)
마그네슘실리케이트(Magnesium Silicate)
마그네슘알루미늄실리케이트(Magnesium Aluminium Silicate)
마그네슘옥사이드(Magnesium Oxide CI 77711)
마그네슘카보네이트(Magnesium Carbonate CI 77713(Magnesite))
마그네슘클로라이드(Magnesium Chloride)
마그네슘카보네이트하이드록사이드 (Magnesium Carbonate Hydroxide)
마그네슘하이드록사이드(Magnesium Hydroxide)
마이카(Mica)
말라카이트(Malachite)
망가니즈비스오르토포스페이트(Manganese bis orthophosphate CI 77745)
망가니즈설페이트(Manganese Sulfate)
바륨설페이트(Barium Sulphate)
벤토나이트(Bentonite)
비스머스옥시클로라이드(Bismuth Oxychloride CI 77163)
소듐글리세로포스페이트(Sodium Glycerophosphate)
소듐마그네슘실리케이트(Sodium Magnesium Silicate)
소듐메타실리케이트(sodium Metasilicate)
소듐모노플루오로포스페이트(Sodium Monofluorophosphate)
소듐바이카보네이트(Sodium Bicarbonate)
소듐보레이트(Sodium borate)
소듐설페이트(Sodium Sulfate)
소듐실리케이트(Sodium Silicate)
소듐카보네이트(Sodium Carbonate)
소듐치오설페이트(Sodium Thiosulphate)
소듐클로라이드(Sodium Chloride)
소듐포스페이트(Sodium Phosphate)
소듐플루오라이드(Sodium Fluoride)

소듐하이드록사이드(Sodium Hydroxide)
실리카(Silica)
실버(Silver CI 77820)
실버설페이트(Silver Sulfate)
실버씨트레이트(Silver Citrate)
실버옥사이드(Silver Oxide)
실버클로라이드(Silver Chloride)
씨솔트(Sea Salt, Maris Sal)
아이런설페이트(Iron Sulfate)
아이런옥사이드(Iron Oxides CI 77480, 77489, 77491, 77492, 77499)
아이런하이드록사이드(Iron Hydroxide)
알루미늄아이런실리케이트(Aluminium Iron Silicates)
알루미늄(Aluminum)
알루미늄가루(Aluminum Powder CI 77000)
알루미늄설퍼이트(Aluminium Sulphate)
알루미늄암모니움설퍼이트(Aluminium Ammonium Sulphate)
알루미늄옥사이드(Aluminium Oxide)
알루미늄하이드록사이드(Aluminium Hydroxide)
암모늄망가니즈디포스페이트(Ammonium Manganese Diphosphate CI 77742)
암모늄설페이트(Ammonium Sulphate)
울트라마린(Ultramarines, Lazurite CI 77007)
징크설페이트(Zinc Sulfate)
징크옥사이드(Zinc oxide CI 77947)
징크카보네이트 (Zinc Carbonate, CI 77950)
카올린(Kaolin)
카퍼설페이트(Copper Sulfate, Cupric Sulfate)
카퍼옥사이드(Copper Oxide)
칼슘설페이트(Calcium Sulfate CI 77231)
칼슘소듐보로실리케이트(Calcium Sodium Borosilicate)
칼슘알루미늄보로실리케이트(Calcium Aluminium Borosilicate)
칼슘카보네이트(Calcium Carbonate)
칼슘포스페이트와 그 수화물(Calcium phosphate and their hydrates)
칼슘플루오라이드(Calcium Fluoride)
칼슘하이드록사이드(Calcium Hydroxide)
크로뮴옥사이드그린(Chromium Oxide Greens CI 77288)
크로뮴하이드록사이드그린(Chromium Hydroxide Green CI 77289)
탤크(Talc)
테트라소듐파이로포스페이트(Tetrasodium Pyrophosphate)
티타늄디옥사이드(Titanium Dioxide CI 77891)
틴옥사이드(Tin Oxide)
페릭암모늄페로시아나이드(Ferric Ammonium Ferrocyanide CI 77510)
포타슘설페이트(Potassium Sulfate)
포타슘아이오다이드(Potassium iodide)
포타슘알루미늄설페이트 (Potassium aluminium sulphate)

포타슘카보네이트(Potassium Carbonate)
포타슘클로라이드(Potassium Chloride)
포타슘하이드록사이드(Potassium Hydroxide)
하이드레이티드실리카(Hydrated Silica)
하이드록시아파타이트 (Hydroxyapatite)
헥토라이트(Hectorite)
세륨옥사이드 (Cerium Oxide)
아이런 실리케이트(Iron Silicates)
골드(Gold)
마그네슘 포스페이트(Magnesium Phosphate)
칼슘 클로라이드(Calcium Chloride)
포타슘 알룸(Potassium Alum)
포타슘 티오시아네이트(Potassium Thiocyanate)
알루미늄 실리케이트(Alumium Silicate)

※ 미네랄 유래 원료의 Mono-, Di-, Tri-, Poly-, 염도 사용 가능하다.
※ 자료출처 : 천연화장품 및 유기농화장품의 기준에 관한 규정

9 천연 원료

유기농 원료, 식물 원료, 동물성 원료, 미네랄 원료이다.

10 천연유래 원료

유기농유래 원료, 식물유래 원료, 동물성유래 원료, 미네랄유래 원료이다.

출발물질		천연원료		천연유래 원료
유기농 농산물/수산물	물리적 공정 →	유기농 원료	화학적 공정 혹은 생물학적 공정 →	유기농유래 원료
식물		식물 원료		식물유래 원료
동물로부터 자연적으로 생산되는 것		동물성 원료		동물성유래 원료
지질학적 작용에 의해 자연적으로 생성된 물질		미네랄 원료		미네랄유래 원료

3 천연화장품 및 유기농화장품에 사용할 수 있는 원료

천연화장품 및 유기농화장품의 제조에 사용할 수 있는 원료는 천연 원료, 천연유래 원료, 물, 허용기타 원료, 허용합성 원료이다.

1 허용기타 원료

① 허용기타 원료는 천연연료에서 석유화학 용제를 이용해서 추출한 원료이다.

허용기타 원료	제한
베타인(Betaine)	-
카라기난(Carrageenan)	-
레시틴 및 그 유도체(Lecithin and Lecithin derivatives)	-
토코페롤, 토코트리에놀(Tocopherol/Tocotrienol)	-
오리자놀(Oryzanol)	-
안나토(Annatto)	-
카로티노이드/잔토필(Carotenoids/Xanthophylls)	-
앱솔루트, 콘크리트, 레지노이드(Absolutes, Concretes, Resinoids)	천연화장품에만 허용
라놀린(Lanolin)	-
피토스테롤(Phytosterol)	-
글라이코스핑고리피드 및 글라이코리피드(Glycosphingolipids and Glycolipids)	-
잔탄검	-
알킬베타인	-

※ 천연원료에서 석유화학 용제를 이용하여 추출할 수 있음
석유화학 용제의 사용 시 반드시 최종적으로 모두 회수되거나 제거되어야 하며, 방향족, 알콕실레이트화, 할로겐화, 니트로젠 또는 황(DMSO 예외) 유래 용제는 사용이 불가하다.
※ 자료출처 : 천연화장품 및 유기농화장품의 기준에 관한 규정

② 합성원료는 천연화장품 및 유기농화장품의 제조에 사용할 수 없다. 다만, 천연화장품 또는 유기농화장품의 품질 또는 안전을 위해 필요하나 따로 자연에서 대체하기 곤란한 허용기타 원료와 허용합성 원료는 5% 이내에서 사용할 수 있다. 이 경우에도 석유화학 부분(petrochemical moiety의 합)은 2%를 초과할 수 없다.

③ 제조에 사용되는 원료는 오염물질에 대해 오염이 되어서는 안 된다.

오염물질	
중금속(Heavy metals)	방향족 탄화수소(Aromatic hydrocarbons)
농약(Pesticides)	다이옥신 및 폴리염화비페닐(Dioxins & PCBs)
방사능(Radioactivity)	유전자변형 생물체(GMO)
곰팡이 독소(Mycotoxins)	의약 잔류물(Medicinal residues)
질산염(Nitrates)	니트로사민(Nitrosamines)

※ 상기 오염물질은 자연적으로 존재하는 것보다 많은 양이 제품에서 존재해서는 아니 된다.
※ 자료출처 : 천연화장품 및 유기농화장품의 기준에 관한 규정

2 허용합성 원료

분류	허용합성 원료	제한
합성보존제 및 변성제	벤조익애씨드 및 그 염류(Benzoic Acid and its salts)	–
	벤질알코올(Benzyl Alcohol)	–
	살리실릭애씨드 및 그 염류 (Salicylic Acid and its salts)	–
	소르빅애씨드 및 그 염류(Sorbic Acid and its salts)	–
	데하이드로아세틱애씨드 및 그 염류 (Dehydroacetic Acid and its salts)	–
	데나토늄벤조에이트, 3급부틸알코올, 기타 변성제(프탈레이트류 제외) (Denatonium Benzoate and Tertiary Butyl Alcohol and other denaturing agents for alcohol (excluding phthalates))	(관련 법령에 따라) 에탄올에 변성제로 사용된 경우에 한함
	이소프로필알고올(Isopropylalcohol)	–
	테트라소듐글루타메이트디아세테이트 (Tetrasodium Glutamate Diacetate)	–
천연유래와 석유화학 부분을 모두 포함하고 있는 원료	디알킬카보네이트(Dialkyl Carbonate)	–
	알킬아미도프로필베타인(Alkylamidopropylbetaine)	–
	알킬메칠글루카미드(Alkyl Methyl Glucamide)	–
	알킬암포아세테이트/디아세테이트 (Alkylamphoacetate/Diacetate)	–
	알킬글루코사이드카르복실레이트 (Alkylglucosidecarboxylate)	–
	카르복시메칠 – 식물 폴리머 (Carboxy Methyl – Vegetal polymer)	–
	식물성 폴리머–하이드록시프로필트리모늄클로라이드 (Vegetal polymer–Hydroxypropyl Trimonium Chloride)	두발/수염에 사용하는 제품에 한함
	디알킬디모늄클로라이드(Dialkyl Dimonium Chloride)	두발/수염에 사용하는 제품에 한함
	알킬디모늄하이드록시프로필하이드로라이즈드식물성단백질 (Alkyldimonium Hydroxypropyl Hydrolyzed Vegetal protein)	두발/수염에 사용하는 제품에 한함
	석유화학 부분은 다음과 같이 계산되며, 이 원료들은 유기농이 될 수 없음. 석유화학 부분(%) = 석유화학 유래 부분 몰중량 / 전체 분자량 × 100	

※ 자료출처: 천연화장품 및 유기농화장품의 기준에 관한 규정

④ 제조공정

원료의 제조공정은 간단하고 오염을 일으키지 않으며, 원료 고유의 품질이 유지될 수 있어야 하며 금지되는 공정이 있다.

금지되는 공정	비고
탈색, 탈취(Bleaching-Deodorisation)	동물유래
방사선 조사(Irradiation)	알파선, 감마선
설폰화(Sulphonation)	-
에칠렌 옥사이드, 프로필렌 옥사이드 또는 다른 알켄 옥사이드 사용 (Use of ethylene oxide, propylene oxide or other alkylene oxides)	-
수은화합물을 사용한 처리 (Treatments using mercury)	-
포름알데하이드 사용(Use of formaldehyde)	-
유전자 변형 원료 배합	-
니트로스아민류 배합 및 생성	-
일면 또는 다면의 외형 또는 내부구조를 가지도록 의도적으로 만들어진 불용성이거나 생체지속성인 1~100나노미터 크기의 물질 배합	-
공기, 산소, 질소, 이산화탄소, 아르곤 가스 외의 분사제 사용	-

※ 자료출처 : 천연화장품 및 유기농화장품의 기준에 관한 규정

⑤ 작업장 및 제조설비

천연화장품 또는 유기농화장품을 제조하는 작업장 및 제조설비는 교차오염이 발생하지 않도록 충분히 청소 및 세척되어야 한다.작업장과 제조설비의 사용가능한 세척제만을 사용해야 한다.

1 세척제

① 과산화수소(Hydrogen peroxide/their stabilizing agents)
② 과초산(Peracetic acid)
③ 락틱애씨드(Lactic acid)
④ 알코올(이소프로판올 및 에탄올)
⑤ 계면활성제(Surfactant)
⑥ 석회장석유(Lime feldspar-milk)
⑦ 소듐카보네이트(Sodium carbonate)
⑧ 소듐하이드록사이드(Sodium hydroxide)

⑨ 시트릭애씨드(Citric acid)
⑩ 식물성 비누(Vegetable soap)
⑪ 아세틱애씨드(Acetic acid)
⑫ 열수와 증기(Hot water and Steam)
⑬ 정유(Plant essential oil)
⑭ 포타슘하이드록사이드(Potassium hydroxide)
⑮ 무기산과 알칼리(Mineral acids and alkalis)

2 계면활성제

① 재생가능(renewable)
② EC50 or IC50 or LC50 〉 10 mg/L
③ 혐기성 및 호기성 조건하에서 쉽고 빠르게 생분해 될 것
(biodegradability)(OECD 301 〉 70% in 28 days)
④ 에톡실화 계면활성제는 상기 조건에 추가하여 다음 조건을 만족하여야 한다.

- 전체 계면활성제의 50% 이하일 것
- 에톡실화가 8번 이하일 것
- 유기농화장품에 혼합되지 않을 것

◈ 용어해설

LC5 0(lethal concentration, 반수치사농도)	급성 노출 시에 반수의 실험동물에서 치사를 유발할 수 있는 농도(ppm=mg/L)
LD50 (lethal dosage, 반수치사량)	급성 노출 시에 반수의 실험동물에서 치사를 유발할 수 있는 양(단위:mg/kg)
EC50 (effective concentration)	투여농도(양)에 대한 과반수 영향농도
IC50 (inhibitory concentration)	투여농도(양)에 대한 과반수 활성억제농도
에톡실화(ethoxylation)	에톡실화(ethoxylation)가 높을수록 생분해성이 떨어질 수 있음
재생가능(renewable)	계면활성제의 생산공정이 환경과 자원고갈에 미치는 영향이 적음(low environmental impact and low consumption of fossil resources)

※ 세척제에 사용가능한 원료 자료출처 : 천연화장품 및 유기농화장품의 기준에 관한 규정

6 포장 및 보관

1 포장

천연화장품 및 유기농화장품의 용기와 포장에 폴리염화비닐(Polyvinyl chloride (PVC)), 폴리스티렌폼(Polystyrene foam)을 사용할 수 없다.

2 보관

① 유기농화장품을 제조하기 위한 유기농 원료는 다른 원료와 명확히 표시 및 구분하여 보관하여야 한다.

② 표시 및 포장 전 상태의 유기농화장품은 다른 화장품과 구분하여 보관하여야 한다.

7 원료조성

1 원료 조성 비율

① 천연화장품은 중량 기준으로 천연 함량이 전체 제품에서 95% 이상으로 구성되어야 한다.

② 유기농화장품은 중량 기준으로 유기농 함량이 전체 제품에서 10% 이상이어야 하며, 유기농 함량을 포함한 천연 함량이 전체 제품에서 95% 이상으로 구성되어야 한다.

2 원료함량 계산 방법

(1) 천연함량 계산방법

천연함량 비율(%) = 물 비율 + 천연원료 비율 + 천연유래원료 비율

(2) 유기농함량 계산방법

① 유기농 원료 및 유기농유래 원료에서 유기농 부분에 해당되는 함량비율

② 유기농 인증 원료의 경우 해당 원료의 유기농 함량으로 계산한다.

③ 유기농 함량 확인이 불가능한 경우 유기농 함량 비율 계산 방법은 다음과 같다.

- 물, 미네랄 또는 미네랄유래 원료는 유기농 함량 비율 계산에 포함하지 않는다. 물은 제품에 직접 함유되거나 혼합 원료의 구성요소일 수 있다.
- 유기농 원물만 사용하거나, 유기농 용매를 사용하여 유기농 원물을 추출한 경우 해당 원료의 유기농 함량 비율은 100%로 계산한다.
- 수용성 및 비수용성 추출물 원료의 유기농 함량 비율 계산 방법은 다음과 같다. 단, 용매는 최종 추출물에 존재하는 양으로 계산하며 물은 용매로 계산하지 않고, 동일한 식물의 유기농과 비유기농이 혼합되어 있는 경우, 이 혼합물은 유기농으로 간주하지 않는다.

(3) 천연 및 유기농 함량 계산 방법 예시

1) 수용성 추출물 원료의 경우

1단계 : 비율(ratio) = [신선한 유기농 원물 / (추출물 - 용매)]
* 비율(ratio)이 1이상인 경우 1로 계산

2단계 : 유기농 함량 비율(%) = {[비율(ratio) × (추출물 - 용매) / 추출물] + [유기농 용매 / 추출물]} × 100

[계산예시]
fresh 유기농 라벤더 50g, 합성 에탄올 100g 추출, 추출물 60g
1단계 : ratio = 50/(60 - 100) = -1.25 ⇒ -1.0
2단계 : {[-1.0 × (60 - 100) / 60] + [0 / 60]} × 100 = 66.7%

2) 물로만 추출한 원료의 경우

유기농 함량 비율(%) = (신선한 유기농 원물 / 추출물) × 100

[계산예시]
fresh 유기농 라벤더 50g, 정제수 100g 추출, 추출물 60g
50 / 60 × 100 = 83.3%

3) 비수용성 원료인 경우

유기농 함량 비율(%) = (신선 또는 건조 유기농 원물 + 사용하는 유기농 용매) / (신선 또는 건조 원물 + 사용하는 총 용매) × 100

[계산예시]
fresh 유기농 라벤더 50g, 유기농 달맞이꽃오일 40g, 코코넛오일 60g, 추출물 70g
{(50 + 40) / (50 + 40 + 60)} × 100 = 60.0%

4) 신선한 원물로 복원하기 위해서는 실제 건조 비율을 사용하거나(이 경우 증빙자료 필요) 중량에 아래 일정 비율을 곱해야 한다.

- 나무, 껍질, 씨앗, 견과류, 뿌리 1 : 2.5
- 잎, 꽃, 지상부 1 : 4.5
- 과일(예 살구, 포도) 1 : 5
- 물이 많은 과일(예 오렌지, 파인애플) 1 : 8

[계산예시]
건조한 유기농 장미꽃 34.4g, 정제수 601g, 추출물 500g
(34.4 × 4.5 - 34.4) / 500 × 100 = 24.0%

5) 화학적으로 가공한 원료(예 유기농 글리세린이나 유기농 알코올의 유기농 함량 비율 계산)

- 유기농 함량 비율(%) = {(투입되는 유기농 원물-회수 또는 제거되는 유기농 원물) / (투입되는 총 원료 - 회수 또는 제거되는 원료)} × 100
- 최종 물질이 1개 이상인 경우 분자량으로 계산한다.

※ 자료출처 : 천연화장품 및 유기농화장품의 기준에 관한 규정

8 자료의 보존

① 화장품의 책임판매업자는 천연화장품 또는 유기농화장품으로 표시·광고하여 제조, 수입 및 판매할 경우, 천연화장품 및 유기농화장품의 기준에 관한 규정(식품의약품안전처 고시)에 적합함을 입증하는 자료를 구비하고, 제조일(수입일 경우 통관일)로부터 3년 또는 사용기한 경과 후 1년 중 긴 기간 동안 보존하여야 한다.

② 천연화장품 또는 유기농화장품 인증은 식품의약품안전처가 지정한 인증기관으로부터 받을 수 있으며 인증을 득할 경우에는 식품의약품안전처의 천연화장품 및 유기농화장품의 인증표시를 사용할 수 있다.

9 유기농화장품 처방

원료명	INCI name	전성분	(w/w)%	유기농/천연 구분
Rosemary floral water	Rosmarinus officinalis(rosemary) extract(and)benzyl alcohol(and) dehydroacetic acid	로즈마리추출물, 벤질알코올, 데하이드로아세틱애시드	11.00	유기농 (organic)
Organic green tea extract	Camellia sinensis leaf extract(and) sodium benzoate(and)potassium sorbate(and)citricacid	녹차추출물, 소듐벤조에이트, 포타슘소르베이트, 시트릭애씨드	1.00	유기농 (organic)
Propanediol	Propandiol	프로판디올	7.00	천연 (natural)유래
Glycerin	Glycerin	글리세린	5.00	천연 (natural)유래
Xanthan gum	Xanthan gum	잔탄검	0.15	
Natural betaine	Betaine	베타인	2.00	-
Sodium benzoate	Sodium benzoate	소듐벤조에이트	0.30	-
Essential oil	Perfume	향료	0.40	유기농(organic)
D-water	Water	정제수	73.15	-

※ 유기농함량(11%+1%+0.4%)이 10%이상이며, 천연함량(97.55%)도 95%이상임.

⑩ 유기농화장품 표시광고

유기농화장품 표시·광고 가이드라인(식품의약품안전처, 2015년 폐지)에서는 제품명에 유기농을 표시할 때 다음과 같은 기준을 충족하도록 요구를 했었으나 2015년 폐지되었다.

[유기농화장품 표시·광고 가이드라인(식품의약품안전처)]

제품명에 유기농을 표시하고자 하는 경우에는 유기농 원료가 물과 소금을 제외한 전체구성성분 중 95% 이상으로 구성되어야 한다.

⑪ 천연·유기농화장품 원료인증

식품의약품안전처는 식품의약품안전처로부터 천연·유기농화장품 승인기관으로 지정받은 시험기관 등이 2021년 1월부터 자율적으로 천연·유기농화장품 원료 승인도 할 수 있도록 하였다.

PART 03

유통화장품 안전관리

Chapter 1

작업장 위생관리

Chapter 2

작업자 위생관리

Chapter 3

설비 및 기구관리

Chapter 4

내용물 및 원료관리

Chapter 5

포장재의 관리

Chapter 6

우수화장품 제조 및 품질관리 기준

Chapter 1 작업장 위생관리

① 맞춤형화장품 작업장

1 작업장 조건

① 맞춤형화장품 혼합·소분 장소와 판매 장소는 구분·구획하여 관리한다.
② 적절한 환기시설을 구비한다.
③ 작업대, 바닥, 벽, 천장 및 창문은 청결하게 유지되어야 한다.
④ 혼합·소분 전·후 작업자의 손 세척 및 장비 세척을 위한 세척시설을 구비한다.
⑤ 방충·방서에 대한 대책이 마련되고 정기적으로 방충·방서를 점검한다.
⑥ 맞춤형화장품 간 혼입이나 미생물오염 등을 방지할 수 있는 시설 또는 설비 등의 확보가 되어야 한다.
⑦ 맞춤형화장품의 품질유지 등을 위하여 시설 또는 설비 등에 대해 주기적으로 점검·관리가 되어야 힌다.
⑧ 맞춤형화장품 혼합·소분 장비 및 도구를 위생적으로 관리한다.

◈ 용어정리

분리	별개의 건물로 되어 있고 충분히 떨어져 공기의 입구와 출구가 간섭받지 아니한 상태(동분리)이거나 동일 건물인 경우에는 벽에 의하여 별개의 장소로 나누어져 작업원의 출입 및 원자재의 반출입 구역이 별개이고 공기조화장치(air handling unit, AHU)가 별도로 설치되어 공기가 완전히 차단된 상태(실분리)
구획	동일 건물 내의 작업소, 작업실이 칸막이, 에어커튼(air curtain) 등에 의해 나누어져 교차오염 또는 외부 오염물질의 혼입이 방지될 수 있도록 되어 있는 상태
구분	선이나 줄, 그물망 등에 의하거나 충분한 간격을 두어 착오나 혼동이 일어나지 않도록 되어 있는 상태

2 혼합·소분 장비 및 도구

① 사용 전·후 세척 등을 통해 오염을 방지한다.
② 작업 장비 및 도구 세척 시에 사용되는 세제·세척제는 잔류하거나 표면 이상을 초래하지 않는 것을 사용한다.
③ 세척한 작업 장비 및 도구는 잘 건조하여 다음 사용 시까지 오염 방지한다.
④ 자외선 살균기 이용 시, 충분한 자외선 노출을 위해 적당한 간격을 두고 장비 및 도구가 서로 겹치지 않게 한 층으로 보관하고 자외선램프의 청결 상태를 확인 후 사용한다.
⑤ 맞춤형화장품 혼합·소분 장소가 위생적으로 유지될 수 있도록 맞춤형화장품판매업자는 주기를 정하여 판매장 등의 특성에 맞도록 위생관리 해야 한다.

⑥ 맞춤형화장품 판매업소에서는 작업자 위생, 작업환경위생, 장비·도구 관리 등 맞춤형 화장품 판매업소에 대한 위생 환경 모니터링 후 그 결과를 기록하고 판매업소의 위생 환경 상태를 관리해야 한다.

2 화장품 작업장

화장품을 제조, 충전, 포장하는 작업장에 대한 요구사항은 우수화장품 제조 및 품질관리기준(CGMP) 제7조(건물), 제8조(시설), 제9조(작업소의 위생)에서 규정하고 있다.

1 건물

① 건물은 다음과 같이 위치, 설계, 건축 및 이용되어야 한다.

- 제품이 보호되도록 할 것
- 청소가 용이하도록 하고 필요한 경우 위생·유지관리가 가능하도록 할 것
- 제품, 원료 및 자재 등의 혼동이 없도록 할 것

② 건물은 제품의 제형, 현재 상황 및 청소 등을 고려하여 설계하여야 한다.

2 작업소

① 작업소는 다음 각 호에 적합하여야 한다.

- 제조하는 화장품의 종류·제형에 따라 적절히 구획·구분되어 있어 교차오염 우려가 없을 것
- 바닥, 벽, 천장은 가능한 청소하기 쉽게 매끄러운 표면을 지니고 소독제 등의 부식성에 저항력이 있을 것
- 환기가 잘 되고 청결할 것
- 외부와 연결된 창문은 가능한 열리지 않도록 할 것
- 수세실과 화장실은 접근이 쉬워야 하나 생산구역과 분리되어 있을 것
- 적절한 조명을 설치하고, 조명이 파손될 경우를 대비한 제품을 보호할 수 있는 처리절차를 마련할 것
- 제품의 오염을 방지하고 적절한 온도 및 습도를 유지할 수 있는 공기조화시설(예 공조기, 항온항습기) 등 적절한 환기시설을 갖출 것
- 효능이 입증된 세척제 및 소독제를 사용할 것
- 제품의 품질에 영향을 주지 않는 소모품을 사용할 것

3 설비

(1) 제조 및 품질관리 설비 요구사항

① 사용목적에 적합하고, 청소가 가능하며, 필요한 경우 위생·유지관리가 가능하여야 한다. 자동화시스템을 도입한 경우도 또한 같다.

② 설비 등은 제품의 오염을 방지하고 배수가 용이하도록 설계, 설치하며, 제품 및 청소 소독제와 화학반응을 일으키지 않을 것

③ 설비 등의 위치는 원자재나 직원의 이동으로 인하여 제품의 품질에 영향을 주지 않도록 할 것

④ 제품과 설비가 오염되지 않도록 배관 및 배수관을 설치하며, 배수관은 역류되지 않아야 하고, 청결을 유지할 것

⑤ 천정 주위의 대들보, 파이프, 덕트 등은 가급적 노출되지 않도록 설계하고, 파이프는 받침대 등으로 고정하고 벽에 닿지 않게 하여 청소가 용이하도록 설계할 것

(2) 부속품 및 소모품 요구사항

① 시설 및 기구에 사용되는 소모품은 제품의 품질에 영향을 주지 않도록 할 것

② 사용하지 않는 연결 호스와 부속품은 청소 등 위생관리를 하며, 건조한 상태로 유지하고 먼지, 얼룩 또는 다른 오염으로부터 보호할 것

③ 용기는 먼지나 수분으로부터 내용물을 보호할 수 있을 것

4 작업장 위생

(1) 작업장 위생 기본원칙

① 곤충, 해충이나 쥐를 막을 수 있는 대책을 마련하고 정기적으로 점검·확인하여야 한다.

② 제조, 관리 및 보관 구역 내의 바닥, 벽, 천장 및 창문은 항상 청결하게 유지되어야 한다.

③ 제조시설이나 설비의 세척에 사용되는 세제 또는 소독제는 효능이 입증된 것을 사용하고 잔류하거나 적용하는 표면에 이상을 초래하지 아니하여야 한다.

④ 제조시설이나 설비는 적절한 방법으로 청소하여야 하며, 필요한 경우 위생관리 프로그램을 운영하여야 한다.

(2) 작업장 곤충, 해충이나 쥐를 막는 원칙

① 벌레가 좋아하는 것을 제거한다.

② 빛이 밖으로 새어나가지 않게 한다.

③ 원인을 조사하여 대책을 마련한다.

(3) 작업장 방충·방서 대책의 구체적인 예

① 벽, 천장, 창문, 파이프 구멍에 틈이 없도록 한다.

② 개방할 수 있는 창문을 만들지 않는다.

③ 창문은 차광하고 야간에 빛이 밖으로 새어나가지 않게 한다.

④ 배기구, 흡기구에 필터를 단다.

⑤ 폐수구에 트랩을 단다.

⑥ 문하부에는 스커트(차단판)를 설치한다.

⑦ 골판지, 나무 부스러기(예 벌레의 집)를 방치하지 않는다.

⑧ 실내압을 외부(실외)보다 높게 한다(공기조화장치).

⑨ 청소와 정리정돈

(4) 작업장 방충·방서 장치

방충장치(시설)	곤충 유인등(포충등), 방충망, 에어커튼, 방충제 등
방서장치(시설)	쥐덫, 초음파퇴서기, 살서제(쥐약), 쥐먹이상자, 쥐끈끈이 등

5 방충·방서

(1) 방충·방서 목적과 정의

방충·방서는 작업소, 보관소 및 부속 건물 내외에 해충과 쥐의 침입을 방지하고, 이를 방제 혹은 제거함으로써 작업원 및 작업소의 위생 상태를 유지하고 우수 화장품을 제조하는 데 그 목적이 있다.

구분	정의
방충	건물 외부로부터 곤충(하루살이, 나방, 모기 등)류의 해충 침입을 방지하고, 건물 내부의 곤충류를 조사하여 대책을 마련하는 것
방서	건물 외부로부터 쥐의 침입을 방지하고 건물 내부의 쥐를 박멸하는 것

(2) 방충·방서 대상

방서	방충	
	비행해충	보행해충
생쥐, 시궁쥐	깔따구(하루살이류), 명나방류, 모기, 집파리 등	집게벌레, 개미류 등

(3) 해충 유입 경로

① 위아래 배수관의 파이프를 통해 유입 : 같은 건물 다른 층에 서식하는 해충이 위아래층으로 연결된 배수관이나 벽 틈새로 이동함으로써 유입될 수 있다.

② 출입문을 통한 유입 : 하루에 많은 사람들이 이용하기 때문에 각종 출입문, 창문을 통하여 해충이 유입될 수 있다.

③ 외부에서 들어오는 각종 물품 : 식자재, 택배, 새로운 가구, 전자 제품, 화분, 가방 등 외부 물품을 통해 해충이 유입될 수 있다.

(4) 방충·방서 실시

① 방충·방서 조직 구성

- 방충·방서 책임자는 방충·방서 설비 확보, 유지 및 관리 담당자를 지정한다.
- 각 부서의 책임자는 방충·방서에 관해서 방충·방서 책임자의 통제를 받아야 한다.

- 품질부서 책임자를 조직에 포함시켜 방충·방서 활동이 원할히 진행되고 있는가를 평가하고, 일탈이 발생했을 때 해결될 수 있도록 지원한다.

② 방충·방서 연간계획서 작성 및 승인

- 방충·방서 담당자는 연말에 다음 해의 방충·방서계획서를 작성한다.
- 방충·방서 연간계획서는 방충·방서 시설 및 도구 위치, 점검 일정, 점검 방법, 유지 보수 및 교육 등에 관한 내용을 포함하여 작성한다.
- 작성된 연간 계획서는 책임자의 승인을 받는다.
- 승인된 계획서에 따라 방충·방서 활동을 실시한다.
- 방충·방서 담당자는 방충·방서 설비에 고유번호를 부여하고 방충·방서 도면에 표기하여 책임자의 승인을 받은 후 관리한다.

③ 해충, 곤충 및 쥐의 접근을 차단하는 방충·방서 설비 설치

- 방충·방서 담당자는 곤충, 설치류 및 조류의 침입이 가능한 곳을 모두 파악한다.
- 방충·방서 담당자는 방충·방서를 관리할 지역에 방충망, 유인등, 쥐덫 등을 설치한다.
- 작업장 출입구에 에어 샤워나 에어 커튼을 설치하여 외부로부터 해충 또는 쥐의 침입을 막을 수 있나.
- 건물이 외부와 통하는 구멍이 나 있는 곳에는 방충망을 설치한다.
- 외부에서 날벌레 등이 건물에 들어올 수 있는 곳에는 유인등을 설치한다.
- 건물 내부로 들어올 수 있는 문은 가능하면 자동으로 닫힐 수 있게 만든다.
- 건물 외부에 쥐가 서식할 가능성이 있는 곳에는 필요한 경우 쥐덫을 놓으며, 임의대로 이동시켜서는 안 된다.
- 배수구 및 트랩에는 0.8cm 이하의 그물망을 설치한다.
- 시설 바닥의 콘크리트 두께는 10cm 이상, 벽은 15cm 이상으로 시공한다.
- 내벽과 지붕과의 경계 면에는 길이 15cm 이상의 금속판을 부착한다.
- 문틈은 0.8cm 이하, 창 하부에서 지상까지의 간격은 90cm 이상으로 한다.
- 침입 및 서식 흔적이 있는지 정기적으로 점검한다.
- 배관이나 덕트 등이 통과하여 틈이 생기는 벽은 모두 밀폐하도록 한다.
- 배수구는 시설에서 멀리 떨어진 곳에 설치한다.
- 배수로, 폐기물 처리장 등을 청결히 관리한다.
- 녹지는 곤충이 꼬이지 않는 수목을 선정하여 부지의 외부에 배치한다.
- 외부 조명은 고압 나트륨등(황색광 방출)을 사용하여 부지 내의 곤충의 수를 최소화한다.
- 시설 외부에 설치하는 전기 충격 살충기는 벌레를 유인하기 때문에, 출입구 부근을 피한 장소에 설치한다.
- 실내의 포충등은 외부 해충의 유인 방지를 위해 외부에서 잘 안 보이는 위치에 설치한다.
- 출입구에는 야간에 벌레를 유인하지 않는 옐로우 램프를 설치한다.
- 건물 내부에서 빛의 누출을 방지한다.
- 통풍관(Duct)은 내부의 빛이 새어 나가지 않도록 구부러진 형태로 하고, 안쪽은 검은색으로 도장한다.

- 해충 유인의 우려가 있는 원료는 방충 효과가 있는 용기에 밀봉·보관한다.
- 건물의 차단막 및 출입 관리를 엄격히 하고, 반·출입 구역에는 기피등(주황색 발광)을 설치한다.
- 쓰레기 처리장, 폐수 처리장 등의 오염 시설 위치와 풍향을 고려하여 입·출하구를 배치한다.
- 작업장 외벽에 위치한 창문 및 문을 최소화한다.
- 물품 및 사람의 출입구에는 반드시 전실(anteroom)이나 패스박스(pass box)을 배치하고, Sheet shutter(speed shutter door)를 이중으로 설치, 한쪽이 닫혀야 반대쪽이 열리도록 문을 만든다(문 동시 개발을 막기 위해 ⇒ 인터락 interlock).
- 출입문은 자동문, 용수철 달린 문 등으로 항상 닫혀 있도록 설치한다.
- 곤충의 혼입을 방지하기 위하여 충전실에 포장재를 반입할 때는 외포장재를 제거하여 전실을 통하여 반입한다.
- Airlock(에어락)의 구조로 곤충의 침입을 방지하며, 외포장재와 사람으로부터의 교차오염을 방지하는 구조로 만든다(인동선과 물동선 분리).
- 쥐가 이갈이로 나무 파렛트(pallet)을 선호하기 때문에 플라스틱 파렛트를 사용하는 것이 바람직하다.
- 해충 유입을 방지하기 위하여 작업장 주위에 활엽수보다는 향기가 짙은 침엽수를 식목하는 것이 좋다.
- 실내의 온도가 높으면 문을 열어 놓는 경우가 많으므로 문을 열지 않기 위해 복도나 상온 보관 구역 등에서도 어느 정도의 온도 제어(냉방)를 한다.
- 외기가 들어오는 입구, 배기구에는 방충망 등의 설비를 부착하고, 풍향과 주변 환경을 고려하여 배치한다.
- 실내의 적절한 장소에 포충등을 설치하고 전기 충격식 살충기는 충체(벌레 사체)의 비산에 의한 오염이 있을 수 있어 실내에는 설치하지 않는다.

④ 방충·방서 약품 선정 및 실시

- 방충·방서 약품은 정부에서 승인된 것이어야 하며, 화장품 제조업소에 사용이 가능한 것으로 한다.
- 살충제, 살서제는 화장품의 안정성, 적합성에 위협을 주지 않는 범위에서 사용한다.
- 외부 방제 시는 방제액을 흡입하지 않도록 바람을 등지고 실시한다.
- 방충·방서 약품은 작업원이나 화장품에 해를 끼치는 곤충이나 짐승들의 침입을 막거나 죽이는 것이어야 한다.
- 공무 부서 책임자, 작업실 책임자, 보관소 책임자 및 품질부서 책임자 의견을 수렴하여 약품을 살포하고자 투약할 장소를 지정하며, 계약된 전문 관리업자의 점검으로 투약할 장소를 정할 수 있다.
- 방충·방서 담당자는 관련 약품을 조제하거나 구입한다. 이때 약품에 대한 정보, 성적서, MSDS(물질안전보건자료) 등을 확인하여 보관한다.
- 방충·방서 담당자는 약품이 최적의 상태를 유지하도록 분리 보관하며, 타인이 접근할

수 없도록 하여야 한다. 이때 약품 용기에는 제조 일자, 약품명, 성분명, 사용시 주의 사항, 유효 기간 등이 반드시 표기되어야 한다.

- 방충·방서 담당자는 약품의 구입(또는 조제), 사용, 관리 현황을 관련 대장에 기록하여야 한다.
- 방충·방서 담당자는 방충·방서 약품 살포 및 투약을 1회/월 지정된 장소에서 실시한다.
- 지정된 장소의 해충이나 설치류 등의 활동 상태를 서식 및 활동의 흔적, 사체 수량 등으로 파악한 후 약품의 살포 및 투약을 실시한다.

⑤ 방충·방서 교육실시

- 방충·방서 담당자는 전 직원을 대상으로 매년 1회 이상 방충·방서에 대해서 정기 교육을 실시하고 교육 내용은 다음과 같다.

> • 방충·방서의 중요성
> • 작업장 및 보관소 출입 요령
> • 음식물 반입 금지 규정
> • 쓰레기 처리 요령
> • 방충·방서 약품(살충제, 살서제)의 독성 및 응급조치 요령
> • 일탈 시 대처 요령

- 교육을 방충·방서 담당자가 실시할 수도 있지만, 필요 시 위탁 교육자를 선임하여 교육시킬 수도 있다.

⑥ 방충·방서 대행업자 선정

- 방충·방서 담당자는 화장품 제조 시설의 방충·방서를 효과적으로 수행할 수 있는 대행업자를 선정한다.
- 방충·방서 담당자는 선정된 대행업자가 제조장의 여건을 면밀히 분석하여 방충·방서에 필요한 자료를 수집하게 한 후 의견 및 계획이 포함된 제안서를 요구한다.
- 방충·방서 담당자는 방충·방서 책임자와 같이 제안서의 내용을 검토한 후 방충·방서 계약 준비를 한다. 만약 충분하지 못한 경우 선정된 업자에 자료 보완을 요청하거나 다른 업자를 선정한다.
- 방충·방서 책임자는 선정된 대행업자와 계약을 체결하고, 정기적인 평가를 실시한다.
- 대행업체에서 방충·방서 활동을 대행할 경우 방충·방서 담당자는 항상 동행하도록 한다.

6 작업장 청정도

(1) 청정도 기준

우수화장품 제조 및 품질관리기준(CGMP) 적합업소 지정을 받기 위해서는 청정도 기준에 제시된 청정도 등급 이상으로 설정하여야 하며 청정도 등급을 설정한 구역(작업소, 실험실, 보관소 등)은 설정 등급의 유지여부를 정기적으로 모니터링하여 설정 등급을 벗어나지 않도록 관리해야 한다.

(2) 청정도 기준 분류

청정도 등급	대상시설	해당 작업실	청정공기 순환	구조 조건	관리 기준	작업 복장
1	청정도 엄격관리	클린벤치 (Clean bench)	20회/hr 이상 또는 차압 관리	Pre-filter, Med-filter, HEPA-filter, Clean bench/booth, 온도 조절	낙하균: 10개/hr 이하 또는 부유균: 20개/㎥ 이하	작업복, 작업모, 작업화
2	화장품 내용물이 노출되는 작업실	제조실, 성형실, 충전실, 내용물보관소, 원료 칭량실 미생물시험실	10회/hr 이상 또는 차압 관리	Pre-filter, Med-filter, (필요시 HEPA-filter), 분진발생실 주변 양압, 제진 시설	낙하균: 30개/hr 이하 또는 부유균: 200개/㎥ 이하	작업복, 작업모, 작업화
3	화장품 내용물이 노출 안 되는 곳	포장실	차압 관리	Pre-filter 온도조절	갱의, 포장재의 외부 청소 후 반입	작업복, 작업모, 작업화
4	일반 작업실 (내용물 완전폐색)	포장재보관소, 완제품보관소, 관리품보관소, 원료보관소 갱의실, 일반시험실	환기장치	환기 (온도조절)	-	-

※ 공기조절의 4대요소는 청정도(공기정화기), 실내온도(열교환기), 습도(가습기), 기류(송풍기)이며 공기조화기(AHU, Air Handling Unit)는 공기정화기, 열교환기, 가습기, 송풍기 등으로 구성되어 있다.
※ 세척실은 2등급 혹은 3등급으로 설정함.

3 작업장 세제와 소독제

1 세제와 소독제

(1) 세제

① 세제(세척제, 세정제)는 접촉면에서 바람직하지 않은 오염 물질을 제거하기 위해 사용하는 화학물질 또는 이들의 혼합액으로 용매, 산, 염기, 세제 등이 주로 사용되며, 환경 문제와 작업자의 건강 문제로 인해 수용성 세제가 많이 사용된다.

② 세제는 안전성이 높아야 하며, 세정력이 우수하며, 헹굼이 용이하고, 기구 및 장치의 재질에 부식성이 없고, 가격이 저렴해야 한다.

③ 세제와 소독제는 적절한 라벨을 통해 명확하게 확인되어야 한다.

④ 세제와 소독제는 원료, 자재 또는 제품의 오염을 방지하기 위해서 적절히 선정, 보관, 관리 및 사용되어야 한다.

(2) 소독제

소독제(disinfectant)는 병원 미생물을 사멸시키기 위해 인체의 피부, 점막의 표면이나 기구, 환경의 소독을 목적으로 사용하는 화학 물질의 총칭으로, 기구 등에 부착한 균에 대해 사용하는 약제를 말한다.

1) 소독제별 작용기작

분류	작용기작
알코올계(에탄올, 아이소프로필알코올, 클로로크레졸, 클로로크시레놀, 프로피올락톤 등)	단백질 응고 또는 변성(변경)에 의한 세포 기능 장해
알데하이드계(포름알데하이드, 글루타르알데하이드 등)	단백질 응고 또는 변성(변경)에 의한 세포 기능 장해
산소계(과산화수소, 오존, 과초산 등)	산화에 의한 세포 기능 장해
할로겐류(아이오딘(요오드), 염소, 클로르헥사이딘 글루코네이트, 차아염소산나트륨 등)	세포벽과 세포막 파괴에 의한 세포 기능 장해
옥시시안화수소	원형질 중의 단백질과 결합하여 세포 기능 장해
계면 활성제	세포벽과 세포막 파괴에 의한 세포 기능 장해
양성 비누, 붕산, 머큐로크로뮴 등	효소계 저해에 의한 세포 기능 장해

[소독제 종류]
알코올 (Alcohol), 클로르헥시딘디글루코네이트(Chlorhexidinedigluconate), 아이오다인(Iodine), 아이오도퍼(Iodophors), 클로록시레놀(Chloroxylenol), 헥사클로로펜(Hexachlorophene, HCP), 4급 암모늄 화합물(Quaternary Ammonium Compounds), 트리클로산(Triclosan), 일반 비누 등

2) 락스는 금속 부식성이 있고 가성소다(수산화나트륨, NaOH)는 잔류가능성이 있어 주의한다.

3) 일반적으로 사용되는 소독제는 에탄올 70%, 아이소프로필알코올 70%, 과산화수소(H_2O_2) 3%가 주로 사용되며, 소독제 선택 시 고려할 조건은 다음과 같다.

[소독제 선택 시 고려할 조건]

- 사용 기간 동안 활성을 유지해야 한다.
- 경제적이어야 한다.
- 사용 농도에서 독성이 없어야 한다.
- 제품이나 설비와 반응하지 않아야 한다.
- 불쾌한 냄새가 남지 않아야 한다.
- 광범위한 항균 스펙트럼을 가져야 한다.
- 5분 이내의 짧은 처리에도 효과를 보여야 한다.
- 소독 전에 존재하던 미생물을 최소한 99.9 % 이상 사멸시켜야 한다.
- 쉽게 이용할 수 있어야 한다.
- 대상 미생물의 종류와 수
- 항균 스펙트럼의 범위
- 미생물 사멸에 필요한 작용 시간, 작용의 지속성
- 물에 대한 용해성 및 사용 방법의 간편성
- 적용 방법(분무, 침적, 걸레질 등)
- 부식성 및 소독제의 향취
- 적용 장치의 종류, 설치 장소 및 사용하는 표면의 상태

- 내성균의 출현 빈도
- pH, 온도, 사용하는 물리적 환경 요인의 약제에 미치는 영향
- 잔류성 및 잔류하여 제품에 혼입될 가능성
- 종업원의 안전성 고려
- 법 규제 및 소요 비용

4) 소독제별 장단점

유형	설명	사용농도/시간	장점	단점
염소 유도체	차아염소산나트륨 (sodium hypochiorite) 차아염소산칼슘 (calcium hypochiorite) 차아염소산리튬 (lithium hypochiorite)	200ppm, 30분	• 우수한 효과 • 사용 용이 • 찬물에 용해되어 단독으로 사용 가능	• 향, pH 증가 시 효과 • 금속 표면과의 반응성으로 부식됨 • 빛과 온도에 예민함 • 피부 보호 필요
양이온 계면활성제	4급 암모늄 화합물	200ppm 혹은 제조사 추천농도	• 세정 작용 • 우수한 효과 • 부식성 없음 • 물에 용해되어 단독 사용 가능 • 무향, 높은 안전성	• 포자에 효과 없음 • 중성/약알칼리에서 가장 효과적 • 경수, 음이온 세정제에 의해 불활성화 됨
알코올	아이소프로필알코올 에탄올	아이소프로필 알코올 60~70%, 15분, 에탄올 60~ 95%, 15분	• 세척 불필요 • 사용 용이 • 빠른 건조 • 단독 사용	• 세균 포자에 효과 없음 • 화재, 폭발 위험 • 피부 보호 필요
페놀	페놀 염소화페놀	1 : 200 용액	• 세정 작용 • 우수한 효과 • 탈취 작용	• 조제하여 사용 세척 필요함 • 고가 • 용액 상태로 불안정(2~3 시간 이내 사용) • 피부 보호 필요
인산	인산용액	제조사 지시에 따름	• 스테인리스에 좋음 • 저렴한 가격 • 낮은 온도에서 사용 • 접촉 시간 짧음	• 산성 조건 하에서 사용이 좋음 • 피부 보호 필요
과산화 수소	안정화된 용액으로 구입	35% 용액의 1.5%, 30분	• 유기물에 효과적	• 고농도 시 폭발성 반응성 있음 • 피부 보호 필요

5) 물리적 소독방법

유형	설명	사용농도/시간	장점	단점
스팀	100℃ 물	30분	• 제품과의 우수한 적합성 • 용이한 사용성 • 효과적 바이오 필름 파괴	• 보일러나 파이프에 남는 잔류물 • 고에너지 소비 • 긴 소독 시간 • 습기 다량 발생
온수	80~100℃ (70~80 ℃)	30분(2시간)	• 제품과의 우수한 적합성 • 용이한 사용성 • 긴 파이프 사용 가능 • 부식성 없음	• 많은 양 필요 • 긴 체류 시간 습기 다량 발생 • 고에너지 소비
직열	전기 가열 테이프	다른 방법과 같이 사용	• 다루기 어려운 설비나 파이프에 효과적 임	• 일반적 사용 방법이 아님

2 세척

① 세척은 제품 잔류물과 흙, 먼지, 기름때 등의 오염물을 제거하는 과정이다.

② 같은 제품의 연속적인 뱃치의 생산 또는 지속적인 생산에 할당 받은 설비가 있는 곳의 생산 작동을 위해, 설비는 적절한 간격을 두고 세척되어야 한다.

③ 설비는 적절히 세척을 해야 하고 필요할 때는 소독을 해야 한다. 설비 세척의 원칙(절차서)에 따라 세척하고, 판정하고 그 기록을 남겨야 한다. 제조하는 제품의 전환 시 뿐만 아니라 연속해서 제조하고 있을 때에도 적절한 주기로 제조 설비를 세척해야 한다.

④ 제조설비별 세척과 위생처리 방법은 하기표와 같다.

설비명	설비 요구 사항 및 세척/위생처리 방법
탱크	• 탱크는 세척하기 쉽게 고안되어야 함 • 제품에 접촉하는 모든 표면은 검사와 기계적인 세척을 하기 위해 접근이 쉬워야 함 • 세척을 위해 부속품 해체가 용이하여야 함 • 최초 사용 전에 모든 설비는 세척되어야 하고 사용목적에 따라 소독되어야 함 • 반응할 수 있는 제품의 경우 표면을 비활성로 만들기 위해 사용하기 전에 표면에 대한 부동태(passivation, 패시베이션)을 추천함 • 설비의 일부분 변경 시에도 재부동태화가 필요할 수 있음 • clean-in-place 시스템(예 스프레이 볼)은 제품과 접촉되는 표면에 쉽게 접근할 수 없을 때 사용될 수 있음 • 설비의 악화 또는 손상이 확인되고 처리되는 동안에는 모든 장비의 해체 청소가 필요함 • 가는 관을 연결하여 사용하는 것은 물리적/미생물 또는 교차오염 문제를 일으킬 수 있으며 청소하기 어려움 • 탱크는 완전히 내용물이 빠지도록 설계해야 함 • 위생(sanitary) 밸브와 연결부위는 비위생적인 틈을 방지하기 위해 추천되며 세척/위생처리를 용이하게 함 • 밸브들은 청소하기 어려운 부분이나, 정체부위(dead leg, 데드레그)가 발생하지 않도록 설치해야 함
펌프	• 펌프는 일상적인 청소와 유지관리를 위하여 허용된 작업 범위에 대해 라벨을 확인해야 함 • 효과적인 청소와 위생을 위해 각각의 펌프 디자인을 검증해야 하고 철저한 예장적인 유지관리 절차 준수해야 함 • 펌프 설계는 펌핑 시, 생성되는 압력을 고려해야 하고 적합한 위생적인 압력 해소 장치가 설치되어야 함
혼합기/교반기	• 다양한 작업으로 인해 혼합기와 구성 설비의 빈번한 청소가 요구될 경우, 쉽게 제거될 수 있는 혼합기를 선택하면 철저한 청소를 할 수 있음 • 풋베어링, 조절장치 받침, 주요 진로, 고정나사 등을 청소하기 위해서 고려하여야 함
호스	• 호스와 부속품의 안쪽과 바깥쪽 표면은 모두 제품과 직접 접하기 때문에 청소의 용이성을 위해 설계되어야 함 • 투명한 재질은 청결과 잔금 또는 깨짐 같은 문제에 대한 호스의 검사를 용이하게 함 • 짧은 길이 경우는 청소, 건조 그리고 취급하기 쉽고 제품이 축적되지 않게 하기 때문에 선호됨 • 세척제(스팀, 세제, 소독제 및 용매)들이 호스와 부속품 재재에 적합한지 검토되어야 함 • 부속품이 해체와 청소가 용이하도록 설계되는 것이 바람직함, 가는 부속품의 사용은 가는 관이 미생물 또는 교차 오염문제를 일으킬 수 있으며 청소하기 어렵기 때문에 최소화되어야 함 • 일상적인 호스세척 절차의 문서화 확립이 필요함

이송파이프	• 청소와 정규 검사를 위해 쉽게 해체될 수 있는 파이프 시스템이 다양한 사용조건을 위해 고려됨 • 파이프 시스템은 정상적으로 가동하는 동안 가득 차도록 하고 가동하지 않을 때는 배출하도록 고안되어야 함 • 오염시킬 수 있는 막힌 관(dead legs)이 없도록 함 • 파이프 시스템은 축소와 확장을 최소화하도록 고안되어야 함 • 시스템은 밸브와 부속품이 일반적인 오염원이기 때문에 최소의 숫자로 설계되어야 함 • 메인 파이프에서 두 번째 라인으로 흘러가도록 밸브를 사용할 때 밸브는 데드렉(dead leg)을 방지하기 위해 주 흐름에 가능한 한 가깝게 위치해야 함
칭량장치	• 칭량장치의 기능을 손상시키지 않기 위해서 청소할 때에는 적절한 주의가 필요함 • 먼지 등의 제거는 부드러운 브러시 등을 활용함
게이지와 미터	• 게이지와 미터가 일반적으로 청소를 위해 해체되지 않을지라도 설계 시 제품과 접하는 부분의 청소가 쉽게 만들어져야 함
충전기	• 제품 충전기는 청소, 위생 처리 및 정기적인 검사가 용이하도록 설계되어야 함 • 충전기가 멀티서비스 조작에 사용되거나, 미생물오염 우려가 있는 제품인 경우 특히 중요함 • 충전기는 조작 중에 제품이 뭉치는 것을 최소화하도록 설계되어야 하며 설비에서 물질이 완전히 빠져나가도록 해야 함 • 제품이 고여서 설비의 오염이 생기는 사각지대가 없도록 해야 함 • 고온세척 또는 화확적 위생처리 조작을 할 때 구성 물질과 다른 설계 조건에 있어 문제가 일어나지 않아야 함 • 청소를 위한 충전기의 용이한 해체가 권장됨 • 청소와 위생처리과정의 효과는 적절한 방법으로 확인해야 함

※ 패시베이션(passivation) : 스테인레스 스틸(stainless steel)로 된 정제수 배관(파이프), 정제수 저장탱크 등의 표면을 구연산 등으로 산화시켜 스테인레스 스틸 표면에 산화피막을 형성하여 부식을 막아주는 것

※ 위생 밸브(sanitary valve) : 물이 정체되어 오염될 수 있는 볼 타입(ball type) 밸브와는 달리 물이 정체되지 않도록 설계된 밸즈(예 다이아프램 밸브 diaphragm valve)

※ 데드레그(dead leg) : 배관의 분지 부분, 탱크에 연결된 배관 등의 연결 부분에서 내용물이 정체되는 구간으로 세척과 멸균에 적합하지 못한 구역을 형성함으로 오염의 가능성을 높임

3 세척 확인 방법

1) 육안 확인(육안 판정)

2) 천(무진포, 無塵布)으로 문질러 부착물로 확인(닦아내기 판정)

① 흰 천이나 검은 천으로 설비 내부의 표면을 닦아내고 천 표면의 잔류물 유무로 세척 결과를 판정한다. 흰 천을 사용할지 검은 천을 사용할지는 전회 제조물 종류로 정하면 된다.

② 천은 무진포(無塵布)가 바람직하다. 천의 크기나 닦아내기 판정의 방법은 대상 설비에 따라 다르므로 각 회사에서 결정할 수밖에 없다.

③ 천을 대신하여 스왑(swab) 혹은 거즈로 문질러 부착물을 확인할 수 있다.

3) 린스(rinsing, 헹굼)액의 화학분석(린스 정량)

① 린스 정량법은 상대적으로 복잡한 방법이지만, 수치로서 결과를 확인할 수 있다. 호스나 틈새기의 세척판정에는 적합하므로 반드시 절차를 준비해 두고 필요할 때에 실시한다.

② 린스 액의 최적 정량방법은 고성능액체크로마트그래프(HPLC)법, 박층크로마토그래피(TLC)에 의한 간편 정량, 총유기탄소(TOC, total organic carbon)측정기로 린스액 중의 총유기탄소를 측정, 자외선-가시광선 분광기(UV-Visible spectrophotometer)로 확인하는 방법이 있다.

4 청소와 세척의 원칙

① 책임(청소담당자, 청소결과확인자)을 명확하게 한다.

② 청소 및 세척기구를 정해 놓는다.

③ 구체적인 절차를 정해 놓는다.

④ 심한 오염에 대한 대처 방법을 기재해 놓는다.

⑤ 판정기준을 정한다(예 육안으로 세척면을 확인할 때, 이물이 없어야 함).

⑥ 세제를 사용한다면, 세제명을 정해 놓고 사용하는 세제명을 기록한다.

⑦ 청소와 세척 기록(사용한 기구, 세제, 날짜, 시간, 담당자명 등)을 남긴다.

⑧ 청소결과를 표시한다.

Chapter 2 작업자 위생관리

❶ 맞춤형화장품 조제관리사

① 혼합·소분 시, 위생복(방진복) 및 마스크(필요 시)를 착용한다.
② 혼합·소분 전에 손을 세척하고 소독한다.
③ 피부 외상 및 증상이 있는 직원은 건강 회복 전까지 혼합·소분 행위 금지

❷ 화장품 작업장 내 직원

화장품 작업장 내에서 근무하는 작업자의 위생에 대한 요구사항은 우수화장품 제조 및 품질관리기준(CGMP) 제6조(직원의 위생)에서 규정하고 있다.

1 직원의 위생

(1) 기본원칙

① 적절한 위생관리 기준 및 절차를 마련하고 제조소 내의 모든 직원은 이를 준수해야 한다.
② 보관소 내의 직원은 화장품의 오염을 방지하기 위해 규정된 작업복을 착용해야 하고 음식물 등을 반입해서는 아니 된다.
- 작업복은 주기적으로 세탁하고 정기적으로 교체하거나 훼손 시에는 즉시 교체한다.
- 작업복은 오염여부를 쉽게 확인할 수 있는 밝은 색(예 흰색)의 폴리에스터 재질이 권장된다.

③ 피부에 외상이 있거나 질병에 걸린 직원은 건강이 양호해지거나 화장품의 품질에 영향을 주지 않는다는 의사의 소견이 있기 전까지는 화장품과 직접적으로 접촉되지 않도록 격리되어야 한다.
④ 제조구역별 접근권한이 없는 작업원 및 방문객은 가급적 제조, 관리 및 보관구역 내에 들어가지 않도록 하고, 불가피한 경우 사전에 직원 위생에 대한 교육 및 복장 규정에 따르도록 하고 감독하여야 한다.
⑤ 적절한 위생관리 기준 및 절차를 마련하고 제조소 내의 모든 직원이 위생관리 기준 및 절차를 준수할 수 있도록 교육훈련해야 한다. 신규 직원에 대하여 위생교육을 실시하며, 기존 직원에 대해서도 정기적으로 교육을 실시한다.

[위생관리 기준 및 절차 내용]

- 직원의 작업 시 복장
- 직원 건강상태 확인
- 직원에 의한 제품의 오염방지에 관한 사항
- 직원의 손 씻는 방법
- 직원의 작업 중 주의사항, 방문객 및 교육훈련을 받지 않은 직원의 위생관리

⑥ 직원은 작업 중의 위생관리상 문제가 되지 않도록 청정도에 맞는 적절한 작업복, 모자와 신발을 착용하고 필요할 경우는 마스크, 장갑을 착용한다.
⑦ 방문객 또는 안전 위생 교육훈련을 받지 않은 직원이 화장품 제조, 관리, 보관구역으로 출입하는 일은 피해야 한다.

[안전 위생 교육훈련의 내용]

- 직원용 안전 대책, 작업 위생 규칙, 작업복 등의 착용, 손 씻는 절차 등
- 방문객과 훈련 받지 않은 직원이 제조, 관리 보관구역으로 들어가면 반드시 동행한다. 방문객과 훈련 받지 않 은 직원은 제조, 관리 및 보관구역에 안내자 없이는 접근이 허용되지 않는다. 방문객은 적절한 지시에 따라야 하고, 필요한 보호 설비를 갖추어야 하며 혼자서 돌아다니거나 설비 등을 만지거나 하는 일이 없도록 해야 한 다.
- 방문객의 출입기록을 남긴다(출입기록: 소속, 성명, 방문목적과 입출 시간 및 동행자 성명 등).

(2) 작업장 출입 시 준수사항

① 생산, 관리 및 보관 구역에 들어가는 모든 직원은 화장품의 오염을 방지하기 위한 규정된 작업복을 착용하고, 일상복이 작업복 밖으로 노출되지 않도록 한다.
② 반지, 목걸이, 귀걸이 등 생산 중 과오 등에 의해 제품 품질에 영향을 줄 수 있는 것은 착용하지 않는다.
③ 개인 사물은 지정된 장소에 보관하고, 작업실 내로 가지고 들어오지 않는다.
④ 생산, 관리 및 보관 구역 내에서는 먹기, 마시기, 껌 씹기, 흡연 등을 해서는 안 되며, 또 음식, 음료수, 흡연 물질, 개인 약품 등을 보관해서는 안된다.
⑤ 생산, 관리 및 보관 구역 또는 제품에 부정적 영향을 미칠 수 있는 기타 구역 내에서는 비위생적 행위들을 금지한다.
⑥ 작업 전 지정된 장소에서 손 소독을 실시한다.
⑦ 운동 등에 의한 오염(땀, 먼지)을 제거하기 위해서는 작업장 진입 전 샤워 설비가 비치된 장소에서 샤워 및 건조 후 입실한다.
⑧ 화장실을 이용한 작업자는 손 세척 또는 손 소독을 실시한다.

2 작업복 관리

① 작업자는 작업종류(예 제조, 포장, 칭량) 혹은 청정도에 맞는 적절한 작업복(방진복), 모자와 작업화를 착용하고 필요할 경우는 마스크, 장갑을 착용한다.
② 작업복은 주기적으로 세탁(예 1회/주)하거나 오염 시에 세탁한다.
③ 작업복을 작업장 내에 세탁기를 설치하여 세탁하거나 외부업체에 의뢰하여 세탁한다. 세탁 시에 작업복의 회손여부를 점검하여 회손된 작업복은 폐기한다. 작업소 내에 세탁기를 설치할 경우에는 화장실에 세탁기를 설치하지 않는다.
④ 작업복의 정기 교체주기(예 1회/6개월)를 정해야 하며, 작업복은 먼지가 발생하지 않는 무진 재질의 소재(예 폴리에스터)로 되어야 한다.

③ 작업자 세척제와 소독제

1 세척제와 소독제

(1) 세제

① 작업자의 손을 세척하는데 사용되는 세척제로 액체비누가 사용된다.

② 고형비누는 물을 흡수하면 물러져서 주변을 오염시킬 수 있고 여러 작업자가 함께 사용하여 오염될 수 있어 권장하지 않는다.

(2) 소독제

① 손 세척 후에 작업자의 손은 소독하는데 소독제로 에탄올 70%, 아이소프로필알코올 70%가 주로 사용된다.

② 직접 소독제를 에탄올 혹은 아이소프로필알코올로 만들거나 시중에서 판매하는 손소독제(hand sanitizer, 의약외품)를 구매하여 사용한다.

Chapter 3 설비 및 기구

① 설비 및 기구 위생

1 세척방법

① 세척(cleaning)은 제품 잔류물과 흙, 먼지, 기름때 등의 오염물을 제거하는 과정이며, 소독(disinfection)은 오염 미생물 수를 허용 수준 이하로 감소시키기 위해 수행하는 절차이다.

② 화장품 제조 설비의 세척과 소독은 문서화된 절차(예 표준작업지침서)에 따라 수행하고, 세척기록은 잘 보관해야 하며, 세척 및 소독된 장비는 건조시켜 보관한다.

③ 세척과 소독 주기는 주어진 환경에서 수행된 작업의 종류에 따라 결정한다.

④ 세척완료 후, 세척상태에 대한 평가를 실시하고 세척 완료 라벨을 설비에 부착한다. 만약 세척 유효기간(예 세척 후 14일)이 경과하면 설비 및 기구를 사용하기 전에 재세척을 실시한다.

2 설비 세척의 원칙

① 위험성이 없는 용제(예 물)로 세척한다.

② 가능한 한 세제를 사용하지 않으며 세제(계면활성제)를 사용할 경우 다음의 위험성이 있다.

- 세제는 설비 내벽에 남기 쉽다.
- 잔존한 세척제는 제품에 악영향을 미친다.
- 세제가 잔존하고 있지 않는 것을 설명하기에는 고도의 화학 분석이 필요하다.

③ 증기 세척을 권장한다.

④ 브러시 등으로 문질러 지우는 것을 고려한다.

⑤ 분해할 수 있는 설비는 분해해서 세척한다.

⑥ 세척 후는 반드시 "판정"한다.

⑦ 판정 후의 설비는 건조·밀폐해서 보관한다.

⑧ 세척의 유효 기간을 정한다(예 세척 후 5일, 세척 후 2주).

⑨ 세척 후에는 세척 완료 여부를 확인할 수 있는 표시(예 세척완료라벨)를 한다.

② 설비 및 기구의 관리

1 설비 및 기구의 재질과 구조

① 제조, 충전에 사용되는 교반기(아지믹서), 균질기(호모게나이저), 혼합기, 디스퍼, 충전기 등은 녹이 발생하지 않는 한국산업표준 스테인리스 STS 304, 316 또는 이와 동등 이상의 재질을 사용하여야 한다.

② 칭량, 혼합, 소분 등에 사용되는 기구는 이물이 발생하지 않고 원료 및 내용물과 반응성이 없는 스테인리스 혹은 플라스틱으로 제작된 것을 사용하며 유리재질의 기구는 파손에 의한 이물 발생의 우려가 있어 권장되지 않는다.

③ 기구 및 칭량용기는 물리적 또는 화학적으로 내용물이 오염되기 쉬운 구조이어서는 안 된다.

④ 기구 및 칭량용기는 목적에 적합한 구조로 되어 있어야 하며, 위생적이고 안전해야 한다.

2 설비의 종류 및 관리

(1) 교반기(mixer)

① 교반기는 아지믹서(agi mixer), 측면형 교반기(paddle mixer), 저면형 교반기(bottom mixer), 디스퍼(disper)가 있다.

② 교반기의 회전 속도는 240~3,600rpm으로 화장품 제조에서 분산 공정의 특성에 맞게 선택해 사용하고 있다.

(2) 균질기(호모게나이저, homogenizer, homo mixer)

터빈형의 날개를 원통으로 둘러싼 구조이며, 통 속에서 대류가 일어나도록 설계되어 균일하고 미세한 유화 입자가 형성된다. 고정된 고정자(stator)와 고속 회전이 가능한 운동자(rotor) 사이의 간격으로 내용물이 대류 현상으로 통과되며 강한 전단력을 받는다. 즉 전단력, 충격 및 대류에 의해서 균일하고 미세한 유화 입자를 얻을 수 있다.

(3) 분쇄기

① 분쇄기로 아토마이저(atomizer), 헨셀믹서(henschel mixer), 비드밀(bead mill)과 롤러(roller)가 널리 사용된다.

② 아토마이저는 스윙해머(swing hammer) 방식의 고속회전 분쇄기이다.

③ 헨셀믹서는 임펠러가 고속으로 회전함에 따라 분쇄하는 방식의 믹서이며, 색조화장품 제조에 사용된다. 고속 회전에 의한 열이 발생하여 파우더의 변색 등을 유발할 수 있다.

④ 비드밀은 지르콘으로 구성된 비드를 사용하여 이산화티탄(TiO_2)과 산화아연(ZnO)을 처리하는데 주로 사용한다.

⑤ 롤러는 3단 형태의 3롤 밀(3 roll mill)이 주로 사용되며 분체나 슬러리상 내용물을 분산, 분쇄시키는데 사용되며, 립스틱의 컬러베이스(예 캐스터오일+색소)를 제조할 때 주로 이용된다.

(4) 설비관리

① 제조설비는 주기적으로 점검하고 그 기록을 보관하여야 하며, 수리내역 및 부품 등의 교체이력을 설비이력대장에 기록한다.

② 직접적인 제조시설은 아니지만 제조를 지원하는 시설인 정제수 제조장치, 압축공기장치 및 공기조화장치(AHU 혹은 항온항습기)에 대하여도 주기적으로 점검하여야 한다.

③ 설비별 점검할 주요항목은 다음과 같다.

제조설비 및 제조지원설비		주요 점검항목
제조설비	제조탱크(제조가마)	내부의 세척상태 및 건조상태 등
	저장탱크(저장조)	내부의 세척상태 및 건조상태 등
	회전기기 (교반기, 균질기, 분쇄기)	세척상태 및 작동유무, 윤활오일, 게이지(rpm, 타이머, 온도) 표시유무, 비상정지스위치 등
	밸브	밸브의 원활한 개폐유무
	이송펌프(원심펌프)	펌프압력 및 가동상태
제조지원설비	정제수제조장치	전기 전도도 혹은 비저항, UV램프수명시간, 정제수온도, 필터교체주기, 연수기(softner) 탱크의 소금량, 순환펌프 압력 및 가동상태 등
	공조기	필터압력, 송풍기운전상태, 구동밸프의 장력, 베어링 오일, 이상소음, 진동유무

④ 설비 및 기기의 주요 용도는 다음과 같다.

시설 및 기기명	용도
전기식 지시저울	원료 칭량
숙성통	내용물 저장
정제수 제조장치	정제수 생성
유화탱크	내용물 유화
균질혼합기(Disper Mixer)	수상 용해
여과기	내용물 여과
스텐통	첨가제 제조
계량수석	원료 칭량
바가지	원료 칭량
핫플레이트	첨가제 용해
수상통	수상 저장

여과망	내용물 여과
케이블 테스	호스 조임
고압호스	내용물 이송
숙성통 스티커	반제품 내용표기
샘플병(스티커 포함)	반제품 품질관리
고압세척기	기기 세척
콤프레샤	에어 생성
에어 레큐레이터	에어 조절
WK형 에어 세병기	용기 세척
WK형 진공 액체 충전기	내용물 충전
WK형 소형 액체 정량 충전기	내용물 충전
콘베어+작업대	제품 이송
젯트프린터	Lot.No.인쇄
벤딩머신	박스포장

3 설비 및 기구의 폐기

(1) 설비의 폐기

① 설비점검 시, 누유, 누수, 밸브 미작동 등이 발견되면 "점검 중 혹은 사용중지" 표시하여 설비 사용을 중지시킨다.

② 정밀점검을 실시하여 수리가 불가하면 "폐기예정 혹은 사용금지" 표시하여 설비가 사용되는 것을 방지한다.

③ 폐기하기로 결정된 설비는 이동할 수 있으면 별도의 구역에 보관하고 폐기절차에 따라 폐기한다.

(2) 기구의 폐기

① 오염된 기구는 폐기한다.

② 일부가 파손된 기구는 파손된 기구 부위에 오염물질이 쌓일 수 있으므로 폐기한다.

③ 플라스틱 재질의 기구는 주기적으로 교체하는 것이 권장된다.

Chapter 4 내용물 및 원자재관리

1 원료 및 자재관리

원료 및 자재(포장재)의 입고 및 보관관리에 대한 사항은 우수화장품 제조 및 품질관리기준(CGMP) 제11조(입고관리)와 제12조(출고관리)에서 규정하고 있다.

1 입고관리

(1) 입고관리 기본원칙

① 제조업자는 원자재 공급자에 대한 관리감독을 적절히 수행한다.

② 원자재의 입고 시 구매요구서(구매요청서), 원자재 공급업체 성적서(품질성적서) 및 현품이 서로 일치하여야 한다. 원자재 품질성적서에 기재된 사용기한과 원자재 포장에 기재된 사용기한의 일치여부를 확인하고 사용기한의 경과여부를 점검하고 이상이 없으면 적합판정하여 입고한다. 필요한 경우 운송 관련 자료를 추가적으로 확인할 수 있다.

③ 원자재 용기에 제조번호가 없는 경우에는 관리번호를 부여하여 보관하여야 한다.

④ 원자재 입고절차 중 육안확인 시 물품에 결함이 있을 경우, 입고를 보류하고 격리보관 및 폐기하거나 원자재 공급업자에게 반송하여야 한다.

⑤ 입고된 원자재는 "적합", "부적합", "검사 중" 등으로 상태를 표시하여 구분된 공간에 보관한다. 필요한 경우, 부적합된 원료와 포장재를 보관하는 공간은 잠금장치를 추가하여야 한다. 다만, 자동화창고와 같이 확실하게 구분하여 혼동을 방지할 수 있는 경우에는 해당 시스템을 통해 관리할 수 있다.

(2) 원자재 용기 및 시험기록서의 필수적인 기재 사항

원자재 용기 및 시험기록서의 필수적인 기재 사항은 다음 각 호와 같다.

- 원자재 공급자가 정한 제품명
- 원자재 공급자명
- 수령일자
- 공급자가 부여한 제조번호 또는 관리번호

(3) 입고관리에 대한 세부적인 사항

① 원료와 포장재의 관리에 필요한 사항은 다음과 같다.

- 중요도 분류
- 보관 환경 설정
- 사용기한 설정
- 재평가
- 공급자 결정
- 발주, 입고, 식별·표시, 합격·불합격, 판정, 보관, 불출
- 정기적 재고관리
- 재보관

② 외부로부터 반입되는 모든 원료와 포장재는 관리를 위해 표시를 하여야 하며, 필요한 경우 포장외부를 깨끗이 청소한다. 한 번에 입고된 원료와 포장재는 제조단위 별로 각각 구분하여 관리하여야 한다.

③ 제품을 정확히 식별하고 혼동의 위험을 없애기 위해 라벨링을 해야 한다.

④ 원료 및 포장재의 확인은 다음 정보를 포함해야 한다.

- 인도문서와 포장에 표시된 품목 · 제품명
- 공급자가 명명한 제품명과 다르다면, 제조 절차에 따른 품목 · 제품명 그리고/또는 해당 코드번호
- CAS번호(적용 가능한 경우)
- 적절한 경우, 수령 일자와 수령확인번호
- 공급자명
- 공급자가 부여한 뱃치 정보(batch reference), 만약 다르다면 수령 시 주어진 뱃치 정보
- 기록된 양

2 출고관리

(1) 출고관리 기본원칙

원자재는 시험결과 적합판정된 것만을 선입선출방식으로 출고해야 하고 이를 확인할 수 있는 체계가 확립되어 있어야 한다.

(2) 출고관리에 대한 세부적인 사항

① 승인된 자만이 원료 및 포장재의 불출 절차를 수행할 수 있다.

② 뱃치에서 취한 검체가 모든 합격 기준에 부합할 때 뱃치가 불출될 수 있다.

③ 원료와 포장재는 불출되기 전까지 사용을 금지하는 격리를 위해 특별한 절차가 이행되어야 한다.

④ 특별한 환경을 제외하고, 재고품 순환은 오래된 것이 먼저 사용되도록 보증해야 한다.

⑤ 모든 물품은 원칙적으로 선입선출 방법으로 출고 한다. 다만, 나중에 입고된 물품이 사용(유효)기한이 짧은 경우 먼저 입고된 물품보다 먼저 출고할 수 있다. 선입선출을 하지 못하는 특별한 사유가 있을 경우, 적절하게 문서화된 절차에 따라 나중에 입고된 물품을 먼저 출고할 수 있다.

2 내용물 관리

내용물 관리에 대한 사항은 우수화장품 제조 및 품질관리기준(CGMP) 제17조(공정관리), 제19조(보관 및 출고관리)에서 규정하고 있다.

1 공정관리

(1) 공정관리 기본원칙

① 제조공정 단계별로 적절한 관리기준이 규정되어야 하며 관리기준에 미달되는 모든 결과는 보고되고 조치가 이루어져야 한다.

② 벌크제품과 반제품은 지정된 장소에서 보관해야 하며 용기에 다음 사항을 표시해야 한다: 명칭 또는 확인코드, 제조번호, 완료된 공정명, 필요한 경우에는 보관조건
③ 벌크제품의 최대 보관기한은 설정하여야 하며, 최대 보관기한이 가까워진 벌크제품은 완제품 제조하기 전에 품질이상, 변질 여부 등을 확인하여야 한다.
④ 모든 벌크제품과 반제품을 보관 시에는 적합한 용기를 사용해야 한다. 또한 용기는 내용물(벌크제품과 반제품)을 분명히 확인할 수 있도록 표시되어야 한다.
⑤ 모든 벌크제품과 반제품의 허용 가능한 보관기한(Shelf life)을 확인할 수 있어야 하고, 보관기한의 만료일이 가까운 벌크제품과 반제품부터 사용하도록 문서화된 절차가 있어야 한다.
⑥ 벌크제품과 반제품은 선입선출 되어야 한다. 충전 공정 후 벌크가 사용하지 않은 상태로 남아 있고 차후 다시 사용할 것이라면, 적절한 용기에 밀봉하여 식별 정보를 표시해야 한다.

(2) 벌크제품과 반제품의 재보관에 대한 세부적인 사항

① 남은 벌크제품과 반제품을 재보관하고 재사용할 수 있다.
② 재보관 절차 : 밀폐 → 원래 보관 환경에서 보관 → 다음 제조 시에는 우선 사용
③ 변질되기 쉬운 벌크제품과 반제품은 재사용하지 않는다.
④ 여러 번 재보관하는 벌크제품과 반제품은 조금씩 나누어서 보관한다.
⑤ 재보관 시에는 내용을 명기하고 재보관임을 표시한 라벨 부착이 필수다.
⑥ 일반적으로 재보관은 권장하지 않으며 개봉 시마다 변질 및 오염이 발생할 가능성이 있기 때문에 여러 번 재보관과 재사용을 반복하는 것을 피한다. 뱃치마다의 사용이 소량이며 여러 번 사용하는 벌크제품과 반제품은 소량씩 나누어서 보관하고 재보관의 횟수를 줄인다.

2 보관 및 출고

(1) 보관 및 출고 기본원칙

① 완제품은 적절한 조건하의 정해진 장소에서 보관하고, 주기적으로 재고를 점검한다.
② 완제품은 시험결과 적합으로 판정되고 품질보증부서 책임자가 출고 승인한 것만을 출고한다.
③ 출고는 선입선출방식으로 하되, 타당한 사유가 있는 경우에는 그러지 아니할 수 있다.
④ 출고할 제품은 원자재, 부적합품 및 반품된 제품과 구획된 장소에서 보관하여야 한다. 다만 서로 혼동을 일으킬 우려가 없는 시스템에 의하여 보관되는 경우에는 그러하지 아니할 수 있다.

(2) 보관 및 출고에 대한 세부적 사항

① 시장 출하 전에, 완제품은 설정된 시험 방법에 따라 관리되어야 하고, 합격판정기준에 부합하여야 한다. 뱃치(로트, 제조단위)에서 취한 검체가 합격 기준에 부합했을 때만 완제품의 뱃치를 불출할 수 있다.

② 완제품은 포장 및 유통을 위해 불출되기 전, 해당 제품이 규격서를 준수하고, 지정된 권한을 가진 자에 의해 승인된 것임을 확인하는 절차서가 수립되어야 한다.

③ 완제품 관리 항목 : 보관, 검체채취, 보관용 검체, 제품 시험, 합격·출하 판정, 출하, 재고 관리, 반품

④ 완제품 검체채취는 품질관리부서가 실시하는 것이 일반적이다. 제품 시험 및 시험 결과 판정은 품질관리부서의 업무다. 제품 시험을 책임지고 실시하기 위해서도 검체 채취를 품질관리부서 검체채취 담당자가 실시한다. 검체 채취자에게는 검체 채취 절차 및 검체 채취 시의 주의사항을 교육·훈련시켜야 한다.

(3) 보관용 검체

① 보관용 검체는 재시험이나 고객불만 사항의 해결을 위하여 사용한다.

② 제품을 그대로 보관하며, 각 뱃치를 대표하는 검체를 보관한다.

③ 일반적으로는 각 뱃치별로 제품 시험을 2번 실시할 수 있는 양을 보관한다.

④ 제품이 가장 안정한 조건에서 보관한다(예 제품의 보관조건).

⑤ 사용기한 경과 후 1년간 또는 개봉 후 사용기간을 기재하는 경우에는 제조일로부터 3년간 보관한다.

(4) 완제품의 입고, 보관 및 출하절차

① 포장완료 → "검사 중" 라벨 부착 → 입고대기구역 보관 → 완제품시험 합격 → 합격라벨 부착 → 완제품 보관소에 보관 → 출하

② 완제품 보관소는 출입제한, 오염방지(동선관리, 시설대응), 방충방서 대책, 온습도 관리, 차광이 필요하다.

3 유통화장품 안전관리 기준

1 개요

① 비의도적으로 첨가될 수 있는 유해물질 등에 관한 기준 및 시험방법을 제시하여 화장품 안전성과 품질 확보 책임을 강화하고 수거 검정을 통해 시장 유통 중 제품의 감독 및 사후 관리에 집중하도록 한다.

② 유통화장품 안전관리에 대한 기준은 화장품 안전기준 등에 관한 규정(식품의약품안전처 고시) 제6조에서 규정하고 있다.

2 안전관리 기준

화장품 안전기준 등에 관한 규정 제6조에서는 유통화장품의 안전관리 기준에 대하여 정하고 있다.

모든 유통화장품은 (1)부터 (3)까지의 안전관리 기준에 적합하여야 하며, 유통화장품 유형별로 (4)부터 (7)까지의 안전관리 기준에 추가적으로 적합하여야 한다.

(1) 비의도적으로 유래된 물질의 검출 허용 한도(단위참조: ㎍/g = ppm)

① 납 : 점토를 원료로 사용한 분말제품은 50㎍/g(ppm) 이하, 그 밖의 제품은 20㎍/g 이하

② 니켈 : 눈 화장용 제품은 35㎍/g 이하,색조 화장용 제품은 30㎍/g 이하, 그 밖의 제품은 10㎍/g 이하

③ 비소 10㎍/g 이하

④ 수은 : 1㎍/g 이하

⑤ 안티몬 : 10㎍/g 이하

⑥ 카드뮴 : 5㎍/g 이하

⑦ 디옥산 : 100㎍/g 이하

⑧ 메탄올 : 0.2(v/v)% 이하, 물휴지는 0.002%(v/v) 이하

⑨ 포름알데하이드 : 2000㎍/g 이하, 물휴지는 20㎍/g 이하

⑩ 프탈레이트류(디부틸프탈레이트, 부틸벤질프탈레이트 및 디에칠헥실프탈레이트에 한함) : 총 합으로서 100㎍/g 이하

- 프탈레이트류는 화장품 원료나 내용물이 생산 또는 보관과정에서 플라스틱(예 용기, 펌프)과의 접촉에 의해 용출되어 화장품에서 비의도적으로 검출될 수 있음.
- 포름알데하이드는 일부 보존제(디아졸리디닐우레아, 디엠디엠하이단토인, 이미다졸리디닐우레아, 쿼터늄-15, 2-브로모-2-나이트로프로판-1,3-디올, 벤질페미포름알)가 수용성 상태에서 분해되어 화장품에서 비의도적으로 검출될 수 있음.
- 메탄올은 에탄올에 포함된 미량의 불순물로 비의도적으로 검출될 수 있음.
- 디옥산은 화장품 원료 중 성분명에 "피이지(PEG), 폴리에칠렌, 폴리에칠렌글라이콜, 폴리옥시칠렌, -eth-, -옥시놀-"이 포함된 원료나 에톡실레이션(ethoxylation, 지방산에 에틸렌옥사이드를 첨가하는 반응)으로 제조된 원료에 포함된 반응부산물이 화장품에서 비의도적으로 검출될 수 있음.
- 카드뮴은 색조 화장용 제품류, 눈 화장품 제품류, 두발용 제품류에서 원료의 불순물이나 제조과정 중에 혼입되어 불순물로 미량 존재할 수 있음.
- 안티몬은 아이섀도, 아이라이너, 페이스파우더 등 무기안료(분체원료)를 주로 사용하는 색조 화장용 제품류에서 원료의 불순물이나 제조과정 중에 혼입되어 불순물로 미량 존재할 수 있음.
- 수은은 원료로부터 유래할 수 있으며, 의도적으로 미백효과를 위해 첨가하는 경우가 있음.
- 비소는 토양, 암석 등에 존재하며, 무기안료(분체원료)를 사용하는 색조 화장용 제품류, 눈 화장용 제품류, 기초화장용 제품류, 두발용 제품류에서 비의도적으로 검출될 수 있음.
- 납은 색조 화장용 제품류, 눈 화장용 제품류, 기초화장용 제품류, 두발용 제품류에서 비의도적으로 검출될 수 있음.

(2) 미생물한도

① 총호기성 생균수 : 세균수+진균수

영유아용 제품류 및 눈화장용 제품류	총호기성 생균수 500개/g(mL) 이하
물휴지	세균수 100개/g(mL) 이하, 진균수 100개/g(mL) 이하
기타 화장품	총호기성 생균수 1,000개/g(mL) 이하

② 특정세균

대장균(Escherichia Coli), 녹농균(Pseudomonas aeruginosa), 황색포도상구균(Staphylococcus aureus)은 불검출

(3) 내용량 기준

① 제품 3개의 평균 내용량 : 표기량에 대하여 97% 이상(다만, 화장비누의 경우 건조중량을 내용량으로 한다)

② 기준치를 벗어날 경우(97% 미만) : 6개를 더 취하여 시험할 때 9개의 평균 내용량이 97% 이상

(4) pH 기준

영유아용 제품류(영유아용 샴푸, 영유아용 린스, 영유아 인체 세정용 제품, 영유아 목욕용 제품 제외), 눈 화장용 제품류, 색조 화장용 제품류, 두발용 제품류(샴푸, 린스 제외), 면도용 제품류(셰이빙 크림, 셰이빙 폼 제외), 기초화장용 제품류(클렌징 워터, 클렌징 오일, 클렌징 로션, 클렌징 크림 등 메이크업 리무버 제품 제외) 중 액, 로션, 크림 및 이와 유사한 제형의 액상제품은 pH 기준이 3.0~9.0 이어야 한다. 다만, 물을 포함하지 않는 제품과 사용한 후 곧바로 물로 씻어 내는 제품은 제외한다.

(5) 기능성화장품은 기능성을 나타나게 하는 주원료의 함량이 심사 또는 보고한 기준에 적합하여야 한다.

(6) 퍼머넌트웨이브용 및 헤어스트레이트너 제품은 다음의 시험항목에 적합하여야 한다.

① 치오글라이콜릭애씨드 또는 그 염류가 주성분인 냉2욕식 퍼머넌트웨이브용 제품

제1제	제2제
• pH: 4.5~9.6 • 알칼리: 0.1N염산의 소비량은 검체 1mL에 대하여 7mL 이하 • 산성에서 끓인 후의 환원성 물질(치오글라이콜릭애씨드): 산성에서 끓인 후의 환원성 물질의 함량(치오글라이콜릭애씨드로서)이 2.0~11.0% • 산성에서 끓인 후의 환원성 물질이외의 환원성 물질(아황산염, 황화물 등): 검체 1mL 중의 산성에서 끓인 후의 환원성 물질이외의 환원성 물질에 대한 0.1N 요오드액의 소비량이 0.6mL 이하 • 환원후의 환원성 물질(디치오디글라이콜릭애씨드): 환원후의 환원성 물질의 함량은 4.0% 이하 • 중금속: 20μg/g 이하 • 비소: 5μg/g 이하 • 철: 2μg/g 이하	1) 브롬산나트륨 함유제제 • 용해상태: 명확한 불용성이물이 없을 것 • pH: 4.0~10.5 • 중금속: 20μg/g 이하, • 산화력: 1인 1회 분량의 산화력이 3.5 이상 2) 과산화수소수 함유제제 • pH: 2.5~4.5 • 중금속: 20μg/g 이하 • 산화력: 1인 1회 분량의 산화력이 0.8 ~ 3.0

② 시스테인,시스테인염류 또는 아세틸시스테인을 주성분으로 하는 냉2욕식 퍼머넌트웨이브용 제품

제1제	제2제
• pH: 8.0~9.5 • 알칼리: 0.1N 염산의 소비량은 검체 1mL에 대하여 12mL 이하 • 시스테인: 3.0~7.5% • 환원후의 환원성물질(시스틴): 0.65% 이하 • 중금속: 20㎍/g 이하 • 비소: 5㎍/g 이하 • 철: 2㎍/g 이하	치오글라이콜릭애씨드 또는 그 염류가 주성분인 냉2욕식 퍼머넌트웨이브용 제품의 제2제 시험기준과 동일함

③ 치오글라이콜릭애씨드 또는 그 염류가 주성분인 냉2욕식 헤어스트레이트너용 제품

제1제	제2제
• pH: 4.5~9.6 • 알칼리: 0.1N염산의 소비량은 검체 1mL에 대하여 7mL 이하 • 산성에서 끓인 후의 환원성 물질(치오글라이콜릭애씨드): 산성에서 끓인 후의 환원성 물질의 함량(치오글라이콜릭애씨드로서)이 2.0~11.0% • 산성에서 끓인 후의 환원성 물질이외의 환원성 물질(아황산염, 황화물 등): 검체 1mL 중의 산성에서 끓인 후의 환원성 물질이외의 환원성 물질에 대한 0.1N 요오드액의 소비량이 0.6mL 이하 • 환원후의 환원성 물질(디치오디글라이콜릭애씨드): 환원후의 환원성 물질의 함량은 4.0% 이하 • 중금속: 20㎍/g 이하 • 비소: 5㎍/g 이하 • 철: 2㎍/g 이하	치오글라이콜릭애씨드 또는 그 염류가 주성분인 냉2욕식 퍼머넌트웨이브용 제품의 제2제 시험기준과 동일함

④ 치오글라이콜릭애씨드 또는 그 염류가 주성분인 가온2욕식 퍼머넌트웨이브용 제품

제1제	제2제
• pH: 4.5~9.3 • 알칼리: 0.1N염산의 소비량은 검체 1mL에 대하여 5mL 이하 • 산성에서 끓인 후의 환원성 물질(치오글라이콜릭애씨드): 1.0~5.0% • 산성에서 끓인 후의 환원성 물질이외의 환원성 물질(아황산염, 황화물 등): 검체 1mL 중의 산성에서 끓인 후의 환원성 물질이외의 환원성 물질에 대한 0.1N 요오드액의 소비량이 0.6mL 이하 • 환원후의 환원성 물질(디치오디글라이콜릭애씨드): 환원후의 환원성 물질의 함량은 4.0% 이하 • 중금속: 20μg/g 이하 • 비소: 5μg/g 이하 • 철: 2μg/g 이하	치오글라이콜릭애씨드 또는 그 염류가 주성분인 냉2욕식 퍼머넌트웨이브용 제품의 제2제 시험기준과 동일함

⑤ 시스테인,시스테인염류 또는 아세틸시스테인을 주성분으로하는 가온2욕식 퍼머넌트웨이브용제품

제1제	제2제
• pH: 4.0~9.5 • 알칼리: 0.1N염산의 소비량은 검체 1mL에 대하여 9mL 이하 • 시스테인: 1.5~5.5% • 환원후의 환원성 물질(시스틴): 0.65% 이하 • 중금속: 20μg/g 이하 • 비소: 5μg/g 이하 • 철: 2μg/g 이하	치오글라이콜릭애씨드 또는 그 염류가 주성분인 냉2욕식 퍼머넌트웨이브용 제품의 제2제 시험기준과 동일함

⑥ 치오글라이콜릭애씨드 또는 그 염류를 주성분으로 하는 가온2욕식 헤어스트레이트너 제품

제1제	제2제
• pH: 4.5~9.3 • 알칼리: 0.1N염산의 소비량은 검체 1mL에 대하여 5mL 이하 • 산성에서 끓인 후의 환원성 물질(치오글라이콜릭애씨드): 1.0~5.0% • 산성에서 끓인 후의 환원성 물질이외의 환원성 물질(아황산염, 황화물 등): 검체 1mL 중의 산성에서 끓인 후의 환원성 물질이외의 환원성 물질에 대한 0.1N 요오드액의 소비량이 0.6mL 이하 • 환원후의 환원성 물질(디치오디글라이콜릭애씨드): 환원후의 환원성 물질의 함량은 4.0% 이하 • 중금속: 20μg/g 이하 • 비소: 5μg/g 이하 • 철: 2μg/g 이하	치오글라이콜릭애씨드 또는 그 염류가 주성분인 냉2욕식 퍼머넌트웨이브용 제품의 제2제 시험기준과 동일함

⑦ 치오글라이콜릭애씨드 또는 그 염류를 주성분으로 하는 고온정발용 열기구(180℃ 이하)를 사용하는 가온2욕식 헤어스트레이트너 제품

제1제	제2제
• pH: 4.5~9.3 • 알칼리: 0.1N염산의 소비량은 검체 1mL에 대하여 5mL 이하 • 산성에서 끓인 후의 환원성 물질(치오글라이콜릭애씨드): 1.0~5.0% • 산성에서 끓인 후의 환원성 물질이외의 환원성 물질(아황산염, 황화물 등): 검체 1mL 중의 산성에서 끓인 후의 환원성 물질이외의 환원성 물질에 대한 0.1N 요오드액의 소비량이 0.6mL 이하 • 환원후의 환원성 물질(디치오디글라이콜릭애씨드): 환원후의 환원성 물질의 함량은 4.0% 이하 • 중금속: 20μg/g 이하 • 비소: 5μg/g 이하 • 철: 2μg/g 이하	치오글라이콜릭애씨드 또는 그 염류가 주성분인 냉2욕식 퍼머넌트웨이브용 제품의 제2제 시험기준과 동일함

⑧ 치오글라이콜릭애씨드 또는 그 염류가 주성분인 제1제 사용시 조제하는 발열2욕식 퍼머넌트웨이브용 제품

제1제의 1	제1제의 2	제1제의 1 및 제1제의 2 혼합물	제2제
• pH: 4.5~9.6 • 알칼리: 0.1N염산의 소비량은 검체 1mL에 대하여 10mL 이하 • 산성에서 끓인 후의 환원성 물질(치오글라이콜릭애씨드): 8.0~19.0% • 산성에서 끓인 후의 환원성 물질이외의 환원성 물질(아황산염, 황화물 등): 검체 1mL 중의 산성에서 끓인 후의 환원성 물질이외의 환원성 물질에 대한 0.1N 요오드액의 소비량이 0.8mL 이하 • 환원후의 환원성 물질(디치오디글라이콜릭애씨드): 0.5% 이하 • 중금속: 20㎍/g 이하 • 비소: 5㎍/g 이하 • 철: 2㎍/g 이하	• pH: 2.5~4.5 • 중금속: 20㎍/g 이하 • 과산화수소: 2.7~3.0%	• pH: 4.5~9.4 • 알칼리: 0.1N염산의 소비량은 검체 1mL에 대하여 7mL 이하 • 산성에서 끓인 후의 환원성 물질(치오글라이콜릭애씨드): 2.0~11.0% • 산성에서 끓인 후의 환원성 물질이외의 환원성 물질(아황산염, 황화물 등): 검체 1mL 중의 산성에서 끓인 후의 환원성 물질이외의 환원성 물질에 대한 0.1N 요오드액의 소비량이 0.6mL 이하 • 환원후의 환원성 물질(디치오디글라이콜릭애씨드): 3.2~4.0% 이하 • 온도상승: 온도의 차는 14~20℃	치오글라이콜릭애씨드 또는 그 염류가 주성분인 냉2욕식 퍼머넌트웨이브용 제품의 제2제 시험기준과 동일함.

⑨ 치오글라이콜릭애씨드 또는 그 염류가 주성분인 냉1욕식 퍼머넌트웨이브용 제품

- pH: 9.4~9.6
- 알칼리: 0.1N염산의 소비량은 검체 1mL에 대하여 3.5~4.6mL
- 산성에서 끓인 후의 환원성 물질(치오글라이콜릭애씨드): 3.0~3.3%
- 산성에서 끓인 후의 환원성 물질이외의 환원성 물질(아황산염, 황화물 등): 검체 1mL 중의 산성에서 끓인 후의 환원성 물질이외의 환원성 물질에 대한 0.1N 요오드액의 소비량이 0.6mL 이하
- 환원후의 환원성 물질(디치오디글라이콜릭애씨드): 환원후의 환원성 물질의 함량은 0.5% 이하
- 중금속: 20㎍/g 이하
- 비소: 5㎍/g 이하
- 철: 2㎍/g 이하

※ 냉2욕식은 실온(1~30℃)에서 1제와 2제를 사용하는 제품으로 콜드식이라고도 하며, 가온2욕식은 1제와 2제를 60℃ 이하로 가온하여 사용하는 제품으로 가온식이라고도 한다.

(7) 유리알칼리 0.1% 이하(화장 비누에 한함)

(8) 화장품 유형별 시험항목 정리

공통시험항목	유형별 추가 시험항목	제조업자 설정 자가 시험항목
1. 비의도적 유래물질의 검출허용한도: 납, 비소, 수은, 안티몬, 카드뮴, 디옥산, 메탄올, 포름알데하이드, 프탈레이트류 2. 미생물한도 3. 내용량	1. 수분포함 제품 : pH 2. 기능성화장품 : 심사받거나 보고한 기준 및 시험방법에 있는 시험항목(주성분함량) 3. 퍼머넌트웨이브용 및 헤어스트레이트너: 화장품 안전기준 등에 관한 규정에서 정한 시험항목 4. 화장비누: 유리알칼리	1. 포장상태 2. 표시사항 3. 인쇄상태 4. 기밀도시험(누액시험)

※ 납/비소/수은은 기초화장품류, 안티몬/카드뮴/니켈은 색조화장품류, 디옥산은 피이지/피오이 계열의 계면활성제 사용 제품, 메탄올은 스킨로션/토너/향수/헤어토닉과 같은 알코올 함유 제품, 포름알데하이드는 보존제인 디아졸리디닐우레아/디엠디엠하이단토인/쿼터늄-15 사용 제품, 프탈레이트류는 손발톱용 제품/향수/두발용 제품에서 시험을 실시한다.

3 유통화장품 안전관리 시험방법

화장품 안전기준 등에 관한 규정 별표4에서는 유통화장품 안전관리 시험방법을 규정하고 있다.

(1) **납** : 디티존법, 원자흡광광도법(AAS), 유도결합플라즈마분광기를 이용하는 방법(ICP), 유도결합플라즈마-질량분석기를 이용한 방법(ICP-MS)

(2) **니켈** : ICP-MS, AAS, ICP

(3) **비소** : 비색법, AAS, ICP, ICP-MS

(4) **수은** : 수은분해장치를 이용한 방법, 수은분석기를 이용한 방법

(5) **안티몬** : ICP-MS, AAS, ICP

(6) **카드뮴** : ICP-MS, AAS, ICP

(7) **디옥산** : 기체크로마토그래프법의 절대검량선법

(8) **메탄올** : 푹신아황산법, 기체크로마토그래프법, 기체크로마토그래프-질량분석기법
※ 메탄올 시험법에 사용하는 에탄올은 메탄올이 함유되지 않은 것을 확인하고 사용한다.

(9) **포름알데하이드** : 액체크로마토그래프법의 절대검량선법

(10) **프탈레이트류** : 기체크로마토그래프-수소염이온화검출기를 이용한 방법, 기체크로마토그래프-질량분석기를 이용한 방법
※프탈레이트류: 디부틸프탈레이트, 부틸벤질프탈레이트 및 디에칠헥실프탈레이트

(11) 미생물한도

① 검체의 전처리

검체조작은 무균조건 하에서 실시하여야 하며, 검체는 충분하게 무작위로 선별하여 그 내용물을 혼합하고 검체 제형에 따라 다음의 각 방법으로 검체를 희석, 용해, 부유 또는 현탁시킨다. 아래에 기재한 어느 방법도 만족할 수 없을 때에는 적절한 다른 방법을 확립한다.

구분	방법
액제·로션제	• 검체 1mL(g)에 변형레틴액체배지 또는 검증된 배지나 희석액 9mL를 넣어 10배 희석액을 만들고 희석이 더 필요할 때에는 같은 희석액으로 조제한다.
크림제·오일제	• 검체 1mL(g)에 적당한 분산제 1mL를 넣어 균질화시키고 변형레틴액체배지 또는 검증된 배지나 희석액 8mL를 넣어 10배 희석액을 만들고 희석이 더 필요할 때에는 같은 희석액으로 조제한다. • 분산제만으로 균질화가 되지 않는 경우 검체에 적당량의 지용성 용매를 첨가하여 용해한 뒤 적당 한 분산제 1mL를 넣어 균질화 시킨다.
파우더 및 고형제	• 검체 1g에 적당한 분산제를 1mL를 넣고 충분히 균질화 시킨 후 변형레틴액체배지 또는 검 증된 배지 및 희석액 8mL를 넣어 10배 희석액을 만들고 희석이 더 필요할 때에는 같은 희 석액으로 조제한다. • 분산제만으로 균질화가 되지 않을 경우 적당량의 지용성 용매를 첨가한 상태에서 멸균된 마쇄 기를 이용하여 검체를 잘게 부수어 반죽 형태로 만든 뒤 적당한 분산제 1mL를 넣어 균질화 시킨다. • 추가적으로 40℃에서 30분 동안 가온한 후 멸균한 유리구슬(5mm : 5~7개, 3mm : 10~15개)을 넣어 균질화 시킨다.

※ 주1) 분산제는 멸균한 폴리소르베이트80 등을 사용할 수 있으며, 미생물의 생육에 대하여 영향이 없는 것 또는 영향이 없는 농도이어야 한다.

※ 주2) 검액 조제시 총 호기성 생균수 시험법의 배지성능 및 시험법 적합성 시험을 통하여 검증된 배지나 희석액 및 중화제를 사용할 수 있다.

※ 주3) 지용성 용매는 멸균한 미네랄 오일 등을 사용할 수 있으며, 미생물의 생육에 대하여 영향이 없는 것이어야 한다. 첨가량은 대상 검체 특성에 맞게 설정하여야 하며, 미생물의 생육에 대하여 영향이 없어야 한다.

② 총 호기성 생균수 시험법

화장품 중 총 호기성 생균(세균 및 진균)수를 측정하는 시험방법이다.

가. 검액의 조제

① 항에 따라 검액을 조제한다.

나. 배지

배지는 121 ℃에서 15분간 고압멸균한다.

구분	배지
세균수 시험	변형레틴액체배지(modified letheen broth) 또는 변형레틴한천배지(modified letheen agar) 또는 대두카제인소화한천배지(tryptic soy agar, TSA)
진균수 시험	항생물질 첨가 포테이토 덱스트로즈 한천배지(PDA ; potato dextrose agar) 또는 항생물질 첨가 사브로포도당한천배지(Sabouraud dextrose agar, SDA)

다. 조작

<table>
<tr><td rowspan="2">세균수 시험</td><td>한천평판
도말법</td><td>• 직경 9 ~ 10cm 페트리 접시내에 미리 굳힌 세균시험용 배지 표면에 전처리 검액 0.1mL 이상 도말한다.</td></tr>
<tr><td>한천평판
희석법</td><td>• 검액 1mL를 같은 크기의 페트리접시에 넣고 그 위에 멸균 후 45 ℃로 식힌 15mL의 세균시험용 배지를 넣어 잘 혼합한다.
• 검체당 최소 2개의 평판을 준비하고 30~35℃에서 적어도 48시간 배양 하는데 이때 최대 균집락수를 갖는 평판을 사용하되 평판당 300개 이하 의 균집락을 최대치로 하여 총 세균수를 측정한다.</td></tr>
<tr><td>진균수 시험</td><td colspan="2">위 '세균수 시험'에 따라 시험을 실시하되 배지는 진균수시험용 배지를 사용하여 배양온도 20~25℃에서 적어도 5일간 배양한 후 100 개 이하의 균집락이 나타나는 평판을 세어 총 진균수를 측정한다.</td></tr>
</table>

라. 배지성능 및 시험법 적합성시험

① 시판배지는 배치마다 시험하며, 조제한 배지는 조제한 배치마다 시험한다.

② 검체의 유·무하에서 총 호기성 생균수시험법에 따라 제조된 검액·대조액에 시험균주를 각각 100cfu 이하가 되도 록 접종하여 규정된 총호기성생균수시험법에 따라 배양할 때 검액에서 회수한 균수가 대조액에서 회수한 균수의 1/2 이상이어야 한다.

③ 검체 중 보존제 등의 항균활성으로 인해 증식이 저해되는 경우(검액에서 회수한 균수가 대조액에서 회수한 균수 의 1/2 미만인 경우)에는 결과의 유효성을 확보하기 위하여 총호기성 생균수 시험법을 변경해야 한다.

④ 항균활성을 중화하기 위하여 희석 및 중화제(표2.)를 사용할 수 있다. 또한, 시험에 사용된 배지 및 희석액 또는 시험 조작상의 무균상태를 확인하기 위하여 완충식염펩톤수(pH 7.0)를 대조로 하여 총호기성 생균수시험을 실시 할 때 미생물의 성장이 나타나서는 안 된다.

[시험균주]

시험균주	배양조건
Escherichia coli(대장균)	호기배양(aerobic), 30~35℃, 48시간
Bacillus subtilis(바실러스 서브틸리스)	
Staphylococcus aureus(황색포도상구균)	
Candida albicans(칸디다 알비칸스)	호기배양(aerobic), 20~25℃, 5일

③ 특정세균시험법

대장균 시험	• 유당액체배지, 맥콘키한천배지, 에오신메칠렌블루한천배지(EMB한천배지)
녹농균 시험	• 카제인대두소화액체배지, 세트리미드한천배지(Cetrimide agar), 엔에이씨한천배지(NAC agar), 플루오레세인 검출용 녹농균 한천배지 F, 피오시아닌 검출용 녹농균 한천배지 P
황색포도상구균 시험	• 보겔존슨한천배지(Vogel-Johnson agar), 베어드파카한천배지(Baird-Parker agar)
배지성능 및 시험법 적합성시험	• 검체의 유·무 하에서 각각 규정된 특정세균시험법에 따라 제조된 검액·대조액에 시험균주 100cfu를 개별적으로 접종하여 시험할 때 접종균 각각에 대하여 양성으로 나타나야 한다. • 증식이 저해되는 경우 항균활성을 중화하기 위하여 희석 및 중화제를 사용할 수 있다.
※ 본 시험법 외에도 미생물 검출을 위한 자동화 장비와 미생물 동정기기 및 키트 등을 사용할 수도 있다.	

(12) 화장품 보존력 시험

화장품의 품질 및 안전관리를 위해 화장품에 첨가된 보존제의 효력을 평가하는 방법을 화장품 보존력 시험법 가이드라인에서 정하고 있다.

① 시험 전, 주의사항

- 무균 조작을 위해 클린벤치(clean bench)를 사용
- 검체 이외에는 모든 재료는 멸균하여 사용
- 시료 보관은 실온에서 실시(단, 냉동·냉장 보관하도록 권장하는 경우에는 냉동·냉장에서 보관)
- 제품 개봉 전, 미생물 오염방지를 위해 70% 에탄올 등을 묻힌 멸균 거즈로 제품 입구 주위를 소독
- 검체 내 보존제 등 미생물발육저지물질을 중화시키거나 제거하여 실험의 정확도를 향상시키기 위해, 검체에 희석액, 용매, 중화제 등을 첨가하여 검체를 충분히 분산

② 시험용 미생물 및 미생물 배양 조건

미생물	세균	진균
균종	• Escherichia coli • Pseudomonas aeruginosa • Staphylococcus aureus	• Candida albicans(효모) • Aspergillus brasiliensis(곰팡이)
균 배양조건	• 대두카제인소화액체배지 또는 대두카제인소화한천배지 • 30 ~ 35℃ • 18 ~ 24시간 이상 배양	• 효모 : 사부로포도당액체배지 또는 사부로포도당한천배지, 20 ~ 25℃, 48시간 이상 배양 • 곰팡이 : 사부로포도당한천배지 또는 감자덱스트로오스한천배지, 20 ~ 25℃, 5 ~ 7일 이상 배양

③ 검체의 전처리

교반이 완료된 검체는 미생물 배양기를 사용하여 상온(20 ~ 25℃)에서 보관하면서 시험을 수행한다.

제형	제품	전처리 방법
액체,로션제	화장수, 로션, 샴푸, 린스 등	• 접종된 검체 1mL 또는 1g에 변형 레틴액체배지 또는 검증된 배지나 희석액 9mL를 넣어 10배 희석액을 만든다.
크림, 오일제	크림, 오일, 립글로스 등	• 접종된 검체 1mL 또는 1g에 적당한 분산제 1mL를 넣어 균질화시키고 변형 레틴액체배지 또는 검증된 배지나 희석액 8mL를 넣어 10배 희석액을 만든다. • 분산제만으로 균질화가 되지 않는 경우 검체에 적당량의 지용성 용매를 첨가하여 검체를 용해시킨 뒤 적당한 분산제 및 희석액을 넣어 10배 희석액을 만든다.
파우더, 고형제	아이섀도, 립스틱, 아이브로우펜슬 등	• 접종된 검체 1mL 또는 1g에 적당한 분산제 1mL를 넣어 균질화 시킨 후 희석액 8mL를 넣어 10배 희석액을 만든다. • 분산제만으로 균질화가 되지 않는 경우 검체에 적당량의 지용성 요매를 첨가한 후 스페튤라, 조직마쇄기(tissue-grinder) 등을 이용하여 검체를 반죽형태로 만들거나, 지용성 용매 없이 분산제만으로 반죽형태로 만든 뒤 적당한 분산제 및 희석액을 넣어 10배 희석액을 만든다. • 추가적으로 검액을 만든 뒤 가온처리(약 40℃, 30분)를 하거나 교반 시 멸균한 유리구슬(5mm : 5 ~ 7개, 3mm : 10 ~ 15개)을 넣어 균질화시킬 수 있다.
내용물을 취하기 어려운 제형	마스크팩 등	• 잘게 자른 접종된 검체 1g에 Dey/Engley 중화제(D/E buffer) 또는 검증된 중화제 3mL와 변형 레틴액체배지 또는 검증된 희석액 6mL를 넣어 10배 희석액을 만든다.
에어로졸	쉐이빙 폼 등	• 접종된 검체 1mL 또는 1g에 적당한 분산제 1mL 및 희석액 8mL를 넣어 10배 희석액을 만든다.

④ 시험법 적합성 확인

배양 후 시험군에서 회수한 균수가 양성 대조군에서 회수한 균수의 50% 이상일 경우에는 시험법이 적합하며, 검액에서 회수한 균수가 양성 대조군에서 회수한 균수의 50% 미만이면 시험법이 부적합이다.

⑤ 결과 평가

- 7일 이내에 세균은 99.9% 이상 사멸, 진균은 90% 이상 사멸하는지 여부와 14 ~ 28일에 미생물 생장이 나타나지 않는지 여부를 기준으로 평가한다.
- 7일차는 0일차 기준, 14 ~ 28일차는 7일차 기준으로 판정한다.
- 1 log : 10CFU/g, 2 log : 100CFU/g, 3 log : 1000CFU/g, 4 log : 10000CFU/g, 5 log : 100000CFU/g, 6 log : 1000000CFU/g

구분	접종 후 기간별 결과 평가기준			
	7일	14일	21일	28일
세균	3 log reduction 이상(99.9% 이상 사멸)	생장이 나타나지 않음		
진균	1 log reduction 이상(90% 이상 사멸)	생장이 나타나지 않음		

(13) **내용량**

① 용량으로 표시된 제품

내용물이 들어있는 용기에 뷰렛(burette)으로부터 물을 적가하여 용기를 가득 채웠을 때의 소비량을 정확하게 측정한 다음 용기의 내용물을 완전히 제거하고 물 또는 기타 적당한 유기용매로 용기의 내부를 깨끗이 씻어 말린 다음 뷰렛으로부터 물을 적가하여 용기를 가득 채워 소비량을 정확히 측정하고 전후의 용량차를 내용량으로 한다. 다만, 150mL이상의 제품에 대하여는 눈금실린더(메스실린더, mass cylinder)를 써서 측정한다.

② 질량으로 표시된 제품

내용물이 들어있는 용기의 외면을 깨끗이 닦고 무게를 정밀하게 단 다음 내용물을 완전히 제거하고 물 또는 적당한 유기용매로 용기의 내부를 깨끗이 씻어 말린 다음 용기만의 무게를 정밀히 달아 전후의 무게차를 내용량으로 한다.

③ 길이로 표시된 제품

길이를 측정하고 연필류는 연필심지에 대하여 그 지름과 길이를 측정한다.

④ 화장비누

- 수분 포함 : 상온에서 저울로 측정(g)하여 실중량은 전체 무게에서 포장 무게를 뺀 값으로 하고, 소수점 이하 1자리까지 반올림하여 정수자리까지 구한다.
- 건조 : 검체를 작은 조각으로 자른 후 약 10g을 0.01g까지 측정하여 접시에 옮긴다. 이 검체를 103 ± 2 ℃에서 1시간 건조 후 데시케이터로 옮긴다. 실온까지 충분히 냉각 시킨 후 질량을 측정하고 2회의 측정에 있어서 무게의 차이가 0.01g이내가 될 때까지 1시간 동안의 가열, 냉각 및 측정 조작을 반복한 후 마지막 측정 결과를 기록한다.

- 계산식

> • 내용량(g) = 건조 전 무게(g) × [100 – 건조감량(%)] / 100
> • 건조감량(%) = $\frac{m_1 - m_2}{m_1 - m_0} \times 100$
> • m_0 : 접시의 무게(g)
> • m_1 : 가열 전 접시와 검체의 무게(g)
> • m_2 : 가열 후 접시와 검체의 무게(g)

⑤ 침적마스크(마스크팩, 마스크시트) 및 클렌징티슈

- 침적 마스크(soaked mask) 또는 클렌징티슈의 내용량은 침적한 내용물(액제 또는 로션제)의 양을 시험하는 것으로 용기(자재), 지지체, 보호필름을 제외하고 시험해야 하며, "용기, 지지체 및 보호필름"은 "용기"로 보고 시험하며 용량으로 표시된 제품일 경우 비중을 측정하여 용량으로 환산한 값을 내용량으로 한다.
- 하이드로겔 마스크의 내용량은 겔 부분을 녹여 완전히 제거하여 지지체(부직포류), 파우치 및 필름류 등을 깨끗이 닦은 후 완전히 건조시켜 부자재의 총 무게 측정하여 내용량을 측정한다.
- 에어로졸 제품은 용기에 충전된 분사제(액화석유가스 등)를 포함한 양을 내용량 기준으로 하여 시험한다(출처: 화장품 안전기준 등에 관한 규정 해설서, 식품의약품안전처, 2018년)

⒁ pH시험법

검체 약 2g 또는 2mL를 취하여 100mL 비이커에 넣고 물 30mL를 넣어 수욕상에서 가온하여 지방분을 녹이고 흔들어 섞은 다음 냉장고에서 지방분을 응결시켜 여과한다. 이때 지방층과 물층이 분리되지 않을 때는 그대로 사용한다. 여액을 가지고 기능성화장품 기준 및 시험방법(식품의약품안전처 고시) 일반시험법 원료의 pH측정법에 따라 시험한다.

⒂ 유리알칼리 시험법

① 에탄올법(나트륨 비누)
② 염화바륨법(모든 연성 칼륨 비누 또는 나트륨과 칼륨이 혼합된 비누)

④ 기능성화장품 기준 및 시험방법

식품의약품안전처 고시인 기능성화장품 기준 및 시험방법(KFCC, Korean Functional Cosmetics Codex)은 제1조(목적), 제2조(세부사항의 구분)의 별표1~10으로 구성되어 있다. 별표1에는 화장품 시험에 기본적으로 적용되는 사항인 통칙이 있으며, 별표10은 일반시험법으로 원료 및 제제(화장품)의 공통된 시험법 및 이에 관련되는 사항을 설명하고 있다.

1 세부사항(제2조 관련)

세부사항(제2조 관련)	별표	비고
통칙	별표1	–
피부의 미백에 도움을 주는 기능성화장품 각조	별표2	화장품법의 이해 참조
피부의 주름개선에 도움을 주는 기능성화장품 각조	별표3	
자외선으로부터 피부를 보호하는데 도움을 주는 기능성화장품 각조	별표4	
피부의 미백 및 주름개선에 도움을 주는 기능성화장품 각조	별표5	
모발의 색상을 변화(탈염(脫染)·탈색(脫色)을 포함한다)시키는 데 도움을 주는 기능성화장품 각조	별표6	
체모를 제거하는 데 도움을 주는 기능성화장품 각조	별표7	
여드름성 피부를 완화하는 데 도움을 주는 기능성화장품 각조	별표8	
탈모 증상의 완화에 도움을 주는 기능성화장품 각조	별표9	
일반시험법	별표10	–

2 별표 1 통칙

(1) 제제를 만들 경우에는 따로 규정이 없는 한 그 보존 중 성상 및 품질의 기준을 확보하고 그 유용성을 높이기 위하여 부형제, 안정제, 보존제, 완충제 등 적당한 첨가제를 넣을 수 있다. 다만, 첨가제는 해당 제제의 안전성에 영향을 주지 않아야 하며, 또한 기능을 변하게 하거나 시험에 영향을 주어서는 아니된다.

(2) 물질명 다음에 ( ) 또는 [ ]중에 분자식을 기재한 것은 화학적 순수물질

(예 황산(Sulfuric Acid) H_2SO_4)

(3) 분자량은 국제원자량표에 따라 계산하여 소수점이하 셋째 자리에서 반올림하여 둘째 자리까지 표시

(4) 계량의 단위

미터	m	데시미터	dm
센터미터	cm	밀리미터	mm
마이크로미터	㎛	나노미터	nm
킬로그람	kg	그람	g
밀리그람	mg	마이크로그람	㎍
나노그람	ng	리터	L
밀리리터	mL	마이크로리터	㎕
평방센티미터	㎠	수은주밀리미터	mmHg
센티스톡스	cs	센티포아스	cps
노르말(규정)	N	몰	M 또는 mol.
질량백분율	%	질량대용량백분율	w/v%
용량백분율	vol%	용량대질량백분율	v/w%
질량백만분율	ppm	피에이치	pH
섭씨 도	℃		

(5) 기타

① 표준온도 : 20℃
② 상온 : 15~25℃
③ 실온 : 1~30℃
④ 미온 : 30~40℃
⑤ 냉소 : 따로 규정이 없는 한 1~15℃ 이하의 곳
⑥ 냉수 : 10℃ 이하의 물
⑦ 미온탕 : 30~40℃의 물
⑧ 온탕 : 60~70℃의 물
⑨ 열탕 : 약 100℃의 물
⑩ 냉침 : 15~25℃
⑪ 온침 : 35~45℃
⑫ 시험에 쓰는 물은 따로 규정이 없는 한 정제수
⑬ 감압 : 따로 규정이 없는 한 15mmHg이하로 감압하는 것
⑭ 용질명(녹는 물질) 다음에 용액이라 기재하고, 그 용제(녹이는 물질)를 밝히지 않은 것은 수용액,

예 수산화나트륨시액 : 수산화나트륨을 물에 녹인 시험용 용액

⑮ 용액의 농도(1 → 5) : 고체물질 1g 또는 액상물질 1mL를 용제에 녹여 전체량을각각 5mL로 하는 비율
⑯ 용액의 농도(1 → 10) : 고체물질 1g 또는 액상물질 1mL를 용제에 녹여 전체량을각각 10mL로 하는 비율
⑰ 용액의 농도(1 → 100) : 고체물질 1g 또는 액상물질 1mL를 용제에 녹여 전체량을각각 100mL로 하는 비율
⑱ 혼합액 (1:10) : 액상물질의 1용량과 10용량과의 혼합액
⑲ 혼합액 (5:3:1) : 액상물질의 5용량과 3용량과 1용량과의 혼합액
⑳ 시험은 따로 규정이 없는 한 상온(15~25℃)에서 실시하고 조작 직후 그 결과를 관찰하는 것
㉑ 따로 규정이 없는 한 일반시험법에 규정되어 있는 시약을 쓰고 시험에 쓰는 물은 정제수액성을 산성, 알칼리성 또는 중성으로 나타낸 것은 따로 규정이 없는 한 리트머스지를 써서 검사, 액성을 구체적으로 표시할 때에는 pH값을 씀.
㉒ 온도의 영향이 있는 것의 판정은 표준온도(20℃)에 있어서의 상태를 기준으로 함.
㉓ pH의 범위

미산성	약 5~약 6.5	미알칼리성	약 7.5~약 9
약산성	약 3~약 5	약알칼리성	약 9~약 11
강산성	약 3이하	강알칼리성	약 11이상

㉔ 질량을「정밀하게 단다.」라 함은 달아야 할 최소 자리수를 고려하여 0.1mg, 0.01mg 또는 0.001mg까지 단다는 것
㉕ 질량을「정확하게 단다」라 함은 지시된 수치의 질량을 그 자리수까지 단다는 것 : 이 용액 10mL를 정확하게 취하여 → 10mL 취함.
㉖ 시험할 때 n자리의 수치를 얻으려면 보통 (n+1)자리까지 수치를 구하고 (n+1)자리의 수치를 반올림: 2자리 수치를 얻으려면 3자리까지 수치를 구해서 3자리의 수치를 반올림(예 0.325 → 0.33)
㉗ 시험조작을 할때「직후」 또는「곧」이란 보통 앞의 조작이 종료된 다음 30초 이내에 다음 조작을 시작하는 것
㉘ 시험에서 용질이「용매에 녹는다 또는 섞인다」라함은 투명하게 녹거나 임의의 비율로 투명하게 섞이는 것을 말하며 섬유 등을 볼 수 없거나 있더라 매우 적음.
㉙ 검체의 채취량에 있어서「약」이라고 붙인 것은 기재된 양의 ±10%의 범위
㉚ 항량(恒量): 따로 규정이 없는 한 계속하여 1시간 더 건조 또는 강열할 때 전후의 칭량차가 전회(前回)에 측정한 건조물 또는 강열한잔류물의 무게의 0.10 %이하일 때. 다만 화학천칭을쓸 경우에는 0.5 ㎎ 이하, 세미마이크로화학천칭을쓸 경우에는 0.05㎎ 이하, 마이크로화학천칭을 쓸 경우에는 0.005㎎ 이하인 경우는 무시할 수 있는 양으로 하여 항량으로 간주(출처: 화장품원료규격가이드라인일반사항, 식품의약품안전청, 2012)

3 별표 10 일반시험법

(1) 10-1 원료시험법

1) 기체크로마토그래프법 : 적당한 고정상을 써서 만든 칼럼에 검체혼합물을 주입하고 이동상으로 불활성기체(캐리어가스)를 써서 고정상에 대한 유지력의 차를 이용하여 각각의 성분으로 분리하여 분석하는 방법

2) 액체크로마토그래프법 : 적당한 고정상을 써서 만든 칼럼에 검체혼합물을 주입하고 이동상으로 액체를 써서 고정상에 대한 유지력의 차를 이용하여 각각의 성분으로 분리하여 분석하는 방법

3) 여과지크로마토그래프법 : 여과지에 적당한 용매를 침투시키면 여과지위에 있는 물질은 용매의 이동과 동시에 그 물질 고유의 이동률에 따라 이동한다.이 현상을 이용하여 혼합물을 분리하는 방법

4) 박층크로마토그래프법 : 실리카 겔을 이용한 측정방법

5) 강열감량시험법

① 검체를 원료각조에서 규정한 조건으로 강열하여 그 감량을 측정하는 방법이다.

예 5.0% 이하(1g, 500℃, 항량)이라고 규정한 것은 검체 약 1g을 정밀하게 달아 500℃에서 항량이 될 때까지 강열할 때 그 감량이 검체 채취량의 5.0% 이하라는 것을 나타낸다.

② (조작법) 따로 규정이 없는 한 백금제, 석영제, 사기도가니 또는 증발접시를 항량이 될 때까지 강열하고 데시케이터(실리카 겔)속에서 방냉한 다음 그 무게를 정밀하게 단다. 여기에 원료각조에서 규정하는 양의 ±10% 범위의 검체를 정밀하게 달아 이것을 규정시간 또는 항량이 될 때까지 강열하여 데시케이터(실리카 겔) 속에서 방냉한 다음 그 무게를 정밀하게 단다.

6) 강열잔분시험법 : 검체를 다음 방법으로 강열할 때 남는 양을 측정하는 방법이다. 보통 유기물중에 불순물로서 들어있는 무기물의 함량을 알기 위하여 적용되나 때에 따라서는 유기물중의 구성성분으로서 들어있는 무기물을 또는 휘발성무기물 중에 들어 있는 불순물의 양을 측정하는데 적용

7) 건조감량시험법 : 검체를 원료각조에서 규정된 조건으로 건조하여 그 감량을 측정하는 방법이다. 원료각조에서 예를 들면 0.5% 이하(0.5g, 감압, 오산화인, 4시간)으로 규정되어 있는 것은 검체 약 0.5g을 정밀하게 달아 오산화인을 건조제로 한 데시케이터속에서 4시간 감압건조할 때 그 감량이 검체 채취량의 0.5% 이하임을 나타낸다.

8) 검화가측정법 : 검체 1g중의 에스텔를 검화하고 유리산을 중화시키는데 필요한 수산화칼륨(KOH)의 ㎎수

9) 산가측정법 : 산가는 검체 1g을 중화하는데 필요한 수산화칼륨(KOH)의 ㎎수

10) 수산기가측정법 : 검체 1g을 다음 조건에서 아세틸화할 때 수산기와 결합한 초산을 중화하는데 필요한 수산화칼륨(KOH)의 ㎎수

11) 에스텔가측정법 : 검체 1g중의 에스텔를 검화하는데 필요한 수산화칼륨(KOH)의 ㎎수

12) 굴절률측정법

① 물질의 굴절률은 진공중의 광의 속도와 물질중의 광의 속도와의 비(比)이며 물질에 대한 광의 입사각의 정현(正弦)과 굴절각의 정현(正弦)과의 비(比)는 같다.

② 보통 굴절률은 광의 파장 및 온도에 따라 변화한다. 굴절률 n_D^t라 함은 광선으로 나트륨의 스펙트라 중의 D선을 써서 온도 t℃에서 측정하였을 때의 공기에 대한 굴절률을 말한다.

13) 납시험법 : 검체 중에 들어있는 납(Pb)의 양의 한도를 시험하는 방법이다. 그 한도는 납으로서 중량백만분율(ppm)로 나타냄

14) 중금속시험법 : 원료중에 불순물로서 들어있는 중금속의 한도시험이다. 중금속이란 산성에서 황화나트륨시액으로 정색하는 금속성 혼재물을 말하며 그 한도는 납(Pb)으로서 중량백만분율(ppm)로 나타냄.

15) 불소시험법 : 검체중에 함유되는 불소의 양의 한도를 시험하는 방법이다. 그 한도는 불소(F)의 중량백분율(%)로 표시

16) 비소시험법 : 원료중에 불순물로서 들어있는 비소의 한도시험이다. 그 한도는 삼산화비소(As_2O_3)의 양으로 나타내며 보통 중량백만분율(ppm)로 나타냄.

17) 철시험법 : 검체중의 불순물로 함유된 철의 한도를 시험하는 방법이다. 그 한도는 철(Fe)로서 중량백만분율(ppm)로 나타냄.

18) 담점측정법

19) 메탄올 및 아세톤시험법

20) 메톡실기정량법 : 검체에 요오드화수소산을 넣고 끓여 생기는요오드화메칠을 브롬으로 산화하여 생긴 요오드산을치오황산나트륨액으로 정량하는 방법이다.

21) 물가용물시험법 : 검체중의 물에 녹는 물질의 양을 측정하는 방법이다.

22) 불검화물측정법 : 검체중의 수산화칼륨으로 검화되지 않고 유기용매에 녹으며 물에 녹지 않는 물질을 말한다.

23) 비용적측정법 : 비용적은 단위질량의 물체가 차지하는 부피를 말한다.

24) 비점측정법 및 증류시험법

25) 비중측정법 : 비중 $d_t^{t'}$라 함은 검체와 물과의 각각 t'℃ 및 t℃에 있어서 같은 체적의 중량비

26) 비타민A 정량법

① 비타민A 정량법은 초산레티놀, 팔미틴산레티놀, 비타민A유, 간유 및 기타 원료중의 비타민A를 자외부의 흡광도측정법에 따라 정량하는 방법 다만 일반적으로는 원료의 종류 또는 정량을 방해하는 물질이 존재할 때 적당한 전처리를 할 필요함

② 1 비타민A단위(1 비타민A국제단위와 같다)는 비타민A(알코올형) 0.3㎍에 해당한다.

27) 산가용물시험법 : 검체 중의 묽은염산에 녹는 물질의 양을 측정하는 방법

28) 산불용물시험법 : 검체 중의 염산에 녹지 않는 물질의 양을 측정하는 방법

29) 산소플라스크연소법 : 소, 브롬, 요오드, 불소 또는 황 등을 함유하는 유기화합물질을 산소를 충만시킨 플라스크중에서 연소분해하여 그 중에 들어 있는 할로겐 또는 황등을 확인 또는 정량하는 방법

30) 선광도측정법 : 선광도 a_x^t는 특정의 단색광 x(파장 또는 명칭으로 기재한다)를 써서 온도 t℃에서 측정할 때의 선광도를 의미하며 그 측정은 따로 규정이 없는 한 온도는 20℃, 층장은 100㎜, 광선은 나트륨스펙트럼의 D선으로 측정

31) 수분정량법(칼핏셔법) : 메탄올 및 피리딘의 존재하에 물이 요오드 및 아황산가스와 정량적으로 반응하는 것을 이용하여 물을 정량하는 방법

32) 알코올수측정법 : 틴크제 또는 기타의 에탄올을 함유한 제제에 대하여 다음의 방법으로 측정할 때 15℃에 있어서 검체 10㎖에서 얻은 알코올층의 양(㎖)

33) 암모늄시험법 : 원료중에 불순물로서 들어있는 암모늄염의 한도시험

34) 액화가스시험법 : 비중측정법, 확인시험, 산측정법, 증발잔류물시험법으로 구성

35) 연화점측정법

36) 염화물시험법 : 검체 중에 불순물로서 들어있는 염화물의 허용한도량을 시험하는 방법

37) 요오드가측정법 : 요오드가는 검체 100g에 결합하는 할로겐의 양을 요오드(I)로 환산한 g수

38) 융점측정법 : 제 1 법, 제 2 법, 제 3 법 또는 제 4 법에 따라 측정한다.

39) 음이온계면활성제정량법 : 검체 중에 함유되는 음이온계면활성제를 양이온계면활성제로 직접 콜로이드적정을 하거나 또는 음이온계면활성제로 간접적으로 콜로이드적정을 하여 정량하는 방법

40) 응고점측정법

41) 적외부흡수스펙트럼측정법

① 외선이 검체를 통과할 때 흡수되는 정도를 각 파수(파장)에 대하여 측정하는 방법이다.

② 적외부흡수스펙트럼은 횡축에 파수(파장)를, 종축에는 보통 투과율이나 흡광도를 나타내는 그래프로 나타낸다.

③ 적외부흡수스펙트럼은 그 물질의 화학구조에 따라 달라지므로 여러가지 파수(파장)에서 흡수를 측정하여 물질을 확인 또는 정량할 수 있다.

42) 전기적정법 : 산염기적정, 산화환원적정, 착염적정, 침전적정 등의 각 방법에 있어서 당량점 부근에서 피정량물질 또는 적정시약의 활량(活量)이 소실 또는 출현하는 등으로 급격한 변화를 일으키므로 그것을 전기신호로 나타내어 적정의 종말점을 구하여 정량분석을 하는 방법의 하나이다.

43) 점도측정법 : 액체가 일정방향으로 운동할 때 그 흐름에 평행한 평면의 양측에 내부마찰력이 일어난다. 이 성질을 점성이라고 한다. 점성은 면의 넓이 및 그 면에 대하여 수직방향의 속도구배에 비례한다. 그 비례정수를 절대점도라 하고 일정온도에 대하여 그 액체의 고유한 정수이다. 단위는 포아스(poise,P) 또는 센티포아스(cP ; centi poise), 절대점도를 같은 온도의 그 액체의 밀도로 나눈 값을 운동점도라고 말하고 그 단위로는 스톡스(stokes, St) 또는 센티스톡스(centi stokes, cSt)를 쓴다. 액체의 점도는 다음 제 1 법 또는 제 2 법에 따라 측정한다.

44) 정성반응 : 원료각조의 확인시험에 적용하는 것으로 따로 규정이 없는 한 혼합물질에 대해서는 쓰지 않는다.

45) 증발잔류물시험법 : 검체를 수욕상에서 증발건고하여 검체중의 불휘발성물질의 양을 측정하는 방법

46) 질소정량법 : 질소를 함유하는 유기물을 황산로 분해하여 황산암모늄로 하고 그 암모니아를 정량하는 방법

47) pH측정법 : pH 측정에는 유리전극을 단 pH메터를 쓴다. pH의 기준은 다음 표준완충액을 쓰며 그 pH값은 ±0.02이내의 정확도를 갖는다.

48) 황산염시험법 : 검체중에 불순물로서 들어있는 황산염의 한도를 시험하는 방법이다. 그 한도는 황산염(SO4로서)의 중량백분률(%)로 표시함

49) 황산에 대한 정색물시험법 : 검체중에 들어있는 미량의 불순물로서 황산으로 쉽게 착색되는 물질을 시험하는 방법

50) 흡광도측정법 : 물질이 일정한 좁은 파장범위의 빛을 흡수하는 정도를 측정하는 방법

51) 향료시험법 : 할로겐시험법, 에스텔함량측정법 제2법, 페놀함량측정법, 알코올류함량 및 총알코올류함량측정법, 알데히드류 및 케톤류함량측정법이 사용됨

(2) 10-2. **제제(화장품)**

1) pH시험법

① 따로 규정이 없는 한 검체 약 2g 또는 2mL를 취하여 100mL 비이커에 넣고 물 30mL를 넣어 수욕상에서 가온하여 지방분을 녹이고 흔들이 섞은 다음 냉장고에서 지방분을 응결시켜 여과한다. 이때 지방층과 물층이 분리되지 않을 때는 그대로 사용한다.

② 여액을 가지고 원료 pH측정법에 따라 시험한다. 다만, 성상에 따라 맑은 액상인 경우에는 그대로 측정한다.

2) 자외선차단제 함량시험 대체시험법

가. 적용범위

국내·외에서 제조되어 국내에서 유통되고 있는 자외선차단 화장품 중 티타늄디옥사이드 및 징크옥사이드의 함량시험 대체 시험방법

나. 측정방법

자외선차단지수 측정기	• 자외선차단지수 측정기는 Xenon arc lamp에서 나오는 자외선을 UV-filter를 사용하여 290~400nm의 파장을 광원으로 사용하는 기기로서 광원, 적분구, 단색화장치 및 검출기로 구성되어 있다. • 광원은 태양광과 유사한 연속적인 방사스펙트럼을 갖고, 특정피크를 나타내지 않는 Xenon arc lamp를 사용한다. 290nm 이하의 파장은 적절한 filler를 사용하여 제거한다. 광원은 시험시간 동안 일정한 광량을 유지해야 한다.
시험용 테이프	• 자외선영역에서 흡수피크가 없고 자외선 투과성이 높은 박막 형태의 테이프를 사용한다.
제품 도포량	• 제품 도포량은 2.0mg/cm^2 또는 2.0$\mu\ell$/cm^{2}이다. • 다만 제품의 제형이 시험용 테이프에 직접 도포 할 수 없을 경우는 자외선차단지수에 영향을 미치지 않는 바세린 등 적당한 기제와 동량으로 섞어서 도포 할 수 있다.
자외선차단지수 측정	• 제품 도포량을 정확하게 취하여 시험용 테이프 위에 도포하고 손가락에 고무재질의 골무를 끼고 골고루 도포한 다음 상온에서 15분간 방치 후에 자외선차단지수 측정기를 사용하여 자외선차단지수를 측정한다. • 자외선차단지수는 3회 실험치의 평균값으로 정한다.

다. 기준

3롯트 당 3회 이상 시험한 시험성적의 평균값으로 기준을 설정한다.

3) 염모력시험

용법용량란에 기재된 비율로 섞은 염색액에 시험용백포(KSK 0905 염색견뢰도시험용 첨부백포, 양모)를 침적하여 25℃ 에서 20~30분간 방치한 다음 물로 씻어 건조할 때 시험용백포는 효능효과에서 표시한 색상과 거의 같은 색으로 염색된다.

(3) 10-3. **계량기, 용기, 색의 비교액, 시약, 시액, 용량분석용표준액 및 표준액**

1) 계량기 및 용기

① 계량기는 화장품원료시험법에서 계량에 쓰는 기구 또는 기계이다.

② 용기는 화장품원료시험에서 그 조건을 될 수 있는 한 일정하게 하기 위하여 정해 놓은 기구이다.

③ 색의 비교액은 화장품원료시험에서 색의 비교에 대조로 쓰는 것이다.

④ 시약은 화장품원료의 시험에 쓰거나 시액을 만들기 위하여 쓰는 것이다.

⑤ 시액은 화장품원료의 시험에 쓰기 위하여 만들어진 액이다.

⑥ 표준품은 시험에 사용하는 표준물질로 공식 공급원(예 미국약전)으로부터 입수할 경우와 자사에서 조제할 경우가 있다.

⑦ 용량분석용표준액은 농도가 정확하게 알려진 시약용액으로 주로 용량분석에 쓰는 것이다.

⑧ 표준액은 화장품원료시험에서 비교에 기초로 쓰는 액이다.

⑨ 화학용체적계로 검정된 메스플라스크, 피펫, 뷰렛 및 메스실린더를 쓴다.

⑩ 네슬러관은 무색으로 유리두께 1.0~1.5㎜의 갈아 맞춘 유리마개를 가진 경질유리 원통이며 관의 눈금선의 높이가 각각 2㎜ 이하의 것을 쓴다.

⑪ 분동은 검정한 것을 사용한다.

⑫ 유리여과기는 KS L 2302에 적합한 것을 사용한다.

⑬ 정성분석용여과지와 정량분석용여과지는 한국산업규격 M7602에서 규정한 것을 쓴다.

⑭ 비중부액계는 한국공업규격 A5106에 규정한 것을 쓴다.

2) 시약·시액

① 시약은 특급시약 혹은 1급 시약을 사용하고 이 시약으로 만든 시험에 사용하여 용액을 시액(TS, test solution)이라 한다. 지시약은 차광하여 보관한다.

② 황산(Sulfuric Acid) H_2SO_4 [최순품] H_2SO_4 95% 이상을 함유한다.

③ 염산(Hydrochloric Acid) HCl [특급] HCl 35~38%를 함유한다.

④ 질산(Nitric Acid) HNO_3 [비중 1.40이상, 특급] HNO_3 69~71%를 함유한다.

⑤ 질산, 묽은(Nitric Acid, Dilute): 질산 10.5㎖에 물을 넣어 100㎖로 한다.

⑥ 염산, 묽은, 10%(Hydrochloric Acid, Dilute): 염산 23.6㎖에 물을 넣어 100㎖로 한다.

⑦ 황산, 묽은(Sulfuric Acid, Dilute): 황산 5.7㎖를 물 10㎖에 조심하면서 넣고 식힌 다음 물을 넣어 100㎖로 한다.

⑧ 수산화나트륨시액, 묽은, 0.1N(Sodium Hydroxide TS, Dilute): 수산화나트륨 0.43g을 새로 끓여 식힌 물에 녹여 100㎖로 한다. 쓸 때 만든다.

⑨ 차광보관 시약

1-나프톨(1-Naphthol), 2-나프톨(2-Naphthol), 1-나프틸아민(1-Naphthylamine), 4-니트로아닐린, 바닐린(Vanillin), 브롬화제이수은지(Mercuric Bromide Paper) , 수산N-(1-나프틸)-N'-디에칠-에칠렌디아민 〔N-(1-Naphthyl)-N´-diethylethylenediamine Oxalate〕, 수산나트륨, 표준시약(Sodium Oxalate, Standard Reagent), 염산N-(1-나프틸)-에칠렌디아민[N-(1-Naphthyl)ethylenediamine Dihydrochloride] , 크로모트로프산(Chromotropic Acid), 황화암모늄(Ammonium Sulfide)

⑩ 쓸 때 만드는 시액(用時시액)

과산화수소시액, 2-나프톨시액, 납표준액, 4-니트로벤젠디아조늄클로라이드시액, 니트로프루싯나트륨시액, 4-니트로벤젠디아조늄클로라이드시액, 닌히드린시액, 드라겐돌프시액, 디아조벤젠설폰산시액, 몰리브덴산암모늄시액, 몰리브덴산암모늄·황산시액, 브롬화시안시액, 블루테트라졸륨시액(알칼리성), 삼염화안티몬시액, 수산N-(1-나프틸)-N'-디에칠-에칠렌디아민·아세톤시액, 수산화나트륨시액(묽은), 수은표준원액, 시안회칼륨시액, 아세틸아세톤시액, 아연표준액, 아질산나트륨시액, 아질산코발트나트륨시액, 아황산나트륨시액(납시험법용), 아황산수소나트륨시액, 알부민시액, 에탄올·에텔시액(중화), 염산히드록실아민·브롬페놀블루시액, 염화아세틸, 염화안티몬(III)시액, 리날롤정량용, 염화제이철시액(묽은), 왕수(Aqua Regia, 염산:질산=3:1), 요오드화칼륨시액, 요오드화칼륨·선분시액, 전분시액, 젤라딘시액, 주석산수소니트륨시액(1N), 쿠페론시액, 타르타르산수소나트륨시액, 차아염소산나트륨·수산화나트륨시액, 차초산납시액(묽은), 철·페놀시액(묽은), 클로라민시액, 클로로포름(무에탄올), 키산트히드롤시액, 탄닌산시액, 페로시안화칼륨시액(1N), 페리시안화칼륨시액(1N), 푹신·아황산시액, 피리딘·피라졸론시액, 황산동·피리딘시액, 황산제일철시액, 히드록실아민·브롬페놀블루시액, 페리시안화칼륨시액, 페로시안화칼륨시액, 헥사시아노철(II)산칼륨시액, 헥사시아노철(III)산칼륨시액

⑪ 쓸 때 상징액을 사용하는 시액 : 수산화칼슘시액 0.04N(Calcium Hydroxide TS)

3) 시액조제

① 노르말농도(N) : 용액 1ℓ 중에 포함되어 있는 용질의 g 당량수(당량수=분자량/가수)

② 1N 수산화나트륨액 : 1ℓ 중 수산화나트륨(NaOH : 39.997) 39.997g을 함유한다.

③ → 분자량 : 39.997, 가수 : 1가, g 당량수 : 39.997/1=39.997

④ 0.1N 수산화나트륨액 : 1ℓ 중 수산화나트륨(NaOH : 39.997) 3.9997g을 함유한다.

⑤ 0.5N 수산화나트륨액: 1ℓ 중 수산화나트륨(NaOH : 40.00) 20.00g을 함유한다.

⑥ 0.2N 수산화나트륨액: 1ℓ 중 수산화나트륨(NaOH : 40.00) 8.00g을 함유한다.

⑦ 1N 과망간산칼륨액 : 1L 중 과망간산칼륨(KMnO4 : 158.03) 31.607g을 함유한다.

⑧ → 분자량 : 158.03, 가수 : 5가, g당량수 : 158.03/5=31.607

⑨ 0.1N 과망간산칼륨액 : 1L 중 과망간산칼륨(KMnO4 : 158.03) 3.1607g을 함유한다.

⑩ 0.01N 과망간산칼륨액 : 1L 중 과망간산칼륨(KMnO4 : 158.03) 0.31607g을 함유한다.

⑪ 몰농도(M) : 용액 1ℓ 중에 포함되어 있는 용질의 몰수

⑫ 1M 아질산나트륨액 : 1L중 아질산나트륨(NaNO2 : 69.00) 69.00g을 함유한다.

⑬ 0.5M 아질산나트륨액 : 1L중 아질산나트륨($NaNO_2$: 69.00) 34.50g을 함유한다.
⑭ 0.1M 아질산나트륨액 : 1L중 아질산나트륨($NaNO_2$: 69.00) 6.900g을 함유한다.

5 품질관리 시설 및 기기

시설 및 기기명	용도
분석용 저울	분석용 정밀 칭량
조제용 저울	시험배합
전기건조기	건조감량 및 기구건조
회화로	강열잔분시험
전열기	시료용해
수욕장치	원료 및 제품 분석
정제수(증류수) 제조장치	시험에 사용되는 물 제조
실험대	시험 준비 및 시험 실시하는 테이블
시약대	시약을 보관하는 테이블
수도전 및 세척대	초자류 세척
환기장치	시험실 내 공기의 급배기
시약장 및 유리기구장	시약 보관 및 초자류 보관
알코올수 측정장치	알코올수측정
매톡실기 정량장치	메톡실기측정
비소시험장치	비소함량측정
비중계 세트	비중측정
속실렛추출장치	추출
점도측정장치	점도측정
융점측정기	융점측정
응고점측정기	응고점측정
수은측정장치	수은측정
질소정량장치	질소정량
Homomixer(Homogenizer)	교반
pH미터	pH측정

냉장고	저온저장
통풍실(유독가스 배출 장치)	유독가스배출
약전체	분발도측정
데시케이터	건조
세균측정기	세균측정
고압증기멸균기	멸균
현미경	유화입자관찰
납시험장치	납함량측정
기타 자가시험에 필요한 기구 및 유리가루류	

6 폐기기준 및 절차

부적합품인 원료, 자재(포장재), 벌크제품 및 완제품에 대한 폐기관련 사항은 우수화장품 제조 및 품질관리기준(CGMP) 제22조(폐기처리 등)에서 규정하고 있다.

(1) 폐기처리

① 품질에 문제가 있거나 회수·반품된 제품의 폐기 또는 재작업 여부는 품질보증책임자에 의해 승인되어야 한다.

② 재작업은 그 대상이 다음 각 호를 모두 만족한 경우에 할 수 있다.

- 변질·변패 또는 병원미생물에 오염되지 아니한 경우
- 제조일로부터 1년이 경과하지 않았거나 사용기한이 1년 이상 남아있는 경우

③ 재입고 할 수 없는 제품의 폐기처리규정을 작성하여야 하며 폐기 대상은 따로 보관하고 규정에 따라 신속하게 폐기하여야 한다.

④ 오염된 포장재나 표시사항이 변경된 포장재는 폐기한다.

⑤ 각 작업실 및 시험실별로 발생하는 폐기물(예 제조실: 남은 벌크제품, 보관기간이 경과한 벌크제품 등 / 포장실: 끈, 비닐, 박스류 등 / 시험실: 폐배지, 폐시약, 폐시액, 시험 후 남은 벌크제품 등)을 정하고 그 보관 및 처리방법에 대하여 규정한다.

Chapter 5 포장재의 관리

자재(포장재)에 대한 입고기준, 출고기준, 폐기기준 및 그 절차, 사용기한 확인 및 판정에 대한 사항은 "Chapter 4. 내용물 및 원자재관리"를 참고한다.

① 안전용기·포장대상 품목

① 아세톤을 함유하는 네일 에나멜 리무버 및 네일 폴리시 리무버

② 어린이용 오일 등(예 어린이용 오일, 영유아용 오일, 클렌징 오일) 개별포장 당 탄화수소류(hydrocarbon, 예 미네랄오일)를 10퍼센트 이상 함유하고 운동점도가 21센티스톡스(cst)(섭씨 40도 기준) 이하인 비에멀젼 타입의 액체상태의 제품

③ 개별포장당 메틸살리실레이트를 5퍼센트 이상 함유하는 액체상태의 제품

[안전용기 아세톤 리무버]

② 안전용기·포장대상 기준

① 안전용기·포장은 성인이 개봉하기는 어렵지 아니하나 만 5세 미만의 어린이가 개봉하기는 어렵게 된 것이어야 한다. 이 경우 개봉하기 어려운 정도의 구체적인 기준 및 시험방법은 산업통상자원부장관이 정하여 고시(어린이보호포장대상공산품의 안전기준, 국가기술표준원고시 제2017-337호)하는 바에 따른다.

② 일회용 제품, 용기 입구 부분이 펌프 또는 방아쇠로 작동되는 분무용기 제품, 압축 분무용기 제품(에어로졸 제품 등)은 안전용기·포장대상에서 제외한다.

3 용기 종류

이물 성상에 따른 차단정도에 따라 밀폐용기, 기밀용기, 밀봉용기, 차광용기로 구분할 수 있다.

밀폐용기	일상의 취급 또는 보통 보존상태에서 외부로부터 고형의 이물이 들어가는 것을 방지하고 고형의 내용물이 손실되지 않도록 보호할 수 있는 용기를 말한다. 밀폐용기로 규정되어 있는 경우에는 기밀용기도 쓸 수 있다.(예 아이섀도우 용기)
기밀용기	일상의 취급 또는 보통 보존상태에서 액상 또는 고형의 이물 또는 수분이 침입하지 않고 내용물을 손실, 풍화, 조해 또는 증발로부터 보호할 수 있는 용기를 말한다. 기밀용기로 규정되어 있는 경우에는 밀봉용기도 쓸 수 있다.(예 크림 용기, 화장수 용기)
밀봉용기	일상의 취급 또는 보통의 보존상태에서 기체 또는 미생물이 침입할 염려가 없는 용기를 말한다.(예 앰플용기)
차광용기	광선의 투과를 방지하는 용기 또는 투과를 방지하는 포장을 한 용기를 말한다.

4 보관관리

포장재보관소는 포장재가 선입선출이 가능하도록 적절한 면적과 공간이 필요하며, 방충방서 시설이 설치되어야 한다. 또한 포장재의 입고상태에 따라 검사 중, 적합, 부적합에 따라 각각의 구분된 공간에서 별도로 보관한다.

1 1차 포장재 보관관리 방법

① 포장재가 바닥, 벽 및 천정에 직접 접촉하지 않도록 내벽 및 바닥으로부터 10㎝ 이상(예 파렛트), 외벽으로부터 30㎝ 이상, 천정으로부터 1m 이상 간격을 두고 보관한다.
② 품목 및 제조번호(혹은 관리번호)별로 구분 보관한다.
③ 포장재가 섞이지 않도록 구분 보관한다.

2 2차 포장재 보관관리 방법

① 포장재가 바닥, 벽 및 천정에 직접 접촉하지 않도록 내벽 및 바닥으로부터 10㎝ 이상, 외벽으로부터 30㎝ 이상, 천정으로부터 1m 이상 간격을 두고 적재를 하고 통풍과 방습이 잘 되도록 적재하여 보관한다.
② 적재된 포장재가 무너지거나 포장박스의 변형 및 변질을 방지하기 위해 적정한 높이로 적재를 하고, 무리한 충격을 가해서는 안된다.
③ 표시자재(예 라벨)는 품목별로 구획된 전용 선반에 넣고 각 선반에는 현물을 붙여 표시한다.

5 천연화장품 및 유기농화장품 포장재

천연화장품 및 유기농화장품의 기준에 관한 규정(식품의약품안전처 고시)에 따르면 천연화장품 및 유기농화장품의 용기와 포장에 폴리염화비닐(polyvinyl chloride, PVC), 폴리스티렌폼(polystyrene foam)을 사용할 수 없다.

6 화장품 용기 시험법

대한화장품협회에서 발행한 화장품 용기 시험에 대한 단체 표준은 다음과 같다.

시험 방법	적용 범위	비고
내용물 감량	화장품 용기에 충전된 내용물의 건조감량을 측정	마스카라, 아이라이너 또는 내용물 일부가 쉽게 휘발되는 제품에 적용
내용물에 의한 용기 마찰	내용물에 따른 인쇄문자, 하스탬핑, 증착 또는 코팅막의 용기 표면과의 마찰 측정	내용물에 의한 인쇄문자 및 코팅막 등의 변형, 박리, 용출을 확인
용기의 내열성 및 내한성	내용물이 충전된 용기 또는 용기를 구성하는 각종 소재의 내한성 및 내열성 측정	혹서기, 혹한기 또는 수출 시 유통환경 변화에 e라는 제품 변질 방지를 위함
유리병의 내부압력	유리 소재의 화장품 용기의 내압 강도를 측정	화려한 디자인 및 독특한 형상의 유리병은 내부 압력에 취약
펌프 누름 강도	펌프 용기의 화장품을 펌핑 시 펌핑 버튼의 누름 강도 측정	펌프 제품의 사용 편리성을 확인
크로스컷트	화장품 용기 소재인 유리, 금속, 플라스틱의 유기 또는 무기 코팅막 또는 도금층의 밀착성 측정	규정된 접착테이프를 압착한 후 떼어내어 코팅층의 박리 여부 확인
낙하	플라스틱 용기, 조립 용기, 접착 용기에 대한 낙하에 따른 파손, 분리 및 작용 여부를 측정	다양한 형태의 조립 포장재료가 부착된 화장품 용기에 적용
감압누설	액상 내용물을 담는 용기의 마개, 펌프, 패킹 등의 밀폐성 측정	스킨, 로션 , 오일과 같은 액상 제품의 용기에 적용
내용물에 의한 용기의 변형	용기와 내용물의 장기간 접촉에 따른 용기의 팽창, 수축, 변질, 탈색, 연화, 발포, 균열, 용해 등을 측정	내용물에 침적된 용기 재료의 물성저하 또는 변화상태, 내용물 간의 색상 전이 등을 확인
유리병 표면 알칼리 용출량	유리병 내부에 존재하는 알칼리를 황산과 중화반응 원리를 이용하여 측정	고온다습 환경에서 장기 방치 시 발생하는 표면의 알칼리화 변화량 확인
유리병의 열 충격	화장품용 유리병의 급격한 온도 변화에 따른 내구력을 측정	유리병 제조 시 열처리 과정에서 발생하는 불량 방지
접착력	화장품 용기에 표시된 인쇄문자, 코팅막, 라미네이팅의 밀착성을 측정	용기 표면의 인쇄문자, 코팅막 및 필름을 접착 데이프로 박리 여부 확인
라벨 접착력	화장품 포장의 라벨, 스티커 또는 수지 지지체의 접착력 측정	시험편이 붙어 있는 접착판을 인장시험기로 시험

Chapter 6 우수화장품 제조 및 품질관리 기준

우수한 화장품을 생산하기 위한 기준으로 식품의약품안전처에서 고시한 우수화장품 제조 및 품질관리 기준(CGMP; Cosmetic Good Manufacturing Practice)과 ISO(국제표준화기구)에서 제정한 ISO 22716(ISO 화장품 GMP)이 있다. 식품의약품안전처에서 화장품 제조업체를 방문하여 실사 후에 CGMP에 적합하면 CGMP 적합업소로 인증을 주고 있으면 ISO 22716 인증은 민간 ISO인증기관에서 인증을 주고 있다. CGMP 적합업소 인증은 의무가 아니여서 인증율은 약 5%으로 CGMP 요구사항은 다음과 같다.

1 CGMP 요구사항

1 제1조 목적

우수화장품 제조 및 품질관리 기준(CGMP)에 관한 세부사항을 정하고, 이를 이행하도록 권장함으로써 우수한 화장품을 제조·공급하여 소비자보호 및 국민 보건 향상에 기여함을 목적으로 한다.

[CGMP 세부목적]

- 인위적인 과오의 최소화
- 미생물오염 및 교차오염으로 인한 품질저하 방지
- 고도의 품질보증체계 확립

2 제2조(용어의 정의)

(1) **제조** : 원료 물질의 칭량부터 혼합, 충전(1차포장), 2차포장 및 표시 등의 일련의 작업을 말한다.

(2) **품질보증** : 제품이 적합 판정 기준에 충족될 것이라는 신뢰를 제공하는데 필수적인 모든 계획되고 체계적인 활동을 말한다.

(3) **일탈**(deviation) : 제조 또는 품질관리 활동 등의 미리 정하여진 기준을 벗어나 이루어진 행위를 말한다.

(4) **기준일탈** (out-of-specification) : 규정된 합격 판정 기준에 일치하지 않는 검사, 측정 또는 시험결과를 말한다.

(5) **원료** : 벌크 제품의 제조에 투입하거나 포함되는 물질을 말한다.

(6) **원자재** : 화장품 원료 및 자재를 말한다.

(7) **불만** : 제품이 규정된 적합판정기준을 충족시키지 못한다고 주장하는 외부 정보를 말한다.

(8) **회수** : 판매한 제품 가운데 품질 결함이나 안전성 문제 등으로 나타난 제조번호의 제품(필요시 여타 제조번호 포함)을 제조소로 거두어들이는 활동을 말한다.

(9) **오염** : 제품에서 화학적, 물리적, 미생물학적 문제 또는 이들이 조합되어 나타내는 바람직하지 않은 문제의 발생을 말한다.

(10) **청소** : 화학적인 방법, 기계적인 방법, 온도, 적용시간과 이러한 복합된 요인에 의해 청정도를 유지하고 일반적으로 표면에서 눈에 보이는 먼지를 분리, 제거하여 외관을 유지하는 모든 작업을 말한다.

(11) **유지관리** : 적절한 작업 환경에서 건물과 설비가 유지되도록 정기적·비정기적인 지원 및 검증 작업을 말한다.

(12) **주요 설비** : 제조 및 품질 관련 문서에 명기된 설비로 제품의 품질에 영향을 미치는 필수적인 설비를 말한다.

(13) **교정** : 규정된 조건 하에서 측정기기나 측정 시스템에 의해 표시되는 값과 표준기기의 참값을 비교하여 이들의 오차가 허용범위 내에 있음을 확인하고, 허용범위를 벗어나는 경우 허용범위 내에 들도록 조정하는 것을 말한다.

(14) **"제조번호" 또는 "뱃치번호"** : 일정한 제조단위분에 대하여 제조관리 및 출하에 관한 모든 사항을 확인할 수 있도록 표시된 번호로서 숫자·문자·기호 또는 이들의 특정적인 조합을 말한다.

(15) **반제품** : 제조공정 단계에 있는 것으로서 필요한 제조공정을 더 거쳐야 벌크 제품이 되는 것을 말한다.

(16) **벌크 제품** : 충전(1차포장) 이전의 제조 단계까지 끝낸 제품을 말한다.

(17) **"제조단위" 또는 "뱃치(batch)"** : 하나의 공정이나 일련의 공정으로 제조되어 균질성을 갖는 화장품의 일정한 분량을 말한다(제조단위, 뱃치, 로트(LOT)는 동일한 의미임).

(18) **완제품** : 출하를 위해 제품의 포장 및 첨부문서에 표시공정 등을 포함한 모든 제조공정이 완료된 화장품을 말한다.

(19) **재작업** : 적합 판정기준을 벗어난 완제품, 벌크제품 또는 반제품을 재처리하여 품질이 적합한 범위에 들어오도록 하는 작업을 말한다.

(20) **수탁자** : 직원, 회사 또는 조직을 대신하여 작업을 수행하는 사람, 회사 또는 외부 조직을 말한다.

(21) **공정관리** : 제조공정 중 적합판정기준의 충족을 보증하기 위하여 공정을 모니터링하거나 조정하는 모든 작업을 말한다.

(22) **감사** : 제조 및 품질과 관련한 결과가 계획된 사항과 일치하는지의 여부와 제조 및 품질관리가 효과적으로 실행되고 목적 달성에 적합한지 여부를 결정하기 위한 체계적이고 독립적인 조사를 말한다.

(23) **변경관리** : 모든 제조, 관리 및 보관된 제품이 규정된 적합판정기준에 일치하도록 보장하기 위하여 우수화장품 제조 및 품질관리기준이 적용되는 모든 활동을 내부 조직의 책임하에 계획하여 변경하는 것을 말한다.

(24) **내부감사** : 제조 및 품질과 관련한 결과가 계획된 사항과 일치하는지의 여부와 제조 및 품질관리가 효과적으로 실행되고 목적 달성에 적합한지 여부를 결정하기 위한 회사 내 자격이 있는 직원에 의해 행해지는 체계적이고 독립적인 조사를 말한다.

(25) **포장재** : 화장품의 포장에 사용되는 모든 재료를 말하며 운송을 위해 사용되는 외부 포장재는 제외한 것이다. 제품과 직접적으로 접촉하는지 여부에 따라 1차 또는 2차 포장재라고 말한다(각종 라벨, 봉함라벨 포함).

(26) **적합 판정 기준** : 시험 결과의 적합 판정을 위한 수적인 제한, 범위 또는 기타 적절한 측정법을 말한다.

(27) **소모품** : 청소, 위생 처리 또는 유지 작업 동안에 사용되는 물품(세척제, 윤활제 등)을 말한다.

(28) **관리** : 적합 판정 기준을 충족시키는 검증을 말한다.

(29) **제조소** : 화장품을 제조하기 위한 장소를 말한다.

(30) **건물** : 제품, 원료 및 자재의 수령, 보관, 제조, 관리 및 출하를 위해 사용되는 물리적 장소, 건축물 및 보조 건축물을 말한다.

(31) **위생관리** : 대상물의 표면에 있는 바람직하지 못한 미생물 등 오염물을 감소시키기 위해 시행되는 작업을 말한다.

(32) **출하** : 주문 준비와 관련된 일련의 작업과 운송 수단에 적재하는 활동으로 제조소 외로 제품을 운반하는 것을 말한다.

3 제3조(조직의 구성)

① 제조소별로 독립된 제조부서와 품질보증부서를 두어야 한다.
② 조직구조는 조직과 직원의 업무가 원활히 이해될 수 있도록 규정되어야 하며, 회사의 규모와 제품의 다양성에 맞추어 적절하여야 한다.
③ 제조소에는 제조 및 품질관리 업무를 적절히 수행할 수 있는 충분한 인원을 배치하여야 한다.

4 제4조(직원의 책임)

① 모든 작업원은 다음 각 호를 이행해야 할 책임이 있다.

- 조직 내에서 맡은 지위 및 역할을 인지해야 할 의무
- 문서접근 제한 및 개인위생 규정을 준수해야 할 의무
- 자신의 업무범위내에서 기준을 벗어난 행위나 부적합 발생 등에 대해 보고해야 할 의무
- 정해진 책임과 활동을 위한 교육훈련을 이수할 의무

② 품질보증 책임자는 화장품의 품질보증을 담당하는 부서의 책임자로서 다음 각 호의 사항을 이행하여야 한다.

- 품질에 관련된 모든 문서와 절차의 검토 및 승인
- 품질 검사가 규정된 절차에 따라 진행되는지의 확인
- 일탈이 있는 경우 이의 조사 및 기록
- 적합 판정한 원자재 및 제품의 출고 여부 결정
- 부적합품이 규정된 절차대로 처리되고 있는지의 확인
- 불만처리와 제품회수에 관한 사항의 주관

5 제5조(교육훈련)

① 제조 및 품질관리 업무와 관련 있는 모든 직원들에게 각자의 직무와 책임에 적합한 교육훈련이 제공될 수 있도록 연간계획을 수립하고 정기적으로 교육을 실시하여야 한다.

② 교육담당자를 지정하고 교육훈련의 내용 및 평가가 포함된 교육훈련 규정을 작성하여야 하되, 필요한 경우에는 외부 전문기관에 교육을 의뢰할 수 있다.

③ 교육 종료 후에는 교육결과를 평가하고, 일정한 수준에 미달할 경우에는 재교육을 받아야 한다.

④ 새로 채용된 직원은 업무를 적절히 수행할 수 있도록 기본 교육훈련 외에 추가 교육훈련을 받아야 하며 이와 관련한 문서화된 절차를 마련하여야 한다.

6 제6조(직원의 위생)

① 적절한 위생관리 기준 및 절차를 마련하고 제조소 내의 모든 직원은 이를 준수해야 한다.

② 작업소 및 보관소 내의 모든 직원은 화장품의 오염을 방지하기 위해 규정된 작업복을 착용해야 하고 음식물 등을 반입해서는 아니 된다.

③ 피부에 외상이 있거나 질병에 걸린 직원은 건강이 양호해지거나 화장품의 품질에 영향을 주지 않는다는 의사의 소견이 있기 전까지는 화장품과 직접적으로 접촉되지 않도록 격리되어야 한다.

④ 제조구역별 접근권한이 없는 작업원 및 방문객은 가급적 제조, 관리 및 보관구역 내에 들어가지 않도록 하고, 불가피한 경우 사전에 직원 위생에 대한 교육 및 복장 규정에 따르도록 하고 감독하여야 한다.

7 제7조(건물)

① 건물은 다음과 같이 위치, 설계, 건축 및 이용되어야 한다.

- 제품이 보호되도록 할 것
- 청소가 용이하도록 하고 필요한 경우 위생관리 및 유지관리가 가능하도록 할 것
- 제품, 원료 및 포장재 등의 혼동이 없도록 할 것

② 건물은 제품의 제형, 현재 상황 및 청소 등을 고려하여 설계하여야 한다.

8 제8조(시설)

① 작업소는 다음 각 호에 적합하여야 한다.

- 제조하는 화장품의 종류·제형에 따라 적절히 구획·구분되어 있어 교차오염 우려가 없을 것
- 바닥, 벽, 천장은 가능한 청소하기 쉽게 매끄러운 표면을 지니고 소독제 등의 부식성에 저항력이 있을 것
- 환기가 잘 되고 청결할 것
- 외부와 연결된 창문은 가능한 열리지 않도록 할 것
- 작업소 내의 외관 표면은 가능한 매끄럽게 설계하고, 청소, 소독제의 부식성에 저항력이 있을 것
- 수세실과 화장실은 접근이 쉬워야 하나 생산구역과 분리되어 있을 것
- 작업소 전체에 적절한 조명을 설치하고, 조명이 파손될 경우를 대비한 제품을 보호할 수 있는 처리 절차를 마련할 것
- 제품의 오염을 방지하고 적절한 온도 및 습도를 유지할 수 있는 공기조화시설 등 적절한 환기시설을 갖출 것
- 각 제조구역별 청소 및 위생관리 절차에 따라 효능이 입증된 세척제 및 소독제를 사용할 것
- 제품의 품질에 영향을 주지 않는 소모품을 사용할 것

② 제조 및 품질관리에 필요한 설비 등은 다음 각 호에 적합하여야 한다.

- 사용목적에 적합하고, 청소가 가능하며, 필요한 경우 위생·유지관리가 가능하여야 한다. 자동화시스템을 도입 한 경우도 또한 같다.
- 사용하지 않는 연결 호스와 부속품은 청소 등 위생관리를 하며, 건조된 상태로 유지하고 먼지, 얼룩 또는 다 른 오염으로부터 보호할 것
- 설비 등은 제품의 오염을 방지하고 배수가 용이하도록 설계, 설치하며, 제품 및 청소 소독제와 화학반응을 일 으키지 않을 것
- 설비 등의 위치는 원자재나 직원의 이동으로 인하여 제품의 품질에 영향을 주지 않도록 할 것
- 용기는 먼지나 수분으로부터 내용물을 보호할 수 있을 것
- 제품과 설비가 오염되지 않도록 배관 및 배수관을 설치하며, 배수관은 역류되지 않아야 하고, 청결을 유지할 것
- 천정 주위의 대들보, 파이프, 덕트 등은 가급적 노출되지 않도록 설계하고, 파이프는 받침대 등으로 고정하고 벽에 닿지 않게 하여 청소가 용이하도록 설계할 것
- 시설 및 기구에 사용되는 소모품은 제품의 품질에 영향을 주지 않도록 할 것

9 제9조(작업소의 위생)

① 곤충, 해충이나 쥐를 막을 수 있는 대책을 마련하고 정기적으로 점검·확인하여야 한다.

② 제조, 관리 및 보관 구역 내의 바닥, 벽, 천장 및 창문은 항상 청결하게 유지되어야 한다.

③ 제조시설이나 설비의 세척에 사용되는 세제 또는 소독제는 효능이 입증된 것을 사용하고 잔류하거나 적용하는 표면에 이상을 초래하지 아니하여야 한다.

④ 제조시설이나 설비는 적절한 방법으로 청소하여야 하며, 필요한 경우 위생관리 프로그램을 운영하여야 한다.

10 제10조(유지관리)

① 건물, 시설 및 주요 설비는 정기적으로 점검하여 화장품의 제조 및 품질관리에 지장이 없도록 유지·관리·기록하여야 한다.

② 결함 발생 및 정비 중인 설비는 적절한 방법으로 표시하고, 고장 등 사용이 불가할 경우 표시하여야 한다.

③ 세척한 설비는 다음 사용 시까지 오염되지 아니하도록 관리하여야 한다.

④ 모든 제조 관련 설비는 승인된 자만이 접근·사용하여야 한다.

⑤ 제품의 품질에 영향을 줄 수 있는 검사·측정·시험장비 및 자동화장치는 계획을 수립하여 정기적으로 교정 및 성능점검을 하고 기록해야 한다.

⑥ 유지관리 작업이 제품의 품질에 영향을 주어서는 안 된다.

11 제11조(입고관리)

① 제조업자는 원자재 공급자에 대한 관리감독을 적절히 수행하여 입고관리가 철저히 이루어지도록 하여야 한다.

② 원자재의 입고 시 구매 요구서(발주서), 원자재 공급업체 성적서 및 현품이 서로 일치하여야 한다. 필요한 경우 운송 관련 자료를 추가적으로 확인할 수 있다.

③ 원자재 용기에 제조번호가 없는 경우에는 관리번호를 부여하여 보관하여야 한다.

④ 원자재 입고절차 중 육안확인 시 물품에 결함이 있을 경우 입고를 보류하고 격리보관 및 폐기하거나 원자재 공급업자에게 반송하여야 한다.

⑤ 입고된 원자재는 "적합", "부적합", "검사 중" 등으로 상태를 표시하여야 한다. 다만, 동일 수준의 보증이 가능한 다른 시스템이 있다면 대체할 수 있다.

⑥ 원자재 용기 및 시험기록서의 필수적인 기재 사항은 다음 각 호와 같다.

- 원자재 공급자가 정한 제품명
- 원자재 공급자명
- 수령일자
- 공급자가 부여한 제조번호 또는 관리번호

12 제12조(출고관리)

원자재는 시험결과 적합판정된 것만을 선입선출방식(First In First Out, FIFO)으로 출고해야 하고 이를 확인할 수 있는 체계가 확립되어 있어야 한다. 또한 선한선출방식(First Expired First Out, FEFO)도 함께 적용하는 것이 권장된다.

13 제13조(보관관리)

① 원자재, 반제품 및 벌크 제품은 품질에 나쁜 영향을 미치지 아니하는 조건에서 보관하여야 하며 보관기한을 설정하여야 한다.

② 원자재, 반제품 및 벌크 제품은 바닥과 벽에 닿지 아니하도록 보관하고, 선입선출에 의하여 출고할 수 있도록 보관하여야 한다.

③ 원자재, 시험 중인 제품 및 부적합품은 각각 구획된 장소에서 보관하여야 한다. 다만, 서로 혼동을 일으킬 우려가 없는 시스템에 의하여 보관되는 경우에는 그러하지 아니한다.
④ 설정된 보관기한이 지나면 사용의 적절성을 결정하기 위해 재평가시스템을 확립하여야 하며, 동 시스템을 통해 보관기한이 경과한 경우 사용하지 않도록 규정하여야 한다.

14 제14조(물의 품질)

① 물의 품질 적합기준은 사용 목적에 맞게 규정하여야 한다.
② 물의 품질은 정기적으로 검사해야 하고 필요시 미생물학적 검사를 실시하여야 한다.
③ 물 공급 설비는 다음 각 호의 기준을 충족해야 한다.

- 물의 정체와 오염을 피할 수 있도록 설치될 것
- 물의 품질에 영향이 없을 것
- 살균처리가 가능할 것

15 제15조(기준서 등)

① 제조 및 품질관리의 적합성을 보장하는 기본 요건들을 충족하고 있음을 보증하기 위하여 다음 각 항에 따른 4대 기준서(제품표준서, 제조관리기준서, 품질관리기준서 및 제조위생관리기준서)를 작성하고 보관하여야 한다.
② 제품표준서는 품목별로 다음 각 호의 사항이 포함되어야 한다.

- 제품명
- 작성연월일
- 효능·효과(기능성화장품 의 경우) 및 사용상의 주의사항
- 원료명, 분량 및 제조단위당 기준량
- 공정별 상세 작업내용 및 제조공정흐름도
- 공정별 이론 생산량 및 수율관리기준
- 작업 중 주의사항
- 원자재·반제품·완제품의 기준 및 시험방법
- 제조 및 품질관리에 필요한 시설 및 기기
- 보관조건
- 사용기한 또는 개봉 후 사용기간
- 변경이력
- 다음 사항이 포함된 제조지시서
  - 제품표준서의 번호
  - 제품명
  - 제조번호, 제조연월일 또는 사용기한(또는 개봉 후 사용기간)
  - 제조단위
  - 사용된 원료명, 분량, 시험번호 및 제조단위당 실 사용량
  - 제조 설비명
  - 공정별 상세 작업내용 및 주의사항
  - 제조지시자 및 지시연월일
- 그 밖에 필요한 사항

③ 제조관리기준서는 다음 각 호의 사항이 포함되어야 한다.

1. 제조공정관리에 관한 사항	• 작업소의 출입제한 • 공정검사의 방법 • 사용하려는 원자재의 적합판정 여부를 확인하는 방법 • 재작업방법
2. 시설 및 기구 관리에 관한 사항	• 시설 및 주요설비의 정기적인 점검방법 • 작업 중인 시설 및 기기의 표시방법 • 장비의 교정 및 성능점검 방법
3. 원자재 관리에 관한 사항	• 입고 시 품명, 규격, 수량 및 포장의 훼손 여부에 대한 확인방법과 훼손되었을 경우 그 처리방법 • 보관장소 및 보관방법 • 시험결과 부적합품에 대한 처리방법 • 취급 시의 혼동 및 오염 방지대책 • 출고 시 선입선출 및 칭량된 용기의 표시사항 • 재고관리
4. 완제품 관리에 관한 사항	• 입·출하 시 승인판정의 확인방법 • 보관장소 및 보관방법 • 출하 시의 선입선출방법
5. 위탁제조에 관한 사항	• 원자재의 공급, 반제품, 벌크제품 또는 완제품의 운송 및 보관방법 • 수탁자 제조기록의 평가방법

④ 품질관리기준서는 다음 각 호의 사항이 포함되어야 한다.

- 다음 사항이 포함된 시험지시서
  - 제품명, 제조번호 또는 관리번호, 제조연월일
  - 시험지시번호, 지시자 및 지시연월일
  - 시험항목 및 시험기준
- 시험검체 채취방법 및 채취 시의 주의사항과 채취 시의 오염방지대책
- 시험시설 및 시험기구의 점검(장비의 교정 및 성능점검 방법)
- 안정성시험
- 완제품 등 보관용 검체의 관리
- 표준품 및 시약의 관리
- 위탁시험 또는 위탁제조하는 경우 검체의 송부방법 및 시험결과의 판정방법
- 그 밖에 필요한 사항

⑤ 제조위생관리기준서는 다음 각 호의 사항이 포함되어야 한다.

- 작업원의 건강관리 및 건강상태의 파악·조치방법
- 작업원의 수세, 소독방법 등 위생에 관한 사항
- 작업복장의 규격, 세탁방법 및 착용규정
- 작업실 등의 청소(필요한 경우 소독을 포함한다. 이하 같다) 방법 및 청소주기
- 청소상태의 평가방법
- 제조시설의 세척 및 평가
  - 책임자 지정
  - 세척 및 소독 계획
  - 세척방법과 세척에 사용되는 약품 및 기구
  - 제조시설의 분해 및 조립 방법
  - 이전 작업 표시 제거방법
  - 청소상태 유지방법
  - 작업 전 청소상태 확인방법
- 곤충, 해충이나 쥐를 막는 방법 및 점검주기
- 그 밖에 필요한 사항

16 제16조(칭량)

① 원료는 품질에 영향을 미치지 않는 용기나 설비에 정확하게 칭량 되어야 한다.

② 원료가 칭량되는 도중 교차오염을 피하기 위한 조치가 있어야 한다.

17 제17조(공정관리)

① 제조공정 단계별로 적절한 관리기준이 규정되어야 하며 그에 미치지 못한 모든 결과는 보고되고 조치가 이루어져야 한다.

② 벌크제품은 품질이 변하지 아니하도록 적당한 용기에 넣어 지정된 장소에서 보관해야 하며 용기에 다음 사항을 표시해야 한다.

- 명칭 또는 확인코드
- 제조번호
- 완료된 공정명
- 필요한 경우에는 보관조건

③ 벌크제품의 최대 보관기한은 설정하여야 하며, 최대 보관기한이 가까워진 벌크제품은 완제품 제조하기 전에 품질이상, 변질 여부 등을 확인하여야 한다.

18 제18조(포장작업)

① 포장작업에 관한 문서화된 절차를 수립하고 유지하여야 한다.

② 포장작업은 다음 각 호의 사항을 포함하고 있는 포장지시서에 의해 수행되어야 한다.

- 제품명
- 포장 설비명
- 포장재 리스트
- 상세한 포장공정
- 포장생산수량

③ 포장작업을 시작하기 전에 포장작업 관련 문서의 완비여부, 포장설비의 청결 및 작동여부 등을 점검하여야 한다.

19 제19조(보관 및 출고)

① 완제품은 적절한 조건하의 정해진 장소에서 보관하여야 하며, 주기적으로 재고 점검을 수행해야 한다.

② 완제품은 시험결과 적합으로 판정되고 품질보증부서 책임자가 출고 승인한 것만을 출고하여야 한다.

③ 출고는 선입선출방식으로 하되, 타당한 사유가 있는 경우에는 그러지 아니할 수 있다.

④ 출고할 제품은 원자재, 부적합품 및 반품된 제품과 구획된 장소에서 보관하여야 한다. 다만 서로 혼동을 일으킬 우려가 없는 시스템에 의하여 보관되는 경우에는 그러하지 아니할 수 있다.

20 제20조(시험관리)

① 품질관리를 위한 시험업무에 대해 문서화된 절차를 수립하고 유지하여야 한다.

② 원자재, 반제품 및 완제품에 대한 적합 기준을 마련하고 제조번호별로 시험 기록을 작성·유지하여야 한다.

③ 시험결과 적합 또는 부적합인지 분명히 기록하여야 한다.

④ 원자재, 반제품 및 완제품은 적합판정이 된 것만을 사용하거나 출고하여야 한다.

⑤ 정해진 보관 기간이 경과된 원자재 및 반제품은 재평가하여 품질기준에 적합한 경우 제조에 사용할 수 있다.

⑥ 모든 시험이 적절하게 이루어졌는지 시험기록은 검토한 후 적합, 부적합, 보류를 판정하여야 한다.

⑦ 기준일탈이 된 경우는 규정에 따라 책임자에게 보고한 후 조사하여야 한다. 조사결과는 책임자에 의해 일탈, 부적합, 보류를 명확히 판정하여야 한다.

⑧ 표준품과 주요시약의 용기에는 다음 사항을 기재하여야 한다.

- 명칭
- 개봉일
- 보관조건
- 사용기한
- 역가, 제조자의 성명 또는 서명(직접 제조한 경우에 한함)

21 제21조(검체의 채취 및 보관)

① 시험용 검체는 오염되거나 변질되지 아니하도록 채취하고, 채취한 후에는 원상태에 준하는 포장을 해야 하며, 검체가 채취되었음을 표시하여야 한다.

② 시험용 검체의 용기에는 다음 사항을 기재하여야 한다.

- 명칭 또는 확인코드
- 제조번호
- 검체채취 일자, 검체채취자

③ 완제품의 보관용 검체는 적절한 보관조건 하에 지정된 구역 내에서 제조단위별로 사용기한 경과 후 1년간 보관하여야 한다. 다만, 개봉 후 사용기간을 기재하는 경우에는 제조일로부터 3년간 보관하여야 한다.

22 제22조(폐기처리 등)

① 품질에 문제가 있거나 회수·반품된 제품의 폐기 또는 재작업 여부는 품질보증 책임자에 의해 승인되어야 한다.

② 재작업은 그 대상이 다음 각 호를 모두 만족한 경우에 할 수 있다.

- 변질·변패 또는 병원미생물에 오염되지 아니한 경우
- 제조일로부터 1년이 경과하지 않았거나 사용기한이 1년 이상 남아있는 경우

③ 재입고 할 수 없는 제품의 폐기처리규정을 작성하여야 하며 폐기 대상은 따로 보관하고 규정에 따라 신속하게 폐기하여야 한다.

23 제23조(위탁계약)

① 화장품 제조 및 품질관리에 있어 공정 또는 시험의 일부를 위탁하고자 할 때에는 문서화된 절차를 수립·유지하여야 한다.

② 제조업무를 위탁하고자 하는 자는 제30조에 따라 식품의약품안전처장으로부터 우수화장품 제조 및 품질관리기준 적합판정을 받은 업소에 위탁제조하는 것을 권장한다.

③ 위탁업체는 수탁업체의 계약 수행능력을 평가하고 그 업체가 계약을 수행하는데 필요한 시설 등을 갖추고 있는지 확인해야 한다.

④ 위탁업체는 수탁업체와 문서로 계약을 체결해야 하며 정확한 작업이 이루어질 수 있도록 수탁업체에 관련 정보를 전달해야 한다.

⑤ 위탁업체는 수탁업체에 대해 계약에서 규정한 감사를 실시해야 하며 수탁업체는 이를 수용하여야 한다.

⑥ 수탁업체에서 생성한 위·수탁 관련 자료는 유지되어 위탁업체에서 이용 가능해야 한다.

24 제24조(일탈관리)

제조과정 중의 일탈에 대해 조사를 한 후 필요한 조치를 마련해야 한다.

25 제25조(불만처리)

① 불만처리담당자는 제품에 대한 모든 불만을 취합하고, 제기된 불만에 대해 신속하게 조사하고 그에 대한 적절한 조치를 취하여야 하며, 다음 각 호의 사항을 기록·유지하여야 한다.

- 불만 접수연월일
- 불만 제기자의 이름과 연락처
- 제품명, 제조번호 등을 포함한 불만내용
- 불만조사 및 추적조사 내용, 처리결과 및 향후 대책
- 다른 제조번호의 제품에도 영향이 없는지 점검

② 불만은 제품 결함의 경향을 파악하기 위해 주기적으로 검토하여야 한다.

26 제26조(제품회수)

① 제조업자는 제조한 화장품에서 「화장품법」제9조, 제15조, 또는 제16조제1항을 위반하여 위해 우려가 있다는 사실을 알게 되면 지체 없이 회수에 필요한 조치를 하여야 한다.

② 다음 사항을 이행하는 회수 책임자를 두어야 한다.

- 전체 회수과정에 대한 화장품책임판매업자와의 조정역할
- 결함 제품의 회수 및 관련 기록 보존
- 소비자 안전에 영향을 주는 회수의 경우 회수가 원활히 진행될 수 있도록 필요한 조치 수행
- 회수된 제품은 확인 후 제조소 내 격리보관 조치(필요시에 한함)
- 회수과정의 주기적인 평가(필요시에 한함)

27 제27조(변경관리)

제품의 품질에 영향을 미치는 원자재, 제조공정 등을 변경할 경우에는 이를 문서화하고 품질보증책임자에 의해 승인된 후 수행하여야 한다.

28 제28조(내부감사)

① 품질보증체계가 계획된 사항에 부합하는지를 주기적으로 검증하기 위하여 내부감사를 실시하여야 하고 내부감사 계획 및 실행에 관한 문서화된 절차를 수립하고 유지하여야 한다.

② 감사자는 감사대상과는 독립적이어야 하며, 자신의 업무에 대하여 감사를 실시하여서는 아니 된다.
③ 감사 결과는 기록되어 경영책임자 및 피감사 부서의 책임자에게 공유되어야 하고 감사 중에 발견된 결함에 대하여 시정조치 하여야 한다.
④ 감사자는 시정조치에 대한 후속 감사활동을 행하고 이를 기록하여야 한다.

29 제29조(문서관리)

① 제조업자는 우수화장품 제조 및 품질보증에 대한 목표와 의지를 포함한 관리방침을 문서화하며 전 작업원들이 실행하여야 한다.
② 모든 문서의 작성 및 개정·승인·배포·회수 또는 폐기 등 관리에 관한 사항이 포함된 문서관리규정을 작성하고 유지하여야 한다.
③ 문서는 작업자가 알아보기 쉽도록 작성하여야 하며 작성된 문서에는 권한을 가진 사람의 서명과 승인연월일이 있어야 한다.
④ 문서의 작성자·검토자 및 승인자는 서명을 등록한 후 사용하여야 한다.
⑤ 문서를 개정할 때는 개정사유 및 개정연월일 등을 기재하고 권한을 가진 사람의 승인을 받아야 하며 개정 번호를 지정해야 한다.
⑥ 원본 문서는 품질보증부서에서 보관하여야 하며, 사본은 작업자가 접근하기 쉬운 장소에 비치·사용하여야 한다.
⑦ 문서의 인쇄본 또는 전자매체를 이용하여 안전하게 보관해야 한다.
⑧ 작업자는 작업과 동시에 문서에 기록하여야 하며 지울 수 없는 잉크로 작성하여야 한다.
⑨ 기록문서를 수정하는 경우에는 수정하려는 글자 또는 문장 위에 선을 그어 수정 전 내용을 알아볼 수 있도록 하고 수정된 문서에는 수정사유, 수정연월일 및 수정자의 서명이 있어야 한다.
⑩ 모든 기록문서는 적절한 보존기간이 규정되어야 한다.
⑪ 기록의 훼손 또는 소실에 대비하기 위해 백업파일 등 자료를 유지하여야 한다.

30 제30조(평가 및 판정)

① 우수화장품 제조 및 품질관리기준 적합판정을 받고자 하는 업소는 별지 제1호 서식에 따른 신청서(전자문서를 포함한다)에 다음 각 호의 서류를 첨부하여 식품의약품안전처장에게 제출하여야 한다. 다만, 일부 공정만을 행하는 업소는 별표 1에 따른 해당 공정을 별지 제1호 서식에 기재하여야 한다.

- 우수화장품 제조 및 품질관리기준에 따라 3회 이상 적용·운영한 자체평가표
- 화장품 제조 및 품질관리기준 운영조직
- 제조소의 시설내역
- 제조관리현황
- 품질관리현황

② 식품의약품안전처장은 제출된 자료를 평가하고 별표 2에 따른 실태조사를 실시하여 우수화장품 제조 및 품질관리기준 적합판정한 경우에는 별지 제3호 서식에 따른 우수화장품 제조 및 품질관리기준 적합업소 증명서를 발급하여야 한다. 다만, 일부 공정만을 행하는 업소는 해당 공정을 증명서내에 기재하여야 한다.

31 제31조(우대조치)

① 국제규격인증업체(CGMP, ISO9000) 또는 품질보증 능력이 있다고 인정되는 업체에서 제공된 원료·자재는 제공된 적합성에 대한 기록의 증거를 고려하여 검사의 방법과 시험항목을 조정할 수 있다.

② 식품의약품안전처장은 우수화장품 제조 및 품질관리기준 적합판정을 받은 업소는 정기 수거검정 및 정기감시 대상에서 제외할 수 있다.

③ 제30조에 따라 우수화장품 제조 및 품질관리기준 적합판정을 받은 업소는 CGMP인증로고를 해당 제조업소와 그 업소에서 제조한 화장품에 표시하거나 그 사실을 광고할 수 있다.

32 제32조(사후관리)

① 식품의약품안전처장은 제30조에 따라 우수화장품 제조 및 품질관리기준 적합판정을 받은 업소에 대해 별표 2의 우수화장품 제조 및 품질관리기준 실시상황평가표에 따라 3년에 1회 이상 실태조사를 실시하여야 한다.

② 식품의약품안전처장은 사후관리 결과 부적합 업소에 대하여 일정한 기간을 정하여 시정하도록 지시하거나, 우수화장품 제조 및 품질관리기준 적합업소 판정을 취소할 수 있다.

③ 식품의약품안전처장은 제1항에도 불구하고 제조 및 품질관리에 문제가 있다고 판단되는 업소에 대하여 수시로 우수화장품 제조 및 품질관리기준 운영 실태조사를 할 수 있다.

PART 04

맞춤형화장품의 이해

Chapter 1 맞춤형화장품의 개요

① 맞춤형화장품

고객 개인별 피부특성 및 취향에 따라 맞춤형화장품 판매장에서 맞춤형화장품 조제관리사가 혼합·소분한 화장품으로 다음 중 하나에 해당되는 화장품

(1) 제조 또는 수입된 화장품의 내용물에 다른 화장품의 내용물을 혼합한 화장품

(2) 제조 또는 수입된 화장품의 내용물에 식품의약품안전처장이 정하는 원료를 추가하여 혼합한 화장품

(3) 제조 또는 수입된 화장품의 내용물을 소분(小分)한 화장품 단, 고형(固形) 비누 등 총리령으로 정하는 화장품의 내용물을 단순 소분한 화장품은 제외

※ 원료와 원료를 혼합하는 것은 맞춤형화장품의 혼합이 아닌 '화장품 제조'에 해당

② 맞춤형화장품판매업자 준수사항(화장품법 시행규칙 제12조의 2)

(1) 맞춤형화장품 판매장 시설·기구를 정기적으로 점검하여 보건위생상 위해가 없도록 관리할 것

(2) 혼합·소분 안전관리기준을 준수할 것

① 혼합·소분 전에 사용되는 내용물 또는 원료에 대한 품질성적서를 확인할 것

② 혼합·소분 전에 손을 소독하거나 세정할 것. 다만, 혼합·소분 시 일회용 장갑을 착용하는 경우에는 그렇지 않다.

③ 혼합·소분 전에 혼합·소분된 제품을 담을 포장용기의 오염 여부를 확인할 것

④ 혼합·소분에 사용되는 장비 또는 기구 등은 사용 전에 그 위생 상태를 점검하고, 사용 후에는 오염이 없도록 세척할 것

⑤ 맞춤형화장품판매업자의 준수사항에 관한 규정(식품의약품안전처 고시)을 준수할 것

◈ 맞춤형화장품판매업자의 준수사항에 관한 규정

- 맞춤형화장품판매업자는 맞춤형화장품 조제에 사용하는 내용물 또는 원료의 혼합·소분의 범위에 대해 사전에 검토하여 최종 제품의 품질 및 안전성을 확보할 것. 다만, 화장품책임판매업자가 혼합 또는 소분의 범위를 미리 정하고 있는 경우에는 그 범위 내에서 혼합 또는 소분할 것
- 혼합·소분에 사용되는 내용물 또는 원료가 화장품법 제8조의 화장품 안전기준 등에 적합한 것인지 여부를 확인하고 사용할 것
- 혼합·소분 전에 내용물 또는 원료의 사용기한 또는 개봉 후 사용기간을 확인하고, 사용기한 또는 개봉 후 사용기간이 지난 것은 사용하지 말 것
- 혼합·소분에 사용되는 내용물 또는 원료의 사용기한 또는 개봉 후 사용기간을 초과하여 맞춤형화장품의 사용기한 또는 개봉 후 사용기간을 정하지 말 것. 다만 과학적 근거를 통하여 맞춤형화장품의 안정성이 확보되는 사용기한 또는 개봉 후 사용기간을 설정한 경우에는 예외함

- 맞춤형화장품 조제에 사용하고 남은 내용물 또는 원료는 밀폐가 되는 용기에 담는 등 비의도적인 오염을 방지할 것
- 소비자의 피부 유형이나 선호도 등을 확인하지 아니하고 맞춤형화장품을 미리 혼합·소분하여 보관하지 말 것

(3) 다음 사항이 포함된 맞춤형화장품 판매내역서(전자문서로 된 판매내역서 포함)를 작성·보관할 것

- 제조번호(맞춤형화장품의 경우 식별번호를 제조번호로 함)
  - 식별번호 : 맞춤형화장품의 혼합 · 소분에 사용되는 내용물 또는 원료의 제조번호와 혼합 · 소분 기록을 추적할 수 있도록 맞춤형화장품판매업자가 숫자·문자·기호 또는 이들의 특징적인 조합으로 부여한 번호
- 사용기한 또는 개봉 후 사용기간
- 판매일자 및 판매량

(4) 맞춤형화장품 판매 시 다음 사항을 소비자에게 설명할 것

① 혼합·소분에 사용된 내용물·원료의 내용 및 특성

② 맞춤형화장품 사용 시의 주의사항

(5) 맞춤형화장품 사용과 관련된 부작용 발생사례에 대해서는 식품의약품안전처장이 정하여 고시하는 바에 따라 식품의약품안전처장에게 보고할 것

- 맞춤형화장품의 부작용 사례 보고는 화장품 안전성 정보관리 규정에 따른 절차를 준용함.
- 맞춤형화장품 사용과 관련된 중대한 유해사례 등 부작용 발생 시 그 정보를 알게 된 날로부터 15일 이내 식품의약품안전처 홈페이지를 통해 보고하거나 우편·팩스·정보통신망 등의 방법으로 보고해야 함(안전성 정보의 신속보고).
- 신속보고 되지 아니한 맞춤형화장품의 안정성 정보는 매 반기 종료 후 1개월 이내에 식품의약품안전처장에게 보고해야 함(안전성 정보의 정기보고).

3 맞춤형화장품판매업 의무사항(화장품법 제5조)

① 소비자에게 유통·판매되는 화장품을 임의로 혼합·소분하여서는 아니됨

② 맞춤형화장품 판매장 시설·기구의 관리 방법, 혼합·소분 안전관리기준의 준수 의무, 혼합·소분되는 내용물 및 원료에 대한 설명 의무, 안전성 관련 사항 보고 의무 등에 관하여 총리령으로 정하는 사항 준수(화장품법시행규칙 제12조의 2 맞춤형화장품책임판매업자의 준수사항)

③ 맞춤형화장품에 사용된 모든 원료의 목록을 매년 2월 말까지 식품의약품안전처장이 정하는 화장품업단체에 보고해야 함(2022.02.18일부터 시행): 알레르기 유발성분을 제품에 표시하는 경우, 원료목록 보고에도 포함(출처 : 화장품 향료 중 알레르기 유발물질 표시 지침)

④ 맞춤형화장품판매업 가이드라인

① 맞춤형화장품 판매장 시설·기구를 정기적으로 점검하여 보건위생상 위해가 없도록 관리할 것
② 맞춤형화장품 조제에 사용하는 내용물 및 원료의 혼합·소분 범위에 대해 사전에 품질 및 안전성을 확보할 것
③ 내용물 및 원료를 공급하는 화장품책임판매업자가 혼합 또는 소분의 범위를 검토하여 정하고 있는 경우 그 범위 내에서 혼합 또는 소분할 것
④ 혼합·소분에 사용되는 내용물 및 원료는 「화장품법」 제8조의 화장품 안전기준 등에 적합한 것을 확인하여 사용할 것
⑤ 혼합·소분 전 사용되는 내용물 또는 원료의 품질관리가 선행되어야 함(다만, 화장품책임판매업자에게서 내용물과 원료를 모두 제공 받는 경우 화장품책임판매업자의 품질검사성적서로 대체 가능)
⑥ 혼합·소분 전에 손을 소독하거나 세정할 것. 다만, 혼합·소분시 일회용 장갑을 착용하는 경우 예외
⑦ 혼합·소분 전에 혼합·소분된 제품을 담을 포장용기의 오염여부를 확인할 것
⑧ 혼합·소분에 사용되는 장비 또는 기구 등은 사용 전에 그 위생 상태를 점검하고, 사용 후에는 오염이 없도록 세척할 것
⑨ 혼합·소분전에 내용물 및 원료의 사용기한 또는 개봉 후 사용기간을 확인하고, 사용기한 또는 개봉 후 사용기간이 지난 것은 사용하지 아니할 것
⑩ 혼합·소분에 사용되는 내용물의 사용기한 또는 개봉 후 사용기간을 초과하여 맞춤형화장품의 사용기한 또는 개봉 후 사용기간을 정하지 말 것
⑪ 맞춤형화장품 조제에 사용하고 남은 내용물 및 원료는 밀폐를 위한 마개를 사용하는 등 비의도적인 오염을 방지 할 것
⑫ 소비자의 피부상태나 선호도 등을 확인하지 아니하고 맞춤형화장품을 미리 혼합·소분하여 보관하거나 판매하지 말 것
⑬ 최종 혼합·소분된 맞춤형화장품은 「화장품법」 제8조 및 「화장품 안전기준 등에 관한 규정(식약처고시)」 제6조에 따른 유통화장품의 안전관리 기준을 준수할 것
⑭ 판매장에서 제공되는 맞춤형화장품에 대한 미생물 오염관리를 철저히 할 것(예: 주기적 미생물 샘플링 검사)
⑮ 맞춤형화장품 판매내역서를 작성 · 보관할 것(전자문서로 된 판매내역을 포함)
⑯ 원료 및 내용물의 입고, 사용, 폐기 내역 등에 대하여 기록 관리할 것
⑰ 맞춤형화장품 판매 시 다음 각 목의 사항을 소비자에게 설명할 것

- 혼합·소분에 사용되는 내용물 또는 원료의 특성
- 맞춤형화장품 사용 시의 주의사항

⑱ 맞춤형화장품 사용과 관련된 부작용 발생사례에 대해서는 식품의약품안전처장이 정하여 고시하는 바에 따라 식품의약품안전처장에게 보고할 것
⑲ 맞춤형화장품판매장에서 수집된 고객의 개인정보는 개인정보보호법령에 따라 적법하게 관리할 것
⑳ 맞춤형화장품판매장에서 판매내역서 작성 등 판매관리 등의 목적으로 고객 개인의 정보를 수집할 경우 개인정보보호법에 따라 개인 정보 수집 및 이용목적, 수집 항목 등에 관한 사항을 안내하고 동의를 받을 것
㉑ 소비자 피부진단 데이터 등을 활용하여 연구·개발 등 목적으로 사용하고자 하는 경우, 소비자에게 별도의 사전 안내 및 동의를 받아야 함.
㉒ 수집된 고객의 개인정보는 개인정보보호법에 따라 분실, 도난, 유출, 위조, 변조 또는 훼손되지 않도록 취급해야 함.
㉓ 정보주체의 동의 없이 타 기관 또는 제3자에게 정보를 공개하여서는 아니 됨.
㉔ 맞춤형화장품의 원료목록 및 생산실적 등을 기록·보관하여 관리할 것

5 변경신고

1 맞춤형화장품판매업자 변경 신고

(1) 맞춤형화장품판매업자가 변경 신고해야 하는 경우는 아래와 같다.

① 맞춤형화장품판매업자의 변경(법인인 경우에는 대표자의 변경) : 이강연 → 김판매
② 맞춤형화장품판매업소의 상호 변경(법인인 경우에는 법인의 명칭 변경) : ㈜지에스씨티 강동점 → ㈜지에스씨티 경기 성남점
③ 맞춤형화장품판매업소의 소재지 변경 : 경기 성남시 → 서울 강동구
④ 맞춤형화장품조제관리사의 변경

[변경신고 미대상]

• 맞춤형화장품판매업자 상호 변경 : (주)지에스씨티→㈜아쿠아렉스
• 맞춤형화장품판매업자 소재지 변경 : 경기 성남→서울 강동구

(2) 맞춤형화장품판매업자 변경 사유 제출

① 맞춤형화장품판매업자는 변경 사유가 발생한 날부터 30일 이내(다만, 행정구역 개편에 따른 소재지 변경의 경우에는 90일 이내)에 맞춤형화장품판매업 변경신고서(전자문서로 된 신고서를 포함)에 맞춤형화장품판매업 신고필증과 해당 서류(전자문서를 포함)를 첨부하여 지방식품의약품안전청장에게 제출하여야 한다.
② 신고 관청을 달리하는 맞춤형화장품판매업소의 소재지 변경의 경우에는 새로운 소재지를 관할하는 지방식품의약품안전청장에게 제출하여야 한다.

(3) 변경신고 시, 제출 서류

구분	제출 서류
공통	• 맞춤형화장품판매업 변경신고서 • 맞춤형화장품판매업 신고필증(기 신고한 신고필증)
판매업자 변경	• 사업자등록증 및 법인등기부등본(법인에 한함) • 양도·양수 또는 합병의 경우에는 이를 증빙할 수 있는 서류 • 상속의 경우에는「가족관계의 등록 등에 관한 법률」제15조 제1항 제1호의 가족관계증명서
판매업소 상호 변경	• 사업자등록증 및 법인등기부등본(법인에 한함)
판매업소 소재지 변경	• 사업자등록증 및 법인등기부등본(법인에 한함) • 건축물관리대장 • 임대차계약서(임대의 경우에 한함) • 혼합·소분 장소·시설 등을 확인할 수 있는 세부 평면도 및 상세 사진
조제관리사 변경	• 맞춤형화장품 조제관리사 자격증 사본

6 맞춤형화장품 혼합·소분에 사용되는 내용물의 범위

맞춤형화장품의 혼합·소분에 사용하기 위하여 화장품 책임판매업자로부터 제공 받은 것으로 다음 항목에 해당하지 않는 것이어야 한다.

① 화장품 책임판매업자가 소비자에게 그대로 유통·판매할 목적으로 제조 또는 수입한 화장품(완제품)

② 판매의 목적이 아닌 제품의 홍보·판매촉진 등을 위하여 미리 소비자가 시험·사용하도록 제조 또는 수입한 화장품

[화장품 책임판매업자로부터 제공받아야 하는 서류]

- 내용물 명칭, 제조번호, 전성분 목록, 보관조건, 사용기한, 사용 시 주의사항, 사용방법 등 제품정보에 관한 자료
- 개봉하지 않은 내용물이 유통화장품 안전관리 기준에 적합함을 확인할 수 있는 자료: 품질성적서(시험성적서)
- 내용물의 소분판매 기간 동안 방부력이 유지됨을 확인할 수 있는 시험결과: 미생물 한도시험 결과, 방부력 시험결과
- 내용물에 적합한 용기 재질 등 정보에 관한 자료: 내용물과의 적합성 시험결과(반응성, 용출시험 결과 등)

7 맞춤형화장품 혼합에 사용되는 원료의 범위

사용할 수 없는 원료를 다음과 같이 정하고 있으며 그 외의 원료는 사용 가능하다.

① 화장품 안전기준 등에 관한 규정 별표 1의 화장품에 사용할 수 없는 원료 : 배합금지 원료

② 화장품 안전기준 등에 관한 규정 별표 2의 화장품에 사용상의 제한이 필요한 원료 : 보존제, 염모제, 자외선차단성분, 기타성분

③ 식품의약품안전처장이 고시(기능성화장품 기준 및 시험방법)한 '기능성화장품의 효능·효과를 나타내는 원료'. 다만, 화장품법 제4조에 따라 해당 원료를 포함하여 기능성화장품 에 대한 심사를 받거나 보고서를 제출한 경우 사용 가능하다.

- 원료의 품질유지를 위해 원료에 보존제가 포함된 경우에는 예외적으로 허용
- 원료의 경우 개인 맞춤형으로 추가되는 색소, 향, 기능성 원료 등이 해당되며 이를 위한 원료의 조합(혼합 원 료)도 허용
- 기능성화장품 의 효능·효과를 나타내는 원료는 내용물과 원료의 최종 혼합 제품을 기능성화장품 으로 기 심사(또는 보고) 받은 경우에 한하여, 기 심사(또는 보고) 받은 조합·함량 범위 내에서만 사용 가능

Chapter 2 피부 및 모발 생리구조

1 피부의 생리 구조

1 피부

(1) 피부의 구성

신체기관 중에서 가장 큰 기관인 피부는 총면적이 1.5~2.0m2(성인기준), 무게는 약 4 KG(성인기준)이며, 평균 온도는 33℃(27.6~45℃)이다. 또한 물 70%, 단백질 25~27%, 지질 2%, 탄수화물 1% , 소량의 비타민/효소/호르몬/미네랄로 구성되어 있다.

(2) 피부 pH

① 피부의 pH는 4~6이며 수용성 산인 젖산(lactic acid), 피롤리돈산(pyrrolidone carboxylic acid), 요산(urocanic acid)이 원인으로 추측되고 있다.

② 또한 피부속으로 들어갈수록 pH는 7.0까지 증가한다. 이런 약산성 피부는 피부를 미생물로부터 보호하는 보호막 역할(acid mantle)을 한다.

③ 피부의 pH는 30분 정도 목욕 후에 pH 6.6~7.0까지 상승했다가 18~24시간 후에 약산성 pH로 돌아온다.

(3) 피부 구성

피부는 표피(epidermis), 진피(dermis) 및 피하지방(hypodermis)으로 구성되어 있다.

표피	두께가 70~1,400(평균 300)㎛이며, 멜라닌형성세포(melanocyte), 각질형성세포(keratinocyte), 랑거한스세포(Langerhans cell), 메르켈세포(Merkel cell), T 림프구 등이 존재
진피	두께가 600~3,000(평균 1,800)㎛이며, 탄력섬유(elastin), 교원섬유(collagen), 하이알루로닉애씨드, 혈관, 피지선, 섬유아세포(fibroblast), 모낭, 땀샘, 신경 등이 존재
피하지방	두께는 0~30,000(평균 15,000)㎛이다.

(4) 피부의 재생주기(turn over) : 28일(20세 기준)이며, 나이가 들어감에 따라 재생주기가 증가하여 평균 48일(40~60일, 40세 기준)로 보고되고 있다.

(5) 세포 간 지질(intercelluar lipid) : 지층 세포 사이에 존재하여 외부로부터 분자량 약 500 달톤(Dalton)이상의 물질이 침투되는 것을 막고 피부 속에서 외부로 수분이 증발되지 않도록 막아주는 장벽(skin barrier) 역할을 한다. 세포간 지질은 세라마이드, 콜레스테롤, 지방산, 콜레스테롤 설페이트, 트리글리세라이드 등으로 구성되어 있다.

2 피부의 기능

(1) 보호기능 : 물리적, 화학적 자극과 미생물과 자외선으로부터 신체기관을 보호 및 수분손실방지

(2) **각화기능(keratinization)** : 28일을 주기로 각질이 떨어져 나감(skin turnover)
각화과정: 기저세포의 분열 → 유극세포에서의 합성, 정비 → 과립세포에서의 자기분해 → 각질세포에서의 재구축

(3) **분비기능** : 땀 분비를 통해 신체의 온도조절 및 노폐물을 배출함.

(4) **배출기능** : 지속적인 박리(desquamation)를 통한 피부노폐물의 배출

(5) **면역기능** : 랑거한스세포는 바이러스, 박테리아 등을 포획하여 림프로 보내 외부로 배출함.

(6) **감각전달기능** : 신경말단 조직과 메르켈세포(Merkel cell)이 감각을 전달함.

(7) **비타민 D합성** : 자외선을 통해 콜레스테롤(cholesterol)이 비타민 D로 피부에서 합성됨.

(8) **체온조절기능** : 땀분비를 통해 체온을 조절함.

(9) **호흡기능** : 폐를 통한 호흡 이외에 작지만 피부로도 호흡이 이루어짐.

3 표피 구성

(1) 각질층(stratum corneum, horny layer)

① 죽은 세포(dead keratinocyte, 15~30겹)와 세포 간 지질(intercellular lipid)로 구성
② 세포 간 지질은 세라마이드 40%, 콜레스테롤 25%, 지방산 25%, 콜레스테롤 설페이트 10%, 소량의 트리글리세라이드 등으로 구성
③ 두께 : 약 10−15㎛
④ NMF(천연보습인자, 자연보습인자, Natural Moisturizing Factor)가 존재
⑤ 각질층은 수분은 15−20%인데 10%이하로 수분량이 떨어질 경우, 건조함과 소양감(搔痒感, 가려움)을 느낌
⑥ 필라그린(fillaggrin)은 프로필라그린이 분해됨으로 생성되는 히스티딘(histidine) 등의 단백질로 각질층 상부에 이르면 유리 아미노산으로 분해되어 천연보습인자가 된다.

(2) 투명층(stratum lucidum, transitional layer)

① 손바닥, 발바닥과 같은 특정부위에만 존재
② 죽은 세포로 구성
③ 엘라이딘(elaidin) 때문에 투명하게 보임

(3) 과립층(granular layer)

① 각화(keratinization, 28days)가 시작되는 층
② 과립세포의 자기분해가 일어남.
③ 두께 : 약 20−60㎛

(4) 유극층(spinous layer)

① 표피의 대부분을 차지
② 수분을 많이 함유하고 표피에 영양을 공급
③ 항원전달세포인 랑거한스세포(Langerhans cell) 존재
④ 두께 : 약 20−60㎛

(5) 기저층(basal cell layer)

① 진피의 유두층으로부터 영양을 공급받음.
② 대부분의 멜라닌형성세포(melanocyte) 존재
③ 멜라노좀(melanosome) 안에 멜라닌이 저장되었다가 이동됨.
④ 대부분의 각질형성세포(keratinocyte) 존재
⑤ 메르켈세포(Merkel cell)인 촉각상피세포(tactile epithelial cells)가 존재하여 감각을 인지함.
⑥ 세포분열을 통해 표피세포생성

[표피와 진피]

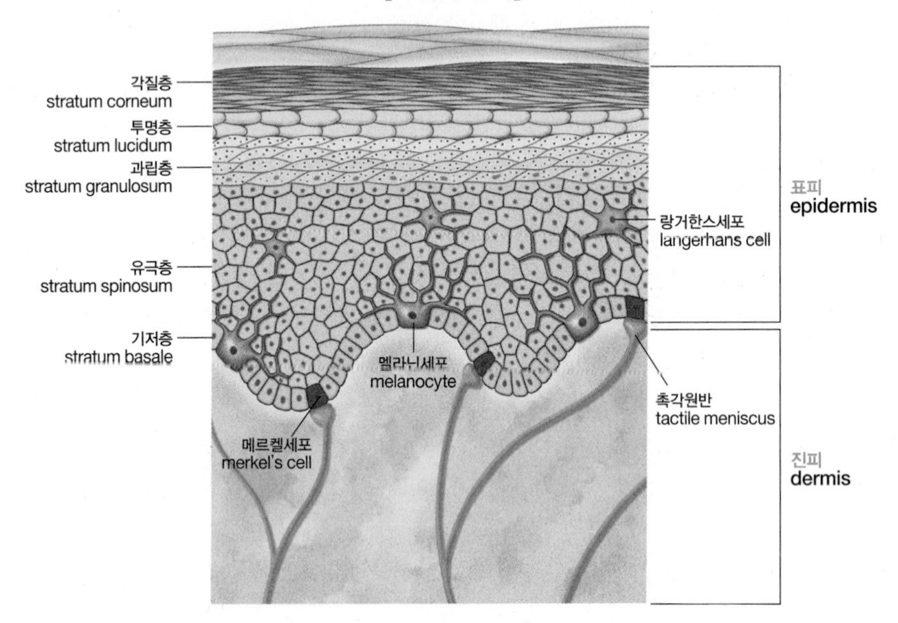

[세포 간 지질]

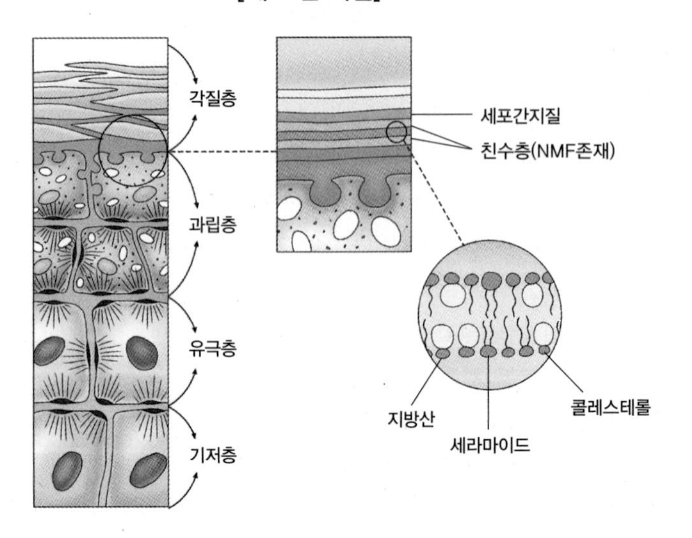

4 피부노화

피부노화는 연령증가에 따른 자연노화와 자외선에 의한 광노화로 분류할 수 있다.

(1) **자연노화(aging)** : 나이를 먹으면서 피부의 구조와 생리기능이 지속적으로 감퇴되는 노화

(2) **광노화(photo-aging)** : 장기간에 걸친 광(光)(자외선 200~400nm)노출로 임상적 혹은 조직학적인 피부변화의 현상(자외선 파장 - UVC: 200~290㎚, UVB: 290~320㎚, UVA: 320~400㎚)

(3) **노화에 따른 부분색소 침착** : 노화에 따른 부분색소 침착은 주근깨(ephelides), 기미(melasma), 일광흑자(solar lentigo), 검버섯(seborrheic keratosis) 등이 있다.

(4) 노화에 따라 피부재생주기가 길어져서 오래된 각질이 피부에 남아 각질층이 두꺼워지고 피부톤이 칙칙함을 나타낸다. 또한 글리코사미노글리칸(glycosaminoglycan, GAG) 합성이 감소하고 진피와 표시 사이가 얇아져서 피부가 주저 앉는 경향을 나타낸다.

(5) 노화가 진행됨에 따라 콜라게나제(collagenase, 콜라겐 파괴 효소)에 의한 콜라겐(collagen) 파괴, 엘라스타제(elastase, 엘라스틴 파괴 효소)에 의한 엘라스틴(elastin) 파괴 등으로 주름이 형성된다. 콜라게나제는 matrix metalloproteinase(MMP)-1, MMP-8, MMP-13 등이 있다.

5 진피와 피하지방

(1) 유두층(stratum papillary)

① 모세혈관이 분포하여 표피에 영양을 공급

② 기저층의 세포분열을 도움

(2) 망상층(stratum reticular)

① 교원섬유와 탄력섬유가 존재

② 피지선(sebaceous gland) 존재

③ 손·발바닥, 입술, 눈두덩이(eyelid)에는 피지선이 없음.

④ 수분을 끌어당기는 초질(하이알루로닉애씨드)이 존재

⑤ 갓 태어난 아기의 피부에는 하이알루로닉애씨드가 많이 존재하며,
연령이 증가함에 따라 그 양이 감소함.

⑥ 혈관(blood vessel) 존재

⑦ 모낭(hair follicle), 모구(hair bulb), 신경 존재

⑧ 소한선(eccrine, sweat gland) 존재

⑨ 대한선(apocrine gland) 존재

⑩ 섬유아세포(fibroblast) 존재 : 교원섬유(collagen), 탄력섬유(elastin) 등 생산

⑪ 내피세포 존재

⑫ 비만세포(mast cell, 면역관련 백혈구의 일종) 존재

⑬ 대식세포(macrophage) 존재

(3) 피하지방(hypodermis)

① 수분조절, 열격리, 충격흡수, 영양저장소의 기능을 함

② 지방세포 존재

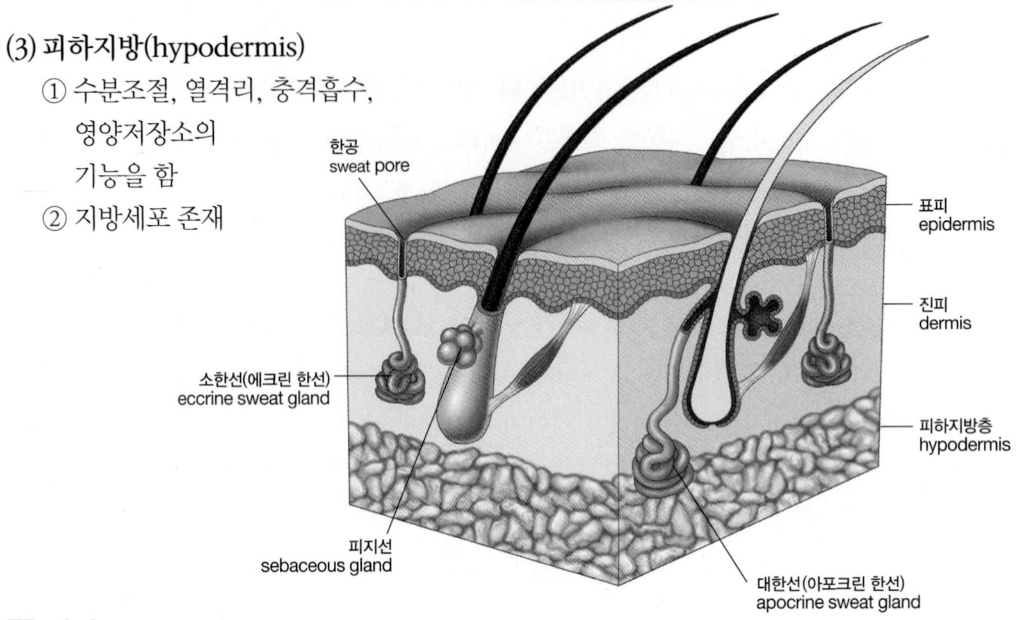

6 네일

(1) 네일의 구성

손가락과 발가락을 보호하는 기능을 하는 손톱과 발톱(nail, 爪)은 조곽(nail plate), 조반월(nail lunula), 조체(nail body), 조소피(cuticle), 조근(nail root), 조상피(eponychium), 조기질(nail matirx), 조상(nail bed) 등으로 구성되어 있다.

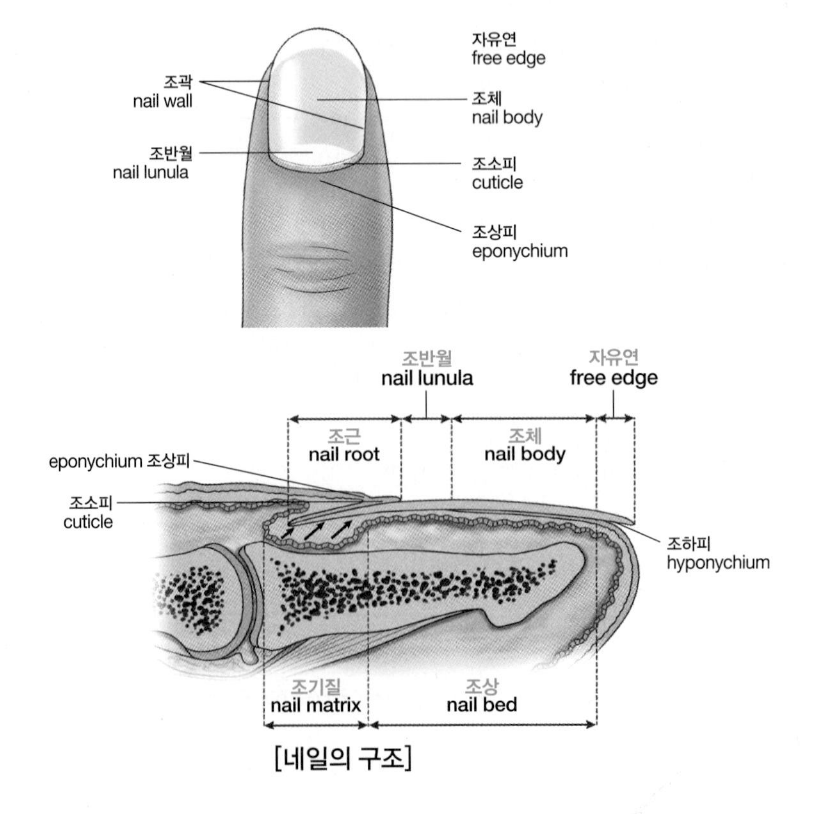

[네일의 구조]

(2) 네일의 성분

네일의 성분은 각질층과 동일하며 주요한 성분은 케라틴으로 특히 경질 케라틴(hard keratin)이 많이 존재한다. 네일에는 수분량이 7.0~12.0%가 존재하고 있으며 0.15~0.76%의 지질이 포함되어 있고 네일 수분량에 따라 네일이 약해진다.

7 피부색

① 피부색은 주로 멜라닌(melanin), 카로틴(carotene), 헤모글로빈(hamoglobin)의 양에 의해 결정되는데 피부의 노란 기는 카로틴, 붉은 기는 헤모글로빈, 검은 기는 멜라닌에 의해 영향을 받는다.

② 색소형성세포(멜라노사이트, melanocyte)에서 형성된 멜라닌은 멜라노좀에 의해 각질형성세포로 전달된다.

③ 카로틴은 카로티노이드(carotenoid) 색소의 한 종류로 알파, 베타, 감마 3종의 이성질체가 있으며 그 중 베타 카로틴(Beta-Carotene, CI 75130)은 화장품의 색소 종류와 기준 및 시험방법(식품의약품안전처 고시) 별표1에서 화장품용 색소로 지정되어 있다.

④ 헤모글로빈은 혈액 중 적혈구 속에 존재하는 철(Fe)을 포함하고 있는 붉은 색 단백질로 산소 운반의 역할을 하며, 혈류량이 많으면 헤모글로빈 증가로 인해 피부색이 붉어지고 혈류량이 감소하면 헤모글로빈이 감소하여 피부색이 하얗게 된다.

2 천연보습인자

천연보습인자(Natural Moisturizing Factor, NMF, 자연보습인자)는 피부에 존재하는 보습성분으로 유리아미노산(free amino acid), 피롤리돈카복실릭애씨드(PyrolidoneCarboxylic Acid, PCA), 요소(urea,우레아), 알칼리 금속(Na, Ca, K, Mg), 젖산(락틱애씨드, lactic acid), 인산염, 염산염, 젖산염(lactate), 구연산, 당류, 기타 유기산(organic acid)이 있으며 각질층(stratum corneum)의 수분량이 일정하게(15~20%) 유지되도록 돕는 역할을 한다. 그 구성성분을 표에 나타내었다.

[NMF 성분]

성분	구성(%)	성분	구성(%)
유리 아미노산	40.0	칼륨(K)	4.0
피롤리돈카복실릭애씨드 (PCA, 피씨에이)	12.0	칼슘(Ca)	1.5
젖산염	12.0	요산, 글루코사민, 암모니아	1.5
당류, 유기산 기타물질	8.5	마그네슘(Mg)	1.5
요소	7.0	인산염	0.5
염산염	6.0	구연산	0.5
나트륨(Na)	5.0	포름산(formic acid)	0.5

3 땀과 피지

피부는 땀(수상)과 피지(유상)가 섞여서 형성된 피지막에 의해 보호되고 있으며, 이 피지막이 세안에 의해 제거되었을 때 화장품(수상+유상)을 피부에 도포하여 인공피지막을 형성하고 피부를 보호한다.

1 땀

(1) 대한선(apocrine gland, 아포크린선)

① 모낭에 연결하여 땀을 분비하며 공포·고통과 같은 감정에 의해 땀이 분비된다.

② 대한선에서 분비되는 땀에 의해 땀냄새가 나며 땀냄새를 일으키는 물질은 2-메틸페놀(2-methylphenol), 4-메틸페놀(4-methylphenol, cresol) 등으로 알려져 있고 대한선은 겨드랑이, 유두, 항문주위, 생식기부위, 배꼽주위에 분포되어 있다.

(2) 소한선(eccrine gland, 에크린선)

① 표피에 직접 땀을 분비하며, 주로 열에 의해 땀이 분비된다. 진피하부나 피하지방 경계부위에 위치하며 2~3백 만 개의 땀샘(sweat gland)이 존재한다.

② 몸 전체에 분포(입술, 생식기 제외)하며 손바닥과 발바닥, 이마부위에 소한선이 풍부하게 존재하며 분비되는 땀은 냄새가 거의 없다.

(3) 땀의 구성성분

물, 소금(salt), 요소(urea), 암모니아(ammonium), 아미노산(amino acid), 단백질(proteins), 젖산(lactic acid), 크레아틴(creatine) 등이다.

2 피지

① 피지선을 통해 분비되는 피지(sebum)는 비중이 0.91~0.93으로 적게 분비되는 곳의 피지막의 두께는 0.05㎛이하이고, 많이 분비되는 곳의 피지막의 두께는 4㎛ 이상이다.

② 피지막의 조성(표)은 트리글리세라이드, 지방산, 스쿠알렌, 왁스에스테르, 콜레스테롤 등이며 지방산은 트리글리세라이드가 가수분해되어 생성된 것으로 C_{14}, C_{16}, C_{18} 지방산이 약 95%를 차지한다. 이 지방산들이 그램 음성균에 대한 항균효과를 가지는 것으로 알려져 있다.

[피지성분]

성분	평균치(%)	범위(%)
트리글리세라이드(triglyceride)	41.0	19.5~49.4
왁스에스테르(wax ester)	25.0	22.6~29.5
지방산(fatty acid)	16.0	7.9~39.0
스쿠알렌(squalene)	12.0	10.1~13.9
디글리세라이드(diglyceride)	2.2	2.3~4.3
콜레스테롤 에스테르(cholesterol ester)	2.1	1.5~2.6
콜레스테롤(cholesterol)	1.4	1.2~2.3

④ 여드름

1 여드름의 종류

① 여드름(acne vulgaris)은 심상성 좌창(尋常性 痤瘡)으로 사춘기에 발생하는 모낭피지선의 만성 염증성 질환이며 면포(面皰, comedo blackhead, whitehead), 구진(丘疹, pimple, papule), 농포(膿疱, pustule) 형성을 특징으로 하는 질환으로 코의 양쪽, 이마, 등, 가슴, 볼에서 주로 발생한다.

② 염증의 유무에 따라 여드름은 비염증성과 염증성 여드름으로 분류할 수 있다. 비염증성 여드름(non-inflamed)은 면포(comedo, blackhead, whitehead)이며, 염증성 여드름은 구진(papule,丘疹), 뾰루지(pimple, 丘疹), 농포(pustule,膿疱), 결절(nodule,結節)이 있다.

2 여드름의 원인

① 유전적 요인(Genetic background)으로 남성호르몬(Androgenic hormone)인 테스토스테론(testosterone)이 혈류 속에 들어가 피부모낭의 피지선(Sebaceous gland)을 자극하여 과다한 피지가 분비되어 여드름이 발생한다.

② Propionibacterium acnes(P.acnes, 여드름균)는 피부상재균의 90%를 차지하는 모낭에 상주하는 혐기성 박테리아이다. 안드로겐(androgen)에 의해 피지선이 비대해지고 피지분비가 왕성해지며 피부에 이상각화가 일어나 모낭구가 막혀 피지가 배출되지 못하고 정체되고 여기에 P.acnes가 번식하여 효소(lipases)를 분비하는데 이 효소가 피지를 분해, 유리지방산을 형성한다. 유리지방산은 모낭벽을 직접 자극하고 진피내로도 들어가 염증(inflammatory reaction)을 일으킨다. 따라서 여드름 환자의 모낭에는 정상인에 비하여 P.acnes의 균주수가 많고, 테스토스테론을 보다 강력한 디하이드로테스토스테론(dehydrotestosterone)으로 전환시키는 5알파-리덕타제(reductase, 환원효소)의 활성도가 높다.

③ 정서적 요인(스트레스, 생리불순, 불면증 등)도 안드로겐의 분비를 증가시켜 여드름을 악화시킨다. 그 외에 스테로이드 등의 각종 약제, 화장품, 간기능이상, 위장장해, 과산화지질, 할로겐화합물 등도 여드름을 일으킨다고 알려져 있다.

3 여드름 유발성 물질

여드름을 유발하는 화장품 원료는 폐색막을 형성하여 피부의 호흡과 분비기능을 방해하는 미네랄 오일(mineral oil, 리퀴드 파라핀), 페트롤라툼(petrolatum, 바세린), 아세틸레이티드 라놀린(acetylated lanolin), 라놀린(lanolin), 아이소프로필미리스테이트(isopropyl myristate), 올레익애씨드(oleic acid), 라우릴알코올(lauryl alcohol) 등이 있다.

4 여드름 완화 성분

여드름의 치료에 사용되는 의약품 성분으로 벤조일퍼옥사이드(benzoyl peroxide)가 있으며, 황(sulfur, 3~10%), 레조시놀(resorcinol, 1,3-벤젠디올), 살리실릭애씨드(항균), 피지억제작용 추출물(인삼 추출물, 우엉 추출물, 로즈마리 추출물), 비타민 B6(피지분비정상화), 석시닉애씨드(succinic acid, 호박산, 항균 및 각질제거) 등은 여드름 완화에 도움을 주는 화장품 성분이다.

5 모발의 생리 구조

1 모발의 구성성분

(1) 모피질과 모수질

① 모발의 안쪽에는 모발 무게에 85~90% 차지하는 모피질(cortex)과 모수질(medulla)이 있으며 모피질에는 피질세포(cortical cell), 케라틴(keratin), 멜라닌(melanin), 충간물질, 매크로피브릴(macrofibril), CMC(세포막복합체, cell membrane complex) 등이 존재한다.

② CMC는 염모제와 펌제의 통로로 작용하며 멜라닌은 티로신(tyrosine)으로부터 만들어지는데 검정색과 갈색을 나타내는 유멜라닌(eumelanin)과 빨간색과 금발(blonde)을 나타내는 페오멜라닌(pheomelanin)으로 분류되며 모발의 색은 유멜라닌과 페오멜라닌의 구성비에 의해 결정된다.

> 케라틴을 구성하는 아미노산인 시스틴(cystine, 황이 있는 아미노산)에 있는 이황화(디설파이드, disulfide, S-S)결합에 의해 모발형태와 웨이브(wave)가 결정된다. 환원제(reducing agent)를 사용하여 결합을 절단한 후에 산화제(oxidizing agent)를 이용하여 디설파이드 결합을 재구성하여 모발의 모양이나 웨이브 정도를 결정하게 된다.

[모간 구조]

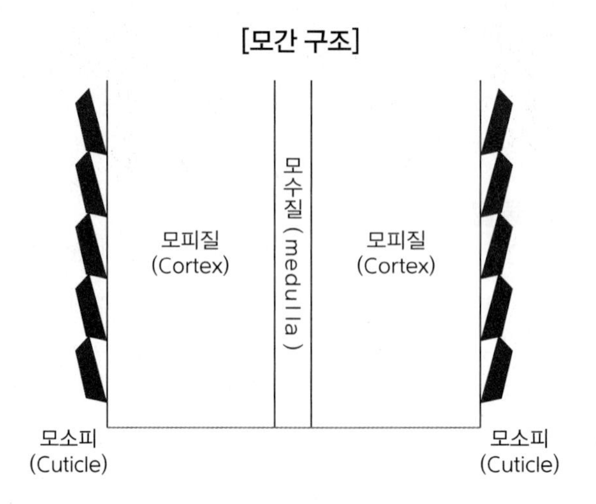

(2) 모표피

① 모표피(cuticle, 큐티클, 모소피)는 모간의 가장 외측 부분으로 비늘 형태로 겹쳐져 있으며 두발 내부의 모피질을 감싸고 있는 화학적 저항성이 강한 층으로 약5° 경사로 모발의 뿌리까지 덮어서(overlapping) 모피질을 보호하며 케라틴(경단백질)이 모표피의 주요성분이다.

② 모표피는 판상(square)으로 두께 약 0.5~1.0㎛, 길이 80~100㎛, 두께는 6~10겹이다.

③ 에피큐티클(epicuticle)은 큐티클의 가장 바깥에 위치한 얇은 층으로 지질, 단백질로 구성되어 있다. 엑소큐티클(excocuticle)은 에피큐티클(epicuticle)과 엔도큐티클(endocuticle)사이에 존재하며 단단하고 어두운 색이며, 키틴, 스클레로틴(sclerotin)으로 구성되어 있다. 엔도큐티클(endocuticle)은 표피 바로 위에 존재하며 큐티클의 안쪽 부분으로 색이 없고 부드러운 층으로 키틴, 아스로포딘(arthropodin)으로 구성되어 있다.

(3) 모발 구성

① 모발은 모근과 모간으로 분리되며 모근에는 모유두(papilla), 모모세포(毛母細胞, germinal matrix), 색소세포(멜라닌), 모세혈관이 있는 모구(hair bulb)가 위치하고 있으며 모간은 표피 밖으로 돌출한 부분이다.

② 모유두는 모구 아래쪽에 위치하며 작은 말발굽 모양으로 모발 성장을 위해 영양분을 공급해 주는 혈관과 신경이 몰려있다. 모모세포는 모유두를 덮고 있으며 모낭(毛囊) 밑에 있는 모유두에 흐르는 모세 혈관으로부터 영양분을 흡수하고 분열·증식하여 두발을 형성한다.

③ 모간은 모수질과 모피질로 구성된다. 한 개의 모공에서 2~3개 모발이 자란다.

[모발에 존재하는 결합]

시스틴(디설파이드)결합: $-CH_2-S-S-CH_2-$

펩티드 결합

수소 결합

염 결합: $-N-CH_2-COO^-N^+(CH_2)_4-C=O$

④ 모발의 등전점(isoelectric point, IEP)은 pH 3.0~5.0으로 pH가 등전점보다 낮으면 모발은 (+)전하를, pH가 등전점보다 높으면 모발은 (−)전하를 띄는데 약 pH 3인 반영구 염모제는 이 등전점을 이용하여 산성염료를 전기적으로 모발에 부착시켜 염색한다.

[pH에 따른 모발의 전하]

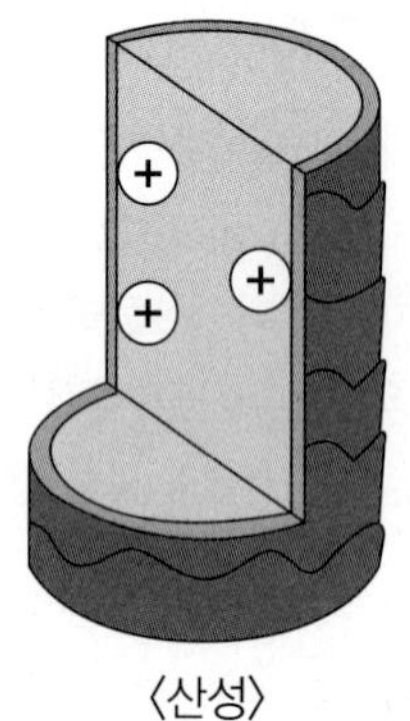

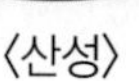
〈산성〉

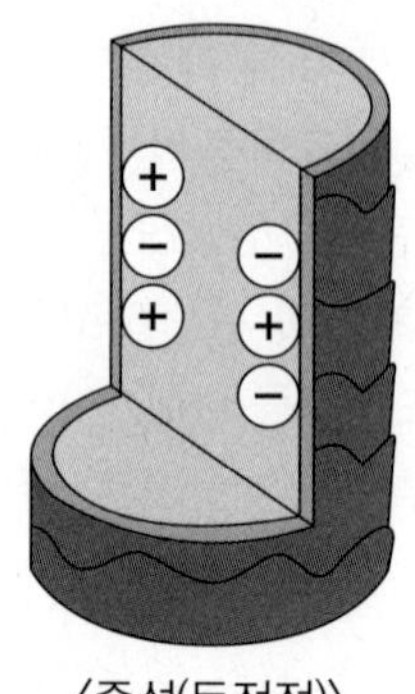
〈중성(등전점)〉

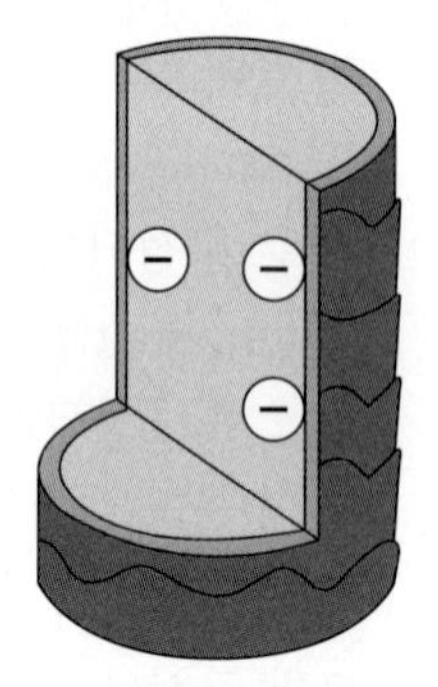
〈염기성〉

⑤ 모발의 두께(지름)은 40~120㎛이며 두피의 모낭의 수는 검정색/갈색 모발에서는 약 100,000개, 금발에서는 약 110,000개, 빨간색 모발에서는 90,000개이며, 모낭의 밀도는 170~500/㎠이며 모발의 성장속도는 0.35~0.50㎜/day로 모낭은 15~20회 모발을 생산 한 후에 사멸된다.

⑥ 일반적으로 모발은 케라틴 약 80%, 수분 12~15%, 지질(lipid) 1~9%, 멜라닌 3% 이하, 미네랄 0.5~0.9%로 구성되어 있다.

⑦ 모발에 존재하는 결합은 염결합($-NH3^{+}\cdots{}^{-}COO-$), 시스틴(디설파이드, $-CH_2S-SCH_2-$)결합, 수소결합(−C=O···HN−), 펩티드결합(−CONH−)이 있다.

2 모발성장주기

① 모발성장주기는 초기성장기(발생기), 성장기(anagen, growth phase), 퇴행기(catagen, regression phase), 휴지기(telogen, resting phase)로 구성된다.

② 성장기는 모발을 구성하는 세포의 성장이 빠르게 이루어지고 퇴행기에는 성장이 감소하고 모구(hair bulb) 주위에 상피세포(epithelial cell)가 죽게 되며(아포토시스 apoptosis, 세포자연사) 휴지기에는 모낭이 위축되고 성장이 멈춘다.

③ 모발은 초기성장기를 거쳐 성장기(5~6년, 전체모발의 86~88%), 퇴행기(2~3주,1%), 휴지기(2~3개월, 10~15%)를 지나 빠지게 되는데 탈모 환자는 성장기가 3~4개월로 감소하여 전체 모발 중 휴지기에 있는 모발의 수가 많다.

④ 일반적으로 성인에서 탈모되는 양은 약 40~70개/일이며 병적인 탈모는 120개 이상/일이다.

[모발 성장주기]

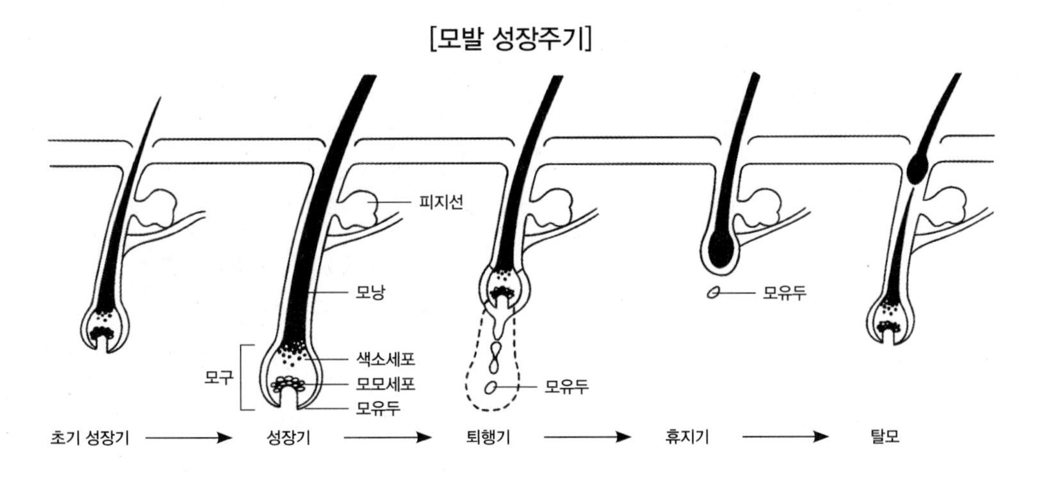

3 탈모

① 남성형 탈모(androgenetic alopecia)는 탈모의 가장 흔한 형태로 테스토스테론(남성호르몬인 안드로겐 호르몬의 하나)이 5알파-리덕타제(5 alpha reductase, 환원효소)에 의해 디하이드로테스토스테론(DHT, dihydrotestosterone)으로 바뀌고 이 물질이 모낭을 위축시켜 모발의 두께를 가늘게 하고 모발이 자라는 기간을 단축시킨다.

② 탈모의 유전적인 요인 이외에 스트레스에 의한 탈모도 발생하고 있으며 탈모치료제로 미녹시딜(minoxidil, 외용제), 피나스테이드(finasteride, 경구용 제제), 두타스테리드(dutasteride, 경구용제제)가 사용되고 있다.

③ 미녹시딜은 두피의 말초혈관을 확장시켜 모발이 성장하는데 필요한 영양분이 원활히 공급되도록 돕는다. 화장품에서는 덱스판테놀, 비오틴, 엘-멘톨, 징크피리치온, 나이아신아마이드, 살리실릭애씨드 등이 탈모방지 기능성화장품 에서 주성분으로 사용된다.

[정상모 큐티클]

[손상모 큐티클]

4 비듬

① 비듬(dandruff, pityriasis capitis, 비강진)은 두피 세포의 각질화에 의해 떨어져 나온 조각으로 피지나 땀, 먼지 등이 붙어 있다.

② 비듬의 발생빈도는 성별이나 계절, 연령 등에 따라 차이를 보이며 피부가 건조해지기 쉬운 겨울에 비듬발생이 쉽다. 성별로 볼 때, 남성이 압도적으로 비듬의 양이 많아 여성의 3배 정도 된다.

③ 비듬이 심해지면 탈모의 원인이 되며 비듬 원인균은 말라세시아(Malassezia restricta 와 Malassezia globosa)라는 진균이다. 이 진균들은 두피에 상재(常在)하면서 모낭에서 분비되는 피지를 먹고 배설물을 분비하는데 배설물 중의 지방산이 두피의 피부재생주기를 비정상적으로 촉진시킨다. 그래서 피부재생 주기가 7~21일로 단축되어 세포들이 미성숙된 상태로 표피 바깥에 도달하여 덩어리 형태로 두피에서 떨어져 나가게 된다.

④ 비듬치료에 도움이 되는 성분은 징크피리치온, 피록톤올아민, 살리실릭애씨드 등이 있다.

6 피부 모발 상태 분석

맞춤형화장품의 조제(소분·혼합)를 위해서는 고객의 피부타입에 적합한 화장품 내용물과 원료를 선택해야 하며, 이 선택을 기기를 사용한 피부측정과 피부타입 파악을 위한 문진이 이루어진다.

1 피부타입

(1) 건성(dry)

피지와 땀의 분비가 적어서 피부표면이 건조하고 윤기가 없으며 피부 노화에 따라 피지와 땀의 분비량이 감소하여 더 건조해지는 피부이다. 또한 잔주름이 생기기 쉬운 피부로 피부의 수분량이 부족하다.

(2) 지성(oily)

피지의 분비량이 많아 얼굴이 번들거리고 모공이 넓으며 피지 분비량이 많은 T존(이마, 코 주위)에 검은 여드름(black comedo)이 생긴다. 일반적으로 천연피지막이 잘 형성되어 피부가 촉촉하다.

(3) 복합성(combination)

지성과 건성이 함께 존재하는 피부타입으로 피지 분비량이 많은 T존과 피지 분비량이 적은 U존이 존재하여 T존은 번들거리고 여드름이 있으며, U존(양볼, 입 주위, 눈 주위)은 수분이 부족하여 건조하다.

(4) 중성(normal)

피지와 땀의 분비활동이 정상적인 피부로 피부생리기능이 정상적이며 피부가 깨끗하고 표면이 매끄럽다. 피부에 탄력이 있어 혈색이 있고 모공도 눈에 띄지 않는다.

2 피부상태 측정

① 일반적으로 피부의 수분, 유분, 수분증발량, 멜라닌량, 홍반량, 색상, 민감도 등을 측정하여 피부상태를 평가한다.

② 측정 시, 측정이 이루어지는 공간은 항온항습(예 20±2℃, 상대습도 40~60%)이고 동일한 조도(간접 조명)로 공기의 이동이 없고 직사광선이 없는 것이 좋다. 또한 측정 전에 피부안정 시간(예 10~20분)을 가지며 피측정자가 평안한 상태를 유지할 수 있어야 한다.

홍반량, 피부색상은 세안 등을 통해 메이크업을 지운 후에 측정해야 정확한 데이터를 얻을 수 있다.

③ 수분, 유분, 수분증발량은 피부에 특별한 조치를 하지 않고 그대로 측정을 하며, 측정시간과 측정값을 함께 남긴다. 측정은 3회 이상하여 그 평균값을 사용한다. 얼굴은 주로 T존과 U존을 측정하고 손등과 두피 등 필요한 피부부위를 측정한다.

④ 피부타입의 파악 및 피부진단에는 설문지, 피부 진단기, 유전자 검사, 인공지능(AI), 빅데이터 등이 활용될 수 있다.

[피부측정항목 및 측정방법]

측정항목	측정방법
피부 보습	• 전기전도도(electroconductivity)를 통해 피부 수분함유량 측정 – 측정기기: Corneometer® • 경피수분손실량(TransEpidermal Water Loss, TEWL) 측정 – 측정기기: Tewameter®
피부 탄력	• 피부에 음압을 가했다가 원래 상태로 회복되는 정도를 측정함 – 측정기기: Cutometer® 또는 Dermaflex®
피부 유분(피지)	• 카트리지 필름을 피부에 일정시간 밀착시킨 후, 카트리지 필름의 투명도를 통해 피부의 유분(피지)량을 측정함 – 측정기기: Sebumeter®
피부 표면	잔주름(fine wrinkle), 굵은 주름(wrinkle), 각질(scaliness), 모공크기, 다크써클, 색소침착 등을 현미경과 비젼프로그램을 통해 관찰함.
피부 주름	Replica(레플리카) 분석 피부표면 형태 측정
피부 거칠기	3차원 영상 촬영장치(Primos®lite, DermaTop® 등)를 이용하여 피부 표면을 촬영한 후 제공된 소프트웨어 프로그램을 이용하여 거칠기 파라미터(추천 파라미터 : volume of cavities)를 분석함.
피부색/피부밝기	피부색을 색차계(Chromameter)로 측정하여 L(밝기), a(빨강–녹색), b(노랑–청색)로 나타냄. 피부의 노란 기(카로틴), 붉은 기(헤모글로빈), 검은 기(멜라닌)를 추정할 수 있음.
피부 색소침착	UV광(자외선)을 이용한 측정(예 우드램프)
멜라닌	피부의 멜라닌양을 기기(Mexameter® 등)로 측정힘.
홍반	피부의 붉은 기(헤모글로빈)를 측정하여 수치로 나타냄.
피부 pH	피부의 산성도를 측정하여 pH로 나타냄.
피부 건조	피부로부터 증발하는 수분량인 경피수분손실량(TEWL, transepidermal water loss)을 측정하며, 피부장벽기능을 평가하는 수치로 이용될 수 있음.
두피 상태	두피의 비듬, 피지를 현미경과 비젼프로그램을 통해 확인함.

피부 혈행개선	미세혈류량 측정기(LDPI ; Laser Doppler Perfusion Imager)를 이용하여 진피층에 있는 혈관 내 적혈구의 이동속도를 측정하고, 색차계를 사용하여 피부의 붉은 정도를 반영하는 a 수치의 변화를 통해 확인함.
붓기 완화	피부 측정 부위를 3차원 영상 측정장비를 이용하여 측정 부위 기준면 위의 높이 프로파일의 부피변화와 수분측정기(Moisturemeter-D)를 사용하여 피부 층별(표피, 진피) 수분량을 측정함.

3 모발상태 측정

① 모발의 상태를 평가하기 위하여, 모발의 인장강도, 굵기, 탄력도, 손상정도, 수분함량, 윤기 등을 측정한다.

② 두피(scalp)의 상태를 평가하기 위하여 두피 피지량, 두피 수분량, 비듬정도 등을 측정한다.

③ 모발 손상은 펌, 염색, 탈색, 자외선 노출, 열, 복합적 원인(예 펌+염색) 등에 의해 생긴다.

Chapter 3 관능평가 방법과 절차

① 화장품의 관능평가

관능평가는 오감(五感)에 영향을 미치지 않도록 깨끗하고 환기가 잘 되고 적절한 조도(약, 1000 Lux/㎡)의 공간에서 실시되어야 한다.

1 품질관리 측면의 관능평가

(1) 정의

① 관능평가는 여러 가지 품질을 인간의 오감(五感)에 의하여 평가하는 제품검사를 말한다.

② 관능평가에는 좋고 싫음을 주관적으로 판단하는 기호형과, 표준품(기준품) 및 한도품 등 기준과 비교하여 합격품, 불량품을 객관적으로 평가, 선별하거나, 사람의 식별력 등을 조사하는 분석형의 2가지 종류가 있다.

(2) 육안을 통한 관능평가에 사용되는 표준품

① 제품 표준견본 : 완제품의 개별포장에 관한 표준

② 벌크제품 표준견본 : 성상, 냄새, 사용감에 관한 표준

③ 레벨 부착 위치견본 : 완제품의 레벨 부착위치에 관한 표준

④ 색소원료 표준견본 : 색소의 색조에 관한 표준

⑤ 원료 표준견본 : 원료의 색상, 성상, 냄새 등에 관한 표준

⑥ 향료 표준견본 : 향취, 색상, 성상 등에 관한 표준

⑦ 용기·포장재 표준견본 : 용기·포장재의 검사에 관한 표준

⑧ 충전 위치견본 : 내용물을 제품용기에 충전할 때의 액면위치에 관한 표준

⑨ 용기·포장재 한도견본: 용기·포장재 외관검사에 사용하는 합격품 한도를 나타내는 표준

(3) 관능평가 절차 : 성상·색상

① 유화제품(크림, 유액, 영양액 등)은 표준견본과 대조하여 내용물 표면의 매끄러움과 내용물의 흐름성, 내용물의 색을 육안으로 확인한다.

② 색조제품(립스틱, 아이섀도, 파운데이션 등)은 표준견본과 내용물을 슬라이드 글라스(slide glass)에 각각 소량씩 묻힌 후 슬라이드 글라스로 눌러서 대조되는 색상을 육안으로 확인한다. 또는 손등 혹은 실제 사용부위(입술, 얼굴)에 발라서 색상을 확인할 수도 있다.

(4) 관능평가 절차 : 향취

① 비이커에 일정량의 내용물을 담고 코를 비이커에 가까이 대고 향취를 맡는다.
또는 피부(손등)에 내용물을 바르고 향취를 맡는다.

② 시향지(향수테스트에 사용되는 긴막대형 종이)에 향을 묻혀 흔들어서 향취를 맡는다.

(5) **관능평가 절차** : 사용감
내용물을 손등, 전완 등에 문질러서 느껴지는 사용감(예, 무거움, 가벼움, 촉촉함, 산뜻함)을 촉각으로 확인한다.

2 제품평가 측면의 관능평가

(1) 관능시험(sensorial test)은 패널(품평단) 또는 전문가의 감각을 통한 제품성능에 대한 평가로 자가평가(auto evaluation), 전문가에 의한 평가로 구분함.

(2) 자가평가는 패널(품평단)의 종류에 따라 소비자 패널 평가, 전문가 패널 평가로 구분한다.

1) 소비자 패널(일반 패널) 평가

소비자 사용시험	소비자들이 관찰하거나 느낄 수 있는 변수들에 기초하여 제품 효능과 화장품 특성에 대한 소비자의 인식을 평가하는 것으로 맹검과 비맹검 사용시험으로 분류된다.
맹검 사용시험 (blind use test)	소비자의 판단에 영향을 미칠 수 있고 제품의 효능에 대한 인식을 바꿀 수 있는 상품명, 디자인, 표시사항 등의 정보를 제공하지 않는 제품 사용시험
비맹검 사용시험 (concept use test)	제품의 상품명, 표기사항 등을 알려주고 제품에 대한 인식 및 효능 등이 일치하는지를 조사하는 시험

2) 전문가 패널 평가
정확한 관능기준을 가지고 교육을 받은 전문가 패널의 도움을 얻어 실시한다.

(3) 전문가에 의한 평가는 의사의 감독 하에서 실시하는 시험, 그 외 전문가(준의료진, 미용사, 직업적 전문가 등)관리 하에서 실시하는 시험으로 구분함.

(4) 기기를 사용한 관능평가

[관능평가 항목과 평가법]

평가항목	평가법
발림성, 매끄러움	피부마찰계수(skin friction coefficient) 측정기
투명감, 매트감	고니오포토미터(goniophotometer)
윤기, 광택	광택계(spectrophotometer, 색차계)
탄력감	레오미터(rheometer) 피부점탄성 측정기(skin visicoelastometer)
지속력, 화장붕괴	마이크로니들(microneedle)에 의한 드롭핑(dropping) 테스트

Chapter 4 제품상담

1 맞춤형화장품의 효과

① 전문가 조언을 통한 자신의 피부에 적합한 화장품과 원료의 선택이 가능
② 고객에게 맞는 화장품 사용에서부터 오는 심리적 만족
③ 피부측정 및 문진을 이용한 정확한 피부상태 진단을 통해 자신의 피부상태에 적합한 조제된 화장품

2 부작용의 종류와 현상

① 홍반(erythema) : 붉은 반점
② 부종(edema) : 부어오름
③ 인설생성(scaling) : 건선(psoriasis)과 같은 심한 피부건조에 의해 각질이 은백색의 비늘처럼 피부표면에 발생하는 것.
④ 가려움(itching) : 소양감
⑤ 자통(stinging) : 찌르는 듯한 느낌
⑥ 작열감(burning) : 타는 듯한 느낌 혹은 화끈거림
⑦ 뻣뻣함(tightness) : 굳는 느낌
⑧ 따끔거림(pricking) : 쏘는 듯한 느낌
⑨ 접촉성 피부염 : 피부자극에 의한 일시적인 피부염
⑩ 구진(丘疹, papule) : 피부에 나타나는 작은 발진
⑪ 발적(發赤): 피부가 붉게 급격하게 나타남.

3 배합금지 및 사용제한 사항 확인·배합

(1) 배합금지 원료 확인

상담, 문진 등을 통해 맞춤형화장품에 배합하기로 한 화장품 원료가 유통화장품 안전관리에 관한 기준 별표1에서 규정한 화장품에 사용할 수 없는 원료인지 소분·혼합 전에 맞춤형화장품 조제관리사는 확인한다.

(2) 사용제한 원료 확인

① 상담, 문진 등을 통해 맞춤형화장품에 배합하기로 한 화장품 원료가 유통화장품 안전관리에 관한 기준 별표2에서 규정한 사용한도 원료인지 소분·혼합 전에 맞춤형화장품 조제관리사는 확인한다.
② 상담, 문진 등을 통해 맞춤형화장품에 배합하기로 한 화장품 원료가 기능성화장품 의 효능·효과를 나타내는 원료인지 소분·혼합 전에 맞춤형화장품 조제관리사는 확인한다.

Chapter 5 제품안내

① 화장품 표시사항

1 포장에 기재되는 표시사항

(1) 화장품의 1차 포장 또는 2차 포장에는 다음 각 호의 사항을 기재·표시하여야 한다.

- 화장품의 명칭
- 영업자(화장품제조업자, 화장품책임판매업자)의 상호 및 주소
- 해당 화장품 제조에 사용된 모든 성분(전성분)
- 내용물의 용량 또는 중량
- 제조번호
- 사용기한 또는 개봉 후 사용기간(제조 연월일 병행 표기)
- 가격(화장품을 직접 판매하는 자가 표시)
- 기능성화장품 의 경우 "기능성화장품"이라는 글자 또는 기능성화장품을 나타내는 도안으로서 식품의약품인진처장이 정하는 도안
- 사용할 때의 주의사항(화장품법 시행규칙 별표3)
- 그 밖에 총리령으로 정하는 사항

(2) 그 밖에 총리령으로 정하는 사항

1. 식품의약품안전처장이 정하는 바코드(맞춤형화장품 제외)
2. 기능성화장품 의 경우 심사받거나 보고한 효능·효과, 용법·용량
3. 성분명을 제품 명칭의 일부로 사용한 경우 그 성분명과 함량(방향용 제품은 제외한다)
4. 인체 세포·조직 배양액이 들어있는 경우 그 함량
5. 화장품에 천연 또는 유기농으로 표시·광고하려는 경우에는 원료의 함량
6. 수입화장품인 경우에는 제조국의 명칭, 제조회사명 및 그 소재지(맞춤형화장품 제외)
7. 기능성화장품의 범위에서 제8호, 제9호, 제10호, 제11호에 해당하는 기능성화장품 의 경우에는 "질병의 예방 및 치료를 위한 의약품이 아님"이라는 문구(의약외품에서 기능성화장품 으로 전환된 품목)
8. 보존제의 함량
   - 만 3세 이하의 영유아용 제품류(화장품법 시행규칙 별표3 가항) 경우
   - 만 4세 이상부터 만 13세 이하까지의 어린이가 사용할 수 있는 제품임을 특정하여 표시·광고하려는 경우

◈ 기능성화장품의 범위

제2조(기능성화장품의 범위)

제8호. 탈모 증상의 완화에 도움을 주는 화장품. 다만, 코팅 등 물리적으로 모발을 굵게 보이게 하는 제품은 제외한다.

제9호. 여드름성 피부를 완화하는 데 도움을 주는 화장품. 다만, 인체세정용 제품류로 한정한다.

제10호. 피부장벽(피부의 가장 바깥쪽에 존재하는 각질층의 표피를 말한다)의 기능을 회복하여 가려움 등의 개선에 도움을 주는 화장품

제11호. 튼살로 인한 붉은 선을 엷게 하는 데 도움을 주는 화장품

(3) 1차 포장 필수 기재항목

① 화장품의 명칭

② 영업자(화장품책임판매업자)의 상호

③ 제조번호

④ 사용기한 또는 개봉 후 사용기간

※ 고체형태의 세안형 비누인 화장비누는 소비자가 1차 포장을 제거하고 사용함으로 1차 포장 필수 기재항목을 표시하지 않아도 됨(1차 포장 기재·표시 의무 제외대상 화장품).

(4) 기재사항을 화장품의 용기 또는 포장에 표시할 때 제품의 명칭, 영업자의 상호는 시각장애인을 위한 점자 표시를 병행할 수 있다.

(5) 기재·표시는 다른 문자 또는 문장보다 쉽게 볼 수 있는 곳에 하여야 하며, 읽기 쉽고 이해하기 쉬운 한글로 정확히 기재·표시하여야 하되, 한자 또는 외국어를 함께 기재할 수 있다.

2 기재·표시의 생략

(1) 다음 각 호에 해당하는 1차 포장 또는 2차 포장에는 화장품의 명칭, 화장품책임판매업자의 상호, 가격, 제조번호와 사용기한 또는 개봉 후 사용기간(개봉 후 사용기간을 기재할 경우에는 제조연월일, 맞춤형화장품의 경우는 혼합·소분일 병행표기)만을 기재·표시할 수 있다.

- 내용량이 10mL 이하 또는 10g 이하인 화장품의 포장
- 판매의 목적이 아닌 제품의 선택 등을 위하여 미리 소비자가 시험·사용하도록 제조 또는 수입된 화장품의 포장: 가격대신에 견본품 이나 비매품으로 표시함.

(2) 전성분 표시할 때, 기재·표시를 생략할 수 있는 성분이란 다음 각 호의 성분을 말한다.

① 제조과정 중에 제거되어 최종 제품에는 남아 있지 않은 성분

② 안정화제, 보존제 등 원료 자체에 들어 있는 부수 성분으로서 그 효과가 나타나게 하는 양보다 적은 양이 들어 있는 성분

③ 내용량이 10mL 초과 50mL 이하 또는 중량이 10g 초과 50g 이하 화장품의 포장인 경우에는 다음 각 목의 성분을 제외한 성분

- 타르색소
- 금박
- 샴푸와 린스에 들어 있는 인산염의 종류
- 과일산(AHA)
- 기능성화장품 의 경우 그 효능·효과가 나타나게 하는 원료
- 식품의약품안전처장이 사용한도를 고시한 화장품의 원료
  - AHA(알파-하이드록시 애씨드, 수용성) : 시트릭애씨드(감귤류), 글라이콜릭애씨드(사탕수수), 말릭애씨드(사과), 타타릭애씨드(적포도주), 락틱애씨드(쉰우유)
  - BHA(베타-하이드록시 애씨드, 에탄올 용해) : 살리실릭애씨드,
  - PHA(폴리-하이드록시 애씨드) : 락토바이오닉애씨드, 말토바이오닉애씨드

(3) 화장품의 제조에 사용된 성분의 기재·표시를 생략하려는 경우에는 다음 각 호의 어느 하나에 해당하는 방법으로 생략된 성분을 확인할 수 있도록 하여야 한다.

- 소비자가 모든 성분을 즉시 확인할 수 있도록 포장에 전화번호나 홈페이지 주소를 적을 것
- 모든 성분이 적힌 책자 등의 인쇄물을 판매업소에 늘 갖추어 둘 것

(4) 포장에 내용량별로 기재·표시해야 하는 사항

내용량	10g(mL)이하 제품 견본품, 증정품	10g(mL)초과 50g(mL)이하 제품	50g(mL)초과 제품
1차 포장		• 화장품의 명칭 • 제조번호 • 영업자(화장품책임판매업자)의 상호 • 사용기한 또는 개봉 후 사용기간	
1차 혹은 2차 포장	가격	• 영업자(화장품제조업자, 화장품책임판매업자)의 상호 및 주소 • 내용물의 용량 또는 중량 • 가격 • "기능성화장품"이라는 글지 또는 도안(해당 시) • 사용할 때의 주의사항 • 그 밖에 총리령으로 정하는 사항 • 선성분 생략가능(딘, 타르색소, 금박, 샴푸와 린스에 들어 있는 인산염, 과일산(AHA), 기능성화장품 주성분, 식품의약품안전처장이 사용한도를 고시한 화장품 원료는 표시해야 함)	• 영업자(화장품제조업자, 화장품책임판매업자)의 상호 및 주소 • 내용물의 용량 또는 중량 • 가격 • "기능성화장품"이라는 글자 또는 도안(해당 시) • 사용할 때의 주의사항 • 그 밖에 총리령으로 정하는 사항 • 전성분(해당 화장품 제조에 사용된 모든 성분)

3 기재·표시상의 주의사항

화장품 포장의 기재·표시 및 화장품의 가격표시 상의 준수사항은 다음 각 호와 같다.

① 한글로 읽기 쉽도록 기재·표시할 것. 다만, 한자 또는 외국어를 함께 적을 수 있고, 수출용 제품 등의 경우에는 그 수출 대상국의 언어로 적을 수 있다.

② 화장품의 성분을 표시하는 경우에는 표준화된 일반명을 사용한다.

③ 표준화된 일반명은 (사)대한화장품협회(www.kcia.or.kr) 화장품성분사전에서 확인할 수 있다.

4 화장품의 가격표시

① 가격은 소비자에게 화장품을 직접 판매하는 자(이하 "판매자"라 한다)가 판매하려는 가격을 표시하여야 한다.

② 화장품을 소비자에게 직접 판매하는 자(이하 “판매자”라 한다)는 그 제품의 포장에 판매하려는 가격을 일반 소비자가 알기 쉽도록 표시하되, 그 세부적인 표시방법은 식품의약품안전처장이 정하여 고시(화장품 가격표시제실시요령, 식품의약품안전처고시)한다.

③ 맞춤형화장품의 가격표시는 개별 제품에 판매가격을 표시하거나, 소비자가 가장 쉽게 알아볼 수 있도록 제품명, 가격이 포함된 정보를 제시하는 방법으로 표시한다.

[화장품 가격표시제 실시요령]

제1조(목적) 화장품을 판매하는 자에게 당해 품목의 실제거래 가격을 표시하도록 함으로써 소비자의 보호와 공정한 거래를 도모함을 목적으로 한다.

제2조(정의) 이 고시에서 사용하는 용어의 정의는 다음과 같다.
1. “표시의무자”라 함은 화장품을 일반 소비자에게 판매하는 자를 말한다.
2. “판매가격”이라 함은 화장품을 일반 소비자에게 판매하는 실제 가격을 말한다.

제3조(표시대상) 판매가격표시 대상은 국내에서 제조되거나 수입되어 국내에서 판매되는 모든 화장품으로 한다.

제4조(표시의무자의 지정등)
① 화장품을 일반소비자에게 소매 점포에서 판매하는 경우 소매업자(직매장을 포함한다.)가 표시의무자가 된다. 다만, 방 문 판매 등에 관한 법률에서 규정한 방문판매업·후원방문판매업,「전자상거래 등에서의 소비자보호에 관한 법률」에서 규정한 통신판매업의 경우에는 그 판매업자가,「방문판매 등에 관한 법률」에서 규정한 다단계판매업의 경우에는 그 판매자가 판매가격을 표시하여야 한다.
② 제1항의 표시의무자 이외의 화장품판매업자, 제조업자는 그 판매 가격을 표시하여서는 안된다.
③ 판매가격표시 의무자는 매장크기에 관계없이 가격표시를 하지 아니하고 판매하거나 판매할 목적으로 진열·전시하여서는 아니된다.

제5조(가격표시) 판매가격의 표시는 일반소비자에게 판매되는 실제 거래가격을 표시하여야 한다.

제6조(표시방법)
① 판매가격의 표시는 유통단계에서 쉽게 훼손되거나 지워지지 않으며 분리되지 않도록 스티커 또는 꼬리표를 표시하여야 한다.
② 판매가격이 변경되었을 경우에는 기존의 가격표시가 보이지 않도록 변경 표시하여야 한다. 다만, 판매자가 기간을 특 정하여 판매가격을 변경하기 위해 그 기간을 소비자에게 알리고, 소비자가 판매가격을 기존가격과 오인·혼동할 우려가 없도록 명확히 구분하여 표시하는 경우는 제외한다.
③ 판매가격은 개별 제품에 스티커 등을 부착하여야 한다. 다만, 개별 제품으로 구성된 종합제품으로서 분리하여 판매하 지 않는 경우에는 그 종합제품에 일괄하여 표시할 수 있다.
④ 판매자는 업태, 취급제품의 종류 및 내부 진열상태 등에 따라 개별 제품에 가격을 표시하는 것이 곤란한 경우에는 소 비자가 가장 쉽게 알아볼 수 있도록 제품명, 가격이 포함된 정보를 제시하는 방법으로 판매가격을 별도로 표시할 수 있다. 이 경우 화장품 개별 제품에는 판매가격을 표시하지 아니할 수 있다.
⑤ 판매가격의 표시는 「판매가 OO원」 등으로 소비자가 알아보기 쉽도록 선명하게 표시하여야 한다.

5 화장품 바코드 표시 및 관리요령

(1) 제1조(목적)

이 고시는 화장품법 시행규칙 제19조제4항제1호의 규정에 의하여 국내 제조 및 수입되는 화장품에 대하여 표준바코드를 표시하게 함으로써 화장품 유통현대화의 기반을 조성하여 유통비용을 절감하고 거래의 투명성을 확보함을 목적으로 한다.

(2) 제2조(정의)

이 고시에 사용되는 용어의 정의는 다음과 같다.

① 화장품코드 : 개개의 화장품을 식별하기 위하여 고유하게 설정된 번호로써 국가식별코드, 화장품제조업자 등의 식별코드, 품목코드 및 검증번호(Check Digit)를 포함한 12 또는 13자리의 숫자를 말한다.

② 바코드 : 화장품 코드를 포함한 숫자나 문자 등의 데이터를 일정한 약속에 의해 컴퓨터에 자동 입력시키기 위한 다음 각 목의 하나에 여백 및 광학적문자판독(Optical Character Recognition) 폰트의 글자로 구성되어 정보를 표현하는 수단으로서, 스캐너가 읽을 수 있도록 인쇄된 심벌(마크)을 말한다.

> 가. 여러 종류의 폭을 갖는 백과 흑의 평형 막대의 조합
> 나. 일정한 배열로 이루어져 있는 사각형 모듈 집합으로 구성된 데이터 매트릭스

(3) 제3조(표시대상)

① 화장품바코드 표시대상품목은 국내에서 제조되거나 수입되어 국내에 유통되는 모든 화장품(기능성화장품 포함)을 대상으로 한다.

② 제1항 규정에 불구하고 내용량이 15mL 이하 또는 15g 이하인 제품의 용기 또는 포장이나 견본품, 시공품 등 비매품에 대하여는 화장품바코드 표시를 생략할 수 있다.

(4) 제4조(표시의무자)

화장품바코드 표시는 국내에서 화장품을 유통·판매하고자 하는 화장품책임판매업자가 한다.

(5) 제5조(바코드의 종류 및 구성체계 등)

① 화장품바코드는 국제표준바코드인 GS1 체계 중 EAN-13, ITF-14, GS1-128, UPC-A 또는 GS1 DataMatrix 중 하나를 사용하여야 한다. 다만, 화장품 판매업소를 통하지 않고 소비자의 가정을 직접 방문하여 판매하는 등 폐쇄된 유통경로를 이용하는 경우에는 자체적으로 마련한 바코드를 사용할 수 있다.

② 화장품바코드 구성체계 등은 별표 1과 같다.

③ 화장품책임판매업자 등이 화장품코드를 설정함에 있어 바코드 오독방지와 신뢰성 향상을 위해 설정된 마지막 자리의 검증번호를 정하기 위한 계산법은 별표 2와 같다.

(6) 제6조(바코드표시)

① 화장품책임판매업자 등은 화장품 품목별·포장단위별로 개개의 용기 또는 포장에 제5조의 규정에 의한 바코드 심벌을 표시하여야 한다.

② 제1항의 규정에 의한 바코드를 표시함에 있어 바코드의 인쇄크기, 색상 및 위치는 별표

3과 같다. 다만, 용기포장의 디자인에 따라 판독이 가능하도록 바코드의 인쇄크기와 색상을 자율적으로 정할 수 있다.

③ 화장품바코드 표시는 유통단계에서 쉽게 훼손되거나 지워지지 않도록 하여야 한다.

④ 화장품바코드의 인쇄크기, 색상 및 위치

구분	EAN-13	ITF-14	GS1-128	UPC-A	GS1 DataMatrix
인쇄크기	3.73㎝×2.6㎝ 0.3배~2.0배	15.24㎝×4.14㎝ 0.5배~1.2배	가로: 데이터량에 따라 유동적임 세로: 2㎝~3.8㎝	3.73㎝×2.59㎝ 0.3배~2.0배	밀도(X-dimension) 0.25㎜ 이상 권고
인쇄색상	막대 상호간 명암 대조율 75%이상	막대 상호간 명암 대조율 75%이상	막대 상호간 명암 대조율 75%이상	막대 상호간 명암 대조율 75%이상	막대 상호간 명암 대조율 75%이상
인쇄위치	판독이 용이한 위치	박스 최소 2면 (인접면) 이상	박스 최소 2면 (인접면) 이상	판독이 용이한 위치	판독이 용이한 위치 곡면 30°이내

6 화장품의 유형과 사용 할 때의 주의사항

(1) 포장의 표시기준 및 표시방법

화장품 포장의 세부적인 표시기준 및 표시방법은 다음과 같다(화장품법 시행규칙 별표4).

1) 화장품의 명칭 : 다른 제품과 구별할 수 있도록 표시된 것으로서 같은 화장품책임판매업자의 여러 제품에서 공통으로 사용하는 명칭을 포함한다.

2) 영업자의 상호 및 주소

① 화장품제조업자 또는 화장품책임판매업자의 주소는 등록필증 또는 신고필증에 적힌 소재지(맞춤형화장품판매업자의 주소는 맞춤형화장품판매업신고필증에 적힌 소재지) 또는 반품·교환 업무를 대표하는 소재지(예 물류센터)를 기재·표시해야 한다.

② "화장품제조업자"와 "화장품책임판매업자"와 "맞춤형화장품판매업자"는 각각 구분하여 기재·표시해야 한다. 다만, 화장품제조업자와 화장품책임판매업자가 같은 경우는 "화장품제조업자 및 화장품책임판매업자"로, "화장품책임판매업자 및 맞춤형화장품판매업자"로 한꺼번에 기재·표시할 수 있다.

③ 공정별로 2개 이상의 제조소에서 생산된 화장품의 경우에는 일부 공정을 수탁한 화장품제조업자의 상호 및 주소의 기재·표시를 생략할 수 있다.

④ 수입화장품의 경우에는 추가로 기재·표시하는 제조국의 명칭, 제조회사명 및 그 소재지를 국내 "화장품제조업자"와 구분하여 기재·표시해야 한다.

3) 화장품 제조에 사용된 성분

① 글자의 크기는 5포인트 이상으로 한다.

② 화장품 제조에 사용된 함량이 많은 것부터 기재·표시한다. 다만, 1퍼센트 이하로 사용된 성분, 착향제 또는 착색제는 순서에 상관없이 기재·표시할 수 있다.

③ 혼합원료는 혼합된 개별 성분의 명칭을 기재·표시한다.

④ 색조 화장용 제품류, 눈 화장용 제품류, 두발염색용 제품류 또는 손발톱용 제품류에서 호수별로 착색제가 다르게 사용된 경우 '± 또는 +/−'의 표시 다음에 사용된 모든 착색제 성분을 함께 기재·표시할 수 있다(예 립스틱의 컬러표시).

⑤ 착향제는 "향료"로 표시할 수 있다. 다만, 착향제의 구성 성분 중 식품의약품안전처장이 정하여 고시한 알레르기 유발성분이 있는 경우에는 향료로 표시할 수 없고, 해당 성분의 명칭을 기재·표시해야 한다.

⑥ 산성도(pH) 조절 목적으로 사용되는 성분 또는 비누화반응을 거치는 성분은 그 성분을 표시하는 대신 중화반응 또는 비누화반응에 따른 생성물로 기재표시할 수 있다.

⑦ 성분을 기재·표시할 경우 화장품제조업자 또는 화장품책임판매업자의 정당한 이익을 현저히 침해할 우려가 있을 때에는 화장품제조업자 또는 화장품책임판매업자는 식품의약품안전처장에게 그 근거자료를 제출해야 하고, 식품의약품안전처장이 정당한 이익을 침해할 우려가 있다고 인정하는 경우에는 "기타 성분"으로 기재·표시할 수 있다.

4) 내용물의 용량 또는 중량

화장품의 1차 포장 또는 2차 포장의 무게가 포함되지 않은 용량 또는 중량을 기재·표시해야 한다. 화장 비누의 경우에는 수분을 포함한 중량과 건조중량을 기재·표시하여야 한다.

5) 제조번호

사용기한(또는 개봉 후 사용기간)과 쉽게 구별되도록 기재·표시해야 하며, 개봉 후 사용기간을 표시하는 경우에는 병행 표기해야 하는 제조연월일도 각각 구별이 가능하도록 기재·표시해야 한다.

6) 사용기한 또는 개봉 후 사용기간

① 사용기한은 "사용기한" 또는 "까지" 등의 문자와 "연월일"을 소비자가 알기 쉽도록 기재·표시해야 한다. 다만, "연월"로 표시하는 경우 사용기한을 넘지 않는 범위에서 기재·표시해야 한다.

② 개봉 후 사용기간은 "개봉 후 사용기간"이라는 문자와 "○○월" 또는 "○○개월"을 조합하여 기재·표시하거나, 개봉 후 사용기간을 나타내는 심벌과 기간을 기재·표시할 수 있다.

[심벌과 기간 표시) 개봉 후 사용기간이 12개월 이내인 제품]

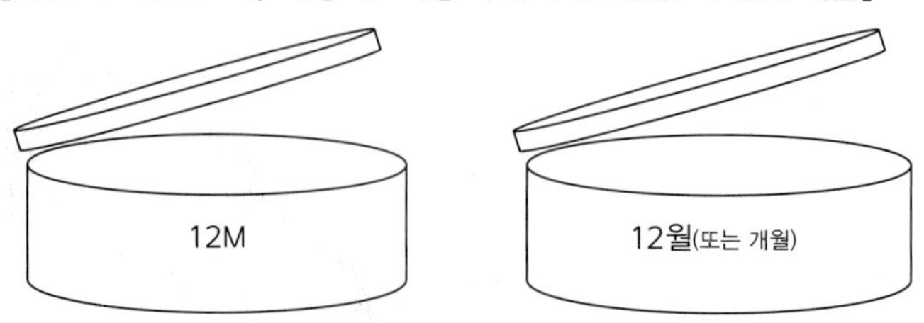

7) 기능성화장품 의 기재·표시

"질병의 예방 및 치료를 위한 의약품이 아님"이라는 문구는 "기능성화장품" 글자 바로 아래에 "기능성화장품" 글자와 동일한 글자 크기 이상으로 기재·표시해야 한다.

[표시 예시]

탈모증상 완화 기능성화장품	튼살(붉은 선) 완화 기능성화장품
질병의 예방 및 치료를 위한 의약품이 아님	질병의 예방 및 치료를 위한 의약품이 아님

(2) 화장품 표시·광고

1) 정의

① 표시는 화장품의 용기·포장에 기재하는 문자·숫자·도형 또는 그림 등을 말한다.

② 광고는 라디오·텔레비전·신문·잡지·음성·음향·영상·인터넷·인쇄물·간판, 그 밖의 방법에 의하여 화장품에 대한 정보를 나타내거나 알리는 행위이다.

2) 영업자 또는 판매자는 다음의 표시 또는 광고를 하여서는 아니된다.

① 의약품으로 잘못 인식할 우려가 있는 표시 또는 광고

② 기능성화장품 이 아닌 화장품을 기능성화장품으로 잘못 인식할 우려가 있거나 기능성화장품의 안전성·유효성에 관한 심사결과와 다른 내용의 표시 또는 광고

③ 천연화장품 또는 유기농화장품이 아닌 화장품을 천연화장품 또는 유기농화장품으로 잘못 인식할 우려가 있는 표시 또는 광고

④ 그 밖에 사실과 다르게 소비자를 속이거나 소비자가 잘못 인식하도록 할 우려가 있는 표시 또는 광고 →(표시위반) 해당품목 판매업무정지, (광고위반) 해당품목 광고업무정지

(3) 화장품 표시·광고 실증에 관한 규정에 따라 실증자료가 있으면 표시·광고할 수 있는 표현

실증대상	실증자료
• 여드름성 피부에 사용에 적합	• 인체 적용시험 자료 제출
• 항균(인체세정용 제품에 한함)	
• 피부장벽 손상의 개선에 도움	
• 피부 피지분비 조절	
• 미세먼지 흡착 방지	
• 미세먼지 차단	
• 일시적 셀룰라이트 감소	
• 붓기 완화	
• 다크서클 완화	
• 피부 혈행 개선	

실증대상	실증자료
• 모발의 손상을 개선한다.	• 인체 적용시험 자료, 인체 외 시험 자료로 입증
• 피부노화 완화, 안티에이징, 피부노화 징후 감소	• 인체 적용시험 자료, 인체 외 시험 자료로 입증 다만, 자외선차단, 주름개선 등 기능성 효능효과를 통한 피부노화 완화 표현의 경우 기능성화장품 심사(보고) 자료를 근거자료로 활용 가능
• 콜라겐 증가, 감소 또는 활성화 • 효소 증가, 감소 또는 활성화	• 주름 완화 또는 개선 기능성화장품으로서 이미 심사 • 받은 자료에 포함되어 있거나 해당 기능을 별도로 실증한 자료로 입증
• 기미, 주근깨 완화에 도움	• 미백 기능성화장품 심사(보고) 자료로 입증
• 빠지는 모발을 감소시킨다.	• 탈모 증상 완화에 도움을 주는 기능성화장품으로서 이미 심사받은 자료에 근거가 포함되어 있거나 해당 기능을 별도로 실증한 자료로 입증
• 화장품의 효능·효과에 관한 내용 예 • 수분감 30% 개선효과 • 피부결 20% 개선 • 2주 경과 후 피부톤 개선	• 인체 적용시험 자료 또는 인체 외 시험 자료
• 시험·검사와 관련된 표현 예 • 피부과 테스트 완료 • OO시험검사기관의 OO효과 입증	• 인체 적용시험 자료 또는 인체 외 시험 자료
• 제품에 특정성분이 들어 있지 않다는 '무(無) OO' 표현	• 시험분석자료로 입증 단, 특정성분이 타 물질로의 변환 가능성이 없으면서 시험으로 해당 성분 함유여부에 대한 입증이 불가능한 특별한 사정이 있는 경우에는 예외적으로 제조관리기록서나 원료시험성적서 등 활용
• 타 제품과 비교하는 내용의 표시·광고 예 "OO보다 지속력이 5배 높음"	• 인체 적용시험 자료 또는 인체 외 시험 자료
• ISO 천연·유기농 지수 표시·광고 예 • 천연지수 00%(ISO 16128 계산적용) • 천연유래지수 00%(ISO 16128 계산적용) • 유기농지수 00%(ISO 16128 계산적용) • 유기농유래지수 00%(ISO 16128 계산적용)	• 해당 완제품 관련 실증자료로 입증 이 경우 ISO 16128(가이드라인)에 따른 계산이라는 것과 소비자 오인을 방지하기 위한 문구도 함께 안내 필요 → [주의사항] 참고

실증대상	실증자료
ISO 16128-1:2016 천연, 유기농 화장품과 화장품 원료에 대한 기술적 정의 및 기준에 대한 가이드 라인-Part 1 : 정의 ISO 16128-2:2017 천연, 유기농 화장품과 화장품 원료에 대한 기술적 정의 및 기준에 대한 가이드 라인-Part 2 : 기준	

주의사항
① 제품의 전면부에 기재·광고하는 경우 : "식약처 기준에 따른 천연화장품(유기농 화장품) 아님"을 함께 표시
※ 전면 ISO 지수 표시와 함께 기재 권장(미기재 시 후면에 ② 반영 필요)
② 제품의 후면부에 기재·광고하는 경우 : "ISO 16128에 따른 단순 함유량 계산 결과로 식약처 기준에 따른 천연화장품(유기농 화장품)에 해당한다는 의미 아님" 표시
※ 눈에 띄는 곳에 강조하는 등 소비자들이 잘 볼 수 있도록 반영 필요
③ 제품이 아닌 매체를 통해 광고하는 경우 : 제품에 표시된 사항과 동일한 내용에 대한 광고만 허용
"천연지수 00%(ISO 16128 가이드라인에 따라 계산한 지수임). 다만, 이 지수는 식약처의 천연화장품(유기농 화장품) 기준에 따른 천연화장품(유기농 화장품)에 해당한다는 의미가 아님" 표시

1) 실증자료는 표시·광고에서 주장한 내용 중에서 사실과 관련한 사항이 진실임을 증명하기 위하여 작성된 자료를 말하며, 실증방법은 표시·광고에서 주장한 내용 중 사실과 관련한 사항이 진실임을 증명하기 위해 사용되는 방법을 말한다.

2) 실증자료의 제출을 요청받은 영업자 또는 판매자는 요청받은 날부터 15일 이내에 그 실증자료를 식품의약품안전처장에게 제출하여야 한다. 다만, 식품의약품안전처장은 정당한 사유가 있다고 인정하는 경우에는 그 제출기간을 연장할 수 있다.

3) 인체 적용시험은 화장품의 표시·광고 내용을 증명할 목적으로 해당 화장품의 효과 및 안전성을 확인하기 위하여 사람을 대상으로 실시하는 시험 또는 연구이다.

4) 인체 외 시험은 실험실의 배양접시, 인체로부터 분리한 모발 및 피부, 인공피부 등 인위적 환경에서 시험물질과 대조물질 처리 후 결과를 측정하는 것이다.

5) 시험기관은 시험을 실시하는데 필요한 사람, 건물, 시설 및 운영단위이며, 시험계는 시험에 이용되는 미생물과 생물학적 매체 또는 이들의 구성성분으로 이루어지는 것을 말한다.

6) 인체 적용시험 기준

① 관련분야 전문의 또는 병원, 국내외 대학, 화장품 관련 전문 연구기관에서 5년 이상 화장품 인체 적용시험 분야의 시험경력을 가진 자의 지도 및 감독 하에 수행·평가되어야 한다.

② 인체 적용시험은 헬싱키 선언에 근거한 윤리적 원칙에 따라 수행되어야 한다.

③ 인체 적용시험은 과학적으로 타당하여야 하며, 시험 자료는 명확하고 상세히 기술되어야 한다.

④ 인체 적용시험은 피험자에 대한 의학적 처치나 결정은 의사 또는 한의사의 책임 하에 이루어져야 한다.

⑤ 인체 적용시험은 모든 피험자로부터 자발적인 시험 참가 동의(문서로 된 동의서 서식)를 받은 후 실시되어야 한다.

⑥ 피험자에게 동의를 얻기 위한 동의서 서식은 시험에 관한 모든 정보(시험의 목적, 피험자에게 예상되는 위험이나 불편, 피험자가 피해를 입었을 경우 주어질 보상이나 치료방법, 피험자가 시험에 참여함으로써 받게 될 금전적 보상이 있는 경우 예상금액 등)를 포함하여야 한다.

⑦ 인체 적용시험용 화장품은 안전성이 충분히 확보되어야 한다.

⑧ 인체 적용시험은 피험자의 인체 적용시험 참여 이유가 타당한지 검토·평가하는 등 피험자의 권리·안전·복지를 보호할 수 있도록 실시되어야 한다.

⑨ 인체 적용시험은 피험자의 선정·탈락기준을 정하고 그 기준에 따라 피험자를 선정하고 시험을 진행해야 한다.

(4) 표시광고의 범위(화장품법 시행규칙 제22조 별표5)

1) 화장품 광고의 매체 또는 수

① 신문·방송 또는 잡지

② 전단·팸플릿·견본 또는 입장권

③ 인터넷 또는 컴퓨터통신

④ 포스터·간판·네온사인·애드벌룬 또는 전광판

⑤ 비디오물·음반·서적·간행물·영화 또는 연극

⑥ 방문광고 또는 실연(實演)에 의한 광고

⑦ 자기 상품 외의 다른 상품의 포장

⑧ 그 밖에 가목부터 사목까지의 매체 또는 수단과 유사한 매체 또는 수단

(5) 영유아 또는 어린이 사용 화장품임을 특정하여 광고하는 화장품책임판매업자가 할 수 있는 표시·광고의 범위는 다음과 같다(영유아 또는 어린이의 연령 기준 – 영유아: 만 3세 이하, 어린이: 만 4세 이상부터 만 13세 이하까지).

1) **표시의 경우** : 화장품의 1차 포장 또는 2차 포장(화장품의 명칭에 영유아 또는 어린이에 관한 표현이 표시되는 경우도 포함)

2) **광고의 경우** : 아래의 매체 또는 수단

영유아 사용 화장품	어린이 사용 화장품
가. 신문·방송 또는 잡지	가. 신문·방송 또는 잡지
나. 전단·팸플릿·견본 또는 입장권	나. 전단·팸플릿·견본 또는 입장권
다. 인터넷 또는 컴퓨터통신	다. 인터넷 또는 컴퓨터통신
라. 포스터·간판·네온사인·애드벌룬 또는 전광판	라. 포스터·간판·네온사인·애드벌룬 또는 전광판
마. 비디오물·음반·서적·간행물·영화 또는 연극	마. 비디오물·음반·서적·간행물·영화 또는 연극
바. 방문광고 또는 실연(實演)에 의한 광고	–
가목부터 바목과 유사한 매체·수단	가목부터 마목과 유사한 매체·수단

가목부터 마(바)목과 유사한 매체·수단: SNS, 페이스북, 블로그, 유투브, 기사형 광고 및 텔레마케팅 등
※ 자료출처: 영유아 또는 어린이 사용 화장품 안전성 자료 등에 관한 가이드라인(민원인 안내서, 2020년 1월), 화장품법 시행규칙 제10조의2(영유아 또는 어린이 사용 화장품의 표시·광고)

(6) 화장품 표시·광고 시 준수사항(화장품법 시행규칙 제22조 별표5)

① 의약품으로 잘못 인식할 우려가 있는 내용, 제품의 명칭 및 효능·효과 등에 대한 표시·광고를 하지 말

② 기능성화장품, 천연화장품 또는 유기농 화장품이 아님에도 불구하고 제품의 명칭, 제조방법, 효능·효과 등에 관하여 기능성화장품, 천연화장품 또는 유기농 화장품으로 잘못 인식할 우려가 있는 표시·광고를 하지 말 것

③ 의사·치과의사·한의사·약사·의료기관 또는 그 밖의 자(할랄화장품, 천연화장품 또는 유기농 화장품 등을 인증·보증하는 기관으로서 식품의약품안전처장이 정하는 기관은 제외한다)가 이를 지정·공인·추천·지도

④ 연구·개발 또는 사용하고 있다는 내용이나 이를 암시하는 등의 표시·광고를 하지 말 것. 다만, 인체 적용시험 결과가 관련 학회 발표 등을 통하여 공인된 경우에는 그 범위에서 관련 문헌을 인용할 수 있으며, 이 경우 인용한 문헌의 본래 뜻을 정확히 전달하여야 하고, 연구자 성명·문헌명과 발표연월일을 분명히 밝혀야 한다.

⑤ 외국제품을 국내제품으로 또는 국내제품을 외국제품으로 잘못 인식할 우려가 있는 표시·광고를 하지 말 것

⑥ 외국과의 기술제휴를 하지 않고 외국과의 기술제휴 등을 표현하는 표시·광고를 하지말 것

⑦ 경쟁상품과 비교하는 표시·광고는 비교 대상 및 기준을 분명히 밝히고 객관적으로 확인될 수 있는 사항만을 표시·광고하여야 하며, 배타성을 띤 "최고" 또는 "최상" 등의 절대적 표현의 표시·광고를 하지 말 것

⑧ 사실과 다르거나 부분적으로 사실이라고 하더라도 전체적으로 보아 소비자가 잘못 인식할 우려가 있는 표시·광고 또는 소비자를 속이거나 소비자가 속을 우려가 있는 표시·광고를 하지 말 것

⑨ 품질·효능 등에 관하여 객관적으로 확인될 수 없거나 확인되지 않았는데도 불구하고 이를 광고하거나 법 제2조제1호(화장품 정의)에 따른 화장품의 범위를 벗어나는 표시·광고를 하지 말 것

⑩ 저속하거나 혐오감을 주는 표현·도안·사진 등을 이용하는 표시·광고를 하지 말 것

⑪ 국제적 멸종위기종의 가공품이 함유된 화장품임을 표현하거나 암시하는 표시·광고를 하지 말 것

⑫ 사실 유무와 관계없이 다른 제품을 비방하거나 비방한다고 의심이 되는 표시·광고를 하지 말 것

(7) 화장품 표시·광고 관리 가이드라인에 따른 화장품 표시·광고 금지표현은 다음과 같다.

1) 질병을 진단·치료·경감·처치 또는 예방, 의학적 효능·효과 관련

금지표현	비 고
• 아토피 • 모낭충 • 심신피로 회복 • 건선 • 노인소양증 • 살균·소독 • 항염·진통 • 해독 • 이뇨 • 항암 • 항진균·항바이러스 • 근육 이완 • 통증 경감 • 면역 강화, 항알레르기 • 찰과상, 화상 치료·회복 • 기저귀 발진 • 관절, 림프선 등 피부 이외 신체 특정부위에 사용하여 의학적 효능, 효과 표방	–
• 여드름	단, 기능성화장품 심사된 효능효과는 표현가능
• 기미, 주근깨(과색소침착증)	단, 실증자료가 있으면 표현가능
• 항균	1) 단, 실증자료가 있으면 표현가능 2) 액체비누에 대해 트리클로산 또는 트리클로카반 함유로 인해 항균 효과가 '더 뛰어나다', '더 좋다' 등의 비교 표시·광고 금지(실증자료가 있어도 표현금지)

2) 피부 관련 표현

금지표현	비 고
• 임신선, 튼살	단, 기능성화장품 심사(보고)된 효능효과는 표현가능
• 피부 독소를 제거한다(디톡스, detox). • 상처로 인한 반흔을 제거 또는 완화한다.	–
• 가려움을 완화한다	단, 보습을 통해 피부건조에 기인한 가려움의 일시적 완화에 도움을 준다는 표현가능
• OOO의 흔적을 없애준다. 예 여드름, 흉터의 흔적을 제거 • 홍조, 홍반을 개선, 제거한다. • 뾰루지를 개선한다.	단, (색조 화장용 제품류 등으로서)'가려준다'는 표현가능
• 피부의 상처나 질병으로 인한 손상을 치료하거나 회복 또는 복구한다.	일부 단어만 사용하는 경우도 표현금지
• 피부노화 • 셀룰라이트 • 붓기·다크서클 • 피부구성 물질(예:효소, 콜라겐 등)을 증가, 감소 또는 활성화시킨다.	단, 실증자료가 있으면 표현가능

3) 모발 관련 표현

금지표현	비 고
• 발모, 육모, 양모 • 탈모방지, 탈모치료 • 모발 등의 성장을 촉진 또는 억제한다. • 모발의 두께를 증가시킨다. • 속눈썹, 눈썹이 자란다.	단, 기능성화장품 심사(보고)된 효능 효과는 표현가능

4) 생리활성 관련

금지표현	비 고
• 혈액순환 • 피부 재생, 세포 재생 • 호르몬 분비촉진 등 내분비 작용 • 유익균의 균형보호 • 질내 산도 유지, 질염 예방 • 땀 발생을 억제한다 • 세포 성장을 촉진한다. • 세포 활력(증가), 세포 또는 유전자(DNA) 활성화	–

5) 신체개선 표현

금지표현	비 고
• 다이어트, 체중감량 • 피하지방 분해 • 체형변화 • 몸매개선, 신체 일부를 날씬하게 한다. • 가슴에 탄력을 주거나 확대시킨다. • 얼굴 크기가 작아진다.	–
• 얼굴 윤곽개선, V라인	단, (색조 화장용 제품류 등으로서) '연출한다'는 의미의 표현을 함께 나타내는 경우에는 표현가능

6) 원료 관련 표현

금지표현	비 고
• 원료 관련 설명 시, 의약품 오인 우려 표현(논문 등을 통한 간접적으로 의약품오인 정보제공을 포함) • 기능성화장품으로 심사(보고)하지 아니한 제품에 '식약처 미백 고시성분 OO 함유' 등의 표현 • 기능성 효능·효과 성분이 아닌 다른 성분으로 기능성을 표방하는 표현 • 원료 관련 설명시 기능성 오인 우려 표현 사용(주름개선 효과가 있는 OO 원료) • 원료 관련 설명시 완제품에 대한 효능·효과로 오인될 수 있는 표현	–

7) 기타(화장품법 제13조 제1항 제1호 관련)

금지표현	비 고
• 메디슨(medicine), 드럭(drug), 코스메슈티컬 등을 사용한 의약품 오인 우려 표현	–

8) 기능성 관련 표현

금지표현	비 고
• 기능성화장품 심사(보고)하지 아니한 제품에 미백, 화이트닝(whitening), 주름(링클, wrinkle) 개선, 자외선(UV)차단 관련 표현 • 기능성화장품 심사(보고) 결과와 다른 내용의 표시·광고 또는 기능성화장품 안전성·유효성에 관한 심사를 받은 범위를 벗어나는 표시·광고	–

9) 천연·유기농화장품 관련

금지표현	비 고
• 식품의약품안전처장이 정한 천연화장품, 유기농화장품 기준에 적합하지 않은 제품에 '천연(Natural) 화장품', '유기농(organic)화장품' 관련 표현	천연화장품 및 유기농 화장품의 기준에 관한 규정(식약처 고시)에 적합하면 표현가능함(단, 적합함을 입증하는 자료구비해야 함)

10) 특정인 또는 기관의 지정, 공인 관련

금지표현	비 고
• OO 아토피 협회 인증 화장품 • OO 의료기관의 첨단기술의 정수가 탄생시킨 화장품 • OO 대학교 출신 의사가 공동개발한 화장품 • OO 의사가 개발한 화장품 • OO 병원에서 추천하는 안전한 화장품	–

11) 화장품의 범위를 벗어나는 광고

금지표현	비 고
• 배합금지 원료를 사용하지 않았다는 표현(무첨가, free 포함) 예 無(무) 스테로이드, 無(무) 벤조피렌 등 • 부작용이 전혀 없다. • 먹을 수 있다. • 지방볼륨생성 • 일시적 악화(명현현상)가 있을 수 있다. • 보톡스 • 레이저, 카복시 등 시술 관련 표현	–

금지표현	비 고
• 체내 노폐물 제거	단, 피부·모공 노폐물 제거 관련 표현은 가능함.
• 필러(filler)	단, (색조 화장용 제품류 등으로서) '채워준다', '연출한다'는 의미의 표현을 함께 나타내는 경우 제외

12) 줄기세포 관련 표현

금지표현	비 고
• 특정인의 '인체 세포·조직 배양액' 기원 표현 • 줄기세포가 들어 있는 것으로 오인할 수 있는 표현(다만, 식물줄기세포 함유 화장품의 경우에는 제외) 예 줄기세포 화장품, stem cell, ○억 세포 등	• 화장품 안전기준 등에 관한 규정 [별표 3]에 적합한 원료를 사용한 경우에만 불특정인의 '인체 세포·조직 배양액' 표현 가능

13) 저속하거나 혐오감을 줄 수 있는 표현

금지표현	비 고
• 성생활에 도움을 줄 수 있음을 암시하는 표현 – 여성크림, 성 윤활작용 – 쾌감을 증대시킨다. – 질 보습, 질 수축 작용 • 저속하거나 혐오감을 주는 표시 및 광고 – 성기 사진 등의 여과 없는 게시 – 남녀의 성행위를 묘사하는 표시 또는 광고	–

14) 그 밖의 기타 표현(화장품법 제13조 제1항 제4호 관련)

금지표현	비 고
• 동 제품은 식품의약품안전처 허가, 인증을 받은 제품임	단, 기능성화장품으로 심사(보고) 표현과 천연·유기농화장품 인증 표현은 가능함.
• 원료 관련 설명시 완제품에 대한 효능·효과로 오인될 수 있는 표현	–

(8) **화장품 표시·광고를 위한 인증·보증기관의 신뢰성 인정에 관한 규정(식품의약품안전처 고시)에 따른 화장품에 표시·광고할 수 있는 인증·보증의 종류는 다음과 같다.**

1) 인증·보증의 종류

① 할랄(Halal)·코셔(Kosher)·비건(Vegan) 및 천연·유기농 등 국제적으로 통용되거나 그 밖에 신뢰성을 확인할 수 있는 기관에서 받은 화장품 인증·보증

② 우수화장품 제조 및 품질관리기준(GMP), ISO 22716 등 제조 및 품질관리 기준과 관련하여 국제적으로 통용되거나 그 밖에 신뢰성을 확인할 수 있는 기관에서 받은 화장품 인증·보증

③ 정부조직법 제2조부터 제4조까지의 규정에 따른 중앙행정기관·특별지방행정기관 및 그 부속기관, 지방자치법 제2조에 따른 지방자치단체 또는 공공기관의 운영에 관한 법률, 제4조에 따른 공공기관 및 기타 법령에 따라 권한을 받은 기관에서 받은 인증·보증

④ 국제기구, 외국 정부 또는 외국의 법령에 따라 인증·보증을 할 수 있는 권한을 받은 기관에서 받은 인증·보증

2) 인증별 특징

항목	할랄인증	코셔인증	비건인증	코스모스인증
주요 인증기관	• MUI(인도네시아) • JAKIM(말레이시아) • ESMA(UAE) • IFANCA(미국) • CICOT(태국) • 한국할랄인증원	• OK Kosher Orthodix Union Star-K • 이스라엘 랍비청	• 비건소사이어티(영국) • 베지테리안소사이어티(미국) • 이브비건(프랑스)	• BDIH(독일) • Ecocert(프랑스) • Cosmebio(프랑스) • ICEA(이태리) • Soil association (영국) • Control Union(한국)
요구사항	• 알코올 성분, 돼지고기 성분 금지 • 이슬람 법에 의해 도살되지 않은 육류 금지	• 금지된 동물들(예 지느러미와 비늘이 있는 생선, 설치류, 곤충류, 맹금류, 돼지, 토끼)에서 나온 유제품, 알, 지방 등의 사용 금지	• 동물유래 원재료 금지 • 동물시험 금지	• 천연 원료 • 유기농 원료 • 동물시험 금지 • 제한적인 합성원료 허용
관련종교	• 이슬람	• 유대교	–	–
인증대상	• 화장품, 식품 등	• 화장품, 식품 등	• 화장품, 식품 등	• 화장품, 화장품 원료

7 맞춤형화장품 표시사항

내용량별로 맞춤형화장품에 표시·기재하는 사항은 다음과 같다.

<table>
<tr><th>내용량</th><th>소용량(10밀리리터 이하 또는 10그램 이하) 또는 비매품</th><th>소용량 또는 비매품 이외의 제품</th></tr>
<tr><td>1차 포장</td><td>–</td><td>• 화장품의 명칭
• 영업자(화장품제조업자, 화장품책임판매업자, 맞춤형화장품판매업자)의 상호
• 제조번호
• 사용기한 또는 개봉 후 사용기간(혼합·소분일 병기)</td></tr>
<tr><td rowspan="2">1차 혹은 2차 포장</td><td rowspan="2">• 화장품의 명칭
• 맞춤형화장품판매업자의 상호
• 가격(개별 제품에 판매가격을 표시하거나, 소비자가 가장 쉽게 알아볼 수 있도록 제품명, 가격이 포함된 정보를 제시하는 방법으로 표시할 수 있음)
• 제조번호
• 사용기한 또는 개봉 후 사용기간(혼합·소분일 병기)</td><td>• 화장품의 명칭
• 영업자(화장품제조업자, 화장품책임판매업자, 맞춤형화장품판매업자)의 상호 및 주소
• 내용물의 용량 또는 중량
• 제조번호
• 사용기한 또는 개봉 후 사용기간(혼합·소분일 병기)
• 가격
• "기능성화장품"이라는 글자 또는 도안(해당 시)
• 사용할 때의 주의사항
• 해당 화장품 제조에 사용된 모든 성분(전성분)
• 그 밖에 총리령으로 정하는 사항</td></tr>
<tr><td>〈그 밖에 총리령으로 정하는 사항〉
1. 기능성화장품의 경우 심사받거나 보고한 효능·효과, 용법·용량
2. 성분명을 제품 명칭의 일부로 사용한 경우 그 성분명과 함량(방향용 제품은 제외한다)
3. 인체 세포·조직 배양액이 들어있는 경우 그 함량
4. 화장품에 천연 또는 유기농으로 표시·광고하려는 경우에는 원료의 함량
5. 기능성화장품의 범위에서 제8호, 제9호, 제10호, 제11호에 해당하는 기능성화장품의 경우에는 "질병의 예방 및 치료를 위한 의약품이 아님"이라는 문구(의약외품에서 기능성화장품으로 전환된 품목)
6. 보존제의 함량
• 만 3세 이하의 영유아용 제품류(화장품법 시행규칙 별표3 가항) 경우
• 만 4세 이상부터 만 13세 이하까지의 어린이가 사용할 수 있는 제품임을 특정하여 표시·광고하려는 경우</td></tr>
</table>

Chapter 6 혼합 및 소분

① 제형

1 제형 분류

식품의약품안전처 고시인 기능성화장품 기준 및 시험방법(KFCC, Korean Functional Cosmetics Codex) 별표1 통칙에서 정하는 제형의 정의는 다음과 같다.

① 로션제 : 유화제 등을 넣어 유성성분과 수성성분을 균질화하여 점액상으로 만든 것

② 액제 : 화장품에 사용되는 성분을 용제 등에 녹여서 액상으로 만든 것

③ 크림제 : 유화제 등을 넣어 유성성분과 수성성분을 균질화하여 반고형상으로 만든 것

④ 침적마스크제 : 액제, 로션제, 크림제, 겔제 등을 부직포 등의 지지체에 침적하여 만든 것

⑤ 겔제 : 액체를 침투시킨 분자량이 큰 유기분자로 이루어진 반고형상

⑥ 에어로졸제 : 원액을 같은 용기 또는 다른 용기에 충전한 분사제(액화기체, 압축기체 등)의 압력을 이용하여 안개모양, 포말상 등으로 분출하도록 만든 것

2 제형의 물리적 특성

화장품은 유화, 분산, 가용화, 혼합 등에 의해 제조되는데 유화제형, 가용화제형, 유화분산제형, 고형화 제형, 파우
더혼합 제형, 계면활성제혼합 제형 등으로 분류할 수 있다.

[화장품 제형 분류]

제형	특징	제품
유화 제형 **Emulsification** **: 크림상, 로션상**	• 서로 섞이지 않는 두 액체 중에서 한 액체가 미세한 입자 형태로 유화제(계면활성제)를 사용하여 다른 액체에 분산되는것을 이용한 제형 • 주요제조설비: 균질기	크림, 유액(로션), 영양액(에센스,세럼) 등
가용화 제형 **Solubilization** **: 액상**	• 물에 대한 용해도가 아주 작은 물질(예 향)을 가용화제(계면활성제)를 이용하여 용해도 이상으로 녹게 하는 것을 이용한 제형 • 주요제조설비: 아지믹서, 디스퍼	화장수(스킨로션), 미스트, 아스트린젠트, 향수 등
유화분산 제형 **Dispersion** **: 크림상**	• 분산매(예 안료)가 유화된 분산질(예 에멀젼)에 분산되는 것을 이용한 제형 • 주요제조설비: 균질기, 아지믹서	비비크림, 파운데이션, 메이크업베이스, 마스카라, 아이라이너 등
고형화 제형 **Solidification** **: 고상**	• 오일과 왁스에 안료를 분산시켜서 고형화시킨 제형 • 주요제조설비: 3단롤러, 아지믹서	립스틱, 립밤, 컨실러, 스킨커버 등

제형	특징	제품
파우더혼합 제형 Powder mixture **: 파우더상 혹은 고상**	• 안료, 펄, 바인더(실리콘 오일, 에스테르 오일), 향을 혼합한 제형 • 주요제조설비: 헨셀믹서, 아토마이저	페이스파우더, 팩트, 투웨어케익, 치크브러쉬, 아이섀도우 등
계면활성제혼합 제형 Surfactant mixture **: 액상**	• 음이온, 양이온, 양쪽성, 비이온성 계면활성제 등을 혼합하여 제조하는 제형 • 주요제조설비: 아지믹서	샴푸, 컨디셔너, 린스, 바디워시, 손세척제 등

2 유화

1 에멀젼

① 에멀젼(emulsion)은 서로 섞이지 않는 둘 이상의 액체가 섞여 있는 것으로 한 액체(분산상, 내상)가 미세한 입자 형태로 다른 액체(연속상, 외상)에 분산되어 있는 두 개의 상을 갖는 계이다. 열역학적(thermodynamical)으로 불안정하여 경시적으로 분리된다.

② 에멀젼을 만드는 반응은 비자발적인 반응으로 열에너지(예 80℃ 가온)와 기계적 에너지(예 균질화 homogenization)가 필요하고 섞이지 않은 두 액체(수상과 유상)를 섞기 위하여 계면활성제가 필요하다.

③ 수상, 유상과 계면활성제를 열에너지와 기계적 에너지를 이용하여 균질하게 에멀젼을 만드는 것을 유화(emulsification)라 하고 유화공정에서 사용하는 계면활성제를 유화제(emulsifier)라 한다.

④ 에멀젼은 외상의 종류에 따라 O/W(oil in water)에멀젼, W/O(water in oil)에멀젼, 다중(W/O/W, O/W/O)에멀젼으로 분류하며 O/W에멀젼은 외상이 수상으로 일반적인 기초화장품(크림, 로션, 에센스 등)이 해당되며 W/O에멀젼은 외상이 유상으로 콜드크림, 클렌징 크림 등이 해당된다.

⑤ 에멀젼 입자는 브라운 운동(Brown's motion)을 하면서 서로 충돌에 의해 응집(flocculation, 비슷한 크기의 입자가 합쳐지는 것) 혹은 크리밍(creaming, 비중차에 의한 분리) 혹은 오스트발트라이프닝(Ostwald ripening, 작은 에멀젼 입자가 큰 입자에 합쳐지는 것)되어 합일(coalescence)의 과정을 거쳐 상분리가 일어나게 된다(물리적 불안정성).

⑥ 에멀젼은 입자크기에 따라 매크로 에멀젼(macroemulsion)과 마이크로 에멀젼(microemulsion)으로 분류된다

[에멀젼 제조공정]

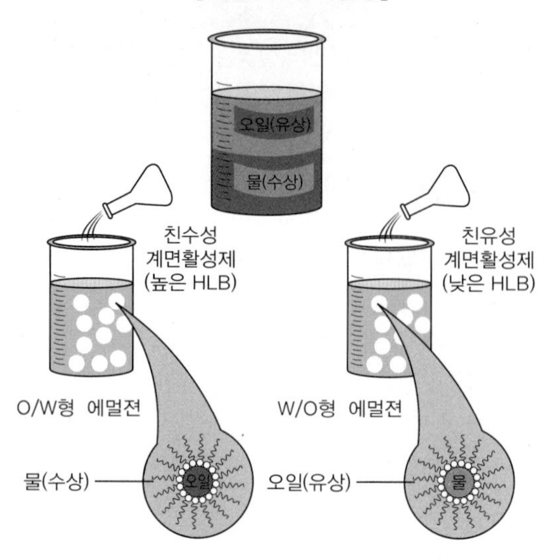

2 매크로 에멀젼

① 유화에 의해 만들어지는 매크로 에멀젼(macroemulsion)의 입자크기는 0.1~100㎛로 청백색~유백색이고 일반적으로 "매크로"를 생략하고 에멀젼이라 한다.

② 크림, 밀크로션, 에센스, 세럼 등이 매크로 에멀젼에 해당된다.

3 유화제

유화에 사용되는 계면활성제를 유화제(emulsifier)라 하며 폴리소르베이트(polysorbate) 계열, 소르비탄(sorbitan) 계열, 올리브 유래(olivate) 계열, 피오이(PO) 계열, 피이지(PEG) 계열, 글리세릴모노스테아레이트(glyceryl monostearate) 등이 주로 사용된다.

4 리포좀

① 천연계면활성제인 레시틴은 천연의 극성 지질에 두 개의 탄화수소 사슬로 구성되어 있으므로 이들 소수부의 부피가 크기 때문에 단일사슬의 경우와 같이 미셀을 형성하는 것이 아니라 이중층(bilayer) 구조인 베시클(vesicle)을 형성하며 이 베시클에 의해 만들어지는 속이 빈 구형의 공 모양의 구조를 리포좀(liposome)이다.

② 리포좀은 그 크기가 20nm~5μm이며, 수용성·지용성 비타민, 향, 약물, 백신 등 여러 가지 물질들이 리포좀에 봉입(encapsulation)될 수 있다. 리솔레시틴(lysolecithin)은 두 개의 탄화수소 사슬 중에 한 개 사슬을 제거한 레시틴으로 주로 보조 유화제로 사용된다.

5 액정

① 액정(liquid crystal, LC)은 액상과 결정상을 동시에 갖고 있는 구조로 안정성이 우수하고 피부흡수와 경피수분손실량 억제에 효과적이다.

② 편광현미경을 통해 액정구조를 확인할 수 있으며 고급알코올(예 behenyl alcohol, stearyl alcohol, cetyl alcohol), 스테롤(예 phytosterol) 등에 의해 액정구조가 형성된다.

[유화 처방(O/W에멀전)]

분류	원료	기능
보습제	글리세린, 프로필렌글라이콜, 부틸렌글라이콜, 다이프로필렌글라이콜, 헥실렌글라이콜, 에틸헥실글리세린, 카프릴릴글리콜, 1,2-헥산다이올, 폴리에틸렌글리콜, 소르비톨, 만니톨 등	보습, 동결방지제(anti-freezer)
	소듐하이알루로네이트, 우레아, 베타인, 트레할로오스, 아미노산 등	보습
보존제(수용성)	메틸파라벤, 이미다졸리디닐우레아, 소듐벤조에이트, 클로페네신, 디엠디엠히단토인, 포타슘소르베이트 등	미생물 오염방지
점증제	잔탄검, 알진, 하이드록시에틸셀룰로오스, 카보머, 아크릴레이트/C10-30알킬아크릴레이트크로스폴리머 등	점도증가
피막형성제	폴리비닐피롤리돈(PVP), 폴리비닐알코올(PVA), 폴리비닐클로라이드(PVC) 등	피막형성
활성성분	식물성추출물, 비타민류, 콜라겐, 엘라스틴, 세라마이드, 펩타이드 등	컨디셔닝, 기능성
금속이온봉쇄제	다이소듐이디티에이, 트리소듐이디티에이, 테트라소듐이디티에이 등	금속이온격리, 보존능 향상
물	정제수 : RO수, 이온교환수, 증류수 등	용매, 용제, 보습, 사용감
유상	식물성 오일, 동물성 오일, 에스테르 오일, 왁스류, 탄화수소류, 버터류, 중쇄트리글리세라이드(caprylic/capric triglycerides) 등	에몰리언트
유화제	폴리솔베이트계열, 솔비탄계열, 글리세릴모노스테아레이트(GMS, glyceryl monostearate) 등	유화
안정화제	고급알코올 등	에멀전 안정화, 점증
보존제(유용성)	페녹시에탄올, 벤질알코올, 프로필파라벤, 부틸파라벤, 등	미생물 오염방지

분류	원료	기능
중화제	트로메타민, 트라이에탄올아민, 아르기닌, 포타슘하이드록사이드 등	카보머의 중화
착향제	조합향료, 에센셜오일	원료특이취 억제, 제품컨셉
산화방지제	토코페릴아세테이트, 비에이치티, 비에이치에이, 아스코빌팔미테이트, 프로필갈레이트 등	변질(산패)방지

③ 가용화

1 마이크로 에멀젼

① 가용화는 물에 녹지 않는 물질을 계면활성제를 사용하여 미셀(micelles) 안에 녹이는 것으로 가용화에 사용되는 계면활성제를 가용화제(solubilizer)라 하고 이때 생성되는 투명 혹은 반투명의 매우 작은 에멀젼을 미이크로 에멀젼(microemulsion)이라 한다.

② 마이크로에멀젼의 입자크기는 0.01~0.1㎛이고 반투명~투명하며, 옅은 청색을 나타낸다.

③ 가용화는 자발적인(spontaneous) 반응으로 열역학적으로 안정하여 제조 시에 에너지가 많이 필요하지 않으며 만들어진 에멀젼은 경시적으로 안정하다(열역학적으로 안정함). 에멀젼의 크기는 5~200㎚로 가시광선 파장(400~700㎚)크기의 1/4 이하여서 육안에 투명하게 보인다. 하지만 미셀(micelle) 안에 유상이 증가하면 에멀젼 입자가 커져서 에멀젼은 육안에 불투명하게 보인다.

④ 토너, 스킨로션, 헤어토닉, 향수, 아스트린젠트가 마이크로 에멀젼에 해당된다.

2 가용화제

가용화제로 피이지-60하이드로제네이티드캐스터오일(PEG-60 Hydrogenated Castor Oil), 피이지-40하이드로제네이티드캐스터오일(PEG-40 Hydrogenated Castor Oil), 폴리소르베이트20, 에틸알코올이 주로 사용된다.

[가용화 처방]

분류	원료	기능
보습제	글리세린, 프로필렌글라이콜, 부틸렌글라이콜, 다이프로필렌글라이콜, 헥실렌글라이콜, 에틸헥실글리세린, 카프릴릴글리콜, 1,2-헥산다이올 등	보습, 동결방지제(anti-freezing), 미생물 성장억제
	소듐락테이트, 소듐피씨에이, 소듐하이알루로네이트 등	보습
가용화제	피이지-60하이드로제네이티드캐스터오일, 피이지-40하이드로제네이티드캐스터오일, 폴리소르베이트20 등	가용화

분류	원료	기능
보조가용화제	C_5~C_6 직쇄 알코올: 에틸알코올	가용화, 수렴, 항균
수렴제	위치하젤추출물, 탄닉애씨드, 에틸알코올 등	수렴(피부를 조이는 느낌과 아린 감)
활성성분	식물추출물, 판테놀 등	컨디셔닝제
점증제	잔탄검, 하이드록시에틸셀룰로오스, 카보머, 아크릴레이트/C10-30알킬아크릴레이트크로스폴리머 등	점증
pH 조절제	시트릭애씨드, 락틱애씨드 등	pH조절
완충제	약산염 : 소듐락테이트, 소듐시트레이트 등	pH변동억제
물	정제수 : RO수, 이온교환수, 증류수 등	용매, 용제, 보습, 사용감
착향제	조합향료, 에센셜오일	컨셉, 원료특이취 억제
보존제	포타슘소르베이트, 소듐벤조에이트, 메틸파라벤 등	미생물 오염방지
금속이온봉쇄제	다이소듐이디티에이 등	금속이온격리, 보존능 향상
산화방지제	토코페릴아세테이트 등	변질(산패)방지

4 유화분산

1 유화분산

① W/O에멀젼은 외상이 오일(oil)이고, W/Si에멀젼은 외상이 실리콘(silicone)으로 친유성인 피부표면과의 친화도(compatibility)가 높아서 부드러운 사용감을 준다. 또한 발수력이 있어 화장이 오래 지속되어 화장붕괴가 일어나지 않아 색조화장품에 많이 응용되는 제형이다.

② 실리콘은 특유의 실키한(silky) 사용감으로 끈적이지 않고 휘발성 실리콘은 화장이 뭉치지 않아 대부분의 파운데이션, 쿠션, 비비크림, 선크림이 W/Si에멀젼에 안료(분체)를 분산시킨 유화분산 제형이다.

③ 분산(dispersion)은 안료를 물이나 오일 등에 고르게 섞는 것으로 분산공정은 안료젖음, 기계적 처리(전단, 충돌), 분산으로 이루어지며, 경시적으로 비중이 높은 안료는 침강하게 된다. 이런 안료의 경시적인 침강을 막기 위해 외상(오일 혹은 실리콘)의 점도를 높이고 있으며, 안료입자가 응집하지 않고 유상에 잘 분산되도록 안료입자표면을 친유처리(코팅)하고 있다.

④ 표면처리한 안료를 사용할 경우에 화장의 투명감을 높일 수 있다.

[유화분산 모형]

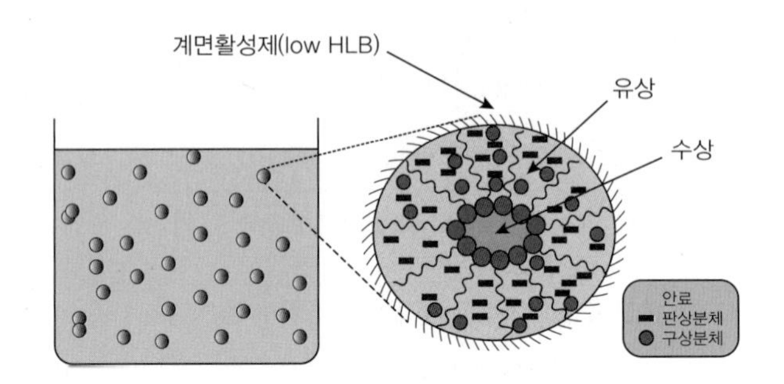

2 유화분산 처방(파운데이션)

유화된 제형에 안료를 분산시킨 유화분산 제형의 대표적인 제품이 파운데이션이다.

[유화분산 처방(파운데이션)]

분류	원료	기능
물	정제수 : RO수, 이온교환수, 증류수 등	용매, 용제, 보습, 사용감
보습제	글리세린, 프로필렌글라이콜, 부틸렌글라이콜, 다이프로필렌글라이콜, 헥실렌글라이콜, 에틸헥실글리세린, 카프릴릴글리콜, 1,2-헥산다이올, 베타인 등	보습
보존제(수용성)	소듐벤조에이트, 포타슘소르베이트, 메틸파라벤, 이미다졸리디닐우레아, 클로페네신, 디엠디엠히단토인 등	미생물 오염방지
안료	산화철, 탤크, 카올린, 마이카, 세리사이트, 징크스테아레이트, 폴리메틸메타크릴레이트 등	색상, 사용감
유상	실리콘 오일(다이메티콘, 사이클로펜타실록세인, 사이클로헥사실록세인), 에스테르 오일, 미네랄 오일 등	유연(에몰리언트), 안료 습윤
유화제 (낮은 HLB)	W/Si(실리콘계)유화제, W/O유화제	유화, 분산
유계점증제 (oil thickener)	벤토나이트, 헥토라이트, 실리카, 광물계왁스(오조케라이트, 세레신), 석유계 왁스(파라핀 왁스, 마이크로크리스탈린왁스) 덱스트린팔미테이트, 칼슘스테아레이트 등	점증

분류	원료	기능
산화방지제	토코페릴아세테이트	변질(산패)방지
금속이온봉쇄제	다이소듐이디티에이	금속이온격리, 보존능 향상
보존제(유용성)	페녹시에탄올, 벤질알코올	미생물 오염방지
착향제	향료	원료특이취 억제,
염(salt)	소듐클로라이드(NaCl), 마그네슘설페이트($MgSO_4$)	점증

5 고형화

① 화장품의 고형화 제형은 립스틱, 립밤, 컨실러(concealer), 데오도런트가 있으며, 제형을 구성하는 성분은 왁스, 페이스트(paste)상, 오일, 색소, 보존제, 산화방지제, 향 등이다.

② 대표적인 고형화 제형인 립스틱에서는 제형이 불안정하면 발한(sweating), 발분(blooming)이 발생될 수 있다. 발한은 립스틱 표면 밑에 있는 오일이 립스틱 표면으로 이동하는 것으로 립스틱 표면에 오일이 땀방울처럼 맺히며 35~40℃에서 발생한다.

③ 발한의 원인은 왁스와 오일의 낮은 혼화성(compatibility)이며 오일(액상)과 왁스(고상)의 중간 상인 반고형상(페이스트상) 원료가 오일과 왁스의 혼화성을 높여 발한을 억제하기 위하여 사용된다.

④ 발분은 립스틱 표면으로 나온 액체상태 성분이 립스틱 안으로 들어가지 못하고 표면에서 결정화되어 소금꽃처럼 생성된 것으로 지방(fat) 성분인 버터류가 처방에 사용될 경우에 주로 발생하며 초코렛 표면의 흰가루도 동일한 발분현상이다.

6 화장비누

1 화장비누 개요

식물성 오일(트리글리세라이드)의 지방산과 가성소다(NaOH) 혹은 가성가리(KOH)를 반응시켜(비누화 반응, saponification) 천연비누를 제조하며, 반응물질로 보습제인 글리세린도 형성되는데 천연비누는 이 글리세린이 포함되어 있다. 하지만 비누공장에서 비누화 반응을 통해 비누를 제조할 경우에는 글리세린을 별도로 추출하여 화장품 원료로 판매하기 때문에 시중에서 구매하는 화장비누에는 글리세린이 포함되어 있지 않다.

2 MP비누와 CP비누

① 비누공장에서는 비누화 반응을 통해 비누를 제조하지 않고 일반적으로 비누 베이스에 향, 색소, 첨가제를 넣고 압출방식으로 제조하는 MP(melt & pour)비누를 생산하며 MP비누에는 글리세린이 없어 단단하여 물러지지 않는다.

② MP비누 이외에 글리세린, 알코올(탈포), 설탕(당류는 투명도 증가됨) 등을 첨가하여 고온(70~90℃)에서 비누화 반응을 시켜 성형틀에 부어 굳혀서 짧은 숙성기간(예 1일)을 거쳐서 만드는 HP(hot process)비누가 있고 실온에서 비누화 반응을 시켜 긴 숙성기간(예 3~5일)을 거쳐 만드는 CP(cold process)비누가 있다.

3 비누화 반응

① 비누화 반응에 사용되는 알칼리는 가성소다(NaOH)와 가성가리(KOH)가 있으며, 가성소다로 만들어진 비누는 단단하고 가성가리로 만들어진 비누는 가성소다에 비하여 덜 단단한 특징이 있다.

② 폼클렌징(반고형상)에는 가성가리를 사용하고 천연비누(고상)에는 가성소다를 사용하여 비누화 반응을 한다.

7 펌제 · 염모제 · 탈색제

1 펌제

모발의 주성분인 케라틴에는 디설파이드결합(disulfide bond, S−S 결합)을 가지고 있는 시스틴(cystine)이 있는데 이 디설파이드결합을 환원(H(수소)와 결합), 산화(H와 분리)시켜서 모발의 웨이브(wave)를 형성한다. 시스틴은 시스테인(cysteine) 2 분자가 디설파이드결합으로 연결되어 있다.

(1) 환원제, 중화제, 알카리제

① 펌제(퍼머넌트 웨이브)의 1제(환원제)는 디설파이드결합을 절단하여 시스틴을 시스테인으로 환원시킨다(H와 결합 : S−S → SH, SH).

② 디설파이드결합이 절단된 모발은 원하는 형태로 웨이브를 만들 수 있고, 원하는 형태로 웨이브를 만든 후에 2제(산화제, 중화제)를 사용하여 시스테인을 시스틴으로 산화시켜(H와 분리 : SH, SH → S−S) 모발의 웨이브를 고정한다(그림).

③ 1제 환원제의 pH는 약 9~9.5이다.

[시스틴 결합의 절단과 재결합]

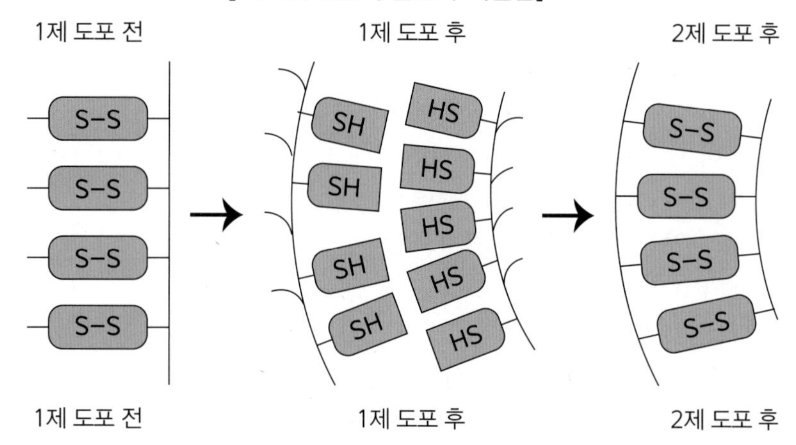

④ 환원제인 1제에는 치오글라이콜릭애씨드(thioglycolic acid)와 그 염류 혹은 시스테인, 시스테인염류 또는 아세틸시스테인을 주성분으로 하며, 산화염료, 알칼리제 등이 포함되어 있고, 산화제인 2제에는 과산화수소(하이드로젠퍼옥사이드 hydrogen peroxide) 등이 포함되어 있다.

⑤ 알칼리제는 모발을 연화, 팽윤시켜 환원제의 침투를 촉진하고 환원작용을 촉진한다.

구분	기능	주요성분
1제	환원제	치오글라이콜릭애씨드, 산화염료(예 페닐렌디아민), 시스테인, 알칼리제(암모니아수, 모노에탄올아민) 등
2제	산화제(중화제)	과산화수소, 인산, 브롬산나트륨(소듐브로메이트) 등

2 염모제

(1) 분류

염모제는 염모력의 지속력에 따라 일시 염모제, 반영구 염모제, 영구 염모제로 분류되며 영구 염모제만이 기능성화장품으로 분류되며 일시 염모제, 반영구 염모제는 일반 화장품이다.

(2) 특징

① 일시 염모제는 안료를 사용하여 모피질 내로 염모성분이 침투하지 못하고 모발의 가장 바깥 큐티클층에 안료성분이 일시적으로 부착되어 있어서 모발을 씻어낼 경우 염모효과가 사라지며, 헤어 컬러린스, 헤어 컬러스프레이, 컬러무스, 컬러마스카라 등이 일시 염모제에 해당한다.

② 반영구 염모제는 큐티클층과 모피질 내 일부까지 염모성분(예 산성염료)이 침투하여 염색이 되며 염모효과는 약 2~4주로 과산화수소가 포함되어 있지 않고 헤어매니큐어가 해당된다.

③ 영구염모제는 식물성 염모제, 금속성 염모제, 산화형 염모제, 비산화형 염모제로 구분할 수 있으며 염색효과가 우수하며 다양하고 밝은 색상 표현이 가능한 산화형 염모제가 주로 사용된다.

④ 산화형 염모제는 1제(염모제)와 2제(산화제, developer)로 구성되며 1제와 2제를 혼합하여 모발에 도포 후 30분 정도 후에 씻어내면 염색이 된다. 1제는 알칼리제(예 암모늄하이드록사이드, 에탄올아민, 디에탄올아민), 염료 중간체, 염료 수정제, 산화방지제 등이 포함되고 있고 2제에는 과산화수소(예 3%, 6%, 9%, 12%), 과산화수소수 35%, 과산화수소수 50% 등이 포함되어 있다.

(3) 1제(염모제), 2제(산화제)

① 1제에 포함된 알칼리제에 의해 큐티클층이 팽윤되어(pH 10 이상에서 모발팽윤이 급격히 증가) 열리면 염료와 과산화수소가 모피질 내로 침투하여 모피질 내의 멜라닌을 산화시켜 탈색시키고 함께 침투했던 염료를 과산화수소가 산화시켜 큰 입자의 불용성 색소로 만들면 염색이 완료되어 큐티클층이 닫히면 염색효과는 2~3개월간 유지된다.

② 2제 성분인 과산화수소는 pH가 낮으면 안정하지만, 높은 pH에서는 분해가 촉진된다.

구분	기능	pH	주요성분
1제	염모제	9~11	염모성분, 알칼리제(암모늄하이드록사이드, 모노에탄올아민, 디에탄올아민)
2제	산화제	3~6	과산화수소, 과산화수소수, 과붕산나트륨, 브롬산나트륨, 과탄산나트륨, 산화보조제(과황산나트륨, 과황산암모늄, 과황산칼륨)

3 탈색제

① 탈색제는 1제(탈색제)와 2제(산화제)로 구성되어 있다.

② 탈색제는 모발 내의 멜라닌(melanin)을 산화시켜 색이 없는 옥시멜라닌(oxymelanin)으로 바꾸어 모발을 탈색(bleaching)시켜 모발의 색상을 밝게 해준다.

구분	기능	주요성분
1제	탈색제	과황산칼륨, 과황산암모늄, 알칼리제(소듐하이드록사이드)
2제	산화제	과산화수소, 산화보조제(과황산나트륨, 과황산암모늄, 과황산칼륨)

8 향수

1 향료

① 향수(perfume)는 향료, 에틸알코올, 물, 산화방지제(예 비에이치티), 금속이온봉쇄제(킬레이팅제), 색소 등으로 구성되어 있으며, 일정기간의 숙성기간(aging or maturation)을 거친 후, 유리용기에 충전된다.

② 향료(fragrance)는 감귤류, 싱글 플로럴, 플로럴 부케, 플로럴 그린, 플로럴 알데히데, 시프레, 오리엔탈 등이 있다.

[향료의 특징]

향료	특징
감귤류	레몬, 자몽, 오렌지, 라임, 베르가못과 같은 감귤류 과일의 상쾌한 향취
싱글 플로럴	장미, 재스민, 수즐란, 라일락과 같은 꽃의 심플하고 귀여운 향취
플로럴 부케	꽃다발처럼 여러 꽃향기가 섞인 꽃정원 같은 화려한 향취
플로럴 그린	녹색 잎, 잔디, 녹색 사과 등과 같이 야외에서 느껴지는 꽃 향취
플로럴 알데하이드	합성향인 알데하이드의 강하고 모던한 향취로 섹시한 분위기를 가짐
시프레	오크 이끼, 베시버, 파푸리 등 우디 향을 기반으로 꽃향기가 있는 감귤향과 암베르그 다람쥐 등의 동물 향이 조화를 이룬 향취
오리엔탈	독특한 단맛 향, 동물 향, 발삼 향과 같이 동양 이미지를 연상케하는 향취

③ 조향할 때 탑노트 15~25%, 미들노트는 30~40%, 베이스노트는 40~55% 비율로 이루어지며 노트별 향지속력은 아래와 같다. 향수를 뿌렸을 때, 처음 느끼는 향이 탑노트이고 마지막에 은은히 남는 잔향이 베이스노트이다.

[향지속력]

항목	탑노트 top note	미들노트 middle note	베이스노트 base note
느낌	처음 느껴지는 향	향수의 테마향	은은한 잔향, 따뜻한 느낌
지속력	5 ~ 10분	10분 ~ 3시간	3시간 이상, 휘발성이 작음
향취	후레쉬, 시트러스, 그린, 프루티	플로랄, 스파이시	머스크, 우디, 앰버그리스

2 향수 부향율

향수 부향율에 따른 향수의 종류는 아래표와 같으며, 대부분의 향수는 오데투알렛에 속한다.

[향수 부향율]

분류	부향율(%)	지속력(시간)	비고
퍼퓸 Parfum	15~25	6~7	–
오데퍼퓸 Eau de parfum	10~15	4~6	–
오데투알렛 Eau de toilette	5~10	3~4	대부분 향수가 해당
오데코롱 Eau de cologne	3~5	2~3	–
샤워코롱 shower colonge	1~3	1~2	–

3 향수의 구비요건

① 향에 특징이 있고 향의 확산성이 좋아야 함
② 향의 강도가 적당하고 지속성이 있어야 함
③ 시대유행에 맞는 향이어야 함
④ 향의 조화(탑, 미들, 베이스 노트조합)가 잘 이루어져야 함

4 식물 추출부위별 향료

식물에서 추출하는 향은 그 추출 부위에 따라 식물의 여러 부분에서 추출된다.

[식물 추출부위별 향료]

추출부위	향료
꽃	로즈, 재스민, 오렌지 꽃, 일랑일랑 등
과일과 그 껍질	오렌지, 레몬, 자몽, 라임, 바닐라 등
풀(잎과 줄기)	페퍼민트, 시소, 라벤더, 제라늄, 세이지 등
잎	유칼립투스, 월계수, 윈터그린 등
나무줄기	샌들우드, 시더우드 등
나무껍질	계피, 카시아 등
뿌리줄기	생강, 심황, 베시버 등
씨앗	아니스, 고수, 커민, 후추 등

9 소분·혼합에 필요한 도구 및 기기

도구 및 기기의 재질은 이물이 발생하지 않고 원료 및 내용물과 반응성이 없어야 하며, 세척제와 소독제에 잘 견디고 세척제와 소독제에 의한 변성이 없어야 한다.

1 소분에 필요한 도구 및 기기

① 내용물과 원료를 소분·칭량할 때, 스테인리스 재질의 스파튤라(spatula), 시약수저, 나이프(knife)와 플라스틱 재질의 일회용 스포이드가 사용될 수 있으며 무게를 측정하는 전자식 저울과 부피를 측정하는 눈금실린더(메스실린더, mass cylinder), 피펫(pipette), 마이크로피펫(micro-pipette)이 사용된다.
② 이물이 발생할 수 있는 나무재질 및 깨지기 쉬운 유리재질의 도구 및 기기는 권장되지 않는다.

2 혼합에 필요한 도구 및 기기

① 내용물은 스테인리스 재질의 나이프(knife), 스파튤라, 교반봉 혹은 실리콘 재질의 주걱(헤라)을 이용하여 수작업으로 저으면서(stirring) 혼합할 수 있고 교반기(아지믹서), 균질기(호모게나이저)를 사용하여 혼합할 수 있다. 이런 형태의 혼합은 내용물이 외부환경에 대한 노출이 있어서 내용물 오염의 우려가 있다.

② 혼합을 외부노출환경이 아닌 맞춤형화장품 전용 혼합기(예 원심분리기를 개조하여 상하로도 섞이게 하는 장치)를 사용하여 혼합작업을 실시하기도 하며, 이런 방식의 혼합은 내용물 오염의 리스크가 적다.

10 혼합·소분 활동

1 작업원

① 원료 및 내용물은 가능한 품질에 영향을 미치지 않는 장소에 보관한다.

② 사용기한이 경과한 원료 및 내용물은 조제에 사용하지 않도록 관리한다.

③ 소분 전에는 손을 소독 또는 세정하거나 일회용 장갑을 착용한다.

④ 피부 외상이나 질병이 있는 작업원은 회복 전까지 혼합·소분 행위를 하지 말아야 한다.

2 작업장 및 시설·기구

① 작업장과 시설·기구를 정기적으로 점검하여 위생적으로 유지관리한다.

② 혼합·소분에 사용되는 시설·기구 등은 사용 전후(前後)에 세척한다.

③ 세제·세척제는 잔류하거나 표면에 이상을 초래하지 않는 것을 사용한다.

④ 세척한 시설·기구는 잘 건조하여 다음 사용 시까지 오염을 방지한다.

11 소분(리필)용 내용물의 품질·안전관리

1 소분(리필)용 내용물의 입고 시 확인사항

① 내용물 상태(변색/변취, 분리 및 성상 변화가 없을 것), 품질성적서(검토 및 적합 여부 확인), 사용 기한(충분한 사용기한 확보)

② 내용물의 라벨 기재사항과 내용물을 공급하는 화장품책임판매업자로부터 제공받은 제품정보 일치 여부 확인: 내용물의 명칭, 제조번호, 전성분, 보관조건, 사용기한 등 화장품법 제10조에 따른 기재사항

③ 전성분, 사용 시 주의사항 등 제품 고유 정보는 내용물을 공급하는 화장품 책임판매업자로부터 문서화된 자료로 수령

④ 리필 내용물의 입고, 사용, 폐기 내역에 대해 기록 관리

2 소분(리필)용 내용물의 보관관리

① 내용물은 품질에 영향을 최소화할 수 있는 적합한 장소(예: 직사광선 피할 수 있는 곳, 필요 시 냉장고 등)에 밀폐상태로 보관
② 내용물의 품질 영향을 최소화할 수 있도록 실내의 바닥과 벽에 직접 닿지 않도록 보관
③ 화장품 책임판매업자가 정한 보관조건을 준수
④ 내용물의 보관 중 품질 이상 여부를 주기적으로 점검: 육안관찰을 통해 분리, 이물질 확인

3 판매(사용) 중인 내용물의 품질·안전관리

① 보관되어 있는 내용물은 선입·선출의 원칙으로 사용(판매)
② 개봉하지 않은 내용물의 사용기한을 고려하여 늦게 입고된 제품이더라도 먼저 사용 가능
③ 소비자에게 판매하는 내용물은 가급적 동일한 제조번호에 해당되는 것을 사용
④ 판매하기 위해 개봉한 내용물은 가능한 소분장치에 전량 충전하여 판매
⑤ 내용물 벌크용기에 개봉일자를 표시하여 소비자 정보제공 및 판매장에서 제조일자/개봉일자를 제품 품질관리 요소로 활용
⑥ 사용기한이 지난 내용물은 폐기: 화장품 책임판매업자를 통한 폐기 혹은 자체 폐기

12 소분(리필) 판매장 위생관리

1 판매장 및 소분(리필)장치 사용

① 판매장은 내용물의 오염과 해충 등을 방지할 수 있도록 항상 청결하게 유지하고 소분(리필)에 사용되는 장치, 기구 등은 제품의 유형, 제형 등을 고려하여 적합한 것을 사용
② 소분장치나 저울 등 소분에 사용하는 기기의 매뉴얼을 마련하여 관리하고 정상 작동을 주기적으로 점검
③ 장시간 소분장치를 이용하지 않는 경우, 토출부의 내용물이 펌프나 노즐 주위에 굳어 있거나 흘러내리지 않도록 밀폐
④ 충전 튜브, 노즐, 펌프 등은 장치에 적합한 청소용품을 사용하여 주기적으로 세척하며, 소모품은 교체주기에 따라 교체
⑤ 소분장치의 위생 상태를 주기적으로 확인
⑥ 내용물 토출부는 소분 전·후 잔여물이 없도록 청소하고 필요 시 소독
⑦ 화장품 소분(리필)장치의 펌프나 밸브에 고여 있던 내용물이 바닥으로 떨어지는 것을 방지할 수 있도록 받침용 접시, 받침통 등 비치
⑧ 내용물 벌크용기 교체 시, 튜브는 세척·건조된 깨끗한 것으로 사용 및 튜브와 일체형인 펌프의 경우는 세척보다는 새것으로 교체
⑨ 세척하여 재사용하는 부속품은 가능한 동일한 내용물에 적용되도록 관리

Chapter 7 충전 및 포장

① 충전 방법

1 정의

충전(filling)은 빈 공간을 채우거나 빈 곳에 집어넣어서 채운다는 의미이며, 충전(filling & capping)은 일정한 규격의 용기에 내용물을 넣어 채우고 뚜껑을 닫는 작업을 말한다.

2 충전기 방식

충전기에는 피스톤방식 충전기, 파우치방식 충전기, 파우더 충전기, 카톤(carton) 충전기, 액체 충전기, 튜브 충전기가 있다.

① 피스톤방식 충전기는 용량이 큰 액상타입의 제품인 샴푸, 린스, 컨디셔너의 충전에 사용되며, 시공품, 견본품 등 1회용 파우치(pouch) 포장인 제품은 파우치 충전기를 사용한다.

② 카톤 충전기는 박스에 테이프를 붙이는 테이핑(tapping)기이며, 페이스파우더와 같은 파우더류는 파우더충전기로 충전한다.

③ 스킨로션, 토너, 앰플 등 액상타입의 제품은 액체 충전기로 충전하며 선크림, 폼클렌징 등 튜브용기는 튜브충전기로 충전한다.

② 포장 방법

1 용기의 종류와 특성

(1) 1차 포장재

1차 포장재는 제품의 유통 경로 및 소비자의 사용 환경으로부터 내용물을 보호하고, 품질을 유지시켜주는 준다. 1차 포장재의 형태에 따른 종류와 특성은 다음과 같다.

[용기 형태와 특성[1]]

종류	설명	사용 제품	재질	특징
세구병	병의 입구 외경이 몸체에 비하여 작은 것	화장수, 유액, 헤어토닉, 오 데 코롱, 네일 에나멜, 샴푸 등의 액상 내용물 제품	유리, PE, PET, PP	나사식 캡이 대부분이며, 원터치식 캡도 사용됨.
광구병	용기 입구 외경이 비교적 커서 몸체 외경에 가까운 용기	크림상,젤상제품	유리, PP, AS, PS, PET	나사식 캡

종류	설명	사용 제품	재질	특징
튜브 용기	속이 빈 관 모양으로 몸체를 눌러 내용물을 적량 뽑아내는 기능을 가짐.	헤어 젤, 파운데이션, 선크림 등 크림상에서 유액상 내용물 제품에 널리 사용	알루미늄, 알루미늄라미네이트, 폴리에틸렌 또는 적층 플라스틱	기체 투과 및 내용물 누출에 주의
원통상 용기	마스카라 용기에 이용되는 가늘고 긴 용기	마스카라, 아이라이너, 립글로스 등에 사용	플라스틱, 금속 또는 이들 혼합. 브러시는 고무, PE	캡에 브러시나 팁이 달린 가늘고 긴 자루가 있음.
파우더 용기	광구병에 내용물을 직접 넣거나 종이와 수지제 드럼에 넣어 용기에 세팅하는 타입	파우더, 향료분, 베이비 파우더 등에 사용	용기는 PS, AS 등 퍼프는 면,아크릴, 폴리에스터, 나일론 등 망은 나일론	내용물 조정을 위한 망이 내장됨.
팩트 용기	본체와 뚜껑이 경첩으로 연결된 용기	팩트류, 스킨커버 등 고형분, 크림상 내용물 제품	AS, ABS, PS, 놋쇠, 구리, 알루미늄, 스테인리스 등	퍼프, 스펀지, 솔, 팁 등 첨부
스틱 용기	막대 모양 화장품 용기, 나선이 내용물 외측에 배치된 타입, 내용물 밑에 나사가 있는 타입, 내용물 중심에 나사봉이 있는 타입으로 구분	립스틱, 스틱 파운데이션, 립크림, 데오도런트 스틱 등	알루미늄, 놋쇠, AS, PS, PP 중간 용기는 PP, AS, PBT	직접 피부에 내용물을 도포할 수 있음.
펜슬 용기	연필과 같이 깎아서 쓰는 나무자루 타입, 샤프펜슬처럼 밀어내어 쓰는 타입	아이라이너, 아이브로우, 립펜슬	나무, 수지, 알루미늄, 놋쇠, 플라스틱	카트리지식으로 내용물을 갈아 끼우는 타입도 있음.

[1] NCS 화학/정밀화학제품 제조/생리활성화제품제조/화장품제조 07 품질관리, 한국직업능력개발원

2 용기 소재의 종류와 특성

화장품 용기(포장제)에 사용되는 소재별 특징과 용기 소재인 고분자(플라스틱), 유리 등의 종류와 특성을 표에 나타내었다.

(1) 용기 소재별 특징

[용기 소재별 특징]

종류	특징
유리	• 투명감이 좋고 광택이 있으며 착색이 가능함 • 유지, 유화제 등 화장품 원료에 대해 내성이 크고 수분, 향료, 에탄올, 기체 등이 투과되지 않음 • 세정, 건조, 멸균의 조건에서도 잘 견딤
플라스틱	• 거의 모든 화장품 용기에 이용되고 있으며, 열가소성 수지(PET, PP, PS, PE, ABS 등)와 열경화성 수지(페놀, 멜라민, 에폭시수지 등)로 나뉨 • 플라스틱의 장점으로 가공이 용이, 자유로운 착색이 가능하고 투명성이 좋음, 가볍고 튼튼함, 전기절연성, 내수성(물을 흡수하지 않음), 단열성 등이 있음 • 단점으로는 열에 약함, 변형되기 쉬움, 표면에 흠집이 잘 생기고 오염되기 쉬움, 강도가 금속에 비해 약함, 가스나 수증기 등의 투과성이 있으며 용제에 약하다는 점이 있음
금속	• 철, 스테인리스강, 놋쇠, 알루미늄, 주석 등이 해당되며, 화장품 용기의 튜브, 뚜껑, 에어로졸 용기, 립스틱케이스 등에 사용됨 • 기계적 강도가 크고, 얇아도 충분한 강도가 있으며 충격에 강하고, 가스 등을 투과시키지 않음 • 도금, 도장 등의 표면가공이 쉬움 • 녹에 대해 주의해야 하며 불투명하고 무거우며 가격이 높다는 단점이 있음
종이	• 주로 포장상자, 완충제, 종이드럼, 포장지, 라벨 등에 이용 • 상자에는 통상의 접는 상자 외에 풀로 붙이는 상자, 선물세트 등의 상자가 있음 • 포장지나 라벨의 경우 종이 소재에 필름을 붙이는 코팅을 하여 광택을 증가시키는 것도 있음

(2) 고분자의 종류와 특성

[고분자의 종류와 특성[1]]

종류	특성
저밀도 폴리에틸렌 (LDPE, Low Density Polyethylene)	• 반투명의 광택성. 유연하여 눌러 짜는 병과 튜브, 마개, 패킹에 이용 • 내외부 응력이 걸린 상태에서 알코올, 계면 활성제 등에 접촉하면 균열이 생김
고밀도 폴리에틸렌 (HDPE, High Density Polyethylene)	• 유백색의 광택 없고 수분 투과 적음. 화장수, 유액, 샴푸, 린스 용기 및 튜브 등에 사용
폴리프로필렌 (PP, Polypropylene)	• 반투명의 광택성, 내약품성 우수, 상온에서 내충격성 있음 • 반복되는 굽힘에 강하여 굽혀지는 부위를 얇게 성형하여 일체 경첩으로서 원터치 캡에 이용 • 크림류 광구병, 캡류에 이용
폴리스티렌 (PS, Polystyrene)	• 딱딱하고 투명, 광택성 • 성형 가공성 매우 우수, 치수 안정성 • 우수, 내약품성, 내충격성은 나쁨 • 팩트, 스틱 용기에 이용
AS수지 (AS, Polyacrylonitrile Styrene)	• 투명, 광택성, 내충격성 우수, 내유성
ABS수지 (ABS, Polyacrylonitrile Butadiene Styrene)	• AS 수지의 내충격성을 더욱 향상시킨 수지, 팩트 등의 내충격성이 필요한 제품에 이용 • 향료, 알코올에 약함. 금속감을 주기 위한 도금 소재로도 이용
폴리염화비닐 (PVC, Polyvinyl Chloride)	• 투명, 성형 가공성 우수, 저렴함 • 샴푸, 린스 병에 이용하였으나, 소각 시 유해 염화물 생성으로 사용 금지하는 국가도 있음
폴리에틸렌테레프탈레이트 (PET, Polyethylene Terephthalate)	• 딱딱하고 유리에 가까운 투명성, 광택성, 내약품성 우수 • PVC보다 고급스런 이미지의 화장수,유액, 샴푸, 린스 병으로 이용
산 (SAN, styrene acrylonitrile)	• 투명성, 열변형성, 내화학성, 광택성이 우수 • 열에 대하여 안정

[1] NCS 화학/정밀화학제품 제조/생리활성화제품제조/화장품제조 07 품질관리, 한국직업능력개발원

(3) 유리의 종류와 특성

[유리의 종류와 특성[1]]

종류	특성
소다 석회 유리	• 통상 사용되는 투명 유리, 산화규소, 산화칼슘, 산화나트륨이 대부분이며, • 소량의 마그네슘, 알루미늄 등의 산화물 함유 • 착색은 금속 콜로이드, 금속 산화물이 이용됨 • 화장수, 유액용 병에 많이 이용
칼리 납 유리	• 산화규소, 산화납, 산화칼륨이 주성분, 산화납 다량 함유 및 투명도가 높고 • 빛의 굴절률이 매우 큼, 크리스탈 유리라고 함 • 고급 향수병에 사용
유백 유리	• 무색 투명한 유리 속에 무색의 미세한 결정(불화규산소다-염화나트륨 등)이 분산되어 빛을 흩어지게 하여 유백색으로 보임 • 입자가 매우 조밀한 것을 옥병, 입자가 큰 것을 앨러배스터(Alabaster)라 함

[1] NCS 화학/정밀화학제품 제조/생리활성화제품제조/화장품제조 07 품질관리, 한국직업능력개발원

3 분리배출 표시

① 분리배출 표시에 관한 지침(환경부 고시)에서는 화장품 용기에 분리배출표시를 하도록 규정하고 있다. 해야 한다. 다만 제6조(분리배출 표시의 적용제외)에 따라 일부 제품은 분리배출 표시를 생략할 수 있다.

② 제6조에서 규정하는 분리배출 표시의 적용예외 포장재의 기준은 다음 각 호와 같다.

- 각 포장재의 표면적이 50제곱센티미터 미만(필름 포장재의 경우 100제곱센티미터 미만)인 포장재
- 내용물의 용량이 30밀리리터 또는 30그램 이하인 포장재
- 소재·구조면에서 기술적으로 인쇄, 각인 또는 라벨 부착 등의 방법으로 표시를 할 수 없는 포장재 랩 필름(두께가 20마이크로미터 미만인 랩 필름형 포장재)
- 사후관리 서비스(A/S) 부품 등 일반 소비자를 거치지 않고 의무생산자가 직접 회수·선별하여 배출하는 포장재

Chapter 8 화장품의 포장방법

① 화장품의 포장방법

제품의 포장재질과 포장방법에 대한 기준으로 "제품의 포장재질·포장방법에 관한 기준 등에 관한 규칙(환경부령)"이 제정되어 있으며 이 규칙에 따른 화장품의 포장공간비율과 포장횟수는 다음과 같다.

① 화장품류의 포장공간비율은 10~15% 이하, 포장횟수는 2차 이내로 유지해야 한다.

② 화장품 셋트포장의 포장공간비율은 25% 이하이다.

③ 단위제품(단품)의 2차 포장인 카톤(단상자)의 외부를 수분 및 이물의 침투를 방지하기 위하여 비닐 포장(투명 필름류만 해당)을 하는데 이는 포장횟수에 포함되지 않으며, 화장품을 담는 파우치, 케이스는 포장횟수에 포함된다(근거: 제품의 포장재질·포장방법에 관한 기준 등에 관한 규칙 별표1 비고 7항).

[제품의 종류별 포장방법에 관한 기준[1)]]

제품의 종류			기준	
			포장공간비율	포장횟수
단위제품	음식료품류	가공식품	15% 이하 (분말커피류는 20% 이하)	2차 이내
		음료	10% 이하	2차 이내
		주류	10% 이하	2차 이내
		제과류	20% 이하 (데커레이션 케이크는 35% 이하)	2차 이내
		건강기능식품(포장내용물 80ml 또는 80g 이하는 제외)	15% 이하	2차 이내
	화장품류	인체 및 두발 세정용 제품류	15% 이하	2차 이내
		그 밖의 화장품류(방향제를 포함한다)	10% 이하(향수 제외)	2차 이내
	세제류	세제류	15% 이하	2차 이내
	잡화류	완구·인형류	35% 이하	2차 이내
		문구류	30% 이하	2차 이내
		신변잡화류 (지갑 및 허리띠만 해당한다)	30% 이하	2차 이내
	의약외품류	의약외품류	20% 이하	2차 이내
	의류	와이셔츠류·내의류	10% 이하	1차 이내
	전자제품	차량용 충전기, 케이블, 이어폰·헤드셋, 마우스, 근거리무선통신(블루투스), 스피커 (300그램 이하의 휴대용제품으로 한정)	10% 이하	1차 이내
종합제품	1차식품, 가공식품, 음료, 주류, 제과류, 건강기능식품, 화장품류, 세제류, 신변잡화류, 의약외품류, 와이셔츠류, 내의류		25% 이하	2차 이내

1) 제품의 포장재질, 포장방법에 관한 기준 등에 관한 규칙 별표1

Chapter 9 재고관리

① 재고관리 개요

① 재고관리는 일반적으로 재고 수량을 관리하는 것을 의미하지만, 넓은 의미로는 재고 수량을 관리하는 것만이 아니라 생산, 판매 등을 원활히 하기 위한 활동이다.
② 주기적으로 내용물과 원료, 포장재에 대한 재고를 조사하여 사용기한이 경과한 내용물과 원료, 포장재가 없도록 관리하고 발주 시에 재고량을 반영하여 필요량 이상이 발주되지 않도록 관리한다.
③ 포장재, 원료 및 내용물 출고 시에는 선입선출방식(First In First Out, FIFO), 선한선출방식(First Expired First Out, FEFO)을 적용하여 불용재고(사용기한이 경과된 것)가 없도록 한다.

1 포장재

① 생산 계획 또는 포장 계획에 따라 적절한 시기에 포장재가 제조되어 공급되어야 한다.
② 포장재 수급 담당자는 생산 계획과 포장 계획에 따라 포장에 필요한 포장재의 소요량 및 재고량을 파악한 다음, 부족분 또는 소요량에 대한 포장재 생산에 소요되는 기간 등을 파악하여 적절한 시기에 포장재가 입고될 수 있도록 발주하여야 한다.

2 원료

일반적인 원료의 발주 절차는 다음과 같다.
① 화장품 원료 사용량 예측: 생산 계획서(제조 지시서)에 기준으로 제품 각각의 원료 사용량을 산출하고, 원료목록장(예, 원료입고출대장)을 작성하여 재고를 관리한다.
② 원료의 수급 기간을 고려하여 최소 발주량을 산정해 발주한다.
③ 발주되어 입고된 원료는 시험 후, 적합 판정된 것만을 선입선출 방식으로 출고한다.

3 내용물

① 생산 계획 또는 포장 계획에 따라 적절한 시기에 반제품, 벌크제품이 제조되어 공급되어야 한다.
② 벌크제품은 설정된 최대보관기한 내에 충전하여 벌크제품의 재고가 증가하지 않도록 관리한다.
③ 재고 조사를 통해 기록상의 재고와 실제 보유하고 있는 재고를 대조하여 정확한 완제품 재고량을 파악한다.

부록 1

과목별 선다형 예상문제 380

과목별 선다형 예상문제 380

1 **화장품법상 등록이 아닌 신고가 필요한 영업의 형태로 옳은 것은?**

① 화장품 제조업 ② 화장품 수입업
③ 화장품 책임판매업 ④ 화장품 수입대행업
⑤ 맞춤형화장품판매업

해설 맞춤형화장품판매업만 신고이고 그 이외의 화장품 영업은 등록이다.

2 **화장품 유해사례 등 안전성 정보보고 해설서에서는 판매한 화장품으로 인해 화장품 사용자가 입원이 필요한 경우에는 이 정보를 안 날로부터 (㉠)일 이내에 식품의약품안전처장에게 신속보고하도록 규정하고 있다. ㉠에 적합한 용어는?**

① 5 ② 10 ③ 15 ④ 20 ⑤ 25

해설 화장품 유해사례 등 안전성 정보보고 해설서에서는 중대한 유해사례 경우에는 중대 유해사례를 안 날로부터 15일 이내에 신속보고하도록 규정하고 있다.

3 **화장품책임판매 후 안전관리 업무 중 정보 수집, 검토 및 그 결과에 따른 필요한 조치에 관한 업무를 (㉠)(라)고 한다. ㉠에 적합한 용어는?**

① 안전확보 업무 ② 안전관리 업무
③ 안전대책 업무 ④ 안전보증 업무
⑤ 안전조치 업무

해설 안전확보 업무는 화장품책임판매 후 안전관리 업무 중 정보 수집, 검토 및 그 결과에 따른 필요한 조치(이하 "안전확보 조치"라 한다)에 관한 업무이다.

4 **화장품법 제2조에 따른 화장품의 정의에 해당하지 않는 것은?**

① 인체를 청결·미화하여 용모를 밝게 변화시킨다.
② 약사법 제2조제4호의 의약품에 해당하는 물품은 제외한다.
③ 인체에 대한 작용이 경미하다.
④ 피부·모발·구강의 건강을 유지 또는 증진시킨다.
⑤ 인체에 바르고 문지르거나 뿌리는 등 이와 유사한 방법으로 사용한다.

해설 화장품은 인체를 청결·미화하여 매력을 더하고 용모를 밝게 변화시키거나 피부·모발의 건강을 유지 또는 증진하기 위하여 인체에 바르고 문지르거나 뿌리는 등 이와 유사한 방법으로 사용되는 물품으로서 인체에 대한 작용이 경미한 것을 말한다. 다만, 약사법 제2조 제4호의 의약품에 해당하는 물품은 제외한다.

★ 정답 ★	1 ⑤	2 ③	3 ①	4 ④

5 화장품책임판매업에서 안전관리 업무를 총괄하는 자로 적합한 자는?

① 화장품책임판매업자 ② 책임판매관리자 ③ 화장품제조업자
④ 품질부서책임자 ⑤ 안전관리책임자

해설 화장품책임판매업자는 책임판매관리자에게 안전확보 업무를 총괄하여 수행하도록 해야 한다.

6 수집한 안전관리 정보의 검토 결과, 조치가 필요하다고 판단될 경우 화장품책임판매업자가 조치해야 하는 사항으로 적절하지 않은 것은?

① 회수 ② 폐기 ③ 판매정지
④ 품질기록문서의 개정 ⑤ 식품의약품안전처장에게 보고

해설 화장품책임판매업자는 수집한 안전관리 정보의 검토 결과 조치가 필요하다고 판단될 경우 회수, 폐기, 판매정지 또는 첨부문서의 개정, 식품의약품안전처장에게 보고 등 안전확보 조치를 해야 한다.

7 기초 화장용 제품류에 속하지 않는 제품은?

① 파우더 ② 수렴화장수 ③ 손·발의 피부연화제품
④ 클렌징 티슈 ⑤ 물휴지

해설 물휴지는 인체 세정용 제품류에 속한다.

8 천연화장품과 유기농화장품에 사용할 수 없는 보존제는?

① 벤조익애씨드 및 그 염류(Benzoic Acid and its salts)
② 벤질알코올(Benzyl Alcohol)
③ 소르빅애씨드 및 그 염류(Sorbic Acid and its salts)
④ 살리실릭애씨드 및 그 염류(Salicylic Acid and its salts)
⑤ 페녹시에탄올(Phenoxyethanol)

해설 페녹시에탄올(Phenoxyethanol)은 천연화장품 및 유기농화장품에 사용할 수 없는 보존제이다.

9 화장품 원료에 대한 성상을 설명한 것 중에서 옳지 않은 것은?

① 덱스판테놀(dexpanthenol) : 무색의 점성이 있는 액으로 약간의 특이한 냄새가 있다.
② 비오틴(biotin) : 흰색 또는 거의 흰색의 결정의 가루이거나 무색의 결정이다.
③ 엘-멘톨(l-menthol) : 휘색 또는 거의 휘색의 결정의 가루이거나 무색의 침상 결정이다.
④ 징크피리치온(zinc pyrithione) : 적색을 띤 회백색의 가루로 냄새는 없다.
⑤ 징크피리치온액 50 %(zinc pyrithione solution 50 %) : 흰색의 수성현탁제로 약간 특이한 냄새가 있다.

해설 징크피리치온은 황색을 띤 회백색의 가루로 냄새는 없다.

★ 정답 ★	5 ②	6 ④	7 ⑤	8 ⑤	9 ④

10 화장품 원료에 대한 성상을 설명한 것 중에서 옳지 않은 것은?

① 살리실릭애씨드(salicylic acid) : 백색의 결정성 가루로 냄새는 없다.
② 치오글리콜산 80 %(thioglycolic acid 80 %) : 특이한 냄새가 있는 무색 투명한 유동성 액체이다.
③ 나이아신아마이드(niacinamide) : 백색의 결정 또는 결정성 가루로 냄새는 없다.
④ 아스코빌글루코사이드(ascobyl glucoside) : 백색 ~ 미황색의 가루 또는 결정성 가루이다.
⑤ 알부틴(arbutin) : 미황색 ~ 황색의 가루로 약간의 특이한 냄새가 있다.

해설 알부틴은 백색 ~ 미황색의 가루로 약간의 특이한 냄새가 있다.

11 화장품에 사용할 수 없는 배합금지 원료인 것은?

① 프로필파라벤
② 메틸파라벤
③ 페닐트리메티콘
④ 페녹시에탄올
⑤ 페닐파라벤

해설 페닐파라벤(phenyl paraben)은 배합금지 원료이다.

12 화장품 원료 명칭과 비타민 명칭이 옳지 않게 짝지어진 것은?

① 토코페롤(tocopherol) – 비타민 E
② 아스코르빅애씨드(ascorbic acid) – 비타민 C
③ 판테놀(panthenol) – 비타민 B5
④ 피리독신에이치씨엘(pyridoxine HCL) – 비타민 B6
⑤ 레티놀(retinol) – 비타민 D

해설 레티놀은 비타민 A이다.

13 우수화장품 제조 및 품질관리기준(CGMP) 해설서에서 설명하고 있는 완제품 보관검체에 대한 설명으로 옳지 않은 것은?

① 품질상에 문제가 발생하여 재시험이 필요할 때 보관검체를 사용한다.
② 각 뱃치를 대표하는 검체를 보관한다.
③ 일반적으로는 각 뱃치별로 제품 시험을 2번 실시할 수 있는 양을 보관한다.
④ 제품이 가장 안정한 조건에서 보관한다.
⑤ 제품의 사용기한까지 보관한다.

해설 완제품 보관검체는 사용기한 경과 후 1년 간 또는 개봉 후 사용기간을 기재하는 경우에는 제조일로부터 3년간 보관한다.

★ 정답 ★	10 ⑤	11 ⑤	12 ⑤	13 ⑤

14 표시량이 300mL인 샴푸의 충전량으로 적당한 것은(단, 샴푸의 비중은 0.8)?

① 240그램
② 300그램
③ 330그램
④ 360그램
⑤ 400그램

해설 부피로 표시된 제품의 충전을 질량으로 할 때는 비중을 이용하여 부피를 질량으로 환산한다(비중=질량÷부피).

15 화장품을 제조하는 작업실에 대한 관리기준으로 적당하지 않은 것은?

① 제조실 - 낙하균 30개/hr 이하 또는 부유균 : 200개/㎥ 이하
② 칭량실 - 낙하균 30개/hr 이하 또는 부유균 : 200개/㎥ 이하
③ 충전실 - 낙하균 30개/hr 이하 또는 부유균 : 200개/㎥ 이하
④ 내용물보관소 - 낙하균 30개/hr 이하 또는 부유균 : 200개/㎥ 이하
⑤ 완제품보관소 - 낙하균 30개/hr 이하 또는 부유균 : 200개/㎥ 이하

해설 내용물 혹은 원료가 노출되는 지역은 청정도 2등급 지역으로 낙하균 30개/hr 이하 또는 부유균 : 200개/㎥ 이하로 관리한다. 완제품보관소는 내용물 혹은 원료가 외부환경으로 노출되지 않는다.

16 다음의 화장품 중에서 화장품 바코드 표시를 생략할 수 없는 것은?

① 내용량 15그램 아이크림
② 내용량 15그램 영양크림
③ 내용량 30그램 아이크림 견본품
④ 내용량 30그램 영양크림 견본품
⑤ 내용량 30그램 아이라이너

해설 용량이 15밀리리터 이하 또는 15그램 이하인 제품의 용기 또는 포장이나 견본품, 시공품 등 비매품에 대하여는 화장품바코드 표시를 생략할 수 있다.

17 화장품 유해사례 등 안전성 정보보고 해설서에서는 판매한 화장품으로 인해 선천적 기형 또는 이상을 초래하는 경우에는 이 정보를 안 날로부터 ( )일 이내에 식품의약품안전처장에게 신속 보고하도록 규정하고 있다. ( )에 적합한 용어는?

① 5
② 10
③ 15
④ 20
⑤ 25

해설 화장품 유해사례 등 안전성 정보보고 해설서에서는 중대한 유해사례 경우에는 중대 유해사례를 안 날로부터 15일 이내에 신속보고하도록 규정하고 있다.

★ 정답 ★	14 ⑤	15 ⑤	16 ⑤	17 ③

18 화장품책임판매업자는 영유아 또는 어린이가 사용할 수 있는 화장품임을 표시·광고하려는 경우에는 제품별로 안전과 품질을 입증할 수 있는 자료를 작성 및 보관하여야 한다. 이때 영유아 및 어린이의 연령 기준으로 옳은 것은?

① 영유아 : 만 3세 이하, 어린이 : 만 4세 이상부터 만 14세 이하까지
② 영유아 : 만 3세 이하, 어린이 : 만 4세 이상부터 만 13세 이하까지
③ 영유아 : 만 3세 이하, 어린이 : 만 4세 이상부터 만 12세 이하까지
④ 영유아 : 만 4세 이하, 어린이 : 만 5세 이상부터 만 13세 이하까지
⑤ 영유아 : 만 4세 이하, 어린이 : 만 5세 이상부터 만 12세 이하까지

해설 영유아 또는 어린이의 연령 기준 – 영유아 : 만 3세 이하, 어린이 : 만 4세 이상부터 만 13세 이하까지

19 기능성화장품 심사에 관한 규정에서 정하고 있는 자외선 차단성분의 사용한도로 옳은 것은?

① 에칠헥실메톡시신나메이트 7%
② 벤조페논-3(옥시벤존) 7%
③ 옥토크릴렌 10%
④ 티타늄디옥사이드 20%
⑤ 호모살레이트 5%

해설 사용한도 : 에칠헥실메톡시신나메이트 7.5%, 벤조페논-35%, 티타늄디옥사이드 25%, 호모살레이트 10%

20 고객 상담 시 개인정보 중 민감 정보에 해당되는 것으로 옳은 것은?

① 여권법에 따른 여권번호
② 주민등록법에 따른 주민등록번호
③ 출입국관리법에 따른 외국인등록번호
④ 도로교통법에 따른 운전면허의 면허번호
⑤ 유전자검사 등의 결과로 얻어진 유전 정보

해설 고유식별정보 : 여권번호, 주민등록번호, 외국인등록번호, 운전면허번호

21 원료 및 포장재가 입고될 때 확인해야 할 정보로 적당하지 않은 것은?

① 인도문서와 포장에 표시된 품목·제품명
② 공급자명
③ 공급자가 부여한 뱃치 정보(batch reference)
④ 납품차량
⑤ 수령 일자

해설 원료와 포장재가 입고 시에 수령 일자와 수령확인번호 / 공급자가 부여한 뱃치 정보 / 기록된 양 / CAS번호(적용 가능한 경우) / 인도문서와 포장에 표시된 품목·제품명 / 공급자명 / 공급자가 명명한 제품명과 다르다면, 제조 절차에 따른 품목·제품명 그리고(또는) 해당 코드번호를 확인한다.

★ 정답 ★	18 ②	19 ③	20 ⑤	21 ④

22 **맞춤형화장품판매업자로 신고할 수 있는 자는?**

① 피성년후견인 또는 파산선고를 받고 복권되지 아니한 자
② 화장품법을 위반하여 금고 이상의 형을 선고받고 그 집행이 끝나지 아니하거나 그 집행을 받지 아니하기로 확정되지 아니한 자
③ 화장품법 제24조에 따라 등록이 취소되거나 영업소가 폐쇄된 날부터 1년이 지나지 아니한 자
④ 정신질환자
⑤ 보건범죄 단속에 관한 특별조치법을 위반하여 금고 이상의 형을 선고받고 그 집행이 끝나지 아니하거나 그 집행을 받지 아니하기로 확정되지 아니한 자

해설 마약류의 중독자, 정신질환자는 화장품 제조업자만을 등록할 수 없고 화장품책임판매업의 등록과 맞춤형화장품판매업의 신고는 할 수 있다.

23 **천연화장품 및 유기농화장품의 기준에 관한 규정에 따라 천연화장품 및 유기농화장품의 제조에 사용할 수 있는 허용합성원료가 아닌 것은?**

① 소듐벤조에이트
② 벤질알코올
③ 살리실릭애씨드
④ 포타슘소르베이트
⑤ 페녹시에탄올

해설 합성 보존제인 소듐벤조에이트, 벤질알코올, 살리실릭애씨드, 포타슘소르베이트를 천연화장품 및 유기농화장품에 사용할 수 있지만 페녹시에탄올은 사용할 수 없다.

24 **천연화장품 및 유기농화장품의 기준에 관한 규정에 따라 천연화장품 및 유기농화장품의 제조에 사용할 수 있는 보존제로 옳은 것은?**

① 포믹애씨드
② 이미다졸리디닐우레아
③ 징크피리치온
④ 소르빅애씨드 및 그 염류
⑤ 디엠디엠하이단토인

해설 벤조익애씨드 및 그 염류, 살리실릭애씨드 및 그 염류, 소르빅애씨드 및 그 염류, 벤질알코올, 데하이드로아세틱애씨드 및 그 염류은 천연화장품 및 유기농화장품에 사용할 수 있는 보존제이다.

★ 정답 ★	22 ④	23 ⑤	24 ④

25 〈보기〉는 염모제에 대한 사용 시의 주의사항이다. ㉠에 공통으로 적합한 단어는?

> **보기**
> - 염색 전 2일전(48시간 전)에는 다음의 순서에 따라 매회 반드시 (㉠)을(를) 실시하여 주십시오.
> - (㉠)의 결과, 이상이 발생한 경험이 있는 분들은 사용하지 마십시오. 사용 후 피부나 신체가 과민상태로 되거나 피부이상반응(부종, 염증 등)이 일어나거나, 현재의 증상이 악화될 가능성이 있습니다.

① 안전성 테스트 ② 안정성 테스트 ③ 패치 테스트
④ 누적첩포 테스트 ⑤ 사용 테스트

해설 염모제는 염색 전 매회 반드시 패치테스트(patch test)를 실시하도록 사용 시의 주의사항에서 설명하고 있다.

26 최소 홍반량(MED ; Minimum Erythema Dose)에 대한 설명으로 적절하지 않은 것은?

① 최소 홍반량은 UVB를 사람의 피부에 조사한 후 16~24시간에서 조사영역의 거의 대부분에 홍반을 나타낼 수 있는 최소한의 자외선량이다.
② MED 값이 작을수록 UVB에 의한 홍반이 잘 생기는 피부이다.
③ 자외선차단제를 피부에 도포하면 MED 값이 증가한다.
④ 일반적으로 피부색이 흰색에 가까울수록 MED 값이 증가한다.
⑤ 자외선차단제 도포 후의 MED 값이 도포 전의 MED 값보다 크다.

해설 피부색이 황색, 검정색에 가까울수록 MED 값이 증가한다. 즉, 피부색이 어두울수록 UVB을 많이 조사해야 홍반이 나타난다.

27 다음의 화장품 원료 중 사용한도가 있는 원료는?

① 토코페롤 ② 토코페릴아세테이트
③ 아스코르빅애씨드 ④ 레티놀
⑤ 레티닐팔미테이트

해설 비타민 E(토코페롤)의 사용한도는 20%이다.

28 안전용기·포장 대상에서 제외되는 용기가 아닌 것은?

① 일회용 제품
② 용기 입구 부분이 뚜껑을 돌려서 여는 제품
③ 용기 입구 부분이 펌프로 작동되는 분무용기 제품
④ 용기 입구 부분이 방아쇠로 작동되는 분무용기 제품
⑤ 압축 분무 용기제품

해설 일회용 제품, 용기 입구 부분이 펌프 또는 방아쇠로 작동되는 분무용기 제품, 압축 분무용기 제품(에어로졸 등)은 안전용기·포장대상에서 제외한다.

★ 정답 ★	25 ③	26 ④	27 ①	28 ②

29 화장품법 시행규칙 별표 3(화장품의 유형)에 따라 화장품을 분류할 대 기초화장품 제품류에 속하는 것은?

① 애프터셰이브 로션(aftershave lotions)
② 프리셰이브 로션(preshave lotions)
③ 손·발의 피부연화 제품
④ 헤어 크림·로션
⑤ 페이스 파우더(face powder)

해설 애프터셰이브 로션, 프리셰이브 로션 : 면도용 제품류 / 헤어 크림·로션 : 두발용 제품류 / 페이스 파우더 : 색조 화장용 제품류

30 화장품 안전기준 등에 관한 규정에서는 화장품의 비의도적 유래물질의 검출 허용 한도를 정하고 있다. 이 규정에 따라 화장품의 비의도적 유래물질의 양을 시험하고자 할 때 유도결합플라즈마-질량분석기를 이용한 방법(ICP-MS)으로 분석할 수 없는 성분은?

① 납 ② 니켈 ③ 비소
④ 안티몬 ⑤ 수은

해설 수은은 수은분해장치를 이용한 방법과 수은분석기를 이용한 방법으로만 시험할 수 있다.

31 유통화장품 안전관리 기준에서 규정하는 비의도적으로 유래된 물질의 검출 허용한도가 옳지 않은 것은?

① 비소 : 10㎍/g 이하
② 메탄올 : 0.2(v/v)% 이하 단, 물휴지는 0.002%(v/v)이하
③ 포름알데하이드 : 3,000㎍/g 이하
④ 수은 : 1㎍/g 이하
⑤ 디옥산 : 100㎍/g 이하

해설 포름알데하이드 : 2,000㎍/g(ppm) 이하 단, 물휴지는 20㎍/g(ppm)이하

32 치오글라이콜릭애씨드 또는 그 염류가 주성분인 냉2욕식 퍼머넌트웨이브용 제품 1제의 시험기준으로 적합하지 않은 것은?

① pH : 4.5 ~ 9.6
② 알칼리 : 0.1N염산의 소비량은 검체 1mL에 대하여 7.0mL 이하
③ 중금속 : 20㎍/g 이하
④ 비소 : 5㎍/g 이하
⑤ 철 : 10㎍/g 이하

해설 철 : 2㎍/g 이하

★ 정답 ★	29 ③	30 ⑤	31 ③	32 ⑤

33 유통화장품 안전관리 기준에서 규정하는 비의도적 유래 물질인 납의 검출 허용한도가 옳은 것은?

① 점토를 원료로 사용한 분말제품은 50㎍/g(ppm) 이하, 그 밖의 제품은 20㎍/g 이하
② 점토를 원료로 사용한 분말제품은 40㎍/g(ppm) 이하, 그 밖의 제품은 10㎍/g 이하
③ 점토를 원료로 사용한 분말제품은 30㎍/g(ppm) 이하, 그 밖의 제품은 10㎍/g 이하
④ 눈 화장용 제품은 35㎍/g 이하, 그밖의 제품은 10㎍/g 이하
⑤ 색조 화장용 제품은 30㎍/g 이하, 그밖의 제품은 10㎍/g 이하

해설 납의 검출허용한도 : 점토를 원료로 사용한 분말제품은 50㎍/g(ppm) 이하, 그 밖의 제품은 20㎍/g 이하

34 다음의 비의도적 유래 물질이 포함된 화장품 중에서 유통이 될 수 없는 것은?

① 메탄올이 0.001(v/v)% 포함된 물휴지
② 포름알데하이드가 1000㎍/g 포함된 에센트
③ 수은이 2㎍/g 포함된 영양크림
④ 디옥산이 100㎍/g 포함된 탈모예방샴푸
⑤ 비소가 10㎍/g 포함된 핸드크림

해설 수은의 검출 허용한도는 1㎍/g이하로 1㎍/g 초과하면 유통될 수 없다.

35 원료나 내용물의 피부에 대한 알레르기, 부작용 등을 확인하기 위하여 일정량의 원료나 내용물을 피부에 도포 후, 일정 시간 경과 후에 피부의 반응을 보는 시험은 무엇인가?

① 피부감작성시험
② 첩포시험(패치테스트, patch test)
③ 1차 피부자극시험
④ 유전독성시험
⑤ 광독성시험

해설 패치테스트(첩포시험, patch test) : 원료나 내용물의 피부에 대한 알레르기, 부작용 등을 확인하기 위하여 일정량의 원료나 내용물을 피부(예 전완, forearm)에 도포 후, 일정 시간(예 48시간) 경과 후에 피부의 반응을 보는 시험

36 우수화장품 제조 및 품질관리기준에서 정하고 있는 완제품의 보관용 검체에 대한 사항으로 적절하지 않은 것은?

① 보관용 검체는 재시험이나 고객불만 사항의 해결을 위하여 사용한다.
② 제품을 그대로 보관하며, 각 뱃치를 대표하는 검체를 보관한다.
③ 일반적으로는 각 뱃치별로 제품 시험을 1번 실시할 수 있는 양을 보관한다.
④ 제품이 가장 안정한 조건에서 보관한다.
⑤ 사용기한 경과 후 1년간 또는 개봉 후 사용기간을 기재하는 경우에는 제조일로부터 3년간 보관한다.

해설 보관용 검체는 2번 시험할 수 있는 양을 보관한다.

★ 정답 ★	33 ①	34 ③	35 ②	36 ③

37 **품질관리 시에 원자재 용기 및 시험기록서의 필수적인 기재 사항이 아닌 것은?**

① 원자재 공급자가 정한 제품명
② 원자재 공급자명
③ 발주일자
④ 공급자가 부여한 제조번호 또는 관리번호
⑤ 수령일자

해설 발주일자는 필수적인 기재사항은 아니다(우수화장품 제조 및 품질관리기준 제11조 입고관리).

38 **물에 녹기 쉬운 염료를 알루미늄 등의 염이나 황산 알루미늄, 황산 지르코늄 등을 가해 물에 녹지 않도록 불용화시킨 유기안료를 (㉠)이라 한다. ㉠에 적당한 단어는?**

① 타르색소 ② 안료 ③ 레이크
④ 염료 ⑤ 피그먼트

해설 레이크(lake)는 물에 녹기 쉬운 염료를 알루미늄 등의 염이나 황산 알루미늄, 황산 지르코늄 등을 가해 물에 녹지 않도록 불용화시킨 유기안료로 색상과 안정성이 안료와 염료의 중간 정도이다.

39 **우수화장품 제조 및 품질관리기준(CGMP) 적합업소 지정을 받기 위해서는 청정도 기준에 제시된 청정도 등급 이상으로 설정하여야 하며 청정도 등급을 설정한 구역은 설정 등급의 유지 여부를 정기적으로 모니터링하여 설정 등급을 벗어나지 않도록 관리해야 한다. 다음 중 청정도 2등급 작업실에 해당하지 않는 곳은?**

① 제조실 ② 성형실
③ 충전실(충전실) ④ 원료칭량실
⑤ 원료보관소

해설 화장품 내용물과 원료가 노출되는 작업실을 청정도 2등급으로 관리하며, 노출되지 않는 보관소는 청정도 4등급으로 관리한다.

40 **에멀전(emulsion)의 물리적 불안정성에 해당하지 않는 것은?**

① 유상과 수상의 분리
② 비중 차에 의한 침전
③ 합일
④ 응집
⑤ 변취

해설 에멀전의 물리적 불안정성은 응집, 합일, 침전, 분리이며, 변취, 변색은 에멀전의 미생물학적, 화학적 불안정성에 해당된다.

★ 정답 ★	37 ③	38 ③	39 ⑤	40 ⑤

41 유통화장품 안전관리 기준에 따라 화장품의 pH가 3.0 ~ 9.0이어야 하는 화장품에 해당하지 않는 것은?

① 유연 화장수　② 유액
③ 수분 크림　④ 클렌징 오일
⑤ 마스크 팩

해설 수분을 포함한 화장품은 화장품의 pH가 3.0 ~ 9.0이어야 한다. 하지만 물을 포함하지 않는 클렌징 오일은 pH기준이 적용되지 않는다.

42 탈모증상의 완화에 도움을 주는 기능성화장품 원료가 아닌 것은?

① 덱스판테놀
② 비오틴
③ 엘-멘톨
④ 징크피리치온
⑤ 캠퍼

해설 기능성화장품 기준 및 시험방법(KFCC)에서 고시한 탈모증상의 완화에 도움을 주는 성분은 덱스판테놀, 비오틴, 엘-멘톨, 징크피리치온, 징크피리치온액(50%)이다.

43 화장품의 품질요소에 해당하지 않는 것은?

① 안전성(safety)
② 안정성(stability)
③ 사용성(usability)
④ 유효성(efficacy)
⑤ 작용성(functionality)

해설 화장품의 품질요소는 안전성, 안정성, 사용성, 유효성이다.

44 착향제(향료)에 포함된 알레르기 유발물질을 전성분에 표시하도록 "화장품 사용할 때의 주의사항 및 알레르기 유발성분 표시 등에 관한 규정"에서 정하고 있다. 다만 사용 후 씻어내는 제품에는 0.01% 초과, 사용 후 씻어내지 않는 제품에는 (㉠)초과 함유하는 경우에만 알레르기 유발성분을 표시한다. ㉠에 적합한 단어는?

① 0.001%　② 0.010%
③ 0.020%　④ 0.100%
⑤ 1.000%

해설 사용 후 씻어내는 제품(rinse off)에는 0.01% 초과, 사용 후 씻어내지 않는 제품(leave on)에는 0.001% 초과 함유하는 경우에만 알레르기 유발성분을 표시함

★ 정답 ★	41 ④	42 ⑤	43 ⑤	44 ①

45 **화장품법 시행규칙에서 정하고 있는 화장품에 공통적으로 표시해야 하는 사용 시의 주의사항으로 적당하지 않은 것은?**

① 상처가 있는 부위 등에는 사용을 자제할 것
② 어린이의 손이 닿지 않는 곳에 보관할 것
③ 눈 주위를 피하여 사용할 것
④ 직사광선을 피해서 보관할 것
⑤ 화장품 사용 시 또는 사용 후 직사광선에 의하여 사용부위가 붉은 반점, 부어오름 또는 가려움증 등의 이상 증상이나 부작용이 있는 경우 전문의 등과 상담할 것

해설 "눈 부위를 피하여 사용할 것"이라는 문구는 팩에만 표시되는 사용 시의 주의사항이다.

46 **화장품법 제40조에 따라 100만 원의 과태료가 부과되는 자는?**

① 화장품 생산실적을 보고하지 아니한 자
② 동물실험을 실시한 화장품을 유통·판매한 자
③ 의무교육을 이수하지 않은 맞춤형화장품 조제관리사
④ 폐업 신고를 하지 않는 자
⑤ 화장품 판매가격을 표시하지 아니한 자

해설 원료목록 미보고, 생산실적·수입실적 미보고, 교육 미이수, 폐업 미신고, 가격 미표시는 50만 원 과태료, 그 이외는 100만 원 과태료(화장품법 시행령 별표2 과태료의 부과기준)

47 **맞춤형화장품 조제관리사가 의무교육을 이수하지 않았을 때의 처벌은?**

① 과징금 100만 원
② 과태료 50만 원
③ 과징금 50만 원
④ 판매정지 15일
⑤ 업무정지 30일

해설 의무교육을 이수하지 아니한 맞춤형화장품 조제관리사, 책임판매관리자에게는 과태료 50만 원이 부과된다.

48 **화장품법 시행규칙에서 규정한 안전용기·포장대상 품목이 아닌 것은?**

① 아세톤을 함유하는 네일 에나멜 리무버
② 미네랄 오일을 10% 함유하고 운동점도가 21센티스톡스(cst)(섭씨 40도 기준) 이하인 비에멀젼 타입의 액체상태의 어린이용 오일
③ 개별포장당 메틸살리실레이트를 3% 함유하는 액체상태의 제품
④ 미네랄 오일을 10% 함유하는 운동점도가 21센티스톡스(cst)(섭씨 40도 기준) 이하인 비에멀젼 타입의 액체상태의 클렌징 오일
⑤ 아세톤을 함유하는 네일 폴리시 리무버

해설 개별포장당 메틸살리실레이트를 5% 이상 함유하는 액체상태의 제품은 안전용기·포장대상 품목이다.

★ 정답 ★	45 ③	46 ②	47 ②	48 ③

49 위해화장품으로 분류할 때 다등급 위해성 화장품에 해당하는 화장품인 아닌 것은?

① 사용기한을 위조·변조한 화장품
② 신고를 하지 아니한 자가 판매한 맞춤형화장품
③ 맞춤형화장품 조제관리사 를 두지 아니하고 판매한 맞춤형화장품
④ 화장품에 사용할 수 없는 원료를 사용한 화장품
⑤ 화장품책임판매업자 스스로 국민보건에 위해를 끼칠 우려가 있어 회수가 필요하다고 판단한 화장품

해설 화장품에 사용할 수 없는 원료를 사용한 화장품과 사용한도가 정해진 원료를 사용한도 이상으로 포함한 화장품은 가등급 위해성 화장품이다.

50 영유아용 제품류 또는 만 13세 이하 어린이가 사용할 수 있음을 특정하여 표시하는 제품에 사용할 수 없는 색소는?

① 적색 2호
② 적색 40호
③ 적색 201호
④ 적색 202호
⑤ 적색 220호

해설 적색2호, 적색102호는 영유아용 제품류 또는 만 13세 이하 어린이가 사용할 수 있음을 특정하여 표시하는 제품에 사용할 수 없다.

51 다음의 화장품 원료 중에서 사용한도가 정해진 원료가 아닌 것은?

① 만수국꽃 추출물
② 만수국아재비꽃 추출물
③ 클로로아트라놀
④ 하이드롤라이즈드밀단백질
⑤ 땅콩오일, 추출물 및 유도체

해설 클로로아트라놀은 배합금지 원료이다.

52 다음의 화장품 원료 중에서 배합금지 원료가 아닌 것은?

① 벤조일퍼옥사이드
② 백색 페트롤라툼을 제외한 페트롤라툼
③ 아트라놀
④ 하이드록시아이소헥실 3-사이클로헥센 카보스알데히드(HICC)
⑤ 레조시놀

해설 레조시놀은 산화 염모제에 주로 사용되는 원료로 사용한도가 정해져 있다.

★ 정답 ★	49 ④	50 ①	51 ③	52 ⑤

53 화장품 포장재 중에서 지류(예 단상자, 첨부문서)의 보관조건으로 가장 적당한 것은?

① 다습, 실온 ② 다습, 상온 ③ 저습, 실온
④ 저습, 고온 ⑤ 저습, 냉장

해설 지류는 저습(예 상대습도 40% 이하), 실온(1 ~ 30℃)에서 보관하는 것이 권장된다.

54 미립자 분말 원료의 취급에 대한 설명으로 적절하지 않은 것은?

① 칭량 시에 집진기를 사용한다.
② 저습조건에서 보관하는 것이 권장된다.
③ 우기(雨期)에는 원료 보관소에 제습기 설치가 권장된다.
④ 원료별 보관온도에 맞게 보관한다.
⑤ 칭량 후, 원료분말에 의해 원료용기 표면이 오염되면 원료를 비닐용기로 옮겨 담아서 보관한다.

해설 원료는 납품 시 사용된 용기에 보관되어 있을 때 가장 안정하며 다른 용기에 옮겨서 보관할 때는 다른 용기 중에서 보관할 때 원료의 안정성에 대하여 먼저 검토하여야 한다.

55 화장품을 제조하는 시설에 대한 사항으로 적절하지 않은 것은?

① 환기가 잘 되고 청결할 것
② 수세실과 화장실은 접근이 쉬워야 하며 생산구역 내에 설치할 것
③ 외부와 연결된 창문은 가능한 열리지 않도록 할 것
④ 바닥, 벽, 천장은 가능한 청소하기 쉽게 매끄러운 표면을 지닐 것
⑤ 바닥, 벽, 천장은 소독제 등의 부식성에 저항력이 있을 것

해설 화장실은 생산구역 밖에 설치해야 한다.

56 화장품 광고의 매체 또는 수단 중에서 어린이 사용 화장품의 광고의 매체 또는 수단으로 적당하지 않은 것은?

① 신문·방송 또는 잡지
② 전단·팸플릿·견본 또는 입장권
③ 인터넷 또는 컴퓨터통신
④ 방문광고 또는 실연(實演)에 의한 광고
⑤ 비디오물·음반·서적·간행물·영화 또는 연극

해설 어린이 사용 화장품은 "방문광고 또는 실연(實演)에 의한 광고", "자기 상품 외의 다른 상품의 포장 광고"를 할 수 없다.

★ 정답 ★	53 ③	54 ⑤	55 ②	56 ④

57 우수화장품 제조 및 품질관리 기준에 설명하고 있는 일탈의 처리순서로 적당한 것은?

> **보기**
> ㉠ 일탈의 발견 및 초기평가
> ㉡ 즉각적인 수정조치
> ㉢ SOP(표준작업지침서)에 따른 조사, 원인분석 및 예방조치
> ㉣ 후속조치/종결
> ㉤ 문서작성/문서추적 및 경향분석

① ㉠ → ㉡ → ㉢ → ㉣ → ㉤
② ㉠ → ㉡ → ㉢ → ㉤ → ㉣
③ ㉠ → ㉢ → ㉡ → ㉣ → ㉤
④ ㉠ → ㉢ → ㉡ → ㉤ → ㉣
⑤ ㉠ → ㉣ → ㉢ → ㉡ → ㉤

해설 일탈의 발견 및 초기평가 → 즉각적인 수정조치 → SOP(표준작업지침서)에 따른 조사, 원인분석 및 예방조치 → 후속조치·종결 → 문서작성·문서추적 및 경향분석

58 기능성화장품의 심사를 위해 제출해야 하는 안전성, 유효성 또는 기능을 입증하는 자료가 아닌 것은?

① 기원 및 개발경위에 관한 자료
② 안전성에 관한 자료
③ 유효성 또는 기능에 관한 자료
④ 자외선차단지수(SPF) 설정의 근거자료(자외선차단제품에 한함)
⑤ 안정성에 관한 자료

해설 안전성, 유효성 또는 기능을 입증하는 자료(안유심사를 위해 제출하는 자료) : 기원 및 개발경위에 관한 자료, 안전성에 관한 자료, 유효성 또는 기능에 관한 자료, 자외선차단지수(SPF), 내수성자외선차단지수(SPF, 내수성 또는 지속내수성) 및 자외선A차단등급(PA) 설정의 근거자료

59 기능성화장품 심사를 위해 안전성에 관한 자료를 제출해야 한다. 안전성에 관한 자료에 해당하지 않는 것은?

① 안점막자극시험자료
② 피부감작성시험자료
③ 광독성 및 광감작성 시험자료
④ 인체첩포시험자료
⑤ 유전독성시험자료

해설 안전성에 관한 자료는 단회투여독성시험자료, 1차 피부자극시험자료, 안점막자극 또는 기타점막자극시험자료, 피부감작성시험자료, 광독성 및 광감작성 시험자료, 인체첩포시험자료, 인체누적첩포시험자료이다.

★ 정답 ★	57 ①	58 ⑤	59 ⑤

60 화장품 원료 명칭과 비타민 명칭이 옳게 짝지어진 것은?

① 토코페롤(tocopherol) – 비타민 C
② 아스코르빅애씨드(ascorbic acid) – 비타민 E
③ 판테놀(panthenol) – 비타민 B5
④ 피리독신에이치씨엘(pyridoxine HCL) – 비타민 A
⑤ 레티놀(retinol) – 비타민 D

해설 토코페롤 : 비타민 E / 레티놀 : 비타민 A / 아스코르빅애씨드 : 비타민 C / 피리독신에이치씨엘 : 비타민 B6

61 맞춤형화장품에 혼합할 수 있는 원료로 옳은 것은?

① 우레아
② 아스코르빅애씨드
③ 트리클로산
④ 징크피리치온
⑤ 토코페롤

해설 사용한도가 정해진 우레아(10%), 트리클로산(0.3%), 징크피리치온(0.5%), 토코페롤(20%)은 맞춤형화장품에 사용할 수 없다.

62 균일하고 미세한 유화입자를 만들어서 크림이나 로션과 같은 유화제품의 제조에 사용되는 화장품 제조설비는?

① 균질기(Homogenizer)
② 헨셀(Henschel)
③ 아토마이저(Atomizer)
④ 3단롤러(3 Roller)
⑤ 디스퍼(Disper)

해설 유화제형인 크림과 로션은 에멀젼을 균일한 입자로 작게 만들어주는 균질기(호모게나이저, homogenizer)가 필요하다.

63 화장품에 사용되는 원료의 특성을 설명한 것으로 옳은 것은?

① 금속이온봉쇄제는 주로 점도증가, 피막형성 등의 목적으로 사용된다.
② 계면활성제는 계면에 흡착하여 계면의 성질을 현저히 변화시키는 물질이다.
③ 고분자화합물은 원료 중에 혼입되어 있는 이온을 제거할 목적으로 사용된다.
④ 산화방지제는 수분이 증발을 억제하고 사용감촉을 향상시키는 등의 목적으로 사용 된다.
⑤ 유성원료는 산화되기 쉬운 성분을 함유한 물질에 첨가하여 산패를 막을 목적으로 사용된다.

해설 금속이온봉쇄제는 수상에 존재하는 금속이온을 봉쇄하며, 고분자화합물은 점증제, 피막형성제, 사용감 개선에 사용된다. 또한 산화방지제는 화장품의 산화를 막는 역할을 하며, 유성원료는 피부에 유연효과를 주는데 사용한다.

★ 정답 ★	60 ③	61 ②	62 ①	63 ②

64 사용한도 혹은 사용할 때 농도상한이 있는 화장품 원료가 아닌 것은?

① p-니트로-o-페닐렌디아민
② 4-메칠벤질리덴캠퍼
③ 멘톨
④ 레조시놀
⑤ 쿼터늄-15

해설 사용한도 혹은 사용할 때 농도상한이 있는 화장품 원료는 보존제(쿼터늄-15), 자외선 차단성분(4-메칠벤질리덴캠퍼), 염모제 성분(p-니트로-o-페닐렌디아민, 레조시놀), 기타성분(레조시놀)이다.

65 동일한 기능을 가진 화장품 성분으로만 이루어진 것은?

① 토코페릴아세테이트, 비에이치티, 프로필갈레이트
② 소듐벤조에이트, 베타인, 살리실릭애씨드
③ 벤조페논-4, 호모살레이트, m-아미노페놀
④ 글리세린, 다이프로필렌글라이콜, 디에칠렌글라이콜
⑤ 치오글라이콜릭애씨드, 씨트릭애씨드, 글라이콜릭애씨드

해설 산화방지제 : 토코페릴아세테이트, 비에이치티, 프로필갈레이트 / 보존제 : 소듐벤조에이트, 살리실릭애씨드 / 보습제 : 베타인, 글리세린, 다이프로필렌글라이콜 / 자외선차단제: 벤조페논-4, 호모살레이트 / AHA(알파-하이드록시애씨드) : 씨트릭애씨드, 글라이콜릭애씨드 / 제모제, 펌제의 주성분: 치오글라이콜릭애씨드 / 배합금지 원료 : 디에칠렌글라이콜

66 피부의 미백에 도움을 주는 성분인 닥나무추출물의 함량으로 옳은 것은?

① 0.04%
② 0.50%
③ 2.00%
④ 3.00%
⑤ 5.00%

해설 닥나무추출물의 함량 기준은 2.0%이다.

67 천연화장품 및 유기농화장품의 기준에 관한 규정에 따라 천연화장품 및 유기농화장품의 제조에 사용할 수 있는 허용기타원료가 아닌 것은?

① 키토산
② 베타인
③ 카라기난
④ 레시틴
⑤ 잔탄검

해설 허용기타원료는 천연원료에서 석유화학 용제를 이용해서 추출한 원료로서 베타인, 카라기난, 레시틴, 토코페롤, 오리자놀, 안나토, 카로티노이드·잔토필, 라놀린, 피토스테롤, 스핑고리피드, 잔탄검, 알킬베타인, 앱솔루트, 콘크리트, 레지노이드가 해당된다.

★ 정답 ★	64 ③	65 ①	66 ③	67 ①

68 광노화(photo-aging)의 원인이 되는 빛의 파장은?

① 200 ~ 400nm
② 400 ~ 750nm
③ 800 ~ 1,000nm
④ 1,200 ~ 3,000nm
⑤ 3,500 ~ 10,000nm

해설 자외선(200 ~ 400nm), 가시광선(400 ~ 700nm), 적외선(약 700 ~ 1000μm) 중에서 광노화에 원인이 되는 것은 자외선이다.

69 다음의 화장품 원료의 성상에 대한 설명이 적당하지 않은 것은?

① 소듐하이알루로네이트 : 백색 ~ 담황색의 분말
② 소듐클로라이드 : 무색 또는 백색의 입방형의 결정 또는 결정성 가루로
③ 다이소듐이디티에이 : 백색의 결정 또는 결정성 가루
④ 소듐라우릴설페이트 : 무색 ~ 엷은 황색의 액
⑤ 소듐벤조에이트 : 흰색의 알갱이, 결정 또는 결정성 가루

해설 소듐라우릴설페이트 : 백색 ~ 엷은 황색의 결정 또는 가루(출처 : 화장품 원료규격 가이드라인)

70 피부에 색소침착이 있는 고객에게 맞춤형화장품 조제관리사가 추천할 수 있는 제품으로 가장 적당한 것은?

① 알파-비사보롤이 주성분인 기능성화장품
② 아데노신이 주성분인 기능성화장품
③ 레티닐팔미테이트가 주성분인 기능성화장품
④ 아데노신액(2%)이 주성분인 기능성화장품
⑤ 에칠헥실메톡시신나메이트가 주성분인 기능성화장품

해설 색소침착이 있는 피부에는 미백에 도움을 주는 성분인 알파-비사보롤, 나이아신아마이드, 아스코빌글루코사이드, 유용성감초추출물, 알부틴, 에칠아스코빌에텔, 아스코빌테트라이소팔미테이트가 주성분인 기능성화장품 이 권장된다.

71 화장품에 사용되는 원료에 대한 설명으로 적절하지 않은 것은?

① 금속이온봉쇄제는 화장품 내용물 중에 존재하는 이온을 제거하여 보존력을 향상시키는데 도움이 된다.
② 산화방지제는 수분의 증발을 억제하고 사용감촉을 향상시키는 등의 목적으로 사용된다.
③ 고분자화합물은 주로 점도증가, 피막형성, 사용감 개선의 목적으로 사용된다.
④ 계면활성제는 계면에 흡착하여 계면의 성질을 변화시켜 유상과 수상이 혼합되도록 한다.
⑤ 유성원료는 유연효과(emollient)를 준다.

해설 점증제 : 점도증가 / 피막형성제 : 피막형성 / 금속이온봉쇄제 : 금속이온의 제거, 봉쇄(킬레이팅) / 산화방지제 : 제품의 산화방지, 산패방지 / 유성원료 : 유연효과(에몰리언트), 고분자화합물: 점도증가, 사용감 개선, 피막형성

★ 정답 ★	68 ①	69 ④	70 ①	71 ②

72 맞춤형화장품의 내용물 및 원료에 대한 품질검사결과를 확인할 수 있는 서류로 옳은 것은?

① 품질규격서 ② 품질성적서 ③ 제조공정도
④ 포장지시서 ⑤ 칭량지시서

해설 책임판매업자가 내용물과 원료를 품질성적서와 함께 맞춤형화장품판매업자에게 공급한다. 맞춤형화장품판매업자는 품질성적서에서 내용물과 원료의 품질검사결과를 확인할 수 있다.

73 맞춤형화장품 매장에 근무하는 조제관리사에게 향료 알레르기가 있는 고객이 제품에 대해 문의를 해왔다. 조제관리사가 설명문안을 참조하여 고객에게 안내해야 할 말로 가장 적절한 것은?

설명문안

- 제품명 : 허스토리 유기농 원더 로션
- 제품의 유형 : 액상 에멀젼류
- 내용량 : 210mL
- 전성분 : 정제수, 1,3부틸렌글리콜, 글리세린, 스쿠알란, 호호바유, 모노스테아린산글리세린, 피이지소르비탄지방산에스터, 1,2헥산디올, 녹차추출물, 황금추출물, 참나무이끼추출물, 토코페롤, 잔탄검, 구연산나트륨, 벤질알코올, 유제놀, 리모넨

① 이 제품은 유기농화장품으로 알레르기 반응을 일으키지 않습니다.
② 이 제품은 알레르기는 면역성이 있어 반복해서 사용하면 완화될 수 있습니다.
③ 이 제품은 조제관리사가 조제한 제품이어서 알레르기 반응을 일으키지 않습니다.
④ 이 제품은 알레르기 완화 물질이 첨가되어 있어 알레르기 체질 개선에 효과가 있습니다.
⑤ 이 제품은 알레르기를 유발할 수 있는 성분이 포함되어 있어 사용 시 주의해야 합니다.

해설 알레르기 유발물질인 참나무이끼추출물, 벤질알코올, 유제놀, 리모넨이 포함되어 있어 사용할 때의 주의사항에 대하여 설명하여야 한다.

74 다음 〈보기〉 중 맞춤형화장품 조제관리사의 업무가 적절한 것은?

보기

ㄱ. 조제관리사가 맞춤형화장품을 매장 조제실에서 직접 조제하여 고객에게 전달하였다.
ㄴ. 조제관리사는 썬크림을 조제하기 위하여 에틸헥실메톡시신나메이트를 10%로 배합, 조제하여 판매하였다.
ㄷ. 책임판매업자가 기능성화장품으로 심사 또는 보고를 완료한 제품을 맞춤형화장품 조제관리사가 소분하여 판매하였다.
ㄹ. 맞춤형화장품 구매를 위하여 인터넷 주문을 진행한 고객에게 조제관리사는 전자상거래 담당자에게 직접 조제하여 제품을 배송까지 진행하도록 지시하였다.

① ㄱ, ㄴ ② ㄱ, ㄹ ③ ㄱ, ㄷ ④ ㄴ, ㄹ ⑤ ㄷ, ㄹ

해설 혼합·소분과 같은 조제는 맞춤형화장품 조제관리사가 반드시 해야 하며, 맞춤형화장품에는 자외선차단성분(예 에틸헥실메톡시신나메이트)을 사용할 수 없다.

★ 정답 ★	72 ②	73 ⑤	74 ③

75 다음 〈보기〉에서 맞춤형화장품 조제에 필요한 원료 및 내용물 관리로 적절한 것은?

보기

ㄱ. 내용물 및 원료의 제조번호를 확인한다.
ㄴ. 내용물 및 원료의 입고 시 품질관리 여부를 확인한다.
ㄷ. 내용물 및 원료의 사용기한 또는 개봉 후 사용기간을 확인한다.
ㄹ. 내용물 및 원료 정보는 기밀이므로 소비자에게 설명하지 않을 수 있다.
ㅁ. 책임판매업자와 계약한 사항과 별도로 내용물 및 원료의 비율을 다르게 할 수 있다.

① ㄱ, ㄴ, ㄷ
② ㄱ, ㄴ, ㄹ
③ ㄱ, ㄷ, ㅁ
④ ㄴ, ㅁ, ㄹ
⑤ ㄷ, ㅁ, ㄹ

해설 내용물과 원료가 입고될 때 제조번호, 사용기한(또는 개봉 후 사용기간), 품질관리 여부를 확인한다. 또한 책임판매업자와 계약한 사항은 준수해야 하며, 내용물과 원료에 대한 정보는 고객에게 전달해야 부작용, 안전사고 등을 막을 수 있다.

76 맞춤형화장품으로 판매할 수 있는 경우로 적합한 것은?

① 맞춤형화장품 조제관리사가 소듐벤조에이트 0.1%를 직접 첨가한 맞춤형화장품
② 맞춤형화장품 조제관리사가 벤조페논-3 1.0%를 직접 첨가한 맞춤형화장품
③ 맞춤형화장품 조제관리사가 붕산 0.5%를 직접 첨가한 맞춤형화장품
④ 맞춤형화장품 조제관리사가 알부틴 2.0%를 직접 첨가한 맞춤형화장품
⑤ 화장품책임판매업자가 식품의약품안전처장이 고시하는 기능성화장품의 효능·효과를 나타내는 원료를 포함하여 식약처로부터 심사를 받거나 보고서를 제출한 경우에 해당하는 제품에 맞춤형화장품 조제관리사가 알란토인 5.0%를 직접 첨가한 맞춤형화장품

해설 화장품 안전기준 등에 관한 규정 별표 1의 화장품에 사용할 수 없는 원료(배합금지 원료), 화장품 안전기준 등에 관한 규정 별표2의 화장품에 사용상의 제한이 필요한 원료(보존제, 염모제, 자외선차단성분, 기타성분), 식품의약품안전처장이 고시한 기능성화장품의 효능·효과를 나타내는 원료(기능성화장품 주성분)은 맞춤형화장품에 사용할 수 없다. 다만, 맞춤형화장품판매업자에게 원료를 공급하는 화장품책임판매업자가 화장품법 제4조에 따라 해당 원료를 포함하여 기능성화장품에 대한 심사를 받거나 보고서를 제출한 경우에는 기능성화장품으로 맞춤형화장품판매업자가 판매할 수 있다.

★ 정답 ★	75 ①	76 ⑤

77 다음 〈보기〉의 우수화장품 품질관리기준에서 기준일탈 제품의 폐기처리 순서를 나열한 것으로 옳은 것은?

> **보기**
> ㄱ. 격리 보관
> ㄴ. 기준 일탈 조사
> ㄷ. 기준일탈의 처리
> ㄹ. 폐기처분 또는 재작업 또는 반품
> ㅁ. 기준일탈 제품에 불합격라벨 첨부
> ㅂ. 시험, 검사, 측정이 틀림없음 확인
> ㅅ. 시험, 검사, 측정에서 기준 일탈 결과 나옴

① ㄷ → ㄴ → ㅂ → ㅅ → ㄹ → ㄱ → ㅁ
② ㅁ → ㄴ → ㅂ → ㄷ → ㅅ → ㄱ → ㄹ
③ ㅅ → ㄴ → ㄹ → ㄷ → ㅁ → ㅂ → ㄱ
④ ㅅ → ㄴ → ㅂ → ㄷ → ㅁ → ㄱ → ㄹ
⑤ ㅅ → ㄴ → ㅂ → ㄷ → ㅁ → ㄹ → ㄱ

해설 기준일탈 → 기준일탈 조사 → 시험, 검사, 측정 재실시 및 그 결과 확인 → 기준일탈 처리 → 불합격라벨 부착 → 격리 보관 → 폐기 또는 재작업(벌크제품), 반품(원료, 포장재)

78 맞춤형화장품에 혼합 가능한 화장품 원료로 옳은 것은?

① 아데노신
② 라벤더오일
③ 징크피리치온
④ 페녹시에탄올
⑤ 메칠이소치아졸리논

해설 사용한도가 정해진 원료(보존제, 자외선 차단성분 등)와 기능성화장품 주성분은 맞춤형화장품에 혼합할 수 없다.

79 피부의 표피를 구성하고 있는 층으로 옳은 것은?

① 기저층, 유극층, 과립층, 각질층
② 기저층, 유두층, 망상층, 각질층
③ 유두층, 망상층, 과립층, 각질층
④ 기저층, 유극층, 망상층, 각질층
⑤ 과립층, 유두층, 유극층, 각질층

해설 유두층, 망상층은 진피에 존재한다.

★ 정답 ★	77 ④	78 ②	79 ①

80 **맞춤형화장품 조제관리사인 연주는 매장을 방문한 고객과 다음과 같은 〈대화〉를 나누었다. 연주가 고객에게 혼합하여 추천할 제품으로 다음 〈보기〉 중 옳은 것은?**

〈대화〉

고객 : 최근에 야외활동을 많이 해서 그런지 얼굴 피부가 검어지고 칙칙해졌어요. 건조하기도 하구요.
연주 : 아, 그러신가요? 그럼 고객님 피부 상태를 측정해 보도록 할까요?
고객 : 그럴까요? 지난번 방문 시와 비교해 주시면 좋겠네요
연주 : 네. 이쪽에 앉으시면 저희 측정기로 측정을 해드리겠습니다.

(피부측정 후)

연주 : 고객님은 한 달 전 측정 시보다 얼굴에 색소 침착도가 30% 가량 증가했고, 피부 보습도 약 35% 감소하셨습니다.
고객 : 음. 걱정이네요. 그럼 어떤 제품을 쓰는 것이 좋을지 추천 부탁드려요.

보기

ㄱ. 티타늄디옥사이드(titanium dioxide) 함유 제품
ㄴ. 나이아신아마이드(niacinamide) 함유 제품
ㄷ. 카페인(caffeine) 함유 제품
ㄹ. 소듐하이알루로네이트(sodium hyaluronate)함유제품
ㅁ. 아데노신(adenosine)함유제품

① ㄱ, ㄷ ② ㄱ, ㅁ ③ ㄴ, ㄹ
④ ㄴ, ㅁ ⑤ ㄷ, ㄹ

해설 색소침착을 완화하기 위하여 미백에 도움을 주는 화장품 성분(나이아신아마이드)이 포함된 제품과 피부보습을 강화하기 위하여 보습제(소듐하이알루로네이트)가 포함된 화장품을 추천한다.

81 **맞춤형화장품판매업에서 변경사항이 발생하면 변경신고를 해야하고 신고하지 않았을 때 그 처벌을 화장품법에서 규정하고 있다. 다음 중 그 처벌이 적절한 것은?**

① 맞춤형화장품판매업자의 변경신고를 하지 않은 경우 - 1차 처벌 : 판매업무정지 15일
② 맞춤형화장품판매업소 상호의 변경신고를 하지 않은 경우 - 1차 처벌 : 판매업무정지 2개월
③ 맞춤형화장품 조제관리사의 변경신고를 하지 않은 경우 - 1차 처벌 : 판매업무정지 1개월
④ 맞춤형화장품판매업자 상호의 변경신고를 하지 않은 경우 - 1차 처벌 : 시정명령
⑤ 맞춤형화장품판매업소 소재지의 변경신고를 하지 않은 경우 - 1차 처벌 : 판매업무정지 1개월

해설 맞춤형화장품판매업자의 변경신고를 하지 않은 경우, 맞춤형화장품판매업소 상호의 변경신고를 하지 않은 경우, 맞춤형화장품 조제관리사의 변경신고를 하지 않은 경우 – 1차 처벌 : 시정명령 / 맞춤형화장품판매업소 소재지의 변경신고를 하지 않은 경우 – 1차 처벌 : 판매업무정지 1개월

★ 정답 ★	80 ③	81 ⑤

82 **화장품법 시행규칙에서 규정하고 있는 회수대상 화장품과 그 위해성 등급이 옳게 짝지어진 것은?**

① 안전용기·포장에 위반되는 화장품 – 가등급
② 화장품에 사용할 수 없는 원료를 사용한 화장품 – 나등급
③ 전부 또는 일부가 변패된 화장품 – 가등급
④ 영업자 스스로 국민보건에 위해를 끼칠 우려가 있어 회수가 필요하다고 판단한 화장품 - 나등급
⑤ 기능성화장품 의 기능성을 나타나게 하는 주원료 함량이 기준치에 부적합 화장품 – 다등급

해설 가등급 : 화장품에 사용할 수 없는 원료를 사용한 화장품, 사용한도가 정해진 원료를 사용한도 이상으로 포함한 화장품 / 나등급 : 안전용기·포장에 위반되는 화장품, 화장품 안전기준 등에 관한 규정을 미준수한 화장품(단, 내용량 미달 및 기능성화장품 주성분 함량 미달은 제외) / 다등급 : 가등급과 나등급 이외의 회수대상 화장품, 자진회수 화장품

83 **기능성화장품 이 아닌 일반화장품에서 실증자료인 인체적용시험자료가 있으면 표시·광고할 수 있는 표현에 대한 설명으로 옳은 것은?**

① 로션에서 여드름성 피부에 사용에 적합함을 표시·광고할 수 있다.
② 로션에서 항균을 표시·광고할 수 있다.
③ 로션에서 셀룰라이트 감소를 표시·광고할 수 있다.
④ 로션에서 콜라겐 증가를 표시·광고할 수 있다.
⑤ 로션에서 효소증가를 표시·광고할 수 있다.

해설 콜라겐 증가·감소·활성화와 효소 증가·감소·활성화는 기능성화장품에서만 표현할 수 있으며 항균은 일반화장품 인체세정용 제품에만 표시·광고할 수 있다. 또한 일시적 셀룰라이트 감소만을 표시·광고할 수 있다.

84 **화장품의 위해평가는 인체가 화장품에 존재하는 위해요소에 노출되었을 때 발생할 수 있는 유해영향과 발생확률을 과학적으로 예측하는 일련의 과정으로 위험성 확인, 위험성 결정, 노출평가, (㉠) 등 일련의 단계를 말한다. ㉠에 옳은 것은?**

① 유해성 결정
② 유해도 평가
③ 유해도 결정
④ 위해도 평가
⑤ 위해도 결정

해설 위해평가 단계 : 위험성 확인 – 위험성 결정 – 노출평가 – 위해도 결정

★ 정답 ★	82 ⑤	83 ①	84 ⑤

85 **영유아용과 어린이용 화장품은 제품별 안전성 자료를 보관해야 한다. 개봉 후 사용기간을 표시하는 경우에 안전성 자료는 영유아 또는 어린이가 사용할 수 있는 화장품임을 표시·광고한 날부터 마지막으로 제조한 제품의 (㉠) 혹은 마지막으로 수입한 제품의 (㉡) 이후 3년간 보관한다. ㉠, ㉡에 옳은 것은?**

① ㉠ : 제조일자, ㉡ : 통관일자
② ㉠ : 칭량일자, ㉡ : 통관일자
③ ㉠ : 제조일자, ㉡ : 수입일자
④ ㉠ : 생산일자, ㉡ : 통관일자
⑤ ㉠ : 포장일자, ㉡ : 합격일자

해설 국내 제조 화장품 : 제조일자 / 수입 화장품 : 통관일자

86 **다음 중 안전용기·포장대상 품목이 아닌 것은?**

① 아세톤을 함유하는 네일 에나멜 리무버
② 아세톤을 함유하는 네일 폴리시 리무버
③ 미네랄 오일 20퍼센트 함유한 어린이용 오일
④ 메틸살리실레이트 5퍼센트 함유한 비듬샴푸
⑤ 미네랄 오일 5% 함유한 클렌징 오일

해설 안전용기·포장대상 품목 : 아세톤을 함유하는 네일 에나멜 리무버 및 네일 폴리시 리무버, 어린이용 오일 등(예 어린이용 오일, 영유아용 오일, 클렌징 오일) 개별포장 당 탄화수소류(hydrocarbon, 예 미네랄 오일)를 10퍼센트 이상 함유하고 운동점도가 21센티스톡스(cst)(섭씨 40도 기준) 이하인 비에멀젼 타입의 액체상태의 제품 개별포장당 메틸살리실레이트를 5퍼센트 이상 함유하는 액체상태의 제품

87 **개인정보 수집 목적 범위 내에서 제3자에게 개인정보의 제공이 가능하며 이를 위해 정보주체의 동의를 받아야 한다. 동의받을 때 고지 의무사항으로 적당하지 않은 것은?**

① 개인정보를 제공받는 자
② 제공받는 자의 개인정보이용 목적
③ 제공하는 개인정보의 항목
④ 동의거부 권리 및 동의 거부 시 불이익 내용
⑤ 제공받는 자의 개인정보파기 기한

해설 동의받을 때 고지 의무사항 : 개인정보를 제공받는 자, 제공받는 자의 개인정보이용 목적, 제공하는 개인정보의 항목, 제공받는 자의 개인정보 보유·이용기간, 동의거부 권리 및 동의 거부 시 불이익 내용

88 **건물, 시설 및 주요 설비는 정기적으로 점검하여 화장품의 제조 및 품질관리에 지장이 없도록 유지·(㉠)·기록해야 한다고 우수화장품 제조 및 품질관리기준(CGMP) 제10조 유지관리에서 규정하고 있다. ㉠에 적합한 것은?**

① 수리
② 관리
③ 점검
④ 변경
⑤ 교체

해설 건물, 시설 및 주요 설비는 정기적으로 점검하여 화장품의 제조 및 품질관리에 지장이 없도록 유지·관리·기록하여야 한다(우수화장품 제조 및 품질관리기준(CGMP) 제10조 유지관리).

★ 정답 ★	85 ①	86 ⑤	87 ⑤	88 ②

89 **다음의 화장품 원료 중에서 화장품에 사용할 수 없는 원료는?**

① 스테아릭애씨드 ② 캠퍼 ③ 천수국꽃 추출물
④ 세테아릴알코올 ⑤ 디프로필렌글라이콜

해설 천수국꽃 추출물 또는 오일은 화장품에 사용할 수 없는 배합금지 원료이다.

90 **유통화장품 안전관리 시험방법에서 규정하고 있는 시험방법 중 안티몬과 니켈을 동시에 분석할 수 있는 시험방법만을 짝지어 놓은 것은?**

① ICP-MS, AAS, ICP ② ICP-MS, AAS, 비색법
③ 푹신아황산법, AAS, ICP ④ ICP-MS, 액체크로마토그래프법, ICP
⑤ ICP-MS, AAS, 디티존법

해설 니켈, 안티몬, 카드뮴, 비소는 동시분석이 가능하며 이 때 사용하는 시험밥법은 ICP-MS(유도결합플라즈마-질량분석기를 이용한 방법), AAS(원자흡광광도법), ICP(유도결합플라즈마분광기를 이용하는 방법)이다.

91 **화장품 안전기준 등에 관한 규정(식품의약품안전처 고시) 별표 3에서 설명하는 인체 세포·조직 배양액 안전기준으로 옳지 않은 것은?**

① 누구든지 세포나 조직을 주고받으면서 금전 또는 재산상의 이익을 취할 수 없다.
② 누구든지 공여자에 관한 정보를 제공하거나 광고 등을 통해 특정인의 세포 또는 조직을 사용하였다는 내용의 광고를 할 수 없다.
③ 인체 세포·조직 배양액을 제조하는데 필요한 세포·조직은 채취 혹은 보존에 필요한 위생상의 관리가 가능한 의료기관에서 채취된 것만을 사용한다.
④ 세포·조직을 채취하는 의료기관 및 인체 세포·조직 배양액을 제조하는 자는 업무수행에 필요한 문서화된 절차를 수립하고 유지하여야 하며 그에 따른 기록을 보존하여야 한다.
⑤ 화장품 제조업자는 세포·조직의 채취, 검사, 배양액 제조 등을 실시한 기관에 대하여 안전하고 품질이 균일한 인체 세포·조직 배양액이 제조될 수 있도록 관리·감독을 철저히 하여야 한다.

해설 화장품책임판매업자의 채취, 검사, 배양액 제조 등을 실시한 기관에 대하여 안전하고 품질이 균일한 인체 세포·조직 배양액이 제조될 수 있도록 관리·감독을 철저히 하여야 한다.

92 **화장품영업자의 영업에 대한 설명으로 옳지 않은 것은?**

① 화장품제조업자는 화장품을 제조하여 화장품책임판매업자에게 공급한다.
② 화장품책임판매업자가 화장품 제조업 등록이 되어 있으면 직접 제조하여 유통할 수 있다.
③ 화장품책임판매업자는 화장품을 수입한 후 마트, 백화점 등에 공급하여 판매한다.
④ 맞춤형화장품판매업자는 수입한 화장품 내용물만을 소분하여 판매한다.
⑤ 맞춤형화장품판매업자는 화장품 내용물과 내용물을 혼합하여 판매한다.

해설 맞춤형화장품판매업은 제조 또는 수입된 화장품의 내용물을 소분(小分)한 화장품을 판매하는 영업을 할 수 있다.

★ 정답 ★	89 ③	90 ①	91 ⑤	92 ④

93 **화장품법에서 정하고 있는 맞춤형화장품판매업에 대한 사항으로 옳지 않은 것은?**

① 맞춤형화장품판매업을 하려는 자는 총리령으로 정하는 바에 따라 식품의약품안전처장에게 등록하여야 한다.

② 맞춤형화장품판매업자는 맞춤형화장품판매장 시설·기구의 관리 방법, 혼합·소분 안전관리기준의 준수 의무, 혼합·소분되는 내용물 및 원료에 대한 설명 의무 등에 관하여 총리령으로 정하는 사항을 준수해야 한다.

③ 맞춤형화장품판매업자는 변경 사유가 발생한 날부터 30일 이내에 지방식품의약품안전청장에게 신고하여야 한다.

④ 맞춤형화장품판매업자가 둘 이상의 장소에서 맞춤형화장품판매업을하는 경우에는 종업원 주에서 총리령으로 정하는 자를 책임자로 지정하여 교육을 받게 할 수 있다.

⑤ 식품의약품안전처장은 국민 건강상 위해를 방지하기 위하여 필요하다고 인정하면 맞춤형화장품판매업자에게 화장품 관련 법령 및 제도에 관한 교육을 받을 것을 명할 수 있다.

해설 맞춤형화장품판매업을 하려는 자는 총리령으로 정하는 바에 따라 식품의약품안전처장에게 신고하여야 한다 (화장품법 제3조의 2, 맞춤형화장품판매업의 신고).

94 **다음 〈보기〉는 용기에 대한 표시사항의 일부이다. 그 설명이 옳은 것은?**

보기

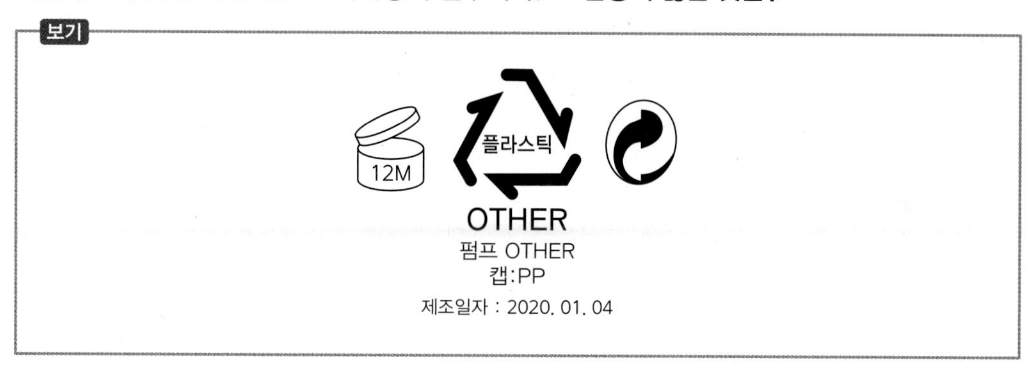

① 사용기한이 누락되어서 사용기한을 표시해야 한다.

② 개봉 후 사용기간은 12년이다.

③ 제조일자는 생략하고 표시하지 아니할 수 있다.

④ 이 제품은 개봉 후에 12개월까지 사용할 수 있다.

⑤ 펌프에 대한 재질은 HDPE이다.

해설 개봉 후 사용기간과 제조 연월일(제조일자)을 병행표시해야 하며, 사용기한은 표시할 의무는 없다. 단 자율적으로 사용기한을 표시해도 된다.

★ 정답 ★	93 ①	94 ④

95 **화장품의 전성분이 〈보기〉와 같을 때, 이 화장품의 사용 시의 주의사항으로 옳은 것은?**

> **보기**
>
> 화장품 명칭 : 허스토리 화이트닝 마스크팩(미백 기능성화장품)
> 정제수, 글리세린, 다이프로필렌들라이콜, 나이아신아마이드, 1,2-헥산다이올, 트라이에탄올아민, 카보머, 잔탄검, 아르간커넬오일, 토코페릴아세테이트, 판테놀, 사과추출물, 레몬추출물, 향료, 리날룰, 신남알, 리모넨

① 눈에 들어갔을 때에는 즉시 씻어낼 것
② 눈 주위를 피하여 사용할 것
③ 만3세 이하 어린이에게는 사용하지 말 것
④ 정해진 용법과 용량을 잘 지켜 사용할 것
⑤ 털을 제거한 직후에는 사용하지 말 것

해설 제품유형별 개별적인 주의사항으로 팩은 "눈 주위를 피하여 사용할 것"이 추가되어야 한다(화장품법 시행규칙 별표 3).

96 **화장품 안전기준 등에 관한 규정 별표2에서 정하고 있는 자외선 차단 성분과 그 사용한도가 옳지 않은 것은?**

① 디갈로일트리올리에이트 : 7%
② 멘틸안트라닐레이트 : 5%
③ 벤조페논-3(옥시벤존) : 5%
④ 벤조페논-4 : 5%
⑤ 부틸메톡시디벤조일메탄 : 5%

해설 사용한도가 5%인 자외선 차단 성분: 디갈로일트리올리에이트, 멘틸안트라닐레이트, 벤조페논-3(옥시벤존), 벤조페논-4, 부틸메톡시디벤조일메탄, 시녹세이트, 에칠헥실살리실레이트, 에칠헥실트리아존

97 **기능성화장품 심사에 관한 규정 별표4에서 정하고 있는 자용성 미백 성분과 수용성 주름개선 성분을 짝지은 것으로 옳은 것은?**

① 나이아신아마이드 - 레티놀
② 나이아신아마이드 - 레티놀팔미테이트
③ 알부틴 - 아데노신
④ 알파-비사보롤 - 아데노신
⑤ 살리실릭애씨드 - 아데노신

해설 지용성 미백 성분 : 아스코빌테트라이소팔미테이트, 알파-비사보롤 / 수용성 주름개선 성분: 아데노신

★ 정답 ★	95 ②	96 ①	97 ④

98 **다음 중 우수화장품 제조 및 품질관리 기준(CGMP)에서 규정하고 있는 화장품의 재작업에 한 설명으로 적절하지 않은 것은?**

① 변질·변패 또는 병원미생물에 오염되지 않고 제조일로부터 1년이 경과하지 않은 화장품은 재작업을 할 수 있다.

② 변질·변패 또는 병원미생물에 오염되지 않고 제조일로부터 18개월이 경과한 화장품은 재작업을 할 수 없다.

③ 재작업은 제조부서 책임자에 의해 승인되어야 한다.

④ 변질·변패 또는 병원미생물에 오염되지 않고 사용기간이 18개월 남아 있는 화장품은 재작업할 수 있다.

⑤ 변질·변패 또는 병원미생물에 오염되지 않고 사용기한이 1년 남아 있는 화장품은 재작업할 수 있다.

해설 제조일로부터 1년이 경과하지 않았거나 사용기한이 1년 이상 남아 있는 화장품은 재작업을 할 수 있다(우수화장품 제조 및 품질관리기준, 제22조 폐기처리 등). 또한 재작업은 품질보증 책임자에 의해 승인되어야 한다.

99 **우수화장품 제조 및 품질관리기준(CGMP) 해설서에서 설명하고 있는 화장품 제조설비의 세척 원칙으로 부적절한 것은?**

① 세제(계면활성제)를 반드시 사용한다.

② 세척 후는 반드시 "판정"한다.

③ 증기 세척을 이용한다.

④ 정제수로 세척한다.

⑤ 세척제는 효능이 입증된 것을 사용한다.

해설 세제는 필요시에만 사용하고 가급적 사용을 자제한다.

100 **우수화장품 제조 및 품질관리기준(CGMP) 해설서에서 설명하고 있는 원자재 입출고에 대한 설명으로 옳은 것은?**

① 입고된 원자재는 "적합", "부적합", "검사 중" 등으로 반드시 상태를 표시하여야 하며 동일 수준의 보증이 가능한 다른 시스템으로 대체할 수 없다.

② 원자재 입고 시, 물품에 결함이 있을 경우 우선 입고하고 원자재 공급업자에게 연락을 취한다.

③ 원자재 용기에 제조번호가 없는 경우에는 원자재 공급업자에게 반송하여야 한다.

④ 원자재의 입고 시 구매 요구서, 원자재 공급업체 성적서 및 현품이 서로 일치하는지 확인하다. 필요한 경우 운송 관련 자료를 추가적으로 확인할 수 있다.

⑤ 제조업자는 원자재 공급자에 대한 관리감독을 화장품 책임판매업자에게 위탁한다.

해설 동일한 수준의 보증시스템을 인정하며, 결함이 있는 원자재는 입고할 수 없다. 또한 제조번호가 없는 경우 관리번호를 부여하여 관리하고 원자재 공급자는 제조업자가 직접 관리감독한다.

★ 정답 ★	98 ③	99 ①	100 ④

101 UVB를 사람의 피부에 조사한 후 16~24시간의 범위내에, 조사영역의 전 영역에 홍반을 나타낼 수 있는 최소한의 자외선 조사량을 (㉠)(이)라 한다. ㉠에 적합한 단어는?

① 최소 홍반량
② 최소 지속형즉시흑화량
③ 자외선차단지수
④ 자외선A차단지수
⑤ 내수성 자외선차단지수

해설 최소 홍반량 (MED ; Minimum Erythema Dose)은 UVB를 사람의 피부에 조사한 후 16 ~ 24시간의 범위 내에, 조사영역의 전 영역에 홍반을 나타낼 수 있는 최소한의 자외선 조사량을 말한다.

102 영유아 또는 어린이가 사용할 수 있는 화장품임을 표시·광고하는 제품의 안전성 자료로 옳지 않은 것은?

① 제조관리기준서 사본
② 제품표준서 사본
③ 수입관리기록서 사본(수입품에 한함)
④ 제품 안전성 평가 결과
⑤ 안전관리기준서 사본

해설 안전성 자료로 제조관리기준서 사본, 제품표준서 사본, 수입관리기록서 사본(수입품에 한함), 제품 안전성 평가 결과, 사용 후 이상사례 정보의 수집·검토·평가 및 조치 관련 자료, 제품의 효능·효과에 대한 증명자료가 요구된다.

103 립스틱을 제조할 때 다음 중 사용할 수 있는 색소는?

① 적색 205호
② 적색 206호
③ 적색 208호
④ 적색 219호
⑤ 적색 102호

해설 적색 2호, 적색 102호는 영유아용 제품류 또는 만 13세 이하 어린이가 사용할 수 있음을 특정하여 표시하는 제품에는 사용할 수 없고 다른 제품에는 사용할 수 있다.

104 화장품법에서 화장품 제조 시에 사용할 수 없는 성분으로 규정하고 있는?

① 붕산
② 강암모니아수
③ 락틱애씨드
④ 붕사(소듐보레이트)
⑤ 과탄산나트륨

해설 붕산은 배합금지 성분이며, 레조시놀, 살리실릭애씨드와 붕사는 사용제한 원료이고, 과붕산나트륨과 과탄산나트륨은 기능성화장품 (염모제)의 주성분이다.

★ 정답 ★	101 ①	102 ⑤	103 ⑤	104 ①

105 제조부서책임자는 적절한 위생관리 기준 및 절차를 마련하고 화장품 제조소 내의 모든 직원이 위생관리 기준 및 절차를 준수할 수 있도록 교육훈련해야 한다. 다음 중에서 위생관리 기준 및 절차의 내용으로 적절하지 않은 것은?

① 직원의 작업 시 복장
② 직원 건강상태 확인
③ 직원에 의한 제품의 오염방지에 관한 사항
④ 직원의 손 씻는 방법
⑤ 직원의 근무태도

해설 위생관리 기준 및 절차의 내용 : 직원의 작업 시 복장, 직원 건강상태 확인, 직원에 의한 제품의 오염방지에 관한 사항, 직원의 손 씻는 방법, 직원의 작업 중 주의사항, 방문객 및 교육훈련을 받지 않은 직원의 위생관리

106 다음 화장품 성분 중에서 자외선을 산란시키는 무기계 자외선 차단제는?

① 에칠헥실메톡시신나메이트
② 벤조페논-3
③ 벤조페논-8
④ 징크옥사이드
⑤ 부틸메톡시디벤조일메탄

해설 무기계 자외선 차단제(2개) : 징크옥사이드, 티타늄디옥사이드 / 유기계 자외선 차단제(25개) : 에칠헥실메톡시신나메이트, 벤조페논-3, 벤조페논-8, 부틸메톡시디벤조일메탄 등

107 작업장에서 소독에 사용되는 소독제 선택 시, 고려할 조건으로 옳은 것은?

① 살균하고자 하는 대상물에 대한 영향이 없어야 한다.
② 취급 방법이 복잡해야 한다.
③ 특정한 균에 대하여 항균능이 우수해야 한다.
④ 향기로운 냄새가 나야 한다.
⑤ 내성균의 출현 빈도가 높아야 한다.

해설 소독제는 소독대상물에 영향이 없어야 하며 넓은 범위(broad spectrum)에서 항균능이 있어야 한다. 내성균이 출현 빈도는 낮아야 하며, 취급 방법이 복잡하지 않아야 한다.

108 액성을 산성, 알칼리성 또는 중성으로 나타낸 것은 따로 규정이 없는 한 리트머스지를 써서 검사하며 액성을 구체적으로 표시할 때에는 pH값을 사용한다. 다음 중 미산성의 pH로 적당한 것은?

① 약 5 ~ 약 6.5
② 약 3 ~ 약 5
③ 약 3 이하
④ 약 7.5 ~ 약 9
⑤ 약 9 ~ 약 11

해설 미산성 pH : 약 5 ~ 약 6.5 / 약산성 pH : 약 3~약 5 / 강산성 pH : 약 3 이하

★ 정답 ★	105 ⑤	106 ④	107 ①	108 ①

109 기능성화장품 기준 및 시험방법 일반시험법에서 규정하는 실온과 상온에 대한 온도로 옳은 것은?

① 1 ~ 30℃, 15 ~ 25℃
② 0 ~ 30℃, 15 ~ 25℃
③ 1 ~ 30℃, 1 ~ 25℃
④ 0 ~ 30℃, 1~ 25℃
⑤ 1 ~ 30℃, 10 ~ 30℃

해설 실온 : 1 ~ 30℃ / 상온 : 15 ~ 25℃

110 유통화장품 안전관리 시험방법에서 규정하고 있는 납에 대한 원자흡광광도법(AAS)에 대한 설명으로 적당하지 않은 것은?

① 검체 약 0.5g을 정밀하게 달아 석영 또는 테트라플루오로메탄제의 극초단파분해용 용기의 기벽에 닿지 않도록 조심하여 넣는다.
② 검체를 분해하기 위하여 질산 7mL, 염산 2mL 및 황산 1mL을 넣고 뚜껑을 닫은 다음 용기를 극초단파분해 장치에 장착한다.
③ 표준액(10㎍/mL) 0.5mL, 1.0mL 및 2.0mL를 각각 취하여 구연산암모늄용액(1 → 4) 10mL 및 브롬치몰블루시액 2방울을 넣고 이하 검액과 같이 조작하여 검량선용 표준액으로 한다.
④ 조작조건으로 가연성가스는 공기를 사용하고 지연성 가스는 아세칠렌 또는 수소를 사용한다.
⑤ 납중공음극램프를 사용하여 283.3nm에서 흡광도를 측정한다.

해설 가연성 가스 : 아세칠렌 또는 수소 / 지연성 가스 : 공기(화장품 안전기준 등에 관한 규정, 별표4 유통화장품 안전관리 시험방법)

111 다음 중 재작업에 대상이 되는 화장품은?

① 변질·변패 또는 병원미생물에 오염되지 않고 제조일로부터 1년이 경과하지 않은 화장품
② 변질·변패 또는 병원미생물에 오염되지 않고 제조일로부터 2년이 경과하지 않은 화장품
③ 변질·변패 또는 병원미생물에 오염되지 않고 제조일로부터 3년이 경과하지 않은 화장품
④ 변질·변패 또는 병원미생물에 오염되지 않고 사용기한이 6개월 이상 남은 화장품
⑤ 변질·변패 또는 병원미생물에 오염되지 않고 사용기한이 9개월 이상 남은 화장품

해설 제조일로부터 1년이 경과하지 않았거나 사용기한이 1년 이상 남아 있는 화장품은 재작업을 할 수 있다(우수화장품제조 및 품질관리기준, 제22조 폐기처리 등).

★ 정답 ★	109 ①	110 ④	111 ①

112 다음의 화장품 원료 중에서 수용성 성분으로만 짝지어진 것으로 옳은 것은?

① 스테아릭애씨드, 세틸알코올, 시트릭애씨드
② 하이알루로닉애씨드, 에틸알코올, 글라이콜릭애씨드
③ 미리스틱애씨드, 미리스틸알코올, 시트릭애씨드
④ 팔미틱애씨드, 이소프로필알코올, 글라이콜릭애씨드
⑤ 라우익애씨드, 라우릴알코올, 락틱애씨드

해설 지방산(fatty acid)인 라우익애씨드, 미리스틱애씨드, 팔미틱애씨드, 스테아릭액씨드 등은 유용성, 고급알코올(fatty alcohol)인 라우릴알코올, 미리스틸알코올, 세틸알코올, 스테아릴알코올 등은 유용성, 유기산(organic acid)은 시트릭애씨드, 글라이콜릭애씨드, 락틱애씨드, 하이알루로닉애씨드 등은 수용성

113 〈보기〉에서 설명하는 화장품 제조설비는 무엇인가?

보기

유상성분과 수상성분을 균질화하여 미세한 유화입자로 만드는 설비로 크림이나 로션타입의 제조에 주로 사용되며 안쪽에 터번형의 회전날개를 원통으로 둘러싼 구조이다. 이 제조설비는 고정자와 고속 회전이 가능한 운동자 사이의 간격으로 내용물이 대류 현상으로 통과되며 강한 전단력을 받아 균일하고 미세한 유화 입자를 만들어낸다.

① 아지믹서(agi mixer)
② 균질기(호모게나이저, homogenizer)
③ 디스퍼(disper)
④ 헨셀믹서(henschel mixer)
⑤ 측면형 교반기(paddle mixer)

해설 균질기(호모게나이저, homogenizer)는 균일하고 미세한 유화입자를 만들어 크림과 로션타입 제품의 제조에 사용된다.

114 우수화장품 제조 및 품질관리기준에서 요구하는 공기 조절의 4대 요소가 아닌 것은?

① 청정도
② 차압
③ 실내온도
④ 습도
⑤ 기류

해설 공기 조절의 4대 요소는 청정도, 실내온도, 습도, 기류이다.

★ 정답 ★	112 ②	113 ②	114 ②

115 **화장품의 함유 성분별 사용할 때의 주의사항으로 옳은 것은?**

① 살리실릭애씨드를 함유하고 있으므로 사용 시 흡입되지 않도록 주의할 것
② 동일 성분(알부틴 5% 이상)을 함유하는 제품의 「인체적용시험자료」에서 구진과 경미한 가려움이 보고된 예가 있음
③ 아이오도프로피닐부틸카바메이트(IPBC)를 함유하고 있으므로 이 성분에 과민하거나 알레르기가 있는 사람은 신중히 사용할 것
④ 포름알데하이드(포름알데하이드 0.05% 이상 검출된 경우)를 함유하고 있으므로 이 성분에 과민한 사람은 신중히 사용할 것
⑤ 동일 성분(폴리에톡실레이티드레틴아마이드 0.3% 이상)을 함유하는 제품의 「인체적용시험자료」에서 소양감, 자통, 홍반이 보고된 예가 있음.

해설 스테아린산아연을 함유하고 있으므로 사용 시 흡입되지 않도록 주의할 것, 동일 성분(알부틴 2% 이상)을 함유하는 제품의 「인체적용시험자료」에서 구진과 경미한 가려움이 보고된 예가 있음, 카민을 함유하고 있으므로 이 성분에 과민하거나 알레르기가 있는 사람은 신중히 사용할 것, 동일 성분(폴리에톡실레이티드레틴아마이드 0.2% 이상)을 함유하는 제품의 「인체적용시험자료」에서 경미한 발적, 피부건조, 화끈감, 가려움, 구진이 보고된 예가 있음

116 **우수화장품 제조 및 품질관리기준(CGMP) 해설서에서 규정하는 일탈의 처리 순서로 적당한 것은?**

보기

㉠ 일탈의 발견 및 초기평가
㉡ 즉각적인 수정조치
㉢ SOP에 따른 조사, 원인분석 및 예방조치 ㉣ 후속조치/종결
㉤ 문서작성/문서추적 및 경향분석

① ㉠, ㉡, ㉢, ㉣, ㉤
② ㉠, ㉢, ㉡, ㉣, ㉤
③ ㉠, ㉡, ㉣, ㉤, ㉢
④ ㉠, ㉣, ㉢, ㉡, ㉤
⑤ ㉡, ㉠, ㉢, ㉣, ㉤

해설 일탈의 발견 및 초기평가 → 즉각적인 수정조치 → SOP에 따른 조사, 원인분석 및 예방조치 → 후속조치·종결 → 문서작성/문서추적 및 경향분석

★ 정답 ★	115 ④	116 ①

117 **기능성화장품 기준 및 시험방법에서 피부의 미백에 도움을 주는 기능성화장품 원료로 정하고 있는 나이아신아마이드의 확인시험으로 옳지 않은 것은?**

① 이 원료 5㎎에 2,4-디니트로클로로벤젠 10㎎을 섞어 5 ~ 6초간 가만히 가열하여 융해시키고 식힌 다음 수산화칼륨·에탄올시액 4mL를 넣을 때 액은 적색을 나타낸다.

② 이 원료 1㎎에 pH 7.0의 인산염완충액 100mL를 넣어 녹이고 이 액 2mL에 브롬화시안시액 1mL를 넣어 80℃ 에서 7분간 가열하고 빨리 식힌 다음 수산화나트륨시액 5mL를 넣어 30분간 방치하고 자외선 하에서 관찰할 때 청색의 형광을 나타낸다.

③ 이 원료 20㎎에 수산화나트륨시액 5mL를 넣어 조심하여 끓일 때 나는 가스는 적색리트머스시험지를 청색으로 변화시킨다.

④ 이 원료 20㎎에 물을 넣어 녹이고 1L로 한다. 이 액은 파장 262±2㎚에서 흡수극대를 나타내며 파장 245±2㎚에서 흡수극소를 나타낸다. 여기서 얻은 극대파장에서의 흡광도를 A1, 극소파장에서의 흡광도를 A2 로 할 때 A2/A1은 0.63~0.67이다.

⑤ 이 원료를 건조하여 적외부흡수스펙트럼측정법의 1)브롬화칼륨정제법에 따라 측정할 때 3,300 cm-1, 1,700 cm-1, 1,110 cm-1, 1,060 cm-1 부근에서 특성흡수를 나타낸다.

해설 아스코빌글루코사이드의 확인시험: 이 원료를 건조하여 적외부흡수스펙트럼측정법의 브롬화칼륨정제법에 따라 측정할 때 3,300 cm-1, 1,700 cm-1, 1,110 cm-1, 1,060 cm-1 부근에서 특성흡수를 나타낸다.

118 **기능성화장품 기준 및 시험방법에서 규정하고 있는 기능성화장품 성분들의 성상에 대한 설명으로 옳은 것은?**

① 아스코빌글루코사이드 : 적색 ~ 미황색의 가루 또는 결정성 가루이다.

② 닥나무추출물 : 엷은 황색 ~ 황갈색의 점성이 있는 액 또는 황갈색~암갈색의 결정성 가루로 약간의 특이한 냄새가 있다.

③ 아스코빌테트라이소팔미테이트 : 무색 ~ 엷은 황색의 가루로 약간의 특이한 냄새가 있다.

④ 아데노신 : 미황색 결정 또는 결정성 가루로 냄새는 없다.

⑤ 알파-비사보롤 : 미적색의 오일 상으로 냄새는 없거나 특이한 냄새가 있다.

해설 아스코빌글루코사이드 : 백색 ~ 미황색, 아스코빌테트라이소팔미테이트 : 무색 ~ 엷은 황색의 액, 아데노신: 무색 결정 또는 결정성 가루, 알파-비사보롤 : 무색의 오일 상

★정답★	117 ⑤	118 ②

119 **기능성화장품의 주성분과 그 기능이 옳게 짝지어진 것은?**

① 디소듐페닐디벤즈이미다졸테트라설포네이트 – 피부의 미백에 도움

② 마그네슘아스코빌포스페이트 – 피부의 미백에 도움

③ 폴리에톡실레이티드레틴아마이드 - 피부를 곱게 태워주거나 자외선으로부터 피부를 보호하는데 도움

④ 치오글리콜산 80% – 여드름성 피부를 완화하는데 도움

⑤ 살리실릭애씨드 – 모발의 색상을 변화(탈염·탈색 포함)시키는 기능

해설 피부의 미백에 도움을 주는 성분 : 닥나무추출물, 알부틴, 에칠아스코빌에텔, 유용성감초추출물, 아스코빌글루코사이드, 마그네슘아스코빌포스페이트, 나이아신아마이드, 알파–비사보롤, 아스코빌테트라이소팔미테이트

120 **우수화장품 제조 및 품질관리기준(CGMP)에서 규정하는 원자재의 입고관리에 대한 설명이 옳은 것은?**

① 화장품책임판매업자는 원자재 공급자에 대한 관리감독을 적절히 수행하여 입고관리가 철저히 이루어지도록 하여야 한다.

② 원자재의 입고 시 구매 요구서(발주서), 원자재 공급업체 성적서 및 현품이 서로 일치하여야 하며 반드시 운송 관련 자료를 추가적으로 확인해야 한다.

③ 원자재 용기에 제조번호가 없는 경우에는 원자재 공급업체로 반송한다.

④ 원자재 입고절차 중 육안확인 시 물품에 결함이 있을 경우, 입고를 보류하고 격리보관 및 폐기하거나 원자재 공급업자에게 반송하여야 한다.

⑤ 입고된 원자재는 “입고”, “입고 보류”, “반송” 등으로 상태를 표시하여야 한다.

해설 ① 제조업자는 원자재 공급자에 대한 관리감독을 적절히 수행하여 입고관리가 철저히 이루어지도록 하여야 한다.
② 원자재의 입고 시 구매 요구서(발주서), 원자재 공급업체 성적서 및 현품이 서로 일치하여야 한다. 필요한 경우 운송 관련 자료를 추가적으로 확인할 수 있다.
③ 원자재 용기에 제조번호가 없는 경우에는 관리번호를 부여하여 보관하여야 한다.
⑤ 입고된 원자재는 “적합”, “부적합”, “검사 중” 등으로 상태를 표시하여야 한다(제11조 입고관리).

121 **우수화장품 제조 및 품질관리기준(CGMP)에서 규정하는 작업소에 대한 설명이 옳은 것은?**

① 바닥, 벽, 천장은 가능한 청소하기 쉽게 매끄러운 표면을 지니고 소독제 등의 부식성에 저항력이 있어야 한다.

② 일부분만 환기가 되고 청결해야 한다.

③ 외부와 연결된 문은 가능한 열리지 않도록 한다.

④ 작업소 내의 외관 표면은 가능한 매끄럽게 설계하고, 청소, 소독제의 부식성에 저항력이 없어야 한다.

⑤ 수세실과 화장실은 멀리 설치하고 생산구역과 분리되어 있어야 한다.

★ 정답 ★	119 ②	120 ④	121 ①

해설 ② 환기가 잘 되고 청결할 것
③ 외부와 연결된 창문은 가능한 열리지 않도록 할 것
④ 작업소 내의 외관 표면은 가능한 매끄럽게 설계하고, 청소, 소독제의 부식성에 저항력이 있을 것
⑤ 수세실과 화장실은 접근이 쉬워야 하나 생산구역과 분리되어 있을 것(제8조 시설)

122 **우수화장품 제조 및 품질관리기준(CGMP)에서 규정하는 직원의 위생에 대한 설명이 옳은 것은?**

① 적절한 위생관리 기준 및 절차를 마련하고 제조소 내의 제조부서 직원만 이를 준수해야 한다.
② 작업소 내의 모든 직원은 화장품의 오염을 방지하기 위해 규정된 작업복을 착용해야 한다. 단, 보관소 내의 직원은 예외이다.
③ 보관소 내의 모든 직원은 화장품의 오염을 방지하기 위해 음식물 등을 반입해서는 아니 된다. 단 작업소 내의 직원은 예외이다.
④ 제조구역별 접근권한이 없는 작업원은 제조, 관리 및 보관구역 내에 반드시 들어가지 않도록 한다.
⑤ 방문객은 사전에 직원 위생에 대한 교육을 받고 복장 규정에 따라 복장을 갖추면 제조구역에 출입할 수 있다.

해설 ① 적절한 위생관리 기준 및 절차를 마련하고 제조소 내의 모든 직원은 이를 준수해야 한다.
② 작업소 및 보관소 내의 모든 직원은 화장품의 오염을 방지하기 위해 규정된 작업복을 착용해야 하고 음식물 등을 반입해서는 아니 된다.
③ 피부에 외상이 있거나 질병에 걸린 직원은 건강이 양호해지거나 화장품의 품질에 영향을 주지 않는다는 의사의 소견이 있기 전까지는 화장품과 직접적으로 접촉되지 않도록 격리되어야 한다.
④ 제조구역별 접근권한이 없는 작업원 및 방문객은 가급적 제조, 관리 및 보관구역 내에 들어가지 않도록 하고, 불가피한 경우 사전에 직원 위생에 대한 교육 및 복장 규정에 따르도록 하고 감독하여야 한다(제6조 직원의 위생).

123 **소용량 맞춤형화장품 또는 비매품맞춤형화장품의 1차 포장 또는 2차 포장에 표시·기재해야 하는 사항으로 적당하지 않은 것은?**

① 화장품의 명칭
② 맞춤형화장품판매업자의 상호
③ 화장품책임판매업자의 상호
④ 가격
⑤ 제조번호와 사용기한 또는 개봉 후 사용기간(개봉 후 사용기간은 제조 연월일와 병기)

해설 소용량 또는 비매품 맞춤형화장품의 1차 포장 또는 2차 포장에는 화장품판매업자의 상호를 표시하지 않는다.

★ 정답 ★	122 ⑤	123 ③

124 **천연화장품 및 유기농화장품의 기준에 관한 규정에서 천연화장품 및 유기농화장품의 용기와 포장에 사용할 수 없는 플라스틱 재질로 정하고 있는 것은?**

① 폴리프로필렌(polypropylene, PP)
② 고밀도폴리에틸렌(high density polyethylene, HDPE)
③ 저밀도폴리에틸렌(low density polyethylene, LDPE)
④ 폴리에틸렌테레프탈레이트(polyethylene terephthalate, PET)
⑤ 폴리염화비닐(polyvinyl chloride, PVC)

해설 천연화장품 및 유기농화장품의 기준에 관한 규정(식품의약품안전처 고시)에 따르면 천연화장품 및 유기농화장품의 용기와 포장에 폴리염화비닐(polyvinyl chloride, PVC), 폴리스티렌폼(polystyrene foam)을 사용할 수 없다.

125 **우수화장품 제조 및 품질관리기준 해설서에서는 설비 세척 후에 실시하는 세척확인 방법에 대하여 설명하고 있다. 그 설명이 옳은 것은?**

① 세척된 설비 표면에 이물이 있는지 육안으로 확인한다.
② 세척된 설비 표면을 세척한 손으로 문질러 묻어나는 것이 있는지 확인한다.
③ 깨끗한 흰 색의 수건으로 문질러 묻어나는 것이 있는지 확인한다.
④ 호스(hose) 내부는 손가락을 넣어서 문질러 묻어나는 것이 있는지 확인한다.
⑤ 탱크 세척 후에 탱크의 최종 헹굼액(린스액)에 대한 화학분석을 반드시 실시한다.

해설 세척은 육안 확인, 무진천으로 문질러 부착물 확인, 호스 혹은 틈새의 린스액에 대한 화학분석확인으로 이루어진다.

126 **품질관리에 사용되는 표준품과 주요시약의 용기에 기재되어야 하는 사항이 아닌 것은?**

① 명칭
② 구매일
③ 보관조건
④ 사용기한
⑤ 역가, 제조자의 성명 또는 서명(직접 제조한 경우에 한함)

해설 표준품과 주요시약의 용기에는 개봉일을 표시하도록 우수화장품 제조 및 품질관리기준(CGMP)에서는 요구하고 있다.

127 **화장품에 대한 총호기성 생균수 시험결과가 적합인 경우는?**

① 물휴지 : 세균 90개/g, 진균 110개/g
② 영양크림 : 총호기성 생균수 1,000개/g
③ 화장수 : 총호기성 생균수 2,000개/g
④ 마스카라 : 총호기성 생균수 600개/g
⑤ 어린이용 로션 : 총호기성 생균수 600개/g

해설 총호기성 생균수(세균수+진균수) 기준은 영유아용 제품류 및 눈화장용 제품류는 500개/g(mL) 이하, 기타 화장품은 1,000개/g(mL) 이하이다. 단, 물휴지는 세균수 100개/g(mL) 이하, 진균수 100개/g(mL) 이하

★ 정답 ★	124 ⑤	125 ①	126 ②	127 ②

128 **화장품 안정성시험 가이드라인(식품의약품안전처 고시)에서 규정하고 있는 안정성 시험으로 생산된 3로트 이상의 제품을 계절별 연평균 온도, 습도에서 6개월 이상 보관하면서 실시하는 안정성 시험은 무엇인가?**

① 개봉 후 안정성 시험
② 장기보존 기험
③ 가속 시험
④ 가혹 시험
⑤ 보관조건 시험

해설 계절별 연평균 온도, 습도에 보관하면서 실시하는 안정성 시험은 개봉 후 안정성 시험이다.

129 **맞춤형화장품의 내용물 및 원료에 대한 품질검사결과를 확인할 수 있는 서류로 옳은 것은?**

① 품질규격서
② 품질성적서
③ 제조공정도
④ 포장지시서
⑤ 칭량지시서

해설 책임판매업자가 내용물과 원료를 품질성적서와 함께 맞춤형화장품판매업자에게 공급한다.
맞춤형화장품판매업자는 품질성적서에서 내용물과 원료의 품질검사결과를 확인할 수 있다.

130 **화장품 안전기준 등에 관한 규정에서는 화장품에서 특정 미생물은 검출되지 않아야 한다고 요구하고 있으며 이 특정 미생물에는 (㉠), 녹농균, 황색포도상구균이 해당된다. ㉠에 옳은 것은?**

① 대장균
② 살모넬라균
③ 아크네균
④ 말라세지아균
⑤ 칸디다균

해설 화장품에서 특정 미생물로 대장균, 녹농균, 황색포도상구균은 검출되지 않아야 한다.

★ 정답 ★	128 ①	129 ②	130 ①

131 화장품 안전기준 등에 관한 규정 별표4에서 규정하고 있는 유통화장품 시험방법 중, 원자흡광광도법에 따라 납 시험을 할 때 검액의 조제 순서로 옳은 것은?

보기

㉠ 검체 약 0.5g을 정밀하게 달아 석영 또는 테트라플루오로메탄제의 극초단파분해용 용기의 기벽에 닿지 않도록 조심하여 넣는다.
㉡ 검체에 질산 7mL, 염산 2mL 및 황산 1mL을 넣고 뚜껑을 닫은 다음 용기를 극초단파분해 장치에 장착한다.
㉢ 상온으로 식힌 다음 조심하여 뚜껑을 열고 분해물을 25mL 용량플라스크에 옮기고 물을 넣어 전체량을 25mL로 하여 검액으로 한다.
㉣ 검액과 공시험액 각 25mL를 취하여 각각에 구연산암모늄용액(1 → 4) 10mL 및 브롬치몰블루시액 2방울을 넣어 액의 색이 황색에서 녹색이 될 때까지 암모니아시액을 넣는다.
㉤ 황산암모늄용액(2 → 5) 10mL 및 물을 넣어 100mL로 하고 디에칠디치오카르바민산나트륨용액(1 → 20) 10mL를 넣어 섞고 몇 분간 방치한 다음 메칠이소부틸케톤 20.0mL를 넣어 세게 흔들어 섞어 조용히 둔다. 메칠이소부틸케톤층을 여취하고 필요하면 여과하여 검액으로 한다.

① ㉠ → ㉡ → ㉢ → ㉣ → ㉤
② ㉠ → ㉡ → ㉢ → ㉤ → ㉣
③ ㉠ → ㉡ → ㉣ → ㉢ → ㉤
④ ㉠ → ㉢ → ㉡ → ㉣ → ㉤
⑤ ㉠ → ㉤ → ㉢ → ㉣ → ㉡

해설 납시험 검액의 조제순서 : 검체 채취 → 산처리 → 극초단파 분해 → 암모니아시액 처리 → 메칠이소부틸케돈 처리

132 화장품 사용할 때의 주의사항 및 알레르기 유발성분 표시 등에 관한 규정(식품의약품안전처 고시)에서는 착향제 성분 중 알레르기 유발물질을 정하고 있다. 다음 착향제 성분 중 모노테르펜(monoterpene) 계열의 알레르기 유발물질이 아닌 것은?

① 리날룰
② 시트랄
③ 시트로넬롤
④ 신남알
⑤ 리모넨

해설 테프펜은 소나무 오일(pine oil), 시트러스 오일(citrus oil) 등 식물에서 방출되는 향에 포함된 화합물로 모노테르펜, 비테르펜, 트리테르펜으로 분류되며 리날룰, 시트랄, 시트로넬롤, 리모넨, 제라니올 등이 모노테프펜으로 분류된다.

★ 정답 ★	131 ①	132 ④

133 알파-하이드록시 애씨드(alpha-hydroxy acid, AHA)에 설명으로 적당하지 않은 것은?

① 시트릭애씨드는 카르복시기(-COOH)가 3개 붙어있는 AHA이다.
② AHA는 알파 위치에 하이드록시기가 결합되어 있다.
③ 말릭애씨드는 적포도주에서 발견되는 AHA이다.
④ 락틱애씨드는 쉰우유에서 생성되는 AHA이다.
⑤ 시트릭애씨드는 감귤류에서 발견되는 AHA이다.

해설 AHA(알파-하이드록시 애씨드) : 시트릭애씨드(감귤류), 글라이콜릭애씨드(사탕수수), 말릭애씨드(사과), 타타릭애씨드(적포도주), 락틱애씨드(쉰우유) / BHA(베타-하이드록시 애씨드) : 살리실릭애씨드 / 카르복시기(-COOH)로부터 첫 번째 탄소에 하이드록시기(-OH)가 결합되어 있으면 알파, 두 번째 탄소에 결합되어 있으면 베타, 세 번째 탄소에 결합되어 있으면 감마 하이드록시 애씨드이다.

134 자외선 A(UltraViolet A, UVA)영역의 파장으로 적당한 것은?

① 520 ~ 700nm
② 400 ~ 520nm
③ 320 ~ 400nm
④ 290 ~ 320nm
⑤ 200 ~ 290nm

해설 자외선은 200 ~ 290nm의 파장을 가진 자외선C(이하 UVC라 한다)와 290 ~ 320nm의 파장을 가진 자외선B(이하 UVB라 한다) 및 320 ~ 400nm의 파장을 가진 자외선A(이하 UVA라 한다)로 나눈다. UVA는 UVA I(340 ~ 400nm)와 UVA II(320 ~ 340nm)로 분류된다.

135 〈보기〉의 안료 중에서 체질안료만으로 이루어진 것은?

보기
• 탤크 • 카올린 • 칼슘카보네이트 • 흑색산화철 • 울트라마린블루

① 탤크, 카올린, 칼슘카보네이트
② 탤크, 카올린, 흑색산화철
③ 탤크, 카올린, 울트라마린블루
④ 탤크, 칼슘카보네이트, 흑색산화철
⑤ 탤크, 칼슘카보네이트, 울트라마린블루

해설 체질안료는 탤크, 카올린, 칼슘카보네이트, 실리카, 세리사이트 등 사용감과 관련이 있는 안료이며, 착색안료는 산화철, 울트라마린블루, 카민 등과 같이 색상과 관련이 있다.

★ 정답 ★	133 ③	134 ③	135 ①

136 (㉠) 증상은 대부분의 사람은 특별한 문제가 되지 않는 물질에 대하여 특정인들은 면역계의 과민반응에 의해서 나타나는 여러 가지 증상들을 의미한다. 아토피성 피부염, 천식, 그 외의 과민증상, 안구 충혈, 가려움을 동반한 피부 발진, 콧물, 호흡곤란, 부종 등의 증세를 나타낸다. 또한 화장품 착향제의 구성성분으로 인해 이 증상이 발생 된다. ㉠에 적합한 단어는?

① 발적　② 홍조　③ 광감성
④ 증후군　⑤ 알레르기

해설 알레르기(allergy)는 면역계의 과민반응에 의해서 나타나는 여러 가지 증상으로 그 증상에는 아토피성 피부염, 천식, 그 외의 과민증상, 안구 충혈, 가려움을 동반한 피부 발진, 콧물, 호흡곤란, 부종 등이 있다.

137 다음 〈보기〉에서 설명하는 ㉠, ㉡에 적합한 것은?

보기
- (㉠)계면활성제 : 모발에 흡착하여 유연효과나 대전 방지 효과, 모발의 정전기 방지 효과를 준다.
- (㉡)계면활성제 : 물 속에서 친수부가 대전되지 않으며 자극이 적어서 기초화장품류 제품에서 유하제, 가용하제 등으로 사용된다.

① ㉠ : 양이온, ㉡ : 비이온　② ㉠ : 음이온, ㉡ : 비이온
③ ㉠ : 양쪽성, ㉡ : 비이온　④ ㉠ : 비이온, ㉡ : 양쪽성
⑤ ㉠ : 음이온, ㉡ : 양쪽성

해설 양이온 계면활성제는 모발의 대전방지 효과 및 컨디셔닝 효과, 살균효과 등이 있어서 린스, 컨디셔너, 손소독제에 주로 사용되며 비이온 계면활성제는 자극이 적어 기초화장품류에서 사용된다.

138 다음의 화장품 원료 중에서 여드름을 유발하는 것으로 적당한 것은?

① 미네랄 오일(mineral oil, 유동파라핀)
② 파라핀(paraffin)
③ 글리세린(glycerin)
④ 소듐락테이트(sodium lactate)
⑤ 이소프로필미리스테이트(isopropyl myristate)

해설 여드름을 유발하는 화장품 원료로 미네랄 오일, 페트롤라툼(바세린), 라놀린, 올레익애씨드 등이 있다.

139 맞춤형화장품으로 립스틱을 만들려고 한다. 다음 중 립스틱 내용물에 혼합하여 사용할 수 있는 색소로 옳은 것은?

① 등색 206호　② 등색 207호　③ 적색 201호
④ 적색 205호　⑤ 적색 206호

해설 눈 주위 및 입술에 사용할 수 없는 색소: 등색 206호, 등색 207호, 적색 205호, 적색 206호

★ 정답 ★	136 ⑤	137 ①	138 ①	139 ③

140 미백 기능성화장품의 전성분이 〈보기〉와 같을 때, 녹차추출물의 함량으로 가장 적절한 것은 (단, 페녹시에탄올은 사용한도까지 사용하였음)?

> **보기**
> 정제수, 글리세린, 호호바오일, 에탄올, 헥산다이올, 닥나무추출물, 녹차추출물, 페녹시에탄올, 피이지-60하이드로제네이티드캐스터오일, 향료, 토코페릴아세테이트, 디소듐이디티에이

① 4.0 ~ 5.0%
② 3.0 ~ 4.0%
③ 2.0 ~ 3.0%
④ 1.0 ~ 2.0%
⑤ 0.5 ~ 1.0%

해설 닥나무추출물을 미백 기능성화장품 의 주성분으로 사용할 경우에 그 함량은 2.0%이며, 보존제인 페녹시에탄올의 배합한도는 1.0%이다. 전성분 표시지침에 따라 성분의 표시는 화장품에 사용된 함량순으로 많은 것부터 기재한다. 다만, 혼합원료는 개개의 성분으로서 표시하고, 1% 이하로 사용된 성분, 착향제 및 착색제에 대해서는 순서에 상관없이 기재할 수 있다.

141 맞춤형화장품의 변경신고에 대한 사항을 설명한 것으로 그 설명이 옳은 것은?

① 맞춤형화장품판매업자는 변경 사유가 발생한 날부터 15일 이내에 맞춤형화장품판매업 변경신고를 해야 한다.
② 변경신고 시에는 맞춤형화장품판매업 신고필증과 해당 서류(전자문서는 제외)를 첨부하여 지방 보건소장에게 제출하여야 한다.
③ 양도양수에 의한 변경신고 시에는 양도인의 행정처분 내용고지 확인서를 작성한다.
④ 상속에 의해 판매업자가 변경된 경우에는 주민등록초본을 신고서와 함께 제출한다.
⑤ 맞춤형화장품 조제관리사가 변경된 경우에는 자격증 원본을 제출한다.

해설 30일 이내 변경신고하며, 해당 서류로 전자문서도 가능하고 상속시에는 가족관계증명서를 제출한다. 신고필증을 이외의 모든 서류는 지방식품의약품안전청장에게 사본으로 제출한다.

142 다음 〈보기〉에서 설명하는 ㉠, ㉡에 적합한 것은?

> **보기**
> • (㉠)은(는) 물이나 기름, 알코올 등에 용해되어 기초용 및 방향용 화장품에서 제형에 색상을 나타내고자 할 때 사용한다.
> • (㉡)은(는) 백색의 분말로 활석(滑石)이라고 하며, 매끄러운 사용감과 흡수력이 우수한 안료이다.

① ㉠ : 염료, ㉡ : 탤크
② ㉠ : 염료, ㉡ : 카올린
③ ㉠ : 안료, ㉡ : 탤크
④ ㉠ : 안료, ㉡ : 카올린
⑤ ㉠ : 안료, ㉡ : 마이카

해설 염료는 물에 가용이나 안료는 물에 불용이며, 탤크는 매끄러운 사용감을 주는 활석이다.

★ 정답 ★	140 ④	141 ③	142 ①

143 **화장품 제조에 사용되는 물의 품질에 대한 설명으로 적절하지 않은 것은?**

① 청결과 위생관리가 이루어지는 시스템을 통해 물이 공급되어야 한다.
② 물의 품질은 필요 시 검사해야 하고, 미생물학적 검사도 실시할 수 있다.
③ 물 공급 설비는 물의 정체와 오염을 피할 수 있도록 설치되어야 한다.
④ 물 공급 설비는 물의 품질에 영향이 없어야 한다.
⑤ 물 공급 설비는 살균처리가 가능해야 한다.

해설 물의 품질은 정기적으로 검사해야 하고 필요시 미생물학적 검사를 실시하여야 한다(우수화장품제조 및 품질관리 기준, 제14조 물의 품질).

144 **화장품 안전기준 등에 관한 규정 별표2에서는 화장품에 사용할 수 있는 보존제와 사용한도를 규정하고 있다. 보존제인 소듐벤조에이트를 사용 후 씻어내지 않는 제품에 사용할 때 사용한도와 동일한 사용한도의 보존제는 다음 중 어떤 것인가?**

① 페녹시에탄올
② 벤질알코올
③ 벤제토늄클로라이드
④ 클로로부탄올
⑤ 포타슘소르베이트

해설 사용한도 – 페녹시에탄올 : 1.0%, 벤질알코올 : 1.0%, 벤제토늄클로라이드 : 0.1%, 포타슘소르베이트 : 0.6%, 클로로부탄올 : 0.5%, 소듐벤조에이트 : 0.5%(씻어내지 않는 제품)/2.5%(씻어내는 제품)

145 **영유아용 제품류 또는 만 13세 이하 어린이가 사용할 수 있음을 특정하여 표시하는 제품에 사용할 수 없는 보존제와 착향제 구성성분 중 알레르기 유발성분을 짝지은 것으로 옳은 것은?**

① 페녹시에탄올 – 신남알
② 벤잘코늄클로라이드 – 유제놀
③ 메칠이소치아졸리논 – 리모넨
④ 살리실릭애씨드 – 나무이끼 추출물
⑤ 벤조익애씨드 – 벤질알코올

해설 영유아용 제품류 또는 만 13세 이하 어린이가 사용할 수 있음을 특정하여 표시하는 제품에 사용할 수 없는 보존제 : 살리실릭애씨드 및 그 염류(샴푸는 제외), 아이오도프로피닐부틸카바메이트(IPBC)(목욕용제품, 샤워젤류 및 샴푸류는 제외)

★ 정답 ★	143 ②	144 ④	145 ④

146 화장품 내용량 시험기준에 대한 〈보기〉의 설명에서 ㉠, ㉡에 적합한 단어로 옳은 것은?

보기

유통화장품의 안전관리 기준에 따른 내용량 기준은 다음과 같다.
- 제품 (㉠)개를 가지고 시험할 때 그 평균 내용량이 표기량에 대하여 97% 이상이어야 함.
- 기준치를 벗어날 경우: 6개를 더 취하여 시험할 때 9개의 평균 내용량이 (㉡)% 이상이어야 함.

① ㉠ : 3 ㉡ : 100
② ㉠ : 3 ㉡ : 97
③ ㉠ : 3 ㉡ : 95
④ ㉠ : 5 ㉡ : 97
⑤ ㉠ : 5 ㉡ : 95

해설 내용량 기준은 3개의 평균 내용량이 표시량의 97% 이상이며, 기준치를 벗어나서 재시험할 때도 동일하게 97% 이상이다.

147 맞춤형화장품판매업자가 필수적으로 작성해야 하는 판매내역서에 반드시 기재되어야 하는 것은?

① 판매가격
② 판매장소
③ 판매일자
④ 조제관리사 성명
⑤ 고객 성명

해설 판매일자, 판매량, 사용기한 또는 개봉 후 사용기간, 제조번호를 판매내역으로 관리하여야 한다.

148 〈보기〉는 사용 시의 주의사항으로 ㉠에 적절한 단어는 무엇인가?

보기

- 카민을 함유하고 있으므로 이 성분에 과민하거나 (㉠)(이)가 있는 사람은 신중히 사용할 것
- 프로필렌 글리콜(Propylene glycol)을 함유하고 있으므로 이 성분에 과민하거나 (㉠) 병력이 있는 사람은 신중히 사용할 것(프로필렌 글리콜 함유제품만 표시한다)

① 감작성
② 감광성
③ 피부질환
④ 소양감
⑤ 알레르기

해설 알레르기가 있는 사람은 화장품 성분 중 카민, 프로필렌 글리콜, 염모제, 코치닐추출물 등에 주의해야 한다.

149 사람의 피부에 대한 설명으로 적절하지 않은 것은?

① 표피 각질층에 존재하는 세포간 지질은 세라마이드, 콜레스테롤, 유리지방산, 콜레스테롤 설페이트 등으로 구성되어 있다.
② 피부에는 보호기능, 각화기능, 분비기능, 체온조절기능, 호흡기능 등이 있다.
③ 피부의 pH는 4~6이며 피부속으로 들어갈수록 pH는 7.0까지 증가한다.
④ 피부는 제일 바깥으로부터 표피, 피하지방, 진피로 구성되어 있다.
⑤ 피부의 재생주기(turn over)는 28일(20세 기준)이며, 나이가 들어감에 따라 재생주기가 증가한다.

해설 피부의 제일 바깥부터 표피, 진피, 피하지방이다.

★ 정답 ★	146 ②	147 ③	148 ⑤	149 ④

150 **영유아용 크림과 영양크림의 시험결과가 〈보기〉와 같을 때 그 설명으로 옳은 것은?**

보기

제품명	영유아용 크림	영양 크림
성상	유백색의 크림상	유백색의 크림상
점도(cP)	35,080	21,700
pH	6.02	7.11
총호기성생균수(개/g(mL))	502	560
납(㎍/g)	10	6
비소(㎍/g)	7	11
수은(㎍/g)	1	2

① 크림용기 입구가 좁으면 영유아용 크림보다 영양 크림을 충전하는 것이 더 어렵다.
② 영유아용 크림과 영양 크림의 납시험 결과는 모두 적합이다.
③ 영유아용 크림과 영양 크림의 총호기성 생균수 시험 결과는 모두 적합이다.
④ 영유아용 크림과 영양 크림의 비소 시험 결과는 모두 적합이다.
⑤ 영유아용 크림과 영양 크림의 수은 시험 결과는 모두 적합이다.

해설 점도가 낮아야 충전하기 쉬우며, 납시험 기준은 20㎍/g 이하, 비소시험 기준은 10㎍/g 이하, 수은시험 기준은 1㎍/g이하이다. 총호기성 생균수는 일반화장품이 1000개/g(mL) 이하이고 영유아용화장품은 500개/g(mL) 이하이다.

151 **맞춤형화장품판매장에 방문한 고객의 요청이 〈보기〉와 같다. 피부상태 측정 후에 고객의 요청에 따라 맞춤형화장품 조제관리사는 ㉠과 ㉡을 혼합하여 맞춤형화장품을 조제할 때 그 혼합이 적절한 것은?**

보기

고객 : 골프를 많이 하다보니 피부가 많이 검어졌고 거칠어진 것 같아요. 기미도 많이 올라온 것 같구요. 피부가 하얗게 되고 촉촉해 질 수 있는 제품으로 조제 부탁드려요. 그리고 사용감이 끈적거리지 않았으면 좋겠어요.

맞춤형화장품 조제관리사 : 화장품 내용물(㉠)에 보습성분(㉡)을(를) 혼합해서 맞춤형화장품을 조제해 드리겠습니다.

① ㉠ : 미백 기능성화장품 크림 ㉡ : 토코페릴아세테이트
② ㉠ : 미백 기능성화장품 크림 ㉡ : 소듐하이알루로네이트
③ ㉠ : 주름개선 기능성화장품 크림 ㉡ : 아르간커넬 오일
④ ㉠ : 주름개선 기능성화장품 크림 ㉡ : 베타-글루칸
⑤ ㉠ : 자외선차단 크림 ㉡ : 세라마이드

해설 피부를 하얗게 하는데 도움을 주는 화장품은 미백 기능성화장품이며, 일반적으로 수용성 보습제(예 소듐하이알루로네이트, 베타-글루칸)는 끈적임이 없다.

★ 정답 ★	150 ②	151 ②

152 화장품에 대한 시험기록이 〈보기〉와 같을 때 그 설명이 적절하지 않은 것은?

보기

품목구분	완제품	완제품명	지에스씨티 히즈스토리 스킨로션 200mL
시험번호	P191112009	검체채취수량	18EA
제조번호	19L0980	채취장소	포장실
사용기한	2022. 11. 04	채취일자	2019. 11. 11
채 취 자	이채취	제조수량	5,600EA
분 류	기능성화장품	표시량	200mL

시험항목	시험결과	시험일자	시험자
이물	이물 없음	2019.11.11	이시험
내용량(%)	100.0	2019.11.11	이시험
납(μg/g)	19.0	2019.11.11	이시험
비소(μg/g)	10.0	2019.11.11	이시험
메탄올(v/v%)	0.2	2019.11.11	이시험
pH	6.2	2019.11.11	이시험
인쇄상태	문안이 식별될 수 있도록 인쇄됨	2019.11.11	이시험
포장상태	외부에서 이물이 침투할 수 없도록 포장됨	2019.11.11	이시험
함량			
나이아신아마이드(%)	99.5	2019.11.15	이검사
아데노신(%)	98.8	2019.11.15	이검사
미생물한도시험			
총호기성 생균수(개/g(mL))	501	2019.11.16	이검사
특성세균 : 대장균	불검출	2019.11.13	이검사
특성세균 : 녹농균	불검출	2019.11.13	이검사
특성세균 : 황색포도상구균	불검출	2019.11.13	이검사

① 내용량 시험결과는 적합이다.
② 납 시험결과는 적합이다.
③ 비소 시험결과는 적합이다.
④ pH 시험결과는 적합이다.
⑤ 총호기성 생균수 시험결과는 부적합이다.

해설 스킨로션에 대한 총호기성 생균수 기준은 1,000개/g(mL) 이하이다.

★ 정답 ★ 152 ⑤

153 맞춤형화장품판매업자인 ㈜지에스씨티는 책임판매업자로부터 맞춤형화장품 내용물에 대한 전성분과 내용물 시험결과를 〈보기〉와 같이 접수하였다. 접수된 전성분과 내용물 시험결과에 대한 ㈜지에스씨티의 해석으로 적절한 것은?

보기

[제품명]
허스토리 카밍 크림, 내용량 50g

[전성분]
정제수, 디프로필렌글라이콜, 호호바 오일, 아르간커넬 오일, 카프릴릭/카프릭 트라이글리세라이드, 아스코빌글루코사이드, 1,2 헥산다이올, 스테아릭애씨드, 카보머, 카프릴릭글라이콜, 향료, 다이소듐이디티에이, 토코페릴아세테이트, 트로메타민, 녹차추출물, 잔탄검, 아데노신, 세라마이드엔피

[내용물 시험결과]
납 : 21㎍/g이하
비소 : 8㎍/g이하
수은 : 1㎍/g
총호기성 생균수 : 501개/g

① 이 제품은 기능성화장품으로 미백 주성분 함량 시험결과만을 확인하여야 한다.
② 이 제품의 납 시험결과는 화장품 안전기준의 납 검출허용한도를 초과하지 않았다.
③ 이 제품의 비소 시험결과는 화장품 안전기준의 비소 검출허용한도를 초과하지 않았다.
④ 이 제품의 수은 시험결과는 화장품 안전기준의 수은 검출허용한도를 초과했다.
⑤ 이 제품의 총호기성 생균수 시험결과는 화장품 안전기준의 총호기성 생균수 한도를 초과하였다.

해설 검출허용한도 : 납-2㎍/g, 비소-10㎍/g, 수은-1㎍/g / 총호기성 생균수(일반화장품) : 1,000개/g(mL)이하 / 미백(아스코빌글루코사이드),주름(아데노신) 이중기능성화장품

★ 정답 ★ 153 ③

154 맞춤형화장품 조제관리사인 연주와 매장을 방문한 고객은 〈대화〉를 나누었다. 대화 내용 중 ㉠, ㉡에 적합한 것은?

〈대화〉

고객 : 등산을 자주해서 그런지 얼굴이 많이 탄 것 같아요. 피부가 건조하기도 하구요.
연주 : 등산할 때 매번 선크림을 바르셨어요?
고객 : 거의 안 바른 것 같아요. 그래서 피부가 검어진 것 같아요.
연주 : 육안으로 볼 때 많이 검어진 것 같아요. 피부 측정기로 피부색과 피부 수분량을 측정하겠습니다.

(잠시 후)

연주 : 고객님은 한 달 전 측정 시보다 얼굴에 색소 침착도가 58% 가량 증가했고, 피부 수분량도 많이 감소하였습니다. 그래서 (㉠)이(가) 포함된 미백 기능성화장품에 보습력을 높이는 (㉡)을(를) 추가하여 크림을 조제하여 드리겠습니다.
고객 : 네, 알겠습니다.

① ㉠ : 아데노신 ㉡ : 트레할로스
② ㉠ : 알부틴 ㉡ : 베타인
③ ㉠ : 레티놀 ㉡ : 트레할로스
④ ㉠ : 아스코빌글루코사이드 ㉡ : 레조시놀
⑤ ㉠ : 레티닐팔미테이트 ㉡ : 트레할로스

해설 미백 기능성 원료 : 알부틴, 아스코빌글루코사이드, 닥나무추출물, 알부틴, 에칠아스코빌에텔, 유용성감초추출물, 마그네슘아스코빌포스페이트, 나이아신아마이드, 알파-비사보롤, 아스코빌테트라이소팔미테이트 / 보습제 : 트레할로스, 베타인 / 염모성분: 레조시놀

155 맞춤형화장품판매장에서 이루어지는 맞춤형화장품 조제관리사인 은지와 고객과의 대화 내용 중 옳은 것은?

① 고객 : 피부 진단은 맞춤형화장품판매장에 와서 받아야 하나요?
은지 : 바쁘시니 판매장을 방문하지 마시고, 전화로 피부진단을 받으시면 맞춤형화장품을 조제하여 택배로 보내드리겠습니다.
② 고객 : 요즘 잔주름이 많아진 것 같은데 어떤 화장품을 사용해야 하나요?
은지 : 나이아신아마이드가 주성분인 기능성화장품을 추천드립니다.
③ 고객 : 요즘 야외 활동이 많아서 피부가 검어진 것 같아요. 어떤 화장품을 사용하면 될까요?
은지 : 레티놀이 주성분인 기능성화장품을 추천드립니다.
④ 고객 : 세안 후에 로션을 발라도 피부가 많이 당기는데 어떻게 하지요?
은지 : 피부의 수분량을 측정하고 수분량이 부족하시면 건성피부용 로션 내용물에 히아루론산, 글리세린을 추가 하여 로션을 조제하여 드릴테니 사용하세요.
⑤ 고객 : 피부가 민감해서 무기계 자외선 차단제로만 제조된 선크림을 추천해 줄 수 있으세요?
은지 : 에칠헥실메톡시신나메이트가 포함된 선크림을 추천해 드리겠습니다.

해설 피부진단은 판매장에서 이루어져야 하며, 나이아신아마이드는 미백기능성 성분, 레티놀은 주름개선기능성 성분이다. 무기계 자외선 차단제는 징크옥사이드, 티타늄디옥사이드이다.

★ 정답 ★	154 ②	155 ④

156 맞춤형화장품 조제관리사인 연주는 매장을 방문한 고객과 다음과 같은 〈대화〉를 나누었다. 연주가 고객에게 혼합하여 추천할 제품으로 다음 〈보기〉 중 옳은 것은?

〈대화〉

고객 : 최근에 야외활동을 많이 해서 그런지 얼굴 피부가 검어지고 칙칙해졌어요. 건조하기도 하구요.
연주 : 아, 그러신가요? 그럼 고객님 피부 상태를 측정해 보도록 할까요?
고객 : 그럴까요? 지난번 방문 시와 비교해 주시면 좋겠네요
연주 : 네. 이쪽에 앉으시면 저희 측정기로 측정을 해드리겠습니다.

(피부측정 후)

연주 : 고객님은 한 달 전 측정 시보다 얼굴에 색소 침착도가 30% 가량 증가했고, 피부 보습도 약 35% 감소하셨습니다.
고객 : 음. 걱정이네요. 그럼 어떤 제품을 쓰는 것이 좋을지 추천 부탁드려요.

보기

ㄱ. 티타늄디옥사이드(titanium dioxide) 함유 제품
ㄴ. 나이아신아마이드(niacinamide) 함유 제품
ㄷ. 카페인(caffeine) 함유 제품
ㄹ. 소듐하이알루로네이트(sodium hyaluronate)함유제품
ㅁ. 아데노신(adenosine)함유제품

① ㄱ, ㄷ ② ㄱ, ㅁ ③ ㄴ, ㄹ ④ ㄴ, ㅁ ⑤ ㄷ, ㄹ

해설 색소침착을 완화하기 위하여 미백에 도움을 주는 화장품 성분(나이아신아마이드)이 포함된 제품과 피부보습을 강화하기 위하여 보습제(소듐하이알루로네이트)가 포함된 화장품을 추천한다.

157 다음 화장품 원료 중에서 동물성 원료가 아닌 것은?

① 밍크 오일(mink oil) ② 비즈 왁스(bees wax)
③ 에뮤 오일(emu oil) ④ 난황 오일(egg oil)
⑤ 캐스터 오일(castor oil)

해설 캐스터 오일은 피마자씨에서 뽑아낸 식물성 오일이다.

158 모발의 주성분인 케라틴에는 (㉠)결합을 가지고 있는 시스틴(cystine)이 있는데 이 결합을 환원, 산화시켜서 모발의 웨이브(wave)를 형성한다. 시스틴은 2분자의 (㉡)이(가) (㉠) 결합으로 연결되어 있다. ㉠, ㉡에 적합한 것은?

① ㉠ : 이황화 ㉡ : 시스테인 ② ㉠ : 이산화 ㉡ : 시스테인
③ ㉠ : 펩티드 ㉡ : 시스테인 ④ ㉠ : 펩티드 ㉡ : 케라틴
⑤ ㉠ : 펩티드 ㉡ : 엘라스틴

해설 시스테인(cysteine) 2분자가 결합하여 시스틴(cystine)이 되며 이 결합을 이황화(디설파이드, disulfide bond, S-S)결합이라 한다.

★ 정답 ★	156 ③	157 ⑤	158 ①

159 기능성화장품 심사에 관한 규정에 따라 자외선차단지수(SPF)는 측정결과에 근거하여 평균값이 68일 경우, SPF는 "SPF(㉠)+"라고 표시한다. ㉠에 적합한 단어는?

① 30 ② 40 ③ 50 ④ 60 ⑤ 68

해설 SPF가 50 이상은 SPF50+로 표시한다.

160 물 속에 계면활성제를 투입하면 계면활성제의 소수성(hydrophobicity)에 의해 계면활성제가 친유부를 공기쪽으로 향하여 기체(공기)와 액체 표면에 분포하고 표면이 포화되어 더 이상 계면활성제가 표면에 있을 수 없으면 물 속에서 자체적으로 친유부(꼬리)가 물과 접촉하지 않도록 계면활성제가 회합하는데 이 회합체를 (㉠) (이)라 한다. ㉠에 적합한 단어는?

① 미셀 ② 베시클
③ 에멀젼 ④ 리포좀
⑤ 나노좀

해설 물 속에 계면활성제를 투입하면 계면활성제의 소수성(hydrophobicity, water-hating)에 의해 계면활성제가 친유부를 공기쪽으로 향하여 기체(공기)와 액체 표면(surface)에 분포하고 표면이 포화되어 더 이상 계면활성제가 표면에 있을 수 없으면 물 속에서 자체적으로 친유부(꼬리)가 물과 접촉하지 않도록 계면활성제가 회합하는데 이 회합체를 미셀(micelle)이라 한다.

161 맞춤형화장품판매업에서 변경사항이 발생하면 변경신고를 해야하고 신고하지 않았을 때 그 처벌을 화장품법에서 규정하고 있다. 다음 중 그 처벌이 적절한 것은?

① 맞춤형화장품판매업자의 변경신고를 하지 않은 경우 - 1차 처벌 : 판매업무정지 15일
② 맞춤형화장품판매업소 상호의 변경신고를 하지 않은 경우 - 1차 처벌 : 판매업무정지 2개월
③ 맞춤형화장품 조제관리사의 변경신고를 하지 않은 경우 - 1차 처벌 : 판매업무정지 1개월
④ 맞춤형화장품판매업자 상호의 변경신고를 하지 않은 경우 - 1차 처벌 : 시정명령
⑤ 맞춤형화장품판매업소 소재지의 변경신고를 하지 않은 경우 - 1차 처벌 : 판매업무정지 1개월

해설 맞춤형화장품판매업소 소재지의 변경신고를 하지 않은 경우 – 1차 처벌 : 판매업무정지 1개월 / 맞춤형화장품판매업자의 변경신고를 하지 않은 경우 – 1차 처벌 : 시정명령 / 맞춤형화장품판매업소 상호의 변경신고를 하지 않은 경우 – 1차 처벌 : 시정명령 / 맞춤형화장품 조제관리사의 변경신고를 하지 않은 경우 – 1차 처벌 : 시정명령 / 맞춤형화장품판매업자의 상호변경은 신고대상이 아님

★ 정답 ★	159 ③	160 ①	161 ⑤

162 **화장품법에 따른 위해화장품의 회수에 대한 설명으로 옳은 것은?**

① 회수의무자는 제조 또는 수입하거나 유통·판매한 화장품이 회수대상화장품으로 의심되는 경우에는 지체 없이 해당 화장품에 대한 위해성 등급을 평가하여야 한다.
② 회수의무자는 위해등급의 어느 하나에 해당하는 화장품에 대하여 회수대상화장품이라는 사실을 안 날부터 5일 이내에 회수계획서를 식품의약품안전처장에게 제출하여야 한다.
③ 회수의무자는 회수대상화장품의 판매자, 그 밖에 해당 화장품을 업무상 취급하는 자에게 방문, 우편, 전화, 전보, 전자우편, 팩스 또는 언론매체를 통한 공고 등을 통하여 회수계획을 통보하여야 하며, 통보 사실을 입증할 수 있는 자료를 회수종료일부터 1년간 보관하여야 한다.
④ 회수계획을 통보받은 자는 회수대상화장품을 회수의무자에게 반품하고, 회수확인서를 작성하여 식품의약품안전처장에게 송부하여야 한다.
⑤ 폐기를 한 회수의무자는 폐기확인서를 작성하여 3년간 보관하여야 한다.

해설 회수와 관련된 보고는 지방식품의약품안전청장에게 하고, 회수 관련 자료는 2년간 보관한다.

163 **맞춤형화장품판매업소 소재지의 변경신고를 하지 않은 경우에 대한 1차 위반 시 처분기준으로 옳은 것은?**

① 시정명령
② 판매업무정지 5일
③ 판매업무정지 15일
④ 판매업무정지 1개월
⑤ 판매업무정지 2개월

해설 맞춤형화장품판매업소 소재지의 변경신고를 하지 않은 경우에 대한 1차 위반 시 처분기준은 판매업무정지 1개월이다.

164 **개인정보보호법에서 규정하고 있는 개인정보의 파기에 대한 설명으로 옳지 않은 것은?**

① 보유기간의 경과, 개인정보의 처리 목적 달성 등 그 개인정보가 불필요하게 되었을 때에는 개인정보처리자는 7일 이내로 그 개인정보를 파기한다.
② 기록물을 전체 파기하기 위하여 파쇄, 소각한다.
③ 하드디스크(HDD)는 전용 소자장비를 이용하여 파기한다.
④ 인쇄물을 일부 파기하기 위해서는 해당 부분을 마스킹, 천공 등으로 삭제한다.
⑤ 전자적 파일을 일부 파기할 때는 개인정보를 삭제한 후 복구 및 재생되지 않도록 관리 및 감독한다.

해설 보유기간의 경과, 개인정보의 처리 목적 달성 등 그 개인정보가 불필요하게 되었을 때에는 개인정보처리자는 지체 없이 그 개인정보를 파기한다.

★ 정답 ★	162 ①	163 ④	164 ①

165 다음 중 화장품법에서 정의한 화장품으로 옳지 않은 것은?

① 퍼머넌트 웨이브 ② 흑채 ③ 물휴지
④ 화장 비누 ⑤ 손소독제

해설 손소독제는 의약외품이고 손세척제는 화장품이다.

166 ㈜OO코스메틱은 화장품책임판매업자로 "베이비 크림"을 판매하고 있는데 베이비 크림에 대한 안전성 자료를 작성·보관하고 있지 않다가 2차 적발되었다. 이에 대한 행정처분으로 적당한 것은?

① 해당품목 판매업무정지 1개월 ② 해당품목 판매업무정지 2개월
③ 해당품목 판매업무정지 3개월 ④ 해당품목 판매업무정지 4개월
⑤ 해당품목 판매업무정지 6개월

해설 화장품법 제4조의2제1항에 따른 제품(영유아용, 어린이용 화장품)별 안전성 자료를 작성 또는 보관하지 않은 경우에는 판매(전 품목) 또는 해당 품목 판매업무정지 3개월(2차 위반 시)이다.

167 다음 중 맞춤형화장품판매업자에서 내용물과 원료를 공급하는 자로 가장 적당한 자는?

① 화장품책임판매업자 ② 화장품제조업자
③ 화장품원료제조업자 ④ 화장품원료수입업자
⑤ 화장품수출업자

해설 내용물 및 원료를 공급하는 화장품책임판매업자가 혼합 또는 소분의 범위를 검토하여 정하고 있는 경우 그 범위 내에서 혼합 또는 소분한다(맞춤형화장품판매업자의 준수사항에 관한 규정)

168 화장품에 사용되는 용기에 대한 설명으로 그 설명이 옳은 것은?

① 기밀용기는 일상의 취급 또는 보통 보존상태에서 외부로부터 고형의 이물이 들어가는 것을 방지하고 고형의 내용물이 손실되지 않도록 보호할 수 있는 용기를 말한다.
② 밀폐용기는 일상의 취급 또는 보통 보존상태에서 액상 또는 고형의 이물 또는 수분이 침입하지 않고 내용물을 손실, 풍화, 조해 또는 증발로부터 보호할 수 있는 용기를 말한다.
③ 밀봉용기는 일상의 취급 또는 보통의 보존상태에서 기체 또는 미생물이 침입할 염려가 없는 용기를 말한다
④ 차폐용기는 광선의 투과를 방지하는 용기 또는 투과를 방지하는 포장을 한 용기를 말한다.
⑤ 용기재질에 따라 밀폐용기, 기밀용기, 밀봉용기, 차광용기로 구분할 수 있다

해설 이물 성상에 따른 차단정도에 따라 밀폐용기, 기밀용기, 밀봉용기, 차광용기로 구분할 수 있으며 이물 차단정도에 따라 밀폐용기(고상이물), 기밀용기(고상,액상이물), 밀봉용기(고상,액상,기상이물)로 분류한다. 차광용기는 광선의 투과를 방지하는 용기 또는 투과를 방지하는 포장을 한 용기를 말한다.

★ 정답 ★	165 ⑤	166 ③	167 ①	168 ③

169 **화장품 안정성시험 가이드라인에서 정하고 있는 화장품의 장기보존시험에 대한 사항으로 옳은 것은?**

① 1로트 이상 선정하여 시험한다.
② 유통할 제품과 동일한 처방, 제형 및 포장용기를 사용한다.
③ 실온보관 제품은 온도 40±2℃, 상대습도 75±5%에서 실시한다.
④ 3개월 이상 시험하고 첫 1년 간은 3개월 마다 시험한다.
⑤ 냉장보관 제품은 온도 8±3℃에서 시험한다.

해설 온도 25±2℃, 상대습도 60±5%(실온보관제품), 온도 5±3℃(냉장보관제품), 3로트 이상 6개월 이상 시험한다.

170 **기능성화장품의 기능성을 나타나게 하는 주원료 함량이 기준치에 부적합한 경우는 (㉠) 위해성 화장품에 해당된다. ㉠에 적합한 것은?**

① 가등급
② 나등급
③ 다등급
④ 라등급
⑤ 마등급

해설 기능성화장품의 기능성을 나타나게 하는 주원료 함량이 기준치에 부적합한 경우는 다등급 위해성이다.

171 **우수화장품 제조 및 품질관리기준에서 규정하고 있는 단어에 대한 정의가 옳지 않은 것은?**

① "일탈(deviation)"이란 제조 또는 품질관리 활동 등의 미리 정하여진 기준을 벗어나 이루어진 행위를 말한다.
② "공정관리"란 제조공정 중 적합판정기준의 충족을 보증하기 위하여 공정을 모니터링하거나 조정하는 모든 작업을 말한다.
③ "유지관리"란 적절한 작업 환경에서 건물과 설비가 유지되도록 정기적·비정기적인 지원 및 검증 작업을 말한다.
④ "재작업"이란 적합 판정기준을 벗어난 완제품, 벌크제품 또는 반제품을 재처리하여 품질이 적합한 범위에 들어오도록 하는 작업을 말한다.
⑤ "생산"이란 원료 물질의 칭량부터 혼합, 충전(1차 포장), 2차 포장 및 표시 등의 일련의 작업을 말한다.

해설 제조는 원료 물질의 칭량부터 혼합, 충전(1차 포장), 2차 포장 및 표시 등의 일련의 작업을 말한다.

★ 정답 ★	169 ②	170 ③	171 ⑤

172 **화장품의 함유 성분별 사용할 때의 주의사항으로 옳은 것은?**

① 살리실릭애씨드를 함유하고 있으므로 사용 시 흡입되지 않도록 주의할 것
② 동일 성분(알부틴 5% 이상)을 함유하는 제품의 「인체적용시험자료」에서 구진과 경미한 가려움이 보고된 예가 있음
③ 아이오도프로피닐부틸카바메이트(IPBC)를 함유하고 있으므로 이 성분에 과민하거나 알레르기가 있는 사람은 신중히 사용할 것
④ 포름알데하이드(포름알데하이드 0.05% 이상 검출된 경우)를 함유하고 있으므로 이 성분에 과민한 사람은 신중히 사용할 것
⑤ 동일 성분(폴리에톡실레이티드레틴아마이드 0.3% 이상)을 함유하는 제품의 「인체적용시험자료」에서 소양감, 자통, 홍반이 보고된 예가 있음

해설 스테아린산아연을 함유하고 있으므로 사용 시 흡입되지 않도록 주의할 것 / 동일 성분(알부틴 2% 이상)을 함유하는 제품의 「인체적용시험자료」에서 구진과 경미한 가려움이 보고된 예가 있음 / 카민을 함유하고 있으므로 이 성분에 과민하거나 알레르기가 있는 사람은 신중히 사용할 것 / 동일 성분(폴리에톡실레이티드레틴아마이드 0.2% 이상)을 함유하는 제품의「인체적용시험자료」에서 경미한 발적, 피부건조, 화끈감, 가려움, 구진이 보고된 예가 있음

173 **다음 중에서 화장품의 색소 종류와 기준 및 시험방법(식품의약품안전처 고시)에서 규정하는 화장품용 색소가 아닌 것은?**

① 타타늄디옥사이드
② 징크옥사이드
③ 알루미늄
④ 금
⑤ 카올린

해설 카올린, 탤크는 화장품용 색소로 규정되어 있지 않다.

174 **우수화장품 제조 및 품질관리기준에서 정하고 있는 청정도 등급에 따른 관리기준이 옳은 것은?**

① 1등급 - 낙하균 10개/hr 이하 또는 부유균 : 10개/㎥ 이하
② 1등급 - 낙하균 20개/hr 이하 또는 부유균 : 10개/㎥ 이하
③ 2등급 - 낙하균 30개/hr 이하 또는 부유균 : 200개/㎥ 이하
④ 2등급 - 낙하균 30개/hr 이하 또는 부유균 : 100개/㎥ 이하
⑤ 3등급 - 낙하균 30개/hr 이하 또는 부유균 : 200개/㎥ 이하

해설 1등급 – 낙하균 10개/hr 이하 또는 부유균 : 20개/㎥ 이하, 2등급 – 낙하균 30개/hr 이하 또는 부유균 : 200개/㎥ 이하, 3등급 – 갱의, 포장재의 외부청소 후 반입

★ 정답 ★	172 ④	173 ⑤	174 ③

175 **보기는 염모제 사용 전의 주의사항에 대한 설명이다. ㉠에 적합한 단어는?**

> **보기**
>
> 염색 전 2일 전(48시간 전)에는 다음의 순서에 따라 매회 반드시 (㉠)(을)를 실시하여 주십시오. (㉠)은(는) 염모제에 부작용이 있는 체질인지 아닌지를 조사하는 테스트입니다. 과거에 아무 이상이 없이 염색한 경우에도 체질의 변화에 따라 알레르기 등 부작용이 발생할 수 있으므로 매회 반드시 실시하여 주십시오.
>
> ① 먼저 팔의 안쪽 또는 귀 뒤쪽 머리카락이 난 주변의 피부를 비눗물로 잘 씻고 탈지면으로 가볍게 닦습니다.
>
> ② 다음에 이 제품 소량을 취해 정해진 용법대로 혼합하여 실험액을 준비합니다.
>
> ③ 실험액을 앞서 세척한 부위에 동전 크기로 바르고 자연건조시킨 후 그대로 48시간 방치합니다.(시간을 잘 지킵니다)
>
> ④ 테스트 부위의 관찰은 테스트액을 바른 후 30분 그리고 48시간 후 총 2회를 반드시 행하여 주십시오.

① 자극테스트
② 안전성테스트
③ 패치테스트
④ 독성테스트
⑤ 알레르기테스트

해설 염모제는 사용 전에 알레르기가 있는지 확인하기 위하여 패치테스트를 실시한다.

176 **우수화장품 제조 및 품질관리 기준에서는 (㉠)은(는) 적합 판정기준을 벗어난 완제품, 벌크제품 또는 반제품을 재처리하여 품질이 적합한 범위에 들어오도록 하는 작업을 말한다. ㉠에 적합한 단어는?**

① 재공정
② 재작업
③ 재제조
④ 재포장
⑤ 재교정

해설 "재작업"이란 적합 판정기준을 벗어난 완제품, 벌크제품 또는 반제품을 재처리하여 품질이 적합한 범위에 들어오도록 하는 작업을 말한다.

177 **화장품법 시행규칙에서 정하고 있는 침적마스크(마스크팩)에 대한 사용 시의 주의 사항으로 적당하지 않은 것은?**

① 상처가 있는 부위 등에는 사용을 자제할 것
② 어린이의 손이 닿지 않는 곳에 보관할 것
③ 눈 주위를 피하여 사용할 것
④ 직사광선을 피해서 보관할 것
⑤ 눈에 들어갔을 때에는 즉시 씻어낼 것

해설 "눈에 들어갔을 때에는 즉시 씻어낼 것"은 두발용, 두발염색용 및 눈 화장용 제품류에 표시해야 하는 주의사항이다.

★ 정답 ★	175 ③	176 ②	177 ⑤

178 **화장품이 제조된 날부터 적절한 보관 상태에서 제품이 고유의 특성을 간직한 채 소비자가 안정적으로 사용할 수 있는 최소한의 기한을 (㉠)이라 한다. ㉠에 적절한 단어는?**

① 유통기한 ② 사용기한 ③ 사용기간
④ 유통기간 ⑤ 유효기한

해설 사용기간은 개봉 후 사용기간에만 적용되며 일반적으로 화장품은 사용기한을 적용한다.

179 **맞춤형화장품 판매 시, 화장품법 시행규칙 제12조의2에서 정하고 있는 소비자에게 설명해야 하는 사항이 아닌 것은?**

① 혼합에 사용된 내용물 ② 소분에 사용된 내용물
③ 혼합에 사용된 원료의 내용 및 특성 ④ 사용 시의 주의사항
⑤ 용기의 재질과 특성

해설 맞춤형화장품 판매 시 해당 맞춤형화장품의 혼합 또는 소분에 사용되는 내용물 및 원료, 사용할 때의 주의사항에 대하여 소비자에게 설명해야 한다.

180 **맞춤형화장품판매업자가 판매한 제품이 위해등급에 해당되어 회수하고자 할 때, 맞춤형화장품판매업자는 회수계획서를 회수대상화장품이라는 사실을 안 날로부터 5일 이내에 (㉠)에게 제출해야 한다. ㉠에 옳은 단어는?**

① 식품의약품안전처장 ② 식품의약품안전평가원장
③ 지방식품의약품안전청장 ④ 시도지사
⑤ 대한화장품협회장

해설 회수의무자는 위해등급의 어느 하나에 해당하는 화장품에 대하여 회수대상화장품이라는 사실을 안 날부터 5일 이내에 회수계획서에 서류를 첨부하여 지방식품의약품안전청장에게 제출하여야 한다.

181 **계면활성제는 한 분자 내에 친수부와 친유부를 가지는 물질로 섞이지 않는 두 물질의 계면에 작용하여 계면장력을 낮추어 두 물질이 섞이도록 돕는데 계면활성제가 물에 녹았을 때 친수부의 대전여부에 따라 양이온, 음이온, 양쪽성 및 비이온성 계면활성제로 분류한다. 다음 중 양이온 계면활성제로 옳은 것은?**

① 벤잘코늄클로라이드 benzalkonium chloride
② 글리세릴모노스테아레이트 glyceryl monostearate
③ 소듐라우릴설페이트 sodium lauryl sulfate
④ 소듐라우레스설페이트 sodium laureth sulfate
⑤ 코카미도프로필베타인 cocamidopropyl betaine

해설 양이온 계면활성제 : ~클로라이드, ~브로마이드

★ 정답 ★	178 ②	179 ⑤	180 ③	181 ①

182 다음의 화장품 성분 중에서 신남알(cinnamal) 계열의 원료가 아닌 것은?

① 헥실신남알 hexylcinnamal
② 아밀신남알 amylcinnamal
③ 브로모신남알 bromocinnamal
④ 클로로신남알 chlorocinnamal
⑤ 벤질신나메이트 benzylcinnamate

해설 신남알은 알데하이드기(-CHO-)를 가지는 방향족 물질이고 단어 끝에 붙어 있는 al은 aldehyde의 약어이며 벤질신나메이트는 벤질알코올과 신나믹애씨드를 반응시켜서 만든 에스테르이다.

183 트리클로산(triclosan)은 기능성화장품의 유효성분으로 사용하는 경우에 한하여 사용 후 씻어내는 제품류에 (㉠)% 까지 사용할 수 있으며 기타 제품에는 사용이 금지된다. ㉠에 적합한 숫자는?

① 0.1 ② 0.2 ③ 0.3 ④ 0.6 ⑤ 1.0

해설 트리클로산의 사용한도 : 사용 후 씻어내는 제품류에 0.3%

184 우수화장품 제조 및 품질관리기준(CGMP) 적합업소 지정을 받기 위해서는 청정도 기준에 제시된 청정도 등급 이상으로 설정하여야 하며 청정도 등급을 설정한 구역은 설정 등급의 유지 여부를 정기적으로 모니터링하여 설정 등급을 벗어나지 않도록 관리해야 한다. 다음 중 청정도가 다른 하나는?

① 내용물보관소 ② 완제품보관소
③ 포장재보관소 ④ 원료보관소
⑤ 관리품보관소

해설 내용물보관소는 내용물이 외부로 노출되어 2등급으로 관리하고, 그 외의 보관소는 4등급으로 관리한다.

185 감작물질이 도포부위에서 가까운 림프절 내 림프구의 증식을 유도한다는 원리에 근거한 시험법으로 피부감작물질을 확인하는 대체시험법은 무엇인가?

① 국소림프절시험법(LLNA ; Local Lymph Node Assay)
② GPMT(guinea pig maximization test)
③ Buehler시험법
④ Adjuvant and Strip 법
⑤ Kochever 법

해설 국소림프절시험법(LLNA)은 피부감작물질을 확인하는 대체시험법이다.

★ 정답 ★	182 ⑤	183 ③	184 ③	185 ①

186 기능성화장품 심사를 위해 제출해야 하는 화장품 안전성에 관한 자료에 대한 설명이 옳지 않은 것은?

① 단회투여독성시험은 시험물질을 시험동물에 단회투여(24시간이내의 분할 투여하는 경우도 포함)하였을 때 단기간 내에 나타나는 독성을 질적·양적으로 검사하는 시험을 말한다.
② 인체첩포시험자료는 인체에 첩포(patch)를 일정한 시간 부착한 후 제거하여 피부자극여부를 일정한 시간 간격으로 관찰하는 시험이다.
③ 광독성시험은 빛에 노출 후 여기된 화학물질에 의해 유도되는 잠재적 광독성을 평가하는 시험이다
④ 피부감작성시험은 시험물질의 피부접촉에 따른 과민반응을 평가하는 시험이다.
⑤ 광감작성시험은 피부감작물질을 확인하는 시험이다.

해설 광감작성시험은 시험물질에 대해 면역학적으로 일어나는 피부의 자외선, 가시광선 등 반복적인 광자극에 대한 이상반응을 평가하는 시험이다.

187 여드름용 화장품에 대한 설명으로 옳지 않은 것은?

① 여드름성 피부를 완화하는데 도움을 주는 기능성화장품은 기초화장용 제품류만 가능하다.
② 여드름성 피부를 완화하는데 도움을 주는 기능성화장품은 “질병의 예방 및 치료를 위한 의약품이 아님"이라는 문구를 표시해야 한다.
③ 여드름을 유발하는 물질로 아세틸레이티드 라놀린(acetylated lanolin), 라놀린(lanolin), 아이소프로필미리스테이트(isopropyl myristate) 등이 알려져 있다.
④ 여드름 치료에 도움이 되는 성분으로 황, 살리실릭애씨드, 레조시놀 등이 있다.
⑤ 인체 적용시험 자료가 있으면 여드름성 피부에 사용이 적합함을 제품에 표시·광고할 수 있다.

해설 여드름성 피부를 완화하는데 도움을 주는 기능성화장품은 인체세정용 제품류만 가능하다.

188 화장품법 시행규칙에서 정하고 있는 안전용기·포장 대상에서 제외되는 용기가 아닌 것은?

① 일회용제품
② 용기 입구 부분이 뚜껑을 돌려서 여는 제품
③ 용기 입구 부분이 펌프로 작동되는 분무용기 제품
④ 용기 입구 부분이 방아쇠로 작동되는 분무용기 제품
⑤ 압축 분무 용기제품

해설 일회용 제품, 용기 입구 부분이 펌프 또는 방아쇠로 작동되는 분무용기 제품, 압축 분무용기 제품(에어로솔 제품 등)은 안전용기·포장대상에서 제외한다.

★ 정답 ★	186 ⑤	187 ①	188 ②

189 화장품 안전기준 등에 관한 규정 제6조인 유통화장품의 안전관리 기준에서 정하고 있는 침적 마스크의 포름알데하이드 검출허용한도로 옳은 것은?

① 20㎍/g 이하
② 100㎍/g 이하
③ 500㎍/g 이하
④ 1000㎍/g 이하
⑤ 2000㎍/g 이하

해설 포름알데하이드 검출허용한도 : 물휴지 20㎍/g 이하, 물휴지 이외의 제품 2000㎍/g 이하

190 화장품 안전기준 등에 관한 규정 별표3에서는 인체 세포·조직 배양액에 대한 안전기준을 정하고 있다. 이 안전기준에 대한 설명이 옳지 않은 것은?

① 제조 시설 및 기구는 정기적으로 점검하여 관리되어야 하고, 작업에 지장이 없도록 배치되어야 한다.
② 제조공정 중 오염을 방지하는 등 위생관리를 위한 제조위생관리 기준서를 작성하고 이에 따라야 한다.
③ 인체 세포·조직 배양액을 제조할 때에는 세균, 진균, 바이러스 등을 비활성화 또는 제거하는 처리를 하여야 한다.
④ 채취한 세포 및 조직을 일정기간 보존할 필요가 있는 경우에는 타당한 근거자료에 따라 균일한 품질을 유지하도록 보관 조건 및 기간을 설정해야 한다.
⑤ 인체 세포·조직 배양액을 제조하는 배양시설은 청정등급 Class 100,000 이상의 구역에 설치하여야 한다.

해설 인체 세포·조직 배양액을 제조하는 배양시설은 청정등급 1B(Class 10,000) 이상의 구역에 설치하여야 한다.

191 다음의 화장품 표시·광고 중에서 실증대상이 아닌 것은?

① 피부장벽 손상의 개선에 도움
② 피부 피지분비 조절
③ 미세먼지 흡착 방지
④ 피부 재생
⑤ 일시적 셀룰라이트 감소

해설 피부 재생, 세포 재생은 생리활성 관련된 금지표현이다.

★ 정답 ★	189 ⑤	190 ⑤	191 ④

192 **화장품 안전기준 등에 관한 규정에서 비의도적으로 유래된 물질의 검출 허용한도를 규정하고 있다. 그 허용한도가 옳은 것은?**

① 납 : 점토를 원료로 사용한 분말제품은 100㎍/g 이하, 그 밖의 제품은 20㎍/g 이하
② 비소 : 20㎍/g 이하
③ 포름알데하이드 : 1,000㎍/g 이하, 물휴지는 20㎍/g 이하
④ 메탄올 : 0.2(v/v)% 이하, 물휴지는 0.002%(v/v) 이하
⑤ 프탈레이트류(디부틸프탈레이트, 부틸벤질프탈레이트 및 디에칠헥실프탈레이트에 한함) : 총 합으로서 200㎍/g이하

해설
- 납 : 점토를 원료로 사용한 분말제품은 50㎍/g(ppm) 이하, 그 밖의 제품은 20㎍/g 이하
- 니켈 : 눈 화장용 제품은 35㎍/g 이하, 색조 화장용 제품은 30㎍/g 이하, 그 밖의 제품은 10㎍/g 이하
- 비소: 10㎍/g 이하 • 수은 : 1㎍/g 이하 • 안티몬 : 10㎍/g 이하 • 카드뮴 : 5㎍/g 이하
- 디옥산 : 100㎍/g 이하 • 메탄올 : 0.2(v/v)%이하, 물휴지는 0.002%(v/v) 이하
- 포름알데하이드 : 2000㎍/g 이하, 물휴지는 20㎍/g 이하
- 프탈레이트류(디부틸프탈레이트, 부틸벤질프탈레이트 및 디에칠헥실프탈레이트에 한함): 총 합으로서 100㎍/g 이하

193 **다음의 프탈레이트 중에서 화장품 성분으로 사용 가능한 것은?**

① n-펜틸-이소펜틸 프탈레이트
② 디-n-펜틸프탈레이트
③ 디이소펜틸프탈레이트
④ 비스(2-메톡시에칠)프탈레이트
⑤ 다이메틸프탈레이트

해설 다이메틸프탈레이트(DMP), 다이에틸프탈레이트(DEP), 다이에틸헥실프탈레이트(DEHP)는 화장품 성분으로 사용이 가능하며, DMP는 매니큐어에서 가소제로, DEP는 알코올 변성제, 향수의 용매로, DEHP는 사용된 경우가 없다. n-펜틸-이소펜틸 프탈레이트, 디-n-펜틸프탈레이트, 디이소펜틸프탈레이트, 비스(2-메톡시에칠)프탈레이트는 배합금지 성분이다.

194 **미생물한도 시험에 사용되는 배지는 그 성능을 시험하도록 화장품 안전기준 등에 관한 규정에서 정하고 있다. 〈보기〉 배지성능 시험에 대한 설명으로 ㉠에 적합한 숫자는?**

보기

시판배지는 배치마다 시험하며, 조제한 배지는 조제한 배치마다 시험한다. 검체의 유·무하에서 총호기성 생균수시험법에 따라 제조된 검액·대조액에 시험균주를 각각 100cfu 이하가 되도록 접종하여 규정된 총호기성생균수시험법에 따라 배양할 때 검액에서 회수한 균수가 대조액에서 회수한 균수의 (㉠)이상이어야 2한다.

① 1/2 ② 1/3 ③ 1/4 ④ 2/3 ⑤ 3/4

해설 배지성능 시험은 배지에 접종한 균주수(cfu)의 50% 이상이 회수되어야 한다.

★ 정답 ★	192 ④	193 ⑤	194 ①

195 **천연화장품 및 유기농화장품의 기준에 관한 규정에 따라 천연화장품 및 유기농화장품의 제조에 사용할 수 있는 원료에 대한 정의가 옳지 않은 것은?**

① 유기농유래 원료란 유기농 원료를 화학적 또는 생물학적 공정에 따라 가공한 원료이다.

② 식물유래 원료란 식물 원료를 화학적 공정 또는 생물학적 공정에 따라 가공한 원료이다.

③ 미네랄 원료란 지질학적 작용에 의해 자연적으로 생성된 물질을 가지고 천연화장품 및 유기농화장품의 기준에 관한 규정에서 허용하는 물리적 공정에 따라 가공한 화장품 원료이며 화석연료(예 석유, 석탄)로부터 기원한 물질도 포함한다.

④ 동물성 원료란 동물 그 자체(세포, 조직, 장기)는 제외하고, 동물로부터 자연적으로 생산되는 것으로서 가공하지 않거나, 이 동물로부터 자연적으로 생산되는 것을 가지고 물리적 공정에 따라 가공한 계란, 우유, 우유단백질 등의 화장품 원료이다.

⑤ 유기농 원료는 국제유기농업운동연맹(IFOAM)에 등록된 인증기관으로부터 유기농 원료로 인증받거나 이를 천연화장품 및 유기농화장품의 기준에 관한 규정에서 허용하는 물리적 공정에 따라 가공한 원료이다.

해설 미네랄 원료란 지질학적 작용에 의해 자연적으로 생성된 물질을 가지고 이 고시에서 허용하는 물리적 공정에 따라 가공한 화장품 원료이며 화석연료(예, 석유, 석탄)로부터 기원한 물질은 제외이다.

196 **천연화장품 및 유기농화장품의 기준에 관한 규정에서 허용하는 물리적 공정으로 옳은 것은?**

① 알킬화(Alkylation)

② 자연적으로 얻어지는 용매 사용(물, 글리세린 등)을 사용한 추출(Extractions)

③ 회화(Calcination)

④ 에텔화(Etherification)

⑤ 가수분해(Hydrolysis)

해설 화학적 공정 : 알킬화(Alkylation), 회화(Calcination), 에텔화(Etherification), 가수분해(Hydrolysis)

197 **우수화장품 제조 및 품질관리 기준 해설서에서 설명하고 있는 화장품을 제조하는 설비에 대한 위생관리가 옳은 것은?**

① 설비는 적절히 세척을 해야 하고 항상 소독을 해야 한다.

② 설비 세척의 원칙(절차서)에 따라 세척하고, 판정하고 그 기록은 남기지 않는다.

③ 제조하는 제품의 전환 시 세척해야 하며, 동일한 제품을 연속해서 제조할 때는 마지막 뱃치를 제조한 후에만 세척한다.

④ 브러시 등으로 문질러 지우는 것을 고려한다.

⑤ 증기 세척은 권장하지 않는다.

해설 증기 세척을 권장하며, 동일한 제품을 연속해서 제조할 때 중간에 주기적으로 세척한다.
필요한 경우에 설비 소독을 하며, 세척기록은 유지해야 한다.

★ 정답 ★	195 ③	196 ②	197 ④

198 **화장품 표시·광고 실증에 관한 규정에 따라 실증자료가 있으면 표시·광고할 수 있는 표현으로 옳은 것은?**

① 심신피로 회복
② 근육 이완
③ 통증 경감
④ 피부 혈행 개선
⑤ 면역 강화

해설 심신피로 회복, 근육 이완, 통증 경감, 면역 강화는 화장품에는 금지표현이다.

199 **퍼머넌트웨이브용 제품에 주요성분으로 사용되는 화장품 원료가 아닌 것은?**

① 시스테인, 아세틸시스테인 및 그 염류
② 치오글라이콜릭애씨드
③ 과산화수소수
④ 몰식자산
⑤ 모노에탄올아민

해설 몰식자산(갈릭애시드 gallic acid)는 산화 염모제 주성분으로 사용된다.

200 **화장품 안전기준 등에 관한 규정에서는 디옥산에 대한 검출 허용 한도를 규정하고 있다. 〈보기〉 전성분 중에서 어떤 성분에 의해 화장품에서 디옥산이 검출될 가능성이 있는가?**

보기

정제수, 글리세린, 1,2-헥산다이올, 베타인, 폴리소르베이트 80, 소르비탄 올리베이트, 트라이에탄올아민, 벤질알코올, 카보머, 세토스테아릴알코올, 스테아릭애씨드, 아르간커넬오일, 토코페릴아세테이트, 다이소듐이디티에이, 향료

① 글리세린
② 베타인
③ 폴리소르베이트 80
④ 소르비탄 올리베이트
⑤ 벤질알코올

해설 디옥산은 피이지/피오이 계열(예, 폴리소르베이트 시리즈)의 계면활성제를 사용한 제품에서 검출될 수 있다.

★ 정답 ★	198 ④	199 ④	200 ③

201 기능성화장품 심사에 관한 규정에서 정하고 있는 자외선 차단성분의 사용한도로 옳은 것은?

① 에칠헥실메톡시신나메이트 7.5%

② 벤조페논-3(옥시벤존) 7%

③ 옥토크릴렌 7%

④ 티타늄디옥사이드 20%

⑤ 호모살레이트 5%

해설 사용한도 : 에칠헥실메톡시신나메이트 7.5%, 벤조페논-3 5%, 티타늄디옥사이드 25%, 호모살레이트 10%, 옥토크릴렌 10%

202 기능성화장품 심사에 관한 규정에서 정하고 있는 피부의 미백에 도움을 주는 제품의 성분 및 함량과 피부의 주름개선에 도움을 주는 제품의 성분 및 함량이 옳은 것은?

① 아데노신 0.03%

② 유용성감초추출물 0.03%

③ 아스코빌글루코사이드 3%

④ 마그네슘아스코빌포스페이트 3%

⑤ 알파-비사보롤 0.05%

해설 함량기준 : 알파-비사보롤 0.5%, 아스코빌글루코사이드 2%, 유용성감초추출물 0.05%, 닥나무추출물 2%, 아데노신 0.04%, 마그네슘아스코빌포스페이트 3%

203 피부에 있는 수분량을 측정할 때 이용되는 방법으로 적당한 것은?

① 전기전도도 ② 미세혈류량

③ 정전기 ④ 전기음성도

⑤ 전기이온화

해설 전기전도도(electroconductivity)를 통해 피부수분 함유량을 측정함(측정기기: Corneometer®).

204 화장품 안전기준 등에 관한 규정에서는 화장품에 사용할 수 없는 원료를 정하고 있다. 다음 중 화장품에 사용할 수 없는 알코올에 해당되는 것은?

① 페녹시에탄올

② 벤질알코올

③ 사이클라멘알코올

④ 2,4-디클로로벤질알코올

⑤ 아이소프로필알코올

해설 사이클라멘알코올은 배합금지 원료이다.

★ 정답 ★	201 ①	202 ④	203 ①	204 ③

205 항생물질을 사용한 화장품이 유통되어 회수되었다면, 이 화장품의 위해성으로 옳은 것은?

① 가등급 위해성　② 나등급 위해성
③ 다등급 위해성　④ 라등급 위해성
⑤ 위해성 없음

해설 가등급 위해성 화장품: 화장품에 사용할 수 없는 원료(예, 항생물질)를 사용한 화장품, 식품의약품안전처에서 지정·고시한 보존제, 색소, 자외선차단제 이외의 원료를 사용한 화장품, 사용한도가 정해진 원료를 사용한도 이상으로 포함한 화장품

206 화장품 안전기준 등에 관한 규정에서는 유리알칼리 시험법으로 에탄올법과 염화바륨법을 정하고 있으며 적정에 의해 유리알칼리 함량을 측정한다. 적정할 때는 지시약을 사용하는데 에탄올법에 사용되는 지시약은 5% 에탄올 용액(v/v) 100 mL에 (㉠) 1g을 용해시켜서 만든다. 또한 염화바륨법에 사용되는 지시약은 (㉠) 1g과 치몰블루 0.5g을 가열한 95% 에탄올 용액(v/v) 100 mL에 녹이고 걸러서 만든다. ㉠에 공통으로 적합한 단어는?

① 페놀프탈레인
② 메틸렌블루
③ 전분
④ 메칠레드
⑤ 메칠오렌지

해설 유리알칼리 시험에 페놀프탈레인이 지시약으로 사용된다.

207 화장품 안전기준 등에 관한 규정에서 정하는 보존제인 페녹시에탄올의 사용한도로 옳은 것은?

① 0.3%　② 0.5%　③ 0.6%
④ 1.0%　⑤ 2.0%

해설 보존제인 페녹시에탄올의 사용한도는 1.0%이다.

208 화장품 안전기준 등에 관한 규정에서 비의도적 유래물질의 검출허용한도를 정하고 있다. 화장품별 비의도적 유래물질의 검출허용한도가 옳은 것은?

① 황토팩 – 납 20㎍/g 이하
② 유연화장수 – 비소 20㎍/g 이하
③ 영양크림 – 수은 10㎍/g 이하
④ 수렴화장수 - 메탄올 0.2(v/v)% 이하
⑤ 유액 - 납 10㎍/g 이하

해설 납 : 점토를 원료로 사용한 분말제품은 50㎍/g(ppm) 이하, 그 밖의 제품은 20㎍/g 이하, 비소 : 10㎍/g이하, 수은 : 1㎍/g이하, 메탄올 : 0.2(v/v)% 이하, 물휴지는 0.002%(v/v) 이하

★ 정답 ★	205 ①	206 ①	207 ④	208 ④

209 토끼 눈 점막에 화학물질을 넣어 자극을 확인하는 드레이즈 테스트(Draize Test)를 대체하여 개발된 화장품 안자극 동물대체시험법으로 옳은 것은?

① Vitrigel–안자극 시험법
② 활성산소종을 이용한 광반응성 시험법
③ 아미노산 유도체 결합성 시험법(ADRA)
④ 장벽막을 이용한 피부부식 시험법
⑤ 인체피부모델을 이용한 피부부식 시험법

해설 Vitrigel–안자극 시험법 : 인체각막상피(HCE ; Human corneal epithelium) 모델의 장벽 기능 손상에 근거한 화장품 안자극 동물대체시험법

210 다음 중에서 화장품에 표시·광고할 수 있는 문구로 옳은 것은?

① 상처로 인한 반흔을 제거 또는 완화한다.
② 보습을 통해 가려움의 일시적 완화에 도움을 준다.
③ 땀 발생을 억제한다.
④ 피부 독소를 제거한다.
⑤ 뾰루지를 개선한다.

해설 보습을 통해 피부건조에 기인한 가려움의 일시적 완화에 도움을 준다는 표현은 화장품 표시·광고할 수 있으며, 생리활성 및 신체개선, 의학적 효능·효과는 표현할 수 없다.

211 다음의 고급지방산(fatty acid) 중에서 실온(1～30℃)에서 액상인 것은?

① 라우릭애씨드
② 미리스틱애씨드
③ 팔미틱애씨드
④ 스테아릭애씨드
⑤ 올레익애씨드

해설 올레익애씨드는 불포화결합을 포함하고 있어 실온에서 액상이다.

★ 정답 ★	209 ①	210 ②	211 ⑤

212 〈보기〉의 전성분을 가지는 화장품에 대한 설명으로 가장 옳은 것은?

> **보기**
> 정제수, 글리세린, 부틸렌글라이콜, 베타인, 변성알코올, 1,2-헥산다이올, 나이아신아마이드, 폴리글리세린-3, 피피지-13-데실테트라데세스-24, 쌀발효여과물, 카보머, 트로메타민, 닥나무뿌리추출물, 향료, 글리세릴카프릴레이트, 프로판다이올, 에틸헥실글리세린, 아데노신, 다이소듐이디티에이, 토코페롤

① 피부의 주름개선에 도움을 주는 기능성 제품이다.
② 피부의 미백에 도움을 주는 기능성 제품이다.
③ 피부의 미백과 주름개선에 도움을 주는 2중 기능성 제품이다.
④ 모발의 색상을 변화시키는 기능을 가진 기능성 제품이다.
⑤ 탈모 증상의 완화에 도움을 주는 기능성 제품이다.

해설 아데노신 : 피부의 주름개선에 도움을 주는 성분, 나이아신아마이드 : 피부의 미백에 도움을 주는 성분

213 구리 이온은 (㉠)(기질금속단백질분해효소, MMP, matrix metalloprotease)(와)과 IL-8(인터루킨, IL, interleukin) 유전자를 조절하여 피부노화(skin aging)와 상처치료(wound healing)에 관여하는 것으로 알려져 있다. 또한 구리 이온은 세포분화와 단백질과 mRNA 등에서 (㉠)와(과) IL-8 유전자 발현을 자극한다. ㉠에 적합한 단어는?

① MMP-1
② MMP-2
③ MMP-3
④ MMP-4
⑤ MMP-5

해설 구리는 MMP-1과 IL-8 유전자를 조절하여 피부노화에 관여하는 것으로 알려져 있다.

214 피부의 탄력섬유인 엘라스틴(elastin)은 섬유아세포에서 생산된 세포외 기질(extracellular matrix)로 피부탄력과 관련이 있다. 엘라스틴은 연령이 증가함에 따라 감소하는데 감소하는 원인은 엘라스틴 합성 감소와 분해증가에 있으며 엘라스틴 감소로 피부처짐(skin sagging)과 피부탄력감소가 나타난다. 다음 중 엘라스틴을 분해하는 효소로 옳은 것은?

① 엘라스타제 elastase
② 콜라게나제 collagenase
③ 기질금속단백질분해효소 matrix metalloproteinase(MMP)
④ 피브릴린 fibrillin
⑤ 라미닌 laminin

해설 엘라스타제(elastase)는 엘라스틴 분해효소이고 콜라게나제(collagenase)는 콜라겐 분해효소이다.

★ 정답 ★	212 ③	213 ①	214 ①

215 계면활성제가 물에 녹았을 때 대전 여부에 따라 계면활성제를 분류할 때 그 분류가 다른 것은?

① 폴리소르베이트 20 polysorbate 20
② 소르비탄 스테아레이트 sorbitan stearate
③ 글리세릴모노스테아레이트 glyceryl monostearate
④ 코코암포글리시네이트 cocoamphoglycinate
⑤ 코카마이드 엠이에이 cocamide MEA

해설 코코암포글리시네이트는 양쪽성 계면활성제이며, 폴리소르베이트 20, 소르비탄 스테아레이트, 글리세릴모노스테아레이트, 코카마이드 엠이에이는 비이온 계면활성제이다.

216 식품의약품안전처 천연화장품 및 유기농화장품인증에 대한 설명으로 옳은 것은?

① 천연화장품으로 표시·광고하기 위해서는 천연화장품 인증을 반드시 받아야 한다.
② 유기농화장품인증은 식품의약품안전처로부터 받을 수 있다.
③ 유기농화장품인증을 득할 경우에는 식품의약품안전처의 유기농화장품의 인증표시를 사용할 수 있다.
④ 천연화장품 또는 유기농화장품인증의 유효기간은 1년이다.
⑤ 인증의 유효기간을 연장 받으려는 자는 유효기간 만료 60일 전에 총리령으로 정하는 바에 따라 연장신청을 하여야 한다.

해설 천연화장품 또는 유기농화장품인증의 유효기간은 3년이고 인증은 식품의약품안전처가 지정하는 인증기관에서 받을 수 있다. 유효기간 연장은 만료 90일 전에 신청하며, 인증을 받지 않아도 관련 증빙자료가 있으면 표시·광고할 수 있다.

217 피부를 곱게 태워주거나 자외선으로부터 피부를 보호하는데 도움을 주는 기능성화장품의 주성분으로 옳지 않은 것은?

① 4-메칠벤질리덴캠퍼
② 살리실릭애씨드
③ 에칠헥실메톡시신나메이트
④ 티타늄디옥사이드
⑤ 징크옥사이드

해설 살리실릭애씨드는 보존제, 탈모증상 완화에 도움을 주는 성분으로 주로 사용된다.

218 수용성 산과 수용성 알코올로 짝지어진 것으로 옳은 것은?

① 락틱애씨드, 토코페롤
② 시트릭애씨드, 에틸알코올
③ 글라이콜릭애씨드, 라우릴알코올
④ 살리실릭애씨드, 에틸알코올
⑤ 살리실릭애씨드, 토코페롤

해설 AHA(시트릭애씨드, 글라이콜릭애씨드, 말릭애씨드, 타타릭애씨드, 락틱애씨드)는 수용성이며, BHA(살리실릭애씨드)는 에탄올에 가용이다. 에탄올은 수용성이며, 토코페롤은 지용성, 고급 알코올(예 라우릴알코올)은 지용성이다.

★ 정답 ★	215 ④	216 ③	217 ②	218 ⑤

219 다음 중 진피층에 존재하는 섬유아세포(fibroblast)로부터 생산되지 않는 것은?

① 콜라겐 collagen
② 엘라스틴 elastin
③ 피브로넥틴 fibronectin
④ 글리코사미노글리칸 glycosaminoglycan
⑤ 비만세포 mast cell

해설 섬유아세포는 콜라겐, 엘라스틴, 피브로넥틴, 글리코사미노글리칸을 생산한다. 비만세포는줄기세포로부터 만들어지는 것으로 면역기능 등에 작용하는 백혈구의 일종으로 알려져 있다.

220 남성형 탈모는 탈모의 가장 흔한 형태로 테스토스테론(남성호르몬인 안드로겐 호르몬의 하나)이 (㉠)에 의해 디하이드로테스토스테론(DHT)으로 바뀌고 이 물질이 모낭을 위축시켜 모발의 두께를 가늘게 하고 모발이 자라는 기간을 단축시킨다. ㉠에 적합한 단어는?

① 5알파-리덕타제(환원효소)
② 리파아제
③ 4-탈수소 효소
④ 피나스테리드
⑤ 두타스테리드

해설 5알파-리덕타제(5alpha reductase)가 테스토스테론을 디하이드로테스토스테론으로 바꾼다.

221 화장품의 관능평가 항목과 그 평가법의 연결이 적절하지 않은 것은?

① 발림성, 부드러움 - 피부마찰계수(skin friction coefficient) 측정기
② 투명감, 매트함 - 고니오포토미터(goniophotometer)
③ 탄력감 - 레오미터(rheometer)
④ 광택 - 광택계(spectrophotometer)
⑤ 지속력 - 피부점탄성 측정기(skin viscoelastometer)

해설 피부점탄성 측정기(skin viscoelastometer)는 피부 탄력을 측정할 때 사용된다. 화장 지속력은 발수성, 발유성을 측정하며, 드롭핑(dropping) 테스트가 이용된다.

222 화장품법 시행규칙에서 정하고 있는 화장품 1차 포장에 반드시 기재되어야 하는 항목이 아닌 것은?

① 화장품의 명칭
② 영업자의 상호
③ 제조번호
④ 사용기한 또는 개봉 후 사용기간
⑤ 가격

해설 가격은 1차 포장 혹은 2차 포장에 할 수 있다.

★ 정답 ★	219 ①	220 ①	221 ⑤	222 ⑤

223 화장품의 부작용 중에서 유해물질이 흡수되어 상피세포가 확장되어 피부가 붉게 변하여 홍색을 나타나는 것을(㉠)(이)라 한다. ㉠에 적합한 단어는?

① 홍반 ② 자통 ③ 구진
④ 발적 ⑤ 부종

해설 홍반(erythema) : 붉은 반점

224 기능성화장품 기준 및 시험방법 별표1에서는 제형 정의를 설명하고 있다. 이 정의에 따르면 "화장품에 사용되는 성분을 용제 등에 녹여서 액상으로 만든 것"은 어떤 제형에 해당되는가?

① 로션제 ② 액제 ③ 크림제
④ 겔제 ⑤ 분산제

해설 로션제 : 유화제 등을 넣어 유성성분과 수성성분을 균질화하여 점액상으로 만든 것
액제 : 화장품에 사용되는 성분을 용제 등에 녹여서 액상으로 만든 것
크림제 : 유화제 등을 넣어 유성성분과 수성성분을 균질화하여 반고형상으로 만든 것
침적마스크제 : 액제, 로션제, 크림제, 겔제 등을 부직포 등의 지지체에 침적하여 만든 것
겔제 : 액체를 침투시킨 분자량이 큰 유기분자로 이루어진 반고형상

225 〈보기〉 중에서 우수화장품 제조 및 품질관리 기준(CGMP)에서 규정하는 검체의 채취 및 보관과 폐기처리 기준을 모두 고른 것은?

보기
ㄱ. 완제품의 보관용 검체는 적절한 보관조건하에 지정된 구역 내에서 제조단위별로 사용기한 경과 후 1년간 보관하여야 한다. 다만, 개봉 후 사용기간을 기재하는 경우에는 제조일로부터 3년간 보관하여야 한다.
ㄴ. 재작업은 그 대상이 다음 각 호를 모두 만족한 경우에 할 수 있다.
1. 변질·변패 또는 병원미생물에 오염되지 아니한 경우,
2. 제조일로부터 2년이 경과하지 않았거나 사용기한이 1년 이상 남아있는 경우
ㄷ. 원료와 포장재, 벌크제품과 완제품이 적합판정기준을 만족시키지 못할 경우 "기준일탈제품"으로 지칭한다. 기준일탈 제품이 발생했을 때는 신속히 절차를 정하고, 정한 절차를 따라 확실한 처리를 하고 실시한 내용을 모두 문서에 남긴다.
ㄹ. 재작업의 절차 중 품질이 확인되고 품질보증책임자의 승인을 얻을 수 있을 때까지 재작업품은 다음 공정에 사용할 수 없고 출하할 수 없다.
ㅁ. 품질에 문제가 있거나 회수·반품된 제품의 폐기 또는 재작업 여부는 화장품책임판매업자에 의해 승인되어야 한다.

① ㄱ, ㄷ ② ㄱ, ㄹ ③ ㄴ, ㄹ
④ ㄴ, ㅁ ⑤ ㄷ, ㅁ

해설 제조일로부터 1년이 경과하지 않아야 재작업을 할 수 있고, 제품의 폐기 또는 재작업 여부는 품질보증책임자가 승인한다.

★ 정답 ★	223 ①	224 ②	225 ②

226 피부가 자외선에 노출되면 멜라닌 형성세포(melanocyte)는 멜라닌을 형성하여 각질형성세포(keratinocyte)로 멜라닌을 전달한다. 멜라닌 형성과 전달에 관여하는 단백질로 옳지 않은 것은?

① 키네신(kinesin)
② 프로테아제 활성 수용체 2(protease-activated receptor 2, PAR-2)
③ 프로테아제 활성 수용체 3(protease-activated receptor 3, PAR-3)
④ 액틴(actin)
⑤ 리포폴리사카라이드(lipopolysaccharide)

해설 멜라닌 형성과 전달에는 키네신, PAR-2, PAR-3, actin이 관여한다.

227 맞춤형화장품 조제 시에 사용할 수 있는 화장품 원료는?

① 벤잘코늄 클로라이드
② 베헨트리모늄 클로라이드
③ 세트리모늄 클로라이드
④ 스테아트리모늄 클로라이드
⑤ 폴리비닐 클로라이드

해설 벤잘코늄 클로라이드는 보존제, 베헨트리모늄 클로라이드, 세트리모늄 클로라이드, 스테아트리모늄 클로라이드는 사용한도가 있는 기타원료이다.

228 화장품법 시행규칙에 따라 화장품책임판매업자는 영유아 또는 어린이가 사용할 수 있는 화장품임을 표시·광고하려는 경우에는 제품별로 안전성 자료를 작성하여야 한다. 다음 중 안전성 자료에 해당하지 않는 것은?

① 제품 설명자료
② 제조방법 설명자료
③ 화장품 안전성 평가자료
④ 화장품 안정성 평가자료
⑤ 제조 시 사용된 원료의 안전성 평가자료

해설 안전성 자료는 제품 및 제조방법에 대한 설명자료, 화장품의 안전성 평가 자료, 제품의 효능·효과에 대한 증명 자료, 제조 시 사용된 원료의 안전성 평가 자료를 포함해야 한다.

229 화장품 안전기준 등에 관한 규정에서는 화장품에서 특정 미생물은 검출되지 않아야 한다고 요구하고 있으며 이 특정 미생물에는 (㉠), 녹농균, 황색포도상구균이 해당된다. ㉠에 적합한 단어는?

① 대장균
② 살모넬라균
③ 아크네균
④ 말라세지아균
⑤ 칸디다균

해설 화장품에서 특정 미생물로 대장균, 녹농균, 황색포도상구균은 검출되지 않아야 한다.

★ 정답 ★	226 ⑤	227 ⑤	228 ④	229 ①

230 **우수화장품 제조 및 품질관리기준 제11조에서는 입고관리에 대하여 규정하고 있다. 이 규정에 따라 원자재 용기 및 시험기록서의 필수적인 기재사항이 아닌 것은?**

① 원자재 공급자가 정한 제품명
② 원자재 공급자명
③ 수령일자
④ 공급자가 부여한 제조번호 또는 관리번호
⑤ 원자재 발주일

해설 원자재 용기 및 시험기록서의 필수적인 기재사항 : 원자재 공급자가 정한 제품명, 원자재 공급자명, 수령일자, 공급자가 부여한 제조번호 또는 관리번호

231 **피부결이 매끄럽지 못해 고민하는 고객에게 맞춤형화장품 조제관리사는 글라이콜릭애씨드(glycolic acid)를 3.0% 첨가한 에센스를 맞춤형화장품으로 추천하였다. 〈보기1〉은 맞춤형화장품의 전성분이며, 이를 참고하여 고객에게 설명해야 할 주의사항을 〈보기2〉에서 모두 고른 것은?**

보기1

정제수, 에탄올, 글라이콜릭애씨드, 피이지-60하이드로제네이티드캐스터오일, 버지니아풍년화수, 세테아레스-30, 1,2-헥산다이올, 디프로필렌글라이콜, 녹차추출물, 쇠비름추출물, 살리실릭애씨드, 카보머, 트로메타민, 알란토인, 판테놀, 향료

보기2

ㄱ. 화장품을 사용 시 또는 사용 후 직사광선에 의하여 사용부위가 붉은 반점, 부어오름 또는 가려움증 등의 이상 증상이나 부작용이 있는 경우 전문의 등과 상담할 것
ㄴ. 알갱이가 눈에 들어갔을 때에는 물로 씻어내고 이상이 있는 경우에는 전문의와 상담할 것
ㄷ. 햇빛에 대한 피부의 감수성을 증가시킬 수 있으므로 자외선차단제를 함께 사용할 것
ㄹ. 일부에 시험 사용하여 피부 이상을 확인할 것
ㅁ. 사용 시 흡입하지 않도록 주의할 것
ㅂ. 신장 질환이 있는 사람은 사용 전에 의사, 약사, 한의사와 상의할 것

① ㄱ, ㄴ, ㅂ
② ㄱ, ㄷ, ㄹ
③ ㄴ, ㄷ, ㅂ
④ ㄷ, ㄹ, ㅁ
⑤ ㄹ, ㅁ, ㅂ

해설 알파-하이드록시애시드(AHA)가 포함된 화장품은 모든 화장품에 적용되는 공통 주의사항과 햇빛에 대한 주의사항을 고객에게 설명해야 한다. 또한 "일부에 시험 사용하여 피부 이상을 확인할 것"도 설명해야 한다(단, AHA 성분이 0.5퍼센트 초과 함유된 제품에 한함).

★ 정답 ★	230 ⑤	231 ②

232 다음 〈보기1〉은 화장품책임판매업자로부터 공급된 맞춤형화장품의 시험 결과이고, 〈보기2〉는 맞춤형화장품의 전성분 표시이다. 이를 근거로 맞춤형화장품 조제관리사 A의 고객 B에 대한 상담으로 옳은 것은?

보기1

시험항목	시험결과
아데노신 함량	103.0%
에칠아스코빌에텔	95.0%
납	6ug/g
비소	불검출
수은	불검출
포름알데하이드	불검출

보기2

정제수, 글리세린, 다이메치콘, 스쿠알란, 스테아릭애씨드, 스테아릴알코올, 폴리솔베이트80, 솔비탄올리에이트, 에칠아스코빌에텔, 소듐히아루로네이트, 벤질알코올, 아데노신, 아스코빌글루코사이드, 카보머, 트로메타민, 토코페릴아세테이트, 향료

① B : 이 제품은 자외선 차단 효과가 있습니까?
A : 네. 2중 기능성화장품으로 자외선 차단 효과가 있습니다.

② B : 이 제품 성적서에 납이 검출된 것으로 보이는데 판매 가능한 제품인가요?
A : 죄송합니다. 당장 판매 금지 후 책임판매자를 통하여 회수 조치하도록 하겠습니다.

③ B : 이 제품은 성적서를 보니까 보존제 무첨가 제품으로 보이네요?
A : 네. 저희 제품은 모두 보존제를 사용하지 않습니다. 안심하고 사용하셔도 됩니다.

④ B : 요즘 주름 때문에 고민이 많네요. 이 제품은 주름 개선에 도움이 될까요?
A : 네. 이 제품은 주름뿐만 아니라 미백에도 도움을 주는 기능성화장품입니다.

⑤ B : 이 제품은 아데노신이 103%로 100% 이상 포함되어 있는데 더 좋은 제품인가요?
A : 네. 아데노신이 100% 넘게 함유된 제품으로 미백에 더욱 큰 효과를 주는 제품입니다.

해설 납 시험결과는 검출한도(20ug/g) 이내로 판매가능하며, 아데노신과 에칠아스코빌에텔이 주성분인 2중 기능성화장품 (미백+주름개선)이다.

★ 정답 ★ 232 ④

233 물 속에 계면활성제를 투입하면 계면활성제의 소수성(hydrophobicity, water-hating)에 의해 계면활성제가 친유부를 공기쪽으로 향하여 기체(공기)와 액체 표면(surface)에 분포하고 표면이 포화되어 더 이상 계면활성제가 표면에 있을 수 없으면 물 속에서 자체적으로 친유부(꼬리)가 물과 접촉하지 않도록 계면활성제가 회합하는데 이 회합체를 (㉠)이(라) 한다. ㉠에 적합한 단어는?

① 미셀 micelle
② 리포좀 liposome
③ 나노좀 nanosome
④ 에멀젼 emulsion
⑤ 액정 liquid crystal

해설 계면활성제의 회합체를 미셀(micelle)이라 한다.

234 〈보기〉는 화장품을 혼합·소분하여 맞춤형화장품을 조제·판매하는 과정에 대한 설명이다. 그 설명이 옳은 것을 모두 고른 것은?

보기

ㄱ. 맞춤형화장품 조제관리사가 고객에게 맞춤형화장품이 아닌 일반화장품을 판매하였다.
ㄴ. 메틸살리실레이트(methyl salicylate)를 5% 이상 함유하는 액체 상태의 맞춤형화장품을 일반 용기에 충전·포장하여 고객에게 판매하였다.
ㄷ. 맞춤형화장품 판매업으로 신고한 매장에서 맞춤형화장품 조제관리사가 200mL의 향수를 소분하여 50mL 향수를 조제하였다.
ㄹ. 맞춤형화장품판매업으로 신고한 매장에서 맞춤형화장품 조제관리사가 맞춤형화장품을 조제할 때 미생물에 의한 오염을 방지하기 위해 페녹시에탄올(Phenoxyethanol)을 추가 하였다.
ㅁ. 맞춤형화장품판매업자에게 원료를 공급하는 화장품책임판매업자가 화장품법 제4조에 따라 해당원료를 포함하여 기능성화장품 에 대한 심사를 받거나 보고서를 제출한 경우, 식품의약품안전처장이 고시한 기능성화장품 의 효능·효과를 나타내는 원료를 내용물에 추가하여 맞춤형화장품 을 조제할 수 있다.

① ㄱ, ㄴ, ㄹ
② ㄱ, ㄷ, ㄹ
③ ㄱ, ㄷ, ㅁ
④ ㄴ, ㄷ, ㅁ
⑤ ㄴ, ㄹ, ㅁ

해설 개별포장당 메틸살리실레트를 5퍼센트 이상 함유하는 액체상태의 제품은 안전용기·포장을 사용해야 하며, 보존제(예 페녹시에탄올)는 맞춤형화장품에 사용할 수 없는 원료이다.

★ 정답 ★	233 ①	234 ③

235 〈보기〉는 고객 A에 대한 상담 결과에 따른 맞춤형화장품에센스의 최종 성분 비율이다. 맞춤형화장품 조제관리사 B와 고객 A의 대화에서 ㉠, ㉡에 단어와 숫자로 옳게 짝지어진 것은?

보기

- 정제수 75.15%
- 베타-글루칸 5.0%
- 글리세린 3.0%
- 글리세릴모노스테아레이트 1.0%
- 잔탄검 0.3%
- 트로메타민 0.2%
- 다이소듐이디티에이 0.05%
- 알로에추출물 8.0%
- 부틸렌글라이콜 5.0%
- 폴리솔베이트60 1.5%
- 포타슘소르베이트 0.5%
- 카보머 0.2%
- 향료 0.1%

〈대화〉

A : 제품에 사용된 보존제는 어떤 성분이고 문제가 없나요?

B : 제품에 사용된 보존제는 (㉠)입니다. 해당 성분은 화장품법에 따라 보존제로 사용될 경우 (㉡)% 이하로 사용하도록 하고 있습니다. 해당 성분은 한도 내로 사용되었으며, 문제는 없습니다.

① ㉠ : 포타슘소르베이트 ㉡ : 0.6
② ㉠ : 포타슘소르베이트 ㉡ : 0.8
③ ㉠ : 트로메타민 ㉡ : 0.6
④ ㉠ : 트로메타민 ㉡ : 0.8
⑤ ㉠ : 다이소듐이디티에이 ㉡ : 0.6

해설 보존제인 소르빅애씨드 및 그 염류의 사용한도는 0.6%이다.

236 다음의 성분 중에서 화장품 안전기준 등에 관한 규정에서 정하고 있는 화장품 배합금지 성분인 것은?

① 아젤라익애씨드
② 락틱애씨드
③ 살리실릭애씨드
④ 벤조익애씨드
⑤ 우릭애씨드

해설 1,7-헵탄디카르복실산(아젤라산), 그 염류 및 유도체는 배합금지 성분이다.

237 다음 중 수용성 비타민으로 분류할 수 있는 것은?

① 토코페릴아세테이트
② 레티놀
③ 레티닐팔미테이트
④ 마그네슘아스코빌포스페이트
⑤ 아스코빌테트라이소팔미테이트

해설 지용성비타민 : 비타민A(레티놀), D, E(토코페롤), K 및 비타민 팔미테이트 유도체 / 수용성비타민 : 비타민 C

★ 정답 ★	235 ②	236 ①	237 ④

238 **그림의 피부구조 a, b, c에 대한 설명이 옳은 것은?**

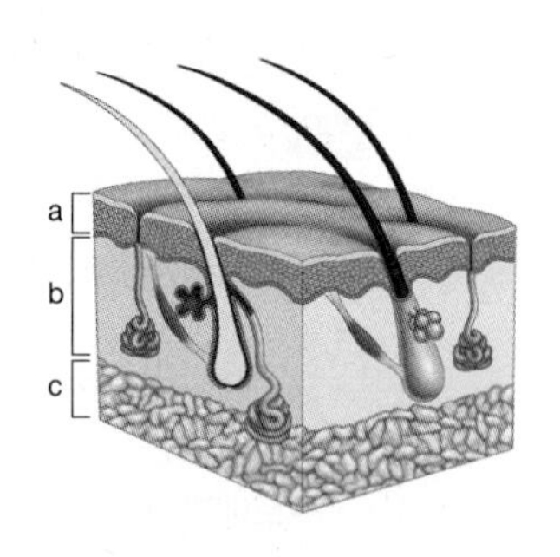

① a층에는 유두층이 존재하여 기저층의 세포분열을 돕는다.
② a층에는 항원전달세포인 랑거한스세포가 존재한다.
③ b층에는 NMF(천연보습인자, Natural Moisturizing Factor)가 존재하여 피부의 수분량을 일정하게 유지시켜 준다.
④ b층은 열격리, 충격흡수, 영양저장소 기능을 한다.
⑤ c층에는 비만세포와 섬유아세포가 존재한다.

해설 a층 : 표피, b층: 진피, c층: 피하지방

239 **각질형성세포의 분화과정은 기저세포의 분열, 유극세포에서의 합성, (㉠)에서의 자기분해과정, 각질세포에서의 재구축과정의 단계로 이루어지며 분화의 마지막 단계로 각질층이 형성된다. 이 과정을 각화(keratinization)라고 한다. ㉠에 적합한 단어는?**

① 과립세포
② 삭실형성세포
③ 촉각상피세포
④ 머켈세포
⑤ 비만세포

해설 각화과정 : 기저세포의 분열 → 유극세포에서의 합성, 정비 → 과립세포의 자기분해 → 각질세포의 재구축

240 **노화에 따른 피부의 변화를 설명한 것으로 옳은 것은?**

① 각질층이 떨어지는데 더 많은 시간이 걸려 각질층이 얇아진다.
② 콜라게나제(collagenase)에 의한 콜라겐(collagen) 합성으로 증가한다.
③ 엘라스타제(elastase)에 의한 엘라스틴(elastin) 파괴로 주름이 형성된다.
④ 글리코사미노글리칸(glycosaminoglycan, GAG) 합성이 증가한다.
⑤ 피부 재생주기가 짧아진다.

해설 노화가 진행됨에 따라 콜라게나제(collagenase)에 의한 콜라겐(collagen) 파괴, 엘라스타제(elastase)에 의한 엘라스틴(elastin) 파괴 등으로 주름이 형성된다.

★ 정답 ★	238 ②	239 ①	240 ③

241 **다음 중 천연화장품 및 유기농화장품의 기준에 관한 규정에서 정하고 있는 유기농화장품 및 천연화장품에 대한 설명으로 옳지 않은 것은?**

① 유기농 원료란 국제유기농업운동연맹(IFOAM)에 등록된 인증기관으로부터 유기농 원료로 인증받거나 이를 이 고시에서 허용하는 화학적 공정에 따라 가공한 것이다.

② 식물 원료란 식물(해조류와 같은 해양식물, 버섯과 같은 균사체 제외) 그 자체로서 가공하지 않거나, 이 식물을 가지고 이 고시에서 허용하는 물리적 공정에 따라 가공한 화장품 원료를 말한다.

③ 미네랄 원료란 지질학적 작용에 의해 자연적으로 생성된 물질을 가지고 이 고시에서 허용하는 물리적 공정에 따라 가공한 화장품 원료를 말한다. 다만, 화석연료로부터 기원한 물질은 제외한다.

④ 동물성 원료란 동물 그 자체 세포 조직 장기는 제외하고 동물로부터 자연적으로 생산되는 것로서 가공하지 않거나, 이 동물로부터 자연적으로 생산되는 것을 가지고 이 고시에서 허용하는 물리적 공정에 따라 가공한 화장품 원료를 말한다.

⑤ 천연화장품 또는 유기농화장품으로 표시·광고하여 제조, 수입 및 판매할 경우 이 고시에 합함을 입증하는 자료를 구비하고, 제조일(수입일 경우 통관일)로부터 3년 또는 사용기한 경과 후 1년 중 긴 기간 동안 보존하여야 한다.

해설 유기농 원료 : 물리적 공정에 따라 가공한 것
식물 원료 : 물리적 공정에 따라 가공한 것
동물성 원료 : 물리적 공정에 따라 가공한 것
미네랄 원료: 물리적 공정에 따라 가공한 것
※ 유래란 용어가 사용되면 화학적 혹은 생물학적 공정에 따라 가공한 것임(예 유기농유래 원료, 식물유래 원료, 동물성유래 원료, 미네랄유래 원료)

242 **㈜지에스씨티에서 근무하는 책임판매관리자가 ㈜아름다움에 입사한 신입사원에게 설명한 내용이다. 다음 중 그 설명이 옳지 않은 것은?**

① ㈜아름다움에서 공급하는 맞춤형화장품 베이스는 화장품 관련 법령과 규정에 적합하게 제조된 것으로 맞춤형화장품을 조제할 때에는 이 베이스에 원료를 혼합하여 맞춤형화장품 조제관리사가 조제합니다.

② 조제 시, 화장품 안전기준 등에 관한 규정에 명시된 사용제한이 있는 자외선차단성분, 보존제, 기타성분 등은 혼합할 수 없습니다.

③ 조제 시, 기능성화장품의 주성분은 혼합할 수 없습니다.

④ 맞춤형화장품 조제관리사는 조제에 사용 가능한 화장품 내용물 및 원료에 대하여 이해를 꼭 해야 합니다.

⑤ 고객이 원하면 경우에 맞춤형화장품 조제관리사는 맞춤형화장품을 미리 혼합· 소분할 수도 있습니다.

해설 소비자의 피부 유형이나 선호도 등을 확인하지 아니하고 맞춤형화장품을 미리 혼합·소분하여 보관하지 말 것(맞춤형화장품판매업자의 준수사항에 관한 규정).

★ 정답 ★	241 ①	242 ⑤

243 **맞춤형화장품판매업자 L은 경영악화로 영업을 P에게 양도하면서 고객정보도 함께 양도하였다. L과 P의 행위가 개인정보보호법에 적법하지 않은 것은?**

① L은 주소를 기재하지 않아 개인정보 이전 사실을 통지할 수 없는 고객들이 많아 부득이하게 20일 동안 인터넷 홈페이지 및 매장 출입구에 개인정보 이전 사실을 게시하였다.
② L은 개인정보를 P에게 이관한다는 고객들에게 우편으로 고지하였다.
③ L은 고객들에게 개인정보를 이전한다는 사실과 개인정보를 이전받는 자인 P의 성명, 주소, 전화번호, 이메일 주소를 고객에게 알렸다.
④ P는 자신의 개인정보가 이전되는 것을 원하지 않는 고객의 개인정보를 모두 폐기하였다.
⑤ P는 별도로 고객들에게 개인정보를 이전받았다는 사실을 알리지 않았다.

해설 개인정보보호법 시행령 제29조(영업양도 등에 따른 개인정보 이전의 통지)
② 법 제27조제1항에 따라 개인정보를 이전하려는 자(영업양도자 등)가 과실 없이 제1항에 따른 방법으로 법 제27조제1항 각 호의 사항을 정보주체에게 알릴 수 없는 경우에는 해당 사항을 인터넷 홈페이지에 30일 이상 게재하여야 한다. 다만, 인터넷 홈페이지에 게재할 수 없는 정당한 사유가 있는 경우에는 다음 각 호의 어느 하나의 방법으로 법 제27조제1항 각 호의 사항을 정보주체에게 알릴 수 있다.
- 영업양도자등의 사업장등의 보기 쉬운 장소에 30일 이상 게시하는 방법
- 영업양도자등의 사업장등이 있는 시·도 이상의 지역을 주된 보급지역으로 하는 신문 등의 진흥에 관한 법률 제2조제1호가목·다목 또는 같은 조 제2호에 따른 일반일간신문·일반주간신문 또는 인터넷신문에 싣는 방법

244 **〈보기〉는 화장품법 시행규칙에 따른 일간신문 위해화장품의 공표문이다. ㉠에 들어갈 단어로 옳은 것은?**

보기

위해화장품 회수

화장품법 제5조의2에 따라 아래의 화장품을 회수합니다.

- 제품명 : 허스토리 모이스쳐 토너
- ㉠ : 20M007
- 회수사유 : 표시사항 오기
- 사용기한 : 2023. 12. 07
- 회수방법 : 영업자에서 회수품을 택배로 발송 혹은 직접 방문
- 회수 영업자 : ㈜허스토리
- 영업자 주소 : 서울시 강동구 덕암로 740
- 영업자 연락처 : 070-4774-1234

① 개봉 후 사용기간
② 시험번호
③ 관리번호
④ 제조번호
⑤ 의뢰번호

해설 공표문에는 제품명, 제조번호, 사용기한 또는 개봉 후 사용기간(제조 연월일 병행표기), 회수사유, 회수방법, 회수하는 영업자의 명칭, 회수하는 영업자의 정보, 그 밖에 회수에 필요한 사항이 포함되어야 한다. 회수기한은 법적으로 규정되어 있어 공표할 필요는 없다.

★ 정답 ★ 243 ① 244 ④

245 천연화장품 및 유기농화장품의 기준에 관한 규정에 따른 천연화장품에 사용 가능한 보존제가 아닌 것은?

① 살리실릭애씨드
② 포타슘소르베이트
③ 소듐벤조에이트
④ 2,5-다이하이드록시벤조익애씨드
⑤ 벤질알코올

해설 하이드록시벤조익애씨드는 파라벤(paraben)으로 천연벤조익애씨드 및 그 염류, 벤질알코올, 살리실릭애씨드 및 그 염류, 소르빅애씨드 및 그 염류, 데하이드로아세틱애씨드 및 그 염류, 테트라소듐글루타메이트디아세테이트(금속이온봉쇄제)는 천연화장품 및 유기농화장품에서 보존제로 사용 가능하다.

246 화장품법, 화장품법 시행규칙에 규정하는 화장품의 회수에 대한 설명으로 옳지 않은 것은?

① 기능성화장품의 기능을 나타나게 하는 주원료 함량이 기준치에 부적합한 경우는 다등급 위해성이다.
② 가등급 위해성 화장품은 특별한 연기 사유가 없을 시 회수를 시작한 날부터 15일 이내에 회수해야 한다.
③ 회수계획에 따른 회수계획량의 5분의 4 이상을 회수한 경우, 그 위반행위에 대한 행정처분을 면제받을 수 있다.
④ 회수의무자는 회수대상화장품의 판매자, 그 밖에 해당 화장품을 업무상 취급하는 자에게 방문, 우편, 전화, 전보, 전자우편, 팩스 또는 언론매체를 통한 공고 등을 통하여 회수계획을 통보하여야 하며, 통보 사실을 입증할 수 있는 자료를 회수종료일부터 2년간 보관하여야 한다.
⑤ 영업자 스스로 국민 보건에 위해를 끼칠 우려가 있어 회수가 필요하다고 판단되면 식품의약품안전처장에게 보고해야만 회수가 가능하다.

해설 영업자 스스로 회수할 때(자진회수)는 식품의약품안전처장에게 보고할 의무는 없다. 회수에 따른 행정처분의 경감 또는 면제 조치는 다음과 같다(화장품법 시행규칙)
- 회수계획에 따른 회수계획량의 5분의 4 이상을 회수한 경우: 그 위반행위에 대한 행정처분을 면제
- 회수계획량의 3분의 1 이상, 5분의 4 미만을 회수한 경우: 등록취소인 경우에는 업무정지 2개월 이상 6개월 이하의 범위에서 처분, 행정처분기준이 업무정지 또는 품목의 제조·수입·판매 업무정지인 경우에는 정지처분기간의 3분의 2 이하의 범위에서 경감
- 회수계획량의 4분의 1 이상 3분의 1 미만을 회수한 경우: 행정처분기준이 등록취소인 경우에는 업무정지 3개월 이상 6개월 이하의 범위에서 처분, 행정처분기준이 업무정지 또는 품목의 제조·수입·판매 업무정지인 경우에는 정지처분기간의 2분의 1 이하의 범위에서 경감

★ 정답 ★	245 ④	246 ⑤

247 **다음 중 개인정보보호법에 따른 개인정보 관련 업무의 위탁과 수탁에 대한 설명이 옳지 않은 것은?**

① 수탁자가 위탁자에게 위탁하는 개인정보 관련 업무의 내용은 위탁업무 수행 목적 외 개인정보의 처리 금지에 관한 사항, 개인정보의 기술적·관리적 보호조치에 관한 사항 및 개인정보의 안전한 관리를 위하여 개인정보보호법 시행령(대통령령)으로 정한 사항이 포함된 문서에 의하여야 한다.
② 수탁자는 위탁받은 개인정보를 제3자에게 제공하여서는 안 된다.
③ 위탁자는 수탁자가 개인정보를 안전하게 처리하는지 감독하여야 한다.
④ 개인정보 관련 업무를 위탁하는 자(위탁자)는 위탁하는 업무의 내용과 개인정보 처리 업무를 위탁받아 처리하는 자(수탁자)를 정보주체가 언제든지 쉽게 확인할 수 있도록 대통령령(인터넷 홈페이지, 게시, 관보, 간행물 등)으로 정하는 방법에 따라 공개하여야 한다.
⑤ 위탁받은 업무와 관련하여 개인정보를 처리하는 과정에서 개인정보보호법을 위반하여 발생한 손해배상책임은 위탁자에게 있다.

해설 개인정보의 처리 업무를 위탁하는 개인정보처리자(이하 "위탁자"라 한다)는 위탁하는 업무의 내용과 개인정보 처리 업무를 위탁받아 처리하는 자(이하 "수탁자"라 한다)를 정보주체가 언제든지 쉽게 확인할 수 있도록 대통령령(인터넷 홈페이지, 게시, 관보, 간행물 등)으로 정하는 방법에 따라 공개하여야 하며, 수탁자가 위탁받은 업무와 관련하여 개인정보를 처리하는 과정에서 법을 위반하여 발생한 손해배상책임에 대하여는 수탁자를 개인정보처리자의 소속 직원으로 보기 때문에 손해배상책임이 수탁자에게 있다(개인정보보호법 제26조, 업무위탁에 따른 개인정보의 처리 제한).

248 **기능성화장품 주성분의 최대함량이 바르게 연결된 것은?**

① 시녹세이트, 4%
② 티타늄디옥사이드, 30%
③ 디갈로일트리올리에이트, 7%
④ 이소아밀-p-메톡시신나메이트, 8%
⑤ 벤조페논-8, 3%

해설 에칠헥실메톡시신나메이트: 7.5%, 시녹세이트: 5%, 티타늄디옥사이드: 25%,
이소아밀-p-메톡시신나메이트: 10%, 디갈로일트리올리에이트: 5%

249 **화장품의 색소 종류와 기준 및 시험방법에서 설명하고 있는 용어에 대한 설명으로 옳지 않은 것은?**

① 기질은 레이크 제조 시 순색소를 확산시키는 목적으로 사용되는 물질로 알루미나, 이산화티탄, 산화아연 등의 단일 또는 혼합물이 사용한다.
② 순색소는 중간체, 희석제, 기질 등을 포함하는 색소이다.
③ 희석제는 색소를 용이하게 사용하기 위하여 혼합되는 성분이다.
④ 레이크(lake)는 타르색소를 기질에 흡착, 공침 또는 단순한 혼합이 아닌 화학적 결합에 의하여 확산시킨 색소이다.
⑤ 타르색소는 색소 중 콜타르, 그 중간생성물에서 유래되었거나 유기합성하여 얻은 색소 및 그 레이크, 염, 희석제와의 혼합물이다.

★ 정답 ★	247 ⑤	248 ⑤	249 ②

해설 색소는 화장품이나 피부에 색을 띄게 하는 것을 주요 목적으로 하는 성분, 타르색소는 색소 중 콜타르, 그 중간생성물에서 유래되었거나 유기합성하여 얻은 색소 및 그 레이크, 염, 희석제와의 혼합물, 순색소는 중간체, 희석제, 기질 등을 포함하지 아니한 순수한 색소, 레이크(lake)는 타르색소를 기질에 흡착, 공침 또는 단순한 혼합이 아닌 화학적 결합에 의하여 확산시킨 색소, 희석제는 색소를 용이하게 사용하기 위하여 혼합되는 성분, 기질은 레이크 제조 시 순색소를 확산시키는 목적으로 사용되는 물질로 알루미나, 브랭크휙스, 크레이, 이산화티탄, 산화아연, 탤크, 로진, 벤조산알루미늄, 탄산칼슘 등의 단일 또는 혼합물을 사용한다.

250 퍼머넌트웨이브류의 제1제(환원제)와 제2제(산화제)의 주요성분으로 옳은 것은?

	[제1제]	[제2제]
①	글라이콜릭애씨드	과산화수소
②	시스테인	트리클로산
③	치오글라이콜릭애씨드	과망간산나트륨
④	시스테인	소듐브로메이트
⑤	치오글라이콜릭애씨드	구연산나트륨

해설 1제(환원제) : 치오글라이콜릭애씨드, 산화염료(페닐렌디아민), 시스테인, 알칼리제(암모니아수, 모노에탄올아민) 등
2제(산화제, 중화제) : 과산화수소, 인산, 브롬산나트륨(소듐브로메이트) 등

251 우수화장품 제조 및 품질관리기준의 세부목적에서 가장 거리가 먼 것은?

① 고도의 품질보증체계 확립
② 인위적인 과오의 최소화
③ 미생물오염으로 인한 품질저하 방지
④ 교차오염으로 인한 품질저하 방지
⑤ 품질관리의 적절성 확보

해설 우수화장품 제조 및 품질관리기준(CGMP)의 목적은 고도의 품질보증체계 확립, 인위적인 과오의 최소화, 미생물오염 및 교차오염으로 인한 품질저하 방지이다.

252 화장품법 시행규칙 별표3의 화장품의 유형과 해당하는 제품의 연결이 옳지 않은 것은?

① 인체 세정용 제품류 - 바디 클렌저
② 방향용 제품류 - 콜롱
③ 기초화장용 제품류 - 아이 크림
④ 두발용 제품류 - 헤어 틴트
⑤ 목욕용 제품류 - 영유아 목욕용 제품

해설 바디 클렌저 : 인체 세정용 / 아이 크림 : 기초화장용 / 헤어 틴트 : 두발용 제품류 / 콜롱 : 방향용 제품류 / 영유아 목욕용 제품 : 영유아용 제품류

★ 정답 ★	250 ④	251 ⑤	252 ⑤

253 다음 보존제 중에서 모든 화장품 유형에 0.6% 이상 사용 가능한 보존제로만 이루어진 것은?

① 벤조익애씨드, 소르빅애씨드
② 페녹시에탄올, 살리실릭애씨드
③ 페녹시에탄올, 포믹애씨드
④ 벤질알코올, 살리실릭애씨드
⑤ 벤질알코올, 소르빅애씨드

해설 모든 화장품 유형에서 사용할 수 있는 보존제 배합한도 – 벤조익애씨드 밍 그 소듐염 : 0.5%, 포믹애씨드 및 소듐 포메이트 : 0.5%, 소르빅애씨드 및 그 염류 : 0.6%, 프로피오닉애씨드 : 0.9%, 페녹시에탄올 : 1.0%, 벤질알코올: 1.0%

254 화장품 관련 법령에서 정하고 있는 알레르기 유발성분에 대한 설명으로 옳은 것은?

① 착향제의 구성 성분 중 식품의약품안전처장이 정하여 고시한 알레르기 유발성분은 해당 성분의 명칭 및 함량을 표시해야 한다.
② 식물에서 추출한 향료에는 알레르기 유발성분이 함유되어 있지 않다.
③ 화장품 온라인 판매사이트에서 전성분에 향료 중 알레르기 유발성분을 표시하여야 한다.
④ 알레르기 유발성분이 사용 후 씻어내는 제품에는 0.001% 이상, 사용 후 씻어내지 않는 제품에는 0.01% 이상 함유하는 경우에는 알레르기 유발성분을 표시해야 한다.
⑤ 착향제 중에 포함된 알레르기 유발성분의 표시는 사용할 때의 주의사항에 기재해야 한다.

해설 천연 향료에는 알레르기 유발성분이 포함되어 있으며, 알레르기 유발성분표시는 그 성분명만을 표시하며, 그 함량은 표시하지 않는다. 착향제에 포함된 알레르기 유발성분과 관련하여 별도로 사용 시의 주의사항은 없으며 알레르기 유발성분이 사용 후 씻어내는 제품에는 0.01% 이상 함유하는 경우, 사용 후 씻어내지 않는 제품에는 0.001% 이상 함유하는 경우에 한하여 표시한다.

255 화장품 관련 법령에서 정하고 있는 화장품 원료에 대한 설명으로 옳지 않은 것은?

① 식품의약품안전처장에 의해 사용한도가 정해진 원료는 보존제, 색소, 향료, 자외선차단성분, 염모제성분, 기타성분이다.
② 식품의약품안전처장이 고시한 기능성화장품 의 효능·효과를 나타내는 원료는 맞춤형화장품 조제에 사용할 수 없다. 다만, 맞춤형화장품판매업자에게 원료를 공급하는 화장품책임판매업자가 화장품법 제4조에 따라 해당 원료를 포함하여 기능성화장품 에 대한 심사를 받거나 보고서를 제출한 경우는 제외한다.
③ 식품의약품안전처장은 지정·고시된 원료의 사용기준의 안전성을 정기적으로 검토하여야 한다.
④ 화장품제조업자, 화장품책임판매업자 또는 대학·연구소 등은 지정·고시된 원료의 사용기준을 변경하여 줄 것을 식품의약품안전처장에게 신청할 수 있다.
⑤ 식품의약품안전처장은 국민 보건상 위해 우려가 제기되는 화장품 원료는 위해요소를 신속히 평가하여 그 위해 여부를 결정해야 한다.

해설 사용한도가 정해진 원료는 보존제, 자외선차단성분, 염모제성분, 기타성분이다.

★ 정답 ★	253 ⑤	254 ③	255 ①

256 **화장품 관련 법령에서 정하고 있는 화장품 기재·표시에 대한 준수사항으로 옳은 것은?**

① 수출용 제품의 경우에는 한글과 수출 대상국의 언어를 함께 기재하여야 한다.
② 맞춤형화장품의 2차 포장에는 반드시 제조번호(식별번호)를 표시하여야 한다.
③ 화장품 전성분을 표시하는 글자 크기는 6포인트 이상이어야 한다.
④ 수입한 화장품의 경우 해외 제조회사 정보를 제조국의 언어로 기재하여야 한다.
⑤ 화장품 가격은 화장품을 직접 판매하는 자가 표시한다.

해설 글자크기는 5포인트 이상이며, 한글로 기재하며, 수출용 제품은 수출 대상국 언어로만 표시한다.
맞춤형화장품 의 1차 포장에는 반드시 제조번호(식별번호)를 표시하여야 한다.

257 **〈보기〉 중에서 화장품법 시행규칙 별표3에서 규정하는 외음부 세정제에만 추가적으로 기재되는 사용 시 주의사항을 모두 고른 것은(단, 프로필렌 글리콜을 함유하고 있지 않음)?**

보기
가. 정해진 용법과 용량을 잘 지켜 사용할 것
나. 만 3세 이하 영유아에게는 사용하지 말 것
다. 임신 중에는 사용하지 않는 것이 바람직하며, 분만 직전의 외음부 주위에는 사용하지 말 것
라. 프로필렌 글리콜(Propylene glycol)을 함유하고 있으므로 이 성분에 과민하거나 알레르기 병력이 있는 사람은 신중히 사용할 것(프로필렌 글리콜 함유제품만 표시한다)

① 가　② 가, 나　③ 가, 다　④ 가, 나, 다　⑤ 가, 나, 다, 라

258 **화장품 안전성 정보관리 규정에서 정하고 있는 화장품 안전성 정보관리에 대한 내용으로 옳은 것은?**

① 유해사례는 화장품의 사용 중 발생한 바람직하지 않고 의도되지 아니한 징후, 증상 또는 질병을 말하며, 해당 화장품과 인과관계 여부가 확인되어야 한다.
② 실마리정보(signal)는 유해사례와 화장품 간의 인과관계 가능성이 있다고 보고된 정보로서 그 인과관계가 잘 알려져 있거나 입증자료가 충분한 것이다.
③ 안전성 정보의 정기보고는 매 반기 종료 후 1월 이내에 식품의약품안전처장에게 보고하는 것이다.
④ 상시근로자가 5인 이하인 화장품책임판매업자는 안전성 정보보고를 생략할 수 있다.
⑤ 안전성 정보의 신속보고는 그 정보를 알게 된 날로부터 10일 이내에 식품의약품안전처장에게 신속히 보고하는 것이다.

해설 신속보고는 15일 이내이고 정기적으로 화장품 유해사례 등 안전성 정보보고를 7월, 다음 해 1월에 보고하도록 되어 있다. 실마리 정보(Signal)는 유해사례와 화장품 간의 인과관계 가능성이 있다고 보고된 정보로서 그 인과관계가 알려지지 아니하거나 입증자료가 불충분한 것을 말한다. 상시근로자수가 2인 이하로서 직접 제조한 화장비누만을 판매하는 화장품책임판매업자는 해당 안전성 정보를 보고하지 아니할 수 있다. 유해사례는 화장품의 사용 중 발생한 바람직하지 않고 의도되지 아니한 징후, 증상 또는 질병을 말하며, 당해 화장품과 반드시 인과관계를 가져야 하는 것은 아니다.

★ 정답 ★	256 ⑤	257 ③	258 ③

259 다음 중 화장품 원료 중에서 천연에서 유래한 계면활성제가 아닌 것은?

① 세테아릴올리베이트
② 베타시토스테롤
③ 알킬벤젠설포네이트
④ 미리스틸글루코사이드
⑤ 레시틴

해설 알킬벤젠설포네이트는 음이온 계면활성제로 합성한 계면활성제이다.

260 화장품의 색소 종류와 기준 및 시험방법 별표1에서 정하고 있는 화장품 색소 성분으로 옳지 않은 것은?

① 카라멜
② 리보플라빈
③ 구아이아줄렌
④ 망가니즈바이올렛
⑤ 울트라블루

해설 울트라마린(Ultramarines, CI 77007)은 화장품 색소로 지정된 성분이나 울트라블루는 지정된 성분이 아니다.

261 샴푸에 포함된 착향제의 성분표와 함량이 〈보기〉와 같을 때 전성분에 표시에 대한 설명이 옳은 것은(단, 착향제의 양은 내용량 100g 중 1%이다)?

보기

- 헥실신남알 1%
- 리모넨 30%
- 시트랄 0.5%
- 신남알 0.7%
- 리날릴아세테이트 67.8%

① 헥실신남알, 리모넨, 시트랄, 신남알, 리날릴아세테이트는 알레르기 유발성분이다.
② 사용 후 씻어내는 제품(rinse off)에는 0.001% 초과, 사용 후 씻어내지 않는 제품(leave on)에는 0.0001% 초과 함유하는 경우에만 알레르기 유발성분으로 표시한다.
③ 리모넨은 알레르기 유발성분으로 표시해야 한다.
④ 헥실신남알, 시트랄(1%×0.005=0.005%)은 알레르기 유발성분으로 표시해야 한다.
⑤ 신남알은 알레르기 유발성분으로 표시해야 한다.

해설 헥실신남알, 리모넨, 시트랄, 신남알은 알레르기 유발성분으로 사용 후 씻어내는 제품(rinse off)에는 0.01% 초과, 사용 후 씻어내지 않는 제품(leave on)에는 0.001% 초과 함유하는 경우에만 알레르기 유발성분으로 표시한다. 리모넨(1%×0.30=0.3%)은 0.01% 초과하여 표시해야 한다. 단, 헥실신남알(1%×0.01=0.01%), 시트랄(1%×0.005=0.005%)과 신남알(1%×0.007=0.007%)은 0.01% 이하로 알레르기 유발성분으로 표시하지 않는다. 또한 리날릴아세테이트는 알레르기 유발성분이 아니다.

★ 정답 ★	259 ③	260 ⑤	261 ③

262 맞춤형화장품 조제관리사는 화장품 책임판매업자로부터 공급된 맞춤형화장품용 크림 벌크 제품의 시험기록서를 확인하여 시험 결과가 적합하지 않은 1개의 로트를 화장품책임판매업자에게 반품 처리 하였다. 반품 처리된 로트에 해당되는 것은?

① 로트번호 2109001 납 18μg/g, 비소 5μg/g, 수은 1.0μg/g, 디옥산 80μg/g
② 로트번호 2109002 납 15μg/g, 니켈 7μg/g, 안티몬 7μg/g, 디옥산 120μg/g
③ 로트번호 2109003 납 비검출, 비소 5μg/g, 수은 비검출, 디옥산 15μg/g
④ 로트번호 2109004 납 10μg/g, 비소 7μg/g, 수은 0.1μg/g, 디옥산 60μg/g
⑤ 로트번호 2109005 납 6μg/g, 비소 비검출, 수은 비검출, 디옥산 비검출

해설 비의도적 유래물질 검출허용한도 : 납 20μg/g 이하, 비소 10μg/g 이하, 수은 1μg/g 이하, 디옥산 100μg/g 이하, 니켈 10μg/g 이하, 안티몬 10μg/g 이하

263 〈보기〉는 맞춤형화장품 조제관리사 (K)와 매장에 방문한 30대 여성고객(L)의 대화이다. 두 사람의 대화 내용 중 가장 적절한 것은?

보기

K : ㉠고객님의 피부에 맞게 맞춤형화장품용 크림 베이스에 판테놀, 세라마이드, 적색2호를 혼합하여 크림을 조제해 드리겠습니다. 또한 ㉡스쿠알란 2.0%와 소합향나무 발삼오일을 1.0%를 추가하겠습니다. ㉢만수국꽃 추출물은 알레르기 유발물질이어서 배합을 원하시지만 크림베이스에 추가할 수 없습니다. ㉣페녹시에탄올 성분의 추가를 요청하셨는데 0.1%만 조제 시에 사용하겠습니다. ㉤이 크림은 어린이도 함께 사용할 수 있습니다.
L : 자세한 설명 고맙습니다. 설명해 주신데로 맞춤형화장품 크림 조제를 부탁드려요.

① ㉠ ② ㉡ ③ ㉢ ④ ㉣ ⑤ ㉤

해설 적색2호는 영유아에게 사용할 수 없는 색소이며, 만수국꽃추출물은 알레르기 유발물질이 아니고 배합한도가 있는 원료이다. 소합향나무 발삼오일의 배합한도는 0.6%이다.

264 다음의 전성분 중 사용 제한이 있는 원료를 모두 고른 것은?

보기

정제수, 부틸렌글라이콜, 글리세린, 소듐하이알루로네이트, 스쿠알란, 세라마이드 엔에프, 소르비탄올리베이트, 사이클로메티콘, 글리세릴스테아레이트, 잔탄검, 카보머, 에틸헥실글리세린, 디소듐이디티에이, 페녹시에탄올, 쿼터늄-15, 카프릴릭/카프릭트라이글리세라이드, 향료, 락틱애씨드, 리날룰, 시트로넬올, 리모넨, 유제놀

① 카프릴릭/카프릭트라이글리세라이드, 쿼터늄-15 ② 락틱애씨드, 페녹시에탄올
③ 페녹시에탄올, 글리세린 ④ 스쿠알란, 잔탄검
⑤ 페녹시에탄올, 쿼터늄-15

해설 사용 제한이 있는 원료인 보존제는 페녹시에탄올, 쿼터늄-15이다.

★ 정답 ★	262 ②	263 ①	264 ⑤

265 **맞춤형화장품판매장에 방문한 고객에게 맞춤형화장품 조제관리사가 화장품 사용 시의 주의사항을 설명한 것 중에서 옳지 않은 것은?**

① 이 데오도런트에는 알루미늄 및 그 염류를 함유하고 있으므로 신장질환이 있는 사람은 사용 전에 의사와 상의해야 합니다.
② 이 립스틱에는 카민을 함유하고 있으므로 이 성분에 과민하거나 알레르기가 있는 사람은 신중히 사용해야 합니다.
③ 이 파우더팩트에는 스테아린산아연을 함유하고 있으므로 사용 시 흡입되지 않도록 주의해야 합니다.
④ 이 립틴트에는 코치닐추출물을 함유하고 있으므로 이 성분에 과민하거나 알레르기가 있는 사람은 신중히 사용해야 합니다.
⑤ 이 크림에는 아이오도프로피닐부틸카바메이트(IPBC)를 함유하고 있으므로 만7세 이하 어린이에게는 사용하지 말아야 합니다.

해설 아이오도프로피닐부틸카바메이트(IPBC)를 함유하고 있으므로 만3세 이하 영유아에게는 사용하지 말 것(화장품의 함유 성분별 사용할 때의 주의사항 표시 문구)

266 **화장품법 시행규칙에서 정하고 있는 맞춤형화장품의 혼합·소분 안전관리기준으로 적절하지 않은 것은?**

① 혼합·소분 전에 혼합·소분에 사용되는 내용물 또는 원료에 대한 품질성적서를 확인한다.
② 혼합·소분 전에 손을 소독하거나 세정하며, 일회용 장갑을 착용하는 경우에도 동일하다.
③ 혼합·소분 전에 혼합·소분된 제품을 담을 포장용기의 오염 여부를 확인한다.
④ 혼합·소분에 사용되는 장비 또는 기구 등은 사용 전에 그 위생 상태를 점검한다.
⑤ 혼합·소분에 사용된 장비 또는 기구는 사용 후에는 오염이 없도록 세척한다.

해설 혼합·소분 전에 손을 소독하거나 세정할 것. 다만, 혼합·소분 시 일회용 장갑을 착용하는 경우에는 그렇지 않다.

267 **〈보기〉에 있는 화장품 원료 ㉠과 동일한 기능을 하는 성분은?**

보기
정제수, 부틸렌글라이콜, 글리세린, 소듐하이알루로네이트, 스쿠알란, 세라마이드 엔에프, ㉠소르비탄올리베이트, 사이클로메티콘, 글리세릴스테아레이트, 잔탄검, 카보머, 에틸헥실글리세린, 디소듐이디티에이, 벤질알코올, 카프릴릭/카프릭트라이글리세라이드, 향료, 락틱애씨드, 유제놀

① 폴리소르베이트 20
② 판테놀
③ 알란토인
④ 폴리비닐알코올
⑤ 세테아릴알코올

해설 "소르비탄(sorbitan)"이 있는 원료는 비이온계면활성제이며, 폴리소르베이트 시리즈도 비이온계면활성제이다.

★ 정답 ★	265 ⑤	266 ②	267 ①

268 **우수화장품 제조 및 품질관리기준(CGMP)에 따른 제조관리 기준을 맞춤형화장품판매장에 적용하여 레이아웃을 변경하고자 할 때 이에 대한 설명으로 옳지 않은 것은?**

① 상담데스크와 조제구역 사이에는 견학창을 설치하여 조제하는 모습을 고객이 지켜볼 수 있도록 한다.
② 조제구역과 보관구역을 분리하고, 수세설비를 조제구역에 비치한다.
③ 청정한 공기를 공급하기 위해 공기조화장치(AHU)를 매장 전체에 설치했다.
④ 원료보관실 내에 냉장고를 설치하여 냉장 보관이 필요한 원료를 보관한다.
⑤ 원료와 자재를 보관하는 곳은 바닥에 테이프를 붙여서 원료와 자재 보관 구역을 구분한다.

해설 공기조화장치는 화장품 내용물이 노출되는 곳에만 설치하고 있다(예 제조실, 칭량실, 충전실).

269 **우수화장품 제조 및 품질관리기준(CGMP) 해설서에서 설명하고 있는 CGMP에 대한 설명이 옳지 않은 것은?**

① 제품의 품질에 영향을 미치는 원자재, 제조공정 등의 변경은 이를 문서화하고 품질보증 책임자에 의해 승인된 후 수행하여야 한다.
② 내부감사의 목적은 회사의 품질보증체계가 계획된 사항에 부합하는지를 검증하기 위함이다.
③ 품질부서는 기준일탈이 발생하면 관련 내용을 조사하고 기록하여 구매팀에 부적합 사실을 통보한다.
④ 생산팀은 제조작업에 공정별 상세작업내용, 공정흐름도, 작업 중 주의사항, 제조에 필요한 시설 현황을 작성한다.
⑤ 품질부서는 처방, 제조지시 및 기록서, 시험규격 및 제조공정도, 수율 등을 기초로 하여 제품표준서를 작성한다.

해설 기준일탈 결과는 원자재 수령팀(원자재 보관소) 혹은 제조팀 혹은 포장팀에 통보한다.

270 **우수화장품 제조 및 품질관리 기준(CGMP) 해설서에 따른 시설 및 기구의 관리에 대한 설명으로 옳은 것은?**

① 기구는 관리를 용이하게 하기 위해 설계된 영역에 보관할 필요는 없다.
② 칭량 장치의 오차 허용도는 칭량에서 허락된 오차 허용도보다 커도 무관하다.
③ 설비·기구의 유지관리를 위해 공통 절차서를 작성하여 비치한다.
④ 시설 및 기구에 사용되는 소모품은 제품의 품질에 영향을 주지 않아야 한다.
⑤ 설비·기구는 청소와 위생, 유지관리가 가능하여야 하나 자동화시스템을 도입할 때는 예외이다.

해설 기구는 관리가 용이하도록 설계된 영역에 보관한다. 칭량 장치의 오차 허용도는 칭량에서 허락된 오차 허용도보다 커서는 안 된다. 설비·기구별 각각의 절차서를 작성하며, 설비·기구에 적용되는 원칙이 자동화시스템에도 동일하게 적용된다.

★ 정답 ★	268 ③	269 ③	270 ④

271 **화장품법 시행규칙 제11조(화장품제조업자의 준수사항 등) 3항에서 규정하고 있는 우수화장품 제조관리기준을 준수하는 제조업자에게 식품의약품안전처장이 지원할 수 있다. 다음 중 식품의약품안전처장이 지원할 수 없는 것은?**

① 우수화장품 제조관리기준 적용을 위한 전문적 기술
② 우수화장품 제조관리기준 적용을 위한 자문
③ 우수화장품 제조관리기준 적용을 위한 자율점검자료의 제출면제
④ 우수화장품 제조관리기준 적용을 위한 시설 · 설비 등 개 · 보수
⑤ 우수화장품 제조관리기준 적용을 위한 전문적 교육

해설 우수화장품 제조관리기준 적용에 관한 전문적 기술과 교육, 자문, 시설 · 설비 등 개 · 보수가 지원될 수 있다.

272 **〈보기〉는 우수화장품 제조 및 품질관리기준에서 시험관리에 대하여 규정하는 사항이다. ㉠과 ㉡에 적당한 단어는?**

보기
- 시험용 검체의 용기에는 명칭 또는 확인코드, (㉠), 검체채취일자를 기재하여야 한다.
- 기준일탈이 되면 규정에 따라 책임자에게 보고한 후 조사하여야 한다. 조사 결과는 책임자에 의해 일탈, 부적합, (㉡)을(를) 명확히 판정하여야 한다.

	㉠	㉡
①	제조번호	보류
②	제조번호	반품
③	시험번호	보류
④	시험번호	반품
⑤	시험지시번호	보류

해설 검체의 용기에는 명칭(혹은 확인코드), 제조번호, 검체채취일자를 기재해야 하며, 기준일탈 조사 후에, 일탈 혹은 부적합 혹은 보류로 판정한다.

273 **화장품 안전기준 등에 관한 규정에서 정하고 있는 유통화장품 안전관리 기준에 관한 설명으로 옳지 않은 것은?**

① 화장품 안전기준 등에 관한 규정에서 정하는 시험방법에 따라 시험해야 하지만 과학적 · 합리적으로 타당성이 인정되는 경우에는 시험을 생략할 수 있다.
② 클렌징 워터, 클렌징 오일, 클렌징 로션, 클렌징 크림 등 메이크업 리무버 제품은 pH 기준이 적용되지 않는다.
③ 유통화장품 안전관리 기준에서는 비의도적 유래물질의 검출허용한도를 정하고 있다.
④ 치오글라이콜릭애씨드 또는 그 염류가 주성분인 냉욕식 퍼머넌트웨이브용 제품의 중금속 기준은 20㎍/g이하이다.
⑤ 내용량의 기준은 제품 3개를 가지고 시험할 때 그 평균 내용량이 표기량에 대하여 97% 이상이다(화장비누의 경우, 건조중량을 내용량으로 한다).

★ 정답 ★	271 ③	272 ①	273 ①

해설 과학적·합리적으로 타당성이 인정되는 시험방법이 있으면 화장품 안전기준 등에 관한 규정에서 정한 시험방법을 대체할 수 있다.

274 **다음의 성분 중에서 화장품 안전기준 등에 관한 규정에서 정하고 있는 화장품 배합금지 성분인 것은?**

① 메틸렌글라이콜
② 프로필렌글라이콜
③ 부틸렌글라이콜
④ 펜틸렌글라이콜
⑤ 헥실렌글라이콜

해설 메틸렌글라이콜은 배합금지 성분이다.

275 **우수화장품 제조 및 품질관리기준에서 정하는 작업소 시설에 대한 요구사항으로 옳지 않은 것은?**

① 제조하는 화장품의 종류·제형에 따라 적절히 구획·구분되어 있어 교차오염 우려가 없을 것
② 바닥, 벽, 천장은 가능한 청소하기 쉽게 매끄러운 표면을 지니고 소독제 등의 부식성에 저항력이 있을 것
③ 환기가 잘 되고 청결할 것
④ 외부와 연결된 창문은 절대 열리지 않도록 할 것
⑤ 작업소 내의 외관 표면은 가능한 매끄럽게 설계하고, 청소, 소독제의 부식성에 저항력이 있을 것

해설 외부와 연결된 창문은 가능한 열리지 않도록 할 것

276 **〈보기〉는 우수화장품 제조 및 품질관리기준에서 규정하는 입고관리에 대한 사항으로 ㉠에 적합한 단어는?**

보기
- 원자재의 입고 시 구매요구서, 원자재 공급업체 성적서 및 현품이 서로 일치하여야 한다. 필요한 경우 운송 관련 자료를 추가로 확인할 수 있다.
- 원자재 용기에 제조번호가 없는 경우에는 (㉠)를 부여하여 보관하여야 한다.

① 관리번호
② 시험지시번호
③ 로트번호
④ 배치번호
⑤ 시험번호

해설 원자재 용기에 제조번호가 없는 경우에는 관리번호를 부여하여 보관하여야 한다.

★ 정답 ★	274 ①	275 ④	276 ①

277 **우수화장품 제조 및 품질관리기준에 정하고 있는 재작업에 관한 설명으로 옳지 않은 것은?**

① 품질에 문제가 있거나 회수·반품된 제품의 재작업 여부는 품질보증 책임자에 의해 승인되어야 한다.

② 재작업 대상이 변질·변패 또는 병원미생물에 오염되지 아니한 경우에 재작업할 수 있다.

③ 재작업 대상이 제조일로부터 1년이 경과하지 않은 경우에 재작업할 수 있다.

④ 재작업 대상의 사용기한이 2년 이상 남아있어야 재작업할 수 있다.

⑤ 재작업을 실시하는 제조책임자가 재작업의 결과에 책임을 진다.

해설 재작업 실시는 제조책임자가 하지만 품질보증 책임자가 재작업 결과에 책임을 진다.

278 **우수화장품 제조 및 품질관리기준에서 정하는 용어의 정의가 적절하지 않은 것은?**

① "제조"란 원료 물질의 칭량부터 혼합, 충전(1차포장), 2차포장 및 표시 등의 일련의 작업을 말한다.

② "일탈"이란 제조 또는 품질관리 활동 등의 미리 정하여진 기준을 벗어나 이루어진 행위를 말한다.

③ "시험번호"란 일정한 제조단위분에 대하여 제조관리 및 출하에 관한 모든 사항을 확인할 수 있도록 표시된 번호로서 숫자·문자·기호 또는 이들의 특정적인 조합을 말한다.

④ "기준일탈"이란 규정된 합격 판정 기준에 일치하지 않는 검사, 측정 또는 시험결과를 말한다.

⑤ "불만"이란 제품이 규정된 적합판정기준을 충족시키지 못한다고 주장하는 외부 정보를 말한다.

해설 "제조번호"란 일정한 제조단위분에 대하여 제조관리 및 출하에 관한 모든 사항을 확인할 수 있도록 표시된 번호로서 숫자·문자·기호 또는 이들의 특정적인 조합을 말한다.

279 **우수화장품 제조 및 품질관리기준에 따른 포장재 관리에 대한 사항이 옳지 않은 것은?**

① 포장재는 화장품의 포장에 사용되는 모든 재료를 말하며 운송을 위해 사용되는 외부 포장재는 제외한 것이다. 제품과 직접적으로 접촉하는지 여부에 따라 1차 또는 2차 포장재라고 말한다.

② 모든 원료와 포장재는 사용 후에 관리되어야 한다.

③ 포장재는 규정된 완제품 품질 합격판정기준을 충족시켜야 한다.

④ 포장재는 화장품 제조업자가 정한 기준에 따라서 품질을 입증할 수 있는 검증자료를 공급자로부터 공급받아야 한다.

⑤ 포장재의 구매 시에는 요구사항을 만족하는 품목과 서비스를 지속적으로 공급할 수 있는 능력평가를 근거로 한 공급자의 체계적 선정과 승인이 검토되어야 한다.

해설 모든 원료와 포장재는 사용 전에 관리되어야 한다.

★ 정답 ★	277 ⑤	278 ③	279 ②

280 **우수화장품 제조 및 품질관리기준에 따른 입고관리가 옳지 않은 것은?**

① 제조업자는 원자재 공급자에 대한 관리감독을 적절히 수행하여 입고관리가 철저히 이루어지도록 하여야 한다.
② 원자재의 입고 시 구매 요구서, 원자재 공급업체 성적서 및 현품이 서로 일치하여야 한다. 필요한 경우 운송 관련 자료를 추가적으로 확인할 수 있다.
③ 원자재 입고절차 중 육안확인 시 물품에 결함이 있을 경우 입고를 보류하고 격리보관 및 폐기하거나 원자재 공급업자에게 반송하여야 한다.
④ 원자재 용기에 제조번호가 없는 경우에는 관리번호를 부여하여 보관하여야 한다.
⑤ 입고된 원자재는 "적합", "부적합", "검사 중" 등으로 상태를 반드시 표시하여야 한다.

해설 입고된 원자재는 "적합", "부적합", "검사 중 등으로 상태를 표시하여야 한다. 다만, 동일 수준의 보증이 가능한 다른 시스템이 있다면 대체할 수 있다.

281 **우수화장품 제조 및 품질관리기준 해설서에서 설명하는 제조탱크에 대한 관리방안으로 옳지 않은 것은?**

① 탱크의 구성재질은 온도/압력 범위가 조작 전반과 모든 공정 단계의 제품에 적합해야 한다.
② 탱크의 구성재질은 제품에 해로운 영향을 미쳐서는 안 된다.
③ 탱크의 구성재질은 세제 및 소독제와 반응해서는 안 된다.
④ 탱크는 세척하기 쉽게 고안되어야 한다.
⑤ 탱크는 작업, 관찰, 유지관리가 쉽고 탱크와 주변 청소가 용이하고 위생적 조건들을 보증하고 제품 오염의 가능성을 최대화하는 위치에 설치하여야 한다.

해설 탱크는 작업, 관찰, 유지관리가 쉽고 탱크와 주변 청소가 용이하고 위생적 조건들을 보증하고 제품 오염의 가능성을 최소화하는 위치에 설치하여야 한다.

282 **〈보기〉는 화장품 미생물한도 시험법 가이드라인에서 총호기성 생균수 시험에 대한 설명이다. ㉠에 적합한 것은?**

보기

한천평판도말법에 따라, 검액·대조액·음성대조액은 최소 2개의 평판배지에 0.1 mL를 도말합니다. 또는 한천평판희석법에 따라, 검액·대조액·음성 대조액 1 mL를 최소 2개의 페트리접시 넣고 그 위에 멸균 후 45°C로 식힌 시험용 배지 15 mL를 넣어 잘 혼합합니다. 배지는 세균의 경우 30 ~ 35°C에서 적어도 48시간, 진균의 경우 20 ~ 25°C에서 적어도 (㉠)일간 배양합니다.

① 2　② 3　③ 4
④ 5　⑤ 6

해설 배양조건 : 세균 30 ~ 35°C에서 적어도 48시간, 진균 20 ~ 25°C에서 적어도 5일

★ 정답 ★	280 ⑤	281 ⑤	282 ④

283 작업장에서 사용될 수 있는 소독제만을 모은 것은?

① 아이소프로필알코올, 아이오다인, 4급 암모늄 화합물
② 클로록시레놀, 메틸파라벤, 이미다졸리디닐우레아
③ 에탄올, 아이오다인, 판테놀
④ 1급 암모늄 화합물, 헥사클로로펜, 아이오도퍼
⑤ 에탄올, 아이오도퍼, 페녹시에탄올

해설 소독제 : 알코올(Alcohol), 클로르헥시딘디글루코네이트(Chlorhexidinedigluconate), 아이오다인(Iodine), 아이오도퍼(Iodophors), 클로록시레놀(Chloroxylenol), 헥사클로로펜(HCP ; Hexachlorophene), 4급 암모늄 화합물(Quaternary Ammonium Compounds), 트리클로산(Triclosan), 일반 비누

284 우수화장품 제조 및 품질관리기준(CGMP) 해설서에 설명하고 있는 설비 세척의 원칙으로 옳지 않은 것은?

① 위험성이 없는 용제(예, 물)로 세척한다.
② 세제는 사용하지 않는다.
③ 증기 세척을 권장한다.
④ 브러시 등으로 문질러 지우는 것을 고려한다.
⑤ 분해할 수 있는 설비는 분해해서 세척한다.

해설 가능한 한 세제를 사용하지 않으며 세제(계면활성제)를 사용할 경우 위험성이 있다.

285 다음의 비의도적 유래 물질이 포함된 화장품 중에서 유통이 될 수 없는 것은?

① 비소가 10㎍/g 포함된 선크림
② 메탄올이 0.1(v/v)% 포함된 토너
③ 포름알데하이드가 1000㎍/g 포함된 수분크림
④ 수은이 1㎍/g 포함된 영양크림
⑤ 디옥산이 200㎍/g 포함된 바디워시

해설 디옥산의 검출 허용한도는 100㎍/g이하로 100㎍/g 초과하면 유통될 수 없다.

★ 정답 ★	283 ①	284 ②	285 ⑤

286 필링을 고민하는 고객에게 락틱애씨드(lactic acid)를 2.0 % 첨가한 필링 에센스(사용 후 씻어내는 타입)를 맞춤형화장품 으로 추천하였다. 〈보기〉는 추천된 맞춤형화장품 의 전성분으로 이 맞춤형화장품 을 고객에서 판매할 때 고객에게 설명해야 할 주의사항으로 적당하지 않은 것은?

보기
정제수, 글리세린, 락틱애씨드, 피이지-60하이드로제네이티드캐스터오일, 버지니아풍년화수, 1,2-헥산다이올, 부틸렌글라이콜, 로즈마리잎추출물, 살리실릭애씨드, 카보머, 트리에탄올아민, 알란토인, 우레아, 향료

① 화장품을 사용 시 또는 사용 후 직사광선에 의하여 사용부위가 붉은 반점, 부어오름 또는 가려움증 등의 이상 증상이나 부작용이 있는 경우 전문의 등과 상담할 것
② 상처가 있는 부위 등에는 사용을 자제할 것
③ 어린이의 손이 닿지 않는 곳에 보관할 것
④ 일부에 시험 사용하여 피부 이상을 확인할 것
⑤ 햇빛에 대한 피부의 감수성을 증가시킬 수 있으므로 자외선 차단제를 함께 사용할 것

해설 AHA를 0.5% 초과해서 포함한 화장품은 “햇빛에 대한 피부의 감수성을 증가시킬 수 있으므로 자외선 차단제를 함께 사용할 것”이라는 사용 시의 주의사항을 추가해야 하며 씻어내는 제품 및 두발용 제품은 제외한다.

287 다음의 총호기성 생균수가 포함된 화장품 중에서 유통이 될 수 없는 것은?

① 세균 90개/g와 진균 110개/g인 물휴지
② 총호기성 생균수가 300개/g인 유아용 로션
③ 총호기성 생균수가 670개/g인 토너
④ 총호기성 생균수가 400개/g인 아이라이너
⑤ 총호기성 생균수가 810개/g인 샴푸

해설 총호기성 생균수(세균수+진균수) 기준은 영유아용 제품류 및 눈화장용 제품류는 500개/g(mL) 이하, 기타 화장품은 1,000개/g(mL) 이하이다. 단, 물휴지는 세균수 100개/g(mL) 이하, 진균수 100개/g(mL) 이하이다.

288 화장품 표시 광고 시 준수해야 할 사항으로 옳지 않은 것은?

① 비교 대상 및 기준을 밝히고 객관적인 사실을 경쟁상품과 비교하는 표시 광고를 하지 말 것
② 국제적 멸종위기종의 가공품이 함유된 화장품임을 표시 광고하지 말 것
③ 의사, 치과의사, 한의사, 약사 등이 광고 대상을 지정, 공인, 추천하지 말 것
④ “최고” 또는 “최상” 등 배타성을 띄는 표현의 표시 광고를 하지 말 것
⑤ 사실 유무와 상관없이 다른 제품을 비방하거나, 비방으로 의심되는 광고를 하지 말 것

해설 외국과의 기술제휴가 있으면 표시·광고가 가능하고 경쟁상품과 비교하는 표시·광고는 비교 대상 및 기준을 분명히 밝히고 객관적으로 확인될 수 있는 사항이면 표시·광고할 수 있다. 천연화장품 또는 유기농화장품인증기관으로부터 인증을 받으면 천연화장품 또는 유기농화장품을 표시·광고할 수 있다(화장품법 시행규칙 제22조 별표5)

★ 정답 ★	286 ⑤	287 ①	288 ①

289 **우수화장품 제조 및 품질관리기준에서 설명하고 있는 보관관리에 대한 설명으로 옳지 않은 것은?**

① 벌크 제품은 품질에 나쁜 영향을 미치지 아니하는 조건에서 보관하여야 한다.
② 원자재, 반제품 및 벌크 제품은 바닥과 벽에 닿지 아니하도록 보관하고, 선입선출에 의하여 출고할 수 있도록 보관하여야 한다.
③ 원자재, 시험 중인 제품 및 부적합품은 각각 구획된 장소에서 보관하여야 한다. 다만, 서로 혼동을 일으킬 우려가 없는 시스템에 의하여 보관되는 경우에는 그러하지 아니한다.
④ 설정된 보관기한이 지나면 사용의 적절성을 결정하기 위해 재평가시스템을 확립하여야 한다.
⑤ 반제품 및 벌크 제품의 보관기한을 설정하여야 하나 원자재의 보관기한은 설정하지 않는다.

해설 원자재, 반제품 및 벌크 제품은 품질에 나쁜 영향을 미치지 아니하는 조건에서 보관하여야 하며 보관기한을 설정하여야 한다.

290 **우수화장품 제조 및 품질관리기준 해설서에서 규정하고 있는 원료 및 포장재의 검체채취 절차에 포함되어야 하는 사항을 모두 고른 것은?**

보기
ㄱ. 검체채취 방법　　ㄴ. 사용하는 설비　　ㄷ. 검체채취 양
ㄹ. 보관조건　　ㅁ. 검체채취 한 용기에는 "적합"라벨을 부착한다.

① ㄱ　　② ㄱ, ㄴ
③ ㄱ, ㄴ, ㄷ　　④ ㄱ, ㄴ, ㄷ, ㄹ
⑤ ㄱ, ㄴ, ㄷ, ㄹ, ㅁ

해설 검체채취 한 용기에는 "시험 중"라벨을 부착한다.

291 **우수화장품 제조 및 품질관리기준에서 설명하고 있는 입고관리에 대한 설명으로 옳지 않지 것은?**

① 화장품 제조업자는 원자재 공급자에 대한 관리감독을 적절히 수행하여 입고관리가 철저히 이루어지도록 하여야 한다.
② 원자재의 입고 시 구매 요구서, 원자재 공급업체 성적서 및 현품이 서로 일치하여야 한다.
③ 원자재 용기에 제조번호가 없는 경우에는 관리번호를 부여하여 보관하여야 한다.
④ 원자재 입고절차 중 육안확인 시 물품에 결함이 있을 경우 입고를 보류하고 격리보관 및 폐기하거나 원자재 공급업자에게 반송하여야 한다.
⑤ 원자재 용기의 필수적인 기재사항에는 사용기한이 반드시 포함된다.

해설 원자재 용기 및 시험기록서의 필수적인 기재 사항 : 원자재 공급자가 정한 제품명, 원자재 공급자명, 수령일자, 공급자가 부여한 제조번호 또는 관리번호

★ 정답 ★	289 ⑤	290 ④	291 ⑤

292 맞춤형화장품 조제관리사가 맞춤형화장품 조제에 사용하려는 향의 조성이 보기와 같을 때, 향의 구성 성분 중 알레르기 유발성분은 몇 개인가?

> **보기**
> 디프로틸렌글라이콜, 벤질알코올, 이소유제놀, 유제놀, 시트랄, 쿠마린, 터피네올, 터피네올아세테이트, 아세트알데하이드, 페닐아세트알데하이드, 파네솔

① 1개
② 2개
③ 3개
④ 4개
⑤ 5개

해설 알레르기 유발성분 : 쿠마린, 시트랄, 유제놀, 이소유제놀, 파네솔

293 맞춤형화장품판매업자 준수사항으로 옳지 않은 것은?

① 맞춤형화장품판매장 시설·기구를 정기적으로 점검하여 보건위생상 위해가 없도록 관리할 것
② 맞춤형화장품 사용 시의 주의사항을 소비자에게 설명할 것
③ 혼합·소분 전에 혼합·소분된 제품을 담을 포장용기의 오염 여부를 확인할 것
④ 맞춤형화장품 판매내역서(전자문서로 된 판매내역서 포함)를 작성·보관할 것
⑤ 혼합·소분 전에 혼합·소분에 사용되는 내용물 또는 원료에 대한 품질시험을 실시할 것

해설 혼합·소분 전에 혼합·소분에 사용되는 내용물 또는 원료에 대한 품질성적서를 확인할 것

294 화장품 안정성 시험 가이드라인에서는 화장품 안정성 시험을 장기보존시험, 가속시험, 가혹시험, 개봉 후 안정성 시험으로 분류하고 있다. 장기보존시험에서는 시험항목으로 물리적 시험, 화학적 시험, 용기적합성 시험, (㉠)시험을 정하고 있다. ㉠에 적합한 단어는?

① 미생물한도
② 살균보존제 시험
③ 유효성성분 시험
④ 안전성 시험
⑤ 사용감 시험

해설 장기보존시험 항목 : 물리적 시험, 화학적 시험, 용기적합성 시험, 미생물한도 시험

★ 정답 ★	292 ⑤	293 ⑤	294 ①

295 **다음 중 회수대상 화장품에 해당되는 것은?**

① 식품의 형태·냄새·색깔·크기·용기 및 포장 등을 모방하여 섭취 등 식품으로 오용될 우려가 있는 화장품
② 내용량이 유통화장품 안전관리 기준에 적합하지 아니한 화장품
③ 살리실릭애씨드를 0.5% 사용한 샴푸
④ 제품의 홍보·판매촉진 등을 위하여 미리 소비자가 사용하도록 제조하여 무상으로 배포한 화장품
⑤ 맞춤형화장품 판매를 위하여 화장품의 표시사항을 훼손한 화장품

해설 식품의 형태·냄새·색깔·크기·용기 및 포장 등을 모방하여 섭취 등 식품으로 오용될 우려가 있는 화장품 → 회수 대상 화장품

296 **맞춤형화장품판매업 가이드라인에서 설명하는 사항으로 옳지 않은 것은?**

① 맞춤형화장품판매장 시설·기구를 정기적으로 점검하여 보건위생상 위해가 없도록 관리할 것
② 맞춤형화장품조제에 사용하는 내용물 및 원료의 혼합·소분 범위에 대해 사전에 품질 및 안전성을 확보할 것
③ 내용물 및 원료를 공급하는 화장품책임판매업자가 혼합 또는 소분의 범위를 검토하여 정하고 있는 경우 그 범위 내에서 혼합 또는 소분할 것
④ 혼합·소분하면서 혼합·소분된 제품을 담을 포장용기의 오염여부를 확인할 것
⑤ 소비자의 피부상태나 선호도 등을 확인하지 아니하고 맞춤형화장품 을 미리 혼합·소분하여 보관하거나 판매하지 말 것

해설 혼합·소분전에 혼합·소분된 제품을 담을 포장용기의 오염여부를 확인할 것

297 **맞춤형화장품판매업자가 화장품책임판매업자로부터 제공 받아야 하는 서류가 아닌 것은?**

① 내용물 명칭, 제조번호, 전성분 목록, 보관조건, 사용기한, 사용 시 주의사항, 사용방법 등 제품정보에 관한 자료
② 개봉하지 않은 내용물이 유통화장품 안전관리 기준에 적합함을 확인할 수 있는 자료
③ 내용물의 소분판매 기간 동안 방부력이 유지됨을 확인할 수 있는 시험결과
④ 내용물에 적합한 용기 재질 등 정보에 관한 자료
⑤ 내용물에 대한 피부 안전성 시험에 관한 자료

해설 안전성 시험에 관한 자료가 화장품책임판매업자로부터 제공되지는 않음.

★ 정답 ★	295 ①	296 ④	297 ⑤

298 **맞춤형화장품 조제관리사 자격시험에 합격하여 자격증을 발급받으려는 자가 식품의약품안전처장에게 제출하는 서류가 아닌 것은?**

① 맞춤형화장품 조제관리사 자격증 발급신청서
② 정신질환자에 해당하지않음을 증명하는 최근 6개월 이내의 의사 진단서
③ 맞춤형화장품 조제관리사로서 적합하다는 전문의 진단서
④ 마약류 중독자에 해당하지않음을 증명하는 최근 6개월 이내의 의사 진단서
⑤ 피성년후견인이 아님을 증명하는 서류

해설 제출서류 : 자격증 발급신청서, 정신질환자에 해당하지않음을 증명하는 최근 6개월 이내의 의사 진단서 혹은 맞춤형화장품 조제관리사로서 적합하다는 전문의 진단서, 약류 중독자에 해당하지않음을 증명하는 최근 6개월 이내의 의사 진단서

299 **맞춤형화장품판매업자가 판매업소로 신고한 소재지 외의 장소에서 1개월 이내(최대 1개월까지)에서 한시적으로 같은 영업을 하려는 경우에는 (㉠)이(가) 추가된 맞춤형화장품 판매업 신고필증이 발급된다. ㉠에 적합한 단어는?**

① 제조의 기간
② 판매의 기간
③ 영업의 기간
④ 조제의 기간
⑤ 생산의 기간

해설 한시적 영업일 때는 영업의 기간이 추가된 신고필증이 발급됨

300 **피부색과 모발색상에 대한 설명으로 옳지 않은 것은?**

① 피부색은 주로 멜라닌(melanin), 카로틴(carotene), 헤모글로빈(hamoglobin)의 양에 의해 결정된다.
② 색소형성세포(멜라노사이트, melanocyte)에서 형성된 멜라닌은 멜라노좀에 의해 각질형성세포로 전달된다.
③ 멜라닌은 검정색과 갈색을 나타내는 페오멜라닌과 빨간색과 금발을 나타내는 유멜라닌으로 구성되어 있다.
④ 피부의 미백에 도움을 주는 기능을 가진 화장품은 피부에 침착된 멜라닌 색소의 색을 엷게 한다.
⑤ 모발의 색은 유멜라닌과 페오멜라닌의 구성비에 의해 결정된다.

해설 검정색과 갈색을 나타내는 유멜라닌(eumelanin)과 빨간색과 금발(blonde)을 나타내는 페오멜라닌 pheomelanin)

★ 정답 ★	298 ⑤	299 ③	300 ③

301 **다음의 피부 표피의 각질층에 관한 내용으로 옳지 않은 것은?**

① 죽은 세포와 세포간 지질로 구성되어 있다.
② 세포 간 지질은 세라마이드, 콜레스테롤, 지방산, 콜레스테롤 설페이트, 트리글리세라이드, 레시틴 등으로 구성되어 있다.
③ 각질층으로 외부로부터 침입하는 물질을 막아주는 장벽의 역할을 한다.
④ 천연보습인자(NMF)가 존재하여 피부의 수분을 유지시켜 준다.
⑤ 피부표면의 pH는 약산성이다.

해설 레시틴은 천연유화제로 대두, 계란 노른자에서 얻을 수 있다.

302 **화장품 안전기준 등에 관한 규정에서 정하고 있는 화장품의 내용량 기준에 대한 〈보기〉의 설명에서 ㉠, ㉡에 적합한 단어로 옳은 것은?**

보기
- 제품 3개를 가지고 시험할 때 그 평균 내용량이 표기량에 대하여 (㉠)% 이상이어야 함
- 기준치를 빗어날 경우 : 6개를 더 취하여 시험할 때 9개의 평균 내용량이 (㉡)% 이상이어야 함

① ㉠ : 95 ㉡ : 100
② ㉠ : 95 ㉡ : 95
③ ㉠ : 100 ㉡ : 100
④ ㉠ : 100 ㉡ : 95
⑤ ㉠ : 97 ㉡ : 97

해설 내용량 기준은 3개의 평균 내용량이 표시량의 97% 이상이며, 기준치를 벗어나서 재시험할 때도 동일하게 97% 이상이다.

303 **퍼머넌트 웨이브 제품에 기대되어야 하는 사용 시의 주의사항으로 옳은 것은?**

① 두피 · 얼굴 · 눈 · 목 · 손 등에 약액이 묻지 않도록 유의하고, 얼굴 등에 약액이 묻었을 때에는 천천히 물로 씻어낸다.
② 특이체질, 생리 또는 출산 전후이거나 질환이 있는 사람 등은 사용을 피한다.
③ 두피의 손상 등을 피하기 위하여 용법 · 용량을 지켜야 하며, 가능하면 전체에 시험적으로 사용하여 본다.
④ 섭씨 30도 이하의 어두운 장소에 보존하고, 색이 변한 것은 사용하지 말아야 한다.
⑤ 개봉한 제품은 30일 이내에 사용한다.

해설 개봉한 제품은 7일 이내에 사용, 섭씨 15도 이하의 어두운 장소에 보존, 일부에 시험적으로 사용, 묻었을 때에는 즉시 물로 씻어낸다.

★ 정답 ★	301 ②	302 ⑤	303 ②

304 ISO 천연, 유기농 지수 표시 및 광고의 기준이 되는 ISO 표준으로 옳은 것은?

① ISO 16128
② ISO 22716
③ ISO 9001
④ ISO 14001
⑤ ISO 45002

해설 ISO 16128-1:2016 천연, 유기농화장품과 화장품 원료에 대한 기술적 정의 및 기준에 대한 가이드라인-Part 1 : 정의 / ISO 16128-2:2017 천연, 유기농화장품과 화장품 원료에 대한 기술적 정의 및 기준에 대한 가이드라인-Part 2 : 기준

305 기능성화장품 기준 및 시험방법 통칙에서는 화장품의 제형을 정의하고 있다. 이 정의에 따라 (㉠)은(는) 액체를 침투시킨 분자량이 큰 유기분자로 이루어진 반고형상이며, 액제는 화장품에 사용되는 성분을 용제 등에 녹여서 액상으로 만든 것이다. ㉠에 적합한 것은?

① 겔제
② 크림제
③ 로션제
④ 에어로졸제
⑤ 졸제

해설 겔제는 액체를 침투시킨 분자량이 큰 유기분자로 이루어진 반고형상이다.

306 〈보기〉는 화장품 표시·광고 실증에 관한 규정에 따라 실증자료가 있으면 표시·광고할 수 있는 표현에 대한 설명이다. ㉠에 적합한 것은?

보기

제품에 특정성분이 들어 있지 않다는 '무(無) OO' 표현은 시험분석자료로 입증하여야 한다. 단, 특정성분이 타 물질로의 변환 가능성이 없으면서 시험으로 해당 성분 함유여부에 대한 입증이 불가능한 특별한 사정이 있는 경우에는 예외적으로 (㉠)(이)나 원료시험성적서 등 활용하여 입증할 수 있다.

① 제조관리기록서
② 자재시험기록서
③ 부재료시험기록서
④ 제품관리기록서
⑤ 벌크제품관리기록서

해설 제조관리기록서에는 화장품 성분이 함유되는 정보가 있음

★ 정답 ★	304 ①	305 ①	306 ①

307 화장품 포장재 소재는 그 사용 목적에 따라 플라스틱, 종이, 금속, 고무 등으로 매우 다양하다. 플라스틱 중에서 (㉠)은(는) 딱딱하고 투명성이 우수하고 내약품성이 우수하여 토너용기, 로션용기, 크림용기, 샴푸 및 린스 등의 용기로 사용된다. ㉠에 적합한 것은?

① LDPE
② HDPE
③ ABS수지
④ AS수지
⑤ PET

해설 PET는 딱딱함, 투명성 우수, 광택 및 내약품성 우수의 특성이 있으며 스킨, 로션, 크림, 샴푸, 린스 등의 용기재질로 사용된다.

308 〈보기〉의 ㉠에 공통으로 들어갈 단어로 적합한 것은?

보기
- 닥나무추출물은 닥나무 Broussonetia kazinoki 및 동속식물(뽕나무과 Moraceae)의 줄기 또는 뿌리를 에탄올 및 에칠 아세테이트로 추출하여 얻은 가루 또는 그 가루의 2w/v% 부틸렌글리콜 용액이다. 이 원료에 대하여 기능성 시험을 할 때 (㉠) 억제율은 48.5 ~84.1%이다.
- (㉠)은(는) 구리이온을 포함한 4분자체 효소로 타이로신의 산화반응에서 촉매로 사용된다.

① 베스타아제
② 엘라스타제
③ 콜라게나제
④ 타이로시나제
⑤ 트레아제

해설 타이로시나제(tyrosinase)의 활성을 억제하여 미백에 도움을 주는 원료가 닥나무추출물, 알부틴 등이다.

309 〈성분〉은 맞춤형화장품 영양크림의 최종 성분 비율이다. 성분들 중에서 보존제로 사용되는 성분의 배합한도의 합은?

보기
- 정제수 74.6%
- 우레아 5.0%
- 글리세린 4.0%
- 카보머 0.5%
- 잔탄검 0.3%
- 포타슘소르베이트 0.2%
- 향료 0.1%
- 녹차추출물 10.0%
- 디프로필렌들라이콜 4.7%
- 벤질알코올 0.5%
- 트리에탄올아민 0.5%
- 다이소듐이디티에이 0.2%
- 레시틴 0.1%

① 1.5%
② 1.6%
③ 1.7%
④ 2.0%
⑤ 2.5%

해설 벤질알코올 1.0%, 포타슘소르베이트 0.6%

★ 정답 ★ 307 ⑤ 308 ④ 309 ②

310 〈보기〉의 ㉠에 들어갈 단어로 적합한 것은?

보기

최소지속형즉시흑화량(Minimal Persistent Pigment darkening Dose, MPPD)은 UVA를 사람의 피부에 조사한 후 2~24시간의 범위내에 조사영역의 전 영역에 희미한 흑화가 인식되는 최소 자외선 조사량이다. MPPD 측정에 사용되는 광원의 파장은 UVA의 파장과 일치하는 (㉠)~400nm를 사용하며 (㉠) 이하의 자외선은 적절한 필터를 이용하여 제거한다.

① 280nm
② 300nm
③ 320nm
④ 340nm
⑤ 360nm

해설 UVA 320~400nm, UVB 280~320nm, UVC 200~280nm, UVA I 340~400nm, UVA II 320~340nm

311 피부는 자외선을 받으면 멜라닌 형성 세포에서 멜라닌을 형성하여 피부를 자외선으로부터 보호하는 생리활성이 있다. 이 생리활성과 관계되는 기능성화장품 주성분과 그 함량기준으로 옳은 것은?

① 벤조페논-2, 최대함량 5%
② 벤조페논-3, 최대함량 3%
③ 알부틴, 2 ~ 5%
④ 에칠아스코빌에텔, 1 ~ 2%
⑤ 에칠헥실메톡시신나메이트, 최대함량 7.5%

해설 에칠헥실메톡시신나메이트 최대함량 7.5%, 벤조페논-3 최대함량 5%

312 관능평가는 여러 가지 품질을 인간의 오감(五感)에 의하여 평가하는 제품검사를 말한다. 오감 중 육안을 통한 관능평가에 사용되는 표준품으로 적당하지 않은 것은?

① 제품 표준견본
② 벌크제품 표준견본
③ 원료 표준견본
④ 향료 표준견본
⑤ 기능성화장품 주성분 표준품

해설 기능성화장품 주성분 표준품은 기능성화장품 함량을 측정할 때 사용하는 시험용 표준품이다.

★ 정답 ★	310 ③	311 ⑤	312 ⑤

313 **맞춤형화장품조제에 대하여 맞춤형화장품 조제관리사가 고객에게 설명한 것 중 그 설명이 옳은 것은?**

① 맞춤형화장품 조제관리사가 여드름용 피부에 사용하는 맞춤형화장품 용 토너 내용물에 살리실릭애씨드를 0.3% 추가할 수 있습니다.

② 맞춤형화장품 조제관리사가 맞춤형화장품 용 건성 로션 내용물에 보존제인 소듐벤조에이트를 0.1% 추가하여 사용하는 동안 미생물 오염을 막을 수 있습니다.

③ 맞춤형화장품 조제관리사가 맞춤형화장품 용 아이크림 내용물에 우레아를 3.5% 추가할 수 있습니다.

④ 맞춤형화장품 조제관리사가 맞춤형화장품 용 파운데이션 내용물에 실리콘 오일을 3.5% 추가할 수 있습니다.

⑤ 맞춤형화장품 조제관리사가 맞춤형화장품 용 립스틱 내용물에 아트라놀을 포함한 향료 0.01%를 추가할 수 있습니다.

해설 맞춤형화장품 에는 배합한도성분(살리실릭애씨드, 소듐벤조에이트, 우레아) 및 배합금지 원료(아트라놀)를 사용할 수 없다.

314 **천연화장품 및 유기농화장품의 기준에 관한 규정 별표7에서 정하고 있는 천연 및 유기농 함량 계산 방법으로 옳지 않은 것은?**

① 물, 미네랄 또는 미네랄유래 원료는 유기농 함량 비율 계산에 포함하지 않는다.

② 유기농 원물만 사용하거나, 유기농 용매를 사용하여 유기농 원물을 추출한 경우 해당 원료의 유기농 함량 비율은 100%로 계산한다.

③ 추출물에서 동일한 식물의 유기농과 비유기농이 혼합되어 있는 경우, 이 혼합물은 유기농으로 간주한다.

④ 신선한 원물로 복원하기 위해서는 실제 건조 비율을 사용한다.

⑤ 유기농원료 및 유기농유래원료에서 유기농 부분에 해당되는 함량비율이 유기농함량으로 계산된다.

해설 동일한 식물의 유기농과 비유기농이 혼합되어 있는 경우, 이 혼합물은 유기농으로 간주하지 않는다.

★ 정답 ★	313 ④	314 ③

315 맞춤형화장품 조제관리사가 보기의 내용물과 원료를 혼합하여 조제할 때 그 설명으로 옳은 것은?

> **보기**
>
> [내용물]
>
> 1. 전성분 : 정제수, 우레아, 에칠아스코빌에텔, 디프로필렌글라이콜, 스위트아몬드오일, 세틸알코올, 글리세린, 글리세릴모노스테아레이트, 소르비탄올리베이트, 폴리소르베이트 60, 1,2-헥산다이올, 카보머, 에칠헥실글리세린, 토코페릴아세테이트, 트로메타민, 향료
> 2. pH : 5.6
> 3. 점도 : 8700 cP
> 4. 성상 : 유백색의 로션상
>
> [원료]
>
> 세테아릴알코올, 팔미틱애씨드, 스테아릭애씨드, 올레익애씨드, 미리스틱애씨드

① 실온에서 세테아릴알코올이 내용물에 녹아서 혼합이 잘 된다.
② 실온에서 팔미틱애씨드가 내용물에 녹아서 혼합이 잘 된다.
③ 실온에서 스테아릭애씨드가 내용물에 녹아서 혼합이 잘 된다.
④ 실온에서 올레익애씨드가 내용물에 녹아서 혼합이 잘 된다.
⑤ 실온에서 미리스틱애씨드가 내용물에 녹아서 혼합이 잘 된다.

해설 올레익애씨드는 실온(1~30도)에서 액상이어서 잘 녹아 혼합된다.

316 맞춤형화장품판매업자가 맞춤형화장품의 품질검사를 위탁할 수 있는 곳으로 적당하지 않은 곳은?

① 시·도 보건환경연구원
② 시험실을 갖춘 제조업자
③ 한국의약품수출입협회
④ 한국화장품공업협동조합
⑤ 식품의약품안전처장이 지정한 화장품시험·검사기관

해설 화장품의 품질검사는 식품의약품안전처장이 지정한 화장품시험·검사기관(한국의약품수출입협회, 시·도 보건환경연구원, 대한화장품산업연구원, 한국건설생활환경시험연구원 등)과 시험실을 갖춘 제조업자에게 위탁할 수 있다.

317 맞춤형화장품 내용물에 땅콩오일이 포함되어 있다면 맞춤형화장품 조제관리사는 내용물에 포함된 땅콩오일 중 땅콩단백질의 농도가 (㉠)ppm 이하인지 내용물을 공급한 화장품책임판매업자로부터 확인하는 것이 권장된다. ㉠에 들어갈 단어로 적합한 것은?

① 0.1
② 0.2
③ 0.3
④ 0.5
⑤ 1.0

해설 땅콩오일, 추출물 및 유도체는 원료 중 땅콩단백질의 최대 농도는 0.5ppm을 초과하지 않아야 한다.

★ 정답 ★	315 ④	316 ④	317 ④

318 **맞춤형화장품 조제관리사가 매장을 방문한 고객에게 피부 미백에 도움을 주는 성분을 설명하고자 할 때 그 성분만을 모은 것은?**

① 나이아신아마이드, 알파-비사보롤, 에칠아스코빌에텔
② 알파-비사보롤, 에칠아스코빌에텔, 아데노신
③ 알부틴, 아스코빌테트라이소팔미테이트, 레티놀
④ 나이아신아마이드, 알파-비사보롤, 폴리에톡시레이티드레틴아마이드
⑤ 폴리에톡시레이티드레틴아마이드, 알파-비사보롤, 에칠아스코빌에텔

해설 피부 미백에 도움을 주는 성분 : 나이아신아마이드, 알파-비사보롤, 에칠아스코빌에텔, 알부틴, 아스코빌테트라이소팔미테이트, 유용성 감초추출물, 닥나무추출물, 마그네슘아스코빌포스페이트

319 **〈보기〉는 맞춤형화장품 용 벌크제품 내용물에 대한 시험결과이다. 이 시험결과 중 화장품 안전기준 등에 관한 규정에 적합하지 않은 것은?**

보기

제품명 : 건성용 스킨로션(맞춤형화장품 용, 어성용)
성상 : 반투명 무색의 액
pH : 2.8
점도 : 210 cP
비중 : 1.09
납 : 15ppm
메탄올 : 0.1(v/v)%

① 납 ② pH ③ 점도
④ 비중 ⑤ 메탄올

해설 영유아용 제품류(영유아용 샴푸, 영유아용 린스, 영유아 인체 세정용 제품, 영유아 목욕용 제품 제외), 눈 화장용 제품류, 색조 화장용 제품류, 두발용 제품류(샴푸, 린스 제외), 면도용 제품류(셰이빙 크림, 셰이빙 폼 제외), 기초화장용 제품류(클렌징 워터, 클렌징 오일, 클렌징 로션, 클렌징 크림 등 메이크업 리무버 제품 제외) 중 액, 로션, 크림 및 이와 유사한 제형의 액상제품은 pH 기준이 3.0 ~ 9.0이어야 한다.

320 **맞춤형화장품 조제관리사가 조제한 맞춤형화장품 의 전성분 표시가 〈보기〉와 같을 때 이 화장품에 포함된 우레아의 함량으로 옳은 것은(단, 글리세린 10% 포함됨)?**

보기

정제수, 우레아, 글리세린, 디프로필렌글라이콜, 스위트아몬드오일, 세틸알코올, 글리세릴모노스테아레이트, 소르비탄올리베이트, 폴리소르베이트 60, 베타글루칸, 세테아릴알코올, 1,2-헥산다이올, 카보머, 에칠헥실글리세린, 토코페롤, 트로메타민, 향료

① 10 ② 11 ③ 12 ④ 13 ⑤ 14

해설 우레아의 사용한도는 10%이다.

★ 정답 ★	318 ①	319 ②	320 ①

321 **화장품 안전기준 등에 관한 규정 별표2의 사용상의 제한이 필요한 원료에 대한 설명으로 그 설명이 옳은 것은?**

① 벤잘코늄클로라이드는 샴푸에 0.2%까지 사용할 수 있다.
② 벤잘코늄브로마이드는 컨디셔너(린스)에 0.2%까지 사용할 수 있다.
③ 벤잘코늄사카리네이트는 크림에 0.1%까지 사용할 수 있다.
④ 벤잘코늄클로라이드는 로션에 0.1%까지 사용할 수 있다.
⑤ 분사형 제품에 벤잘코늄클로라이드는 사용할 수 없다.

해설 벤잘코늄클로라이드, 브로마이드 및 사카리네이트 : 사용 후 씻어내는 제품(샴푸, 컨디셔너, 바디워시, 핸드워시 등)에 벤잘코늄클로라이드로서 0.1%, 기타 제품(크림, 로션, 토너 등)에 벤잘코늄클로라이드로서 0.05%, 분사형 제품에 벤잘코늄클로라이드는 사용금지

322 **화장품 안전기준 등에 관한 규정 별표2에서 규정하고 있는 염모제 성분이 아닌 것은?**

① 염기성 등색31호
② 염기성 적색51호
③ 염기성 황색87호
④ 염기성 황색57호
⑤ 레조시놀

해설 염기성 황색57호는 화장품의 색소로 지정되어 있고 화장품법시행규칙 별표3 화장품유형 중 두발염색용제품류에 해당되는 제품 중 일반화장품(비기능성화장품)에 1% 한도로 사용되며, 기능성화장품인 염모제에는 사용할 수 없다.

323 **염모제, 탈염제, 탈색제에서 산화제 혹은 산화보조제로 사용되는 화장품 성분이 아닌 것은?**

① 과붕산나트륨
② 과탄산나트륨
③ 과황산나트륨
④ 과황산칼슘
⑤ 과황산칼륨

해설 산화제 : 과붕산나트륨, 과붕산나트륨일수화물, 과산화수소수, 과탄산나트륨 / 산화보조제 : 과황산나트륨, 과황산암모늄, 과황산칼륨

324 **화장품 안전기준 등에 관한 규정 별표2에서 규정하고 있는 염모제 성분 중 산화염모제에 사용할 수 없는 성분만으로 이루어진 것은?**

① 황산철수화물($FeSO_4 \cdot 7H_2O$), 황산은, 헤마테인
② 황산철수화물($FeSO_4 \cdot 7H_2O$), 황산은, 5-아미노-6-클로로-o-크레솔
③ 황산철수화물($FeSO_4 \cdot 7H_2O$), 헤마테인, 2-아미노-5-니트로페놀
④ 황산은, 헤마테인, 인디고페라 (Indigofera tinctoria) 엽가루
⑤ 인디고페라 (Indigofera tinctoria) 엽가루, 황산은, 5-아미노-6-클로로-o-크레솔, 헤마테인

해설 산화염모제 사용금지 염모제성분 : 황산철수화물($FeSO_4 \cdot 7H_2O$), 황산은, 헤마테인

★ 정답 ★	321 ⑤	322 ④	323 ④	324 ①

325 **다음의 원료 중에서 화장품에 사용할 수 있는 것은?**

① 노나데카플루오로데카노익애씨드
② 니켈(Ⅱ)트리플루오로아세테이트
③ 소듐노나데카플루오로데카노에이트
④ 소듐헵타데카플루오로노나노에이트
⑤ 헥실데실헥실데카노에이트

해설 2022년 1월 추가된 화장품에 사용할 수 없는 원료(화장품 안전기준 등에 관한 규정 별표1): 노나데카플루오로데카노익애씨드, 니켈(Ⅱ)트리플루오로아세테이트, (+/-)-2-(2,4-디클로로페닐)-3-(1H-1,2,3-트리아졸-1-일)프로필-1,1,2,2-테트라플루오로에틸에터(테트라코나졸-ISO), 소듐노나데카플루오로데카노에이트, 소듐헵타데카플루오로노나노에이트, 암모늄노나데카플루오로데카노에이트, 암모늄퍼플루오로노나노에이트, 1,2,4-트리하이드록시벤젠, 퍼플루오로노나노익애씨드

326 **보기는 기능성화장품 심사에서 제출자료의 면제에 대한 설명이다. ㉠에 적당한 단어는?**

보기

이미 심사를 받은 기능성화장품과 그 효능·효과를 나타내게 하는 원료의 종류, 규격 및 분량(액상인 경우 농도), 용법·용량이 동일하고, 다음 중 어느 하나에 해당하는 경우 안전성, 유효성 또는 기능을 입증하는 자료 제출을 면제한다.

- 효능·효과를 나타나게 하는 성분을 제외한 대조군과의 비교실험으로서 효능을 입증한 경우
- 착색제, 착향제, 현탁화제, 유화제, 용해보조제, 안정제, 등장제, pH 조절제, 점도조절제, 용제만 다른 품목의 경우. 다만, 화장품법 시행규칙 제2조제10호(피부장벽의 기능을 회복하여 가려움 등의 개선에 도움을 주는 화장품) 및 제11호(튼살로 인한 붉은 선을 엷게 하는 데 도움을 주는 화장품)에 해당하는 기능성화장품은 (㉠), 보존제만 다른 경우에 한한다.

① 착향제
② 착색제
③ 등장제
④ 안정제
⑤ 유화제

해설 화장품법 시행규칙 제2조제10호와 제11호 기능성화장품은 이미 심사를 받은 기능성화장품과 착향제와 보존제가 다른 경우에만 자료 제출이 면제되고 그 이외의 원료가 다른 경우에는 안정성, 유효성 또는 기능을 입증하는 자료를 제출하여야 한다.

327 **화장품 안전기준 등에 관한 규정 별표1에 따라 일정한 범위 내에서 화장품에 사용할 수 있는 성분은?**

① Fluorescent Brightener 367
② 퍼플루오로노나노익애씨드
③ 소듐노나데카플루오로데카노에이트
④ 테트라코나졸-ISO
⑤ 노나데카플루오로데카노익애씨드

해설 2022년 1월 추가된 화장품에 사용할 수 없는 원료 : 노나데카플루오로데카노익애씨드, 니켈(Ⅱ)트리플루오로아세테이트, (+/-)-2-(2,4-디클로로페닐)-3-(1H-1,2,3-트리아졸-1-일)프로필-1,1,2,2-테트라플루오로에틸에터(테트라코나졸-ISO), 소듐노나데카플루오로데카노에이트, 소듐헵타데카플루오로노나노에이트, 암모늄노나데카플루오로데카노에이트, 암모늄퍼플루오로노나노에이트, 1,2,4-트리하이드록시벤젠, 퍼플루오로노나노익애씨드 / Fluorescent Brightener 367(형광증백제)은 손발톱용 제품류 중 베이스코트, 언더코트, 네일폴리시, 네일에나멜, 탑코트에 0.12% 이하일 경우에는 화장품에 사용할 수 있다.

★ 정답 ★	325 ⑤	326 ①	327 ①

328 다음의 화장품 원료 중에서 분사형 화장품 제품에 사용할 수 없는 것은?

① 벤잘코늄클로라이드
② 벤잘코늄브로마이드
③ 벤잘코늄사라리네이트
④ 벤잘코늄세틸포스페이트
⑤ 벤잘코늄벤토나이트

해설 분사형 제품에 벤잘코늄클로라이드는 사용할 수 없다.

329 물휴지의 전성분 표시가 〈보기〉와 같을 때 이 화장품에 포함된 배합한도는 몇 개인가?

보기

정제수, 포타슘소르베이트, 포타슘벤조에이트, 이디티에이, 2-브로모-2-나이트로프로판-1,3-디(브로노폴), 페녹시에탄올, 시트릭애씨드, 라놀린, 토코페롤, 알로에베라잎, 향료

① 2개
② 3개
③ 4개
④ 5개
⑤ 6개

해설 물휴지는 미생물 오염에 취약하여 보존제를 많이 사용하며, 보존제는 배합한도가 정해진 원료이다. 보존제는 포타슘소르베이트(배합한도 0.6%), 포타슘벤조에이트(배합한도 0.5%), 이디티에이, 2-브로모-2-나이트로프로판-1,3-디(브로노폴)(0.1%), 페녹시에탄올(배합한도 1.0%)

330 화장품법 시행규칙 제9조에서 규정하고 있는 기능성화장품 변경심사에 대한 사항 중 변경심사 처리기간이 15일에 해당되는 변경심사대상은?

① 원료의 규격 중 시험방법 변경
② 유효성 또는 기능을 입증하는 자료제출이 필요한 효능·효과 변경
③ 기준 및 시험방법 중 기능성화장품 주성분의 함량시험법 변경
④ 기준 및 시험방법 중 기능성화장품 주성분의 확인시험법 변경
⑤ 허가 양도·양수에 따른 변경

해설 효능효과, 원료, 주성분, 기준 및 시험방법 등과 같이 기능성화장품 의 기능과 품질관리에 영향을 미치는 변경은 처리기간 60일, 그 외의 변경은 처리기간 15일이다 → 원료의 규격 중 시험방법 변경, 효능·효과 변경(유효성 또는 기능을 입증하는 자료 제출이 생략되는 경우 제외), 기준 및 시험방법(pH 및 메탄올 제외) 변경의 경우 : 처리기간 60일

331 우수화장품 제조 및 품질관리기준(CGMP) 적합업소 지정을 받기 위해서는 청정도 기준에 제시된 청정도 등급 이상으로 설정하여야 하며 청정도 등급을 설정한 구역은 설정 등급의 유지 여부를 정기적으로 모니터링하여 설정 등급을 벗어나지 않도록 관리해야 한다. 청정도 1등급 클린벤치의 청정공기 순환을 위한 방법으로 적당한 것은?

① 차압관리
② 온도관리
③ 습도관리
④ 조도관리
⑤ 동선관리

해설 청정도 1등급 클린벤치의 청정공기 순환을 위한 방법은 20회/hr 이상 공기순환 또는 차압관리이다.

★ 정답 ★	328 ①	329 ③	330 ⑤	331 ①

332 **화장품의 광고가 의약품을 오인하는 내용으로 1차 위반되었다면 행정처분으로 적당한 것은?**

① 해당 품목 판매업무 정지 3개월 ② 해당 품목 판매업무 정지 2개월
③ 해당 품목 판매업무 정지 1개월 ④ 해당 품목 광고업무정지 3개월
⑤ 해당 품목 광고업무정지 1개월

해설 별표 5 제2호가목·나목 및 카목에 따른 화장품의 표시·광고 시 준수사항을 위반한 경우 : 의약품 오인, 기능성·천연·유기농화장품 오인, 타제품 비방 → 해당 품목 판매업무 정지 3개월(표시위반) 또는 해당 품목 광고업무정지 3개월(광고위반)

333 **화장품 사용할 때의 주의사항 및 알레르기 유발성분 표시에 관한 규정 별표1에서 정의하고 있는 화장품 유형 중 두발용 제품류가 아닌 것은?**

① 흑채 ② 포마드(pomade)
③ 퍼머넌트 웨이브(permanent wave) ④ 헤어 스트레이트너(hair straightner)
⑤ 헤어 틴트(hair tints)

해설 두발 염색용 제품류: 헤어 틴트, 헤어 컬러스프레이, 염모제, 탈염·탈색용 제품 등

334 **화장품 사용할 때의 주의사항 및 알레르기 유발성분 표시에 관한 규정에서 정의하고 있는 화장품의 유형과 그 제품이 올바르게 짝지어지지 않은 것은?**

① 인체 세정용 제품류 - 폼 클렌저
② 방향용 제품류 – 콜롱
③ 체모 제거용 제품류 - 제모제
④ 손발톱용 제품류 – 탑코트
⑤ 색조 화장용 제품류 - 페이스 케이크

해설 화장품 사용할 때의 주의사항 및 알레르기 유발성분 표시에 관한 규정 개정에 따라 삭제된 화장품 유형(2022년 06월 19일부터): 페이스 케이크, 분말향, 향낭(향주머니)

335 **〈보기〉 중에서 화장품이 아닌 것만을 고른 것은?**

보기
구강청결제, 미백제, 손소독제, 헤어토닉, 핸드크림, 화장비누, 물휴지

① 구강청결제, 물휴지 ② 미백제, 화장비누
③ 손소독제, 미백제 ④ 헤어토닉, 물휴지
⑤ 화장비누, 물휴지

해설 의약외품: 구강청결제, 미백제, 손소독제, 치약, 틀니세정제, 구강청결용 물휴지

★ 정답 ★	332 ④	333 ⑤	334 ⑤	335 ③

336 개인정보 중 주민등록번호 또는 외국인등록번호가 필요한 업무로 옳지 않은 것은?

① 맞춤형화장품판매업 신고
② 화장품제조업 등록
③ 화장품책임판매업 등록
④ 맞춤형화장품판매업 변경신고
⑤ 기능성화장품 심사의뢰

해설 업을 등록, 신고, 변경 시에만 대표자의 주민등록번호 또는 외국인등록번호가 필요하다.

337 개인정보 중 주민등록번호 또는 외국인등록번호가 필요한 업무로 옳지 않은 것은?

① 맞춤형화장품판매업 신고
② 화장품제조업 등록
③ 화장품책임판매업 등록
④ 맞춤형화장품판매업 변경신고
⑤ 기능성화장품 심사의뢰

해설 업을 등록, 신고, 변경 시에만 대표자의 주민등록번호 또는 외국인등록번호가 필요하다.

338 〈보기〉의 무기안료 중에서 색조화장품의 커버력을 조절할 수 있는 것을 모두 고른 것은?

보기
티타늄디옥사이드, 징크옥사이드, 카올린, 마이카, 탤크, 흑색산화철

① 티타늄디옥사이드, 징크옥사이드
② 티타늄디옥사이드, 마이카
③ 징크옥사이드, 카올린
④ 마이카, 탤크
⑤ 탤크, 흑색산화철

해설 커버력을 담당하는 원료는 티타늄디옥사이드, 징크옥사이드이다.

339 다음 중 화장품에서 수상의 점도를 상승시키는 점증제가 아닌 것은?

① 잔탄검
② 마그네슘알루미늄실리케이트
③ 라우릴글루코사이드
④ 하이드록시에틸셀룰로오스
⑤ 카라기난

해설 커버력을 담당하는 원료는 티타늄디옥사이드, 징크옥사이드이다.

★ 정답 ★	336 ⑤	337 ⑤	338 ①	339 ③

340 맞춤형화장품 조제 시, 맞춤형화장품 조제관리사가 화장품의 pH를 3.5에서 5.5로 조절하기 위하여 사용할 수 있는 원료가 아닌 것은?

① 트리에탄올아민　　② 시트릭애씨드
③ 트로메타민　　④ 소듐하이드록사이드
⑤ 포타슘하이드록사이드

해설 염기성(알칼리성) 원료를 사용하면 pH를 증가시킬 수 있다(예, 트리에탄올아민, 트로메타민, 소듐하이드록사이드, 포타슘하이드록사이드).

341 다음 중 실증자료가 없으면 기능성화장품에서 표시·광고할 수 없는 것은?

① 피부노화 완화
② 콜라겐 증가
③ 빠지는 모발의 감소
④ 일시적 셀룰라이트 감소
⑤ 효소 활성화

해설 "일시적 셀룰라이트 감소"는 인체 적용시험 자료가 있어야 표시·광고할 수 있다.

342 다음 중 씻어내지 않는 제품에서 사용하는 보존제의 사용한도가 큰 순서로 나열된 것은?

① 벤질알코올 〉 소듐벤조에이트 〉 벤잘코늄클로라이드
② 벤질알코올 〉 벤잘코늄클로라이드 〉 소듐벤조에이트
③ 벤잘코늄클로라이드 〉 소듐벤조에이트 〉 벤질알코올
④ 벤잘코늄클로라이드 〉 벤질알코올 〉 소듐벤조에이트
⑤ 소듐벤조에이트 〉 벤질알코올 〉 벤잘코늄클로라이드

해설 사용한도 – 벤질알코올: 1.0%, 소듐벤조에이트: 0.5%(씻어내지 않는 제품)/2.5%(씻어내는 제품), 벤잘코늄클로라이드: 사용 후 씻어내는 제품에 벤잘코늄클로라이드로서 0.1%/기타 제품에 벤잘코늄클로라이드로서 0.05%

343 다음 원료 중에서 씻어내지 않는 화장품에 사용 가능한 원료는?

① 트리클로산
② 에칠라우로일알지네이트 하이드로클로라이드
③ 페녹시이소프로판올
④ 부틸파라벤
⑤ 메칠이소치아졸리논

해설 씻어내는 제품에만 사용되고 기타 제품에는 사용을 금지인 원료: 트리클로산, 트리클로카반, 에칠라우로일알지네이트 하이드로클로라이드, 페녹시이소프로판올, 메칠클로로이소치아졸리논, 메칠이소치아졸리논, 헥세티딘,

★ 정답 ★	340 ②	341 ④	342 ①	343 ④

344 **다음 중에서 위해성 등급이 다른 화장품은?**

① 보존제를 사용한도 이상으로 포함한 화장품
② 일부가 변패된 화장품
③ 병원미생물에 오염된 화장품
④ 이물이 혼입된 화장품
⑤ 화장품제조업자 또는 화장품책임판매업자 스스로 국민보건에 위해를 끼칠 우려가 있어 회수가 필요하다고 판단한 화장품

해설 가등급 위해성 화장품: 화장품에 사용할 수 없는 원료를 사용한 화장품, 식품의약품안전처에서 지정·고시한 보존제, 색소, 자외선차단제 이외의 원료를 사용한 화장품, 사용한도가 정해진 원료를 사용한도 이상으로 포함한 화장품

345 **유통화장품 안전관리 기준에서 정하고 있는 미생물한도시험에 대한 설명으로 옳은 것은?**

① 진균에 대한 배양온도와 배양시간은 20~25 ℃에서 적어도 3일간이다.
② 세균에 대한 배양온도와 배양시간은 30~35 ℃에서 적어도 48시간이다.
③ 조제한 배지는 일정한 주기로 배지성능시험을 실시하며 조제 배치마다 시험을 실시하지 않는다.
④ 대장균, 녹농균, 살모넬라균, 황색포도상구균에 대한 특정세균시험을 실시한다.
⑤ 세균수 시험을 위해 항생물질 첨가 포테이토 덱스트로즈 한천배지(potato dextrose agar, PDA)를 사용한다.

해설 진균배양조건: 20~25℃에서 적어도 2일간이며, 배지성능시험은 조제 배치마다 실시한다. 특정세균시험은 대장균, 녹농균, 황색포도상구균에 대하여 실시하며 세균용 배지는 TSA, 진균용 배지는 PDA, SDA이다.

346 **화장품 원료에 대한 설명이 옳지 않은 것은?**

① pH 조절제는 화장품의 pH를 조절하는 기능을 하며, 락틱애씨드가 대표적인 것이다.
② 금속이온봉쇄제는 금속이온을 격리시켜 보존능을 향상시키는데 도움을 주며 대표적으로 이디티에이가 있다.
③ 산화방지제는 화장품의 미생물 오염을 막아주는 역할을 하며, 페녹시에탄올이 대표적인 원료이다.
④ 음이온계면활성제는 세정력이 우수하여 세정용 제품에 사용되며 소듐라우레스설페이트가 대표적인 원료이다.
⑤ 점도조절제는 화장품의 점성을 증가시켜며 대표적으로 잔탄검이 있다.

해설 산화방지제는 화장품의 산화를 방지하는 원료로 토코페릴아세테이트, 비에이치티, 비에이치에이가 대표적인 원료이다.

★ 정답 ★	344 ①	345 ②	346 ③

347 〈보기〉와 같이 샴푸 광고를 했을 때 해당되는 표시·광고 위반사항과 그 1차 행정처분으로 적당한 것은?

보기
- 모발에 영양을 공급해서 모발 성장에 도움을 주고 모발을 굵게 만든다.
- 샴푸 후에 머리가 윤기가 난다.

① 의약품 오인, 해당 품목 광고업무정지 3개월
② 의약품 오인, 해당 품목 광고업무정지 1개월
③ 표시 기재사항 위반, 해당 품목 판매업무정지 15일
④ 기능성화장품 오인, 해당 품목 광고업무정지 3개월
⑤ 기능성화장품 오인, 해당 품목 광고업무정지 1개월

해설 모발 성장 및 모발이 굵어지는 것은 양모(養毛)에 해당되며 이는 의약품의 기능이다. 의약품 오인 광고는 1차 위반 시, 해당 품목 광고업무정지 3개월임.

348 다음은 화장품 포장의 세부적인 표시기준 및 표시방법에서 규정하고 있는 영업자의 상호 및 주소에 대한 설명이다. 그 설명이 옳지 않은 것은?

① 화장품제조업자의 주소는 등록필증에 적힌 소재지 또는 반품·교환 업무를 대표하는 소재지를 기재·표시해야 한다.
② 공정별로 2개 이상의 제조소에서 생산된 화장품의 경우에는 일부 공정을 수탁한 화장품제조업자의 상호 및 주소의 기재·표시를 생략할 수 있다.
③ 수입화장품의 경우에는 추가로 기재·표시하는 제조국의 명칭, 제조회사명 및 그 소재지를 국내 "화장품책임판매업자"와 구분하여 기재·표시해야 한다.
④ "화장품제조업자"와 "화장품책임판매업자"와 "맞춤형화장품판매업자"는 각각 구분하여 기재·표시해야 한다.
⑤ 화장품제조업자와 화장품책임판매업자가 같은 경우는 "화장품제조업자 및 화장품책임판매업자"로, "화장품책임판매업자 및 맞춤형화장품판매업자"로 한꺼번에 기재·표시할 수 있다.

해설 수입화장품의 경우에는 추가로 기재·표시하는 제조국의 명칭, 제조회사명 및 그 소재지를 국내 "화장품제조업자"와 구분하여 기재·표시해야 한다.

★ 정답 ★	347 ①	348 ③

349 **청정도 관리 기준인 낙하균에 대한 설명으로 옳지 것은?**

① 낙하균 측정에 진균배지와 세균배지가 사용된다.
② 낙하균 배지는 작업실을 대표할 수 있는 위치에 놓아 두고, 작업자의 이동에 의해 놓아둔 배지가 손상되지 않도록 주의한다.
③ 낙하균 배지는 1시간 동안 노출한다.
④ 낙하균 배지는 세균배지 1개와 진균배지 1개를 바닥에 설치한다.
⑤ 낙하균 측정 위치는 작업실 크기에 상관 없이 1곳을 정한다.

해설 낙하균 측정 위치는 작업실 크기에 증가한다.

350 **유지관리에 대한 설명 중 옳지 않은 것은?**

① 건물, 시설 및 주요 설비는 정기적으로 점검하여 화장품의 제조 및 품질관리에 지장이 없도록 유지·관리·기록하여야 한다.
② 결함 발생 및 정비 중인 설비는 적절한 방법으로 표시하고, 고장 등 사용이 불가할 경우 표시하여야 한다.
③ 세척한 설비는 다음 사용 시까지 오염되지 아니하도록 관리하여야 한다.
④ 유지관리 작업이 제품의 품질에 영향을 주어서는 안 된다.
⑤ 중요 제조 관련 설비는 승인된 자만이 접근·사용하여야 한다.

해설 모든 제조 관련 설비는 승인된 자만이 접근·사용하여야 한다.

351 **다음 화장품 중에서 폐기처리 되어야 할 것은?**

① 천수국꽃 추출물 0.1% 포함한 샴푸
② 포타슘소르베이트 0.1% 포함한 샴푸
③ 만수국꽃 추출물 0.1% 포함한 샴푸
④ 만수국아재비꽃 추출물 0.1% 포함한 샴푸
⑤ 이소베르가메이트 0.1% 포함한 샴푸

해설 천수국꽃 추출물은 화장품에 사용할 수 없는 배합금지 원료이며, 배합금지 원료가 포함된 화장품은 판매할 수 없어 폐기되어야 한다.

352 **원료 시험할 때 사용되는 설비와 그 기능에 대한 설명이 알맞은 것은?**

① 데시케이터(dessicator) – 건조
② 건조기(drying oven) – 강열
③ 회화로(furnace) – 적정
④ pH측정기(pH meter) – 전도도 측정
⑤ 점도측정기(viscometer) – 경도 측정

해설 강열에는 회화로, 건조에는 건조기, 데시케이터가 사용되며 pH측정기는 pH측정, 점도측정기는 점도측정, 레오미터는 경도측정에 사용된다.

★ 정답 ★	349 ④	350 ⑤	351 ①	352 ①

353 **우수화장품 제조 및 품질관리 기준에서는 작업실별 청정도 등급을 정하고 있다. 다음 중 작업실별 청정도 등급과 환기횟수가 옳은 것은?**

	작업실	청정도 등급	환기횟수
①	클린벤치	2	10회/hr 이상
②	포장실	2	10회/hr 이상
③	원료칭량실	2	10회/hr 이상
④	제조실	3	차압관리
⑤	포장재보관소	3	환기장치

해설 클린벤치는 1등급(20회/hr 이상)이며, 원료나 화장품 내용물이 노출되면 2등급(10회/hr 이상), 포장실만 3등급, 보관소/갱의실/시험실은 4등급(환기장치)이다.

354 **제품의 포장재질·포장방법에 관한 기준 등에 관한 규칙에서 정하고 있는 화장품과 그 포장 공간비율이 옳은 것은?**

① 파운데이션 - 15% 이하
② 바디클렌저 - 15% 이하
③ 샴푸 - 10% 이하
④ 헤어 컨디셔너 - 10% 이하
⑤ 향수 - 10% 이하

해설 인체 및 두발 세정용 제품류: 15% 이하. 그 밖의 화장품류(방향제를 포함한다): 10% 이하(향수 제외)

355 **아래 그림은 화장품 용기에 표시되는 개봉 후 사용기간에 대한 표시이다. 이에 대한 설명으로 옳지 않은 것은?**

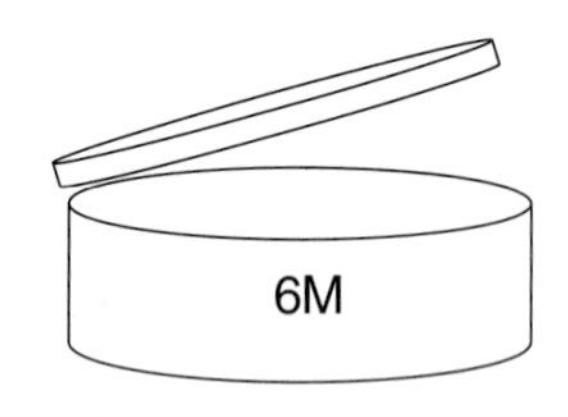

① 화장품은 개봉일로부터 6개월까지 사용할 수 있다.
② 화장품을 2020년 3월 4일에 개봉한다면 사용기간은 2020년 9월 3일까지이다.
③ 개봉 후 사용기간이 표시되면 제조년월일(제조일자)이 용기에 함께 표시된다.
④ 개봉 후 사용기간이 표시되면 제조번호는 표시를 생략할 수 있다.
⑤ 사용기한을 함께 표시할 수도 있다.

해설 제조번호는 1차 화장품 용기에 반드시 표시되어야 하는 것으로 생략할 수 없다.

★ 정답 ★	353 ③	354 ②	355 ④

356 공조기에 사용되는 필터(filter)에 대한 설명으로 옳은 것은?

① 미디움 필터(medium filter)는 프리필터(pre filter), 헤파필터(HEPA filter)의 전처리용이다.
② 필터의 성능은 미디움 필터(medium filter)가 가장 우수하다.
③ 미디움 필터(medium filter), 프리필터(pre filter), 헤파필터(HEPA filter)의 소재(media)는 유리섬유(glass fiber)만으로 되어 있다.
④ 헤파필터(HEPA filter)는 0.3㎛의 분진 99.97% 이상 제거하는 성능의 필터이다.
⑤ 프리필터(pre filter)는 5㎛ 이상의 분진을 제거하는 성능의 필터이다.

해설 프리필터(pre filter): 5㎛ 이상의 분진을 제거, 유리섬유+부직포, 미디움 필터(medium filter): 0.5㎛ 이상의 분진을 제거, 유리섬유, 헤파필터(HEPA filter): 0.3㎛의 분진 99.97% 이상 제거, 유리섬유

357 다음은 쇠비름추출물에 대한 화장품 원료 시험성적서이다. ㉠에 들어갈 단어로 알맞은 것은?

시험성적서		
원료명	쇠비름추출물	
INCI name	Portulaca Oleracea Extract	
시험항목	규격	시험결과
성상	투명한 옅은 갈색	적합
향취	특이취	적합
pH(25℃)	5.00~7.00	5.50
㉠ (25℃)	1.010~1.030	1.020
굴절률(25℃)	1.370~1.410	1.380
미생물	100cfu/mL or g 이하	비검출
중금속(Pb)	20ppm 이하	적합
비소(As)	2ppm 이하	적합

① 비중
② 밀도
③ 강열잔분
④ 강열감량
⑤ 선광도

해설 비중은 검체와 물과의 각각 t'℃ 및 t℃에 있어서 같은 체적의 중량비

★ 정답 ★ 356 ④ 357 ①

358 **고압가스로 비가연성 가스를 사용하는 에어로졸 제품에 대한 사용할 때의 주의사항으로 옳지 않은 것은?**

① 온도가 40℃이상 되는 장소에 보관하지 말 것
② 불 속에 버리지 말 것
③ 사용 후 잔 가스가 없도록하여 버릴 것
④ 밀폐된 장소에 보관하지 말 것
⑤ 난로, 풍로 등 화기부근에서 사용하지 말 것

해설 난로, 풍로 등 화기부근에서 사용하지 말 것 → 가연성 가스(LPG 액화석유가스)에 대한 사용할 때의 주의사항

359 **화장품 1차 포장에 대한 표시사항 중 생략이 가능한 표시사항에 대한 설명으로 옳은 것은?**

① 크림(내용량 20g) 1차 포장 - 화장품책임판매업자 상호
② 크림(내용량 20g) 1차 포장 - 화장품의 명칭
③ 크림(내용량 30g) 비매품 1차 포장 - 제조번호
④ 크림(내용량 100g) 비매품 1차 포장 - 사용기한
⑤ 고체 화장비누(중량 100g 건조 85g) 1차 포장 – 사용기한

해설 고체형태의 세안용 비누인 화장비누는 소비자가 1차 포장을 제거하고 사용함으로 1차포장 필수 기재항목을 표시하지 않아도 됨(1차 포장 기재·표시 의무 제외대상 화장품). 내용량에 관계없이 1차포장 필수 기재항목은 화장품의 명칭, 화장품책임판매업자의 상호, 제조번호, 사용기한 또는 개봉 후 사용기간이다.

360 **치오글라이콜릭애씨드, 그 염류 및 에스텔류에 대한 사용한도가 옳지 않은 것은?**

① 펌제 11%
② 제모제 5%
③ 염모제 1%
④ 샴푸 2%
⑤ 헤어스트레이트너 7%

해설 사용한도: 퍼머넌트웨이브용 및 헤어스트레이트너 제품에 치오글라이콜릭애씨드로서 11%

361 **<보기>는 피부에 존재하는 세포들이다. 이 세포들 중에서 진피에 존재하는 것들은?**

보기

지방 세포, 비만 세포, 대식 세포, 섬유아 세포, 메르켈 세포, 각질형성 세포

① 비만 세포, 대식 세포, 섬유아 세포
② 지방 세포, 비만 세포, 대식 세포
③ 섬유아 세포, 메르켈 세포, 각질형성 세포
④ 비만 세포, 대식 세포, 각질형성 세포
⑤ 섬유아 세포, 메르켈 세포, 지방 세포

해설 표피: 메르켈 세포, 각질형성 세포, 진피: 비만 세포, 대식 세포, 섬유아 세포, 피하지방: 지방 세포

★ 정답 ★	358 ⑤	359 ⑤	360 ⑤	361 ①

362 맞춤형화장품판매업자는 맞춤형화장품 판매내역서를 작성하여 보관하도록 관련 규정에서 요구하고 있다. 판매내역서에 반드시 기재되어야 하는 항목이 아닌 것은?

① 식별번호
② 사용기한
③ 판매일자
④ 판매량
⑤ 고객명

해설 판매내역서 필수 기재사항: 식별번호, 사용기한 또는 개봉 후 사용기간, 판매일자, 판매량

363 화장품 품질관리할 때 관능평가가 사용되는데 관능평가 시 사용하는 표준품으로 적당한 것만을 모은 것은?

① 표준견본, 위치견본, 불량견본
② 표준견본, 한도견본, 불량견본
③ 표준견본, 위치견본, 한도견본
④ 시험견본, 위치견본, 한도견본
⑤ 시험견본, 위치견본, 표준견본

해설 관능평가 시 사용하는 표준품: 표준견본, 위치견본, 한도견본

364 치오글라이콜릭애씨드 또는 그 염류가 주성분인 냉2욕식 퍼머넌트웨이브용 제품의 제1제에 대한 시험항목 및 그 기준에 대한 설명이 옳지 않은 것은?

① pH 기준은 8.0~9.5이다.
② 알칼리 기준은 0.1N염산의 소비량으로 검체 1mL에 대하여 7mL이하이어야 한다.
③ 산성에서 끓인 후의 환원성 물질의 함량(치오글라이콜릭애씨드로서)이 2.0~11.0% 이어야 한다.
④ 환원후의 환원성 물질의 함량은 4.0%이하
⑤ 중금속은 20㎍/g이하, 비소는 5㎍/g이하, 철은 2㎍/g이하이어야 한다.

해설 시스테인, 시스테인염류 또는 아세틸시스테인을 주성분으로 하는 냉2욕식 퍼머넌트웨이브용 제품: pH 8.0~9.5, 치오글라이콜릭애씨드 또는 그 염류가 주성분인 냉2욕식 퍼머넌트웨이브용 제품: pH 4.5~9.6

365 다음의 화장품 광고 표현 중에서 인체 적용시험 자료 또는 인체 외 시험 자료가 별도로 없어도 기능성화장품 보고만으로 사용할 수 있는 표현은?

① 수분감 30% 개선효과
② 2주 경과 후 피부톤 개선
③ 피부결 20% 개선
④ 기미, 주근깨 완화에 도움
⑤ 다크서클 완화

해설 피부에 멜라닌색소가 침착하는 것을 방지하여 기미·주근깨 등의 생성을 억제함으로써 피부의 미백에 도움을 주는 기능을 가진 화장품을 기능성화장품으로 정의하고 있어서 기능성화장품으로 보고 혹은 허가를 하면 "기미, 주근깨 완화에 도움"이라는 표현을 사용할 수 있다(관련 규정: 화장품법 시행규칙 제2조 기능성화장품의 범위).

★ 정답 ★	362 ⑤	363 ③	364 ①	365 ④

366 맞춤형화장품의 부작용 사례 보고는 화장품 안전성 정보관리 규정에 따른 절차를 준용해야 하며 맞춤형화장품 사용과 관련된 중대한 유해사례 등 부작용 발생 시 그 정보를 알게 된 날로부터 15일 이내 식품의약품안전처 홈페이지를 통해 보고하거나 우편·팩스·정보통신망 등의 방법으로 보고해야 한다. 또한 신속보고 되지 아니한 맞춤형화장품의 안전성 정보는 매 반기 종료 후 (㉠) 개월 이내에 식품의약품안전처장에게 보고해야 한다. ㉠에 적당한 숫자는?

① 1　② 2　③ 3
④ 4　⑤ 5

해설 신속보고 되지 아니한 맞춤형화장품의 안전성 정보는 매 반기 종료 후 1개월 이내에 식품의약품안전처장에게 보고(안전성 정보의 정기보고)

367 모발의 구성 성분에 대한 설명이 옳은 것은?

① 에피큐티클(epicuticle)은 큐티클의 가장 바깥에 위치한 두꺼운 층으로 지질, 단백질로 구성되어 있다.
② 엑소큐티클(excocuticle)은 에피큐티클(epicuticle)과 엔도큐티클(endocuticle)사이에 존재하며 단단하고 어두운 색이며, 키틴, 스클레로틴(sclerotin)으로 구성되어 있다.
③ 큐티클은 모발 전체의 20~30%를 차지한다
④ 엔도큐티클(endocuticle)은 표피 바로 위에 존재하며 큐티클의 안쪽 부분으로 검은 색의 부드러운 층으로 키틴, 아스로포딘(arthropodin)으로 구성되어 있다.
⑤ 모수질에 색소가 투입되어 염색이 된다.

해설 에피큐티클(epicuticle)은 큐티클의 가장 바깥에 위치한 얇은 층으로 지질, 단백질로 구성되어 있다. 엑소큐티클(excocuticle)은 에피큐티클(epicuticle)과 엔도큐티클(endocuticle)사이에 존재하며 단단하고 어두운 색이며, 키틴, 스클레로틴(sclerotin)으로 구성되어 있다. 엔도큐티클(endocuticle)은 표피 바로 위에 존재하며 큐티클의 안쪽 부분으로 색이 없고 부드러운 층으로 키틴, 아스로포딘(arthropodin)으로 구성되어 있다. 색소가 염색되는 층은 모피질이며 모피질(cortex)과 모수질(medulla)이 모발 무게에 85~90% 차지한다.

368 진피 존재하는 유두층 위에 존재하는 층은?

① 기저층
② 유극층
③ 과립층
④ 투명층
⑤ 각질층

해설 표피 아래부분에는 기저층, 진피의 윗부분에는 유두층이 존재한다.

★ 정답 ★	366 ①	367 ②	368 ①

369 화장품의 관능시험에 대한 설명이 적절하지 않은 것은?

① 관능시험은 패널(품평단) 또는 전문가의 감각을 통한 제품성능에 대한 평가이다.
② 맹검 사용시험(blind use test)은 소비자의 판단에 영향을 미칠 수 있고 제품의 효능에 대한 인식을 바꿀 수 있는 상품명, 디자인, 표시사항 등의 정보를 제공하지 않는 제품 사용시험이다.
③ 비맹검 사용시험(concept use test)은 제품의 상품명, 표기사항 등을 알려주고 제품에 대한 인식 및 효능 등이 일치하는지를 조사하는 시험이다.
④ 화장품의 효능평가를 위해 이중맹검시험(doubl blind test)이 필수적이다.
⑤ 기기를 이용하여 관능평가를 대신할 수도 있다.

해설 이중맹검시험은 의약품 임상시험할 때 사용하며, 화장품 관능시험에는 사용되지 않는다.

370 맞춤형화장품판매업의 의무사항에 대한 설명이 옳은 것은?

① 소비자에게 판매하는 맞춤형화장품을 미리 혼합한다.
② 맞춤형화장품에 사용된 모든 원료의 목록을 매년 2월 말까지 대한화장품협회에 보고한다.
③ 맞춤형화장품 사용과 관련된 중대한 유해사례 등 부작용 발생 시 그 정보를 알게 된 날로부터 30일 이내 식품의약품안전처 홈페이지를 통해 보고하거나 우편·팩스·정보통신망 등의 방법으로 보고한다.
④ 맞춤형화장품 판매내역서에는 조제 시 사용한 화장품 내용물 제조번호를 기재한다.
⑤ 맞춤형화장품 판매 시, 내용물을 공급한 화장품책임판매업자에 대하여 소비자에게 설명한다.

해설 맞춤형화장품에 사용된 모든 원료의 목록을 매년 2월 말까지 식품의약품안전처장이 정하는 화장품업단체(대한화장품협회)에 보고해야 함(2022.02.18.일부터 시행).

371 화장품을 제조할 때 화장품의 안정성을 감소시키는 원인이 아닌 것은?

① 유화 공정 시, 온도가 너무 낮으면 외상과 내상이 바뀌어 미셀(micelle)의 형성이 불안정해진다.
② 유화 공정 시, 원료투입 온도가 너무 높을 경우, 유화제의 HLB가 바뀌면서 전상(轉相)되어 불안정한 상이 형성되어 안정성에 문제가 될 수 있다.
③ 교반기의 회전속도가 느린 경우, 유화 입자가 크게 형성되어 성상 및 점도가 달라질 수 있으며 점증제 및 분산제가 고르게 분산되지 않고 뭉쳐있을 수 있다.
④ 유화제형에서 진공상태로 기포를 제거하지 않으면 제품의 점도, 비중에 영향을 미칠 수 있디.
⑤ 휘발성 원료는 유화 공정 직전에 투입하여 휘발되는 성분을 줄이고, 고온에서 안정성이 떨어지는 원료는 냉각 공정 중에 별도로 투입한다.

해설 낮은 유화 온도에서는 외상과 내상이 바뀌는 전상(轉相)이 발생하지는 않으나 너무 높은 온도에서는 전상이 발생한다.

★ 정답 ★	369 ⑤	370 ②	371 ①

372 화장품 품질관리 시험항목과 설비 및 기기가 바르게 짝 지어진 것은?

① 건조감량 – 데시케이터
② 점도 – 호모믹서
③ 입자크기 – 레오미터
④ 강열감량 – 약전체
⑤ 비중 – 환류냉각기

해설 점도 : 점도계, 경도 : 레오미터, 입자크기 : 현미경, 강열감량 : 회화로, 비중 : 비중병, 비중계

373 식품의약품안전처장이 화장품법에 따라 처리할 수 있는 개인정보에 해당되지 않는 것은?

① 주민등록번호
② 외국인등록번호
③ 건강관련정보
④ 여권번호
⑤ 범죄경력에 대한 정보

해설 식품의약품안전처장이 처리할 수 있는 민감정보 및 고유식별정보: 건강에 관한 정보, 범죄경력자료에 해당하는 정보, 주민등록번호, 외국인등록번호(화장품법 시행령 제15조)

374 화장수에 대한 설명으로 옳지 않은 것은?

① 유연 화장수는 피부 각질층에 수분과 보습 성분을 공급할 뿐 아니라 피지나 발한을 억제하는 기능을 가지고 있다.
② 세정용 화장수는 가벼운 색조 화장을 지우는 데 사용하여 피부를 청결하게 하거나 오염을 제거하는 데 사용된다.
③ 다층 화장수는 두 층 이상의 층을 이루는 화장수로 사용 시 흔들어서 수분과 유분이 섞이게 하여 사용한다.
④ 가용화를 통해서 제조되는 화장수는 투명한 성상이 일반적이나, 최근에는 계면활성제나 오일 함량을 조절함으로써 반투명 또는 불투명한 성상을 갖기도 한다.
⑤ 수렴 화장수는 수분공급과 모공수축 기능이 있으며 O/W형으로 제조된다.

해설 체취방지제(예 데오도런트)가 발한을 억제하는 기능(antiperspirant)이 있다.

★ 정답 ★	372 ①	373 ④	374 ①

375 다음의 화장품 설비 중에서 일반적으로 색조 화장품 제조에 사용되지 않는 설비는?

① 3단 롤밀(3 Roller)
② 균질기(Homogenizer)
③ 헨셀(Henschel)
④ 아토마이저(Atomizer)
⑤ 초고압유화기(Microfluidizer)

해설 초고압유화기(마이크로플루다이저)는 나노 크기의 유화입자를 만들 때 사용하며 일반적으로 기초화장품류(로션류, 크림류) 제조에만 사용된다.

376 맞춤형화장품판매업자의 결격사유에 해당되는 것은?

① 정신질환자 다만, 전문의가 화장품제조업자로서 적합하다고 인정하는 사람은 제외함
② 마약류의 중독자
③ 피성년후견인 또는 파산선고를 받고 3년이 지나 복권된 자
④ 화장품법 또는 보건범죄 단속에 관한 특별조치법을 위반하여 금고 이상의 형을 선고받고 그 집행이 끝나지 아니한 자
⑤ 영업등록이 취소되거나 영업소가 폐쇄된 날부터 3년이 지난 자

해설 결격사유(화장품법 제3조의3) : 정신질환자, 피성년후견인 또는 파산선고를 받고 복권되지 아니한 자, 마약류의 중독자, 금고 이상의 형을 선고받고 그 집행이 끝나지 아니하거나 그 집행을 받지 아니하기로 확정되지 아니한 자, 등록이 취소되거나 영업소가 폐쇄된 날로부터 1년이 지나지 아니한 자

377 맞춤형화장품 조제관리사가 할 수 있는 업무에 해당되는 것은?

① 의약외품 제조업자로부터 손소독제를 공급 받아서 소분한다.
② 백화점에서 구매한 대용량 제품을 소분한다.
③ 책임판매업자로부터 공급받은 화장품 내용물들을 혼합하여 조제한다.
④ 화장품 수입상으로부터 납품받은 수입 화장품을 소분한다.
⑤ 수입한 화장품에 화장품 원료를 혼합하여 조제한다.

해설 완제품 소분과 취급 및 의약외품(예 손소독제) 취급은 맞춤형화장품 조제관리사의 업무가 아니다.

★ 정답 ★	375 ⑤	376 ④	377 ③

378 **화장품 안정성을 평가하는 기계·물리적 시험이 아닌 것은?**

① 진동(vibration)
② 원심분리(centrifugation)
③ 낙하(dropping)
④ 파괴(breakage)
⑤ 알칼리 용출(alkali elution)

해설 유리 용기에서 알칼리가 경시적으로 녹아 나오는 것을 확인하는 것은 화학적 시험이다.

379 **화장품 표시기재 사항 중에서 맞춤형화장품에서 생략할 수 있는 것은?**

① 바코드
② 화장품에 천연 또는 유기농으로 표시·광고하려는 경우에는 원료의 함량
③ 기능성화장품의 경우 심사받거나 보고한 효능·효과, 용법·용량
④ 보존제의 함량
⑤ 사용할 때의 주의사항

해설 맞춤형화장품에서 생략이 가능한 표시기재 사항: 바코드, 수입화장품인 경우에는 제조국의 명칭, 제조회사명 및 그 소재지

380 **액체가 액체 속에 분산된 것을 에멀젼(emulsion)라 하며 기체가 액체 속에 분산된 경우를 거품(foam)이라 한다. 또한 고체가 액체 속에 분산된 것을 ( )(이)라 한다. ( )에 적합한 단어는?**

① 분산(dispersion)
② 서스펜션(suspension)
③ 결정화(crystalization)
④ 고형화(solidification)
⑤ 슬러리(slurry)

해설 고체가 고르게 액체에 분산된 것을 현탁액(suspension, 서스펜션)이라 한다.

★ 정답 ★	378 ⑤	379 ①	380 ②

부록 2

실전 모의고사 7회

1회 실전 모의고사

※QR코드를 스캔하면 선다형 문제만 모바일 모의고사 서비스가 제공됩니다.

1 **화장품법의 입법취지로 가장 적당한 것은?**

① 국민보건향상과 화장품 산업의 발전에 기여
② 화장품 제조 활성화 및 판매의 증진
③ 화장품의 수출 증대
④ 화장품의 수입 제한
⑤ 화장품의 안정성과 안전성 확보

2 **화장품법 시행규칙 별표 3에서 규정하는 보기의 주의사항 문구를 기재·표시해야 하는 화장품이 아닌 것은?**

> 보기
> 프로필렌 글리콜(Propylene glycol)을 함유하고 있으므로 이 성분에 과민하거나 알레르기 병력이 있는 사람은 신중히 사용할 것(프로필렌 글리콜 함유제품만 표시한다)

① 산화염모제
② 손·발의 피부연화 제품
③ 외음부 세정제
④ 탈염·탈색제
⑤ 헤어스트레이트너 제품

3 **맞춤형화장품판매업을 폐업하거나 휴업할 때 공통으로 제출하는 서류로 옳은 것은?**

① 맞춤형화장품판매업 폐업·휴업·재개 신고서
② 맞춤형화장품판매업 신고필증(기 신고한 신고필증)
③ 맞춤형화장품판매업자 사업자등록증
④ 맞춤형화장품판매업자 법인등기부등본(법인에 한함)
⑤ 맞춤형화장품판매업소 사업자등록증

4 **다음의 위반사항 중에서 1차 위반 시 개수명령의 대상이 아닌 것은?**

① 화장품법 시행규칙 제6조(시설기준 등) 제1항 제1호 나목(작업대 등 제조에 필요한 시설 및 기구)을 위반한 경우
② 화장품법 시행규칙 제6조(시설기준 등) 제1항 제1호 다목(가루가 날리는 작업실은 가루를 제거하는 시설)을 위반한 경우
③ 화장품법 시행규칙 제6조(시설기준 등) 제1항에 따른 해당 품목의 제조 또는 품질검사에 필요한 시설 및 기구 중 일부가 없는 경우

④ 화장품법 시행규칙 제6조(시설기준 등) 제1항에 따른 작업소, 보관소 또는 시험실 중 어느 하나가 없는 경우
⑤ 화장품법 시행규칙 제6조(시설기준 등) 제1항 제1호 가목(쥐·해충 및 먼지 등을 막을 수 있는 시설)을 위반한 경우

5 **화장품법 시행규칙 별표3에 따른 화장품 유형 분류에서 기초화장용 제품류에 해당되지 않는 것은?**

① 마사지 크림
② 오일
③ 손·발의 피부연화 제품
④ 세이빙 크림
⑤ 클렌징 크림

6 **맞춤형화장품판매업자가 법인일 때 변경신고를 해야 하는 경우가 아닌 것은?**

① 법인의 명칭 변경
② 법인의 대표자 변경
③ 맞춤형화장품 판매업소의 소재지 변경
④ 맞춤형화장품판매업자의 소재지 변경
⑤ 맞춤형화장품 조제관리사의 변경

7 **다음 보기 중에서 개인정보 침해에 해당되는 것을 모두 고르시오.**

보기
㉠ 개인정보의 유출
㉡ 개인정보 매매
㉢ 개인정보 오·남용
㉣ 개인정보의 허술한 관리 및 방치
㉤ 홈페이지 노출

① ㉠, ㉣, ㉤
② ㉠, ㉢, ㉣, ㉤
③ ㉠, ㉡, ㉣, ㉤
④ ㉡, ㉢, ㉣, ㉤
⑤ ㉠, ㉡, ㉢, ㉣, ㉤

8 **식품의약품안전처 고시에서 정하고 있는 수입실적 및 수입 화장품 원료목록을 제출하는 관련 단체로 적당한 곳은?**

① (사)대한화장품협회
② (사)한국의약품수출입협회
③ (사)대한맞춤형화장품 조제관리사협회
④ 식품의약품안전처
⑤ 지방식품의약품안전청

9 공정거래위원회에서 고시한 소비자분쟁해결기준에 따라 "이물혼입"에 대한 분쟁이 발생하였을 때 해결기준으로 적당한 것은?

① 제품교환
② 경비 배상
③ 일실소독 배상
④ 치료비 지급
⑤ 손해배상금 지급

10 화학결합에 의해 에스텔류를 형성할 수 있는 물질이 아닌 것은?

① 메칠
② 소듐
③ 에칠
④ 부틸
⑤ 페닐

11 다음 화장품 성분 중에서 자외선을 산란시키는 무기계 자외선 차단제는?

① 에칠헥실메톡시신나메이드
② 벤조페논-3
③ 벤조페논-8
④ 징크옥사이드
⑤ 부틸메톡시디벤조일메탄

12 피부상태를 측정할 때 측정하는 공간에 대한 설명으로 적절하지 않은 것은?

① 측정공간은 항온항습(예 22±2℃, 상대습도 40~60%)을 유지한다.
② 측정 시, 직접조명과 직사광선을 피한다.
③ 측정하는 공간은 공기의 이동이 있어야 한다.
④ 측정 전에 피부안정 시간을 가진다.
⑤ 피측정자가 평안한 상태를 유지할 수 있어야 한다.

13 UVB(자외선 B)를 사람의 피부에 조사한 후 16~24시간에서 조사영역의 거의 대부분에 (㉠)을(를) 나타낼 수 있는 최소한의 자외선량을 최소(㉠)량이라 한다. ㉠에 공통으로 적당한 단어는?

① 홍반
② 흑화
③ 적화
④ 기미
⑤ 멜라닌

14 식품의약품안전평가원에 보고만으로 생산할 수 있는 기능성화장품이 아닌 것은?

① 레티놀 침적마스크
② 레티닐팔미테이트 침적마스크
③ 아데노신 침적마스크
④ 폴리에톡시레이티드레틴아마이드 침적마스크
⑤ 유용성 감초추출물 침적마스크

15 〈보기〉는 우수화장품 제조 및 품질관리기준(CGMP)에서 규정하는 사항이다. ㉠에 적합한 단어는?

> **보기**
> 작업소는 제조하는 화장품의 종류·제형에 따라 적절히 (㉠)되어 있어 교차오염 우려가 없어야 한다.

① 구획·구분
② 구획·정돈
③ 분리·구획
④ 분리·구분
⑤ 분리·정리

16 화장품 완제품의 보관 및 출고에 대한 설명으로 적절하지 않은 것은?

① 완제품은 적절한 조건하의 정해진 장소에서 보관하여야 하며, 주기적으로 재고 점검을 수행해야 한다.
② 완제품은 시험결과 적합으로 판정되고 품질보증부서 책임자가 출고 승인한 것만을 출고하여야 한다.
③ 출고는 반드시 선입선출방식으로 하여야 한다.
④ 출고할 제품은 원자재, 부적합품 및 반품된 제품과 구획된 장소에서 보관하여야 한다. 다만 서로 혼동을 일으킬 우려가 없는 시스템에 의하여 보관되는 경우에는 그러하지 아니할 수 있다.
⑤ 완제품 관리 항목은 보관, 검체 채취, 보관용 검체, 제품 시험, 합격·출하 판정, 출하, 재고관리, 반품 등이다.

17 제조부서책임자는 적절한 위생관리 기준 및 절차를 마련하고 화장품 제조소 내의 모든 직원이 위생관리 기준 및 절차를 준수할 수 있도록 교육훈련해야 한다. 다음 중에서 위생관리 기준 및 절차의 내용으로 적절하지 않은 것은?

① 직원의 작업 시 복장
② 직원 건강상태 확인
③ 직원에 의한 제품의 오염방지에 관한 사항
④ 직원의 손 씻는 방법
⑤ 직원의 근무태도

18 기능성화장품의 주성분과 그 기능이 옳게 짝지어진 것은?

① 디소듐페닐디벤즈이미다졸테트라설포네이트 – 피부의 미백에 도움
② 마그네슘아스코빌포스페이트 – 피부의 미백에 도움
③ 폴리에톡실레이티드레틴아마이드 – 피부를 곱게 태워주거나 자외선으로부터 피부를 보호하는데 도움
④ 치오글리콜산 80% – 여드름성 피부를 완화하는데 도움
⑤ 살리실릭애씨드 – 모발의 색상을 변화(탈염·탈색 포함)시키는 기능

19 화장품의 안정성시험 자료를 최종 제조된 제품의 사용기한이 만료되는 날부터 1년간 보존해야 하는 제품이 아닌 것은?

① 아스코빅애씨드(비타민C) 0.5%를 포함한 화장품
② 에칠아스코빌에텔 0.5%를 포함한 화장품
③ 토코페롤(비타민E) 0.5%를 포함한 화장품
④ 세라마이드 0.5%를 포함한 화장품
⑤ 플라센타효소(placental enzymes) 0.5%를 포함한 화장품

20 화장품 안전기준 등에 관한 규정에서 정하고 있는 화장품 제조 시에 사용할 수 없는 성분은?

① 붕산
② 레조시놀
③ 살리실릭애씨드
④ 붕사(소듐보레이트)
⑤ 과탄산나트륨

21 화장품의 재시험이나 고객불만 사항의 해결 등을 위해 보관용 검체를 화장품 제조업자는 유지하고 있다. 스킨로션의 제품 시험에 스킨로션 3개가 필요하다고 할 때 스킨로션의 보관용 검체 수량으로 적당한 것은?

① 2개
② 3개
③ 4개
④ 5개
⑤ 7개

22 화장품 포장에 기재되는 표시 사항 중에서 "제조번호"를 표시할 때 글자의 크기로 올바른 것은?

① 3포인트
② 4포인트
③ 5포인트
④ 6포인트
⑤ 글자 크기 제한 없음

23 기능성화장품 심사에 관한 규정에서 규정하고 있는 피부의 미백에 도움을 주는 제품의 성분 및 함량이 적당하지 않은 것은?

① 알파-비사보롤 0.5%
② 에칠아스코빌에텔 1%
③ 나이아신아마이드 1%
④ 알부틴 5%
⑤ 나이아신아마이드 5%

24 우수화장품 제조 및 품질관리기준에 따라 작업실의 청정도를 분류할 때 그 분류가 옳지 않은 것은?

① 성형실 - 3등급
② 세척실 - 3등급
③ 충전실 - 2등급
④ 원료 칭량실 - 2등급
⑤ 클린벤치 - 1등급

25 천연화장품 및 유기농화장품의 기준에 관한 규정에서 천연화장품 및 유기농화장품의 용기와 포장에 사용할 수 없는 플라스틱 재질로 정하고 있는 것은?

① 폴리프로필렌(polypropylene, PP)
② 고밀도폴리에틸렌(high density polyethylene, HDPE)
③ 저밀도폴리에틸렌(low density polyethylene, LDPE)
④ 폴리스티렌폼(polystyrene foam)
⑤ 폴리에틸렌테레프탈레이트(polyethylene terephthalate, PET)

26 맞춤형화장품의 내용물 및 원료에 대한 품질검사결과를 확인할 수 있는 서류로 옳은 것은?

① 품질규격서
② 품질성적서
③ 제조기록서
④ 포장기록서
⑤ 칭량기록서

27 기능성화장품은 식품의약품안전평가원으로부터 심사 받거나 식품의약품안전평가원에 보고를 해야만 생산할 수가 있다. 다음 중 보고만으로 생산할 수 있는 기능성화장품으로 적합하지 않은 것은?

① 나이아신아마이드 로션제
② 알부틴 로션제
③ 알파-비사보롤 로션제
④ 아데노신 로션제
⑤ 마그네슘아스코빌포스페이트 로션제

28 다음 계면활성제 중에서 비이온 계면활성제로 분류되지 않는 것은?

① 세트리모늄브로마이드
② 레시틴
③ 글리세릴모노스테아레이트
④ 다이메티콘코폴리올
⑤ 피이지-60 하이드로제네이티드 캐스터오일

29 사용한도 혹은 사용할 때 농도상한이 있는 화장품 원료가 아닌 것은?

① p-니트로-o-페닐렌디아민
② 4-메칠벤질리덴캠퍼
③ 멘톨
④ 레조시놀
⑤ 쿼터늄-15

30 미백 기능성화장품의 전성분이 보기와 같을 때, 사과추출물의 함량으로 가장 적절한 것은(단, 페녹시에탄올은 사용한도까지 사용하였음)?

> **보기**
> 정제수, 글리세린, 호호바오일, 에탄올, 헥산다이올, 아스코빌글루코사이드, 사과추출물, 페녹시에탄올, 피이지-60하이드로제네이티드캐스터오일, 향료, 토코페릴아에세테이트, 디소듐이디티에이,

① 4.0 ~ 5.0%
② 3.0 ~ 4.0%
③ 2.0 ~ 3.0%
④ 1.0 ~ 2.0%
⑤ 0.5 ~ 1.0%

31 화장품에 대한 총호기성 생균수 시험결과가 적합인 경우는?

① 물휴지 : 세균 20개/g, 진균 110개/g
② 유액(로션) : 총호기성 생균수 1,000개/g
③ 화장수(스킨로션) : 총호기성 생균수 1,010개/g
④ 아이라이너 : 총호기성 생균수 700개/g
⑤ 영유아용 크림 : 총호기성 생균수 800개/g

32 화장품 안전기준 등에 관한 규정에 따라 화장품의 내용량이 500mL일 때 내용량 측정에 사용되는 시험기구로 가장 적당한 것은?

① 뷰렛(burette)
② 피펫(pipette)
③ 마이크로피펫(micropipette)
④ 눈금실린더(mass cylinder)
⑤ 눈금비이커(beaker)

33 **소용량 맞춤형화장품 또는 비매품 맞춤형화장품의 1차 포장 또는 2차 포장에 표시·기재해야 하는 사항으로 적당하지 않은 것은?**

① 화장품의 명칭
② 맞춤형화장품판매업자의 상호
③ 화장품책임판매업자의 상호
④ 가격
⑤ 제조번호와 사용기한 또는 개봉 후 사용기간(개봉 후 사용기간은 혼합소분일과 병기)

34 **화장품 안전성 정보관리 규정에서 정하는 중대한 유해사례가 아닌 것은?**

① 입원 또는 입원기간의 연장이 필요한 경우
② 지속적 또는 중대한 불구나 기능저하를 초래하는 경우
③ 피부트러블에 의한 피부 가려움
④ 선천적 기형 또는 이상을 초래한 경우
⑤ 사망을 초래하거나 생명을 위협하는 경우

35 **다음의 화장품 원료 중에서 맞춤형화장품에 사용할 수 없는 원료는?**

① 하이드록시데실유비퀴논(이데베논)
② 라우릭애씨드
③ 소듐벤조에이트
④ 세테아릴알코올
⑤ 소듐하이알루로네이트

36 **다음의 화장품 원료 중에서 식물성 원료에 속하는 것은?**

① 난황유(egg oil)
② 스쿠알렌(squalene)
③ 아르간커넬 오일(argania spinosa kernel oil)
④ 라놀린(lanolin)
⑤ 우지(beef tallow)

37 **어린이용 로션에 사용할 수 있는 보존제 성분과 함량이 옳은 것은?**

① 벤질알코올, 1.5%
② 살리실릭애씨드, 0.01%
③ 메칠이소치아졸리논, 0.01%
④ 트리클로산, 0.01%
⑤ 소듐벤조에이트, 0.2%

38 시중에 유통 중인 미백과 주름개선 2중기능성 크림이 회수되어 다음과 같은 시험결과가 나왔다면 이 화장품의 위해성 등급으로 적합한 것은?

> **보기**
>
> 〈시험결과〉
> - 아데노신(주름개선 기능성화장품 주성분) 함량시험 결과 : 95%
> - 나이아신아마이드(미백 기능성화장품 주성분) 함량시험 결과 : 90%
> - 내용량 시험결과 : 80%
> - 납 시험결과 : 30㎍/g(ppm)
> - 미생물한도 시험결과 : 400개/g

① 가등급 ② 나등급 ③ 다등급
④ 라등급 ⑤ 위해성 등급 없음

39 화장품의 안전기준 등에 관한 규정에 따라 화장비누의 건조무게(수분 불포함 무게)를 측정할 때 필요한 시험기구 및 설비가 아닌 것은?

① 건조기(drying oven) ② 데시케이터(dessicator)
③ 회화로(furnace) ④ 저울(balance)
⑤ 접시(dish)

40 화장품을 제조하는 시설, 건물의 청소와 소독에 대한 설명으로 적절하지 않은 것은?

① 세제와 소독제에 적절한 라벨을 부착한다.
② 연속적으로 같은 제품을 생산할 경우에는 매 뱃치(로트) 생산 후에 간이 세척을 실시하고 적절한 간격으로 뱃치(로트) 생산 후마다 세척을 실시한다.
③ 설비는 적절히 세척을 해야 하고 필요할 때는 소독을 해야 한다
④ 설비는 세척 후, 세척상태에 대하여 판정하고 그 기록은 남기지 않는다.
⑤ 세제와 소독제는 원료, 자재 또는 제품의 오염을 방지하기 위해서 적절히 선정, 보관, 관리 및 사용되어야 한다.

41 화장품법 제5조(영업자의 의무)에서 규정하는 맞춤형화장품판매업자의 의무사항이 〈보기〉와 같을 때 ㉠에 적당한 단어는?

> **보기**
>
> 맞춤형화장품판매업자는 맞춤형화장품 판매장 시설·기구의 관리 방법, 혼합·소분 (㉠)기준의 준수 의무, 혼합·소분되는 내용물 및 원료에 대한 설명 의무 등에 관하여 총리령으로 정하는 사항(맞춤형화장품판매업자 준수사항)을 준수하여야 한다.

① 품질관리 ② 공정관리 ③ 위생관리.
④ 제조관리 ⑤ 안전관리

42 **화장품의 개봉 후 사용기간을 설정할 때 개봉 후 사용기간 설정을 할 수 없는 제품은?**

① 영양크림
② 헤어 스프레이
③ 마스카라
④ 립스틱
⑤ 헤어컨디셔너

43 **다음의 성분 중에서 화장품에 사용할 수 없는 것은?**

① 인태반 유래물질
② 살리실릭애씨드
③ 징크피리치온
④ 벤질알코올
⑤ 만수국꽃 추출물

44 **화장품 제조설비를 세척하는 원칙으로 적절하지 않은 것은?**

① 세제는 필요시에만 사용하고 가급적 사용을 자제한다.
② 세척 후는 필요 시 "판정"한다.
③ 증기 세척을 이용한다.
④ 정제수로 세척한다.
⑤ 세척제는 효능이 입증된 것을 사용한다.

45 **원자재 입고 관리에 대한 설명으로 적절하지 않은 것은?**

① 제조업자는 원자재 공급자에 대한 관리감독을 적절히 수행한다.
② 원자재의 입고 시 구매 요구서(발주서), 원자재 공급업체 성적서 및 현품이 서로 일치하여야 한다.
③ 원자재 용기에 제조번호가 없는 경우에는 관리번호를 부여하여 보관하여야 한다.
④ 원자재 입고절차 중 육안확인 시 물품에 결함이 있을 경우 입고를 보류한다.
⑤ 입고된 원자재는 "적합", "부적합", "검사 중" 등으로 반드시 상태를 표시하여야 한다.

46 **(㉠) 및 그 염류는 영유아용 제품류 또는 만 13세 이하 어린이가 사용할 수 있음을 특정하여 표시하는 제품에는 사용금지이며 다만, 어린이용, 영유아용 샴푸는 제외한다. ㉠에 적당한 단어는?**

① 살리실릭애씨드
② 시트릭애씨드
③ 타타릭애씨드
④ 락틱애씨드
⑤ 말릭애씨드

47 〈보기〉의 ㉠에 적합한 숫자는?

보기

- 자외선 차단 성분으로서 티타늄디옥사이드의 사용한도는 (㉠)%이다.
- 자외선 차단 성분으로서 징크옥사이드의 사용한도는 (㉠)%이다.

① 15 ② 20 ③ 25
④ 30 ⑤ 35

48 (㉠)는(은) 타르색소를 기질에 흡착, 공침 또는 단순한 혼합이 아닌 화학적 결합에 의하여 확산시킨 색소를 말한다. ㉠에 적당한 말은?

① 무기염료 ② 레이크
③ 순색소 ④ 유기염료
⑤ 안료

49 〈보기〉는 어린이용 제품임을 화장품에 표시하는 화장품(제품명 : 마일드앤컴포트 어린이용 로션)의 전성분이다. 전성분들 중에서 그 함량을 표시해야 하는 것은?

보기

정제수, 다이소듐코코암포다이아세테이트, 글리세린, 데실글루코사이드, 락틱애씨드, 소듐피씨에이, 피이지-120메틸글루코스디올리에이트, 소듐락테이트, 소듐클로라이드, 소듐벤조에이트, 쇠비름추출물, 부틸렌글라이콜, 토코페릴아세테이트, 테트라소듐이디티에이, 향료

① 다이소듐코코암포다이아세테이트
② 테트라소듐이디티에이
③ 소듐벤조에이트
④ 소듐락테이트
⑤ 소듐피씨에이

50 유통화장품 안전관리기준에서 정하고 있는 바디로션의 납 검출허용한도는?

① 10㎍/g(ppm)
② 20㎍/g(ppm)
③ 50㎍/g(ppm)
④ 100㎍/g(ppm)
⑤ 1000㎍/g(ppm)

51 유통화장품 안전관리기준에 따라 내용량 시험을 할 때, 제품 3개를 가지고 시험해서 기준치를 벗어날 경우에 (㉠)개를 더 취하여 (㉡)개의 평균 내용량이 97% 이상이어야 한다. ㉠, ㉡에 적당한 숫자는?

① ㉠ : 3 ㉡ : 6
② ㉠ : 6 ㉡ : 9
③ ㉠ : 9 ㉡ : 12
④ ㉠ : 12 ㉡ : 15
⑤ ㉠ : 15 ㉡ : 18

52 유도결합플라즈마분광기 방법(ICP)을 이용하여 분석할 수 없는 성분은?

① 납
② 니켈
③ 비소
④ 수은
⑤ 안티몬

53 화장품 안전기준 등에 관한 규정에서 정하고 있는 화장품 배합금지 원료에 해당되는 것은?

① 만수국꽃 추출물
② 만수국아재비꽃 추출물
③ 천수국꽃 추출물
④ 하이드롤라이즈드밀단백질
⑤ 땅콩오일, 추출물 및 유도체

54 다음의 화장품 색소 중에서 타르색소로 분류되지 않는 것은?

① 녹색 204 호 (피라닌콘크, Pyranine Conc) CI 59040
② 적색 208 호 (리톨레드 SR, Lithol Red SR) CI 15630:3
③ 황색 204 호 (퀴놀린옐로우 SS, Quinoline Yellow SS) CI 47000
④ 2-아미노-6-클로로-4-니트로페놀
⑤ 바륨설페이트 (Barium Sulfate) CI 77120

55 피부주름의 발생원인 중 하나로 (㉠)의 결핍을 들고 있다. (㉠)은(는) 피부 진피를 구성하는 주요 단백질로서 피부구조와 탄력을 유지하는 역할을 하고 있다. (㉠)은(는) 나이가 들면시 생성의 감소를 보이며 분해도 증가되어 피부 진피층의 함몰을 유도하여 피부의 주름을 생성하는 것으로 알려져 있다. ㉠에 적합한 단어는?

① 엘라스틴
② 콜라겐
③ 섬유아세포
④ 탄력섬유
⑤ 초질

56 탄화수소(hydrocarbon)류로 분류되는 화장품 원료는?

① 스쿠알란(squalane)
② 시트릭애씨드(citric acid)
③ 글리세린(glycerin)
④ 아르간커넬 오일(argania spinosa kernel oil)
⑤ 라우릭애씨드(lauric acid)

57 동물로부터 자연적으로 생산되는 것을 동물성 원료(천연 원료)로 가공할 때 사용할 수 있는 물리적 공정으로 천연 화장품 및 유기농화장품의 기준에 관한 규정에서 정하고 있는 공정이 아닌 것은?

① 증류(Distillation)
② 추출(Extractions)
③ 여과(Filtration)
④ 혼합(Blending)
⑤ 탄화(Carbonization)

58 다음 보존제 중에서 모든 화장품 유형에 0.6% 이상 사용 가능한 보존제로만 이루어진 것은?

① 벤조익애씨드, 소르빅애씨드
② 페녹시에탄올, 살리실릭애씨드
③ 페녹시에탄올, 포믹애씨드
④ 벤질알코올, 살리실릭애씨드
⑤ 벤질알코올, 소르빅애씨드

59 화장품의 시험 기준이 적절하지 않은 것은?

① 아이 로션 pH 5.0 ~ 7.0
② 영양 크림 pH 5.0 ~ 7.0
③ 클렌징 오일 pH 5.0 ~ 7.0
④ 화장수 pH 5.0 ~ 7.0
⑤ 에센스 pH 5.0 ~ 7.0

60 충전량이 300g인 바디로션 용기에 반드시 표시해야 하는 표시·기재사항이 아닌 것은?

① 화장품의 명칭
② 영업자의 상호
③ 제조번호
④ 내용량
⑤ 개봉 후 사용기간과 제조 연월일

61 피부의 각질층에 존재하는 세포간 지질(intercellular lipids)의 성분이 아닌 것은?

① 콜레스테롤
② 세라마이드
③ 유리지방산
④ 레시틴
⑤ 트리글리세라이드

62 물휴지의 미생물한도 기준으로 적합한 것은?

① 세균수 100개/g(mL) 이하, 진균수 100개/g(mL) 이하
② 세균수 500개/g(mL) 이하, 진균수 500개/g(mL) 이하
③ 세균수 1000개/g(mL) 이하, 진균수 1000개/g(mL) 이하
④ 총호기성 생균수는 100개/g(mL) 이하
⑤ 총호기성 생균수는 500개/g(mL) 이하

63 다음의 화장품 원료 중에서 기능성화장품의 주성분인 자외선 차단성분이 아닌 것은?

① 에칠헥실메톡시신나메이트
② 캠퍼
③ 벤조페논-3(옥시벤존)
④ 드로메트리졸
⑤ 이소아밀p-메톡시신나메이트

64 레이크 제조 시 순색소를 확산시키는 목적으로 사용되는 물질로 알루미나, 브랭크휙스, 크레이, 이산화티탄, 산화아연, 탤크, 로진, 벤조산알루미늄, 탄산칼슘 등의 단일 또는 혼합물이 사용된다. 이 물질은 무엇인가?

① 희석제
② 확산제
③ 기질
④ 타르색소
⑤ 무기색소

65 화장품의 색소 종류와 기준 및 시험방법에서 규정하고 있는 안토시안류(Anthocyanins)로 옳은 것은?

① 시아니딘, cyanidin
② 캡소루빈, capsorubin
③ 안나토, annatto
④ 리보플라빈, riboflavin
⑤ 피로필라이트, Pyrophyllite

66 다음의 색소 중에서 타르색소에 속하는 것은?

① 리보플라빈
② 비스머스옥시클로라이드
③ 징크옥사이드
④ 황색 4호
⑤ 적색산화철

67 피부는 표지, 진피 및 피하지방으로 구성되어 있다. 피부의 진피에 존재하지 않는 것은?

① 탄력섬유(elastin)
② 교원섬유(collagen)
③ 랑거한스세포(Langerhans cell)
④ 섬유아세포(fibroblast)
⑤ 하이알루로닉애씨드(hyaluronic acid)

68 화장품 제조에 사용된 성분을 표시할 때 화장품 제조에 사용된 함량이 많은 것부터 기재·표시한다. 다만, 1.0퍼센트 이하로 사용된 성분, 착향제 또는 (㉠)(은)는 순서에 상관없이 기재·표시할 수 있다. ㉠에 적합한 단어는?

① 유화제
② 보조 유화제
③ pH 조절제
④ 중화제
⑤ 착색제

69 피지와 땀의 분비가 적어서 피부표면이 건조하고 윤기가 없으며 피부 노화에 따라 피지와 땀의 분비량이 감소하여 더 건조해지는 피부로 잔주름이 생기기 쉽고 수분량이 부족한 피부타입은?

① 지성
② 복합성
③ 건성
④ 민감성
⑤ 중성

70 〈보기〉는 화장품 원료에 대한 설명이다. ㉠에 적합한 단어는?

> **보기**
> 천연계면활성제인 레시틴(lecithin)은 천연의 극성 지질에 두 개의 탄화수소 사슬로 구성되어 있으므로 이들 소수부의 부피가 크기 때문에 단일사슬의 경우와 같이 미셀을 형성하는 것이 아니라 이중층(bilayer) 구조인 (㉠)을(를) 형성하며 이 (㉠)에 의해 만들어지는 속이 빈 구형의 공 모양의 구조를 리포좀(liposome)이다.

① 베시클(vesicle)
② 에멀젼(emulsion)
③ 마이크로에멀젼(microemulsion)
④ 매크로에멀젼(macroemulsion)
⑤ 액정(liquid crystal)

71 맞춤형화장품 안전기준으로 적절하지 않은 것은?

① 혼합에 사용되는 원료에 대하여 소비자에게 설명한다.
② 소분에 사용되는 내용물에 대하여 소비자에게 설명한다.
③ 혼합·소분 전에는 손을 소독 또는 세정하거나 일회용 장갑을 착용한다.
④ 혼합·소분에 사용되는 장비 또는 기기 등은 사용 전 세척한다.
⑤ 혼합·소분된 제품을 담을 용기는 소독한다.

72 기능성화장품 기준 및 시험방법(KFCC ; Korean Functional Cosmetics Codex) 별표1 통칙에서 정하는 액제의 정의로 적당한 것은?

① 유화제 등을 넣어 유성성분과 수성성분을 균질화하여 점액상으로 만든 것
② 화장품에 사용되는 성분을 용제 등에 녹여서 액상으로 만든 것
③ 유화제 등을 넣어 유성성분과 수성성분을 균질화하여 반고형상으로 만든 것
④ 액제, 로션제, 크림제, 겔제 등을 부직포 등의 지지체에 침적하여 만든 것
⑤ 액체를 침투시킨 분자량이 큰 유기분자로 이루어진 반고형상

73 화장품 1차 포장에 필수적으로 기재되어야 하는 항목이 아닌 것은?

① 화장품의 명칭
② 영업자의 상호
③ 제조번호
④ 사용기한 또는 개봉 후 사용기간
⑤ 전성분

74 다음 세포 중에서 표피의 유극층에 존재하는 세포는?

① 랑거한스세포
② 메르켈세포
③ 멜라닌형성세포
④ 각질형성세포
⑤ 섬유아세포

75 화장품 제형에서 물의 역할로 가장 거리가 먼 것은?

① 용매
② 용제
③ 보습 향상
④ 사용감 조절
⑤ 유연작용

76 표피의 각질층에 존재하는 천연보습인자(Natural Moisturizing Factor, NMF)의 성분으로 적당하지 않는 것은?

① 아미노산
② 우레아(요소)
③ 젖산염
④ 피롤리돈카복실릭애씨드
⑤ 하이알루로닉애씨드

77 **탈모(hair loss)에 대한 설명으로 적당하지 않은 것은?**

① 탈모환자는 퇴행기에 있는 모발의 수가 많다.
② 탈모의 원인은 유전적 요인, 스트레스 등이 있다.
③ 남성형 탈모에 주된 원인이 되는 호르몬은 테스토스테론이다.
④ 탈모증상 완화에 도움을 주는 성분은 덱스판테놀, 비오틴, 엘-멘톨, 징크피리치온이다.
⑤ 일반적으로 성인에서 탈모되는 양은 약 40~100개/일이다.

78 **AHA(alpha hydroxy acid, 알파-하이드록시 애씨드)로 분류되는 화장품 원료가 아닌 것은?**

① 시트릭애씨드
② 글라이콜릭애씨드
③ 말릭애씨드
④ 타타릭애씨드
⑤ 스테아릭애씨드

79 **화장품법 시행규칙 별표5에서 규정하고 있는 화장품 표시·광고 시 준수사항이 아닌 것은?**

① 의약품으로 잘못 인식할 우려가 있는 내용, 제품의 명칭 및 효능·효과 등에 대한 표시·광고를 하지 말 것
② 천연화장품이 아님에도 불구하고 제품의 명칭, 제조방법, 효능·효과 등에 관하여 천연화장품으로 잘못 인식할 우려가 있는 표시·광고를 하지 말 것
③ 식품의약품안전처장이 정한 유기농화장품 인증기관이 공인하고 있다는 내용을 표시·광고하지 말 것
④ 국제적 멸종위기종의 가공품이 함유된 화장품임을 표현하거나 암시하는 표시·광고를 하지 말 것
⑤ 저속하거나 혐오감을 주는 표현·도안·사진 등을 이용하는 표시·광고를 하지 말 것

80 **화장품의 부작용에 대한 설명으로 적절하지 않은 것은?**

① 홍반 : 붉은 반점
② 자통 : 찌르는 듯한 느낌
③ 구진 : 피부에 나타나는 작은 발진
④ 발적 : 피부가 붉게 급격하게 나타남
⑤ 부종 : 타는 듯한 느낌 혹은 화끈거림

81 다음 〈보기〉는 개인정보보호법에서 정의하는 개인정보에 대한 설명이다. ㉠에 공통으로 적합한 용어를 작성하시오.

보기

"개인정보"란 살아 있는 개인에 관한 정보로서 다음 각 목의 어느 하나에 해당하는 정보를 말한다.
가. 성명, 주민등록번호 및 영상 등을 통하여 개인을 알아볼 수 있는 정보
나. 해당 정보만으로는 특정 개인을 알아볼 수 없더라도 다른 정보와 쉽게 결합하여 알아볼 수 있는 정보. 이 경우 쉽게 결합할 수 있는지 여부는 다른 정보의 입수 가능성 등 개인을 알아보는 데 소요되는 시간, 비용, 기술 등을 합리적으로 고려하여야 한다.
다. 가목 또는 나목을 (㉠)처리함으로써 원래의 상태로 복원하기 위한 추가 정보의 사용·결합 없이는 특정 개인을 알아볼 수 없는 정보(이하 "(㉠)정보"라 한다)

82 ㈜지에스씨티에서 판매하는 지성용 토너의 실제 내용량이 표시된 내용량의 78퍼센트일 때 ㈜지에스씨티에 대한 행정처분을 작성하시오(단 1차 위반).

83 화장품책임판매업자의 준수사항인 품질관리기준(화장품법시행규칙 별표1)에서는 (㉠)(은)는 화장품의 책임판매 시 필요한 제품의 품질을 확보하기 위해서 실시하는 것으로서, 화장품제조업자 및 제조에 관계된 업무(시험·검사 등의 업무를 포함한다)에 대한 관리·감독 및 화장품의 시장 출하에 관한 관리, 그 밖에 제품의 품질의 관리에 필요한 업무로 정의하고 있다. ㉠에 적합한 용어는?

84 〈보기〉에서 설명하는 화장품 원료를 작성하시오.

보기

- 무색의 점성이 있는 맑은 액으로 냄새는 없고 맛은 달다.
- 분자량은 92.09이고 화학식은 $C_3H_8O_3$이다.
- 다가알코올류(폴리올, polyol)에 속하며, 보습제로 사용된다.

85 컨디셔너에 포함된 착향제(향료)의 성분표와 함량이 〈보기〉와 같을 때 전성분에 표시하여야 하는 성분을 모두 고르시오(단, 착향제의 양은 100g 중 1%이다).

보기
- 헥실신남알 1%
- 리모넨 30%
- 시트랄 0.5%
- 신남알 0.7%
- 리날릴아세테이트 67.8%

86 다음 〈보기〉는 맞춤형화장품의 정의에 관한 설명이다. 〈보기〉에서 ㉠, ㉡에 해당하는 적합한 단어를 각각 작성하시오.

보기
ㄱ. 제조 또는 수입된 화장품의 (㉠)에 다른 화장품의 (㉠)(이)나 식품의약품안전처장이 정하는 (㉡)(을)를 추가하여 혼합한 화장품
ㄴ. 제조 또는 수입된 화장품의 (㉠)(을)를 소분(小分)한 화장품

87 (　　)(은)는 칼슘과 철 등과 같은 금속이온이 작용할 수 없도록 격리하여 제품의 향과 색상이 변하지 않도록 막고 보존능을 향상시키는데 도움을 주는 물질로 킬레이팅(chelating)제라고도 한다. (　　) 안에 적합한 용어를 작성하시오.

88 다음 〈보기〉에서 설명하는 계면활성제를 작성하시오.

보기
- 모발에 흡착하여 유연효과나 대전 방지 효과, 모발의 정전기 방지 효과를 준다.
- 린스, 컨디셔너, 살균제, 손 소독제 등에 사용된다.

89 우수화장품 제조 및 품질관리기준에서 정의하는 (㉠)(은)는 모든 제조, 관리 및 보관된 제품이 규정된 적합판정기준에 일치하도록 보장하기 위하여 우수화장품 제조 및 품질관리기준이 적용되는 모든 활동을 내부 조직의 책임하에 계획하여 변경하는 것을 말한다. ㉠에 적합한 용어를 작성하시오.

90 우수화장품 제조 및 품질관리 기준의 요구사항으로 ㉠에 공통으로 적합한 단어를 작성하시오.

> **보기**
> - 제12조(출고관리) 원자재는 시험결과 적합판정된 것만을 (㉠)방식으로 출고해야 하고 이를 확인할 수 있는 체계가 확립되어 있어야 한다.
> - 제13조(보관관리) 원자재, 반제품 및 벌크 제품은 바닥과 벽에 닿지 아니하도록 보관하고, (㉠)에 의하여 출고할 수 있도록 보관하여야 한다.

91 (㉠)은(는) 일상의 취급 또는 보통 보존상태에서 액상 또는 고형의 이물 또는 수분이 침입하지 않고 내용물을 손실, 풍화, 조해 또는 증발로부터 보호할 수 있는 용기를 말하며, 크림 용기, 화장수 용기 등 일반적인 화장품 용기가 대부분 (㉠)에 해당된다. ㉠안에 적합한 용어를 작성하시오.

92 〈보기〉의 화장품 성분 중에서 피부미백에 도움을 주는 성분을 고르시오.

> **보기**
> - 아데노신
> - 비오틴
> - 덱스판테놀
> - 아스코빌테트라이소팔미테이트
> - 토코페릴아세테이트
> - 코직애씨드

93 각질층에는 세포간 지질(intercellular lipid)이 존재하며 그 성분은 세라마이드, 지방산, 콜레스테롤 등으로 구성되어 있다. 세포간 지질은 (㉠) 구조를 형성하여 각질층의 수분 손실을 막아주고 피부의 장벽기능을 유지시켜 준다. ㉠에 적합한 용어를 작성하시오.

94 〈보기〉의 화장품 처방에서 사용된 보존제와 그 보존제의 사용한도를 작성하시오.

보기

- 정제수 80.50%
- 글리세린 5.00%
- 글리세릴모노스테아레이트 1.00%
- 페녹시에탄올 0.50%
- 카보머 0.20%
- 다이소듐이디티에이 0.05%
- 호호바오일 8.00%
- 세틸알코올 2.50%
- 1,2-헥산다이올 2.00%
- 트로메타민 0.20%
- 비에이치티 0.05%

95 다음의 시험결과를 얻었을 때 화장비누의 내용량 기준은 (㉠)g의 97% 이상이다. ㉠에 적합한 단어를 작성하시오.

- 수분량 시험결과: 10%
- 상온에서 측정한 실중량: 100g

96 기능성화장품 심사에 관한 규정에 따르면 이미 심사를 받은 기능성화장품과 그 효능·효과를 나타내게 하는 (㉠)의 종류, 규격 및 분량(액상인 경우 농도), 용법·용량이 동일하고, 착색제, 착향제, 현탁화제, 유화제, 용해보조제, 안정제, 등장제, pH 조절제, 점도조절제, 용제만 다른 품목의 경우에는 (㉡), 유효성 또는 기능을 입증하는 자료 제출을 면제한다. 단, 화장품법 시행규칙 제2조 제10호(피부장벽(피부의 가장 바깥쪽에 존재하는 각질층의 표피를 말한다)의 기능을 회복하여 가려움 등의 개선에 도움을 주는 화장품)에 해당하는 기능성화장품은 착향제, 보존제만 다른 경우에 한한다. ㉠, ㉡에 적합한 단어를 작성하시오.

97 (㉠)은(는) 생체 내에서의 시험으로 일반적으로 동물 및 인체 실험을 의미하며 화장품, 화장품 원료 등의 효능을 평가하는 방법으로 이용된다. ㉠안에 적합한 용어를 작성하시오.

98 우수화장품 제조 및 품질관리 기준에서 정의하는 (㉠)은(는) 제조 또는 품질관리 활동 등의 미리 정하여진 기준을 벗어나 이루어진 행위를 말하며, (㉡)은(는) 규정된 합격 판정 기준에 일치하지 않는 검사, 측정 또는 시험결과를 말한다. ㉠, ㉡에 적합한 단어를 작성하시오.

99 모발성장주기는 초기성장기, 성장기(anagen), (㉠)(catagen), 휴지기(telogen)로 구성된다. 성장기는 모발을 구성하는 세포의 성장이 빠르게 이루어지고 (㉠)에는 성장이 감소하고 모구(hair bulb) 주위에 상피세포(epithelial cell)가 죽게 되며(아포토시스 apoptosis, 세포자연사) 휴지기에는 모낭이 위축되고 성장이 멈춘다. ㉠에 적합한 단어를 작성하시오.

100 〈보기〉에서 설명하는 피부의 기관을 작성하시오.

보기

- 모낭에 연결하여 땀을 분비
- 공포·고통과 같은 감정에 의해 땀을 분비
- 땀냄새의 원인이 되는 땀을 분비
- 겨드랑이, 유두, 항문주위, 생식기 부위, 배꼽주위에 분포

2회 실전 모의고사

※QR코드를 스캔하면 선다형 문제만 모바일 모의고사 서비스가 제공됩니다.

1 화장품 영업에 대한 설명으로 옳지 않은 것은?

① 화장품 제조업은 식품의약품안전처 지방청에 등록해야 영업을 할 수 있다.
② 화장품 수입업은 식품의약품안전처 지방청에 등록해야 영업을 할 수 있다.
③ 화장품 책임판매업은 식품의약품안전처 지방청에 등록해야 영업을 할 수 있다.
④ 화장품 수입대행업은 식품의약품안전처 지방청에 등록해야 영업을 할 수 있다.
⑤ 맞춤형화장품판매업은 식품의약품안전처 지방청에 등록해야 영업을 할 수 있다.

2 화장품법 시행규칙 별표3에서 규정한 화장품 유형이 틀리게 짝지어진 것은?

① 물휴지 – 인체 세정용 제품류
② 클렌징 오일 – 인체 세정용 제품류
③ 손·발의 피부연화 제품 – 기초화장품 제품류
④ 파우더 – 기초화장품 제품류
⑤ 흑채 – 두발용 제품류

3 헤어 컨디셔너에 알레르기를 유발하는 물질인 신남알이 0.02%가 포함되어 있었는데 신남알이 전성분 표시에서 누락되어 헤어 컨디셔너가 유통되었을 때 행정처분으로 적당한 것은(단, 1차 위반 시)?

① 해당 품목 판매업무정지 10일
② 해당 품목 판매업무정지 15일
③ 해당 품목 판매업무정지 1개월
④ 해당 품목 판매업무정지 3개월
⑤ 해당 품목 판매업무정지 6개월

4 중대한 유해사례 또는 이와 관련하여 식품의약품안전처장이 보고를 지시한 경우에 화장품책임판매업자 또는 맞춤형화장품판매업자는 화장품 유해사례 보고서(화장품 안전성 정보관리 규정 별지 제1호 서식)를 그 정보를 알게된 날로부터 15일 이내에 식품의약품안전처장에게 신속히 보고하여야 한다. 화장품 유해사례 보고서 작성에 대한 설명으로 적당한 것은?

① 사용자 정보에서 성명은 이니셜(Initial)로 기입한다(예 홍길동→HGD).
② 의심되는 화장품이란 유해사례를 일으킨 것으로 의심되는 화장품을 말합니다.
③ 불분명한 사항이 없도록 추정하여 기입한다.
④ 기입하는 내용은 기입하는 공간 크기에 맞게 반드시 요약해서 기입한다.
⑤ 사용자 및 보고자의 개인정보는 보호되지 않을 수 있다.

5 **화장품의 생산·수입실적 및 원료목록 보고에 대한 설명으로 적절하지 않은 것은?**

① 지난 해의 생산실적을 책임판매업자가 (사)대한화장품협회장에게 제출한다.
② 지난 해의 수입실적을 책임판매업자가 (사)한국의약품수출입협회장에게 제출한다.
③ 생산실적과 수입실적은 매년 2월 말까지 제출하여야 한다.
④ 알레르기 유발성분을 제품에 표시하여도 원료목록 보고에서는 생략할 수 있다.
⑤ 화장품의 제조과정에 사용된 원료의 목록을 보고하려는 책임판매업자는 유통·판매 전에 제출하여야 한다.

6 **화장품책임판매업자가 준수해야 하는 책임판매 후 안전관리기준(화장품법 시행규칙 별표2)에서 정의하는 안전관리 정보가 아닌 것은?**

① 화장품의 품질
② 화장품의 안전성
③ 화장품의 유효성
④ 화장품의 적정 사용을 위한 정보
⑤ 화장품의 안정성

7 **별도의 공지 없이 영상정보처리기기를 설치할 수 있는 경우가 아닌 것은?**

① 범죄예방 이나 수사
② 시설안전 및 화재예방
③ 교통단속 및 교통정보 수집·분석
④ 공공기관의 공청회 설명회 개최
⑤ 건물 출입자 관리

8 **개인정보보호법에서 정의하는 고유식별정보가 아닌 것은?**

① 주민등록번호
② 여권번호
③ 바이오 정보
④ 운전면허번호
⑤ 외국인등록번호

9 **화장품의 충전(filling)공정에서 이루어지는 공정검사로 가장 적절하지 않은 것은?**

① 카톤(단상자) 내입 수량 확인
② 펌프타입 용기의 펌핑테스트
③ 용기누액 시험
④ 사용기한, 제조번호의 표기
⑤ 내용량 검사

10 기능성화장품 심사에 관한 규정에 따르면 이미 심사를 받은 기능성화장품과 그 효능·효과를 나타내게 하는 원료의 종류, 규격 및 분량(액상인 경우 농도), 용법·용량이 동일하고, 착색제, 착향제, 현탁화제, 유화제, 용해보조제, 안정제, 등장제, pH 조절제, 점도조절제, 용제만 다른 품목의 경우에는 안전성, 유효성 또는 기능을 입증하는 자료 제출을 면제한다. 단, 화장품법 시행규칙 제2조 제11호(튼살로 인한 붉은 선을 엷게 하는 데 도움을 주는 화장품)에 해당하는 기능성화장품은 착향제, (㉠)만 다른 경우에 한한다. ㉠에 적합한 단어는?

① 착색제 ② 현탁화제
③ 등장제 ④ 보존제
⑤ pH 조절제

11 W/O 유화제의 HLB(hydrophilic–lipophilic balance)값으로 가장 적당한 것은?

① 5 ② 9 ③ 12
④ 17 ⑤ 40

12 기능성화장품 심사에 관한 규정 별표4에서 고시하고 있는 피부를 곱게 태워주거나 자외선으로부터 피부를 보호하는데 도움을 주는 제품의 성분 중에서 그 함량이 고시되어 있지 않는 것은?

① 테레프탈릴리덴디캠퍼설포닉애씨드액(33%)
② 메칠렌비스–벤조트리아졸릴테트라메칠부틸페놀
③ 테레프탈릴리덴디캠퍼설포닉애씨드 및 그 염류
④ 페닐벤즈이미다졸설포닉애씨드
⑤ 에칠헥실메톡시신나메이트

13 우수화장품 제조 및 품질관리기준(CGMP)에서는 제조는 원료 물질의 (㉠)부터 혼합, 충전(1차포장), 2차포장 및 표시 등의 일련의 작업으로 정의하고 있다. ㉠에 적합한 용어는?

① 칭량 ② 확인 ③ 불출
④ 검사 ⑤ 소분

14 화장품 바코드 표시 및 관리요령에서는 화장품바코드 표시대상품목을 국내에서 제조되거나 수입되어 국내에 유통되는 모든 화장품(기능성화장품 포함)으로 규정하고 있다. 다만 내용량이 10밀리리터(그램) 이하인 제품의 용기 또는 포장이나 견본품, 시공품 등 (㉠)에 대하여는 화장품바코드 표시를 생략할 수 있다. ㉠에 적합한 단어는?

① 시제품 ② 비매품 ③ 판촉품
④ 개발품 ⑤ 완제품

15 화장품 표시광고 실증을 위한 시험방법 가이드라인에 따라 무(無)파라벤 제품임을 실증할 때, 제품에 들어있지 않음을 증명해야 하는 성분에 해당되지 않는 것은?

① 메칠파라벤
② 에칠파라벤
③ 프로필파라벤
④ 부틸파라벤
⑤ 펜틸파라벤

16 다음 중에서 맞춤형화장품으로 판매할 수 없는 화장품은?

① 맞춤형화장품 조제관리사가 영양크림 내용물에 탤크를 혼합한 화장품
② 맞춤형화장품 조제관리사가 영양크림 내용물에 레티놀을 혼합한 화장품
③ 맞춤형화장품 조제관리사가 영양크림 내용물에 착향제를 혼합한 화장품
④ 맞춤형화장품 조제관리사가 영양크림 내용물에 락틱애씨드를 혼합한 화장품
⑤ 맞춤형화장품 조제관리사가 영양크림 내용물에 토코페릴아세테이트를 혼합한 화장품

17 다음 화장품 색소 중에서 천연색소로 분류할 수 없는 것은?

① 파프리카 추출물
② 안토시아닌류
③ 흑색산화철
④ 라이코펜
⑤ 카민류

18 다음 중 일반화장품에서 표시·광고할 수 있는 문구는?

① 모공 노폐물 제거
② 안면리프팅
③ 기미 완화
④ 주름 개선
⑤ 피부 미백

19 화장품 안전기준 등에 관한 규정에서는 세트리모늄클로라이드는 두발용 제품류를 제외한 화장품에 (㉠)%까지 사용하도록 정하고 있다. ㉠에 적합한 숫자는?

① 0.1
② 0.2
③ 0.3
④ 0.6
⑤ 1.0

20 레티놀(비타민 A) 0.6% 함유한 제품의 안정성시험 자료는 최종 제조된 제품의 사용기한이 만료되는 날부터 (㉠)간 보존해야 한다. ㉠에 적합한 단어는?

① 1년
② 2년
③ 3년
④ 4년
⑤ 5년

21 **맞춤형화장품의 판매내역서에 반드시 포함되어야 하는 것이 아닌 것은?**

① 판매일자　　② 판매량
③ 사용기한　　④ 원료 제조번호
⑤ 제조번호

22 **퍼머넌트 웨이브 제품 및 헤어스트레이트너 제품에 대한 사용시의 주의사항으로 옳은 것은?**

① 특이체질, 생리 또는 출산 전후이거나 질환이 있는 사람 등은 사용을 피할 것
② 머리카락의 손상 등을 피하기 위하여 용법·용량을 지켜야 하며, 가능하면 전체에 시험적으로 사용하여 볼 것
③ 섭씨 30도 이하의 어두운 장소에 보존하고, 색이 변하거나 침전된 경우에는 사용하지 말 것
④ 개봉한 제품은 14일 이내에 사용할 것(에어로졸 제품이나 사용 중 공기유입이 차단되는 용기는 표시하지 아니한다)
⑤ 제2단계 퍼머액 중 그 주성분이 과붕산나트륨인 제품은 검은 머리가락이 갈색으로 변할 수 있으므로 유의하여 사용할 것

23 **인체적용제품의 위해성평가 등에 관한 규정에서 정하고 있는 화장품 위해 평가단계의 순서로 적당한 것은?**

① 위험성 확인 – 위험성 결정 – 노출평가 – 위해도 결정
② 노출평가 – 위험성 확인 – 위험성 결정 – 위해도 결정
③ 노출평가 – 위해도 결정 – 위험성 확인 – 위험성 결정
④ 위험성 결정 – 노출평가 – 위해도 결정 – 위험성 확인
⑤ 위험성 확인 – 노출평가 – 위험성 결정 – 위해도 결정

24 **유기농화장품은 천연화장품 및 유기농화장품의 기준에 관한 규정 중 함량계산방법에 따라 계산하였을 때 중량 기준으로 유기농 함량이 전체 제품에서 10% 이상이어야 하며, 유기농 함량을 포함한 천연 함량이 전체 제품에서 (㉠) 이상으로 구성되어야 한다. ㉠에 적당한 것은?**

① 75%　　② 80%　　③ 85%
④ 90%　　⑤ 95%

25 **화장품 표시·광고로 금지되는 표현이 아닌 것은?**

① 모낭충　　② 심신피로 회복
③ 피부 독소 제거　　④ 얼굴 윤곽개선
⑤ 피부 보습

26 기능성화장품 기준 및 시험방법(KFCC)에서 고시한 탈모 증상의 완화에 도움을 주는 기능성화장품 주성분이 아닌 것은?

① 덱스판테놀(dexpanthenol)
② 나이아신아마이드(niacinamide)
③ 징크피리치온(zinc pyrithione)
④ 엘-멘톨(L-menthol)
⑤ 징크피리치온액(50%)(zinc pyrithione solution(50%))

27 화장품법 시행규칙에 따라 화장품 책임판매업자는 영유아 또는 어린이가 사용할 수 있는 화장품임을 표시·광고하려는 경우에는 제품별로 (㉠)(와)과 품질을 입증할 수 있는 자료(제품별 안전성 자료)를 작성 및 사용기한이 만료되는 날로부터 1년간 보관하여야 한다. ㉠에 적합한 단어는?

① 안정　② 안전　③ 효능
④ 효과　⑤ 기능

28 위해화장품의 등급을 분류할 때, 가등급에 해당되는 화장품은?

① 돈태반 유래 물질을 사용한 화장품　② 인태반 유래 물질을 사용한 화장품
③ 양태반 유래 물질을 사용한 화장품　④ 녹농균에 오염된 화장품
⑤ 황색포도상구균에 오염된 화장품

29 다음 중에서 화장품에 사용할 수 있는 성분은?

① 페놀　② 페닐파라벤　③ 헥산
④ 벤젠　⑤ 톨루엔

30 화장품법 시행규칙에서 규정한 안전용기·포장대상 품목이 아닌 것은?

① 아세톤을 함유하는 네일 에나멜 리무버
② 미네랄 오일을 10% 함유하고 운동점도가 21센티스톡스(cst)(섭씨 40도 기준) 이하인 비에멀젼 타입의 액체상태의 어린이용 오일
③ 개별포장당 에칠헥실살리실레이트를 5% 함유하는 액체상태의 제품
④ 미네랄 오일을 10% 함유하는 운동점도가 21센티스톡스(cst)(섭씨 40도 기준) 이하인 비에멀젼 타입의 액체상태의 클렌징 오일
⑤ 아세톤을 함유하는 네일 폴리시 리무버

31 사용기한은 화장품이 제조된 날부터 적절한 보관 상태에서 제품이 고유의 특성을 간직한 채 소비자가 안정적으로 사용할 수 있는 최소한의 기한으로 일반적으로 (㉠)시험을 통해 얻은 결과를 근거로 설정하고 있다. ㉠에 적당한 단어는?

① 안정성 ② 안전성 ③ 유효성
④ 상용성 ⑤ 효과성

32 화장품 제조소에서 곤충, 해충이나 쥐를 막을 수 있는 대책으로 가장 적당하지 않은 것은?

① 벌레가 좋아하는 것을 제거한다.
② 빛이 밖으로 새어나가지 않게 한다.
③ 포획된 곤충, 해충이나 쥐의 숫자를 조사하고 대책을 마련한다.
④ 쥐의 포획을 위해 고양이를 사육한다.
⑤ 주기적으로 제조소 주위를 소독한다.

33 다음 〈보기〉 중에서 화장품책임판매업의 영업범위를 추가, 변경하고자 할 때 변경신고를 하지 않아도 되는 화장품책임판매업자만을 모은 것은?

보기

㉠ 화장품제조업자가 화장품을 직접 제조하여 유통·판매하는 영업을 하는 화장품책임판매업자
㉡ 수입대행형 거래를 목적으로 화장품을 알선·수여(授與)하는 영업을 하는 화장품책임판매업자
㉢ 화장품제조업자에게 위탁하여 제조된 화장품을 유통·판매하는 영업을 하는 화장품책임판매업자
㉣ 수입된 화장품을 유통·판매하는 영업을 하는 화장품책임판매업자

① ㉠㉡ ② ㉠㉣ ③ ㉡㉢
④ ㉡, ㉢, ㉣ ⑤ ㉠, ㉡, ㉣

34 화장품 원료와 자재의 보관관리 방법으로 가장 적당한 것은?

① 보관소의 공간확보를 위해 벽에 가급적 붙여서 보관한다.
② 햇빛이 비치도록 창문은 차광하지 않는다.
③ 바닥에 적재하지 않고 파레트 위에 보관한다.
④ 원료 보관소 온도는 냉장으로 한다.
⑤ 원료는 공간확보를 위해 파레트 위에 여러 로트의 원료를 함께 보관한다.

35 기능성화장품 심사에 관한 규정 별표 4에서 규정하는 피부의 미백에 도움을 주는 성분이 아닌 것은?

① 폴리에톡시레이티드레틴아마이드 ② 알부틴
③ 닥나무추출물 ④ 유용성감초추출물
⑤ 나이아신아마이드

36 화장품법 시행규칙에서 규정하는 회수대상 화장품이 아닌 것은?

① 화장품의 전부 또는 일부가 변패된 화장품
② 개봉 후 사용기간을 위조·변조한 화장품
③ 내용량이 유통화장품 안전관리 기준에 적합하지 않은 제품
④ 이물이 혼입된 화장품으로 보건위생상 위해를 발생할 우려가 있는 화장품
⑤ 용기나 포장이 불량하여 해당 화장품이 보건위생상 위해를 발생할 우려가 있는 것

37 화장품에서 요구되는 사항에 대한 설명으로 부적당한 것은?

① 사용성 : 피부에 대한 사용감(skin feel)이 좋고 흡수가 빨라야 한다.
② 안전성 : 피부에 대한 자극이 적고 알레르기가 없어야 한다.
③ 안정성 : 변색, 변취, 유수상분리, 컬러뭉침 등이 없어야 한다.
④ 효과성 : 여드름, 흉터의 흔적을 제거한다.
⑤ 효과성 : 피부에 보습, 미백, 주름개선의 효과를 준다.

38 맞춤형화장품의 소분에 사용된 아이크림의 사용기한이 2021년 5월 10일 때 맞춤형화장품의 사용기한으로 가장 적당한 것은(단, 소분일은 2020년 1월 3일)?

① 2021년 1월 2일
② 2021년 1월 3일
③ 2021년 5월 9일
④ 2022년 1월 2일
⑤ 2022년 5월 9일

39 고급지방산(fatty acid)에 대한 설명으로 적절하지 않는 것은?

① R-COOH(R : 알킬기, CnH2n+1) 화학식을 가지는 물질이다.
② 고급지방산은 폼클렌징(foam cleansing)에서 가성가리(KOH)와 비누화 반응하는데 사용된다.
③ 지방산이 단일결합(C-C)으로만 되어 있으면 포화(saturated)지방산이다.
④ 불포화 지방산은 이중결합(C=C)을 가지고 있다.
⑤ 라우릭애씨드, 미리스틱애씨드, 팔미틱애씨드, 타타릭애씨드는 고급지방산이다.

40 다음의 화장품 원료 중에서 에스테르 오일이 아닌 것은?

① 세틸에틸헥사노에이트(cetyl ethylhexanoate)
② 마그네슘스테아레이트(magnesium stearate)
③ 아이소프로필팔미테이트(isopropyl palmitate)
④ 세틸팔미테이트(cetyl palmitate)
⑤ C12-15알킬벤조에이트(C12-15 alkylbenzoate)

41 **화장비누에 대한 설명으로 적당하지 않은 것은?**

① 비누 만드는 반응을 비누화(saponification, 검화)라 한다
② 천연비누에는 비누화반응의 생성물인 글리세린도 포함되어 있다.
③.식물성 오일의 지방산과 가성소다(NaOH)를 반응시켜 비누를 제조한다.
④ 천연비누는 제조방법에 따라 MP, CP, HP비누로 분류할 수 있다.
⑤ 가성가리(KOH) 비누가 가성소다 비누보다 더 단단하다.

42 **화장품 안전기준 등에 관한 규정에서 정하고 있는 다음의 시험법 중에서 사용되는 지시약이 전분시액이 아닌 것은?**

① 치오글라이콜릭애씨드를 주성분으로 하는 냉2욕식 퍼머넌트웨이브 제1제 알칼리 시험
② 치오글라이콜릭애씨드를 주성분으로 하는 냉2욕식 퍼머넌트웨이브 제1제 산성에서 끓인 후의 환원성 물질
③ 치오글라이콜릭애씨드를 주성분으로 하는 냉2욕식 퍼머넌트웨이브 제1제 환원후의 환원성 물질
④ 치오글라이콜릭애씨드를 주성분으로 하는 냉2욕식 퍼머넌트웨이브 제2제 산화력
⑤ 치오글라이콜릭애씨드를 주성분으로 하는 제1제 사용 시 조제하는 발열2욕식 퍼머넌트웨이브용 제1제의 2의 과산화수소

43 **기능성화장품 심사에 관한 규정에서 정하고 있는 자외선 차단성분의 사용한도로 옳은 것은?**

① 에칠헥실메톡시신나메이트 8.5%
② 벤조페논-3(옥시벤존) 6%
③ 옥토크릴렌 10%
④ 티타늄디옥사이드 20%
⑤ 에칠헥실살리실레이트 7.5%

44 **퍼머넌트웨이브용 제품으로 펌을 할 때 절단되었다가 다시 연결되는 모발의 결합만을 모은 것은?**

① 수소 결합, 펩티드 결합, 염 결합
② 수소 결합, 시스틴 결합, 염 결합
③ 수소 결합, 시스틴 결합, 펩티드 결합
④ 시스틴 결합, 펩티드 결합, 염 결합
⑤ 수소 결합, 시스틴 결합, 산 결합

45 **맞춤형화장품판매업자가 해야 하는 일에 대한 설명으로 적당하지 않은 것은?**

① 혼합·소분의 안전을 위해 식품의약품안전처장이 정하여 고시하는 사항을 준수한다.
② 맞춤형화장품 사용과 관련된 부작용 발생사례에 대해서는 지체 없이 화장품책임판매업자에게 보고한다.
③ 맞춤형화장품 판매 시 해당 맞춤형화장품의 혼합 또는 소분에 사용되는 내용물 및 원료, 사용 시의 주의사항에 대하여 소비자에게 설명한다.
④ 혼합·소분에 사용되는 장비 또는 기구 등은 사용 전에 그 위생 상태를 점검한다.
⑤ 맞춤형화장품 판매내역을 기록하고 유지한다.

46 **(㉠)차 포장은 화장품 제조 시 내용물과 직접 접촉하는 포장용기이며, 2차 포장은 (㉡)차 포장을 수용하는 (㉢)개 또는 그 이상의 포장과 보호재 및 표시의 목적으로 한 포장(첨부문서 등을 포함)이다. ㉠, ㉡, ㉢에 적합한 숫자의 합은?**

① 3 ② 4 ③ 5
④ 6 ⑤ 7

47 **식품의약품안전평가원으로부터 심사를 받거나 식품의약품안전평가원에 보고를 해야 제조할 수 있는 화장품이 아닌 것은?**

① 피부에 영양성분을 공급 해주는 화장품
② 피부에 침착된 멜라닌색소의 색을 엷게 하여 피부의 미백에 도움을 주는 기능을 가진 화장품
③ 여드름성 피부를 완화하는 데 도움을 주는 인체세정용 화장품.
④ 영구적으로 모발의 색상을 변화시키는 화장품
⑤ 튼살로 인한 붉은 선을 엷게 하는 데 도움을 주는 화장품

48 **기능성화장품의 심사를 위해 제출해야 하는 안전성, 유효성 또는 기능을 입증하는 자료가 아닌 것은?**

① 기원 및 개발 경위에 관한 자료
② 내수성자외선차단지수(SPF, 내수성 또는 지속내수성)설정의 근거자료(자외선차단제품에 한함)
③ 유효성 또는 기능에 관한 자료
④ 자외선A 차단등급(PA) 설정의 근거자료(자외선차단제품에 한함)
⑤ 안정성에 관한 자료

49 보기는 스키로션의 처방이다. 이 처방을 기준으로 전성분을 표시할 때 1부 틸렌글라이콜은 어떤 성분이 되어야 하는가? 단, 마치현추출물은 혼합원료로 마치현추출물, 부틸렌글라이콜, 1.2-핵산다이올이 90%, 8%. 2% 조성으로 혼합되어 있다.

보기

- 정제수 65.0g
- 마치현추출물 20.0g
- 글리세린 10.0g
- 폴리솔베이트 20 0.5g
- 에틸알코올 1.5g
- 베타인 2.0g
- 소듐벤조에이트 0.5g
- 포타슘소르베이트 0.2g
- 토콜페릴아세테이트 0.1g
- 쟈스민향 0.2g

① 베타인
② 에틸알코올
③ 마치연추출물
④ 글리세린
⑤ 소듐벤조에이트

50 〈보기〉에 있는 화장품 성분들 중에서 함량순서에 상관 없이 표시할 수 있는 성분이 아닌 것은?

보기

- 정제수 87.4%
- 에틸알코올 5.0%
- 병풀추출물 4.0%
- 글리세린 1.2%
- 재스민향 1.0%
- 토코페릴아세테이트 0.6%
- 폴리솔베이트20 0.5%
- 적색 227호 0.2%
- 황색 5호 0.1%

① 글리세린
② 재스민향
③ 토코페릴아세테이트
④ 폴리솔베이트 20
⑤ 적색 227호

51 피부의 가장 바깥 쪽에 존재하는 각질층의 표피를 (㉠)(이)라 한다. ㉠에 적합한 단어는?

① 피부장벽
② 피부외벽
③ 피부내벽
④ 세포간지질
⑤ 세포외지질

52 다음 계면활성제의 친수부의 대전(帶電) 여부에 따라 분류할 때 그 종류가 다른 하나는?

① 폴리솔베이트20
② 글리세릴모노스테아레이트
③ 피이지-60하이드로제네이티드캐스터오일,
④ 소듐라우레스설페이트
⑤ 솔비탄아이소스테아레이트

53 유통화장품 안전관리 기준에 따른 내용량 시험기준이 다음과 같을 때 (　　)안에 차례로 들어갈 숫자로 옳은 것은?

> **보기**
> - 제품 3개를 가지고 시험할 때 그 평균 내용량이 표기량에 대하여 (　　)% 이상(다만, 화장비누의 경우 건조중량을 내용량으로 한다)이어야 한다.
> - 기준치를 벗어날 경우에는 6개를 더 취하여 시험할 때 9개의 평균 내용량이 (　　)% 이상이어야 한다.

① 100, 100
② 97, 100
③ 97, 97
④ 97, 95
⑤ 95, 95

54 기능성화장품 심사에 관한 규정에 따라 자외선A 차단등급(PA)이 PA+++가 되기 위한 자외선 A 차단지수(PFA)로 적당한 것은?

① 6
② 7
③ 8
④ 16
⑤ 17

55 다음 중 화장품법 시행규칙에 따라 기능성화장품으로 분류되지 않는 것은?

① 피부장벽의 기능을 회복하여 가려움 등의 개선에 도움을 주는 화장품
② 체모를 제거하는 기능을 가진 화장품
③ 탈모 증상의 완화에 도움을 주는 화장품
④ 튼살로 인한 붉은 선을 엷게 하는 데 도움을 주는 화장품
⑤ 아토피성 피부로 인한 건조함 등을 완화하는 데 도움을 주는 화장품

56 ㈜지에스씨티는 ㈜지에스씨티에서 판매하는 손세정제에 "항균"이라는 문구를 표시·광고하고 있다. 만약 식품의약품안전처장이 표시·광고와 관련하여 실증자료를 요청할 때, 15일 이내로 식품의약품안전처장에서 제출해야 하는 실증자료는?

① 인체 적용 시험자료
② 인체 외 시험자료
③ 생체 외 시험자료
④ 안전성 시험자료
⑤ 유효성 시험자료

57 양도·양수에 의해 맞춤형화장품판매업자를 변경할 때 양도인은 최근 (㉠) 이내에 화장품법 제24조와 같은 법 시행규칙 제29조 및 별표 7에 따라 행정처분을 받았다는 사실, 행정처분의 절차가 진행 중이라는 사실 또는 최근 (㉠) 이내에 행정처분을 받은 사실이 없다는 사실을 양수인에게 알려야 한다. ㉠에 적합한 단어는?

① 6개월
② 1년
③ 18개월
④ 2년
⑤ 3년

58 실온(1~30℃)에서 화장품 원료의 성상에 대한 설명으로 적당하지 않은 것은?

① 소듐하이알루로네이트(sodium hyaluronate) : 불투명한 점조성 액상
② 알파 비사보롤(alpha bisabolol) : 투명한 점조성 액상
③ 아데노신(adenosine) : 흰색의 분말상
④ 토코페릴아세테이드(tocopheryl acetatc) : 투명한 점조성 액상
⑤ 디엘-판테놀(DL-panthenol) : 흰색의 분말상

59 탈색제에 대한 설명으로 적절하지 않은 것은?

① 탈색제는 모발을 탈색(bleaching)시켜 모발의 색상을 밝게 해준다.
② 탈색제는 1제(탈색제)와 2제(산화제)로 구성되어 있다.
③ 탈색제는 모발 내의 멜라닌(melanin)을 산화시킨다.
④ 탈색제의 1제에는 과황산칼륨, 과황산암모늄, 과탄산나트륨가 주요성분이다.
⑤ 탈색제의 2제에는 과산화수소가 주요성분이다.

60 우수화장품 제조 및 품질관리기준 제11조에서는 입고관리에 대하여 규정하고 있다. 이 규정에 따라 원자재 용기에 제조번호가 없는 경우에는 (㉠)을(를) 부여하여 보관하여야 한다. ㉠에 적합한 단어는?

① 시험번호
② 시험의뢰번호
③ 관리번호
④ 로트번호
⑤ 뱃치번호

61 (㉠)은(는) 접촉면에서 바람직하지 않은 오염 물질을 제거하기 위해 사용하는 화학물질 또는 이들의 혼합액이며 (㉡)은(는) 병원 미생물을 사멸시키기 위해 인체의 피부, 점막의 표면이나 기구, 환경의 소독을 목적으로 사용하는 화학 물질의 총칭으로, 기구 등에 부착한 균에 대해 사용하는 약제를 말한다. ㉠, ㉡에 적합한 단어는?

① 세척제, 소독제
② 세정제, 소독제
③ 소독제, 세척제
④ 소독제, 세정제
⑤ 세척제, 멸균제

62 천연화장품 및 유기농화장품의 기준에 관한 규정에 따라 천연화장품 및 유기농화장품에서 사용할 수 있는 합성보존제가 아닌 것은?

① 벤조익애씨드
② 벤질알코올
③ 살리실릭애씨드
④ 소르빅애씨드
⑤ 페녹시에탄올

63 피부 장벽기능을 평가할 때 사용될 수 있는 피부 측정값 중에서 기기평가를 통해 얻을 수 있는 수치로 가장 적당한 것은?

① 피부각질(scale)량
② 유분(sebum)량
③ 피부거칠기(softness)
④ 가려움 평가
⑤ 경피수분손실(TEWL ; transepidermal water loss)량

64 다음의 화장품 중에서 맞춤형화장품에 해당되지 않은 것은?

① 제조된 고형비누를 소분한 화장품
② 제조된 화장품의 내용물을 소분한 화장품
③ 수입된 화장품의 내용물을 소분한 화장품
④ 제조된 화장품의 내용물에 다른 화장품의 내용물을 혼합한 화장품
⑤ 수입된 화장품의 내용물에 다른 화장품의 내용물을 혼합한 화장품

65 다음의 화장품 원료 중에서 W/O(water in oil)타입 파우데이션에서 외상인 유상(oil phase)의 점도를 높이는데 사용할 수 있는 원료로 적당하지 않은 것은?

① 파라핀 왁스
② 마이크로크리스탈린 왁스
③ 잔탄검
④ 벤토나이트
⑤ 헥토라이트

66 화장품 안전기준 등에 관한 규정에서 정하고 있는 맞춤형화장품에 사용 가능한 원료에 대한 설명이 〈보기〉에 있다. ㉠에 적합한 단어는?

> **보기**
>
> 다음 각 호의 원료를 제외한 원료는 맞춤형화장품 에 사용할 수 있다.
> 1. 화장품 안전기준 등에 관한 규정 별표 1의 화장품에 사용할 수 없는 원료
> 2. 화장품 안전기준 등에 관한 규정 별표 2의 화장품에 사용상의 (㉠)이(가) 필요한 원료
> 3. 식품의약품안전처장이 고시한 기능성화장품의 효능·효과를 나타내는 원료(다만, 맞춤형화장품판매업자에게 원료를 공급하는 화장품책임판매업자가 「화장품법」 제4조에 따라 해당 원료를 포함하여 기능성화장품에 대한 심사를 받거나 보고서를 제출한 경우는 제외한다)

① 한도 ② 제한 ③ 주의
④ 보고 ⑤ 심사

67 맞춤형화장품의 사용방법에 대한 설명으로 적절하지 않은 것은?

① 맞춤형화장품 사용 시에는 깨끗한 손으로 사용한다.
② 사용 후 항상 뚜껑을 바르게 닫는다.
③ 피부타입이 동일한 여러 사람이 함께 맞춤형화장품을 사용한다.
④ 맞춤형화장품은 직사광선을 피하여 서늘한 곳에 보관한다.
⑤ 사용기한 내에 맞춤형화장품을 사용한다.

68 맞춤형화장품판매업자의 준수사항에 맞는 혼합·소분 활동에 대한 설명으로 가장 적절하지 않은 것은?

① 원료 및 내용물은 가능한 품질에 영향을 미치지 않는 장소에 보관한다.
② 사용기한이 경과한 원료 및 내용물은 조제에 사용하지 않도록 관리한다.
③ 혼합·소분 후 사용된 내용물에 대한 품질관리를 실시한다.
④ 피부 외상이나 질병이 있는 맞춤형화장품 조제관리사는 회복 전까지 혼합·소분 행위를 하지 말아야 한다.
⑤ 혼합·소분에 사용되는 시설·기구 등은 사용 전후(前後)에 세척한다.

69 다음의 화장품 원료 중에서 해초(海草)에서 유래된 점증제가 아닌 것은?

① 알진(algin) ② 알지네이트(alginate)
③ 아가검(agar gum) ④ 카라기난(carrageenan)
⑤ 로커스트빈검(locust bean gum)

70 다음의 향수 중에서 향 지속력이 가장 짧은 것은?

① 오데코롱 Eau de cologne
② 오데퍼퓸 Eau de parfum
③ 샤워코롱 Shower colonge
④ 오데투알렛 Eau de toilette
⑤ 퍼퓸 Perfume, parfum

71 "히즈스토리 에멀젼 로션"에 대한 보관용 검체의 보관기한으로 적당한 것은? 단 이 제품의 표시사항은 아래와 같다.

보기

〈표시사항〉
- 제품명 : 히즈스토리 에멀젼 로션
- 제조번호 : 20A001
- 개봉 후 사용기간 : 12개월
- 제조연월일 : 2020년 1월 8일
- 책임판매업자 : ㈜지에스씨티

① 2025년 1월 7일
② 2024년 1월 7일
③ 2023년 1월 7일
④ 2022년 1월 7일
⑤ 2021년 1월 7일

72 진피에 존재하는 망상층에 대한 설명으로 적절하지 않은 것은?

① 교원섬유와 탄력섬유가 존재한다.
② 수분을 끌어당기는 초질(하이알루로닉애씨드)이 존재한다.
③ 대한선(apocrine gland)과 소한선(eccrine gland, sweat gland)이 존재한다.
④ 교원섬유와 탄력섬유를 생산하는 섬유아세포(fibroblast) 존재한다.
⑤ 메르켈세포(Merkel cell) 존재하여 감각을 인지한다.

73 〈보기〉는 모발의 구조에 대한 설명이다. ㉠에 공통으로 적합한 단어는?

보기

- 모발의 안쪽에는 모발 무게에 대부분을 차지하는 모피질과 (㉠)이(가) 있으며 모피질에는 피질세포(cortical cell), 케라틴(keratin), 멜라닌(melanin)이 존재한다.
- 모발은 모근과 모간으로 분리되며 모근에는 모유두(papilla), 모모세포(毛母細胞), 색소세포(멜라닌), 모세혈관이 있는 모구(hair bulb)가 위치하고 있다. 모간은 모피질과 (㉠)(으)로 구성된다.

① 모수질
② 큐티클
③ 엔도큐티클
④ 모표피
⑤ 모간세포

74 **모발의 성장주기로 적당한 것은?**

① 성장기(anagen) → 휴지기(telogen) → 퇴행기(catagen)
② 퇴행기(catagen) → 성장기(anagen) → 휴지기(telogen)
③ 성장기(anagen) → 퇴행기(catagen) → 휴지기(telogen)
④ 휴지기(telogen) → 성장기(anagen) → 퇴행기(catagen)
⑤ 퇴행기(catagen) → 휴지기(telogen) → 성장기(anagen)

75 **일반적인 향수의 구비요건으로 적당하지 않은 것은?**

① 향의 특징이 있을 것
② 향의 확산성이 없을 것
③ 향의 지속성이 있을 것
④ 시대 유행에 맞는 향일 것
⑤ 탑노트, 미들노트, 베이스노트의 조합이 잘 이루어질 것

76 **다음 중 피부에 대한 설명으로 가장 적당하지 않는 것은?**

① 신체기관 중에서 두 번째로 큰 기관이다.
② 총면적이 성인기준으로 1.5 ~ 2.0m2이다
③ 물, 단백질, 지질, 탄수화물, 비타민, 미네랄 등으로 구성되어 있다.
④ 피부 속으로 들어갈수록 pH는 중성에 더 가깝다.
⑤ 표피, 진피, 피하지방, 혈관 등으로 구성되어 있다.
해설] 신체기관 중에서 가장 큰 기관이다.

77 **맞춤형화장품 판매업소로 신고할 수 있는 건축물에 해당되지 않는 것은?**

① 1종 근린생활시설
② 2종 근린생활시설
③ 판매시설
④ 공장시설
⑤ 업무시설

78 **기능성화장품의 효능효과를 나타내는 성분인 닥나무추출물(Broussonetia Extract)은 닥나무 Broussonetia kazinoki 및 동속식물(뽕나무과 Moraceae)의 줄기 또는 뿌리를 에탄올 및 에칠 아세테이트로 추출하여 얻은 가루 또는 그 가루의 2w/v% 부틸렌글리콜 용액이다. 이 원료에 대하여 기능성 시험을 할 때 (㉠) 억제율은 48.5~84.1% 이다. ㉠에 적합한 단어는?**

① 타이로시네이즈(타이로시나제)
② 엘라스타네
③ 콜라게나제
④ 다이제스타제
⑤ 엔자임

79 사춘기에 주로 발생하는 여드름 중에서 염증성 여드름이 아닌 것은?

① 구진(papule)
② 농포(pustule)
③ 면포(comedo)
④ 결절(nodule)
⑤ 뾰루지

80 다음 중 땀의 구성성분으로 적당하지 않는 것은?

① 크레아틴(creatine)
② 암모니아(ammonium)
③ 아미노산(amino acid)
④ 타타릭애씨드(tartaric acid)
⑤ 소금(salt)

81 "변질부패"에 대한 분쟁이 발생하였을 때 공정거래위원회에서 고시한 소비자분쟁해결기준에서 정하고 있는 해결기준은 무엇인지 모두 작성하시오.

82 다음 〈보기〉에서 ㉠에 공통으로 적합한 용어를 작성하시오.

> **보기**
> 화장품책임판매업자는 다음의 업무를 책임판매관리자에게 수행하도록 해야 한다.
> 가. 안전확보 조치계획을 적정하게 평가하여 안전확보 조치를 결정하고 이를 기록·보관할 것
> 나. 안전확보 조치를 수행할 경우 (㉠)(으)로 지시하고 이를 보관할 것
> 다. 안전확보 조치를 실시하고 그 결과를 화장품책임판매업자에게 (㉠)(으)로 보고한 후 보관할 것

83 맞춤형화장품은 고객 개인별 피부특성 및 취향에 따라 맞춤형화장품판매장에서 맞춤형화장품조제관리사가 제조 또는 수입된 화장품의 (㉠)에 다른 화장품의 (㉠)(이)나 식품의약품안전처장이 정하는 원료를 추가하여 혼합한 화장품이다. 또는 제조 또는 수입된 화장품의 (㉠)을(를) 소분(小分)한 화장품이다. ㉠에 공통으로 적합한 단어를 작성하시오.

84 〈보기〉에서 설명하는 화장품 원료를 작성하시오.

> **보기**
> - 무색의 휘발성이 있는 맑은 액으로 특이한 냄새 및 쏘는 듯한 맛이 있다.
> - 분자량은 46.07이고 화학식은 C_2H_6O이다.
> - 수렴제, 소독제, 용제로 사용된다.

85 계면활성제는 한 분자 내에 친수부(hydrophilic portion, head)와 친유부(hydrophobic portion, tail)를 가지는 물질로 섞이지 않는 두 물질의 계면에 작용하여 계면장력을 낮추어 두 물질이 섞이도록 한다. 계면활성제는 물에 녹았을 때 친수부의 대전여부에 따라 친수부가 (+)전하를 띄면 양이온 계면활성제, (−)전하를 띄면 음이온 계면활성제, 전하를 띄지 않으면 비이온 계면활성제, pH에 따라 전하가 변하는 (㉠) 계면활성제로 분류한다. ㉠에 적합한 단어를 작성하시오.

86 〈보기〉에 해당하는 화장품의 1차 포장 또는 2차 포장에는 화장품의 명칭, 화장품책임판매업자의 상호, 가격, 제조번호와 사용기한 또는 개봉 후 사용기간(개봉 후 사용기간을 기재할 경우에는 제조연월일을 병행 표기하여야 한다)만을 기재·표시할 수 있다. ㉠에 적합한 단어를 작성하시오.

> **보기**
> - 내용량이 (㉠)밀리리터 이하 또는 (㉠)그램 이하인 화장품
> - 판매의 목적이 아닌 제품의 선택 등을 위하여 미리 소비자가 시험·사용하도록 제조 또는 수입된 화장품 : 가격대신에 견본품 이나 비매품으로 표시함.

87 〈보기〉의 화장품 처방에서 사용된 계면활성제의 전체 함량은 몇 % 인가?

> **보기**
> - 정제수 79.50%
> - 스쿠알란 3.00%
> - 세틸알코올 2.50%
> - 폴리솔베이트20 1.50%
> - 트로메타민 0.20%
> - 카보머 0.20%
> - 아프리코트커넬오일 5.00%
> - 글리세린 5.00%
> - 1,2-헥산다이올 2.00%
> - 솔비탄이소스테아레이트 0.50%
> - 페녹시에탄올 0.50%
> - 토코페릴아세테이트 0.10%

88 (㉠)은(는) 눈썹, 눈썹 아래쪽 피부, 눈꺼풀, 속눈썹 및 눈(안구, 결막낭, 윤문상 조직을 포함한다)을 둘러싼 뼈의 능선 주위를 말한다. ㉠에 적합한 단어를 작성하시오.

89 아래의 자외선 A 차단지수(PFA) 인체적용시험결과를 이용하여 피험자 LKY002의 자외선 A 차단등급을 계산하시오.

No.	피험자	성별	나이	Fitzpatrick 피부타입	MPPDu(J/㎠) 무도포	MPPDp(J/㎠) 도포
1	LKY001	여	45	II	13.7	109.2
2	LKY002	여	43	III	12.0	120.0
3	LKY003	여	42	III	13.7	109.2
4	LKY004	여	41	III	13.7	136.4
5	LKY005	여	48	II	15.0	150.0
6	LKY006	여	42	II	13.7	109.2
7	LKY007	여	46	II	13.7	109.2
8	LKY008	여	33	III	13.7	109.2
9	LKY009	여	40	II	13.7	109.2
10	LKY010	여	39	III	10.0	110.0

90 (㉠)은(는) 글리세린 구조에 두 개의 지방산이 결합되어 친유부를 이루고 있고 포스파티딜콜린(phosphatidylcholine)이 친수부를 이루고 있다. 대두(soybean)와 계란 노른자(egg yolk)에서 추출하며 천연 계면활성제로 분류되는데 리포좀(liposome)을 만들 때 주로 사용되며 피부컨디셔닝제로 사용되기도 한다. ㉠에 적합한 단어를 작성하시오.

91 조향할 때 (㉠)노트는 마지막에 은은히 남는 향으로 지속력은 3시간 이상이고 머스크, 우디, 파우더리 향취가 주로 사용된다. 향 중에서 (㉠)노트는 40~55%로 구성된다. ㉠에 적합한 단어를 작성하시오.

92 위해화장품의 회수기한은 위해성 등급이 가등급인 화장품은 회수를 시작한 날부터 (㉠)일 이내이고, 위해성 등급이 나등급인 화장품은 회수를 시작한 날부터 (㉡)일 이내이며, 다등급인 화장품은 회수를 시작한 날부터 (㉢)일 이내이다. ㉠, ㉡, ㉢의 적합한 숫자들의 합을 작성하시오.

93 〈보기〉의 화장품 원료 중에서 사용한도가 없는 원료를 모두 고르시오.

보기
우레아, 이미다졸리디닐우레아, 징크옥사이드, 티타늄디옥사이드, 크로뮴옥사이드그린, 마이카

94 〈보기〉는 화장품 미생물한도시험 전에 시험재료 및 시험방법을 신뢰할 수 있는지 미리 검증하는 시험법 적합성 시험결과이다. 이 결과를 통해 회수율을 계산하고 회수율을 통해 시험법이 적합인지 부적합인지 판정하시오(CFU: colony forming unit).

보기
• 검액에서 회수한 균수 : 25CFU • 대조액에서 회수한 균수 : 100CFU

95 모발의 주성분인 케라틴에는 디설파이드 결합(disulfide bond, S-S 결합)을 가지고 있는 시스틴(cystine)이 있는데 이 디설파이드 결합을 환원, 산화시켜서 모발의 웨이브(wave)를 형성한다. 시스틴은 (㉠) 2 분자가 디설파이드결합으로 연결되어 있다. ㉠에 적합한 단어를 작성하시오.

96 〈보기〉의 ㉠에 공통으로 적합한 단어를 작성하시오.

보기

- (㉠)또는 뱃치(batch)란 하나의 공정이나 일련의 공정으로 제조되어 균질성을 갖는 화장품의 일정한 분량을 말한다.
- 제조번호 또는 뱃치번호란 일정한 (㉠)분에 대하여 제조관리 및 출하에 관한 모든 사항을 확인할 수 있도록 표시된 번호로서 숫자·문자·기호 또는 이들의 특정적인 조합을 말한다.

97 "히즈스토리 에멀전 모든피부용"에 대한 보관용 검체의 보관기한을 작성하시오. 단 이 제품의 표시사항은 아래와 같다.

보기

〈표시사항〉

- 제품명 : 히즈스토리 에멀전 모든피부용
- 제조번호 : 19C001
- 개봉 후 사용기간 : 12개월
- 제조연월일 : 2019년 3월 3일
- 책임판매업자: ㈜지에스씨티

98 〈보기〉 중에서 어린이 사용 화장품임을 광고할 수 있는 매체 또는 수단을 모두 고르시오.

보기

㉠ 신문 · 방송 또는 잡지
㉡ 전단 · 팸플릿 · 견본 또는 입장권
㉢ 인터넷 또는 컴퓨터통신
㉣ 포스터 · 간판 · 네온사인 · 애드벌룬 또는 전광판
㉤ 비디오물 · 음반 · 서적 · 간행물 · 영화 또는 연극
㉥ 방문광고 또는 실연(實演)에 의한 광고

99 다음 〈보기〉에서 ㉠에 적합한 단어를 적으시오.

보기

(㉠)는(은) 물에 녹지 않는 물질을 계면활성제(surfactant)를 사용하여 미셀(micelles) 안에 녹이는 것으로 (㉠)에 의해 생성되는 투명 혹은 반투명의 매우 작은 에멀젼을 마이크로에멀젼(microemulsion)이라 한다.

100 〈보기〉에서 설명하는 특징을 가진 피부층을 기재하시오.

보기

- 표피에 존재하는 피부층이다.
- 대부분의 멜라닌형성세포(melanocyte)와 각질형성세포(keratinocyte)가 이 피부층에 존재한다.
- 감각을 인지하는 메르켈세포(Merkel cell)가 이 피부층에 존재한다.
- 진피의 유두층으로부터 영양을 공급받는다.

3회 실전 모의고사

※QR코드를 스캔하면 선다형 문제만 모바일 모의고사 서비스가 제공됩니다.

1 화장품을 수입하는 화장품 책임판매업자가 작성·보관해야 하는 수입관리기록서에 포함되어야 하는 사항이 아닌 것은?

① 제조번호별 수입연월일 및 수입량
② 제조번호별 품질검사 연월일 및 결과
③ 제조국, 제조회사명 및 제조회사의 소재지
④ 원료성분의 규격 및 함량
⑤ 표준통관예정보고서

2 다음 중 1차 위반 시, 시정명령의 대상이 아닌 것은?

① 화장품책임판매업자의 변경을 하지 않은 경우
② 화장품제조업자의 상호를 변경하지 않은 경우
③ 실제 내용량이 표시된 내용량의 90퍼센트인 화장품을 유통한 경우
④ 맞춤형화장품 조제관리사를 변경하지 않은 경우
⑤ 판매업무정지기간 중에 판매업무를 한 경우

3 영유아 또는 어린이 사용 화장품에 대한 안전성 자료의 작성 및 보관에 대한 설명으로 적당하지 않은 것은?

① 안전성 자료는 제품 및 제조방법에 대한 설명자료, 화장품의 안정성 평가 자료, 제품의 효능·효과에 대한 증명자료이다.
② 제품별로 작성한 안전성 자료는 인쇄본 또는 전자매체를 이용하여 안전하게 보관해야 한다.
③ 안전성 자료는 권한을 가진 사람의 승인을 받아야 한다.
④ 안전성 자료는 전자문서 및 전자결재를 통한 승인이 가능하다.
⑤ 제품별 안전성 자료는 최종 제조·수입된 제품의 사용기한이 만료되는 날부터 1년간 보관하여야 한다.

4 다음 〈보기〉는 화장품법의 입법취지를 설명하는 화장품법 제1조이다. ㉠에 적합한 용어를 고르시오.

> **보기**
> 제1조(목적) 화장품법은 화장품의 제조·수입·판매 및 (㉠) 등에 관한 사항을 규정함으로써 국민보건 향상과 화장품 산업의 발전에 기여함을 목적으로 한다.

① 생산　② 유통　③ 수출
④ 회수　⑤ 물류

5 **식품의약품안전평가원에 보고만으로 생산할 수 있는 기능성화장품이 아닌 것은?**

① 레티놀 크림제
② 레티닐팔미테이트 크림제
③ 아데노신 크림제
④ 폴리에톡시레이티드레틴아마이드 크림제
⑤ 유용성 감초추출물 크림제

6 **화장품의 안정성시험 자료를 최종 제조된 제품의 사용기한이 만료되는 날부터 1년간 보존해야 하는 제품은?**

① 아스코빅애씨드(비타민C) 0.5%를 포함한 화장품
② 에칠아스코빌에텔 0.3%를 포함한 화장품
③ 토코페롤(비타민E) 0.3%를 포함한 화장품
④ 세라마이드 0.5%를 포함한 화장품
⑤ 플라센타효소(placental enzymes) 0.3%를 포함한 화장품

7 **㈜지에스씨티는 화장품책임판매업자로 "베이비 로션"을 판매하고 있는데 베이비 로션에 대한 안전성 자료를 작성·보관하고 있지 않다가 최초로 적발되었다. 이에 대한 행정처분으로 적당한 것은?**

① 해당품목 판매업무정지 1개월
② 해당품목 판매업무정지 2개월
③ 해당품목 판매업무정지 3개월
④ 해당품목 판매업무정지 4개월
⑤ 해당품목 판매업무정지 6개월

8 **우수화장품 제조 및 품질관리기준(CGMP)에서는 (㉠)은(는) 대상물의 표면에 있는 바람직하지 못한 미생물 등 오염물을 감소시키기 위해 시행되는 작업으로 정의하고 있다. ㉠에 적합한 용어는?**

① 멸균관리
② 세척관리
③ 제조관리
④ 품질관리
⑤ 위생관리

9 **우수화장품 제조 및 품질관리기준(CGMP)에서는 (㉠)은(는) 원료 물질의 칭량부터 혼합, 충전(1차포장), 2차포장 및 표시 등의 일련의 작업으로 정의하고 있다. ㉠에 적합한 용어는?**

① 생산
② 포장
③ 가공
④ 제조
⑤ 공정

10 손 세정제에 알레르기를 유발하는 물질인 시트랄이 0.02%가 포함되어 있었는데 시트랄이 전성분 표시에서 누락되어 손 세정제가 유통되었을 때 행정처분으로 적당한 것은(단 1차 위반 시)?

① 시정명령
② 해당 품목 판매업무정지 15일
③ 해당 품목 판매업무정지 1개월
④ 해당 품목 판매업무정지 3개월
⑤ 해당 품목 판매업무정지 6개월

11 화장품책임판매업자가 준수해야 하는 책임판매 후 안전관리기준(화장품법 시행규칙 별표2)에서 정의하는 안전관리 정보가 아닌 것은?

① 화장품의 품질
② 화장품의 안전성
③ 화장품의 유효성
④ 화장품의 적정 사용을 위한 정보
⑤ 화장품의 성분 및 그 함량

12 화장품법 16조에 따라 보관 또는 진열할 수 있는 화장품에 해당되는 것은?

① 화장품 제조업 등록을 하지 아니한 자가 제조한 화장품
② 화장품 책임판매업 등록을 하지 아니한 자가 수입하여 유통·판매한 화장품
③ 맞춤형화장품 판매업 신고를 하지 아니한 자가 판매한 맞춤형화장품
④ 맞춤형화장품 조제관리사를 두지 아니하고 판매한 맞춤형화장품
⑤ 판매의 목적이 아닌 제품의 홍보·판매촉진 등을 위하여 미리 소비자가 시험·사용하도록 제조된 화장품

13 화장품법 15조에 따라 판매하거나 판매할 목적으로 제조·수입·보관 또는 진열할 수 있는 화장품에 해당되는 것은?

① 일부가 변패된 샴푸
② 이물이 혼입되었거나 부착된 샴푸
③ 천수국꽃 추출물 0.1%을 사용한 샴푸
④ 용기나 포장이 불량하여 보건위생상 위해를 발생할 우려가 있는 샴푸
⑤ 만수국꽃 추출물 0.1% 사용한 샴푸

14 **화장품법 시행규칙에서 정하고 있는 침적마스크(마스크팩)에 대한 사용시의 주의 사항으로 적당하지 않은 것은?**

① 상처가 있는 부위 등에는 사용을 자제할 것
② 어린이의 손이 닿지 않는 곳에 보관할 것
③ 눈 주위를 피하여 사용할 것
④ 직사광선을 피해서 보관할 것
⑤ 눈에 들어갔을 때에는 즉시 씻어낼 것

15 **화장품법 시행규칙에서 정하고 있는 모든 화장품에 적용되는 공통적인 주의사항이 아닌 것은?**

① 상처가 있는 부위 등에는 사용을 자제할 것
② 어린이의 손이 닿지 않는 곳에 보관할 것
③ 직사광선을 피해서 보관할 것
④ 정해진 용법과 용량을 잘 지켜 사용할 것
⑤ 화장품 사용 시 또는 사용 후 직사광선에 의하여 사용부위가 붉은 반점, 부어오름 또는 가려움증 등의 이상 증상이나 부작용이 있는 경우 전문의 등과 상담할 것

16 **화장품에 대한 총호기성 생균수 시험결과가 적합인 경우는?**

① 물휴지 : 세균 90개/g, 진균 110개/g
② 영양크림 : 총호기성 생균수 1,000개/g
③ 화장수 : 총호기성 생균수 2,000개/g
④ 마스카라 : 총호기성 생균수 600개/g
⑤ 어린이용 로션 : 총호기성 생균수 600개/g

17 **〈보기〉의 화장품 처방으로 제조된 화장품의 전성분 표시의 순서로 적당한 것은?**

보기

[수상파트 원료]

- 정제수 90.0%
- 글리세린 5.0%
- 청색1호 0.1%
- 소듐피씨에이 1.2%

[유상파트 원료]

- 에탄올 3.0%
- 피이지-60하이드로제네이티드캐스터오일 0.3%
- 토코페릴아세테이트 0.3%
- 착향제 0.1%

① 정제수, 글리세린, 소듐피씨에이, 에탄올, 항료, 청색1호, 피이지-60하이드로제네이티드캐스터오일, 토코페릴아세테이트
② 정제수, 글리세린, 에탄올, 소듐피씨에이, 항료, 청색1호, 피이지-60하이드로제네이티드캐스터오일, 토코페릴아세테이트
③ 글리세린, 정제수, 소듐피씨에이, 에탄올, 항료, 청색1호, 피이지-60하이드로제네이티드캐스터오일, 토코페릴아세테이트
④ 글리세린, 정제수, 에탄올, 소듐피씨에이, 항료, 청색1호, 피이지-60하이드로제네이티드캐스터오일, 토코페릴아세테이트
⑤ 정제수, 글리세린, 에탄올, 피이지-60하이드로제네이티드캐스터오일, 소듐피씨에이, 항료, 청색1호, 토코페릴아세테이트

18 **화장품 제조 시에 사용할 수 있는 화장품 원료로 옳은 것은?**

① 벤질모르핀 ② 대마초 ③ 양귀비
④ 코카잎 ⑤ 병풀잎

19 **화장품 안전기준 등에 관한 규정에서 배합금지 성분으로 정하여 화장품 제조 시에 사용할 수 없는 성분은?**

① 벤조일퍼옥사이드 ② 레조시놀 ③ 클림바졸
④ 과붕산나트륨 ⑤ 과탄산나트륨

20 **해초에서 유래된 점증제로 분류할 수 없는 화장품 원료는?**

① 잔탄검(xanthan gum) ② 알지네이트(alginate)
③ 카라기난(carrageenan) ④ 아가검(agar gum)
⑤ 알진(algin)

21 **영·유아용 제품류 및 기초화장용 제품류 중 사용 후 씻어내지 않는 제품에서 ( ), ( ), ( ) 또는 ( ) 함유 제품에서 "만 3세 이하 영유아의 기저귀가 닿는 부위에는 사용하지 말 것"이라는 사용시의 주의사항을 포장에 기재·표시해야 한다. ( )안에 들어갈 보존제로 적당하지 않은 것은?**

① 부틸파라벤 ② 프로필파라벤
③ 이소부틸파라벤 ④ 이소프로파라벤
⑤ 메틸파라벤

22 펄(pearl) 효과를 주는 화장품 원료로 적당한 것은?

① 나일론6(nylon 6)
② 흑색산화철(iron oxides black)
③ 탤크(talc)
④ 망가니즈바이올렛(manganese violet)
⑤ 비스머스옥시클로라이드(bismuth oxychloride)

23 화장품의 색소 종류와 기준 및 시험방법에 따라 화장수에 사용할 수 있는 타르색소는?

① 적색 40호
② 염기성 적색 76호
③ 염기성 적색 51호
④ 에이치시 적색 1호
⑤ 산성 적색 92호

24 피부를 곱게 태워주거나 자외선으로부터 피부를 보호하는데 도움을 주는 기능성화장품의 주성분 및 그 최대함량이 적당하지 않은 것은?

① 4-메칠벤질리덴캠퍼, 4%
② 벤조페논-3, 5%
③ 에칠헥실메톡시신나메이트, 7.5%
④ 징크옥사이드, 25%(자외선 차단 성분으로)
⑤ 메틸 살리실레이트, 5%

25 기능성화장품 심사에 관한 규정에서 규정하고 있는 피부의 미백에 도움을 주는 제품의 성분 및 함량이 적당하지 않은 것은?

① 알부틴, 2%
② 알파-비사보롤 2%
③ 나이아신아마이드 2%
④ 에칠아스코빌에텔 2%
⑤ 나이아신아마이드 5%

26 화장품용 색소를 분류할 때, 제조방법에 따라 인공색소와 천연색소로 구분할 수 있다. 다음 화장품 원료 중에서 천연색소로 분류할 수 없는 것은?

① 파프리카 추출물
② 안토시아닌류
③ 카민류
④ 라이코펜
⑤ 적색산화철

27 화장품 안전기준 등에 관한 규정에 따라 화장품의 내용량이 210mL일 때 내용량 측정에 사용되는 시험기구로 가장 적당한 것은?

① 뷰렛(burette)
② 피펫(pipette)
③ 마이크로피펫(micropipette)
④ 눈금실린더(mass cylinder)
⑤ 눈금비이커(beaker)

28 천연화장품 및 유기농화장품의 기준에 관한 규정에서 천연화장품 및 유기농화장품을 제조하는 작업장과 제조설비에 사용할 수 있는 세척제를 정하고 있다. 다음 중 그 세척제로 적당하지 않은 것은?

① 과산화수소(hydrogen peroxide/their stabilizing agents)
② 과초산(peracetic acid)
③ 식물성 비누(vegetable soap)
④ 포타슘하이드록사이드(potassium hydroxide)
⑤ 과붕산나트륨(sodium perborate)

29 화장품을 제조하는 작업장에서 사용하는 세제(세척제)에 대한 요구사항으로 가장 적당하지 않은 것은?

① 높은 안전성
② 우수한 세정력
③ 용이한 헹굼성
④ 기구 및 장치의 재질에 대한 부식성
⑤ 저렴한 가격

30 화장품 제조 설비인 균질기(homogenizer)에 대한 주요 점검항목으로 적당하지 않은 것은?

① 세척상태
② 작동유무
③ 윤활오일
④ 비상정지스위치
⑤ 전기 전도도

31 우수화장품 제조 및 품질관리기준(CGMP)에 따른 중대한 일탈이 아닌 것은?

① 제품표준서의 기재내용과 다른 방법으로 작업이 실시되었을 경우
② 제조작업절차서의 기재내용과 다른 방법으로 작업이 실시되었을 경우
③ 공정관리기준에서 두드러지게 벗어나 품질 결함이 예상될 경우
④ 생산 작업 중에 설비·기기의 고장, 정전 등의 이상이 발생하였을 경우
⑤ 검정기한을 초과한 설비의 사용에 있어서 설비보증이 표준품 등에서 확인할 수 있는 경우

32 화장품법 시행규칙 별표5에서 규정하고 있는 화장품 표시·광고 시 준수사항으로 옳지 않은 것은?

① 외국과의 기술제휴 등을 표현하는 표시·광고를 하지말 것
② 배타성을 띤 "최고" 또는 "최상" 등의 절대적 표현의 표시·광고를 하지 말 것
③ 품질·효능 등에 관하여 객관적으로 확인될 수 없거나 확인되지 않았는데도 불구하고 이를 광고하지 말 것
④ 사실 유무와 관계없이 다른 제품을 비방하거나 비방한다고 의심이 되는 표시·광고를 하지 말 것
⑤ 의사가 이를 지정·공인·추천·지도·연구·개발 또는 사용하고 있다는 내용이나 이를 암시하는 등의 표시·광고를 하지 말 것

33 동일한 기능을 가진 화장품 성분으로만 이루어진 것은?

① 벤조페논-4, 호모살레이트, m-아미노페놀
② 소듐벤조에이트, 베타인, 살리실릭애씨드
③ 토코페릴아세테이트, 비에이치티, 프로필갈레이트
④ 글리세린, 다이프로필렌글라이콜, 디에칠렌글라이콜
⑤ 치오글라이콜릭애씨드, 시트릭애씨드, 글라이콜릭애씨드

34 제조번호 및 사용기한에 대한 〈보기〉의 설명에서 (　　)안에 적합한 단어는?

> **보기**
>
> 화장품법 시행규칙 별표4에 따라 제조번호는 사용기한(또는 개봉 후 사용기간)과 쉽게 구별되도록 기재·표시해야 하며, 개봉 후 사용기간을 표시하는 경우에는 병행 표기해야 하는 (　　)도 각각 구별이 가능하도록 기재·표시해야 한다.

① 제조 지시일　　② 포장 지시일　　③ 포장 일월일
④ 제조 연월일　　⑤ 출하 연월일

35 화장품 안전기준 등에 관한 규정 별표4(유통화장품 안전관리 시험방법)에서 규정하는 비의도적 유래물질에 대한 시험방법이 옳지 않은 것은?

① 납 – 디티존법
② 니켈 – 원자흡광광도법(AAS)
③ 비소 – 유도결합플라즈마-질량분석기를 이용한 방법(ICP-MS)
④ 수은 – 유도결합플라즈마분광기를 이용하는 방법(ICP)
⑤ 카드뮴 – 유도결합플라즈마분광기를 이용하는 방법(ICP)

36 화장품 안전기준 등에 관한 규정에 따라 pH시험을 실시해야 하는 화장품으로 옳은 것은?

① 셰이빙 크림 ② 클렌징 크림 ③ 클렌징 로션
④ 샴푸 ⑤ 마스카라

37 내용량 기준에 대한 <보기>의 설명에서 ( )안에 적합한 단어로 옳은 것은?

> **보기**
> 유통화장품의 안전관리 기준에 따른 내용량 기준은 다음과 같다.
> • 제품 3개를 가지고 시험할 때 그 평균 내용량이 표기량에 대하여 (㉠)% 이상이어야 함.
> • 기준치를 벗어날 경우 : 6개를 더 취하여 시험할 때 9개의 평균 내용량이 (㉡)% 이상이어야 함.

① ㉠ : 97 ㉡ : 97
② ㉠ : 95 ㉡ : 95
③ ㉠ : 90 ㉡ : 90
④ ㉠ : 97 ㉡ : 95
⑤ ㉠ : 97 ㉡ : 93

38 영유아용 크림에 사용하는 보존제와 함량이 적당하지 않은 것은?

① 살리실릭애씨드 0.05%
② 벤질알코올 1.00%
③ 포타슘소르베이트 0.30%
④ 소듐벤조에이트 0.30%
⑤ 페녹시에탄올 1.00%

39 데오도런트에 알루미늄클로로하이드레이트를 사용할 경우에 추가로 표시·기재해야 하는 사용시의 주의사항으로 적당한 것은?

① 신장질환이 있는 사람은 사용 전에 의사와 상의할 것
② 이 성분에 과민하거나 알레르기가 있는 사람은 신중히 사용할 것
③ 눈에 접촉을 피하고 눈에 들어갔을 때는 즉시 씻어낼 것
④ 사용 시 흡입되지 않도록 주의할 것
⑤ 만3세 이하 어린이에게는 사용하지 말 것

40 다음 <보기>는 유통화장품의 안전관리기준 중 pH에 대한 내용이다. ( )안에 적합한 단어는?

> **보기**
> 영유아용 제품류(영유아용 샴푸, 영유아용 린스, 영유아 인체 세정용 제품, 영유아 목욕용 제품 제외), 눈 화장용 제품류, 색조 화장용 제품류, 두발용 제품류(샴푸, 린스 제외), 면도용 제품류(셰이빙 크림, 셰이빙 폼 제외), 기초화장용 제품류(클렌징 워터, 클렌징 오일, 클렌징 로션, 클렌징 크림 등 메이크업 리무버 제품 제외) 중 액, 로션, 크림 및 이와 유사한 제형의 액상제품은 pH 기준이 3.0 ~ ( )이어야 한다.

① 5.0 ② 7.0 ③ 9.0
④ 11.0 ⑤ 13.0

41 다음 〈보기〉에서 맞춤형화장품 조제에 필요한 원료 및 내용물 관리로 적절한 것을 모두 고르시오.

> **보기**
> ㉠ 내용물 및 원료의 제조번호를 확인한다.
> ㉡ 내용물 및 원료의 입고 시 품질관리 여부를 확인한다.
> ㉢ 내용물 및 원료의 사용기한 또는 개봉 후 사용기간을 확인한다.
> ㉣ 내용물 및 원료 정보는 기밀이므로 소비자에게 설명하지 않을 수 있다.
> ㉤ 책임판매업자와 계약한 사항과 별도로 내용물 및 원료의 비율을 다르게 할 수 있다.

① ㉠㉡㉢ ② ㉠㉡㉣ ③ ㉠㉢㉤
④ ㉡㉣㉤ ⑤ ㉢㉣㉤

42 화장품을 제조하는 건물에 대한 요구사항으로 우수화장품 제조 및 품질관리기준(CGMP)에서 규정하는 사항으로 적합하지 않은 것은?

① 제품이 보호되도록 설계되어야 한다.
② 청소가 용이하도록 설계되어야 한다.
③ 필요한 경우 위생관리 및 유지관리가 가능하도록 설계되어야 한다.
④ 제품, 원료 및 자재 등의 혼동이 없도록 설계되어야 한다.
⑤ 화장실은 생산구역 내에 설치되도록 설계되어야 한다.

43 화장품을 제조하는 시설에 대한 요구사항으로 우수화장품 제조 및 품질관리기준(CGMP)에서 규정하는 사항으로 적합하지 않은 것은?

① 사용목적에 적합해야 한다.
② 청소가 가능해야 하며, 필요한 경우 위생·유지관리가 가능해야 한다.
③ 설비 등은 제품의 오염을 방지해야 한다.
④ 설비 등은 배수가 용이하도록 설계, 설치되어야 한다.
⑤ 설비 등의 위치는 원자재나 직원의 이동을 고려하여 결정하지 않는다.

44 화장품을 제조하는 작업소에 대한 요구사항으로 우수화장품 제조 및 품질관리기준(CGMP)에서 규정하는 사항으로 적합하지 않은 것은?

① 조명을 설치하고, 조명이 파손될 경우를 대비한 제품을 보호할 수 있는 처리절차를 마련해야 한다.
② 적절한 온도 및 습도를 유지할 수 있는 공기조화시설 등 적절한 환기시설을 갖추어야 한다.
③ 효능이 입증된 세척제 및 소독제를 사용해야 한다.
④ 외부와 연결된 창문은 만들지 않아야 한다.
⑤ 화장품의 종류·제형에 따라 적절히 구획·구분되어야 한다.

45 **화장품을 제조하는 건물, 설비 및 기구에 사용되는 소모품에 대한 요구사항으로 우수화장품 제조 및 품질관리기준(CGMP)에서 규정하는 사항으로 가장 적절한 것은?**

① 제품의 품질에 영향을 주지 않는 소모품을 사용해야 한다.
② 가격이 저렴한 소모품을 사용해야 한다.
③ 최고품질의 소모품을 사용해야 한다.
④ 품질부서에서 승인된 업체로부터 소모품이 공급되어야 한다.
⑤ 소모품은 항상 일정한 분량의 재고를 유지해야 한다.

46 **화장품 작업장 내에서 근무하는 작업자의 위생에 대한 요구사항으로 우수화장품 제조 및 품질관리기준(CGMP)에서 규정하는 사항으로 적합하지 않은 것은?**

① 규정된 작업복을 착용하고 일상복이 작업복 밖으로 노출되지 않도록 한다.
② 음식 및 음료수 섭취와 흡연 등은 제조 및 보관 지역과 분리된 지역에서 하여야 한다.
③ 명백한 질병 또는 노출된 피부에 상처가 있는 직원은 제품과 직접적인 접촉을 하여서는 안 된다.
④ 개인 약품은 생산구역 내에 보관할 수 있다.
⑤ 작업장 내에서 반지, 목걸이, 귀걸이 등은 착용하지 않는다.

47 **화장품을 제조하는 제조설비 및 제조지원설비에 대한 주요점검항목으로 적절하지 않은 것은?**

① 제조탱크 – 내부의 세척상태
② 저장탱크 – 내부의 건조상태
③ 균질기– 게이지(rpm, 타이머) 표시유무
④ 정제수제조장치 – 전기전도도(비저항)
⑤ 밸브 – 윤활오일

48 **다음 〈보기〉의 일반적인 화장품 제조설비의 폐기절차를 나열한 것으로 옳은 것은?**

> **보기**
> 1. 설비점검 시, 누유, 누수 밸브 미작동이 발견되었다.
> 2. 정밀점검을 실시하여 수리가 불가하면 "폐기예정" 표시를 한다.
> 3. 설비에 "점검 중 혹은 사용금지" 표시를 한다.
> 4. 폐기가 결정되면 폐기절차에 따라 폐기한다.

① 1 → 3 → 2→ 4
② 1 → 2 → 3 → 4
③ 1 → 4 → 2 → 3
④ 1 → 4 → 3 → 2
⑤ 2 → 1 → 3 → 4

49 **우수화장품 제조 및 품질관리에서 규정하는 원자재의 출고관리에 대한 설명으로 적절하지 않은 것은?**

① 원자재는 시험결과 적합판정된 것만을 출고한다.
② 특별한 환경을 제외하고, 재고품 순환은 오래된 것이 먼저 사용되도록 보증해야 한다.
③ 나중에 입고된 물품이 사용(유효)기한이 짧은 경우 먼저 입고된 물품보다 먼저 출고할 수 있다.
④ 오직 승인된 자만이 원료 및 포장재의 불출 절차를 수행할 수 있다.
⑤ 모든 물품은 반드시 선입선출 방법으로 출고 한다.

50 **우수화장품 제조 및 품질관리에서 규정하는 완제품의 보관 및 출고관리에 대한 설명으로 적절하지 않은 것은?**

① 완제품은 적절한 조건하의 정해진 장소에서 보관한다.
② 완제품에 대한 주기적인 재고 점검을 수행한다.
③ 출고는 선입선출방식으로 하되, 타당한 사유가 있는 경우에는 그러지 아니할 수 있다.
④ 시장 출하 전에, 모든 완제품은 설정된 시험 방법에 따라 관리되어야 하고, 합격판정기준에 부합하여야 한다.
⑤ 출고할 제품은 반품된 제품과 함께 보관할 수 있다.

51 **우수화장품 제조 및 품질관리에서 규정하는 벌크제품과 반제품의 보관 및 출고관리에 대한 설명으로 적절하지 않은 것은?**

① 벌크제품과 반제품은 품질이 변하지 아니하도록 적당한 용기에 보관한다.
② 벌크제품의 최대 보관기한은 설정하여야 하며, 최대 보관기한이 가까워진 벌크제품은 완제품 제조하기 전에 품질이상, 변질 여부 등을 확인하여야 한다.
③ 벌크제품과 반제품은 선입선출 되어야 한다.
④ 남은 벌크제품과 반제품을 재보관하고 재사용할 수 없다.
⑤ 벌크제품과 반제품은 지정된 장소에서 보관한다.

52 **유통화장품 안전관리 기준에 따른 내용량 시험기준이 다음과 같을 때 (　　)안에 차례로 들어갈 숫자로 옳은 것은?**

보기

- 제품 (　　)개를 가지고 시험할 때 그 평균 내용량이 표기량에 대하여 97% 이상(다만, 화장비누의 경우 건조중량을 내용량으로 한다)이어야 한다.
- 기준치를 벗어날 경우(97% 미만)에는 (　　)개를 더 취하여 시험할 때 (　　)개의 평균 내용량이 97% 이상이어야 한다.

① 3, 9, 12　　② 3, 6, 9　　③ 3, 3, 6
④ 5, 5, 10　　⑤ 5, 10, 15

53 다음의 화장품 원료 중에서 맞춤형화장품에 사용할 수 없는 원료는?

① 하이드록시데실유비퀴논(hydroxydecyl ubiquinone)
② 포타슘소르베이트(potassium sorbate)
③ 아스코르빅애씨드(ascorbic acid)
④ 세테아릴알코올(cetearyl alcohol)
⑤ 베타인(betaine)

54 다음의 화장품 원료 중에서 양이온 계면활성제가 아닌 것은?

① 세테아디모늄클로라이드(ceteardimonium chloride)
② 다이스테아릴다이모늄클로라이드(distearydimonium chloride)
③ 베헨트라이모늄클로라이드(behentrimonium chloride)
④ 벤잘코늄클로라이드(bcnzalkonium chloride)
⑤ 비스머스옥시클로라이드(bismuthoxy chloride)

55 기능성화장품 심사에 관한 규정에 따라 자외선 A 차단등급(PA)이 PA++++이 되기 위한 자외선 A 차단지수(PFA)로 적당한 것은?

① 8 ② 10 ③ 12
④ 14 ⑤ 16

56 다음의 화장품 포장재 중에서 화장품의 1차 포장으로 가장 적당하지 않은 것은?

① 립스틱 용기(lipstick vessel)
② 튜브(tube)
③ 크림병(cream vessel)
④ 화장수병(skin lotion bottle)
⑤ 단상자(carton)

57 어린이 사용 화장품임을 특정하여 광고하는 매체 또는 수단으로 적당하지 않은 것은?

① 신문 · 방송 또는 잡지
② 전단 · 팸플릿 · 견본 또는 입장권
③ 인터넷 또는 컴퓨터통신
④ 포스터 · 간판 · 네온사인 · 애드벌룬 또는 전광판
⑤ 방문광고 또는 실연(實演)에 의한 광고

58 실증자료로 인체적용시험 자료가 있으면 항균이라는 표현·광고를 사용할 수 있는 화장품으로 적당하지 않은 것은?

① 고체 비누　　② 바디 클렌저
③ 폼 클렌저　　④ 액체 비누
⑤ 버블 배스(bubble bath)

59 영유아 또는 어린이 사용 화장품은 화장품의 안전성 자료를 작성 및 보관해야 하며 작성해야 하는 제품별 안전성 자료 중 제품 및 제조방법에 대한 설명자료에 해당되는 것은?

① 품질매뉴얼 사본
② 표준작업지침서 사본
③ 표준작업절차서 사본
④ 품질관리기준서 사본
⑤ 제품표준서 시본

60 기능성화장품이 아닌 일반화장품에서 실증자료(인체적용시험자료)가 있으면 표시·광고할 수 있는 표현이 아닌 것은?

① 여드름성 피부에 사용에 적합
② 항균(인체세정용 제품에 한함)
③ 피부노화 완화
④ 콜라겐 증가
⑤ 다크서클 완화

61 "티트리 히즈스토리 샴푸"라는 화장품의 전성분을 〈보기〉와 같이 표시하였다. 표시된 전성분 중에서 적절하지 않은 것은?

보기

소듐라우릴설페이트, 티트리잎추출물(15.3%), 박하추출물, 글리세린, 라우릴글루코사이드, 에틸헥실글리세린, 마편초추출물, 정제수, 판테놀, 티트리잎오일, 바이오틴, 메칠이소치아졸리논(0.0015%), 소듐클로라이드

① 소듐라우릴설페이트
② 티트리잎추출물(15.3%)
③ 정제수
④ 티트리잎오일
⑤ 메칠이소치아졸리논(0.0015%)

62 다음의 기능성화장품 중에서 "질병의 예방 및 치료를 위한 의약품이 아님"이라는 문구를 기재·표시해야 하는 화장품은?

① 탈모 증상의 완화에 도움을 주는 화장품
② 강한 햇볕을 방지하여 피부를 곱게 태워주는 기능을 가진 화장품
③ 피부에 탄력을 주어 피부의 주름을 완화 또는 개선하는 기능을 가진 화장품
④ 모발의 색상을 변화시키는 기능을 가진 화장품
⑤ 자외선을 차단 또는 산란시켜 자외선으로부터 피부를 보호하는 기능을 가진 화장품

63 다음의 화장품 중에서 기능성화장품에 해당되는 것은?

① 모발을 코팅 등 물리적 방법으로 모발을 굵게 보이게 하는데 도움을 주는 화장품
② 여드름성 피부의 완화에 도움을 주는 기초 화장용 제품류
③ 물리적으로 체모를 제거하는 기능을 가진 화장품
④ 모발의 색상을 일시적으로 변화시키는 기능을 가진 화장품
⑤ 자외선을 차단 또는 산란시켜 자외선으로부터 피부를 보호하는 기능을 가진 화장품

64 화장품법 시행규칙 별표4에서 규정하고 있는 화장품 포장의 세부적인 표시기준 및 표시방법으로 옳지 않은 것은?

① 맞춤형화장품판매업자의 주소는 맞춤형화장품판매업신고필증에 적힌 소재지를 표시한다.
② 공정별로 2개 이상의 제조소에서 생산된 화장품의 경우, 일부 공정을 수탁한 화장품제조업자의 상호 및 주소를 모두 기재·표시해야 한다.
③ 화장품의 명칭은 같은 화장품 책임판매업자의 여러 제품에서 공통으로 사용하는 명칭을 포함한다.
④ 개봉 후 사용기간을 표시하는 경우에는 병행 표기해야 하는 제조연월일도 각각 구별이 가능하도록 기재·표시해야 한다.
⑤ "질병의 예방 및 치료를 위한 의약품이 아님"이라는 문구는 "기능성화장품" 글자 바로 아래에 "기능성화장품" 글자와 동일한 글자 크기 이상으로 기재·표시해야 한다.

65 알파-하이드록시 애씨드(alpha-hydroxy acid, AHA)에 포함되지 않는 것은?

① 시트릭애씨드
② 글라이콜릭애씨드
③ 말릭애씨드
④ 락틱애씨드
⑤ 살리실릭애씨드

66 **맞춤형화장품 조제 시에 사용할 수 있는 화장품 원료는?**

① 벤잘코늄 클로라이드
② 베헨트리모늄 클로라이드
③ 세트리모늄 클로라이드
④ 스테아트리모늄 클로라이드
⑤ 비스머스옥시 클로라이드

67 **다음의 화장품 원료 중에서 산화방지제(antioxidant)로 작용하는 화장품 원료로 적당하지 않은 것은?**

① 토코페릴아세테이트(tocopheryl acetate)
② 비에치티(BHT ; butylated hydroxytoluene)
③ 비에치에이(BHA ; butylated hydroxyanisole)
④ 아스코빌팔미테이트(ascorbyl palmitate)
⑤ 피이지/피피지-15/15아세테이트(PEG/PPG-15/15 acetate)

68 **치오글라이콜산(thioglycolic acid, 치오글라이콜릭애씨드)에 대한 설명으로 옳지 않은 것은?**

① 무색~엷은 황색의 불쾌한 냄새가 있는 액이다.
② 물에 섞이고 에탄올에는 녹는다.
③ 공기 중에서 쉽게 산화되며 비중(20℃)은 약 1.32이다.
④ 분자식은 $HSCH_2COOH$이며 펌제, 헤어스트레이트너에서 사용된다.
⑤ 치오글라이콜산의 순도는 90.0% 이상이다.

69 **피부의 표피를 구성하고 있는 층으로 옳은 것은?**

① 기저층, 유극층, 과립층, 각질층
② 기저층, 유두층, 망상층, 각질층
③ 유두층, 망상층, 과립층, 각질층
④ 기저층, 유극층, 망상층, 각질층
⑤ 과립층, 유두층, 유극층, 각질층

70 **다음 중에서 맞춤형화장품으로 판매할 수 있는 화장품은?**

① 맞춤형화장품 조제관리사가 화장품 내용물에 보존제를 혼합한 화장품
② 맞춤형화장품 조제관리사가 화장품 내용물에 자외선차단성분을 혼합한 화장품
③ 맞춤형화장품 조제관리사가 화장품 내용물에 염모제 성분을 혼합한 화장품
④ 맞춤형화장품 조제관리사가 화장품 내용물에 피부 미백에 도움을 주는 성분을 혼합한 화장품
⑤ 맞춤형화장품 조제관리사가 화장품 내용물에 산화방지제를 혼합한 화장품

71 다음의 화장품 원료들 중에서 화학구조에 따라 분류할 때 왁스에 해당되는 원료가 아닌 것은?

① 호호바씨 오일(simmondsia chinensis (jojoba) seed oil)
② 참깨 오일(sesamum indicum (sesame) seed oil)
③ 카나우바 왁스(copernicia cerifera (carnauba) wax)
④ 칸데릴라 왁스(euphorbia cerifera (candelilla) wax)
⑤ 쌀겨 왁스(rice bran wax)

72 원료 및 포장재에 대한 재고관리로 가장 적절하지 않은 것은?

① 주기적으로 원료, 포장재에 대한 재고를 조사하여 사용기한이 경과한 원료, 포장재가 없도록 관리한다.
② 발주 시에 재고량을 반영하여 필요량 이상이 발주되지 않도록 관리한다.
③ 출고 시에는 선입선출방식, 선한선출방식을 적용하여 불용재고(사용기한이 경과된 것)가 없도록 한다.
④ 생산 계획 또는 포장 계획에 따라 적절한 시기에 포장재가 제조되어 공급되어야 한다.
⑤ 포장재 발주 시에 포장재 생산에 소요되는 기간을 고려할 필요는 없다.

73 맞춤형화장품판매업자의 준수사항에 맞는 혼합·소분 활동에 대한 설명으로 적절하지 않은 것은?

① 원료 및 내용물은 가능한 품질에 영향을 미치지 않는 장소에 보관한다.
② 사용기한이 경과한 원료 및 내용물은 조제에 사용하지 않도록 관리한다.
③ 소분 전에는 손을 소독 또는 세정하거나 일회용 장갑을 착용한다.
④ 피부 외상이나 질병이 있는 맞춤형화장품 조제관리사는 회복 전까지 혼합·소분 행위를 하지 말아야 한다.
⑤ 혼합·소분에 사용되는 시설·기구 등은 사용 직전(直前)에만 세척한다.

74 맞춤형화장품의 혼합·소분에 필요한 도구와 기기로 적당하지 않은 것은?

① 저울
② 스테인리스 스틸 재질의 스파튤라
③ 혼합기(아지믹서, 균질기)
④ 스테인리스 스틸 재질의 용기
⑤ 유리재질 교반봉

75 눈화장용 제품인 아이섀도(eye shadow)의 품질관리를 위한 시험항목으로 적합하지 않은 것은?

① 색상
② 이물
③ 향취
④ 점도
⑤ 사용감

76 **화장품 원료의 성상에 대한 설명이 적당하지 않은 것은?**

① 1,3 부틸렌글라이콜 : 무색의 점성이 있는 맑은 액으로 냄새는 거의 없고 맛은 약간 달다.
② 시트릭애씨드 : 무색의 결정 또는 흰색의 알갱이 또는 결정성 가루이다.
③ 에탄올 : 무색의 휘발성이 있는 맑은 액으로 특이한 냄새 및 쏘는 듯한 맛이 있다.
④ 프로필렌글라이콜 : 무색의 점성이 있는 맑은 액으로 냄새는 거의 없고 맛은 약간 쓰다.
⑤ 글리세린 : 노란색의 점성이 있는 맑은 액으로 냄새는 없고 맛은 쓰다.

77 **에멀젼(emulsion)에 대한 설명으로 적절하지 않은 것은?**

① 에멀젼은 서로 섞이지 않는 두 액체 중에서 한 액체(분산상, 내상)가 미세한 입자 형태로 다른 액체(연속상, 외상)에 분산되어 있는 불균일 계이다.
② 에멀젼은 열역학적으로 불안정하여 경시적으로 회합(aggregation), 합일(coalescence), 오스왈트라이프닝(Ostwald ripening) 등에 의해 분리된다.
③ 에멀젼은 O/W(oil in water)에멀젼, W/O(water in oil)에멀젼, 다중(W/O/W, O/W/O) 에멀젼으로 분류한다.
④ 에멀젼은 입자크기에 따라 매크로에멀젼(macroemulsion)과 마이크로에멀젼(microemulsion)으로 분류된다.
⑤ 에멀젼을 만들기 위해서는 오일(유상)과 물(수상)을 섞어주는 왁스가 필요하다.

78 **화장품 원료의 성상에 대한 설명이 적당하지 않은 것은?**

① 소듐라우릴설페이트 : 백색~엷은 황색의 결정 또는 가루로 약간의 특이한 냄새가 있다.
② 소듐바이카보네이트 : 백색의 결정 또는 결정성 가루로 냄새는 없고 특이한 짠맛이 있다.
③ 알란토인 : 미황색~황색의 결정성 가루로 냄새 및 맛은 없다.
④ 실리카 : 백색~청색을 띤 백색의 가루로 냄새 및 맛은 없다.
⑤ 울트라마린 : 청색~자청색의 가루로 냄새는 없다.

79 **맞춤형화장품의 사용방법에 대한 설명으로 적절하지 않은 것은?**

① 맞춤형화장품 사용 시에는 깨끗한 손으로 사용한다.
② 사용 후 항상 뚜껑을 바르게 닫는다.
③ 피부타입이 동일한 여러 사람이 함께 맞춤형화장품을 사용한다.
④ 맞춤형화장품은 직사광선을 피하여 서늘한 곳에 보관한다.
⑤ 사용기한 내에 맞춤형화장품을 사용한다.

80 염모제에 대한 설명으로 적당하지 않은 것은?

① 염모제는 일시 염모제, 반영구 염모제, 영구 염모제로 분류한다.
② 헤어 컬러틴트, 헤어 컬러스프레이, 컬러무스, 컬러마스카라 등이 일시 염모제에 해당한다.
③ 영구염모제인 산화형 염모제는 염색효과가 우수하며 다양하고 밝은 색상 표현이 가능하다.
④ 산화형 염모제에서 1제는 염모제이고 2제는 산화제이다.
⑤ 산화형 염모제의 1제에는 과산화수소, 염료 중간체, 염료 수정제, 산화방지제 등이 포함되어 있다.

81 화장품책임판매업자의 준수사항인 품질관리기준(화장품법시행규칙 별표1)에서는 (㉠)은(는) 화장품책임판매업자가 그 제조 등(타인에게 위탁 제조 또는 검사하는 경우를 포함하고 타인으로부터 수탁 제조 또는 검사하는 경우는 포함하지 않는다)을 하거나 수입한 화장품의 판매를 위해 출하하는 것으로 정의하고 있다. ㉠에 적합한 용어를 작성하시오.

82 화장품 안전성 정보관리 규정에서는 (㉠)은(는) 유해사례와 화장품 간의 인과관계 가능성이 있다고 보고된 정보로서 그 인과관계가 알려지지 아니하거나 입증자료가 불충분한 것을 정의하고 있다. ㉠에 적합한 용어를 작성하시오.

83 〈보기〉에서 설명하는 화장품 원료를 작성하시오.

보기

- 백색의 미세한 가루로 냄새 및 맛은 없다.
- 분자량은 79.88이고 굴절률이 약 2.54 ~ 2.75이다.
- 백색안료이고 아나타제(anatase)형, 루틸(rutile)형, 브루카이트(brookite)형이 있다.

84 영유아용으로 표시·광고하는 "밀싹 베이비스토리 로션"의 전성분은 〈보기〉와 같다. 〈보기〉의 성분 중에서 전성분을 표시할 때 함량도 함께 표시해야 하는 화장품 원료는?

> **보기**
>
> 정제수, 디프로필렌글라이콜, 세틸알코올, 글리세릴모노스테아레이트, 향료, 소듐벤조에이트, 트레할로스, 토코페릴아세테이트, 세라마이드, 녹차수, 호호바씨오일, 밀싹추출물

85 〈보기〉는 화장품 안전기준 등에 관한 규정에서 정하는 유통화장품의 안전관리에 관한 내용이다. ㉠, ㉡, ㉢에 들어갈 용어를 기입하시오.

> **보기**
>
> 영·유아용 제품류(영·유아용 샴푸, 영·유아용 린스, 영·유아 인체세정용 제품(영·유아목욕용제품 제외), 눈 화장용 제품류, 색조 화장용 제품류, 두발용 제품류(샴푸, 린스 제외), 면도용 제품류(셰이빙 크림, 셰이빙 폼 제외), 기초화장용 제품류(클렌징 워터, 클렌징 오일, 클렌징 로션, 클렌징 크림 등 메이크업 리무버 제품 제외) 중 (㉠), 로션, 크림 및 이와 유사한 제형의 (㉡)은 pH 기준이 3.0~9.0 이어야 한다. 다만, (㉢)을 포함하지 않는 제품은 제외한다.

86 (　　)은(는) 칼슘과 철 등과 같은 금속이온이 작용할 수 없도록 격리하여 제품의 향과 색상이 변하지 않도록 막고 보존능을 향상시키는데 도움을 주는 물질로 킬레이팅(chelating)제라고도 한다. (　　) 안에 적합한 용어를 작성하시오.

87 〈보기〉의 화장품 원료 중에서 사용할 때의 주의사항으로 "만 3세 이하 영유아에게는 사용하지 말 것"이라는 문구를 표시해야 하는 성분을 모두 고르시오.

> **보기**
>
> 소듐살리실레이트, 소듐벤조에이트, 소듐클로라이드, 포타슘소르베이트, 아이오도프로피닐부티카바메이트

88 〈보기〉와 같은 화장품 성분으로 제조된 영양크림(표시량 : 50g)에서 전성분 표시를 생략할 수 없는 성분을 모두 찾으시오.

> **보기**
>
> 정제수, 글리세린, 아데노신, 나이아신아마이드, 적색 202호, 소듐벤조에이트, 글리세릴모노스테아레이트, 아르간커넬오일, 잔탄검, 토코페릴아세테이트, 디소듐이디티에이

89 다음 〈보기〉는 맞춤형화장품의 정의에 관한 설명이다. 〈보기〉에서 ㉠, ㉡에 해당하는 적합한 단어를 각각 작성하시오.

> **보기**
>
> ㄱ. 제조 또는 수입된 화장품의 (㉠)에 다른 화장품의 (㉠)(이)나 식품의약품안전처장이 정하는 (㉡)(을)를 추가하여 혼합한 화장품
>
> ㄴ. 제조 또는 수입된 화장품의 (㉠)(을)를 소분(小分)한 화장품

90 다음 〈보기〉에서 ㉠에 적합한 단어를 적으시오.

> **보기**
>
> (㉠)은(는) 물에 녹지 않는 물질을 계면활성제(surfactant)를 사용하여 미셀(micelles) 안에 녹이는 것으로 (㉠)에 의해 생성되는 투명 혹은 반투명의 매우 작은 에멀젼을 마이크로에멀젼(microemulsion)이라 한다.

91 다음 〈보기〉에서 ㉠에 적합한 단어를 적으시오.

> **보기**
>
> 화장품법 제10조(화장품의 기재사항)에서는 화장품의 명칭, 영업자의 상호, (㉠), 사용기한 또는 개봉 후 사용기간을 1차 포장에 표시하도록 규정하고 있다.

92 화장품 안전기준 등에 관한 규정에서 정하고 있는 맞춤형화장품에 사용 가능한 원료에 대한 설명이 〈보기〉에 있다. ㉠에 적합한 단어를 적으시오.

보기

다음 각 호의 원료를 제외한 원료는 맞춤형화장품에 사용할 수 있다.
1. 화장품 안전기준 등에 관한 규정 별표 1의 화장품에 사용할 수 없는 원료
2. 화장품 안전기준 등에 관한 규정 별표 2의 화장품에 사용상의 제한이 필요한 원료
3. 식품의약품안전처장이 고시한 (㉠)의 효능·효과를 나타내는 원료(다만, 맞춤형화장품판매업자에게 원료를 공급하는 화장품책임판매업자가 「화장품법」 제4조에 따라 해당 원료를 포함하여 (㉠)에 대한 심사를 받거나 보고서를 제출한 경우는 제외한다)

93 〈보기〉에서 설명하는 특징을 가진 피부층을 기재하시오.

보기

- 표피에 존재하는 피부층이다.
- 대부분의 멜라닌형성세포(melanocyte)와 각질형성세포(keratinocyte)가 이 피부층에 존재한다.
- 감각을 인지하는 메르켈세포(Merkel cell)가 이 피부층에 존재한다.
- 진피의 유두층으로부터 영양을 공급받는다.

94 화장품 포장의 세부적인 표시기준 및 표시방법(화장품법 시행규칙 별표4)에 따라 영업자의 주소를 화장품 포장에 표시할 때, 화장품제조업자 또는 화장품책임판매업자는 등록필증에 적힌 소재지를 표시한다. 또한 맞춤형화장품판매업자는 (㉠)에 적힌 소재지를 표시한다. ㉠에 적합한 단어를 작성하시오.

95 〈보기〉의 화장품 원료 중에서 W/O(water in oil)타입 파운데이션에서 외상인 유상(oil phase)의 점도를 높이는데 사용할 수 있는 원료를 모두 고르시오.

> **보기**
>
> 벤토나이트, 파라핀왁스, 사이클로펜타실록산, 잔탄검, 벤질알코올, 카보머, 트레할로오스

96 〈보기〉 중에서 화장품법 시행규칙 제22조 별표5에서 규정하는 화장품 표시·광고 시 준수사항으로 적당한 것을 모두 고르시오.

> **보기**
>
> ㉠ 의약품으로 잘못 인식할 우려가 있는 제품의 명칭에 대한 표시·광고를 하지 말 것
> ㉡ 기능성화장품이 아님에도 불구하고 제품의 명칭에 관하여 기능성화장품으로 잘못 인식할 우려가 있는 표시·광고를 하지 말 것
> ㉢ 천연화장품 또는 유기농화장품 인증기관으로부터 천연화장품 또는 유기농화장품 인증을 받았다는 표시·광고를 하지 말 것.
> ㉣ 외국과의 기술제휴에도 불구하고 외국과의 기술제휴를 표현하는 표시·광고를 하지 말 것
> ㉤ 모든 경우에 경쟁상품과 비교하는 표시·광고를 하지 말 것

97 ㈜지에스씨티는 〈보기〉에 있는 내용을 ㈜지에스씨티에서 판매하는 바디로션에 표시·광고하고 있다. 만약 식품의약품안전처장이 표시·광고와 관련하여 실증자료를 요청할 때, 15일 이내로 식품의약품안전처장에서 제출해야 하는 실증자료는 무엇인가?

> **보기**
>
> 일시적 셀룰라이트 감소

98 천연계면활성제인 (㉠)은(는) 천연의 극성 지질에 두 개의 탄화수소 사슬로 구성되어 있으므로 이들 소수부의 부피가 크기 때문에 단일사슬의 경우와 같이 미셀을 형성하는 것이 아니라 이중층(bilayer) 구조인 베시클(vesicle)을 형성하며 이 베시클에 의해 만들어지는 속이 빈 구형의 공 모양의 구조를 리포좀(liposome)이라 한다. ㉠에 적합한 단어를 작성하시오.

99 〈보기〉에 있는 기능성화장품 중에서 "질병의 예방 및 치료를 위한 의약품이 아님"이라는 문구를 기재·표시해야 하는 제품을 모두 고르시오.

보기

㉠ 튼살(붉은 선) 완화 기능성화장품
㉡ 탈모증상 완화 기능성화장품
㉢ 체모를 제거하는 기능성화장품
㉣ 피부의 미백에 도움을 주는 기능성화장품
㉤ 주름 개선 기능성화장품

100 〈보기〉에 있는 화장품들이 시장에 출하되었다. 이 출하된 화장품 중에서 다등급 위해성 화장품에 해당되어 회수해야 하는 화장품을 고르시오.

보기

㉠ 내용량이 70g인 로션(표시량 100g)
㉡ 주성분의 함량이 기준치 미만인 주름개선 기능성 크림
㉢ 대장균에 오염된 유연화장수
㉣ 우레아 20(w/w)%를 포함한 피부연화크림
㉤ 식물줄기세포 배양액 30(w/w)%를 포함한 로션

4회 실전 모의고사

※QR코드를 스캔하면 선다형 문제만 모바일 모의고사 서비스가 제공됩니다.

1 **화장품책임판매업자는 책임판매관리자를 지정해야 하며, 책임판매관리자의 자격기준이 화장품법 시행규칙 제8조에서 정하고 있다. 다음 중 책임판매관리자로 그 자격기준이 적합한 자는?**

① 맞춤형화장품 조제관리사 자격시험에 합격한 자
② 맞춤형화장품 조제관리사 자격시험에 합격한 사람으로서 화장품 제조업무에 6개월 이상 종사한 경력이 있는 자
③ 맞춤형화장품 조제관리사 자격시험에 합격한 사람으로서 화장품 품질관리 업무에 6개월 이상 종사한 경력이 있는 자
④ 맞춤형화장품 조제관리사 자격시험에 합격한 사람으로서 화장품 구매업무에 1년 이상 종사한 경력이 있는 자
⑤ 맞춤형화장품 조제관리사 자격시험에 합격한 사람으로서 화장품 제조 업무에 1년 이상 종사한 경력이 있는 자

2 **식품의약품안전처 과징금 부과처분 기준 등에 관한 규정의 별표에서 정하는 과징금 부과대상이 아닌 것은?**

① 내용량 시험이 부적합한 경우로서 인체에 유해성이 없다고 인정된 경우
② 기능성화장품에서 기능성을 나타나게 하는 주원료의 함량이 심사 또는 보고한 기준치에 대해 3% 부족한 경우
③ 기능성화장품에서 기능성을 나타나게 하는 주원료의 함량이 심사 또는 보고한 기준치에 대해 5% 부족한 경우
④ 유통화장품 안전관리 기준을 위반한 화장품 중 부적합 정도 등이 경미한 경우
⑤ 화장품책임판매업자가 자진회수계획을 통보하고 그에 따라 회수한 결과 국민보건에 나쁜 영향을 끼치지 아니한 것으로 확인된 경우

3 **화장품의 유형별 특성에 대하여 그 설명이 바르지 않은 것은?**

① 인체세정용 : 손, 얼굴에 주로 사용하는 사용 후 바로 씻어내는 제품
② 색조화장용 : 매력을 더하기 위해 얼굴에만 사용하는 메이크업 제품
③ 기초화장용 : 피부의 보습, 수렴, 유연(에몰리언트), 영양공급, 세정, 클렌징 등에 사용하는 스킨케어 제품
④ 목욕용 : 샤워, 목욕 시에 전신에 사용되는 사용 후 바로 씻어내는 제품
⑤ 두발용 : 모발의 세정, 컨디셔닝, 정발, 웨이브형성, 스트레이팅, 증모효과에 사용하는 제품

4 **다음 중에서 개인정보보호법에 따라 개인정보에 해당되는 것은?**

① 단체 업무담당자의 개인에 대한 정보 ② 사망한 자의 정보
③ 단체에 관한 정보 ④ 사물에 관한 정보
⑤ 개인사업자의 상호명, 사업자주소

5 **최초 위반 시, "해당 품목 제조 또는 판매업무 정지 3개월"처분으로 적당하지 않은 화장품은?**

① 식품의약품안전처장이 고시한 화장품의 제조 등에 사용할 수 없는 원료를 사용한 화장품
② 의약품 오인 표시·광고를 한 화장품
③ 사용상의 제한이 필요한 원료에 대하여 식품의약품안전처장이 고시한 사용기준을 위반한 화장품
④ 기재사항의 전부(가격은 제외)를 기재하지 않은 화장품
⑤ 사용기한 또는 개봉 후 사용기간을 위조·변조한 화장품

6 **영상정보처리기기를 설치·운영하는 자는 정보주체가 쉽게 인식할 수 있도록 안내판을 설치해야 한다. 안내판에 포함되어야 하는 사항이 아닌 것은?**

① 설치 목적 ② 설치 장소
③ 촬영 범위 및 시간 ④ 관리책임자 성명 및 연락처
⑤ 영상정보 보관기간

7 **다음 중 화장품 안전기준 등에 관한 규정에서 정하는 보존제로 사용되는 유기산이 아닌 것은?**

① 레불리닉애씨드 levulinic acid ② 소르빅애씨드 sorbic acid
③ 벤조익애씨드 benzoic acid ④ 포믹애씨드 formic acid
⑤ 프로피오닉애씨드 propionic acid

8 **"페이셜 래디언스 AHA 익스트림 필링젤"이라는 제품명을 가진 화장품의 전성분이 〈보기〉와 같을 때 함량을 표시해야 하는 성분으로 옳은 것은?**

> **보기**
> 정제수, 에탄올, 병풀추출물, 글라이콜릭애씨드, 디프로필렌글라이콜, 글리세린, 토코페릴아세테이트 1.0%, 피이지-60하이드로제네이티드캐스터오일, 페녹시에탄올, 리모넨, 향료, 청색 1호

① 에탄올 ② 리모넨
③ 페녹시에탄올 ④ 글라이콜릭애씨드
⑤ 청색 1호

9 식품의약품안전처장의 명령으로 맞춤형화장품판매업자가 교육을 받아야 하는데 이 판매업자는 둘 이상의 장소에서 맞춤형화장품판매업을 하고 있다. 이런 경우에는 종업원 중에서 총리령으로 정하는 자를 책임자로 지정하여 교육을 받게 할 수 있는데 이 때 총리령으로 정하는 자는?

① 책임판매관리자
② 화장품책임판매업자
③ 화장품제조업자
④ 맞춤형화장품 조제관리사
⑤ 화장품조제관리사

10 다음의 시험결과를 얻었을 때 화장비누의 건조감량은 얼마인가?

보기
- 접시무게 : 10g
- 가열 전 접시와 검체의 무게 : 110g
- 가열 후 접시와 검체의 무게 : 90g

① 20% ② 15% ③ 10%
④ 5% ⑤ 3%

11 화장품법에 따라 화장품의 포장에 기재·표시하여야 하는 사항으로 적절하지 않은 것은?

① 방향용 제품으로 성분명을 제품 명칭의 일부로 사용한 경우 그 성분명과 함량
② 기능성화장품의 경우 심사받거나 보고한 효능·효과, 용법·용량
③ 인체 세포·조직 배양액이 들어있는 경우 그 함량
④ 화장품에 천연 또는 유기농으로 표시·광고하려는 경우에는 원료의 함량
⑤ 여드름성 피부를 완화하는 데 도움을 주는 기능성화장품은 "질병의 예방 및 치료를 위한 의약품이 아님"이라는 문구

12 다음 원료 중에서 화장품 제조에 사용할 경우 0.5%이하로 사용해야 하는 원료는?

① 아미노메틸프로판올
② 1,2-헥산다이올
③ 에탄올
④ 벤질알코올
⑤ 아이소프로필알코올

13 다음 〈보기〉의 우수화장품 제조 및 품질관리기준에서 정하는 기준일탈 제품의 폐기 처리 순서를 나열한 것으로 옳은 것은?

보기
1. 격리 보관
2. 기준 일탈 조사
3. 기준일탈의 처리
4. 폐기처분 또는 재작업 또는 반품
5. 기준일탈 제품에 불합격라벨 부착
6. 시험, 검사, 측정이 틀림없음 확인
7. 시험, 검사, 측정에서 기준 일탈 결과 나옴

① 3 → 2 → 6 → 7 → 4 → 1 → 5
② 5 → 2 → 6 → 3 → 7 → 1 → 4
③ 7 → 2 → 4 → 3 → 5 → 6 → 1
④ 7 → 2 → 6 → 3 → 5 → 1 → 4
⑤ 7 → 2 → 6 → 3 → 5 → 4 → 1

14 맞춤형화장품의 내용물 및 원료에 대한 품질검사결과를 확인할 수 있는 서류로 옳은 것은?

① 품질규격서
② 품질성적서
③ 제조공정도
④ 포장지시서
⑤ 칭량지시서

15 화장품에 사용되는 원료의 특성을 설명한 것으로 옳은 것은?

① 금속이온봉쇄제는 주로 점도증가, 피막형성 등의 목적으로 사용된다.
② 계면활성제는 계면에 흡착하여 계면의 성질을 현저히 변화시키는 물질이다.
③ 고분자화합물은 원료 중에 혼입되어 있는 이온을 제거할 목적으로 사용된다.
④ 산화방지제는 수분의 증발을 억제하고 사용감촉을 향상시키는 등의 목적으로 사용된다.
⑤ 유성원료는 산화되기 쉬운 성분을 함유한 물질에 첨가하여 산패를 막을 목적으로 사용된다.

16 다음 화장품 원료의 조건으로서 적합하지 않은 것은?

① 피부에 안전해야 한다.
② 동물시험을 하지 않아야 한다.
③ 환경에 문제가 없을 것
④ 경시적으로 안정해야 한다.
⑤ 합성된 원료는 사용해서는 안 된다.

17 여드름성 피부를 완화하는데 도움을 주는 기능성화장품으로 적합한 유형은?

① 기초화장용 제품류
② 색조화장용 제품류
③ 인체세정용 제품류
④ 두발용 제품류
⑤ 체취방지용 제품류

18 기능성화장품은 식품의약품안전평가원으로부터 심사 받거나 식품의약품안전평가원에 보고를 해야만 생산할 수가 있다. 다음 중 보고만으로 생산할 수 있는 기능성화장품으로 적합하지 않은 것은?

① 나이아신아마이드 로션제
② 알부틴 로션제
③ 알파-비사보롤 로션제
④ 아데노신 로션제
⑤ 닥나무추출물 로션제

19 화장품 안전성 정보관리 규정에서 정하는 중대한 유해사례가 아닌 것은?

① 입원 또는 입원기간의 연장이 필요한 경우
② 지속적 또는 중대한 불구나 기능저하를 초래하는 경우
③ 피부트러블에 의한 피부 가려움
④ 선천적 기형 또는 이상을 초래한 경우
⑤ 사망을 초래하거나 생명을 위협하는 경우

20 개봉 후 사용기간을 표시하는 화장품(제조 연월일: 2019년 11월 8일)의 보관용 검체의 보관기한으로 적당한 것은?

① 2021년 11월 7일까지
② 2022년 11월 7일까지
③ 2023년 11월 7일까지
④ 2024년 11월 7일까지
⑤ 2025년 11월 7일까지

21 표시량이 1000mL인 린스의 용량 충전량으로 적당한 것은(단, 린스의 비중은 0.9)?

① 900그램
② 1,000그램
③ 1,100그램
④ 1,200그램
⑤ 1,300그램

22 다음 중 화장품에 사용할 수 있는 원료는?

① 프탈레이트류
② 돼지폐추출물
③ 두타스테리드
④ 붕사
⑤ 에스트로겐

23 인체 내 멜라닌 생합성 경로에서 가장 중요한 초기 속도결정단계에 관여하는 효소로서, 이 효소의 활성 저해는 멜라닌 생성을 저해하는 결과를 나타낸다. 이 효소는 구리이온을 포함한 분자체효소이다. 이 효소는 무엇인가?

① 엘라스타제
② 콜라게나제
③ 타이로시나제
④ 도파(DOPA)
⑤ 베스타제

24 표피의 각질층에 존재하는 천연보습인자(Natural Moisturizing Factor, NMF)의 성분으로 적당하지 않는 것은?

① 아미노산
② 우레아(요소)
③ 황산염
④ 피롤리돈카복실릭애씨드
⑤ 염산염

25 화장품 제조업자가 화장품의 품질검사를 위탁할 수 있는 곳으로 적당하지 않은 곳은?

① 대한화장품협회
② 시험실을 갖춘 제조업자
③ 한국의약품수출입협회
④ 시 · 도 보건환경연구원
⑤ 식품의약품안전처장이 지정한 화장품시험 · 검사기관

26 다음의 화장품 원료 중에서 동물성 오일(animal oil)에 속하는 것은?

① 난황유(egg oil)
② 미네랄 오일(mineral oil)
③ 아르간커넬 오일(argania spinosa kernel oil)
④ 마카다미아씨 오일(macadamia ternifolia seed oil)
⑤ 우지(beef tallow)

27 화장품 원료를 화학구조에 따라 분류할 때 에스테르 오일에 해당되지 않는 것은?

① 세틸에틸헥사노에이트(cetyl ethylhexanoate)
② 글리세릴모노스테아레이트(glyceryl monostearate, GMS)
③ 아이소프로필팔미테이트(isopropyl palmitate, IPP)
④ 아이소프로필미리스테이트(isopropyl myristate, IPM)
⑤ C12−15알킬벤조에이트(C12−15 alkylbenzoate)

28 유통화장품 안전관리 기준에 따라 pH를 측정할 때 물로 희석하지 않고 그대로 측정하는 화장품에 해당되는 것은?

① 영유아용 크림
② 애프터셰이브 로션
③ 유연화장수
④ 헤어 로션
⑤ 버블 배스(bubble baths)

29 영유아용 크림에 사용할 수 있는 보존제 성분과 함량이 옳은 것은?

① 벤질알코올, 1.5%
② 살리실릭애씨드, 0.01%
③ 메칠이소치아졸리논, 0.01%
④ 트리클로산, 0.01%
⑤ 소듐벤조에이트, 0.01%

30 시중에 유통 중인 미백과 주름개선 2중기능성 크림이 회수되어 다음과 같은 시험결과가 나왔다면 이 화장품의 위해성 등급으로 적합한 것은?

보기

〈시험결과〉
- 아데노신(주름개선 기능성화장품 주성분) 함량시험 결과 : 95%
- 나이아신아마이드(미백 기능성화장품 주성분) 함량시험 결과 : 90%
- 내용량 시험결과 : 80%
- 비소 시험결과 : 30㎍/g(ppm)
- 미생물한도 시험결과 : 400개/g

① 가등급　　② 나등급
③ 다등급　　④ 라등급
⑤ 위해성 등급 없음

31 다음의 제품 중에서 유통화장품 안전관리기준 중 pH기준에 적합해야 하는 화장품은?

① 클렌징 워터
② 클렌징 크림
③ 샴푸
④ 영유아 목욕용제품
⑤ 마사지 크림

32 식품의약품안전처에서 고시하는 체모를 제거하는 기능을 가진 제품의 성분 및 함량으로 옳은 것은?

① 치오글리콜산 80%, 치오글리콜산으로서 3.0~4.5%
② 치오글리콜산 50%, 치오글리콜산으로서 3.0~4.0%
③ 치오글리콜산 80%, 치오글리콜산으로서 1.0~2.0%
④ 치오글리콜산 50%, 치오글리콜산으로서 1.0~2.0%
⑤ 암모늄티오글라이콜레이트 80%, 치오글리콜산으로서 3.0~4.0%

33 맞춤형화장품판매업자로 신고할 수 있는 자는?

① 피성년후견인 또는 파산선고를 받고 복권되지 아니한 자
② 화장품법을 위반하여 금고 이상의 형을 선고받고 그 집행이 끝나지 아니하거나 그 집행을 받지 아니하기로 확정되지 아니한 자
③ 화장품법 제24조에 따라 등록이 취소되거나 영업소가 폐쇄된 날부터 1년이 지나지 아니한 자
④ 정신질환자
⑤ 보건범죄 단속에 관한 특별조치법을 위반하여 금고 이상의 형을 선고받고 그 집행이 끝나지 아니하거나 그 집행을 받지 아니하기로 확정되지 아니한 자

34 화장품책임판매업자의 준수사항인 품질관리기준(화장품법시행규칙 별표1)에서는 ( )은(는) 화장품의 책임판매 시 필요한 제품의 품질을 확보하기 위해서 실시하는 것으로서, 화장품제조업자 및 제조에 관계된 업무(시험·검사 등의 업무를 포함한다)에 대한 관리·감독 및 화장품의 시장 출하에 관한 관리, 그 밖에 제품의 품질의 관리에 필요한 업무로 정의하고 있다. ( )안에 적합한 용어는?

① 품질관리
② 품질보증
③ 품질개선
④ 품질경영
⑤ 안전관리

35 위해화장품의 위해등급 및 회수절차에 대한 설명으로 적절하지 않은 것은?

① 화장품책임판매업자 스스로 국민보건에 위해를 끼칠 우려가 있어 회수가 필요하다고 판단한 화장품은 다등급 위해성이다.
② 유통화장품 안전관리 모든 기준에 적합하지 않은 경우는 나등급 위해성이다.
③ 화장품 사용으로 인하여 인체건강에 미치는 위해영향은 없으나 유효성이 입증되지 않은 경우는 다등급 위해성이다.
④ 회수의무자는 회수대상화장품이라는 사실을 안 날부터 5일 이내에 회수계획서를 지방식품의약품안전청장에게 제출하여야 한다.
⑤ 회수의무자는 회수대상화장품의 판매자, 그 밖에 해당 화장품을 업무상 취급하는 자에게 방문, 우편, 전화, 전보, 전자우편, 팩스 또는 언론매체를 통한 공고 등을 통하여 회수계획을 통보하여야 한다.

36 화장품의 품질요소인 사용성에 대한 설명으로 옳은 것은?

① 피부에 대한 자극, 알레르기, 독성이 없어야 한다.
② 보관 시에 변질, 변색, 변취, 미생물 오염이 없어야 한다.
③ 피부에 잘 펴발리며, 사용하기 쉽고 흡수가 잘 되어야 한다.
④ 유분과 수분을 공급하고 세정, 메이크업, 기능성 효과 등을 부여해야 한다.
⑤ 사용기간 동안에 안정해야 한다.

37 두타스테리드가 포함된 탈모방지용 샴푸에 대한 설명으로 적절하지 않은 것은?

① 위해성 화장품으로 가등급 위해성 화장품이다.
② 위해성 화장품으로 나등급 위해성 화장품이다.
③ 이 샴푸가 회수대상화장품이라는 사실을 안 날부터 5일 이내에 회수계획서를 첨부하여 지방식품의약품안전청장에게 제출하여야 한다.
④ 이 샴푸가 위해 화장품이라는 공표를 영업자의 인터넷 홈페이지에 해야 한다.
⑤ 이 샴푸가 위해 화장품이라고 2개 일간신문에 공표 한다.

38 다음 중 1차 위반 시, 시정명령의 대상이 되는 경우는?

① 맞춤형화장품판매업소의 소재지 변경을 하지 않은 경우
② 기능성화장품 주원료의 함량이 기준치보다 10퍼센트 이상 부족한 경우
③ 기능성화장품 주원료의 함량이 기준치보다 10퍼센트 미만 부족한 경우
④ 실제 내용량이 표시된 내용량의 90퍼센트인 화장품을 판매한 경우
⑤ 해당 품목 판매업무정지기간 중 판매해당업무를 한 경우

39 다음 중 1차 위반 시, 그 위반 내용이 시정명령의 대상이 아닌 경우는?

① 화장품책임판매업자의 책임판매관리자의 변경을 안 한 경우
② 해당품목 광고 업무정지 1개월 기간 중 해당품목에 대한 광고를 한 경우
③ 맞춤형화장품판매업자의 법인 대표자의 변경을 아니한 경우
④ 맞춤형화장품 판매업소의 상호를 변경하지 아니한 경우
⑤ 맞춤형화장품 판매업소 소재지의 변경신고를 하지 않은 경우

40 화장품법에 따라 화장품의 포장에 기재·표시하여야 하는 사항으로 적절하지 않은 것은?

① 인체세정용 제품으로 성분명을 제품 명칭의 일부로 사용한 경우 그 성분명과 함량
② 기능성화장품의 경우, 심사받거나 보고한 효능·효과, 용법·용량
③ 인체 세포·조직 배양액이 들어있는 경우 그 함량
④ 화장품에 천연 또는 유기농으로 표시·광고하려는 경우에는 원료의 함량
⑤ 피부를 자외선으로부터 보호하는 데에 도움을 주는 화장품은 "질병의 예방 및 치료를 위한 의약품이 아님"이라는 문구

41 화장품의 1차 포장에는 화장품의 명칭, 영업자(화장품책임판매업자)의 상호, 제조번호, 사용기한 또는 개봉 후 사용기간을 기재·표시해야 한다. 다음 중 1차 포장 기재·표시 의무에서 제외되는 화장품은?

① 화장비누
② 폼클렌징
③ 립스틱
④ 아이브로우펜슬
⑤ 아이라이너

42 화장품 안전기준 등에 관한 규정에 따르면 기능성화장품은 기능성을 나타나게 하는 주원료의 함량이 심사 또는 보고한 기준에 적합하여야 한다. 다음의 화장품 원료 중에서 주원료에 해당되지 않는 것은?

① 호모살레이트
② 옥토크릴렌
③ 시녹세이트
④ 에칠헥실살리실레이트
⑤ 메틸 살리실레이트

43 **사용 후 남은 벌크제품의 재보관에 대한 설명으로 적당하지 않는 것은?**

① 이물이 침입할 수 없도록 밀폐하여 보관한다.
② 벌크제품의 보관조건에 맞게 보관한다.
③ 다음 충전 시에 남은 벌크제품을 우선적으로 사용한다.
④ 변질되기 쉬운 벌크제품은 재사용하지 않는다.
⑤ 재보관 시에는 재보관임을 표시하는 라벨을 반드시 부착할 필요는 없다.

44 **화장품법, 화장품법 시행규칙 및 소비자화장품안전관리감시원 운영규정에서 정하고 있는 소비자화장품안전관리감시원의 직무에 해당되지 않는 것은?**

① 유통 중인 화장품이 법 제10조(화장품의 기재사항)제1항 및 제2항에 따른 표시기준에 맞지 아니하면 행정관청에 신고한다.
② 법 제13조(부당한 표시·광고 행위 등의 금지)제1항 각 호의 어느 하나에 해당하는 표시 또는 광고를 한 화장품인 경우 관할 행정관청에 신고
③ 법 제23조(화수, 폐기명령 등)에 따른 관계 공무원의 물품 회수·폐기 등의 업무 지원
④ 화장품의 안전사용과 관련된 홍보 등의 업무
⑤ 법 제18조제1항·제2항(보고와 검사 등)에 따른 관계 검사·질문·수거

45 **화장품 안전기준 등에 관한 규정 제6조인 유통화장품의 안전관리 기준에서 정하고 있는 미생물한도기준에 대한 설명으로 적절하지 않은 것은?**

① 영유아용 크림의 미생물한도기준은 총호기성 생균수 500개/g(mL) 이하이다.
② 물휴지의 미생물한도기준은 세균수 100개/g(mL) 이하이고 진균수 100개/g(mL) 이하이다.
③ 파운데이션의 미생물한도기준은 총호기성 생균수 1,000개/g(mL) 이하
④ 마스카라에서 특정세균기준인 대장균(Escherichia Coli), 녹농균(Pseudomonas aeruginosa), 황색포도상구균(Staphylococcus aureus)은 불검출되어야 한다.
⑤ 아이라이너의 미생물한도기준은 총호기성 생균수 1,000개/g(mL) 이하

46 **화장품을 제조하는 시설, 건물의 청소와 소독에 대한 설명으로 적절하지 않은 것은?**

① 세제와 소독제에 적절한 라벨을 부착한다.
② 연속적으로 같은 제품을 생산할 경우에는 뱃치(로트) 생산 후마다 설비를 세척하지 않고 마지막 뱃치를 생산하고 세척한다.
③ 설비는 적절히 세척을 해야 하고 필요할 때는 소독을 해야 한다
④ 설비는 세척 후, 세척상태에 대하여 판정하고 그 기록을 남겨야 한다.
⑤ 세제와 소독제는 원료, 자재 또는 제품의 오염을 방지하기 위해서 적절히 선정, 보관, 관리 및 사용되어야 한다.

47 화장품법 제2조(정의)에서는 (㉠)(은)는 라디오·텔레비전·신문·잡지·음성·음향·영상·인터넷·인쇄물·간판, 그 밖의 방법에 의하여 화장품에 대한 정보를 나타내거나 알리는 행위로 정의하고 있다. ㉠에 적당한 단어는?

① 표시　　② 광고　　③ 홍보
④ 기재　　⑤ 보도

48 화장품 가격표시제실시요령에서 규정하고 있는 화장품 가격표시방법에 대한 사항으로 적절하지 않은 것은?

① 판매가격이 변경되었을 경우에는 기존의 가격표시가 보이지 않도록 반드시 변경 표시하여야 한다.
② 판매가격은 개별 제품에 스티커 등을 부착하여야 한다.
③ 개별 제품으로 구성된 종합제품으로서 분리하여 판매하지 않는 경우에는 그 종합제품에 판매가격을 일괄하여 표시할 수 있다.
④ 판매가격의 표시는 유통단계에서 쉽게 훼손되거나 지워지지 않으며 분리되지 않도록 스티커 또는 꼬리표를 표시하여야 한다.
⑤ 판매가격의 표시는 『판매가 ○○원』 등으로 소비자가 알아보기 쉽도록 선명하게 표시하여야 한다.

49 화장품법 제5조(영업자의 의무)에서 규정하는 맞춤형화장품판매업자의 의무사항이 〈보기〉와 같을 때 ㉠에 적당한 단어는?

> **보기**
> 맞춤형화장품판매업자는 맞춤형화장품 판매장 시설·기구의 관리 방법, 혼합·소분 (㉠)기준의 준수 의무, 혼합·소분되는 내용물 및 원료에 대한 설명 의무 등에 관하여 총리령으로 정하는 사항(맞춤형화장품 판매업자 준수사항)을 준수하여야 한다.

① 품질관리　　② 안전관리　　③ 위생관리
④ 제조관리　　⑤ 공정관리

50 화장품에 대한 포장방법으로 적당하지 않은 것은?

① 천연화장품인 경우에는 폴리염화비닐(PVC) 재질의 용기를 사용하지 않는다.
② 인체세정용 제품인 경우에는 포장공간비율이 15% 이하이어야 한다.
③ 기초화장용 제품인 경우에는 포장공간비율이 10% 이하이어야 한다.
④ 인체세정용 제품의 포장횟수는 2차 이내이다.
⑤ 카톤(단상자)의 외부를 수분 및 이물의 침투를 방지하기 위하여 비닐 포장을 할 때, 이 비닐포장은 포장횟수에 포함된다.

51 다음 중 "빛에 의해 변색될 수 있는 화장품 성분을 포함한 화장수"에 가장 적당한 화장품 용기는?

① 차광용기, 밀폐용기
② 차광용기, 기밀용기
③ 차광용기, 밀봉용기
④ 투명용기, 밀폐용기
⑤ 투명용기, 기밀용기

52 맞춤형화장품판매업자에게 책임판매업자가 공급하는 화장품 원료에 대한 품질성적서에서 확인할 수 있는 사항으로 적절하지 않은 것은?

① 제품명
② 적용 가능한 경우, CAS번호
③ 공급자명
④ 공급자가 부여한 뱃치번호(로트번호)
⑤ 원료에 대한 유해위험문구, 예방조치문구

53 화장품 원료의 성상에 대한 설명이 적당하지 않은 것은?

① 라놀린 : 엷은 황색 ~ 엷은 황갈색의 점성이 강한 연고모양의 물질로 패유성이 아닌 약간의 특이한 냄새가 있다.
② 페트롤라툼(백색) : 백색 ~ 엷은 황색의 균질한 연고와 같은 물질로 냄새와 맛은 거의 없다.
③ 글리세릴모노스테아레이트 : 흰색~엷은 황색의 납 같은 덩어리, 박편 또는 알갱이로 약간 특이한 냄새 및 맛이 있다.
④ 다이메티콘 : 무색의 엷은 노란색 액 또는 점성이 있는 엷은 노란색 액으로 냄새는 거의 없다.
⑤ 사이클로메티콘 : 무색의 맑은 액으로 냄새는 거의 없다.

54 양도·양수에 의해 맞춤형화장품판매업자를 변경할 때 양도인은 최근 (㉠) 이내에 화장품법 제24조와 같은 법 시행규칙 제29조 및 별표 7에 따라 행정처분을 받았다는 사실, 행정처분의 절차가 진행 중이라는 사실 또는 최근 (㉠) 이내에 행정처분을 받은 사실이 없다는 사실을 양수인에게 알려야 한다. ㉠에 적합한 것은?

① 6개월
② 1년
③ 18개월
④ 2년
⑤ 3년

55 다음의 화장품 중에서 맞춤형화장품에 해당되지 않은 것은?

① 제조 또는 수입된 고형비누를 소분한 화장품
② 제조된 화장품의 내용물을 소분한 화장품
③ 수입된 화장품의 내용물을 소분한 화장품
④ 제조된 화장품의 내용물에 다른 화장품의 내용물을 혼합한 화장품
⑤ 수입된 화장품의 내용물에 다른 화장품의 내용물을 혼합한 화장품

56 모낭에 존재하는 혐기성 박테리아로 균으로 알려져 있는 균은?

① 프로피오니박테리움 아크니스(Propionibacterium acnes)
② 대장균(Escherichia Coli),
③ 녹농균(Pseudomonas aeruginosa)
④ 황색포도상구균(Staphylococcus aureus)
⑤ 살모넬라(Salmonella)

57 실온(1 ~ 30℃)에서 화장품 원료의 성상에 대한 설명으로 적당하지 않은 것은?

① 소듐하이알루로네이트(sodium hyaluronate) : 흰색의 과립상
② 알파 비사보롤(alpha bisabolol) : 투명한 점조성 액상
③ 아데노신(adenosine) : 흰색의 분말상
④ 토코페릴아세테이트(tocopheryl acetate) : 투명한 점조성 액상
⑤ 디엘-판테놀(DL-panthenol) : 투명한 점조성 액상

58 영유아용 화장품임을 특정하여 광고하는 매체 또는 수단으로 적당하지 않은 것은?

① 신문 · 방송 또는 잡지
② 전단 · 팸플릿 · 견본 또는 입장권
③ 인터넷 또는 컴퓨터통신
④ 포스터 · 간판 · 네온사인 · 애드벌룬 또는 전광판
⑤ 자기 상품 외의 다른 상품의 포장

59 다음의 원료, 포장재 및 벌크제품에 대한 재고관리로 적절하지 않은 것은?

① 주기적으로 내용물과 원료, 포장재에 대한 재고를 조사를 실시한다.
② 포장재, 원료 및 내용물 출고 시에는 반드시 선입선출방식을 적용하여 불용재고(사용기한이 경과된 것)가 없도록 한다.
③ 생산 계획과 포장 계획에 따라 포장에 필요한 포장재의 소요량 및 재고량을 파악한다.
④ 벌크제품은 설정된 최대보관기한 내에 충전하여 벌크제품의 재고가 증가하지 않도록 관리한다.
⑤ 원료의 수급 기간을 고려하여 최소 발주량을 산정해 발주한다.

60 소용량 맞춤형화장품인 "아워스토리 핸드크림"과 관련된 〈보기〉의 정보 중에서 맞춤형화장품의 포장에 반드시 표시해야 하는 것은?

보기

㉠ 제품명 : 아워스토리 핸드크림
㉡ 맞춤형화장품판매업자 : ㈜지에스씨티
㉢ 화장품책임판매업자 : ㈜지에스씨티
㉣ 내용물 제조번호: 20B001
㉤ 식별번호 : 20B001_1902009_001
㉥ 내용물 사용기한 : 2022. 01. 30
㉦ 내용물 제조일자: 2019. 01. 31
㉧ 맞춤형화장품에 혼합된 원료 제조번호: 1902009
㉨ 혼합소분일 : 2020. 02. 10
㉩ 맞춤형화장품의 사용기한 : 2022. 01. 30
㉪ 판매가격: 39,000원

① ㉠㉡㉣㉧㉪
② ㉠㉡㉢㉣㉥
③ ㉠㉡㉢㉥㉪
④ ㉠㉡㉥㉨㉪
⑤ ㉠㉡㉤㉩㉪

61 탈색제에 대한 설명으로 적절하지 않은 것은?

① 탈색제는 모발을 탈색(bleaching)시켜 모발의 색상을 밝게 해준다.
② 탈색제는 1제(탈색제)와 2제(산화제)로 구성되어 있다.
③ 탈색제는 모발 내의 멜라닌(melanin)을 산화시킨다.
④ 탈색제의 1제에는 과황산칼륨, 과황산암모늄, 소듐하이드록사이드가 주요성분이다.
⑤ 탈색제의 2제에는 과탄산나트륨, 과산화수소가 주요성분이다.

62 실리콘(silicone)류 원료에 대한 설명으로 적절하지 않은 것은?

① 실리콘은 W/Si(water in silicone) 에멀젼에서 외상으로 사용된다.
② 실리콘은 실록산 결합(siloxane bond, $H_3C-SiO-CH_3$)을 가지는 화합물이다.
③ 아모다이메티콘은 아미노기($-NH_2$)를 가지고 있어 모발에 유연효과를 준다.
④ 페닐트리메티콘은 페닐기로 인해 오일과 친화성이 높고 모발에 광택을 부여한다.
⑤ 사이클로헥사실록세인(D6)은 환상(環狀)의 구조로 디이메티콘에 해당된다.

63 다음의 화장품 성분에 대한 설명으로 적절하지 않은 것은?

① 알파 비사보롤은 카모마일에 포함된 성분으로 진정작용, 자극완화에 효과가 있다.
② 알란토인은 자극 완화에 효과가 있다.
③ 글리시레티닉애씨드는 감초에서 추출한 물질로 피부장벽 회복에 효과가 있다.
④ 알로에는 염증완화, 진정작용에 효과가 있다.
⑤ 토코페롤은 지용성 비타민으로 항산화 작용이 있다.

64 땀샘에 대한 설명으로 틀린 것은?

① 일반적으로 아포크린선의 땀분비량은 에크린선의 땀분비량보다 적다.
② 아포크린선에서 분비되는 땀 자체는 무취, 무색, 무균성이나 표피에 배출된 후, 세균의 작용을 받아 부패하여 냄새가 난다.
③ 에크린선은 입술뿐만 아니라 전신 피부에 분포되어 있다.
④ 에크린선에서 분비되는 땀은 냄새가 거의 없다.
⑤ 땀의 구성성분은 물, 소금, 요소, 암모니아, 아미노산, 젖산, 크레아틴 등이다.

65 맞춤형화장품의 정의에 대한 〈보기〉의 설명에서 ㉠, ㉡, ㉢에 적당한 단어는?

보기

- 제조 또는 수입된 화장품의 내용물에 다른 화장품의 내용물을 (㉠)한 화장품
- 제조 또는 수입된 화장품의 내용물에 식품의약품안전처장이 정하는 원료를 추가하여 (㉡)한 화장품
- 제조 또는 수입된 화장품의 내용물을 (㉢)한 화장품.

① 혼합, 소분, 소분　② 혼합, 혼합, 소분　③ 소분, 혼합, 소분
④ 조제, 조제, 소분　⑤ 조제, 조제, 조제

66 모발을 탈색시켜 모발의 색상을 밝게 하는 탈색제의 1제의 주요성분으로 적당한 것은?

① 과황산칼륨　② 소듐클로라이드　③ 칼슘카보네이트
④ 과붕산나트륨　⑤ 브롬산나트륨

67 펌제(퍼머넌트 웨이브)에 대한 〈보기〉의 설명에서 ㉠에 적당한 단어는?

보기

펌제(퍼머넌트 웨이브)의 1제(환원제)는 디설파이드결합을 절단하여 시스틴을 (㉠)(으)로 환원시킨다. 디설파이드결합이 절단된 모발은 원하는 형태로 웨이브를 만들 수 있고, 원하는 형태로 웨이브를 만든 후에 2제(산화제, 중화제)를 사용하여 (㉠)을(를) 시스틴으로 산화시켜모발의 웨이브를 고정한다.

① 시스테인　② 아르기닌　③ 티로신
④ 라이신　⑤ 메티오신

68 유통화장품에 적용되는 안전관리 기준으로 적합하지 않은 것은?

① 영양크림 중 비소의 검출허용한도는 10㎍/g 이하이다.
② 영양크림 중 수은의 검출허용한도는 1㎍/g 이하이다.
③ 영양크림 중 납의 검출허용한도는 20㎍/g 이하이다.
④ 영양크림 중 철의 검출허용한도는 2㎍/g 이하이다.
⑤ 영양크림의 미생물한도는 총호기성 생균수로 1,000개/g(mL) 이하이다.

69 물휴지(표시량 25g)에 대한 시험결과 값이 다음과 같을 때 유통화장품 안전관리 기준에 적합하지 않은 시험결과는?

① 세균수 : 90개/g, 진균수 : 100개/g
② 메탄올 : 0.0018%(v/v)
③ pH : 3.3
④ 내용량 : 3개의 평균량이 표시량에 98.5%
⑤ 포름알데하이드 : 30㎍/g

70 맞춤형화장품 포장에 반드시 기재·표시해야 하는 사항으로 적당하지 않은 것은?

① 내용물의 제조 연월일
② 명칭
③ 사용기한 또는 개봉 후 사용기간
④ 제조번호
⑤ 맞춤형화장품판매업자의 상호

71 맞춤형화장품판매업자의 준수사항으로 적당하지 않은 것은?

① 맞춤형화장품 판매내역서(전자문서 형식은 제외)를 작성·보관한다.
② 맞춤형화장품 판매장 시설을 정기적으로 점검한다.
③ 혼합·소분된 제품을 담을 포장용기의 오염여부를 사전에 확인한다.
④ 맞춤형화장품 사용과 관련된 부작용 발생사례에 대해서는 식품의약품안전처장이 정하여 고시하는 바에 따라 식품의약품안전처장에게 보고한다.
⑤ 맞춤형화장품 판매 시 해당 맞춤형화장품의 혼합 또는 소분에 사용되는 내용물 및 원료, 사용 시의 주의사항에 대하여 소비자에게 설명한다.

72 다음의 성분 중에서 천연보습인자(NMF)의 성분이 아닌 것은?

① 유리아미노산
② 피롤리돈카복실릭애씨드(피씨에이, PCA)
③ 염산염
④ 인산염
⑤ 콜레스테롤

73 모유두를 덮고 있으면서 모유두로부터 영양분을 공급받아 세포분열하여 모발을 만드는 세포는?

① 모근세포
② 모모세포
③ 모간세포
④ 모유세포
⑤ 모구세포

74 리필스테이션(소분 전용매장)에서 맞춤형화장품 조제관리사의 안내에 따라 소비자가 직접 용기에 화장품 내용물을 담고 원하는 만큼 구매할 수 있는 화장품이 아닌 것은?

① 샴푸
② 린스
③ 바디클렌저
④ 클렌징 워터
⑤ 액체비누

75 유액, 영양액, 영양크림 등 유화제형에서 유화제로 사용하기에 가장 적당하지 않은 것은?

① 글리세릴모노스테아레이트
② 솔비탄스테아레이트
③ 피이지-6솔비탄스테아레이트
④ 폴리솔베이트80
⑤ 코카미도프로필베타인

76 〈보기〉의 설명에 해당되는 안료는?

보기

- 천연에서 나는 함수알루미늄포타슘실리케이트이다.
- 운모라고 불리며, 체질안료로 사용된다.
- 엷은 회색의 가루 또는 비늘모양의 가루로 냄새는 거의 없다.
- 색조화장품에 사용하면 뭉침현상을 일으키지 않고 자연스러운 광택을 부여한다.

① 탤크(talc)
② 세리사이트(sericite)
③ 마이카(mica)
④ 카올린(kaolin)
⑤ 실리카(silica)

77 계면활성제(surfactant)의 기능으로 가장 적합하지 않은 것은?

① 점증작용(thickening)
② 가용화작용(solubilization)
③ 분산작용(dispersion)
④ 세정작용(cleansing)
⑤ 유화작용(emulsification)

78 **제품의 포장재질·포장방법에 관한 기준 등에 관한 규칙(환경부 고시)에서 정하고 있는 화장품의 종류별 포장방법에 대한 기준으로 적합하지 않은 것은?**

① 화장품류의 포장공간비율은 10 ~ 15% 이하이다.
② 포장횟수는 2차 이내로 유지해야 한다.
③ 셋트포장의 포장공간비율은 25% 이하이다.
④ 샴푸의 포장공간비율은 15% 이하이다.
⑤ 유액의 포장공간비율은 15% 이하이다.

79 **유기농화장품 표시·광고 가이드라인에 따르면 제품명에 유기농을 표시하고자 하는 경우에는 유기농 원료가 물과 (㉠)을(를) 제외한 전체구성성분 중 95% 이상으로 구성되어야 한다. ㉠에 적합한 단어는?**

① 소금
② 유기산
③ 무기산
④ 무기물
⑤ 유기물

80 **피부 장벽(skin barrier) 기능을 평가하는 피부측정항목으로 가장 적당한 것은?**

① 피부 멜라닌량
② 피부 홍반량
③ 피부 pH
④ 피부 유분량
⑤ 경피수분손실량(TEWL, transepidermal water loss)

81 **다음 〈보기〉에서 ㉠, ㉡에 적합한 용어를 작성하시오. ㉠최초교육, ㉡보수교육**

> **보기**
>
> 맞춤형화장품판매업에 종사하는 맞춤형화장품 조제관리사 는 그 자격시험에 합격한 날이 종사한 날 이전 1년 이내이면 (㉠)을(를) 받은 것으로 인정하며, 맞춤형화장품 조제관리사 자격시험에 합격한 날부터 1년이 되는 날을 기준으로 매년 1회의 (㉡)(을)를 받아야 한다

82 화장품을 회수하거나 회수하는 데에 필요한 조치를 하려는 영업자를 "회수의무자"라 한다. 맞춤형화장품의 회수의무자인 (㉠)은(는) 해당 화장품이 유통 중인 사실을 알게 된 경우 판매 중지 등의 조치를 즉시 실시하여야 한다. ㉠에 적합한 단어를 작성하시오. 맞춤형화장품판매업자

83 영유아 또는 어린이가 사용할 수 있는 화장품임을 표시·광고하려는 경우에는 제품별로 안전과 품질을 입증할 수 있는 자료를 보관해야 한다. 제품이 사용기한을 표시하는 경우에는 영유아 또는 어린이가 사용할 수 있는 화장품임을 표시·광고한 날부터 마지막으로 제조·수입된 제품의 사용기한 만료일 이후 (㉠)년까지의 기간 동안 보관해야 한다. 또한 개봉 후 사용기간을 표시하는 경우에는 영유아 또는 어린이가 사용할 수 있는 화장품임을 표시·광고한 날부터 마지막으로 제조·수입된 제품의 (㉡) 이후 3년까지의 기간(제조는 제조일자를 기준, 수입은 통관일자를 기준)동안 보관해야 한다. ㉠, ㉡에 적합한 단어를 작성하시오.

보기

- 모발에 흡착하여 유연효과나 대전 방지 효과, 모발의 정전기 방지 효과를 준다.
- 린스, 컨디셔너, 살균제, 손 소독제 등에 사용된다.

84 다음 〈보기〉에서 설명하는 계면활성제를 작성하시오.

85 우수화장품 제조 및 품질관리 기준에 설명하고 있는 일탈의 처리순서를 나열하시오.

보기

㉠ 일탈의 발견 및 초기평가
㉡ 즉각적인 수정조치
㉢ SOP(표준작업지침서)에 따른 조사, 원인분석 및 예방조치
㉣ 후속조치/종결
㉤ 문서작성/문서추적 및 경향분석

( ) → ( ) → ( ) → ( ) → ( )

86 다음 〈보기〉와 같이 화장비누의 중량이 표시되었다면 내용량 기준은 몇 그램(g)인지 작성하시오.

> **보기**
>
> 제품명 : 향기나는 히즈스토리 올리브 비누
> 중량 : 100g(수분포함), 80g(건조)

87 (㉠)은(는) 건물 외부로부터 곤충(하루살이, 나방, 모기 등)류의 해충 침입을 방지하고, 건물 내부의 곤충류를 조사하여 대책을 마련하는 것이며, (㉡)은(는) 건물 외부로부터 쥐의 침입을 방지하고 건물 내부의 쥐를 박멸하는 것을 의미한다. ㉠, ㉡에 적합한 단어를 작성하시오.

88 다음 〈보기〉에서 ㉠, ㉡에 적합한 숫자를 작성하시오.

> **보기**
>
> 다음 각 호에 해당하는 1차 포장 또는 2차 포장에는 화장품의 명칭, 화장품책임판매업자의 상호, 가격, 제조번호와 사용기한 또는 개봉 후 사용기간(개봉 후 사용기간을 기재할 경우에는 제조 연월일을 병행 표기하여야 한다)만을 기재·표시할 수 있다.
> - 내용량이 (㉠)밀리리터 이하 또는 (㉡)그램 이하인 화장품의 포장
> - 판매의 목적이 아닌 제품의 선택 등을 위하여 미리 소비자가 시험·사용하도록 제조 또는 수입된 화장품의 포장 : 가격대신에 견본품 이나 비매품으로 표시함

89 우수화장품 제조 및 품질관리기준에서 정의하는 (㉠)은(는) 모든 제조, 관리 및 보관된 제품이 규정된 적합판정기준에 일치하도록 보장하기 위하여 우수화장품 제조 및 품질관리기준이 적용되는 모든 활동을 내부 조직의 책임하에 계획하여 변경하는 것을 말한다. ㉠에 적합한 용어를 작성하시오.

90 자외선에 노출되면 10분부터 홍반이 생성되는 피부를 가진 고객 K씨가 3시간의 야외활동이 예정되어 있다면 맞춤형화장품 조제관리사가 권장하는 자외선차단제의 SPF는 (   )이상이어야 한다. ㉠에 적합한 숫자를 작성하시오.

보기

각질층에는 세포간 지질(intercellular lipid)이 존재하며 그 성분은 세라마이드, 지방산, 콜레스테롤 등으로 구성되어 있다. 세포간 지질은 (㉠) 구조를 형성하여 각질층의 수분 손실을 막아주고 피부의 장벽기능을 유지시켜 준다. ㉠에 적합한 용어를 작성하시오.

91 (㉠)은(는) 일반적으로 재고 수량을 관리하는 것을 의미하지만, 넓은 의미로는 재고 수량을 관리하는 것만이 아니라 생산, 판매 등을 원활히 하기 위한 활동으로 주기적으로 내용물과 원료, 포장재에 대한 재고를 조사하여 사용기한이 경과한 내용물과 원료, 포장재가 없도록 관리하고 발주 시에 재고량을 반영하여 필요량 이상이 발주되지 않도록 관리하는 것을 의미한다. ㉠에 적합한 용어를 작성하시오.

92 〈보기〉 중에서 피부의 주름개선에 도움을 주는 성분으로 고시되어 있지만 그 함량은 고시되어 있지 않은 성분을 모두 고르시오.

보기

레티놀, 레티닐팔미테이트, 아데노신, 폴리에톡실레이티드레틴아마이드, 아데노신액(2%)

93 〈보기〉의 화장품 광고의 매체 또는 수단 중에서 어린이 사용 화장품의 광고의 매체 또는 수단으로 적당한 것을 모두 고르시오.

보기

가. 신문·방송 또는 잡지
나. 전단·팸플릿·견본 또는 입장권
다. 인터넷 또는 컴퓨터통신
라. 포스터·간판·네온사인·애드벌룬 또는 전광판
마. 비디오물·음반·서적·간행물·영화 또는 연극
바. 방문광고 또는 실연(實演)에 의한 광고
사. 자기 상품 외의 다른 상품의 포장

94 우수화장품 제조 및 품질관리기준(CGMP)에서는 작업실별로 적절한 청정도를 유지하도록 요구하고 있으며 그 관리기준은 내용물이 노출되는 제조실, 칭량실, 충전실에 대하여는 (㉠) 30개/hr 이하 또는 부유균 (㉡)개/㎥ 이하이다. ㉠, ㉡에 적합한 용어를 작성하시오.

95 화장품 가격표시제 실시요령에 따르면 표시의무자는 화장품을 일반 소비자에게 판매하는 자이며, 판매가격은 화장품을 일반 소비자에게 판매하는 실제 가격을 말한다. 따라서 판매가격의 표시는 일반소비자에게 판매되는 (㉠)을(를) 표시하여야 한다. ㉠에 적합한 용어를 작성하시오.

96 〈보기〉의 화장품 중에서 회수대상 화장품에 해당되는 것을 모두 고르시오.

보기

가. 내용량이 50g인 로션제(표시량 100g)
나. 아데노신 함량이 표시량의 90%인 아데노신 로션제
다. 나이아신아마이드 함량이 표시량의 98%인 나이아신아마이드 로션제
라. 황색포도상구균이 2개/g 검출된 로션제

97 화장품 안정성시험 가이드라인에서 정의하는 안정성 시험 중에서 화장품 사용 시에 일어날 수 있는 오염 등을 고려한 사용기한을 설정하기 위하여 장기간에 걸쳐 물리·화학적, 미생물학적 안정성 및 용기 적합성을 확인하는 시험을 (㉠)시험이라 한다. ㉠에 적합한 단어를 작성하시오.

98 (㉠)은(는) 접촉면에서 바람직하지 않은 오염 물질을 제거하기 위해 사용하는 화학물질 또는 이들의 혼합액으로 용매, 산, 염기 등이 주로 사용되며 (㉡)은(는) 병원 미생물을 사멸시키기 위해 인체의 피부, 점막의 표면이나 기구, 환경의 소독을 목적으로 사용하는 화학 물질의 총칭으로, 기구 등에 부착한 균에 대해 사용하는 약제를 말한다. ㉠, ㉡에 적합한 단어를 작성하시오.

99 〈보기〉는 화장품 미생물한도시험 전에 시험재료 및 시험방법을 신뢰할 수 있는지 미리 검증하는 시험법 적합성 시험결과이다. 이 결과를 통해 회수율을 계산하고 회수율을 통해 시험법이 적합인지 부적합인지 판정하시오(CFU: colony forming unit).

보기

- 검액에서 회수한 균수 : 80CFU
- 대조액에서 회수한 균수 : 100CFU

100 〈보기〉는 아이라이너에 대한 화장품 미생물한도시험 결과이다. 이 결과를 통해 총 호기성 생균수를 계산하고 화장품 미생물한도시험 기준에 적합인지 부적합인지 판정하시오(CFU ; colony forming unit, 집락수).

보기

시험방법 : 평판희석법으로 시험하되 10배 희석 검액 1mL씩 평판(배지)에 2회 반복하여 접종
시험결과 : 각 배지(평판)에서 검출된 집락수
세균용 평판(배지)1 : 66CFU
세균용 평판(배지)2 : 58CFU
진균용 평판(배지)1 : 28CFU
진균용 평판(배지)2 : 24CFU

5회 실전 모의고사

※QR코드를 스캔하면 선다형 문제만 모바일 모의고사 서비스가 제공됩니다.

1 화장품법 제27조에서 정하고 있는 청문을 실시하여야 하는 사항과 거리가 먼 것은?

① 해당품목 광고업무 정지
② 품목의 제조·수입 및 판매의 금지
③ 맞춤형화장품판매업 신고의 취소
④ 천연화장품 및 유기농화장품에 대한 인증의 취소
⑤ 전품목 광고업무 정지

2 화장품 안전기준 중에 관한 규정에서 정하고 있는 맞춤형화장품 조제 시, 사용할 수 있는 원료는?

① 우레아(urea)
② 이미다졸리디닐 우레아(imidazolidinyl urea)
③ 살리실릭애씨드(salicylic acid)
④ 다이이소스테아릴 말레이트(diisostearyl malate)
⑤ 페녹시에탄올(phenoxyethanol)

3 화장품법 시행규칙에서 규정한 화장품의 유형이 아닌 것은?

① 영유아용
② 입술화장용
③ 체모제거용
④ 방향용
⑤ 두발용

4 화장품법 제40조에 따라 100만 원의 과태료가 부과되는 자는?

① 화장품 생산실적을 보고하지 아니한 자
② 기능성화장품에 대한 변경심사를 받지 않는 자
③ 의무교육을 이수하지 않은 맞춤형화장품 조제관리사
④ 폐업 신고를 하지 않는 자
⑤ 화장품 판매가격을 표시하지 아니한 자

5 맞춤형화장품 조제관리사가 의무교육을 이수하지 않았을 때의 처벌은?

① 과징금 100만 원
② 과태료 50만 원
③ 과징금 50만 원
④ 판매정지 15일
⑤ 업무정지 30일

6 다음 중 맞춤형화장품 조제관리사가 매년 받아야 하는 교육은?

① 피부의 구조와 기능
② 화장품의 안전성 확보
③ 화장품의 위해평가 방법
④ 화장품 관련 일반화학
⑤ 화장품 원료 기능

7 개인정보보호법 제17조에 따라 고객의 개인정보를 제3자에게 제공 시 고객에게 알리고 동의를 구하여야 한다. 〈보기〉에서 개인정보보호법에 따라 고객에게 반드시 알려야 하는 사항을 모두 고른 것은?

보기

ㄱ. 개인정보를 제공받는 자
ㄴ. 개인정보 제공 동의 일자
ㄷ. 제공하는 개인정보의 항목
ㄹ. 제공 받은 개인정보 보관 방법
ㅁ. 개인정보의 이용 목적

① ㄱ, ㄴ, ㄹ
② ㄱ, ㄷ, ㅁ
③ ㄱ, ㄹ, ㅁ
④ ㄴ, ㄷ, ㄹ
⑤ ㄴ, ㄷ, ㅁ

8 화장품책임판매업자는 총리령으로 정하는 바에 따라 화장품의 제조과정에 사용된 원료의 목록을 화장품의 (　　) 전에 식품의약품안전처장에게 보고하여야 한다. (　　)안에 적합한 단어는?

① 제조
② 충전
③ 포장
④ 유통·판매
⑤ 출하

9 **기능성화장품 심사에 관한 규정에서 정하고 있는 모발의 색상을 변화시키는 기능을 가진 성분이 아닌 것은?**

① 주석산
② 니트로-p-페닐렌디아민
③ p-아미노페놀
④ α-나프톨
⑤ 몰식자산

10 **동식물 및 그 유래 원료 등을 함유한 화장품으로서 식품의약품안전처장이 정하는 기준에 맞는 화장품을 (㉠)(이)라 한다. ㉠에 적합한 단어는?**

① 천연화장품
② 유기농화장품
③ 기능성화장품
④ 천연유래화장품
⑤ 유기농유래화장품

11 **화장품법 제2조에서 정하고 있는 기능성화장품에 해당되지 않는 것은?**

① 피부의 미백에 도움을 주는 제품
② 피부의 주름개선에 도움을 주는 제품
③ 피부를 곱게 태워주는 제품
④ 피부를 적외선으로부터 보호하는 데에 도움을 주는 제품
⑤ 모발의 색상 변화·제거 또는 영양공급에 도움을 주는 제품

12 **화장품법에서 규정한 맞춤형화장품의 정의에 맞지 않는 것은?**

① 제조된 화장품의 내용물에 다른 화장품의 내용물을 추가, 혼합한 화장품
② 수입된 화장품의 내용물에 다른 화장품의 내용물을 추가, 혼합한 화장품
③ 수입된 화장품의 내용물에 글리세린(glycerin)을 추가, 혼합한 화장품
④ 제조된 화장품의 내용물에 우레아(urea)를 추가, 혼합한 화장품
⑤ 제조된 화장품의 내용물에 소듐하이알루로네이트(sodium hyaluronate)를 추가, 혼합한 화장품

13 **화장품법에서 규정한 용어의 정의가 바르지 않은 것은?**

① 1차포장: 화장품 제조 시 내용물과 직접 접촉하는 포장용기
② 표시: 화장품의 용기·포장에 기재하는 문자·숫자·도형 또는 그림 등을 말함
③ 2차포장: 1차 포장을 수용하는 1개 또는 그 이상의 포장과 보호재 및 표시의 목적으로 한 포장(첨부문서 등은 포함하지 않는다)
④ 안전용기·포장: 만 5세 미만의 어린이가 개봉하기 어렵게 설계·고안된 용기나 포장
⑤ 광고: 라디오·텔레비전·신문·잡지·음성·음향·영상·인터넷·인쇄물·간판, 그 밖의 방법에 의하여 화장품에 대한 정보를 나타내거나 알리는 행위

14 **화장품법에서 정하고 있는 맞춤형화장품판매업자의 영업범위에 해당되는 것은?**

① 수입된 화장품을 유통·판매하는 영업
② 화장품제조업자에게 위탁하여 제조된 화장품을 유통·판매하는 영업
③ 제조 또는 수입된 화장품의 내용물을 소분(小分)한 화장품을 판매하는 영업
④ 화장품을 직접 제조하는 영업
⑤ 1차 포장된 화장품을 2차 포장하여 납품하는 영업

15 **맞춤형화장품판매업자의 신고를 위해 지방식품의약품안전청에 제출해야 하는 것은?**

① 맞춤형화장품 조제관리사의 전공을 증빙하는 서류
② 맞춤형화장품판매업자가 법인인 경우는 법인대표자 건강진단서
③ 맞춤형화 장품의 혼합 또는 소분에 사용되는 내용물 및 원료를 제공하는 화장품책임판매업자와 체결한 계약서 사본
④ 소비자피해 보상을 위한 보험계약서 사본
⑤ 맞춤형화장품 조제관리사의 자격증 사본

16 **화장품 제조업 등록 시, 작업소에 갖추어야 할 시설이 아닌 것은?**

① 작업대 등 제조에 필요한 시설 및 기구
② 원료·자재 및 제품을 보관하는 보관소
③ 원료·자재 및 제품의 품질검사를 위하여 필요한 시험실
④ 작업자를 위한 화장실 및 휴게공간
⑤ 품질검사에 필요한 시설 및 기구

17 맞춤형화장품을 조제하기 위하여 맞춤형화장품 조제관리사가 꼭 해야하는 작업은?

① 내용물과 원료의 수령
② 자재 수령
③ 혼합, 소분
④ 포장, 출하
⑤ 원자재 재고관리

18 화장품법 시행규칙 제8조에서 규정한 책임판매관리자의 직무가 아닌 것은?

① 품질관리업무
② 책임판매 후 안전관리기준에 따른 안전확보업무
③ 원료 및 자재의 입고(入庫)부터 완제품의 출고에 이르기까지 필요한 시험·검사 또는 검정에 대하여 제조업자를 관리·감독하는 업무
④ 화장품생산실적 보고업무
⑤ 화장품의 안전성 확보 및 품질관리에 관한 교육의 매년 이수

19 "스위트 미스트 위드 알로에, 허브 앤드 로즈워터"라는 제품명을 가진 화장품의 전성분이 〈보기〉와 같을 때 함량을 표시해야 하는 성분을 모두 고른 것은?

보기

정제수, 에탄올, 병풀추출물, 글라이콜릭애씨드, 디프로필렌글라이콜, 글리세린, 토코페릴아세테이트 1.0%, 타임잎추출물, 로즈힙싹추출물, 알로에베라잎즙, 피이지-60하이드로제네이티드캐스터오일, 1,2-헥산다이올, 향료

① 타임잎추출물, 로즈힙싹추출물, 알로에베라잎즙
② 타임잎추출물, 로즈힙싹추출물, 1,2-헥산다이올
③ 글라이콜릭애씨드, 로즈힙싹추출물, 알로에베라잎즙
④ 타임잎추출물, 1,2-헥산다이올, 알로에베라잎즙
⑤ 병풀추출물, 로즈힙싹추출물, 알로에베라잎즙

20 기능성화장품 심사에 관한 규정에서 정하고 있는 피부를 곱게 태워주거나 자외선으로부터 피부를 보호하는데 도움을 주는 제품의 성분으로 옳지 않은 것은?

① 시녹세이트
② 벤조페논-3
③ 벤조페논-4
④ 벤조페논-5
⑤ 벤조페논-8

21 **미생물 성장에 많은 영향을 미치는 인자들은?**

① 온도 – 적외선 – pH
② 온도 – 습도 – 자외선
③ 온도 – 습도 – 영양분
④ 온도 – 습도 – 시간
⑤ 습도 – 자외선 – 공기

22 **화장품 작업장에서 소독에 사용되는 소독제의 요구조건으로 가장 적당한 것은?**

① 살균하고자 하는 대상물에 대한 영향이 없어야 한다.
② 취급 방법이 복잡해야 한다.
③ 특정한 균에 대하여 항균능이 우수해야 한다.
④ 향기로운 냄새가 나야 한다.
⑤ 가격이 반드시 지렴해야 한다.

23 **알코올 소독의 미생물 세포에 대한 주된 작용 기전은?**

① 할로겐 복합물 형성
② 단백질 변성
③ 효소의 완전 파괴
④ 균체의 완전 용해
⑤ 균체의 탈수

24 **우수화장품 제조 및 품질관리기준(CGMP ; Cosmetic Good Manufacturing Practice)에서 정의하는 용어의 정의가 적절하지 않은 것은?**

① "제조"란 원료 물질의 칭량부터 혼합, 충전(1차 포장), 2차 포장 및 표시 등의 일련의 작업을 말한다.
② "일탈"이란 제조 또는 품질관리 활동 등의 미리 정하여진 기준을 벗어나 이루어진 행위를 말한다.
③ "원자재"란 화장품 원료 및 자재를 말한다.
④ "완제품"이란 제조공정 단계에 있는 것으로서 필요한 제조공정을 더 거쳐야 벌크 제품이 되는 것을 말한다.
⑤ "제조소"란 화장품을 제조하기 위한 장소를 말한다.

25 아래에서 설명하는 화장품 제조설비로 가장 적합한 것은?

보기
- 크림이나 로션 타입의 제조에 주로 사용된다.
- 터빈형의 회전날개를 원통으로 둘러싼 구조이다.
- 균일하고 미세한 유화입자가 만들어진다.

① 디스퍼(Disper)
② 균질기(Homogenizer)
③ 아지믹서(Agi mixer)
④ 헨셀(Henschel)
⑤ 아토마이저(Atomizer)

26 개봉 후 사용기간 설정을 할 수 없는 제품은?
① 영양크림
② 일회용 마스크팩
③ 마스카라
④ 립스틱
⑤ 헤어컨디셔너

27 화장품 안정성 시험에 대한 설명 중 가장 적절하지 않는 것은?
① 시험에는 장기보존시험, 가혹시험, 가속시험이 있다.
② 제품의 유통조건을 고려하여 적절한 온도, 습도, 시험기간 및 측정시기를 설정하여 시험한다.
③ 가혹시험조건은 광선, 온도, 습도 3가지 조건을 검체의 특성을 고려하여 결정한다.
④ 기능성화장품의 시험항목은 기준 및 시험방법에 설정된 전 항목을 반드시 해야 한다.
⑤ 장기보존시험은 3로트 이상 해야 한다.

28 우수화장품 제조 및 품질관리기준(CGMP ; Cosmetic Good Manufacturing Practice)에서 규정하는 모든 작업원의 책임으로 적절하지 않는 것은?
① 조직 내에서 맡은 지위 및 역할을 인지해야 할 의무
② 문서접근 제한 및 개인위생 규정을 준수해야 할 의무
③ 화장품 제조 및 품질관리에 대한 기술을 습득해야 할 의무
④ 정해진 책임과 활동을 위한 교육훈련을 이수할 의무
⑤ 자신의 업무범위내에서 기준을 벗어난 행위나 부적합 발생 등에 대해 보고해야 할 의무

29 **화장품을 제조하는 직원들에게 요구되는 위생관리 사항이 아닌 것은?**

① 방문객은 제조구역 내로 절대로 들어가서는 안된다.
② 적절한 위생관리 기준 및 절차를 준수해야 한다.
③ 화장품의 오염을 방지하기 위해 규정된 작업복을 착용해야 한다.
④ 질병에 걸린 직원은 건강이 양호해질 때까지 화장품과 직접적으로 접촉되지 않도록 격리되어야 한다.
⑤ 작업원은 음식물을 반입해서는 아니 된다.

30 **화장품을 제조하는 시설에 대한 사항으로 적절하지 않은 것은?**

① 환기가 잘 되고 청결할 것
② 수세실과 화장실은 접근이 쉬워야 하며 생산구역 내에 설치할 것
③ 외부와 연결된 창문은 가능한 열리지 않도록 할 것
④ 바닥, 벽, 천장은 가능한 청소하기 쉽게 매끄러운 표면을 지닐 것
⑤ 바닥, 벽, 천장은 소독제 등의 부식성에 저항력이 있을 것

31 **화장품이 유통되었을 때 행정처분이 가장 큰 것은?**

① 인태반 유래물질이 포함된 크림
② 살리실릭애씨드가 0.6% 포함된 크림
③ 징크피리치온이 2.0% 포함된 크림
④ 벤질알코올이 1.2% 포함된 크림
⑤ 만수국꽃 추출물이 0.1% 포함된 크림

32 **다음 중 화장품법 시행규칙에 따라 화장품으로 분류되지 않는 것은?**

① 페이스 파우더
② 체취 방지제
③ 액취 방지제
④ 제모제
⑤ 바디로션

33 **화장품 제조 시, 위생관리 대상에서 가장 거리가 먼 것은?**

① 공정사무실
② 작업자
③ 작업장
④ 제조시설
⑤ 제조도구

34 **화장품 제조하는 작업소의 관리에 대한 설명으로 적절하지 않은 것은?**

① 곤충, 해충이나 쥐를 막을 수 있는 대책을 마련하고 정기적으로 점검·확인하여야 한다.
② 제조시설이나 설비는 적절한 방법으로 청소하여야 한다.
③ 제조시설이나 설비의 세척에 사용되는 세제 또는 소독제는 잔류하지 아니하여야 한다.
④ 제조시설이나 설비에 대한 위생관리 프로그램은 필수적으로 실시한다.
⑤ 청소 후에는 청소상태에 대한 평가를 실시한다.

35 **화장품 제조시설 및 기구 등을 세척하고 확인하는 방법으로 가장 적절하지 않은 것은?**

① 육안 확인
② 현미경을 이용한 확인
③ 천으로 문질러 부착물을 확인
④ 린스액의 화학분석
⑤ 스왑(swab) 혹은 거즈(guaze)로 문질러 부착물을 확인

36 **우수화장품 제조 및 품질관리기준(CGMP) 해설서에서 설명하고 있는 화장품 제조설비의 세척 원칙으로 부적절한 것은?**

① 세제(계면활성제)를 반드시 사용한다.
② 세척 후는 반드시 "판정"한다.
③ 증기 세척을 이용한다.
④ 정제수로 세척한다.
⑤ 세척제는 효능이 입증된 것을 사용한다.

37 **입고된 화장품 포장재에 대한 검사를 실시할 때 시험용 검체를 채취해야(sampling) 한다. 시험용 검체를 채취할 때 샘플링(sampling) 검사의 오류를 감소시키기 위하여 계수 조정형 샘플링 방법이 사용되는데 이 방법에 참고가 되는 KS 표준으로 옳은 것은?**

① KS Q ISO 9001
② KS Q ISO 2859-1
③ KS Q ISO 9000
④ KS I ISO 14001
⑤ KS Q ISO 45001

38 **품질관리 시에 원자재 용기 및 시험기록서의 필수적인 기재 사항이 아닌 것은?**

① 원자재 공급자가 정한 제품명
② 원자재 공급자명
③ 발주일자
④ 공급자가 부여한 제조번호 또는 관리번호
⑤ 수령일자

39 **화장품 제조에 사용되는 물에 대한 설명으로 부적절한 것은?**

① 물의 품질 적합기준은 사용 목적에 맞게 규정한다.
② 물의 품질은 정기적으로 검사하고 미생물학적 검사를 필수로 실시한다.
③ 물 공급설비는 살균처리가 가능해야 한다.
④ 물 공급설비는 물의 품질에 영향이 없어야 한다.
⑤ 물 공급설비는 물의 정체를 피할 수 있도록 설계되어야 한다.

40 **화장품 폐기처리에 대한 설명으로 적절하지 않은 것은?**

① 폐기 대상은 따로 보관하고 규정에 따라 신속하게 폐기하여야 한다.
② 품질에 문제가 있거나 회수·반품된 제품의 폐기는 품질보증 책임자에 의해 승인되어야 한다.
③ 변질·변패 또는 병원미생물에 오염되지 않고 제조일로부터 1년이 경과하지 않은 화장품은 재작업을 할 수 있다.
④ 변질·변패 또는 병원미생물에 오염되지 않고 사용기한이 6개월 이상 남은 화장품은 재작업을 할 수 있다.
⑤ 제품의 폐기처리규정을 작성한다.

41 **화장품 완제품의 보관 및 출고에 대한 사항을 설명한 것으로 적절하지 않은 것은?**

① 출고는 반드시 선입선출방식으로 실시하여야 한다.
② 완제품은 적절한 조건하의 정해진 장소에서 보관하여야 하며, 주기적으로 재고 점검을 수행해야 한다.
③ 완제품은 시험결과가 적합으로 판정되고 품질보증부서 책임자가 출고 승인한 것만을 출고하여야 한다.
④ 완제품의 실재고량과 전산(혹은 장부)재고량을 일치시킨다.
⑤ 출고 시에 선한선출방식을 적용하여 불용재고가 없도록 한다.

42 **화장품 안전성 정보관리 규정에서 규정하는 중대한 유해사례가 아닌 것은?**

① 입원 또는 입원기간의 연장이 필요한 경우
② 지속적 또는 중대한 불구나 기능저하를 초래하는 경우
③ 피부트러블에 의한 피부 가려움
④ 선천적 기형 또는 이상을 초래한 경우
⑤ 사망을 초래하거나 생명을 위협하는 경우

43 **화장품 제조와 관련한 보관관리에 대한 설명으로 적절하지 않은 것은?**

① 원자재, 반제품 및 벌크 제품은 품질에 나쁜 영향을 미치지 아니하는 조건에서 보관한다.
② 원자재, 반제품 및 벌크 제품은 바닥과 벽에 닿지 아니하도록 보관하고, 선입선출에 의하여 출고할 수 있도록 보관하여야 한다.
③ 설정된 보관기한이 지나면 사용의 적절성을 결정하기 위해 재평가시스템을 확립하여야 하며, 동 시스템을 통해 보관기한이 경과한 경우 사용하지 않도록 규정하여야 한다.
④ 원자재, 시험 중인 제품 및 부적합품은 각각 구획된 장소에서 반드시 보관하여야 한다.
⑤ 원자재, 반제품 및 벌크 제품은 보관기한을 설정하여야 한다.

44 **화장품 원료가 칭량되는 도중 (㉠)을(를) 피하기 위한 조치가 있어야 한다. ㉠에 가장 적당한 단어는?**

① 벌레낙하
② 비산먼지
③ 냄새확산
④ 교차오염
⑤ 수분증발

45 **천연화장품 및 유기농화장품의 기준에 관한 규정(식품의약품안전처 고시)에 따라 천연화장품 및 유기농화장품의 작업장에서 사용할 수 있는 세척제의 원료는?**

① 알코올
② 포름알데하이드
③ 세틸피리디늄클로라이드
④ 벤잘코늄클로라이드
⑤ 벤질알코올

46 **검체의 채취 및 보관에 대한 설명으로 적절하지 않은 것은?**

① 시험용 검체는 오염되거나 변질되지 아니하도록 채취한다.
② 시험용 검체의 용기에는 명칭, 제조번호, 검체채취 일자 등을 기재한다.
③ 완제품의 보관용 검체는 적절한 보관조건 하에 지정된 구역 내에서 제조단위별로 보관한다.
④ 완제품의 보관용 검체는 사용기한까지만 보관한다.
⑤ 검체 채취 시에 오염방지대책이 수립되어야 한다.

47 **개봉 후 사용기간으로 기재되는 완제품(제조 연월일 : 2019년 10월 1일)의 보관용 검체의 보관기한으로 적당한 것은?**

① 2021년 9월 30일까지
② 2022년 9월 30일까지
③ 2023년 9월 30일까지
④ 2024년 9월 30일까지
⑤ 2025년 9월 30일까지

48 **우수화장품 제조 및 품질관리기준 제25조(불만처리)에서 요구하는 고객불만처리담당자가 기록, 유지하여야 하는 사항이 아닌 것은?**

① 불만제품의 구입가격
② 불만 제기자의 이름과 연락처
③ 제품명, 제조번호 등을 포함한 불만내용
④ 다른 제조번호의 제품에도 영향이 없는지 점검
⑤ 불만처리결과 및 향후 대책

49 **내부감사(내부심사, internal audit)에 대한 설명을 적절하지 않은 것은?**

① 품질보증체계가 계획된 사항에 부합하는지를 주기적으로 검증하기 위하여 내부감사를 실시한다.
② 내부감사 계획 및 실행에 관한 문서화된 절차를 수립하고 유지하여야 한다.
③ 감사자는 감사대상과는 독립적이어야 한다.
④ 감사 결과는 구두로 경영책임자 및 피감사 부서의 책임자에게 공유되어야 한다.
⑤ 감사자는 자신의 업무에 대하여 감사를 실시하여서는 아니 된다.

50 **우수화장품 제조 및 품질관리기준에서 요구하고 있는 문서관리에 대한 사항으로 적절하지 않은 것은?**

① 모든 기록문서는 적절한 보존기간이 규정되어야 한다.
② 작업자는 작업과 동시에 문서에 기록하여야 하며 지울 수 없는 잉크로 작성하여야 한다.
③ 기록문서를 수정하는 경우에는 수정하려는 글자 또는 문장 위에 선을 긋고 수정사유, 수정연월일 및 수정자의 서명이 기록한다.
④ 문서를 개정할 때는 개정사유 및 개정연월일 등을 기재하고 별도로 개정 번호를 지정하지는 않는다.
⑤ 원본 문서는 품질보증부서에서 보관하여야 한다.

51 **기능성화장품 기준 및 시험방법 통칙에 따른 실온과 상온의 정의로 적당한 것은?**

① 1~30℃, 15~25℃
② 0~30℃, 15~25℃
③ 1~30℃, 18~28℃
④ 0~30℃, 18~28℃
⑤ 1~30℃, 10~20℃

52 일상의 취급 또는 보통의 보존상태에서 기체 또는 미생물이 침입할 염려가 없는 용기를 (　) 용기라 하고, 일상의 취급 또는 보통 보존상태에서 액상 또는 고형의 이물 또는 수분이 침입하지 않고 내용물을 손실, 풍화, 조해 또는 증발로부터 보호할 수 있는 용기를 (　)용기라 하며, 일상의 취급 또는 보통 보존상태에서 외부로부터 고형의 이물이 들어가는 것을 방지하고 고형의 내용물이 손실되지 않도록 보호할 수 있는 용기를 (　)용기라 한다. (　) 안에 차례로 들어갈 단어로 적당한 것은?

① 밀봉, 기밀, 밀폐
② 기밀, 밀폐, 밀봉
③ 밀폐, 밀봉, 기밀
④ 기밀, 밀폐, 차광
⑤ 밀봉, 기밀, 차광

53 화장품에 사용되는 원료의 특성을 설명 한 것으로 옳은 것은?

① 금속이온봉쇄제는 주로 점도증가, 피막형성 등의 목적으로 사용된다.
② 계면활성제는 계면에 흡착하여 계면의 성질을 현저히 변화시키는 물질이다.
③ 고분자화합물은 원료 중에 혼입되어 있는 이온을 제거할 목적으로 사용된다.
④ 산화방지제는 수분의 증발을 억제하고 사용감촉을 향상시키는 등의 목적으로 사용된다.
⑤ 점증제는 고형화 제형에서 스틱의 강도를 유지시켜 준다.

54 (㉠)는(은) 작업소, 보관소 및 부속 건물 내외에 해충과 쥐의 침입을 방지하고, 이를 방제 혹은 제거함으로써 작업원 및 작업소의 위생 상태를 유지하고 우수화장품을 제조하는 데 그 목적이 있다. ㉠에 적합한 단어는?

① 제조관리
② 제조위생관리
③ 예방점검
④ 방충방서
⑤ 변경관리

55 다음의 피부를 곱게 태워주거나 자외선으로부터 피부를 보호하는데 도움을 주는 제품의 성분 중에서 그 함량이 고시되어 있지 않은 것은?

① 폴리실리콘-15(디메치코디에칠벤잘말로네이트)
② 메칠렌비스-벤조트리아졸릴테트라메칠부틸페놀
③ 메칠렌비스-벤조트리아졸릴테트라메칠부틸페놀액(50%)
④ 테레프탈릴리덴디캠퍼설포닉애씨드
⑤ 디에칠아미노하이드록시벤조일헥실벤조에이트

56 일반화장품에서 화장품 안전기준 등에 관한 규정에 따른 살리실릭애씨드의 사용한도는?

① 0.1(w/w)% ② 0.3(w/w)%
③ 0.5(w/w)% ④ 1.0(w/w)%
⑤ 3.0(w/w)%

57 화장품 안전기준 등에 관한 규정에 따른 영양크림의 미생물한도시험 기준은?

① 총호기성생균수 100개/g(mL) 이하
② 총호기성생균수 500개/g(mL) 이하
③ 총호기성생균수 1000개/g(mL) 이하
④ 세균 500개/g(mL) 이하, 진균 500개/g(mL) 이하
⑤ 비검출되어야 함

58 다음 중 화장품에 사용할 수 있는 원료는?

① 붕사
② 돼지폐추출물
③ 두타스테리드
④ 붕산
⑤ 에스트로겐

59 미세플라스틱은 세정, 각질제거 등의 제품에 사용할 수 없는 (   )mm 크기 이하의 고체플라스틱이다. (   ) 안에 적당한 숫자는?

① 1 ② 3 ③ 5
④ 10 ⑤ 20

60 (㉠)은(는) 무색의 점성이 있는 액으로 약간의 특이한 냄새가 있고 물, 에탄올, 메탄올 또는 프로필렌글리콜에 잘 녹으며, 클로로포름 또는 에테르에 녹고, 글리세린에는 녹기 어렵다. 화학식은 C9H19NO4로 프로비타민 B5로 불린다. ㉠에 적합한 단어는?

① 덱스판테놀(dexpanthenol)
② 토코페릴 아세테이트(tocopheryl aceate)
③ 토코페롤(tocopherol)
④ 레티닐 팔미테이트(retinyl palmiate)
⑤ 피리독신에이치시엘(pyridoxine HCl)

61 다음 화장품 보존제 중에서 점막에 사용되는 제품에 사용금지인 성분은?

① 벤제토늄클로라이드
② 엠디엠하이단토인
③ 쿼터늄-15
④ 페녹시에탄올
⑤ *p*-하이드록시벤조익애씨드

62 살리실릭애씨드 및 그 염류는 영유아용 제품류 또는 만 13세 이하 어린이가 사용할 수 있음을 특정하여 표시하는 제품에는 사용금지이며 다만, 어린이용, 영유아용 (㉠)(은)는 제외한다. ㉠에 알맞은 것은?

① 린스
② 샴푸
③ 손세척제
④ 바디워시(바디클렌저)
⑤ 목욕용 제품

63 자외선 차단 성분인 티타늄디옥사이드와 징크옥사이드의 각각의 사용한도는?

① 30%, 30%
② 25%, 25%
③ 20%, 20%
④ 15%, 15%
⑤ 10%, 10%

64 기능성화장품의 주성분인 자외선 차단 성분에 대한 설명으로 적절하지 않은 것은?

① 이소아밀-p-메톡시신나메이트의 사용한도는 10%이다.
② 호모살레이트의 사용한도는 10%이다.
③ 비스에칠헥실옥시페놀메톡시페닐트리아진의 사용한도는 10%이다.
④ 제품의 변색방지를 목적으로 자외선 차단 성분을 사용하더라도 그 사용농도에 상관없이 자외선 차단 제품이다.
⑤ 에칠헥실메톡시신나메이트의 사용한도는 7.5%이다.

65 화장품 제조소에서 사용하는 손 세척 설비로 적절하지 않은 것은?

① 접촉하지 않는 손 건조기
② 세척제
③ 1회용 종이타월
④ 수건(타월)
⑤ 손세척대

66 화장품의 제조에 사용된 성분의 기재·표시를 생략하면 생략된 성분을 소비자가 확인할 수 있도록 조치를 취해야 한다. 그 조치로 가장 적당하지 않은 것은?

① 포장에 고객만족실 전화번호 표시
② 포장에 고객만족실 팩스번호 표시
③ 포장에 홈페이지 주소 표시
④ 성분확인관련 담당부서 전화번호 표시
⑤ 모든 성분이 적힌 인쇄물을 판매업소에 비치

67 (㉠)은(는) 타르색소를 기질에 흡착, 공침 또는 단순한 혼합이 아닌 화학적 결합에 의하여 확산시킨 색소를 말한다. ㉠에 적당한 단어는?

① 무기염료
② 레이크
③ 순색소
④ 유기염료
⑤ 인료

68 영유아용 제품류 또는 만 13세 이하 어린이가 사용할 수 있음을 특정하여 표시하는 제품에 사용할 수 없는 색소는?

① 적색 2호
② 적색 40호
③ 적색 201호
④ 적색 202호
⑤ 적색 220호

69 다음 색소 중에서 화장비누에만 사용할 수 있는 색소는?

① 적색 221호
② 적색 401호
③ 적색 506호
④ 피그먼트 적색 5호
⑤ 피그먼트 적색 8호

70 화장품의 색소 종류와 기준 및 시험방법에 따라 기초화장품에 사용할 수 있는 색소는?

① 에이치시청색 15 호 (HC Blue No. 15)
② 에이치시적색 1 호 (HC Red No. 1)
③ 산성적색 52 호 (Acid Red 52)
④ 적색 226 호
⑤ 염기성 청색 99 호

71 다음의 내용물과 원료을 혼합하여 맞춤형화장품을 조제하였다. 이 맞춤형화장품의 사용기한으로 적절한 것은?

> **보기**
>
> **[내용물]**
> 맞춤형화장품 벌크제품 사용기한 2022년 3월 15일
>
> **[원료]**
> 세라마이드 사용기한 2022년 3월 14일
> 레시틴 사용기한 2022년 3월 13일
> 글리세린 2022년 3월 12일
> 트레할로스 2021년 3월 15일
>
> **[조제일]**
> 2021년 3월 13일

① 2022년 3월 15일
② 2022년 3월 14일
③ 2022년 3월 13일
④ 2022년 3월 12일
⑤ 2021년 3월 15일

72 맞춤형화장품 판매업의 폐업신고를 하지 않은 자에 대한 처벌로 적당한 것은?

① 과태료 50만 원
② 과태료 100만 원
③ 과태료 200만 원
④ 과태료 300만 원
⑤ 과태료 500만 원

73 식품의약품안전처장에게 휴업 신고를 하지 않아도 되는 영업자는?

① 휴업기간이 25일이고 휴업기간 중에 업을 재개할 예정인 맞춤형화장품판매업자
② 휴업기간이 30일이고 휴업기간 중에 업을 재개할 예정인 맞춤형화장품판매업자
③ 휴업기간이 60일이고 휴업기간 중에 업을 재개할 예정인 맞춤형화장품판매업자
④ 휴업기간이 90일이고 휴업기간 중에 업을 재개할 예정인 맞춤형화장품판매업자
⑤ 휴업기간이 120일이고 휴업기간 중에 업을 재개할 예정인 맞춤형화장품판매업자

74 유통화장품 안전관리기준에서 검출허용한도를 정하고 있는 물질이 아닌 것은?

① 납
② 비소
③ 카디뮴
④ 구리
⑤ 수은

75 유통화장품 안전관리기준에 따라 내용량 시험을 할 때, 제품 3개를 가지고 시험해서 기준치를 벗어날 경우에 (㉠)개를 더 취하여 (㉡)개의 평균 내용량이 97% 이상이어야 한다. ㉠, ㉡에 적당한 숫자는?

① ㉠ : 3, ㉡ : 6
② ㉠ : 6, ㉡ : 9
③ ㉠ : 9, ㉡ : 12
④ ㉠ : 12, ㉡ : 15
⑤ ㉠ : 15, ㉡ : 18

76 유통화장품 안전관리기준에 따라 pH를 측정하는 제품은?

① 클렌징 워터
② 클렌징 크림
③ 메이크업 리무버
④ 스킨로션
⑤ 립스틱

77 화장품 안전기준 등에 관한 규정에 다라 맞춤형화장품에 사용할 수 없는 원료는?

① 세틸알코올
② 스테아릭애씨드
③ 페녹시에탄올
④ 글리세린
⑤ 칸데릴라왁스

78 표시사항에 기재되는 영업자(화장품제조업자, 화장품책임판매업자, 맞춤형화장품판매업자)의 주소근거로 가장 적당하지 않은 것은?

① 화장품제조업자 본사의 소재지
② 화장품책임판매업자 등록필증에 적힌 소재지
③ 맞춤형화장품판매업자 신고필증에 적힌 소재지
④ 화장품제조업자의 물류센터 소재지
⑤ 화장품제조업자 등록필증에 적힌 소재지

79 (㉠)은(는) N-아세틸-D-글루코사민과 글루쿠로닉애씨드의 결합으로 얻은 천연의 뮤코폴리사카라이드로 인체에 존재하여 피부의 탄력유지 및 수분유지 역할을 한다. (㉠)은(는) 고분자량부터 저분자량까지 여러 종류가 있으며 계관(닭벼슬) 또는 유산구균(streptococcus zooepidemicus)에서 생산된다. ㉠에 적합한 단어는?

① 글루코만난(glucomannan)
② 베타글루칸(beta glucan)
③ 잔탄검(xanthan gum)
④ 하이알루로닉애씨드(hyaluronic acid)
⑤ 하이드록시에틸셀룰로오스(hydroxyethylcellulose)

80 다음 중 화장비누와 관련한 설명으로 가장 적당한 것은?

① 세탁비누는 인체 세정용 화장품으로 분류된다.
② 설거지비누는 화장품으로 분류되어 화장품법에 의해 관리된다.
③ 화장품책임판매업자로부터 공급받은 화장비누를 단순히 매장에서 판매할 때도 화장품책임판매업을 등록해야 한다.
④ 화장비누는 사람의 얼굴 등을 깨끗이 할 용도로 제작된 고형(고체상태) 비누를 말한다.
⑤ 화장비누 제조업자는 화장품이 아닌 세탁비누, 향초를 생산할 수 없다.

81 〈보기〉는 화장품법에서 정하고 있는 모든 화장품에 공통 적용되는 사용시의 주의사항이다. ㉠에 적합한 단어를 기입하시오.

보기

1) 화장품 사용 시 또는 사용 후 (㉠)에 의하여 사용부위가 붉은 반점, 부어오름 또는 가려움증 등의 이상 증상이나 부작용이 있는 경우 전문의 등과 상담할 것
2) 상처가 있는 부위 등에는 사용을 자제할 것
3) 보관 및 취급 시의 주의사항
가) 어린이의 손이 닿지 않는 곳에 보관할 것
나) (㉠)을(를) 피해서 보관할 것

82 맞춤형화장품 판매업소에서 제조·수입된 화장품의 내용물에 다른 화장품의 내용물이나 식품의약품안전처장이 정하는 원료를 추가하여 혼합하거나 제조 또는 수입된 화장품의 내용물을 소분(小分)하는 업무에 종사하는 자를 (㉠)(이)라고 한다. ㉠에 적합한 단어를 작성하시오.

83 〈보기〉는 천연보습인자에 대한 설명이다. ㉠에 적합한 단어를 기입하시오.

보기

천연보습인자(NMF)의 성분인 유리 (㉠)은(는) 필라그린(fillaggrin)이 각질층 세포의 하층으로부터 상층으로 이동함에 따라서 각질층 내의 단백분해효소에 의해 분해된 것이다. 필라그린(fillaggrin)은 각질층 상층에 이르는 과정에서 아미노펩티데이스(aminopeptidase), 카복시펩티데이스(carboxypeptidase) 등의 활동에 의해서 최종적으로 (㉠)(으)로 분해된다.

84 (㉠)은(는) 화장품의 사용 중 발생한 바람직하지 않고 의도되지 아니한 징후, 증상 또는 질병을 말하며, 당해 화장품과 반드시 인과관계를 가져야 하는 것은 아니다. ㉠에 적합한 단어를 작성하시오.

85 화장품법에 따라 화장품은 인체를 청결·미화하여 매력을 더하고 용모를 밝게 변화시키거나 (㉠)의 건강을 유지 또는 증진하기 위하여 인체에 바르고 문지르거나 뿌리는 등 이와 유사한 방법으로 사용되는 물품으로서 인체에 대한 작용이 경미한 것을 말한다. ㉠에 적합한 단어를 작성하시오.

86 〈보기〉는 에센스에 대한 화장품 미생물한도시험 결과이다. 이 결과를 통해 총 호기성 생균수를 계산하고 화장품 미생물한도시험 기준에 적합인지 부적합인지 판정하시오(CFU: colony forming unit, 집락수).

보기

- 시험방법 : 평판도말법으로 시험하되 10배 희석 검액 0.1mL씩 각 평판(배지)에 접종
- 시험결과 : 각 평판(배지)에서 검출된 집락수
  세균용 평판(배지)1 : 66CFU
  세균용 평판(배지)2 : 58CFU
  진균용 평판(배지)1 : 28CFU
  진균용 평판(배지)2 : 24CFU

87 우수화장품 제조 및 품질관리 기준에서 정의하는 (㉠)은(는) 제조 또는 품질관리 활동 등의 미리 정하여진 기준을 벗어나 이루어진 행위를 말하며, (㉡)은(는) 규정된 합격 판정 기준에 일치하지 않는 검사, 측정 또는 시험결과를 말한다. ㉠, ㉡에 적합한 단어를 작성하시오.

88 우수화장품 제조 및 품질관리 기준에서 정의하는 (㉠)은(는) 제조 및 품질과 관련한 결과가 계획된 사항과 일치하는지의 여부와 제조 및 품질관리가 효과적으로 실행되고 목적 달성에 적합한지 여부를 결정하기 위한 회사 내 자격이 있는 직원에 의해 행해지는 체계적이고 독립적인 조사를 말한다. ㉠에 적합한 단어를 작성하시오.

89 영유아용 제품류(영유아용 샴푸, 영유아용 린스, 영유아 인체 세정용 제품, 영유아 목욕용 제품 제외), 눈 화장용 제품류, 색조 화장용 제품류, 두발용 제품류(샴푸, 린스 제외), 면도용 제품류(셰이빙 크림, 셰이빙 폼 제외), 기초화장용 제품류(클렌징 워터, 클렌징 오일, 클렌징 로션, 클렌징 크림 등 메이크업 리무버 제품 제외) 중 액, 로션, 크림 및 이와 유사한 제형의 액상제품은 pH 기준이 3.0 ~ (㉠) 이어야 한다. ㉠에 적합한 단어를 작성하시오.

90 (㉠)은(는) 접촉면에서 바람직하지 않은 오염 물질을 제거하기 위해 사용하는 화학물질 또는 이들의 혼합액이며 (㉡)은(는) 병원 미생물을 사멸시키기 위해 인체의 피부, 점막의 표면이나 기구, 환경의 소독을 목적으로 사용하는 화학 물질의 총칭으로, 기구 등에 부착한 균에 대해 사용하는 약제를 말한다. ㉠, ㉡에 적합한 단어를 작성하시오.

91 우수화장품 제조 및 품질관리 기준의 요구사항으로 ㉠에 공통으로 적합한 단어를 작성하시오.

보기

- 제12조(출고관리) 원자재는 시험결과 적합판정된 것만을 (㉠)방식으로 출고해야 하고 이를 확인할 수 있는 체계가 확립되어 있어야 한다.
- 제13조(보관관리) 원자재, 반제품 및 벌크 제품은 바닥과 벽에 닿지 아니하도록 보관하고, (㉠)에 의하여 출고할 수 있도록 보관하여야 한다.

92 화장품 안정성시험 가이드라인에서 정의하는 안정성 시험 중에서 화장품 사용 시에 일어날 수 있는 오염 등을 고려한 사용기한을 설정하기 위하여 장기간에 걸쳐 물리·화학적, 미생물학적 안정성 및 용기 적합성을 확인하는 시험을 (㉠)시험이라 한다. ㉠에 적합한 단어를 작성하시오.

93 화장품 안정성시험 가이드라인에 따르면 장기보존시험은 (㉠)개월 이상 시험하는 것을 원칙으로 하나 화장품 특성에 따라 따로 정할 수 있다. 또한 가속시험은 (㉡)개월 이상 시험하는 것을 원칙으로 하나 필요 시 조정할 수 있다. ㉠, ㉡에 적합한 단어를 작성하시오.

94 기능성화장품 심사에 관한 규정에 따라 자외선차단지수(SPF)는 측정결과에 근거하여 평균값이 68일 경우, SPF는 SPF(㉠)+라고 표시한다. ㉠에 적합한 단어를 작성하시오.

95 다음의 시험결과를 얻었을 때 화장비누의 내용량 기준은 (㉠)g의 97% 이상이다. ㉠에 적합한 단어를 작성하시오.

보기

- 수분량 시험결과 : 20%
- 상온에서 측정한 실중량 : 100g

96 일상의 취급 또는 보통의 보존상태에서 기체 또는 미생물이 침입할 염려가 없는 용기를 (㉠) 용기라 한다. ㉠에 적합한 단어를 작성하시오.

97 화장품의 색소 종류와 기준 및 시험방법에 따르면 색소 중 콜타르, 그 중간생성물에서 유래되었거나 유기합성하여 얻은 색소 및 그 레이크, 염, 희석제와의 혼합물을 (㉠)(이)라 말한다. ㉠에 적합한 단어를 작성하시오.

98 화장품 전성분 표시지침에 따라 표시할 경우 기업의 정당한 이익을 현저히 해할 우려가 있는 화장품 성분의 경우에는 그 사유의 타당성에 대하여 식품의약품안전청장의 사전 심사를 받은 경우에 한하여 (㉠)(으)로 기재할 수 있다. ㉠에 적합한 단어를 작성하시오.

99 물 속에 계면활성제를 투입하면 계면활성제의 소수성(hydrophobicity)에 의해 계면활성제가 친유부를 공기쪽으로 향하여 기체(공기)와 액체 표면에 분포하고 표면이 포화되어 더 이상 계면활성제가 표면에 있을 수 없으면 물 속에서 자체적으로 친유부(꼬리)가 물과 접촉하지 않도록 계면활성제가 회합하는데 이 회합체를 (㉠) (이)라 한다. ㉠에 적합한 단어를 작성하시오.

100 계면활성제는 한 분자 내에 친수부(hydrophilic portion, head)와 친유부(hydrophobic portion, tail)를 가지는 물질로 섞이지 않는 두 물질의 계면에 작용하여 계면장력을 낮추어 두 물질이 섞이도록 한다. 계면활성제는 물에 녹았을 때 친수부의 대전여부에 따라 친수부가 (+) 전하를 띄면 양이온 계면활성제, (−)전하를 띄면 음이온 계면활성제, 전하를 띄지 않으면 비이온 계면활성제, pH에 따라 전하가 변하는 (㉠) 계면활성제로 분류한다. ㉠에 적합한 단어를 작성하시오.

6회 실전 모의고사

※QR코드를 스캔하면 선다형 문제만 모바일 모의고사 서비스가 제공됩니다.

1 맞춤형화장품판매업을 신고한 자는 맞춤형화장품의 혼합·소분 업무에 종사하는 맞춤형화장품 조제관리사를 두어야 하나, 맞춤형화장품판매업 영업자가 (㉠)자격을 취득한 경우에는 하나의 영업소에서 직접 그 업무를 수행할 수 있도록 규정하고 있다. ㉠에 적합한 단어는?

① 책임판매업자
② 제조업자
③ 책임판매관리자
④ 제조관리자
⑤ 맞춤형화장품 조제관리사

2 과태료 처분에 불복이 있는 경우 어느 기간 내에 이의를 제기할 수 있는가?

① 처분한 날로부터 60일 이내
② 처분의 고지를 받은 날로부터 60일 이내
③ 처분 결정이 난 날로부터 60일 이내
④ 처분이 있음을 안 날로부터 60일 이내
⑤ 과태료를 낸 날로부터 60일 이내

3 다음 중 화장품법 제14조에 따라 화장품에 허용되는 광고는?

① 줄기세포 함유
② 피부 및 모공의 노폐물을 제거하고 메이크업을 지운다.
③ 손상된 조직·상처의 치유
④ 피부조직·세포재생
⑤ 아토피의 치료

4 화장품법 제3조에 따라 화장품 책임판매업을 등록하려는 자는 총리령으로 정하는 화장품의 품질관리 및 책임판매 후 안전관리에 관한 기준을 갖추어야 하며, 이를 관리할 수 있는 관리자인 (㉠)을(를) 두어야 한다. ㉠에 옳은 단어는?

① 품질부서책임자
② 제조부서책임자
③ 책임판매관리자
④ 맞춤형화장품 조제관리사
⑤ 제조관리자

5 **화장품의 색소 종류와 기준 및 시험방법에서 규정하고 있는 색소의 CI 가 옳지 않은 것은?**

① 베타카로틴 – CI 40800
② 베타카로틴 – CI 75130
③ 카민류 – CI 75470
④ 티타늄디옥사이드 – CI 77947
⑤ 흑색산화철 – CI 77499

6 **다음 중 화장품법 시행규칙에 따라 화장품으로 분류되는 물휴지는?**

① 인체세정용 물휴지
② 장례식장에서 시체를 닦는 용도로 사용하는 물휴지
③ 음식점에서 사용하는 위생용 물휴지
④ 의료기관에서 시체를 닦는 용도로 사용하는 물휴지
⑤ 청소용 물휴지

7 **다음 중 화장품에서 사용할 수 있는 비타민은?**

① 비타민 L1
② 비타민 L2
③ 비타민 K1
④ 비타민 A
⑤ 비타민 D2

8 **다음 중 화장품 제조업자로 등록해야 하는 자가 아닌 것은?**

① 2차 포장을 하려는 자
② 화장품을 직접 제조하려는 자
③ 제조를 위탁받아 화장품을 제조하려는 자
④ 1차 포장을 하려는 자
⑤ 화장품 제조를 위한 칭량을 하려는 자

9 **다음 중 화장품 책임판매업으로 등록해야 하는 자가 아닌 것은?**

① 직접 제조한 화장품을 유통·판매하려는 자
② 위탁하여 제조한 화장품을 유통·판매하려는 자
③ 수입한 화장품을 유통·판매하려는 자
④ 수출대행형 거래를 목적으로 화장품을 알선·수여하려는 자
⑤ 수입대행형 거래를 목적으로 화장품을 알선·수여(授與)하는 자

10 **다음 중 일반화장품에서 표시·광고할 수 있는 문구는?**

① 주름 개선 ② 안면리프팅 ③ 기미 완화
④ 피부 진정 ⑤ 피부 미백

11 **맞춤형화장품판매업자가 변경 신고를 해야하는 경우가 아닌 것은?**

① 맞춤형화장품판매업자 상호 변경
② 맞춤형화장품 판매업소 상호 변경
③ 맞춤형화장품 판매업소 소재지 변경
④ 맞춤형화장품 조제관리사 변경
⑤ 맞춤형화장품판매업자 변경

12 **다음 중 화장품에 표시·기재할 수 있는 표현이 아닌 것은?**

① 붓기와 다크서클을 가려준다.
② 피부 및 모공의 노폐물을 제거하고 메이크업을 지운다.
③ 피부에 수분과 영양을 공급하여 거칠음과 건조를 방지한다.
④ 인체적용시험자료가 있을 경우, 영구적으로 셀룰라이트를 감소시킨다.
⑤ 인체적용시험자료가 있을 경우, 항균작용이 있다(인체세정용 제품에 한함).

13 **화장품이 제조된 날부터 적절한 보관 상태에서 제품이 고유의 특성을 간직한 채 소비자가 안정적으로 사용할 수 있는 최소한의 기한을 (㉠)(이)라 한다. ㉠에 적절한 단어는?**

① 유통기한 ② 사용기한 ③ 사용기간
④ 유통기간 ⑤ 유효기한

14 **화장품책임판매업자는 정기적으로 화장품 유해사례 등 안전성 정보보고를 7월, 다음 해 1월에 보고하도록 되어 있고 중대한 유해사례 또는 이와 관련하여 식품의약품안전처장이 보고를 지시한 경우에는 몇 일 이내에 보고하여야 하는가?**

보기

정제수, 글리세린, 스쿠알란, 호호바유, 모노스테아린산글리세린, 피이지 소르비탄지방산에스터, 1,2헥산디올, 베타인, 트로메타민, 토코페릴아세테이트, 잔탄검, 카보머, 포타슘소르베이트, 소듐락테이트, 유제놀, 리모넨, 디소듐이디티에이, 비에이치티

① 10일 ② 15일 ③ 20일
④ 30일 ⑤ 40일

15 어린이용 로션의 전성분 표시가 보기와 같을 때, 전성분 중에서 그 원료의 함량을 함께 표시해야 하는 성분으로 옳은 것은?

① 디소듐이디티에이 ② 비에이치티 ③ 소듐락테이트
④ 포타슘소르베이트 ⑤ 1,2헥산디올

16 우수화장품 제조 및 품질관리 기준에서 정하고 있는 사항으로 완제품을 파레트에 적재할 때 반드시 표시해야 하는 것이 아닌 것은?

① 명칭 또는 확인 코드
② 시험번호
③ 제조번호
④ 제품의 품질을 유지하기 위해 필요할 경우, 보관 조건
⑤ 불출 상태

17 맞춤형화장품의 판매내역서에 반드시 포함되어야 하는 것이 아닌 것은?

① 판매일자 ② 판매량
③ 사용기한 또는 개봉 후 사용기간 ④ 고객명
⑤ 제조번호

18 맞춤형화장품의 혼합·소분 시 오염방지를 위하여 지켜야 하는 안전관리기준으로 가장 적당하지 않은 것은?

① 혼합·소분된 제품을 담을 용기는 소독한다.
② 혼합·소분에 사용되는 장비 또는 기기 등은 사용 전·후 세척한다.
③ 혼합·소분 시에는 마스크를 착용한다.
④ 혼합·소분 전에는 손을 소독 또는 세정하거나 일회용 장갑을 착용한다.
⑤ 소분·혼합할 때는 위생복(방진복)과 위생모자(방진모자 혹은 일회용모자)를 착용한다.

19 맞춤형화장품판매업자가 해야 하는 일에 대한 설명으로 적당하지 않은 것은?

① 혼합·소분의 안전을 위해 식품의약품안전처장이 정하여 고시하는 사항을 준수한다.
② 맞춤형화장품 사용과 관련된 부작용 발생사례에 대해서는 지체 없이 화장품책임판매업자에게 보고한다.
③ 맞춤형화장품 판매 시 해당 맞춤형화장품의 혼합 또는 소분에 사용되는 내용물 및 원료, 사용 시의 주의사항에 대하여 소비자에게 설명한다.
④ 혼합·소분에 사용되는 장비 또는 기구 등은 사용 전에 그 위생 상태를 점검한다.
⑤ 맞춤형화장품 판매내역을 기록하고 유지한다.

20 다음의 내용물들과 원료들을 혼합하여 맞춤형화장품을 조제하였다. 이 맞춤형화장품의 사용 기한으로 적절한 것은?

보기

[내용물]
맞춤형화장품 벌크제품(1) 사용기한 2022년 3월 15일
맞춤형화장품 벌크제품(2) 사용기한 2022년 1월 15일

[원료]
판테놀 사용기한 2022년 3월 14일
소듐하이알루로네이트 사용기한 2022년 3월 13일
부틸렌글라이콜 2022년 3월 12일

[조제일]
2021년 3월 13일

① 2022년 3월 15일 ② 2022년 3월 14일 ③ 2022년 3월 13일
④ 2022년 1월 15일 ⑤ 2024년 3월 13일

21 화장품책임판매업자로 등록할 수 있는 자는?

① 피성년후견인 또는 파산선고를 받고 복권되지 아니한 자
② 화장품법을 위반하여 금고 이상의 형을 선고받고 그 집행이 끝나지 아니하거나 그 집행을 받지 아니하기로 확정되지 아니한 자
③ 화장품법 제24조에 따라 등록이 취소되거나 영업소가 폐쇄된 날부터 1년이 지나지 아니한 자
④ 마약류의 중독자
⑤ 보건범죄 단속에 관한 특별조치법을 위반하여 금고 이상의 형을 선고받고 그 집행이 끝나지 아니하거나 그 집행을 받지 아니하기로 확정되지 아니한 자

22 맞춤형화장품 판매 시에 소비자에게 설명해야 할 사항으로 가장 적당하지 않은 것은?

① 맞춤형화장품의 사용기한 ② 혼합에 사용된 원료
③ 혼합에 사용된 내용물 ④ 소분에 사용된 도구
⑤ 사용 시의 주의사항

23 정보주체의 동의를 받은 경우에는 제3자에게 개인정보 제공이 가능하다. 이 경우 정보주체의 동의를 받을 때 의무적으로 고지해야 하는 사항이 아닌 것은?

① 개인정보를 제공받는 자 ② 동의거부 권리 및 동의 시 이익 내용
③ 제공받는 자의 개인정보이용 목적 ④ 제공하는 개인정보의 항목
⑤ 제공받는 자의 개인정보 보유·이용기간

24 기능성화장품 기준 및 시험방법(KFCC)에서 규정한 탈모 증상의 완화에 도움을 주는 기능성화장품 주성분이 아닌 것은?

① 덱스판테놀(dexpanthenol)
② 엘-멘톨(L-menthol)
③ 징크피리치온(zinc pyrithione)
④ 캠퍼(camphor)
⑤ 징크피리치온액(50%)(zinc pyrithione solution(50%))

25 화장품법 시행규칙에 따라 화장품책임판매업자는 영유아 또는 어린이가 사용할 수 있는 화장품임을 표시·광고하려는 경우에는 제품별로 안전과 품질을 입증할 수 있는 자료(제품별 안전성 자료)를 작성 및 사용기한이 만료되는 날로부터 (㉠)년간 보관하여야 한다. ㉠에 적합한 단어는?

① 1 ② 2 ③ 3
④ 4 ⑤ 5

26 위해화장품의 등급을 분류할 때, 가등급에 해당되는 화장품은?

① 안전용기·포장에 위반되는 화장품
② 화장품에 사용할 수 없는 원료를 사용한 화장품
③ 전부 또는 일부가 변패된 화장품
④ 병원성 미생물에 오염된 화장품
⑤ 사용기한을 위조·변조한 화장품

27 위해화장품의 위해등급 및 회수절차에 대한 설명으로 적절하지 않은 것은?

① 화장품책임판매업자 스스로 국민보건에 위해를 끼칠 우려가 있어 회수가 필요하다고 판단한 화장품은 다등급 위해성이다.
② 유통화장품 안전관리에서 규정한 내용량 기준에 적합하지 않은 화장품은 나등급 위해성이다.
③ 유통화장품 안전관리에서 규정한 납의 검출한도를 초과하여 납이 검출된 화장품은 나등급 위해성이다.
④ 회수의무자는 회수대상화장품이라는 사실을 안 날부터 5일 이내에 회수계획서를 지방식품의약품안전청장에게 제출하여야 한다.
⑤ 회수의무자는 회수대상화장품의 판매자, 그 밖에 해당 화장품을 업무상 취급하는 자에게 방문, 우편, 전화, 전보, 전자우편, 팩스 또는 언론매체를 통한 공고 등을 통하여 회수계획을 통보하여야 한다.

28 **화장품법 시행규칙에서 규정한 안전용기·포장대상 품목이 아닌 것은?**

① 아세톤을 함유하는 네일 에나멜 리무버
② 미네랄 오일을 10% 함유하고 운동점도가 21센티스톡스(cst)(섭씨 40도 기준) 이하인 비에멀젼 타입의 액체상태의 어린이용 오일
③ 개별포장당 벤질살리실레이트를 5% 함유하는 액체상태의 제품
④ 미네랄 오일을 10% 함유하는 운동점도가 21센티스톡스(cst)(섭씨 40도 기준) 이하인 비에멀젼 타입의 액체상태의 클렌징 오일
⑤ 아세톤을 함유하는 네일 폴리시 리무버

29 **리퀴드 파운데이션(표시량 100g) 병에 반드시 기재되는 표시사항이 아닌 것은?**

① 영업자의 상호
② 내용물의 용량 또는 중량
③ 제조번호
④ 사용기한 혹은 개봉 후 사용기간(제조 연월일 포함)
⑤ 화장품의 명칭

30 **화장품법에 따라 기재·표시를 생략할 수 있는 성분이 아닌 것은?**

① 제조과정 중에 제거되어 최종 제품에는 남아 있지 않은 성분
② 내용량이 50그램인 일반화장품의 포장에서 화장품 원료성분 중 세틸알코올
③ 안정화제, 보존제 등 원료 자체에 들어 있는 부수 성분으로서 그 효과가 나타나게 하는 양보다 적은 양이 들어 있는 성분
④ 내용량이 30밀리리터인 자외선차단화장품의 포장에서 티타늄디옥사이드
⑤ 내용량이 30밀리리터인 자외선차단화장품의 포장에서 다이메티콘

31 **화장품법 시행규칙 별표1 품질관리기준에서 규정하는 품질관리 업무절차서에 따라 화장품책임판매업자는 해야 하는 업무가 아닌 것은?**

① 화장품제조업자가 화장품을 적정하고 원활하게 제조한 것임을 확인하고 기록한다.
② 시장출하에 관하여 기록한다.
③ 일정한 제조번호 주기로 품질검사를 철저히 한 후 그 결과를 기록한다.
④ 책임판매한 제품의 품질이 불량하거나 품질이 불량할 우려가 있는 경우 회수 등 신속한 조치를 하고 기록한다.
⑤ 제품의 품질 등에 관한 정보를 얻었을 때 해당 정보가 인체에 영향을 미치는 경우에는 그 원인을 밝히고, 개선이 필요한 경우에는 적정한 조치를 하고 기록한다.

32 화장품 전성분 표시에 대한 설명으로 적당하지 않은 것은?

① 화장품에 사용된 함량순으로 많은 것부터 기재한다.
② 혼합원료는 개개의 성분으로서 표시한다.
③ 1% 이하로 사용된 성분, 착향제 및 착색제는 순서에 상관없이 기재할 수 있다.
④ 립스틱 제품에서 호수별로 착색제가 다르게 사용된 경우, 반드시 착색제를 호수별로 각각 기재해야 한다.
⑤ 착향제는 향료로 표시한다.

33 개봉 후 사용기간(PAO ; period after opening)은 제품을 개봉 후에 사용할 수 있는 최대기간으로 개봉 후 (㉠)시험을 통해 얻은 결과를 근거로 개봉 후 사용기간을 설정하고 있다. ㉠에 적당한 단어는?

① 안정성　② 안전성　③ 유효성
④ 상용성　⑤ 효과성

34 화장품 제조소에서 곤충, 해충이나 쥐를 막을 수 있는 대책으로 가장 적당하지 않은 것은?

① 벌레가 좋아하는 것을 제거한다.
② 빛이 밖으로 새어나가지 않게 한다.
③ 포획된 곤충, 해충이나 쥐의 숫자를 조사하고 대책을 마련한다.
④ 쥐의 포획을 위해 고양이를 사육한다.
⑤ 주기적으로 제조소 주위를 소독한다.

35 방문객이 화장품 제조하는 구역으로 출입하기 전에 받아야 하는 교육으로 적당하지 않은 것은?

① 제조작업 규칙　② 작업 위생 규칙
③ 손 씻는 절차　④ 작업복 등의 착용
⑤ 직원용 안전대책

36 맞춤형화장품 판매업의 최초 신고 시, 제출하는 구비서류가 아닌 것은?

① 맞춤형화장품판매업자 건강진단서
② 사업자등록증
③ 맞춤형화장품 조제관리사 자격증
④ 건축물 관리대장
⑤ 혼합·소분 장소·시설 등을 확인할 수 있는 세부평면도

37 **화장품 법령·제도 등 교육실시기관 지정 및 교육에 관한 규정에서 설명하는 사항이 옳지 않은 것은?**

① 교육실시기관은 (사)대한화장품협회, (사)한국의약품수출입협회, (재)대한화장품산업연구원이다.
② 맞춤형화장품 조제관리사의 최초교육은 집합교육으로 받아야 한다.
③ 화장품 법령·제도 등 교육실시기관은 화장품의 안전성 확보 및 품질관리에 관한 교육을 실시한다.
④ 화장품책임판매관리자에 대한 보수교육시간은 4시간 이상, 8시간 이하이다.
⑤ 맞춤형화장품 조제관리사에 대한 최초교육시간은 4시간 이상, 8시간 이하이다.

38 **기능성화장품 심사에 관한 규정 별표 4 에서 규정하는 피부를 곱게 태워주거나 자외선으로부터 피부를 보호하는데 도움을 주는 제품의 성분이 아닌 것은?**

① 벤조페논-3
② 시녹세이트
③ 징크옥사이드
④ 소듐벤조에이트
⑤ 에틸헥실메톡시신나메이트

39 **화장품 제조 및 품질관리에 이용되는 측정기의 교정주기로 가장 적당하지 않는 것은?**

① 저울 – 1년
② 차압계 – 2년
③ 분동 – 2년
④ 온습도계 – 1년
⑤ 정제수 플로우미터 – 1년

40 **화장품 원료의 시험용 검체 용기에 붙이는 라벨에 기재되는 사항으로 거리가 먼 것은?**

① 원료명
② 검체채취일
③ 원료구매단가
④ 검체채취자
⑤ 원료제조처

41 **우수화장품 제조 및 품질관리기준 해설서에서 설명하고 있는 포장재의 관리에 필요한 사항이 아닌 것은?**

① 포장재 공급자 결정
② 정기적 재고관리
③ 입고 소독 실시
④ 사용기한 설정
⑤ 보관 환경 설정

42 **동물성 화장품 원료를 원하지 않는 고객에서 맞춤형화장품 조제관리사가 추천할 수 있는 화장품 원료는?**

① 바이오틴(biotin)
② 비즈왁스(beeswax)
③ 에뮤오일(emu oil)
④ 밍크오일(mink oil)
⑤ 라놀린(lanolin)

43 **기능성화장품 심사에 관한 규정 별표4에서 고시하는 체모를 제거하는 기능을 가진 제품에 대한 설명으로 적당하지 않은 것은?**

① 체모를 제거하는 기능을 가진 제품은 제모제이다.
② pH 범위는 7.0 이상 12.7 미만이어야 한다.
③ 제형은 액제, 크림제, 로션제, 에어로졸제에 한한다.
④ 고시된 성분은 치오글리콜산 80%와 치오글리콜산 60%이다.
⑤ 효능·효과는 제모이다.

44 **화장품법 시행규칙에서 규정하는 회수대상 화장품이 아닌 것은?**

① 내용량이 유통화장품 안전관리 기준에 적합하지 않은 제품
② 이물이 혼입된 화장품으로 보건위생상 위해를 발생할 우려가 있는 화장품
③ 용기나 포장이 불량하여 해당 화장품이 보건위생상 위해를 발생할 우려가 있는 것
④ 개봉 후 사용기간을 위조·변조한 화장품
⑤ 화장품의 전부 또는 일부가 변패된 화장품

45 **맞춤형화장품의 회수계획보고를 하는 회수의무자로 적당한 자는?**

① 화장품제조업자
② 책임판매관리자
③ 맞춤형화장품판매업자
④ 맞춤형화장품 조제관리사
⑤ 화장품책임판매업자

46 **판매의 목적이 아닌 제품의 선택 등을 위하여 미리 소비자가 시험·사용하도록 제조된 화장품에 대하여 기재·표시를 생략할 수 있는 항목은?**

① 견본품이나 비매품
② 화장품의 명칭
③ 화장품 책임판매업자의 주소
④ 화장품 책임판매업자의 상호
⑤ 제조번호

47 **화장품법에 따라 화장품의 포장에 기재·표시하여야 하는 사항으로 적절하지 않은 것은?**

① 방향용 제품으로 성분명을 제품 명칭의 일부로 사용한 경우 그 성분명과 함량
② 기능성화장품의 경우에는 심사받거나 보고한 효능·효과
③ 인체 조직 배양액이 들어있는 경우 조직 배양액의 함량
④ 화장품에 유기농으로 표시·광고하려는 경우에는 유기농 원료의 함량
⑤ 여드름성 피부를 완화하는 데 도움을 주는 기능성화장품은 "질병의 예방 및 치료를 위한 의약품이 아님"이라는 문구

48 **방문객이 화장품 제조, 관리, 보관구역으로 출입할 때 출입기록으로 남기는 항목으로 가장 적절하지 않은 것은?**

① 복장착용을 위한 신체사이즈
② 방문목적, 방문부서
③ 성명과 소속
④ 출입 시간
⑤ 방문동행자

49 **다음 중 자재의 시험을 위하여 검체를 채취할 때 가장 적당한 검체채취(sampling)방법은?**

① KS Q ISO 2859-1 계수형 샘플링 검사
② KS Q ISO 2859-2 LQ지표형 샘플링 검사
③ KS Q ISO 2859-3 스킵로트 샘플링 검사
④ KS Q ISO 2859-4 전수검사
⑤ KS Q ISO 9001 품질경영시스템

50 **제품의 재질, 포장방법에 관한 기준 등에 관한 규칙 별표1(환경부령)에 따라 인체 세정용 제품류 단위제품의 포장공간비율은 얼마 이하인가?**

① 10%
② 15%
③ 20%
④ 25%
⑤ 30%

51 **화장품의 내용량이 200mL일 때 내용량 측정에 사용되는 시험기구로 가장 적당한 것은?**

① 뷰렛
② 피펫
③ 마이크로피펫
④ 메스실린더(눈금실린더)
⑤ 비이커

52 아이브로우펜슬(eye brow pencil)의 내용량을 측정하는 방법으로 가장 적당한 것은?

① 펜슬의 무게를 측정한다.
② 펜슬심지의 길이만을 측정한다.
③ 펜슬심지의 지름만을 측정한다.
④ 펜슬심지의 지름과 길이를 측정한다.
⑤ 펜슬의 지름과 길이를 측정한다.

53 화장비누의 건조무게(수분 불포함 무게)를 측정할 때 필요한 시험기구 및 설비가 아닌 것은?

① 건조기(drying oven)
② 데시케이터(desiccator)
③ 저울
④ 회전증발기(evaporator)
⑤ 접시

54 화장품 전성분 표시지침에 따라 화장품에 전성분 정보를 즉시 제공할 수 있는 전화번호 또는 홈페이지 주소를 대신 표시하거나, 전성분 정보를 기재한 책자 등을 매장에 비치한 경우에 화장품 전성분 표시를 생략할 수 있는 제품으로 적당하지 않은 것은?

① 내용량이 70g인 제품
② 내용량이 50g인 제품
③ 내용량이 30g인 제품
④ 내용량이 10g인 제품
⑤ 판매를 목적으로 하지 않으며, 제품 선택 등을 위하여 사전에 소비자가 시험·사용하도록 제조된 제품

55 pH측정을 위하여 화장품의 검체를 처리하는 방법으로 적절한 것은?

① 검체 약 1g + 정제수 30mL
② 검체 약 2g + 정제수 30mL
③ 검체 약 3g + 정제수 30mL
④ 검체 약 4g + 정제수 50mL
⑤ 검체 약 5g + 정제수 70mL

56 화장품의 품질 및 안전관리를 위해 화장품에 첨가된 보존제의 효력을 평가하는 화장품 보존력 시험법에서 미생물 생장을 평가하는 기간으로 적당한 것은?

① 세균 - 2일, 진균 - 5일
② 세균 - 7일, 진균 - 7일
③ 세균 - 14일, 진균 - 14일
④ 세균 - 21일, 진균 - 21일
⑤ 세균 - 28일, 진균 - 28일

57 기능성화장품 기준 및 시험방법(KFCC) 통칙에서는 (㉠)은(는) 유화제 등을 넣어 유성성분과 수성성분을 균질화하여 점액상으로 만든 것으로 정의하고 있다. ㉠에 적당한 단어는?

① 로션제
② 크림제
③ 액제
④ 겔제
⑤ 침적마스크제

58 일상의 취급 또는 보통 보존상태에서 액상 또는 고형의 이물 또는 수분이 침입하지 않고 내용물을 손실, 풍화, 조해 또는 증발로부터 보호할 수 있는 용기를 (㉠)용기라 한다. ㉠에 적당한 단어는?

① 밀봉
② 기밀
③ 밀폐
④ 차광
⑤ 진공

59 화장품법 시행규칙 별표3에서 규정하는 체취 방지제에 대한 사용할 때의 주의사항으로 적당하지 않은 것은?

① 상처가 있는 부위 등에는 사용을 자제할 것
② 밀폐된 실내에서 사용한 후에는 반드시 환기를 할 것
③ 털을 제거한 직후에는 사용하지 말 것
④ 어린이의 손이 닿지 않는 곳에 보관할 것
⑤ 직사광선을 피해서 보관할 것

60 화장품법 시행규칙에서 규정한 화장품 표시·광고 시 준수사항으로 가장 적당하지 않은 것은?

① 외국과의 기술제휴 등을 표현하는 표시·광고를 하지 말 것
② 외국제품을 국내제품으로 잘못 인식할 우려가 있는 표시·광고를 하지 말 것
③ 국제적 멸종위기종의 가공품이 함유된 화장품임을 표현하거나 암시하는 표시·광고를 하지 말 것
④ 배타성을 띤 최고,최상 등 절대적 표현을 하지 말 것
⑤ 의약품으로 잘못 인식할 우려가 있는 내용에 대한 표시·광고를 하지 말 것

61 **식품의약품안전처장은 과징금을 부과받은 자가 내야 할 과징금의 금액이 100만 원 이상이고, 과징금 전액을 한꺼번에 내기 어렵다고 인정되는 경우에는 그 납부기한을 연기하거나 분할납부하게 할 수 있다(화장품법 시행령 제12조의2). 다음 중 화장품법 시행령 제12조의2에서 정하고 있는 과징금 납부 연기 및 분할납부할 수 있는 경우가 아닌 것은?**

① 자연재해대책법 제2조제1호에 따른 재해 등으로 재산에 현저한 손실을 입은 경우
② 사업 여건의 악화로 사업이 중대한 위기에 있는 경우
③ 사업장 확장 이전으로 인한 업무지속성이 결여되는 경우
④ 과징금을 한꺼번에 내면 자금 사정에 현저한 어려움이 예상되는 경우
⑤ 사업이 중대한 위기에 있다고 식품의약품안전처장이 인정하는 경우

62 **다음의 화장품이 유통되었다가 최초로 행정관청에 적발되었다. 적발된 화장품에 대한 행정처분이 "해당 품목 제조 또는 판매업무 정지 3개월" 에 해당되지 않는 것은?**

① 병원미생물에 오염된 화장품
② 식품의약품안전처장이 고시한 화장품의 제조 등에 사용할 수 없는 원료를 사용한 화장품
③ 사용상의 제한이 필요한 원료에 대하여 식품의약품안전처장이 고시한 사용기준을 위반한 화장품
④ 기재사항의 전부(가격은 제외)를 기재하지 않은 화장품
⑤ 사용기한 또는 개봉 후 사용기간을 위조·변조한 화장품

63 **다음 중 1차 위반 시, 시정명령의 대상이 되는 경우는?**

① 맞춤형화장품판매업소의 소재지 변경을 하지 않은 경우
② 기능성화장품 주원료의 함량이 기준치보다 10퍼센트 이상 부족한 경우
③ 실제 내용량이 표시된 내용량의 90퍼센트인 화장품을 판매한 경우
④ 기능성화장품 주원료의 함량이 기준치보다 10퍼센트 미만 부족한 경우
⑤ 업무정지기간 중에 해당업무를 한 경우

64 **다음 중 1차 위반 시, 등록취소 또는 영업소 폐쇄가 되는 경우가 아닌 것은?**

① 판매업무정지기간 중에 판매 업무를 한 경우
② 화장품제조업자가 마약류의 중독자로 진단된 경우
③ 화장품제조업자가 정신질환자로 진단된 경우
④ 병원미생물에 오염된 화장품을 판매한 경우
⑤ 화장품책임판매업자가 파산선고를 받고 복권되지 아니한 경우

65 "(㉠)"(이)란 규정된 조건 하에서 측정기기나 측정 시스템에 의해 표시되는 값과 표준기기의 참값을 비교하여 이들의 오차가 허용범위 내에 있음을 확인하고, 허용범위를 벗어나는 경우 허용범위 내에 들도록 조정하는 것을 말한다. ㉠에 적당한 단어는?

① 교정
② 검정
③ 보정
④ 점검
⑤ 측정

66 화장품 제조 및 품질관리에 필요한 설비에 대한 설명으로 적절하지 않은 것은?

① 사용목적에 적합하고, 청소가 가능해야 한다.
② 사용하지 않는 연결 호스와 부속품은 청소 등 위생관리를 한다.
③ 제품의 품질에 경미한 영향을 주는 소모품은 사용할 수 있다.
④ 제품과 설비가 오염되지 않도록 배관 및 배수관을 설치하며, 배수관은 역류되지 않아야 한다.
⑤ 필요한 경우 위생·유지관리가 가능하여야 한다.

67 화장품 제조 및 품질관리에서 정기적으로 점검을 해야하는 대상에서 거리가 먼 것은?

① 제품의 품질에 영향을 줄 수 있는 검사·측정·시험장비
② 공정관리실
③ 제조시설
④ 정제수 제조장치
⑤ 시험시설 및 시험기구

68 원자재 입고 시, 원자재 입고담당자가 확인하는 것으로 가장 적합하지 않은 것은?

① 구매 요구서(발주서)
② 원자재 제조공정도
③ 입고된 원자재 현품
④ 거래명세서
⑤ 원자재 시험기록서(품질성적서)

69 맞춤형화장품 조제 과정 중 내용물과 원료를 혼합할 때 사용되는 기구는?

① pH미터(pH meter)
② 균질화기(homogenizer)
③ 비중계(density meter)
④ 점도계(viscometer)
⑤ 레오메터(rheometer)

70 제품의 재질, 포장방법에 관한 기준 등에 관한 규칙 별표1(환경부령)에 따른 화장품류 단위제품의 포장횟수 제한은?

① 1회
② 2회
③ 3회
④ 4회
⑤ 5회

71 다음 시설 중 방충·방서 시설에서 가장 거리가 먼 것은?

① 스티키 매트(sticky matt)
② 포충등
③ 초음파퇴서기
④ 쥐끈끈이
⑤ 방충망

72 물휴지의 미생물한도 기준으로 적합한 것은?

① 세균수 100개/g(mL) 이하, 진균수 100개/g(mL) 이하
② 세균수 500개/g(mL) 이하, 진균수 500개/g(mL) 이하
③ 세균수 1000개/g(mL) 이하, 진균수 1000개/g(mL) 이하
④ 총호기성 생균수는 100개/g(mL) 이하
⑤ 총호기성 생균수는 500개/g(mL) 이하

73 표시량이 100g인 크림에서 내용량 시험 결과가 부적합한 것은?

① 1번째 검체질량 : 100g, 2번째 검체질량 : 98g, 3번째 검체질량 : 98g
② 1번째 검체질량 : 97g, 2번째 검체질량 : 98g, 3번째 검체질량 : 96g
③ 1번째 검체질량 : 96g, 2번째 검체질량 : 97g, 3번째 검체질량 : 98g
④ 1번째 검체질량 : 99g, 2번째 검체질량 : 95g, 3번째 검체질량 : 96g
⑤ 1번째 검체질량 : 97g, 2번째 검체질량 : 97g, 3번째 검체질량 : 97g

74 화장품 색소 종류와 기준 및 시험방법의 일반시험법에 따라 과산화수소(30) 1 용량에 물 9 용량을 넣어서 과산화수소시액을 만들었다면, 이 시액의 과산화수소 농도로 옳은 것은?(단, 과산화수소(30) 의 과산화수소 농도는 30.0~35.5%이다)

① 3.0%
② 6.0%
③ 9.0%
④ 30.0%
⑤ 60.0%

75 화장품의 시험 기준이 적절하지 않은 것은?

① 베이비 로션 pH 5.0 ~ 7.0
② 베이비 크림 pH 5.0 ~ 7.0
③ 베이비 오일 pH 5.0 ~ 7.0
④ 어린이용 로션 pH 5.0 ~ 7.0
⑤ 어린이용 핸드크림 pH 5.0 ~ 7.0

76 다음의 화장품 원료 중에서 사용한도가 정해진 원료가 아닌 것은?

① 만수국꽃 추출물
② 만수국아재비꽃 추출물
③ 천수국꽃 추출물
④ 하이드롤라이즈드밀단백질
⑤ 땅콩오일, 추출물 및 유도체

77 상수를 증류하거나 이온교환수지를 통하여 정제한 물을 무엇이라 하는가?

① RO(역삼투압)수
② 이온수
③ 정제수
④ 알칼리수
⑤ 순수

78 위해화장품으로 분류할 때 다등급 위해성 화장품에 해당되는 화장품이 아닌 것은?

① 사용기한을 위조·변조한 화장품
② 신고를 하지 아니한 자가 판매한 맞춤형화장품
③ 맞춤형화장품 조제관리사를 두지 아니하고 판매한 맞춤형화장품
④ 사용한도가 정해진 원료를 사용한도 이상으로 포함한 화장품
⑤ 화장품책임판매업자 스스로 국민보건에 위해를 끼칠 우려가 있어 회수가 필요하다고 판단한 화장품

79 〈보기〉는 화장품에 사용 가능한 화장품의 색소에 대한 설명이다. 〈보기〉의 색소로 옳은 것은?

보기

- 과실로부터 얻어지거나 합성 혹은 미생물로부터 얻어진다.
- 성상은 암적색의 분말 또는 유상의 액체로서 약간 특이한 냄새가 있다.
- CI 75125

① 라이코펜(lycopene)
② 카라멜(caramel)
③ 망가니즈바이올렛(manganese violet)
④ 베타카로틴(beta-carotene)
⑤ 안나토(annatto)

80 **다음 중 화장품법 시행규칙 제19조(화장품 포장의 기재·표시 등)에서 정하고 있는 맞춤형화장품의 1차 포장 또는 2차 포장에 기재·표시되어야 하는 사항이 아닌 것은?**

① 바코드
② 성분명을 제품 명칭의 일부로 사용한 경우 그 성분명과 함량(방향용 제품은 제외한다)
③ 인체 세포·조직 배양액이 들어있는 경우 그 함량
④ 화장품에 천연 또는 유기농으로 표시·광고하려는 경우에는 원료의 함량
⑤ 만 3세 이하의 영유아용 제품류인 경우는 보존제의 함량

81 **유통 중인 데오도런트의 사용시의 주의사항이 〈보기〉와 같을 때, 누락된 사용 시의 주의사항과 누락된 사용 시의 주의사항에 따른 행정처분을 작성하시오(단, 1차 위반).**

보기

- 전성분 : 알루미늄클로로하이드레이트, 정제수, 하이드록시에틸셀룰로오스, 글리세린, 폴리소르베이트 20, 테트라소듐이디티에이
- 사용 시의 주의사항 :
  1) 화장품 사용 시 또는 사용 후 직사광선에 의하여 사용부위가 붉은 반점, 부어오름 또는 가려움증 등의 이상 증상이나 부작용이 있는 경우 전문의 등과 상담할 것
  2) 상처가 있는 부위 등에는 사용을 자제할 것
  3) 보관 및 취급 시의 주의사항
     가) 어린이의 손이 닿지 않는 곳에 보관할 것
     나) 직사광선을 피해서 보관할 것

82 **맞춤형화장품은 고객 개인별 피부특성 및 취향에 따라 맞춤형화장품판매장에서 맞춤형화장품 조제관리사가 제조 또는 수입된 화장품의 (㉠)에 다른 화장품의 (㉠)(이)나 식품의약품안전처장이 정하는 원료를 추가하여 혼합한 화장품이다. 또는 제조 또는 수입된 화장품의 (㉠)을(를) 소분(小分)한 화장품이다. ㉠에 공통으로 적합한 단어를 작성하시오.**

83 **피부의 타입분류에서 피지와 땀의 분비가 적어서 피부표면이 건조하고 윤기가 없으며 피부 노화에 따라 피지와 땀의 분비량이 감소하여 더 건조해지는 피부로 잔주름이 생기기 쉽고 수분량이 부족한 피부타입은 (㉠)타입 피부이다. ㉠에 적합한 단어를 작성하시오.**

84 〈보기〉에서 설명하는 화장품 원료를 작성하시오.

> **보기**
> - 백색의 결정성 가루로 냄새는 없음
> - 분자량 : $C_7H_6O_3$, 138.12
> - 화학구조 : 2-hydroxybenzoic acid
> - 에탄올에 용해됨

85 〈보기〉에 해당하는 화장품의 1차 포장 또는 2차 포장에는 화장품의 명칭, 화장품책임판매업자의 상호, 가격, 제조번호와 사용기한 또는 개봉 후 사용기간(개봉 후 사용기간을 기재할 경우에는 제조 연월일을 병행 표기하여야 한다)만을 기재·표시할 수 있다. ㉠에 적합한 단어를 작성하시오.

> **보기**
> - 내용량이 (㉠)밀리리터 이하 또는 (㉠)그램 이하인 화장품의 포장
> - 판매의 목적이 아닌 제품의 선택 등을 위하여 미리 소비자가 시험·사용하도록 제조 또는 수입된 화장품의 포장: 가격대신에 견본품 이나 비매품으로 표시함.

86 화장품 포장의 세부적인 표시기준 및 표시방법(화장품법 시행규칙 별표4)에 따르면 화장품 제조에 사용된 성분을 표시할 때 화장품 제조에 사용된 함량이 많은 것부터 기재·표시한다. 다만, (㉠)퍼센트 이하로 사용된 성분, 착향제 또는 착색제는 순서에 상관없이 기재·표시할 수 있다. ㉠에 적합한 단어를 작성하시오.

87 화장품 포장의 세부적인 표시기준 및 표시방법(화장품법 시행규칙 별표4)에 따르면 제조번호는 사용기한(또는 개봉 후 사용기간)과 쉽게 구별되도록 기재·표시해야 하며, 개봉 후 사용기간을 표시하는 경우에는 병행 표기해야 하는 (㉠)도 각각 구별이 가능하도록 기재·표시해야 한다. ㉠에 적합한 단어를 작성하시오.

88 〈보기〉는 맞춤형화장품판매업자의 준수사항에 관한 규정에서 정하는 사항이다. ㉠에 적합한 용어를 기입하시오.

> **보기**
>
> 혼합·소분에 사용되는 내용물 또는 원료의 사용기한 또는 개봉 후 사용기간을 초과하여 맞춤형화장품의 사용기한 또는 개봉 후 사용기간을 정하지 말아야 한다. 다만 과학적 근거를 통하여 맞춤형화장품의 (㉠) 이(가) 확보되는 사용기한 또는 개봉 후 사용기간을 설정한 경우에는 예외로 한다.

89 (㉠)은(는) 서로 섞이지 않는 두 액체 중에서 한 액체(분산상)가 미세한 입자 형태로 다른 액체(연속상, 외상)에 분산되어 있는 불균일 계로 열역학적(thermodynamical)으로 불안정하여 경시적으로 회합(aggregation), 합일(coalescence), 오스왈트라이프닝(Ostwald ripening) 등에 의해 분리된다. (㉠)을(를) 이용한 화장품의 제형은 유화제형으로 크림, 유액, 영양액 등이 대표적인 예이다. ㉠에 공통으로 단어를 작성하시오.

90 조향할 때 (㉠)노트는 처음 느껴지는 향으로 지속력은 5~10분이고 후레쉬, 스파클링, 시트러스, 그린, 스파이시 계열의 향취가 해당된다. 향 중에서 (㉠)노트는 15~25%로 구성된다. ㉠에 적합한 단어를 작성하시오.

91 위해화장품의 회수기한은 위해성 등급이 가등급인 화장품은 회수를 시작한 날부터 (㉠)일 이내이고, 위해성 등급이 나등급인 화장품은 회수를 시작한 날부터 (㉡)일 이내이며, 다등급인 화장품은 회수를 시작한 날부터 (㉢)일 이내이다. ㉠, ㉡, ㉢에 적합한 숫자를 작성하시오.

92 〈보기〉의 화장품 원료 중에서 사용한도가 정해진 원료를 모두 고르시오.

> **보기**
> 벤질알코올, 세틸알코올, 세토스테아릴알코올, 페녹시에탄올, 에틸알코올

93 살리실릭애씨드 및 그 염류가 기능성화장품의 유효성분으로 사용하는 경우에는 그 사용한도가 인체세정용 제품류는 살리실릭애씨드로서 (㉠)%이고 사용 후 씻어내는 두발용 제품류는 (㉡)%이다. ㉠, ㉡에 적합한 숫자를 작성하시오.

94 〈보기〉의 화장품 원료 중에서 기능성화장품의 주성분인 자외선 차단성분을 모두 고르시오.

> **보기**
> 에칠헥실메톡시신나메이트, 캠퍼, 벤조페논-3(옥시벤존), 세라마이드, 테트라브로모-*o*-크레졸, 트리클로산

95 〈보기〉의 화장품 원료 중에서 화장품 안전기준 등에 관한 규정에서 규정한 화장품에 사용할 수 없는 원료를 모두 고르시오.

> **보기**
> 클로로아트라놀, 톨루엔, 트레티노인, 벤조일퍼옥사이드, 붕사(소듐보레이트), 땅콩오일

96 곤충, 해충이나 쥐를 막을 수 있도록 대책으로 적당하지 않은 것을 모두 고르시오.

보기

1. 벌레가 좋아하는 것을 제거한다.
2. 벽, 천장, 창문, 파이프 구멍에 틈이 없도록 한다.
3. 개방할 수 있는 창문을 만든다.
4. 창문은 차광하고, 야간에 빛이 밖으로 새어 나가지 않게 한다.
5. 배기구, 흡기구에 필터를 설치한다.
6. 폐수구에 트랩을 설치한다.
7. 문 아래에 스커트를 설치한다.
8. 골판지, 나무 부스러기를 방치한다.
9. 실내압을 외부(실외)보다 낮게 한다.
10. 청소와 정리 정돈을 한다.
11. 해충, 곤충의 원인을 조사하여 대책을 마련한다.

97 〈보기〉는 우수화장품 제조 및 품질관리기준(CGMP) 제11조(입고관리)에서 규정한 사항이다. ㉠에 알맞은 숫자를 작성하시오.

보기

① 제조업자는 원자재 공급자에 대한 관리감독을 적절히 수행하여 입고관리가 철저히 이루어지도록 하여야 한다.
② 원자재의 입고 시 구매 요구서(발주서), 원자재 공급업체 성적서 및 현품이 서로 일치하여야 한다. 필요한 경우 운송 관련 자료를 추가적으로 확인할 수 있다.
③ 원자재 용기에 제조번호가 없는 경우에는 (㉠)를(을) 부여하여 보관하여야 한다.

98 〈보기〉는 우수화장품 제조 및 품질관리기준(CGMP) 제32조(사후관리)에서 규정한 사항이다. ㉠에 적합한 단어를 작성하시오.

보기

① 식품의약품안전처장은 제30조에 따라 우수화장품 제조 및 품질관리기준 적합판정을 받은 업소에 대해 별표 2의 우수화장품 제조 및 품질관리기준 실시상황평가표에 따라 (㉠)년에 1회 이상 실태조사를 실시하여야 한다.
② 식품의약품안전처장은 사후관리 결과 부적합 업소에 대하여 일정한 기간을 정하여 시정하도록 지시하거나, 우수화장품 제조 및 품질관리기준 적합업소 판정을 취소할 수 있다.
③ 식품의약품안전처장은 제1항에도 불구하고 제조 및 품질관리에 문제가 있다고 판단되는 업소에 대하여 수시로 우수화장품 제조 및 품질관리기준 운영 실태조사를 할 수 있다.

99 회장품법 시행규칙에서 정하고 있는 맞춤형회장품판매업자의 준수사항으로 맞춤형회장품판매업자는 혼합·소분 전에 혼합·소분에 사용되는 내용물 또는 원료에 대한 (㉠)(을)를 확인해야 한다. ㉠에 적합한 단어를 작성하시오.

100 기능성화장품 기준 및 시험방법의 원료시험방법 중 산가측정법에 따라 해바라기씨오일에 대한 산가측정시험을 실시하여 〈보기〉와 같은 결과를 얻었다면 해바라기씨오일의 산가는 얼마인가?

보기

- 시험을 위해 채취한 해바라기씨오일의 양 : 10.0g
- 중화에 사용된 수산화칼륨(KOH)의 양 : 0.1g

7회 실전 모의고사

※QR코드를 스캔하면 선다형 문제만 모바일 모의고사 서비스가 제공됩니다.

1 화장품책임판매업자가 준수해야 하는 책임판매 후 안전관리기준에 대한 설명으로 적절하지 않은 것은?

① 화장품책임판매업자는 책임판매관리자를 두어야 하며, 안전확보 업무를 적정하고 원활하게 수행할 능력을 갖는 인원을 충분히 갖추어야 한다.
② 화장품책임판매업자는 책임판매관리자에게 학회, 문헌, 그 밖의 연구보고 등에서 안전관리 정보를 수집·기록하도록 해야 한다.
③ 화장품책임판매업자는 책임판매관리자에게 수집한 안전관리 정보를 신속히 검토·기록하도록 지시해야 한다.
④ 책임판매관리자는 안전확보 조치계획을 화장품책임판매업자에게 구두로 보고한 후 바로 조치계획을 실시한다.
⑤ 화장품책임판매업자는 책임판매관리자에게 안전확보 조치계획을 적정하게 평가하여 안전확보 조치를 결정하고 이를 기록·보관하도록 지시해야 한다.

2 (㉠)은(는) 맞춤형화장품의 혼합·소분에 사용되는 내용물 또는 원료의 제조번호와 혼합·소분기록을 추적할 수 있도록 맞춤형화장품판매업자가 숫자·문자·기호 또는 이들의 특징적인 조합으로 부여한 번호이다. ㉠에 적합한 단어는?

① 구분번호　② 뱃치번호　③ 구별번호
④ 식별번호　⑤ 제조번호

3 화장품 표시 광고 시 준수해야 할 사항으로 옳지 않은 것은?

① "최고" 또는 "최상" 등 배타성을 띄는 표현의 표시 광고를 하지 말 것
② 의사, 치과의사, 한의사, 약사 등이 광고 대상을 지정, 공인, 추천하지 말 것
③ 국제적 멸종위기종의 가공품이 함유된 화장품임을 표시 광고하지 말 것
④ 비교 대상 및 기준을 밝히고 객관적인 사실을 경쟁상품과 비교하는 표시 광고를 하지 말 것
⑤ 사실 유무와 상관없이 다른 제품을 비방하거나, 비방으로 의심되는 광고를 하지 말 것

4 화장품법 시행규칙 별표3에서 규정한 화장품 유형이 틀리게 짝지어진 것은?

① 물휴지 – 인체 세정용 제품류
② 클렌징 티슈 – 인체 세정용 제품류
③ 손·발의 피부연화 제품 – 기초화장품 제품류
④ 파우더 – 기초화장품 제품류
⑤ 흑채 – 두발용 제품류

5 **맞춤형화장품판매업자의 준수사항으로 적절하지 않은 것은?**

① 내용물 및 원료를 공급하는 화장품책임판매업자가 혼합 또는 소분의 범위를 검토하여 정하고 있는 경우, 그 범위 내에서 혼합 또는 소분한다.

② 혼합·소분에 사용되는 내용물 및 원료는 화장품법 제8조(화장품 안전기준 등)에 적합한 것을 확인하여 사용한다.

③ 소비자의 피부상태나 선호도 등을 확인하지 아니하고 맞춤형화장품을 미리 혼합·소분하여 보관한다.

④ 혼합·소분 전에 내용물 및 원료의 사용기한 또는 개봉 후 사용기간을 확인하고, 사용기한 또는 개봉 후 사용기간이 지난 것은 사용하지 않는다.

⑤ 판매장에서 제공되는 맞춤형화장품에 대한 미생물 오염관리를 철저히 한다.

6 **다음 중 국내에서 유통·판매되는 화장품에 대한 화장품바코드의 표시의무자는?**

① 화장품제조업자
② 화장품판매점주
③ 화장품유통업자
④ 화장품책임판매업자
⑤ 맞춤형화장품판매업자

7 **화장품의 충전(filling)공정에서 이루어지는 공정검사로 가장 적절하지 않은 것은?**

① 카톤(단상자) 인쇄상태 확인
② 펌프타입 용기의 펌핑테스트
③ 용기누액 시험
④ 사용기한, 제조번호의 표기
⑤ 내용량 검사

8 **유기농화장품은 천연화장품 및 유기농화장품의 기준에 관한 규정 중 함량계산방법에 따라 계산하였을 때 중량 기준으로 유기농 함량이 전체 제품에서 (㉠)이상이어야 하며, 유기농 함량을 포함한 천연 함량이 전체 제품에서 95% 이상으로 구성되어야 한다. ㉠에 적당한 것은?**

① 10%
② 15%
③ 80%
④ 90%
⑤ 95%

9 **실온(1~30℃)에서 화장품 원료의 성상에 대한 설명으로 적당하지 않은 것은?**

① 아몬드오일 : 무색 ~ 엷은황색의 맑은 유액으로 냄새는 거의 없고 맛은 부드럽다.

② 아보카도오일 : 엷은 황색 ~ 암록색의 맑은 유액으로 약간의 특이한 냄새가 있다.

③ 에탄올 : 엷은 노란색의 휘발성이 있는 맑은 액으로 특이한 냄새 및 쏘는 듯한 맛이 있다.

④ 알란토인 : 무색 ~ 백색의 결정성 가루로 냄새 및 맛은 없다.

⑤ 아스코빅애씨드 : 백색의 결정성 가루로 냄새는 없고 신맛이 있다.

10 맞춤형화장품판매장에서 취급하는 개인정보에 대한 관리가 적당하지 않은 것은?

① 고객의 개인정보는 개인정보보호법령에 따라 적법하게 관리한다.
② 맞춤형화장품판매장에서 판매내역서 작성 등 판매관리 등의 목적으로 고객 개인의 정보를 수집할 경우 개인정보보호법에 따라 개인 정보 수집 및 이용목적, 수집 항목 등에 관한 사항을 안내하고 동의를 받는다.
③ 수집된 고객의 개인정보는 개인정보보호법에 따라 분실, 도난, 유출, 위조, 변조 또는 훼손되지 않도록 취급한다.
④ 소비자 피부진단 데이터 등을 활용하여 연구·개발 등 목적으로 사용하고자 하는 경우, 별도로 소비자에게 동의를 받지는 않는다.
⑤ 정보주체의 동의 없이 타 기관 또는 제3자에게 정보를 공개하여서는 아니된다.

11 맞춤형화장품판매업자는 맞춤형화장품 조제에 사용된 원료의 목록을 다음 연도 2월 말까지 대한화장품협회에 보고하도록 화장품법에서 정하고 있다. 이 정한 사항을 위반하여 맞춤형화장품판매업자가 원료의 목록을 미보고했을 때 부과되는 과태료 금액은?

① 100만원 ② 80만원
③ 50만원 ④ 30만원
⑤ 과태료 부과대상 아님

12 화장품법 시행령에서 정하고 있는 맞춤형화장품 조제관리사가 아닌 자가 해당 명칭 또는 유사 명칭을 사용했을 때 부과되는 과태료 금액은?

① 100만원 ② 80만원
③ 50만원 ④ 30만원
⑤ 과태료 부과대상 아님

13 화장품 성분 중 무기 안료(pigment)의 특성으로 옳은 것은?

① 내광성, 내열성이 우수하다.
② 선명도와 착색력이 뛰어나다.
③ 유기 용매에 잘 녹는다.
④ 유기 안료에 비해 색의 종류가 다양하다.
⑤ 색상이 다양하며 물에 용해된다.

14 여드름 피부용 화장품에 사용되는 성분과 가장 거리가 먼 것은?

① 살리실산 ② 글리시리진산
③ 아줄렌 ④ 라놀린
⑤ 에탄올

15 맞춤형화장품 조제 과정 중 내용물과 원료를 혼합할 때 사용할 수 없는 기구는?

① 아지믹서(agi mixer)
② pH 측정기(pH meter)
③ 균질화기(homogenizer)
④ 원심분리기(centrifuge)
⑤ 진탕기(shaker)

16 다음의 계면활성제 HLB(hydrophilic–lipophilic balance)값 중에서 가용화제(solubilizer)에 적당한 HLB값은?

① 5 ② 7 ③ 12
④ 17 ⑤ 40

17 탄화수소(hydrocarbon)로 분류되지 않는 화장품 원료는?

① 스쿠알란(squalane)
② 아르간커넬 오일(argania spinosa kernel oil)
③ 마이크로크리스탈린 왁스(microcrystalline wax)
④ 페트로라툼(petrolatum)
⑤ 파라핀 왁스(paraffin wax)

18 모발에 존재하는 결합이 아닌 것은?

① 수소결합(–C=O···HN–)
② 이중결합 (–C=C–)
③ 염결합(–NH_3+···–COO–)
④ 시스틴(디설파이드)결합(–CH_2S–SCH_2–)
⑤ 펩티드결합(–CONH–)

19 가용화(solubilization) 제형의 제품과 가장 거리가 먼 것은?

① 클렌징 크림(cleansing cream)
② 아스트린젠트(astringent)
③ 스킨로션(skin lotion)
④ 헤어토닉(hair tonic)
⑤ 미스트(mist)

20 **다음 성분 중에서 진피에 존재하지 않는 것은?**

① 교원섬유(콜라겐, collagen)
② 탄력섬유(엘라스틴, elastin)
③ 초질(히아루론산, hyaluronic acid)
④ 필라그린(filaggrin)
⑤ 섬유아세포(fibroblast)

21 **일반적인 향수의 구비요건으로 적당하지 않은 것은?**

① 향의 특징이 있을 것
② 향의 확산성이 좋을 것
③ 향의 지속성이 있을 것
④ 시대 유행에 상관없이 독특한 향을 가질 것
⑤ 향의 조화가 잘 이루어질 것

22 **다음 중 피부에 대한 설명으로 가장 적당하지 않는 것은?**

① 신체기관 중에서 가장 큰 기관이다.
② 총면적이 성인기준으로 1.5~2.0m^2이다.
③ 물, 단백질, 지질, 탄수화물, 비타민, 미네랄 등으로 구성되어 있다.
④ 피부 속으로 들어갈수록 pH는 산성에 더 가깝다.
⑤ 표피, 진피, 피하지방 등으로 구성되어 있다.

23 **다음 중 표피에 존재하지 않는 것은?**

① 색소형성세포(melanocyte)
② 각질형성세포(keratinocyte)
③ 섬유아세포(fibroblast)
④ 랑거한스세포(Langerhans cell)
⑤ 메르켈세포(Merkel cell)

24 **피부의 기능으로 가장 적당하지 않는 것은?**

① 감각전달기능, 여과기능
② 보호기능, 호흡기능
③ 해독기능, 각화기능
④ 체온조절기능, 분비기능
⑤ 면역기능, 비타민 D 합성

25 **기능성화장품 기준 및 시험방법의 일반시험법 중 원료시험법에서는 "비중 $d_{t}^{t'}$는 검체와 (　　) 과의 각각 t'℃ 및 t℃에 있어서 같은 체적의 중량비"로 정의하고 있다. ㉠에 적합한 단어는?**

① 물
② 메탄올
③ 에탄올
④ 프로판올
⑤ 미네랄 오일

26 화장품에서 요구되는 사항에 대한 설명으로 부적당한 것은?

① 사용성 : 피부에 대한 사용감(skin feel)이 좋고 흡수가 빨라야 한다.
② 안전성 : 피부에 대한 자극이 적고 알레르기가 없어야 한다.
③ 안정성 : 변색, 변취, 유수상분리, 컬러뭉침 등이 없어야 한다.
④ 효과성 : 피부질환을 완화시켜 준다.
⑤ 효과성 : 피부에 보습, 미백, 주름개선의 효과를 준다.

27 자외선 차단성분으로 백색 안료이며, 색조화장품에서 불투명화(opacity)제로 사용되는 원료는?

① 비스머스옥시클로라이드(bismuth oxychloride)
② 티타늄디옥사이드(titanium dioxide)
③ 크롬옥사이드(chromium oxide)
④ 산화철(iron oxide)
⑤ 탤크(talc)

28 다음 〈보기〉에서 ㉠에 적합한 용어는?

> **보기**
>
> 화장품책임판매업자는 다음의 업무를 책임판매관리자에게 수행하도록 해야 한다.
> 가. 안전확보 조치계획을 적정하게 평가하여 안전확보 조치를 결정하고 이를 기록·보관할 것
> 나. 안전확보 조치를 수행할 경우 (㉠)(으)로 지시하고 이를 보관할 것
> 다. 안전확보 조치를 실시하고 그 결과를 화장품책임판매업자에게 (㉠)(으)로 보고한 후 보관할 것

① 문서　② 지시서　③ 보고서
④ 기록서　⑤ 조치서

29 피부색상을 결정짓는데 중요한 요인이 되는 멜라닌 색소가 만들어지는 피부층은?

① 과립층　② 유극층　③ 기저층
④ 유두층　⑤ 망상층

30 맞춤형화장품의 소분에 사용된 크림의 사용기한이 2020년 5월 10일 때 맞춤형화장품의 사용기한으로 가장 적당한 것은(단, 소분일은 2019년 8월 17일)?

① 2020년 8월 17일　② 2020년 8월 16일
③ 2020년 5월 14일　④ 2020년 5월 9일
⑤ 2021년 5월 9일

31 〈보기〉는 기능성화장품 기준 및 시험방법 별표9의 일부로서 '탈모 증상의 완화에 도움을 주는 기능성화장품'의 원료규격에 대한 설명이다. 이 설명에 해당되는 원료는?

> **보기**
>
> - 분자식(분자량) : $C_{10}H_{20}O$(156.27)
> - 정량할 때 98.0~101.0%를 함유한다. 무색의 결정으로 특이하고 상쾌한 냄새가 있고 맛은 처음에는 쏘는 듯하고 나중에는 시원하다. 에탄올(ethanol) 또는 에테르(ether)에 썩 잘 녹고 물에는 매우 녹기 어려우며 실온에서 천천히 승화한다.
> - 확인시험
>   1) 이 원료는 같은 양의 캠퍼(camphor), 포수클로랄(chloral hydrate) 또는 치몰(thymol)과 같이 섞을 때 액화한다.
>   2) 이 원료 1g에 황산 20mL를 넣고 흔들어 섞을 때 액은 혼탁하고 황적색을 나타내나 3시간 방치할 때, 냄새가 없는 맑은 기름층이 분리된다.

① 엘-멘톨
② 메틸 살리실레이트
③ 덱스판테놀
④ 비오틴
⑤ 알파 비사보롤

32 다음의 고급알코올 중에서 탄소수가 가장 많은 것은?

① 라우릴알코올(lauryl alcohol)
② 미리스틸알코올(myristyl alcohol)
③ 세틸알코올(cetyl alcohol)
④ 스테아릴알코올(stearyl alcohol)
⑤ 베헤닐알코올(behenyl alcohol)

33 고급지방산(fatty acid)에 대한 설명으로 적절하지 않는 것은?

① R-COOH(R:알킬기, C_nH_{2n+1}) 화학식을 가지는 물질이다.
② 고급지방산은 폼클렌징(foam cleansing)에서 가성가리(KOH)와 비누화 반응하는데 사용된다.
③ 지방산이 단일결합(C-C)으로만 되어 있으면 포화(saturated)지방산이다.
④ 불포화 지방산은 이중결합(C=C)과 삼중결합(C≡C)을 가지고 있다.
⑤ 고급지방산은 유화 안정화제로 사용된다.

34 다음 성분들 중에서 화장품 안전기준 등에 관한 규정에 따라 사용한도 내에서 화장품에 사용이 가능한 것은?

① 에이치시 녹색 no.1
② 에이치시 청색 no.11
③ 에이치시 황색 no.11
④ 에이치시 적색 no.8
⑤ 에이치시 적색 no.10

35 우수화장품 제조 및 품질관리기준(CGMP) 적합업소 지정을 받기 위해서는 작업장을 청정도 등급에 따라 관리해야 한다. 청정도 2등급 지역의 관리기준이 될 수 있는 것으로만 짝지어진 것은?

① 낙하균, 부유균
② 낙하균, 표면균
③ 부유균, 표면균
④ 부유입자, 낙하균
⑤ 부유입자, 표면균

36 화장품의 품질 및 안전관리를 위해 화장품에 첨가된 보존제의 효력을 평가하는 화장품 보존력 시험법에 대한 설명으로 옳은 것은?

① 시험용 미생물은 5개 균주로 진균 3개 균주(Escherichia coli, Pseudomonas aeruginosa, Staphylococcus aureus)와 세균 2개 균주(Candida albicans, Aspergillus brasiliensis)를 사용한다.
② 세균은 대두카제인소화액체배지 또는 대두카제인소화한천배지에 30 ~ 35℃로 48시간 이상 배양한다.
③ 검체 내 보존제 등 미생물발육저지물질을 유지시키고 실험의 정확도를 향상시키기 위해, 검체에 희석액, 용매, 중화제 등을 첨가하여 검체를 충분히 분산시킨다.
④ 시험법 적합성 시험에서 배양 후 시험군에서 회수한 균수가 양성 대조군에서 회수한 균수의 50% 미만일 경우, 시험법이 적절하다고 판정한다.
⑤ 검체는 제품 자체를 사용하거나 일정량을 멸균 용기에 옮겨서 사용하며, 최소 20mL 또는 20g의 제품을 사용한다.

37 다음의 화장품 원료 중에서 동물성 원료에 속하는 것은?

① 밀납(bees wax)
② 몬탄왁스(montan wax)
③ 세레신(ceresin)
④ 오조케라이트(ozokerite)
⑤ 파라핀 왁스(paraffin wax)

38 화장품 제형에 대한 설명으로 적당하지 않는 것은?

① 영양크림, 아이크림, 로션은 유화제형에 해당된다.
② 비비크림, 파운데이션은 유화물에 색소를 분산시킨 유화분산제형이라고 할 수 있다.
③ 토너, 스킨로션은 가용화 제형에 해당된다.
④ 고형화 제형에는 계면활성제가 전혀 사용되지 않는다.
⑤ 고형화 제형은 스틱형성을 위해 왁스가 사용된다.

39 화장비누에 대한 설명으로 적당하지 않은 것은?

① 식물성 오일의 지방산과 가성소다(NaOH)를 반응시켜 비누를 제조한다.
② 천연비누에는 비누화반응의 생성물인 글리세린도 포함되어 있다.
③ 비누화 반응 시에 알칼리로 가성가리(KOH)를 사용하면 가성소다보다 더 단단한 비누를 얻을 수 있다.
④ 천연비누는 제조방법에 따라 MP, CP, HP비누로 분류할 수 있다.
⑤ 비누 만드는 반응을 비누화(saponification, 검화)라 한다.

40 맞춤형화장품 조제 시에 필요하지 않은 시설이나 기구는?

① 칭량(계량) 저울
② 혼합기(아지믹서, 균질기)
③ 콜로니 카운터(colony counter)
④ 스파튤라(spatula)
⑤ 주걱(헤라)

41 피지막에 대한 설명으로 가장 적당하지 않는 것은?

① 피부에서 분비되는 땀(수상)과 피지(유상)가 섞여서 형성된 일종의 피부 보호막이다.
② 세안 후에는 천연피지막이 제거된다.
③ 화장품은 일종의 인공피지막이다.
④ 세안 후 천연피지막은 30분~1시간 사이에 바로 회복된다.
⑤ 천연피지막의 성분은 트리글리세라이드, 왁스 에스테르, 스쿠알렌 등이다.

42 다음의 화장품 용기의 표시사항 중에서 그 성격이 다른 것은?

① 판매가격 ② 견본품 ③ 비매품
④ 증정용 ⑤ 제조번호

43 다등급 위해성 화장품에 해당되지 않는 것은?

① 병원미생물에 오염된 화장품
② 이물이 부착된 화장품 중에서 보건위생상 위해를 발생할 우려가 있는 화장품
③ 제조연월일을 위조·변조한 화장품
④ 화장품책임판매업자 스스로 국민보건에 위해를 끼칠 우려가 있어 회수가 필요하다고 판단한 화장품
⑤ 맞춤형화장품 판매를 위하여 화장품의 포장 및 기재·표시 사항을 훼손한 화장품

44 보존제인 벤질알코올과 페녹시에탄올의 사용한도로 옳은 것은?

① 0.3%
② 0.5%
③ 0.6%
④ 1.0%
⑤ 2.0%

45 화장품 안전성 정보관리 규정에서는 화장품 안전성 정보의 보고에 대하여 규정하고 있다. 이 규정에 따르면 의사·약사·간호사·판매자·소비자 또는 관련단체 등의 장은 화장품의 사용 중 발생하였거나 알게 된 유해사례 등 안전성 정보에 대하여 (㉠), (㉡) 또는 (㉢)에게 보고할 수 있다. ㉠, ㉡, ㉢에 적당한 단어만을 모은 것은(순서 무관함)?

① 식품의약품안전처장, 화장품책임판매업자, 맞춤형화장품판매업자
② 식품의약품안전처장, 화장품책임판매업자, 화장품제조업자
③ 식품의약품안전처장, 화장품제조업자, 맞춤형화장품판매업자
④ 식품의약품안전청장, 화장품제조업자, 맞춤형화장품판매업자
⑤ 화장품제조업자, 화장품책임판매업자, 맞춤형화장품판내업자

46 화장품 안전기준 등에 관한 규정에서 비의도적 유래물질의 검출허용한도를 정하고 있다. 화장품별 비의도적 유래물질의 검출허용한도가 옳지 않은 것은?

① 황토팩 – 납 20㎍/g 이하
② 유연화장수 – 비소 10㎍/g 이하
③ 영양크림 – 수은 1㎍/g 이하
④ 수렴화장수 – 메탄올 0.2(v/v)% 이하
⑤ 유액 – 니켈 10㎍/g 이하

47 화장품 안전기준 등에 관한 규정 별표2에서는 (㉠)은(는) "메칠, 에칠, 프로필, 이소프로필, 부틸, 이소부틸, 페닐"로 규정하고 있다. ㉠에 적합한 단어는?

① 에스텔류
② 에테르류
③ 염류
④ 알코올류
⑤ 애씨드류

48 화장품 안전기준 등에 관한 규정 별표2에서 규정하는 염류에 해당되지 않는 것은?

① 클로라이드
② 소듐
③ 설페이트
④ 트리에탄올아민
⑤ 에탄올아민

49 영유아 또는 어린이가 사용할 수 있는 화장품임을 표시·광고하려는 경우에는 제품별로 안전과 품질을 입증할 수 있는 자료를 작성 및 보관하여야 한다. 제품별로 작성해야 하는 안전성 자료가 아닌 것은?

① 제품에 대한 설명자료
② 제조방법에 대한 설명자료
③ 화장품의 안전성 평가자료
④ 화장품의 유해성 평가자료
⑤ 제품의 효능·효과에 대한 증명자료

50 영유아 또는 어린이가 사용할 수 있는 화장품임을 표시·광고하는 제품의 안전성 자료로 옳지 않은 것은?

① 제조관리기준서 사본
② 제품표준서 사본
③ 수입관리기록서 사본(수입품에 한함)
④ 제품 안전성 평가 결과
⑤ 안전관리기준서 사본

51 인체적용제품의 위해성평가 등에 관한 규정에서 정하고 있는 화장품 위해 평가단계의 순서로 적당한 것은?

① 위험성 확인 – 위험성 결정 – 노출평가 – 위해도 결정
② 노출평가 – 위험성 확인 – 위험성 결정 – 위해도 결정
③ 노출평가 – 위해도 결정 – 위험성 확인 – 위험성 결정
④ 위험성 결정 – 노출평가 – 위해도 결정 – 위험성 확인
⑤ 위험성 확인 – 노출평가 – 위험성 결정 – 위해도 결정

52 (㉠)차 포장은 화장품 제조 시 내용물과 직접 접촉하는 포장용기이며, (㉡)차 포장은 (㉢)차 포장을 수용하는 (㉣)개 또는 그 이상의 포장과 보호재 및 표시의 목적으로 한 포장(첨부문서 등을 포함)이다. ㉠, ㉡, ㉢, ㉣에 적합한 숫자의 합은?

① 4
② 5
③ 6
④ 7
⑤ 8

53 식품의약품안전평가원으로부터 심사를 받거나 식품의약품안전평가원에 보고를 해야 제조할 수 있는 화장품이 아닌 것은?

① 강한 햇볕을 방지하여 피부를 곱게 태워주는 기능을 가진 화장품
② 피부에 침착된 멜라닌색소의 색을 엷게 하여 피부의 미백에 도움을 주는 기능을 가진 화장품
③ 여드름성 피부를 완화하는 데 도움을 주는 인체세정용 화장품
④ 일시적으로 모발의 색상을 변화시키는 화장품
⑤ 튼살로 인한 붉은 선을 엷게 하는 데 도움을 주는 화장품

54 **우수화장품 제조 및 품질관리기준에서는 (㉠)은(는) 충전(1차 포장) 이전의 제조 단계까지 끝낸 제품을 말한다. ㉠에 적당한 단어는?**

① 반제품
② 벌크제품
③ 완제품
④ 공정품
⑤ 재공품

55 **다음은 화장품 사용할 때의 주의사항 및 알레르기 유발성분 표시에 관한 규정 별표1에 따른 알파-하이드록시애씨드(AHA)를 0.5퍼센트 초과하여 함유한 화장품의 사용할 때의 주의사항에 대한 설명으로 적합하지 않은 것은?**

① AHA를 포함한 모든 제품의 사용시의 주의사항에 "햇빛에 대한 피부의 감수성을 증가시킬 수 있으므로 자외선 차단제를 함께 사용할 것"이라는 문구를 삽입해야 한다.
② AHA를 포함한 제품의 사용시의 주의사항에 "일부에 시험 사용하여 피부 이상을 확인할 것"이라는 문구를 삽입해야 한다(단, AHA 성분이 0.5퍼센트 초과 함유된 제품에 한함).
③ "고농도의 AHA 성분이 들어 있어 부작용이 발생할 우려가 있으므로 전문의 등에게 상담할 것"이라는 문구를 사용시의 주의사항에 삽입해야 한다(단, AHA 성분이 10.0퍼센트 초과 함유된 제품에 한함).
④ 고농도의 AHA 성분이 들어 있어 부작용이 발생할 우려가 있으므로 전문의 등에게 상담할 것"이라는 문구를 사용시의 주의사항에 삽입해야 한다(단, 산도가 3.5 미만인 제품에 한함).
⑤ AHA관련 사용시의 주의사항은 0.5퍼센트 이하의 AHA를 함유한 제품에는 적용되지 않는다.

56 **화장품의 색소종류 및 기준 및 시험방법에서 규정하는 색소 등에 대한 정의가 옳은 것은?**

① 색소 : 화장품이나 피부에 색을 띄게 하는 것을 주요 목적으로 하는 성분
② 타르색소 : 색소 중 콜타르, 그 중간생성물에서 유래되었거나 유기합성하여 얻은 색소 및 그 레이크, 염, 희석제와의 혼합물
③ 순색소 : 중간체, 희석제, 기질 등을 포함하지 아니한 공침된 색소
④ 레이크(lake) : 순색소를 기질에 흡착, 공침 또는 단순한 혼합이 아닌 화학적 결합에 의하여 확산시킨 색소
⑤ 안료 : 물에 잘 녹는 색소

57 **기능성화장품의 심사를 위해 제출해야 하는 안전성, 유효성 또는 기능을 입증하는 자료가 아닌 것은?**

① 기원 및 개발경위에 관한 자료
② 안전성에 관한 자료
③ 유효성 또는 기능에 관한 자료
④ 자외선차단지수(SPF) 설정의 근거자료(자외선차단제품에 한함)
⑤ 안정성에 관한 자료

58 **기능성화장품의 심사를 위해 제출해야 하는 기준 및 시험방법에 관한 자료에 대한 설명으로 적절하지 않은 것은?**

① 기준 및 시험방법에 관한 자료를 제출할 때 기능성화장품의 검체는 제출하지 않는다.
② 품질관리에 적정을 기할 수 있는 시험항목을 설정해야 한다.
③ 각 시험항목에 대한 시험방법의 밸리데이션, 기준치 설정의 근거가 되는 자료가 함께 제출된다.
④ 시험방법은 공정서의 공인된 방법에 의해 검증되어야 한다.
⑤ 시험방법은 국제표준화기구(ISO)의 공인된 방법에 의해 검증되어야 한다.

59 **기능성화장품 심사를 위해 안전성에 관한 자료를 제출해야 한다. 안전성에 관한 자료에 해당되지 않는 것은?**

① 1차 피부자극시험자료
② 피부감작성시험자료
③ 광독성 및 광감작성 시험자료
④ 인체첩포시험자료
⑤ 유전독성시험자료

60 **기능성화장품 심사 시에 제출자료 중 일부 제출자료가 면제될 수 있는 경우가 아닌 것은?**

① 기능성화장품 기준 및 시험방법, 국제화장품원료집(ICID), 식품의 기준 및 규격 및 식품첨가물의 기준 및 규격에서 정하는 원료로 제조된 경우
② 인체적용시험자료를 제출하는 경우
③ 자료 제출이 생략되는 기능성화장품의 종류(기능성화장품 기준 및 시험방법 별표4)에서 성분·함량을 고시한 품목의 경우
④ 이미 심사를 받은 기능성화장품과 그 효능·효과를 나타내게 하는 원료의 종류, 규격 및 분량(액상인 경우 농도), 용법·용량이 동일하고, 효능·효과를 나타나게 하는 성분을 제외한 대조군과의 비교실험으로서 효능을 입증한 경우
⑤ 자외선차단지수(SPF) 15 이하 제품의 경우

61 (㉠)은(는) 실험실의 배양접시 등 인위적 환경에서 시험물질과 대조물질을 처리한 다음 그 결과를 측정하는 시험이다. (㉠)은(는) 일반적으로 이런 방식으로 가장 잘 입증될 수 있는 성분이나 완제품에 의해 나타날 수 있는 효능을 강조하기 위해 실시된다. ㉠에 적당한 단어는?

① 눈가림(Blinding) 시험
② 생체내 시험(In Vivo시험)
③ 생체외 시험(In Vitro시험)
④ 세포내 시험(In Vivo시험)
⑤ 세포외 시험(Ex Vivol시험)

62 화장비누의 유리알칼리 시험결과가 다음과 같을 때 유리알칼리 시험기준에 부적합한 것은?

① 0.03%
② 0.05%
③ 0.07%
④ 0.10%
⑤ 0.15%

63 다음 중 땀의 구성성분으로 적당하지 않는 것은?

① 크레아틴(creatine)
② 글라이콜릭애씨드(glycolic acid)
③ 아미노산(amino acid)
④ 암모니아(ammonium)
⑤ 소금(salt)

64 화장품법 시행규칙 별표 3에서 규정하는 〈보기〉의 주의사항 문구를 기재·표시해야 하는 화장품은?(단, 화장품에 프로필렌 글리콜이 함유된 경우에 한함)

> **보기**
>
> 프로필렌 글리콜(Propylene glycol)을 함유하고 있으므로 이 성분에 과민하거나 알레르기 병력이 있는 사람은 신중히 사용할 것(프로필렌 글리콜 함유제품만 표시한다)

① 팩
② 손·발의 피부연화 제품
③ 체취방지용 제품
④ 헤어스트레이트너 제품
⑤ 알파-하이드록시애시드(α-hydroxyacid, AHA) 함유제품

65 〈보기〉에 있는 화장품 성분들 중에서 함량순서에 상관 없이 표시할 수 있는 성분이 아닌 것은?

> **보기**
> - 정제수 87.1%
> - 병풀추출물 4.0%
> - 마린블루향 1.0%
> - 피이지-60하이드로제네이티드캐스터오일 0.3%
> - 에틸알코올 5.0%
> - 디프로필렌글라이콜 1.2%
> - 토코페릴아세테이트 1.0%
> - 청색 1호 0.2%

① 디프로필렌글라이콜
② 마린블루향
③ 토코페릴아세테이트
④ 피이지-60하이드로제네이티드캐스터오일
⑤ 청색 1호

66 충전량이 500mL인 샴푸 용기에 반드시 표시해야 하는 표시·기재사항이 아닌 것은?

① 화장품의 명칭
② 영업자의 상호
③ 제조번호
④ 내용량
⑤ 개봉 후 사용기간과 제조 연월일

67 피부의 각질층에 존재하는 세포간지질(intercellular lipids) 중에서 그 양이 가장 많은 것은?

① 콜레스테롤
② 세라마이드
③ 유리지방산
④ 콜레스테롤 설페이트
⑤ 트리글리세라이드

68 자외선차단지수(SPF)를 계산하는 식으로 옳은 것은?

① $\dfrac{\text{제품 도포부위의 최소홍반량}}{\text{제품 무도포부위의 최소홍반량}}$

② $\dfrac{\text{제품 도포부위의 최소지속형즉시흑화량}}{\text{제품 무도포부위의 최소지속형즉시흑화량}}$

③ $\dfrac{\text{제품 도포부위의 최대홍반량}}{\text{제품 무도포부위의 최대홍반량}}$

④ $\dfrac{\text{제품 도포부위의 최대지속형즉시흑화량}}{\text{제품 무도포부위의 최대지속형즉시흑화량}}$

⑤ $\dfrac{\text{제품 도포부위의 최소즉시흑화량}}{\text{제품 무도포부위의 최소즉시흑화량}}$

69 UVB를 사람의 피부에 조사한 후 16~24시간의 범위내에, 조사영역의 전 영역에 홍반을 나타낼 수 있는 최소한의 자외선 조사량을 (㉠)(이)라 한다. ㉠에 적합한 단어는?

① 최소 홍반량
② 최소 지속형즉시흑화량
③ 자외선차단지수
④ 자외선A 차단지수
⑤ 내수성 자외선차단지수

70 기능성화장품 심사에 관한 규정에서 고시한 피부의 미백에 도움을 주는 성분이 아닌 것은?

① 알부틴
② 에칠아스코빌에텔
③ 마그네슘아스코빌포스페이트
④ 아스코르빅애씨드
⑤ 알파-비사보롤

71 기능성화장품 기준 및 시험방법 별표1(통칙)에서는 (㉠)은(는) 광선의 투과를 방지하는 용기 또는 투과를 방지하는 포장을 한 용기로 정의하고 있다. ㉠에 적합한 단어는?

① 차단용기
② 차광용기
③ 차폐용기
④ 밀봉용기
⑤ 밀폐용기

72 화장품 안전성 정보관리 규정에서는 (㉠)은(는) 유해사례와 화장품 간의 인과관계 가능성이 있다고 보고된 정보로서 그 인과관계가 알려지지 아니하거나 입증자료가 불충분한 것이라 정의하고 있다. ㉠에 적합한 단어는?

① 유해사례
② 중대한 유해사례
③ 실마리 정보
④ 유해성
⑤ 위해성

73 〈보기〉에서 화장품을 혼합·소분하여 맞춤형화장품을 조제·판매하는 과정에 대한 설명으로 옳은 것을 모두 고른 것은?

> **보기**
>
> ㄱ. 맞춤형화장품 조제관리사가 고객에게 맞춤형화장품이 아닌 일반화장품을 판매하였다.
> ㄴ. 메틸살리실레이트(methyl salicylate)를 5% 이상 함유하는 액체 상태의 맞춤형화장품을 일반 용기에 충전·포장하여 고객에게 판매하였다.
> ㄷ. 맞춤형화장품판매업으로 신고한 매장에서 맞춤형화장품 조제관리사가 향수를 소분하여 50 ㎖ 향수를 조제하였다.
> ㄹ. 맞춤형화장품판매업으로 신고한 매장에서 맞춤형화장품 조제관리사가 맞춤형화장품을 조제할 때 미생물에 의한 오염을 방지하기 위해 페녹시에탄올(phenoxyethanol)을 추가하였다.
> ㅁ. 맞춤형화장품판매업자에게 원료를 공급하는 화장품책임판매업자가 화장품법 제4조에 따라 해당원료를 포함하여 기능성화장품에 대한 심사를 받거나 보고서를 제출한 경우, 식품의약품안전처장이 고시한 기능성화장품의 효능·효과를 나타내는 원료를 내용물에 추가하여 맞춤형화장품을 조제할 수 있다.

① ㄱ, ㄴ, ㄹ ② ㄱ, ㄷ, ㄹ ③ ㄱ, ㄷ, ㅁ
④ ㄴ, ㄷ, ㅁ ⑤ ㄴ, ㄹ, ㅁ

74 화장품 안전기준 등에 관한 규정 별표2에서 정하는 화장품 보존제인 페녹시에탄올(phenoxyethanol)의 사용한도로 옳은 것은?

① 0.5% ② 0.6% ③ 0.7%
④ 0.8% ⑤ 1.0%

75 피부의 진피에 존재하지 않는 것은?

① 탄력섬유(elastin)
② 교원섬유(collagen)
③ 멜라닌형성세포(melanocyte)
④ 섬유아세포(fibroblast)
⑤ 하이알루로닉애씨드(hyaluronic acid)

76 화장품 안전기준 등에 관한 규정 별표2에서 정하는 기타성분 중에서 그 사용한도가 옳지 않은 것은?

① 알에이치 올리고펩타이드-1(상피세포성장인자) → 0.01%
② 알란토인클로로하이드록시알루미늄(알클록사) → 1%
③ 라우레스-8, 9 및 10 → 2%
④ 우레아 → 10%
⑤ 비타민E(토코페롤) → 20%

77 〈보기〉는 고객 상담 결과에 따라 고객에서 추천되는 맞춤형화장품 로션의 최종 성분과 비율이 다. 〈대화〉에서 ㉠에 적합한 단어는?

보기

- 정제수 82.45%
- 글리세린 4.0%
- 베타-글루칸 0.6%
- 포타슘소르베이트 0.6%
- 다이소듐이디티에이 0.05%
- 아르간커텔 오일 5.0%
- 마치현추출물 2.0%
- 트로메타민 0.6%
- 잔탄검 0.2%
- 디프로필렌글라이콜 4.0%
- 세틸알코올 0.6%
- 카보머 0.6%
- 향료 0.2%

〈대화〉

고객 : 제품에 사용된 보존제는 어떤 성분이고 문제가 없나요?

맞춤형화장품제조관리사 : 제품에 포함된 보존제는 (㉠)입니다. 해당 성분은 화장품법에 따라 보존제로 사용될 경우 0.6% 이하로 사용하도록 규정하고 있습니다.

① 세틸알코올 ② 베타-글루칸 ③ 트로메타민
④ 카보머 ⑤ 포타슘소르베이트

78 다음 중에서 체질안료만으로 이루어진 것은?

① 탤크, 카올린, 마이카, 실리카
② 마이카, 세리사이트, 망가네즈 바이올렛, 탤크
③ 마그네슘스테아레이트, 징크옥사이드, 크롬옥사이드 그린
④ 알루미늄스테아레이트, 마이카, 티타늄디옥사이드
⑤ 실리카, 나일론 6, 보론나이트라이드, 흑색산화철

79 다음의 향수 중에서 향 지속력이 가장 짧은 것은?

① 오데코롱(Eau de cologne) ② 오데퍼퓸(Eau de parfum)
③ 샤워코롱(Shower colonge) ④ 오데투알렛(Eau de toilette)
⑤ 퍼퓸(Perfume, parfum)

80 색소 침착이란 생체 내에 색소가 과도하게 침착되어 정상적인 피부가 갈색이나 흑갈색으로 변하는 색소변성을 뜻한다. (㉠)은(는) 후천적 색소 침착증으로 일반적으로 30세 이후의 여자에게 잘 생기며 햇볕 노출부에 발생하고, 임신이나 경구피임약과 관련성이 높다고 알려져 있다. (㉠)을 (를) 가진 고객에게는 미백에 도움을 주는 성분인 나이아신아마이드(niacinamide)를 함유한 제품을 추천할 수 있다. ㉠에 적합한 단어는?

① 검버섯 ② 기미 ③ 주근깨
④ 홍반 ⑤ 잡티

81 〈보기〉는 스킨로션에 대한 화장품 미생물한도시험 결과이다. 이 결과를 통해 총 호기성 생균수를 계산하고 화장품 미생물한도시험 기준에 적합인지 부적합인지 판정하시오(CFU ; colony forming unit, 집락수).

보기

시험방법 : 평판희석법으로 시험하되 100배 희석 검액 1mL씩 배지에 2회 반복하여 접종
시험결과 : 각 평판(배지)에서 검출된 집락수
세균용 평판(배지)1 : 8CFU
세균용 평판(배지)2 : 12CFU
진균용 평판(배지)1 : 5CFU
진균용 평판(배지)2 : 7CFU

82 〈보기〉는 기능성화장품 심사에 관한 규정으로 ㉠에 적합한 숫자를 기입하시오.

보기

- 선로션(Sun lotion)의 자외선차단지수(SPF)를 설정하기 위한 임상시험을 실시하였고 피험자들의 자외선차단지수 평균값이 34.5로 측정되었다. 이 선로션의 자외선차단지수는 (㉠)와 34.5 범위 내의 정수값으로 표시할 수 있다.

83 어린이용 오일 등 개별포장 당 탄화수소류를 10% 이상 함유하고 운동점도가 21 센티스톡스(섭씨 40도 기준) 이하인 비에멀전 타입의 액체상태 제품의 용기는 화장품법 시행규칙 제18조 1항에 따라 (㉠)을(를) 사용하여야 한다. ㉠에 적합한 단어를 작성하시오.

84 제조팀에서 생산한 수분크림을 검체채취하여 품질관리팀에서 벌크제품 시험을 실시하였다. 이 시험결과로 수분크림의 비중값을 계산하시오.

보기

〈시험결과〉
- pH : 5.78
- 점도 : 23,500cp(25℃, 7 spindle, 50rpm, Brookfield 점도계)
- 비중컵(50mL)에 수분크림을 넣고 측정한 비중컵 무게 : 220g
- 비중컵(50mL)에 수분크림과 동일한 부피의 물을 넣고 측정한 비중컵 무게 : 200g

85 〈보기〉의 ㉠에 적당한 단어를 작성하시오.

보기

- 원료란 (㉠)제품의 제조에 투입하거나 포함되는 물질을 말한다.
- 반제품이란 제조공정 단계에 있는 것으로서 필요한 제조공정을 더 거쳐야 (㉠)제품이 되는 것을 말한다.
- 재작업이란 적합 판정기준을 벗어난 완제품, (㉠)제품 또는 반제품을 재처리하여 품질이 적합한 범위에 들어오도록 하는 작업을 말한다.

86 화장품법 제15조의2(동물실험을 실시한 화장품 등의 유통판매 금지)에서는 (㉠)은(는) 동물을 사용하지 아니하는 실험방법 및 부득이하게 동물을 사용하더라도 그 사용되는 동물의 개체 수를 감소하거나 고통을 경감시킬 수 있는 실험방법으로서 식품의약품안전처장이 인정하는 것으로 정의하고 있다. ㉠에 적당한 단어를 작성하시오.

87 화장품 1차 포장에 반드시 기재해야 하는 표시사항은 화장품의 명칭, 영업자의 상호, 제조번호, (㉠) 또는 개봉 후 사용기간(제조연월일 함께 기재)이다. ㉠에 적합한 단어를 작성하시오.

88 〈보기〉에서 설명하는 화장품 원료는 작성하시오.

보기

- 백색의 결정 또는 무정형의 매우 미세한 가루
- 냄새와 맛은 없음
- 분자량: 81.38
- 자외선 차단제로 사용됨.

89 다음의 표시·광고 표현 중에서 실증자료가 있어야만 표현할 수 있는 것을 모두 고르시오.

보기

1. 여드름성 피부에 사용에 적합
2. 자극완화
3. 피부노화 완화
4. 일시적 셀룰라이트 감소
5. 피부 탄력 개선

90 〈보기〉의 2중 기능성화장품 중에서 식품의약품안전평가원에 보고만 하면 생산할 수 있는 것을 고르시오.

보기

㉠ 알부틴·아데노신 침적마스크
㉡ 나이아신아마이드·아데노신 로션제
㉢ 알부틴·레티닐팔미테이트 크림제
㉣ 나이아신아마이드·레티놀 액제

91 "히즈스토리 스킨로션"에 대한 보관용 검체의 보관기한을 작성하시오. 단 이 제품의 표시사항은 아래와 같다.

보기

〈표시사항〉
- 제품명 : 히즈스토리 스킨로션
- 제조번호 : 20B001
- 개봉 후 사용기간 : 12개월
- 제조연월일 : 2020년 2월 3일
- 책임판매업자 : ㈜지에스씨티

92 (㉠)(이)란 식물성 오일(트리글리세라이드)의 지방산과 가성소다(NaOH) 혹은 가성가리(KOH)를 반응시켜 천연비누를 만드는 것으로 이 반응물질로 보습제인 글리세린도 형성되는데 천연비누는 이 글리세린을 많이 포함되어 있다. ㉠에 적합한 단어를 작성하시오.

93 〈보기〉의 ㉠에 공통으로 적합한 단어를 작성하시오.

보기

- 화장품 포장의 세부적인 표시기준 및 표시방법(화장품법 시행규칙 별표4)에 따르면 착향제는 "향료"로 표시할 수 있다. 다만, 착향제의 구성 성분 중 식품의약품안전처장이 정하여 고시한 (㉠) 유발성분이 있는 경우에는 향료로 표시할 수 없고, 해당 성분의 명칭을 기재·표시해야 한다.
- 화장품 사용할 때의 주의사항 및 알레르기 유발성분 표시 등에 관한 규정(식품의약품안전처 고시)에서는 카민 또는 코치닐추출물 함유 제품은 "카민 또는 코치닐추출물을 함유하고 있으므로 이 성분에 과민하거나 (㉠)이(가) 있는 사람은 신중히 사용할 것"이라는 사용시의 주의사항을 추가해야 한다.

94 〈보기〉의 ㉠에 공통으로 적합한 단어를 작성하시오.

보기

- (㉠)또는 뱃치(batch)란 하나의 공정이나 일련의 공정으로 제조되어 균질성을 갖는 화장품의 일정한 분량을 말한다.
- 제조번호 또는 뱃치번호란 일정한 (㉠)분에 대하여 제조관리 및 출하에 관한 모든 사항을 확인할 수 있도록 표시된 번호로서 숫자·문자·기호 또는 이들의 특정적인 조합을 말한다.

95 화장품 원료 사용기준 지정 및 변경 심사에 관한 규정에서는 (㉠)은(는) 화장품 안전기준 등에 관한 규정 제4조에 따른 사용상의 제한이 필요한 원료에 대한 사용한도, 사용 시의 농도상한, 적용부위 및 유형 등에 대한 기준이라 정의하고 있다. ㉠에 적합한 단어를 적으시오.

96 〈보기〉는 천연화장품 및 유기농화장품의 기준에 관한 규정의 일부이다. ㉠에 공통으로 적합한 단어를 작성하시오.

보기

- 유기농 원료는 다음 각 목의 어느 하나에 해당하는 화장품 원료이다.
  ① 친환경농어업 육성 및 유기식품 등의 관리·지원에 관한 법률에 따른 유기농수산물 또는 이를 이 고시에서 허용하는 (㉠) 공정에 따라 가공한 것
  ② 외국 정부(미국, 유럽연합, 일본 등)에서 정한 기준에 따른 인증기관으로부터 유기농수산물로 인정받거나 이를 이 고시에서 허용하는 (㉠) 공정에 따라 가공한 것
  ③ 국제유기농업운동연맹(IFOAM)에 등록된 인증기관으로부터 유기농 원료로 인증받거나 이를 이 고시에서 허용하는 (㉠) 공정에 따라 가공한 것

97 모발의 주성분인 케라틴에는 디설파이드결합(disulfide bond, S–S 결합)을 가지고 있는 (㉠) 이(가) 있는데 이 디설파이드결합을 환원, 산화시켜서 모발의 웨이브(wave)를 형성한다. (㉠) 은(는) 시스테인(cysteine) 2 분자가 디설파이드결합으로 연결되어 있다. ㉠에 적합한 단어를 작성하시오.

98 〈보기〉에서 설명하는 원료를 작성하시오.

> **보기**
> - 하이알루로닉애씨드(hyaluronic acid)을 안정화한 것
> - 시성식 : $C_5H_{10}NO_4 \cdot Na$
> - 흰색의 과립상 혹은 분말상 물질로 보습제로 사용됨

99 〈보기〉 중에서 화장품 안전관리 기준에서 규정하고 있는 화장품에서 불검출되어야 하는 특정 세균을 모두 고르시오.

> **보기**
> - 대장균
> - 녹농균
> - 황색포도상구균
> - 살모넬라균

100 UVB(자외선 B)를 사람의 피부에 조사한 후 16~24시간에서 조사영역의 거의 대부분에 홍반을 나타낼 수 있는 최소한의 자외선량을 (㉠)(이)라 한다. ㉠에 적합한 단어를 작성하시오.

 실전 모의고사 정답 및 해설

1회

[선다형]

1	2	3	4	5	6	7	8	9	10	11	12	13	14	15	16	17	18	19	20
①	⑤	②	⑤	④	④	⑤	②	①	②	④	③	①	④	①	③	⑤	②	④	①
21	22	23	24	25	26	27	28	29	30	31	32	33	34	35	36	37	38	39	40
⑤	⑤	③	①	④	②	⑤	①	③	④	②	④	③	③	③	③	⑤	②	③	④
41	42	43	44	45	46	47	48	49	50	51	52	53	54	55	56	57	58	59	60
⑤	②	①	②	⑤	①	③	②	③	②	②	④	③	⑤	②	①	⑤	⑤	③	④
61	62	63	64	65	66	67	68	69	70	71	72	73	74	75	76	77	78	79	80
④	①	②	③	①	④	③	⑤	③	①	⑤	②	⑤	①	⑤	⑤	①	⑤	③	⑤

[단답형]

번호	정답	번호	정답
81	가명	91	기밀용기
82	해당 품목 제조 또는 판매업무 정리 2개월	92	아스코빌테트라이소팔미테이트
83	품질관리	93	라멜라(lamellar)
84	글리세린(글리세롤)	94	페녹시에탄올, 1.00%
85	리모넨	95	90
86	㉠ : 내용물, ㉡ : 원료	96	㉠ : 원료, ㉡ : 안전성
87	금속이온봉쇄제	97	생체내 시험(In Vivo시험)
88	양이온 계면활성제	98	㉠ : 일탈, ㉡ : 기준일탈
89	변경관리	99	퇴행기
90	선입선출	100	대한선(아포크린선)

1 화장품법 제1조(목적) 이 법은 화장품의 제조·수입·판매 및 수출 등에 관한 사항을 규정함으로써 국민보건향상과 화장품 산업의 발전에 기여함을 목적으로 한다.

2 외음부 세정제, 손·발의 피부연화 제품, 산화염모제·비산화염모제, 탈염·탈색제는 프로필렌 글리콜(Propylene glycol)을 함유하고 있으면 이 성분과 관련하여 주의사항 문구를 기재·표시해야 한다.

3 폐업, 휴업, 재개 시, 맞춤형화장품판매업 신고필증(기 신고한 신고필증)을 제출하여야 한다.

4 화장품법 시행규칙 제6조(시설기준 등) 제1항 제1호 가목(쥐·해충 및 먼지 등을 막을 수 있는 시설)을 위반한 경우는 시정명령 대상이다.

5 세이빙 크림은 면도용 제품류에 해당된다.

6 맞춤형화장품판매업자 상호 변경과 맞춤형화장품판매업자 소재지 변경은 변경신고 미대상이다.

7 개인정보의 유출, 매매, 오·남용, 허술한 관리 및 방치는 개인정보 침해에 해당된다.

8 수입실적 및 수입 화장품 원료목록을 보고하는 관련 단체는 (사)한국의약품수출입협회이다.

9 이물혼입에 대한 분쟁에 대하여는 제품교환 또는 구입가 환급을 해결기준으로 소비자분쟁해결기준에서 정하고 있다.

10 에스텔류 : 메칠, 에칠, 프로필, 이소프로필, 부틸, 이소부틸, 페닐 / 염류 : 양이온염으로 소듐, 포타슘, 칼슘, 마그네슘, 암모늄 및 에탄올아민, 음이온염으로 클로라이드, 브로마이드, 설페이트, 아세테이트

11 무기계 자외선 차단제(2개) : 징크옥사이드, 티타늄디옥사이드 / 유기계 자외선 차단제(27개) : 에칠헥실메톡시신나메이트, 벤조페논-3, 벤조페논-8, 부틸메톡시디벤조일메탄 등

12 측정하는 공간에 공기의 이동이 있을 경우에 측정값에 영향을 줄 수 있다.

13 최소 홍반량(MED ; Minimum Erythema Dose) : UVB를 사람의 피부에 조사한 후 16~24시간에서 조사영역의 거의 대부분에 홍반을 나타낼 수 있는 최소한의 자외선량

14 폴리에톡시레이티드레틴아마이드를 주성분으로 하여 보고만으로 생산할 수 있는 기능성화장품의 제형은 없다.

15 작업소는 제조하는 화장품의 종류·제형에 따라 적절히 구획·구분되어 있어 교차오염 우려가 없어야 한다.

16 출고는 선입선출방식으로 하되, 타당한 사유가 있는 경우에는 그러지 아니할 수 있다.

17 위생관리 기준 및 절차의 내용: 직원의 작업 시 복장, 직원 건강상태 확인, 직원에 의한 제품의 오염방지에 관한 사항, 직원의 손 씻는 방법, 직원의 작업 중 주의사항, 방문객 및 교육훈련을 받지 않은 직원의 위생관리

18 피부의 미백에 도움을 주는 성분: 닥나무추출물, 알부틴, 에칠아스코빌에텔, 유용성감초추출물, 아스코빌글루코사이드, 마그네슘아스코빌포스페이트, 나이아신아마이드, 알파-비사보롤, 아스코빌테트라이소팔미테이트

19 레티놀(비타민A) 및 그 유도체, 아스코빅애씨드(비타민C) 및 그 유도체, 토코페롤(비타민E), 과산화화합물, 효소를 0.5% 이상 포함한 화장품은 안정성시험 자료를 보존해야 한다.

20 붕산은 배합금지 성분이며, 레조시놀, 살리실릭애씨드와 붕사는 사용제한 원료이고, 과붕산나트륨과 과탄산나트륨은 기능성화장품(염모제)의 주성분이다.

21 보관용 검체는 제품 시험 2번 실시할 수 있는 양이상으로 보관한다(예 제품 시험량: 3개, 보관용 검체량: 6개 이상).

22 화장품 제조에 사용된 성분(전성분)의 글자 크기는 5포인트 이상이어야 하며, 그 이외의 표시 사항에 대한 글자 크기는 규정하고 있지 않다.

23 알파-비사보롤 0.5%, 알부틴 2~5%, 나이아신아마이드 2~5%, 에칠아스코빌에텔 1~2%

24 세척실은 2등급 혹은 3등급으로, 내용물이 노출되는 성형실은 2등급으로 관리하여야 한다.

25 천연화장품 및 유기농화장품의 기준에 관한 규정(식품의약품안전처 고시)에 따르면 천연화장품 및 유기농화장품의 용기와 포장에 폴리염화비닐(polyvinyl chloride, PVC), 폴리스티렌폼(polystyrene foam)을 사용할 수 없다.

26 책임판매업자가 내용물과 원료를 공급할 때 품질성적서(시험성적서, 시험기록서, certificate of analysis)도 함께 제공하며, 품질성적서에서 품질검사결과를 확인할 수 있다.

27 마그네슘아스코빌포스페이트를 주성분으로 한 미백기능성화장품은 심사를 받아야만 생산할 수 있다.

28 천연계면활성제(레시틴), 실리콘 계면활성제(다이메티콘코폴리올)는 비이온 계면활성제로 분류할 수 있다.

29 사용한도 혹은 사용할 때 농도상한이 있는 화장품 원료는 보존제, 자외선 차단성분, 염모제 성분, 기타성분이다.

30 아스코빌글루코사이드를 미백기능성화장품의 주성분으로 사용할 경우에 그 함량은 2.0%이며, 보존제인 페녹시에탄올의 배합한도는 1.0%이다. 전성분 표시지침에 따라 성분의 표시는 화장품에 사용된 함량순으로 많은 것부터 기재한다. 다만, 혼합원료는 개개의 성분으로서 표시하고, 1% 이하로 사용된 성분, 착향제 및 착색제에 대해서는 순서에 상관없이 기재할 수 있다.

31 총호기성 생균수(세균수+진균수) 기준은 영유아용 제품류 및 눈화장용 제품류는 500개/g(mL) 이하, 물휴지는 세균수 100개/g(mL) 이하, 진균수 100개/g(mL) 이하, 기타 화장품은 1,000개/g(mL) 이하이다.

32 내용량 150mL 이상은 눈금실린더(mass cylinder)로 내용량을 측정한다.

33 소용량 또는 비매품 맞춤형화장품의 1차 포장 또는 2차 포장에는 맞춤형화장품판매업자의 상호만을 표시하지 않는다.

34 중대한 유해사례는 화장품을 사용하여 입원 또는 입원기간의 연장이 필요한 경우, 지속적 또는 중대한 불구나 기능저하를 초래하는 경우, 선천적 기형 또는 이상을 초래한 경우, 사망을 초래하거나 생명을 위협하는 경우이다.

35 사용 제한 원료인 보존제(㉑ 소듐벤조에이트, 포타슘소르베이트)는 맞춤형화장품에 사용할 수 없다.

36 우지는 지방(fat)으로 분류되고 난황유는 동물성 오일로 분류된다.

37 살리실릭애씨드는 영유아용, 어린이용 화장품에 사용금지(단, 샴푸는 제외), 메칠이소치아졸리논, 트리클로산은 사용 후 씻어내는 제품에만 사용가능, 벤질알코올(사용한도 1.0%)과 소듐벤조에이트(사용한도 0.5%)는 모든 제품에 사용가능하다.

38 유통화장품 안전관리 기준에 적합하지 않으면 나등급 위해성이며, 납의 검출한도 기준은 20㎍/g(ppm)이다.

39 회화로는 강열(450~550℃)할 때 사용하는 시험기구로 화장비누의 건조무게를 측정할 때는 사용되지 않는다(화장비누의 건조온도는 101~105℃). 화장비누의 건조무게 측정방법은 비누검체 약 10g을 자른 후에 접시에 옮기고 건조기에서 1시간 건조한 후 데시케이터에서 실온까지 냉각 시키고 질량을 측정한다.

40 설비는 세척 후, 세척상태에 대하여 판정하고 그 기록은 남긴다.

41 맞춤형화장품판매업자는 맞춤형화장품 판매장 시설·기구의 관리 방법, 혼합·소분 안전관리기준의 준수 의무, 혼합·소분되는 내용물 및 원료에 대한 설명 의무 등에 관하여 총리령으로 정하는 사항(맞춤형화장품판매업자 준수사항)을 준수하여야 한다.

42 개봉 후 안정성시험을 할 수 없는 제품은 스프레이 용기 제품과 일회용 제품이다.

43 인태반 유래물질은 배합금지 원료이다.

44 세척 후는 반드시 판정하고 그 기록을 남긴다.

45 입고된 원자재는 "적합", "부적합", "검사 중" 등으로 상태를 표시하여야 한다. 다만, 동일 수준의 보증이 가능한 다른 시스템이 있다면 대체할 수 있다.

46 어린이용, 영유아용 샴푸에만 살리실릭애씨드를 0.5%한도에서 사용할 수 있다.

47 티타늄디옥사이드와 징크옥사이드의 사용한도는 동일하게 25%이다.

48 레이크는 타르색소를 기질에 흡착, 공침 또는 단순한 혼합이 아닌 화학적 결합에 의하여 확산시킨 색소이다.

49 영유아용 혹은 어린이용 제품임을 화장품에 표시·광고하려는 경우에는 전성분에 보존제의 함량을 표시·기재해야한다.

50 납 검출허용한도 : 점토를 원료로 사용한 분말제품은 50㎍/g(ppm), 그 밖의 제품은 20㎍/g 이하

51 기준치를 벗어나면 6개를 더 취하여 9개의 평균 내용량이 기준치 이상이어야 한다.

52 수은은 수은분해장치를 이용한 방법, 수은분석기를 이용한 방법으로 분석한다.

53 천수국꽃 추출물 또는 오일은 배합금지 원료이다.

54 바륨설페이트(Barium Sulfate)는 타르색소가 아니고 무기안료로 분류한다.

55 콜라겐(피부교원질)은 피부구조와 탄력을 유지하는 역할을 한다.

56 탄화수소류에 속하는 화장품 원료는 스쿠알란, 파라핀 왁스, 미네랄 오일, 페트로라툼, 마이크로크리스탈린 왁스 등이 있다.

57 탄화(Carbonization)는 천연 원료를 천연유래 원료로 만들 때 사용되는 화학적 공정이다.

58 모든 화장품 유형에서 사용할 수 있는 보존제 배합한도 – 벤조익애씨드 밍 그 소듐염 : 0.5%, 포믹애씨드 및 소듐포메이트 : 0.5%, 소르빅애씨드 및 그 염류 : 0.6%, 프로피오닉애씨드 : 0.9%, 페녹시에탄올 : 1.0%, 벤질알코올: 1.0%

59 물을 포함하지 않는 제품은 pH를 측정하지 않는다.

60 1차 포장 필수 기재항목은 화장품의 명칭, 영업자의 상호, 제조번호, 사용기한 또는 개봉 후 사용기간(제조 연월일 병행 표기)이며, 내용물과 접촉하는 바디로션 용기가 1차 포장에 해당된다.

61 세포 간 지질은 세라마이드 약 40%, 콜레스테롤 약 25%, 유리지방산 약 25%, 콜레스테롤 설페이트 약 10%, 소량의 트리글리세라이드 등으로 구성되어 있다.

62 물휴지의 경우 세균 및 진균수는 각각 100개/g(mL) 이하

63 4-메칠벤질리덴캠퍼는 자외선 차단성분이지만 캠퍼는 변성제, 가소제, 향료로 사용된다.

64 "기질"이라 함은 레이크 제조 시 순색소를 확산시키는 목적으로 사용되는 물질을 말하며 알루미나, 브랭크휙스, 크레이, 이산화티탄, 산화아연, 탤크, 로진, 벤조산알루미늄, 탄산칼슘 등의 단일 또는 혼합물을 사용한다.

65 안토시아닌류 : 시아니딘, 페오니딘, 말비딘, 델피니딘, 페투니딘, 페라고니딘

66 타르색소는 색상명(예 적색, 황색, 흑색, 자색, 녹색, 등색, 청색)에 호수를 함께 표기한다.

67 랑거한스세포(Langerhans cell)는 표피의 유극층에 존재한다.

68 1.0퍼센트 이하로 사용된 성분, 착향제 또는 착색제는 순서에 상관없이 기재·표시할 수 있다.

69 건성(dry)타입 피부 : 피지와 땀의 분비가 적어서 피부표면이 건조하고 윤기가 없으며 피부 노화에 따라 피지와 땀의 분비량이 감소하여 더 건조해지는 피부이다. 또한 잔주름이 생기기 쉬운 피부로 피부의 수분량이 부족하다.

70 레시틴은 이중층 구조의 베시클을 형성한다.

71 혼합·소분된 제품을 담을 용기의 오염여부를 사전에 확인한다.

72 로션제 : 유화제 등을 넣어 유성성분과 수성성분을 균질화하여 점액상으로 만든 것 / 액제 : 화장품에 사용되는 성분을 용제 등에 녹여서 액상으로 만든 것 / 크림제 : 유화제 등을 넣어 유성성분과 수성성분을 균질화하여 반고형상으로 만든 것 / 침적마스크제 : 액제, 로션제, 크림제, 겔제 등을 부직포 등의 지지체에 침적하여 만든 것 / 겔제 : 액체를 침투시킨 분자량이 큰 유기분자로 이루어진 반고형상

73 전성분은 1차 포장 혹은 2차 포장에 할 수 있다.

74 항원전달세포인 랑거한스세포는 유극층에 존재한다.

75 화장품 제형에서 물(정제수)은 용매, 용제, 보습, 사용감 조절의 용도로 사용된다.

76 천연보습인자에는 유리아미노산, 피롤리돈카복실릭애씨드, 요소(우레아), 알칼리 금속(Na, Ca, K, Mg), 젖산(락틱애씨드, lactic acid), 인산염, 염산염, 젖산염, 구연산(시트릭애씨드, citric acid), 당류 등이 있다.

77 탈모환자는 휴지기에 있는 모발의 수가 많다.

78 AHA : 시트릭애씨드, 글라이콜릭애씨드, 말릭애씨드, 타타릭애씨드, 락틱애씨드 / 고급지방산 : 스테아릭애씨드

79 식품의약품안전처장이 정한 유기농화장품 인증기관으로부터 유기농화장품 인증을 받으면 그 인증 내용을 표시·광고할 수 있다.

80 작열감 : 타는 듯한 느낌 혹은 화끈거림 / 부종: 부어오름

81 가명처리는 개인정보의 일부를 삭제하거나 일부 또는 전부를 대체하는 등의 방법으로 추가 정보가 없이는 특정 개인을 알아볼 수 없도록 처리하는 것이다.

82 실제 내용량이 표시된 내용량의 80% 미만일 때는 해당 품목 제조 또는 판매업무 정지 2개월이다.

83 품질관리는 화장품의 책임판매 시 필요한 제품의 품질을 확보하기 위해서 실시하는 것으로서, 화장품제조업자 및 제조에 관계된 업무(시험·검사 등의 업무를 포함한다)에 대한 관리·감독 및 화장품의 시장 출하에 관한 관리, 그 밖에 제품의 품질의 관리에 필요한 업무이다.

84 글리세린은 다가알코올로 보습제로 사용되며, 그 맛이 달고 점성이 있는 맑은 액이다.

85 헥실신남알, 리모넨, 시트랄, 신남알은 알레르기 유발성분으로 사용 후 씻어내는 제품(rinse off)에는 0.01% 초과, 사용 후 씻어내지 않는 제품(leave on)에는 0.001% 초과 함유하는 경우에만 알레르기 유발성분으로 표시한다. 리모넨(1%×0.30=0.3%)은 0.01% 초과하여 표시해야 한다. 단, 헥실신남알(1%×0.01=0.01%), 시트랄(1%×0.005=0.005%)과 신남알(1%×0.007=0.007%)은 0.01% 이하로 알레르기 유발성분으로 표시하지 않는다. 또한 리날릴아세테이트는 알레르기 유발성분이 아니다.

86 맞춤형화장품은 제조 또는 수입된 화장품의 내용물에 다른 화장품의 내용물이나 식품의약품안전처장이 정하는 원료를 추가하여 혼합한 화장품, 제조 또는 수입된 화장품의 내용물을 소분(小分)한 화장품이다.

87 금속이온봉쇄제는 금속이온을 봉쇄하는 킬레이팅 작용을 한다.

88 양이온 계면활성제는 모발의 대전방지 효과 및 컨디셔닝 효과, 살균효과 등이 있어서 린스, 컨디셔너, 손소독제에 주로 사용된다.

89 "변경관리"란 모든 제조, 관리 및 보관된 제품이 규정된 적합판정기준에 일치하도록 보장하기 위하여 우수화장품 제조 및 품질관리기준이 적용되는 모든 활동을 내부 조직의 책임하에 계획하여 변경하는 것을 말한다.

90 출고관리는 선입선출로 이루어져야 한다.

91 기밀용기 : 일상의 취급 또는 보통 보존상태에서 액상 또는 고형의 이물 또는 수분이 침입하지 않고 내용물을 손실, 풍화, 조해 또는 증발로부터 보호할 수 있는 용기

92 미백기능성 원료는 나이아신아마이드, 알부틴, 유용성감초추출물, 닥나무추출물, 에칠아스코빌에텔, 아스코빌글루코사이드, 마그네슘아스코빌포스페이트, 아스코빌테트라이소팔미테이트, 알파-비사보롤이다.

93 세포 간 지질은 라멜라(lamellar) 구조를 형성하여 피부의 수분손실을 막아준다.

94 유상 보존제로 페녹시에탄올(사용한도 1.00%), 벤질알코올(사용한도 1.00%)이 사용된다.

95 건조중량$\left(100g \times \frac{(100-10)\%}{100\%}\right) = 90g$)이 내용량 기준이 된다.

96 이미 심사를 받은 기능성화장품[화장품책임판매업자 혹은 제조업자(제조업자가 제품을 설계·개발·생산하는 방식으로 제조한 경우만 해당한다)가 같은 기능성화장품만 해당한다]과 그 효능·효과를 나타내게 하는 원료의 종류, 규격 및 분량(액상인 경우 농도), 용법·용량이 동일하고, 각 호 어느 하나에 해당하는 경우 안전성, 유효성 또는 기능을 입증하는 자료 제출을 면제한다.

① 효능·효과를 나타나게 하는 성분을 제외한 대조군과의 비교실험으로서 효능을 입증한 경우

② 착색제, 착향제, 현탁화제, 유화제, 용해보조제, 안정제, 등장제, pH 조절제, 점도조절제, 용제만 다른 품목의 경우. 다만, 화장품법 시행규칙 제2조제10호(피부장벽(피부의 가장 바깥 쪽에 존재하는 각질층의 표피를 말한다)의 기능을 회복하여 가려움 등의 개선에 도움을 주는 화장품) 및 제11호(튼살로 인한 붉은 선을 엷게 하는 데 도움을 주는 화장품)에 해당하는 기능성화장품은 착향제, 보존제만 다른 경우에 한한다.

97 생체 내 시험(In Vivo시험)은 생체 내에서의 시험으로 일반적으로 동물 및 인체 실험을 의미한다.

98 일탈(deviation)이란 제조 또는 품질관리 활동 등의 미리 정하여진 기준을 벗어나 이루어진 행위를 말한다.
기준일탈(out-of-specification)이란 규정된 합격 판정 기준에 일치하지 않는 검사, 측정 또는 시험결과를 말한다.

99 모발성장주기 : 초기성장기 → 성장기 → 퇴행기 → 휴지기

100 대한선(apocrine gland, 아포크린선)은 모낭에 연결하여 땀을 분비하며 공포·고통과 같은 감정에 의해 땀이 분비된다. 대한선에서 분비되는 땀에 의해 땀냄새가 나며 땀냄새를 일으키는 물질은 2-메틸페놀(2-methylphenol), 4-메틸페놀(4-methylphenol, cresol) 등으로 알려져 있고 대한선은 겨드랑이, 유두, 항문주위, 생식기부위, 배꼽주위에 분포되어 있다.

 실전 모의고사 정답 및 해설

2회

[선다형]

1	2	3	4	5	6	7	8	9	10	11	12	13	14	15	16	17	18	19	20
⑤	②	②	①	④	⑤	⑤	③	①	④	①	①	①	②	⑤	②	③	①	①	①
21	22	23	24	25	26	27	28	29	30	31	32	33	34	35	36	37	38	39	40
④	①	①	⑤	⑤	②	②	②	⑤	③	①	④	②	③	①	③	④	③	⑤	②
41	42	43	44	45	46	47	48	49	50	51	52	53	54	55	56	57	58	59	60
⑤	①	③	②	②	①	①	⑤	①	①	①	④	③	③	⑤	①	②	①	④	③
61	62	63	64	65	66	67	68	69	70	71	72	73	74	75	76	77	78	79	80
①	⑤	⑤	①	③	②	③	③	⑤	③	③	⑤	①	③	②	①	④	①	③	④

[단답형]

81	제품 교환 또는 구입가 환급	91	베이스
82	문서	92	75
83	내용물	93	크로뮴옥사이드그린, 마이카
84	알코올(에탄올, 에틸알코올)	94	25%, 부적합
85	양쪽성	95	시스테인
86	10	96	제조단위
87	2.00%	97	2022년 3월 2일
88	눈 주위	98	㉠, ㉡, ㉢, ㉣, ㉤
89	PA+++	99	가용화
90	레시틴(lecithin)	100	기저층

1 맞춤형화장품 판매업만 신고이고 그 이외의 화장품 영업은 등록이다.

2 클렌징 워터, 클렌징 오일, 클렌징 로션, 클렌징 크림, 클렌징 티슈 등 메이크업을 지우는데 사용되는 화장품은 기초화장용 제품류에 해당된다.

3 기재사항(가격은 제외한다)의 일부를 기재하지 않은 경우의 행정처분은 해당 품목 판매업무정지 15일이다.

4 "의심되는 화장품"이란 중대한 유해사례를 일으킨 것으로 의심되는 화장품을 말합니다. 불분명한 사항에 대해서는 기입하지 않아도 되며, 공간이 부족하면 별지에 기입한다. 사용자 및 보고자의 개인정보는 식품의약품안전처에 의해 엄격히 보호된다.

5 알레르기 유발성분을 제품에 표시하는 경우, 원료목록 보고에도 포함되어야 한다.

6 안전관리 정보는 화장품의 품질, 안전성·유효성, 그 밖에 적정 사용을 위한 정보이다.

7 건물 출입자 관리를 위해 영상정보처리기기를 설치할 경우에는 안내판 부착(설치목적, 촬영시간, 촬영범위, 관리책임자 명시)을 하여야 한다.

8 고유식별정보는 주민등록번호, 여권번호, 운전면호번호, 외국인등록번호이다.

9 카톤(단상자) 인쇄상태 확인, 카톤(단상자) 내입 수량 확인, 제품 구성 확인(세트 포장 시)은 포장공정에서 실시하는 공정검사이다.

10 화장품법 시행규칙 제2조 제10호(피부장벽-피부의 가장 바깥 쪽에 존재하는 각질층의 표피를 말한다)의 기능을 회복하여 가려움 등의 개선에 도움을 주는 화장품) 및 제11호(튼살로 인한 붉은 선을 엷게 하는 데 도움을 주는 화장품)에 해당하는 기능성화장품은 착향제, 보존제만 다른 경우에만 안전성, 유효성 또는 기능을 입증하는 자료 제출을 면제한다.

11 친유형(W/O) 유화제의 HLB 값은 4~6이 적당하다.

12 테레프탈릴리덴디캠퍼설포닉애씨드액(33%)과 메칠렌비스-벤조트리아졸릴테트라메칠부틸페놀액(50%)은 함량이 고시되어 있지 않다.

13 제조란 원료 물질의 칭량부터 혼합, 충전(1차포장), 2차포장 및 표시 등의 일련의 작업을 말한다.

14 내용량이 15밀리리터 이하 또는 15그램 이하인 제품의 용기 또는 포장이나 견본품, 시공품 등 비매품에 대하여는 화장품바코드 표시를 생략할 수 있다.

15 무(無)파라벤 제품은 p-하이드록시벤조익애씨드와 그 에스텔류인 메칠파라벤, 에칠파라벤, 프로필파라벤, 이소프로필파라벤, 부틸파라벤, 이소부틸파라벤을 포함하지 않아야 한다.

16 맞춤형화장품에 사용할 수 없는 원료는 사용제한 원료(보존제, 자외선차단제, 염모제성분, 기타성분), 배합금지 원료, 기능성화장품 주성분이다. 레티놀은 주름개선 기능성화장품의 주성분이다.

17 (흑색, 적색, 황색)산화철은 합성에 의해 제조되는 인공색소이다.

18 기능성화장품의 효능효과(예 미백, 주름개선, 자외선차단)는 일반화장품에 표시·광고할 수 없고 모든 화장품에서 의학적 효능(예 기미 완화)은 표시·광고할 수 없다.

19 알킬(C_{12}-C_{22})트리메칠암모늄 브로마이드 및 클로라이드(브롬화세트리모늄 포함) 사용한도 : 두발용 제품류를 제외한 화장품에 0.1%

20 레티놀(비타민 A) 0.5% 이상 함유한 제품의 안정성시험 자료는 최종 제조된 제품의 사용기한이 만료되는 날부터 1년간 보존해야 한다.

21 판매일자, 판매량, 사용기한 또는 개봉 후 사용기간, 제조번호를 판매내역으로 관리해야 한다.

22 일부에 시험적으로 사용하여 볼 것, 15도 이하의 어두운 장소에 보존, 개봉 후 14일 이내 사용, 제2단계 퍼머액 중 그 주성분이 과산화수소인 제품은 검은 머리카락이 갈색으로 변할 수 있으므로 유의하여 사용할 것

23 화장품 위해 평가단계 : 위험성 확인 - 위험성 결정 - 노출평가 - 위해도 결정

24 유기농화장품은 계산하였을 때 중량 기준으로 유기농 함량이 전체 제품에서 10% 이상이어야 하며, 유기농 함량을 포함한 천연 함량이 전체 제품에서 95% 이상으로 구성되어야 한다.

25 질병을 진단·진료·경감·처치 및 예방, 의학적 효능효과, 신체개선 효과는 화장품에서 표시·광고할 수 없다.

26 탈모증상 완화에 도움을 주는 성분은 덱스판테놀, 엘-멘톨, 징크피리치온, 징크피리치온액(50%), 비오틴이다.

27 제품별 안전성 자료는 제품별 안전과 품질을 입증할 수 있는 자료이다.

28 가등급 위해성 화장품은 화장품에 사용할 수 없는 원료를 사용한 화장품, 사용한도가 정해진 원료를 사용한도 이상으로 포함한 화장품이다.

29 톨루엔은 손발톱용 제품류에 25% 한도 내에서 사용할 수 있다.

30 안전용기·포장대상 품목은 아세톤을 함유하는 네일 에나멜 리무버 및 네일 폴리시 리무버, 어린이용 오일 등 개별포장 당 탄화수소류를 10% 이상 함유하고 운동점도가 21센티스톡스(cst)(섭씨 40도 기준) 이하인 비에멀젼 타입의 액체상태의 제품, 개별포장당 메틸살리실레이트를 5퍼센트 이상 함유하는 액체상태의 제품

31 안정성 시험을 통해 사용기한, 개봉 후 사용기간을 설정한다.

32 고양이의 배설물, 고양이털 등에 의한 원자재, 제품의 오염우려가 있어서 화장품 제조소에서 동물을 사육하는 것은 적당하지 않다.

33 책임판매관리자가 등록되어 있는 화장품책임판매업은 영업범위를 추가해도 별도로 변경신고를 하지 않는다. 다만 책임판매관리자가 등록되어 있지 않은 수입대행형 거래만을 하는 화장품책임판매업자는 영업범위를 추가하려면 변경신고가 필요하다(화장품법 시행규칙 제5조).

34 벽에서 일정한 거리를 두고 파레트 위에 원료와 자재를 보관하며, 보관소의 창문은 차광한다. 보관조건은 실온(1~30℃)이 권장되며 로트별로 파레트에 보관하는 것이 권장된다.

35 미백 기능성원료는 나이아신아마이드, 알부틴, 유용성감초추출물, 닥나무추출물, 에칠아스코빌에텔, 아스코빌글루코사이드, 마그네슘아스코빌포스페이트, 아스코빌테트라이소팔미테이트, 알파-비사보롤이다. 폴리에톡시레이티드레틴아마이드은 주름개선 기능성원료이다.

36 유통화장품 안전관리 기준에 적합하지 아니한 화장품은 회수대상이다. 단 내용량의 기준에 관한 부분은 제외한다.

37 의약적 효과는 화장품에서 요구되지 않는다.

38 맞춤형화장품의 사용기한 또는 개봉 후 사용기간은 맞춤형화장품의 혼합 또는 소분에 사용되는 내용물의 사용기한 또는 개봉 후 사용기간을 초과할 수 없다.

39 불포화 지방산은 삼중결합을 가지고 있지 않다.

40 에스테르 오일은 화학명이 "에이트(~ate) "로 명명되며, 마그네슘스테아레이트는 파우더류 제품에서 결합제로 사용되는 체질안료이다.

41 비누화 반응 시에 알칼리로 가성소다(NaOH)를 사용하면 단단한 비누를 얻는다.

42 치오글라이콜릭애씨드를 주성분으로 하는 넹2욕식 퍼머넌트웨이브 제1제 알길리 시험 → 지시약: 메칠레드시액

43 사용한도: 에칠헥실살리실레이트 5%, 에칠헥실메톡시신나메이트 7.5%, 벤조페논-3(옥시벤존) 5%, 옥토크릴렌 10%, 티타늄디옥사이드 25%

44 펌을 할 때, 모발의 펩티드 결합은 다시 연결되지 않으며, 산 결합은 모발에 존재하지 않는다.

45 맞춤형화장품 사용과 관련된 부작용 발생사례에 대해서는 식품의약품안전처장이 정하여 고시하는 바에 따라 식품의약품안전처장에게 보고한다.

46 1차 포장은 화장품 제조 시 내용물과 직접 접촉하는 포장용기이며, 2차 포장은 1차 포장을 수용하는 1개 또는 그 이상의 포장과 보호재 및 표시의 목적으로 한 포장(첨부문서 등을 포함)이다.

47 기능성화장품은 식품의약품안전평가원으로부터 심사를 받거나 식품의약품안전평가원에 보고를 해야 제조할 수 있다.

48 안전성, 유효성 또는 기능을 입증하는 자료(안유심사를 위해 제출하는 자료): 기원 및 개발경위에 관한 자료, 안전성에 관한 자료, 유효성 또는 기능에 관한 자료, 자외선차단지수(SPF), 내수성자외선차단지수(SPF, 내수성 또는 지속내수성) 및 자외선A차단등급(PA) 설정의 근거자료

49 전성분 표시순서 : 정제수, 마치현추출물, 글리세린, 베타인, 부틸렌글라이콜, 에틸알코올, 폴리솔베이트 20, 소듐벤 조에이트, 포타슘소르베이트, 1,2-헥산다이올, 토코페릴아세테이트, 향료 / 마치현추출물 : 부틸렌글라이콜:1,2-헥산다이올 = 90%:8%:2% → 18g:1.6g:0.4g(마치현추출물 20g 기준)

50 화장품법 시행규칙 별표4에서 규정하고 있는 화장품 제조에 사용된 성분을 표시할 때, 화장품 제조에 사용된 함량이 많은 것부터 기재·표시한다. 다만, 1퍼센트 이하로 사용된 성분, 착향제 또는 착색제는 순서에 상관없이 기재·표시할 수 있다.

51 피부장벽은 피부의 가장 바깥 쪽에 존재하는 각질층의 표피를 말한다(화장품법 시행규칙 기능성화장품의 분류).

52 친수부의 대전 여부에 따라 음이온, 양이온, 양쪽성, 비이온성 계면활성제로 분류하며 소듐라우레스설페이트는 음이온 계면활성제로, 폴리스르베이트 계열, 솔비탄 계열, 피이지 계열은 비이온 계면활성제로 분류한다.

53 제품 3개를 가지고 시험할 때 그 평균 내용량이 표기량에 대하여 97% 이상이어야 하며, 기준치를 벗어날 경우에는 6개를 더 취하여 시험할 때 9개의 평균 내용량이 97% 이상이어야 한다.

54 자외선 A 차단지수(PFA)가 8이상 16미만일 때만 PA+++로 표시할 수 있다.

55 아토피 관련 제품은 의약품이다.

56 실증자료로 인체 적용시험 자료만이 가능하며, 다만 피부노화 완화에 대한 실증자료는 인체 적용시험 자료 또는 인체 외 시험자료가 가능하다.

57 양도인은 최근 1년 이내에 행정처분 받은 사실을 양수인에게 알려준 후에 변경신고를 할 수 있다(맞춤형화장품판매업 변경신고서, 화장품법 시행규칙 별지 제6호의4 서식).

58 디-판테놀 : 투명한 점조성 액상 / 디엘-판테놀 : 흰색의 분말상

59 탈색제의 1제에는 과황산칼륨, 과황산암모늄, 알칼리제(소듐하이드록사이드), 2제에는 과산화수소가 주요성분이다.

60 원자재 용기에 제조번호가 없는 경우에는 관리번호를 부여하여 보관하여야 한다.

61 세척제(세제)는 접촉면에서 바람직하지 않은 오염 물질을 제거하기 위해 사용하는 화학물질 또는 이들의 혼합액, 소독제는 병원 미생물을 사멸시키기 위해 인체의 피부, 점막의 표면이나 기구, 환경의 소독을 목적으로 사용하는 화학 물질의 총칭으로, 기구 등에 부착한 균에 대해 사용하는 약제(출처 : CGMP해설서)

62 천연화장품 및 유기농화장품에 사용할 수 있는 합성보존제는 벤조익애씨드 및 그 염류, 벤질알코올, 살리실릭애씨드 및 그 염류, 소르빅애씨드 및 그 염류, 데하이드로아세틱애씨드 및 그 염류이다.

63 피부로부터 증발하는 수분량인 경피수분손실(TEWL, transepidermal water loss)량과 피부 수분함유량은 기기평가를 통해서 얻는 피부 측정값으로 피부장벽기능을 평가하는 수치로 이용된다. 가여움 평가도 피부 장벽기능을 평가하는데 사용되지만 시험자가 직접 평가하는 관능적인 방법이다(피부장벽의 기능을 회복하여 가려움 등의 개선에 도움을 주는 화장품의 인체적용시험 가이드라인).

64 제조 또는 수입한 고형비누를 단순 소분하는 것은 맞춤형화장품에서 제외된다.

65 비수계(오일상, 유상) 점증제로 벤토나이트, 헥토라이트, 실리카, 광물유래왁스, 석유화학유래왁스 등이 사용되며, 잔탄검은 수계(수상) 점증제로 사용된다.

66 화장품 안전기준 등에 관한 규정 별표 2는 화장품에 사용상의 제한이 필요한 원료 목록이다.

67 여러 사람이 함께 화장품을 사용하면 감염, 오염의 위험성이 있어 화장품의 사용방법으로 적합하지 않다.

68 혼합·소분 전 사용되는 내용물 또는 원료의 품질관리가 선행되어야 한다.

69 로커스트빈검은 구주콩나무 종자에서 얻은 점증제이다.

70 향지속력이 큰 순서 : 퍼퓸 〉 오데퍼퓸 〉 오데투알렛 〉 오데코롱 〉 샤워코롱

71 사용기한 경과 후 1년간 또는 개봉 후 사용기간을 기재하는 경우에는 제조일(제조연월일)로부터 3년간 보관용 검체를 보관한다.

72 메르켈세포(Merkel cell)는 표피 기저층에 존재한다.

73 모발의 안쪽은 모피질과 모수질로 이루어져 있고, 모간은 모피질과 모수질로 구성된다.

74 성장기(anagen)-퇴행기(catagen)-휴지기(telogen)

75 향은 시대유행에 맞는 향이 사용되는 것이 일반적이다.

76 신체기관 중에서 가장 큰 기관이다.

77 맞춤형화장품판매업 신고 시, 사업자등록증, 법인등기부등본(법인에 한함), 맞춤형화장품 조제관리사 자격증, 건축물 관리대장(1종·제2종 근린생활시설, 판매시설, 업무시설에 해당되어야 함), 혼합·소분 장소·시설 등을 확인할 수 있는 세부평면도 및 상세 사진을 제출해야 한다.

78 알부틴과 닥나무추출물은 타이로시나제(구리이온을 포함한 4부자체 효소) 활성억제를 통해 피부미백에 도움을 준다.

79 비염증성 여드름은 면포(comedo : blackhead, whitehead)이다.

80 땀의 구성성분은 물, 소금(salt), 우레아(요소, urea), 암모니아(ammonium), 아미노산(amino acid), 단백질(proteins), 젖산(lactic acid), 크레아틴(creatine) 등이다.

81 변질부패에 대한 분쟁에 대하여는 제품교환 또는 구입가 환급을 해결기준으로 소비자분쟁해결기준에서 정하고 있다.

82 문서를 이용하여 지시와 보고해야 한다.

83 맞춤형화장품
   1) 제조 또는 수입된 화장품의 내용물에 다른 화장품의 내용물이나 식품의약품안전처장이 정하는 원료를 추가하여 혼합한 화장품
   2) 제조 또는 수입된 화장품의 내용물을 소분(小分)한 화장품

84 알코올은 무색의 휘발성이 있는 맑은 액으로 특이한 냄새 및 쏘는 듯한 맛이 있으며 분자식은 C_2H_5OH이다.

85 계면활성제가 물에 녹았을 때 pH에 따라 전하가 변하는 것을 양쪽성(amphoteric) 계면활성제라 한다.

86 내용량이 10밀리리터 이하 또는 10그램 이하인 화장품의 포장에는 기재·표시를 일부 생략할 수 있다.

87 폴리솔베이트 계열, 솔비탄 계열은 비이온 계면활성제이다.

88 "눈 주위"라 함은 눈썹, 눈썹 아래쪽 피부, 눈꺼풀, 속눈썹 및 눈(안구, 결막낭, 윤문상 조직을 포함한다)을 둘러싼 뼈의 능선 주위를 말한다(출처: 화장품의 색소 종류와 기준 및 시험방법, 식품의약품안전처 고시).

89 $PFA = \frac{\text{제품 도포부위의 최소지속형즉시흑화량 MPPDp}}{\text{제품 무도포부위의 최소지속형즉시흑화량 MPPDu}} = 120.0/12.0 = 10.0$

[자외선A 차단등급 분류]

자외선A차단지수(PFA)	자외선A차단등급(PA)	자외선A차단효과
2이상 4미만	PA+	낮음
4이상 8미만	PA++	보통
8이상 16미만	PA+++	높음
16이상	PA++++	매우 높음

90 레시틴은 천연에 존재하는 다이글리세라이드 혼합물로 포스포릭애씨드의 콜린에스터에 결합되어 있으며 친유부가 두 개의 지방산(예 스테아릭애씨드, 팔미틱애씨드, 올레익애씨드)으로 이루어져 있다. 레시틴은 대두에서 추출한 대두 레시틴(soybean lecithin)과 계란 노른자(egg yolk)에서 추출한 난황 레시틴(egg lecithin)이 있으며 리포좀(liposome)을 만들 때 주로 사용되며 피부컨디셔닝제로 사용되기도 한다. 레시틴을 산, 효소 혹은 다른 방법으로 가수분해하여, 친유부의 두 개 지방산 중 한 개를 잘라내어 만든 리솔레시틴은 화장품 원료와의 사용성이 높다.

91 지속력 – 탑노트(15~25%): 5 ~ 10분, 미들노트(30~40%): 10분 ~ 3시간(40~55%), 베이스노트: 3시간 이상

92 회수기한 : 가등급 위해성 – 15일 이내, 나등급 위해성 – 30일 이내, 다등급 위해성 – 30일 이내

93 크로뮴옥사이드그린, 마이카는 사용한도가 정해져 있지 않다.

94 회수율 = (검액에서 회수한 균수(시험군)÷대조액에서 회수한 균수(양성 대조균))×100%
   검액(시험군)에서 회수한 균수가 대조액(양성 대조균)에서 회수한 균수의 50 % 이상일 경우, 화장품 미생물한도시험이 적합하다고 판정한다.

95 시스테인(cysteine) 2분자가 결합하여 시스틴(cystine)이 된다.

96 제조단위(뱃치)는 하나의 공정이나 일련의 공정으로 제조되어 균질성을 갖는 화장품의 일정한 분량을 말한다(제조단위, 뱃치, 로트(LOT)는 동일한 의미임).

97 사용기한 경과 후 1년간 또는 개봉 후 사용기간을 기재하는 경우에는 제조일(제조연월일)로부터 3년간 보관용 검체를 보관한다.

98 "방문광고 또는 실연(實演)에 의한 광고"는 어린이 사용 화장품에는 할 수 없다.

99 물에 녹지 않는 것을 녹게 하는 것이 가용화(solubilization, 可溶化)이다.

100 표피에 있는 기저층에 멜라닌형성세포, 각질형성세포, 메르켈 세포가 존재한다.

 실전 모의고사 정답 및 해설

3회

[선다형]

1	2	3	4	5	6	7	8	9	10	11	12	13	14	15	16	17	18	19	20
⑤	⑤	①	③	④	①	①	⑤	④	②	⑤	⑤	⑤	⑤	④	②	②	⑤	①	①
21	**22**	**23**	**24**	**25**	**26**	**27**	**28**	**29**	**30**	**31**	**32**	**33**	**34**	**35**	**36**	**37**	**38**	**39**	**40**
⑤	⑤	①	⑤	②	⑤	④	⑤	④	⑤	⑤	①	③	④	④	⑤	①	①	①	③
41	**42**	**43**	**44**	**45**	**46**	**47**	**48**	**49**	**50**	**51**	**52**	**53**	**54**	**55**	**56**	**57**	**58**	**59**	**60**
①	⑤	⑤	④	①	④	⑤	①	⑤	⑤	④	②	②	⑤	⑤	⑤	⑤	⑤	⑤	④
61	**62**	**63**	**64**	**65**	**66**	**67**	**68**	**69**	**70**	**71**	**72**	**73**	**74**	**75**	**76**	**77**	**78**	**79**	**80**
④	①	⑤	②	⑤	⑤	⑤	⑤	①	⑤	②	⑤	⑤	⑤	④	⑤	⑤	③	③	⑤

[단답형]

번호	정답	번호	정답
81	시장출하	91	제조번호
82	실마리 정보	92	기능성화장품
83	티타늄디옥사이드	93	기저층
84	소듐벤조에이트, 밀싹추출물	94	맞춤형화장품판매업 신고필증
85	㉠ 액, ㉡ 액상제품, ㉢ 물	95	벤토나이트, 파라핀 왁스
86	금속이온봉쇄제	96	㉠, ㉡
87	소듐살리실레이트, 아이오도프로피닐부티카바메이트	97	인체 적용시험 자료
88	소듐벤조에이트, 아데노신, 나이아신아마이드, 적색202호	98	레시틴(lecithin)
89	㉠ 내용물, ㉡ 원료	99	㉠, ㉡
90	가용화	100	㉡

1 수입관리기록서에는 제품명 또는 국내에서 판매하려는, 원료성분의 규격 및 함량, 제조국, 제조회사명 및 제조회사의 소재지, 기능성화장품심사결과통지서 사본, 제조 및 판매증명서, 한글로 작성된 제품설명서 견본, 최초 수입연월일, 제조번호별 수입연월일 및 수입량, 제조번호별 품질검사 연월일 및 결과, 판매처, 판매연월일 및 판매량이 포함되어야 한다.

2 업무정지기간 중에 해당업무를 한 경우(광고업무는 제외)에는 1차 위반 시, 등록취소 혹은 영업소 폐쇄이다.

3 안전성 자료는 제품 및 제조방법에 대한 설명자료, 화장품의 안전성 평가 자료, 제품의 효능·효과에 대한 증명자료이다.

4 화장품법 제1조(목적) 이 법은 화장품의 제조·수입·판매 및 수출 등에 관한 사항을 규정함으로써 국민보건향상과 화장품 산업의 발전에 기여함을 목적으로 한다.

5 폴리에톡시레이티드레틴아마이드를 주성분으로 하여 보고만으로 생산할 수 있는 기능성화장품의 제형은 없다.

6 레티놀(비타민 A) 및 그 유도체, 아스코빅애씨드(비타민 C) 및 그 유도체, 토코페롤(비타민 E), 과산화화합물, 효소를 0.5% 이상 포함한 화장품은 안정성시험 자료를 보존해야 한다.

7 법 제4조의2제1항에 따른 제품(영유아용, 어린이용 화장품)별 안전성 자료를 작성 또는 보관하지 않은 경우에는 판매(전 품목) 또는 해당 품목 판매업무정지 1개월(1차 위반 시)이다.

8 위생관리란 대상물의 표면에 있는 바람직하지 못한 미생물 등 오염물을 감소시키기 위해 시행되는 작업을 말한다.

9 제조란 원료 물질의 칭량부터 혼합, 충전(1차포장), 2차포장 및 표시 등의 일련의 작업을 말한다.

10 기재사항(가격은 제외한다)의 일부를 기재하지 않은 경우의 행정처분은 해당 품목 판매업무정지 15일(1차 위반 시)이다.

11 안전관리 정보는 화장품의 품질, 안전성·유효성, 그 밖에 적정 사용을 위한 정보이다.

12 판매의 목적이 아닌 제품의 홍보·판매촉진 등을 위하여 미리 소비자가 시험·사용하도록 제조 또는 수입된 화장품은 보관 또는 진열할 수 있으며, 소비자에게 판매할 수는 없다.

13 만수국꽃 추출물은 사용한도 내에서 화장품에 사용할 수 있지만 천수국꽃 추출물은 화장품에 사용할 수 없는 원료이다.

14 "눈에 들어갔을 때에는 즉시 씻어낼 것"은 두발용, 두발염색용 및 눈 화장용 제품류에 표시해야 하는 주의사항이다.

15 "정해진 용법과 용량을 잘 지켜 사용할 것"은 외음부 세정제에 대한 개별적 주의사항이다.

16 총호기성 생균수(세균수+진균수) 기준은 영유아용 제품류 및 눈화장용 제품류는 500개/g(mL) 이하,
기타 화장품은 1,000개/g(mL)이하이다. 단, 물휴지는 세균수 100개/g(mL) 이하, 진균수 100개/g(mL) 이하

17 전성분은 함량이 높은 원료부터 기재하며, 1% 이하 원료, 착향제, 착색제는 순서에 상관없이 기재한다.
또한 착향제는 향료로 표시한다.

18 마약류관리에 관한 법률 제2조에 따른 마약류(마약(양귀비, 이편, 코카잎), 향정신성의약품(이세토르핀, 벤질모르핀, 코카인, 헤로인 등), 대마초는 화장품 배합금지 원료이다.

19 벤조일퍼옥사이드는 배합금지 성분이며, 레조시놀과 클림바졸은 사용제한 원료이고, 과붕산나트륨과 과탄산나트륨은 기능성화장품(염모제)의 주성분이다.

20 잔탄검은 미생물 유래의 점증제로 분류된다.

21 부틸파라벤, 프로필파라벤, 이소부틸파라벤또는 이소프로필파라벤함유 제품(영·유아용제품류및 기초화장용 제품류(만 3세 이하 영유아가 사용하는 제품) 중 사용 후 씻어내지 않는 제품에 한함) → 만 3세 이하 영유아의 기저귀가 닿는 부위에는 사용하지 말 것

22 비스머스옥시클로라이드, 구아닌, 진주가루 등이 펄효과를 준다.

23 "염기성, 산성, 에이치시"이라는 문구가 타르색소명에 포함되어 있으면 염모용 화장품에만 사용할 수 있다.

24 메틸 살리실레이트는 자외선차단성분이 아니다.

25 알파-비사보롤 0.5%, 알부틴 2~5%, 나이아신아마이드 2~5%, 에칠아스코빌에텔 1~2%
26(흑색, 적색, 황색)산화철은 합성에 의해 제조되는 인공색소이다.

26 탈모증상 완화에 도움을 주는 성분은 덱스판테놀, 엘-멘톨, 징크피리치온, 징크피리치온액(50%), 비오틴이다.

27 내용량 150mL 이상은 눈금실린더(mass cylinder)로 내용량을 측정한다.

28 과산화수소, 과초산, 락틱애씨드, 알코올(이소프로판올 및 에탄올), 계면활성제, 석회장석유, 소듐카보네이트, 소듐하이드록사이드, 시트릭애씨드, 식물성 비누, 아세틱애씨드, 열수와 증기, 정유, 포타슘하이드록사이드, 무기산과 알칼리를 천연화장품 및 유기농화장품를 제조하는 작업장과 제조설비에 세척제로 사용할 수 있다.

29 세제(세척제)는 기구 및 장치의 재질에 대한 부식성이 없어야 한다

30 전기 전도도는 정제수 제조장치의 주요 점검항목이다.

31 검정기한을 초과한 설비의 사용에 있어서 설비보증이 표준품 등에서 확인할 수 있는 경우는 중대하지 않은 일탈이다.

32 외국과의 기술제휴를 하지 않고 외국과의 기술제휴 등을 표현하는 표시·광고를 하지 말아야 한다.

33 산화방지제 : 토코페릴아세테이트, 비에이치티, 프로필갈레이트 / 보존제 : 소듐벤조에이트, 살리실릭애씨드 / 보습제 : 베타인, 글리세린, 다이프로필렌글라이콜 / 자외선차단제 : 벤조페논-4, 호모살레이트 / AHA(알파-하이드록시애씨드) : 시트릭애씨드, 글라이콜릭애씨드, 말릭애씨드, 타타릭애씨드, 락틱애씨드 / 제모제, 펌제의 주성분 : 치오글라이콜릭애씨드 / 배합금지 원료 : 디에칠렌글라이콜

34 개봉 후 사용기간은 제조 연월일을 함께 표시해야 한다.

35 수은 분석에는 수은분해장치를 이용한 방법과 수은분석기를 이용한 방법만 가능하다.

36 마스카라는 사용 후 곧바로 씻어 내는 제품이 아니고 물을 포함하고 있어 pH시험을 실시해야 한다.

37 내용량 기준은 3개의 평균 내용량이 표시량의 97% 이상이며, 기준치를 벗어나서 재시험할 때도 동일하게 97% 이상이다.

38 살리실릭애씨드는 영유아용 제품류와 만13세 이하 어린이용 제품류에서 사용할 수 없다(단, 목욕용제품, 샤워젤류, 샴푸류에는 사용할 수 있다). 또한 벤질알코올(사용한도 1.00%), 페녹시에탄올(사용한도 1.00%), 포타슘소르베이트(사용한도 0.60%), 소듐벤조에이트(사용한도 0.50%)는 사용한도 내에서 모든 화장품에 사용할 수 있다.

39 알루미늄 및 그 염류(예 알루미늄클로로하이드렉스, 알루미늄클로로하이드레이트, 알루미늄클로라이드) 함유 제품(체취방지용 제품류(데오도런트)에 한함)은 "알루미늄 및 그 염류를 함유하고 있으므로 신장질환이 있는 사람은 사용 전에 의사와 상의할 것"이라는 사용시의 주의사항을 표시·기재해야 한다.

40 액, 로션, 크림 및 이와 유사한 제형의 액상제품은 pH 기준이 3.0~9.0이어야 한다.

41 입고 시, 내용물 및 원료의 제조번호, 사용기한 또는 개봉 후 사용기간, 품질관리 여부(품질성적서)를 확인한다. 또한 책임판매업자와 계약한 사항을 준수해야 한다.

42 화장실은 작업자의 접근이 쉬워야 하지만 생산구역 내에 설치되지는 않는다.

43 설비 등의 위치는 원자재나 직원의 이동으로 인하여 제품의 품질에 영향을 주지 않도록 정해야 한다.

44 외부와 연결된 창문은 가능한 열리지 않도록 해야 하며, 창문의 설치를 금지하는 요구사항은 없다.

45 소모품은 제품의 품질에 영향을 주지 않아야 한다.

46 생산, 관리 및 보관 구역 내에서는 먹기, 마시기, 껌 씹기, 흡연 등을 해서는 안 되며, 음식, 음료수, 흡연 물질, 개인 약품 등을 보관해서는 안된다.

47 밸브는 원활한 개폐유무를 확인하고 윤활오일은 회전기기(균질기, 교반기 등)에서 점검하는 주요항목이다.

48 설비점검 시 설비오류 발견 → 점검 중 혹은 사용금지 표시 → 정밀점검 → 수리불가 결정 → 폐기예정 표시 → 폐기

49 선입선출을 하지 못하는 특별한 사유가 있을 경우, 적절하게 문서화된 절차에 따라 나중에 입고된 물품을 먼저 출고할 수 있다.

50 출고할 제품은 원자재, 부적합품 및 반품된 제품과 구획된 장소에서 보관하여야 한다. 다만 서로 혼동을 일으킬 우려가 없는 시스템에 의하여 보관되는 경우에는 그러하지 아니할 수 있다.

51 남은 벌크제품과 반제품을 재보관하고 재사용할 수 있다.

52 제품 3개를 가지고 시험할 때 그 평균 내용량이 표기량에 대하여 97% 이상이어야 하며, 기준치를 벗어날 경우에는 6개를 더 취하여 시험할 때 9개의 평균 내용량이 97% 이상이어야 한다.

53 포타슘소르베이트, 소듐벤조에이트, 벤질알코올, 페녹시에탄올은 사용한도가 정해진 보존제로 맞춤형화장품에 사용할 수 없다.

54 비스머스옥시클로라이드는 펄효과를 주는 무기안료이다.

55 자외선A 차단지수(PFA)가 16이상일 때만 PA++++로 표시할 수 있다.

56 화장품 내용물을 직접적으로 접촉하는 것을 1차 포장재라고 하고, 종이 상자와 같이 1차 포장재의 외부를 포장하는 재질을 2차 포장재라고 한다.

57 영유아 또는 어린이 사용 화장품 안전성 자료 등에 관한 가이드라인에 따르면 어린이 사용 화장품에는 "방문광고 또는 실연에 의한 광고"를 할 수 없다. 단, 영유아용 화장품에는 "방문광고 또는 실연에 의한 광고"를 할 수 있다.

58 인체세정용 제품류에 한하여 항균이라는 실증광고를 할 수 있으며, 버블 배스는 목욕용 제품류로 분류하고 있다.

59 작성해야 하는 제품 및 제조방법에 대한 설명자료에 해당되는 것으로 국내 제조 제품은 제조관리기준서 사본, 제품표준서 사본, 수입제품은 수입관리기록서 사본이 있다.

60 콜라겐 증가·감소·활성화와 효소 증가·감소·활성화는 기능성화장품에서만 표현할 수 있다.

61 성분명을 제품 명칭의 일부로 사용한 경우 그 성분명과 함량(방향용 제품은 제외한다)을 표시해야 한다.

62 의약외품에서 기능성화장품으로 전환된 품목(탈모증상 완화, 여드름성피부 완화, 튼살의 붉은 선을 엷게 하는 데 도움, 피부장벽의 기능을 회복하여 가려움 등의 개선에 도움)에는 "질병의 예방 및 치료를 위한 의약품이 아님"문구를 기능성화장품 바로 밑에 기재·표시해야 한다.

63 물리적 혹은 일시적 기능을 주는 화장품은 기능성화장품이 아니며, 여드름성 피부의 완화에 도움을 주는 기능성화장품은 인체세정용 제품만이 가능하다.

64 공정별로 2개 이상의 제조소에서 생산된 화장품의 경우에는 일부 공정을 수탁한 화장품제조업자의 상호 및 주소의 기재·표시를 생략할 수 있다.

65 AHA(알파-하이드록시 애씨드) : 시트릭애씨드(감귤류), 글라이콜릭애씨드(사탕수수), 말릭애씨드(사과), 타타릭애씨드(적포도주), 락틱애씨드(쉰우유) / BHA(베타-하이드록시 애씨드) : 살리실릭애씨드

66 벤잘코늄 클로라이드는 보존제, 베헨트리모늄 클로라이드, 세트리모늄 클로라이드, 스테아트리모늄 클로라이드는 사용한도가 있는 기타원료이다.

67 산화방지제로 비에치티, 비에치에이, 토코페롤, 토코페릴아세테이트, 아스코빌팔미테이트, 프로필갈레이트(propyl gallate) 등이 사용된다.

68 치오글리콜산($C_2H_4O_2S$: 92.12)의 순도는 65.0% 이상이다.

69 유두층, 망상층은 진피에 존재하는 층이다.

70 맞춤형화장품에 사용할 수 없는 원료는 사용제한 원료(보존제, 자외선차단제, 염모제성분, 기타성분), 배합금지 원료, 기능성화장품 주성분이다. 다만 화장품책임판매업자가 기능성화장품의 효능·효과를 나타내는 원료를 포함하여 식품의약품안전처로부터 심사를 받거나 보고서를 제출한 제품만이 맞춤형화장품판매업자가 판매할 수 있는 유일한 기능성화장품이다.

71 호호바씨 오일은 실온에서 액상이어서 오일로 불리지만 화학구조로 볼 때 고급지방산과 고급알코올의 에스테르로 왁스에 속한다.

72 포장재 생산에 소요되는 기간 등을 파악하여 적절한 시기에 포장재가 입고될 수 있도록 발주하여야 한다.

73 혼합·소분에 사용되는 시설·기구 등은 사용 전후(前後)에 세척한다.

74 유리재질의 도구는 파손에 따른 이물발생의 위험이 있어서 혼합할 때 사용하기에는 적당하지 않다.

75 유화제형인 크림, 유액, 에센스, 세럼과 유화분산제형인 비비크림, 파운데이션, 메이크업베이스에서 품질관리를 위해 점도를 측정한다.

76 글리세린은 무색의 점성이 있는 맑은 액으로 냄새는 없고 맛은 달다(출처: 화장품 원료규격 및 시험방법 설정 가이드라인).

77 오일(유상)과 물(수상)을 섞어주는 기능을 하는 물질은 계면활성제이다.

78 알란토인은 무색 ~ 백색의 결정성 가루로 냄새 및 맛은 없다(출처 : 화장품 원료규격 가이드라인).

79 여러 사람이 함께 화장품을 사용하면 감염, 오염의 위험성이 있어 화장품의 사용방법으로 적합하지 않다.

80 1제는 알칼리제(예 암모늄하이드록사이드, 에탄올아민, 디에탄올아민), 염료 중간체, 염료 수정제, 산화방지제 등이 포함되고 있고 2제에는 과산화수소 등이 포함되어 있다.

81 시장출하는 화장품책임판매업자가 그 제조 등(타인에게 위탁 제조 또는 검사하는 경우를 포함하고 타인으로부터 수탁 제조 또는 검사하는 경우는 포함하지 않는다. 이하 같다)을 하거나 수입한 화장품의 판매를 위해 출하하는 것이다.

82 실마리 정보(Signal)는 유해사례와 화장품 간의 인과관계 가능성이 있다고 보고된 정보로서 그 인과관계가 알려지지 아니하거나 입증자료가 불충분한 것을 말한다.

83 티타늄디옥사이드는 굴절률이 높은 백색안료로 아나타제형이, 루틸형, 브루카이트형이 있다.

84 영유아용과 어린이용 화장품으로 표시·광고하는 화장품은 보존제의 함량을 전성분에 함께 표시해야 한다.
또한 원료명을 제품명으로 사용할 때는 그 원료의 함량을 표시해야 한다.

85 영유아용 제품류, 영유아용 샴푸, 영유아용 린스, 영유아 인체세정용 제품(영유아목욕용제품 제외), 눈 화장용 제품류, 색조화장용 제품류, 두발용 제품류(샴푸, 린스 제외), 면도용 제품류(셰이빙 크림, 셰이빙 폼 제외), 기초화장용 제품류(클렌징 워터, 클렌징 오일, 클렌징 로션, 클렌징 크림 등 메이크업 리무버 제품 제외) 중 액, 로션, 크림 및 이와 유사한 제형의 액상제품은 pH 기준이 3.0 ~ 9.0이어야 한다. 다만, 물을 포함하지 않는 제품은 제외한다.

86 금속이온 봉쇄제는 금속이온을 봉쇄하는 킬레이팅 작용을 한다.

87 듐살리실레이트(살리실릭애씨드의 염류), 아이오도프로피닐부티카바메이트(IPBC)는 사용시의 주의 사항에 "만 3세 이하 영유아에게는 사용하지 말 것"이라는 문구를 넣어야 하는 보존제이다.

88 표시량이 10g(mL) 초과 50g(mL) 이하인 제품은 전성분 표시를 생략할 수 있으나 타르색소, 금박, 샴푸와 린스에 들어 있는 인산염, 과일산(AHA), 기능성화장품 주성분, 식품의약품안전처장이 사용한도를 고시한 화장품 원료는 표시해야 한다.

89 맞춤형화장품은 제조 또는 수입된 화장품의 내용물에 다른 화장품의 내용물이나 식품의약품안전처장이 정하는 원료를 추가하여 혼합한 화장품, 제조 또는 수입된 화장품의 내용물을 소분(小分)한 화장품이다.

90 물에 녹지 않는 것을 녹게 하는 것이 가용화(solubilization, 可溶化)이다.

91 1차 포장에 반드시 표시해야 하는 사항은 화장품의 명칭, 영업자의 상호, 제조번호, 사용기한 또는 개봉 후 사용기간이다.

92 식품의약품안전처장이 고시한 기능성화장품의 효능·효과를 나타내는 원료(다만, 맞춤형화장품판매업자에게 원료를 공급하는 화장품책임판매업자가 화장품법 제4조에 따라 해당 원료를 포함하여 기능성화장품에 대한 심사를 받거나 보고서를 제출한 경우는 제외한다)

93 표피에 있는 기저층에 멜라닌형성세포, 각질형성세포, 메르켈 세포가 존재한다.

94 영업자(화장품제조업자 또는 화장품책임판매업자)의 주소는 등록필증에 적힌 소재지(맞춤형화장품판매업자의 주소는 맞춤형화장품판매업 신고필증에 적힌 소재지) 또는 반품·교환 업무를 대표하는 소재지(예 물류센터)를 기재·표시해야 한다.

95 비수계(오일상, 유상) 점증제는 벤토나이트, 헥토라이트, 실리카, 광물유래왁스, 석유화학유래왁스이다.

96 외국과의 기술제휴가 있으면 표시·광고가 가능하고 경쟁상품과 비교하는 표시·광고는 비교 대상 및 기준을 분명히 밝히고 객관적으로 확인될 수 있는 사항이면 표시·광고할 수 있다. 천연화장품 또는 유기농화장품 인증기관으로부터 인증을 받으면 천연화장품 또는 유기농화장품을 표시·광고할 수 있다.

97 실증자료로 인체 적용시험 자료만이 가능하며, 다만 피부노화 완화에 대한 실증자료는 인체 적용시험 자료 또는 인체 외 시험자료가 가능하다.

98 베시클 구조로 리포좀을 형성하는 천연계면활성제는 레시틴(lecithin)이다.

99 "질병의 예방 및 치료를 위한 의약품이 아님"이라는 문구를 기재·표시해야 하는 기능성화장품 → 탈모 증상의 완화에 도움을 주는 화장품, 여드름성 피부를 완화하는 데 도움을 주는 화장품, 튼살로 인한 붉은 선을 엷게 하는 데 도움을 주는 화장품, 피부장벽(피부의 가장 바깥 쪽에 존재하는 각질층의 표피를 말한다)의 기능을 회복하여 가려움 등의 개선에 도움을 주는 화장품)

100 사용한도가 정해진 원료를 사용한도 초과하여 사용한 화장품(우레아 사용한도 – 10%) : 가등급 / 화장품 안전관리기준을 미준수한 화장품 : 나등급(특정세균인 대장균이 검출된 화장품) / 기능성화장품의 주성분이 기준치 미만인 화장품 : 다등급, 병원미생물(예 살모넬라 *Salmonella*, 쉬겔라 *shigella*, 여시니아 *Yersinia* 등)에 오염된 화장품 : 다등급

 실전 모의고사 정답 및 해설

4회

[선다형]

1	2	3	4	5	6	7	8	9	10	11	12	13	14	15	16	17	18	19	20
⑤	③	②	①	①	⑤	①	④	④	①	①	①	④	②	②	⑤	③	⑤	③	②
21	22	23	24	25	26	27	28	29	30	31	32	33	34	35	36	37	38	39	40
①	④	③	③	①	①	②	③	⑤	②	⑤	①	④	①	②	③	②	④	⑤	⑤
41	42	43	44	45	46	47	48	49	50	51	52	53	54	55	56	57	58	59	60
①	⑤	⑤	⑤	⑤	②	②	①	②	⑤	②	⑤	④	②	①	①	①	⑤	②	⑤
61	62	63	64	65	66	67	68	69	70	71	72	73	74	75	76	77	78	79	80
⑤	⑤	③	③	②	①	①	④	⑤	①	①	⑤	②	④	⑤	③	①	⑤	①	⑤

[단답형]

번호	정답	번호	정답
81	중대한 유해사례	91	재고관리
82	맞춤형화장품판매업자	92	아데노신액(2%)
83	㉠ 1년, ㉡ 제조 연월일	93	가, 나, 다, 라, 마
84	양이온 계면활성제	94	㉠ : 낙하균, ㉡ : 200
85	㉠ → ㉡ → ㉢ → ㉣ → ㉤	95	실제거래가격
86	80g	96	라
87	㉠ : 방충, ㉡ : 방서	97	개봉 후 안정성
88	㉠ : 10, ㉡ : 10	98	㉠ : 세척제(세제), ㉡ : 소독제
89	변경관리	99	80%, 적합
90	18	100	880, 부적합

1 맞춤형화장품 조제관리사 자격시험에 합격한 사람으로서 화장품 제조 또는 품질관리 업무에 1년 이상 종사한 경력이 있는 자는 책임판매관리자의 자격이 있다(2021년 5월 14일부터).

2 주성분 함량이 5% 미만이면 과징금 부과대상이며, 5% 이상 10% 미만이면 1차 위반 시, 해당 품목 제조 또는 판매업무 정지 15일이고, 10% 이상 부족하면 해당 품목 제조 또는 판매업무 정지 1개월이다.

3 색조 화장품은 얼굴과 신체에 매력을 더하기 위해 사용하는 메이크업 제품이다.

4 개인정보가 아닌 것 : 사망한 자의 정보, 법인·단체에 관한 정보, 개인사업자의 사업체 운영과 관련된 정보, 사물에 관한 정보

5 배합금지 원료를 사용한 화장품은 "전 품목 제조 또는 판매업무 정지 3개월"이다.

6 개인정보보호법 제25조에서 설치 목적, 설치 장소, 촬영 범위 및 시간, 관리책임자 성명 및 연락처를 안내판에 표시하도록 규정하고 있다.

7 레불리닉애씨드는 보존능이 있지만 화장품 안전기준 등에 관한 규정에서 정하는 보존제는 아니다.

8 제품명에 원료명이 삽입된 경우에는 원료의 함량을 전성분에 기재해야 한다(AHA : 글라이콜릭애씨드).

9 교육을 받아야 하는 자가 둘 이상의 장소에서 맞춤형화장품판매업을 하는 경우에는 종업원 중에서 총리령으로 정하는 자(맞춤형화장품 조제관리사)를 책임자로 지정하여 교육을 받게 할 수 있음

10 (110−90)/(110−10)×100%
[계산식]
내용량(g) = 건조 전 무게(g) × [100−건조감량(%)] / 100

건조감량(%) = 수분(%) = $\frac{m_1-m_1}{m_1-m_0}$ × 100%

- m_0 : 접시의 무게(g)
- m_1 : 가열 전 접시와 검체의 무게(g)
- m_2 : 가열 후 접시와 검체의 무게(g)

11 성분명을 제품 명칭의 일부로 사용한 경우 그 성분명과 함량을 기재·표시해야 한다(단, 방향용 제품은 제외함).

12 2급 아민 함량이 0.5%를 초과하는 모노알킬아민, 모노알칸올아민 및 그 염류는 배합금지 성분임(㉔ 아미노메틸프로판올).

13 기준일탈 → 기준일탈 조사 → 틀림없음 확인 → 기준일탈의 처리 → 불합격라벨 부착 → 격리 보관 → 폐기처분/재작업(벌크제품, 완제품), 반품(원자재)

14 책임판매업자가 내용물과 원료를 공급할 때 품질성적서(시험성적서, 시험기록서, certificate of analysis)도 함께 제공하며, 품질성적서에서 품질검사결과를 확인할 수 있다.

15 금속이온봉쇄제는 수상에 존재하는 금속이온을 봉쇄하며, 고분자화합물은 점증제, 피막형성제로 주로 사용된다.
또한 산화방지제는 화장품의 산화를 막는 역할을 하며, 유성원료는 피부에 유연효과를 주는데 사용한다.

16 화장품 원료로 합성하여 만들어지는 에스테르 오일, 실리콘류 원료, 고분자 등이 널리 사용된다.

17 여드름성 피부를 완화하는데 도움을 주는 기능성화장품은 인체세정용 제품류만 가능하다.

18 닥나무추출물을 주성분으로 한 미백기능성화장품은 심사를 받아야만 생산할 수 있다.

19 중대한 유해사례는 화장품을 사용하여 입원 또는 입원기간의 연장이 필요한 경우, 지속적 또는 중대한 불구나 기능저하를 초래하는 경우, 선천적 기형 또는 이상을 초래한 경우, 사망을 초래하거나 생명을 위협하는 경우이다.

20 개봉 후 사용기간을 표시하는 제품은 제조 연월일로부터 3년간 보관용 검체를 보관한다.

21 부피로 표시된 제품의 충전을 질량으로 할 때는 비중을 이용하여 부피를 무게로 환산한다(비중=질량÷부피).

22 배합 금지 원료 : 붕산, 프탈레이트류, 돼지폐추출물, 두타스테리드, 에스트로겐 / 사용제한 내에서 사용할 수 있는 원료(사용 제한 원료) : 붕사

23 타이로시나제는 인체 내 멜라닌 생합성 경로에서 가장 중요한 초기 속도결정단계에 관여하는 효소이다.

24 염산염, 젖산염은 NMF 성분이다.

25 화장품의 품질검사는 식품의약품안전처장이 지정한 화장품시험·검사기관(한국의약품수출입협회, 시·도 보건환경연구원, 대한화장품산업연구원, 한국건설생활환경시험연구원 등)과 시험실을 갖춘 제조업자에게 위탁할 수 있으며, 대한화장품협회는 지정된 화장품시험·검사기관이 아니다.

26 우지는 지방(fat)으로 분류되고 난황유는 동물성 오일로 분류된다.

27 글리세릴모노스테아레이트는 비이온 계면활성제로 유화제로 널리 사용된다.

28 액상 제품(㉔ 화장수)은 물(정제수)로 희석하여 pH를 측정하지 않고, pH측정 프로브(probe)를 직접 액상 제품에 담가서 pH를 측정한다.

29 살리실릭애씨드는 영유아용, 어린이용 화장품에 사용금지(단, 샴푸는 제외), 메칠이소치아졸리논, 트리클로산은 사용 후 씻어내는 제품에만 사용가능, 벤질알코올(사용한도 1.0%)과 소듐벤조에이트(사용한도 0.5%)는 모든 제품에 사용가능하다.

30 유통화장품 안전관리 기준에 적합하지 않으면 나등급 위해성이며, 비소의 검출한도 기준은 10㎍/g(ppm)이다.

31 영유아용 제품류(영유아용 샴푸, 영유아용 린스, 영유아 인체 세정용 제품, 영유아 목욕용 제품 제외), 눈 화장용 제품류, 색조 화장용 제품류, 두발용 제품류(샴푸, 린스 제외), 면도용 제품류(셰이빙 크림, 셰이빙 폼 제외), 기초화장용 제품류(클렌징 워터, 클렌징 오일, 클렌징 로션, 클렌징 크림 등 메이크업 리무버 제품 제외) 중 액, 로션, 크림 및 이와 유사한 제형의 액상제품은 pH 기준이 3.0 ~ 9.0 이어야 한다. 다만, 물을 포함하지 않는 제품과 사용한 후 곧바로 물로 씻어 내는 제품은 제외한다.

32 체모를 제거하는 기능을 가진 제품의 성분 및 함량은 치오글리콜산 80%, 치오글리콜산으로서 3.0 ~ 4.5%이다.

33 마약류의 중독자, 정신질환자는 화장품 제조업자만을 등록할 수 없고 화장품 책임판매업의 등록과 맞춤형화장품판매업의 신고는 할 수 있다.

34 품질관리는 화장품의 책임판매 시 필요한 제품의 품질을 확보하기 위해서 실시하는 것으로서, 화장품제조업자 및 제조에 관계된 업무(시험·검사 등의 업무를 포함한다)에 대한 관리·감독 및 화장품의 시장 출하에 관한 관리, 그 밖에 제품의 품질의 관리에 필요한 업무이다.

35 유통화장품 안전관리 기준 중에서 내용량 기준에 부적합한 화장품은 위해등급이 없다.

36 화장품은 피부에 잘 펴발리며, 사용하기 쉽고 흡수가 잘 되어야 한다(화장품의 사용성).

37 배합금지 원료인 두타스테리드가 포함된 화장품은 가등급 위해성 화장품이다.

38 1차 위반 시 시정명령의 대상: 영업자의 변경 또는 그 상호의 변경을 안 한 경우, 실제 내용량이 표시된 내용량의 90% 이상 97% 미만인 화장품, 광고의 업무정지기간 중에 광고업무를 한 경우, 맞춤형화장품 조제관리사의 변경을 안 한 경우, 책임판매관리자의 변경을 안 한 경우

39 맞춤형화장품판매업소 소재지의 변경신고를 하지 않은 경우에는 판매업무정지 1개월이다.

40 성분명을 제품 명칭의 일부로 사용한 경우에는 그 성분명과 함량을 기재·표시하여야 한다. 단, 방향용 제품은 제외한다. 의약외품에서 기능성화장품으로 전환된 품목(탈모증상 완화, 여드름성피부 완화, 튼살의 붉은 선을 엷게 하는데 도움, 피부장벽의 기능을 회복하여 가려움 등의 개선에 도움)에는 "질병의 예방 및 치료를 위한 의약품이 아님"문구를 기능성화장품 바로 밑에 기재·표시해야 한다.

41 고체형태의 세안용 비누인 화장비누는 소비자가 1차 포장을 제거하고 사용함으로 1차포장 필수 기재항목을 표시하지 않아도 됨(1차 포장 기재·표시 의무 제외대상 화장품).

42 호모살레이트, 옥토크릴렌, 시녹세이트, 에칠헥실살리실레이트는 자외선차단 기능성화장품의 주원료이다.

43 재보관시에는 재보관임을 표시하는 라벨 부착이 필수이다.

44 소비자화장품안전관리감시원은 법 제18조제1항·제2항(보고와 검사 등)에 따른 관계 공무원이 하는 출입·검사·질문·수거의 지원을 한다.

45 눈화장용 제품류의 미생물한도기준 : 총호기성 생균수 500개/g(mL) 이하

46 연속적으로 같은 제품을 생산할 경우에는 매 뱃치(로트) 생산 후에 간이 세척을 실시하고 적절한 간격으로 뱃치(로트) 생산 후마다 세척을 실시한다.

47 광고는 라디오·텔레비전·신문·잡지·음성·음향·영상·인터넷·인쇄물·간판, 그 밖의 방법에 의하여 화장품에 대한 정보를 나타내거나 알리는 행위를 말한다.

48 판매자가 기간을 특정하여 판매가격을 변경하기 위해 그 기간을 소비자에게 알리고, 소비자가 판매가격을 기존가격과 오인·혼동할 우려가 없도록 명확히 구분하여 표시하는 경우에는 기존의 가격표시가 보이지 않도록 변경 표시할 필요는 없다.

49 맞춤형화장품판매업자는 맞춤형화장품 판매장 시설·기구의 관리 방법, 혼합·소분 안전관리기준의 준수 의무, 혼합·소분되는 내용물 및 원료에 대한 설명 의무 등에 관하여 총리령으로 정하는 사항(맞춤형화장품판매업자 준수사항)을 준수하여야 한다.

50 단위제품(단품)의 2차 포장인 카톤(단상자)의 외부를 수분 및 이물의 침투를 방지하기 위하여 비닐 포장을 하는데 이는 포장횟수에 포함되지 않으며, 화장품을 담는 파우치, 케이스는 포장횟수에 포함된다(근거 : 제품의 포장재질·포장방법에 관한 기준 등에 관한 규칙 별표1 비고 7항).

51 제품에 색상이 있으면 변색방지를 위해 차광용기를 사용하는 것이 적당하며, 일반적인 화장품용기는 기밀용기이다.

52 유해위험문구, 예방조치문구는 원료의 물질안전보건자료(MSDS) 혹은 용기라벨에서 확인할 수 있다.

53 일반적으로 고상의 화장품 원료는 백색이며, 액상의 화장품 원료는 무색, 투명하다, 다이메티콘은 무색의 맑은 액이다(출처: 화장품 원료규격 및 시험방법 설정 가이드라인).

54 양도인은 최근 1년 이내에 행정처분 받은 사실을 양수인에게 알려준 후에 변경신고를 할 수 있다(맞춤형화장품판매업 변경신고서, 화장품법 시행규칙 별지 제6호의4 서식).

55 제조 또는 수입한 고형비누를 단순 소분하는 것은 맞춤형화장품에서 제외된다.

56 프로피오니박테리움 아크니스(Propionibacterium acnes)는 여드름을 유발하는 균으로 알려져 있다.

57 디-판테놀 : 투명한 점조성 액상 / 디엘-판테놀 : 흰색의 분말상

58 영유아 또는 어린이 사용 화장품 안전성 자료 등에 관한 가이드라인에 따르면 영유아용 화장품에는 "신문·방송 또는 잡지, 전단·팸플릿·견본 또는 입장권, 인터넷 또는 컴퓨터통신, 포스터·간판·네온사인·애드벌룬 또는 전광판, 비디오물·음반·서적·간행물·영화 또는 연극, 방문광고 또는 실연에 의한 광고"를 할 수 있다.

59 선입선출이 반드시 적용되는 것은 아니며, 필요에 따라 나중에 입고된 포장재, 원료 및 내용물이 먼저 출고될 수 있다.

60 소용량 맞춤형화장품의 표시사항은 명칭, 제조번호, 사용기한 또는 개봉 후 사용기간, 맞춤형화장품판매업자의 상호, 가격이다.

61 탈색제의 1제에는 과황산칼륨, 과황산암모늄, 알칼리제(소듐하이드록사이드), 2제에는 과산화수소가 주요성분이다.

62 사이클로메티콘에는 사이클로테트라실록세인(D4), 사이클로펜타실록세인(D5), 사이클로헥사실록세인(D6)이 있으며 사이클로메티콘은 환상(環象)의 구조여서 휘발성이 있다.

63 글리시레티닉애씨드는 감초에서 추출한 물질로 항알레르기 작용이 있으며 피부장벽 회복에는 세라마이드가 효과가 있다.

64 에크린선(eccrine gland, 소한선)은 입술과 생식기를 제외한 몸 전체에 분포한다.

65 내용물과 원료를 혼합, 내용물을 소분한 화장품이 맞춤형화장품이다.

66 탈색제 1제의 주요성분은 과황산칼륨, 과황산암모늄, 알칼리제(소듐하이드록사이드)이다.

67 시스틴 ↔ 시스테인 구조 변경을 응용한 제품이 펌제이다.

68 철의 검출허용한도(2㎍/g 이하)는 퍼머넌트 웨이브용 및 헤어스트레이트너 제품에만 있다.

69 포름알데하이드 안전관리 기준 : 일반화장품 2000㎍/g 이하, 물휴지 20㎍/g 이하

70 명칭, 사용기한 또는 개봉 후 사용기간, 제조번호, 맞춤형화장품판매업자의 상호, 가격을 기재·표시해야 한다. 제조 연월일은 개봉 후 사용기간을 표시할 때만 병행표기한다.

71 맞춤형화장품 판매내역서(전자문서 형식을 포함)를 작성·보관한다.

72 콜레스테롤은 피지의 성분이다.

73 모모세포는 모유두를 덮고 있으면서 모유두로부터 영양분을 공급받아 세포분열하여 모발을 만드는 세포이다.

74 식품의약품안전처와 환경부의 협의에 따른 규제완화로 2021년 7월 1일부터 소비자가 직접 소분(리필)매장에서 샴푸, 린스, 바디클렌저, 액체비누 등을 용기에 직접 담아갈 수 있다.

75 유화제로 비이온 계면활성제가 사용되며, 비이온 계면활성제는 솔비탄 계열, 피이지 계열, 글리세릴 계열, 폴리솔베이트 계열이 주로 사용된다. 코카미도프로필베타인은 양쪽성 계면활성제이다.

76 마이카(운모, mica)는 굴절률이 커서 광택을 주며 체질안료로 사용된다

77 계면활성제는 가용화작용, 분산작용, 세정작용, 유화작용 등을 한다.

78 포장공간비율 기준 – 인체 및 두발 세정용 제품류 : 15% 이하 / 그 밖의 화장품류 : 10% 이하

79 제품명에 유기농을 표시하고자 하는 경우에는 유기농 원료가 물과 소금을 제외한 전체 구성성분 중 95% 이상으로 구성되어야 한다.

80 TEWL은 경피를 통해 증발되는 수분량을 측정하여 피부의 장벽기능을 평가하는데 이용될 수 있다.

81 자격시험에 합격한 날이 종사한 날 이전 1년 이내이면 최초교육을 받은 것으로 인정하며, 자격시험에 합격한 날부터 1년이 되는 날을 기준으로 매년 1회 보수교육을 맞춤형화장품 조제관리사는 받아야 한다.

82 맞춤형화장품에 대한 회수의무자는 맞춤형화장품판매업자이다.

83 사용기한 표시 제품은 사용기한 만료일 이후 1년 동안, 개봉 후 사용기간 표시 제품은 제조 연월일로 이후 3년 동안 그 제품의 안전과 품질을 입증할 수 있는 자료를 보관해야 한다.

84 양이온 계면활성제는 모발의 대전방지 효과 및 컨디셔닝 효과, 살균효과 등이 있어서 린스, 컨디셔너, 손소독제에 주로 사용된다.

85 일탈의 발견 및 초기평가 → 즉각적인 수정조치 → SOP(표준작업지침서)에 따른 조사, 원인분석 및 예방조치 → 후속조치·종결 → 문서작성·문서추적 및 경향분석

86 화장품비누의 내용량 기준은 건조중량이다.

87 방충 : 건물 외부로부터 곤충(하루살이, 나방, 모기 등)류의 해충 침입을 방지하고, 건물 내부의 곤충류를 조사하여 대책을 마련하는 것
방서 : 건물 외부로부터 쥐의 침입을 방지하고 건물 내부의 쥐를 박멸하는 것

88 내용량이 10밀리리터 이하 또는 10그램 이하인 화장품의 1차 포장 또는 2차 포장에는 화장품의 명칭, 화장품책임판매업자의 상호, 가격, 제조번호와 사용기한 또는 개봉 후 사용기간(개봉 후 사용기간을 기재할 경우에는 제조연월일을 병행 표기하여야 한다)만을 기재·표시할 수 있다.

89 "변경관리"란 모든 제조, 관리 및 보관된 제품이 규정된 적합판정기준에 일치하도록 보장하기 위하여 우수화장품 제조 및 품질관리기준이 적용되는 모든 활동을 내부 조직의 책임하에 계획하여 변경하는 것을 말한다.

90 (3시간 X 60분)/10분 = 18

91 재고관리는 생산, 판매 등을 원활히 하기 위한 활동이다.

92 아데노신액(2%)은 성분만 고시되어 있고 그 함량은 고시되어 있지 않다.

93 어린이 사용 화장품은 "방문광고 또는 실연(實演)에 의한 광고", "자기 상품 외의 다른 상품의 포장 광고"를 할 수 없다.

94 관리기준 : 제조실, 칭량실, 충전실 / 내용물보관소 – 낙하균 30개/hr 이하 또는 부유균: 200개/㎥ 이하

95 판매가격의 표시는 일반소비자에게 판매되는 실제거래가격을 표시하여야 한다

96 내용량 부족은 회수대상 화장품이 아니며, 기능성화장품의 주성분 함량의 기준치는 90% 이상으로 함량이 90%이상이면 회수대상 화장품이 아니다.

97 사용 시에 일어날 수 있는 오염 등을 고려한 안정성 시험은 개봉 후 안정성 시험이다.

98 세척제(세제): 오염물질 제거, 소독제: 소독

99 회수율 = {검액에서 회수한 균수(시험균)÷대조액에서 회수한 균수(양성 대조균)}×100%
검액(시험균)에서 회수한 균수가 대조액(양성 대조균)에서 회수한 균수의 50% 이상일 경우,
화장품 미생물한도시험이 적합하다고 판정한다.

100 세균수(CFU/mL)={(66+58)/2}×10÷1=620
진균수(CFU/mL)={(28+24)/2}×10÷1=260
총 호기성 생균수(CFU/mL)=620+260=880

> 세균수 혹은 진균수 = {(X1+X2+.....+Xn)÷n}×d÷a
> Xn : 각 배지(평판)에서 검출된 집락수
> n : 배지(평판)의 개수
> d : 희석배수
> a : 각 배지(평판)에 접종한 부피(mL)

총호기성 생균수 기준 : 영유아용 제품류 및 눈화장용 제품류 500개/g(mL) 이하, 물휴지 세균수 100개/g(mL) 이하, 진균수 100개/g(mL) 이하, 기타 화장품 1,000개/g(mL) 이하

 실전 모의고사 정답 및 해설

[선다형]

1	2	3	4	5	6	7	8	9	10	11	12	13	14	15	16	17	18	19	20
①	④	②	②	②	②	②	④	①	①	④	④	③	③	①	④	③	④	①	④
21	**22**	**23**	**24**	**25**	**26**	**27**	**28**	**29**	**30**	**31**	**32**	**33**	**34**	**35**	**36**	**37**	**38**	**39**	**40**
③	①	②	④	②	②	④	③	①	②	①	③	①	④	②	①	④	③	②	④
41	**42**	**43**	**44**	**45**	**46**	**47**	**48**	**49**	**50**	**51**	**52**	**53**	**54**	**55**	**56**	**57**	**58**	**59**	**60**
①	③	④	④	①	④	②	①	④	④	①	①	②	④	③	③	③	①	③	①
61	**62**	**63**	**64**	**65**	**66**	**67**	**68**	**69**	**70**	**71**	**72**	**73**	**74**	**75**	**76**	**77**	**78**	**79**	**80**
①	②	②	④	④	②	②	①	④	④	①	①	①	④	②	④	③	①	④	④

[단답형]

번호	정답	번호	정답
81	직사광선	91	선입선출
82	맞춤형화장품 조제관리사	92	개봉 후 안정성
83	아미노산	93	㉠ 6, ㉡ 6
84	유해사례	94	50
85	피부·모발	95	80
86	8,800, 부적합	96	밀봉
87	㉠ 일탈, ㉡ 기준일탈	97	타르색소
88	내부감사	98	기타성분
89	9.0	99	미셀
90	㉠ 세척제(세제), ㉡ 소독제	100	양쪽성

1 청문 없이 가능한 처벌은 해당품목 광고업무 정지, 해당품목 판매업무 정지 등이 있다(화장품법 제27조).

2 맞춤형화장품 조제 시, 사용한도 원료, 기능성화장품 주성분 및 배합금지 원료 이외의 화장품 원료는 사용할 수 있다.

3 화장품의 유형(13가지)은 영유아용, 목욕용, 인체 세정용, 눈 화장용, 방향용, 두발 염색용, 색조 화장용, 두발용, 손발톱용, 면도용, 기초화장용, 채취 방지용, 체모 제거용

4 화장품법 시행령 별표2 과태료의 부과기준 참조

5 화장품법 시행령 별표2 과태료의 부과기준 참조

6 맞춤형화장품 조제관리사는 화장품의 안전성 확보 및 품질관리에 관한 교육을 매년 받아야 한다(화장품법 제5조 영업자의 의무 등).

7 동의받을 때 고지 의무사항은 개인정보를 제공받는 자, 제공받는 자의 개인정보이용 목적, 개인정보의 항목, 제공받는 자의 개인정보 보유·이용기간, 동의거부 권리 및 동의 거부 시 불이익 내용이다.

8 화장품책임판매업자는 화장품의 제조과정에 사용된 원료의 목록을 화장품의 유통·판매 전에 식품의약품안전처장에게 보고하여야 한다(화장품법 제5조제4항, 생산실적 또는 수입실적, 원료목록보고).

9 주석산(타타릭애씨드)는 과일산(AHA) 성분으로 pH조절, 보습기능이 있다.

10 천연화장품은 동식물 및 그 유래 원료 등을 함유한 화장품으로서 식품의약품안전처장이 정하는 기준에 맞는 화장품이다.

11 피부를 자외선으로부터 보호하는 데에 도움을 주는 제품

12 우레아는 사용한도 성분으로 맞춤형화장품에 사용할 수 없는 원료이다.

13 첨부문서는 2차포장에 포함된다.

14 맞춤형화장품판매업자의 영업범위는 "1) 제조 또는 수입된 화장품의 내용물에 다른 화장품의 내용물이나 식품의약품안전처장이 정하여 고시하는 원료를 추가하여 혼합한 화장품을 판매하는 영업 2) 제조 또는 수입된 화장품의 내용물을 소분(小分)한 화장품을 판매하는 영업"이다.

15 신고 시, 신고서와 맞춤형화장품 조제관리사의 자격증 사본, 사업자등록증 및 법인등기부등본(법인에 한함), 건축물관리대장, 임대차계약서(임대의 경우), 판매장 세부평면도 및 상세사진(권장)이 필요하다.

16 제조업 등록 시, 화장실과 직원휴게실은 필수사항이 아니다.

17 화장품법 시행규칙에서는 조제관리사가 혼합, 소분업무에 종사하도록 요구하고 있다.

18 화장품생산실적 보고업무는 책임판매관리자가 아닌 다른 직원이 할 수 있다.

19 제품명에 원료명이 삽입된 경우에는 원료의 함량을 전성분에 기재해야 한다.

20 벤조페논-5는 변색방지제로 사용되며, 규정되어 있지 않다.

21 미생물의 생육조건인 온도, 습도와 미생물의 먹이가 되는 영양분이 미생물의 번식에 중요한 요소이다.

22 소독제는 소독대상물에 영향이 없어야 하며 넓은 범위(broad spectrum)에서 항균능이 있어야 한다(우수화장품 제조 및 품질관리기준 해설서).

23 알코올 소독제는 미생물 세포의 단백질을 경화시켜 미생물을 사멸시킨다.

24 제조순서 : 반제품(제조공정 단계에 있는 것으로서 필요한 제조공정을 더 거쳐야 벌크 제품이 되는 것) → 벌크제품 → 완제품

25 유화제형인 크림과 로션은 에멀젼을 균일한 입자로 작게 만들어주는 균질기(호모게나이저, homogenizer)가 필요하다.

26 개봉 후 안정성시험을 할 수 없는 제품은 스프레이용기 제품과 일회용 제품이다.

27 기능성화장품은 과학적 근거가 있으면 시험항목 중 일부 시험항목을 생략할 수 있다.

28 우수화장품 제조 및 품질관리기준 제4조 직원의 책임

29 방문객은 사전에 위생 및 복장규정에 대한 교육을 받은 후 제조구역으로 들어갈 수 있다.

30 화장실은 생산구역 밖에 설치해야 한다.

31 배합금지 원료(예 인태반 유래물질)를 사용한 화장품이 유통되면 그 화장품의 제조업자는 전 품목 판매(제조) 정지 3개월의 행정처분을 받게 된다(1차 위반 시).

32 액취 방지제는 의약외품임.

33 위생관리대상은 사람(작업자), 시설(제조시설 및 제조도구), 작업장(제조실, 포장실, 칭량실 등)이다.

34 위생관리 프로그램은 필요한 경우에만 실시한다.

35 세척상태의 확인은 일반적으로 육안, 스왑(swab) 혹은 거즈(guaze), 헹굼액(린스액)으로 한다.

36 세제는 필요시에만 사용하고 가급적 사용을 자제한다.

37 KS Q ISO 2859-1 : 계수형 샘플링 검사 절차-제1부 : 로트별 합격품질한계(AQL) 지표형 샘플링검사 방식

38 발주일자는 필수적인 기재사항은 아니다(우수화장품 제조 및 품질관리기준 제11조 입고관리).

39 필요 시에 미생물학적 검사를 실시한다(우수화장품 제조 및 품질관리기준 제14조 물의 품질).

40 제조일로부터 1년이 경과하지 않았거나 사용기한이 1년 이상 남아 있는 화장품은 재작업을 할 수 있다(우수화장품제조 및 품질관리기준, 제22조 폐기처리 등).

41 출고는 선입선출방식으로 하되, 타당한 사유가 있는 경우에는 그러지 아니할 수 있다(우수화장품제조 및 품질관리기준, 제19조 보관 및 출고).

42 중대한 유해사례는 사망을 초래하거나 생명을 위협하는 경우, 입원 또는 입원기간의 연장이 필요한 경우, 지속적 또는 중대한 불구나 기능저하를 초래하는 경우, 선천적 기형 또는 이상을 초래하는 경우, 기타 의학적으로 중요한 상황이다.

43 원자재, 시험 중인 제품 및 부적합품은 각각 구획된 장소에서 보관하여야 한다. 다만, 서로 혼동을 일으킬 우려가 없는 시스템에 의하여 보관되는 경우에는 그러하지 아니한다(우수화장품 제조 및 품질관리기준 제13조 보관관리).

44 우수화장품 제조 및 품질관리기준 제16조 칭량

45 천연화장품 및 유기농화장품의 작업장에서 사용할 수 있는 세척제의 원료는 알코올, 가성소다, 가성가리, 씨트릭애시드, 과초산 등이다.

46 보관기간은 사용기한+1년이다(우수화장품 제조 및 품질관리기준 제21조 검체의 채취 및 보관).

47 개봉 후 사용기간을 기재하는 경우에는 제조일로부터 3년간 보관하여야 한다(우수화장품 제조 및 품질관리기준 제21조 검체의 채취 및 보관).

48 우수화장품 제조 및 품질관리기준 제25조 불만처리

49 감사결과는 기록으로 공유되어야 한다(우수화장품 제조 및 품질관리기준 제28조 내부감사).

50 개정번호는 문서개정에서 필수사항이다(우수화장품 제조 및 품질관리기준 제29조 문서관리).

51 실온 : 1~30℃ / 상온 : 15~25℃

52 밀봉용기(㊐ 앰플) : 고체·액체·기체 이물의 침투방지 / 기밀용기(㊐ 크림용기) : 고체·액체 이물의 침투방지 / 밀폐용기(㊐ 아이섀도용기) : 고형 이물의 침투방지

53 계면활성제(surfactant)는 계면에 작용하여 계면장력을 낮추어 유상과 수상이 섞이도록 한다.

54 방충·방서는 해충과 쥐의 침입의 침입방지, 제거, 방제 등에 대한 활동이다.

55 메칠렌비스-벤조트리아졸릴테트라메칠부틸페놀액(50%), 테레프탈릴리덴디캠퍼설포닉애씨드액(33%)은 성분은 고시되어 있지만 함량은 고시되어 있지 않다(관련 고시: 기능성화장품 기준 및 시험방법, KFCC).

56 살리실릭애씨드는 일반화장품에서 0.5%(보존제), 기능성화장품에서 2%, 3%(기타성분)가 사용한도이다(화장품안전기준 등에 관한 규정 별표2).

57 영유아용 제품류 및 눈화장용 제품류의 경우 500개/g(mL) 이하, 물휴지의 경우 세균 및 진균수는 각각 100개/g(mL) 이하, 기타 화장품의 경우 1,000개/g(mL) 이하

58 붕사는 배합금지 원료가 아니며, 사용 제한 원료로 화장품에 사용할 수 있다.

59 미세플라스틱 : 5mm 크기 이하의 고체플라스틱

60 덱스판테놀은 프로비타민 B5이다.

61 벤제토늄클로라이드는 점막에 사용되는 제품에 사용할 수 없는 보존제이다.

62 어린이용, 영유아용 샴푸에는 살리실릭애씨드를 0.5%한도에서 사용할 수 있다.

63 티타늄디옥사이드와 징크옥사이드의 사용한도는 동일하게 25%이다.

64 변색방지를 목적으로 그 사용농도가 0.5% 미만인 것은 자외선 차단 제품으로 인정하지 않는다.

65 수건(타월)은 여러 작업자의 공동사용 및 수분으로 인해 미생물 오염의 우려가 있음.

66 모든 성분을 즉시 확인할 수 있도록 포장에 전화번호나 홈페이지 주소를 표시한다.

67 레이크는 타르색소를 기질에 흡착, 공침 또는 단순한 혼합이 아닌 화학적 결합에 의하여 확산시킨 색소이다.

68 적색2호, 적색102호는 영유아용 제품류 또는 만 13세 이하 어린이가 사용할 수 있음을 특정하여 표시하는 제품에 사용할 수 없다.

69 피그먼트 적색 5호는 화장비누에만 사용할 수 있다.

70 에이치시청색 15호, 에이치시적색 1호, 산성적색 52호, 염기성 청색 99호는 염모용 화장품에만 사용가능함.

71 맞춤형화장품의 사용기한은 내용물의 사용기한이다.

72 제6조(폐업 등의 신고)를 위반하여 폐업 등의 신고를 하지 아니한 자에게는 과태료 50만원이 부과된다.

73 휴업기간이 1개월 미만이거나 그 기간 동안 휴업하였다가 그 업을 재개하는 경우에는 휴업 신고를 하지 않아도 된다.

74 검출허용한도를 정한 물질은 납, 니켈, 비소, 수은, 안티몬, 카드뮴, 디옥산, 메탄올, 포름알데하이드, 프탈레이트류이다.

75 기준치를 벗어나면 6개를 더 취하여 9개의 평균 내용량이 기준치 이상이어야 한다.

76 씻어내는 제품과 물이 포함되지 않는 제품은 pH를 측정하지 않는다.

77 보존제(포타슘소르베이트, 소듐벤조에이트, 페녹시에탄올 등)는 맞춤형화장품에 사용할 수 없는 원료이다.

78 영업자의 주소는 등록필증 및 신고필증에 기재된 주소를 기재하며 반품·교환 업무를 대표하는 소재지를 기재·표시할 수도 있다.

79 하이알루로닉애씨드(hyaluronic acid)는 자기 무게의 1000배까지 수분을 흡수한다고 알려져 있으며 화장품에서 휴멕턴트로 사용된다.

80 세탁비누, 설거지비누는 화장품이 아니며, 화장비누의 단순한 매장판매는 화장품책임판매업 등록대상이 아니다. 또한 제품 상호간의 오염우려가 없으면 세탁비누, 향초를 생산할 수 있다.

81 직사광선에 의해 부작용이 나타날 수 있고, 직사광선을 피해 화장품을 보관해야 한다.

82 혼합·소분에 종사하는 자가 맞춤형화장품 조제관리사이다.

83 유리 아미노산 40.0%, 피로리돈카르본산 12.0%, 젖산염 12.0%, 요소 7.0%, 염산염 6.0%, 나트륨 6.0%, 칼륨 4.0% 등이 천연보습인자(NMF ; natural moisturizing factor)로 존재한다.

84 유해사례(AE ; Adverse Event/Adverse Experience)는 화장품의 사용 중 발생한 바람직하지 않고 의도되지 아니한 징후, 증상 또는 질병을 말하며, 당해 화장품과 반드시 인과관계를 가져야 하는 것은 아니다.

85 화장품은 인체를 청결·미화하여 매력을 더하고 용모를 밝게 변화시키거나 피부·모발의 건강을 유지 또는 증진하기 위하여 인체에 바르고 문지르거나 뿌리는 등 이와 유사한 방법으로 사용되는 물품으로서 인체에 대한 작용이 경미한 것을 말한다. 다만, 「약사법」 제2조제4호의 의약품에 해당하는 물품은 제외한다.

86 세균수(CFU/mL)={(66+58)/2×10}÷0.1=6,200
진균수(CFU/mL)={(28+24)/2×10}÷0.1=2,600
총호기성 생균수(CFU/mL)=6200+2600=8,800

세균수 혹은 진균수 = {(X1+X2+……+Xn)÷n}×d÷a Xn : 각 배지(평판)에서 검출된 집락수 n : 배지(평판)의 개수 d : 희석배수 a : 각 배지(평판)에 접종한 부피(mL)

총호기성 생균수 기준 : 영유아용 제품류 및 눈화장용 제품류 500개/g(mL) 이하, 물휴지 세균수 100개/g(mL) 이하, 진균수 100개/g(mL) 이하, 기타 화장품 1,000개/g(mL) 이하

87 일탈(deviation)이란 제조 또는 품질관리 활동 등의 미리 정하여진 기준을 벗어나 이루어진 행위를 말한다. 기준일탈(out-of-specification)이란 규정된 합격 판정 기준에 일치하지 않는 검사, 측정 또는 시험결과를 말한다.

88 내부감사란 제조 및 품질과 관련한 결과가 계획된 사항과 일치하는지의 여부와 제조 및 품질관리가 효과적으로 실행되고 목적 달성에 적합한지 여부를 결정하기 위한 회사 내 자격이 있는 직원에 의해 행해지는 체계적이고 독립적인 조사를 말한다.

89 액, 로션, 크림 및 이와 유사한 제형의 액상제품의 pH 기준은 3.0 ~ 9.0이다.

90 세척제(세제)는 접촉면에서 바람직하지 않은 오염 물질을 제거하기 위해 사용하는 화학물질 또는 이들의 혼합액, 소독제는 병원 미생물을 사멸시키기 위해 인체의 피부, 점막의 표면이나 기구, 환경의 소독을 목적으로 사용하는 화학 물질의 총칭으로, 기구 등에 부착한 균에 대해 사용하는 약제(출처 : CGMP해설서)

91 출고관리는 선입선출로 이루어져야 한다.

92 화장품 사용 시에 일어날 수 있는 오염등을 고려한 안정성 시험은 개봉 후 안정성 시험이다.

93 장기보존시험 기간: 6개월 이상 / 가속시험 기간 : 6개월 이상 / 개봉 후 안정성 시험 기간 : 6개월 이상

94 SPF가 50 이상은 SPF50+로 표시한다.

95 건조중량$(100g \times \frac{(100-20)\%}{100\%}) = 80g$)의 97% 이상이 내용량 기준이 된다.

96 밀봉용기는 일상의 취급 또는 보통의 보존상태에서 기체 또는 미생물이 침입할 염려가 없는 용기를 말한다(㉥ 앰플용기).

97 타르색소는 색소 중 콜타르, 그 중간생성물에서 유래되었거나 유기합성하여 얻은 색소 및 그 레이크, 염, 희석제와의 혼합물을 말한다.

98 영업상의 비밀은 기타성분으로 기재할 수 있다.

99 물 속에 계면활성제를 투입하면 계면활성제의 소수성(hydrophobicity, water-hating)에 의해 계면활성제가 친유부를 공기쪽으로 향하여 기체(공기)와 액체 표면(surface)에 분포하고 표면이 포화되어 더 이상 계면활성제가 표면에 있을 수 없으면 물 속에서 자체적으로 친유부(꼬리)가 물과 접촉하지 않도록 계면활성제가 회합하는데 이 회합체를 미셀(micelle)이라 한다.

100 계면활성제가 물에 녹았을 때 pH에 따라 전하가 변하는 것을 양쪽성(amphoteric) 계면활성제라 한다.

실전 모의고사 정답 및 해설

6회

[선다형]

1	2	3	4	5	6	7	8	9	10	11	12	13	14	15	16	17	18	19	20
⑤	②	②	③	④	①	④	①	④	④	①	④	②	②	④	②	④	①	②	④
21	22	23	24	25	26	27	28	29	30	31	32	33	34	35	36	37	38	39	40
④	④	②	④	①	②	②	③	②	④	③	④	①	④	①	①	②	④	②	③
41	42	43	44	45	46	47	48	49	50	51	52	53	54	55	56	57	58	59	60
③	①	④	①	③	③	①	①	①	②	④	④	④	①	②	⑤	①	②	②	①
61	62	63	64	65	66	67	68	69	70	71	72	73	74	75	76	77	78	79	80
③	②	③	④	①	③	②	②	②	②	①	①	④	①	③	③	③	④	①	①

[단답형]

81	털을 세거한 직후에는 사용하지 말 것, 해당품목 판매업무정지 15일	91	㉠ 15, ㉡ 30, ㉢ 30
82	내용물	92	벤질알코올, 페녹시에탄올
83	건성	93	㉠ 2, ㉡ 3
84	살리실릭애씨드(salicylic acid)	94	에칠헥실메톡시신나메이트, 벤조페논-3(옥시벤존)
85	10	95	클로로아트라놀, 트레티노인, 벤조일퍼옥사이드
86	1	96	3, 8, 9
87	제조연월일	97	관리번호
88	안전성	98	3
89	에멀젼	99	품질성적서
90	탑	100	10

1 화장품법 시행규칙 제8조의2 ④항(맞춤형화장품판매업자 자신이 법 제3조의4에 따른 맞춤형화장품 조제관리사 자격을 취득한 경우에는 하나의 판매업소에서 맞춤형화장품 조제관리사의 업무를 수행할 수 있다. 이 경우 해당 판매업소에는 맞춤형화장품 조제관리사를 둔 것으로 본다.)

2 이의제기는 고지를 받은 날로부터 일정기간 이내에 해야 한다.

3 의학적 효능은 광고할 수 없다.

4 화장품책임판매업 → 책임판매관리자, 맞춤형화장품판매업 → 맞춤형화장품 조제관리사

5 티타늄디옥사이드 – CI 77891 / 징크옥사이드 – CI 77947 / 베타카로틴 – CI 40800 / CI 75130 /
적색산화철 – CI 77491 / 황색산화철 – CI 77492 / 흑색산화철 – CI 77499

6 인체세정용 물휴지만 화장품이고 식품위생법, 장례법에 따른 물휴지는 화장품이 아니다.

7 비타민 A는 레티놀로 화장품에 사용할 수 있고 비타민 D2, D3, L1, L2, K1은 화장품에 사용할 수 없는 원료이다.

8 2차 포장 또는 표시만의 공정을 하는 자는 화장품 제조업 등록대상이 아니다.

9 수입대행형 거래를 목적으로 화장품을 알선·수여하려는 자는 화장품 책임판매업자로 등록해야 한다.

10 기능성화장품의 효능효과(㉵ 미백, 주름개선, 자외선차단)는 일반화장품에 표시·광고할 수 없고 모든 화장품에서 의학적 효능(㉵ 기미 완화)은 표시·광고할 수 없다.

11 변경신고 대상 : 맞춤형화장품판매업소 상호, 맞춤형화장품판매업소 소재지, 맞춤형화장품 조제관리사, 맞춤형화장품판매업자 / 변경신고 미대상 : 맞춤형화장품판매업자 상호, 맞춤형화장품판매업자 소재지

12 의학적 효능은 광고할 수 없다. 일시적 셀룰라이트 감소, 항균(인체세정용 제품에 한함)은 인체적용시험한 실증자료가 있으면 표현할 수 있다.

13 사용기간은 개봉 후 사용기간에만 적용되며 일반적으로 화장품은 사용기한을 적용한다.

14 중대한 유해사례(정보를 알게 된 날로부터 15일 이내) 또는 이와 관련하여 식품의약품안전처장이 보고를 지시한 경우와 판매중지나 회수에 준하는 외국정부의 조치 또는 이와 관련하여 식품의약품안전처장이 보고를 지시한 경우(15일 이내)에는 신속보고해야 함(화장품 유해사례 등 안전성 정보보고 해설서).

15 영유아용, 어린이용 화장품에 보존제(㉵ 포타슘소르베이트, 벤질알코올)를 사용할 경우, 보존제의 함량을 전성분에 함께 표시해야 한다.

16 파레트에 표시할 사항은 명칭 또는 확인 코드, 제조번호, 보관 조건(제품의 품질을 유지하기 위해 필요할 경우), 불출 상태(적합, 부적합, 검사 중)

17 판매일자, 판매량, 사용기한 또는 개봉 후 사용기간, 제조번호를 판매내역으로 관리해야 한다.

18 용기는 오염여부를 확인하고 사용하며, 용기의 소독은 실시하지 않는다.

19 맞춤형화장품 사용과 관련된 부작용 발생사례에 대해서는 식품의약품안전처장이 정하여 고시하는 바에 따라 식품의약품안전처장에게 보고한다.

20 맞춤형화장품의 사용기한은 내용물의 사용기한이며, 내용물을 2가지 이상 혼합하였을 경우에는 가장 빠른 사용기한을 맞춤형화장품의 사용기한으로 정한다.

21 마약류의 중독자, 정신질환자는 화장품 제조업자만을 등록할 수 없고 화장품 책임판매업의 등록과 맞춤형화장품판매업의 신고는 할 수 있다.

22 맞춤형화장품 판매 시 해당 맞춤형화장품의 혼합 또는 소분에 사용되는 내용물 및 원료, 사용 시의 주의사항에 대하여 소비자에게 설명해야 한다.

23 동의 받을 때 고지 의무사항은 개인정보를 제공받는 자, 제공받는 자의 개인정보이용 목적, 개인정보의 항목, 제공받는 자의 개인정보 보유·이용기간, 동의거부 권리 및 동의 거부 시 불이익 내용이다.

24 탈모증상 완화에 도움을 주는 성분은 덱스판테놀, 엘-멘톨, 징크피리치온, 징크피리치온액(50%), 비오틴이다.

25 제품별 안전성 자료는 사용기한 만료일로부터 1년간 보관한다.

26 가등급 위해성 화장품은 화장품에 사용할 수 없는 원료를 사용한 화장품, 사용한도가 정해진 원료를 사용한도 이상으로 포함한 화장품이다.

27 나등급 위해성에서 유통화장품 안전관리 기준 중 내용량 기준에 관한 것은 제외한다.

28 개별포장당 메틸살리실레이트를 5% 이상 함유하는 액체상태의 제품은 안전용기·포장대상 품목이다.

29 리퀴드 파운데이션 병은 1차 포장이며, 1차 포장에는 화장품의 명칭, 영업자의 상호, 제조번호, 사용기한 또는 개봉 후 사용기간을 반드시 표시해야 한다. 내용물의 용량 또는 중량은 화장품의 1차 혹은 2차 포장에 할 수 있다.

30 내용량이 10밀리리터 초과 50밀리리터 이하 또는 중량이 10그램 초과 50그램 이하 화장품의 포장에는 전성분의 기재·표시를 생략할 수 있다. 단, 타르색소, 금박, 샴푸와 린스에 들어 있는 인산염의 종류, 과일산(AHA), 기능성화장품의 경우 그 효능·효과가 나타나게 하는 원료, 식품의약품안전처장이 사용한도를 고시한 화장품의 원료는 생략할 수 없다.

31 품질검사는 제조번호별로 각각 실시한다.

32 메이크업용 제품, 눈화장용 제품, 염모용 제품 및 매니큐어용 제품에서 홋수별로 착색제가 다르게 사용된 경우 「± 또는 +/-」의 표시 뒤에 사용된 모든 착색제 성분을 공동으로 기재할 수 있다.

33 안정성 시험을 통해 사용기한, 개봉 후 사용기간을 설정한다.

34 고양이의 배설물, 고양이털 등에 의한 원자재, 제품의 오염우려가 있어서 화장품 제조소에서 동물을 사육하는 것은 적당하지 않다.

35 방문객은 화장품 제조, 관리, 보관구역으로 출입하기 전에 직원용 안전대책, 작업위생규칙, 작업복 등의 착용, 손 씻는 절차 등에 대하여 교육을 받아야 한다.

36 신고 시 제출서류 : 사업자등록증, 법인등기부등본(법인에 한함), 맞춤형화장품 조제관리사 자격증, 건축물 관리대장(1종·제2종 근린생활시설, 판매시설, 업무시설에 해당되어야 함), 혼합·소분 장소·시설 등을 확인할 수 있는 세부평면도 및 상세사진(사진은 권장 사항)

37 화장품책임판매관리자 및 맞춤형화장품 조제관리사의 최초교육을 집합교육으로 실시하는 내용이 삭제되어(2022년 1월), 최초교육을 집합교육 혹은 비대면교육으로 진행할 수 있다. 한국보건산업진흥원은 교육실시기관 자격을 반납하여 교육실시기관이 아님(2022년 1월부터).

38 소듐벤조에이트는 보존제이다.

39 교정주기 ㉮ 저울 - 1년, 분동 - 2년, 온습도계 - 1년, 차압계 - 1년, 정제수 플로우미터(flowmeter) - 1년, 마이크로피펫(micropipette) - 1년

40 원료검체라벨에는 원료명, 검체채취일, 검체채취자, 검체량, 원료제조번호, 원료보관조건, 원료제조처가 표시된다.

41 포장재 관리 사항: 중요도 분류, 공급자 결정, 발주/입고/식별·표시/합격·불합격/판정/보관/불출, 보관 환경 설정, 사용기한 설정, 정기적 재고관리

42 라놀린(lanolin), 비즈왁스(beeswax), 밍크오일(mink oil), 에뮤오일(emu oil)은 동물성 원료이다.

43 고시된 성분은 치오글리콜산 80% 미만이다.

44 화장품법 제5조의2(위해화장품의 회수)에 따른 유통화장품 안전관리 기준(내용량의 기준에 관한 부분은 제외한다)에 적합하지 아니한 화장품은 회수대상이다.

45 맞춤형화장품판매업자는 맞춤형화장품 사용과 관련된 부작용 발생사례에 대해서는 지체 없이 식품의약품안전처장에게 보고하고 해당 화장품이 회수대상이면 회수하거나 회수하는 데에 필요한 조치를 하여야 한다. 화장품법 제5조에서 영업자를 화장품책임판매업자, 화장품제조업자, 맞춤형화장품판매업자로 정의하고 있고 제5조의2(위해화장품의 회수)에서 영업자가 회수를 하도록 규정하고 있어 맞춤형화장품의 회수는 맞춤형화장품판매업자가 해야 한다.

46 화장품의 명칭, 화장품책임판매업자의 상호, 가격(견본품이나 비매품 표시), 제조번호, 사용기한 또는 개봉 후 사용기간(개봉 후 사용기간을 기재할 경우에는 제조연월일을 병행 표기하여야 한다.)만을 견본품에 표시할 수 있다(화장품법 시행규칙 제19조 화장품 포장의 기재·표시 등).

47 성분명을 제품 명칭의 일부로 사용한 경우에는 그 성분명과 함량을 기재·표시하여야 한다. 단, 방향용 제품은 제외한다. 의약외품에서 기능성화장품으로 전환된 품목(탈모증상 완화, 여드름성 피부완화, 튼살의 붉은 선을 엷게하는데 도움)에는 "질병의 예방 및 치료를 위한 의약품이 아님"문구를 기능성화장품 바로 밑에 기재·표시해야 한다.

48 외래자출입기록에 소속, 성명, 출입시간, 방문목적, 방문부서, 자사 동행자를 기록한다.

49 KS Q ISO 2859-1 계수형 샘플링 검사가 일반적으로 검체채취 기준으로 사용된다.

50 인체 및 두발 세정용 제품류는 15% 이하, 그 밖의 화장품류는 10% 이하(단, 향수제외)

51 내용량 150mL 이상은 메스실린더(mass cylinder, 눈금실린더)로 내용량을 측정한다.

52 내용량이 길이로 표시된 제품은 이를 측정하고 연필류는 연필심지에 대하여 그 지름과 길이를 측정한다.

53 회전증발기(evaporator)는 식물추출물 등을 농축할 때 사용한다.

54 전성분 정보를 즉시 제공할 수 있는 전화번호 또는 홈페이지 주소를 대신 표시하거나, 전성분 정보를 기재한 책자 등을 매장에 비치한 경우에는 내용량이 50g 또는 50mL 이하인 제품은 전성분 표시를 생략할 수 있다.

55 검체 : 정제수 = 1 : 15이다.

56 보존력시험결과는 7일 이내에 세균은 99.9% 이상 사멸, 진균은 90% 이상 사멸하는지 여부와 14 ~ 28일에 미생물생장이 나타나지 않는지 여부를 기분으로 평가한다.

57 로션제란 유화제 등을 넣어 유성성분과 수성성분을 균질화하여 점액상으로 만든 것을 말한다.

58 밀봉(예 주사제앰플) : 고체·액체·기체 침투불가 / 기밀용기(예 크림용기) : 고체·액체 침투불가 /
밀폐용기(예 카톤, 단상자) : 고체 침투불가

59 "밀폐된 실내에서 사용한 후에는 반드시 환기를 할 것"은 에어로졸 제품에 대한 개별 사용할 때의 주의사항이다.

60 외국과의 기술제휴를 하지 않고 외국과의 기술제휴 등을 표현하는 표시·광고를 하지 말아야 한다. 단 외국과의 기술제휴가 있으면 그 내용을 표시·광고할 수 있다.

61 자연재해로 인한 재산의 현저한 손실, 사업의 중대한 위기, 자금 사정의 현저한 어려움 및 식품의약품안전처장이 인정하는 경우에는 과징금의 분할납부 및 납부연기를 신청할 수 있다.

62 "식품의약품안전처장이 고시한 화장품의 제조 등에 사용할 수 없는 원료를 사용한 화장품"은 전품목 제조 또는 판매업무 정지 3개월이다.

63 실제 내용량이 표시된 내용량의 90% 이상 97% 미만인 화장품은 1차 위반 시, 시정명령의 대상이며, 기능성화장품 주원료의 함량이 기준치보다 10% 미만 부족한 경우는 해당 품목 제조 또는 판매업무 정지 15일이다. 기능성화장품 주원료의 함량이 기준치보다 10% 이상 부족한 경우는 해당 품목 제조 또는 판매업무 정지 1개월이다.

64 병원미생물에 오염된 화장품을 판매한 경우는 해당 품목 제조 또는 판매업무 정지 3개월이다.

65 교정이란 규정된 조건 하에서 측정기기나 측정 시스템에 의해 표시되는 값과 표준기기의 참값을 비교하여 이들의 오차가 허용범위 내에 있음을 확인하고, 허용범위를 벗어나는 경우 허용범위 내에 들도록 조정하는 것을 말한다.

66 시설 및 기구에 사용되는 소모품은 제품의 품질에 영향을 주지 않도록 해야 한다.

67 공정관리실은 제조, 포장 시에 실시하는 공정검사가 이루어지는 실로 점검대상과는 거리가 멀다.

68 입고 시, 구매요구서, 시험기록서, 현품, 거래명세서, 승인된 공급업체 유무를 확인한다.

69 맞춤형화장품 조제에 원심교반기, 균질화기(homogenizer), 아지믹서(agi-mixer)가 사용될 수 있다.

70 단위제품 포장횟수는 2회 이내이어야 하며, 단위제품(단품)의 2차 포장인 카톤(단상자)의 외부를 수분 및 이물의 침투를 방지하기 위하여 비닐 포장을 하는데 이는 포장횟수에 포함되지 않으며, 화장품을 담는 파우치, 케이스는 포장횟수에 포함된다(제품의 재질, 포장방법에 관한 기준 등에 관한 규칙).

71 스티키 매트는 작업자의 신발에 붙은 이물을 제거하는데 사용되는 바닥에 붙이는 필름재질의 바닥재이다.

72 물휴지의 경우 세균 및 진균수는 각각 100개/g(mL) 이하

73 내용량 기준은 3개 검체의 평균량이 표시량의 97% 이상이다.

74 1/(1+9)×30/100×100% = 3.0%

75 물을 포함하지 않는 제품은 pH를 측정하지 않는다.

76 천수국꽃 추출물 또는 오일은 배합금지 원료이다.

77 정제수는 상수를 증류하거나 이온교환수지를 통하여 정제한 물이다.

78 화장품에 사용할 수 없는 원료를 사용한 화장품과 사용한도가 정해진 원료를 사용한도 이상으로 포함한 화장품은 가등급 위해성 화장품이다.

79 라이코펜(CI 75125)은 토마토 과실 추출, 비티그(Wittig) 반응, Blakeslea trispora에서 추출 등에 의해 만들어지는 색소이다.

80 맞춤형화장품에는 기재·표시가 제외되는 것: 바코드, 수입화장품인 경우에는 제조국의 명칭, 제조회사명 및 그 소재지

81 체취 방지용 제품(㉠ 데오도런트)은 "털을 제거한 직후에는 사용하지 말 것"이라는 추가적인 사용시의 주의사항을 기재해야 하며, 이 기재사항을 누락했을 때는 기재사항의 일부를 기재하지 않은 경우로 1차 위반 시, 해당품목 판매업무정지 15일이다.

82 맞춤형화장품 : 1) 제조 또는 수입된 화장품의 내용물에 다른 화장품의 내용물이나 식품의약품안전처장이 정하는 원료를 추가하여 혼합한 화장품, 2) 제조 또는 수입된 화장품의 내용물을 소분(小分)한 화장품

83 건성(dry)타입 피부 : 피지와 땀의 분비가 적어서 피부표면이 건조하고 윤기가 없으며 피부 노화에 따라 피지와 땀의 분비량이 감소하여 더 건조해지는 피부이다. 또한 잔주름이 생기기 쉬운 피부로 피부의 수분량이 부족하다.

84 살리실릭애씨드(salicylic acid)는 백색의 결정성 가루로 냄새는 없고 에탄올에 가용이다.

85 내용량이 10밀리리터 이하 또는 10그램 이하인 화장품의 포장에는 기재·표시를 일부 생략할 수 있다.

86 10% 이하로 사용된 성분, 착향제 또는 착색제는 순서에 상관없이 기재·표시할 수 있다.

87 개봉 후 사용기간을 표시하면 제조 연월일을 함께 표시해야 한다.

88 혼합·소분에 사용되는 내용물 또는 원료의 사용기한 또는 개봉 후 사용기간을 초과하여 맞춤형화장품의 사용기한 또는 개봉 후 사용기간을 정하지 말아야 한다. 다만 과학적 근거를 통하여 맞춤형화장품의 안정성이 확보되는 사용기한 또는 개봉 후 사용기간을 설정한 경우에는 예외로 한다.

89 에멀젼은 서로 섞이지 않는 두 액체 중에서 한 액체(분산상)가 미세한 입자 형태로 다른 액체(연속상, 외상)에 부산되어 있는 것이다.

90 지속력 – 탑노트(15 ~ 25%) : 5 ~ 10분, 미들노트(30 ~ 40%) : 10분 ~ 3시간(40 ~ 55%), 베이스노트 : 3시간 이상

91 회수기한 : 가등급 위해성 – 15일 이내, 나등급 위해성 – 30일 이내, 다등급 위해성 – 30일 이내

92 보존제인 벤질알코올(1.0%이하), 페녹시에탄올(1.0%이하)은 사용한도가 정해져 있다.

93 인체세정용 제품류에 살리실릭애씨드로서 2%, 사용 후 씻어내는 두발용 제품류에 살리실릭애씨드로서 3%이다.

94 에칠헥실메톡시신나메이트(사용한도 7.5%), 벤조페논-3(옥시벤존)(사용한도 5%)는 자외선 차단성분이다.

95 의약품 원료인 트레티노인, 벤조일퍼옥사이드과 클로로아트라놀은 화장품 배합금지 원료이다.

96 방충방서에 대한 대책으로 가능한 창문을 만들지 않고, 분진을 발생할 수 있는 골판지, 나무 부스러기는 방치 않고, 실내압을 외부(실외)보다 높게 한다.

97 원자재 용기에 제조번호가 없는 경우에는 관리번호를 부여하여 보관하여야 한다.

98 CGMP적합업소 판정의 유효기간은 3년이며, 3년마다 실태조사 후에 판정이 갱신된다.

99 맞춤형화장품판매업자는 혼합·소분 전에 혼합·소분에 사용되는 내용물 또는 원료에 대한 품질성적서를 확인한다.

100 산가측정법 : 산가는 검체 1g을 중화하는데 필요한 수산화칼륨(KOH)의 ㎎수 → 100mg KOH/10g = 10mg KOH/g

실전 모의고사 정답 및 해설

[선다형]

1	2	3	4	5	6	7	8	9	10	11	12	13	14	15	16	17	18	19	20
④	④	④	②	③	④	①	①	③	④	③	①	①	④	②	④	②	②	①	④
21	22	23	24	25	26	27	28	29	30	31	32	33	34	35	36	37	38	39	40
④	④	③	①	①	④	②	①	③	④	①	⑤	④	⑤	①	⑤	①	④	③	③
41	42	43	44	45	46	47	48	49	50	51	52	53	54	55	56	57	58	59	60
④	⑤	⑤	④	①	①	①	④	④	⑤	①	②	④	②	⑤	②	⑤	①	①	⑤
61	62	63	64	65	66	67	68	69	70	71	72	73	74	75	76	77	78	79	80
③	⑤	②	②	①	④	②	①	①	④	②	③	③	⑤	③	①	⑤	①	③	②

[단답형]

81	1600, 부적합	91	2023년 2월 2일
82	50	92	비누화 반응(saponification)
83	안전용기·포장	93	알레르기(알러지)
84	1.1	94	제조단위
85	벌크	95	사용기준
86	동물대체시험법	96	물리적
87	사용기한	97	시스틴(cystine)
88	징크옥사이드(Zinc oxide)	98	소듐하이알루로네이트(sodium hyaluronate)
89	1, 3, 4	99	대장균, 녹농균, 황색포도상구균
90	㉠, ㉡	100	최소 홍반량(MED ; Minimum Erythema Dose)

1 책임판매관리자는 안전확보 조치계획을 화장품책임판매업자에게 문서로 보고한 후 그 사본을 보관해야 한다.

2 식별번호 : 맞춤형화장품의 혼합·소분에 사용되는 내용물 또는 원료의 제조번호와 혼합·소분기록을 추적할 수 있도록 맞춤형화장품판매업자가 숫자·문자·기호 또는 이들의 특징적인 조합으로 부여한 번호

3 비교 대상 및 기준을 밝히면 객관적인 사실을 경쟁상품과 비교하는 표시 광고를 할 수 있다.

4 클렌징 워터, 클렌징 오일, 클렌징 로션, 클렌징 크림, 클렌징 티슈 등 메이크업을 지우는데 사용되는 화장품은 기초화장용 제품류에 해당된다.

5 소비자의 피부상태나 선호도 등을 확인하지 아니하고 맞춤형화장품을 미리 혼합·소분하여 보관하거나 판매하지 말아야 한다.

6 화장품 바코드 표시 및 관리요령(식품의약품안전처 고시)에 따르면 화장품바코드 표시는 국내에서 화장품을 유통·판매하고자 하는 화장품책임판매업자가 한다.

7 카톤(단상자) 인쇄상태 확인은 포장공정에서 실시하는 공정검사이다.

8 유기농화장품은 계산하였을 때 중량 기준으로 유기농 함량이 전체 제품에서 10% 이상이어야 하며, 유기농 함량을 포함한 천연 함량이 전체 제품에서 95% 이상으로 구성되어야 한다.

9 에탄올은 무색의 휘발성이 있는 맑은 액으로 특이한 냄새 및 쏘는 듯한 맛이 있다.

10 소비자 피부진단 데이터 등을 활용하여 연구·개발 등 목적으로 사용하고자 하는 경우, 소비자에게 별도의 사전 안내 및 동의를 받아야 함.

11 맞춤형화장품 판매업자의 원료의 목록 미보고는 50만원 과태료가 부과된다.

12 법 제3조의7(유사명칭의 사용금지)을 위반하여 맞춤형화장품조제관리사 또는 이와 유사한 명칭을 사용한 경우에는 100만원 과태료가 부과된다.

13 무기안료는 유기 안료에 비하여 안정하지만, 색상이 다양하지 않고 선명하지 않으며, 무기물이어서 녹지 않는다.

14 양털에서 추출한 라놀린은 여드름 유발 물질로 알려져 있다.

15 pH 측정기는 화장품의 물성을 시험하는 품질관리용 설비이며, 아지믹서, 균질화기, 원심분리기, 진탕기는 혼합할 때 사용할 수 있다. 단 원심분리기는 저속도에서만 가능하며 고속에서는 내용물이 분리될 수 있다.

16 HLB값 범위는 1~20이며, 가용화제는 HLB값이 크다(15~18).

17 식물성 오일은 화학적으로 트리글리세라이드(triglyceride) 구조를 가지며, 유지로 분류된다.

18 모발에는 수소 결합, 염 결합, 디설파이드 결합, 펩티드 결합이 존재한다.

19 가용화 제형은 미셀의 입자가 작아서 반투명 혹은 투명하다.

20 필라그린은 표피의 각질층에 존재한다.

21 향은 시대유행에 맞는 향이 사용되는 것이 일반적이다.

22 피부 속으로 들어갈수록 pH는 7에 가깝다.

23 진피에 탄력섬유(elastin), 교원섬유(collagen), 히아루론산(hyaluronic acid), 혈관, 피지선(sebaceous gland), 섬유아세포(fibroblast)가 존재한다.

24 피부의 기능은 보호, 각화, 분비, 해독, 면역, 감각전달, 비타민 D 합성, 체온조절, 호흡이다.

25 비중측정법 : $d_{t}^{t'}$라 함은 검체와 물과의 각각 t'℃ 및 t℃에 있어서 같은 체적의 중량비

26 의약품 효과(㉦ 피부질환 완화)는 화장품에서 요구되지 않는다.

27 티타늄디옥사이드와 징크옥사이드는 백색안료, 자외선차단성분, 불투명화(커버력, opacity)제로 사용된다. 티타늄디옥사이드의 불투명화도, 백색안료도가 징크옥사이드보다 크다.

28 문서를 이용하여 지시와 보고해야 한다(화장품법 시행규칙 별표2, 책임판매 후 안전관리기준).

29 표피의 기저층에 존재하는 색소형성세포(melanocyte)에서 멜라닌이 생성된다.

30 맞춤형화장품의 사용기한 또는 개봉 후 사용기간은 맞춤형화장품의 혼합 또는 소분에 사용되는 내용물의 사용기한 또는 개봉 후 사용기간을 초과할 수 없다.

31 탈모 증상의 완화에 도움을 주는 성분은 덱스판테놀, 비오틴, 엘-멘톨, 징크피리치온, 징크피리치온액(50%)이 있으며, 무색의 결정으로 특이하고 상쾌한 냄새가 있고 맛은 쏘는 듯하고 시원한 것은 엘-멘톨이다.

32 탄소수 12개 : 라우릴 / 탄소수 14개 : 미리스틸 / 탄소수 16개 : 세틸 / 탄소수 18개 : 스테아릴 / 탄소수 22개 : 베헤닐

33 불포화 지방산은 삼중결합을 가지고 있지 않다.

34 1-아미노-2-니트로-4-(2',3'-디하이드록시프로필)아미노-5-클로로벤젠과 1,4-비스-(2',3'-디하이드록시프로필)아미노-2-니트로-5-클로로벤젠 및 그 염류(㉦ 에이치시 적색 No. 10와 에이치시 적색 No. 11) : 산화염모제에서 용법·용량에 따른 혼합물의 염모성분으로서 1.0 % 이하, 비산화염모제에서 용법·용량에 따른 혼합물의 염모성분으로서 2.0 % 이하로 사용가능하며 이외의 경우는 사용금지이다.

35 낙하균 혹은 부유균은 청정도 1등급과 2등급 지역의 관리기준이 될 수 있다.

36 세균 3개 균주 : Escherichia coli, Pseudomonas aeruginosa, Staphylococcus aureus/진균 2개 균주 : dida albicans, Aspergillus brasiliensis/세균 : 대두카제인소화액체배지 또는 대두카제인소화한천배지, 30 ~ 35°C, 18 ~ 24시간 이상 배양/진균(효모) : 사부로포도당액체배지 또는 사부로포도당한천배지에서 20 ~ 25℃, 48시간 이상 배양/진균(곰팡이) : 사부로포도당액체배지 또는 감자덱스트로오스한천배지, 20 ~ 25℃, 5 ~ 7일 이상 배양/검체 내 보존제 등 미생물발육저지물질을 중화시키거나 제거하여 실험의 정확도를 향상시키기 위해, 검체에 희석액, 용매, 중화제 등을 첨가하여 검체를 충분히 분산/시험법 적합성 시험에서 배양 후 시험군에서 회수한 균수가 양성 대조군에서 회수한 균수의 50% 이상일 경우, 시험법이 적절하다고 판정

37 밀납은 벌집에서 추출한 동물성 왁스이다.

38 고형화 제형에서 색소의 분산을 돕고 소량 존재할 수 있는 수분을 잡아주기 위하여 계면활성제가 소량 사용된다.

39 비누화 반응 시에 알칼리로 가성소다(NaOH)를 사용하면 단단한 비누를 얻는다.

40 콜로니 카운터(colony counter)는 배지에서 자라난 미생물의 수를 셀 때 사용한다.

41 천연피지막은 6~18시간 사이에 회복된다.

42 판매가격을 표시하는 대신에 견본품, 비매품, 증정용으로 표시할 수 있다.

43 화장품의 포장 및 기재·표시 사항을 훼손(맞춤형화장품 판매를 위하여 필요한 경우는 제외한다) 또는 위조·변조한 것은 다등급 위해성 화장품이며, 맞춤형화장품은 판매를 위하여 화장품의 포장 및 기재·표시 사항을 훼손할 수 있다.

44 보존제인 벤질알코올과 페녹시에탄올의 사용한도는 1.0%이다.

45 제4조(안전성 정보의 보고) ① 의사·약사·간호사·판매자·소비자 또는 관련단체 등의 장은 화장품의 사용 중 발생하였거나 알게 된 유해사례 등 안전성 정보에 대하여 별지 제1호 서식 또는 별지 제2호 서식을 참조하여 식품의약품안전처장, 화장품책임판매업자 또는 맞춤형화장품판매업자에게 보고할 수 있다.

46 납 : 점토를 원료로 사용한 분말제품은 50㎍/g(ppm) 이하 / 그 밖의 제품은 20㎍/g 이하

47 에스텔(ester)류는 메칠(methyl), 에칠(ethyl), 프로필(propyl), 이소프로필(isopropyl), 부틸(butyl), 이소부틸(isobutyl), 페닐(phenyl)이다.

48 염류 : 양이온염으로 소듐, 포타슘, 칼슘, 마그네슘, 암모늄 및 에탄올아민, 음이온염으로 클로라이드, 브로마이드, 설페이트, 아세테이트

49 제품별 안전성 자료로 제품 및 제조방법에 대한 설명자료, 화장품의 안전성 평가자료, 제품의 효능·효과에 대한 증명자료를 작성해서 보관해야 한다.

50 안전성 자료로 제조관리기준서 사본, 제품표준서 사본, 수입관리기록서 사본(수입품에 한함), 제품 안전성 평가 결과, 사용 후 이상사례 정보의 수집·검토·평가 및 조치 관련 자료, 제품의 효능·효과에 대한 증명자료가 요구된다.

51 화장품 위해 평가단계 : 위험성 확인 – 위험성 결정 – 노출평가 – 위해도 결정

52 1차 포장은 화장품 제조 시 내용물과 직접 접촉하는 포장용기이며, 2차 포장은 1차 포장을 수용하는 1개 또는 그 이상의 포장과 보호재 및 표시의 목적으로 한 포장(첨부문서 등을 포함)이다.

53 기능성화장품은 식품의약품안전평가원으로부터 심사를 받거나 식품의약품안전평가원에 보고를 해야 제조할 수 있다.

54 반제품 : 제조공정단계에 있는 것으로서 필요한 제조공정을 더 거쳐야 벌크 제품이 되는 것 / 벌크 제품 : 충전(1차 포장) 이전의 제조 단계까지 끝낸 제품 / 완제품 : 출하를 위해 제품의 포장 및 첨부문서에 표시공정 등을 포함한 모든 제조공정이 완료된 화장품

55 AHA를 0.5% 초과해서 포함한 화장품은 "햇빛에 대한 피부의 감수성을 증가시킬 수 있으므로 자외선 차단제를 함께 사용할 것"이라는 사용할 때의 주의사항을 추가해야 하며 씻어내는 제품 및 두발용 제품은 제외한다.

56 색소 : 화장품이나 피부에 색을 띠게 하는 것을 주요 목적으로 하는 성분 / 타르색소 : 색소 중 콜타르, 그 중간생성물에서 유래되었거나 유기합성하여 얻은 색소 및 그 레이크, 염, 희석제와의 혼합물 / 순색소 : 중간체, 희석제, 기질 등을 포함하지 아니한 순수한 색소, 레이크(lake)라 함은 타르색소를 기질에 흡착, 공침 또는 단순한 혼합이 아닌 화학적 결합에 의하여 확산시킨 색소를 말함 / 희석제 : 색소를 용이하게 사용하기 위하여 혼합되는 성분임 / 기질 : 레이크 제조 시 순색소를 확산시키는 목적으로 사용되는 물질을 말하며 알루미나, 브랭크휙스, 크레이, 이산화티탄, 산화아연, 탤크, 로진, 벤조산알루미늄, 탄산칼슘 등의 단일 또는 혼합물을 사용함

57 안전성, 유효성 또는 기능을 입증하는 자료(안유심사를 위해 제출하는 자료) : 기원 및 개발경위에 관한 자료, 안전성에 관한 자료, 유효성 또는 기능에 관한 자료, 자외선차단지수(SPF), 내수성자외선차단지수(SPF, 내수성 또는 지속내수성) 및 자외선A차단등급(PA) 설정의 근거자료

58 기준 및 시험방법에 관한 자료를 제출할 때 기능성화장품의 검체도 함께 제출해야 심사담당자가 기능성화장품의 시험항목인 성상을 확인할 수 있다.

59 안전성에 관한 자료는 단회투여독성시험자료, 1차 피부자극시험자료, 안점막자극 또는 기타 점막자극시험자료, 피부감작성시험자료, 광독성 및 광감작성 시험자료, 인체첩포시험자료, 인체누적첩포시험자료이다.

60 자외선차단지수(SPF) 10 이하 제품의 경우에는 제4조제1호라목의 자료(자외선차단지수 설정의 근거자료) 제출을 면제한다.

61 생체외 시험(In Vitro시험) : 실험실의 배양접시 등 인위적 환경에서 시험물질과 대조물질을 처리한 다음 그 결과를 측정하는 시험이다. In vitro 시험은 일반적으로 이런 방식으로 가장 잘 입증될 수 있는 성분이나 완제품에 의해 나타날 수 있는 효능을 강조하기 위해 실시된다. 이 시험은 비교가 가능하며, 그 결과는 정량화할 수 있다. In vitro 시험은 제품 개발 중의 스크리닝 방법으로, 또는 성분이 작용기전을 설명하는데 사용될 수 있다.

62 유통화장품 안전관리 기준에서 규정하고 있는 화장비누의 유리알칼리 시험기준은 0.1% 이하이다.

63 땀의 구성성분은 물, 소금(salt), 우레아(요소, urea), 암모니아(ammonium), 아미노산(amino acid), 단백질(proteins), 젖산(lactic acid), 크레아틴(creatine) 등이다.

64 외음부 세정제, 손·발의 피부연화 제품, 산화염모제·비산화염모제, 탈염·탈색제는 프로필렌 글리콜(Propylene glycol)을 함유하고 있으면 이 성분과 관련하여 주의사항 문구를 기재·표시해야 한다.

65 화장품법 시행규칙 별표4에서 규정하고 있는 화장품 제조에 사용된 성분을 표시할 때, 화장품 제조에 사용된 함량이 많은 것부터 기재·표시한다. 다만, 1% 이하로 사용된 성분, 착향제 또는 착색제는 순서에 상관없이 기재·표시할 수 있다.

66 1차 포장 필수 기재항목은 화장품의 명칭, 영업자의 상호, 제조번호, 사용기한 또는 개봉 후 사용기간(제조 연월일 병행 표기)이며, 내용물과 접촉하는 샴푸 용기가 1차 포장에 해당된다.

67 지질은 세라마이드 약 40%, 콜레스테롤 약 25%, 유리지방산 약 25%, 콜레스테롤 설페이트 약 10%, 소량의 트리글리세라이드 등으로 구성되어 있다.

68 $\text{자외선차단지수(SPF)} = \dfrac{\text{제품 도포부위의 최소홍반량 MEDp}}{\text{제품 무도포부위의 최소홍반량 MEDu}}$

69 최소 홍반량 (MED ; Minimum Erythema Dose)은 UVB를 사람의 피부에 조사한 후 16~24시간의 범위내에, 조사영역의 전 영역에 홍반을 나타낼 수 있는 최소한의 자외선 조사량을 말한다.

70 피부의 미백에 도움을 주는 성분 : 닥나무추출물, 알부틴, 에칠아스코빌에텔, 유용성감초추출물, 아스코빌글루코사이드, 마그네슘아스코빌포스페이트, 나이아신아마이드, 알파-비사보롤, 아스코빌테트라이소팔미테이트

71 밀폐용기 : 일상의 취급 또는 보통 보존상태에서 외부로부터 고형의 이물이 들어가는 것을 방지하고 고형의 내용물이 손실되지 않도록 보호할 수 있는 용기 / 기밀용기 : 일상의 취급 또는 보통 보존상태에서 액상 또는 고형의 이물 또는 수분이 침입하지 않고 내용물을 손실, 풍화, 조해 또는 증발로부터 보호할 수 있는 용기 / 밀봉용기 : 일상의 취급 또는 보통의 보존상태에서 기체 또는 미생물이 침입할 염려가 없는 용기 / 차광용기 : 광선의 투과를 방지하는 용기 또는 투과를 방지하는 포장을 한 용기

72 실마리 정보(Signal)는 유해사례와 화장품 간의 인과관계 가능성이 있다고 보고된 정보로서 그 인과관계가 알려지지 아니하거나 입증자료가 불충분한 것을 말한다.

73 메틸살리실레이트를 5% 이상 함유하는 액체 상태의 화장품은 안전용기를 사용해야 하며, 사용한도가 정해진 보존제인 페녹시에탄올은 맞춤형화장품에서 사용할 수 없다.

74 보존제인 페녹시에탄올과 벤질알코올의 사용한도는 1.0%이다.

75 멜라닌형성세포(melanocyte)는 표피의 기저층에 존재한다.

76 알에이치(또는 에스에이치) 올리고펩타이드-1(상피세포성장인자)의 사용한도는 0.001%이다.

77 소르빅애씨드(헥사-2,4-디에노익 애씨드) 및 그 염류(㉔ 포타슘소르베이트)의 사용한도 : 0.6%

78 착색안료는 색조화장품류에서 색상을 나타내는 안료로 산화철, 울트라마린 블루, 크롬옥사이드 그린, 망가네즈 바이올렛, 레이크류, 베타카로틴, 카민, 카라멜, 커규민 등이 해당되며, 백색안료는 티타늄디옥사이드와 징크옥사이드이다.

79 향지속력이 큰 순서 : 퍼퓸 〉 오데퍼퓸 〉 오데투알렛 〉 오데코롱 〉 샤워코롱

80 기미는 피부가 햇볕에 노출되는 부분에 발생하고, 임신이나 경구피임약과 관련성이 높다고 알려져 있다.

81 세균수(CFU/mL)=$\{(8+12)/2\}\times100\div1=1{,}000$
진균수(CFU/mL)=$\{(5+7)/2\}\times100\div1=600$
총호기성 생균수(CFU/mL)=$1000+600=1{,}600$

> 세균수 혹은 진균수 = $\{(X1+X2+.....+Xn)\div n\}\times d\div a$
> Xn: 각 배지(평판)에서 검출된 집락수
> n : 배지(평판)의 개수
> d : 희석배수
> a : 각 배지(평판)에 접종한 부피(mL)

총호기성 생균수 기준 : 영유아용 제품류 및 눈화장용 제품류 500개/g(mL) 이하, 물휴지 세균수 100개/g(mL) 이하, 진균수 100개/g(mL) 이하, 기타 화장품 1,000개/g(mL) 이하

82 자외선차단지수(SPF)는 측정결과에 근거하여 평균값(소수점이하 절사)으로부터 -20%이하 범위내 정수(㉔ SPF평균값이 '23'일 경우 19 ~ 23 범위정수)로 표시하되, SPF 50이상은 "SPF50+"로 표시한다. $34.5\times0.8=27.6 \rightarrow 28$, 28 ~ 34.5 범위 내에 있는 정수값을 선택하여 SPF를 표시할 수 있다.

83 안전용기·포장 대상 제품은 어린이용 오일 등 개별포장 당 탄화수소류를 10% 이상 함유하는 제품, 아세톤을 함유하는 네일 에나멜 리무버 및 네일 폴리시 리무버, 개별포장당 메틸살리실레이트를 5% 이상 함유하는 액체상태의 제품이다.

84 비중은 검체와 물과의 같은 체적의 중량비 → 비중컵의 부피가 같으므로 비중은 220g/200g=1.1이다.

85 벌크제품은 충전(1차 포장) 이전의 제조 단계까지 끝낸 제품이다.

86 동물대체시험법은 동물을 사용하지 아니하는 실험방법 및 부득이하게 동물을 사용하더라도 그 사용되는 동물의 개체 수를 감소하거나 고통을 경감시킬 수 있는 실험방법이다.

87 명칭, 상호, 제조번호, 사용기한 또는 개봉 후 사용기간은 반드시 1차 포장에 표시해야 한다.

88 징크옥사이드(ZnO ; zinc oxide)는 백색의 결정 또는 무정형의 매우 미세한 분말로 냄새와 맛이 없다.

89 실증자료가 필요한 표시·광고 : 여드름성 피부에 사용에 적합, 항균(인체세정용 제품에 한함), 피부노화 완화, 일시적 셀룰라이트 감소, 붓기, 다크서클 완화, 피부 혈행 개선, 콜라겐 증가, 감소 또는 활성화, 효소 증가, 감소 또는 활성화

90 보고만으로 생산할 수 있는 2중 기능성화장품 : 알부틴·아데노신 로션제, 액제, 크림제, 침적마스크 / 알파-비사보롤·아데노신 로션제, 액제, 크림제, 침적마스크 / 나이아신아마이드·아데노신 로션제, 액제, 크림제, 침적마스크 / 유용성감초추출물·아데노신 로션제, 액제, 크림제 / 아스코빌글루코사이드·아데노신 액제 / 알부틴·레티놀 크림제

91 사용기한 경과 후 1년간 또는 개봉 후 사용기간을 기재하는 경우에는 제조일(제조연월일)로부터 3년간 보관용 검체를 보관한다.

92 식물성 오일(트리글리세라이드)의 지방산과 가성소다($NaOH$) 혹은 가성가리(KOH)의 반응을 비누화 반응(saponification)이라 한다.

93 알레르기(알러지) 유발성분은 향료로 표시할 수 없고 그 해당 성분의 명칭을 기재·표시해야 하며, 카민 및 코치닐추출물은 알레르기를 유발하는 화장품 원료로 알려져 있어서 이와 관련하여 주의사항을 기재·표시해야 한다.

94 제조단위(뱃치)는 하나의 공정이나 일련의 공정으로 제조되어 균질성을 갖는 화장품의 일정한 분량을 말한다(제조단위, 뱃치, 로트(LOT)는 동일한 의미임).

95 사용기준은 화장품 안전기준 등에 관한 규정 제4조에 따른 사용상의 제한이 필요한 원료에 대한 사용한도, 사용 시의 농도상한, 적용부위 및 유형 등에 대한 기준을 말한다(식품의약품안전처 고시 제2020-51호)

96 유기농 원료는 유기농 식물, 농산물 혹은 유기농 수산물을 물리적 공정에 따라 가공한 것이다.

97 케라틴을 구성하는 아미노산인 시스틴(cystine, 황이 있는 아미노산)에 있는 디설파이드(disulfide, S-S)결합에 의해 모발형태와 웨이브(wave)가 결정된다.

98 하이알루로닉애씨드에 염(나트륨, sodium)을 결합시켜서 만든 소듐하이알루로네이트가 보습성분으로 화장품에서 사용된다.

99 대장균, 녹농균, 황색포도상구균은 병원미생물로 화장품에 검출되어서는 안되며, 살모넬라균은 별도로 검출여부에 대하여 규정하고 있지 않다.

100 최소 홍반량(MED ; Minimum Erythema Dose) : UVB를 사람의 피부에 조사한 후 16~24시간에서 조사영역의 거의 대부분에 홍반을 나타낼 수 있는 최소한의 자외선량

부록 3

1. 알아두면 유용한 화장품 관련 법령

2. 참고문헌

알아두면 유용한 화장품 관련 법령

※관련 법령을 재편집하여 항목은 다를 수 있음

1 제조물 책임법

제1조(목적) 제조물의 결함으로 발생한 손해에 대한 제조업자 등의 손해배상책임을 규정함으로써 피해자 보호를 도모하고 국민생활의 안전 향상과 국민경제의 건전한 발전에 이바지함을 목적으로 한다.

제2조(정의) 이 법에서 사용하는 용어의 뜻은 다음과 같다.

- "제조물"이란 제조되거나 가공된 동산(다른 동산이나 부동산의 일부를 구성하는 경우를 포함한다)을 말한다.
- "결함"이란 해당 제조물에 다음 각 목의 어느 하나에 해당하는 제조상·설계상 또는 표시상의 결함이 있거나 그 밖에 통상적으로 기대할 수 있는 안전성이 결여되어 있는 것을 말한다.
  가. "제조상의 결함"이란 제조업자가 제조물에 대하여 제조상·가공상의 주의의무를 이행하였는지에 관계없이 제조물이 원래 의도한 설계와 다르게 제조·가공됨으로써 안전하지 못하게 된 경우를 말한다.
  나. "설계상의 결함"이란 제조업자가 합리적인 대체설계(代替設計)를 채용하였더라면 피해나 위험을 줄이거나 피할 수 있었음에도 대체설계를 채용하지 아니하여 해당 제조물이 안전하지 못하게 된 경우를 말한다.
  다. "표시상의 결함"이란 제조업자가 합리적인 설명·지시·경고 또는 그 밖의 표시를 하였더라면 해당 제조물에 의하여 발생할 수 있는 피해나 위험을 줄이거나 피할 수 있었음에도 이를 하지 아니한 경우를말한다.
- "제조업자"란 다음 각 목의 자를 말한다.
  가. 제조물의 제조·가공 또는 수입을 업(業)으로 하는 자
  나. 제조물에 성명·상호·상표 또는 그 밖에 식별(識別) 가능한 기호 등을 사용하여 자신을 가목의 자로 표시한 자 또는 가목의 자로 오인(誤認)하게 할 수 있는 표시를 한 자

제3조(제조물 책임) ① 제조업자는 제조물의 결함으로 생명·신체 또는 재산에 손해(그 제조물에 대하여만 발생한 손해는 제외한다)를 입은 자에게 그 손해를 배상하여야 한다.

② 제조업자가 제조물의 결함을 알면서도 그 결함에 대하여 필요한 조치를 취하지 아니한 결과로 생명 또는 신체에 중대한 손해를 입은 자가 있는 경우에는 그 자에게 발생한 손해의 3배를 넘지 아니하는 범위에서 배상책임을 진다. 이 경우 법원은 배상액을 정할 때 다음 각 호의 사항을 고려하여야 한다.

가. 고의성의 정도
나. 해당 제조물의 결함으로 인하여 발생한 손해의 정도
다. 해당 제조물의 공급으로 인하여 제조업자가 취득한 경제적 이익
라. 해당 제조물의 결함으로 인하여 제조업자가 형사처벌 또는 행정처분을 받은 경우 그 형사처벌 또는 행정처분의 정도
마. 해당 제조물의 공급이 지속된 기간 및 공급 규모
바. 제조업자의 재산상태
사. 제조업자가 피해구제를 위하여 노력한 정도

③ 피해자가 제조물의 제조업자를 알 수 없는 경우에 그 제조물을 영리 목적으로 판매、대여 등의 방법으로 공급한 자는 제1항에 따른 손해를 배상하여야 한다. 다만, 피해자 또는 법정대리인의 요청을 받고 상당한 기간 내에 그 제조업자 또는 공급한 자를 그 피해자 또는 법정대리인에게 고지(告知)한 때에는 그러하지 아니하다.

제3조의2(결함 등의 추정) 피해자가 다음 각 호의 사실을 증명한 경우에는 제조물을 공급할 당시 해당 제조물에 결함이 있었고 그 제조물의 결함으로 인하여 손해가 발생한 것으로 추정한다. 다만, 제조업자가 제조물의 결함이 아닌 다른 원인으로 인하여 그 손해가 발생한 사실을 증명한 경우에는 그러하지 아니하다.

- 해당 제조물이 정상적으로 사용되는 상태에서 피해자의 손해가 발생하였다는 사실
- 제1호의 손해가 제조업자의 실질적인 지배영역에 속한 원인으로부터 초래되었다는 사실
- 제1호의 손해가 해당 제조물의 결함 없이는 통상적으로 발생하지 아니한다는 사실

제4조(면책사유) ① 손해배상책임을 지는 자가 다음 각 호의 어느 하나에 해당하는 사실을 입증한 경우에는 이 법에 따른 손해배상책임을 면(免)한다.

가. 제조업자가 해당 제조물을 공급하지 아니하였다는 사실
나. 제조업자가 해당 제조물을 공급한 당시의 과학、기술 수준으로는 결함의 존재를 발견할 수 없었다는 사실
다. 제조물의 결함이 제조업자가 해당 제조물을 공급한 당시의 법령에서 정하는 기준을 준수함으로써 발생하였다는 사실
라. 원재료나 부품의 경우에는 그 원재료나 부품을 사용한 제조물 제조업자의 설계 또는 제작에 관한 지시로 인하여 결함이 발생하였다는 사실

② 제3조에 따라 손해배상책임을 지는 자가 제조물을 공급한 후에 그 제조물에 결함이 존재한다는 사실을 알거나 알 수 있었음에도 그 결함으로 인한 손해의 발생을 방지하기 위한 적절한 조치를 하지 아니한 경우에는 면책을 주장할 수 없다.

제5조(연대책임) 동일한 손해에 대하여 배상할 책임이 있는 자가 2인 이상인 경우에는 연대하여 그 손해를 배상할 책임이 있다.

제6조(면책특약의 제한) 이 법에 따른 손해배상책임을 배제하거나 제한하는 특약(特約)은 무효로 한다. 다만, 자신의 영업에 이용하기 위하여 제조물을 공급받은 자가 자신의 영업용 재산에 발생한 손해에 관하여 그와 같은 특약을 체결한 경우에는 그러하지 아니하다.

제7조(소멸시효 등)

① 이 법에 따른 손해배상의 청구권은 피해자 또는 그 법정대리인이 다음 각 호의 사항을 모두 알게 된 날부터 3년간 행사하지 아니하면 시효의 완성으로 소멸한다.

가. 손해
나. 제3조에 따라 손해배상책임을 지는 자

② 이 법에 따른 손해배상의 청구권은 제조업자가 손해를 발생시킨 제조물을 공급한 날부터 10년 이내에 행사하여야 한다. 다만, 신체에 누적되어 사람의 건강을 해치는 물질에 의하여 발생한 손해 또는 일정한 잠복기간(潛伏期間)이 지난 후에 증상이 나타나는 손해에 대하여는 그 손해가 발생한 날부터 기산(起算)한다.

◉ 민법

제8조(민법의 적용) 제조물의 결함으로 인한 손해배상책임에 관하여 이 법에 규정된 것을 제외하고는 민법에 따른다.
민법 제766조(손해배상청구권의 소멸시효) : 제조업자에게 손해배상을 받을 수 있는 기간
- 손해배상책임을 지는 사람을 알게된 날부터 3년 이내
- 제조업자가 손해를 발생시킨 제조물을 공급한 날부터 10년 이내: 먼저 도래한 소멸시효가 우선적용됨.

민법 제766조(손해배상청구권의 소멸시효)
① 불법행위로 인한 손해배상의 청구권은 피해자나 그 법정대리인이 그 손해 및 가해자를 안 날로부터 3년간 이를 행사하지 아니하면 시효로 인하여 소멸한다.
② 불법행위를 한 날로부터 10년을 경과한 때에도 전항과 같다.

2 소비자 분쟁해결기준

화장품의 고객불만에 대하여는 소비자 분쟁해결기준(공정거래위원회 고시)에 따라 고객불만 처리를 하고 있으며 그 소비자 분쟁해결기준의 상세내용은 아래와 같다.

제1조(목적) 이 고시는 일반적 소비자 분쟁해결기준에 따라 품목별 소비자분쟁해결기준을 정함으로써 소비자와 사업자(이하 "분쟁당사자"라 한다)간에 발생한 분쟁이 원활하게 해결될 수 있도록 구체적인 합의 또는 권고의 기준을 제시하는데 그 목적이 있다.

제2조(피해구제청구) 분쟁당사자 간에 합의가 이루어지지 않을 경우 분쟁당사자는 중앙행정기관의 장, 시·도지사, 한국소비자원장 또는 소비자단체에게 그 피해구제를 청구할 수 있다.

제3조(품목 및 보상기준) 이 고시에서 정하는 대상품목, 품목별분쟁해결기준, 품목별 품질보증기간 및 부품보유기간, 품목별 내용연수표는 각각 별표 I , 별표 II, 별표III, 별표IV에서 정하고 있다.

[소비자 분쟁해결기준 별표 I 대상품목]

번호	업종	품　종	해 당 품 목
38	의약품 및 화학제품	의약품	순환계용약, 호흡기관용약, 소화기계용약, 비타민제, 자양강장변질제, 항생물질제제, 호르몬제, 외피용약, 한약, 동물약품 등
		의약외품	생리대, 치약, 은단, 가정용 살충제, 외용소독제, 붕대, 거즈, 마스크 등 '약사법' 제2조 제7호에 따른 의약외품
		의료기기	시력보존용안경, 콘택트렌즈, 이온수기, 휠체어, 보청기, 의족, 혈압계, 자석요, 비데, 안마기 등
		화장품	샴푸, 린스, 크림, 로션, 립스틱, 매니큐어, 포마드, 향수, 파운데이션, 마스카라 등
		비누 및 합성세제	세탁비누, 화장비누, 소독비누, 액체비누, 분말세제 등
		플라스틱제품	가정용 플라스틱용기, 호일, 랩, 장판 등
		비료	질소비료, 인산비료, 칼리비료, 복합비료, 특수성분비료 등
		농약	살균제, 살충제, 제초제 등
		고무장갑	가정용 고무장갑, 공업용 고무장갑, 의료용 고무장갑 등
		건전지	알칼리건전지, 망간건전지 등

[소비자분쟁해결기준 별표 II 품목별 해결기준]

화장품 분쟁유형	화장품 해결기준
이물혼입	제품교환 또는 구입가 환급
함량부적합	제품교환 또는 구입가 환급
변질·부패	제품교환 또는 구입가 환급
유효기간 경과	제품교환 또는 구입가 환급
용량부족	제품교환 또는 구입가 환급
품질·성능·기능 불량	제품교환 또는 구입가 환급
용기 불량으로 인한 피해사고	치료비, 경비 및 일실소득 배상
부작용	치료비, 경비 및 일실소득 배상

※ 치료비 지급 : 피부과 전문의의 진단 및 처방에 의한 질환 치료 목적의 경우로 함.
단, 화장품과의 인과관계가 있어야 하며, 자의로 행한 성형·미용관리 목적으로 인한 경우에는 지급하지 아니함.
※ 일실소득 : 피해로 인하여 소득상실이 발생한 것이 입증된 때에 한하며, 금액을 입증할 수 없는 경우 시중 노임단가를 기준으로 함

※ 화장품은 별표 III(품목별 품질보증기간 및 부품보유기간)과 별표 IV(품목별 내용연수표)가 해당사항이 없음.

참고문헌

개인정보보호법
개인정보의 안전성 확보조치 기준
화장품법
제조물책임법
화장품법 시행령
화장품법 시행규칙
화장품 안전기준 등에 관한 규정, 식품의약품안전처고시
기능성 화장품 바로알고 사용하세요, 식품의약품안전평가원, 2018년
기능성 화장품 기준 및 시험방법, 식품의약품안전처 고시
기능성 화장품 심사에 관한 규정, 식품의약품안전처 고시
기구 및 용기포장의 기준 및 규격고시전문, 식품의약품안전처고시
화장품전성분표시지침
화장품 보존력 시험법 가이드라인
화장품 사용한도 성분 분석법 가이드라인
화장품 표시·광고 실증에 관한 규정, 식품의약품안전처고시
화장품 표시·광고 관리 가이드라인 식품의약품안전처
화장품 가격표시제실시요령, 식품의약품안전처고시
식품의약품안전처 과징금 부과처분 기준 등에 관한 규정, 식품의약품안전처훈령 제106호
화장품 안전성 정보관리 규정, 식품의약품안전처 고시
화장품의 생산·수입실적 및 원료목록 보고에 관한 규정, 식품의약품안전처 고시
화장품 바코드 표시 및 관리요령, 식품의약품안전처 고시
소비자분쟁해결기준, 공정거래위원회 고시
분리배출표시에관한지침, 환경부고시
화장품 자재 사용지침, 식품의약품안전처, 2019년
화장품 유해사례 등 안전성 정보보고 해설서, 식품의약품안전청, 2012년
의약품등의 타르색소 지정과 기준 및 시험방법, 식품의약품안전처 고시
대한약전, 식품의약품안전처 고시
화장품의 색소 종류와 기준 및 시험방법, 식품의약품안전처 고시
화장품원료규격가이드라인 일반사항, 식품의약품안전청, 2012년
아토피피부염 바로알기, 국립독성연구원, 2006년
화장품원료기준 성분사전, 식품의약품안전청, 2007년
대한민국약전(KP) 제11개정, 식품의약품안전처, 2018년
화장품학, 하병조, 壽文社(1999)
新化粧品學, 光井武夫, 南山堂(2001)
신화장품학핸드북, 일광케미칼(일본)
화장품 유통기한에 관한 연구발표자료, 화장품사, 2006년
NCS 화장품제조 학습모듈, 한국직업능력개발원
Fundamentals of stability testing(review paper), International journal of Cosmetic Science 7, 291–303, 1985년

천연화장품 및 유기농화장품의 기준에 관한 규정, 식품의약품안전처 고시
유기농화장품표시광고 가이드라인, 식품의약품안전청, 2010년
인체적용제품의 위해성평가에 관한 법률, 식품의약품안전처
인체적용제품의 위해성평가 등에 관한 규정, 식품의약품안전처 고시
화장품위해평가가이드라인, 식품의약품안전평가원, 2017년
영유아 또는 어린이 사용화장품의 안전성 자료 등에 대한 가이드라인, 식품의약품안전처, 2020년
영유아 또는 어린이 사용 화장품 안전성 자료의 작성·보관에 관한 규정, 식품의약품안전처 고시
화장품 표시·광고를 위한 인증·보증기관의 신뢰성 인정에 관한 규정, 식품의약품안전처 고시
화장품 사용할 때의 주의사항 및 알레르기 유발성분 표시에 관한 규정, 식품의약품안전처 고시
피부장벽의 기능을 회복하여 가려움 등의 개선에 도움을 주는 화장품의 인체적용시험 가이드라인, 식품의약품안전평가원, 2021년
화장품피부부식성 동물대체시험법, 식품의약품안전평가원
화장품피부감작성 동물대체시험법, 식품의약품안전평가원
화장품안자극 동물대체시험법, 식품의약품안전평가원
화장품광독성 동물대체시험법, 식품의약품안전평가원
화장품산업용어표준화, 대한화장품협회, 2012년
The chemistry and manufacture of cosmetics(vol.1), Mitchell L Schlossman, Allured, p98-104, 255-284
Sunscreens development, evaluation and regulatory aspects(2nd edition), Nicholas J. Lowe et al, Dkker(1997), p399-420
Journal of DCI(April,1997), Robert Glassman, "Shampoo formulation", p50-58
Rheological properties of cosmetics and toileties, Dennis Laba, Marcel Dekker Inc., 1993
Encyclopedia of emulsion technology, vol.1, Paul Becher, Marcel Dekker, Inc., 1983, Cosmetics & Toiletries, 2012.04, Vol.127, No.4
Cosmetics & Toiletires, 201108, Vol.126, No.8 Cosmetics & Toiletries, 2006.05, Vol.121, No.5
Cosmetics & Toiletries, 2011.11, Vol.126, No.11
Cosmetics & Toiletires, Vol.134, No.9, October 2019
Cosmetics & Toiletries magazine(vol.116,Nov. 2001), "Formulating conditioning shampoo", Robert Y. Lochhead, p55-64
Surfactants in cosmetic, 2nd edition, Martin M. Rieger, Marcel Mekker Inc., 1997
Handbook of cosmetic science and technology, 4th edition, Marc Paye et al, CRC press, 2014
Lucas Meyer, Lecithins in Cosmetics, Publication No. 9, 5-24, Hamburg, Germany(1991)
Emulsion separation, classification and stability assessment, Marium et al, J. of pharmacy and pharmaceutical sciences, Vol 2(2), 2014, p56-62
KS H ISO 9235:2013 방향성 천연원료 - 용어, 국가기술표준원, 2013년
화장비누등 화장품 전환품목 관련 질의응답집[FAQ] 제1권
화장비누등 화장품 전환품목 관련 질의응답집[FAQ] 제2권
한약재관능검사해설서, 식품의약품안전평가원, 2013년
우수화장품 제조 및 품질관리기준, 식품의약품안전처 고시
우수화장품 제조 및 품질관리기준 해설서, 식품의약품안전처
맞춤형 화장품 판매업 가이드라인(민원인 안내서)
맞춤형 화장품 판매업자의 준수사항에 대한 규정, 식품의약품안전처 고시
맞춤형 화장품 (소분·리필)의 품질·안전 및 판매장 위생관리 가이드라인(민원인 안내서)

맞춤형화장품조제관리사 자격시험 답안지

※단답형(81번-100번) 문항은 뒷면의 답란에 기입하시오.

응시일	년 월 일
고사장	
고사실	

수 험 번 호

⓪①②③④⑤⑥⑦⑧⑨	⓪①②③④⑤⑥⑦⑧⑨	⓪①②③④⑤⑥⑦⑧⑨	⓪①②③④⑤⑥⑦⑧⑨	⓪①②③④⑤⑥⑦⑧⑨	⓪①②③④⑤⑥⑦⑧⑨	⓪①②③④⑤⑥⑦⑧⑨	⓪①②③④⑤⑥⑦⑧⑨

성 명

(좌측부터 성명 기재, 5자리 이상시 앞자리 4자만 기재, 영문이름은 외래어표기법에 따라 앞자리 4자만 기재)

ㄱㄲㄴㄸㄷㄹㅁㅂㅃㅅㅆㅇㅈㅉㅊㅋㅌㅍㅎ / ㅏㅐㅑㅒㅓㅔㅕㅖㅗㅘㅙㅚㅛㅜㅝㅞㅟㅠㅡㅢㅣ / ㄱㄲㄴㄶㄷㄹㄺㄻㄼㅀㅁㅂㅅㅆㅇㅈㅊㅋㅌㅍㅎ	ㄱㄲㄴㄸㄷㄹㅁㅂㅃㅅㅆㅇㅈㅉㅊㅋㅌㅍㅎ / ㅏㅐㅑㅒㅓㅔㅕㅖㅗㅘㅙㅚㅛㅜㅝㅞㅟㅠㅡㅢㅣ / ㄱㄲㄴㄶㄷㄹㄺㄻㄼㅀㅁㅂㅅㅆㅇㅈㅊㅋㅌㅍㅎ	ㄱㄲㄴㄸㄷㄹㅁㅂㅃㅅㅆㅇㅈㅉㅊㅋㅌㅍㅎ / ㅏㅐㅑㅒㅓㅔㅕㅖㅗㅘㅙㅚㅛㅜㅝㅞㅟㅠㅡㅢㅣ / ㄱㄲㄴㄶㄷㄹㄺㄻㄼㅀㅁㅂㅅㅆㅇㅈㅊㅋㅌㅍㅎ	ㄱㄲㄴㄸㄷㄹㅁㅂㅃㅅㅆㅇㅈㅉㅊㅋㅌㅍㅎ / ㅏㅐㅑㅒㅓㅔㅕㅖㅗㅘㅙㅚㅛㅜㅝㅞㅟㅠㅡㅢㅣ / ㄱㄲㄴㄶㄷㄹㄺㄻㄼㅀㅁㅂㅅㅆㅇㅈㅊㅋㅌㅍㅎ

선 다 형 답 란

번호	답	번호	답	번호	답	번호	답
1	① ② ③ ④ ⑤	21	① ② ③ ④ ⑤	41	① ② ③ ④ ⑤	61	① ② ③ ④ ⑤
2	① ② ③ ④ ⑤	22	① ② ③ ④ ⑤	42	① ② ③ ④ ⑤	62	① ② ③ ④ ⑤
3	① ② ③ ④ ⑤	23	① ② ③ ④ ⑤	43	① ② ③ ④ ⑤	63	① ② ③ ④ ⑤
4	① ② ③ ④ ⑤	24	① ② ③ ④ ⑤	44	① ② ③ ④ ⑤	64	① ② ③ ④ ⑤
5	① ② ③ ④ ⑤	25	① ② ③ ④ ⑤	45	① ② ③ ④ ⑤	65	① ② ③ ④ ⑤
6	① ② ③ ④ ⑤	26	① ② ③ ④ ⑤	46	① ② ③ ④ ⑤	66	① ② ③ ④ ⑤
7	① ② ③ ④ ⑤	27	① ② ③ ④ ⑤	47	① ② ③ ④ ⑤	67	① ② ③ ④ ⑤
8	① ② ③ ④ ⑤	28	① ② ③ ④ ⑤	48	① ② ③ ④ ⑤	68	① ② ③ ④ ⑤
9	① ② ③ ④ ⑤	29	① ② ③ ④ ⑤	49	① ② ③ ④ ⑤	69	① ② ③ ④ ⑤
10	① ② ③ ④ ⑤	30	① ② ③ ④ ⑤	50	① ② ③ ④ ⑤	70	① ② ③ ④ ⑤
11	① ② ③ ④ ⑤	31	① ② ③ ④ ⑤	51	① ② ③ ④ ⑤	71	① ② ③ ④ ⑤
12	① ② ③ ④ ⑤	32	① ② ③ ④ ⑤	52	① ② ③ ④ ⑤	72	① ② ③ ④ ⑤
13	① ② ③ ④ ⑤	33	① ② ③ ④ ⑤	53	① ② ③ ④ ⑤	73	① ② ③ ④ ⑤
14	① ② ③ ④ ⑤	34	① ② ③ ④ ⑤	54	① ② ③ ④ ⑤	74	① ② ③ ④ ⑤
15	① ② ③ ④ ⑤	35	① ② ③ ④ ⑤	55	① ② ③ ④ ⑤	75	① ② ③ ④ ⑤
16	① ② ③ ④ ⑤	36	① ② ③ ④ ⑤	56	① ② ③ ④ ⑤	76	① ② ③ ④ ⑤
17	① ② ③ ④ ⑤	37	① ② ③ ④ ⑤	57	① ② ③ ④ ⑤	77	① ② ③ ④ ⑤
18	① ② ③ ④ ⑤	38	① ② ③ ④ ⑤	58	① ② ③ ④ ⑤	78	① ② ③ ④ ⑤
19	① ② ③ ④ ⑤	39	① ② ③ ④ ⑤	59	① ② ③ ④ ⑤	79	① ② ③ ④ ⑤
20	① ② ③ ④ ⑤	40	① ② ③ ④ ⑤	60	① ② ③ ④ ⑤	80	① ② ③ ④ ⑤

(뒷면에 계속)

단 답 형 답 란

81		86		91		96	
82		87		92		97	
83		88		93		98	
84		89		94		99	
85		90		95		100	

※응시생은 절대 표기 금지
(표기 시 부정행위 처리)

※채점자 기입란		
81	⓪	①
82	⓪	①
83	⓪	①
84	⓪	①
85	⓪	①
86	⓪	①
87	⓪	①
88	⓪	①
89	⓪	①
90	⓪	①
91	⓪	①
92	⓪	①
93	⓪	①
94	⓪	①
95	⓪	①
96	⓪	①
97	⓪	①
98	⓪	①
99	⓪	①
100	⓪	①

응시자 본인이 응시
하였음을 서명합니다.

성명 : ______(서명)

맞춤형화장품조제관리사 자격시험 답안지

응시일	년 월 일
고사장	
고사실	

수 험 번 호

⓪①②③④⑤⑥⑦⑧⑨	⓪①②③④⑤⑥⑦⑧⑨	⓪①②③④⑤⑥⑦⑧⑨	⓪①②③④⑤⑥⑦⑧⑨	⓪①②③④⑤⑥⑦⑧⑨	⓪①②③④⑤⑥⑦⑧⑨	⓪①②③④⑤⑥⑦⑧⑨	⓪①②③④⑤⑥⑦⑧⑨

성 명

(좌측부터 성명 기재, 5자리 이상시 앞자리 4자만 기재, 영문이름은 외래어표기법에 따라 앞자리 4자만 기재)

ㄱ ㄲ ㄴ ㄸ ㄷ ㄹ ㅁ ㅂ ㅃ ㅅ ㅆ ㅇ ㅈ ㅉ ㅊ ㅋ ㅌ ㅍ ㅎ / ㅏ ㅐ ㅑ ㅒ ㅓ ㅔ ㅕ ㅖ ㅗ ㅘ ㅙ ㅚ ㅛ ㅜ ㅝ ㅞ ㅟ ㅠ ㅡ ㅢ ㅣ / ㄱ ㄲ ㄴ ㄶ ㄷ ㄹ ㄺ ㄻ ㄽ ㅀ ㅁ ㅂ ㅅ ㅆ ㅇ ㅈ ㅊ ㅋ ㅌ ㅍ ㅎ	ㄱ ㄲ ㄴ ㄸ ㄷ ㄹ ㅁ ㅂ ㅃ ㅅ ㅆ ㅇ ㅈ ㅉ ㅊ ㅋ ㅌ ㅍ ㅎ / ㅏ ㅐ ㅑ ㅒ ㅓ ㅔ ㅕ ㅖ ㅗ ㅘ ㅙ ㅚ ㅛ ㅜ ㅝ ㅞ ㅟ ㅠ ㅡ ㅢ ㅣ / ㄱ ㄲ ㄴ ㄶ ㄷ ㄹ ㄺ ㄻ ㄽ ㅀ ㅁ ㅂ ㅅ ㅆ ㅇ ㅈ ㅊ ㅋ ㅌ ㅍ ㅎ	ㄱ ㄲ ㄴ ㄸ ㄷ ㄹ ㅁ ㅂ ㅃ ㅅ ㅆ ㅇ ㅈ ㅉ ㅊ ㅋ ㅌ ㅍ ㅎ / ㅏ ㅐ ㅑ ㅒ ㅓ ㅔ ㅕ ㅖ ㅗ ㅘ ㅙ ㅚ ㅛ ㅜ ㅝ ㅞ ㅟ ㅠ ㅡ ㅢ ㅣ / ㄱ ㄲ ㄴ ㄶ ㄷ ㄹ ㄺ ㄻ ㄽ ㅀ ㅁ ㅂ ㅅ ㅆ ㅇ ㅈ ㅊ ㅋ ㅌ ㅍ ㅎ	ㄱ ㄲ ㄴ ㄸ ㄷ ㄹ ㅁ ㅂ ㅃ ㅅ ㅆ ㅇ ㅈ ㅉ ㅊ ㅋ ㅌ ㅍ ㅎ / ㅏ ㅐ ㅑ ㅒ ㅓ ㅔ ㅕ ㅖ ㅗ ㅘ ㅙ ㅚ ㅛ ㅜ ㅝ ㅞ ㅟ ㅠ ㅡ ㅢ ㅣ / ㄱ ㄲ ㄴ ㄶ ㄷ ㄹ ㄺ ㄻ ㄽ ㅀ ㅁ ㅂ ㅅ ㅆ ㅇ ㅈ ㅊ ㅋ ㅌ ㅍ ㅎ

※단답형(81번-100번) 문항은 뒷면의 답란에 기입하시오.

선 다 형 답 란

1	① ② ③ ④ ⑤	21	① ② ③ ④ ⑤	41	① ② ③ ④ ⑤	61	① ② ③ ④ ⑤
2	① ② ③ ④ ⑤	22	① ② ③ ④ ⑤	42	① ② ③ ④ ⑤	62	① ② ③ ④ ⑤
3	① ② ③ ④ ⑤	23	① ② ③ ④ ⑤	43	① ② ③ ④ ⑤	63	① ② ③ ④ ⑤
4	① ② ③ ④ ⑤	24	① ② ③ ④ ⑤	44	① ② ③ ④ ⑤	64	① ② ③ ④ ⑤
5	① ② ③ ④ ⑤	25	① ② ③ ④ ⑤	45	① ② ③ ④ ⑤	65	① ② ③ ④ ⑤
6	① ② ③ ④ ⑤	26	① ② ③ ④ ⑤	46	① ② ③ ④ ⑤	66	① ② ③ ④ ⑤
7	① ② ③ ④ ⑤	27	① ② ③ ④ ⑤	47	① ② ③ ④ ⑤	67	① ② ③ ④ ⑤
8	① ② ③ ④ ⑤	28	① ② ③ ④ ⑤	48	① ② ③ ④ ⑤	68	① ② ③ ④ ⑤
9	① ② ③ ④ ⑤	29	① ② ③ ④ ⑤	49	① ② ③ ④ ⑤	69	① ② ③ ④ ⑤
10	① ② ③ ④ ⑤	30	① ② ③ ④ ⑤	50	① ② ③ ④ ⑤	70	① ② ③ ④ ⑤
11	① ② ③ ④ ⑤	31	① ② ③ ④ ⑤	51	① ② ③ ④ ⑤	71	① ② ③ ④ ⑤
12	① ② ③ ④ ⑤	32	① ② ③ ④ ⑤	52	① ② ③ ④ ⑤	72	① ② ③ ④ ⑤
13	① ② ③ ④ ⑤	33	① ② ③ ④ ⑤	53	① ② ③ ④ ⑤	73	① ② ③ ④ ⑤
14	① ② ③ ④ ⑤	34	① ② ③ ④ ⑤	54	① ② ③ ④ ⑤	74	① ② ③ ④ ⑤
15	① ② ③ ④ ⑤	35	① ② ③ ④ ⑤	55	① ② ③ ④ ⑤	75	① ② ③ ④ ⑤
16	① ② ③ ④ ⑤	36	① ② ③ ④ ⑤	56	① ② ③ ④ ⑤	76	① ② ③ ④ ⑤
17	① ② ③ ④ ⑤	37	① ② ③ ④ ⑤	57	① ② ③ ④ ⑤	77	① ② ③ ④ ⑤
18	① ② ③ ④ ⑤	38	① ② ③ ④ ⑤	58	① ② ③ ④ ⑤	78	① ② ③ ④ ⑤
19	① ② ③ ④ ⑤	39	① ② ③ ④ ⑤	59	① ② ③ ④ ⑤	79	① ② ③ ④ ⑤
20	① ② ③ ④ ⑤	40	① ② ③ ④ ⑤	60	① ② ③ ④ ⑤	80	① ② ③ ④ ⑤

(뒷면에 계속)

단 답 형 답 란

81		86		91		96	
82		87		92		97	
83		88		93		98	
84		89		94		99	
85		90		95		100	

※응시생은 절대 표기 금지
(표기 시 부정행위 처리)

※채점자 기입란		
81	⓪	①
82	⓪	①
83	⓪	①
84	⓪	①
85	⓪	①
86	⓪	①
87	⓪	①
88	⓪	①
89	⓪	①
90	⓪	①
91	⓪	①
92	⓪	①
93	⓪	①
94	⓪	①
95	⓪	①
96	⓪	①
97	⓪	①
98	⓪	①
99	⓪	①
100	⓪	①

응시자 본인이 응시
하였음을 서명합니다.

성명 : ______(서명)

맞춤형화장품조제관리사 자격시험 답안지

응시일	년 월 일
고사장	
고사실	

수 험 번 호							
⓪①②③④⑤⑥⑦⑧⑨	⓪①②③④⑤⑥⑦⑧⑨	⓪①②③④⑤⑥⑦⑧⑨	⓪①②③④⑤⑥⑦⑧⑨	⓪①②③④⑤⑥⑦⑧⑨	⓪①②③④⑤⑥⑦⑧⑨	⓪①②③④⑤⑥⑦⑧⑨	⓪①②③④⑤⑥⑦⑧⑨

성 명
(좌측부터 성명 기재, 5자리 이상시 앞자리 4자만 기재, 영문이름은 외래어표기법에 따라 앞자리 4자만 기재)

ㄱ ㄲ ㄴ ㄷ ㄸ ㄹ ㅁ ㅂ ㅃ ㅅ ㅆ ㅇ ㅈ ㅉ ㅊ ㅋ ㅌ ㅍ ㅎ / ㅏ ㅐ ㅑ ㅒ ㅓ ㅔ ㅕ ㅖ ㅗ ㅘ ㅙ ㅚ ㅛ ㅜ ㅝ ㅞ ㅟ ㅠ ㅡ ㅢ ㅣ / ㄱ ㄲ ㄴ ㄶ ㄷ ㄹ ㄺ ㄻ ㄼ ㄾ ㅀ ㅁ ㅂ ㅅ ㅆ ㅇ ㅈ ㅊ ㅋ ㅌ ㅍ ㅎ	ㄱ ㄲ ㄴ ㄷ ㄸ ㄹ ㅁ ㅂ ㅃ ㅅ ㅆ ㅇ ㅈ ㅉ ㅊ ㅋ ㅌ ㅍ ㅎ / ㅏ ㅐ ㅑ ㅒ ㅓ ㅔ ㅕ ㅖ ㅗ ㅘ ㅙ ㅚ ㅛ ㅜ ㅝ ㅞ ㅟ ㅠ ㅡ ㅢ ㅣ / ㄱ ㄲ ㄴ ㄶ ㄷ ㄹ ㄺ ㄻ ㄼ ㄾ ㅀ ㅁ ㅂ ㅅ ㅆ ㅇ ㅈ ㅊ ㅋ ㅌ ㅍ ㅎ	ㄱ ㄲ ㄴ ㄷ ㄸ ㄹ ㅁ ㅂ ㅃ ㅅ ㅆ ㅇ ㅈ ㅉ ㅊ ㅋ ㅌ ㅍ ㅎ / ㅏ ㅐ ㅑ ㅒ ㅓ ㅔ ㅕ ㅖ ㅗ ㅘ ㅙ ㅚ ㅛ ㅜ ㅝ ㅞ ㅟ ㅠ ㅡ ㅢ ㅣ / ㄱ ㄲ ㄴ ㄶ ㄷ ㄹ ㄺ ㄻ ㄼ ㄾ ㅀ ㅁ ㅂ ㅅ ㅆ ㅇ ㅈ ㅊ ㅋ ㅌ ㅍ ㅎ	ㄱ ㄲ ㄴ ㄷ ㄸ ㄹ ㅁ ㅂ ㅃ ㅅ ㅆ ㅇ ㅈ ㅉ ㅊ ㅋ ㅌ ㅍ ㅎ / ㅏ ㅐ ㅑ ㅒ ㅓ ㅔ ㅕ ㅖ ㅗ ㅘ ㅙ ㅚ ㅛ ㅜ ㅝ ㅞ ㅟ ㅠ ㅡ ㅢ ㅣ / ㄱ ㄲ ㄴ ㄶ ㄷ ㄹ ㄺ ㄻ ㄼ ㄾ ㅀ ㅁ ㅂ ㅅ ㅆ ㅇ ㅈ ㅊ ㅋ ㅌ ㅍ ㅎ

※단답형(81번–100번) 문항은 뒷면의 답란에 기입하시오.

선다형 답란							
1	① ② ③ ④ ⑤	21	① ② ③ ④ ⑤	41	① ② ③ ④ ⑤	61	① ② ③ ④ ⑤
2	① ② ③ ④ ⑤	22	① ② ③ ④ ⑤	42	① ② ③ ④ ⑤	62	① ② ③ ④ ⑤
3	① ② ③ ④ ⑤	23	① ② ③ ④ ⑤	43	① ② ③ ④ ⑤	63	① ② ③ ④ ⑤
4	① ② ③ ④ ⑤	24	① ② ③ ④ ⑤	44	① ② ③ ④ ⑤	64	① ② ③ ④ ⑤
5	① ② ③ ④ ⑤	25	① ② ③ ④ ⑤	45	① ② ③ ④ ⑤	65	① ② ③ ④ ⑤
6	① ② ③ ④ ⑤	26	① ② ③ ④ ⑤	46	① ② ③ ④ ⑤	66	① ② ③ ④ ⑤
7	① ② ③ ④ ⑤	27	① ② ③ ④ ⑤	47	① ② ③ ④ ⑤	67	① ② ③ ④ ⑤
8	① ② ③ ④ ⑤	28	① ② ③ ④ ⑤	48	① ② ③ ④ ⑤	68	① ② ③ ④ ⑤
9	① ② ③ ④ ⑤	29	① ② ③ ④ ⑤	49	① ② ③ ④ ⑤	69	① ② ③ ④ ⑤
10	① ② ③ ④ ⑤	30	① ② ③ ④ ⑤	50	① ② ③ ④ ⑤	70	① ② ③ ④ ⑤
11	① ② ③ ④ ⑤	31	① ② ③ ④ ⑤	51	① ② ③ ④ ⑤	71	① ② ③ ④ ⑤
12	① ② ③ ④ ⑤	32	① ② ③ ④ ⑤	52	① ② ③ ④ ⑤	72	① ② ③ ④ ⑤
13	① ② ③ ④ ⑤	33	① ② ③ ④ ⑤	53	① ② ③ ④ ⑤	73	① ② ③ ④ ⑤
14	① ② ③ ④ ⑤	34	① ② ③ ④ ⑤	54	① ② ③ ④ ⑤	74	① ② ③ ④ ⑤
15	① ② ③ ④ ⑤	35	① ② ③ ④ ⑤	55	① ② ③ ④ ⑤	75	① ② ③ ④ ⑤
16	① ② ③ ④ ⑤	36	① ② ③ ④ ⑤	56	① ② ③ ④ ⑤	76	① ② ③ ④ ⑤
17	① ② ③ ④ ⑤	37	① ② ③ ④ ⑤	57	① ② ③ ④ ⑤	77	① ② ③ ④ ⑤
18	① ② ③ ④ ⑤	38	① ② ③ ④ ⑤	58	① ② ③ ④ ⑤	78	① ② ③ ④ ⑤
19	① ② ③ ④ ⑤	39	① ② ③ ④ ⑤	59	① ② ③ ④ ⑤	79	① ② ③ ④ ⑤
20	① ② ③ ④ ⑤	40	① ② ③ ④ ⑤	60	① ② ③ ④ ⑤	80	① ② ③ ④ ⑤

(뒷면에 계속)

단 답 형 답 란

번호	답	번호	답	번호	답	번호	답
81		86		91		96	
82		87		92		97	
83		88		93		98	
84		89		94		99	
85		90		95		100	

※응시생은 절대 표기 금지
(표기 시 부정행위 처리)

※채점자 기입란

번호		
81	⓪	①
82	⓪	①
83	⓪	①
84	⓪	①
85	⓪	①
86	⓪	①
87	⓪	①
88	⓪	①
89	⓪	①
90	⓪	①
91	⓪	①
92	⓪	①
93	⓪	①
94	⓪	①
95	⓪	①
96	⓪	①
97	⓪	①
98	⓪	①
99	⓪	①
100	⓪	①

응시자 본인이 응시
하였음을 서명합니다.

성명 : ______(서명)

맞춤형화장품조제관리사 자격시험 답안지

응시일	년 월 일
고사장	
고사실	

수 험 번 호

⓪①②③④⑤⑥⑦⑧⑨	⓪①②③④⑤⑥⑦⑧⑨	⓪①②③④⑤⑥⑦⑧⑨	⓪①②③④⑤⑥⑦⑧⑨	⓪①②③④⑤⑥⑦⑧⑨	⓪①②③④⑤⑥⑦⑧⑨	⓪①②③④⑤⑥⑦⑧⑨	⓪①②③④⑤⑥⑦⑧⑨

성 명

(좌측부터 성명 기재, 자리 이상시 앞자리 4자만 기재, 영문이름은 외래어표기법에 따라 앞자리 4자만 기재)

ㄱㄲㄴㄸㄷㄹㅁㅂㅃㅅㅆㅇㅈㅉㅊㅋㅌㅍㅎ / ㅏㅐㅑㅒㅓㅔㅕㅖㅗㅘㅙㅚㅛㅜㅝㅞㅟㅠㅡㅢㅣ / ㄱㄲㄴㄵㄷㄹㄺㄻㄼㄽㅀㅁㅂㅅㅆㅇㅈㅊㅋㅌㅍㅎ	ㄱㄲㄴㄸㄷㄹㅁㅂㅃㅅㅆㅇㅈㅉㅊㅋㅌㅍㅎ / ㅏㅐㅑㅒㅓㅔㅕㅖㅗㅘㅙㅚㅛㅜㅝㅞㅟㅠㅡㅢㅣ / ㄱㄲㄴㄵㄷㄹㄺㄻㄼㄽㅀㅁㅂㅅㅆㅇㅈㅊㅋㅌㅍㅎ	ㄱㄲㄴㄸㄷㄹㅁㅂㅃㅅㅆㅇㅈㅉㅊㅋㅌㅍㅎ / ㅏㅐㅑㅒㅓㅔㅕㅖㅗㅘㅙㅚㅛㅜㅝㅞㅟㅠㅡㅢㅣ / ㄱㄲㄴㄵㄷㄹㄺㄻㄼㄽㅀㅁㅂㅅㅆㅇㅈㅊㅋㅌㅍㅎ	ㄱㄲㄴㄸㄷㄹㅁㅂㅃㅅㅆㅇㅈㅉㅊㅋㅌㅍㅎ / ㅏㅐㅑㅒㅓㅔㅕㅖㅗㅘㅙㅚㅛㅜㅝㅞㅟㅠㅡㅢㅣ / ㄱㄲㄴㄵㄷㄹㄺㄻㄼㄽㅀㅁㅂㅅㅆㅇㅈㅊㅋㅌㅍㅎ

※단답형(81번–100번) 문항은 뒷면의 답란에 기입하시오.

선 다 형 답 란

번호	답란	번호	답란	번호	답란	번호	답란
1	① ② ③ ④ ⑤	21	① ② ③ ④ ⑤	41	① ② ③ ④ ⑤	61	① ② ③ ④ ⑤
2	① ② ③ ④ ⑤	22	① ② ③ ④ ⑤	42	① ② ③ ④ ⑤	62	① ② ③ ④ ⑤
3	① ② ③ ④ ⑤	23	① ② ③ ④ ⑤	43	① ② ③ ④ ⑤	63	① ② ③ ④ ⑤
4	① ② ③ ④ ⑤	24	① ② ③ ④ ⑤	44	① ② ③ ④ ⑤	64	① ② ③ ④ ⑤
5	① ② ③ ④ ⑤	25	① ② ③ ④ ⑤	45	① ② ③ ④ ⑤	65	① ② ③ ④ ⑤
6	① ② ③ ④ ⑤	26	① ② ③ ④ ⑤	46	① ② ③ ④ ⑤	66	① ② ③ ④ ⑤
7	① ② ③ ④ ⑤	27	① ② ③ ④ ⑤	47	① ② ③ ④ ⑤	67	① ② ③ ④ ⑤
8	① ② ③ ④ ⑤	28	① ② ③ ④ ⑤	48	① ② ③ ④ ⑤	68	① ② ③ ④ ⑤
9	① ② ③ ④ ⑤	29	① ② ③ ④ ⑤	49	① ② ③ ④ ⑤	69	① ② ③ ④ ⑤
10	① ② ③ ④ ⑤	30	① ② ③ ④ ⑤	50	① ② ③ ④ ⑤	70	① ② ③ ④ ⑤
11	① ② ③ ④ ⑤	31	① ② ③ ④ ⑤	51	① ② ③ ④ ⑤	71	① ② ③ ④ ⑤
12	① ② ③ ④ ⑤	32	① ② ③ ④ ⑤	52	① ② ③ ④ ⑤	72	① ② ③ ④ ⑤
13	① ② ③ ④ ⑤	33	① ② ③ ④ ⑤	53	① ② ③ ④ ⑤	73	① ② ③ ④ ⑤
14	① ② ③ ④ ⑤	34	① ② ③ ④ ⑤	54	① ② ③ ④ ⑤	74	① ② ③ ④ ⑤
15	① ② ③ ④ ⑤	35	① ② ③ ④ ⑤	55	① ② ③ ④ ⑤	75	① ② ③ ④ ⑤
16	① ② ③ ④ ⑤	36	① ② ③ ④ ⑤	56	① ② ③ ④ ⑤	76	① ② ③ ④ ⑤
17	① ② ③ ④ ⑤	37	① ② ③ ④ ⑤	57	① ② ③ ④ ⑤	77	① ② ③ ④ ⑤
18	① ② ③ ④ ⑤	38	① ② ③ ④ ⑤	58	① ② ③ ④ ⑤	78	① ② ③ ④ ⑤
19	① ② ③ ④ ⑤	39	① ② ③ ④ ⑤	59	① ② ③ ④ ⑤	79	① ② ③ ④ ⑤
20	① ② ③ ④ ⑤	40	① ② ③ ④ ⑤	60	① ② ③ ④ ⑤	80	① ② ③ ④ ⑤

(뒷면에 계속)

단 답 형 답 란

번호	답	번호	답	번호	답	번호	답
81		86		91		96	
82		87		92		97	
83		88		93		98	
84		89		94		99	
85		90		95		100	

※응시생은 절대 표기 금지
(표기 시 부정행위 처리)

※채점자 기입란

81	⓪	①
82	⓪	①
83	⓪	①
84	⓪	①
85	⓪	①
86	⓪	①
87	⓪	①
88	⓪	①
89	⓪	①
90	⓪	①
91	⓪	①
92	⓪	①
93	⓪	①
94	⓪	①
95	⓪	①
96	⓪	①
97	⓪	①
98	⓪	①
99	⓪	①
100	⓪	①

응시자 본인이 응시
하였음을 서명합니다.

성명 : _______(서명)